中国科学院科学出版基金资助出版

U0786842

凝聚态物理学丛书·典藏版

准晶物理学

王仁卉　胡承正　桂嘉年　著

科学出版社
北京

内 容 简 介

本书在阐述准晶物理学基本知识和基本理论的同时，突出地介绍了作者及其课题组在准晶物理学的开创性研究中所取得的主要成就. 全书 10 章，主要叙述准晶材料及其制备；准晶点阵的切割投影法描述；准晶的原子结构；准晶体的对称操作和对称群；准晶体平衡性质热力学及物理性质张量；准晶的线弹性理论；准晶的电子结构和物理性能；准晶近似相和准晶相变；晶体与准晶的热漫散射理论；准晶中的结构缺陷. 书末附录 A 至附录 E 列举了有关准晶点群的特征标，准晶的应变张量不变量，以及准晶的物理性能张量的具体形式。附录 F 则为本书三位作者和武汉大学准晶研究课题组所发表的有关准晶研究的主要论文目录.

本书可供从事准晶材料、准晶物理学和晶体物理学的科研、教学、开发、应用的科技工作者参阅，也可作为大专院校有关专业研究生的教学用书.

图书在版编目(CIP)数据

准晶物理学/王仁卉，胡承正，桂嘉年著. —北京：科学出版社，2004.8 (2017.1 重印)

（凝聚态物理学丛书：典藏版）

ISBN 978-7-03-011718-2

Ⅰ. ①准… Ⅱ. ①王… ②胡… Ⅲ. ①准晶体—晶体物理学 Ⅳ. ①O753

中国版本图书馆 CIP 数据核字(2003)第 059355 号

科学出版社 出版

北京东黄城根北街 16 号

邮政编码：100717

http://www.sciencep.com

北京厚诚则铭印刷科技有限公司印刷

科学出版社发行　各地新华书店经销

*

2004 年 8 月第 一 版　开本：850×1168 1/32

2017 年 1 月印　　刷　印张：15 3/4

字数：423 000

定价：128.00 元

(如有印装质量问题，我社负责调换)

《凝聚态物理学丛书》出版说明

以固体物理学为主干的凝聚态物理学，通过半个世纪以来的迅速发展，已经成为当今物理学中内容最丰富、应用最广泛、集中人力最多的分支学科．从历史的发展来看，凝聚态物理学无非是固体物理学的向外延拓．由于近年来固体物理学的基本概念和实验技术在许多非固体材料中的应用也卓有成效，所以人们乐于采用范围更加广泛的"凝聚态物理学"这一名称．

凝聚态物理学是研究凝聚态物质的微观结构、运动状态、物理性质及其相互关系的科学．诸如晶体学、金属物理学、半导体物理学、磁学、电介质物理学、低温物理学、高压物理学、发光学以及近期发展起来的表面物理学、非晶态物理学、液晶物理学、高分子物理学及低维固体物理学等都是属于它的分支学科，而且新的分支尚在不断迸发．还有，凝聚态物理学的概念、方法和技术还在向相邻的学科渗透，有力地促进了材料科学、化学物理学、生物物理学和地求物理学等学科的发展．

研究凝聚态物质本身的性质和它在各种外界条件（如力、热、光、气、电、磁、各种微观粒子束的辐照乃至各种极端条件）下发生的变化，常常可以发现多种多样的物理现象和效应，揭示出新的规律，形成新的概念，彼此层出不穷，内容丰富多彩，这些既体现了多粒子体系的复杂性，又反映了物质结构概念上的统一性．所有这一切不仅对人们的智力提出了强有力的挑战，更重要的是，这些规律往往和生产实践有着密切的联系，在应用、开发上富有潜力，有可能开辟出新的技术领域，为新材料、元件、器件的研制和发展，提供牢固的物理基础．凝聚态物理学的发展，导致了一系列重要的技术突破和变革，对社会和科学技术的发展将发生深远的影响．

为了适应世界正在兴起的新技术革命的需要，促进凝聚态物理学的发展，并为这一领域的科技人员提供必要的参考书，我们特组织了这套《凝聚态物理学丛书》,希望它的出版将有助于推动我国凝聚态物理学的发展,为我国的四化建设做出贡献.

主　编　葛庭燧
副主编　冯　端

序

晶体中的原子位置具有三维周期性，因而具有长程平移序．受到具有周期性的限制，晶体的长程取向序只允许1，2，3，4，6次旋转对称，不允许5次及7次以上的旋转对称．一个简单的例子就是不能用正五边形的地砖铺满地面而不留空隙．自从Laue在1912年发现晶体的X射线衍射（后来还有电子衍射及中子衍射）和Bragg父子用它测定晶体中的原子位置以来，成千上万个晶体结构无一违反上述旋转对称定则．因此，当Shechtman等在1984年底宣布在急冷的Al-Mn合金中观察到具有二十面体长程取向序（二十面体有六支5次旋转对称轴，十支3次轴，十五支2次轴）的合金相后，立即在固体科学界产生很大的震动．有的科学周刊报道此一发现的标题竟是“晶体学的瓦解”．晶体学的泰斗、诺贝尔化学奖得主Pauling也拒绝接受5次旋转对称，并称它是“Nonsense”．但Shechtman等将其观察到的合金相解释为具有长程准周期（quasiperiodicity）平移序的合金相，这并未违背“周期性的晶体不可能具有5次或7次以上旋转对称”的法则．问题在于过去人们把周期性与长程平移序完全等同，没有想到还有准周期的平移序．接着人们又在一些急冷的合金相中发现了8次、10次和12次旋转对称，它们也都具有准周期的长程平移序，但无周期性．准晶（quasicrystal）就是准周期性晶体（quasiperiodic crystal）的简称．迄今除了在近两百种合金中外，还在Ta的碲化物中发现准晶．有些二元和三元准晶还是热力学的稳定相，出现在二元和三元平衡图中．人们还用提拉法、Bridgman法制备出来的Al-Pd-Mn，Al-Li-Cu，Zn-Mg-Ho，Al-Cu-Fe等二十面体准晶大单晶，Al-Co-Ni，Al-Co-Cu，Zn-Mg-Dy等10次准晶大单晶．此外，在一些工业铝合金、镁合金、不锈耐热钢等的长期使用过程中还会有准晶析出的现象．因此可以说，准晶的出现不但没有使晶体学瓦解，反而丰富了晶体学的内容，扩大了它的范畴．

在三维周期性晶体中，描述其中原子的位置的矢量(位矢)以及描述原子的位移的位移矢量都是三维空间的矢量．对于准晶，在每个准周期方向至少要用两个基矢描述原子的位置．因此，在二十面体准晶中要用 6 个基矢($N=6$)描述原子的位置．准晶的物理学和晶体学工作者，往往把 d 维空间的准晶描述为由 N 维($N>d$)空间晶体被 d 维物理空间切割而得到．二十面体准晶的长程位移序在三维空间中是准周期性的，但在六维空间中就是周期性的了．这样，在六维空间中处理准晶的晶体学问题就简便多了．但是在六维空间中，还有一个 $N-d=3$ 维的赝空间(又称补空间或垂直空间)，因此六维位矢 $\boldsymbol{R}$ 还有一个分量 $\boldsymbol{r}^{\perp}$．同理，六维空间中的位移矢量 $\boldsymbol{U}$ 也可分解为平行空间分量 $\boldsymbol{u}$ 和垂直空间分量 $\boldsymbol{w}$：$\boldsymbol{U}=\boldsymbol{u}+\boldsymbol{w}$，前者称为声子(phonon)型位移，后者称为相位子(phason)型位移．

因此，准晶的原子结构的描述，准晶衍射花样的运动学理论计算，准晶的对称性(包括点群和空间群)和群论，准晶涉及的相位子应变的物理性能(例如弹性，压电效应等)，以及准晶的热漫散射理论，不但要考虑声子型，还要考虑相位子型位移的影响，从而要比晶体中的情况更为复杂．此外，准晶中某些特殊的线性相位子应变所引起的原子的跳动，使准晶转变成结构与其类似的晶体相．

早期的准晶都是在急冷合金中发现的，颗粒小(微米晶或纳米晶)，又常有其他合金相并存，因此使用透射电子显微镜(包括微米或纳米电子衍射)就成为确认准晶和研究其晶体学特征(旋转对称和准周期性)的主要手段．本书主要作者王仁卉教授，作为凝聚态物理和材料物理的实验工作者，在合金学、晶体学和电子显微学三方面均有很深造诣，因此在准晶研究初期就把电子衍射的动力学理论和会聚束电子衍射用于准晶研究．本书第二作者胡承正教授，作为理论物理学工作者，在群表示理论和电子理论等方面学具有专长．本书第三作者桂嘉年教授则专长于材料物理基本理论和相关的实验技术．王仁卉领导的科研课题组，在准晶的高维晶体学、对称群、物理性能张量、位错 Burgers 矢量的实验鉴定、位错的弹性理论等方面发表了一系列高水平的学术论文．特别是在准晶中的位错研究方面，始终处于国际研究前沿，有不少创新性研究成果．正因为如此，王仁卉教授多次应邀在国际准晶学术会议上作专题报告．王仁卉、胡承正应 Reports on Progress in Physics 学报主编的邀请，撰写的“准晶中的对称群、物性张量、弹性和位错[Symmetry groups, physical property tensors, elasticity and dislocations in quasicrystals, Rep. Prog. Phys., 2000(63): 1～39]”综述已在三年前发表．他们应 Westbrook J H 和 Fleischer R L 两位主编的邀请为《金属间化合物》第 3 卷（Intermetallic Compounds, Vol. 3, Progress）撰写了“准晶中的位错（Dislocations in Quasicrystals）”一章（该书已由 John Wiley & Sons 出版社于 2002 年出版）．

本书在阐述准晶物理学的有关基本知识和基本理论的同时，也总结了王仁卉教授和他领导的武汉大学准晶研究小组多年研究的主要成果．选材上，(1) 较多侧重于准晶晶体学，包括准晶点阵和准晶原子模型的切割-投影法描述，准晶的晶系、点群和空间群的分类，群表示论在准晶中的应用等．(2) 在准晶的物理性能方面，有一章介绍准晶的电子结构及相关的物理性能．更多的篇幅则用于介绍准晶的弹性，以及与准晶弹性密切相关的准晶的热漫散射理论，还有采用实验测定的准晶热漫散射强度在倒易空间的分布而拟合出准晶弹性常数这方面的初步工作．(3) 在准晶原子结构缺陷方面，本书综述了在准晶中引入线性相位子应变而形成的结构类似准晶的晶体相的理论以及有关的实验结果，详细地介绍了他们在准晶中位错的弹性理论方面的开创性研究成果，并简单概述了准晶中的面缺陷（包括层错、小角晶界、孪晶、反相畴壁、公度错等）的实验鉴定方面的结果．

本书深入浅出、雅俗共赏．既注重通俗易懂地阐述新概念，又力求把读者带到准晶研究的最前沿．具有材料科学或物理学本科毕业的基础并对准晶有兴趣的读者，通过努力，都可看懂．愿向广大材料科学、凝聚态物理和晶体学工作者推荐，是为序．

郭可信

前　　言

准晶是1984年新发现的具有与晶体和非晶玻璃态不同的结构的新的凝聚态物质.此前,人们通常认为,固态物质只有晶态和非晶态两种结构类型.晶体的基本特征是原子排列具有周期性,具有长程平移序.而非晶态的基本特征是原子排列只具有短程序,长程则是无序的.晶体的周期性决定了它的长程取向有序仅仅可能具有二次、三次、四次和六次的旋转对称性,而不可能有五次、七次和其他旋转对称性.准晶不同于非晶,它具有长程平移序和取向序.在具有长程平移序和取向序这一方面,准晶同晶体是一样的.他们的差别在于,晶体具有周期性,而准晶则没有周期性,准晶具有准周期性.正是因为准晶没有周期性,其旋转对称性也就不限于二次、三次、四次和六次,可以有五次、八次、十次、十二次等等旋转对称性.Schechtman等于1984年在急冷的Al-Mn合金中观察到具有二十面体对称性的准晶.二十面体准晶的旋转对称性中,除了二次和三次对称性之外,就包含有五次对称性.

对于具有周期性的 $d(d=1,2,3)$ 维空间的晶体,描述其中原子的位置的矢量(位矢),以及描述原子的位移的位移矢量,也是 d 维空间的矢量.准晶物理学工作者和准晶晶体学工作者,往往把 d 维空间的准晶描述为由 N 维 $(N>d)$ 空间晶体被 d 维物理空间切割而得到.因此,对于具有准周期性的 $d(d=1,2,3)$ 维空间的准晶体,描述其中原子的位置的位矢,以及描述原子的位移的位移矢量,则需要用 $N(N>d)$ 维空间的矢量来描述.例如,对于二十面体准晶,位矢和位移矢量都需要用 $N=6$ 维空间的矢量描述.一个 N 维空间的位矢 $\boldsymbol{R}$ 可以分解为 d 维的物理空间(平行空间)矢量 $\boldsymbol{r}^{\parallel}$ 和 $(N-d)$ 维的垂直空间矢量 $\boldsymbol{r}^{\perp}$ 两部分: $\boldsymbol{R}=\boldsymbol{r}^{\parallel}+\boldsymbol{r}^{\perp}$,其

中物理空间的分量 $\boldsymbol{r}^{\parallel}$ 就是准晶中原子的位矢. 一个 N 维空间的位移矢量 $\boldsymbol{U}$ 可以分解为 d 维的物理空间(平行空间)位移矢量 $\boldsymbol{u}$ 和 $(N-d)$ 维的垂直空间位移矢量 $\boldsymbol{w}$ 两部分: $\boldsymbol{U}=\boldsymbol{u}+\boldsymbol{w}$. 其中物理空间的分量 $\boldsymbol{u}$ 描述准晶中原子的位置的移动,这一类位移可以是连续变化的,文献上称之为声子型位移. 垂直空间位移矢量 $\boldsymbol{w}$ 描述准晶中原子向其近邻的另一个亚稳平衡位置的跳动,这一类位移在文献上称之为相位子型位移. 这是因为,高维空间的原子是沿着垂直空间的方向拉长的,具有一定的形状,沿垂直空间的位移 $\boldsymbol{w}$ 将会导致某些原来被物理空间切割的原子,例如处于位矢为 $\boldsymbol{R}=\boldsymbol{r}^{\parallel}+\boldsymbol{r}^{\perp}$ 的原子,移到了 $\boldsymbol{R}+\boldsymbol{w}=\boldsymbol{r}^{\parallel}+(\boldsymbol{r}^{\perp}+\boldsymbol{w})$ 处,不再能够被切割,而另一些原来没有被切割的原子,例如其近邻的处于位矢为 $\boldsymbol{R}+\Delta\boldsymbol{R}=(\boldsymbol{r}^{\parallel}+\Delta\boldsymbol{r}^{\parallel})+(\boldsymbol{r}^{\perp}+\Delta\boldsymbol{r}^{\perp})$ 的原子, 则移动到 $\boldsymbol{R}+\Delta\boldsymbol{R}+\boldsymbol{w}=(\boldsymbol{r}^{\parallel}+\Delta\boldsymbol{r}^{\parallel})+(\boldsymbol{r}^{\perp}+\Delta\boldsymbol{r}^{\perp}+\boldsymbol{w})$ 处而能够被切割了. 换句话说,原子从位矢为 $\boldsymbol{r}^{\parallel}$ 的一个位置跳到了位矢为 $(\boldsymbol{r}^{\parallel}+\Delta\boldsymbol{r}^{\parallel})$ 的另一个位置.

因此,准晶的原子结构的描述,准晶衍射花样的运动学理论计算,准晶的对称性和群论, 包括点群和空间群,准晶所涉及的相位子应变的物理性能,例如弹性,压电效应等,以及准晶的热漫散射理论等都与晶体不完全相同,且更为复杂. 此外,准晶中某些特殊的线性相位子应变所引起的原子的跳动,使准晶转变成其近似晶体相(近似相). 在一定的条件下,准晶可以转变成近似相. 在中国科学院郭可信院士的关心、鼓励、指导和帮助下,武汉大学物理系准晶研究小组,包括本书的三名作者,还有丁棣华教授,邹化民教授,戴明星教授,以及先后在本课题组攻读博士学位或者在其攻博期间与本课题组师生密切合作的王洲光博士,鄢炎发博士,冯江林博士,杨文革博士,杨湘秀博士,雷建林博士,王建波博士,赵东山博士等,在国家自然科学基金委员会先后八个项目的资助下,从事准晶研究 17 年. 研究过程中有许多实验工作是在中国科学院北京电子显微镜实验室完成的,还有些工作是在日本国北海道大学高桥平一郎教授的超高压电镜与离子辐照联机装置、在德国Juelich研究中心K. Urban教授的微结构研究所、在法国国家研究中心下属的晶体生长机制研究中心Gastaldi研究员的实验室并通过他在欧洲同步辐射装置X射线形貌站合作完成的. 主要的成果如下:

(1) 准晶中缺陷的观察与鉴定. 这包括两方面:一是开发出了新的,或改进并完善了其他研究者已经采用过的运用透射电子显微镜实验鉴定全位错的Burgers矢量 $\boldsymbol{B}=\boldsymbol{b}^{\parallel}+\boldsymbol{b}^{\perp}$ 的技术. 计有:(a)开发出了鉴定孤立的、与试样薄膜斜交的、全位错的Burgers矢量的离焦会聚束电子衍射(CBED)技术;(b)改进并完善了鉴定全位错的Burgers矢量的衍射衬度法;(c)开发出了鉴定近乎垂直于试样薄膜的、全位错的Burgers矢量的高分辨点阵条纹技术. 二是采用这些实验技术对准晶中位错及其特征进行了大量的实验研究. 主要成果有:(a)采用离焦CBED技术鉴定出二十面体准晶和十次准晶中位错具有的一系列的Burgers矢量 $\boldsymbol{B}=\boldsymbol{b}^{\parallel}+\boldsymbol{b}^{\perp}$,它们在平行空间中的分量 $\boldsymbol{b}^{\parallel}$ 都平行于某一个方向,例如某支二次轴,但其垂直分量 $\boldsymbol{b}^{\perp}$ 与平行分量 $\boldsymbol{b}^{\parallel}$ 的长度之比 $|\boldsymbol{b}^{\perp}|/|\boldsymbol{b}^{\parallel}|$ 却不同. (b)采用衍射衬度法在Al-Mn-Si和Al-Pd-Mn二十面体准晶中鉴定出小位错圈.

(2) 准晶晶体学及准晶物理性能张量. 在荷兰著名的准晶晶体学家T. Janssen推导准晶点群工作的基础之上,完善了关于二维准晶和一维准晶的晶系、Laue类、点群和空间群的分类. 把晶体平衡物理性能热力学推广到准晶,并应用群表示理论,推导出各种Laue类准晶的应变张量不变量,进而推导出各Laue类准晶独立弹性常数的个数以及在常用坐标系中弹性常数张量的具体的形式.

(3) 准晶以及准晶中位错的线弹性理论. 把晶体中相应的理论,包括计算长直位错线周围应变场和应力场的Eshelby法和Stroh法,推广到准晶的情况,并就某些特殊方向的长直位错线的弹性场推导出了解析表达式.

(4) 准晶的热漫散射理论和准晶弹性常数的热漫散射法测定. 完善并改进了 Jaric 和 Nelson 提出的准晶的热漫散射理论, 纠正了他们在处理相位子位移场冻结的效应时由于考虑不周而造成的计算公式中的错误, 并推导了计算二维准晶的热漫散射强度的公式, 计算发现, 热漫散射强度在倒空间中的分布强烈地依赖于弹性常数. 据此, 通过对 Al-Ni-Fe 十次准晶的漫散射强度分布的同步辐射 X 射线测定, 以及应用有能量过滤功能的透射电子显微镜对 Al-Pd-Mn 二十面体准晶的漫散射强度分布的电子衍射定量测定, 获得了有关其弹性常数的信息.

(5) 准晶高温塑性形变的微观机制. 与晶体塑性形变的微观机制类似, 准晶在高温的塑性形变主要是通过位错的滑移和增殖而实现的. 与晶体塑性形变的位错机制不同之处在于: 准晶中的位错运动通常是首先实现其 Burgers 矢量的声子型分量的滑移, 在位错扫过的区域留下一个相位子型的层错, 这个相位子型层错随后通过扩散而变宽, 直到消失. 现有的准晶在室温都是脆性的, 在高温才显示塑性. 因此, 原子扩散, 由于扩散而造成的位错攀移, 晶界滑移等机制也会起作用.

(6) 准晶合金的凝固过程和准晶的形成过程. 通过对 Al-Cu-Fe 二十面体准晶形成过程的研究, 发现过去被认为初生晶是 β 相的区域, 应该分成 β 相和 ϕ 相两个区域. 通过对 Al-Pd-Mn 二十面体准晶形成过程的研究, 提出了一个准晶晶粒可以在多处成核并长大的观点, 即一个准晶晶粒可以由多个畴构成, 这些畴在多处成核并长大, 但属于一个局域同晶类, 其间为相位子型畴壁.

本书在阐述准晶物理学的有关基本知识和基本理论的同时, 也总结了本课题组多年研究的主要成果. 选材上较多侧重于准晶晶体学, 包括准晶点阵和准晶原子模型的切割-投影法描述, 准晶的晶系、点群和空间群的分类, 群表示论在准晶中的应用等. 在准晶的物理性能方面, 有一章介绍准晶的电子结构及相关的物理性能, 更大的篇幅则用于介绍准晶的弹性. 由于科学出版社李义发等同志的鼓励、帮助与耐心等待，本书得以问世．在此，我们向科学出版社，郭可信院士，国家自然科学基金委员会，中国科学院北京电子显微镜实验室，我们课题组的全体师生，以及一切帮助过我们的国内外的朋友们，表示深切的谢意．由于时间有限，本书涉及的领域较宽，错误与不妥之处在所难免，欢迎指正．

王仁卉　胡承正　桂嘉年

目　　录

《凝聚态物理学丛书》出版说明

序

前言

第一章　准晶材料及其制备 …………………………………… (1)

§1.1　准晶材料及其分类 …………………………………… (1)

1.1.1　三维准晶 …………………………………… (3)

1.1.2　二维准晶 …………………………………… (10)

1.1.3　一维准晶 …………………………………… (18)

§1.2　稳定准晶的平衡相图 …………………………………… (20)

1.2.1　Al-Li-Cu 合金 …………………………………… (20)

1.2.2　Al-Cu-Fe 合金 …………………………………… (21)

1.2.3　Al-Pd-Mn 合金 …………………………………… (29)

1.2.4　Zn-Mg-Y 合金 …………………………………… (31)

1.2.5　Al-Ni-Co 合金 …………………………………… (34)

§1.3　准晶的凝固过程和晶形 …………………………………… (35)

1.3.1　稳定准晶的凝固过程 …………………………………… (35)

1.3.2　快速凝固二十面体准晶的成核与生长 …………… (40)

1.3.3　准晶的晶体外形 …………………………………… (41)

参考文献 …………………………………… (43)

第二章　准晶点阵的切割-投影法描述 …………………………… (51)

§2.1　高维空间晶体几何学与线性坐标变换 ………… (51)

2.1.1　倒易点阵 …………………………………… (51)

2.1.2　线性坐标变换 …………………………………… (52)

2.1.3　度量张量和倒易度量张量 …………………………… (54)

2.1.4　线性坐标变换后点对称操作矩阵和度量张量的改变 …………………………………… (56)

§2.2　非周期结构切割投影法描述的基本概念 ………… (58)

2.2.1　准周期结构切割投影法描述的基本概念…………（58）
2.2.2　准晶的倒易点阵…………（62）
2.2.3　非公度调制结构和复合结构…………（69）
§2.3　一维准晶…………（74）
2.3.1　一维准晶的切割-投影矩阵…………（74）
2.3.2　准晶的结构因子…………（76）
2.3.3　一维准晶的结构因子…………（78）
2.3.4　一维准晶的标度特性…………（79）
2.3.5　一维准晶的晶体近似相…………（81）
§2.4　十次准晶…………（85）
2.4.1　十次准晶的切割-投影矩阵…………（85）
2.4.2　十次准晶的结构因子…………（90）
2.4.3　十次准晶的标度特性…………（93）
2.4.4　十次准晶的晶体近似相…………（94）
§2.5　二十面体准晶…………（95）
2.5.1　二十面体准晶的切割-投影矩阵…………（95）
2.5.2　二十面体准晶的结构因子…………（106）
2.5.3　二十面体准晶的标度特性…………（109）
2.5.4　二十面体准晶衍射花样的指标化…………（117）
参考文献…………（119）
第三章　准晶的原子结构…………（122）
§3.1　二十面体准晶的原子结构…………（122）
§3.2　十次准晶的原子结构以及准晶的原子结构的覆盖描述法…………（134）
§3.3　准晶衍射花样的模拟计算和准晶原子结构的实验测定…………（142）
参考文献…………（144）
第四章　准晶体的对称操作和对称群…………（146）
§4.1　对称操作的矩阵表示及其约化…………（146）
§4.2　$n(n=4,5,6)$维空间的点对称操作…………（154）
§4.3　准晶的点对称操作…………（161）
§4.4　一维准晶的点群和空间群…………（163）
§4.5　二维准晶的点群和空间群…………（167）

§4.6 三维准晶的点群与空间群 …………………… (171)
§4.7 准晶的点群与空间群的实验测定 ………… (172)
参考文献 ……………………………………… (174)
第五章 准晶体平衡性质热力学及物理性质张量……… (176)
§5.1 准晶体状态参量及其相互关系 ………… (176)
§5.2 准晶体平衡性质的热力学关系 ………… (179)
§5.3 群表示理论和张量分析的有关知识……… (181)
§5.4 准晶物理性质张量非零独立分量个数的确定 ……………………………………… (189)
§5.5 准晶物理性质张量非零独立分量的确定 ……… (197)
5.5.1 声子和相位子应变张量表示约化的矩阵形式 … (198)
5.5.2 五次准晶的热膨胀系数和压电系数的独立分量的推导 ………………………………… (202)
参考文献 ……………………………………… (205)
第六章 准晶的线弹性理论 ……………………… (206)
§6.1 准晶弹性行为的基本特征 ……………… (206)
§6.2 准晶的线弹性理论 …………………… (214)
§6.3 二维准晶的弹性常数 ………………… (219)
§6.4 二十面体准晶的弹性常数以及弹性常数与坐标系的关系………………………… (228)
§6.5 各类弹性方程具体形式举例 …………… (236)
参考文献 ……………………………………… (239)
第七章 准晶的电子结构和物理性能 ……………… (241)
§7.1 准周期系统的电子结构 ……………… (241)
7.1.1 一维准周期格点 ……………………… (241)
7.1.2 三维准晶体 ………………………… (248)
§7.2 准晶的导电性能……………………… (249)
§7.3 准晶的磁性行为……………………… (250)
§7.4 准晶的热性质 ……………………… (254)
参考文献 ……………………………………… (259)
第八章 准晶近似相和准晶相变 ………………… (260)
§8.1 准晶近似相 ………………………… (260)

§8.2 准晶结构相变的 Landau 理论 …………………… (262)
§8.3 二维准晶的结构相变 …………………………………… (265)
8.3.1 十次准晶 …………………………………………… (265)
8.3.2 八次准晶 …………………………………………… (269)
8.3.3 十二次准晶 ………………………………………… (271)
§8.4 二十面体准晶的结构相变 ………………………………… (273)
8.4.1 对称性变化 $Y\to T$ ……………………………… (275)
8.4.2 对称性变化 $Y\to D_5$ …………………………… (276)
8.4.3 对称性变化 $Y\to D_3$ …………………………… (278)
§8.5 用线性相位子应变法讨论十次准晶的晶体
近似相 ……………………………………………………… (281)
§8.6 用线性相位子应变法讨论二十面体准晶的晶体
近似相 ……………………………………………………… (293)
参考文献 ……………………………………………………… (304)
第九章 晶体与准晶的热漫散射理论 ……………………… (309)
§9.1 常用的一些数学公式 …………………………………… (310)
9.1.1 与 Fourier 变换和 δ 函数有关的几个公式 ……… (310)
9.1.2 与准晶运动方程有关的若干公式 ………………… (315)
9.1.3 Gauss 积分 ………………………………………… (317)
§9.2 晶体的热漫散射理论 …………………………………… (319)
9.2.1 理想完整晶体的衍射强度 ………………………… (320)
9.2.2 有位移场的晶体的衍射强度:一般公式 ………… (321)
9.2.3 有位移场的晶体的衍射强度:按 Boltzmann 分布
计算 $f(\boldsymbol{u})$ 的平均值 ……………………………… (323)
9.2.4 有位移场的晶体的衍射强度:按能量均分定理
计算 $f(\boldsymbol{u})$ 的平均值 ……………………………… (329)
9.2.5 有位移场的晶体的衍射强度:晶体热漫散
射强度公式的流体动力学方法推导 ……………… (332)
§9.3 位移场能够迅速达到平衡的准晶的热漫散射
理论 ………………………………………………………… (333)
9.3.1 理想完整准晶的热漫散射理论 …………………… (334)
9.3.2 位移场达到平衡的准晶热漫散射:一般公式 …… (337)
9.3.3 位移场达到平衡的准晶热漫散射:按照 Boltzmann

分布计算 $f(\boldsymbol{u})$的平均值…………………… (338)
9.3.4 位移场达到平衡的准晶热漫散射:按能量均分定理计算 $f(\boldsymbol{u})$的平均值…………………… (342)
9.3.5 位移场达到平衡的准晶热漫散射:准晶热漫散射强度公式的流体动力学方法推导 …………… (344)
§9.4 相位子位移场冻结时的准晶热漫散射的一般公式 ………………………………………… (345)
§9.5 各 Laue 类准晶的流体动力学矩阵………… (350)
9.5.1 准晶热漫散射强度计算公式概要 ………… (350)
9.5.2 二十面体准晶的流体动力学矩阵 ………… (352)
9.5.3 非晶体学对称的二维准晶的流体动力学矩阵 … (361)
§9.6 准晶弹性常数测定的初步工作………………… (366)
参考文献 ……………………………………………… (371)
第十章 准晶中的结构缺陷 …………………………… (373)
§10.1 准晶中的结构缺陷 ……………………………… (373)
§10.2 准晶位错的 Burgers 矢量和在准晶中引入位错的 Volterra 过程 ………………………… (378)
§10.3 准晶位错 Burgers 矢量的实验鉴定 ………… (384)
10.3.1 准晶位错 Burgers 矢量的离焦会聚束电子衍射鉴定 ……………………………………… (384)
10.3.2 准晶位错 Burgers 矢量的衍衬成像法鉴定 … (395)
10.3.3 准晶位错 Burgers 矢量的高分辨点阵条纹法鉴定 ………………………………………… (399)
10.3.4 实验鉴定准晶位错 Burgers 矢量的三种方法的比较 ……………………………………… (401)
§10.4 准晶位错的弹性模型………………………… (402)
10.4.1 准晶位错弹性位移场的普遍表达式 ……… (402)
10.4.2 准晶中直长位错线的弹性场 ……………… (407)
§10.5 准晶位错弹性场的具体计算举例 …………… (416)
§10.6 准晶中的面缺陷——层错、小角晶界、孪晶、反相畴壁、公度错……………………………… (425)
参考文献 ……………………………………………… (431)
附录A ………………………………………………… (436)

表 A.1 一维准晶的点群、Laue 类和独立弹性常数个数 …… (436)
表 A.2 二维准晶的点群、Laue 类和独立弹性常数个数 …… (436)
附录 B 非晶体学对称的二维准晶点群的特征标表 …… (438)
附录 C …… (457)
表 C.1 一维准晶的应变张量不变量 …… (457)
表 C.2 二维准晶的应变张量不变量 …… (458)
附录 D 非晶体学对称的二维准晶的物理性质张量 …… (464)
D.1 热膨胀系数 …… (464)
D.2 压电系数 …… (464)
D.3 弹性常数 …… (465)
附录 E 二十面体准晶和立方准晶的物理性质张量 …… (468)
E.1 热膨胀系数 …… (468)
E.2 压电系数 …… (468)
E.3 弹性常数 …… (469)
附录 F 本书三位作者的准晶研究主要论文目录 …… (474)
主要参考文献 …… (480)

第一章　准晶材料及其制备

§1.1　准晶材料及其分类

晶体的最基本的特征是具有周期性，即在3维空间中，某个理想的完整晶体可由其单胞沿着3个方向周期性地平移而得到．晶体学中往往用Bravais点阵来描述晶体的周期性，即Bravais点阵中的每个点代表着晶体的一个单胞，把某晶体的Bravais点阵中的每个阵点都换成这个晶体的单胞，就得到该晶体(理想的完整晶体)．周期性制约了旋转对称性只可能有1次，2次，3次，4次和6次这几种．由于晶体中存在的热振动引起的位移无序(这是不可避免的)，或者异类原子以及其他原因引起的置换无序、位移无序等缺陷(包括无规分布的或呈现调制结构的)，使得实际的晶体中的阵点的位置较之理想的Bravais点阵有所偏离，而且不同的阵点处的单胞内的原子的种类和位置也可能不同．总之，实际的晶体不可能是完整的，但往往可用一个平均的Bravais点阵来描述．相应地，晶体的衍射花样及其所反映的倒易点阵由分离的衍射斑点及其所反映的倒易阵点组成，而且这些倒易阵点的几何位置的分布(不考虑强度)也是周期性的，构成倒易点阵．

准晶的最基本的特征是没有周期性，但具有准周期性．相应地，准晶的衍射花样及其所反映的倒易点阵由分离的衍射斑点及其所反映的倒易阵点组成，但这些倒易阵点的几何位置的分布(不考虑强度)是准周期性的．无论周期性还是准周期性都是长程平移序．不同处在于：对于具有周期性的晶体而言，描述其周期性的基矢的个数N与该晶体所在空间的维数d是一样的．对于具有准周期性的准晶体而言，描述其准周期性的基矢的个数N大于该准晶体所在空间的维数d：$N>d$．准晶物理学工作者和准晶晶体学工作者,往往把 d 维空间的准晶体描述为由 N 维($N>d$)空间晶体被具有无理数斜率的 d 维物理空间切割而得到. 但是,并非满足条件 $N>d$ 的物体都是准晶体. 例如调制结构中最重要、最基本的是 d 维空间中的晶体,对这晶体的调制则用 $N-d$ 个波矢描述,是个微扰. 反映在衍射花样上,d 维晶体产生的衍射斑点强度较高,而对应于 $N-d$ 个调制波矢的卫星斑点则很弱. 这是具有平均的 Bravais 点阵的情况. 又如,复合结构可以描述为由 $n=2,3,\cdots$ 个晶体互相穿插而构成,其衍射花样中的强衍射斑可看作由这 n 个互相穿插的晶体各自的衍射花样加合而成. 描述准周期性的基矢的个数 N 不但大于该准晶体所在空间的维数 d:$N>d$,而且还不能从中选出 1 套对应于平均的 Bravais 点阵的强度较高的衍射斑点. 总之,准晶的基本特征是具有准周期性,不存在平均的 Bravais 点阵. 相应地,正因为准晶没有周期性,其旋转对称性也就不限于 1,2,3,4,6 次,可以有 5,8,10,12 次,甚至其他次旋转对称性. 但是,"具有准周期性,不存在平均的 Bravais 点阵"这样的条件,并没有排斥晶体学对称性.

但是,也有些作者认为准晶不但应该具有准周期性,还应该具有非晶体学对称,例如 5 次,8 次,10 次或 12 次旋转对称性. 按照这种观点,就不太容易处理实验上已经观察到的具有准周期性的立方准晶(Feng, et al. 1990; Wang, et al. 1994; Donnadieu, et al. 1996, 2000),一维准晶,以及六角准晶(Selke, et al. 1994; Selke & Ryder, 1995; Kuo, 2002a). 据此,我们认为,从高维空间晶体的对称群和群论出发,凡是被具有无理数斜率的 d 维物理空间切割而得到的,其中原子的分布不存在平均的 Bravais 点阵而具有准周期性的材料都是准晶. 郭可信院士(Kuo, 2002b)和著名的理论晶体学家和理论物理学家 Ted Janssen(1987, 1988, 1992)以及 Ron Lifshitz(Lifshitz, 2000, 2002)也持相同的观点. 本书按此观点收集准晶材料,并推导准晶的对称群,而不论是否具有非晶体学对称性.

根据准晶在热力学上的稳定性,可将其分为稳定准晶和亚稳准晶二大类. 根据三维物理空间中材料呈现周期性的维数,可以把准晶分成三维准晶、二维准晶和一维准晶三大类. 所谓三维准晶，指的是三维物理空间的材料，其中的原子在三维上都是准周期分布的. 实验上已经发现的三维准晶有二十面体准晶和立方准晶两大类. 其中，二十面体准晶又可分为简单二十面体准晶和面心二十面体准晶两类. 所谓二维准晶指的是三维物理空间的材料，其中的原子有二维是准周期分布的，另外一维则是周期地分布的. 实验上已发现的二维准晶有十次准晶、十二次准晶、八次准晶和五次准晶等四类. 这些二维准晶沿其周期性方向分别具有十次旋转轴，十二次旋转轴、八次旋转轴和五次旋转轴. 所谓一维准晶，指的是三维物理空间的材料，其中的原子有二维是周期分布的，另外一维才是准周期地分布的.

至今已发现近 200 种成分的准晶，其中有七十余种是热力学上稳定的. 在这些准晶中，有 96 种(其中 47 种是稳定的)二十面体准晶，65 种(其中 26 种是稳定的)十次准晶.

1.1.1 三维准晶

如上所述，所谓三维准晶，指的是三维物理空间的材料，其中的原子在三维上都是准周期分布的. 实验上已经发现的三维准晶有二十面体准晶和立方准晶两大类.

1. 二十面体准晶　表 1.1 列出了实验上已经发现的二十面体准晶的化学成分、准点阵常数 a_R、点阵类型(初基简单准点阵 P 或面心准点阵 F)、热力学上的稳定性、以及结构类型(A 类或 B 类). 其中 a_R 是初基简单二十面体准点阵的点阵常数. 由于原子分布的有序化而形成的面心二十面体准点阵的点阵常数则为其两倍. 按照构成准晶的原子团，现在已知的二十面体准晶有两种结构类型. 其中 A 类二十面体准晶的原子团是 Mackay 二十面体，准点阵常数 $a_R \approx 4.6\text{Å}$，电子浓度比 e/a 约为 1.75. B 类二十面体准晶的原子团是 Samson-Pauling-Bergmann 菱形三十面体，准点阵常数 $a_R \sim 5.2\text{Å}$，电子浓度比 e/a 约为 2.1. 关于 Mackay 二十面体原子团和 Samson-Pauling-Bergmann 菱形三十面体原子团的详细描述参见郭可信(Kuo,2001)或§3.1.

蔡安邦(1999)和董闯(1998)详细地总结了准晶与其晶体近似相的电子浓度比 e/a 的规律,认为稳定的二十面体准晶是由电子结构决定的 Hume-Rothery 相.

近年蔡安邦(2000)和郭俊清等(2000a,2000b, 2001,2002)在 Cd 基合金中新发现了 15 种稳定准晶,其中最引起大家兴趣的是 $Cd_{85}Ca_{15}$和 $Cd_{84}Yb_{16}$两个二元稳定准晶,因为此前发现的稳定准晶都是三元的甚至更多元的. 这些 Cd 基二十面体准晶的准点阵常数 a_R 比较大,约为 5. 57 ~5. 80 Å,电子浓度比 e/a 约为 2.0~2.2.

从表 1.1 可见,至今已经发现 96 种成分不同的二十面体准晶,其中有 47 种是热力学上稳定的,它们是:Al-Cu-TM 系,Al-Pd-TM 系(TM 代表过渡金属),$Ti_{41.5}Zr_{41.5}Ni_{17}$,$Ti_{45}Zr_{38}Ni_{17}$,$Al_{5.1}Li_3Cu$,$Zn_{43}Mg_{37}Ga_{20}$,$Mg_{47}Al_{38}Pd_{15}$,Zn-Mg-RE 系合金(RE 代表稀土元素),Cd 基合金以及 Ag-In 基合金.

表 1.1 实验上已经发现的二十面体准晶

化学成分	准点阵常数 a_R/Å	点阵类型	热力学稳定性	结构类型	参考文献
Al-TM(过渡金属)合金					
$Al_{86}Mn_{14}$	4.60Å	P		A	Shechtman, et al. (1984)
$Al_{85}Cr_{15}$	4.65Å			A	Zhang, et al. (1988) Inoue, et al. (1987)
Al-Mo	4.75Å			A	Chen, et al. (1987)
$Al_{78}Re_{22}$				A	Bancel and Heiney (1986)
Al_4Ru				A	Anlage, et al. (1988)
Al_4V	4.75Å			A	Chen, et al. (1987)
Al-W				A	

化学成分	准点阵常数 a_R/Å	点阵类型	热力学稳定性	结构类型	参考文献
Al-TM(过渡金属)合金					
$Al(Cr_{1-x}Fe_x)$				A	Schurer, et al. (1988)
$Al(Mn_{1-x}Fe_x)$				A	
$Al_{82.4}Fe_{8.8}V_{3.6}Si_{5.2}$		P		A	Tang, et al. (1993a)
$Al_{76.3}Fe_{9.2}Cr_{4.6}Mo_{2.9}Si_{7.0}$		P		A	关绍康等(1997)
$Al_{62}Cr_{19}Si_{19}$	4.60Å			A	Inoue, et al. (1987a)
$AL_{60}Cr_{20}Ge_{20}$					Chen., and Inoue (1987)
$AL_{65}Cr_{20-x}Fe_xGe_{15}$				A	Srinivas, et al. (1990)
Al-Cr-Ru				A	Bancel and Heiney (1986)
$Al_{62}Cu_{25.5}Fe_{12.5}$	4.45Å	F	稳定	A	Tsai, et al. (1988d); Ebalard & Spaepen (1989); Tsai (1999)
$Al_{62-x}Be_xCu_{25.5}Fe_{12.5}$		F	稳定	A	Song, et al. (2002)
$Al_{65}Cu_{20}Mn_{15}$		F		A	He, et al. (1988)
Al-Cu-Mn-B	4.51Å	F	稳定	A	
$Al_{63}Cu_{25}Os_{12}$	4.51Å	F	稳定	A	Tsai, et al. (1988b); Tsai(1999)
$Al_{63}Cu_{25}Ru_{12}$	4.53Å	F	稳定	A	
$Al_{65}Cu_{20}Cr_{15}$		F	稳定	A	Tsai, et al. (1988a)
$Al_{65}Cu_{20}V_{15}$	4.59Å			A	Tsai, et al. (1988a)
$Al_{70}Fe_{20}Ta_{10}$	4.55Å			A	Tsai, et al. (1988c)
$Al_{73}Mn_{21}Si_6$	4.60Å			A	Gratias, et al. (1988)
$Al_{55}Mn_{20}Si_{25}$				A	Inoue, et al. (1988)
$Al_{60}Mn_{20}Ge_{20}$				A	Tsai, et al. (1988d)
$Al_{75.5}Mn_{17.5}Ru_4Si_3$				A	Heiney, et al. (1986)

续表

化学成分	准点阵常数 a_R/Å	点阵类型	热力学稳定性	结构类型	参考文献
$Al_{74}Mn_{17.6}Fe_{2.4}Si_6$	4.59Å			A	Ma and Stern (1988)
$Al_{75}Mn_{15}Cr_5Si_5$				A	Nanao, et al. (1987)
Al-Mn-(Cr, Fe)					Janot, et al. (1988)
$Al_{70.5}Pd_{21}Mn_{8.5}$	4.56Å	F	稳定	A	Tsai, et al. (1990b);
$Al_{70.5}Pd_{20.5}Re_9$	4.60Å	F	稳定	A	Tsai (1999)
Al-Pd-Mn-B	4.55Å	F	稳定	A	Yokoyama, et al. (1992)
$Al_{72}Pd_{25}V_3$		F		A	Tsai, et al. (1990c)
$Al_{70}Pd_{17}Fe_{13}$		F		A	
$Al_{72}Pd_{20}Cr_8$		F		A	
$Al_{75}Pd_{15}Co_{10}$		F		A	
$Al_{70}Pd_{20}Cr_5Fe_5$		F	稳定	A	Yokoyama, et al. (1991a); Tsai (1999)
$Al_{70}Pd_{20}V_5Co_5$		F	稳定	A	
$Al_{70}Pd_{20}Mo_5Ru_5$		F	稳定	A	
$Al_{70}Pd_{20}W_5Os_5$		F	稳定	A	
$Al_{52}Mg_{17}Pd_{31}$	4.63Å	F		A	Koshikawa, et al. (1993)
$Al_{70}Mg_8Rh_{22}$		F		A	
Ti 基, Ti-Ni 基, Ti-Zr 基, V-Ni 基, Pd 基合金					
$(Ti_{1-x}V_x)_2Ni$, $x=0\sim0.3$		F		A	Zhang, et al. (1985)
Ti_2Fe	4.72Å	F		A	Dong, et al. (1986); Kelton, et al. (1988)
Ti_2Mn	4.79 Å	F		A	
Ti_2Co	4.82Å	F		A	
$Ti_{56}Ni_{28}Si_{16}$		F		A	Chatterjee and 0′ handley (1989)

续表

化学成分	准点阵常数 a_R/Å	点阵类型	热力学稳定性	结构类型	参考文献
$Ti_{41.5}Zr_{41.5}Ni_{17}$			稳定		Kim, et al. (1998); Majzoub, et al. (1998); Davis, et al. (2000) Sadoc, et al. (2000)
$Ti_{45}Zr_{38}Ni_{17}$					
$V_{41}Ni_{36}Si_{23}$				A	Kuo, et al. (1987)
Mn-Ni-Si					Kuo, et, al. (1986)
$Pd_{58.8}U_{20.6}Si_{20.6}$	5.14Å			A	Poon, et al. (1985)
$(Al,Zn,Cu,Au)_{49}Mg_{32}$类型合金					
$Al_{5.1}Li_3Cu$	5.04Å		稳定	B	Saintfort and Dubost(1986); Mai, et al. (1987)
Al_6CuMg_4	5.21Å			B	Sastry, et al. (1986)
$Al_{51}Cu_{12.5}(Li_xMg_{36.5-x})$	5.05Å			B	Shen, et al. (1988)
$Al_{50}Li_{25}Mg_{25}$	5.17Å	F		B	Niikura, et al. (1993)
Al_6AuLi_3	5.11Å			B	Chen, et al. (1987a)
$Al_{51}Zn_{17}Li_{32}$	5.11Å			B	
$Al_{50}Mg_{35}Ag_{15}$	5.23Å			B	Mukhopadhyay, et al. (1989)
Al-Ni-Nb				B	
$(Al,Zn)_{49}Mg_{32}$	5.15Å			B	Henley & Elser (1986)
$Zn_{38}Mg_{37}Al_{25}$					
$(Al, Zn, Cu)_{49}Mg_{32}$	5.15Å			B	Mukhopadhyay, et al. (1987)
$Zn_{52}Mg_{32}Ga_{16}$	5.09Å			B	Ohashi & Spaepen (1987)

续表

化学成分	准点阵常数 a_R/Å	点阵类型	热力学稳定性	结构类型	参考文献
$Zn_{43}Mg_{37}Ga_{20}$		P	稳定	B	Kaneko, et al. (2001); Tsai (1999)
$Zn_{40}Mg_{40}Al_{20}$		P		B	Kaneko, et al. (2001)
$Mg_{44}Al_{43}Pd_{13}$	5.13Å			B	Koshikawa, et al. (1992)
$Mg_{47}Al_{38}Pd_{15}$			稳定	B	Tsai (1999)
Zn-Mg-RE 系合金(RE 代表稀土元素)					
Zn-Mg-Y			稳定	B	Luo, et al. (1993)
$Zn_{67.5}Mg_{19.4}Y_{8.1}Zr_{4.9}$			稳定	B	Tang, et al. (1993b)
$Zn_{60}Mg_{30}RE_{10}$ (RE = Gd, Tb, Dy, Ho, Er)		F	稳定	B	Niikura, et al. (1994a); Niikura, et al. (1994b); Tsai, et al. (1994); Tsai (1999)
$Zn_{62.8}Mg_{30.2}Dy_{7.0}$		F	稳定	B	Fisher, et al. (1998)
$Zn_{80}Mg_5Sc_{15}$	5.031Å	P	稳定	B	Kaneko, et al. (2001)
Cd 基合金					
Cd-Cu				B	Bendersky & Biancaniello (1987); Tsai (1999)
$Cd_{84}Yb_{16}$	5.681Å	P	稳定	B	Tsai (2000); Guo, et al. (2000a)
$Cd_{85}Ca_{15}$	5.731Å	P	稳定	B	Guo, et al. (2000a)
$Cd_{65}Mg_{20}Y_{15}$	5.606Å	P	稳定	B	Guo, et al. (2000b, 2002)
$Cd_{65}Mg_{20}Nd_{15}$; $Cd_{70-80}Mg_{10-20}Nd_{7.5-12.5}$	5.711Å	P	稳定	B	Guo, et al. (2000b, 2002)
$Cd_{50-85}Mg_{5-40}Sm_{7.5-12.5}$		P		B	Guo, et al. (2002)
$Cd_{65}Mg_{20}Eu_{15}$	5.799Å	P	稳定		Guo, et al. (2000b)
$Cd_{65}Mg_{20}Gd_{15}$	5.648Å	P	稳定	B	Guo, et al. (2000b)
$Cd_{65}Mg_{20}Tb_{15}$	5.628Å	P	稳定	B	Guo, et al. (2000b)

的，其周期约为 12Å. 其中，B 原子层是平面的，而 A 原子层是波浪状的，起伏约为 ±0. 3 Å. Al-Fe-Pd 类型的十次准晶是由 8 个原子层按照 CABA*caba* 顺序堆垛而得到的，其周期约为 16Å. 其中 B 原子层是平面的，而 A 和 C 原子层是波浪状的.

根据十次准晶的准周期平面内原子分布的有序化状态，可以将 Al-Co-Ni 十次准晶分为(1)基本的富 Ni 型(basic Ni-rich state，简称 bNi 型)；(2) Ⅰ型超结构态(type Ⅰ superstructure state，简称Ⅰ型)；(3) Ⅱ型超结构态(type Ⅱ superstructure state，简称Ⅱ型)；(4)S1 型超结构态(type S1 superstructure state，简称 S1 型)；(5)基本的富 Co 型(basic Co-rich state，简称 bCo 型)等五种类型. 这五种类型的十次准晶沿其十次轴的选区电子衍射花样各有其不同的特征，分别在不同的成分和温度出现. 详见图 1. 12 和 Edagawa，et al. (1992)； Grushko，et al. (1994)； Ritsch (1996)，Ritsch，et al. (1995，1998)，Ohsuna，et al. (2000)，蔡安邦(1999)以及其中引用的文献.

早年发现的十次准晶几乎全部是 Al 基合金. 近年，Sato 等(1997)在 Zn 基合金 Zn-Mg-Dy 中发现了十次准晶. 郭可信及其合作者(Wu & Kuo，1997； Ge & Kuo，1997； Wu et al.，1998； Wu et al. 1999； Wu & Kuo，2000)在 Ga 基合金(Ga_7Mn_6，Ga_7Mn_5，$Ga_{46}Fe_{23}Cu_{23}Si_8$，$Ga_{50}Co_{25}Cu_{25}$，$Ga_{46}V_{23}Ni_{23}Si_8$)中也发现了十次准晶，并对其结构和晶体近似相的结构进行了系统的研究. 详见有关原始文献.

由表 1. 3 可知，至今已经发现了 65 种成分的十次准晶，其中有 26 种是稳定的，它们是 Al-Co-Cu，Al-Co-Ni，Al-Ni-Ru，Al-Pd-TM 和 Zn-Mg-RE 等合金系.

表 1.3　实验上已经发现的十次准晶

化学成分	沿着十次轴方向的周期 c	热力学稳定性	晶体近似相	参考文献
$Al_{65}Cu_{20}Co_{15}$	4,8,12 和 16Å	稳定	$Al_{13}Co_4$	He, et al. (1988b; 1988c)
$Al_{65}Cu_{20}Co_{15}$	4Å	稳定	$Al_{13}Co_4$	Steurer & Kuo (1990)
$Al_{65}Cu_{15}Co_{20}$		稳定	$Al_{13}Co_4$	Tsai (1999)
$Al_{70}Co_{15}Ni_{15}$	4Å	稳定	$Al_{13}Co_4$	Steurer, et al. (1993)
$Al_{70.6}Ni_{22.7}Co_{6.7}$ (bNi 态)	4Å	稳定	$Al_{13}Co_4$	Cervellino, et al. (2001)
$Al_{70.8}Ni_{20}Co_{9.2}$ (900℃)(bNi 态)	4Å	稳定	$Al_{13}Co_4$	Ritsch (1996)
$Al_{72}Ni_{20}Co_8$	4Å	稳定	$Al_{13}Co_4$	Steinhartd, et al. (1998); Saitoh, et al. (1997) Takakura, et al. (2001)
$Al_{72.5}Ni_{16.5}Co_{11}$ (900℃)(S1 型)	8Å	稳定	$Al_{13}Co_4$	Hiraga, et al. (2000a)
$Al_{71.5}Ni_{15.5}Co_{13}$; $Al_{72.5}Ni_{13.5}Co_{14}$; $Al_{71}Ni_{16}Co_{13}$ (900℃)(S1 型)	8Å	稳定	$Al_{13}Co_4$	Ritsch, et al. (1995,1998); Ritsch (1996)
$Al_{70}Ni_{16.5}Co_{13.5}$ (800℃)(Ⅰ型) $Al_{72.5}Ni_{13.5}Co_{14}$ (650℃)(Ⅰ型)	8Å	稳定	$Al_{13}Co_4$	Ritsch, et al. (1995,1998); Hiraga, et al. (2000b) Ritsch (1996)
$Al_{70.2}Ni_{15.1}Co_{14.7}$ (Ⅰ型)	8Å	稳定	$Al_{13}Co_4$	Schall, et al. (2001)

续表

化学成分	沿着十次轴方向的周期 c	热力学稳定性	晶体近似相	参考文献
$Al_{71.8}Ni_{12.7}Co_{15.5}$ (730~900℃) (Ⅱ型)	8Å	稳定	$Al_{13}Co_4$	Ritsch (1996)
$Al_{72.9}Ni_{10.4}Co_{16.7}$ (bCo型)	8Å	稳定	$Al_{13}Co_4$	Ritsch (1996); Ritsch, et al. (1996a); Schall, et al. (2001)
$Al_{72.2}Ni_{10}Co_{17.8}$ (600~1000℃) (bCo型)	8Å	稳定	$Al_{13}Co_4$	Ritsch (1996)
$Al_{70}Co_{20-x}Ni_{10+x}$ ($x=0\sim10$)		稳定	$Al_{13}Co_4$	Tsai (1999)
$Al_{75}Ni_{15}Ru_{10}$	4Å, 16Å	稳定		Sun, Hiraga (2002)
Al_5Ir	16Å		Al_3Ir	Ma, et al. (1988)
Al_5Pd	16Å		Al_3Pd	
Al_5Pt	16Å		Al_3Pt	
Al_5Ru	16Å		$Al_{13}Ru_4$	Bancel et al. (1985)
Al_5Os	16Å		$Al_{13}Os_4$	Kuo (1987)
Al_5Rh	16Å		Al_9Rh_2	Wang, Kuo (1988)
Al_4Fe	16Å		$Al_{13}Fe_4$	Fung et al. (1986)
Al_4Ni	4Å			Li and Kuo (1988)
$Al_6Ni(Si)$	16Å		$Al_9(Ni,Si)_2$	Li and Kuo (1988, 1993)
$Al_{77.5}Co_{22.5}$	16Å		$Al_{13}Co_4$	Dong, Li, Kuo (1987)
$Al_{10}Co_4$	8Å	稳定	$Al_{13}Co_4$	Ma & Kuo (1994)

续表

化学成分	沿着十次轴方向的周期 c	热力学稳定性	晶体近似相	参考文献
Al_4Mn	12Å		$Al_{11}Mn_4$ μ-Al_4Mn	Bendelsky L, (1985) Shoemaker, et al. (1989) Steurer (1991)
Al-TM (TM = Mn, Co Fe, Pd)				Tsai (1999)
$Al_{79}Fe_{2.6}Mn_{19.4}$	12Å			Ma, Stern (1987)
$Al_{70}Ni_{15}Rh_{15}$	4Å	稳定	$Al_{13}Co_4$ $Al_{13}Co_4$	Tsai et al. (1989b)
$Al_{65}Cu_{15}Rh_{20}$	4Å	稳定		
$Al_{70}Ni_{10+x}Fe_{20-x}$ ($x=0\sim10$)				Saito, et al. 1992; Tsuda, et al. 1993; Tanaka, et al. 1993
$Al_{71}Ni_{24}Fe_5$	4Å	稳定	$Al_{13}Co_4$	Lemmerz et al. (1989a)
$Al_{75}Cu_{10}Ni_{15}$	4Å			
$Al_{72}Cr_{16}Cu_{12}$	36Å			Okabe et al. (1992)
$Al_{65}Cu_{20}Fe_8Cr_7$	12Å		$Al_{13}Fe_4$	Liu et al. (1992)
$Al_{74}Pd_{21}Mg_5$	16Å		Al_3Pd	Koshikawa et al. (1993)
$Al_{70.5}Pd_{13}Mn_{16.5}$		稳定	μ-Al_4Mn	Steurer et al. (1994)
$Al_{70}Pd_{13}Mn_{17}$		稳定		Tsi (1999)

续表

化学成分	沿着十次轴方向的周期 c	热力学稳定性	晶体近似相	参考文献
$Al_{80}Pd_{10}Fe_{10}$	16Å	稳定	$Al_{13}Fe_4$	Tsi et al.(1991a)
$AL_{80}Pd_{10}Ru_{10}$	16Å	稳定	$Al_{13}Fe_4$	
$Al_{80}Pd_{10}Os_{10}$	16 Å	稳定	$Al_{13}Fe_4$	
Al_{75} Pd_{15} TM_{10} (TM = Fe, Ru, Os)		稳定		Tsai (1999)
V-Ni-Si				Fung et al. (1986)
ZnMgDy				Sato et al. (1997)
Zn-Mg-RE (RE = Y, Gd, Tb, Dy, Ho, Lu)				Tsai (1999)
Zn_{60} Mg_{38} RE_2 (RE = Y, Gd, Tb, Dy, Ho, Lu)		稳定		Tsai (1999)
Ga_6Mn_5	12Å		Ga_7Mn_5	Wu & Kuo (1997); Wu et al. (1998); Wu et al. (1999); Wu & Kuo (2000)
Ga_7Mn_6				
Ga_7Mn_5				
$Ga_{46}Fe_{23}Cu_{23}Si_8$				Ge & Kuo,(1997); Wu et al. (1999)
$Ga_{50}Co_{25}Cu_{25}$				
$Ga_{46}V_{23}Ni_{23}Si_8$				

续表

化学成分	沿着十次轴方向的周期 c	热力学稳定性	晶体近似相	参考文献
$Fe_{52}Nb_{18}$	4Å		Zr_4Al_3	He et al. (1990)
$Fe_{60}Nb_{40}$				Tsai (1999)

2.十二次准晶　除 Ta_xTe 相可能是稳定的十二次准晶之外，其他已经发现的十二次准晶都是亚稳的，见表 1.4，其中亚稳的 V_3Ni_2 和 $V_{15}Ni_{10}Si$ 十二次准晶同 σ-CrFe 相在原子结构上具有密切的联系，σ-CrFe 相的点阵常数 $c=4.544$Å 对应于这两种十二次准晶沿着十二次轴方向的周期.

表 1.4　实验上已经发现的十二次准晶

化学成分	沿着十二次轴方向的周期 c/Å	近似相	参考文献
$Cr_{70.6}Ni_{29.4}$			Ishimasa et al. (1985,1988)
V_3Ni_2	4.5Å		Chen et al. (1988)
$V_{15}Ni_{10}Si$	4.5Å		Chen et al. (1988)
$Ta_{63}Te_{37}$	20.7Å	四方 t1： $a=27.587$Å, $c=20.548$Å; 四方 t2： $a=37.588$Å, $c=20.662$Å	Krumeich et al. (1993, 1994)
$Ta_{62}Te_{38}$		六角	Uchida, Horiuchi (1998,2000)

续表

化学成分	沿着十二次轴方向的周期 c/Å	近似相	参考文献
$(Ta,V)_{61.5}Te_{38.5}$	10.3Å	$(Ta,V)_{61.8}Te_{38.2}$，六角 P6mm，$a=19.5$Å，$c=10.3$Å	Conrad et al. (2000) 和 Krumeich et al. (2000)

3. 八次准晶　实验上发现的八次准晶都是亚稳的，见表 1.5. 这些亚稳的八次准晶同 β-Mn 相在原子结构上具有密切的联系，β-Mn 相的点阵常数 $a=6.315$Å 对应于八次准晶沿着八次轴方向的周期.

表 1.5　实验上已经发现的八次准晶

化学成分	沿着八次轴方向的周期 c/Å	参考文献
$Ni_{10}SiV_{15}$	6.3Å	Wang et al. (1987)
$Cr_5Ni_3Si_2$	6.3Å	
Mn_4Si	6.2Å	Cao et al. (1988)
$Mn_{82}Si_{15}Al_3$	6.2Å	Wang et al. (1988)
Fe-Mn-Si		Wang & Kuo (1988)

4. 五次准晶　实验上已经发现的五次准晶见表 1.6. 必须强调指出，五次准晶的点群属于 Laue 类 $\bar{5}$ 和 $\bar{5}m$，十次准晶的点群属于 Laue 类$\frac{10}{m}$和$\frac{10}{m}mm$. 点群为$\overline{10}m2=\frac{5}{m}m2$ 的准晶属于 Laue 类$\frac{10}{m}mm$，应该属于十次准晶，而不是五次准晶. 我们认为，蔡安邦 (1999)，Ranganathan 等 (1997)把这样的准晶归类为五次准晶是不妥当的.

表 1.6 实验上已经发现的五次准晶

化学成分	制备方法	沿着五次轴方向的周期	晶体近似相	参考文献
$Al_{70}Co_{15}Ni_{10}Tb_5$	快速凝固	4Å	Ortho. ($a=61$Å, $b=4$Å, $c=84$Å)	Li et al. (1996)
$Al_{70}Co_{15}Ni_{10}Tb_5$	快速凝固	4Å	Ortho. ($a=61$Å. $b=4$Å, $c=84$Å)	Li & Hiraga (1996)
$Al_{63.6}Cu_{24.5}Fe_{11.9}$	710℃退火	52.31Å		Bancel (1993)
$Al_{60.3}Cu_{30}Fe_{9.7}$	708℃退火	84.49Å		Quiquandon et al. (1996)
$Al_{71.5}Co_{25.5}Ni_3$	1160℃退火	8.2Å		Ritsch et al. (1999)
$Al_{72.7}Co_{19.3}Ni_8$ (高温五次准晶)	900～1020℃			Ritsch (1996) Ritsch et al. (1998)
$Al_{72.7}Co_{19.3}Ni_8$	600～860℃			

1.1.3 一维准晶

所谓一维准晶指的是三维物理空间的材料，其中的原子有二维是周期分布的，另外一维才是准周期地分布的．表 1．7 中列举的一维准晶都是把二维晶体按照 Fibonacci 序列堆垛而成．通过引入合适的线性相位子应变，使十次准晶中的某一个准周期方向转变成周期的，则此十次准晶就转变成了一维准晶．例如，杨文革、桂嘉年和王仁卉(1996)观察到，从表 1．3 中所列举的十次准晶 $Al_{65}Cu_{20}Mn_{15}$ 和 $Al_{65}Cu_{20}Fe_{15}$ 出发，沿十次准晶的一个 $A2P$ 二次轴方向引入参量 α 分别为 $\alpha_1=\tau^{-6}=0.0557$，$\alpha_2=-\tau^{-6}=-0.0557$ 和 $\alpha_3=-\tau^{-8}=-0.0213$ 的线性相位子应变，则此十次准晶就转变成表 1.7 所列举的点阵常数分别为 $a_1 = 18.4\text{Å}$, $c_1 = 12\text{Å}$; $a_2 = 41.4\text{Å}$, $c_2 = 12\text{Å}$; 和 $a_3 = 29.9\text{Å}$, $c_3 = 12\text{Å}$的一维准晶 $Al_{65}Cu_{20}Fe_{10}Mn_5$. 一维准晶也可以用分子束外延的方法,让两种不同的晶体薄片按照 Fibonacci 序列生长,由人工制造出来.

表 1.7 实验上已经发现或制备出的一维准晶

化学成分	制备方法	热力学稳定性	点阵常数	参考文献
GaAs-AlAs	人工合成			Merlin et al. (1985)
GaAs-AlAs	人工合成			Todd et al. (1986)
Mo-V	人工合成			Karkut et al. (1986)
GaAs-AlAs; $GaAs\text{-}Al_{0.5}Ga_{0.5}As$	人工合成			Hu et al. (1986); Chen et al. (1987; 1989)
Nb-Cu; $aSi\text{-}aSiN_x$	人工合成			Feng et al. (1987)
Al-Pd; Al-Cu-(Ni)				Chattopadhyay et al. (1987)
$Al_{80}Ni_{14}Si_6$; $Al_{65}Cu_{20}Co_{15}$; $Al_{65}Cu_{20}Mn_{15}$				He et al. (1988a); Zhang and Kuo (1990a); Zhang and Kuo (1990b)
$Al_{75}Fe_{10}Pd_{15}$		稳定		Tsai et al. (1992b)

续表

化学成分	制备方法	热力学稳定性	点阵常数	参考文献
$Al_{65}Cu_{20}Fe_{10}Mn_5$	铸锭在880℃退火	稳定	$a_1=18.4$Å, $c_1=12$Å $a_2=41.4$Å, $c_2=12$Å $a_3=29.9$Å, $c_3=12$Å	Tsai et al. (1992a); Yang et al. (1996)
$Al_{71.2}Co_{18-22}Ni_{6.8-10.8}$	在900℃以上退火			Ritsch (1996); Ritsch et al. (1998).

§1.2 稳定准晶的平衡相图

从表1.1至表1.7可知,18年来发现的准晶合金共约有200种,其中有70种是稳定准晶. 在这些准晶中大多是Al基合金,但也有Ga基、Ti基、Ti-Zr基、Zn-Mg基、Mg-Zn基、Cd基合金、Ag-In基合金等. 而且新的准晶不断被发现,说明准晶的存在不是偶然的、个别的现象,准晶的确是凝聚态物质大家族中的一员,值得深入研究.

为了深入了解准晶生长的机制,并制备出大的准晶单晶,已经对某些稳定准晶的合金相图进行了深入的研究. 现将若干初步结果概述如下.

1.2.1 Al-Li-Cu合金

Al-Li-Cu合金是最早发现有稳定的二十面体准晶的合金系,对其相图研究得比较充分. 图1.1示出的是Al-Li-Cu合金相图的Al_xLi_3Cu截面的一部分($4.0<x<10.0$). 其中二十面体准晶

(Ⅰ)的成分是 $Al_{5.1}Li_3Cu$. 二十面体准晶的晶体近似相是 R 相,成分是 $Al_{4.8}Li_3Cu$,熔点为 910K. 化学成分为二十面体准晶的熔体(L),冷却到 $T_R \approx 900K$ 时,首先析出其晶体近似相 R 相. 继续冷却到 $T_m \approx 884$ K 时发生包晶反应 L + R-$Al_{4.8}Li_3Cu \rightarrow$ Ⅰ-$Al_{5.1}Li_3Cu$,从而生成二十面体准晶 Ⅰ 相. 发生包晶反应的熔体的化学成分范围是 $Al_{4.8}Li_3Cu$-$Al_{6.1}Li_3Cu$. 当 Al_xLi_3Cu 合金中 Al 的成分 $x>5.1$ 时,二十面体准晶与 Al 固溶体平衡共存.

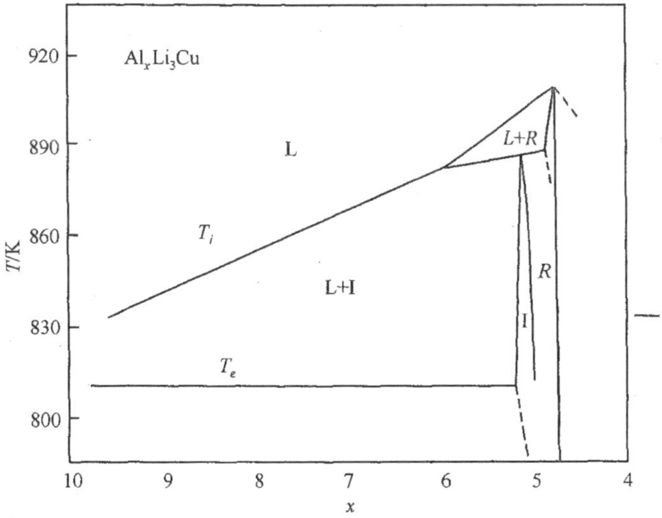

图 1.1 Al-Li-Cu 合金相图的 Al_xLi_3Cu 截面的一部分($4.0 < x < 10.0$)
(取自蔡安邦,1999)

1.2.2 Al-Cu-Fe 合金

早在 1939 年,Bradley 和 Goldschmidt(1939)就已经研究了 Al-Cu-Fe 合金系的相图. 当时有一个结构未知的 ψ 相,1987 年蔡安邦在 Al-Cu-Fe 合金中发现了二十面体准晶之后,人们才知道 ψ 相就是二十面体准晶. El-Boragy 等(1972)测定了 η_2-AlCu 相和 ε_2-Cu_3Al_2

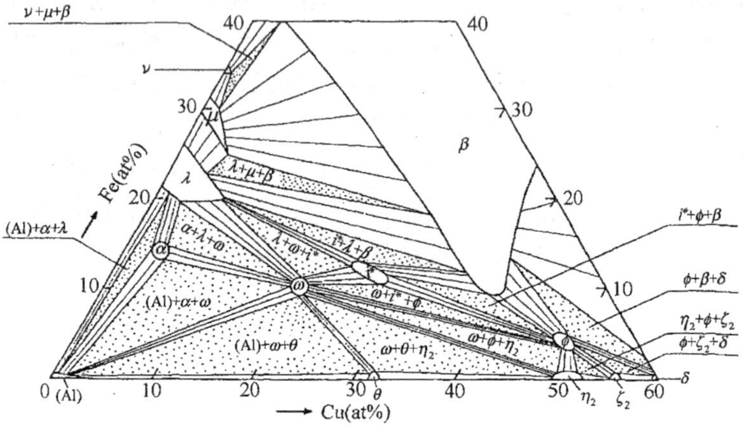

图 1.2 Al-Cu-Fe 合金相图的固相投影图

(取自 Faudot,1993)

的晶体结构,发现它们都可以描述成空位有序的 B2 结构.

Bancel(1991), Gayle et al. (1992), Gayle (1992), Faudot (1993), Quiquandon 等(1996)等对于在二十面体准晶附近的 Al-Cu-Fe 合金相图进行了深入系统的研究. 董闯等(Dong, et al. 1998, 2000),张利明等(Zhang and Lueck, 2002, 2003),武汉大学准晶研究组(张瑞康等,1999; Gui, et al. 2001; 赵东山等,2002; Zhao, et al. 2003)近年来也开展了有关 Al-Cu-Fe 合金凝固过程和二十面体准晶 $Al_{62.5}Cu_{25}Fe_{12.5}$的生成过程研究. 这些研究也涉及到 Al-Cu-Fe 合金相图. 图 1.2 示出的是 Al-Cu-Fe 合金相图的固相投影图,图中标出了二十面体准晶及其邻近的合金相,其中 i 代表二十面体准晶及其近似相. 图 1.3 示出的是 Al-Cu-Fe 合金相图的 700℃ 等温截面图的一部分,标出完整的二十面体准晶及其近似相:五次准晶 P1,菱面体相 R,正交相 O. 图中化学成分为 $Al_{60.3}Cu_{30}Fe_{9.7}$的标为 O 的正交相,在 708℃ 退火时转变成五次准晶 P2. 表 1.8 列举了与二十面体准晶有关的合金相的名称、空间群、点阵常数和化学成分.

表 1.8 Al-Cu-Fe 合金系中与二十面体准晶有关的合金相的名称、空间群、点阵常数和化学成分

合金相的名称	空间群	点阵常数/Å	化学成分
I 相(二十面体准晶)	$Fm\bar{3}\bar{5}$	$4.46\times\sqrt{2}=6.31$	$Al_{62.5}Cu_{25}Fe_{12.5}$
P1 相(五次准晶)	$\bar{5}m$	$c=52.31$	$Al_{63.6}Cu_{24.5}Fe_{11.9}$
P2 相(五次准晶)	$\bar{5}m$	$c=84.49$	$Al_{60.3}Cu_{30}Fe_{9.7}$
R 相(菱面体相)	$R\bar{3}m$	$a_R=32.14, \alpha=36°$	$Al_{62.5}Cu_{26.5}Fe_{11}$
O 相(正交相)	$Immm$	$a=32.16,\ b=116.34,$ $c=19.85$	$Al_{60.3}Cu_{30}Fe_{9.7}$
λ-$Al_{13}Fe_4$ 相	$C2/m$	$a=15.492,\ b=8.078,$ $c=12.471, \beta=107.69°$	$Al_{73}Cu_5Fe_{22}$
β-Al(Fe,Cu)相	$Pm\bar{3}m$	2.91	$Al_1(Fe_xCu_{1-x})_1,$ $X\geqslant0.2$
φ-$Al_{10}Cu_{10}Fe_1$ 相			$Al_{10}Cu_{10}Fe_1$ $(Al_{47.6}Cu_{47.6}Fe_{4.8})$
ω-Al_7Cu_2Fe 相	$P4/mnc$	$a=6.336, c=14.870$	Al_7Cu_2Fe
θ-Al_2Cu 相	$I4/mcm$	$a=6.063,\ c=4.872$	Al_2Cu
η_2-AlCu 相	$C2/m$	$a=12.066, b=4.105,$ $c=6.913, \beta=55.04°$	$Al_{50.2\sim47.7}Cu_{49.8\sim52.3}$
ζ_2-Al_3Cu_4	单斜(?)	$a=7.07, b=4.08,$ $c=10.02, \beta=90.63°$	$Al_{44.8\sim43.7}Cu_{55.2\sim56.3}$
ε_2-Cu_3Al_2	$P6_3/mmc$	$A=4.146, c=5.063$	$Cu_{55.0\sim61.1}Al_{45.0\sim38.9}$
τ_3-Al_3Cu_2	$P\bar{3}ml$	$A=4.106, c=5.094$	$Al_{60}Cu_{40}$
π-$Al_{56.5}Cu_{42}Fe_{1.5}$			

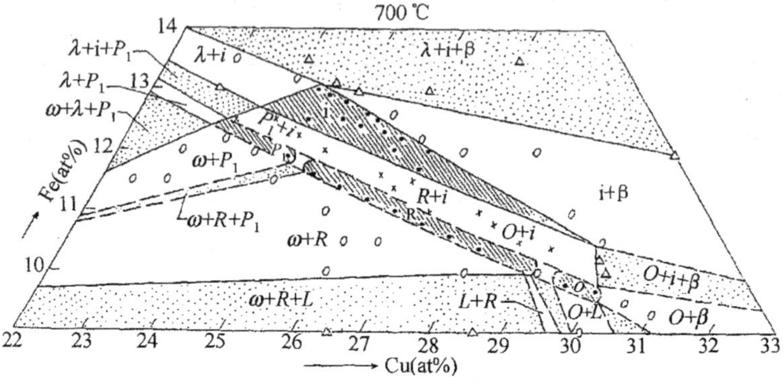

图 1.3　Al-Cu-Fe 合金相图的 700℃ 等温截面图的一部分，标出完整的二十面体准晶及其近似相.（取自 Quiquandon, et al. , 1996）

图 1.4 示出的是 Al-Cu-Fe 合金相图中与生成二十面体准晶有关的液相面的交线的投影图. 这图是在 Gayle et al.（1992），Faudot(1993)和张利明等(Zhang, et al. 2002, 2003)的工作的基础上、按照我们自己的最近的研究(Gui, et al. 2001; Zhao, et al. 2003)而作出的. 图中三条线的交点上都是四相平衡点. 例如，在 P_1 点 L 相(液相)、λ 相、β 相与 Ⅰ 相四相平衡. 即，降温到 860℃，液相与 λ 相、β 相包晶反应生成 Ⅰ 相(二十面体准晶)如下：

$$L+\lambda+\beta\rightarrow \mathrm{I}.$$

又如，在 E_2 点 L 相(液相)、η 相、θ 相与 ω 相四相平衡. 即，降温到 565℃ 时，发生液相转变成 η 相、θ 相与 ω 相的共晶反应如下；

$$L\rightarrow \eta+\theta+\omega$$

又如，在 U_4 点液相、λ 相、ω 相与 Ⅰ 相四相平衡. 即，降温到 725℃ 时，发生包共晶反应

$$L+\lambda\rightarrow \omega+\mathrm{I},$$

液相和 λ 相转变成 ω 相与 Ⅰ 相. 表 1.9 列举了图 1.4 中所示各四相平衡点的温度、反应的类别和有关四相的名称和反应.

在液相面的交线的投影图中每条线都代表三相平衡. 例如，P_1 与 U_4 两点的连接线上 L 相、λ 相与 Ⅰ 相三相平衡，L 相与 λ

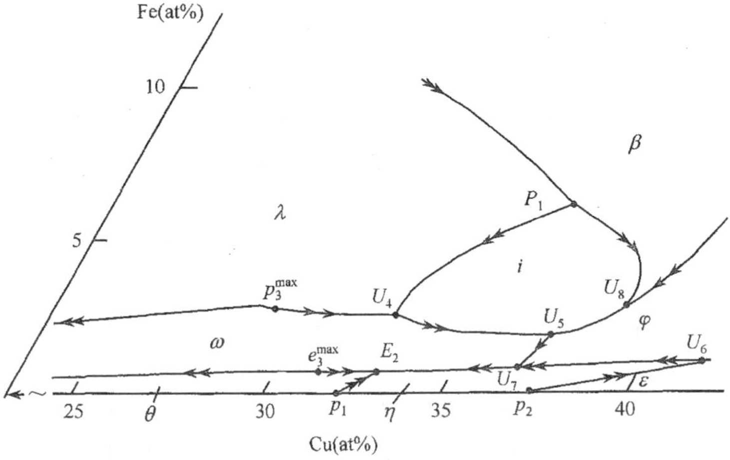

图 1.4 Al-Cu-Fe 合金相图的液相面的交线的投影图
(取自 Faudot 1993;Zhang et al. 2003;Zhao et al. 2003)

表 1.9 图 1.4 中所示各四相平衡点的温度、反应的类别以及有关四相的名称和反应

四相平衡点	四相平衡点的温度	反应的类别	有关四相的名称和反应
E_2	565℃	共晶反应	$L \leftrightarrow \omega + \theta + \eta$
P_1	860～882℃	包晶反应	$L + \lambda + \beta \leftrightarrow$ I
U_4	725～740℃	包共晶反应	$L + \lambda \leftrightarrow$ I $+ \omega$
U_5	695℃	包共晶反应	L + I $\leftrightarrow \varphi + \omega$
U_6	620℃	包共晶反应	$L + \varepsilon \leftrightarrow \eta + \varphi$
U_7	594℃	包共晶反应	$L + \varphi \leftrightarrow \eta + \omega$
U_8		包共晶反应	$L + \beta \leftrightarrow \phi$ + I

相包晶反应生成二十面体准晶. 图中线与线之间的区域则代表两相平衡. 例如,图中标有 λ 的很大一个成分范围都是 λ 相与液相之间的平衡. 当温度降到液相面时,由液相析出 λ 相. 又如,图中 P_1U_4 线, U_4U_5 线,P_1U_8 线和 U_8U_5 线之间的范围标有I,表示I相与液相之间的平衡. 当温度降到液相面时,由液相析出I相.

在恒定的压强(通常是大气压)下,三元相图有 3 个变量,即温度和两组元的含量．因此，为了用平面图描述三元相图，除了采用液相面投影图和等温截面图之外，还需要用垂直截面图．图 1.5 和图 1.6 所示出的就是 Al-Cu-Fe 合金相图的两个垂直截面图．其中图 1.5 示出电子浓度比为 1.86 的垂直截面图，图 1.6 则示出成分为 $Al_{61}Cu_{39}$ 到 $Al_{62.5}Cu_{17.5}Fe_{20}$ 的垂直截面图，此图可指导用提拉法生长准单晶．

根据 Quiquandon 等(1996)对于在二十面体准晶附近的相图进行的深入系统的研究，五次准晶 P1，菱面体相 R，正交相 O 以及五次准晶 P2 的晶体结构，都可以通过在二十面体准晶中引入适当的线性相位子应变来描述．图 1.3 中电子浓度值为 $e/a = 1.78$ (Al，Cu 和 Fe 的价电子数分别为 3，1 和 -2.66)的、成分从 $Al_{63}Cu_{24}Fe_{13}$ 到 $Al_{60.5}Cu_{28.5}Fe_{11}$ 的长条形区域，二十面体准晶一直到很低的温度都是稳定的．电子浓度值为 $e/a = 1.84$ 的、成分从 $Al_{63.6}Cu_{24.5}Fe_{11.9}$ 到 $Al_{60.3}Cu_{30}Fe_{9.7}$ 的长条形区域，则二十面体准晶或者它的某种近似相是稳定的，视温度和成分而定．成分为 $Al_{63.6}Cu_{24.5}Fe_{11.9}$ 的五次准晶在 710℃ 附近很窄温度范围内是稳定的，700℃ 以下转变为菱面体 R 相，735℃ 以上转变为二十面体准晶．成分从 $Al_{63.4}Cu_{25}Fe_{11.6}$ 到 $Al_{61.6}Cu_{28}Fe_{10.4}$ 的菱面体 R 相在低温是稳定相，温度升高到 735℃ 以上转变成二十面体准晶．成分为 $Al_{60.3}Cu_{30}Fe_{9.7}$ 合金的稳定相在 680℃ 以下是菱面体 R 相，在 690℃ 到 705℃ 温度区间正交的 O 相是稳定相，在 708℃ 到 710℃ 温度范围内退火可观察到五次准晶 P_2．当温度高于 715℃，二十面体准晶是稳定相．总之，电子浓度值为 $e/a = 1.78$ 的、成分从 $Al_{63}Cu_{24}Fe_{13}$ 到 $Al_{60.5}Cu_{28.5}Fe_{11}$ 的长条形区域，二十面体准晶从凝固点一直到很低的温度都是稳定的．在电子浓度值为 $e/a = 1.84$ 的、成分从 $Al_{63.6}Cu_{24.5}Fe_{11.9}$ 到 $Al_{60.3}Cu_{30}Fe_{9.7}$ 的长条形的区域，在 680℃ 以下的低温，菱面体 R 相是稳定的．当温度高于 735℃ 时，它们都转变成二十面体准晶．稳定的二十面体准晶在 740℃ 温度下成分范围最宽．

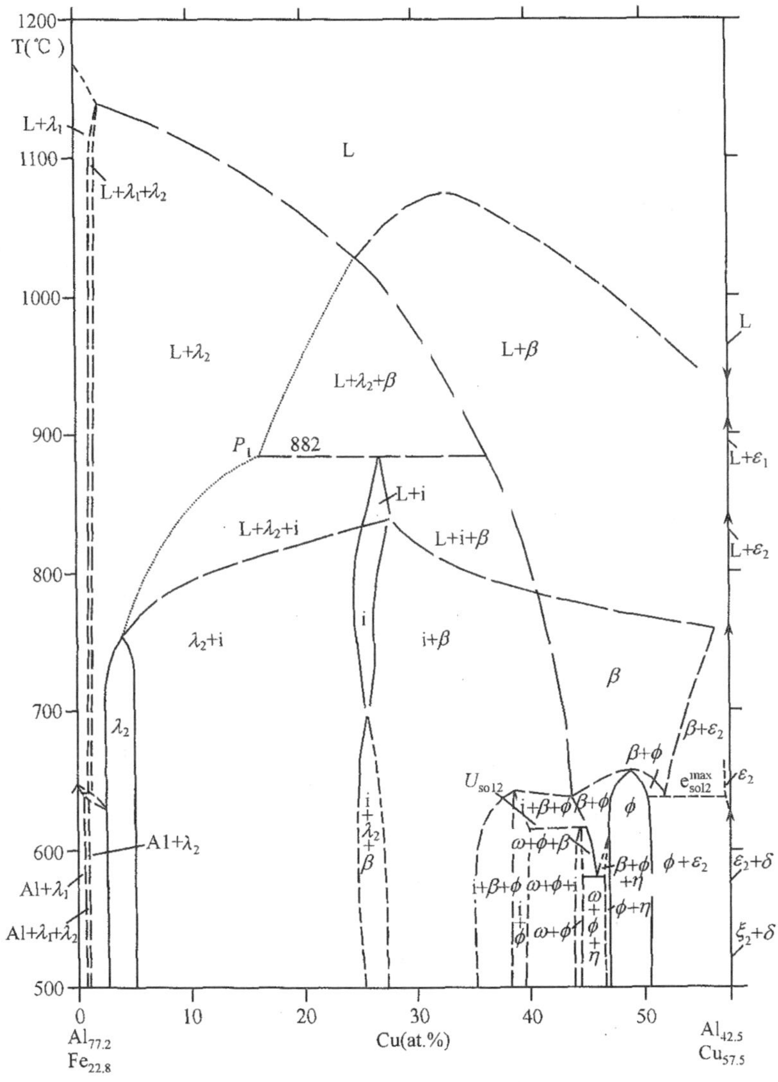

图 1.5　Al-Cu-Fe 合金相图电子浓度为 1.86 的截面图(取自 Zhang, Lück,2003)

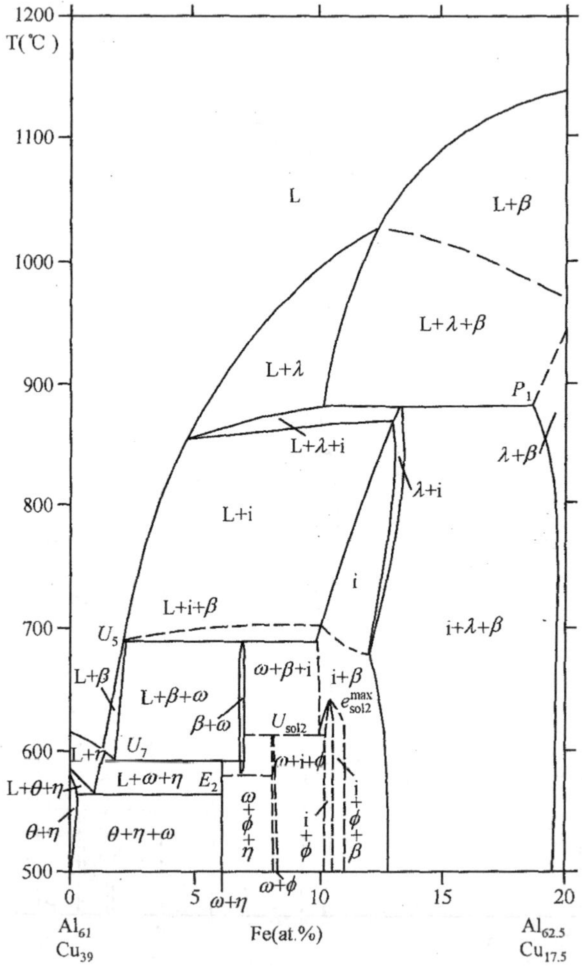

图 1.6 Al-Cu-Fe 合金相图的含成分为 $Al_{61}Cu_{39}$ 到 $Al_{62.5}Cu_{17.5}Fe_{20}$ 的垂直截面图

（取自 Zhang，Lück，2003）

1.2.3 Al-Pd-Mn 合金

由于可以制备出高纯度、高完整性、大颗粒的二十面体准晶单晶，Al-Pd-Mn 合金相图已被研究得很充分（Yokoyama, et al. 1991b; Audier, et al. 1993; Goedecke and Lueck, 1995）. 图 1.7 示出的是 Al-Pd-Mn 合金相图的 600℃ 等温截面图，图中标出了二十面体准晶(I)、十次准晶(D)及其邻近的合金相，包括成分约为 Al_2Mn 的 γ_1 相，γ_2-Al_8Mn_5 相，$Al_{11}Mn_4$ 的高温相 H 相和低温相 R 相，μ-Al_4Mn 相，Al_6Mn，Al，ξ-Al_3(Pd, Mn) 相，δ-Al_3Pd_2 相和具有 CsCl(B2) 结构的 β-Al_{50}(Pd, Mn)$_{50}$ 相等等. 由图可见，二十

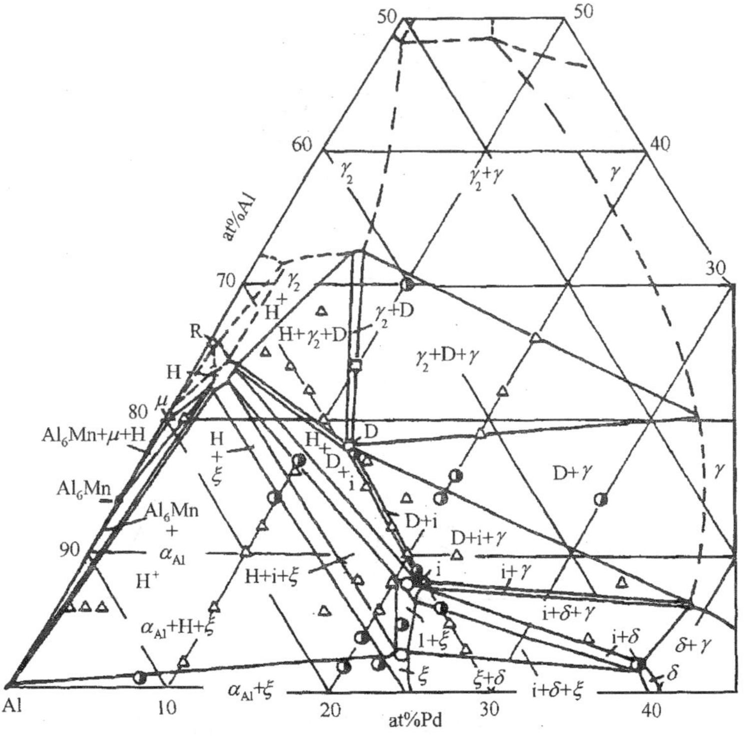

图 1.7 Al-Pd-Mn 合金相图的 600℃ 等温截面图（取自 Goedecke and Lueck, 1995）

面体准晶的成分约为 $Al_{71}Pd_{21}Mn_8$，十次准晶的成分约为 $Al_{69.8}Pd_{12.1}Mn_{18.1}$. 图 1.8 示出的是 Al-Pd-Mn 合金相图的液相面投影图，其中图 1.8(b)是通过长时间退火而得到的平衡态的液相面投影图，而图 1.8(a)则是以正常冷却速度而得到的亚稳的液相面投

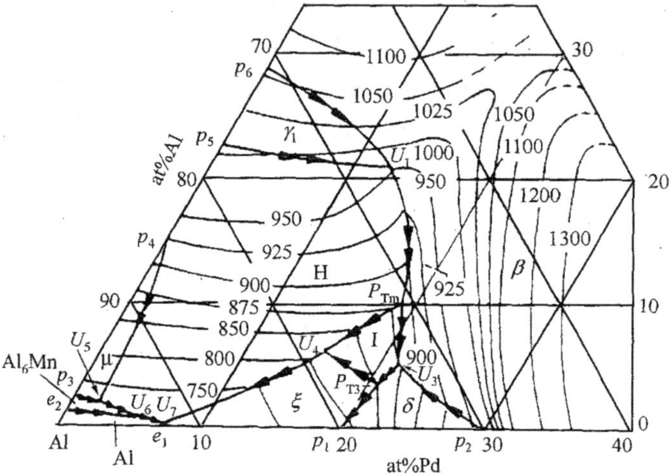

(a)

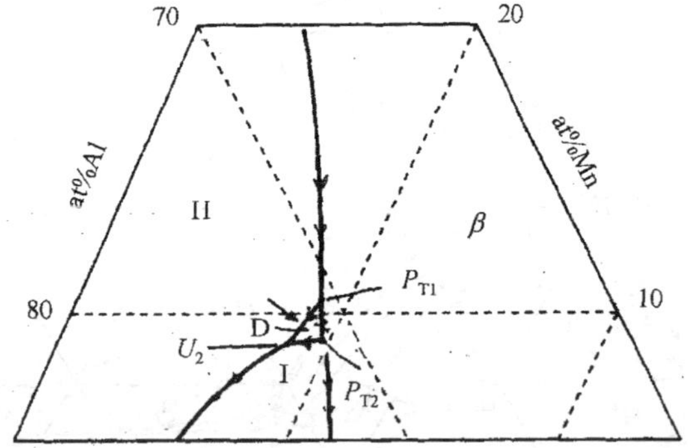

(b)

图 1.8 Al-Pd-Mn 合金相图的液相面投影图.（a)以正常冷却速度而得到的亚稳的液相面投影图;(b)通过长时间退火而得到的平衡态的液相面投影图（取自 Goedecke and Lueck, 1995)

影图．图 1.8 中示出的各四相平衡点的温度、反应的类别以及有关的反应列于表 1.10．图 1.9 示出了 Al-Pd-Mn 合金相图的 $Al_{70}Pd_xMn_{30-x}$ 截面图，在这个垂直截面图中包含了二十面体准晶和十次准晶(以及微量的 H 相)．

表 1.10　图 1.8 中各四相平衡点的温度、反应的类别以及有关的反应

四相平衡点	四相平衡点的温度	反应的类别	有关的反应
P_{T1}	896℃	包晶反应	$L+\beta+H \leftrightarrow D$
P_{T2}	893℃	包晶反应	$L+D+\beta \leftrightarrow I$
P_{Tm}	894-876℃	包晶反应	$L+H+\beta \leftrightarrow I$
P_{T3}	850℃	包晶反应	$L+I+\delta \leftrightarrow \varepsilon$
U_1	952℃	包共晶反应	$L+\gamma_1 \leftrightarrow \beta+H$
U_2	887℃	包共晶反应	$L+D \leftrightarrow H+I$
U_3	867℃	包共晶反应	$L+\beta \leftrightarrow I+\delta$
U_4	832℃	包共晶反应	$L+I \leftrightarrow H+\varepsilon$
U_5	647℃	包共晶反应	$L+\mu \leftrightarrow Al_6Mn+H$
U_6	626℃	包共晶反应	$L+Al_6Mn \leftrightarrow Al+H$
U_7	618℃	包共晶反应	$L+H \leftrightarrow Al+\varepsilon$

1.2.4　Zn-Mg-Y 合金

早在准晶发现之前，就已经研究了 Zn-Mg-Y 合金系的相图．当时有一个成分为 Zn_6Mg_3Y 的结构未知的相，现在发现它就是二十面体准晶．还有报道说二十面体准晶的成分是 $Zn_{56}Mg_{36}Y_8$ 和 $Zn_{56.8}Mg_{34.5}RE_{8.7}$，这里 RE 代表 La 系稀土元素．可见 Zn-Mg-Y 二十面体准晶的成分中 Y 的范围比较窄，为 8～10at%，而 Zn 和 Mg 则可以在较大的范围内互相置换．图 1.10 示出的是 Zn-Mg-Y

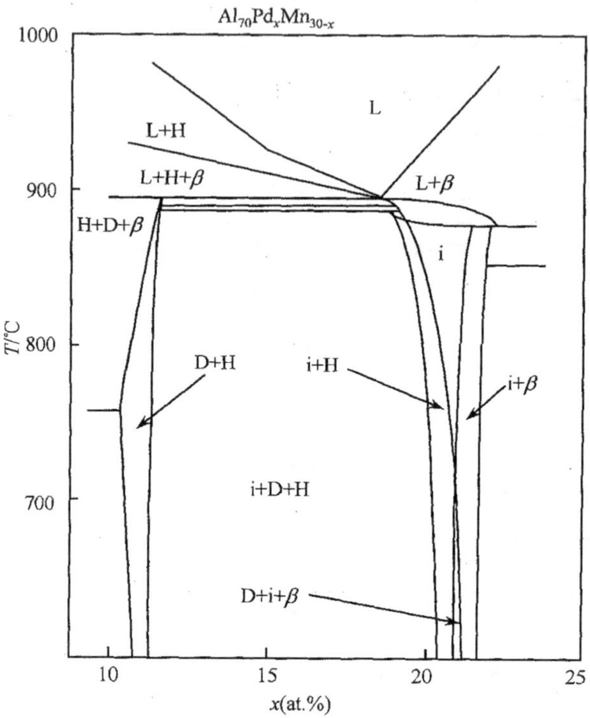

图 1.9 Al-Pd-Mn 合金相图的 $Al_{70}Pd_xMn_{30-x}$截面图(取自蔡安邦,1999)

合金相图的 $Zn_{60}Mg_{30-x}Y_x$ 截面图. 化学成分为 Zn_6Mg_3Y 的熔体在凝固过程中冷却到 960K 的温度后首先结晶出$(Zn,Mg)_5Y$ 晶体相,然后在 900K 温度下通过包晶反应 $L+(Zn,Mg)_5Y \rightarrow I$ 生成二十面体准晶. 当 Y 元素的含量较低时,例如化学成分为 $Zn_{60}Mg_{37}Y_3$ 的熔体,在冷却过程中首先结晶出二十面体准晶. 这种合金在 700～620K 温度范围退火两天,就在二十面体准晶与 Zn_3Mg_2 晶体之间的相界处析出十次准晶(D).

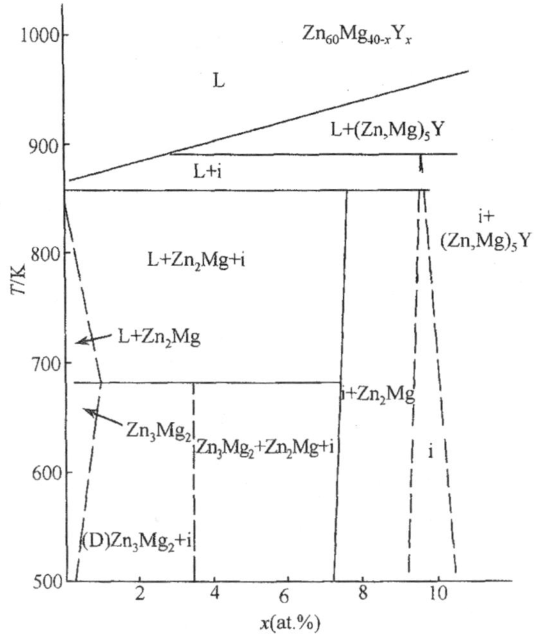

图 1.10　Zn-Mg-Y 合金相图的 $Zn_{60}Mg_{40-x}Y_x$ 截面图(取自蔡安邦,1999)

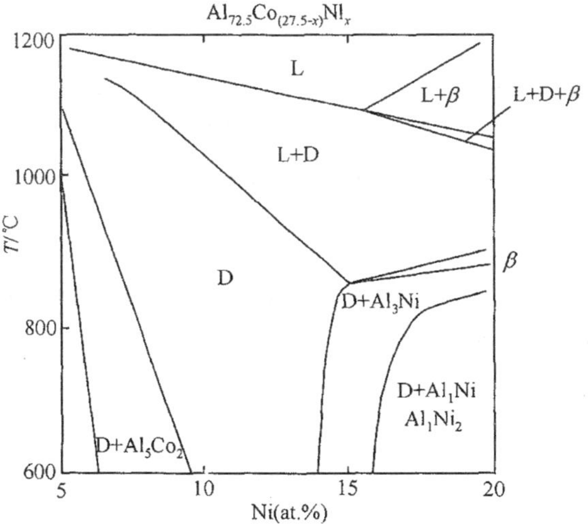

图 1.11　Al-Ni-Co 合金相图的 $Al_{72.5}Ni_xCo_{27.5-x}$垂直截面图(取自蔡安邦,1999)

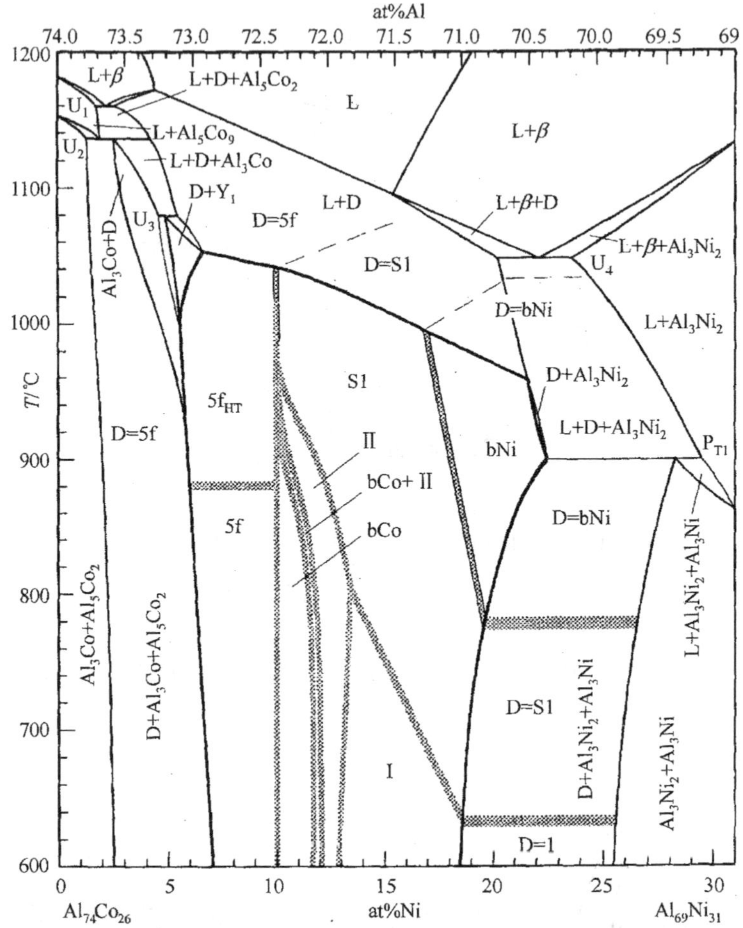

图 1.12 Al-Ni-Co 合金相图中沿着 $Al_{74}Co_{26}$-$Al_{69}Ni_{31}$ 成分线的垂直截面图，标出了不同结构的 bNi，Ⅰ，Ⅱ，S1 和 bCo 型十次准晶的分布(取自 Ritsch，et al.，1998)

1.2.5 Al-Ni-Co 合金

在 Al-Ni-Co 合金中，平均成分为 $Al_{72}Ni_{12}Co_{16}$ 的稳定的十次准晶有比较宽的成分范围. Goedecke 和 Ellner（1996，1997），

Goedecke 等(1997), Scheffer 等(1998), Ritsch(1996), 以及 Ritsch 等(1996a,1996b,1998,1999)已经系统地研究了 Al-Ni-Co 三元相图.图 1.11 示出 Al-Ni-Co 合金相图的 $Al_{72.5}Ni_xCo_{27.5-x}$垂直截面图.可见在 600℃ 温度下,十次准晶中 Ni 的含量为 9.5～13.5at%.在更高的温度下,Ni 的含量可为 7～15at%,范围更宽.对于这些成分,凝固过程中直接结晶出十次准晶.而且正如 1.1.2 节所述,不同成分的合金,在不同温度下退火后,可能生成不同结构的十次准晶,见图 1.12.

§1.3 准晶的凝固过程和晶形

1.3.1 稳定准晶的凝固过程

为了深入系统地研究准晶的物理性质、力学性能,为了能够采用标准的 X 射线晶体结构分析的方法研究准晶的原子结构,需要制备出大颗粒的准晶单晶.为此,需要对稳定准晶的凝固过程进行系统的研究.Al-Cu-Fe 和 Al-Pd-Mn 合金系的凝固过程研究得最为充分.武汉大学准晶研究组(张瑞康等,1999;Gui,et al.2001;赵东山等,2002; Zhao,et al.2003)和张利明等(Zhang,et al. 2003)近年来开展了有关 Al-Cu-Fe 合金凝固过程和二十面体准晶 $Al_{62.5}Cu_{25}Fe_{12.5}$的生成过程研究.初步的工作表明:Gayle,等(1992)和 Faudot(1993)给出的 Al-Cu-Fe 合金在二十面体准晶为初生相的近邻区的液相面交线投影图中的 β 相区应该分成 β 与 ϕ 两个相区,而且生成二十面体准晶的包晶反应($L+\lambda+\beta \rightarrow IQC$)点 P_1 应该向 Cu 含量较低,Fe 含量较高的方向移动(Zhang,et al. 2003; Zhao et al. 2003).图 1.4 和图 1.13 就是在 Gayle 等(1992)和 Faudot(1993)的工作的基础上,根据张利明等(Zhang,et al. 2002 和 2003)和武汉大学准晶研究组的新成果而作出的.

图 1.13 示出了 Al-Cu-Fe 合金与生成二十面体准晶有关的平衡凝固过程中的反应.从图 1.2、图 1.4 和图 1.13 可知,当熔体的

成分是二十面体准晶的成分 $Al_{62.5}Cu_{25}Fe_{12.5}$时，凝固过程中首先结晶出 λ-$Al_{13}Fe_4$ 相，剩余的熔体的成分向富铜方向改变.然后通过共晶反应 L→λ + β 结晶出 λ-$Al_{13}Fe_4$ 相和 β-$Al_{50}(Fe,Cu)_{50}$相，剩余的熔体的成分向 P_1 点改变. 最后在 P_1 点于 860℃通过包晶反应 L + λ + β→ Ⅰ 而生成二十面体准晶.

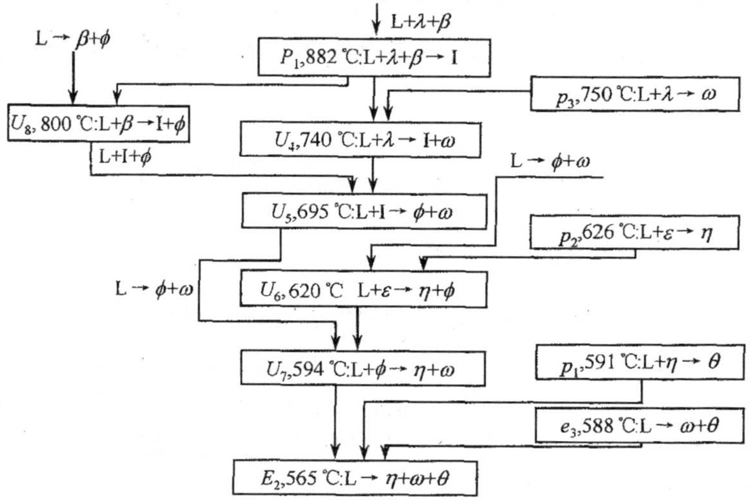

图 1.13 Al-Cu-Fe 合金与生成二十面体准晶有关的平衡凝固过程中的反应

为了从熔体直接结晶出稳定的成分为 $Al_{62.5}Cu_{25}Fe_{12.5}$的二十面体准晶，熔体的成分应处于图 1.4 中 P_1U_4 线，U_4U_5 线，U_5U_8 线和 U_8P_1 线之间的标有Ⅰ的范围内. 在结晶出稳定的二十面体准晶的过程中，剩余的熔体的成分向 U_4U_5 线或 U_5U_8 线移动. 在 U_4U_5 线上的熔体通过包晶反应 L + Ⅰ→ω 生成 ω 相，剩余熔体的成分向 U_5 点改变. 在 U_8U_5 线上的熔体则通过共晶反应 L→ϕ + I 生成 ϕ 相和二十面体准晶，剩余的熔体的成分向 U_5 点改变. 然后在 U_5 点于 695℃通过包共晶反应 L + Ⅰ→ϕ + ω 而生成 ϕ 相与 ω 相. 对比图 1.2 和图 1.4 可知，初生晶为 I 相的 Al-Cu-Fe 合金在平衡态由 θ-Al_2Cu 相、η-AlCu 相和 ω-Al_7Cu_2Fe 相 3 个相组成. 因此，如果冷却速度非常慢，在 U_5 点的包共晶反应 L

$+\ I \leftrightarrow \phi + \omega$ 将要进行到把 I 相消耗完为止. 然后剩余的熔体通过共晶反应 $L \rightarrow \phi + \omega$ 继续生成 ϕ 与 ω 相,同时剩余的熔体的温度不断降低,化学成分朝向 U_7 点改变. 然后在 U_7 点于 594℃通过包共晶反应 $L+\phi \rightarrow \eta + \omega$ 而生成 η 与 ω 相,直到把 ϕ 相消耗完. 接着,熔体通过共晶反应 $L \rightarrow \eta + \omega$ 继续生成 η 与 ω 相,同时剩余的熔体的温度不断降低,化学成分朝向 E_2 点改变. 最后在 E_2 点于 565℃通过共晶反应 $L \rightarrow \theta + \eta + \omega$ 而生成 θ, η 与 ω 相,直到把熔体消耗完为止.

图 1.14 示出了 Al-Pd-Mn 合金在不太慢的冷却速度下凝固过程中的反应,图 1.15 则是 Al-Pd-Mn 合金平衡凝固过程中的反应. 由图 1.7,图 1.8,图 1.9,图 1.14 和图 1.15 可见,成分为二十面体准晶 $Al_{71}Pd_{21}Mn_8$ 的熔体在凝固过程中首先结晶出 β-$Al_{50}(Pd,Mn)_{50}$相,同时剩余的熔体的成分向 P_{Tm}-U_3 线的方向改变. 然后再通过包晶反应 $L+\beta \rightarrow$ I 生成二十面体准晶(I). 为了从熔体直接结晶出稳定的二十面体准晶,熔体的成分应处于标有 I 的 P_{Tm}- U_3- P_{T3}- U_4- P_{Tm} 区域内. 这样的熔体,例如成分为 $Al_{74}Pd_{18}Mn_8$ 的熔体,在凝固过程中首先结晶出二十面体准晶,同时剩余的熔体的成分向 U_4 点的方向改变,因而结晶完毕之后试样中含有少量的 H 相和 ε 相.

类似地,成分为十次准晶 $Al_{69.8}Pd_{12.1}Mn_{18.1}$ 的熔体在凝固过程中首先结晶出 H 相,同时剩余的熔体的成分向 U_1-P_{Tm} 线的方向改变. 当熔体的成分到达 U_1-P_{Tm} 线之后,就通过共晶反应 $L \rightarrow H+\beta$ 而析出 H 相与 β 相. 下一步凝固过程视冷却速度而定. 当冷却速度不是非常慢时,按照图 1.8(a)和图 1.14, 熔体的成分向 P_{Tm} 点的方向改变,然后再通过包晶反应 $L + H + \beta \rightarrow$ I 生成二十面体准晶(I). 凝固过程结束后共有三个组成相:I, H 与 β 相,它们在 770℃时通过包析反应 $I + H + \beta \rightarrow D$ 生成十次准晶(D). 当冷却速度非常缓慢时,按照图 1.8(b)和图 1.15, 熔体的成分向 PT_1 点的方向改变,然后再在 896℃通过包晶反应 $L + H + \beta \rightarrow D$ 生成十次准晶(D).

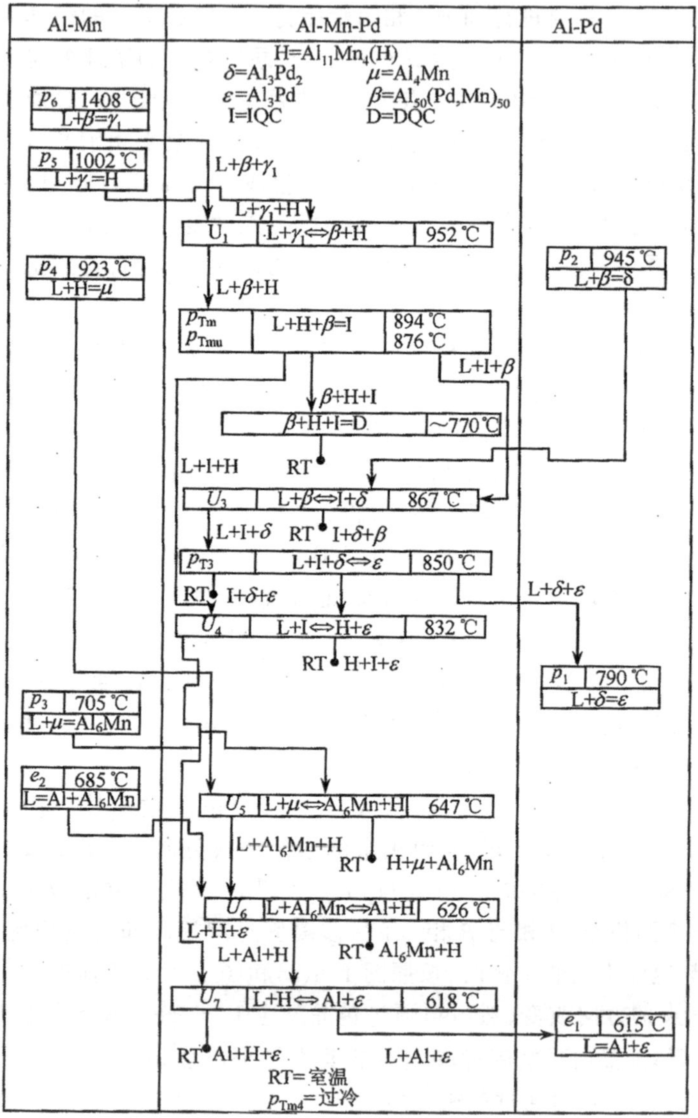

图 1.14　Al-Pd-Mn 合金在不太慢的冷却速度下凝固过程中的反应

（取自 Ritsch, et al., 1995，但有所简化）

为了从熔体直接结晶出稳定的十次准晶，熔体的成分应处于图 1. 8(b)中标有 D 的 P_{T1}- P_{T2}- U_2- P_{T1}区域内. 这样的熔体，例如成分为 $Al_{71.2}Pd_{18.5}Mn_{10.3}$的熔体，在非常缓慢的凝固过程中首先结晶出十次准晶，同时剩余的熔体的成分向 P_{T2}点以及 U_2 点的方向改变，在 896℃(P_{T2}点)通过包晶反应L + D + β→I 和/或在 887℃(U_2 点)通过包共晶反应 L + D→ H + I 而结晶出二十面体准晶(I)和 H 相，见图 1.15. 由于熔体的成分很接近二十面体准晶的成分，结晶完毕之后试样中含有大量的 I 相和少量的 H 相和 D 相. 如果冷却速度不太慢，则按照图 1.8(a)，H 相首先结晶，然后 H 相与 β 相共晶析出，最后在 P_{Tm}点通过包晶反应L + H + β→ I 而生成大量的二十面体准晶(I).

此外，如 1.2.1 节所述，化学成分为 $Al_{5.1}Li_3Cu$ 二十面体准晶的熔体(L)，冷却到 $T_R \approx 900K$ 时，首先析出其晶体近似相 R 相. 继续冷却到 $T_m \approx 884$ K 时发生包晶反应 L + R → I，从而生成二十面体准晶 I 相. 在 1.2.4 节中我们还提到，化学成分为 Zn_6Mg_3Y 的熔体在凝固过程中冷却到 960K 的温度后首先结晶出 $(Zn,Mg)_5Y$ 晶体相，然后在 900K 温度下通过包晶反应 L + $(Zn,Mg)_5Y$→I 生成二十面体准晶. 综上所述，从这四种合金系中的成分为稳定二十面体准晶的熔体，直接结晶的都是晶体相，二十面体准晶是通过包晶反应而生成的. 这一特点使得大颗粒准晶单晶的制备较为困难.

第一个尺寸达厘米量级的准晶单晶是用 Bridgman 法制备的 $Al_{5.1}Li_3Cu$ 二十面体准晶. 其关键是选择适当的熔体成分，即 Al_xLi_3Cu 中的 $x > 6.1$，当然也需要适当的温度梯度和生长速度，使得二十面体准晶，而不是 R 相，从熔体中生长. 这样得到的大颗粒准晶单晶的周围是共晶相. 准晶晶粒内部则含有大量的针孔和弥散的析出物. 这些准晶晶粒的衍射峰比较宽，说明结构的无序度较高. 在 Al-Pd-Mn 合金系中发现稳定准晶以后，准晶单晶的生长取得了重大的进展. 20 世纪 90 年代初已经用提拉法(czochralski method)和 Bridgman 法制备出直径约为 1cm，长度达

5cm 的，完整性很好的 $Al_{71}Pd_{21}Mn_8$ 二十面体准晶单晶．近年又报道了：(1)用 Bridgman 法制备出 Zn-Mg-Ho 二十面体准晶单晶；(2)用提拉法制得 Al-Cu-Fe 二十面体准晶单晶和 Al-Cu-Co 十次准晶单晶；(3)用熔体生长法(flux growth technique)生长出 Zn-Mg-RE 二十面体准晶单晶，Al-Ni-Co 十次准晶单晶，Al-Pd-Mn 二十面体准晶单晶，以及 ξ′-Al-Pd-Mn 近似相单晶．

1.3.2 快速凝固二十面体准晶的成核与生长

大量的准晶，特别是早期发现的准晶，在热力学上是亚稳的，需要用快速凝固的方法制备出来．Al-Mn 系快速凝固的二十面体准晶的成核与成长的过程研究得较为仔细，现将其主要的结果概述如下(Schaefer and Bendersky，1988)．从熔体制备亚稳的准晶通常需要高达 10^3 到 10^4 K/s 的冷却速度，以便抑制稳定相的析出．经典的金属玻璃也是快速凝固获得的，在快速凝固的过程中晶体相来不及成核和成长．这样的金属玻璃通常在深度共晶的成分下形成，在这些化学成分处没有稳定的晶体相，在平衡态下这种合金必须是两个或多个的成份大不相同的晶体相共存．因此，这些晶体的成核和成长需要扩散．这在快速冷却的条件下极其困难，故而生成金属玻璃．反之，在化学成分为相图的共晶处从未见到关于准晶相形成的报道．准晶的化学成分通常是在相图的包晶或一串包晶处，不同种类的原子之间有很强的交互作用，有形成金属间化合物的很强的趋势．当熔体中原子近邻关系与准晶中原子近邻关系相近时，快速凝固过程中准晶易于成核与成长，而经典的金属玻璃的形成则需要没有成核和成长的过程．对 Al-Mn 合金的系统的研究表明，虽然 Mn 在面心立方的 α-Al 中的平衡固溶度仅仅只有0.6at%，在快速凝固的 Al-Mn 合金中可以大到 7.5at%．因此，含量低于 7.5at% 的 Al-Mn 合金在快速凝固时形成过饱和的 Al(Mn)固溶体．当合金中的 Mn 含量更高时，如果冷却速度不很高，就会结晶出 Al_6Mn，$Al_{11}Mn_4$ 等金属间化合物晶体．如果冷却速度很快，就会形成准晶．

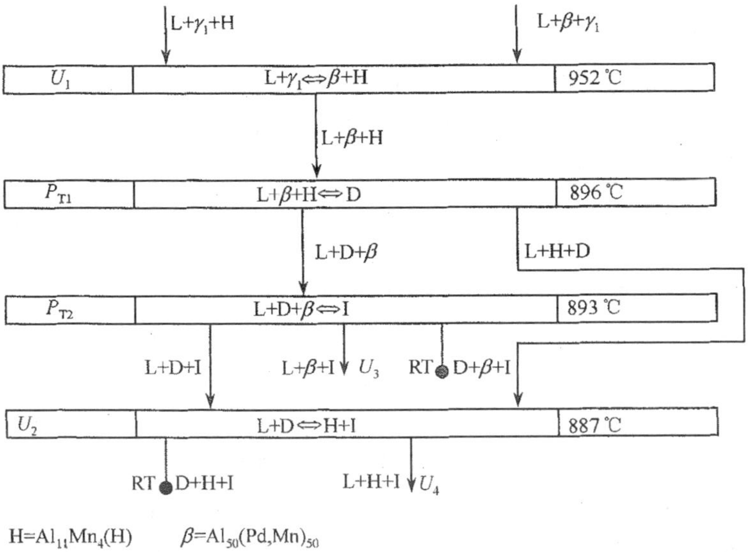

图 1.15　Al-Pd-Mn 合金平衡凝固过程中的反应
（取自 Ritsch, et al., 1995, 但有所简化）

此外，在低温形成的非经典的金属玻璃，通过加热或离子束激活，可以转变成准晶．实验上还观察到非晶合金在加热时首先转变成准晶，然后再转变成晶体相．还观察到晶体合金在时效过程中析出准晶的现象．详见综述性论文（Ranganathan and Chattopadhyay, 1991）．

1.3.3　准晶的晶体外形

在一定的条件下，晶体可能生成与其对称性相应的多面体形状（晶形）．这些多面体的面往往是表面能最低的面，或者它的法线方向生长速度最慢．在准晶中也观察到与其对称性相应的晶形．例如，Kortan 等（1989）在 Al-Li-Cu 合金中观察到菱形三十面体形状的二十面体准晶．菱形三十面体共有 30 个金刚石形状的表面，它们各垂直于一只二次轴．共有 32 个顶点，其中 20 个顶点沿着三次轴，另外 12 个顶点则沿着五次轴. Al-Cu-Fe, Zn-Mg-Ga, Al-Pd-Mn, Zn-Mg-Y，以及 Al-Mn-Si 等等合金中的二十面体准晶则显示为规则的五角十二面体. 五角十二面体共有 12 个五角形面，它们分别垂直于一个五次轴. 共有 20 个顶点，它们分别沿着一个三次轴.

在 Al-Ni-Co, Al-Cu-Co, Al-Pd-Mn 等等合金中观察到柱状的十棱柱形的稳定的十次准晶，表明这些十次准晶沿着十次轴方向的生长速度最快，沿着二次轴方向的生长速度最慢.

由于稳定的二十面体准晶是通过包晶反应而形成的，例如，$L + R\text{-}Al_{4.8}Li_3Cu \rightarrow I\text{-}Al_{5.1}Li_3Cu$，$L + \lambda\text{-}Al_{13}Fe_4 + \beta\text{-}Al(Fe,Cu) \rightarrow I\text{-}Al_{62.5}Cu_{25}Fe_{12.5}$，$L + H\text{-}Al_{11}Mn_4 + \beta\text{-}Al(Pd,Mn) \rightarrow I\text{-}Al_{71}Pd_{21}Mn_8$，等等. 在快速凝固的合金中往往发现有二十面体准晶与立方晶体相共存的现象. 例如，快速凝固的 Ti_2Fe 合金中的二十面体准晶 $I\text{-}Ti_2Fe$ 与立方晶体相 $\alpha\text{-}Ti_2Fe$ 和 β-TiFe(董闯，1998)，快速凝固的 Ti_2Ni 合金中的二十面体准晶 $I\text{-}Ti_2Ni$ 与立方晶体相 (Zhang, et al., 1986)，快速凝固的 $Al_{13}Cr_4Si_4$ 合金中的二十面体准晶 $I\text{-}Al_{13}Cr_4Si_4$ 与立方晶体相 (Zhang, et al., 1989). 这里 $R\text{-}Al_{4.8}Li_3Cu$，β-Al(Fe, Cu)，β-Al(Pd, Mn)和 β-TiFe 都是 CsCl(B2)型的立方晶体相，$\alpha\text{-}Al_{73}Mn_{17}Si_{10}$，$\alpha\text{-}Ti_2Fe$，$\alpha\text{-}Ti_2Ni$ 和 $\alpha\text{-}Al_{13}Cr_4Si_4$ 都是空间群为 $Fd\bar{3}m$ 的、$a \approx 11$Å 的面心立方晶体相，它们与二十面体准晶(IQC)之间有一定的取向关系. 现已发现两类取向关系如下：

(1) A2(IQC) ∥ [1 0 0](立方)，A3(IQC) ∥ [1 1 1](立方).

例如，Al-Li-Cu 合金中的 $I\text{-}Al_{5.1}Li_3Cu$ 与 $R\text{-}Al_{4.8}Li_3Cu$，Al-Mn-Si 合金中的 $I\text{-}Al_{73}Mn_{21}Si_6$ 与 $\alpha\text{-}Al_{73}Mn_{17}Si_{10}$，$\alpha\text{-}Ti_2Fe$ 与立方晶体相 $\alpha\text{-}Ti_2Fe$ 等等.

(2) A2(IQC) ∥ $[1\ \bar{1}\ 0]$(立方)，A2(IQC) ∥ $[1\ \bar{1}\ 1]$(立方)，A3(IQC) ∥ [1 1 1](立方). ，A5(IQC) ∥ [1 1 0](立方).

例如，Al-Cu-Fe 合金中的 β-Al(Fe, Cu)与 $I\text{-}Al_{62.5}Cu_{25}Fe_{12.5}$，

$Al_{13}Cr_4Si_4$ 合金中的二十面体准晶 I- $Al_{13}Cr_4Si_4$ 与立方晶体相，I-Ti_2Fe 与立方晶体相 β-TiFe 等等.

董闯等(董闯,1998;Dong,et al. 1998, 2000)详细地总结并系统地研究了 Al-Cu-Fe 准晶与其晶体近似相的结构联系和取向关系.

准晶与其晶体近似相的结构联系和取向关系有时也反应在它们的晶体外形上. 例如,Kortan 等(1989)在 Al-Li-Cu 合金中观察到立方块形状的 R-$Al_{4.8}Li_3Cu$ 颗粒,在它的若干个沿着＜1 1 1＞方向的顶角上分别长出一个菱形三十面体形状的 I-$Al_{5.1}Li_3Cu$ 二十面体准晶颗粒. I-$Al_{5.1}Li_3Cu$ 与 R-$Al_{4.8}Li_3Cu$ 之间具有取向关系,见(1).

在某些合金系中观察到二十面体准晶与十次准晶共存的现象. 例如,在 Al-Pd-Mn 合金中的十次准晶在高温是稳定的,可从二十面体准晶中析出. 在熔体急冷的 $Al_{72}Pd_{25}Cr_3$ 合金中蔡安邦(1999) 观察到二十面体准晶与十次准晶共存. 二十面体准晶(IQC)与十次准晶(DQC)之间的取向关系如下:

A5(IQC) ∥ A10(DQC),A2(IQC) ∥ A2(DQC),

这种取向关系有时也反应在它们的晶体外形上. 例如,蔡安邦(1999)报道了在五角十二面体的 Al-Pd-Mn 二十面体准晶颗粒的一个五角形面上长出了一根十棱柱的十次准晶,两者具有取向关系 A5(IQC) ∥ A10(DQC).

参 考 文 献

董闯. 准晶材料. 北京: 国防工业出版社,1998

关绍康, 沈宁福, 胡汉起. 中国有色金属学报,1997(7): 145～148

张瑞康,王建波,汪大海,刘静,陈方玉,陈小梅,桂嘉年,王仁卉. 金属学报,1999(35): 463～468

赵东山,王仁卉,桂嘉年等. 电子显微学报,2002(21):455～460

AnlageS M, Fultz B, Krishnan K M. J Mat Res,1988(3): 421～425

Audier M, Durand-charre M, Deboissieu M. Phil Mag B,1993(68): 607～618

Aziz M J, Budai J D. J Mater Res,1986(1): 401～404

Bancel P A. Phil Mag Lett,1993(67):43

Bancel P A, Heiney P A, Stephens P W et al. Phys Rev Lett,1985(54): 2422~2425

Bancel P A, Heiney P A. Phys Rev B,1986(33): 7917~7922

Bancel P A. In: Di Vincenzo, Steinhardt eds. Quasicrystals:The State of the Art. Singapore: World Scientific,1991. 17

Bendersky L. Phys Rev Lett,1985(55):1461~1463

Bendersky L A, Biancaniello F S. Scripta Met,1987(21): 531

Bradley A J, Goldschmidt H J. J Inst Met,1939(65):403~418

Cao W, Ye H Q, Kuo K H. Phys Stat Sol (a),1988(107): 511~519

Cervellino A, Haibach T, Steurer W. Acta Cryst B,2002(58):8~33

Chatterjee R, O'Handley R C. Phys Rev B,1989(39): 8128~8131

Chattopadhyay K, Lele S, Thangarai N et al. Acta Metall,1987(35): 727~733

Chen H, Li D X, Kuo K H. Phys Rev Lett,1988(60): 1645~1648

ChenH S, Inoue A. Scripta Met,1987(21):527~530

ChenH S, Phillips J C, Villars P et al. Phys Rev B,1987(35):9326~9329

Chen K J, Mao G M, Feng D et al. J Non-Cryst Solids,1987(97,98):341

Chen K J, Mao G M, Jiang S S et al. J Non-Cryst Solids,1989(114):780

Conrad M, Krumeich F, Reich C et al. Mater Sci Eng A,2000(294~296): 37~40

Dong C, Hei Z K, Song Q H et al. Scripta Met,1986(20):1155~1160

Dong C, Li B G, Kuo K H. J Phys F Metal Phys,1987(17 L1): 89~92

Dong C,Zhang Q. H., Wang D. H.,Wang Y. M. Eur Phys J B,1998,6(1): 25~32

Dong C,Zhang Q H,Wang D H,Wang Y M. Micron,2000,31(5): 507~514

Donnadieu P, Su H L, Proult A, Harmelin M, Effenberg G, Aldinger F. J de Phys,1996 (I 6): 1155

Donnadieu P, Denoyer F, Lauriat J P, Ochin P. Mater Sci Eng A,2000(294~296): 120~123

Davis J P, Majzoub E H, Simmons J M et al. Mater Sci Eng A,2000(294~296):104~107

Ebalard S, Spaepen F. J Mater Res,1989(4):9~43

Edagawa K, Ichihara M, Suzuki K et al. Phil Mag Lett,1992(66):19~25

El-Boragy M, Szepan R. and Schubert K. J. Less-Common Metals,1972(29):133

Faudot F. Ann Chim Fr,1993(18):445~456

Feng D, Hu A, Chen J K, Xiong S. Mater Sci Forum,1987(22~24):489~497

Feng Y C, Lu G, Ye H Q et al. J Phys: Condens Matter,1990(2): 9749~9755

Fisher I R, Islam Z, Panchula A F et al. Phil Mag B,1998(77):1601

Fung K K, Yang C Y, Zhou Y Q et al. Phys Rev Lett,1986(56):2060~2063

Gayle F W, Shapiro A J, Biancaniello F S et al. Metall Trans A,1992(23):2409~2417
Gayle F W. J Phase Equil,1992(13): 619~622
Ge S P and Kuo K H. Phil Mag Lett,1997(75): 245~253
Goedecke T, Lueck R. Z Metallkd,1995(86):109~121
Goedecke T, Ellner M. Z Metallkd,1996(87):854
Goedecke T, Ellner M. Z Metallkd,1997(88):382
Goedecke T, Scheffer M, Lueck R, Ritcsh S, Beeli C. Z Metallkd,1997(88):687
Gratias D, Caiin J.W, Mozer B. Phys Rev B, 1988(38): 1643~1646
Grushko B, Urban K. Philos Mag B,1994(70): 1063
Gui J N Wang J B, Wang R H. J Mater Res,2001(16):1037~1046
Guo J Q, Abe E, Tsai A P. Phys Rev B,2000a(62): R14605~R14607
Guo J Q, Abe E, Tsai A P. Jpn J Appl Phys, 2000b(39): L770~L771
Guo J Q, Abe E, Tsai A P. Phil Mag Lett,2001(81): 17~21
Guo J Q, Tsai A P. Phil Mag Lett, 2002(82): 349~352
He A Q, Yang Q B, Ye H Q. 1990(61): 69~75
He L X, Li X Z, Zhang Z. Phys Rev Lett,1988a(61):1116~1118
He L X, Wu Y K, Kuo K H. J Mater Sci,1988b(7): 1284~1286
He L X, Zhang Z, Wu Y K, Kuo K H. Inst Phys Conf Ser Papers presented at EUREM 88,York, England. 1988c, 93(2):501~502
Henley C L, Elser V. Phil Mag B,1986(53): L59~66
Heiney P A, Bancel P A, Goldman A I. Phys Rev B,1986(34):6746~6751
Hiraga K, Ohsuna T, Nishimura S. Phil Mag Lett,2000(180):653~659
Hu A, Tian C, Li X J, Wang Y H, Feng D. Phys Lett A,1986(119):313
Inoue A H, Kimura M, Masumoto T, Tsai A P. J Mater Sci Lett,1987a(67): 771~774
Inoue A, Kimura H M, Masumoto T. J Mater Sci,1987b(22): 1758~1768
Inoue A, Bizen Y, Masumoto T. Met Trans A, 1988(19): 383~386
Ishimasa T, Fukano Y, Nissen H U. in:Quasicrystalline Materials (ed. Janot C, Dubois J M). Singapore: World Scientific,1988(1). 168~177
Ishimasa T, Nissen H U, Fukano Y. Phys Rev Lett, 1985(55):511~513
Janot C, Pannetier J, Dubois J M, Houin J P, Weinland P. Phil Mag B, 1988(58): 59~67
Janssen T Janner A. Adv Phys, 1987(36): 519~624
Janssen T. Phys Reports,1988(168): 55~113
Janssen T. Z Krist, 1992(198):17
Kaneko Y, Arichika Y, Ishimasa T. Phil Mag Lett, 2001(81): 777~787
Karkut M G, Triscone J M, Ariosa D, Fisher O. Phys Rev B,1986(34): 4390~4393

Kelton K F, Gibbons P C, Sabes P N. Phys Rev B,1988(38): 7810～7813

Kim W J, Gibbons P C, Kelton K F. In: Proc 6th Int Conf on Quasicrystals. Eds. Takeuchi S, Fujiwara T. Singapore: World Scientific 1998:47～50

Kortan A R, Chen H S, Parse J M, Kimerling L C. J Mater Sci,1989(24): 1999～2005

Koshikawa N, Edagawa K, Honda Y, Takeuchi S. Phil Mag Lett,1993(68): 123～129

Koshikawa N, Sakamoto S, Edagawa K, Takeuchi S. Jpn J Appl Phys, 1992(31): 966～969

Krumeich F, Conrad M, Harbrecht. Optik Suppl,1993(5, 94): 68

Krumeich F, Conrad M, Harbrecht B. Proc 13th Int Congress Electron Microscopy (ICEM～13) Paris. 1994:751～752

Krumeich F, Reich C, Conrad M, Harbrecht B. Mater Sci Eng A,2000(294～296): 152～155

Kuo K H. Mater Sci Forum,1987(22～24): 131～140

Kuo K H. Struc Chem,2002a(13). 211～230

Kuo K H. Acta Cryst A,2002b(58):209

Kuo K H, Dong C, Zhou D S, Guo X Y, Hei Z K, Li D X. Scripta Met,1986(20): 1695～1698

Kuo K H, Zhou D S, Li D X. Phil Mag Lett, 1987(55): 33～39

Lemmerz U, Grushko B, Freiburg C, Jansen M. Phil Mag Lett,1994(69):141～146

Li X Z, Kuo K H. J Mater Res,1993(8): 2499～2503

Li X Z, Yu R C, Kuo K H, Hiraga K. Phil Mag Lett,1996(73): 255

Li X Z, Hiraga K. J Mater Res,1996(11):1891～1896

Li X Z, Kuo K H. Phil Mag Lett,1988(58): 167～171

Lifshitz R. 2000. The Definition of Quasicrystals, http://xxx. lanl. gov/abs/cond-mat/0008152

Lifshitz R. 2002. The Square Fibonacci Tiling. J Alloy Comp,2002, 342:186～190

Liu W, Köstr U, Müller F, Rosenber M. Phys Stat Sol (a),1992(132): 17～34

Luo Z, Zhang S, Tang Y, Zhao D. Scr Metal and Mater,1993(28):1513～8

Ma X L, Kuo K H. Metall Mater Trans A, 1994(25):47～56

Ma Y, Stern E A. Phys Rev B,1987,35: 2678～2681

Ma Y, Starn E A. Phys Rev B,1988(38): 3754～3765

Ma L, Wang R, Kuo K H. Scr Metall,1988(22):1791～1796

Mai Z, Zhang B, Hui M, Huang Z, Chen X. Mat Sci Forum,1987,22(4): 591～600

Majzoub E H, Kim J Y, Hennig R G, Kelton K F, Gibbons P C, Yelon W B. Mater Sci Eng A,2000(294～296):108～111

Mukhopadhyay N K, Chattopadhyay K, Ranganathan S. Met Trans A,1989(20): 805～

Mukhopadhyay N K, Thangaraj N, Chattopadhyay K, Ranganathan S. J Mater Res, 1987 (2): 299～304

Nanao S, Dmowski W, Egami T, Richardson J W, Jorgensen J D. Phys Rev B, 1987(35): 435～440

Niikura A, Tsai A P, Inoue A, Masumoto T, Yamamoto A. Jpn J Appl Phys, 1993(32): L1160～L1163

Niikura A, Tsai A P, Inoue A, Masumoto T. Phil Mag Lett, 1994a(69): 351

Niikura A, Tsai A P, Inoue A, Masumoto T. Jpn J Appl Phys B, 1994, 33: L1534

Ohashi W, Spaepen F. Nature, 1987(330): 555～556

Ohsuna T, Sun W, Hiraga K. Phil Mag Lett, 2000(80): 577～583

Okabe T, Furihata J I, Morishita K, Fujimori H. Phil Mag Lett, 1992(66): 259～264

Poon S J, Drehmann A J, Lawless K R. Phys Rev Lett, 1985(55): 2324～2327

Quiquandon M, Quivy A, Devaud J, Faudot F, Lefebvre S, Bessiere M, Calvayrac Y. J Phys: Condens Matter, 1996(8):2487～2512

Ranganathan S J. Mater Res, 1987(2): 299～304

Ranganathan S, Chattopadhyay K. Annu Rev Mater Sci, 1991(21): 437

Ranganathan S, Chattopadhyay K, Singh Alok, Kelton K F. Progress in Materials Science, 1997(41):195～240

Ritsch S, Beeli C, Nissen H U, Lueck R. Philos Mag Lett, 1995(71): 671

Ritsch S. PhD Thesis 11730, Swiss Federal Institute of Technology Zurich, 1996

Ritsch S, Beeli C, Nissen H U, Goedecke T, Scheffer M, Lueck R. Phil Mag Lett, 1996a (74): 99

Ritsch S, Beeli C, Nissen H U. Phil Mag Lett, 1996b(74):203

Ritsch S, Beeli C, Nissen HU, Goedecke T, Scheffer M, Lueck R. Phil Mag Lett, 1998 (78): 67～75

Ritsch S, Beeli C, Lueck R, Hiraga K. Philos Mag Lett, 1999(79): 225～232

Sadoc A, Kim J Y, Kelton K F. Mater Sci Eng A, 2000(294～296):348～350

Saito M, Tanaka M, Tsai A P et al. Jpn J Appl Phys, 1992(31): L109

Saitoh K, Tsuda K, Tanaka M, Kaneko K, Tsai A P. Jpn J Appl Phys, 1997(36): L1400～L1402

Sainfort P and Dubost B. The T2 compound: a stable quasicrystal in the system Al-Li-Cu-(Mg). J Phys (Paris), 1986(47): C3-321～330

Sastry G V S, Rao V V, Ramachandrarao P, Anantharaman T R. Scr Metall, 1986(20): 191～193.

Sato et al. J Appl Phys, 1997(36): L1038～L1039

Schaefer R J, Bendersky L A. in: Introduction to Quasicrystals. M V Jaric ed. Boston: Academic Press, 1988(1). 111

Schall P, Feuerbacher M, Urban K, Mater Sci Eng A, 2001(309~310): 548~551

Scheffer M, Goedecke T, Lueck R, Beeli C, Ritcsh S. Z Metallkd, 1998(89):270

Schurer P J, Koopmans B, Van der Woude F. Hume-Rothery rule in quasicrystals. In: Quasicrystalline materials. ed C Janot and J M Dubois. Singapore World Scientific, 1988. 75~82

Selke H, Ryder P L. In: Janot C & Moseri R (eds), Proc. 5th Intern Conf on Quasicrystals. Singapore: World Scientific, 1995. 220~223

Selke H, Vogg U, Ryder P L. Phys Stat Sol (a), 1994(141): 31

Shechtman D, Blech I, Gratias D, Cahn J W. Phys Rev Lett, 1984(53): 1951~1953

Shen Y, Shiflet G J, Poon S J. Phys Rev B, 1988(38):5332~5337

Shoemaker C B, Keszler D A, Shoemaker D P. Acta Cryst B, 1989(45): 13~20

Song G S, Lee M H, Kim W T, Kim D H. J Non Cryst Solids, 2002(297): 254~262

Srinivas V, Dulap R A, Bahadur D, Dunlap E. Phil Mag B, 1990(61): 177~188

Steinhartd P J, Jeong H C, Saitoh K, Tanaka M, Abe E, Tsai A P. Nature, 1998(396): 55~57

Steurer W, Haibach T, Zhang B, Beeli C, Nissen H U. J Phys: Condens Matter, 1994(6):613~632

Steurer W, Haibach T, Zhang B, Kek S, Lück R. Acta Crystallogr B, 1993(49): 661~675

Steurer W, and Kuo K H. Acta Crystallogr B, 1990(46):703~712

Sun W, Hiraga K. Physica B-Condensed Matter, 2002(324):352~359

Takakura H, Yamamoto A, Tsai A P. Acta Cryst A, 2001(57): 576~585

Tanaka M, Tsuda K, Terauchi M, et al. J Non-Crystalline Solids, 1993(153,154): 98

Tang Y, Guan S K, Zhao D S, Shen N F, Hu H Q. J Mater Sci Lett, 1993a(12):1749~1751

Tang Y, Zhao D, Luo Z, Sheng N, Zhang D S. Mater Lett, 1993b(18): 148~150

Todd J, Merlen R, Clarke R, Mohanty K M, Axe J D. Phys Rev Lett, 1986(57):1157~1160

Tsai AP, Inoue A, Masumoto T. Jpn J Appl Phys, 1987a(26): 1505~1507

Tsai AP, Inoue A, Masumoto T. Jpn J Appl Phys, 1987b(26): 1994

Tsai AP, Inoue A, Masumoto T. Mater Trans JIM, 1988a(29): 521~524

Tsai AP, Inoue A. Masumoto T. Jpn J Appl Phys, 1988b(27): L1587~L1590

Tsai AP, Inoue A. Masumoto T. Jpn J Appl Phys, 1988c(27): L5~L8

Tsai AP, Inoue A, Masumoto T. J Mater Sci Lett, 1988d(7): 322~326

Tsai AP, Inoue A, Masumoto T. Mater Trans JIM,1989a(30): 150
Tsai AP, Inoue A, Masumoto T. Mater Trans JIM,1989b(30): 463~473
Tsai AP, Inoue A, Bizen Y, Masumoto T. Acta Metall,1989c(37): 1443
Tsai AP, Yokoyama Y,Inoue A, Masumoto T. Phil Mag Lett,1990a(61): 9
Tsai AP, Inoue A, Yokoyama Y,Masumoto T. Mat Trans JIM,1990b(31): 98~103
Tsai AP, Yokoyama Y,. Inoue A, Masumoto T. Jpn J Appl Phys,1990c(29):L1161~L1164
Tsai AP, Inoue. A, Masumoto T. Phil Mag Lett,1991a(64): 163~167
Tsai AP, Yokoyama Y,Inoue A, Masumoto T. J Mater Res,1991b(6): 2646
TsaiAP, Sato A,Yamamoto A, Inoue A., Masumoto T. Jpn J Appl Phys,1992a(31): L970~L973
Tsai A P, Yamamoto A, Masumoto T. PhiL Mag Lett,1992b(66): 203~208
Tsai A P,Tsurui T, Memezawa A, Aoki K, Inoue A, Masumoto T. PhiL Mag Lett,1993a(67):393
Tsai A P, Chen H S, Inoue A, Masumoto T. J Non-Cryst Solids,1993b(153~154): 513
Tsai A P, Niikura A, Inoue A, Masumoto T, Nishida Y, Tsuda K, Tanaka M. Phil Mag Lett,1994a(70):169
Tsai A P, Hiraga K, Inoue A, Masumoto T, Chen H S. Phys Rev B,1994b(49): 3569
Tsai A P, Niikura A, Inoue A, Masumoto T. J Mater Res,1997(12): 1468
Tsai A P. Metallurgy of Quasicrystals. in: Physical Properties of Quasicrystals. Edited by. Z M Stadnik. Berlin: Springer,1999
Tsai A P, Guo J Q, Abe E et al. Nature,2000(408):537~538
Tsuda K, Saito M, Terauchi M et al. Jpn J Appl Phys,1993,32: 129
Uchida M, Horiuchi S. J Appl Cryst,1998(31):634~637
Uchida M, Horiuchi S. Micron,2000(31):457~467
Wang N, Chen H, Kuo K H. Phys Rev Lett,1987,59: 1010~1013
Wang N, Fung K K, Kuo K H. Appl Phys Lett,1988,52: 2120~22
Wang R H, Qin C, Lu G, Feng Y, Xu S. Acta Cryst A,1994(50):366~375
Wang Z M, Kuo K H. Acta Cryst A,1988(44): 857~63
Wu J S,. Kuo K H. Metall Mater Trans A,1997(28):729~742
Wu J S, Li X Z. Kuo K H. Phil Mag Lett,1998(77):359~370
Wu J S, Ge S P, Kuo K H. Phil Mag A,1999(79):1787~1803
Wu J S, Kuo K H. Micron,2000(31):459~467
Yang W G, Gui J N, Wang R H. Phil Mag Lett,1996, 74: 357~366
Yokoyama Y, Tsai A P, Inoue A, Masumoto T, Chen H S. Mater Trans JIM,1996(32): 421~428

Yokoyama Y, Tsai A P, Inoue A, Masumoto T. Mater Trans JIM,1991(32):1089

Yokoyama Y, Inoue A, Masumoto T. Mater Trans JIM,1992(33):1012～1019

Zhang Z, Ye H Q, Kuo K H. Phil Mag A,1985(52): L49～L52

Zhang H, Kuo K H. Phil Mag B,1986(154): 83

Zhang H, Wang D H, Kuo K H. Phys Rev B,1988(37):6220～6225

Zhang H, Kuo K H. Scr Metall,1989(23): 355～358

Zhang H, Wang D H, Kuo K H. J Mater Sci,1989(24): 2981

Zhang H, Kuo K H. Phys Rev B 1990(41): 3482

Zhang L M, Lueck R. J Alloys Comp,2002(342):53～56

Zhang L M, Lueck R. Z Metallkd,2003(94):91～97;98～107;108～115;341～344;774～781

Zhao D S, Wang R H, Wang J B, Qu W B, Shen N F, Gui J N. Mater Lett,2003(57):4493～4500

第二章 准晶点阵的切割-投影法描述

§2.1 高维空间晶体几何学与线性坐标变换

在准晶点阵的切割-投影法描述中,经常要用到高维空间晶体几何学和坐标变换的基本知识,现就此介绍如下.

2.1.1 倒易点阵

设在六维空间中,有两套基矢分别为 $\boldsymbol{e}_j=(\boldsymbol{e}_1,\boldsymbol{e}_2,\boldsymbol{e}_3,\boldsymbol{e}_4,\boldsymbol{e}_5,\boldsymbol{e}_6)$ 和 $\boldsymbol{E}_j=(\boldsymbol{E}_1,\boldsymbol{E}_2,\boldsymbol{E}_3,\boldsymbol{E}_4,\boldsymbol{E}_5,\boldsymbol{E}_6)$ 的坐标系[图 2.1(a)],这两套基矢之间的联系可用矩阵乘法表示如下:

$$\boldsymbol{e}_j^{\mathrm{T}}=\boldsymbol{T}\boldsymbol{E}_j^{\mathrm{T}} \qquad 或者 \qquad \boldsymbol{E}_j^{\mathrm{T}}=\boldsymbol{W}\boldsymbol{e}_j^{\mathrm{T}}, \tag{2.1}$$

式中上标 T 表示转置, 矩阵 $\boldsymbol{T}=\boldsymbol{W}^{-1}$与 $\boldsymbol{W}$ 互为逆矩阵.

在任一套坐标系中,倒易空间的基矢 $\boldsymbol{e}_j^*=(\boldsymbol{e}_1^*,\boldsymbol{e}_2^*,\boldsymbol{e}_3^*,\boldsymbol{e}_4^*,\boldsymbol{e}_5^*,\boldsymbol{e}_6^*)$[图 2.1(b)]与正空间的基矢 $\boldsymbol{e}_j=(\boldsymbol{e}_1,\boldsymbol{e}_2,\boldsymbol{e}_3,\boldsymbol{e}_4,\boldsymbol{e}_5,\boldsymbol{e}_6)$之间有如下关系:

$$\boldsymbol{e}_j^{*\mathrm{T}}\boldsymbol{e}_j=\boldsymbol{I} \qquad 或者 \qquad \boldsymbol{e}_j^{\mathrm{T}}\boldsymbol{e}_j^*=\boldsymbol{I}, \tag{2.2a}$$

这里 $\boldsymbol{I}$ 表示单位矩阵. 类似地,倒易空间的基矢 $\boldsymbol{E}_j^*=(\boldsymbol{E}_1^*,\boldsymbol{E}_2^*,\boldsymbol{E}_3^*,\boldsymbol{E}_4^*,\boldsymbol{E}_5^*,\boldsymbol{E}_6^*)$与正空间的基矢 $\boldsymbol{E}_j=(\boldsymbol{E}_1,\boldsymbol{E}_2,\boldsymbol{E}_3,\boldsymbol{E}_4,\boldsymbol{E}_5,\boldsymbol{E}_6)$之间有如下关系:

$$\boldsymbol{E}_j^{*\mathrm{T}}\boldsymbol{E}_j=\boldsymbol{I} \qquad 或者 \qquad \boldsymbol{E}_j^{\mathrm{T}}\boldsymbol{E}_j^*=\boldsymbol{I} \tag{2.2b}$$

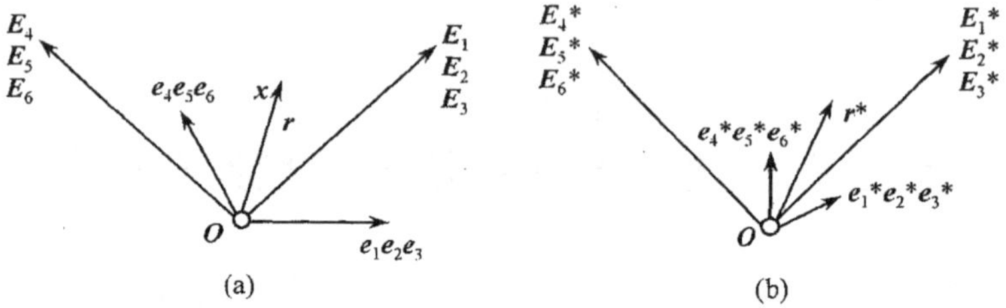

图 2.1 (a)两套基矢分别为 $e_j=(e_1, e_2, e_3, e_4, e_5, e_6)$和 $\boldsymbol{E}_3=(\boldsymbol{E}_1, \boldsymbol{E}_2, \boldsymbol{E}_3, \boldsymbol{E}_4, \boldsymbol{E}_5, \boldsymbol{E}_6)$ 的坐标系;(b)对应的倒易空间的基矢 $e_j^*=(e_1^*, e_2^*, e_3^*, e_4^*, e_5^*, e_6^*)$和 $\boldsymbol{E}_j^*=(\boldsymbol{E}_1^*, \boldsymbol{E}_2^*, \boldsymbol{E}_3^*, \boldsymbol{E}_4^*, \boldsymbol{E}_5^*, \boldsymbol{E}_6^*)$

式(2.2a)写成展开的形式

$$\begin{pmatrix} e_2^* \\ e_2^* \\ e_3^* \\ e_4^* \\ e_5^* \\ e_6^* \end{pmatrix} (e_1 \quad e_2 \quad e_3 \quad e_4 \quad e_5 \quad e_6) =$$

$$\begin{pmatrix} e_1^* \cdot e_1 & e_1^* \cdot e_2 & e_1^* \cdot e_3 & e_1^* \cdot e_4 & e_1^* \cdot e_5 & e_1^* \cdot e_6 \\ e_2^* \cdot e_1 & e_2^* \cdot e_2 & e_2^* \cdot e_3 & e_2^* \cdot e_4 & e_2^* \cdot e_5 & e_2^* \cdot e_6 \\ e_3^* \cdot e_1 & e_3^* \cdot e_2 & e_3^* \cdot e_3 & e_3^* \cdot e_4 & e_3^* \cdot e_5 & e_3^* \cdot e_6 \\ e_4^* \cdot e_1 & e_4^* \cdot e_2 & e_4^* \cdot e_3 & e_4^* \cdot e_4 & e_4^* \cdot e_5 & e_4^* \cdot e_6 \\ e_5^* \cdot e_1 & e_5^* \cdot e_2 & e_5^* \cdot e_3 & e_5^* \cdot e_4 & e_5^* \cdot e_5 & e_5^* \cdot e_6 \\ e_6^* \cdot e_1 & e_6^* \cdot e_2 & e_6^* \cdot e_3 & e_6^* \cdot e_4 & e_6^* \cdot e_5 & e_6^* \cdot e_6 \end{pmatrix} = \mathrm{I} \tag{2.3}$$

2.1.2 线性坐标变换

按照式(2.1),两套基矢 $e_j=(e_1, e_2, e_3, e_4, e_5, e_6)$和 $\mathbf{E}_j=(\boldsymbol{E}_1, \boldsymbol{E}_2, \boldsymbol{E}_3, \boldsymbol{E}_4, \boldsymbol{E}_5, \boldsymbol{E}_6)$中任意一个基矢都可以表示为另一

坐标系中基矢的线性组合,故称之为线性坐标变换.

把式(2.1)代入式(2.2a)可得 $e_j^{*T}E_jT^T = I$,右乘 $(T^{-1})^T E_j^{*T} E_j$ 可得 $e_j^{*T}E_j = (T^{-1})^T E_j^{*T} E_j$. 于是我们得到了倒易点阵基矢 e_j^* 与 E_j^* 之间的如下关系:

$$e_j^{*T} = (T^{-1})^T E_j^{*T} = (W)^T E_j^{*T}$$

或者

$$E_j^{*T} = (W^{-1})^T e_j^{*T} = T^T e_j^{*T}. \tag{2.4}$$

对比式(2.1)与式(2.4)可知,两套坐标系正点阵基矢之间的变换矩阵与倒易点阵基矢之间的变换矩阵互为转置逆矩阵的关系.

现在考虑六维空间中某一点 x 的位矢 $\boldsymbol{r}$[图 2.1(a)],$\boldsymbol{r}$ 在两套坐标系中的分量 $x_j = (x_1, x_2, x_3, x_4, x_5, x_6)$ 和 $X_j = (X_1, X_2, X_3, X_4, X_5, X_6)$是不一样的,我们有:

$$\boldsymbol{r} = e_j x_j^T = E_j X_j^T.$$

现在探讨这两套分量之间的关系. 把式(2.1)代入等号左边,立即得到

$$\boldsymbol{r} = E_j T^T x_j^T = E_j X_j^T,$$

进而有

$$X_j^T = T^T x_j^T \quad 或者 \quad x_j^T = (T^{-1})^T X_j^T = (W)^T X_j^T \tag{2.5}$$

对比式(2.4)与式(2.5)可知,正空间某一点 X 的坐标,也就是位矢 $\boldsymbol{r}$ 分量,当坐标变换时,与倒易点阵基矢的变换方式一样. 正点阵基矢之间的变换矩阵(W)与正空间某一点的坐标的变换矩阵(T^T)互为转置逆矩阵的关系.

类似地,我们现在考虑六维倒易空间中某一点 X^* 的位矢 $\boldsymbol{r}^*$[图 2.1(b)],$\boldsymbol{r}^*$ 在两套坐标系中的分量 $x_j^* = (x_1^*, x_2^*, x_3^*, x_4^*, x_5^*, x_6^*) = (h_1, h_2, h_3, h_4, h_5, h_6)$ 和 $X_j^* = (X_1^*, X_2^*, X_3^*, X_4^*, X_5^*, X_6^*) = (H_1, H_2, H_3, H_4, H_5, H_6)$是不一样的,我们有

$$\boldsymbol{r}^* = x_j^* e_j^{*T} = X_j^* E_j^{*T}$$

现在探讨这两套分量之间的关系. 把式(2.4)代入上式,立即得到

$$\boldsymbol{r}^* = \boldsymbol{x}_j{}^* \ \boldsymbol{e}_j{}^{*\mathrm{T}} = X_j{}^* \boldsymbol{T}^{\mathrm{T}} \boldsymbol{e}_j{}^{*\mathrm{T}},$$

进而有 $x_j{}^* = X_j{}^* \ \boldsymbol{T}^{\mathrm{T}}$, 即

$$x_j{}^{*\mathrm{T}} = \boldsymbol{T} X_j{}^{*\mathrm{T}},$$

或者

$$X_j{}^{*\mathrm{T}} = \boldsymbol{T}^{-1} x_j{}^{*\mathrm{T}} = \boldsymbol{W}(x^*)_j^{\mathrm{T}}. \qquad (2.6)$$

对比(2.1)与(2.6) 式可知,倒易空间某一点 X^* 的坐标,也就是倒易矢量 $\boldsymbol{r}^*$ 的分量,当坐标变换时,与正点阵基矢的变换方式一样.

2.1.3 度量张量和倒易度量张量

在 2.1.2 节的讨论中,基矢分别为 $\boldsymbol{e}_j = (\boldsymbol{e}_1, \boldsymbol{e}_2, \boldsymbol{e}_3, \boldsymbol{e}_4, \boldsymbol{e}_5, \boldsymbol{e}_6)$ 和 $\boldsymbol{E}_j = (\boldsymbol{E}_1, \boldsymbol{E}_2, \boldsymbol{E}_3, \boldsymbol{E}_4, \boldsymbol{E}_5, \boldsymbol{E}_6)$的两套坐标系都可以是任意的. 在准晶点阵的切割投影法描述中,通常我们取基矢 $\boldsymbol{E}_j = (\boldsymbol{E}_1, \boldsymbol{E}_2, \boldsymbol{E}_3, \boldsymbol{E}_4, \boldsymbol{E}_5, \boldsymbol{E}_6)$的前三个分量$(\boldsymbol{E}_1, \boldsymbol{E}_2, \boldsymbol{E}_3)$为平行空间(物理空间)中的一套正交归一化的基矢,后 3 个分量$(\boldsymbol{E}_4, \boldsymbol{E}_5, \boldsymbol{E}_6)$则为垂直空间(数学空间或补空间)中的一套正交归一化的基矢. 对于正交归一化的基矢 $\boldsymbol{E}_j = (\boldsymbol{E}_1, \boldsymbol{E}_2, \boldsymbol{E}_3, \boldsymbol{E}_4, \boldsymbol{E}_5, \boldsymbol{E}_6)$而言,我们有 $\boldsymbol{E}_j{}^{\mathrm{T}} \boldsymbol{E}_j = \boldsymbol{I}$. 对照式(2.2b)可得 $\boldsymbol{E}_j{}^* = \boldsymbol{E}_j$,即倒易点阵基矢与正点阵基矢是一样的. 基矢 $\boldsymbol{e}_j = (\boldsymbol{e}_1, \boldsymbol{e}_2, \boldsymbol{e}_3, \boldsymbol{e}_4, \boldsymbol{e}_5, \boldsymbol{e}_6)$则表示高维空间晶体的基矢.

在晶体几何学计算工作中,度量张量 $\boldsymbol{G}$ 的用处很大. 度量张量 $\boldsymbol{G}$ 是基矢标量积构成的矩阵

$$\boldsymbol{G} = \boldsymbol{e}_j{}^{\mathrm{T}} \boldsymbol{e}_j. \qquad (2.7)$$

倒易点阵基矢 $\boldsymbol{e}_j^* = (\boldsymbol{e}_1^*, \boldsymbol{e}_2^*, \boldsymbol{e}_3^*, \boldsymbol{e}_4^*, \boldsymbol{e}_5^*, \boldsymbol{e}_6^*)$的标量积构成的矩阵则称之为倒易度量张量 $\boldsymbol{G}^*$

$$\boldsymbol{G}^* = \boldsymbol{e}^{*\mathrm{T}}_j \boldsymbol{e}_j^*. \qquad (2.8)$$

记 $\boldsymbol{G}^{-1}$为度量张量 $\boldsymbol{G}$ 的逆矩阵,则由 $\boldsymbol{I} = \boldsymbol{G}^{-1}\boldsymbol{G} = \boldsymbol{G}^{-1}\boldsymbol{e}_j^{\mathrm{T}}\boldsymbol{e}_j$,把

它与式(2.2)对比可知

$$e_j^{*\mathrm{T}} = \boldsymbol{G}^{-1} e_j^{\mathrm{T}}. \tag{2.9}$$

式(2.9)可以作为倒易点阵基矢 e_j^* 的另外一种定义. 由此公式我们可以进一步证明: $\boldsymbol{G}^* = e_j^{*\mathrm{T}} e_j^* = \boldsymbol{G}^{-1} e_j^{\mathrm{T}} e_j^* = \boldsymbol{G}^{-1}$, 即倒易度量张量 $\boldsymbol{G}^*$ 是度量张量 $\boldsymbol{G}$ 的逆矩阵

$$\boldsymbol{G}^* = \boldsymbol{G}^{-1}. \tag{2.10}$$

三维空间中由 3 个线性无关的矢量 ($\boldsymbol{A}_1$, $\boldsymbol{A}_2$, $\boldsymbol{A}_3$)所构成的平行六面体(单胞)的体积 V 可表示为

$$V = \boldsymbol{A}_1 \cdot \boldsymbol{A}_2 \times \boldsymbol{A}_3 = \begin{vmatrix} A_{11} & A_{12} & A_{13} \\ A_{21} & A_{22} & A_{23} \\ A_{31} & A_{32} & A_{33} \end{vmatrix}. \tag{2.11}$$

式(2.11)中 A_{jk} 是矢量 $\boldsymbol{A}_j$ 在某直角坐标系中的第 k 个分量(j, $k = 1, 2, 3$). 这个单胞体积的表达式可以推广到高维空间晶体. 由 6 个线性无关($j = 1,2,3,4,5,6$)的矢量 $\boldsymbol{A}_j = (\boldsymbol{A}_{j1}, \boldsymbol{A}_{j2}, \boldsymbol{A}_{j3}, \boldsymbol{A}_{j4}, \boldsymbol{A}_{j5}, \boldsymbol{A}_{j6})$构成的六维空间一个超平行六面体的体积 V 也可以表示为这些基矢在某一个正交归一化坐标系(例如正交归一化的基矢 $\boldsymbol{E}_j = \boldsymbol{E}_j^* = (\boldsymbol{E}_1, \boldsymbol{E}_2, \boldsymbol{E}_3, \boldsymbol{E}_4, \boldsymbol{E}_5, \boldsymbol{E}_6)$)中的分量 A_{jk} (j, $k = 1, 2, 3, 4, 5, 6$)构成的矩阵 $A = [A_{jk}]$的行列式

$$V = |A| = \begin{vmatrix} A_{11} & A_{12} & A_{13} & A_{14} & A_{15} & A_{16} \\ A_{21} & A_{22} & A_{23} & A_{24} & A_{25} & A_{26} \\ A_{31} & A_{32} & A_{33} & A_{34} & A_{35} & A_{36} \\ A_{41} & A_{42} & A_{43} & A_{44} & A_{45} & A_{46} \\ A_{51} & A_{52} & A_{53} & A_{54} & A_{55} & A_{56} \\ A_{61} & A_{62} & A_{63} & A_{64} & A_{65} & A_{66} \end{vmatrix}. \tag{2.12}$$

当用 2.1.1 节中的 e_j 代替 $\boldsymbol{A}_j$ 时,式(2.12)就是正点阵单胞体积的表达式;当用 2.1.1 节中的 e_j^* 代替 $\boldsymbol{A}_j$ 时,得到倒易点阵单胞体积的表达式.

由线性代数教科书我们知道,两个矩阵 $\boldsymbol{A} = [A_{jk}]$和 $\boldsymbol{B} = [B_{jk}]$的乘积 $\boldsymbol{A}\boldsymbol{B}$ 的行列式 $|\boldsymbol{A}\boldsymbol{B}|$ 等于这两矩阵的行列式 $|\boldsymbol{A}|$

与 $|\boldsymbol{B}|$ 的乘积：$|\boldsymbol{A}\boldsymbol{B}| = |\boldsymbol{A}|\,|\boldsymbol{B}|$，而且行列式 $|\boldsymbol{B}|$ 与它的转置行列式 $|\boldsymbol{B}^T|$ 相等：$|\boldsymbol{B}| = |\boldsymbol{B}^{\mathrm{T}}|$. 设有两组（每组有 6 个）线性无关的矢量 $\boldsymbol{A}_j$ 和 $\boldsymbol{B}_j$，它们在正交归一化基矢上的分量分别是 A_{jk} 和 B_{jk}. 这两组矢量构成的单胞的体积分别是 $V_A = |\mathbf{A}|$ 和 $V_B = |\boldsymbol{B}|$. 于是我们有 $V_A V_B = |\boldsymbol{A}|\,|\boldsymbol{B}| = |\boldsymbol{A}|\,|\boldsymbol{B}^{\mathrm{T}}| = |\boldsymbol{A}\boldsymbol{B}^T|$，即

$$V_A V_B = |\boldsymbol{A}\boldsymbol{B}^{\mathrm{T}}| = |\boldsymbol{A}_j{}^{\mathrm{T}}\boldsymbol{B}_j| =$$

$$\begin{vmatrix} \boldsymbol{A}_1\cdot\boldsymbol{B}_1 & \boldsymbol{A}_1\cdot\boldsymbol{B}_2 & \boldsymbol{A}_1\cdot\boldsymbol{B}_3 & \boldsymbol{A}_1\cdot\boldsymbol{B}_4 & \boldsymbol{A}_1\cdot\boldsymbol{B}_5 & \boldsymbol{A}_1\cdot\boldsymbol{B}_6 \\ \boldsymbol{A}_2\cdot\boldsymbol{B}_1 & \boldsymbol{A}_2\cdot\boldsymbol{B}_2 & \boldsymbol{A}_2\cdot\boldsymbol{B}_3 & \boldsymbol{A}_2\cdot\boldsymbol{B}_4 & \boldsymbol{A}_2\cdot\boldsymbol{B}_5 & \boldsymbol{A}_2\cdot\boldsymbol{B}_6 \\ \boldsymbol{A}_3\cdot\boldsymbol{B}_1 & \boldsymbol{A}_3\cdot\boldsymbol{B}_2 & \boldsymbol{A}_3\cdot\boldsymbol{B}_3 & \boldsymbol{A}_3\cdot\boldsymbol{B}_4 & \boldsymbol{A}_3\cdot\boldsymbol{B}_5 & \boldsymbol{A}_3\cdot\boldsymbol{B}_6 \\ \boldsymbol{A}_4\cdot\boldsymbol{B}_1 & \boldsymbol{A}_4\cdot\boldsymbol{B}_2 & \boldsymbol{A}_4\cdot\boldsymbol{B}_3 & \boldsymbol{A}_4\cdot\boldsymbol{B}_4 & \boldsymbol{A}_4\cdot\boldsymbol{B}_5 & \boldsymbol{A}_4\cdot\boldsymbol{B}_6 \\ \boldsymbol{A}_5\cdot\boldsymbol{B}_1 & \boldsymbol{A}_5\cdot\boldsymbol{B}_2 & \boldsymbol{A}_5\cdot\boldsymbol{B}_3 & \boldsymbol{A}_5\cdot\boldsymbol{B}_4 & \boldsymbol{A}_5\cdot\boldsymbol{B}_5 & \boldsymbol{A}_5\cdot\boldsymbol{B}_6 \\ \boldsymbol{A}_6\cdot\boldsymbol{B}_1 & \boldsymbol{A}_6\cdot\boldsymbol{B}_2 & \boldsymbol{A}_6\cdot\boldsymbol{B}_3 & \boldsymbol{A}_6\cdot\boldsymbol{B}_4 & \boldsymbol{A}_6\cdot\boldsymbol{B}_5 & \boldsymbol{A}_6\cdot\boldsymbol{B}_6 \end{vmatrix}. \tag{2.13}$$

当 $\boldsymbol{A}_j$ 和 $\boldsymbol{B}_j$ 都取为 $\boldsymbol{e}_j$ 时，我们可利用式(2.13)得到正点阵单胞体积 V_c 以度量张量 $\boldsymbol{G}$ 表达的公式如下：

$$V_c{}^2 = |\boldsymbol{e}_j^{\mathrm{T}}\boldsymbol{e}_j| = |\boldsymbol{G}| = \det(\boldsymbol{G}), \tag{2.14}$$

这里 $|\boldsymbol{G}|$ 和 $\det(\boldsymbol{G})$ 都表示矩阵 $\boldsymbol{G}$ 的行列式. 当 $\boldsymbol{A}_j$ 和 $\boldsymbol{B}_j$ 都取为 $\boldsymbol{e}_j{}^*$ 时，我们可利用式(2.13)得到倒易点阵单胞体积 V_c^* 以倒易度量张量 G^* 表达的公式如下：

$$V_c^{*^2} = |\boldsymbol{e}_j^{*\mathrm{T}}\boldsymbol{e}_j^*| = |\boldsymbol{G}^*| = \det(\boldsymbol{G}^*) = \det(\boldsymbol{G}^{-1}). \tag{2.15}$$

由式（2.14）和式（2.15），我们有 $V_c{}^2\ V_c{}^{*^2} = \det(\boldsymbol{G})\det(\boldsymbol{G}^{-1}) = \det(\boldsymbol{G}\boldsymbol{G}^{-1}) = \det(\boldsymbol{I}) = 1$，即

$$V_c V_c{}^* = 1.$$

可知正点阵单胞体积 V_c 与倒易点阵单胞体积 $V_c{}^*$ 互为倒数.

2.1.4 线性坐标变换后点对称操作矩阵和度量张量的改变

现在考虑有两套基矢分别为 $\boldsymbol{e}_j = (\boldsymbol{e}_1, \boldsymbol{e}_2, \boldsymbol{e}_3, \boldsymbol{e}_4, \boldsymbol{e}_5, \boldsymbol{e}_6)$

和 $\boldsymbol{E}_j=(\boldsymbol{E}_1, \boldsymbol{E}_2, \boldsymbol{E}_3, \boldsymbol{E}_4, \boldsymbol{E}_5, \boldsymbol{E}_6)$的坐标系，这两套坐标系的基矢之间的关系由式(2.1)表示

$$\boldsymbol{e}_j{}^{\mathrm{T}}=\boldsymbol{T}\boldsymbol{E}_j{}^{\mathrm{T}} \tag{2.1a}$$

和

$$\boldsymbol{E}_j{}^{\mathrm{T}}=\boldsymbol{W}\boldsymbol{e}_j{}^{\mathrm{T}}. \tag{2.1b}$$

某一个位矢 $\boldsymbol{r}$ 在两套坐标系中的分量$x_j=(x_1, x_2, x_3, x_4, x_5, x_6)$ 和 $X_j=(X_1, X_2, X_3, X_4, X_5, X_6)$ 是不一样的，它们之间的关系则由(2.5)式表示，即

$$\boldsymbol{X}_j{}^{\mathrm{T}}=\boldsymbol{T}^{\mathrm{T}}\boldsymbol{x}_j^{\mathrm{T}} \tag{2.5a}$$

和

$$x_j{}^{\mathrm{T}}=(\boldsymbol{T}^{-1})^{\mathrm{T}}\boldsymbol{X}_j{}^{\mathrm{T}}=(\boldsymbol{W})^{\mathrm{T}}X_j{}^{\mathrm{T}} \tag{2.5b}$$

类似地，点对称操作矩阵和度量张量的具体的形式也会随坐标系而改变.

设作用到位矢 $\boldsymbol{r}$ 在$\boldsymbol{e}_j$ 坐标系中的坐标 x_j 上的某个点对称操作矩阵是Γ，它把位矢 $\boldsymbol{r}$ 变成$\boldsymbol{r}'$，其分量为 x'_j

$$x'_j{}^{\mathrm{T}}=\Gamma(\boldsymbol{e}_j)x_j{}^{\mathrm{T}} \tag{2.16a}$$

在以 $\boldsymbol{E}_j$ 为基矢的坐标系中，也应该有类似的关系

$$X'_j{}^{\mathrm{T}}=\Gamma'(\boldsymbol{E}_j)x_j{}^{\mathrm{T}}, \tag{2.16b}$$

式中 $X_j{}^{\mathrm{T}}$ 和 $X'_j{}^{\mathrm{T}}$ 分别是点对称操作作用之前的位矢 $\boldsymbol{r}$ 和之后的位矢$\boldsymbol{r}'$在$\boldsymbol{E}_j$ 坐标系中的坐标，$\Gamma'(\boldsymbol{E}_j)$则是在这坐标系中的点对称操作矩阵. 把式(2. 5b)代入式(2.16a)，并与式(2.16b)对比，就得到线性坐标变换之前与之后的点对称操作矩阵的关系

$$\Gamma'(\boldsymbol{E}_j)=\boldsymbol{T}^{\mathrm{T}}\Gamma(\boldsymbol{e}_j)\boldsymbol{W}^{\mathrm{T}}. \tag{2.16c}$$

综合式(2-5a)与式(2-16c)，可以说：如果两套坐标系的坐标 X_j 与 x_j 之间的关系是

$$\boldsymbol{X}_j^{\mathrm{T}}=\boldsymbol{Q}\boldsymbol{x}_j^{\mathrm{T}},$$

写成展开的形式即

$$\begin{bmatrix} X_1 \\ X_2 \\ \vdots \\ X_N \end{bmatrix} = \begin{bmatrix} Q_{11} & Q_{12} & \cdots & Q_{1N} \\ Q_{21} & Q_{22} & \cdots & Q_{2N} \\ \vdots & \vdots & & \vdots \\ Q_{N1} & Q_{N2} & \cdots & Q_{NN} \end{bmatrix} \begin{bmatrix} x_1 \\ x_2 \\ \vdots \\ x_N \end{bmatrix},$$

(这里 $\boldsymbol{Q}$ 是两套坐标系的坐标 X_j 与 x_j 之间的坐标变换矩阵)，则两套坐标系的点对称操作矩阵之间的关系是

$$\boldsymbol{\Gamma}'(X_j) = \boldsymbol{Q}\Gamma(x_j)\boldsymbol{Q}^{-1}. \tag{2.16d}$$

按照式(2.7)给出的定义，在 $\boldsymbol{e}_j$ 坐标系和 $\boldsymbol{E}_j$ 坐标系中的度量张量的表达式分别为

$$\boldsymbol{G}(\boldsymbol{e}_j) = \boldsymbol{e}_j{}^{\mathrm{T}}\boldsymbol{e}_j \tag{2.7a}$$

和

$$\boldsymbol{G}'(\boldsymbol{E}_j) = \boldsymbol{E}_j{}^{\mathrm{T}}\boldsymbol{E}_j. \tag{2.7b}$$

把式(2.1b)代入式(2.7b)，并与式(2.7a)对比，就得到

$$\boldsymbol{G}'(\boldsymbol{E}_j) = \boldsymbol{W}\boldsymbol{G}(\boldsymbol{e}_j)\boldsymbol{W}^{\mathrm{T}}. \tag{2.7c}$$

对倒易空间中的点对称操作矩阵 $\boldsymbol{\Gamma}^*(\boldsymbol{e}_j^*)$ 和倒易度量张量 $\boldsymbol{G}^*(\boldsymbol{e}_j^*) = \boldsymbol{e}_j^{*\mathrm{T}}\boldsymbol{e}_j^*$ 也有类似于(2.16c)和(2.7c)两式表示的关系，但相应的变换矩阵应该是这里所用的矩阵的转置逆矩阵

$$\boldsymbol{\Gamma}^{*\prime}(\boldsymbol{E}_j^*) = \boldsymbol{W}\boldsymbol{\Gamma}^*(\boldsymbol{e}_j^*)\boldsymbol{T}, \tag{2.16e}$$

$$\boldsymbol{G}^{*\prime}(\boldsymbol{E}_j^*) = \boldsymbol{T}^{\mathrm{T}}\boldsymbol{G}^*(\boldsymbol{e}_j^*)\boldsymbol{T}. \tag{2.7d}$$

本节介绍的有关坐标变换及其引起的点对称操作矩阵和度量张量的改变，在§4.1 讨论群的矩阵表示及其约化时要用到.

§2.2 非周期结构切割投影法描述的基本概念

2.2.1 准周期结构切割投影法描述的基本概念

图 2.2 示出由长的线段(L)和短的线段(S)按照 Fibonacci 序列的规则构成的一维空间的(直线上的)准晶体. 这里长线段与短线段的长度之比 $L/S = \tau = (1+\sqrt{5})/2 = 1.618...$是黄金分

割数. 所谓 Fibonacci 序列,是指按照递推公式

$$F_{n+1} = F_n + F_{n-1} \tag{2.17}$$

形成的序列. 例如我们取 $F_0 = S$, $F_1 = L$,就会依次得到下列序列:

$$
\begin{array}{ll}
F_0 & S \\
F_1 & L \\
F_2 & LS \\
F_3 & LSL \\
F_4 & LSLLS \\
F_5 & LSLLSLSL \\
F_6 & LSLLSLSLLSLLS \\
F_7 & LSLLSLSLLSLLSLSLLSLSL \\
F_8 & LSLLSLSLLSLLSLSLLSLSLLSLLSLSLLSLLS \\
\vdots & \vdots
\end{array}
$$

最后得到如图 2.2 所示的一维空间的(直线上的)准晶. 这是最简单的准晶,它是按照 Fibonacci 序列的规则构成的,因而是长程有序的,但又没有周期性,而且既不能被描述为非公度调制结构,也不能归类于复合结构.

图 2.2 一维空间的(直线上的)准晶示意图. 由长的线段(L)和短的线段(S)按照 Fibonacci 序列的规则构成

注意到一维准晶具有两个特征长度 L 和 S,我们可以将它描述为由二维晶体向一维空间投影或被一维空间切割而得到. 图 2.3(a)和(b)中绘出了基矢为 $\boldsymbol{e}_1$ 和 $\boldsymbol{e}_2$(它们的长度都是 a)的正方晶体点阵,以及基矢为 $\boldsymbol{E}_1$ 的平行空间和基矢为 $\boldsymbol{E}_2$ 的垂直空间. 如果平行空间基矢 $\boldsymbol{E}_1$ 相对于基矢 $\boldsymbol{e}_1$ 和 $\boldsymbol{e}_2$ 的斜率是有理数,例如 $\tan\alpha = 1/2$[图 2.3(a)],则它将通过(2,1), (4,2), (6,3),... 阵点. 如果我们选取一个与平行空间 $\boldsymbol{E}_1$ 平行的条带,其宽度 W 是

正方单胞在垂直空间的投影，并将在此条带内（即投影窗口 W 内）的二维空间的所有的阵点投影到平行空间，就得到了结构为 $LSLLSLLSLLSLLS\cdots$，周期为 LSL 的晶体. 注意到 $L=a\cos\alpha=2a/\sqrt{5}$，$S=a\sin\alpha=a/\sqrt{5}$，可以计算出这一维空间晶体的周期是 $(2\cos\alpha+\sin\alpha)a=\sqrt{5}a$. 如果平行空间的斜率是无理数，例如 $\tan\alpha=1/\tau$［图 2.3(b)］，则平行空间将仅仅通过正方点阵中的一个阵点，例如通过坐标原点 O. 如果我们将窗口 W 内的二维空间的所有的阵点投影到平行空间，就得到了结构为 $LSLLSLSLLSLLS\cdots$，即 Fibonacci 序列的一维空间的准晶.

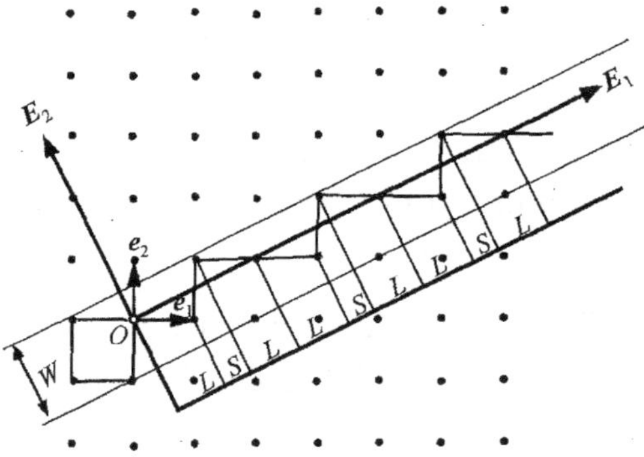

(a)

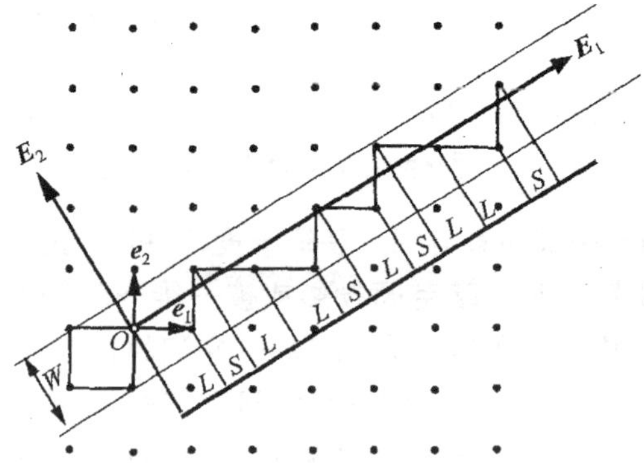

(b)

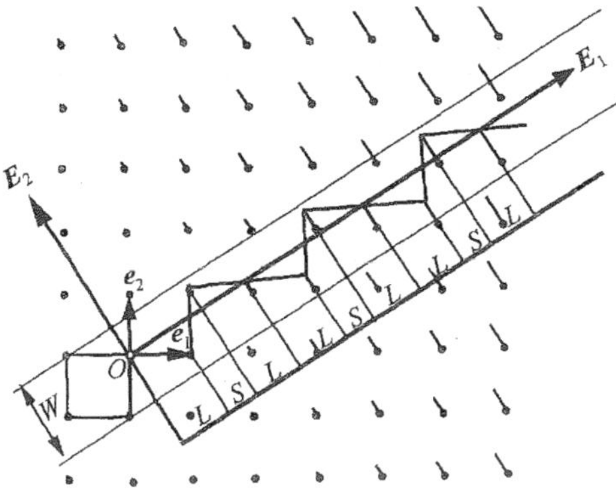

(c)

图 2.3　二维正方点阵在窗口 W 之内的阵点向一维平行空间投影得到的结构.(a)斜率是有理数,$\tan\alpha = 1/2$,得到晶体;(b)斜率是无理数,$\tan\alpha = 1/\tau$,把窗口 W 之内的阵点投影得到一维空间的准晶;(c)在准晶中引入相位子位移 $\Delta X_2 = (5\tau-8)X_1$,使得阵点(2,1),(4,2),(6,3),...落在平行空间 E_1 上,得到准晶的(2,1)晶体近似相

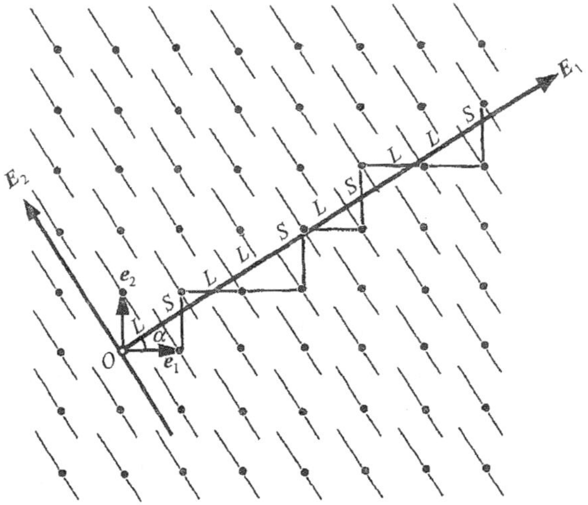

图 2.4　二维正方晶体(把二维点阵中的每一个阵点扩展成为形状如投影窗口 W 的原子面而得到)被一维平行空间切割得到的结构. 斜率是无理数 $\tan\alpha = 1/\tau$,得到与图 2.3(b)相同的一维空间的准晶

结构为 Fibonacci 序列的一维空间的准晶也可以用切割方法得到. 图 2.4 中每一个阵点都拉长成为长度为 W 的线段,称之为原子面. 显然,把二维点阵中窗口 W 之内的阵点投影到平行空间(图 2.3),等价于首先把二维点阵中的每一个阵点扩展成为形状如投影窗口 W 的原子面,然后再用平行空间去切割二维晶体(图 2.4). 如果平行空间基矢 $\boldsymbol{E}_1$ 相对于基矢 $\boldsymbol{e}_1$ 和 $\boldsymbol{e}_2$ 的斜率是有理数,例如 $\tan\alpha = 1/2$,得到与图 2.3(a)相同的一维空间的晶体. 如果斜率是无理数,例如 $\tan\alpha = 1/\tau$(图 2.4),则得到与图 2.3(b)相同的一维空间的准晶.

由二维晶体向一维平行空间投影或被一维平行空间切割而得到一维空间的准晶的方法,可以被用来说明准晶及其晶体近似相的联系. 引入线性相位子位移,即二维空间所有的阵点都沿着垂直空间的方向产生位移 ΔX_2,而且这位移量 ΔX_2 与该原子的位矢的平行分量 X_1 呈线性关系:$\Delta X_2 = \alpha X_1$,即二维空间的(X_1, X_2)点位移到$(X_1, X_2 + \Delta X_2) = (X_1, X_2 + \alpha X_1)$处. 如果选取适当的 α 值,使得 $X_2 + \alpha X_1 = 0$,即该阵点移到平行空间上了,就得到准晶的晶体近似相. 例如,$\Delta X_2 = (5\tau - 8)X_1$,就使得(2,1)阵点,即位矢为 $\boldsymbol{r} = 2\boldsymbol{e}_1 + \boldsymbol{e}_2 = \{(2\tau+1)\boldsymbol{E}_1 - (2-\tau)\boldsymbol{E}_2\}/\sqrt{2+\tau}$的阵点, 即 $X_1 = (2\tau+1)/\sqrt{2+\tau}$, $X_2 = -(2-\tau)/\sqrt{2+\tau}$的阵点,位移到$(X_1, 0)$处,即平行空间上,得到准晶的(2,1)晶体近似相,见图 2.3(c).

2.2.2 准晶的倒易点阵

准晶点阵的 Fourier 变换就构成准晶的倒易点阵. 设某高维空间晶体的电子密度分布函数或电势分布函数为 $\rho(X_1, X_2)$,则其 Fourier 变换(Cowley,1981),即衍射振幅的表达式为

$$F(H_1, H_2) = \int \rho(X_1, X_2) \exp(2\pi i(H_1 X_1 + H_2 X_2)) \mathrm{d} X_1 \mathrm{d}X_2. \tag{2.18a}$$

它是倒易点阵矢量 $\boldsymbol{r}^*(H_1, H_2)$ 的函数. 逆 Fourier 变换的表达式为

$$\rho(X_1, X_2) = \int F(H_1, H_2) \exp(-2\pi i(H_1X_1 + H_2X_2)) dH_1 dH_2. \tag{2.18b}$$

由有关 X 射线衍射(例如,黄胜涛,1985)或者电子衍射的教科书可知,晶体或者准晶的衍射花样是与 Ewald 反射球相交接的倒易阵点产生的. 已知晶体点阵的基矢 $\boldsymbol{e}_j = (\boldsymbol{e}_1, \boldsymbol{e}_2, \boldsymbol{e}_3, \boldsymbol{e}_4, \boldsymbol{e}_5, \boldsymbol{e}_6)$,可以按式(2.2)或式(2.9)求出它的倒易点阵的基矢 $\boldsymbol{e}_j^* = (\boldsymbol{e}_1^*, \boldsymbol{e}_2^*, \boldsymbol{e}_3^*, \boldsymbol{e}_4^*, \boldsymbol{e}_5^*, \boldsymbol{e}_6^*)$. 为了求出准晶的倒易点阵,就需要利用 Fourier 变换的切割定理,投影定理,乘积定理,以及卷积定理. "切割"和"投影"的数学上的表示如下:所谓某一个由基矢$(\boldsymbol{E}_1, \boldsymbol{E}_2)$张着的高维空间函数 $f(X_1, X_2)$被某一个低维平行空间,例如由基矢 $\boldsymbol{E}_1$ 构成的空间切割,如果切割面通过原点的话,就是令函数 $f(X_1, X_2)$中的位矢的垂直空间分量 $X_2 = 0$:$f(X_1, X_2)|_{X2=0} = f(X_1, 0)$. 所谓某一个由基矢$(\boldsymbol{E}_1, \boldsymbol{E}_2)$张着的高维空间函数 $f(X_1, X_2)$向某一个低维平行空间投影,就是将这个函数对垂直空间积分

$$\int \rho(X_1, X_2)\, d X_2.$$

两个函数 $f(X_1, X_2)$ 和 $g(X_1, X_2)$的卷积 $f(X_1, X_2) \otimes g(X_1, X_2)$定义为

$$f(X_1, X_2) \otimes g(X_1, X_2) = \int f(\xi_1, \xi_2) g(X_1 - \xi_1, X_2 - \xi_2)\, d\xi_1 d\xi_2. \tag{2.19}$$

两个函数 $f(X_1, X_2)$ 和 $g(X_1, X_2)$的卷积 $f(X_1, X_2) \otimes g(X_1, X_2)$的物理意义(Cowley, 1981)是把函数 $f(X_1, X_2)$ 中的每一点都展宽成函数 $g(X_1, X_2)$的形状. 例如,把二维点阵 L 中的每一个阵点按照投影窗口 W 的形状扩展成为原子面(如图 2.4),就得到函数 L 与函数 W 的卷积 $L \otimes W$.

现就这 4 个定理分述如下.

(1) Fourier 变换的切割定理:注意到有关 $\delta(X)$函数的表达式

$$\delta(X)=\int \exp(2\pi \mathrm{i} HX)\mathrm{d}H, \tag{2.20}$$

利用式(2.18a)并改变积分次序,我们有

$$\int F(H_1, H_2)\mathrm{d}H_2$$
$$=\int \mathrm{d}H_2[\int\int \rho(X_1,X_2)\exp(2\pi \mathrm{i}(H_1X_1+H_2X_2))\mathrm{d}X_1\mathrm{d}X_2]$$
$$=\iint \rho(X_1, X_2)\,\delta(X_2)\exp(2\pi \mathrm{i}H_1X_1)\mathrm{d}X_1\,\mathrm{d}X_2$$
$$=\int \rho(X_1, 0)\exp(2\pi \mathrm{i}H_1X_1)\mathrm{d}X_1$$

此即

$$\int \rho(X_1, 0)\exp(2\pi \mathrm{i}H_1X_1)\mathrm{d}X_1=\int F(H_1, H_2)\,\mathrm{d}H_2. \tag{2.21}$$

式(2.21)说明:高维正空间的函数 $\rho(X_1,X_2)$被平行空间切割(就是令 $X_2=0$)之后进行 Fourier 变换,等于该函数的 Fourier 变换 $F(H_1, H_2)$ 向平行空间的投影.

(2) Fourier 变换的投影定理:利用式(2.18a),我们有

$$F(H_1, H_2)|_{H_2=0}$$
$$=[\iint \rho(X_1, X_2)\exp(2\pi \mathrm{i}(H_1X_1+H_2X_2))\mathrm{d}X_1\mathrm{d}X_2]|_{H_2=0}$$
$$=\int[\int \rho(X_1, X_2)\,\mathrm{d}X_2]\exp(2\pi iH_1X_1)\mathrm{d}X_1. \tag{2.22}$$

式(2.22)说明:高维空间的函数 $\rho(X_1, X_2)$向平行空间的投影 $\int \rho(X_1, X_2)\mathrm{d}X_2$ 的 Fourier 变换,等于该函数的 Fourier 变换 $F(H_1, H_2)$被平行空间切割(就是令 $H_2=0$).

(3) Fourier 变换的乘积定理:利用式(2.18b)和式(2.20)并改变积分次序,我们有:两个函数 $f(X_1, X_2)$和 $g(X_1, X_2)$的乘积 $f(X_1, X_2)\,g(X_1, X_2)$的 Fourier 变换

$$\iint f(X_1, X_2)\,g(X_1, X_2)\exp(2\pi \mathrm{i}(H_1X_1+H_2X_2))\mathrm{d}X_1\mathrm{d}X_2$$
$$=\iint[\iint F(u_1, u_2)\exp(-2\pi \mathrm{i}(u_1X_1+u_2X_2))\mathrm{d}u_1\mathrm{d}u_2]$$
$$\cdot[\iint G(v_1, v_2)\exp(-2\pi \mathrm{i}(v_1X_1+v_2X_2))\mathrm{d}v_1\mathrm{d}v_2]$$

$$\exp(2\pi i(H_1 X_1 + H_2 X_2))\mathrm{d} X_1 \mathrm{d} X_2$$

$$= \iint F(u_1, u_2) \mathrm{d} u_1 \mathrm{d} u_2 \iint G(v_1, v_2) \mathrm{d} v_1 \mathrm{d} v_2$$

$$\cdot \delta(H_1 - u_1 - v_1)\delta(H_2 - u_2 - v_2)$$

$$= \iint F(u_1, u_2) G(H_1 - u_1, H_2 - u_2)\mathrm{d}u_1 \mathrm{d}u_2$$

$$= F(H_1, H_2) \otimes G(H_1, H_2). \tag{2.23}$$

式(2.23)说明：两个函数 $f(X_1, X_2)$ 和 $g(X_1, X_2)$ 的乘积的 Fourier 变换，等于这两个函数的 Fourier 变换 $F(H_1, H_2)$ 和 $G(H_1, H_2)$ 的卷积 $F(H_1, H_2) \otimes G(H_1, H_2)$.

(4) Fourier 变换的卷积定理：利用式(2.18a)和式(2.19)并改变积分次序，我们有：两个函数 $f(X_1, X_2)$ 和 $g(X_1, X_2)$ 的卷积 $f(X_1, X_2) \otimes g(X_1, X_2)$ 的 Fourier 变换

$$\iint [f(X_1, X_2) \otimes g(X_1, X_2)]\exp(2\pi i(H_1 X_1 + H_2 X_2))\mathrm{d} X_1 \mathrm{d} X_2$$

$$= \iint [\iint f(\xi_1, \xi_2) g(X_1 - \xi_1, X_2 - \xi_2) \mathrm{d}\xi_1 \mathrm{d}\xi_2] \exp(2\pi i(H_1 X_1 + H_2 X_2))\mathrm{d} X_1 \mathrm{d} X_2$$

$$= G(H_1, H_2) [\iint f(\xi_1, \xi_2) \exp(2\pi i(H_1 \xi_1 + H_2 \xi_2)) \mathrm{d}\xi_1 \mathrm{d}\xi_2]$$

$$= F(H_1, H_2) G(H_1, H_2). \tag{2.24}$$

式(2.24)说明：两个函数 $f(X_1, X_2)$ 和 $g(X_1, X_2)$ 的卷积 $f(X_1, X_2) \otimes g(X_1, X_2)$ 的 Fourier 变换，等于这两个函数的 Fourier 变换 $F(H_1, H_2)$ 和 $G(H_1, H_2)$ 的乘积 $F(H_1, H_2) G(H_1, H_2)$.

现在我们分两种情况讨论如何求准晶的倒易点阵.

(1) 准晶被描述为高维空间的在窗口内的阵点的投影：

高维空间以 e_1 和 e_2 为基矢的点阵 L 可以利用函数 $L = \sum_{n1, n2 = -\infty}^{+\infty} \delta(x_1 - n_1, x_2 - n_2)$ 来表示，窗口函数 W 则为

$$W(X_1, X_2) = \begin{cases} 1, & -a\cos\alpha < X_2 \leqslant a\sin\alpha \\ 0, & \text{其他}, \end{cases} \tag{2.25}$$

其宽度为 $w = a(\cos\alpha + \sin\alpha)$. 因此，高维空间晶体的密度函数

$\rho(X_1, X_2)$是这两个函数的乘积

$$\rho(X_1, X_2) = L\, W(X_1, X_2),$$

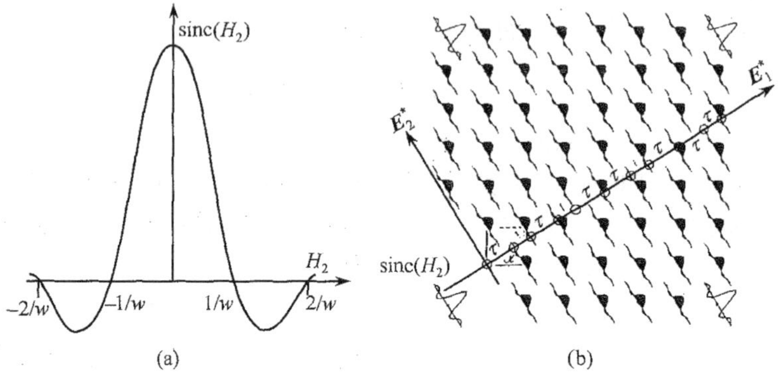

图 2.5　准晶倒易点阵的求得——准晶由高维空间晶体密度函数 $L\ W$ 向平行空间投影而得.(a) sinc(H_2)函数(即窗口函数 $W(X_2)$的 Fourier 变换)的形状.其主峰的全宽度为 $2/w$;(b) 高维倒易空间函数(L^*)$\otimes$sinc(H_2).它被平行空间切割就得到准晶的倒易点阵

见图 2.3(b).已知(Cowley,1981)晶体点阵 L 的 Fourier 变换是倒易点阵 L^*

$$L^* = \sum_{n1^*, n2^* = -\infty}^{+\infty} \delta(h_1 - n_1{}^*, h_2 - n_2{}^*).$$

窗口函数 $W(X_1, X_2)$的 Fourier 变换的振幅比例于 sinc 函数

$$\mathrm{sinc}(H_2) = \frac{\sin(\pi H_2 w)}{\pi H_2 w}.$$

函数 sinc(H_2)的形状绘于图 2.5(a)以及图 2.5(b)的四角,其主峰的全宽度为 $2/w$.利用 Fourier 变换的乘积定理,可以求出高维空间晶体的密度函数 $\rho(X_1, X_2)$的 Fourier 变换,即描述高维倒易空间的函数为

$$\begin{aligned} F(H_1, H_2) &= \int \rho(X_1, X_2) \exp(2\pi i(H_1 X_1 + H_2 X_2))\mathrm{d} X_1 \mathrm{d} X_2 \\ &= L^* \otimes \mathrm{sinc}(H_2), \end{aligned}$$

它是倒易点阵 L^* 与 sinc(H_2)(窗口函数的 Fourier 变换)的卷积,

见图 2.5(b). 图中叠加在倒易点阵上的具有变化的厚度的线段就代表 sinc(H_2)函数. 在每一线段的中心该线段最厚,代表sinc(H_2)函数值最大,往边缘走则该线段的厚度越来越小,代表 sinc(H_2)函数值越来越小. 平行空间中的准晶是图 2.3(b)所示高维空间晶体在窗口函数之内的阵点向平行空间的投影. 按照 Fourier 变换的投影定理,准晶函数的 Fourier 变换可以用平行空间切割高维倒易空间而得到, 见图 2.5(b). 切割而得到的倒易点的振幅与位置的关系见图2.6(b). 由图可见,由于Sinc函数的值

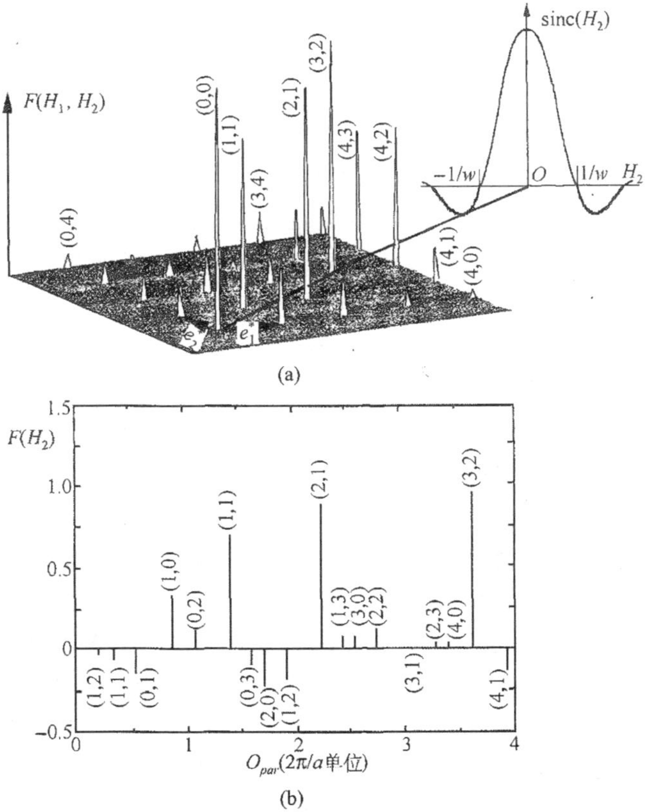

图 2.6　准晶倒易点阵的求得——准晶由高维空间晶体密度函数 $L \otimes W$ 被平行空间切割而得. (a) 高维倒易空间的函数(L^*) sinc(H_2)(透视图);(b) 它向平行空间投影得到准晶的倒易点阵

随着远离倒易阵点的中心而迅速衰减，当高维倒易空间被平行空间切割时，仅仅最靠近平行空间的那些倒易点才有显著的贡献．也就是说，高维空间倒易阵点的垂直分量越小，对准晶的倒易点阵的贡献就越大．

(2) 准晶被描述为高维晶体点阵 L 的阵点按照窗口函数 $W(X_1, X_2)$扩展成为原子面后被平行空间切割而得：这时，高维空间晶体的密度函数 $\rho(X_1, X_2)$是这两个函数的卷积

$$\rho(X_1, X_2) = L \otimes W(X_1, X_2),$$

见图 2.4．利用 Fourier 变换的卷积定理，可以求出高维空间晶体的密度函数 $\rho(X_1, X_2)$的 Fourier 变换，即高维倒易空间的函数为

$$\begin{aligned} F(H_1, H_2) &= \int \rho(X_1, X_2)\exp(2\pi i(H_1X_1 + H_2X_2))dX_1dX_2 \\ &= (L^*)\ \mathrm{sinc}(H_2), \end{aligned}$$

它是倒易点阵 L^* 与窗口函数的 Fourier 变换的乘积，见图 2.6(a)．图中右边的曲线就代表 $\mathrm{sinc}(H_2)$函数（即窗口函数的 Fourier 变换），其函数的值随着倒易矢量的垂直分量 H_2 的增大而迅速衰减．平行空间中的准晶是图 2.4 所示高维空间晶体函数 $\rho(X_1, X_2) = L\otimes W(X_1, X_2)$被平行空间切割而得．按照 Fourier 变换的切割定理，准晶函数的 Fourier 变换等于高维倒易空间向平行空间的投影，见图 2.6(b)．由图可见，由于 sinc 函数，仅仅最靠近平行空间的那些倒易点才有显著的贡献，也就是说，高维空间倒易阵点的垂直分量越小，对准晶的倒易点阵的贡献就越大．

上述两种求得准晶的倒易点阵的方法，可归纳为图 2.7(a) 和 (b)．图 2.7(a)描述的是：高维（N 维）空间晶体的密度函数是高维点阵函数 L^N 与窗口函数 W 的乘积 $L^N W$，其 Fourier 变换，即高维倒易点阵，等于这两个函数各自的 Fourier 变换 L^{N*} 与 $\mathrm{sinc}(H^{\perp})$的卷积 $L^{N*}\otimes \mathrm{sinc}(H^{\perp})$．在正空间，$d$ 维准晶的准点阵 $(L^d)^{\parallel}$是高维空间晶体点阵的投影，则在倒空间，d 维准晶的倒易点阵$(L^d)^{\parallel *}$就是高维倒易空间被平行空间切割而得．图 2.7(b)描述的是：高维空间晶体的密度函数是高维点阵函数 L^N 与窗口

函数 W 的卷积 $L^N \otimes W$. 其 Fourier 变换,即高维倒易点阵,等于这两个函数各自的 Fourier 变换 L^{N*} 与 $\mathrm{sinc}(H^{\perp})$ 的乘积 $(L^N)^*(\mathrm{sinc}(H^{\perp}))$. 在正空间,准晶由高维空间晶体被平行空间切割而得,则在倒空间,准晶的倒易点阵就是高维倒易空间的投影.

以上的叙述介绍了由二维晶体通过切割或投影而得到一维空间的准晶的原理和方法. 这一原理和方法可以推广到更高维空间的情况,例如由四维晶体通过切割或投影而得到二维空间的准晶,由六维晶体通过切割或投影而得到三维空间的准晶. 当垂直空间是一维空间时,窗口 W 是宽度为 w 的线段;当垂直空间是二维空间时,窗口 W 是面积为 A_w 的多边形;当垂直空间是三维空间时,窗口 W 是体积为 V_w 的多面体.

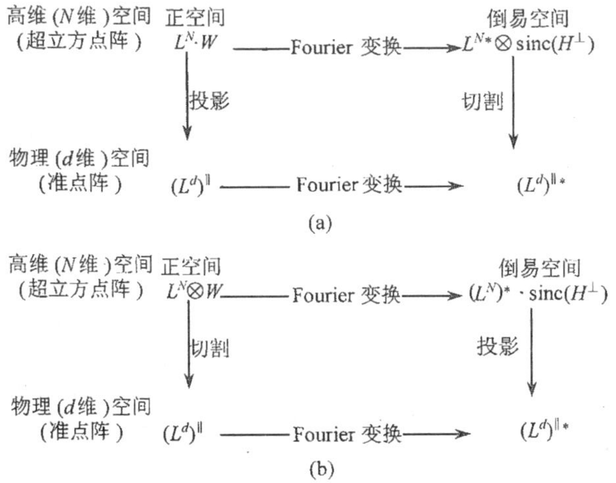

图 2.7 准晶的倒易点阵的求法. (a)准晶由高维空间晶体密度函数 LW 向平行空间投影而得;(b)准晶由高维空间晶体密度函数 $L\otimes W$ 被平行空间切割而得

2.2.3 非公度调制结构和复合结构

除了准晶之外,还有非公度调制结构和复合结构(Janssen and Janner, 1987),也是属于非周期结构的. 图 2.8 描述非公度调制结

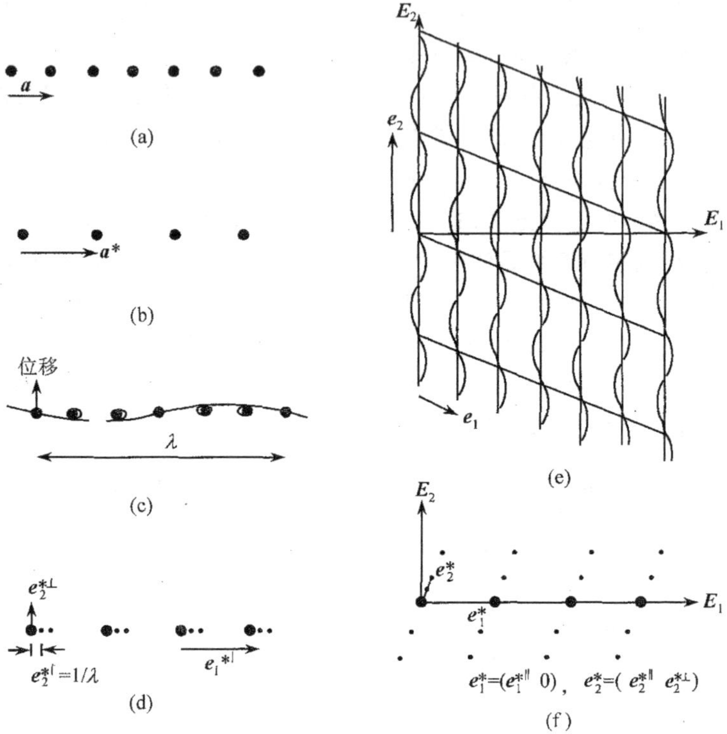

图 2.8 非公度调制结构及其倒易点阵.(a) 完整晶体的 Bravais 点阵,周期为 a;(b) 完整晶体的倒易点阵,周期为 $a^* = 1/a$;(c) 在平行空间的位移调制结构.用空心圆圈描述的完整晶体的阵点位移到实心圆点处.图中的正弦曲线描述位移量作为空间坐标的函数形式.图中调制波的波长 $\lambda \approx 5.9a$;(d) 位移调制结构的倒易点阵,其中大的实心圆点表示周期性地分布的、基矢为 $e_1^{*\parallel}$ 的、对应于平均的 Bravais 点阵的倒易阵点,它们产生强衍射斑.从这些倒易阵点指向小的实心圆点的倒易矢 $e_2^{*\parallel}$,就是调制波矢,其模量与调制波的波长成反比关系:$|e_2^{*\parallel}| = 1/\lambda$;(e) 对应于位移调制结构的高维空间晶体,它由平均起来平行于垂直空间的,连续的原子面组成.它被平行空间切割就得到如图 2.8(c)所示的调制结构;(f) 图 2.8(e)所示高维空间晶体的倒易点阵.它向平行空间投影就得到如图 2.8(d) 所示的调制结构的倒易点阵

构及其倒易点阵.如果原子都处于周期为 a 的规则的格点上[图 2.8(a)],则其倒易点阵中的倒易点的位置也是周期性地分布的

[图 2.8(b)],周期为 $a^* = 1/a$. 原子相对于其规则位置发生了位移,原先处于空心圆圈的原子移到了实心圆点处,见图 2.8(c),图中的曲线表示原子的位移量(纵坐标)随该原子的位置(横坐标)的变化,表示调制波,这是位移调制结构. 其倒易点阵见图 2.8(d). 图中仍可见图2.8(b)所示的完整晶体的倒易点阵中的周期性的分布的强的倒易点,它们对应于平均的 Bravais 点阵. 此外,还有一些弱的卫星倒易点,从基本的倒易点指向这些卫星倒易点的矢量,就是调制波的波矢 $\boldsymbol{q} = \boldsymbol{e}_2^{*\parallel}$. 除了位移调制之外,还可能形成原子种类的调制,即是原子散射因子的调制,或者位移调制(晶面间距调制)与原子散射因子调制两者并存的情况. 如果调制波的波长与晶体的基矢成有理数的关系,也就是调制波的波矢与倒易点阵的基矢成有理数的关系,就称之为公度调制结构. 如果成无理数的关系,就称之为非公度调制结构. 非公度调制结构也可以描述为高维空间的晶体被平行空间切割而得,见图 2.8(e). 非公度调制结构的高维空间晶体与准晶的高维空间晶体不同点在于,其原子面是连续的,且存在平均原子面,实际的原子面相对于平均原子面偏离的幅度较之平均原子面的面间距是一个很小的量. 实际的原子面或是其质量密度沿垂直空间方向周期性地分布(对应于在平行空间的原子种类的调制,即原子散射因子的调制);或是波浪状的(对应于在平行空间的位移调制). 对应于图 2.8(e)所示的高维空间晶体结构的高维空间倒易点阵见图 2.8(f). 除了对应于平均原子面的落在平行空间的强的倒易点之外,同样由于 sinc 函数的性质,高维空间倒易点阵中倒易点的强度随着倒易矢量垂直分量的增大而迅速减小. 这些高维空间倒易点向平行空间投影就得到了非公度调制结构的倒易点阵,它由强的周期性的基本的倒易点和弱的卫星倒易点组成.

图 2.9 示出复合结构及其倒易点阵. 复合结构由若干个子系统组成,其中每一个子系统是晶体或调制结构. 图 2.9(a)示出分别用空心圆圈和实心圆点表示的两个互相穿插的晶体. 它的倒易点阵见图 2.9(b),主要由这两个晶体的周期性地分布的强的倒易

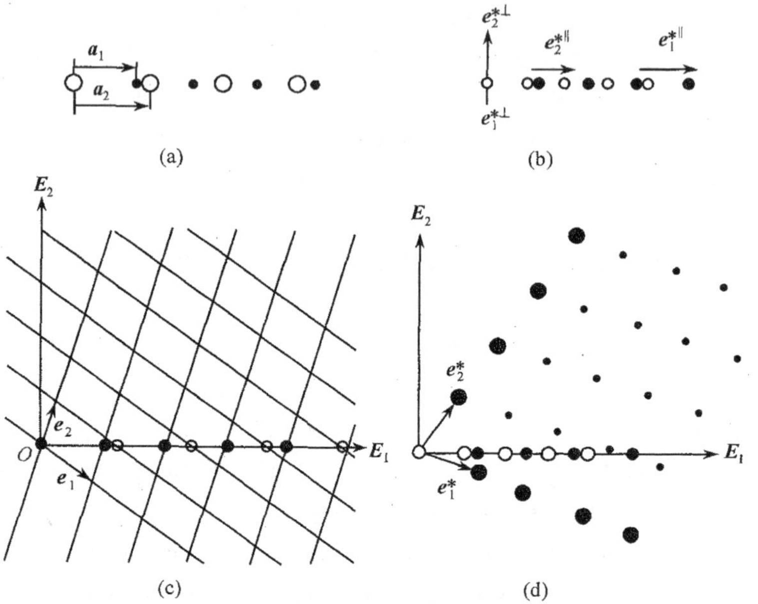

图2.9　两个子系统组成的复合结构及其倒易点阵.(a)两个子系统,即周期为 a_1 的用实心圆点表示的一个晶体和周期为 a_2 的用空心圆圈表示的另一个晶体,组成的复合结构;(b) 两个子系统组成的复合结构的倒易点阵.其中较强的用实心圆点表示的、基矢为 $e_1^{*\parallel}$ 的倒易点阵对应于图 2.9(a)中的第一个晶体,较强的用空心圆圈表示的、基矢为 $e_2^{*\parallel}$ 的倒易点阵对应于图 2.9(a)中的第二个晶体;(c) 对应于两个子系统组成的复合结构的高维空间晶体,它由两组连续的原子面组成.它被平行空间切割就得到如图 2.9(a)所示的复合结构;(d) 图 2.9(c)所示高维空间晶体的倒易点阵.它向平行空间投影就得到如图 2.9(b)所示的复合结构的倒易点阵

点构成.此外,还有一些弱的倒易点,位于这两套倒易点的矢量和之处.复合结构也可以描述为高维空间的晶体被平行空间切割而得到,见图 2.9(c).复合结构的高维空间晶体的特点在于,它有若干套连续的原子面.例如图 2.9(c)中的高维空间由两套连续的原子面组成,它们被平行空间切割就得到图 2.9(a)所示的复合结构,由两个互相穿插的晶体构成.如果高维空间中有一套原子面的形状或/和密度是波浪状起伏的,则对应于在平行空间的该子系统是位移调制或/和原子散射因子调制结构.对应于图 2.9(c)所

示的高维空间晶体结构的高维空间倒易点阵见图 2.9(d). 除了对应于每一套原子面的法线方向的强的倒易点之外,同样由于 sinc 函数的性质,高维空间倒易点阵中其他倒易点都很弱.这些高维空间倒易点向平行空间投影就得到了图 2.9(b)所示的倒易点阵.

从 2.2.1 节和 2.2.2 节的讨论中我们知道,对于描述完整的准晶点阵而言,切割法与投影法是等价的.但是,为了描述准晶的原子结构,切割法较之投影法更为方便.这是因为,一个高维空间单胞内一般会有若干个原子,而且这些原子的原子面形状往往各不相同.若用投影法描述,就需要引入不同的投影窗口.由 2.2.3 节可知,为了描述其他非周期结构,如非公度调制结构和复合结构,切割法最为方便.本书下文的讨论中都采用切割法,即认为高维晶体的密度函数 $\rho(X_1, X_2)$是高维晶体点阵函数 L 与原子面函数 $W(X_1, X_2)$的卷积:$\rho(X_1, X_2) = L * W(X_1, X_2)$,准晶由高维空间晶体密度函数 $L \otimes W$ 被平行空间切割而得.

对比本节有关准晶、非公度调制结构和复合结构的描述可知,这三种结构都不是严格的周期结构,可以被称为非周期结构,都可用高维空间的晶体被三维物理空间切割而得到.但非公度调制结构具有平均的晶体点阵,即平均的 Bravais 点阵.与之相应地,它们的倒易空间中的较强的倒易点构成这平均晶体的倒易点阵.从平均晶体的较强的倒易阵点指向其近邻的较弱的倒易点的矢量 $\boldsymbol{q}$ 则是调制波矢,描述调制的方向和波长 $\lambda = 1/|\boldsymbol{q}|$.复合结构由若干个子系统组成,其中每一个子系统是晶体或调制结构.与之相应地,其倒易空间中的较强的倒易点构成这几个平均晶体的倒易点阵.按照国际晶体学会关于准晶的定义(Kuo, 2002a),即准晶“具有准周期性,不存在平均的 Bravais 点阵”,非公度调制结构和复合结构都不是准晶.

§2.3 一维准晶

2.3.1 一维准晶的切割-投影矩阵

如 1.1.3 节所述，所谓一维准晶指的是三维物理空间的材料，其中的原子有二维是周期分布的，另外一维才是准周期地分布的. 因此，为了描述一维准晶，需要考虑由基矢 $\boldsymbol{e}_j = (\boldsymbol{e}_1, \boldsymbol{e}_2, \boldsymbol{e}_3, \boldsymbol{e}_4)$ 张着的四维空间晶体以及另外一套由基矢 $\boldsymbol{E}_j = (\boldsymbol{E}_1, \boldsymbol{E}_2, \boldsymbol{E}_3, \boldsymbol{E}_4)$ 张着的正交归一化的坐标系，其中基矢 $\boldsymbol{E}_1$, $\boldsymbol{E}_2$, $\boldsymbol{E}_3$ 张着平行空间，基矢 $\boldsymbol{E}_4$ 张着垂直空间. 四维空间晶体中由基矢 $\boldsymbol{e}_1$, $\boldsymbol{e}_2$ 张着的二维空间恰好就是平行空间中由基矢 $\boldsymbol{E}_1$, $\boldsymbol{E}_2$ 张着的二维空间，具有周期性，以下不再讨论. 四维空间晶体中另外的由基矢 $\boldsymbol{e}_3$, $\boldsymbol{e}_4$ 张着的二维空间与正交归一化坐标系中的另外两个基矢 $\boldsymbol{E}_3$, $\boldsymbol{E}_4$ 之间的关系是

$$\begin{pmatrix} \boldsymbol{e}_3 \\ \boldsymbol{e}_4 \end{pmatrix} = \frac{a}{\sqrt{2+\tau}} \begin{pmatrix} \tau & -1 \\ 1 & \tau \end{pmatrix} \begin{pmatrix} \boldsymbol{E}_3 \\ \boldsymbol{E}_4 \end{pmatrix} \tag{2.26a}$$

和

$$\begin{pmatrix} \boldsymbol{E}_3 \\ \boldsymbol{E}_4 \end{pmatrix} = \frac{a^*}{\sqrt{2+\tau}} \begin{pmatrix} \tau & 1 \\ -1 & \tau \end{pmatrix} \begin{pmatrix} \boldsymbol{e}_3 \\ \boldsymbol{e}_4 \end{pmatrix}, \tag{2.26b}$$

故式(2.1)中的坐标变换矩阵 $\boldsymbol{T}$ 和 $\boldsymbol{W}$ 分别是

$$\boldsymbol{T} = \frac{a}{\sqrt{2+\tau}} \begin{pmatrix} \tau & -1 \\ 1 & \tau \end{pmatrix} \tag{2.27a}$$

和

$$\boldsymbol{W} = \boldsymbol{T}^{-1} = \frac{a^*}{\sqrt{2+\tau}} \begin{pmatrix} \tau & 1 \\ -1 & \tau \end{pmatrix}, \tag{2.27b}$$

式中 a 和 a^* 分别是高维正方晶体基矢和倒易基矢的长度.

在有关一维准晶、十次准晶和二十面体准晶的讨论中，经常碰到黄金分割数 $\tau = (1+\sqrt{5})/2 = 1.618\cdots$，它具有下列特性：$\tau^2 = \tau + 1$，因而具有递推关系

$$\tau^{n+2} = \tau^{n+1} + \tau^n . \tag{2.28}$$

据此可得下列表达式：

$$\cdots, 1/\tau^5 = 5\tau - 8, 1/\tau^4 = -3\tau + 5, 1/\tau^3 = 2\tau - 3, 1/\tau^2 = -\tau + 2, 1/\tau = \tau - 1, \tau^2 = \tau + 1, \tau^3 = 2\tau + 1, \tau^4 = 3\tau + 2, \tau^5 = 5\tau + 3, \cdots \tag{2.29a}$$

和

$$\frac{4\tau + 3}{3\tau + 1} = \frac{3\tau + 1}{\tau + 2} = \frac{\tau + 2}{2\tau - 1} = \frac{2\tau - 1}{-\tau + 3} = \tau, \text{其中 } 2\tau - 1 = \sqrt{5}, \tag{2.29b}$$

这些表达式在本书的讨论中很有用.

按照1.1.2节关于线性坐标变换的讨论，可知对一维准晶而言，倒易点阵基矢 $\boldsymbol{e}_j^* = (\boldsymbol{e}_3^*, \boldsymbol{e}_4^*)$ 和 $\boldsymbol{E}_j^* = (\boldsymbol{E}_3^*, \boldsymbol{E}_4^*)$，原子位矢的分量 $x_j = (x_3, x_4)$ 和 $X_j = (X_3, X_4)$，以及倒易点阵矢量的指数 $h_j = (h_3, h_4)$ 和 $H_j = (H_3, H_4)$，分别按下列公式进行变换：

$$\begin{bmatrix} \boldsymbol{e}_3^* \\ \boldsymbol{e}_4^* \end{bmatrix} = \frac{a^*}{\sqrt{2+\tau}} \left(\begin{matrix} \tau & -1 \\ 1 & \tau \end{matrix} \right] \begin{bmatrix} \boldsymbol{E}_3^* \\ \boldsymbol{E}_4^* \end{bmatrix}, \tag{2.30a}$$

$$\begin{bmatrix} \boldsymbol{E}_3^* \\ \boldsymbol{E}_4^* \end{bmatrix} = \frac{a}{\sqrt{2+\tau}} \begin{pmatrix} \tau & 1 \\ -1 & \tau \end{pmatrix} \begin{bmatrix} \boldsymbol{e}_3^* \\ \boldsymbol{e}_4^* \end{bmatrix}, \tag{2.30b}$$

$$\begin{bmatrix} x_3 \\ x_4 \end{bmatrix} = \frac{a^*}{\sqrt{2+\tau}} \begin{pmatrix} \tau & -1 \\ 1 & \tau \end{pmatrix} \begin{bmatrix} X_3 \\ X_4 \end{bmatrix}, \tag{2.31a}$$

$$\begin{bmatrix} X_3 \\ X_4 \end{bmatrix} = \frac{a}{\sqrt{2+\tau}} \begin{pmatrix} \tau & 1 \\ -1 & \tau \end{pmatrix} \begin{bmatrix} x_3 \\ x_4 \end{bmatrix}, \tag{2.31b}$$

$$\begin{bmatrix} h_3 \\ h_4 \end{bmatrix} = \frac{a}{\sqrt{2+\tau}} \begin{pmatrix} \tau & -1 \\ 1 & \tau \end{pmatrix} \begin{bmatrix} H_3 \\ H_4 \end{bmatrix}, \tag{2.32a}$$

$$\begin{bmatrix} H_3 \\ H_4 \end{bmatrix} = \frac{a^*}{\sqrt{2+\tau}} \begin{pmatrix} \tau & 1 \\ -1 & \tau \end{pmatrix} \begin{bmatrix} h_3 \\ h_4 \end{bmatrix}, \tag{2.32b}$$

在准晶晶体学中，经常用到投影矩阵 $P^{\parallel}$ 和 $P^{\perp}$，它们分别联系着高维空间晶体基矢 $\boldsymbol{e}_j = (\boldsymbol{e}_1, \boldsymbol{e}_2, \boldsymbol{e}_3, \boldsymbol{e}_4, \boldsymbol{e}_5, \boldsymbol{e}_6)$及其在平行空间

中的分量 $e_j^{\parallel}=(e_1^{\parallel},\ e_2^{\parallel},\ e_3^{\parallel},\ e_4^{\parallel},\ e_5^{\parallel},\ e_6^{\parallel})$和垂直空间中的分量 $e_j^{\perp}=(e_1^{\perp},\ e_2^{\perp},\ e_3^{\perp},\ e_4^{\perp},\ e_5^{\perp},\ e_6^{\perp})$

$$(e_j^{\parallel})^{\mathrm{T}}=\boldsymbol{P}^{\parallel}e_j^{\mathrm{T}} \quad 和 \quad (e_j^{\perp})^{\mathrm{T}}=\boldsymbol{P}^{\perp}e_j^{\mathrm{T}}. \tag{2.33a}$$

按照定义式(2.33a),显然有下列关系式:

$$P^{\parallel}+P^{\perp}=\mathrm{I}\ (单位矩阵). \tag{2.33b}$$

一维准晶的投影矩阵的表达式可由式(2.26)推导出

$$\begin{aligned}\begin{pmatrix}e_3^{\parallel}\\ e_4^{\parallel}\end{pmatrix}&=\frac{a}{\sqrt{2+\tau}}\begin{pmatrix}\tau & -1\\ 1 & \tau\end{pmatrix}\begin{pmatrix}\boldsymbol{E}_3\\ 0\end{pmatrix}\\&=\frac{a}{\sqrt{2+\tau}}\begin{pmatrix}\tau & -1\\ 1 & \tau\end{pmatrix}\frac{a^*}{\sqrt{2+\tau}}\begin{pmatrix}\tau & 1\\ 0 & 0\end{pmatrix}\begin{pmatrix}e_3\\ e_4\end{pmatrix}\\&=\frac{1}{2+\tau}\begin{pmatrix}\tau^2 & \tau\\ \tau & 1\end{pmatrix}\begin{pmatrix}e_3\\ e_4\end{pmatrix},\end{aligned}$$

故有

$$P^{\parallel}=\frac{1}{2+\tau}\begin{pmatrix}\tau^2 & \tau\\ \tau & 1\end{pmatrix}=\frac{1}{\sqrt{5}}\begin{pmatrix}\tau & 1\\ 1 & \tau-1\end{pmatrix}, \tag{2.34}$$

这里用了式(2.29).类似地可以推导出

$$P^{\perp}=\frac{1}{\sqrt{5}}\begin{pmatrix}\tau-1 & -1\\ -1 & \tau\end{pmatrix}. \tag{2.35}$$

式(2.34)和式(2.35)显然满足关系式(2.33b).

2.3.2 准晶的结构因子

如2.2.2节所述,高维晶体的密度函数 $\rho(x_1,\ x_2)$是高维晶体点阵函数 L 与原子面函数 $W(X_1,\ X_2)$的卷积:$\rho(x_1,\ x_2)=L\otimes W(X_1,\ X_2)$.在实际的准晶中,每一个高维晶体的单胞内往往含有若干个其原子面形状各不相同的原子.设每个单胞内有 n 个原子,第 k 个原子中心位于 $\boldsymbol{r}_k=\boldsymbol{r}_k^{\parallel}+\boldsymbol{r}_k^{\perp}$处,其原子面在垂直空间中的体积为 $A_k^{\perp}$.此时高维晶体的密度函数 $\rho(x_1,\ x_2)$是高维晶体点阵函数 L 与一个高维晶体的单胞内的密度函数 $\rho_{\mathrm{cell}}(\boldsymbol{r})$的卷积:$\rho(x_1,\ x_2)=L\otimes\rho_{\mathrm{cell}}(\boldsymbol{r})$.其 Fourier 变换,即高维倒易点

阵,等于这两个函数各自的 Fourier 变换 L^* 与 $F(\boldsymbol{H})$的乘积 $(L^*)\ F(\boldsymbol{H})$.这里结构因子 $F(\boldsymbol{H})$就是一个高维晶体的单胞内原子面函数的 Fourier 变换.一个高维晶体的单胞内的密度函数 $\rho_{\text{cell}}(\boldsymbol{r})$可以表示为

$$\rho_{\text{cell}}(\boldsymbol{r}) = \sum_{k=1}^{n} \rho_k^{\parallel}(\boldsymbol{r}^{\parallel})\rho_k^{\perp}(\boldsymbol{r}^{\perp}), \tag{2.36a}$$

其中 $\rho_k^{\perp}(\boldsymbol{r}^{\perp})$仅仅在原子面 $A_k^{\perp}$ 的范围才有值

$$\rho_k^{\perp}(\boldsymbol{r}^{\perp}) = \begin{cases} 1/A_{\text{UC}}^{\perp} & r^{\perp}\in A_k^{\perp}, \\ 0, & \text{其他}, \end{cases} \tag{2.36b}$$

式中 $A_{\text{UC}}^{\perp}$是高维晶体单胞向垂直空间的投影体积.于是准晶的结构因子 $F(\boldsymbol{H})$的表达式可被推导出

$$\begin{aligned} F(\mathbf{H}) &= \int_{\text{cell}} \rho_{\text{cell}}(r)\exp(2\pi\mathrm{i}(H^{\parallel}\cdot r^{\parallel} + H^{\perp}\cdot r^{\perp}))\mathrm{d}r^{\parallel}\mathrm{d}r^{\perp} \\ &= \sum_{k=1}^{n} T_k(H^{\parallel},H^{\perp})f_k(H^{\parallel})g_k(H^{\perp})\exp(2\pi\mathrm{i}H^{\parallel}r_k{}^{\parallel}), \end{aligned} \tag{2.37}$$

其中

$$f_k(H^{\parallel}) = \int \rho_k^{\parallel}(r^{\parallel} - r_k^{\parallel})\exp(2\pi\mathrm{i}H^{\parallel}(r^{\parallel} - r_k^{\parallel}))\mathrm{d}r^{\parallel} \tag{2.38}$$

是第 k 个原子的原子散射因子,$g_k(H^{\perp})$是第 k 个原子的原子面函数的 Fourier 变换

$$g_k(H^{\perp}) = \frac{1}{A_{\text{UC}}^{\perp}}\int_{A_k^{\perp}} \exp(2\pi\mathrm{i}H^{\perp}r^{\perp})\mathrm{d}r^{\perp} \tag{2.39a}$$

称之为几何形状因子.式(2.37)中的 $T_k(H^{\parallel},H^{\perp})$代表第 k 个原子的温度因子,由高维空间原子面的运动而产生.其中沿垂直空间方向的运动描述的是原子在物理空间的无规的翻转.假设高维空间原子的运动是简谐振动,则温度因子可以像常规晶体那样表达为

$$T_k(\boldsymbol{H}^{\parallel},\boldsymbol{H}^{\perp}) = \exp(-2\pi^2\boldsymbol{H}^{\parallel}\langle\boldsymbol{u}^{\parallel\mathrm{T}}\boldsymbol{u}^{\parallel}\rangle\boldsymbol{H}^{\parallel\mathrm{T}})$$

$$\exp(-2\pi^2 \boldsymbol{H}^{\perp}\langle \boldsymbol{u}^{\perp\mathrm{T}}\boldsymbol{u}^{\perp}\rangle \boldsymbol{H}^{\perp\mathrm{T}}), \tag{2.40}$$

其中 $\boldsymbol{H}^{\parallel}=(H_1^{\parallel} \quad H_2^{\parallel} \quad H_3^{\parallel})$是倒易点阵矢量的平行空间分量构成的行矩阵,等等.矩阵

$$\langle \boldsymbol{u}^{\parallel\mathrm{T}}\boldsymbol{u}^{\parallel}\rangle=\begin{bmatrix}\langle u_1^2\rangle & \langle u_1u_2\rangle & \langle u_1u_3\rangle \\ \langle u_2u_1\rangle & \langle u_2^2\rangle & \langle u_2u_3\rangle \\ \langle u_3u_1\rangle & \langle u_3u_2\rangle & \langle u_3^2\rangle\end{bmatrix} \tag{2.41a}$$

中的矩阵元$\langle u_mu_n\rangle$表示平行空间 m 方向的位移 u_m 与 n 方向的位移 u_n 的乘积的平均值.矩阵

$$\langle \boldsymbol{u}^{\perp\mathrm{T}}\boldsymbol{u}^{\perp}\rangle=\begin{bmatrix}\langle u_4^2\rangle & \langle u_4u_5\rangle & \langle u_4u_6\rangle \\ \langle u_5u_4\rangle & \langle u_5^2\rangle & \langle u_5u_6\rangle \\ \langle u_6u_4\rangle & \langle u_6u_5\rangle & \langle u_6^2\rangle\end{bmatrix} \tag{2.41b}$$

中的矩阵元$\langle u_mu_n\rangle$($m,n\geqslant 4$)则代表高维空间原子沿 m 方向的位移与 n 方向的位移(在垂直空间)的乘积的平均值.这里没有考虑平行空间位移与垂直空间位移之间的耦合.

在准晶结构因子的具体计算中,当原子面的形状比较复杂时,按照式(2.39a)计算几何形状因子比较麻烦.

2.3.3 一维准晶的结构因子

一维准晶的垂直空间是一维的,故而式(2.36b)表示的高维晶体单胞向垂直空间的投影体积 $A_{\mathrm{UC}}^{\perp}$蜕化为一段长度为

$$A_{\mathrm{UC}}^{\perp}=\frac{(1+\tau)a}{\sqrt{2+\tau}} \tag{2.36c}$$

的线段.由式(2.32b),高维晶体空间中指数为($h_1 \ h_2 \ h_3 \ h_4$)的倒易矢的垂直分量

$$H^{\perp}=\frac{(-h_3+\tau h_4)a^*}{\sqrt{2+\tau}}.$$

如果每个原子面都等于单胞在垂直空间的投影 $A_{\mathrm{UC}}^{\perp}$,并将这里有关 $A_{\mathrm{UC}}^{\perp}$和 $H^{\perp}$的表达式代入,则几何形状因子表达式(2.39a)成为

$$g_k(H^{\perp}) = \frac{1}{A_{UC}^{\perp}} \int_{A_k^{\perp}} \exp(2\pi \mathrm{i} H^{\perp} r^{\perp}) \mathrm{d} r^{\perp}$$

$$= \frac{\sin(\pi H^{\perp} A_k^{\perp})}{(\pi H^{\perp} A_{UC}^{\perp})} = \frac{\sin(\chi)}{\chi}, \tag{2.39b}$$

式中

$$\chi = \frac{\pi\tau^2(-h_3 + \tau h_4)}{2+\tau}.$$

式(2.39b)表明,随着倒易矢的垂直分量 $H^{\perp}$ 的增大,几何形状因子,因而结构因子迅速减小.此外,由于一维准晶的垂直空间的维数是一,矩阵(2.41b)蜕化为数值$\langle u_4^2 \rangle$.这些都使得一维准晶结构因子的计算较为简单.

2.3.4 一维准晶的标度特性

普通晶体的倒易点阵中的倒易点的分布不是无限密集的,由三个不共线方向上的最短的倒易点间距可以求出倒易点阵的 3 个初基的基矢,由它们就可构造出整个倒易点阵.准晶倒易点阵基矢的选择则比较复杂.这是因为,准晶中的倒易阵点分布很密集,而且随着准晶晶体的完整性的改善和记录衍射花样的仪器的灵敏度的提高,实验上可以测量到的倒易点的密集度也相应的进一步得到提高.而且由于准晶的标度对称性,同一套倒易点阵阵点,可以通过将正点阵基矢膨胀或者收缩(相应地,倒易点阵基矢收缩或者膨胀)而按不同的方式指标化.

对于一维准晶,如果我们用膨胀矩阵

$$S^* = \begin{pmatrix} 1 & 1 \\ 1 & 0 \end{pmatrix} \tag{2.42}$$

作用到原有的倒易点阵基矢(e_3^*, e_4^*)上,得到新的基矢($e_3^{*\prime}$, $e_4^{*\prime}$)

$$\begin{pmatrix} e_3^{*\prime} \\ e_4^{*\prime} \end{pmatrix} = \begin{pmatrix} 1 & 1 \\ 1 & 0 \end{pmatrix} \begin{pmatrix} e_3^* \\ e_4^* \end{pmatrix}. \tag{2.43}$$

显然,这个膨胀矩阵使倒易点阵基矢的平行空间分量增大到 τ 倍

$$\begin{pmatrix} \boldsymbol{e}_3^{*\parallel'} \\ \boldsymbol{e}_4^{*\parallel'} \end{pmatrix} = \begin{pmatrix} 1 & 1 \\ 1 & 0 \end{pmatrix} \begin{pmatrix} \boldsymbol{e}_3^{*\parallel} \\ \boldsymbol{e}_4^{*\parallel} \end{pmatrix} = \tau \begin{pmatrix} \boldsymbol{e}_3^{*\parallel} \\ \boldsymbol{e}_4^{*\parallel} \end{pmatrix} \tag{2.44}$$

而倒易点阵基矢的垂直空间分量则缩小到 $1/\tau$,而且反号

$$\begin{pmatrix} \boldsymbol{e}_3^{*\perp'} \\ \boldsymbol{e}_4^{*\perp'} \end{pmatrix} = \begin{pmatrix} 1 & 1 \\ 1 & 0 \end{pmatrix} \begin{pmatrix} \boldsymbol{e}_3^{*\perp} \\ \boldsymbol{e}_4^{*\perp} \end{pmatrix} = \frac{-1}{\tau} \begin{pmatrix} \boldsymbol{e}_3^{*\perp} \\ \boldsymbol{e}_4^{*\perp} \end{pmatrix}. \tag{2.45}$$

容易求得膨胀矩阵的转置逆矩阵为

$$S = (S^{*^{-1}})^{\mathrm{T}} = \begin{pmatrix} 0 & 1 \\ 1 & -1 \end{pmatrix}. \tag{2.46}$$

对比式(2.1)和式(2.4)可知,这就是相应的作用到正点阵基矢上的收缩矩阵

$$\begin{pmatrix} e_3' \\ e_4^{-1} \end{pmatrix} = \begin{pmatrix} 0 & 1 \\ 1 & -1 \end{pmatrix} \begin{pmatrix} e_3 \\ e_4 \end{pmatrix}, \tag{2.47}$$

其作用是使得正点阵的基矢的平行空间分量收缩到原来的 $1/\tau$

$$\begin{pmatrix} e_3^{\parallel'} \\ e_4^{\parallel'} \end{pmatrix} = \frac{1}{\tau} \begin{pmatrix} e_3^{\parallel} \\ e_4^{\parallel} \end{pmatrix}. \tag{2.48}$$

而垂直空间分量则膨胀到原来的 τ 倍,而且反号

$$\begin{pmatrix} e_3^{\perp'} \\ e_4^{\perp'} \end{pmatrix} = -\tau \begin{pmatrix} e_3^{\perp} \\ e_4^{\perp} \end{pmatrix}. \tag{2.49}$$

当然,我们也可以把式(4.42)~式(4.49)中所有的 * 号都去掉,把没有 * 的矩阵 S 以及基矢 $\boldsymbol{e}_3$ 和 $\boldsymbol{e}_4$ 都加上 * 号,即:把对倒易点阵基矢的膨胀改为收缩,而把对正点阵基矢的收缩改为膨胀,结论也是正确的.也就是说,单从衍射斑点的几何位置的分布来看,指标化的方案是不唯一的.但是,如果进一步考虑衍射强度的分布,则衍射花样的指标化就几乎是唯一的了.这是因为,即使在最简单的一维准晶的情况下,由结构因子的表达式[(见式 2.37)]中的第 k 个原子的形状因子 g_k 的表达式[式(2.39b)]可知,衍射强度与倒易矢量的垂直分量关系非常密切.如果我们把式(2.43)和式

(2.47)描述的点阵基矢的膨胀与收缩当着是一个坐标变换,由式(2.6)可知,倒易点阵中的某阵点的指数也将如同正点阵的基矢一样地按照式(2.47)由(h_1,h_2,h_3,h_4)变换成(h_1,h_2,h_3',h_4')

$$\begin{pmatrix} h_3' \\ h_4' \end{pmatrix} = \begin{pmatrix} 0 & 1 \\ 1 & -1 \end{pmatrix} \begin{pmatrix} h_3 \\ h_4 \end{pmatrix}. \qquad (2.50)$$

再用式(2.38),可知 $H^{\perp}$ 变换成了 $H^{\perp'} = -\tau H^{\perp}$. 显然,在理论计算该倒易阵点的强度时,较之仅仅发生倒易点阵基矢的膨胀与收缩而保持其指数不变的情况,肯定是大不一样的. Steurer 讨论了这一问题,详见 Steurer(1999)及其中所引的原始文献.

2.3.5 一维准晶的晶体近似相

如 2.2.1 节所述,引入线性相位子位移,即二维空间所有的阵点都沿着垂直空间的方向产生位移 ΔX_2,而且这位移量 ΔX_2 与该阵点的位矢的平行分量 X_1 呈线性关系. 如果选取适当的线性关系,使得二维空间的一组阵点移到平行空间上了,就得到准晶的晶体近似相.

一般的,线性相位子位移矩阵

$$A_P = \begin{pmatrix} I & 0 \\ A & I \end{pmatrix} \qquad (2.51a)$$

作用到格点坐标的平行空间分量 $X^{\parallel}$ 和垂直空间分量 $X^{\perp}$ 上,使垂直空间分量由 $X^{\perp}$ 变成 $X^{\perp}+\Delta X^{\perp}$ 位移量与格点坐标的平行空间分量 $X^{\parallel}$ 成线性关系:$\Delta X^{\perp} = A\ X^{\parallel}$. 把这个矩阵乘积表达式写成展开的形式即

$$\begin{pmatrix} X^{\parallel'} \\ X^{\perp'} \end{pmatrix} = \begin{pmatrix} I & 0 \\ A & I \end{pmatrix} \begin{pmatrix} X^{\parallel} \\ X^{\perp} \end{pmatrix} = \begin{pmatrix} X^{\parallel} \\ X^{\perp} + \Delta X \end{pmatrix}.$$

容易证明,线性相位子位移矩阵 $\boldsymbol{A}_P$ 的转置逆矩阵可以表达为

$$(\boldsymbol{A}_P{}^{-1})^{\mathrm{T}} = \begin{pmatrix} I & -A^{\mathrm{T}} \\ 0 & I \end{pmatrix}. \qquad (2.51b)$$

对比式(2.5)与式(2.6),倒易点阵矢量的平行空间分量 $H^{\parallel}$ 和垂

直空间分量 $H^{\perp}$ 应该按照公式

$$\begin{pmatrix} H^{\parallel\prime} \\ H^{\perp\prime} \end{pmatrix} = \begin{pmatrix} I & -A^{\mathrm{T}} \\ 0 & I \end{pmatrix} \begin{pmatrix} H^{\parallel} \\ H^{\perp} \end{pmatrix} \tag{2.52a}$$

变换，可见线性相位子位移不影响倒易点阵矢量的垂直分量，而是使其平行空间分量由 $H^{\parallel}$ 变成

$$H^{\parallel\prime} = H^{\parallel} - A^{\mathrm{T}} H^{\perp}. \tag{2.52b}$$

通过选择合适的线性相位子位移变换矩阵 $\mathbf{A}$，可以使高维空间的一组格点位移到平行空间上，构成准晶的晶体近似相. 同时倒易点阵矢量的平行空间分量变得具有有理数关系，对应于准晶晶体近似相的倒易点阵.

对于一维准晶而言，垂直空间仅有一维. 线性相位子位移矩阵 $\mathbf{A}_P$ 简化成

$$\mathbf{A}_P = \begin{pmatrix} 1 & 0 & 0 & 0 \\ 0 & 1 & 0 & 0 \\ 0 & 0 & 1 & 0 \\ 0 & 0 & A_{43} & 1 \end{pmatrix}. \tag{2.51c}$$

由式(2.31)，四维空间晶体点阵矢量 $\boldsymbol{r} = m\boldsymbol{e}_1 + n\boldsymbol{e}_2 + p\boldsymbol{e}_3 + q\boldsymbol{e}_4$ 的平行空间分量是

$$\boldsymbol{r}^{\parallel} = m\boldsymbol{E}_1 + n\boldsymbol{E}_2 + \frac{(p\tau + q)a}{\sqrt{2+\tau}}\boldsymbol{E}_3. \tag{2.53a}$$

垂直空间分量是

$$\boldsymbol{r}^{\perp} = \frac{(q\tau - p)a}{\sqrt{2+\tau}}\boldsymbol{E}_4. \tag{2.53b}$$

线性相位子位移把垂直分量变成

$$\boldsymbol{r}^{\perp\prime} = \boldsymbol{r}^{\perp} + \mathrm{A}_{43}\boldsymbol{r}^{\parallel} = \frac{(q\tau - p)a}{\sqrt{2+\tau}} + \mathrm{A}_{43}\frac{(p\tau + q)a}{\sqrt{2+\tau}}. \tag{2.53c}$$

由式(2.32)，四维空间倒易矢量 $\boldsymbol{r}^* = h_1\boldsymbol{e}_1{}^* + h_2\boldsymbol{e}_2{}^* + h_3\boldsymbol{e}_3{}^* + h_4\boldsymbol{e}_4{}^*$ 的平行分量是

$$\boldsymbol{H}^{\parallel} = h_1 a_1^* \boldsymbol{E}_1^* + h_2 a_2^* \boldsymbol{E}_2^* + \frac{(h_3\tau + h_4)a^*}{\sqrt{2+\tau}}\boldsymbol{E}_3^*. \tag{2.54a}$$

垂直空间分量是

$$\frac{(-h_3+h_4\tau)a^*}{\sqrt{2+\tau}}\boldsymbol{E}_4^*. \tag{2.54b}$$

线性相位子位移把倒易矢量的平行空间分量变成了

$$H^{\parallel\prime}=H^{\parallel}-A_{43}H^{\perp}=h_1a_1^*\boldsymbol{E}_1^*+h_2a_2^*\boldsymbol{E}_2^*+\frac{(h_3\tau+h_4)a^*}{\sqrt{2+\tau}}\boldsymbol{E}_3^*$$

$$-A_{43}\frac{(-h_3+h_4\tau)a^*}{\sqrt{2+\tau}}\boldsymbol{E}_3^*. \tag{2.54c}$$

如果取系数

$$A_{43}=\frac{F_{n+1}-F_n\tau}{F_{n+1}\tau+F_n}. \tag{2.55a}$$

式中 F_n 和 F_{n+1} 是 Fibonacci 序列…0,1,1,2,3,5,8,13,21…中相邻的两个整数. F_{n+1} 与 F_n 的比值 F_{n+1}/F_n,即 1/0,1/1,2/1,3/2,5/3,8/5,13/8,21/13,.... 是无理数 τ 的有理数近似值,而且 n 越大,比值 F_{n+1}/F_n 就越接近 τ),则显然有

$$\boldsymbol{H}^{\parallel\prime}=\boldsymbol{H}^{\parallel}-A_{43}\boldsymbol{H}^{\perp}$$

$$=h_1a_1{}^*\boldsymbol{E}_1{}^*+h_2a_2{}^*\boldsymbol{E}_2{}^*+\frac{(h_3F_{n+1}+h_4F_n)\sqrt{2+\tau}^{a^*}}{F_{n+1}\tau+F_n}\boldsymbol{E}_3^*$$

$$=h_1a_1{}^*\boldsymbol{E}_1{}^*+h_2a_2{}^*\boldsymbol{E}_2{}^*+(h_3F_{n+1}+h_4F_n)a_3^{Ap\,*}\boldsymbol{E}_3^*, \tag{2.54d}$$

即一维准晶变成了倒易点阵基矢为

$$a_1{}^{Ap\,*}=a_1{}^*,a_2{}^{Ap\,*}=a_2{}^*,a_3{}^{Ap\,*}=\frac{a^*\sqrt{2+\tau}}{F_{n+1}\tau+F_n} \tag{2.56a}$$

的晶体近似相. 把式(2.55a)代入式(2.53c),容易证明,相位子位移使得高维空间中$\frac{x_3}{x_4}=\frac{p}{q}=\frac{F_{n+1}}{F_n}$的阵点的垂直分量=0,即高维空间中该方向上的阵点都落在平行空间上,形成了周期为

$$a_1^{Ap}=a_1,a_2^{Ap}=a_2,a_3{}^{Ap}=\frac{(F_{n+1}\tau+F_n)a}{\sqrt{2+\tau}} \tag{2.56b}$$

的晶体. 以上文中 a_1和 a_2 是一维准晶周期平面上的两个基矢,

a_1^*和 a_2^*是相应的两个倒易基矢. 对比(2.56a)和(2.56b)两式可知, $a_3^{Ap*}=\frac{1}{a_3^{Ap}}$,表明这两种方法推导出的晶体近似相是一样的.

式(2.55a)给出的相位子位移参数 A_{43}的表达式可以如下化简(Zhang and Kuo, 1990b). 根据 Fibonacci 数列的基本特性 $F_{n+1}=F_n+F_{n-1}$,且定义 $F_0=0, F=1$,并注意到 $\tau^2=\tau+1$,则式(2.55a)的分母可以简化为

$$\begin{aligned}\tau F_{n+1}+F_n&=\tau(F_n+F_{n-1})+F_n=\tau(\tau F_n+F_{n-1})\\&=\cdots=\tau^n(\tau F_1+F_0)=\tau^{n+1}.\end{aligned}\tag{2.57a}$$

类似地,式(2.55a)的分子可以简化为

$$F_{n+1}-\tau F_n=\frac{F_n-\tau F_{n-1}}{(-\tau)}=\frac{F_1-\tau F_0}{(-\tau)^n}=\frac{1}{(-\tau)^n}.\tag{2.57b}$$

进一步还可推导出有关 Fibonacci 数列的下列特性:

$$\tau^2F_{n+1}-F_{n-1}=\tau F_{n+1}+F_{n+1}-F_{n-1}=\tau F_{n+1}+F_n=\tau^{n+1},\tag{2.57c}$$

$$\begin{aligned}F_{n+1}-\tau^2F_{n-1}&=F_n+F_{n-1}-(\tau+1)F_{n-1}\\&=F_n-\tau F_{n-1}=\frac{1}{(-\tau)^{n-1}}.\end{aligned}\tag{2.57d}$$

于是式(2.55a)给出的相位子位移参数 A_{43}的表达式可以化简为

$$A_{43}=\frac{(-1)^n}{\tau^{2n+1}}.\tag{2.55b}$$

对比式(2.54a)和式(2.54d)中沿一维准晶准周期方向(即 $\boldsymbol{E}_3^*$方向)的指数可知,如果引入式(2.55)表示的相位子位移把准晶的倒易点阵矢量中的无理数 τ[见式(2.54a)]用其有理数近似值$\frac{F_{n+1}}{F_n}$替代[见式(2.54d)],准晶就变成了晶体. 而且,对比式(2.55)和式(2.56)可知, n 越大,则相位子位移量越小,同时其晶体近似相的单胞就越大.

§2.4 十次准晶

2.4.1 十次准晶的切割-投影矩阵

如 1.1.3 节所述，所谓十次准晶，指的是三维物理空间的材料，其中的原子有二维是准周期分布的，另外一维则是周期地分布的，且沿其周期性方向具有十次旋转轴. 因此，为了描述十次准晶，需要考虑由基矢 $\boldsymbol{e}_j=(\boldsymbol{e}_1, \boldsymbol{e}_2, \boldsymbol{e}_3, \boldsymbol{e}_4, \boldsymbol{e}_5)$张着的五维空间晶体以及另外一套由基矢 $\boldsymbol{E}_j=(\boldsymbol{E}_1, \boldsymbol{E}_2, \boldsymbol{E}_3, \boldsymbol{E}_4, \boldsymbol{E}_5)$张着的正交归一化的坐标系，其中基矢 $\boldsymbol{E}_1, \boldsymbol{E}_2, \boldsymbol{E}_3$ 张着平行空间，基矢 $\boldsymbol{E}_4, \boldsymbol{E}_5$ 张着垂直空间. 五维空间晶体中由基矢 $\boldsymbol{e}_5$ 张着的一维空间恰好就是平行空间中由基矢 $\boldsymbol{E}_3$ 张着的呈周期性的一维空间. 五维空间晶体中剩下的由基矢 $\boldsymbol{e}_1, \boldsymbol{e}_2, \boldsymbol{e}_3, \boldsymbol{e}_4$ 张着的四维空间与正交归一化坐标系中的另外四个基矢 $\boldsymbol{E}_1, \boldsymbol{E}_2, \boldsymbol{E}_4, \boldsymbol{E}_5$ 相对应. 由群表示理论(见本书第四、五章)，四维空间中的十次旋转操作在平行空间是旋转 $2\pi/10$ 角度. 在垂直空间则是旋转 $3\times 2\pi/10$ 角度. 据此我们可以如图 2.10(a)安排倒易点阵基矢的平行空间分量，并如图 2.10(b)安排倒易点阵基矢的垂直空间分量，它们都是由正五边形的中心指向顶点的矢量.

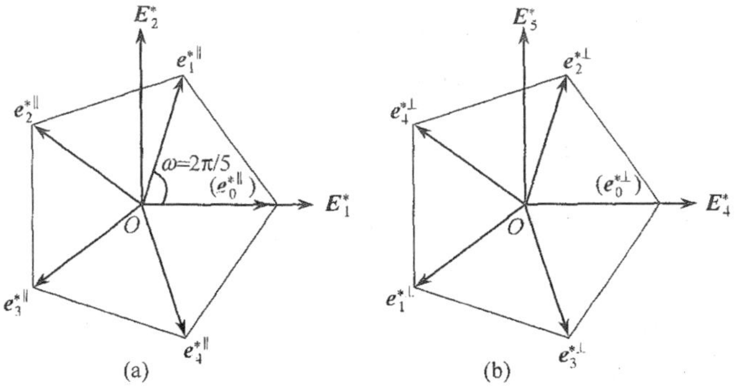

图 2.10 十次准晶倒易点阵的基矢. (a)平行空间分量；(b)垂直空间分量

在有关十次准晶和五次准晶的讨论中，经常要碰到正五边形和正十边形. 现就正五边形和正十边形中的几何关系讨论如下，见图2.11. 图中 $\omega=\frac{2\pi}{5}$. 图 2.11(a)中正五边形 $ABCDE$ 的次近邻顶点的连线构成一个正五角星，其中还有一个小的正五边形 $FGHIJ$. 等腰三角形 ABE 与 AFE 是相似的，据此可知边长比 $BE/AE=AE/EF$，故 $BE/EF=BF/EF+1=AE/EF+1$ 满足方程

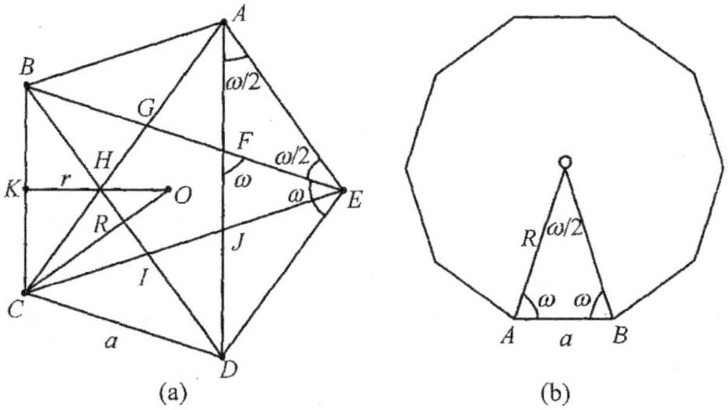

图 2.11　正五边形和正十边形中的几何关系.(a)正五边形；(b)正十边形

$$(AE/AF)^2=(AE/AF)+1,$$

故有：$AE/AF=\tau$，并进而有 $AC/AB=AB/AF=AF/FG=\tau$. 即正五边形的次近邻顶点的间距与其边长之比为 τ，正五边形 $ABCDE$ 与正五边形 $FGHIJ$ 的边长之比为 τ^2. 由等腰三角形 JFE 可以推导出 $\cos\omega=\cos 4\omega=\frac{1}{2\tau}$，并进而有 $\sin\omega=-\sin 4\omega=\frac{\sqrt{2+\tau}}{2}$. 同样地，由等腰三角形 AFE 可以推导出 $\cos\frac{\omega}{2}=-\cos 2\omega=\frac{\tau}{2}$，并进而有 $\sin\frac{\omega}{2}=\sin 2\omega=\frac{\sqrt{3-\tau}}{2}$. 由此公式可以进一步推导出正五边形内切圆半径 $r=OK$ 和外接圆半径 $R=OC$ 与边长 $a=BC=CD$ 的关系为：$\frac{R}{a}=\frac{1}{\sqrt{3-\tau}}$ 和 $\frac{r}{a}=\frac{\tau}{2\sqrt{3-\tau}}$. 由图

2.11(b)中等腰三角形 OAB 可以推导出正十边形外接圆半径 $R = OA$ 与边长 $a = AB$ 之比 $\frac{R}{a} = \tau$.

由图 2.10 可以得到,倒易点阵基矢($\boldsymbol{e}_1^*$, $\boldsymbol{e}_2^*$, $\boldsymbol{e}_3^*$, $\boldsymbol{e}_4^*$)和 $\boldsymbol{E}_j^* = (\boldsymbol{E}_1^*, \boldsymbol{E}_2^*, \boldsymbol{E}_4^*, \boldsymbol{E}_5^*)$之间的下列关系(Takakura, et al.,2001):

$$\begin{pmatrix} e_1^* \\ e_2^* \\ e_3^* \\ e_4^* \end{pmatrix} = W^T \begin{pmatrix} E_1^* \\ E_2^* \\ E_4^* \\ E_5^* \end{pmatrix}, \tag{2.58}$$

式中

$$W^T = a^* \begin{pmatrix} \cos\omega & \sin\omega & \cos 3\omega & \sin 3\omega \\ \cos 2\omega & \sin 2\omega & \cos\omega & \sin\omega \\ \cos 3\omega & \sin 3\omega & \cos 4\omega & \sin 4\omega \\ \cos 4\omega & \sin 4\omega & \cos 2\omega & \sin 2\omega \end{pmatrix}, \tag{2.59}$$

$$\omega = 2\pi/5, \cos\omega = \cos 4\omega = \frac{\tau - 1}{2},$$

$$\cos 2\omega = \cos 3\omega = -\cos\frac{\omega}{2} = -\frac{\tau}{2},$$

$$\sin\omega = -\sin 4\omega = \frac{\sqrt{2+\tau}}{2},$$

$$\sin 2\omega = -\sin 3\omega = \sin\frac{\omega}{2} = \frac{\sqrt{3-\tau}}{2} = \frac{1}{\tau}\sin\omega. \tag{2.60}$$

由式(2.59)可以求出式(2.1)中的坐标变换矩阵 $\boldsymbol{T} = \boldsymbol{W}^{-1}$是

$$\boldsymbol{T} = \frac{2}{5a^*} \begin{pmatrix} \cos\omega - 1 & \sin\omega & \cos 3\omega - 1 & \sin 3\omega \\ \cos 2\omega - 1 & \sin 2\omega & \cos\omega - 1 & \sin\omega \\ \cos 3\omega - 1 & \sin 3\omega & \cos 4\omega - 1 & \sin 4\omega \\ \cos 4\omega - 1 & \sin 4\omega & \cos 2\omega - 1 & \sin 2\omega \end{pmatrix}. \tag{2.61}$$

由式(2.60)可知,$\cos(m\omega) + \cos(3m\omega) = -1/2$($m$ 是整数).据此

很容易验证(2.59)与(2.61)两式的转置逆矩阵关系,式中 a^* 是十次准晶倒易基矢在平行空间的分量和垂直空间分量的长度.

按照 2.1.2 节关于线性坐标变换的讨论,可知对十次准晶而言,正点阵基矢 $\boldsymbol{e}_j=(\boldsymbol{e}_1, \boldsymbol{e}_2, \boldsymbol{e}_3, \boldsymbol{e}_4)$ 和 $\boldsymbol{E}_j=(\boldsymbol{E}_1, \boldsymbol{E}_2, \boldsymbol{E}_4, \boldsymbol{E}_5)$,倒易点阵基矢 $\boldsymbol{e}_j^*=(\boldsymbol{e}_1^*, \boldsymbol{e}_2^*, \boldsymbol{e}_3^*, \boldsymbol{e}_4^*)$ 和 $\boldsymbol{E}_j^*=(\boldsymbol{E}_1^*, \boldsymbol{E}_2^*, \boldsymbol{E}_4^*, \boldsymbol{E}_5^*)$,原子位矢的分量 $x_j=(x_1, x_2, x_3, x_4)$ 和 $X_j=(X_1, X_2, X_4, X_5)$,以及倒易点阵矢量的指数 $h_j=(h_1, h_2, h_3, h_4)$ 和 $H_j=(H_1, H_2, H_4, H_5)$,分别按下列公式进行变换:

$$\boldsymbol{e}_j{}^{\mathrm{T}}=T\boldsymbol{E}_j{}^{\mathrm{T}} \qquad \text{或者} \qquad \boldsymbol{E}_j{}^{\mathrm{T}}=W\boldsymbol{e}_j{}^{\mathrm{T}}, \tag{2.62}$$

$$\boldsymbol{e}_j^{*\mathrm{T}}=W^{\mathrm{T}}\boldsymbol{E}_j{}^{*\mathrm{T}} \qquad \text{或者} \qquad \boldsymbol{E}_j^{*\mathrm{T}}=T^{\mathrm{T}}\boldsymbol{e}_j{}^{*\mathrm{T}}, \tag{2.63}$$

$$x_j^{\mathrm{T}}=W^{\mathrm{T}}X_j^{\mathrm{T}} \qquad \text{或者} \qquad X_j^{\mathrm{T}}=T^{\mathrm{T}}x_j^{\mathrm{T}}, \tag{2.64}$$

$$h_j^{\mathrm{T}}=TH_j^{\mathrm{T}} \qquad \text{或者} \qquad H_j^{\mathrm{T}}=Wh_j^{\mathrm{T}}. \tag{2.65}$$

以上各式中大写字母标出的第一和二分量表示平行空间的分量,第四和第五分量表示垂直空间的分量.由式(2.61)和式(2.62)可以得出十次准晶正点阵基矢在平行空间[图 2.12(a)]和垂直空间[图 2.12(b)]的分量,他们都是由正五边形的一个顶点(图 2.12(a)和 2.12(b)中的 O 点)指向其他顶点的矢量.而$\frac{2}{5a^*}$则是这个正五边形的外接圆的半径,即 Penrose 菱形的边长 a_R.

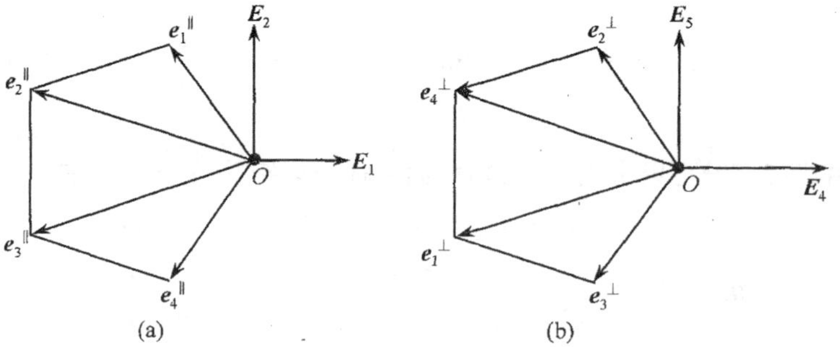

图 2.12 十次准晶正点阵的基矢.(a)平行空间分量;(b)垂直空间分量

十次准晶的投影矩阵 $\boldsymbol{P}^{\parallel}$ 和 $\boldsymbol{P}^{\perp}$，它们分别联系着高维空间晶体基矢 $\boldsymbol{e}_j=(\boldsymbol{e}_1,\ \boldsymbol{e}_2,\ \boldsymbol{e}_3,\ \boldsymbol{e}_4)$ 及其在平行空间中的分量 $\boldsymbol{e}_j^{\parallel}=(\boldsymbol{e}_1^{\parallel},\ \boldsymbol{e}_2^{\parallel},\ \boldsymbol{e}_3^{\parallel},\ \boldsymbol{e}_4^{\parallel})$ 和垂直空间中的分量 $\boldsymbol{e}_j^{\perp}=(\boldsymbol{e}_1^{\perp},\ \boldsymbol{e}_2^{\perp},\ \boldsymbol{e}_3^{\perp},\ \boldsymbol{e}_4^{\perp})$

$$(\boldsymbol{e}_j^{\parallel})^{\mathrm{T}}=P^{\parallel}\boldsymbol{e}_j^{\mathrm{T}} \quad 和 \quad (\boldsymbol{e}_j^{\perp})^{\mathrm{T}}=P^{\perp}\boldsymbol{e}_j^{\mathrm{T}} \tag{2.66}$$

可以由式(2.59)、式(2.61)和式(2.62)求得

$$\boldsymbol{P}^{\parallel}=\frac{1}{\sqrt{5}}\begin{pmatrix}\tau-1 & 1 & 0 & -1\\ 0 & \tau & 1 & -1\\ -1 & 1 & \tau & 0\\ -1 & 0 & 1 & \tau-1\end{pmatrix} 和\ \boldsymbol{P}^{\perp}=\frac{1}{\sqrt{5}}\begin{pmatrix}\tau & -1 & 0 & 1\\ 0 & \tau-1 & -1 & 1\\ 1 & -1 & \tau-1 & 0\\ 1 & 0 & -1 & \tau\end{pmatrix}. \tag{2.67}$$

注意到，$2\tau-1=\sqrt{5}$，式(2.67)显然满足下列关系式：

$$\boldsymbol{P}^{\parallel}+\boldsymbol{P}^{\perp}=I(单位矩阵).$$

由式(2.59)、式(2.61)和式(2.62)，并注意到，$\cos m\omega+\cos 3m\omega=-1/2$（$m$ 是整数），还可求得对应于十次准晶由基矢 $\boldsymbol{e}_j=(\boldsymbol{e}_1,\ \boldsymbol{e}_2,\ \boldsymbol{e}_3,\ \boldsymbol{e}_4)$ 张着的四维空间的度量张量 $\boldsymbol{G}$ 和倒易度量张量 $\boldsymbol{G}^*$ 的表达式如下：

$$G=\begin{pmatrix}e_1\\ e_2\\ e_3\\ e_4\end{pmatrix}\cdot(e_1\quad e_2\quad e_3\quad e_4)=\frac{2a^2}{5}\begin{pmatrix}2 & 1 & 1 & 1\\ 1 & 2 & 1 & 1\\ 1 & 1 & 2 & 1\\ 1 & 1 & 1 & 2\end{pmatrix} \tag{2.68}$$

和

$$G^*=\begin{pmatrix}e_1^*\\ e_2^*\\ e_3^*\\ e_4^*\end{pmatrix}\cdot(e_1^*\ e_2^*\ e_3^*\ e_4^*)=\frac{a^{*2}}{2}\begin{pmatrix}4 & -1 & -1 & -1\\ -1 & 4 & -1 & -1\\ -1 & -1 & 4 & -1\\ -1 & -1 & -1 & 4\end{pmatrix}. \tag{2.69}$$

由式(2.68)可知，十次准晶高维空间晶体的描述准周期的 4 个基矢 $\boldsymbol{e}_j=(\boldsymbol{e}_1,\ \boldsymbol{e}_2,\ \boldsymbol{e}_3,\ \boldsymbol{e}_4)$ 并非正交的，基矢的长度等于 $\dfrac{2a}{\sqrt{5}}$，两个基矢之间的夹角为 $\arccos\left(\dfrac{1}{2}\right)=60°$. 由式(2.69)可知，十次准晶高

维空间晶体的描述准周期的四个倒易基矢 $e_j^* = (e_1^*,\ e_2^*,\ e_3^*,\ e_4)$也不是正交的，基矢的长度等于$\sqrt{2}a^*$，两个基矢之间的夹角为 $\arccos\left(-\frac{1}{4}\right)=104.5°$. 当然，这 4 个描述准周期的基矢与描述十次准晶周期方向的基矢是互相垂直的.

五次、十次、十二次和八次这四种二维准晶都是五秩的，即线性无关的基矢有 5 个，其中有一个方向是周期性的，平行于旋转轴. 另外四秩对应于四维晶体空间，用来描述其准周期平面. 但是，对于五次、十次、十二次准晶而言，它们的用来描述准周期的四维空间晶体的 4 个基矢 $e_j = (e_1,\ e_2,\ e_3,\ e_4)$不是正交的，而且由旋转对称联系着的等效的方向，不能从其指数反映出来. 例如，指数$[1\ 0\ 0\ 0]^*$与$[\bar{1}\ \bar{1}\ \bar{1}\ \bar{1}]^*$看起来大不相同. 但十次准晶中指数为$[1\ 0\ 0\ 0]^*$和$[\bar{1}\ \bar{1}\ \bar{1}\ \bar{1}]^*$的两个倒易矢量却是等价的，绕着十次轴旋转$\frac{-2\pi}{5}$角，就把前者变成后者. 反之，指数为$[1\ 1\ 0\ 0]^*$与$[1\ 0\ 1\ 0]^*$的两个倒易矢量是不等价的，虽然这两套指数看起来似乎类似. 晶体中六角系晶体的衍射指数或带轴指数也有类似的问题[黄胜涛，固体 X 射线学(一)]. 为了解决六角系晶体的这个问题，可以采用四指数，即在垂直于六次轴的平面上，除了原有的互成 120°的基矢 $\boldsymbol{a}$ 和 $\boldsymbol{b}$ 之外，再选一个基矢 $\boldsymbol{d} = -(\boldsymbol{a}+\boldsymbol{b})$. 对于十次准晶，也有不少作者(Jaric, 1988; You and Hu, 1988; Zhang and Kuo, 1990a, 1990b; Yan, et al. 1993; Yan, et al. 1994)采用类似的方法，即在准周期平面上另外再加上一个基矢 $e_0 = -(e_1+e_2+e_3+e_4)$，见图 2.10，使十次准晶的指数具有对称性.

2.4.2 十次准晶的结构因子

按照 2.3.2 节的讨论，设每一个高维晶体的单胞内含有 n 个原子，第 k 个原子中心位于$\boldsymbol{r}_k = \boldsymbol{r}_k^{\parallel} + \boldsymbol{r}_k^{\perp}$处，其在垂直空间的原子面的面积为 $A_k^{\perp}$. 又，高维晶体单胞在垂直空间的投影 $A_{UC}^{\perp}$. 于是十次准晶的结构因子 $F(\boldsymbol{H})$的表达式可被推导出

$$F(\boldsymbol{H}) = \int_{\text{cell}} \rho_{\text{cell}}(r)\exp(2\pi i(H^{\parallel} r^{\parallel} + H^{\perp} r^{\perp}))\mathrm{d}r^{\parallel}\mathrm{d}r^{\perp}$$

$$= \sum_{k=1}^{n} T_k(H^{\parallel}, H^{\perp}) f_k(H^{\parallel}) g_k(H^{\perp})\exp(2\pi i H^{\parallel} r_k^{\parallel}), \tag{2.37}$$

$f_k(H^{\parallel})$是第 k 个原子的原子散射因子,$g_k(H^{\perp})$是第 k 个原子的原子面函数的 Fourier 变换

$$g_k(H^{\perp}) = \frac{1}{A_{UC}^{\perp}} \int_{A_k^{\perp}} \exp(2\pi i H^{\perp} r^{\perp})\mathrm{d}r^{\perp} \tag{2.39a}$$

是倒易矢的垂直分量 $H^{\perp}$的函数,称之为几何形状因子.对于十次准晶而言,垂直空间是二维的.高维晶体空间中指数为(h_1 h_2 h_3 h_4 h_5)的倒易矢的垂直分量

$$H^{\perp} = \begin{pmatrix} H_4 \\ H_5 \end{pmatrix} = a^* \begin{pmatrix} \frac{\tau - 1}{2}(h_2 + h_3) - \frac{\tau}{2}(h_1 + h_4) \\ \frac{\sqrt{2 + \tau}}{2}(h_2 - h_3) + \frac{\sqrt{3 - \tau}}{2}(h_1 - h_4) \end{pmatrix}. \tag{2.70}$$

高维空间单胞在垂直空间的投影 $A_{UC}^{\perp}$[见图 2.13(a)]由 6 个平行四边形组成.4 个基矢在垂直空间的分量 $\boldsymbol{e}_j^{\perp} = (\boldsymbol{e}_1^{\perp}, \boldsymbol{e}_2^{\perp}, \boldsymbol{e}_3^{\perp}, \boldsymbol{e}_4^{\perp})$中任意取两个就构成一个平行四边形.把式(2.61)代入式(2.62)可以求得高维晶体基矢在垂直空间的分量 $\boldsymbol{e}_j^{\perp}$的长度分别是$|\boldsymbol{e}_1^{\perp}| = |\boldsymbol{e}_4^{\perp}| = \frac{2\sqrt{2+\tau}}{5a^*}$和$|\boldsymbol{e}_2^{\perp}| = |\boldsymbol{e}_3^{\perp}| = \frac{2\sqrt{2+\tau}}{5a^*\tau}$.由式(2.60)可以知道,其中第 j 与第 k 个两者之间的夹角 α_{jk}的 sin 值分别是 $\sin\alpha_{jk} = \sin\frac{2\pi}{5} = \frac{\sqrt{2+\tau}}{2}$或 $\sin\frac{\pi}{5} = \frac{\sqrt{2+\tau}}{2\tau}$.据此,图 2.13(a)示出的高维空间单胞在垂直空间的投影的面积的表达式为

$$A_{UC}^{\perp} = \frac{6(2+\tau)^{3/2}}{25a^{*2}}. \tag{2.71}$$

十次准晶结构分析的结果,一般认为其第 k 个原子面$A_k^{\perp}$,是

在垂直空间的外接圆半径为 R_k 的正五边形[图 2.13(b)].则第 k 个原子的几何形状因子表达式(2.39a)中的积分应该在这个正五边形内进行.为此,我们把这个正五边形分解成 5 个由半径矢量 $\boldsymbol{R}_j$ 和 $\boldsymbol{R}_{j+1}(j=0,1,2,3,4)$ 构成的等腰三角形,则可计算出对第 j 个三角形的积分等于

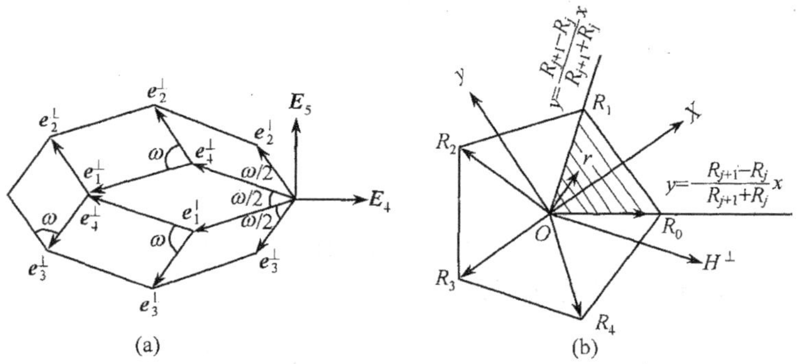

图 2.13 十次准晶高维空间单胞和原子面在垂直空间的投影.(a)高维空间单胞在垂直空间的投影,由 6 个边为 $e_i{}^{\perp}$ 和 $e_j{}^{\perp}(i,j=1,2,3,4)$ 的平行四边形组成;(b) 第 k 个原子面在垂直空间的投影 $A_k{}^{\perp}$,是外接圆半径为 R_k 的正五边形

$$I_j = R_k{}^2\left(\frac{\sqrt{2+\tau}}{2}\right)\frac{A_j[\exp(\mathrm{i}A_{j+1})-1]-A_{j+1}[\exp(\mathrm{i}A_j)-1]}{A_jA_{j+1}(A_j-A_{j+1})}, \tag{2.72}$$

式中

$$A_j = 2\pi\boldsymbol{H}^{\perp}\cdot\boldsymbol{R}_j.$$

现以图 2.13(b)中的绘有阴影线的由半径矢量 $\boldsymbol{R}_j$ 和 $\boldsymbol{R}_{j+1}(j=0)$ 构成的等腰三角形对表达式(2.39a)中的积分的贡献为例,介绍式(2.72)的推导步骤.首先建立直角坐标系(x,y),其中 x 轴垂直于等腰三角形的底边$(\boldsymbol{R}_{j+1}-\boldsymbol{R}_j)$,平行于 $\boldsymbol{R}_{j+1}+\boldsymbol{R}_j$,$y$ 轴则平行于 $\boldsymbol{R}_{j+1}-\boldsymbol{R}_j$.在这个坐标系之下,$\boldsymbol{R}_{j+1}$ 和 $\boldsymbol{R}_j$ 的直线方程分别是 $y_U=\frac{(\boldsymbol{R}_{j+1}-\boldsymbol{R}_j)x}{(\boldsymbol{R}_{j+1}+\boldsymbol{R}_j)}$ 和 $y_L=-\frac{(\boldsymbol{R}_{j+1}-\boldsymbol{R}_j)x}{(\boldsymbol{R}_{j+1}+\boldsymbol{R}_j)}$.在被积函数

$\exp(2\pi i \boldsymbol{H}^{\perp}\cdot\boldsymbol{r}^{\perp})$ 中的 $\boldsymbol{H}^{\perp}\cdot\boldsymbol{r}^{\perp}=H_x^{\perp}x+H_y^{\perp}y=\dfrac{\boldsymbol{H}^{\perp}\cdot(\boldsymbol{R}_{j+1}+\boldsymbol{R}_j)x}{(\boldsymbol{R}_{j+1}+\boldsymbol{R}_j)}+\dfrac{\boldsymbol{H}^{\perp}\cdot(\boldsymbol{R}_{j+1}-\boldsymbol{R}_j)y}{(\boldsymbol{R}_{j+1}-\boldsymbol{R}_j)}$. 积分时先就某一个固定的 x 值对 y 从 y_L 积分到 y_U,然后对 x 从 0 积分到 $(\boldsymbol{R}_{j+1}+\boldsymbol{R}_j)/2$. 把这样推导出的式(2.72)对 $j=0,1,2,3,4$ 求和并除以式(2.71)表示的高维空间单胞在垂直空间的投影的面积,就得到十次准晶的第 k 个原子的几何形状因子 $g_k(H^{\perp})$ 的表达式(2.39a)为

$$g_k(H^{\perp})=\frac{1}{A_{\mathrm{UC}}^{\perp}}\sum_{j=0}^{4}I_j. \tag{2.73}$$

式(2.37)中的第 k 个原子的温度因子 $T_k(H^{\parallel},H^{\perp})$ 仍然可以按照式(2.40)和式(2.41)计算. 对于十次准晶,垂直空间的维数是二,代表高维空间原子沿 m 方向的位移与 n 方向的位移(在垂直空间)的乘积的平均值的矩阵元 $\langle u_m u_n\rangle(m,n=4,5)$ 构成的矩阵(2.41b)蜕化为 2×2 的矩阵

$$\langle u^{\perp\mathrm{T}}u^{\perp}\rangle=\begin{pmatrix}\langle u_4{}^2\rangle & \langle u_4u_5\rangle\\ \langle u_5u_4\rangle & \langle u_5^2\rangle\end{pmatrix}. \tag{2.41c}$$

2.4.3 十次准晶的标度特性

对于十次准晶,如果我们用膨胀矩阵

$$S^*=\begin{pmatrix}0&0&-1&-1\\1&1&1&0\\0&1&1&1\\-1&-1&0&0\end{pmatrix} \tag{2.74}$$

作用到原有的倒易点阵基矢 $e_j{}^*=(e_1{}^*,\ e_2{}^*,\ e_3{}^*,\ e_4{}^*)$ 上,得到新的基矢 $e_j{}^{*\prime}=(e_1{}^{*\prime},\ e_2{}^{*\prime},\ e_3{}^{*\prime},\ e_4{}^{*\prime})$: $(e_j{}^{*\prime})^{\mathrm{T}}=\boldsymbol{S}^*(e_j{}^*)^{\mathrm{T}}$. 显然,这个膨胀矩阵使倒易点阵基矢的平行空间分量增大到 τ 倍,垂直空间分量则缩小而且反号到 $-1/\tau$.

$$S^* \begin{pmatrix} e_1^* \\ e_2^* \\ e_3^* \\ e_4^* \end{pmatrix} = \tau \begin{pmatrix} e^{*\parallel}_1 \\ e^{*\parallel}_2 \\ e^{*\parallel}_3 \\ e^{*\parallel}_4 \end{pmatrix} - \frac{1}{\tau} \begin{pmatrix} e^{*\perp}_1 \\ e^{*\perp}_2 \\ e^{*\perp}_3 \\ e^{*\perp}_4 \end{pmatrix}, \tag{2.75}$$

容易求得膨胀矩阵的转置逆矩阵为

$$S = (S^{*^{-1}})^{\mathrm{T}} = \begin{pmatrix} -1 & 1 & 0 & -1 \\ 0 & 0 & 1 & -1 \\ -1 & 1 & 0 & 0 \\ -1 & 0 & 1 & -1 \end{pmatrix}. \tag{2.76}$$

对比式(2.1)和式(2.4)可知,这就是相应的作用到正点阵基矢上的收缩矩阵:$(\boldsymbol{e}_j{}')^{\mathrm{T}} = S(\boldsymbol{e}_j)^{\mathrm{T}}$. 显然,这个收缩矩阵使正点阵基矢的平行空间分量收缩到原来的 $1/\tau$,垂直空间分量则膨胀,而且反号到原来的 $-\tau$ 倍.

$$S \begin{pmatrix} e_1 \\ e_2 \\ e_3 \\ e_4 \end{pmatrix} = \frac{1}{\tau} \begin{pmatrix} e_1^{\parallel} \\ e_2^{\parallel} \\ e_3^{\parallel} \\ e_4^{\parallel} \end{pmatrix} - \tau \begin{pmatrix} e_1^{\perp} \\ e_2^{\perp} \\ e_3^{\perp} \\ e_4^{\perp} \end{pmatrix}. \tag{2.77}$$

不难验证,式(2.74)和式(2.76)给出的膨胀和收缩矩阵满足下列关系式:

$$(S^*)^2 = S^* + I \qquad 和 \qquad S^2 = -S + I. \tag{2.78}$$

郭可信在其与周公度合著的关于“晶体和准晶体的衍射”的书中,系统地讨论了十次准晶的 Penrose 拼图及其膨胀和收缩的自相似性. 本书不再重复.

2.4.4 十次准晶的晶体近似相

对于十次准晶而言,基矢 $\boldsymbol{e}_5 \parallel \boldsymbol{E}_3$ 张着的一维空间是周期性的,由基矢 $\boldsymbol{E}_4$ 和 $\boldsymbol{E}_5$ 张着的是二维垂直空间. 式(2.51a)和式(2.51b)给出的描述线性相位子应变的矩阵 $\boldsymbol{A}_P$(作用到正点阵的坐标 X_j 上的矩阵)及其转置逆矩阵$(\boldsymbol{A}_p{}^{-1})^{\mathrm{T}}$(作用到倒易点阵的

坐标 X_j^* 上的矩阵)具体化为

$$\boldsymbol{A}_p = \begin{pmatrix} 1 & 0 & 0 & 0 & 0 \\ 0 & 1 & 0 & 0 & 0 \\ 0 & 0 & 1 & 0 & 0 \\ A_{41} & A_{42} & 0 & 1 & 0 \\ A_{51} & A_{52} & 0 & 0 & 1 \end{pmatrix} \tag{2.79}$$

和

$$(\boldsymbol{A}_p^{-1})^{\mathrm{T}} = \begin{pmatrix} 1 & 0 & 0 & -A_{41} & -A_{51} \\ 0 & 1 & 0 & -A_{42} & -A_{52} \\ 0 & 0 & 1 & 0 & 0 \\ 0 & 0 & 0 & 1 & 0 \\ 0 & 0 & 0 & 0 & 1 \end{pmatrix}. \tag{2.80}$$

一般的情况下,如果选取适当的相位子应变的参数,使得互相垂直的沿着基矢 $\boldsymbol{E}_1$ 和基矢 $\boldsymbol{E}_2$ 的两方向都变成周期性的,则得到正交晶系的晶体近似相.详细的讨论见本书的第八章.

§2.5 二十面体准晶

2.5.1 二十面体准晶的切割-投影矩阵

图 2.14 中示出了常见的具有二十面体对称性的多面体.图 2.14(a)所示的二十面体由 20 个正三角形面组成.若将正方向与负方向各算一支轴,则共有十二支由二十面体中心指向顶点的五次轴 $A5$,二十支由中心指向三角形面中点的三次轴 $A3$,以及三十支由中心指向棱边中点的二次轴 $A2$.其中近邻的五次轴之间的夹角是 $\theta=63.43°$,每支五次轴周围环绕着五支三次轴 $A3$ 和五支二次轴 $A2$,这些三次轴与这五次轴之间的夹角都是 37.38°,这些二次轴与这支五次轴的夹角则是 31.72°.近邻的三次轴与二次轴之间的夹角是 20.90°.

图 2.14(b)所示的五角十二面体由 12 个正五边形面组成,其

对称性与二十面体一样，但这时的十二支五次轴是由中心指向正五边形的中点，三次轴则由中心指向顶点，恰好与二十面体成对偶关系．所谓对偶关系，指的是两个多面体，两者的面和顶点的方向恰好互相交换．即，在二十面体中五次轴指向二十面体的顶点，在五角十二面体中五次轴则垂直于五角形面；在二十面体中三次轴垂直于其三角形面，在五角十二面体中三次轴则指向其顶点．

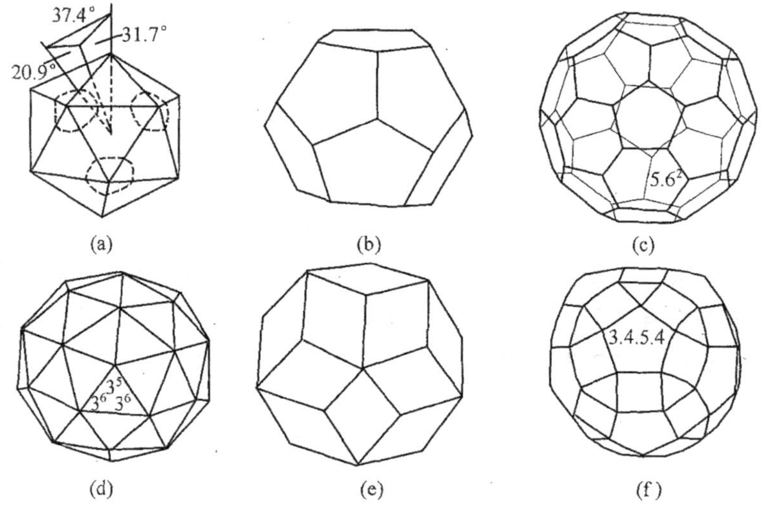

图 2.14　具有二十面体对称性的多面体．(a)二十面体；(b)五角十二面体；(c)截顶二十面体；(d)三角形六十面体；(e)菱形三十面体；(f)正方二十面十二面体

把图 2.14(a)中的二十面体的 30 个棱边各自三等分，从其 1/3处如图 2.14(a)虚线所示将 12 个顶点截去，形成 12 个正五角形，二十面体中的 20 个三角形面则变成正六边形，就得到图 2.14(c)中所描绘的截顶二十面体．截顶二十面体共有 32 个面，60 个顶点．大家常见的足球就可近似地看作是截顶二十面体．足球往往就是由十二块黑色的正五角形的皮与 20 块白色的正六角形的皮缝制而成，每块黑五角皮与五块白六角皮缝在一起，但没有任意两块黑五角皮相邻．此外，C_{60}分子笼的 60 个 C 原子就坐落在截顶二

十面体的60个顶点上.图中的Schlaefli符号$5\cdot6^2=5\cdot6\cdot6$表示多面体的该顶点由一个五边形和两个六边形的顶点构成.

与截顶二十面体对偶的是三角形六十面体[图2.14(d)].图中的Schlaefli符号3^5和3^6表示该多面体有两种顶点.其中一类沿着五次轴方向,由5个三角形的顶点构成,总共有12个.另一类沿着三次轴方向,由6个三角形的顶点构成,总共有20个.三角形六十面体的每个三角形面与截顶二十面体的一个顶点对应.三角形六十面体共有32个顶点,它们对应于截顶二十面体的三十二个面.在三角形六十面体的两个近邻的五次轴之间有两个三角形,在特殊的几何情况下,这两个三角形在一张平面上,合在一起构成一个菱形,则此三角形六十面体就变成了菱形三十面体[图2.14(e)].

图2.14(f)描绘的正方二十面十二面体上的Schlaefli符号,$3\cdot4\cdot5\cdot4$表示这种多面体的每一个顶点都由三角形,正方(四方)形,五边形和正方形的顶点构成.从多面体的中心指向三角形面的中心的矢量平行于三次轴,指向五边形中心和正方形中心的矢量则分别平行于五次轴和二次轴.图2.14中示出的5个多面体虽然形状不一样,但都是具有二十面体对称性.

图示二十面体的对称性的最好的方法是极射赤面投影图.在极射赤面投影图中,每一个点代表着一条直线的方向.其原理是,让被描述的每一个方向都由过球心的直线代表.如果这条直线与球面的交点位于北半球,就将它与南极相连接;如果交点位于南半球,就将它与北极相连接.这连线与赤道平面的交点就代表这一个方向.过球心的一张平面与球面的交迹称之为大圆,球面上的大圆被南极或北极投影到赤道面上,就得到极射赤面投影图中的表示平面的大圆.例如,图2.15(a)是二十面体的极射赤面投影图.图中用实心五角形表示二十面体的五次轴$A5$,用实心三角形表示二十面体的三次轴$A3$,用像眼睛的符号表示二十面体的二次轴$A2$.注意,垂直于任一支五次轴都有五支互成36°的二次轴,每两支相邻的二次轴之间则为伪二次轴$A2P$.图2.15(a)中标出了垂直于$e_4^{\|}$的大圆,并用实心圆点标出了五支伪二次轴$A2P$.这些

轴之间的夹角关系也标在图的右下部.

图 2.15 中用二十面体的极射赤面投影图标出了下述五种坐标系的选择.

(1) $A5$-$A2$-$A2P$ 坐标系:平行空间的 $\boldsymbol{E}_3$ 方向和垂直空间的 $\boldsymbol{E}_6$ 方向,分别平行于二十面体的一支五次轴 $A5$. 垂直于二十面体的这支五次轴有五支互成 36°的二次轴 $A2$. 选取其中一支二次轴作为直角坐标系的 $\boldsymbol{E}_2$ 方向(平行空间)和 $\boldsymbol{E}_5$ 方向(垂直空间),与它们垂直的那支伪二次轴 $A2P$ 则作为直角坐标系的 $\boldsymbol{E}_1$ 方向(平行空间)和 $\boldsymbol{E}_4$ 方向(垂直空间). 在文献中采用这种描述二十面体准晶的坐标系的有: Levine, et. al, 1985; Lubensky, et al, 1986,武汉大学课题组的丁棣华等,1992;杨文革等(Yang,et al.,1998), Steurer and Haibach,1999 等等.

(2) $A2$-$A2$-$A2$ 坐标系:这是大多数文献采用的坐标系,它们都是让平行空间和垂直空间的坐标轴分别平行于二十面体的三支互相垂直的二次轴 $A2$. 由于二十面体准晶中没有四次轴,绕着这样的二次轴旋转 90°前后的状态不等价,故而这类坐标系又分成四种类型:

(i) AA 类型,如图 2.15(b)所示. Janssen (1991)、武汉大学物理系课题组王仁卉和戴明星(Wang and Dai, 1993)、王仁卉等(Wang, et al.,1994)、赵东山等(Zhao, et al.,1988)、冯江林和王仁卉 (Feng and Wang, 1994a; 1994b)、邹文晖等(Zou, et al.,1994),经常采用这类坐标系.

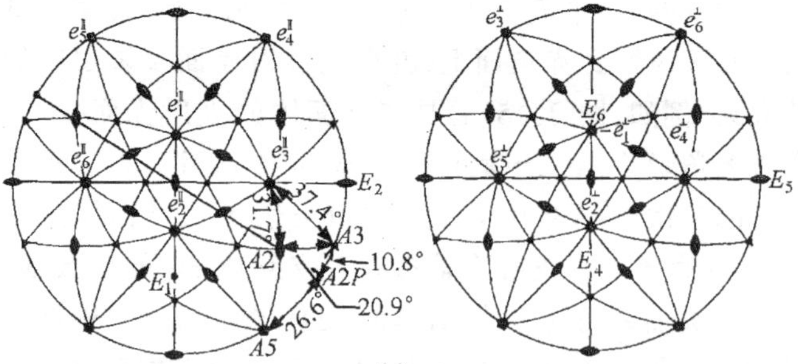

(a)

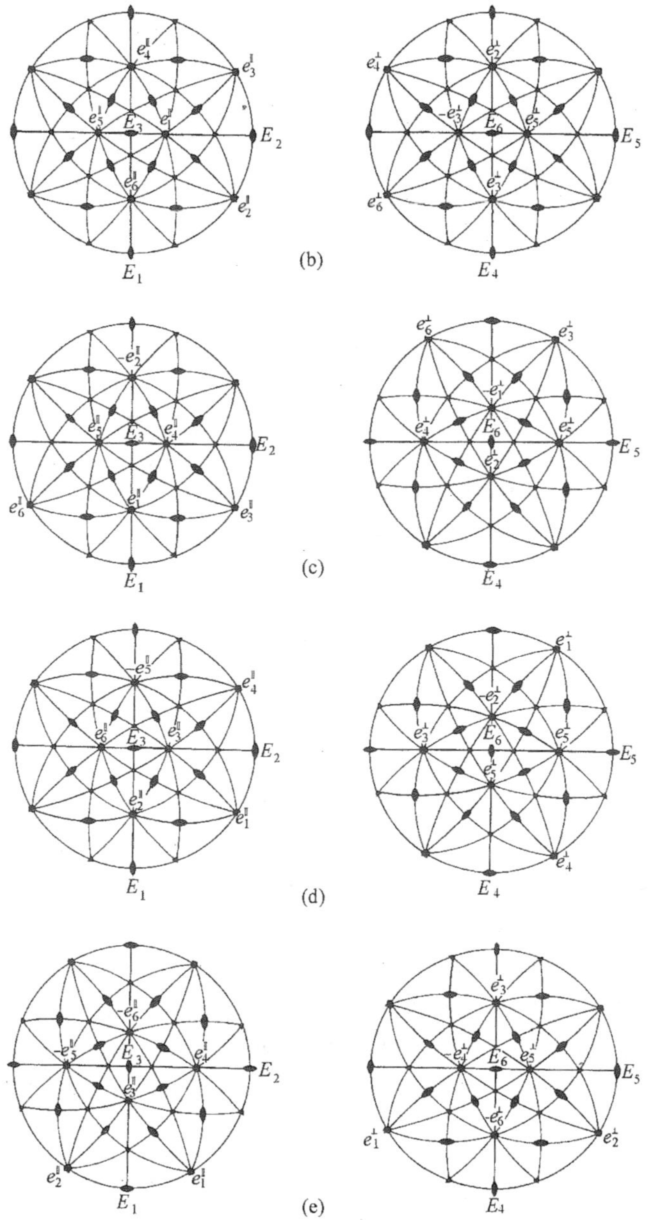
$e_4^{\parallel}$ $e_3^{\parallel}$ $e_5^{\parallel}$ E_3 $e_1^{\parallel}$ E_2 $e_6^{\parallel}$ $e_2^{\parallel}$ E_1
$e_4^{\perp}$ $e_2^{\perp}$ $-e_3^{\perp}$ E_6 $e_5^{\perp}$ E_5 $e_3^{\perp}$ $e_6^{\perp}$ E_4
(b)
$-e_2^{\parallel}$ $e_5^{\parallel}$ E_3 $e_4^{\parallel}$ E_2 $e_6^{\parallel}$ $e_1^{\parallel}$ $e_3^{\parallel}$ E_1
$e_6^{\perp}$ $e_3^{\perp}$ $-e_1^{\perp}$ $e_4^{\perp}$ E_6 $e_5^{\perp}$ E_5 $e_2^{\perp}$ E_4
(c)
$-e_5^{\parallel}$ $e_4^{\parallel}$ $e_6^{\parallel}$ E_3 $e_3^{\parallel}$ E_2 $e_2^{\parallel}$ $e_1^{\parallel}$ E_1
$e_1^{\perp}$ $-e_2^{\perp}$ $e_3^{\perp}$ E_6 $e_5^{\perp}$ E_5 $e_5^{\perp}$ $e_4^{\perp}$ E_4
(d)
$-e_6^{\parallel}$ $-e_5^{\parallel}$ E_3 $e_4^{\parallel}$ E_2 $e_3^{\parallel}$ $e_2^{\parallel}$ $e_1^{\parallel}$ E_1
$e_3^{\perp}$ $-e_4^{\perp}$ E_6 $e_5^{\perp}$ E_5 $-e_6^{\perp}$ $e_1^{\perp}$ $e_2^{\perp}$ E_4
(e)

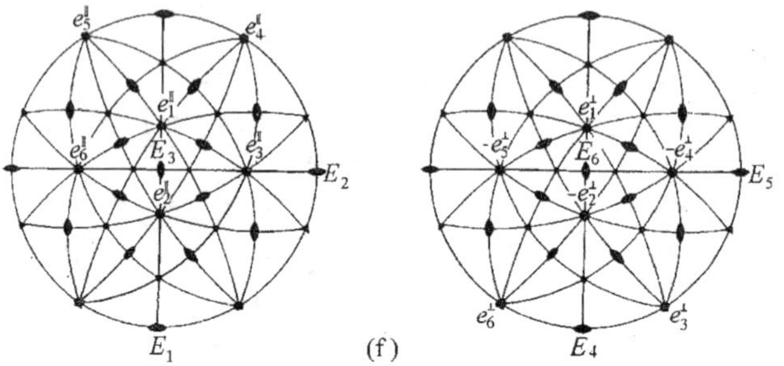

(f)

图 2.15. 二十面体的极射赤面投影图,图中标出了几种坐标系的选择.
(a) $A5$-$A2$-$A2P$ 坐标系:平行空间的 $\boldsymbol{E}_3$ 方向和垂直空间的 $\boldsymbol{E}_6$ 方向,分别平行于二十面体的一支五次轴 $A5$;(b) $A2$-$A2$-$A2$ 坐标系(平行空间和垂直空间的坐标轴都是分别平行于二十面体的三支互相垂直的二次轴),AA 型;(c) $A2$-$A2$-$A2$ 坐标系,AB 型;(d) $A2$-$A2$-$A2$ 坐标系,AB 型,但基矢的编号不同;(e) $A2$-$A2$-$A2$ 坐标系,BA 型;(f) $A2$-$A2$-$A2$ 坐标系,BB 型

(ii) AB 类型:从 AA 类型出发,把垂直空间的二十面体绕着 $\boldsymbol{E}_4$,$\boldsymbol{E}_5$,或 $\boldsymbol{E}_6$ 中某一个坐标轴旋转 90°就得到 AB 类型的坐标系,见图 2.15(c).这种坐标系在文献中用得最多,如 Jaric and Nelson (1988); Widom (1991); de Boissieu, et, al. (1995); Shaw, et al. (1991);Li (李方华)(1993)等.在同一种类型的坐标系中,随着高维空间晶体的基矢编号的不同,其切割投影矩阵也不一样.如同是 AB 类型的坐标系,文献中常用的,除了如图 2.15(c)所示的,Jaric and Nelson(1988); Widom(1991); de Boissieu(1995); Shaw, et al.(1991)采用的坐标系之外,还有如图 2.15(d)所示的,Cahn, et al. (1986)采用的坐标系.

(iii) BA 类型:从 AA 类型出发,把平行空间的二十面体绕着 $\boldsymbol{E}_1$,$\boldsymbol{E}_2$,或 $\boldsymbol{E}_3$ 中某一个坐标轴旋转 90°就得到 BA 类型的坐标系,见图 2.15(e).已知日本的石井(Ishii, 1989;1992)采用了这种类型的坐标系.

(iv) BB 类型:从 AA 类型出发,把平行空间以及垂直空间的二十面体分别绕着某一个坐标轴旋转 90°就得到 BB 类型的坐标

系，见图 2.15(f). 已知 Lubensky, et al. (1985)采用了这种类型的坐标系.

无论采用什么坐标系，都是取 $\boldsymbol{E}_j=(\boldsymbol{E}_1,\ \boldsymbol{E}_2,\ \boldsymbol{E}_3,\ \boldsymbol{E}_4,\ \boldsymbol{E}_5,\ \boldsymbol{E}_6)$作为一套正交归一化的坐标系，其中 $\boldsymbol{E}_1,\ \boldsymbol{E}_2,\ \boldsymbol{E}_3$ 张着平行空间，$\boldsymbol{E}_4,\ \boldsymbol{E}_5,\ \boldsymbol{E}_6$ 则张着垂直空间. 让六维空间晶体的 6 个正交的基矢 $\boldsymbol{e}_j=(\boldsymbol{e}_1,\ \boldsymbol{e}_2,\ \boldsymbol{e}_3,\ \boldsymbol{e}_4,\ \boldsymbol{e}_5,\ \boldsymbol{e}_6)$和对应的倒易点阵的基矢 $\boldsymbol{e}_j^*=(\boldsymbol{e}_1^*,\ \boldsymbol{e}_2^*,\ \boldsymbol{e}_3^*,\ \boldsymbol{e}_4^*,\ \boldsymbol{e}_5^*,\ \boldsymbol{e}_6^*)$在平行空间和垂直空间的分量都分别平行于二十面体的一支五次轴. 而且如果两个基矢 $\boldsymbol{e}_j$ 和 $\boldsymbol{e}_k$ 在平行空间的分量成 63.43°的角度，则它们在垂直空间的分量成 116.57°的角度，即成补角关系. 在不同的坐标系的选择之下，切割投影矩阵的形式也不一样. 例如，对 Levine, et al. (1985)；丁棣华等(1992)和 Steurer, et al. (1999)采用的 $A5\text{-}A2\text{-}A2P$ 坐标系[图 2.15(a)]，切割投影矩阵的形式如下：

$$
\boldsymbol{T}=\frac{1}{\sqrt{2}}\begin{pmatrix}
0 & 0 & 1 & 0 & 0 & -1\\
\sin\theta\cos0 & \sin\theta\sin0 & \cos\theta & \sin\theta\cos0 & \sin\theta\sin0 & \cos\theta\\
\sin\theta\cos\omega & \sin\theta\sin\omega & \cos\theta & \sin\theta\cos3\omega & \sin\theta\sin3\omega & \cos\theta\\
\sin\theta\cos2\omega & \sin\theta\sin2\omega & \cos\theta & \sin\theta\cos\omega & \sin\theta\sin\omega & \cos\theta\\
\sin\theta\cos3\omega & \sin\theta\sin3\omega & \cos\theta & \sin\theta\cos4\omega & \sin\theta\sin4\omega & \cos\theta\\
\sin\theta\cos4\omega & \sin\theta\sin4\omega & \cos\theta & \sin\theta\cos2\omega & \sin\theta\sin2\omega & \cos\theta
\end{pmatrix},
\tag{2.81}
$$

式中 $\omega=\dfrac{2\pi}{5}$，$\theta=63.43°$，$\cos\theta=\dfrac{1}{\sqrt{5}}$，$\sin\theta=\dfrac{2}{\sqrt{5}}$. 利用式(2.60)，容易证明 $\boldsymbol{T}$ 是个正交矩阵：$\boldsymbol{T}\,\boldsymbol{T}^{\mathrm{T}}=\boldsymbol{I}$，即 $\boldsymbol{T}^{-1}=\boldsymbol{T}^{\mathrm{T}}$. 按照 2.1.2 节关于线性坐标变换的讨论，可知对二十面体准晶而言，正点阵基矢 $\boldsymbol{e}_j=(\boldsymbol{e}_1,\ \boldsymbol{e}_2,\ \boldsymbol{e}_3,\ \boldsymbol{e}_4,\ \boldsymbol{e}_5,\ \boldsymbol{e}_6)$和 $\boldsymbol{E}_j=(\boldsymbol{E}_1,\ \boldsymbol{E}_2,\ \boldsymbol{E}_3,\ \boldsymbol{E}_4,\ \boldsymbol{E}_5,\ \boldsymbol{E}_6)$，倒易点阵基矢 $\boldsymbol{e}_j^*=(\boldsymbol{e}_1^*,\ \boldsymbol{e}_2^*,\ \boldsymbol{e}_3^*,\ \boldsymbol{e}_4^*,\ \boldsymbol{e}_5^*,\ \boldsymbol{e}_6^*)$ 和 $\boldsymbol{E}_j^*=(\boldsymbol{E}_1^*,\ \boldsymbol{E}_2^*,\ \boldsymbol{E}_3^*,\ \boldsymbol{E}_4^*,\ \boldsymbol{E}_5^*,\ \boldsymbol{E}_6^*)$，原子位矢的分量 $x_j=(x_1,\ x_2,\ x_3,\ x_4,\ x_5,\ x_6)$和 $X_j=(X_1,\ X_2,\ X_3,\ X_4,\ X_5,\ X_6)$，以及倒易点阵矢量的指数 $h_j=(h_1,\ h_2,\ h_3,\ h_4,\ h_5,\ h_6)$ 和 $H_j=(H_1,\ H_2,\ H_3,\ H_4,\ H_5,\ H_6)$，分别按下列公式进行变换：

$$e_j{}^{T}=ATE_j{}^{T} \quad 或者 \quad E_j{}^{T}=A^{*}T^{T}e_j{}^{T}, \tag{2.82}$$

$$e_j{}^{*T}=A^{*}TE_j{}^{*T} \quad 或者 \quad E_j{}^{*T}=AT^{T}e_j{}^{*T}, \tag{2.83}$$

$$x_j{}^{T}=A^{*}TX_j{}^{T} \quad 或者 \quad X_j{}^{T}=AT^{T}x_j{}^{T}, \tag{2.84}$$

$$h_j{}^{T}=ATH_j{}^{T} \quad 或者 \quad H_j{}^{T}=A^{*}T^{T}h_j{}^{T}. \tag{2.85}$$

以上各式中 A 是六维晶体单胞的边长,即点阵常数, $A^{*}=1/A$ 是六维空间倒易点阵单胞的边长,小写字母标出的是六维空间晶体坐标系中的有关的量,大写字母标出的第 1,2 和 3 个分量表示平行空间的分量,第 4,5 和 6 个分量则表示垂直空间的分量.

二十面体准晶的投影矩阵 $P^{\parallel}$ 和 $P^{\perp}$,它们分别联系着六维空间晶体基矢 $e_j=(e_1, e_2, e_3, e_4, e_5, e_6)$及其在平行空间中的分量 $e_j^{\parallel}=(e_1^{\parallel}, e_2^{\parallel}, e_3^{\parallel}, e_4^{\parallel}, e_5^{\parallel}, e_6^{\parallel})$和垂直空间中的分量 $e_j^{\perp}=(e_1^{\perp}, e_2^{\perp}, e_3^{\perp}, e_4^{\perp}, e_5^{\perp}, e_6^{\perp})$

$$(e_j{}^{\parallel})^{T}=P^{\parallel}e_j{}^{T} \quad 和 \quad (e_j{}^{\perp})^{T}=P^{\perp}e_j{}^{T} \tag{2.66}$$

可以由式(2.89)和式(2.90)求得

$$P^{\parallel}=\frac{1}{2\sqrt{5}}\begin{pmatrix} \sqrt{5} & 1 & 1 & 1 & 1 & 1 \\ 1 & \sqrt{5} & 1 & -1 & -1 & 1 \\ 1 & 1 & \sqrt{5} & 1 & -1 & -1 \\ 1 & -1 & 1 & \sqrt{5} & 1 & -1 \\ 1 & -1 & -1 & 1 & \sqrt{5} & 1 \\ 1 & 1 & -1 & -1 & 1 & \sqrt{5} \end{pmatrix} \tag{2.86a}$$

和

$$P^{\perp}=I-P^{\parallel}=\frac{1}{2\sqrt{5}}\begin{pmatrix} \sqrt{5} & -1 & -1 & -1 & -1 & -1 \\ -1 & \sqrt{5} & -1 & 1 & 1 & -1 \\ -1 & -1 & \sqrt{5} & -1 & 1 & 1 \\ -1 & 1 & -1 & \sqrt{5} & -1 & 1 \\ -1 & 1 & 1 & -1 & \sqrt{5} & -1 \\ -1 & -1 & 1 & 1 & -1 & \sqrt{5} \end{pmatrix}. \tag{2.86b}$$

式(2.86)显然满足下列关系式:

$$P^{\parallel}+P^{\perp}=I\ (单位矩阵).$$

容易求得对应于二十面体准晶由基矢 $\boldsymbol{e}_j=(\boldsymbol{e}_1,\ \boldsymbol{e}_2,\ \boldsymbol{e}_3,\ \boldsymbol{e}_4,\ \boldsymbol{e}_5,\ \boldsymbol{e}_6)$张着的六维空间的度量张量 $\boldsymbol{G}$ 和倒易度量张量 $\boldsymbol{G}^*$ 的表达式如下：

$$\boldsymbol{G}=(A\boldsymbol{T})(A\boldsymbol{T}^{\mathrm{T}})=A^2\boldsymbol{I} \tag{2.87a}$$

和

$$\boldsymbol{G}^*=\boldsymbol{G}^{-1}=(A^*)^2\boldsymbol{I}. \tag{2.87b}$$

由式(2.87)可知,二十面体准晶六维空间晶体的 6 个基矢 $\boldsymbol{e}_j=(\boldsymbol{e}_1,\ \boldsymbol{e}_2,\ \boldsymbol{e}_3,\ \boldsymbol{e}_4,\ \boldsymbol{e}_5,\ \boldsymbol{e}_6)$ 是互相正交的,基矢的长度为 A;相应的倒易点阵基矢 $\boldsymbol{e}_j^*=(\boldsymbol{e}_1^*,\ \boldsymbol{e}_2^*,\ \boldsymbol{e}_3^*,\ \boldsymbol{e}_4^*,\ \boldsymbol{e}_5^*,\ \boldsymbol{e}_6^*)$也是互相正交的,其长度为 A^*. 进一步由式(2.86)可知,$|\boldsymbol{e}_j^{\parallel}|=|\boldsymbol{e}_j^{\perp}|=\dfrac{A}{\sqrt{2}}$,且有当 $j\neq k$ 时,$\boldsymbol{e}_j^{\parallel}\cdot\boldsymbol{e}_k^{\parallel}=-\boldsymbol{e}_j^{\perp}\cdot\boldsymbol{e}_k^{\perp}=\pm\dfrac{1}{\sqrt{5}}$. 故有上文所述:两个基矢 $\boldsymbol{e}_j$ 和 $\boldsymbol{e}_k$ 在平行空间的分量的夹角与它们在垂直空间的分量的夹角成补角关系.

对应于图 2.15(a~f)所描述的坐标系,切割投影矩阵的形式分别如下：

$$\boldsymbol{T}^D=\frac{1}{\sqrt{2}}\begin{pmatrix} 0 & 0 & 1 & 0 & 0 & -1 \\ \sin\theta\cos0 & \sin\theta\sin0 & \cos\theta & \sin\theta\cos0 & \sin\theta\sin0 & \cos\theta \\ \sin\theta\cos\omega & \sin\theta\sin\omega & \cos\theta & \sin\theta\cos3\omega & \sin\theta\sin3\omega & \cos\theta \\ \sin\theta\cos2\omega & \sin\theta\sin2\omega & \cos\theta & \sin\theta\cos\omega & \sin\theta\sin\omega & \cos\theta \\ \sin\theta\cos3\omega & \sin\theta\sin3\omega & \cos\theta & \sin\theta\cos4\omega & \sin\theta\sin4\omega & \cos\theta \\ \sin\theta\cos4\omega & \sin\theta\sin4\omega & \cos\theta & \sin\theta\cos2\omega & \sin\theta\sin2\omega & \cos\theta \end{pmatrix}, \tag{2.88a}$$

$$\boldsymbol{T}^{AA}=\frac{1}{\sqrt{2(2+\tau)}}\begin{pmatrix} 0 & 1 & \tau & 0 & 1 & -\tau \\ 1 & \tau & 0 & -\tau & 0 & 1 \\ -1 & \tau & 0 & \tau & 0 & 1 \\ -\tau & 0 & 1 & -1 & -\tau & 0 \\ 0 & -1 & \tau & 0 & 1 & \tau \\ \tau & 0 & 1 & 1 & -\tau & 0 \end{pmatrix}, \tag{2.88b}$$

$$
\boldsymbol{T}^{J}=\frac{1}{\sqrt{2(2+\tau)}}\begin{pmatrix}\tau & 0 & 1 & 1 & 0 & -\tau\\ \tau & 0 & -1 & 1 & 0 & \tau\\ 1 & \tau & 0 & -\tau & 1 & 0\\ 0 & 1 & \tau & 0 & -\tau & 1\\ 0 & -1 & \tau & 0 & \tau & 1\\ 1 & -\tau & 0 & -\tau & -1 & 0\end{pmatrix}, \tag{2.88c}
$$

$$
\boldsymbol{T}^{C}=\frac{1}{\sqrt{2(2+\tau)}}\begin{pmatrix}1 & \tau & 0 & -\tau & 1 & 0\\ \tau & 0 & 1 & 1 & 0 & -\tau\\ 0 & 1 & \tau & 0 & -\tau & 1\\ -1 & \tau & 0 & \tau & 1 & 0\\ \tau & 0 & -1 & 1 & 0 & \tau\\ 0 & -1 & \tau & 0 & \tau & 1\end{pmatrix}, \tag{2.88d}
$$

$$
\boldsymbol{T}^{I}=\frac{1}{\sqrt{2(2+\tau)}}\begin{pmatrix}\tau & 1 & 0 & 1 & -\tau & 0\\ \tau & -1 & 0 & 1 & \tau & 0\\ 1 & 0 & \tau & -\tau & 0 & 1\\ 0 & \tau & 1 & 0 & 1 & -\tau\\ 0 & \tau & -1 & 0 & 1 & \tau\\ 1 & 0 & -\tau & -\tau & 0 & -1\end{pmatrix}, \tag{2.88e}
$$

$$
\boldsymbol{T}^{\mathrm{Lub}}=\frac{1}{\sqrt{2(2+\tau)}}\begin{pmatrix}-1 & 0 & \tau & -1 & 0 & \tau\\ 1 & 0 & \tau & -1 & 0 & -\tau\\ 0 & \tau & 1 & \tau & 1 & 0\\ -\tau & 1 & 0 & 0 & -\tau & -1\\ -\tau & -1 & 0 & 0 & \tau & -1\\ 0 & -\tau & 1 & \tau & -1 & 0\end{pmatrix}. \tag{2.88f}
$$

由图 2.15 以及式(2.89)和式(2.88)可以得到上述 6 个坐标系之间的关系.例如,对比图 2.15(a)与图 2.15(f),可知,由 $A2P$-$A2$-$A5$ 系(用上标 D 表示)到 BB 型 $A2$-$A2$-$A2$ 系(用上标 L 表示),在平行空间是绕着 Y 轴(即 $\boldsymbol{E}_2$)旋转 $\theta/2=31.7°$;在垂直空间则是绕着 Y 轴(即 $\boldsymbol{E}_2$)旋转 31.7°之后再倒反.据此可得平行空间和

垂直空间坐标变换矩阵分别是

$$Q_{\text{para}}^{\text{DL}} = \begin{bmatrix} \cos\frac{\theta}{2} & 0 & -\sin\frac{\theta}{2} \\ 0 & 1 & 0 \\ \sin\frac{\theta}{2} & 0 & \cos\frac{\theta}{2} \end{bmatrix} = \begin{bmatrix} \frac{\tau}{\sqrt{2+\tau}} & 0 & -\frac{1}{\sqrt{2+\tau}} \\ 0 & 1 & 0 \\ \frac{1}{\sqrt{2+\tau}} & 0 & \frac{\tau}{\sqrt{2+\tau}} \end{bmatrix}, \tag{2.89a}$$

$$Q_{\text{perp}}^{\text{DL}} = \begin{bmatrix} \frac{-\tau}{\sqrt{2+\tau}} & 0 & \frac{1}{\sqrt{2+\tau}} \\ 0 & -1 & 0 \\ \frac{-1}{\sqrt{2+\tau}} & 0 & \frac{-\tau}{\sqrt{2+\tau}} \end{bmatrix}. \tag{2.89b}$$

图 2.15(c)所示的 Jaric 坐标系与图 2.15(f)所示的 Lubensky 坐标系之间的关系可以表述为：从图 2.15(f)所示的 Lubensky 坐标系出发，把平行空间的坐标轴绕 $\boldsymbol{E}_2$ 旋转 90°，并且把垂直空间的坐标轴绕 $\boldsymbol{E}_5$ 旋转 180°，就得到图 2.15(c)所示的 Jaric 坐标系(用上标 J 表示)．据此可得平行空间和垂直空间从 Lubensky 坐标系到 Jaric 系坐标变换矩阵分别是

$$Q_{\text{para}}^{\text{LJ}} = \begin{bmatrix} 0 & 0 & 1 \\ 0 & 1 & 0 \\ -1 & 0 & 0 \end{bmatrix}, \tag{2.90a}$$

$$Q_{\text{perp}}^{\text{LJ}} = \begin{bmatrix} -1 & 0 & 0 \\ 0 & 1 & 0 \\ 0 & 0 & -1 \end{bmatrix}. \tag{2.90b}$$

从图 2.15(c)所示的 Jaric 坐标系出发，把垂直空间的坐标轴 $\boldsymbol{E}_5$ 与 $\boldsymbol{E}_6$ 交换，然后再将六维空间晶体的基矢 $\boldsymbol{e}_j = (\boldsymbol{e}_1, \boldsymbol{e}_2, \boldsymbol{e}_3, \boldsymbol{e}_4, \boldsymbol{e}_5, \boldsymbol{e}_6)$按照下列方式变换：$\boldsymbol{e}_1 \to \boldsymbol{e}_6$，$\boldsymbol{e}_2 \to -\boldsymbol{e}_4$，$\boldsymbol{e}_3 \to \boldsymbol{e}_2$，$\boldsymbol{e}_4 \to \boldsymbol{e}_1$，$\boldsymbol{e}_5 \to \boldsymbol{e}_5$，$\boldsymbol{e}_6 \to -\boldsymbol{e}_3$，就得到图 2.15(b)所示的用上标 AA 表示的坐标系．如果暂时不考虑六维空间晶体的基矢 $\boldsymbol{e}_j$ 编号的差别，据此可得平行空间和垂直空间从 Jaric 系到 AA 系坐标变换矩阵分别

是

$$Q_{\text{para}}^{\text{JAA}} = \boldsymbol{I}, \tag{2.91a}$$

$$Q_{\text{perp}}^{\text{JAA}} = \begin{bmatrix} 1 & 0 & 0 \\ 0 & 0 & 1 \\ 0 & 1 & 0 \end{bmatrix}. \tag{2.91b}$$

从图 2.15(c)所示的 Jaric 坐标系出发,将六维空间晶体的基矢 $\boldsymbol{e}_j = (\boldsymbol{e}_1, \boldsymbol{e}_2, \boldsymbol{e}_3, \boldsymbol{e}_4, \boldsymbol{e}_5, \boldsymbol{e}_6)$按照下列方式变换:$\boldsymbol{e}_1 \to \boldsymbol{e}_2$, $\boldsymbol{e}_2 \to \boldsymbol{e}_5$, $\boldsymbol{e}_3 \to \boldsymbol{e}_1$, $\boldsymbol{e}_4 \to \boldsymbol{e}_3$, $\boldsymbol{e}_5 \to \boldsymbol{e}_6$, $\boldsymbol{e}_6 \to -\boldsymbol{e}_4$,就得到图 2.15(d)所示的 Cahn 坐标系(用上标 C 表示). 如果从图 2.15(c)所示的 Jaric 坐标系出发,把平行空间的坐标轴 $\boldsymbol{E}_2$ 与 $\boldsymbol{E}_3$ 交换,并且把垂直空间的坐标轴 $\boldsymbol{E}_5$ 与 $\boldsymbol{E}_6$ 交换,就得到图 2.15(e)所示的 Ishii 所采用的坐标系(用上标 I 表示). 据此可得平行空间和垂直空间从 Jaric 系到 Ishii 系坐标变换矩阵分别是

$$Q_{\text{para}}^{\text{JI}} = \begin{bmatrix} 1 & 0 & 0 \\ 0 & 0 & 1 \\ 0 & 1 & 0 \end{bmatrix}, \tag{2.92a}$$

$$Q_{\text{perp}}^{\text{JI}} = \begin{bmatrix} 1 & 0 & 0 \\ 0 & 0 & 1 \\ 0 & 1 & 0 \end{bmatrix}. \tag{2.92b}$$

在不同的坐标系之下,准晶的物理性能的张量的具体形式会不一样. §6.4 将要讨论二十面体准晶弹性常数张量的形式与坐标系的关系. 但是,式(2.86)给出的投影矩阵,因而高维空间晶体基矢在平行空间的分量的长度和夹角关系,还有基矢在垂直空间的分量的长度和夹角关系等等,都与坐标系的选择没有关系. 请读者从式(2.88)中选一个切割-投影矩阵,按照投影矩阵 $\boldsymbol{P}^{\parallel}$ 和 $\boldsymbol{P}^{\perp}$ 的定义对此论断进行验算.

2.5.2 二十面体准晶的结构因子

在 2.3.2 节讨论准晶的结构因子时的一般公式,包括式(2.37),(2.38),(2.39a),(2.40),(2.41a)和(2.41b)等公式,都可

用于二十面体准晶结构因子的计算.但为了能具体计算出二十面体准晶的结构因子,需要推导出计算几何形状因子的公式,包括如何计算六维晶体单胞在垂直空间的投影的体积 $A_{\mathrm{UC}}^{\perp}$.对于二十面体准晶而言,垂直空间是三维的.六维晶体空间中指数为($h_1\ h_2\ h_3\ h_4\ h_5\ h_6$)的倒易矢的垂直分量可按式(2.85)计算.当选用Cahn的坐标系时,把式(2.88d)代入式(2.85)可得

$$(\boldsymbol{H}^{\perp})^{\mathrm{T}}=\begin{pmatrix}H_4\\H_5\\H_6\end{pmatrix}=\frac{A^*}{\sqrt{2(2+\tau)}}\begin{pmatrix}(h_2+h_5)+(-h_1+h_4)\tau\\(h_1+h_4)+(-h_3+h_6)\tau\\(h_3+h_6)+(-h_2+h_5)\tau\end{pmatrix}. \tag{2.93a}$$

六维空间单胞在垂直空间的投影 $A_{\mathrm{UC}}^{\perp}$是一个菱形三十面体[见图2.14(e)],由20个菱面体组成.从六维空间晶体基矢 $\boldsymbol{e}_j=(\boldsymbol{e}_1,\ \boldsymbol{e}_2,\ \boldsymbol{e}_3,\ \boldsymbol{e}_4,\ \boldsymbol{e}_5,\ \boldsymbol{e}_6)$ 在垂直空间中的6个分量 $\boldsymbol{e}_j^{\perp}=(\boldsymbol{e}_1^{\perp},\ \boldsymbol{e}_2^{\perp},\ \boldsymbol{e}_3^{\perp},\ \boldsymbol{e}_4^{\perp},\ \boldsymbol{e}_5^{\perp},\ \boldsymbol{e}_6^{\perp})$中任意选取3个就构成一个菱面体,共有$C_6^3=20$组选取方法,故有20个菱面体.

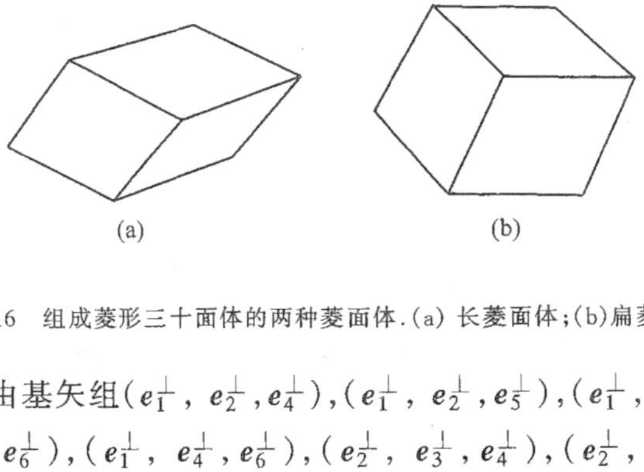

图 2.16 组成菱形三十面体的两种菱面体.(a) 长菱面体;(b)扁菱面体

其中由基矢组$(\boldsymbol{e}_1^{\perp},\ \boldsymbol{e}_2^{\perp},\boldsymbol{e}_4^{\perp})$,$(\boldsymbol{e}_1^{\perp},\ \boldsymbol{e}_2^{\perp},\boldsymbol{e}_5^{\perp})$,$(\boldsymbol{e}_1^{\perp},\ \boldsymbol{e}_3^{\perp},\boldsymbol{e}_5^{\perp})$,$(\boldsymbol{e}_1^{\perp},\ \boldsymbol{e}_3^{\perp},\boldsymbol{e}_6^{\perp})$,$(\boldsymbol{e}_1^{\perp},\ \boldsymbol{e}_4^{\perp},\boldsymbol{e}_6^{\perp})$,$(\boldsymbol{e}_2^{\perp},\ \boldsymbol{e}_3^{\perp},\boldsymbol{e}_4^{\perp})$,$(\boldsymbol{e}_2^{\perp},\ \boldsymbol{e}_3^{\perp},\boldsymbol{e}_6^{\perp})$,$(\boldsymbol{e}_2^{\perp},\ \boldsymbol{e}_5^{\perp},\boldsymbol{e}_6^{\perp})$,$(\boldsymbol{e}_3^{\perp},\ \boldsymbol{e}_4^{\perp},\boldsymbol{e}_5^{\perp})$,$(\boldsymbol{e}_4^{\perp},\ \boldsymbol{e}_5^{\perp},\boldsymbol{e}_6^{\perp})$构成的是长菱面体[见图2.16(a)],由基矢组$(\boldsymbol{e}_1^{\perp},\ \boldsymbol{e}_2^{\perp},\boldsymbol{e}_3^{\perp})$,$(\boldsymbol{e}_1^{\perp},\ \boldsymbol{e}_2^{\perp},\boldsymbol{e}_6^{\perp})$,$(\boldsymbol{e}_1^{\perp},\ \boldsymbol{e}_3^{\perp},\boldsymbol{e}_4^{\perp})$,$(\boldsymbol{e}_1^{\perp},\ \boldsymbol{e}_4^{\perp},\boldsymbol{e}_5^{\perp})$,$(\boldsymbol{e}_1^{\perp},\ \boldsymbol{e}_5^{\perp},\boldsymbol{e}_6^{\perp})$,$(\boldsymbol{e}_2^{\perp},\ \boldsymbol{e}_3^{\perp},\boldsymbol{e}_5^{\perp})$,$(\boldsymbol{e}_2^{\perp},\ \boldsymbol{e}_4^{\perp},\boldsymbol{e}_5^{\perp})$,$(\boldsymbol{e}_2^{\perp},\ \boldsymbol{e}_4^{\perp},\boldsymbol{e}_6^{\perp})$,$(\boldsymbol{e}_3^{\perp},\ \boldsymbol{e}_4^{\perp},\boldsymbol{e}_6^{\perp})$,$(\boldsymbol{e}_3^{\perp},\ \boldsymbol{e}_5^{\perp},\boldsymbol{e}_6^{\perp})$构成的是扁菱

面体[见图2.16(b)].两种菱面体的边长都是 $a_r=\frac{A}{\sqrt{2}}$,也就是六维晶体基矢在垂直空间的分量的长度 $a_r=|e_j^{\perp}|$.构成这两组菱面体的菱面的锐角都是63.43°.构成长菱面体的3个基矢之间的夹角都是锐角,也可以说两个钝角和一个锐角.构成扁菱面体的3个基矢之间的夹角则为3个钝角,也可以说是两个锐角和一个钝角.长菱面体的主顶点(也就是三次轴所通过的顶点)的立体角是 $\frac{4\pi}{20}$,其他6个顶点的立体角是 $3\left(\frac{4\pi}{20}\right)$.扁菱面体的主顶点(也就是三次轴所通过的顶点)的立体角是 $7\left(\frac{4\pi}{20}\right)$,其他6个顶点的立体角是 $\left(\frac{4\pi}{20}\right)$.请读者用硬纸板做成10个长菱面体(用下标 P 标记)和10个扁菱面体(用下标 O 标记),就可以用它们拼砌菱形三十面体.菱形三十面体的外接球的半径 R,也就是从中心到五次轴顶点的距离,是菱形边长 a_r 的 τ 倍:$R=\tau a_r$.利用式(2.81)可以推导出计算长的和扁的菱面体的体积 V_P 和 V_O 的公式如下:

$$V_p=(-e_1^{\perp}\times e_2^{\perp})\cdot e_4^{\perp}=\begin{vmatrix}0 & 0 & 1\\ \sin\theta & 0 & \cos\theta\\ \sin\theta\cos\omega & \sin\theta\sin\omega & \cos\theta\end{vmatrix}\left(\frac{A}{\sqrt{2}}\right)^3$$

$$=\frac{\sqrt{2+\tau}}{5\sqrt{2}}A^3=\frac{2\sqrt{2+\tau}}{5}a_r^3, \tag{2.94a}$$

$$V_o=(e_1^{\perp}\times e_2^{\perp})\cdot e_3^{\perp}=\frac{1}{5}\sqrt{\frac{3-\tau}{2}}A^3=\frac{V_p}{\tau}. \tag{2.94b}$$

据此,可以得到计算六维空间单胞在垂直空间的投影体积的公式为

$$V_{\mathrm{UC}}^{\perp}=10V_p+10V_o=\sqrt{2(2+\tau)}\cdot\tau A^3=4\tau\sqrt{2+\tau}a_r^3. \tag{2.95}$$

二十面体准晶结构分析的结果,一般认为其第 k 个原子面 $A_k^{\perp}$,是在垂直空间的外接球半径为 R_k 的菱形三十面体[图2.14(e)].则第 k 个原子的几何形状因子表达式(2.39a)中的积分应该

在这个菱形三十面体内进行.为此,我们把这个菱形三十面体分解成60个由半径矢量 $\boldsymbol{R}_1,\boldsymbol{R}_2$ 和 $\boldsymbol{R}_3$ 构成的等腰三棱柱,则可计算出对这个三棱柱的积分等于

$$g_k(H^{\perp}) = -\mathrm{i}V_r \frac{A_2A_3A_4\exp(\mathrm{i}A_1)+A_1A_3A_5\exp(\mathrm{i}A_2)+A_1A_2A_6\exp(\mathrm{i}A_3)+A_4A_5A_6}{A_1A_2A_3A_4A_5A_6}, \tag{2.96}$$

式中 $A_j=2\pi\boldsymbol{H}^{\perp}\cdot\boldsymbol{R}_j(j=1,2,3)$, $A_4=A_2-A_3$, $A_5=A_3-A_1$, $A_6=A_1-A_2$, $V_r=\boldsymbol{R}_1\times\boldsymbol{R}_2\cdot\boldsymbol{R}_3$ 是由3个半径矢量 $\boldsymbol{R}_j(j=1,2,3)$构成的平行六面体的体积.

2.5.3 二十面体准晶的标度特性

对于二十面体准晶,图2.15(a～f)所示的坐标系有一个共同的特点:六维空间晶体的基矢的平行空间分量中的 $\boldsymbol{e}_2{}^{\parallel}$, $\boldsymbol{e}_3{}^{\parallel}$, $\boldsymbol{e}_4{}^{\parallel}$, $\boldsymbol{e}_5{}^{\parallel}$, $\boldsymbol{e}_6{}^{\parallel}$ 与 $\boldsymbol{e}_1{}^{\parallel}$ 的夹角都是63.43°,它们依次围绕着 $\boldsymbol{e}_1{}^{\parallel}$ 分布,而且 $\boldsymbol{e}_2{}^{\parallel}$ 与 $\boldsymbol{e}_3{}^{\parallel}$, $\boldsymbol{e}_3{}^{\parallel}$ 与 $\boldsymbol{e}_4{}^{\parallel}$,...的夹角也都是63.43°.如果我们采用这些坐标系,并将膨胀矩阵(Elser, 1985;1986)

$$\boldsymbol{S}=\frac{1}{2}\begin{pmatrix}1&1&1&1&1&1\\1&1&1&-1&-1&1\\1&1&1&1&-1&-1\\1&-1&1&1&1&-1\\1&-1&-1&1&1&1\\1&1&-1&-1&1&1\end{pmatrix} \tag{2.97}$$

作用到原有的六维空间晶体点阵基矢 $\boldsymbol{e}_j=(\boldsymbol{e}_1,\ \boldsymbol{e}_2,\ \boldsymbol{e}_3,\ \boldsymbol{e}_4,\ \boldsymbol{e}_5,\ \boldsymbol{e}_6)$ 上,得到新的基矢 $\boldsymbol{e}'_{\mathrm{j}}=(\boldsymbol{e}'_1,\ \boldsymbol{e}'_2,\boldsymbol{e}'_3,\boldsymbol{e}'_4,\ \boldsymbol{e}'_5,\ \boldsymbol{e}'_6)$:$(\boldsymbol{e}'_{\mathrm{j}})^{\mathrm{T}}=\boldsymbol{S}(\boldsymbol{e}_j)^T$. 把此式中的膨胀矩阵 $\boldsymbol{S}$ 作用到式[2.96(a～f)]不难证明,这个膨胀矩阵使正点阵基矢的平行空间分量增大到 τ 倍,垂直空间分量则缩小,而且反号到 $-1/\tau$

$$
\boldsymbol{S}\begin{pmatrix} e_1 \\ e_2 \\ e_3 \\ e_4 \\ e_5 \\ e_6 \end{pmatrix} = \tau \begin{pmatrix} e_1^{\parallel} \\ e_2^{\parallel} \\ e_3^{\parallel} \\ e_4^{\parallel} \\ e_5^{\parallel} \\ e_6^{\parallel} \end{pmatrix} - \frac{1}{\tau}\begin{pmatrix} e_1^{\perp} \\ e_2^{\perp} \\ e_3^{\perp} \\ e_4^{\perp} \\ e_5^{\perp} \\ e_6^{\perp} \end{pmatrix}, \tag{2.98}
$$

容易求得膨胀矩阵的转置逆矩阵为

$$
\boldsymbol{S}^* = (\boldsymbol{S}^{-1})^{\mathrm{T}} = \frac{1}{2}\begin{pmatrix} -1 & 1 & 1 & 1 & 1 & 1 \\ 1 & -1 & 1 & -1 & -1 & 1 \\ 1 & 1 & -1 & 1 & -1 & -1 \\ 1 & -1 & 1 & -1 & 1 & -1 \\ 1 & -1 & -1 & 1 & -1 & 1 \\ 1 & 1 & -1 & -1 & 1 & -1 \end{pmatrix}. \tag{2.99}
$$

对比式(2.1)和式(2.4)可知,这就是相应的作用到倒易点阵基矢上的收缩矩阵:$(e_j^{*'})^{\mathrm{T}} = \boldsymbol{S}^*(e_j^*)^{\mathrm{T}}$. 显然,这个收缩矩阵使倒易点阵基矢的平行空间分量收缩到原来的 $1/\tau$,垂直空间分量则膨胀而且反号到原来的 $-\tau$ 倍

$$
\boldsymbol{S}^*\begin{pmatrix} e_1^* \\ e_2^* \\ e_3^* \\ e_4^* \\ e_5^* \\ e_6^* \end{pmatrix} = \frac{1}{\tau}\begin{pmatrix} e_1^{*\parallel} \\ e_2^{*\parallel} \\ e_3^{*\parallel} \\ e_4^{*\parallel} \\ e_5^{*\parallel} \\ e_6^{*\parallel} \end{pmatrix} - \tau\begin{pmatrix} e_1^{*\perp} \\ e_2^{*\perp} \\ e_3^{*\perp} \\ e_4^{*\perp} \\ e_5^{*\perp} \\ e_6^{*\perp} \end{pmatrix}. \tag{2.100}
$$

不难验证,式(2.97)和式(2.99)给出的膨胀和收缩矩阵满足下列关系式:

$$
\boldsymbol{S}^{-1} = \boldsymbol{S} - \boldsymbol{I},
$$

$$
\boldsymbol{S}^2 = \boldsymbol{S} + \boldsymbol{I},
$$

$$
\boldsymbol{S}^{-2} = -\boldsymbol{S} + 2\boldsymbol{I} = -\boldsymbol{S}^{-1} + \boldsymbol{I},
$$

$$S^3 = 2S + I,$$
$$S^{-3} = 2S - 3I. \tag{2.101}$$

对应于式(2.97)和式(2.99)描述的点阵基矢的膨胀与收缩，由式(2.6)可知，倒易点阵指数 $h_j = (h_1, h_2, h_3, h_4, h_5, h_6)$按下列公式变换：

$$\begin{pmatrix} h'_1 \\ h'_2 \\ h'_3 \\ h'_4 \\ h'_5 \\ h'_6 \end{pmatrix} = S \begin{pmatrix} h_1 \\ h_2 \\ h_3 \\ h_4 \\ h_5 \\ h_6 \end{pmatrix} = \frac{1}{2} \begin{pmatrix} 1 & 1 & 1 & 1 & 1 & 1 \\ 1 & 1 & 1 & -1 & -1 & 1 \\ 1 & 1 & 1 & 1 & -1 & -1 \\ 1 & -1 & 1 & 1 & 1 & -1 \\ 1 & -1 & -1 & 1 & 1 & 1 \\ 1 & 1 & -1 & -1 & 1 & 1 \end{pmatrix} \begin{pmatrix} h_1 \\ h_2 \\ h_3 \\ h_4 \\ h_5 \\ h_6 \end{pmatrix}. \tag{2.102}$$

注意，二十面体准晶的膨胀矩阵 S 及其转置逆矩阵 S^* 都含有一个系数1/2.对于简单点阵的二十面体准晶，这一个特性可能会使基矢变换成单胞的体心或面心处的矢量.由式(2.102)可知，二十面体准晶的倒易点阵矢量的指数 $h_j = (h_1, h_2, h_3, h_4, h_5, h_6)$ 在基矢膨胀之后也可能变成半整数，变成整数的充分必要的条件是这六个指数全是奇数或全是偶数.因此，简单点阵的二十面体并不具备式(2.97)和式(2.99)给出的矩阵所描述的膨胀－收缩特性.需用 $S^3 = 2S + I$ 来进行膨胀变换，这是因为矩阵 S^3 及其转置逆矩阵$(S^{-3})^{\mathrm{T}} = 2S - 3I$ 只有整数元

$$S^3 = 2S + I = \begin{pmatrix} 2 & 1 & 1 & 1 & 1 & 1 \\ 1 & 2 & 1 & -1 & -1 & 1 \\ 1 & 1 & 2 & 1 & -1 & -1 \\ 1 & -1 & 1 & 2 & 1 & -1 \\ 1 & -1 & -1 & 1 & 2 & 1 \\ 1 & 1 & -1 & -1 & 1 & 2 \end{pmatrix} \tag{2.103}$$

和

$$((\boldsymbol{S}^3)^{-1})^{\mathrm{T}}=2\boldsymbol{S}-3\boldsymbol{I}=\begin{pmatrix}-2&1&1&1&1&1\\1&-2&1&-1&-1&1\\1&1&-2&1&-1&-1\\1&-1&1&-2&1&-1\\1&-1&-1&1&-2&1\\1&1&-1&-1&1&-2\end{pmatrix}. \tag{2.104}$$

当采用 Cahn 坐标系时，对应于式(2.97)的膨胀矩阵应该改写为

$$\boldsymbol{S}_{\mathrm{Cahn}}=\frac{1}{2}\begin{bmatrix}1&1&1&1&1&-1\\1&1&1&-1&1&1\\1&1&1&1&-1&1\\1&-1&1&1&-1&-1\\1&1&-1&-1&1&-1\\-1&1&1&-1&-1&1\end{bmatrix}. \tag{2.97a}$$

现举例说明如下. 图 2.17(a)所示的是简单二十面体准晶的沿着 $\boldsymbol{E}_3$ 带轴的选区电子衍射花样示意图. 这里采用式(2.88d)和图 2.15(d)描述的 Cahn 坐标系. 图中标了 $F0$ 的衍射斑点，对应于沿着准晶的 $\boldsymbol{e}_1^{\parallel}=\boldsymbol{e}_1^{\parallel *}$ 方向的倒易矢. 其长度为 $g^*=0.460(4)$ $(\text{Å})^{-1}$，面间距为 $d=\dfrac{1}{g^*}=2.174\text{Å}$. Bancel 等 (1985) 将这个斑点指标化为(1 0 0 0 0 0). 把式(2.88d)代入式(2.85)，可得由对应于六维空间晶体的指数 $h_j=(h_1\ h_2\ h_3\ h_4\ h_5\ h_6)$求该倒易点的平行空间分量的公式如下：

$$\boldsymbol{H}^{\parallel T}=\begin{bmatrix}\boldsymbol{H}_1^{\parallel}\\\boldsymbol{H}_2^{\parallel}\\\boldsymbol{H}_3^{\parallel}\end{bmatrix}=\frac{\boldsymbol{A}^*}{\sqrt{2(2+\tau)}}\begin{bmatrix}1&\tau&0&-1&\tau&0\\\tau&0&1&\tau&0&-1\\0&1&\tau&0&-1&\tau\end{bmatrix}\begin{bmatrix}h_1\\h_2\\h_3\\h_4\\h_5\\h_6\end{bmatrix}, \tag{2.105}$$

式中 $\boldsymbol{A}^*=\dfrac{1}{A}$与 $\boldsymbol{A}$ 分别是六维空间晶体的倒易点阵基矢和正点阵

基矢的长度，$\frac{A}{\sqrt{2}}=a_r$ 是物理空间正点阵中菱面体的棱边的长度. 把$(h_1\ h_2\ h_3\ h_4\ h_5\ h_6)=(1\ 0\ 0\ 0\ 0\ 0)$代入式(2.105)，得到其倒易矢的平行空间分量为

$$\boldsymbol{H}^{\|\mathrm{T}}=\begin{bmatrix}\boldsymbol{H}_1^{\|}\\\boldsymbol{H}_2^{\|}\\\boldsymbol{H}_3^{\|}\end{bmatrix}=\frac{\boldsymbol{A}^*}{\sqrt{2(2+\tau)}}\begin{bmatrix}1\\\tau\\0\end{bmatrix},$$

其长度为$\frac{\boldsymbol{A}^*}{\sqrt{2}}=a^*=\frac{1}{2a_r}$. 与实验值 0.460(4)(Å)$^{-1}$对比，可知 $a_r=1.087$Å. 用式(2.97a)给出的膨胀矩阵 $\boldsymbol{S}$ 依次作用一次，二次，三次，使正点阵的基矢的平行空间分量的长度由 $a_r=1.087$Å 依次膨胀成 $\tau a_r=1.759$Å，$\tau^2 a_r=2.846$Å，$\tau^3 a_r=4.604$Å. 图 2.17(a)中标为 $D0$ 并指标化为$(0\ 0\ 1\ 0\ 0\ \bar{1})$的衍射斑点，按式(2.105)计算得到的该倒易矢平行空间分量的长度为$\frac{1}{a_r\ \sqrt{2+\tau}}$. 与实验值 0.484(Å)$^{-1}$对比，可得 $a_r=1.086$Å，与由 $F0$ 衍射斑点得到的结果一样. 用式(2.97a)给出的膨胀矩阵 $\boldsymbol{S}$ 作用一次，二次，三次的结果，依次把指数为$(0\ 0\ 1\ 0\ 0\ \bar{1})$的倒易点 $D0$ 收缩至倒易矢长度为$\frac{1}{a_r\tau\ \sqrt{2+\tau}}$，$\frac{1}{a_r\tau^2\ \sqrt{2+\tau}}$，$\frac{1}{a_r\tau^3\ \sqrt{2+\tau}}$的标记为 $D1$，$D2$，$D3$ 的衍射斑点. 同时，原先采用指数$(0\ 0\ 1\ 0\ 0\ \bar{1})$指标化的 $D0$ 点，其指数应该用膨胀矩阵(2.97a)依次膨胀成$(1\ 0\ 0\ 1\ 0\ 0)$，$(1\ 0\ 1\ 1\ 0\ \bar{1})$，$(2\ 0\ 1\ 2\ 0\ \bar{1})$. 另一方面，$F0$ 衍射斑点对应于倒易点阵的基矢的平行空间分量，其长度按式(2.108)由 $a^*=0.460$(4)(Å)$^{-1}$依次收缩至$\frac{a^*}{\tau}=0.285$(Å)$^{-1}$，$\frac{a^*}{\tau^2}=0.176$(Å)$^{-1}$，$\frac{a^*}{\tau^3}=$ 0.108(7)(Å)$^{-1}$，即图 2.17(a)中标为 $F1$，$F2$，$F3$ 之处. 可是，对简单点阵二十面体准晶，$F1$ 和 $F2$ 处并没有衍射斑点，在图 2.17(a)中用 + 号标出. 同时，原先采用指数$(1\ 0\ 0\ 0\ 0\ 0)$指标化的 $F0$

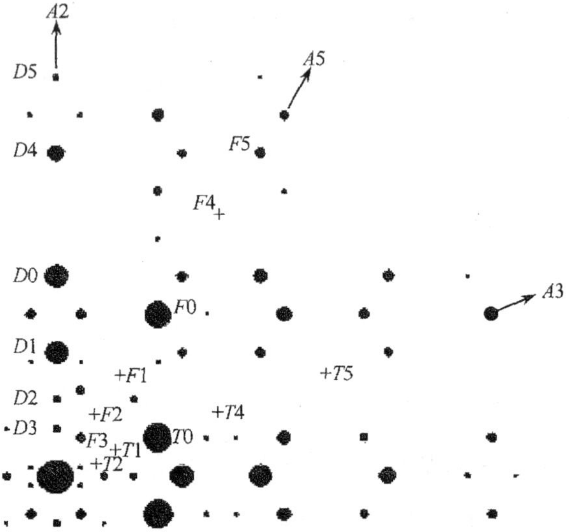

(a)

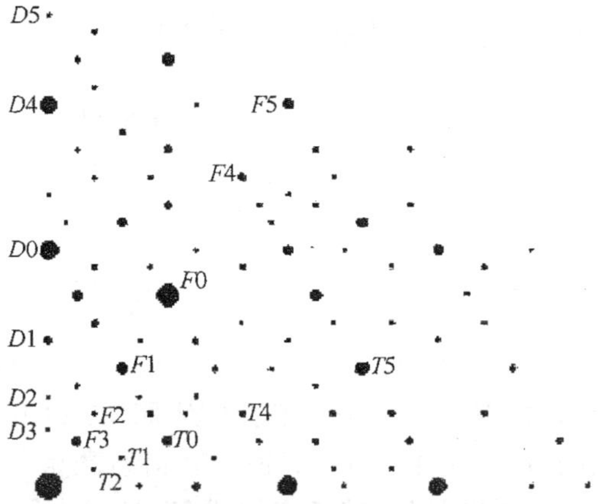

(b)

图 2.17　二十面体准晶的选区电子衍射花样示意图.(a)简单点阵;(b)面心点阵

点,其指数应该用膨胀矩阵(2.97a)依次膨胀成$\frac{1}{2}(1\ 1\ 1\ 1\ 1\ \bar{1})$,$\frac{1}{2}$

(3 1 1 1 1 $\bar{1}$),(2 1 1 1 1 $\bar{1}$).注意,前两者的指数都是半整数.因此,我们可以说,简单点阵的二十面体并不具备式(2.97a)和式(2.99)给出的矩阵所描述的膨胀-收缩特性,而是具有三次用 $\boldsymbol{S}$ 和 $\boldsymbol{S}^*$ 进行膨胀和收缩的标度对称性.三次用 $\boldsymbol{S}$ 和 $\boldsymbol{S}^*$ 进行膨胀和收缩的结果,使正点阵的基矢的平行空间分量 $a_r=1.086\text{Å}$ 膨胀成 $\tau^3 a_r=4.601\text{Å}$,倒易点阵的基矢的平行空间分量由 $a^*=0.460(4)(\text{Å})^{-1}$收缩至$\frac{a^*}{\tau^3}=0.108(7)(\text{Å})^{-1}$,即图 2.17(a)中标为 $F3$ 之处.同时,原先采用指数(1 0 0 0 0 0)指标化的 $F0$ 点,其指数应该用膨胀矩阵(2.105a)膨胀成 (2 1 1 1 1 $\bar{1}$).而原先采用指数(0 0 1 0 0 $\bar{1}$)指标化的 $D0$ 点,其指数应该用膨胀矩阵(2.105a)膨胀成 (2 0 1 2 0 $\bar{1}$).这正好就是 Elser(1985)给出的指标化系统,也是现在准晶研究工作者通常采用的指标化系统.

表 2.1 二十面体准晶沿着 E_3 带轴($A2_z$ 带轴)的选区电子衍射花样中沿 A_5 方向,$A2_y$方向,以及 A_3 方向的代表性的衍射斑点的指数

标号	(h/h', k/k', l/l')(Cahn 坐标系)	($n1$, $n2$, $n3$, $n4$, $n5$, $n6$)(Cahn 坐标系)	(h_1 h_2 h_3 h_4 h_5 h_6)(Jaric 坐标系)	Fci 所特有的超反射	Y/N
F3	(1/0,0/1,0/0)	(1 0 0 0 0 0)	(0 0 1 0 0 0)		
F2	(0/1,1/1,0/0)	$\frac{1}{2}$(1 1 1 1 1 $\bar{1}$)	$\frac{1}{2}$(1 1 1 1 $\bar{1}$ $\bar{1}$)	Fci	Y, 图 10.10(a)
F1	(1/1,1/2,0/0)	$\frac{1}{2}$(3 1 1 1 1 $\bar{1}$)	$\frac{1}{2}$(1 1 3 1 $\bar{1}$ $\bar{1}$)	Fci	Y, 图 10.10(b)
F0	(1/2,2/3,0/0)	(2 1 1 1 1 $\bar{1}$)	(1 1 2 1 $\bar{1}$ $\bar{1}$)		N, 图 10.10(c)
F4	(2/3,3/5,0/0)	$\frac{1}{2}$(7 3 3 3 3 $\bar{3}$)	$\frac{1}{2}$(3 3 7 3 $\bar{3}$ $\bar{3}$)	Fci	Y, 图 10.10(d)

续表

标号	(h/h', k/k', l/l')(Cahn坐标系)	(n1, n2, n3, n4, n5, n6)(Cahn坐标系)	(h1 h2 h3 h4 h5 h6)(Jaric坐标系)	Fci所特有的超反射	Y/N
F5	(2/4,4/6,0/0)	$(4\,2\,2\,2\,2\,\bar{2})$	$(2\,2\,4\,2\,\bar{2}\,\bar{2})$		N,图 10.10(e)
D3	(0/0,2/0,0/0)	$(0\,0\,1\,0\,0\,\bar{1})$	$(0\,0\,0\,1\,\bar{1}\,0)$		
D2	(0/0,0/2,0/0)	$(1\,0\,0\,1\,0\,0)$	$(0\,0\,1\,0\,0\,\bar{1})$		
D1	(0/0,2/2,0/0)	$(1\,0\,1\,1\,0\,\bar{1})$	$(0\,0\,1\,1\,\bar{1}\,\bar{1})$		
D0	(0/0,2/4,0/0)	$(2\,0\,1\,2\,0\,\bar{1})$	$(0\,0\,2\,1\,\bar{1}\,\bar{2})$		N
D4	(0/0,4/6,0/0)	$(3\,0\,2\,3\,0\,\bar{2})$	$(0\,0\,3\,2\,\bar{2}\,\bar{3})$		N
D5	(0/0,4/8,0/0)	$(4\,0\,2\,4\,0\,\bar{2})$	$(0\,0\,4\,2\,\bar{2}\,\bar{4})$		N
T2	$(0/1,\bar{1}/1,0/0)$	$\frac{1}{2}(1\,1\,\bar{1}\,1\,1\,1)$	$\frac{1}{2}(1\,1\,1\,\bar{1}\,1\,\bar{1})$	Fci	
T1	(1/1,1/0,0/0)	$\frac{1}{2}(1\,1\,1\,\bar{1}\,1\,\bar{1})$	$\frac{1}{2}(1\,1\,1\,1\,\bar{1}\,1)$	Fci	
T0	(1/2,0/1,0/0)	$(1\,1\,0\,0\,1\,0)$	$(1\,1\,1\,0\,0\,0)$		
T4	(2/3,1/1,0/0)	$1/2(3\,3\,1\,\bar{1}\,3\,\bar{1})$	$\frac{1}{2}(3\,3\,3\,1\,\bar{1}\,1)$	Fci	Y
T5	(3/5,1/2,0/0)	$1/2(5\,5\,1\,\bar{1}\,5\,\bar{1})$	$\frac{1}{2}(5\,5\,5\,1\,\bar{1}\,1)$	Fci	Y

为了便于对比两种点阵之间的异同,表中一律按照简单二十面体点阵的点阵常数来指标化.此时半整数的指数是面心二十面体点阵(标有 fci)所特有的超反射.Y,N 表示选取该衍射成像时反相畴壁是否显示衬度(详见第十章).

在表 1.1 中列举的二十面体准晶材料中,Al-Cu-TM 系(TM 代表过渡族金属,例如 Fe,Mn,Cr,Os,Ru 等),Al-Pd-TM 系(TM 代表 Mn,Fe,Cr,Re 等),以及某些 Zn-Mg-RE 系(RE 代表 Dy,Ho 等稀土元素)的合金,在一定的条件下,由于原子在晶格中分布的有序化而变成点阵常数加倍的面心点阵.正点阵常数加倍导致倒易点阵常数减半,倒易点指数加倍.图 2.17(b)是面心二十面体准晶的沿着 $\boldsymbol{E}_3$ 带轴的选区电子衍射花样示意图.与简单二十面体准晶的衍射花样对比,主要差别在于沿五次轴和三次轴方向多出了一些由于有序化而产生的超衍射,如沿五次轴 $A5$ 方向的 $F1$,$F2$,$F4$ 等,以及沿三次轴的 $T1$,$T2$,$T4$,$T5$ 等.这样,我们可以说,面心二十面体准晶具有式(2.105)给出的膨胀－收缩标度对称性.

2.5.4 二十面体准晶衍射花样的指标化

有了切割－投影矩阵就可以对衍射花样进行初步的指标化.指标化的原理是:依次给定高维晶体空间倒易点的指数 $h_j=(h_1\ h_2\ h_3\ h_4\ h_5\ h_6)$,按照式(2.93)计算出该倒易点阵矢量的平行空间分量 $\boldsymbol{H}^{\parallel}=(\boldsymbol{H}_1\ \boldsymbol{H}_2\ \boldsymbol{H}_3)$以及垂直空间分量 $\boldsymbol{H}^{\perp}=(\boldsymbol{H}_4\ \boldsymbol{H}_5\ \boldsymbol{H}_6)$.由垂直空间分量 $\boldsymbol{H}^{\perp}$可以计算出它的衍射强度.然后把计算得到的衍射斑点或衍射峰的位置 $\boldsymbol{H}^{\parallel}=(H_1\ H_2\ H_3)$和强度与实验获得的衍射花样进行对比,即可将衍射花样指标化.通常用二十面体准晶的高维空间倒易点的指数 $h_j=(h_1\ h_2\ h_3\ h_4\ h_5\ h_6)$作为其在三维的物理空间的衍射花样中衍射斑点或衍射峰的指数.为了简化计算,在初步指标化的阶段,可不考虑高维空间晶体的原子结构,而认为每个单胞仅含有一个原子.还可采用某种近似的方法计算几何形状因子.比如说,用球代替菱形三十面体,将使计算公式比式(2.96)要简单.

进一步较为准确的指标化则应该考虑准晶的标度对称性,如2.5.3节中所讨论的,Elser(1985)的指标化系统较之由它收缩了三次的 Bancel 等 (1985)的指标化系统要好.

表 2.1 列举了二十面体准晶沿着 $\boldsymbol{E}_3$ 带轴($A2_z$ 带轴)的选区电子衍射花样中沿 $A5$ 方向,$A2_y$ 方向,以及 $A3$ 方向代表性的衍射斑点的指数.为了便于对比两种点阵之间的异同,表中一律按照简单二十面体点阵的点阵常数来指标化.此时半整数的指数是面

心二十面体点阵所特有的超反射.

但是法国和德国的一些准晶工作者习惯于采用 Cahn 等(1986)的指标化方法.按照式(2.85)和式(2.88c),在 Cahn 采用的坐标系之下,倒易矢量的平行空间分量(H_1, H_2, H_3)和垂直空间分量(H_4 H_5, H_6)与其高维空间倒易矢量的指数 $h_j=(h_1, h_2, h_3, h_4\ h_5, h_6)$之间的关系为

$$\begin{pmatrix} H_1 \\ H_2 \\ H_3 \\ H_4 \\ H_5 \\ H_6 \end{pmatrix} = \frac{A^*}{\sqrt{2(2+\tau)}} \begin{pmatrix} 1 & \tau & 0 & -1 & \tau & 0 \\ \tau & 0 & 1 & \tau & 0 & -1 \\ 0 & 1 & \tau & 0 & -1 & \tau \\ -\tau & 1 & 0 & \tau & 1 & 0 \\ 1 & 0 & -\tau & 1 & 0 & \tau \\ 0 & -\tau & 1 & 0 & \tau & 1 \end{pmatrix} \begin{pmatrix} h_1 \\ h_2 \\ h_3 \\ h_4 \\ h_5 \\ h_6 \end{pmatrix}. \tag{2.106}$$

注意,式(2.88d),(2.93a)与式(2.106)中的 6×6 矩阵与 Cahn 等(1986)的相应的表达式不完全一样,这是因为该文有印刷错误,须将该文中式(20)中的第 6 行的第 5 与第 6 列的矩阵元交换才对.该文表 1 内有关围绕[1 τ 0]方向的 5 次旋转操作的矩阵表示 **Y** 中也有印刷错误.正确的应该是

$$\mathbf{Y} = \begin{bmatrix} \frac{1}{2} & g & G \\ g & G & -\frac{1}{2} \\ -G & \frac{1}{2} & g \end{bmatrix}, \tag{2.107}$$

式中 $g=\cos\frac{2\pi}{5}=\frac{1}{2\tau}, G=\cos\frac{\pi}{5}=\frac{\tau}{2}$.

Cahn 等人选用高维空间倒易点阵矢量的平行空间分量

$$(\boldsymbol{H}^{\parallel})^{\mathrm{T}} = \begin{pmatrix} H_1 \\ H_2 \\ H_3 \end{pmatrix} = \frac{\boldsymbol{A}^*}{\sqrt{2(2+\tau)}} \begin{pmatrix} h+h'\tau \\ k+k'\tau \\ l+l'\tau \end{pmatrix} \tag{2.93b}$$

中的以$\frac{A^*}{\sqrt{2(2+\tau)}}$为单位的指数($h/h'$, k/k', l/l')作为衍射斑点的指数.对比式(2.114)与式(2.93b)可知,Cahn 的指数(h/h', k/k', l/l')与六维空间倒易点阵矢量的指数(h_1, h_2, h_3, h_4 h_5, h_6)之间的关系是

$$\begin{aligned} h &= h_1 - h_4, h' = h_2 + h_5, \\ k &= h_3 - h_6, k' = h_1 + h_4, \\ l &= h_2 - h_5, l' = h_3 + h_6, \end{aligned} \tag{2.108a}$$

以及

$$\begin{aligned} 2h_1 &= h + k', 2h_4 = -h + k', \\ 2h_2 &= l + h', 2h_5 = -l + h', \\ 2h_3 &= k + l', 2h_6 = -k + l'. \end{aligned} \tag{2.108b}$$

参 考 文 献

丁棣华,杨文革,胡承正. 武汉大学学报(自然科学版),1992(3):23

郭可信,见:周公度,郭可信. 晶体和准晶体的衍射. 北京:北京大学出版社,2000

黄胜涛,固体 X 射线学(一). 北京:高等教育出版社,1985

王仁卉,郭可信.晶体学中的对称群.北京:科学出版社,1990

Bancel A, Heiney P A, Stephens P W, Goldman A I, Horm P M. Phys Rev Lett, 1985(54): 2422

Boudard M, de Boissieu M, Janot C, Heger G, Beeli C, Nissen H U, Vincent H, Ibberson R, Audier M, Dubois J M. J Phys: Condens Matter,1992(4): 10149

Cahn J W, Shechtman D, Gratias D. J Mater Res,1986(1):13

Chandra S, Suryanarayana C. Phil Mag B,1988(58): 185～202

Cowley J M. Diffraction Physics. New York. North-Holland Publishing Company Amsterdam,1981

De Boissieu M, Boudard M, Hennion B, Bellissent R, Kycai S, Goldman A, Janot C, Audier M. Phys Rev Lett,1995(75):89～92

Elser V. Phys Rev B,1985(32): 4892～4898

Elser V. Henley C L. Phys Rev Lett,1985(55): 2883～2886

Elser V. Acta Cryst,1986(A42):36～43

Feng J L, Wang R H. J Phys,1994a(6): 6437～6446

Feng J L, Wang R H. Phil Mag, 1994b(A69): 981～994

Gratias D, Katz A, Quiquandon M. J Phys: Condens Matter, 1995(7): 9101

Guo J Q, Abe E, Tsai A P. Phys Rev B, 2000(62): R14605～R14607

Guryan C A, Stephens P W, Goldman A I, Gayle F W. Phys Rev B, 1988(37): 8495～8498.

Ishii Y. Phys Rev B, 1989(39): 11 862

Ishii Y. Phys Rev B, 1992(45): 5228.

Janssen T, Janner A. Adv Phys, 1987(36): 519

Janssen T. Europhys Lett, 1991(14): 131～136

Jaric M V, Nelson D R. Phys Rev B, 1988(37): 4458

Kuo K H. Acta Cryst A, 2002a(58): 209

Levine D, Lubensky T C, Ostlund S, Ramaswamy S, Steinhardt P J, Toner J. Phys Rev Lett, 1985(54): 1520

Li F H. in: Crystal-Quasicrystal Transitions, ed. Jacaman M J and Torres M, Elsevier Sci Publ, 1993

Lubensky T C, Ramaswamy S, Toner J. Phys Rev B, 1985(32): 7444

Lubensky T C, Socolar J E S, Steinhardt P J et al. Phys Rev Lett, 1986(57): 1440

Niizeki K. J Phys A, 1992(25): 1843

Quiquandon M, Quivy A, Devaud J, Faudot F, Lefebvre S, Bessiere M, Calvayrac Y. J Phys: Condens Matter, 1996(8): 2487～2512

Ricker M, Bachteler J, Trebin H R Eur. Phys J B, 2001(23): 351～363

Shaw L J, Elser V, Henley C L. Phys Rev B, 1991(43): 3423

Steurer W, Haibach T. in: ed Stadnik Z M. Physical Properties of Quasicrystals. Berlin: Springer, 1999

Takakura H, Yamamoto A, Tsai A P. Acta Cryst A, 2001(57): 576～585

Trebin HR, Fink W, Stark H. J Mod Phys B, 1993(7): 1475

Tsai A P, Guo J Q, Abe E, Takakura H, Sato T J. Nature, 2000(408): 537～538

Wang R H, Dai M X. Phys Rev B, 1993(47): 15326～15329

Wang R H, Feng J L, Yan Y F, Dai M X. Mater Sci Forum, 1994 (150～151): 323～334

Widom. Phil Mag Lett, 1991(64): 297

Yan Y F, Wang R H, Gui J N, Dai M X. Acta Cryst B, 1993(49): 435～443

Yan Y F, Zhang Z, Wang R H. Phil Mag Lett, 1994(69): 123～130

Yang W G, Feuerbacher M, Tamura N, Ding D H, Wang R H, Urban K. Phil Mag A, 1998, 77(6): 1481～1497

You J Q, Hu T B. Phys stat Sol B, 1988(147): 471

Zhang H, Kuo K H. Phys Rev B, 1990a(41): 3482～3487

Zhang H, Kuo K H. Phys Rev B,1990b(42): 8907～8914
Zhao D S, Wang R H, Cheng Y F, Wang Z G. J Phys,1988(18): 1893～1904
Zou W H, Wang R H, Gui J N, Zhao J Y, Jiang J H. J Appl Cryst,1994(27):13～19

第三章 准晶的原子结构

§3.1 二十面体准晶的原子结构

Shoemaker 等(1988)系统地讨论了构成准晶的原子团．按照构成准晶的原子团，二十面体准晶有两种结构类型．其中 A 类二十面体准晶的原子团是 Mackay 二十面体，准点阵常数 $a\approx4.6\text{Å}$，电子浓度比 e/a 约为 1.75．B 类二十面体准晶的原子团是 Samson-Pauling-Bergman 菱形三十面体，准点阵常数 $a\approx5.2\text{Å}$，电子浓度比 e/a 约为 2.1．

为了庆贺 Alan L. Mackay 教授 75 岁寿辰，郭可信院士特撰文(Kuo,2002)讨论 Mackay 二十面体以及推广的(扩展的)Mackay 二十面体，它们是 A 类二十面体准晶的基本结构单元．A 类原子团的第一层由位于二十面体顶点的 12 个原子组成，这 12 个原子位于由二十面体中心发出的 12 支五次轴上，见图 3.1(a)．第二层共有 42 个原子，可以分成两个亚层．其中第一个亚层的 12 个原子也是位于这 12 支五次轴上，也构成一个二十面体，其半径大约为第一层的两倍，见图 3.1(b)中示出的实心圆．第二层的第二个亚层的 30 个原子则位于第二层的第一亚层的二十面体的棱边的中点，即由二十面体中心发出的 30 支二次轴上，构成一个二十面十二面体(icosidodecahedron)，见图 3.1(b)中示出的空心圆圈．图 3.1(a)和(b)合在一起就得到 Mackay 二十面体 54 个原子的分布．对于 Al-Si-Mn 简单点阵二十面体准晶，Mn 原子占据第二层的第一亚层，即图 3.1(b)中实心圆处．这个由 54 个原子构成的 Mackay 二十面体中的其余 42 个原子则被(Al,Si)原子占据．

Mackay 二十面体中既有四面体间隙，也有八面体间隙，如同面心立方晶体中一样．比如说，图 3.1(a)中标记为 B 的 3 个原子与图 3.1(b)中空心圆圈内标记为 C 的 3 个原子就构成了一个八面体,而图 3.1(a)中标记为 B 的任意一个原子,恰位于图 3.1(b)中标记为 C 的两个空心圆圈和一个实心圆表示的三角形的正下方,因而构成一个四面体.

Mackay 二十面体的概念还可以进一步推广. 如图 3.1(c)所示,第三层有 92 个原子,分为两个亚层. 第三层的第一个亚层的 12 个原子位于 12 支五次轴上. 第二个亚层共有 80 个原子,其中每一个棱边上可放 2 个共 60 个原子,大的三角面中心各 1 个共 20 个原子. 更一般的,第 n 层有 12 个原子放在五次轴上,每个棱边上可放$(n-1)$个共放 $30(n-1)$个原子,每个面上可放$(n-1)(n-2)/2$ 个共 $20(n-1)(n-2)/2$ 个原子. 即第 n 层共有 $10n^2+2$ 个原子. Mackay 二十面体的这种堆砌方式就是面心立方晶体中(111)面按 $BCABC\cdots$ 的堆砌方式,见图 3.1(a,b,c)中标出的 B,C,A. 如果在堆砌过程中产生了层错,由 BCA 变成了 BCB,则第三层原子的分布并非如图 3.1(c),而是如图 3.1(d)那样,60 个空心圆圈表示的原子构成一个正方二十面十二面体.

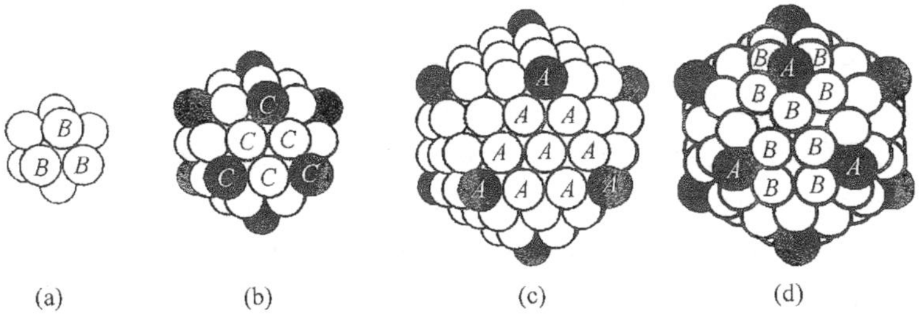

图 3.1 Mackay 二十面体原子团和扩展的 Mackay 二十面体原子团. (a) 第一层是沿二十面体 5 次轴方向的 12 个原子构成的二十面体;(b) Mackay 二十面体 54 个原子中第二层 32 个原子的分布. 其中实心圆表示沿二十面体 5 次轴方向的 12 个原子,空心圆圈表示在二十面体的 30 个棱边中点放置的 30 个原子;(c) 推广的 Mackay 二十面体的第三层的 92 个原子的分布;(d) 扩展的 Mackay 二十面体. 其中实心圆表示沿二十面体 5 次轴方向的 12 个原子,空心圆圈表示在二十面体的 20 个面上各放置的 3 个原子(转引自 Kuo,2001)

Gummelt(1995)首先提出了描述十次准晶原子结构的“覆盖”的新概念,即采用一种适当的正十边形的准晶单胞,这样的单胞构造十次准晶时允许有,也必须有重叠,但要求重叠部分的原子结构相同. 在讨论是否可以把“覆盖”的概念推广到二十面体准晶时,Duneau(2000)发现:图 3.1(b)描绘的由 54 个原子构成的 Mackay 原子团太小了,不能覆盖用切割方法得到的二十面体准晶的全部原子. Duneau(2000)提出了图 3.2 描述的扩展的 Mackay 二十面体原子团模型. 其中第一层不是图 3.1(a)所示的由 12 个原子构成的二十面体,而是如图 3.2(a)所示的由 20 个原子构成五角十二面体,但实际上仅有 7 个原子(7/20). 第二层是如图 3.2(b)所示的由 12 个原子构成的二十面体,也就是图 3.1(b)中用实心圆绘出的12 个原子. 第三层[图 3.2(c)]是位于图 3.2(b)的 30 个棱边中点(图中用细线绘出的小圆圈标出)处的 30 个原子,与图 3.1(b)中用空心圆圈表示的 30 个原子一样. 这 30 个原子构成一个二十面十二面体,其中既有 20 个正三角形构成的二十面体,也有 12 个正五角形构成的十二面体. 但实际上这 30 个原子中仅出现 19 个原子(19/30). 注意:从二十面十二面体的中心到每一个顶点都是一支二次轴. 第四层[图 3.2(d)]是 60 个原子构成的正方二十面十二面体. 绕着二十面体的 30 支二次轴各放置 4 个构成正方形的原子,并注意到每一个原子为两个正方形共有,总共就是 60 个原子. 第四层原子与第三层原子的关系可以从图 3.2(c)中用细线绘出的一个正五边形及其周围的交替排列的正方形与正三角形看出,从多面体的中心指向这些交点并往外延伸,就得到图 3.2(d)所示的正方二十面十二面体. 其中有 30 个围绕二次轴的正方形,20 个围绕三次轴的正三角形,12 个围绕五次轴的正五角形. 与图 3.1(d)对比,可知 Duneau(2000)建议的扩展的 Mackay 二十面体原子团的第四层,即由 60 个原子构成的正方二十面十二面体,与图 3.1(d)中所示出的 60 个空心圆圈表示的原子构成的正方二十面十二面体是一样的. 第五层是 30 个原子构成的二十面十二面体,这 30 个原子位于图 3.2(d)中 30 个正方形的正上方.

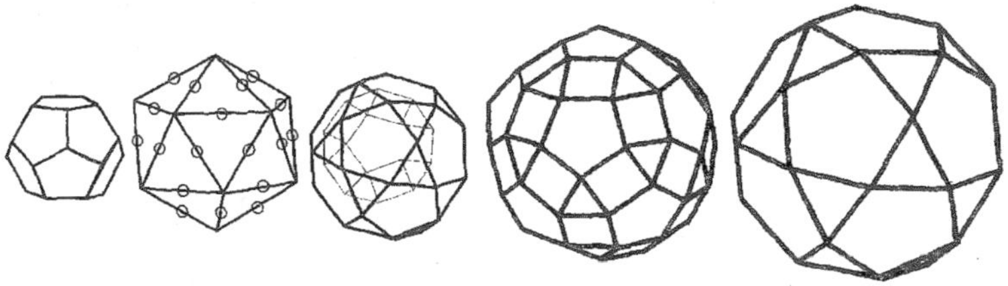

(a) (b) (c) (d) (e)

图 3.2 Duneau 建议的扩展的 Mackay 二十面体原子团. (a) 第一层由 20 个原子构成五角十二面体,但实际上仅有 7 个原子,记为 7/20;(b) 第二层由 12 个原子构成二十面体;(c) 第三层是位于图 3.2(b)的 30 个棱边中点(图中用细线绘出的小圆圈标出)处的 30 个原子,这 30 个原子构成一个二十面十二面体,但实际上仅有 19 个原子(19/30);(d) 第四层是 60 个原子构成的正方二十面十二面体,但实际上仅有 33 个原子(33/60);(e) 第五层是 30 个原子构成的二十面十二面体,这 30 个原子位于图 3.2(d)中 30 个正方形的正上方

B 类二十面体准晶的原子团是 Samson-Pauling-Bergman 原子团,见图 3.3. 第一层的 12 个原子构成二十面体,见图 3.3(a),其中心还可以放置 1 个原子. 第二层的 20 个原子放在这个二十面体的 20 个三角形面的正上方,构成五角十二面体,见图 3.3(b). 在其 12 个五边形的上方放置第三层的 12 个原子,见图 3.3(c)中的空心圆圈,它们构成一个中等大小的二十面体. 这 12 个原子与第二层的 20 个原子一起构成一个菱形三十面体,见图 3.3(c). Samson (1949a) 在测定立方 $Al_5Mg_2Cu_6$ 晶体($Pm\bar{3}$, a = 0.8311nm)和与之同构的 Mg_2Zn_{11} 晶体(Samson, 1949b)的结构时,就发现了立方 $Al_5Mg_2Cu_6$ 和 Mg_2Zn_{11} 晶体中的原子的分布正好构成这种由 45 个原子构成的多面体.

对比图 3.3(a), 3.3(b)和 3.3(c)可知,在 Samson-Pauling-Bergman 原子团中,仅仅有四面体堆垛. 例如,图 3.3(b)中的每一个原子都位于图 3.3(a)中的某一个正三角形的正上方,显然构成四面体. 然后在图 3.3(b)中的 12 个五边形的上方放置第三层的 12 个原子(即图 3.3(c)中的空心圆圈),其中任一个原子和与之在同一支五次轴上的图 3.3(a)中的相应的原子,分别位于图 3.3(b)中的相关的正五边形的正上方和正下方,形成一个双五棱锥,它由共有这支五次轴的 5 个四面体构成.

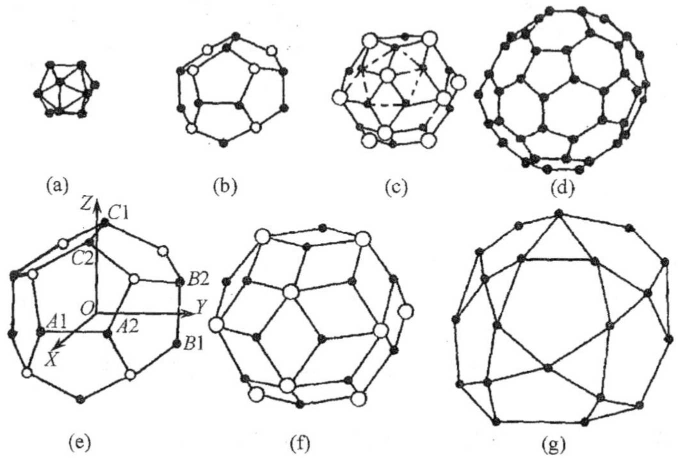

图 3.3 Samson-Pauling-Bergman 原子团. (a) 第一层的 12 个原子构成二十面体;(b) 第二层的 20 个原子构成五角十二面体;(c) 第三层的 12 个原子(空心圆圈)构成一个较大些的二十面体. 与第二层的 20 个原子一起构成一个菱形三十面体;(d) 第四层的 60 个原子构成一个截顶二十面体;(e) 第五层的 20 个原子构成一个大的五角十二面体;(f) 第六层的 12 个原子(空心圆圈)构成一个大的二十面体. 第五与第六层的 32 个原子一起构成一个大的菱形三十面体,即 Samson-Pauling-Bergman 菱形三十面体原子团;(g)还可以在这 30 个菱形面的正上方各放置一个原子而构造出一个大的二十面十二面体,称为扩展的 Samson-Pauling-Bergman 原子团

受到 Samson (1949a, b)上述工作的启发,Pauling(1955)提出了 $Mg_{32}(Al, Zn)_{49}$ 晶体的原子模型. 按照 Pauling 的建议,Bergman 等(1952)首先用 X 射线粉末衍射法,后来又采用单晶 X 射线衍射法(Bergman, et al. 1957)实验测定了 $Mg_{32}(Al, Zn)_{49}$ 晶体的复杂的原子结构. 仔细观察图 3.3(c)可知,菱形三十面体有 60 个三角面,或者说有 30 个菱形,菱形三十面体的中心到这 30 个菱形的中心的连线就是二十面体的 30 支二次轴. 继续遵循仅

含四面体堆砌的准则，在这60个三角面的正上方各放置一个原子就得到第四层的60个原子，它们构成一个具有足球形状的截顶二十面体，见图3.3(d). 这样就得到了由105个原子(有一个中心原子)或104个原子(多面体中心无原子)构成的著名的Pauling-Bergman原子团. 考虑到Samson在此领域的原创性的贡献，郭可信院士(Kuo, 2002)建议称之为Samson-Pauling-Bergman原子团.

进一步还可以在这个截顶二十面体的20个六边形面的正上方各放置一个原子，就得到第五层的20个原子构成的大的五角十二面体，见图3.3(e). 在这个五角十二面体的12个五边形面的正上方各放置一个原子，见图3.3(f)中的空心圆圈，就构成了第六层的一个大的二十面体. 第六层的12个原子与第五层的20个原子一起，总共是32个原子，它们构成一个大的菱形三十面体，见图3.3(f). 中心原子加上这六层的12 + 20 + 12 + 60 + 12 + 20个原子，总共137个原子，郭可信(Kuo, 2001)称为Samson-Pauling-Bergman菱形三十面体原子团. 如果在这个菱形三十面体的每个菱形的中心，也就是沿着30支二次轴各放置一个原子，就得到一个大的二十面十二面体，见图3.3(g)，称为扩展的Samson-Pauling-Bergman原子团.

Duneau(2000)建议的扩展的Bergman原子团(XBC)的构成也可以用图3.3来说明. XBC的第一层和第二层分别就是图3.3(a)所示的二十面体(12个原子)和图3.3(b)所示的十二面体(20个原子). XBC的第三层和第四层都是图3.3(d)所示的截顶二十面体(分别有22/60个和19/60个原子)，但第三层截出的顶较小，第四层截出的顶则较大. XBC的第五层与图3.3(e)一样，20个原子构成一个大的五角十二面体，第六层则与图3.3(f)中的12个内含实心点的空心圆圈一样，构成一个大的二十面体. Duneau(2000)指出，这样的由105个原子组成的扩展的Bergman原子团，从理论上有可能作为二十面体准晶的单胞，通过覆盖而得到98%的原子.

A和B两类二十面体对称的原子团首先都是在晶体中发现

的．首先讨论A类准晶中的Mackay原子团．例如，让Mackay二十面体的第二层之第一亚层的12个原子是Fe原子，第一层的12个原子和第二层之第二亚层的20个原子是(Al，Si)原子，并让体心立方点阵的每一个阵点代表一个Mackay二十面体原子团，然后在空隙处放置若干(Al，Si)原子，就得到α-$Fe_{12}Al_{50}Si_7$晶体．α-$Fe_{12}Al_{50}Si_7$晶体的空间群是$Im\ \bar{3}$．如果Mackay二十面体的第二层之第一亚层的12个原子是Mn原子，就得到空间群是$Im\ \bar{3}$的α-$Mn_{12}(Al,Si)_{57}$晶体．当然，如果位于顶点的二十面体与位于体心的二十面体的原子分布略有不同，就得到空间群是$Pm\ \bar{3}$的α-$Mn_{12}(Al,Si)_{57}$晶体，点阵参数是$a=1.2625$nm．

类似地可以讨论B类准晶中的Samson-Pauling-Bergman原子团．让体心立方点阵的每一个阵点代表一个Samson-Pauling-Bergman原子团，就得到$Mg_{32}(Al,Zn)_{49}$和R-$Al_{5.1}CuLi_3$晶体(Hardy & Silcock，1955)，它们的空间群都是$Im\ \bar{3}$．注意到二十面体总共有30支二次轴，从中选出三支(共6个方向的)互相垂直的二次轴作为立方晶体的坐标轴OX，OY，OZ，见图3.3(e)．在图3.3(b)和图3.3(e)中的构成五角十二面体的20个原子可分成两类．第1类是沿着立方晶体的8个<111>方向的8个原子，在图3.3(b)和图3.3(e)中用空心圆圈表示．当把Samson-Pauling-Bergman原子团按照体心立方的方式堆砌成为$Mg_{32}(Al,Zn)_{49}$晶体时，图3.3(e)中用空心圆圈表示的8个原子正好就是其近邻的Samson-Pauling-Bergman原子团的第二层[图3.3(b)]中沿着立方体的<1 1 1>方向的8个原子．第二类由其余的12个实心圆所代表的原子组成．这12个原子分成6对，其中每一对的连线A1A2，B1B2，C1C2分别与OX，OY，OZ坐标轴垂直，沿着OY，OZ，OX的方向．

把半径较大的Mg原子放置在Samson-Pauling-Bergman原子团的第二层(20个原子)，第四层之e位置[12个原子，见图3.3(d)]，以及第五层的32个原子[图3.3(e)和图3.3(f)]中去除沿着<111>方向的8个原子之后剩下来的24个．半径较小的(Al，

Zn)原子放置在中心(1 个原子),第一层(12 个原子),第三层(12 个原子)和第四层之 h 位置(48 个原子). 让体心立方点阵的每一个阵点代表这样的一个 Samson-Pauling-Bergman 原子团,就得到 $Mg_{32}(Al,Zn)_{49}$晶体,它的空间群是 $Im\bar{3}$. 在计算原子个数比时需注意:第四层的原子都是与近邻的原子团共有的,第五层的沿着立方体的<1 1 1>方向的 8 个大原子就是近邻原子团的第二层中沿着立方体的<1 1 1>方向的 8 个大原子,其余的 24 个原子都分别为 4 个近邻原子团共有. 可知平均每个 Samson-Pauling-Bergman 原子团含有 20(第二层) + 12/2(第四层) + 24/4(第五层) = 32 个半径较大的 Mg 原子,1 + 12(第一层) + 12(第三层) + 48/2(第四层) = 49 个半径较小的(Al,Zn)原子.

类似地,把半径较大的 Li 原子放置在 Samson-Pauling-Bergman 原子团的第二层(20 个原子),以及第五层[24 个原子,图 3.3(e)]. 即平均每个原子团含有 20 + 24/4 = 26 个 Li 原子. 半径较小的(Al,Cu)原子放置在中心(1 个原子),第一层(12 个原子),第三层(12 个原子)和第四层(60 个原子). 即平均每个原子团含有 1 + 12 + 12 + 60/2 = 55 个(Al,Cu)原子. 让体心立方点阵的每一个阵点代表这样的一个 Samson-Pauling-Bergman 菱形三十面体原子团,并注意到某些原子是共有的,就得到成分为 $Li_{26}(Al,Cu)_{55}$的 R-$Al_{5.1}CuLi_3$ 晶体(Hardy 和 Silcock, 1955),它的空间群是 $Im\bar{3}$.

在准晶结构研究的早期,Elser 和 Henley (1985),Guyot 和 Audier (1985)互相独立地发现了:表 1.1 中列举的 IQC-$Al_{74}Mn_{20}Si_6$ 二十面体准晶的衍射花样与 α-($Al_{72.5}Mn_{17.4}Si_{10.1}$)晶体(Cooper 和 Robinson,1966),还有 α-$Fe_{12}(Al,Si)_{57}$晶体(Cooper 1967)的衍射花样极其相似,强衍射斑点的分布基本上是一样的. 说明 IQC-$Al_{74}Mn_{20}Si_6$ 二十面体准晶与体心立方 α-($Al_{72.5}Mn_{17.4}Si_{10.1}$)晶体和 α-$Fe_{12}(Al,Si)_{57}$晶体相具有相同的结构单元. 如在§8.6 讨论二十面体准晶的晶体近似相时将要指出,若引入线性相位子应变

矩阵

$$
\boldsymbol{A}_p = \begin{bmatrix} 1 & 0 & 0 & 0 & 0 & 0 \\ 0 & 1 & 0 & 0 & 0 & 0 \\ 0 & 0 & 1 & 0 & 0 & 0 \\ A_{41} & 0 & 0 & 1 & 0 & 0 \\ 0 & A_{52} & 0 & 0 & 1 & 0 \\ 0 & 0 & A_{63} & 0 & 0 & 1 \end{bmatrix}, \tag{3.1}
$$

其中矩阵元

$$
A_{41} = A_{52} = A_{63} = \frac{\tau - 1}{\tau + 1} = 0.236,
$$

就可以得到点阵常数为

$$
a^{Ap} = a^{Ap}_{Cubic} = \frac{\sqrt{2}A(\tau + 1)}{\sqrt{2 + \tau}} = \frac{2a_R\tau^2}{\sqrt{2 + \tau}} \tag{3.2}
$$

的立方近似相. 将表 1.1 中列出的 $Al_{73}Mn_{21}Si_6$ 二十面体准晶的准点阵常数 $a_R = A/\sqrt{2} = 0.460$nm 代入,就得到立方晶体近似相的点阵常数 $a^{Ap} = 1.266$nm. 此值与体心立方 α-($Al_{72.5}Mn_{17.4}Si_{10.1}$)晶体的点阵常数的实验值 1.268nm 非常接近,说明 α-($Al_{72.5}Mn_{17.4}Si_{10.1}$)晶体是 IQC-$Al_{74}Mn_{20}Si_6$ 二十面体准晶的近似相. 类似地,$Mg_{32}(Al,Zn)_{49}$和 R-$Al_{5.6}Li_{2.9}Cu$ 立方晶体也分别是$(Al,Zn)_{49}Mg_{32}$和 Al_6Li_3Cu 二十面体准晶的晶体近似相. 在准晶研究的早期,还没有制备出大颗粒的准晶单晶,不可能用单晶 X 射线衍射和中子衍射进行结构分析. 根据上述准晶的近似相的原子结构,Elser 和 Henley 把 Mackay 原子团放在二十面体准点阵的阵点上,提出了 IQC-$Al_{74}Mn_{20}Si_6$ 二十面体准晶的原子结构模型.

在稳定的二十面体准晶发现之后,准晶研究工作者已经能够制备出毫米甚至厘米量级的大颗粒准晶,用于测量准晶的物理性能,并进行准晶单晶结构分析. 二十面体准晶的原子结构可以描述为六维空间的超立方体被三维物理空间切割而得到. 在已测定了原子结构的二十面体准晶在六维空间的结构模型中,原子占据的位置都是立方体的结点、体心和棱边中点. 图 3.4 示出了空间群为 $Fm\ \bar{3}\ \bar{5}$的面心二十面体准晶中这些位置. 指数和为偶数(偶性)的节点 $N0$ 所代表的原子与指数和为奇数(奇性)的结点 $N1$ 的不同. 这些原子的原子面多是在垂直空间的菱形三十面体或者其他多面体. 为了描述和计算的方便,原子面通常都近似地用球形或者两个半径不同的球之间的球壳来代替. 表 3.1 列出面心二十面体准晶在六维空间的占位的情况. 为了便于对比面心的与简单的二十面体准晶的 6 维晶体点阵之间的异同,表中一律按照简单二十面体点阵的点阵常数 $A_{\text{half}} = a_{\text{half}}$(面心二十面体准晶的点阵常数 $a_0 = 2a_{\text{half}}$)来标记.

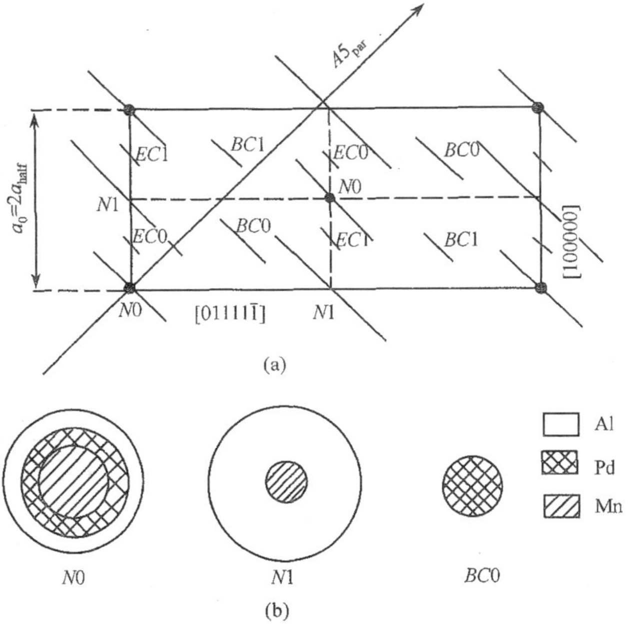

图 3.4　空间群为 $Fm\ \bar{3}\ \bar{5}$的面心二十面体准晶的原子结构模型图. (a) 在六维空间占位示意图. $N0$: 偶性单胞顶点;$BC0$: 偶性体心;$EC0$: 偶性棱边中点. $N1$: 奇性单胞顶点;$BC1$: 奇性体心;$EC1$: 奇性棱边中点;(b) AlPdMn 二十面体准晶的原子面. 棱边中点 $EC0$ 或 $EC1$ 处,奇性体心 $BC1$ 处没有原子

表 3.1 空间群为 $Fm\bar{3}\bar{5}$的面心二十面体准晶的原子在六维空间占位以及内区球形原子面的半径或球壳形原子面的外半径 $r^{\perp}$

	IQC-$Al_{63}Cu_{25}Fe_{12}$	IQC-$Al_{70.5}Pd_{21}Mn_{8.5}$	IQC-$Zn_{60}Mg_{30}Ho_{10}$
$N0$: [0 0 0 0 0 0]	Fe/0.80Å(内区球半径) Cu/1.34Å(第 2 壳外半径) Al/1.52Å(第 3 壳外半径)	Mn/0.83Å(内区球半径) Pd/1.26Å(第 2 壳外半径) Al/1.55Å(第 3 壳外半径)	Zn/0.97A
$N1$: [1 0 0 0 0 0]	Fe/0.78Å(内区球半径) Al/1.64Å(第 2 壳外半径)	Mn/0.52Å(内区球半径) Al/1.64Å(第 2 壳外半径)	Mg/0.89A
$BC0$:[1 1 1 1 1 1]/2	Cu/0.71Å(内区球半径)	Pd/0.71Å	Zn/0.75A
$BC1$:[3 1 1 1 1 1]/2	空位	空位	Mg/0.57Å(内区球半径) Ho/1.05Å(第 2 壳外半径)
$EC0$:[1 0 0 0 0 0]/2	空位	空位	$Zn_{0.7}Mg_{0.3}$/椭球体,其短轴(平行于 5 次轴方向)的半径为 0.67Å,长轴半径为 0.95Å
$EC1$:[3 0 0 0 0 0]/2	空位	空位	空位
6 维立方体边长 A	6.317Å	6.451Å	7.3445Å
准点阵常数 $a_R = A/\sqrt{2}$	4.467Å	4.562Å	5.193Å

由六维空间中各种原子的位置和原子面的形状可以计算出物理空间中各种原子的坐标,其方法如下:选定物理空间的范围(盒子),然后在足够大的六维空间的范围内依次考查各原子. 首先按

照式(2.92)计算出该原子在物理空间的坐标 $X^{\parallel}=(X_1,X_2,X_3)$. 若此原子在预定的盒子内,就按照式(2.92)计算出该原子在垂直空间的坐标 $X^{\perp}=(X_4,X_5,X_6)$,并进一步由此 $X^{\perp}$ 考察物理空间是否与此原子面相截. 若相截,与该原子面内的何种原子相截.

把这种方法用于 Al-Pd-Mn 面心二十面体准晶,发现有两类 Mackay 二十面体,见图 3.5. 对照图 3.1 可知,构成 Mackay 二十面体的第二层的第一亚层的大二十面体的 12 个原子主要是 Mn 原子,加上少量的 Al 原子[图 3.5(a)]或者 Pd 原子[图 3.5(b)]. 构成 Mackay 二十面体的第二层的第二亚层的二十面十二面体的 30 个原子是 Al 和 Pd 原子[图 3.5(a)]或者仅仅是 Al 原子[图 3.5(b)]. 这两类 Mackay 二十面体的第一层并不是 12 个原子构成的小二十面体,而是只有几个原子构成五角二十面体的一部分. 可见这种 Mackay 二十面体有点像图 3.2(a),(b)和(c)所示的扩展的 Mackay 二十面体的内层部分,不同的在于图 3.2(c)中的二十面十二面体的 30 个原子在 Al-Pd-Mn 面心二十面体准晶中都可出现,而在扩展的 Mackay 二十面体中仅仅出现 19 个. 在 Al-Pd-Mn 面心二十面体准晶中大约 60% 的原子属于这两类 Mackay 二十面体. 其余的原子大部分属于由 33 个原子构成的五角十二面体,其中心为 1 个原子,第一层 12 个原子构成二十面体[见图 3.3(a)],第二层 20 个原子构成五角十二面体[见图 3.3(b)]. 这样的多面体位于 Mackay 二十面体之间,起着黏结的作用.

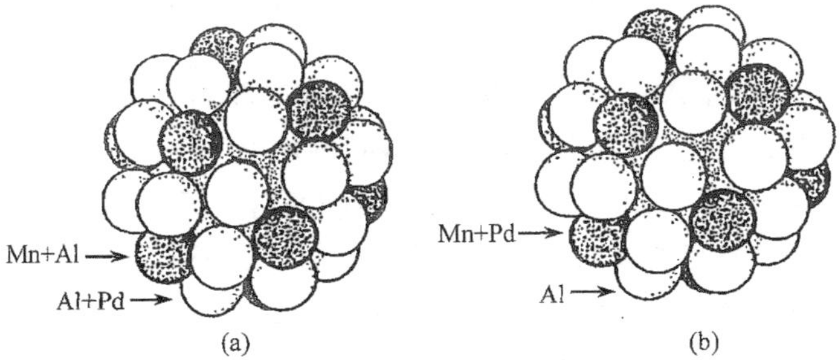

图 3.5 Al-Pd-Mn 面心二十面体准晶中的两类 Mackay 二十面体.
(a)第一类;(b)第二类

把切割方法用于 $Zn_{60}Mg_{30}Ho_{10}$ 面心二十面体准晶(Ohno, et al., 1988),发现有两类扩展的 Samson-Pauling-Bergman 原子团,见表 3.2. 对照图 3.3 可知,这两类扩展的 Samson-Pauling-Bergman 原子团的中心原子分别是位于偶性节点 $N0$ 的 Zn 原子和位于奇性节点 $N1$ 的 Mg 原子,而且它们的第二层或者空着,或者被 Ho 原子占据.

表 3.2 $Zn_{60}Mg_{30}Ho_{10}$ 面心二十面体准晶中的两类扩展的 Samson-Pauling-Bergman 原子团(参看图 3.3)

层	多面体	半径/Å	棱边长/Å	原子种类	原子种类
0				Zn(偶性结点)	Mg(奇性结点)
1	二十面体	2.60	2.73	0.5Mg+0.5Zn	0.5Mg+0.5Zn
2	五角十二面体	4.73	3.37	空位	Ho
3	二十面体	5.19	5.46	Mg	Zn
4	截顶二十面体	6.77	2.73	0.5Mg+0.5Zn	0.5Mg+0.5Zn
5	五角十二面体	7.65	5.46	Mg	0.4Mg+0.6Zn
6	二十面体	8.40	8.84	0.4Mg+0.6Zn	Mg
7	二十面十二面体	8.84	5.46	Zn	Mg

§3.2 十次准晶的原子结构以及准晶的原子结构的覆盖描述法

Al-Co-Ni, Al-Co-Cu 以及 Al-Ni-Fe 十次准晶都是热力学上稳定的准晶. 因此,可以用单晶 X 射线衍射的方法测定其原子结构,见 Takakura 等(2001)和 Cervellino 等(2001)及其所引用的文献. 此外,对于稳定的或亚稳的十次准晶,都可以采用透射电子显微镜(TEM)获得高分辨电子显微像(HRTEM). 在专用的扫描透射电子显微镜(STEM)或者在具有扫描透射电子显微镜功能的透射电子显微镜中,可以让聚得很小(~2Å)的束斑在试样上方逐点地扫描,同时逐点地用一个大角度环状探测器记录下在该聚焦束斑作用下高角度散射电子的强度,就可以得到分辨率为束斑尺度的高角度环状暗场(High Angle Annular Dark Field,简称为 HAADF)像. STEM-HAADF 像的亮度与原子序数 Z 的平方成正比,称之为 Z 衬度成像(Z-contrast Imaging). 在 Al-TM(TM 代表过渡金属 Co, Ni, Cu, Fe, 等等)合金的十次准晶中,过渡金属原子柱在 HAADF 像中呈现为强亮斑,Al 原子柱则呈现为难于肉眼分辨的很浅的亮斑. HRTEM 和 STEM-HAADF 像都可用来研究十次准晶的原子结构.

类似于二十面体准晶的情况，十次准晶的原子结构也可以用高维空间晶体的原子面被平行空间切割而得到，见 Boudard 等(1999)，Takakura 等(2001)和 Cervellino 等(2001)及其所引用的文献. 如 2.4.1 节中提到过，这里只需考虑张着四维空间晶体的基矢 $\boldsymbol{e}_1$，$\boldsymbol{e}_2$，$\boldsymbol{e}_3$，$\boldsymbol{e}_4$ 与正交归一化坐标系中的另外 4 个基矢 $\boldsymbol{E}_1$，$\boldsymbol{E}_2$，$\boldsymbol{E}_4$，$\boldsymbol{E}_5$，其中基矢 $\boldsymbol{E}_1$，$\boldsymbol{E}_2$ 张着平行空间，$\boldsymbol{E}_4$，$\boldsymbol{E}_5$ 张着垂直空间. 对于沿十次轴方向的周期 $c=0.4$nm 的 $Al_{72}Ni_{20}Co_8$ 十次准晶而言，一个周期内有两层原子. 作为一级近似，其中 $z=1/4$ 的原子层由位于 4 维空间晶体中(1/5，1/5，1/5，1/5) 处和(2/5，2/5，2/5，2/5)处的在垂直空间分别呈方向和尺寸都不同的两个正五边形的原子面被平行空间切割而得；$z=3/4$ 的原子层则由位于 4 维空间晶体中(4/5，4/5，4/5，4/5)处和(3/5，3/5，3/5，3/5)处的在垂直空间呈正五边形的两个原子面被切割而得.

分析上述用切割法得到的十次准晶的原子结构，并与 HRTEM 和 STEM-HAADF 实验研究(Saitoh, et al. 1997，1999；Abe，et al. 2000；Yan，et al. 1988，2000，2001)对比，得到一个结论:Al 基过渡金属十次准晶的基本结构单元是直径为 2nm 的原子团簇,这原子团簇的高度为 0.4nm 的整数倍,即十次准晶沿着十次轴方向的周期. 就成分为 $Al_{72}Ni_{20}Co_8$的富 Ni 基本十次准晶而言,周期是 0.4nm,直径为 2nm 的原子团柱由两层原子构成.

至今对于十次准晶中原子团柱内原子的分布尚无定论. 鄢炎

发等(Yan, et al., 2000, 2001)根据十次准晶的晶体近似相 $Al_{13}Co_4$ 中的已知的直径为 2nm 的原子团柱内的原子的分布，并且考虑到 $Al_{72}Ni_{20}Co_8$ 十次准晶沿着十次轴方向的 HRTEM 和 STEM-HAADF 像的实验结果，以及第一性原理总能计算，提出了如图 3.6(a, b, c, d)所示的周期为 0.4nm 的四种原子团柱模型．其中每一种原子团柱模型都由在周期方向的坐标 $z=1/4$(实心圆)和 3/4(浅灰色圆)的两个原子层构成．其中图 3.6(a)所示的模型具有十次对称性，最内面的十个原子柱由 50% 的 Al 原子和 50% 的过渡金属原子无规地占据．图 3.6(b)所示的模型具有五次对称性，最内面的十个原子柱分别由 Al 原子和过渡金属原子有序地占据．在图 3.6(c)所示的模型中，最内面的十个原子柱分别由 Al 原子和过渡金属原子有序地占据，而且不再具有十次或五次对称性(对称性破缺)．图 3.6(d)所示的模型则是在有序且对称性破缺的模型的基础上，用第一性原理总能计算，经过弛豫而得到的．计算的结果表明，相对于图 3.6(c)所示的原子团柱模型(有序，对称性破缺，未弛豫)，图 3.6(d)所示的原子团柱模型(有序，对称性破缺，弛豫)，其总能降低了 8eV；图 3.6(b)所示的原子团柱模型(有序，具有五次对称性，未弛豫)，其总能增大了 5eV；图 3.6(a)所示的原子团柱模型(无序，具有十次对称性，未弛豫)，其总能增大了 12eV．原子团柱的总能按照图 3.6(a, b, c, d)的顺序而递减．

按照 Penrose 于 1974 年提出(Penrose, 1974)，后来又不断得到改进的(Penrose, 1978; 1979) Penrose tiling(拼砌)的概念，由边长相同的两种菱形，一种是顶角为 72°的胖的菱形，另一种是顶角为 36°的瘦的菱形，按照一定的匹配规则拼砌(tiling)就可以准周期性地布满整个平面，得到 Penrose 拼图，见图 3.7(b)．Penrose 拼图可以看作是十次准晶的准点阵，图中的每一个结点即是十次准晶的一个阵点．拼接既不允许留有空隙，也不允许重叠，有如用瓷砖或木块铺地板一样．这种具有五次对称的准周期点阵也可以由四维空间的晶体点阵投影到一张二维平面上而得到．它虽然没有周期性，但却具有严格的长程平移序．因而能圆满地解释五次或

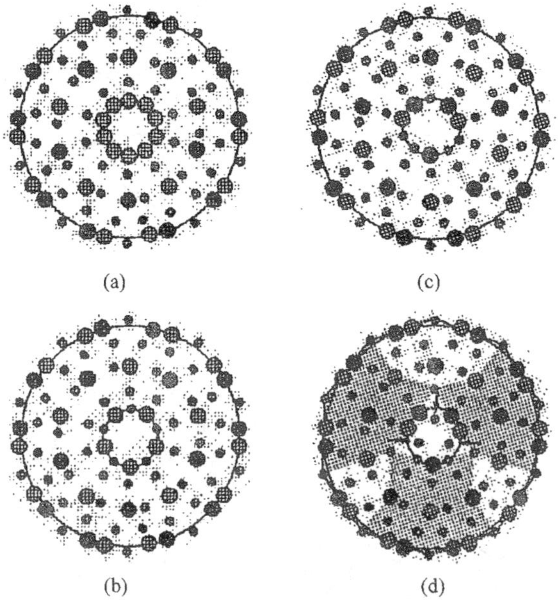

图 3.6 $Al_{72}Ni_{20}Co_8$ 十次准晶中的四种十棱柱原子团簇，其中每一种原子团簇模型都由在周期方向的坐标 $z=1/4$(实心圆)和 3/4(浅灰色圆)的两个原子层构成. (a)最内面的十个原子柱由 Al 原子和过渡金属原子无规地占据，有十次对称性；(b)最内面的十个原子柱分别由 Al 原子和过渡金属原子有序地占据，具有五次对称性；(c)最内面的十个原子柱分别由 Al 原子和过渡金属原子有序地占据，而且不再具有十次或五次对称性(对称性破缺)；(d)在有序且对称性破缺的模型的基础上，用第一性原理总能计算，经过弛豫而得到的

十次对称的准晶的电子衍射图中有明锐的衍射斑点这一实验事实.

但是有一个问题一直困惑着准晶研究工作者，这就是如此严格的拼接规律和长程平移序如何能够在急冷凝固过程中得以实现？此外，Penrose 拼图也难以解释准晶的生长及稳定性. 针对 Penrose 拼图的上述问题，德国的青年数学家 Gummelt 在她的博士论文工作中，从正十边形的覆盖(covering)出发探索了十次准晶的原子结构模型. 郭可信(2000)结合他们课题组用 HRTEM 研究

图 3.7 (a)Penrose 拼图(实线)及膨胀至其 τ 倍的 Penrose 拼图(虚线);(b)反 Penrose 拼图(实线)及膨胀至其 τ^2 倍的反 Penrose 拼图(虚线)(取自 Niizeki,1989)

十次准晶及其晶体近似相的原子结构的工作，综述了十次准晶的原子结构的覆盖描述法.

在 Niizeki(1989)给出的 Penrose 点阵中，把正十边形分解为二个扁六边形和一个船形，见图 3.7(a). Gummelt(1995)设计了一种如图 3.8(a)所示的黑白双色十边形，并将它分解为二个扁六边形和一个船形. 这样的黑白双色正十边形用覆盖的原理构造十次准晶的过程中，允许重叠，而且也必须有重叠. 好比是用瓦片盖房顶一样. 但要求两个正十边形的重叠部分的原子模型基本上一样. 图 3.8 示出了两个十边形覆盖的情况. 覆盖面积可以是一个扁六边形，称为 A 型重叠，如图 3.8(b, c, d, e)所示，此时相邻近的两个十边形的中心的距离是十边形直径的 $1/\tau$ 倍. 覆盖面积也可以是一个压扁了的十边形，称为 B 型重叠，如图 3.8(f)所示，此时相邻近的两个十边形的中心的距离是十边形直径的 $1/\tau^2$ 倍. 图 3.8(b)表示的是两个十边形中的扁六边形重叠；在图 3.8(c,d)中，一个十边形中的船形的一部分与另一个十边形中的扁六边形重叠；而在图 3.8(e)中则是两个十边形中的船形的一部分重叠，合成一个五角星形. 这种情况下两个船形的重叠部分较小，合成之后的白色五角星中仅仅右边的一个角是重叠的. 图 3.8(b～e)所示的都是 A 型重叠，两个十棱柱原子团的重叠部分是一个扁六边形，重叠后两个十棱柱的中心的距离是十棱柱原子团直径的 $1/\tau$ 倍. 在图 3.8(f)中，两个船形合成了一个内为黑色五角星、外为缺了右下角的白色五角星形. 这种情况下两个船形的重叠部分较大，合成之后的白色五角星中右边的和正上方的两个角都是重叠的. 这是 B 型重叠，两个十棱柱原子团的重叠部分是一个扁十边形，重叠后两个十棱柱的中心的距离是十棱柱原子团直径的 $1/\tau^2$ 倍.

经过连续的重叠与扩展，发展成一片十次准晶. 经过严格的数学推导，Gummelt 证明这种由双色正十边形覆盖得出的结果与 Penrose 拼图完全一致. 但是两者的意义显然不同. 首先，图 3.7 示出的是用两种菱形按照一定的规则构成准周期性的拼图，而覆盖描述法只用一种重复单元,有人称之为“准单胞”. 其次,相邻单元的覆盖是近程操作,只要求两个双色十边形的重叠部分相同. 第三,更重要的是它能较好地描述准晶的生长过程. 所谓重叠部分实际上就是在原有已经生长了的十边形单元中已经存在的,可作为新生长出的十边形单元的核. 重叠部分越大,新的结构单元就越容易生成. 重叠的数目越多,单位面积内的十边形数目越多,十边形中心间的距离越短. 如上一段所述,十边形单元是一种能量低的原子团簇,则准晶的能量也就很低. 从这个角度也就容易理解,为甚么有些准晶在一定的成分和温度范围内是热力学稳定的相.

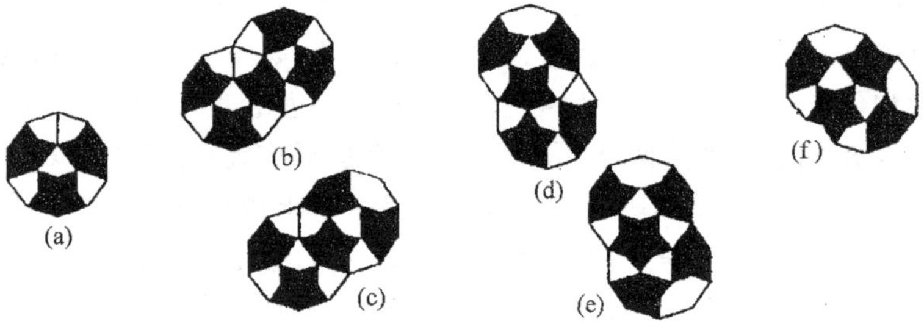

图 3.8　Gummelt 提出的双色正十边形的重叠. (a) 黑白双色十边形,分解为二个扁六边形和一个船形;(b) 两个十边形中的扁六边形重叠. (c),(d)一个十边形中的船形的一部分与另一个十边形中的扁六边形重叠;(e) 两个十边形中的船形部分重叠,合成一个五角星形. (b～e)所示的都是 A 型重叠,两个十棱柱原子团的重叠部分是一个扁六边形,重叠后两个十棱柱的中心的距离是十棱柱原子团直径的 $1/\tau$ 倍;(f)两个船形的重叠部分大,合成一个缺了一个角的五角星形. 这是 B 型重叠,两个十棱柱原子团的重叠部分是一个扁十边形,重叠后两个十棱柱的中心的距离是十棱柱原子团直径的 $1/\tau^2$ 倍

图 3.6 所示的四种十棱柱中原子的分布,都能够满足覆盖描述法所要求的条件,见图 3.9. 在图 3.9(a)中,两个如图 3.6(d)所示的有序的、对称破缺的、且经过弛豫的十棱柱原子团部分重叠,其中心的距离是十棱柱原子团直径的 $1/\tau$ 倍. 两个十棱柱原子团的重叠部分是一个扁六边形,其中的原子分布,除了箭头所指的原

子外基本相同．这是对应于图 3.8(b)的 A 型重叠．因此，一旦有了图 3.9(a)中的左边的十棱柱，则其中的扁六边形部分就可以作为第二个十棱柱生长的核．图 3.9(b)表示的是对应于图 3.8(f)的 B 型重叠．两个十棱柱的中心的距离是十棱柱直径的 $1/\tau^2$ 倍，两个十棱柱中的船形的大部分重叠，重叠部分是一个压扁了的十边形，合成了一个缺了一角的五角星形．十棱柱的有序度愈高，对称破缺愈严重，图 3.9 所示的十棱柱重叠的可能性愈少，就生长出高完整性的十次准晶．反之，如果十棱柱是无序的且具有十次对称性，则十棱柱重叠的可能性很多，从而生长出含有大量相位子位移的无规拼接(random tiling)的十次准晶．

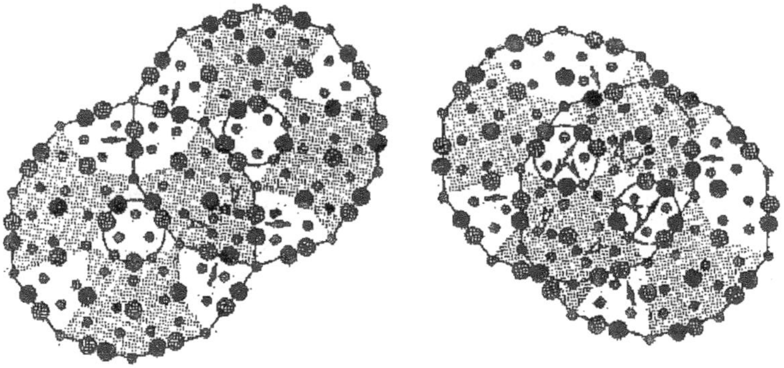

图 3.9　两个如图 3.6(d)所示的有序的、对称破缺的、且经过弛豫的十棱柱原子团部分重叠．(a)对应于图 3.8(b)的 A 型重叠．两个十棱柱中心的距离是十棱柱原子团直径的 $1/\tau$ 倍．两个十棱柱原子团的重叠部分是一个扁六边形；(b)对应于图 3.8(f)的 B 型重叠．两个十棱柱的中心的距离是十棱柱直径的 $1/\tau^2$ 倍，两个十棱柱中的船形的大部分重叠，重叠部分是一个压扁了的十边形，合成了一个缺了左下角的五角星形

以上所述 Gummelt 提出的准晶原子结构的覆盖描述法还仅仅是很初步的．在基本理论方面，Gummelt 本人还在不断地改进(Gummelt, et al. 2000)，在实验方面仅仅在少数十次准晶中得到初步的验证．

Al-Ni-Co 十次准晶在很宽的成分范围(70% ~73% 的 Al, 9%~22%的 Co,7%~22%的 Ni,都是原子%)和温度范围(700~1050℃)内都是热力学上稳定的. 但在不同的成分和温度生成结构和有序状态不同的变体. 现在已知:(1)成分为 $Al_{71}Ni_{21}Co_9$左右的十次准晶在 950℃附近是基本的富 Ni(bNi)十次准晶,具有很高的完整性. (2)成分为 $Al_{72}Ni_{10}Co_{18}$左右的十次准晶在 700~1050℃附近是基本的富 Co(bCo)十次准晶,具有很高的完整性. (3)成分为 $Al_{71}Ni_{17}Co_{12}$左右的十次准晶在 900℃附近是 *S*1 有序态的十次准晶. *S*1 有序态存在的成分和温度范围比较宽. 对于成分为 $Al_{70}Ni_{20}Co_{10}$左右的合金,在 900℃以上是基本的富 Ni 十次准晶,900℃以下是 *S*1 有序态的十次准晶. (4)成分为 $Al_{72.5}Ni_{13.5}Co_{14}$左右很窄的范围的十次准晶在 800℃以下是Ⅰ型有序态的十次准晶,但它在 800℃以上是 *S*1 有序态的. (5)成分为 $Al_{72.5}Ni_{12}Co_{15.5}$左右很窄的范围的十次准晶在 850℃以下是Ⅱ型有序态的十次准晶,但它在 850℃以上是 *S*1 有序态的. (6)成分为 $Al_{72.5}Ni_{7.5}Co_{20}$左右的合金在 900~1100℃高温区是五次对称的二维准晶.

§3.3 准晶衍射花样的模拟计算和准晶原子结构的实验测定

在§2.2 我们已经讨论了准晶的切割-投影描述法. 即:准晶被描述为高维晶体点阵 *L* 的阵点扩展成为原子面后被平行空间切割而得. 则在倒空间,准晶的倒易点阵就是高维倒易点阵的投影. 知道了被研究的准晶的切割-投影矩阵 $\boldsymbol{T}$[见式(2.27a),(2.61),(2.89)和式(2.96)],及其逆矩阵 $\boldsymbol{W}=\boldsymbol{T}^{-1}$[见式(2.27b),(2.59)和式(2.98)],就可以由高维空间晶体坐标系中倒易矢量 $\boldsymbol{r}^*=h_1\boldsymbol{e}_1^*+h_2\boldsymbol{e}_2^*+h_3\boldsymbol{e}_3^*+h_4\boldsymbol{e}_4^*+h_5\boldsymbol{e}_5^*+h_6\boldsymbol{e}_6^*$ 的指数(h_1,h_2,h_3,h_4,h_5,h_6),按照式(2.32b),(2.85),(2-101a),

(2-101b),式(2.113)计算出其在平行空间的分量 $\boldsymbol{H}^{\parallel} = (H_1^{\parallel} \quad H_2^{\parallel} \quad H_3^{\parallel})$和垂直空间的分量 $\boldsymbol{H}^{\perp} = (H_1^{\perp} \quad H_2^{\perp} \quad H_3^{\perp})$的指数. 让高维空间晶体的倒易矢量的指数 $h_1, h_2, h_3, h_4, h_5, h_6$ 分别在一定的范围内,例如从 −6 到 +6,依次取值. 去掉按照空间群系统消光的倒易点. 计算出其平行空间分量 $\boldsymbol{H}^{\parallel}$,去掉从几何学的考虑超出了给定的范围的倒易点. 例如,$\boldsymbol{H}^{\parallel}$ 的长短有一个给定的范围,或者 $\boldsymbol{H}^{\parallel}$ 的方向需要与给定的带轴垂直(当计算选区电子衍射花样时),或者 $\boldsymbol{H}^{\parallel}$ 满足衍射条件时入射束与带轴的夹角应该小于某一个给定的值[当计算菊池线花样或高阶 Laue 带(HOLZ)线花样时]. 然后计算出该倒易矢量的垂直空间的分量 $\boldsymbol{H}^{\perp}$,用式(2.37)计算出该倒易点的结构因子,并进而计算出相应的衍射强度. 去掉太弱的,即强度小于某一给定值的衍射束. 把这样选出的各衍射束按照一定的规律排队,例如按 $\boldsymbol{H}^{\parallel}$ 的长短由小到大的顺序(当计算多晶衍射花样时),或者衍射强度由大到小的顺序(当计算菊池线或 HOLZ 线花样时). 最后按适当的图示方法显示出并且打印出计算结果.

至今已测定了原子结构的二十面体准晶在六维空间的结构模型都比较简单,原子占据的位置都是立方体的结点、体心和棱边中点. 这些原子的原子面多是在垂直空间的菱形三十面体、截顶菱形三十面体或者其他多面体. 为了描述和计算的方便,原子面通常都近似地用半径为 $R^{\perp}$ 的球形或者两个半径不同的球之间的球壳来代替. 在这种简化的情况下,第 k 个原子的原子面函数的 Fourier 变换(称之为几何形状因子)

$$g_k(H^{\perp}) = \frac{1}{A_{\mathrm{UC}}^{\perp}} \int_{A_k^{\perp}} \exp(2\pi \mathrm{i} H^{\perp} r^{\perp}) \mathrm{d} r^{\perp} \qquad (2.39\mathrm{a})$$

的计算公式可以简化为

$$g_k(H^{\perp}) = \frac{1}{A_{\mathrm{UC}}^{\perp}} \frac{\sin X - X\cos X}{2\pi^2 (H^{\perp})^3}, \qquad (3.3)$$

式中

$$X = 2\pi H^{\perp} R_o^{\perp}$$

关于准晶原子结构的实验测定方法和步骤，郭可信(周公度，郭可信，1999)和 Boudard and de Boissieu (1999)已有很好的综述，这里不再重复.

参 考 文 献

郭可信，物理，2000(29)：708～711

周公度，郭可信．晶体和准晶体的衍射．北京：北京大学出版社，1999

Abe E，Saitoh K，Takakura H et al．Phys Rev Lett，2000(84)：4609～4612

Bergman G，Waugh J L T，Pauling L．Nature，1952(169)：1057

Bergman G，Waugh J L T，Pauling L．Acta Cryst，1957(10)：254

Boudard M，and de Boissieu M．In：Stadnik Z M (ed)，Physical Properties of Quasicrystals．Berlin：Springer，1999

Boudard et al．J Phys，1992(4)：10149

Cervellino A，Haibach T，Steurer W，Acta Cryst，2002(B 58)：8～33

Cooper M，Robinson K．Acta Crystallogr，1966(20)：614

Cooper M．Acta Crystallogr，1967(23)：1106

Duneau M．Mater Sci Eng A，2000(294～296)：192～198

Elser V，and Henley C．Phys Rev Lett，1985(55)：2883

Gummelt P．In：Janot C，Mosseri R，Eds．Proc 5th Int Conf on Quasicrystals．Singapore：World Sci，1995．84～87

Gummelt P，Bandt．Mater Sci Eng A，2000(294～296)：250～253

Guyot P，Audier M．Phil Mag B，1985(53)：L15～19

Hardy H K，Silcock J M．J Inst Metals 1955(24)：423

Ishimasa T and Shimizu T．Mater Sci Eng A，2000(294～296)：232～236

Janot C，Loreto L，Farinato R．Mater Sci Eng A，2000(294～296)：405～408

Kuo K H．Struc Chem，2002

Mackay A L．Acta Cryst，1962(15)：916

Niizeki K．J．Phys A：Math Gen，1989(22)：205～218

Ohno T，Ishimasa T．In：Takeuchi S，Fujiwara T Eds．Proc 6th Int Conf on Quasicrystals．Singapore：World Sci，1998：39～42

Pauling L．Phys Rev Lett，1987(58)：365

Pauling L．Amer Scientist，1955(43)：285

Penrose R．Bull Inst Math Appl，1974(10)：266～271

Penrose R．Eureka，39：16．Reprinted in：Per Mineral，1978(59)：95～100

Penrose R．Math Intell，1979(2)：32

Saitoh K, Tsuda K, Tanaka M et al. Jpn J Appl Phys, 1997(36): L1400～L1402
Saitoh K, Tsuda K, Tanaka M et al. Jpn J Appl Phys, 1999(38): L671～L674
Samson S. Acta Chem. Scnd, 1949a(3): 809
Samson S. Acta Chem. Scnd, 1949b(3): 835
Shoemaker D P and Shoemaker C B. in: Jaric MV, ed. Aperiodicity and Order, V.1, I: troduction to Quasicrystals, San Diego: Academic Press, 1988. 1～57
Steurer W. In: Cahn R W, Haasen P (eds). Physical Metallurgy Vol. 1. Amsterdam: E sevier, 1996. 371
Takakura H, Yamamoto A, Tsai A P. Acta Cryst A, 2001(57):576～585
Yan Y, Pennycook S J, Tsai A P. Phys Rev Lett, 1998(81): 5145～5148
Yan Y, Pennycook S J. Mater Sci Eng A, 2000(294～296):211～216
Yan Y, Pennycook S J. Phys Rev Lett, 2001(86):1542～1545

第四章　准晶体的对称操作和对称群

本章将讨论高维空间的点对称操作矩阵的约化，也就是将整系数多项式分解成有理系数的既约多项式．由此出发，可以求出高维空间（n 维空间，$n=4, 5, 6$）的所有可能的点对称操作．然后再按照Janssen (1992)的方法，判断这些点对称操作中哪些可以用于准周期性结构，也就是求出可能用于准晶的全部对称操作．进而推导出准晶的点群以及空间群．

§4.1　对称操作的矩阵表示及其约化

现在以抽象群 $G=\{e,d,f,a,b,c\}$ 及与之同构的晶体学点群 $3m=\{1,3+,3-,mA,mB,mC\}$ 为例，来讨论点对称操作的矩阵表示及其约化．这里1表示恒等操作，3+和3-分别表示绕着一支3次轴 $A3$ 旋转 $2\pi/3=120°$ 和 $-2\pi/3=-120°$．mA，mB，mC 分别表示对通过这支三次轴的互成120°的镜面 mA，mB，mC 的反映．表4.1列出了点群 $3m$ 的乘法表，也就是点群中任意两个对称操作之间的相互关系，即任意两个对称操作的乘积．例如，相继施以两次3+操作即得到3-操作：$(3+)\cdot(3+)=(3-)$，即 $d\cdot d=f$．又如，先施以镜面反映 mA，再施以3次旋转操作3+，就得到镜面反映 mC：$(3+)\cdot(mA)=(mC)$，即 $d\cdot a=c$．先施以3次旋转操作3+，再施以镜面反映 mA，就得到镜面反映 mB：$(mA)\cdot(3+)=(mC)$，即 $a\cdot d=b$．这也是一个例子，说明群元素的乘积一般地不遵从交换律．注意：先施以的操作在乘号（·）的右边，后施以的操作在左边．

所谓对称操作的矩阵表示就是一组矩阵，其中每一个矩阵对应于一个对称操作，这些矩阵中的任意两个的乘积应该与该点群的乘法表一致. 同一个对称操作,在不同的坐标系之下有不同的矩阵表示. 图 4.1 示出了点群 $3m$ 的矩阵表示 $\Gamma 3$[图 4.1(a)]和矩阵表示 $\Gamma 3'$[图 4.1(c)]采用的两种坐标系及其相互关系. 表 4.2 给出了点群 $3m$ 的若干种矩阵表示,其中的矩阵表示 $\Gamma 3$ 是在图 4.1(a)所示坐标系中的,轴 $A3$ 平行于正交归一化基矢 e_1, e_2, e_3 的体对角线 $e_1+e_2+e_3$ 方向. 3+操作把 x 变成 y, y 变成 z, z

表 4.1　抽象群 $G=\{e,d,f,a,b,c\}$ 及与之同构的晶体学点群 $3m=\{1,3+,3-,mA,mB,mC\}$ 的乘法表

		1	3+	3−	mA	mB	mC
		e	d	f	a	b	c
1	e	e	d	f	a	b	c
3+	d	d	f	e	c	a	b
3−	f	f	e	d	b	c	a
mA	a	a	b	c	e	d	f
mB	b	b	c	a	f	e	d
mC	c	c	a	b	d	f	e

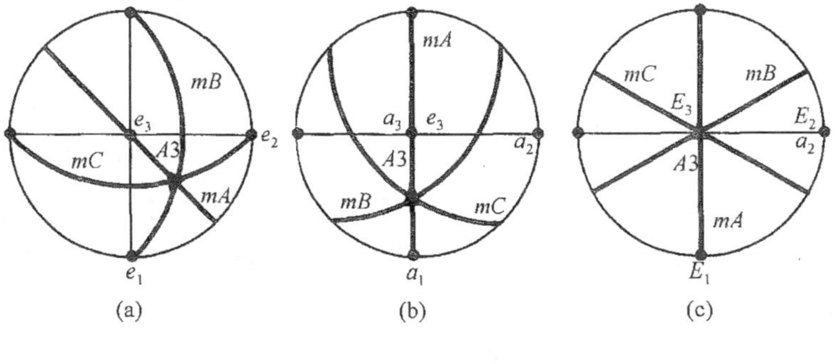

图 4.1　点群 $3m$ 的矩阵表示采用的两种坐标系及其相互关系. (a)3 次旋转轴 $A3$ 平行于坐标系基矢 e_1, e_2, e_3 的体对角线 $e_1+e_2+e_3$ 方向;(b)中间状态的坐标系 $a_1, a_2, a_3=e_3$,将图(a)所示的 $A3$-mA-mB-mC 绕 e_3 轴旋转 −45°而得;(c)3 次旋转轴 $A3$ 平行于基矢 E_3,将图(b)所示的 $A3$-mA-mB-mC 绕 a_2 轴旋转 −54.7°而得

变成 x，对应于对称操作矩阵 $3+=\begin{bmatrix}0&0&1\\1&0&0\\0&1&0\end{bmatrix}$. mA 操作互换 x 与 y，对应于对称操作矩阵 $\boldsymbol{mA}=\begin{bmatrix}0&1&0\\1&0&0\\0&0&1\end{bmatrix}$. 矩阵表示 $\Gamma3'$ 则是在图 4.1(c)所示坐标系中的矩阵表式. 空间中某一个点在这两套坐标系中的坐标(x_1,x_2,x_3)与(X_1,X_2,X_3)之间的变换关系用矩阵 $\boldsymbol{Q}=\begin{bmatrix}1/\sqrt{6}&1/\sqrt{6}&-\sqrt{2/3}\\-1/\sqrt{2}&1/\sqrt{2}&0\\1/\sqrt{3}&1/\sqrt{3}&1/\sqrt{3}\end{bmatrix}$ 描述：$\boldsymbol{X}_j^{\mathrm{T}}=\boldsymbol{Q}x_j^{\mathrm{T}}$. 这个变换可以分成两步说明如下：首先绕图 4.1(a)的 e_3 轴旋转 $-45°$ 得到图 4.1(b)所示的中间状态的坐标系 $a_1,a_2,a_3=e_3$，相应的坐标变换矩阵是 $\boldsymbol{Q}1=\begin{bmatrix}1/\sqrt{2}&1/\sqrt{2}&0\\-1/\sqrt{2}&1/\sqrt{2}&0\\0&0&1\end{bmatrix}$. 然后再将图 4.1(b)所示的坐标系绕 a_3 轴旋转 $-54.7°$，相应的坐标变换矩阵是 $\boldsymbol{Q}2=\begin{bmatrix}1/\sqrt{3}&0&-\sqrt{2/3}\\0&1&0\\\sqrt{2/3}&0&1/\sqrt{3}\end{bmatrix}$，就得到图 4.1(c)所示的 3 次旋转轴 $A3$ 平行于基矢 E_3 的坐标系. 把这两个矩阵相乘，就得到图(a)系的坐标(x_1,x_2,x_3)与图 4.1(c)系的坐标(X_1,X_2,X_3)之间的关系的坐标变换矩阵 $\boldsymbol{Q}=\boldsymbol{Q}2\cdot\boldsymbol{Q}1$. 找到了两个坐标系之间的坐标变换关系，就可以用式(2.16d)求出两套坐标系中的对称操作矩阵之间的关系如下：

$$\Gamma3'=\boldsymbol{Q}\Gamma3\boldsymbol{Q}^{-1} \tag{4.1}$$

请读者核对表 4.2 中所列举的矩阵表示 $\Gamma3'$ 和 $\Gamma3$ 之间是否满足关系式(4.1). 表 4.2 中还列举了 6 个矩阵全部为 1 的恒等表示 $\Gamma1$，这是任意一个群都有的一个表示. 此外，表中的 $\Gamma1'$ 也是一个

表 4.2　点群 $3m$ 的若干种矩阵表示

		e	d	f	a	b	c
群表示	维数	**1**	3+	3−	mA	mB	mC
Γ1	1	1	1	1	1	1	1
Γ1′	1	1	1	1	−1	−1	−1
Γ2	2	$\begin{bmatrix}1 & 0\\0 & 1\end{bmatrix}$	$\begin{bmatrix}\frac{-1}{2} & \frac{-\sqrt{3}}{2}\\\frac{\sqrt{3}}{2} & \frac{-1}{2}\end{bmatrix}$	$\begin{bmatrix}\frac{-1}{2} & \frac{\sqrt{3}}{2}\\\frac{-\sqrt{3}}{2} & \frac{-1}{2}\end{bmatrix}$	$\begin{bmatrix}1 & 0\\0 & -1\end{bmatrix}$	$\begin{bmatrix}\frac{-1}{2} & \frac{-\sqrt{3}}{2}\\\frac{-\sqrt{3}}{2} & \frac{1}{2}\end{bmatrix}$	$\begin{bmatrix}\frac{-1}{2} & \frac{\sqrt{3}}{2}\\\frac{\sqrt{3}}{2} & \frac{1}{2}\end{bmatrix}$
Γ3	3	$\begin{bmatrix}1 & 0 & 0\\0 & 1 & 0\\0 & 0 & 1\end{bmatrix}$	$\begin{bmatrix}0 & 0 & 1\\1 & 0 & 0\\0 & 1 & 0\end{bmatrix}$	$\begin{bmatrix}0 & 1 & 0\\0 & 0 & 1\\1 & 0 & 0\end{bmatrix}$	$\begin{bmatrix}0 & 1 & 0\\1 & 0 & 0\\0 & 0 & 1\end{bmatrix}$	$\begin{bmatrix}1 & 0 & 0\\0 & 0 & 1\\0 & 1 & 0\end{bmatrix}$	$\begin{bmatrix}0 & 0 & 1\\0 & 1 & 0\\1 & 0 & 0\end{bmatrix}$
Γ3′ = Γ2⊕Γ1	3	$\begin{bmatrix}1 & 0 & 0\\0 & 1 & 0\\0 & 0 & 1\end{bmatrix}$	$\begin{bmatrix}\frac{-1}{2} & \frac{-\sqrt{3}}{2} & 0\\\frac{\sqrt{3}}{2} & \frac{-1}{2} & 0\\0 & 0 & 1\end{bmatrix}$	$\begin{bmatrix}\frac{-1}{2} & \frac{\sqrt{3}}{2} & 0\\\frac{-\sqrt{3}}{2} & \frac{-1}{2} & 0\\0 & 0 & 1\end{bmatrix}$	$\begin{bmatrix}1 & 0 & 0\\0 & -1 & 0\\0 & 0 & 1\end{bmatrix}$	$\begin{bmatrix}\frac{-1}{2} & \frac{-\sqrt{3}}{2} & 0\\\frac{-\sqrt{3}}{2} & \frac{1}{2} & 0\\0 & 0 & 1\end{bmatrix}$	$\begin{bmatrix}\frac{-1}{2} & \frac{\sqrt{3}}{2} & 0\\\frac{\sqrt{3}}{2} & \frac{1}{2} & 0\\0 & 0 & 1\end{bmatrix}$

表示．这两个表示中任意两个数(一维矩阵)之间的乘法关系都是与点群 $3m$ 的乘法表一致的．仔细观察可以发现矩阵表示 $\Gamma 3'$ 是两个矩阵表示的直和：$\Gamma 3' = \Gamma 2 \oplus \Gamma 1$．即是说，通过坐标变换可以把对称操作矩阵约化成为分块对角化的不可约矩阵的直和．

现在让我们讨论(1)高维空间的点对称操作矩阵 Γ 的约化；(2)求点对称操作矩阵 Γ 的本征值和本征矢；(3)将整系数多项式分解成复系数、实系数和有理系数的既约多项式，以及这三者之间的关系．求矩阵

$$\boldsymbol{\Gamma} = \begin{bmatrix} \Gamma_{11} & \Gamma_{12} & \Gamma_{13} & \Gamma_{14} & \Gamma_{15} \\ \Gamma_{21} & \Gamma_{22} & \Gamma_{23} & \Gamma_{24} & \Gamma_{25} \\ \Gamma_{31} & \Gamma_{32} & \Gamma_{33} & \Gamma_{34} & \Gamma_{35} \\ \Gamma_{41} & \Gamma_{42} & \Gamma_{43} & \Gamma_{44} & \Gamma_{45} \\ \Gamma_{51} & \Gamma_{52} & \Gamma_{53} & \Gamma_{54} & \Gamma_{55} \end{bmatrix} \tag{4.2}$$

的本征值 λ 与本征矢

$$\boldsymbol{r} = \begin{bmatrix} x_1 \\ x_2 \\ x_3 \\ x_4 \\ x_5 \end{bmatrix}$$

就是要求解下列方程：

$$\boldsymbol{\Gamma r} = \lambda \boldsymbol{r}, \tag{4.3a}$$

也就是方程

$$(\Gamma - \lambda I) r = 0, \tag{4.3b}$$

这是个齐次线性方程组，它有非零解的条件是其系数行列式为零

$$|\Gamma - \lambda \boldsymbol{I}| = 0,$$

即

$$\begin{vmatrix} \Gamma_{11} - \lambda & \Gamma_{12} & \Gamma_{13} & \Gamma_{14} & \Gamma_{15} \\ \Gamma_{21} & \Gamma_{22} - \lambda & \Gamma_{23} & \Gamma_{24} & \Gamma_{25} \\ \Gamma_{31} & \Gamma_{32} & \Gamma_{33} - \lambda & \Gamma_{34} & \Gamma_{35} \\ \Gamma_{41} & \Gamma_{42} & \Gamma_{43} & \Gamma_{44} - \lambda & \Gamma_{45} \\ \Gamma_{51} & \Gamma_{52} & \Gamma_{53} & \Gamma_{54} & \Gamma_{55} - \lambda \end{vmatrix} = 0, \tag{4.4}$$

这里 $\boldsymbol{I}$ 是单位矩阵．方程(4.4)是个五次整系数代数方程．可见求矩阵的本征值 λ 与本征矢 $\boldsymbol{r}$ 的问题涉及到求解代数方程，这也就是对多项式进行因式分解．例如，式(4.4)的等号的左边是一个关于 λ 的五次多项式

$$f(\lambda)=a_0\lambda^5+a_1\lambda^4+a_2\lambda^3+a_3\lambda^2+a_4\lambda+a_5. \tag{4.5}$$

如果我们将它分解成 5 个多项式的乘积

$$f(\lambda)=a_0(\lambda-\lambda_1)(\lambda-\lambda_2)(\lambda-\lambda_3)(\lambda-\lambda_4)(\lambda-\lambda_5), \tag{4.6}$$

我们就得到了矩阵 $\boldsymbol{\Gamma}$ 的 5 个本征值 $\lambda_1,\lambda_2,\lambda_3,\lambda_4,\lambda_5$.

根据"代数基本定理"，即：次数 $n\geqslant1$ 的复数系数多项式 $f(\lambda)$ 至少有一个复数根．设这个根是 λ_1，则有 $f(\lambda)=(\lambda-\lambda_1)p(\lambda)$．这里 $p(\lambda)$ 是 λ 的 $n-1$ 次多项式．当 $n-1\geqslant1$ 时，$p(\lambda)$ 至少有一个复数根，设为 λ_2，则我们有 $f(\lambda)=(\lambda-\lambda_1)(\lambda-\lambda_2)q(\lambda)$．如此继续下去，就得到(4.6)式所表述的因式分解．于是，从代数基本定理出发，就可以知道：n 次复系数多项式有 n 个复根；或者，复数域上的既约多项式的次数为 1.

现在让我们来讨论实系数多项式的"复根成双"定理，即：设 $f(\lambda)$ 是一个实数系数多项式，$\lambda_1=a+\mathrm{i}b$ 是它的一个复数根，则 λ_1 的共轭复数 $\lambda_1^*=a-\mathrm{i}b$ 也是它的一个根．证明如下：已有 $f(\lambda_1)=0$，则

$$\begin{aligned}f(\lambda_1^*)&=a_0(\lambda_1^*)^5+a_1(\lambda_1^*)^4+a_2(\lambda_1^*)^3+a_3(\lambda_1^*)^2+a_4(\lambda_1^*)+a_5\\&=a_0(\lambda_1^5)^*+a_1(\lambda_1^4)^*+a_2(\lambda_1^3)^*+a_3(\lambda_1^2)^*+a_4(\lambda_1)^*+a_5\\&=[f(\lambda_1)]^*=0,\end{aligned}$$

这样的两个对应于共轭复数根的既约多项式相乘就得到一个二次实数系数的多项式

$$\begin{aligned}(\lambda-\lambda_1)(\lambda-\lambda_1^*)&=(\lambda-(a+\mathrm{i}b))(\lambda-(a-\mathrm{i}b))\\&=\lambda^2+a^2+b^2-2\lambda a,\end{aligned}$$

因此，实系数多项式的在实数域上的既约多项式的次数最多是两次．而且奇数次的实系数方程一定有实数根．

设矩阵 $\boldsymbol{\Gamma}$ 有一个复数本征值 $a+\mathrm{i}b$ 及相应的复数本征矢

$$\xi+\mathrm{i}\eta=\begin{bmatrix}\xi_1+\mathrm{i}\eta_1\\ \xi_2+\mathrm{i}\eta_2\\ \xi_3+\mathrm{i}\eta_3\\ \xi_4+\mathrm{i}\eta_4\\ \xi_5+\mathrm{i}\eta_5\end{bmatrix}$$，即 $\boldsymbol{\Gamma}(\xi+\mathrm{i}\eta)=(\xi+\mathrm{i}\eta)(a+\mathrm{i}b)$. 由于本书讨论的对称操作保持着矢量的长度或任意两点的间距不变，故本征值的模应该等于 1，$a+\mathrm{i}b=\exp\left(\frac{p_1}{m_1}2\pi\mathrm{i}\right)$对应于旋转$\frac{p_1}{m_1}2\pi$ 角，这里 p_1 是满足条件 $0<p_1<m_1$ 的而且与 m_1 互为质数的整数. 把实部和虚部分开有

$$\boldsymbol{\Gamma}\xi = a\xi - b\eta \quad 和 \quad \boldsymbol{\Gamma}\eta = b\xi + a\eta,$$

写成矩阵乘法的形式

$$\boldsymbol{\Gamma}\begin{bmatrix}\xi_1 & \eta_1 & 0 & 0 & 0\\ \xi_2 & \eta_2 & 0 & 0 & 0\\ \xi_3 & \eta_3 & 0 & 0 & 0\\ \xi_4 & \eta_4 & 0 & 0 & 0\\ \xi_5 & \eta_5 & 0 & 0 & 0\end{bmatrix}=\begin{bmatrix}\xi_1 & \eta_1 & 0 & 0 & 0\\ \xi_2 & \eta_2 & 0 & 0 & 0\\ \xi_3 & \eta_3 & 0 & 0 & 0\\ \xi_4 & \eta_4 & 0 & 0 & 0\\ \xi_5 & \eta_5 & 0 & 0 & 0\end{bmatrix}\begin{bmatrix}a & b & 0 & 0 & 0\\ -b & a & 0 & 0 & 0\\ 0 & 0 & 0 & 0 & 0\\ 0 & 0 & 0 & 0 & 0\\ 0 & 0 & 0 & 0 & 0\end{bmatrix}. \tag{4.7}$$

设矩阵 $\boldsymbol{\Gamma}$ 另外还有一个本征值 $c+\mathrm{i}d=\exp\left(\frac{p_2}{m_2}2\pi\mathrm{i}\right)$及本征矢 $\rho+\mathrm{i}\zeta$，则有

$$\boldsymbol{\Gamma}\begin{bmatrix}0 & 0 & \rho_1 & \zeta_1 & 0\\ 0 & 0 & \rho_2 & \zeta_2 & 0\\ 0 & 0 & \rho_3 & \zeta_3 & 0\\ 0 & 0 & \rho_4 & \zeta_4 & 0\\ 0 & 0 & \rho_5 & \zeta_5 & 0\end{bmatrix}=\begin{bmatrix}0 & 0 & \rho_1 & \zeta_1 & 0\\ 0 & 0 & \rho_2 & \zeta_2 & 0\\ 0 & 0 & \rho_3 & \zeta_3 & 0\\ 0 & 0 & \rho_4 & \zeta_4 & 0\\ 0 & 0 & \rho_5 & \zeta_5 & 0\end{bmatrix}\begin{bmatrix}0 & 0 & 0 & 0 & 0\\ 0 & 0 & 0 & 0 & 0\\ 0 & 0 & c & d & 0\\ 0 & 0 & -d & c & 0\\ 0 & 0 & 0 & 0 & 0\end{bmatrix}. \tag{4.8}$$

在本例中，矩阵是五阶的，因而多项式是五次的. 由于复根必须成

双，剩下的一个本征值必为实数 f，相应的本征矢为 $\varphi=\begin{bmatrix}\varphi_1\\ \varphi_2\\ \varphi_3\\ \varphi_4\\ \varphi_5\end{bmatrix}$

$$\boldsymbol{\Gamma}\begin{bmatrix}0&0&0&0&\varphi_1\\0&0&0&0&\varphi_2\\0&0&0&0&\varphi_3\\0&0&0&0&\varphi_4\\0&0&0&0&\varphi_5\end{bmatrix}=\begin{bmatrix}0&0&0&0&\varphi_1\\0&0&0&0&\varphi_2\\0&0&0&0&\varphi_3\\0&0&0&0&\varphi_4\\0&0&0&0&\varphi_5\end{bmatrix}\begin{bmatrix}0&0&0&0&0\\0&0&0&0&0\\0&0&0&0&0\\0&0&0&0&0\\0&0&0&0&f\end{bmatrix}. \tag{4.9}$$

把式(4.7)，(4.8)和式(4.9)合并可得

$$\boldsymbol{\Gamma Q}^{-1}=\boldsymbol{Q}^{-1}\boldsymbol{\Gamma}'$$

或

$$\boldsymbol{\Gamma}'=\boldsymbol{Q\Gamma Q}^{-1}. \tag{4.10}$$

式中 $\boldsymbol{\Gamma}$ 即是式(4.2)给出的某个可约的对称操作的矩阵，$\boldsymbol{Q}$ 是为了约化它而采用的坐标变换矩阵，其逆矩阵 $\boldsymbol{Q}^{-1}$ 由作为列矩阵的本征矢构成

$$\boldsymbol{Q}^{-1}=[\xi\quad\eta\quad\rho\quad\zeta\quad\varphi]=\begin{bmatrix}\xi_1&\eta_1&\rho_1&\zeta_1&\varphi_1\\\xi_2&\eta_2&\rho_2&\zeta_2&\varphi_2\\\xi_3&\eta_3&\rho_3&\zeta_3&\varphi_3\\\xi_4&\eta_4&\rho_4&\zeta_4&\varphi_4\\\xi_5&\eta_5&\rho_5&\zeta_5&\varphi_5\end{bmatrix}. \tag{4.11}$$

$\boldsymbol{\Gamma}'$是约化之后的在实数域不可约的对称操作矩阵，由本征值构成

$$\boldsymbol{\Gamma}'=\begin{bmatrix}a&b&0&0&0\\-b&a&0&0&0\\0&0&c&d&0\\0&0&-d&c&0\\0&0&0&0&f\end{bmatrix}. \tag{4.12}$$

在§2.1中已经讨论过，对比式(2.1)与式(2.5)可知，正点阵基矢之间的变换矩阵($\boldsymbol{W}$)与正空间某一点的坐标的变换矩阵$\boldsymbol{Q}=\mathbf{T}^{\mathrm{T}}=(\boldsymbol{W}^{-1})^{\mathrm{T}}$互为转置逆矩阵的关系. 设对应于对称操作矩阵$\boldsymbol{\Gamma}$的基矢是$\boldsymbol{e}_j=(\boldsymbol{e}_1, \boldsymbol{e}_2, \boldsymbol{e}_3, \boldsymbol{e}_4, \boldsymbol{e}_5)$，对应于约化后的对称操作矩阵$\boldsymbol{\Gamma}'$的基矢是$\boldsymbol{E}_j=(\boldsymbol{E}_1, \boldsymbol{E}_2, \boldsymbol{E}_3, \boldsymbol{E}_4, \boldsymbol{E}_5)$，则由式(4.11)可知两者的变换关系是

$$\begin{bmatrix}\boldsymbol{E}_1\\ \boldsymbol{E}_2\\ \boldsymbol{E}_3\\ \boldsymbol{E}_4\\ \boldsymbol{E}_5\end{bmatrix}=\begin{bmatrix}\xi_1 & \xi_2 & \xi_3 & \xi_4 & \xi_5\\ \eta_1 & \eta_2 & \eta_3 & \eta_4 & \eta_5\\ \rho_1 & \rho_2 & \rho_3 & \rho_4 & \rho_5\\ \zeta_1 & \zeta_2 & \zeta_3 & \zeta_4 & \zeta_5\\ \varphi_1 & \varphi_2 & \varphi_3 & \varphi_4 & \varphi_5\end{bmatrix}\begin{bmatrix}e_1\\ e_2\\ e_3\\ e_4\\ e_5\end{bmatrix}. \tag{4.13}$$

式(4.13)表明，新的坐标系的基矢$\boldsymbol{E}_1, \boldsymbol{E}_2, \boldsymbol{E}_3, \boldsymbol{E}_4, \boldsymbol{E}_5$，分别是本征矢$\xi, \eta, \rho, \zeta, \varphi$. 式(4.12)是在以$\boldsymbol{E}_j=(\boldsymbol{E}_1, \boldsymbol{E}_2, \boldsymbol{E}_3, \boldsymbol{E}_4, \boldsymbol{E}_5)$为基矢的坐标系中的对称操作矩阵，它是分块对角化的. 相应地，这个五维空间被分成了分别由(1)E_1和E_2，(2)E_3和E_4，(3)E_5张着的3个子空间. 这个对称操作也分解成了在(1)$\boldsymbol{E}_1$和$\boldsymbol{E}_2$，(2)$\boldsymbol{E}_3$和$\boldsymbol{E}_4$，(3)$\boldsymbol{E}_5$这3个子空间内的3个子对称操作. 在(1)$\boldsymbol{E}_1$和$\boldsymbol{E}_2$子空间内是旋转$\dfrac{p_1}{m_1}2\pi$角，在(2)$\boldsymbol{E}_3$和$\boldsymbol{E}_4$子空间内是旋转$\dfrac{p_2}{m_2}2\pi$角，在(3)$\boldsymbol{E}_5$子空间内是恒等操作(当$f=1$时)或镜面反映操作(当$f=-1$时).

可见对称操作矩阵的约化与求解该矩阵的本征值和本征矢密切相关：(1)约化之后的新的坐标系的基矢就是本征矢，见式(4.13). (2)约化后的对称操作矩阵就是本征值构成的矩阵Γ'，见式(4.12).

§4.2　$n(n=4,5,6)$维空间的点对称操作

设五维空间某个晶体点阵的基矢是$\boldsymbol{e}_j=(\boldsymbol{e}_1, \boldsymbol{e}_2, \boldsymbol{e}_3, \boldsymbol{e}_4,$

$\boldsymbol{e}_5$)，某个点对称操作 g 的矩阵 $\boldsymbol{\Gamma}(g)$ 把这组基矢变换成另一组矢量 $\boldsymbol{e}_j{}' = (\boldsymbol{e}_1{}', \boldsymbol{e}_2{}', \boldsymbol{e}_3{}', \boldsymbol{e}_4{}', \boldsymbol{e}_5{}')$

$$(\boldsymbol{e}_j{}')^{\mathrm{T}} = \boldsymbol{\Gamma}(g)\boldsymbol{e}_j{}^{\mathrm{T}}. \tag{4.14}$$

点对称操作 g 的阶数为 N，它是个有限的数：$[\boldsymbol{\Gamma}(g)]^N = \boldsymbol{I}$，即经过 N 次操作之后就还原了. g 是个点对称操作，应该保持这个五维晶体点阵不变，即 $\boldsymbol{e}_j{}'$ 应该是 $\boldsymbol{e}_j$ 的整系数线性组合，故矩阵 $\boldsymbol{\Gamma}(g)$ 应该是整数系数的矩阵. 如§4.1所述，在复数域上，矩阵 $\boldsymbol{\Gamma}(g)$ 可以对角化，其本征值 λ 的模为 1：$\lambda = \exp(\mathrm{i}\phi)$. 在实数域上，由于复数根是成对地出现的，矩阵 $\boldsymbol{\Gamma}(g)$ 可以分块对角化成维数为 2 或 1 的块.

现在我们来探讨有理数域上的约化. 把式(4.5)表示的五次整系数多项式 $f(\lambda)$ 分解成有理系数的既约多项式 $f_\mu(\lambda)$ 的乘积

$$f(\lambda) = \prod_\mu f_\mu(\lambda), \tag{4.15}$$

$f_\mu(\lambda)$ 的次数为 n_μ，有 n_μ 个复数根. 若 $\lambda = \exp\left(\frac{p}{m_\mu}2\pi\mathrm{i}\right)$ 是 $f_\mu(\lambda)$ 的一个根，则一切在 0 与 m_μ 之间的而且与 m_μ 互质的整数 p' 构成的 $\lambda' = \exp\left(\frac{p'}{m_\mu}2\pi\mathrm{i}\right)$ 都是 $f_\mu(\lambda)$ 的根. p' 的个数 n_μ 就是多项式 $f_\mu(\lambda)$ 的次数，称为 m_μ 的 Euler 函数：$E(m_\mu) = n_\mu$. 对应于式(4.15)的分解，n 维空间 V 也被分解成了若干个 n_μ 维的子空间 V_μ：$n = \sum n_\mu, V = \sum V_\mu$. 这里 n_μ 维空间 V_μ 的基矢是 n 维晶体点阵空间的基矢的有理系数线性组合，因而仍然是周期结构.

表 4.3 列举了旋转轴次 m_μ 不太高的多项式 $f_\mu(\lambda)$ 的根(本征值) $\lambda' = \exp\left(\frac{p'}{m_\mu}2\pi\mathrm{i}\right)$ 中的 p' 的值，以及多项式 $f_\mu(\lambda)$ 的次数 n_μ. 对应于 $m_\mu = 1$ 的本征值是 $\exp(2\pi\mathrm{i}) = 1$，这是恒等操作(全同操作)，相应的是 $n_\mu = 1$ 的一维空间. 对应于 $m_\mu = 2$ 的本征值是 $\lambda' = \exp\left(\frac{1}{2}2\pi\mathrm{i}\right) = -1$，这是个镜面反映操作，相应的是 $n_\mu = 1$ 的一维空间. 对应于 $m_\mu = 3$ 有两个 p'($p' = 1$ 和 $p'' = 2$)，相应的两个本征值是 $\lambda' = \exp\left(\frac{1}{3}2\pi\mathrm{i}\right)$ 和 $\lambda'' = \exp\left(\frac{2}{3}2\pi\mathrm{i}\right)$，这是个 $n_\mu = 2$ 的

二维空间内的三次旋转操作．对应于 $m_\mu=4$ 有两个 $p'(p'=1$ 和 $p''=3)$，相应的两个本征值是 $\lambda'=\exp\left(\frac{1}{4}2\pi i\right)$ 和 $\lambda''=\exp\left(\frac{3}{4}2\pi i\right)$，这是个 $n_\mu=2$ 的二维空间内的四次旋转操作．对应于 $m_\mu=5$ 有四个 $p'(p'=1,2,3,4)$，即 4 个本征值与本征矢．而且这 4 个本征矢的系数是有理数，它们张着一个四维($n_\mu=4$)晶体点阵．根据复根成双定理，每两个互相复共轭的本征值组合在一起，对应于一个二维空间．即：本征值 $\lambda'=\exp\left(\frac{1}{5}2\pi i\right)$ 和 $\lambda''''=\exp\left(\frac{4}{5}2\pi i\right)$ 组合，相应的两个本征矢是实系数的，它们张着的二维空间内的对称操作是旋转角为 $\frac{2\pi}{5}$ 的五次旋转操作．本征值 $\lambda''=\exp\left(\frac{2}{5}2\pi i\right)$ 和 $\lambda'''=\exp\left(\frac{3}{5}2\pi i\right)$ 组合，相应的两个本征矢是实系数的，它们张着的二维空间内的对称操作是旋转角为 $\frac{4\pi}{5}$ 的五次旋转操作．

表 4.3　多项式 $f_\mu(\lambda)$ 的本征值 $\lambda'=\exp\left(\frac{p'}{m_\mu}2\pi i\right)$ 中的 m_μ 和 p' 的值，以及多项式 $f_\mu(\lambda)$ 的次数 n_μ

m_μ	p'	n_μ	m_μ	p'	n_μ
1	1	1	11	1,2,3,4,5,6,7,8,9,10	10
2	1	1	12	1,5,7,11	4
3	1,2	2	13	1,2,3,4,5,6,7,8,9,10,11,12	12
4	1,3	2	14	1,3,5,9,11,13	6
5	1,2,3,4	4	15	1,2,4,7,8,11,13,14	8
6	1,5	2	16	1,3,5,7,9,11,13,15	8
7	1,2,3,4,5,6	6	18	1,5,7,11,13,17	6
8	1,3,5,7	4	20	1,3,7,9,11,13,17,19	8
9	1,2,4,5,7,8	6	21	1,2,4,5,8,10,11,13,16,17,19,20	12
10	1,3,7,9	4	22	1,3,5,7,9,13,15,17,19,21	10

表4.3中列出的 m_u 的 Euler 函数值 $n_\mu = E(m_\mu)$可以用下列公式计算(Rabson, et al., 1991):

$$n_\mu = E(m_\mu) = m_\mu \frac{(p'-1)(p''-1)\cdots}{p'p''\cdots}, \qquad (4.16)$$

式中 $p', p'', \cdots$,是 m_μ 的各不相同的素数.

现在以五维空间的一个八次旋转对称操作为例说明如下. 具有八次旋转对称的五维空间晶体的基矢($\boldsymbol{e}_1, \boldsymbol{e}_2, \boldsymbol{e}_3, \boldsymbol{e}_4, \boldsymbol{e}_5$)都是互相垂直的,其中 $\boldsymbol{e}_5$ 平行于这支八次轴. 八次旋转操作把 $\boldsymbol{e}_5$ 变成 $\boldsymbol{e}_1$,并依次把基矢 $\boldsymbol{e}_1$ 变成 $\boldsymbol{e}_2$,把 $\boldsymbol{e}_2$ 变成 $\boldsymbol{e}_3$,把 $\boldsymbol{e}_3$ 变成 $\boldsymbol{e}_4$,把 $\boldsymbol{e}_4$ 变成 $-\boldsymbol{e}_1$,等等. 因此,这个对称操作的作用在坐标上的矩阵是

$$\boldsymbol{\Gamma}(C_8) = \begin{bmatrix} 0 & 0 & 0 & -1 & 0 \\ 1 & 0 & 0 & 0 & 0 \\ 0 & 1 & 0 & 0 & 0 \\ 0 & 0 & 1 & 0 & 0 \\ 0 & 0 & 0 & 0 & 1 \end{bmatrix}. \qquad (4.17)$$

它对应的五次多项式及其因式分解如下:

$$f(\lambda) = \begin{vmatrix} -\lambda & 0 & 0 & -1 & 0 \\ 1 & -\lambda & 0 & 0 & 0 \\ 0 & 1 & -\lambda & 0 & 0 \\ 0 & 0 & 1 & -\lambda & 0 \\ 0 & 0 & 0 & 0 & 1-\lambda \end{vmatrix}$$

$$= -(\lambda^4 + 1)(\lambda - 1) \qquad (4.18a)$$

$$= -(\lambda^2 - \sqrt{2}\lambda + 1)(\lambda^2 + \sqrt{2}\lambda + 1)(\lambda - 1) \qquad (4.18b)$$

$$= -(\lambda - \lambda_1)(\lambda - \lambda_2)(\lambda - \lambda_3)(\lambda - \lambda_4)(\lambda - 1). \qquad (4.18c)$$

式(4.18c)已将多项式 $f(\lambda)$在复数域上分解成了既约多项式,有一个实数(在这个例子里是整数1)根和四个复数根 $\lambda_1 = \exp(\pi i/4)$, $\lambda_2 = \exp(-\pi i/4)$, $\lambda_3 = \exp(3\pi i/4)$和 $\lambda_4 = \exp(-3\pi i/4)$,其中,$\lambda_1$ 和 λ_2 是互相复共轭的一对复根,相应的两个本征矢是 $\zeta + i\eta$和 $\zeta - i\eta$,其中 ζ 和 η 都是实系数的,它们张着的二维空间 V_{11}内的对称操作是旋转角为 $\pi/4$ 的八次旋转操作,对应于式

(4.18b)中的第一个因子$(\lambda^2-\sqrt{2}\lambda+1)$. 类似地,$\lambda_3$ 和 λ_4 也是互相复共轭的一对复根,两个实系数的本征矢张着的二维空间 V_{12}内的对称操作是旋转角为 $3\pi/4$ 的八次旋转操作,对应于式(4.18b)中的第二个因子$(\lambda^2+\sqrt{2}\lambda+1)$. 总之,式(4.18b)给出的是将多项式 $f(\lambda)$在实数域上分解成既约多项式的情况. 因式分解(4.18a) 是有理系数域上的既约多项式分解,对应于式(4.15). 式(4.18a)表示,在五维空间的晶体学点对称操作 C_8 所对应的多项式 $f(\lambda)$分解成了两个有理数域上的既约多项式,其中一个是(λ^4+1),对应于一个八次旋转操作的四维空间 V_1,它是两个二维子空间 V_{11}与 V_{12}的直和:$V_1=V_{11}\oplus V_{12}$. 另一个是$(\lambda-1)$,对应于一个恒等操作的一维空间 V_2.

由以上的讨论可知,描述高维空间中的点对称操作最重要的参数是旋转的轴次 m_μ,故以下我们用若干个 m_μ 构成的数组来表示高维晶体空间中的点对称操作 $\boldsymbol{R}$. 例如,式(4.17)就代表五维空间的一个名为 18 的点对称操作.

现在讨论四维空间的点对称操作,列在表 4.4 中. 四维空间的点对称操作可以由表 4.3 推导出,只需要从表 4.3 中选出 $n_\mu\leqslant 4$ 的操作,即:1,2(以上 $n_\mu=1$);3,4,6(以上 $n_\mu=2$);5,8,$A(10)$和 $C(12)$(以上 $n_\mu=4$). 把以上九种操作组合成维数为 $n=\sum n_\mu=4$ 的点对称操作,就得到表 4.4 列举的四维空间的全部点对称操作. 其中每个操作的阶 N 等于构成这个操作的几个子操作的阶 m_μ 的最小公倍数. 例如,操作 64 是由一个二维空间内的 6 次旋转(阶数为 6)和另一个二维空间内的 4 次旋转(阶数为 4)组成的,因而其阶为 12. 需要特别说明的是:对称操作 $R=2111$ 中的 2 表示的并不是 2 次旋转,而是使第一个坐标反号的镜面反映. $R=2211$ 表示的是两个坐标反号,因而是一个 2 次旋转. $R=321$ 表示的操作包含有一个二维平面内的 3 次旋转,第三个坐标反号,因而是个 3 次旋转反映操作 S_3,等于 5 次施以 6 次旋转倒反操作$\bar{6}$:$S_3=(\bar{6})^5$. $R=621$ 则是 6 次旋转反映操作 S_6,等于 5

次施以 3 次旋转倒反操作$\overline{3}$：$S_6=(\overline{3})^5$. 关于旋转反映与旋转倒反操作的这种关系的详细讨论，可参阅有关晶体学的教科书.

表 4.4　四维空间的点对称操作

$R=\{m_\mu\}$	阶	说　明
1111	1	全同操作 1
2111	2	镜面反映 m
2211	2	2 次旋转 2
2221	2	三维倒反$\overline{1}$
2222	2	
311	3	3 次旋转 3
321	6	3 次旋转反映 $S_3=(\overline{6})^5$
322	6	
411	4	4 次旋转 4
421	4	4 次旋转反映 $S_4=(\overline{4})^3$
422	4	
611	6	6 次旋转 6
621	6	6 次旋转反映 $S_6=(\overline{3})^5$
622	6	
33	3	
43	12	
44	4	
63	6	
64	12	
66	6	
5	5	5 次旋转 5
8	8	8 次旋转 8
A	10	10 次旋转 A
C	12	12 次旋转 C

五维空间的点对称操作也可类似地推导. 由于复根成双，五

次多项式至少有一个实数根. 又,点对称操作的根的模(绝对值)必须是1,即此根为1或-1. 剩下的就是已列入表4.4中的24个对称操作了. 因此,五维空间的点对称操作就是在表4.4中列举的点对称操作上分别添上1或-1而得到的. 扣除重复的,最后得到下列38个点对称操作:

[1] 共6个:11111,21111,22111,22211,22221,22222.

[2] 共4×3=12个:3111,3211,3221,3222;4111,4211,4221,4222;6111,6211,6221,6222.

[3] 共2×6=12个:331,332;431,432;441,442;631,632;641,642;661,662.

[4] 共2×4=8个:51,52;81,82;$A1$,$A2$;$C1$,$C2$. (4.19)

为了推导出六维空间的点对称操作,需要考虑从表4.3中选出$n_\mu \leqslant 6$的操作,即:1,2(以上$n_\mu=1$);3,4,6(以上$n_\mu=2$);5,8,$A(10)$和$C(12)$(以上$n_\mu=4$);7,9,$E(14)$,$I(18)$(以上$n_\mu=6$). 由这13个基本的操作可以组合出78个六维空间的点对称操作,它们是:

[1] 共7个:111111,211111,221111,222111,222211,222221,222222.

[2] 共5×3=15个:31111,32111,32211,32221,32222;41111,42111,42211,42221,42222;61111,62111,62211,62221,62222.

[3] 共6×3=18个:3311,3321,3322;4311,4321,4322;4411,4421,4422;6311,6321,6322;6411,6421,6422;6611,6621,6622.

[4] 共10个:333,433,443,444;633,643,644;663,664,666.

[5] 共3×4=12个:511,521,522;811,821,822;$A11$,$A21$,$A22$;$C11$,$C21$,$C22$.

[6] 共3×4=12个:53,54,56;83,84,86;$A3$,$A4$,$A6$;$C3$,$C4$,$C6$.

[7] 共4个:7,9,$E(14)$,$I(18)$. (4.20)

§4.3 准晶的点对称操作

在§4.2中已推导出,$n=4,5,6$ 维空间中可能的点对称操作.这一节我们将探讨哪些点对称操作是准晶的,或者可以是准晶的.讨论的关键在于,一方面从对称操作矩阵约化的观点,n 维空间 V 首先分解成有理数不可约的(因而是晶体点阵的)若干个子空间:$V=V_1+V_2+...$,然后每个有理数不可约的子空间 V_μ 又可以分解成若干个实数不可约的维数为1或2的子空间 $V_\mu = V_{\mu p1} \oplus V_{\mu p2} \oplus \cdots$.

维数为1时,得到点对称操作1或2,维数为2时,得到旋转角为 $\pm \frac{p_j}{m_\mu} 2\pi$ 的一个在二维空间的点对称操作.另外一方面,n 维空间又可以分解为 d 维($d=1,2,3$)物理空间(或称为平行空间)V_E 和($n-d$)维的补空间(或称为垂直空间)V_I. n 维空间的晶体被 d 维($d=1,2,3$)物理空间切割而得到准晶.现在让我们分成若干种情况讨论如下:

(1) 混合操作:某一个二维的实数域不可约子空间 $V_{\mu p}$ 分属于 V_E 和 V_I,则 V_E 内的点被操作 R 变换到 V_I 中.此时 V_E 不是操作 $\boldsymbol{R}$ 的不变空间,或者说 R 不是 V_E 内的对称操作.例:$n=4$,$d=3$,$R=\{8\}$.

(2) 不混合操作:V_E 和 V_I 分别包含若干个完整的 $V_{\mu p}$,R 操作把 V_E 和 V_I 空间内的坐标分别变换到 V_E 和 V_I 空间内.这就是说,R 是个对称操作.但是 R 是否可以作为准晶的点对称操作,还应分别几种情况讨论如下:

(i) 某 V_μ 中一个实数二维不变子空间 $V_{\mu p}$ 属于 V_E,其余($n_\mu-2$)维子空间属于 V_I.例:$n=4$,$d=2$,$R=\{8\}$.让对称操作 $R=\{8\}$ 中的对应于旋转 $\pm\pi/4$ 角的二维子空间属于 V_E,其对应于旋转 $\pm 3\pi/4$ 角的二维子空间属于 V_I.由于在实数域上的本征值和本征矢不可能都是有理数，必含有无理数，则由本征矢构成的用于约化的基矢也含有无理数. 因此，V_E 内是准周期函数.

(ii) 整个 V_μ 空间都属于 V_I. 注意：V_μ 空间是有理数不可约的子空间，因而在 V_μ 空间内仍有周期性. 又分为如下两种情况：

(a) V_I 内的全部 V_μ 对应的 m_μ 在 V_E 中都不出现. 例：$n=4, d=2, \{m_\mu\}=\{43\}$. 这种情况下 V_E 空间具有周期性.

(b) V_I 内的某个 V_μ 对应的 m_μ 在 V_E 中出现. 例：$n=4, d=2, \{m_\mu\}=\{44\}$. 这种情况下，$V_E$ 空间可以具有周期性，因为与对称操作{4}对应的二维空间的基矢可以是有理系数的. 但是我们也可以在 $\{m_\mu\}=\{44\}$ 所对应的四维空间内人工地作一个包含有无理数的坐标变换，这样的变换一方面保持操作仍然是{44}，另一方面则使得空间内的基矢的系数变为无理数的，从而得到一个准周期的结构.

总之，以上讨论的(i)和(ii)(b)两种情况下可以构造出准晶. 在 $n=4,5,6$ 的情况下 $d=3$ 的物理空间中可能作为准晶的点对称操作列举在表 4.5 中. 现在举如下几个例子：

(1) 物理空间的 6 次旋转操作，对一维准晶而言，它是个在二维晶体学平面上的操作. 物理空间的第三维与补空间(它是一维的)的操作相同，都是全同操作 1. 这正好是(ii)(b)的情况：V_I 内的某个 V_μ(在这里是个一维空间)对应的 m_μ(在这里是 1)在 V_E 中出现，可以构造出个一维的准周期结构. 同是物理空间的 6 次旋转操作，对二维准晶而言，它与补空间中的 6 次旋转操作组合，也是(ii)(b)的情况：V_I 内的某个 V_μ(在这里是个二维空间)对应的 m_μ(在这里是 6)在 V_E 中出现，可以构造出准周期结构. 物理空间的第三维则是周期性的.

(2) $m_\mu=5,8,10,12$ 是 $n_\mu=4$ 的四维空间 V_μ 中的 5 次，8 次，10 次，12 次旋转的晶体学对称操作. 对于二维或三维准晶，V_μ 可以分解成两个二维的无理数空间，一个属于 V_E，另一个属于 V_I. 它们是点对称操作，这正好是(i)的情况. 但是对于一维准晶，这些都是混合操作，属于情况(1)．这是因为一维准晶的补空间只有一维．

注意：点操作{32}是旋转反映操作 S_3，它对应于$\bar{6}$．点操作{62} = S_6，对应于$\bar{3}$．点操作{52} = S_5，对应于$\overline{10} = \bar{A}$．点操作{A2} = S_{10}，对应于$\bar{5}$．

§4.4　一维准晶的点群和空间群

从表 4.5 可知，一维准晶可能的点对称操作可以分成两类．一类是普通的二维晶体学点群具有的 6 个，即：1，2，3，4，6，m．由它们可以组合成 10 个平面点群，见表 4.6 中的第一栏．第二类是三维的点对称操作共六个，即：$\bar{1}$，m_h，2_h，$\bar{3}$，$\bar{4}$，$\bar{6}$．10 个平面点群与它们组合就可得到全部一维准晶点群．在组合时只需考虑其中$\bar{1}$，m_h，2_h，4 4 个，列在表 4.6 的第一行．这是因为$\bar{3}$和$\bar{6}$本身就是组合的结果：$\bar{3} = 3 \otimes \bar{1}$，$\bar{6} = 3 \otimes m_h$．表 4.6 中的第一栏列出的 10 个平面点群与第一行列出的 4 个三维空间的对称元素组合的结果，去除重复的，就得到 31 个一维准晶的点群．在表 4.6 中，重复的点群用方括号【】括起来．表的最后一行给出该栏的点群的个数，总共是 31 个．一维准晶的这 31 个点群也可以通过下述考虑而得到：表 4.5 所列出的一维准晶的点对称操作都在晶体学点对称操作的范围之内，因而由它们构成的点群也应该在 32 个晶体学点群的范围之内．32 个晶体学点群中的 5 个立方点群(23，$m\bar{3}$，432，$\bar{4}3m$，$m\bar{3}m$)都包含有斜交的轴，不可能是一维准晶的点群．考虑到 2 与 2_h，m 与 m_h，$2/m_h$ 与 $2_h/m$，$2mm$ 与 $2_h m m_h$ 对于一维准晶是不同的点群，我们正好得到 31 个点群．

这 31 个点群列在表 4.7 的第三栏，它们可以归类成 6 个晶系，10 个 Laue 类，见表 4.7 的第一和第二栏．在第六章讨论主准晶的线弹性理论时会知道，属于同一个 Laue 类的准晶的弹性行为是一样的．

表 4.5　在 $n=4,5,6$ 的情况下 $d=3$ 的物理空间中可能的点对称操作 $\{m_\mu\}$，它们在物理空间的分量 K_E，在补空间的分量 K_I，以及它们的阶．K_E 与 K_I 都采用国际晶体学表中习惯的 Hermann-Mauguin 符号．点对称操作 $\{m_\mu\}$ 中前三维的操作属于物理空间，后一维（$n=4$，一维准晶），后两维（$n=5$，二维准晶），或后三维（$n=6$，三维准晶）则属于补空间

$n=4$，一维准晶				$n=5$，二维准晶				$n=6$，三维准晶			
$\{m_\mu\}$	K_E	K_I	阶	$\{m_\mu\}$	K_E	K_I	阶	$\{m_\mu\}$	K_E	K_I	阶
1111	1	1	1	11111	1	1	1	111111	1	1	1
2111	m	1	2	11211	m_h	1	2				
1122	m_h	m	2	21121	m	m	2	211211	m	m	2
2211	2	1	2	12212	2_h	m	2				
1222	2_h	m	2	22122	2	2	2	221221	2	2	2
2222	$\bar{1}$	m	2	22222	$\bar{1}$	2	2	222222	$\bar{1}$	$\bar{1}$	2
311	3	1	3	313	3	3	3	3131	3	3	3
322	$\bar{6}$	m	6	323	$\bar{6}$	3	6	3232	$\bar{6}$	$\bar{6}$	6
411	4	1	4	414	4	4	4	4141	4	4	4
422	$\bar{4}$	m	4	424	$\bar{4}$	4	4	4242	$\bar{4}$	$\bar{4}$	4
611	6	1	6	616	6	6	6	6161	6	6	6
622	$\bar{3}$	m	6	626	$\bar{3}$	6	6	6262	$\bar{3}$	$\bar{3}$	6
				15	5	5	5	151	5	5	5
				25	$\bar{A}$	5	10	252	$\bar{A}$	$\bar{A}$	10
				18	8	8	8	181	8	8	8
				28	$\bar{8}$	8	8	282	$\bar{8}$	$\bar{8}$	8
				$1A$	A	A	10	$1A1$	A	A	10
				$2A$	$\bar{5}$	A	10	$2A2$	$\bar{5}$	$\bar{5}$	10
				$1C$	C	C	12	$1C1$	C	C	12
				$2C$	$\bar{C}$	C	12	$2C2$	$\bar{C}$	$\bar{C}$	12

表 4.6 31 个一维准晶点群的推导

	$\bar{1}$	m_h	2_h	$\bar{4}$
1	$\bar{1}$	m_h	2_h	$\bar{4}$
2	$2/m$	【$2/m$】	222	【$\bar{4}$】
3	$\bar{3}$	$\bar{6}=3/m$	32	
4	$4/m$	【$4/m$】	422	【$4/m$】
6	$6/m$	【$6/m$】	622	
m	$2_h/m$	2_hmm_h	【$2_h/m$】 【2_hmm_h】	【$\bar{4}m2$】
$2mm$	mmm	【mmm】	【mmm】 $\bar{4}m2$	【$\bar{4}m2$】
$3m$	$\bar{3}2/m$	$\bar{6}m2$	【$\bar{3}2/m$】 【$\bar{6}m2$】	
$4mm$	$4/mmm$	【$4/mmm$】	【$4/mmm$】	【$4/mmm$】
$6mm$	$6/mmm$	【$6/mmm$】	【$6/mmm$】	
10	10	4	6	1

表 4.7 的第四栏列出了一维准晶的空间群．一维准晶在 x-y 平面内是有周期性的，在 z 方向上是准周期的．因而只可能有简单(P)或 C 心两种点阵，水平 2 次螺旋轴 2_1[100]和 2_1[010]，铅垂滑移面 a[010]和 b[100]，水平滑移面 a[001]，b[001]和 n[001]．不可能有任何包含 z 方向的平移的操作，如 n[100]或 n[010]．因此，从 230 个晶体学空间群出发，(1)去掉所有的立方空间群．(2)对于每一个单斜和正交的空间群，需要依次考虑各种放置．例如，对于第 53 号空间群 $Pmna$，还需要考虑其他的放置：$Pnmb$，$Pbmn$，$Pcnm$，$Pncm$ 和 $Pman$．这是因为它们对于一维准晶是不等价的．(3)去掉 A 心，B 心，体心，面心以及菱面体(R)点阵的空间群，去掉包含 z 方向的平移的空间群．按照这一准则，上述六个空间群就只剩下 $Pbmn$ 和 $Pman$ 两个，它们对于一维准晶是等价的．用这种方法推导出 80 个一维准晶的空间群，列在表 4.7 的第四栏．

表 4.7　一维准晶的晶系，Laue 类，点群，空间群

晶系	Laue 类 序号	Laue 类 名称	点　群	空　间　群
三斜	1	$\bar{1}$	$1, \bar{1}$	$P1, P\bar{1}$
单斜	2	$2/m_h$	$2, m_h, 2/m_h$	$P112, P11m, P11b, P11\ 2/m, P112/b$
	3	$2_h/m$	$2_h, m, 2_h/m$	$P121, P12_11, C121, P1m1, P1a1, C1m1, P12/m1, P12_1/m1, C12/m1, P12/a1, P12_1/a1$
正交	4	mmm_h	$2_h2_h2, mm2, 2_hmm_h, mmm_h$	$P222, P2_122, P2_12_12, C222, Pmm2, Pbm2, Pba2, Cmm2, P2mm, P2_1am, P2_1ma, P2aa, P2mb, P2_1ab, P2an, P2_1mn, C2mm, C2mb, Pmmm, Pmaa, Pban, Pbmm, Pmma, Pbmn, Pbaa, Pbam, Pmab, Pmmn, Cmmm, Cmma$
四方	5	$4/m_h$	$4, \bar{4}, 4/m_h$	$P4, P\bar{4}, P4/m, P4/n$
	6	$4/m_hmm$	$42_h2_h, 4mm, \bar{4}2_hm, 4/m_hmm$	$P422, P42_12, P4mm, P4bm, P\bar{4}2m, P\bar{4}2_1m', P\bar{4}m2, P\bar{4}b2, P4/mmm, P4/nbm, P4/mbm, P4/nmm$
三角	7	$\bar{3}$	$3, \bar{3}$	$P3, P\bar{3}$
	8	$\bar{3}m$	$32_h, 3m, \bar{3}m$	$P312, P321, P3m1, P31m, P\bar{3}1m, P\bar{3}m1$
六角	9	$6/m_h$	$6, \bar{6}, 6/m_h$	$P6, P\bar{6}, P6/m$
	10	$6/m_hmm$	$62_h2_h, 6mm, \bar{6}m2_h, 6/m_hmm$	$P622, P6mm, P\bar{6}m2, P\bar{6}2m, P6/mmm$

关于一维准晶的点群和空间群的推导，特别是运用群论的严格的推导请参阅王仁卉等(Wang, et al. 1997)，以及王仁卉和郭可信(1990).

§4.5 二维准晶的点群和空间群

从表 4.5 可知，二维准晶可能的点对称操作可以分成两类. 一类是晶体学允许的，与一维准晶的点对称操作形式上一样. 不同之处在于：一维准晶的 x-y 平面是周期性的，z 方向是准周期的. 二维准晶的 x-y 平面是准周期性的，z 方向是周期的. 这些对称元素组合的结果，得到 31 个二维准晶的点群。它们分别属于 6 个晶系，10 个 Laue 类，见表 4.8. 第二类是四维空间中的晶体学点对称操作 5,8,$A=10$ 和 $C=12$ 在物理空间中的分量. 它们是描述准周期性的 x-y 平面上的对称性的 5 次，8 次，10 次和 12 次旋转操作. 类似于在推导晶体学点群时采用的方法(Schoenlies 推导方法)，我们也可以把这些操作对应的 N 次轴(和 $\overline{N}$ 次轴)与水平镜面 m_h，水平二次轴 2_h，铅垂镜面 m_v 当中的一个，或两个(相当于 3 个)相组合，而推导出有关的点群，见表 4.9. 这样总共得到 26 个含有非晶体学点对称操作的二维点群.

表 4.8 晶体学允许的点对称操作构成的二维准晶的晶系，Laue 类和点群

晶系	Laue 类		点群
三斜	1	$\overline{1}$	$1, \overline{1}$
单斜	2	$2/m_h$	$2,\ m,\ 2/m$
	3	$2_h/m$	$2_h,\ m,\ 2_h/m$
正交	4	mmm_h	$2_h2_h2,\ mm2,\ 2_hmm_h,\ mmm_h$
四方	5	$4/m_h$	$4,\ \overline{4},\ 4/m$
	6	$4/m_hmm$	$42_h2_h,\ 4mm,\ \overline{4}2_hm,\ 4/m_hmm$
三角	7	$\overline{3}$	$3,\ \overline{3}$
	8	$\overline{3}m$	$32_h,\ 3m,\ \overline{3}m$
六角	9	$6/m_h$	$6,\ \overline{6},\ 6/m_h$
	10	$6/m_hmm$	$62_h2_h,\ 6mm,\ \overline{6}m2_h,\ 6/m_hmm$

表 4.9 用 Schoenflies 法推导 26 个含有非晶体学点对称操作 5,8,10 = A 和 12 = C 的二维准晶的点群

主对称轴	加水平镜面 m_h	加铅垂镜面 m_v	加水平二次轴 2_h	同时加上三者
5	$5/m=\overline{A}=\overline{10}$	$5m$	52	$\overline{A}m2=\overline{10}m2$
$\overline{5}$		$\overline{5}2/m$	$\overline{5}2/m$	
8	$8/m$	$8mm$	822	$8/mmm$
$\overline{8}$		$\overline{8}m2$	$\overline{8}m2$	
10(A)	$10/m=A/m$	$10mm=Amm$	$10,2,2=A22$	$10/mmm=A/mmm$
$\overline{A}=\overline{10}$		$\overline{10}m2=\overline{A}m2$	$\overline{10}m2=\overline{A}m2$	
12(C)	$12/m=C/m$	$12mm=Cmm$	$12,2,2=C22$	$12/mmm=C/mmm$
$\overline{C}=\overline{12}$		$\overline{12}m2=\overline{C}m2$	$\overline{12}m2=\overline{C}m2$	

这 26 个含有非晶体学点对称操作的二维点群还可进一步分成 4 个晶系,8 个 Laue 类,见表 4.10. Rabson 等(1991)系统地推导了二维准晶的空间群,其结果也列在表 4.10 中. 二维准晶的三维空间点阵可以由在准周期平面内的点阵(1)沿着主轴方向周期性地堆砌而得. 此时相邻两层之间的平移矢量 $\boldsymbol{c}$ 就是该二维准晶的周期. 这种情况相当于晶体中六角点阵. (2)当主轴的轴次 N 为素数的幂函数(例如 $N=5$)时,或者是 2 的幂函数(例如 $N=8$)时,交错地堆砌而得. 此时相邻两层之间的平移矢量是 $z\boldsymbol{c}+\boldsymbol{\tau}$,这里 τ 是在准周期平面内的某个矢量. 这种情况相当于晶体中主轴为三次轴的菱面体点阵,或者体心四方点阵. 在表 4.10 中,与这类点阵相应的空间群的首位是 S.

本节仅讨论了垂直空间的维数与物理空间的维数相同的非晶体学旋转对称操作,即 5 次、10 次、8 次、12 次共 4 种四维旋转操作. 这些操作有一个共同特点:在二维的物理空间是旋转 $\pm\frac{2\pi}{m}$角,在二维的垂直空间则是旋转 $\pm\frac{p\times 2\pi}{m}$角. $m=5,10,8,12$ 是旋转的轴次,$p=3$(当 $m=5,10,8$ 时)或 5(当 $m=12$ 时)是一个大于 1 且小于 m 的与 m 互质的整数. 从理论上考虑,还可以有六维空间中的 $m=7,9,14,18$ 的旋转对称操作. 它们在二维的物理空间中

表 4.10 含有非晶体学点对称操作 5,8,10 = A 和 12 = C 的二维准晶的晶系、Laue 类、点群和空间群

晶系	Laue 类序号	Laue 类名称	点 群	空 间 群
五角	11	$\bar{5}$	5	$P5$, $P5_j(j=1,2,3,4)$, $S5$
			$\bar{5}$	$P\bar{5}$, $S\bar{5}$
	12	$\bar{5}m$	$5m$	$P5m1$, $P5c1$, $P51m$, $P51c$, $S5m$, $S5c$
			52	$P512$, $P5_j12(j=1,2,3,4)$, $P521$, $P5_j21(j=1,2,3,4)$, $S52$
			$\bar{5}m$	$P\bar{5}\frac{2}{m}1$, $P\bar{5}\frac{2}{c}1$, $P\bar{5}1\frac{2}{m}$, $P\bar{5}1\frac{2}{c}$, $S\bar{5}\frac{2}{m}$, $S\bar{5}\frac{2}{c}$
八角	13	$8/m$	8	$P8$, $P8_j(j=1,\cdots,7)$, $S8$, $S8_j(j=1,2,3)$
			$\bar{8}$	$P\bar{8}$, $S\bar{8}$
			$8/m$	$P\frac{8}{m}$, $P\frac{8}{n}$, $P\frac{8_4}{m}$, $P\frac{8_4}{n}$, $S\frac{8}{m}$, $S\frac{8_4}{n}$
	14	$8/mmm$	$8mm$	$P8mm$, $P8bm$, $P8cc$, $P8nc$, $P8_4mc$, $P8_4bc$, $P8_4cm$, $P8_4nm$, $S8mm$, $S8mc$, $S8dm$, $S8dc$
			822	$P822$, $P82_12$, $P8_j22(j=1,\cdots,7)$, $P8_j2_12(j=1,\cdots,7)$, $S822$, $S8_j22(j=1,2,3)$
			$\bar{8}m2$	$P\bar{8}m2$, $P\bar{8}b2$, $P\bar{8}c2$, $P\bar{8}n2$, $P\bar{8}2m$, $P\bar{8}2_1m$, $P\bar{8}2c$, $P\bar{8}2_1c$, $S\bar{8}m2$, $S\bar{8}d2$,
			$8/mmm$	$P\frac{8}{m}\frac{2}{m}\frac{2}{m}$, $P\frac{8}{m}\frac{2_1}{b}\frac{2}{m}$, $P\frac{8}{m}\frac{2}{c}\frac{2}{c}$, $P\frac{8}{m}\frac{2_1}{n}\frac{2}{c}$, $P\frac{8}{n}\frac{2_1}{m}\frac{2}{m}$, $P\frac{8}{n}\frac{2}{b}\frac{2}{m}$, $P\frac{8}{n}\frac{2_1}{c}\frac{2}{c}$, $P\frac{8}{n}\frac{2}{n}\frac{2}{c}$, $P\frac{8_4}{m}\frac{2}{m}\frac{2}{c}$, $P\frac{8_4}{m}\frac{2_1}{b}\frac{2}{c}$, $P\frac{8_4}{m}\frac{2}{c}\frac{2}{m}$, $P\frac{8_4}{m}\frac{2_1}{n}\frac{2}{m}$, $P\frac{8_4}{n}\frac{2_1}{m}\frac{2}{c}$, $P\frac{8_4}{n}\frac{2}{b}\frac{2}{c}$, $P\frac{8_4}{n}\frac{2_1}{c}\frac{2}{m}$,

续表

晶系	Laue 类序号	Laue 类名称	点　群	空　间　群
十角	15	$A/m=10/m$	10	$P10$, $P10_j(j=1,2,\cdots,9)$
			$\overline{10}$	$P\,\overline{10}$
			$10/m$	$P\frac{10}{m}, P\frac{10_5}{m}$
	16	$A/mmm=$	$10mm$	$P10mm$, $P10cc$, $P10_5mc$, $P10_5cm$
		$10/mmm$	$A22$	$PA22$, $PA_j22(j=1,2,\cdots,9)$
			$\overline{10}m2$	$P\,\overline{10}m2$, $P\,\overline{10}c2$, $P\,\overline{10}2m$, $P\,\overline{10}2c$
			$10/mmm$	$P\frac{10}{m}\frac{2}{m}\frac{2}{m}$, $P\frac{10}{m}\frac{2}{c}\frac{2}{c}$, $P\frac{10_5}{m}\frac{2}{m}\frac{2}{c}$, $P\frac{10_5}{m}\frac{2}{c}\frac{2}{m}$
十二角	17	$C/m=12/m$	12	$P12$, $P12_j(j=1,2,\cdots,11)$
			$\overline{12}$	$P\,\overline{12}$
			$12/m$	$P\frac{12}{m}$, $P\frac{12_6}{m}$,
	18	$C/mmm=$	Cmm	$PCmm$, PC_6cm, $PCcc$
		$12/mmm$	$C22$	$PC22$, $PC_j22(j=1,2,\cdots,11)$
			$\overline{12}m2$	$P\,\overline{12}2m$, $P\,\overline{12}2c$
			$12/mmm$	$P\frac{12}{m}\frac{2}{m}\frac{2}{m}$, $P\frac{12_6}{m}\frac{2}{c}\frac{2}{m}$, $P\frac{12}{m}\frac{2}{c}\frac{2}{c}$

是旋转 $\pm\frac{2\pi}{m}$ 角，对应的四维的垂直空间则分成两个二维子空间，其中的操作分别是旋转 $\pm\frac{p'\times 2\pi}{m}$ 角和 $\pm\frac{p''\times 2\pi}{m}$ 角. 当 $m=7,9$ 时，$p'=2$，$p''=4$. 当 $m=14,18$ 时，$p'=5$，$p''=11$. 这样的准晶实验上还没有发现.

§4.6 三维准晶的点群与空间群

由表 4.5 可知，三维准晶的点对称操作与二维准晶的一样，只是在用这些操作组合成点群时允许它们斜交. 因此，多出了五个立方点群 23，$\frac{2}{m}\bar{3}$，432，$\bar{4}3m$，$\frac{4}{m}\bar{3}\frac{2}{m}$ 和两个二十面体点群 235，$\frac{2}{m}\bar{3}\ \bar{5}$. 总之，三维准晶点群共有 60 个，其中 32 个与晶体学点群一样，但是不具有周期性；另外 28 个含有非晶体学点对称操作，它们就是两个二十面体点群 235 和 $\frac{2}{m}\bar{3}\ \bar{5}$，再加上表 4.8 中所列举的 26 个. 但需注意，这 26 个主轴分别为 5 次，8 次，10 次，12 次的非晶体学对称的点群，当作为二维准晶的点群时，沿着这些主轴的方向是周期性的. 当作为三维准晶的点群时，沿着这些主轴的方向则是准周期性的.

Bak 和 Goldman(1988)讨论了三种点阵的二十面体准晶，即简单二十面体准晶，面心(face-centered)二十面体准晶，以及体心(body-centered)二十面体准晶. Rokhsar 等(1988)讨论了二十面体准晶可能的空间群，有关结果见表 4.11，表中 q 表示准滑移面，$2/q$ 则表示这滑移面是垂直于 2 次轴的. 如同第一章讨论已发现的准晶材料时指出的，至今已发现了大量的简单二十面体准晶和面心二十面体准晶，但尚无关于体心二十面体准晶的报道.

表 4.11 二十面体准晶的点群和空间群

点群	空间群		
	简单点阵	面心点阵	体心点阵
235	$P235, P235_1$	$F235, F235_1$	$I235, I235_1$
$\frac{2}{m}\bar{3}\ \bar{5}$	$P\frac{2}{m}\bar{3}\ \bar{5}, P\frac{2}{q}\bar{3}\ \bar{5}$	$F\frac{2}{m}\bar{3}\ \bar{5}, F\frac{2}{q}\bar{3}\ \bar{5}$	$I\frac{2}{m}\bar{3}\ \bar{5}$

§4.7 准晶的点群与空间群的实验测定

会聚束电子衍射(CBED)是实验鉴定晶体对称群的重要技术. X射线衍射结构分析,透射电镜中的高分辨电子显微像(HRTEM),扫描透射电镜中的高角环状暗场(STEM-HAADF)成像等实验技术都可提供有关原子结构的信息. 这样的信息显然有助于晶体和准晶的点群与空间群的测定. Tanaka 等(Tanaka, et al.,2000; Tanaka, et al., 2002)最近就这些实验技术及其在准晶点群和空间群测定中的应用作了详尽的评述. 他们对十次准晶的点群和空间群进行了系统的研究,结果发现如下:

(1) 仅当晶体的结构比较完整时,才能用会聚束电子衍射测定出较为可靠的结果. 例如,早期的十次准晶 Al-Mn 的晶体结构不够完整,用 CBED 技术不能判断其点群究竟是 $10/m$ 还是 $10/mmm$(Bendersky, et al., 1986; Tanaka, et al., 1988). 待制备出了完整性较高(即在其选区电子衍射花样上能观察到距离原点很近的对应于面间距为 2.6nm 甚至 4.2nm 的弱衍射斑)的 Al-Ni-Fe, Al-Co-Cu, Al-Ni-Co, Al-Ni-Rh, Al-Ni-Ir 等十次准晶之后,才得到有关十次准晶点群和空间群的一系列可靠的实验测定结果.

(2) $Al_{70}Ni_{10+x}Fe_{20-x}$ 合金的点群和空间群与成分有关(Saito, et al., 1992; Tsuda, et al., 1993;Tanaka, et al., 1993). 当 $0\leqslant x\leqslant 7$ 时,空间群为 $P\,\overline{10}m2$(对应的点群是非中心对称的 $\overline{10}m2$),当 $7.5\leqslant x\leqslant 10$ 时,测出的空间群为 $P10_5/mmc$. 沿周期方向(即十次轴方向)的 HRTEM 观察发现大量的直径约为 2nm 的具有 5 次对称的原子团簇. 进一步还观察到同一方向的原子团簇构成畴,极性相反的原子团簇构成的畴之间具有倒反并且平移 $c/2$的关系. 当 $0\leqslant x\leqslant 7$ 时,畴尺寸为 100nm 量级,入射电子束可照到一个畴内,故测得其真实的空间群为非中心对称的 $P\,\overline{10}m2$. 当 $7<x\leqslant 10$ 时,倒反畴的尺寸为纳米量级,入射电子束照射到若

干成倒反关系的畴上,故实验测出的空间群是 $P10_5/mmc$(对应的点群是中心对称的 $10/mmm$).

(3) Tsuda 等(1994)和 Saitoh 等(1994) 进行的类似的研究发现:熔体急冷的 $Al_{70}Co_{30-x}Cu_x$($x=2,4,6,8,10$ 和 12),$Al_{65}Co_{20}Cu_{15}$,$Al_{65}Co_{15}Cu_{20}$和 $Al_{73}Co_{27}$等合金的空间群为 $P\overline{10}m2$. 也观察到具有倒反并且平移 $c/2$ 的关系的畴界. 但未观察到空间群随成分的变化. Saitoh 等(1996)把熔体急冷的 $Al_{70}Co_{22}Cu_8$ 在电镜中原位加热,发现畴的尺寸随着加热而减小,到约 610℃ 就看不见畴了,此时空间群为 $P10_5/mmc$. 又,对 $Al_{65}Co_{20}Cu_{15}$合金从液态凝固并在 1050℃ 退火的试样,用 CBED 和 HRTEM 法研究,发现其空间群为 $P10_5/mmc$,处于两种不同极性的具有 5 次对称的原子团簇混合的状态.

(4) Tsuda 等(1996a) 采用 200kV 的高分辨电子显微镜研究了 $Al_{70}Ni_{15-x}Co_{15+x}$($x=0\sim5$)十次准晶的空间群和晶体结构. 发现其结构与 $Al_{70}Ni_{10+x}Fe_{20-x}$(当 $7.5\leqslant x\leqslant10$ 时),还有 1050℃ 退火的 $Al_{65}Co_{20}Cu_{15}$十次准晶一样,都是空间群为 $P10_5/mmc$,处于两种不同极性的具有 5 次对称的原子团簇混合的状态. 值得指出的是:当 Hiraga 等(1991)采用加速电压为 400kV 的 HRTEM 研究 $Al_{70}Ni_{15-x}Co_{15+x}$($x=0\sim5$)十次准晶的原子结构时,观察到的是具有十次对称的、直径为 2nm 的原子团簇. Burkov (1991)和 Steurer 等(1993)正是基于这一结果,提出了或者用单晶 X 射线衍射方法测定了 Al-Ni-Co 十次准晶的原子结构模型. 为了澄清原子团簇的对称性, Tsuda 等(1996b)就 5 次对称的原子团簇的 HRTEM 像随加速电压的变化进行了计算机模拟,发现当加速电压为 200kV 时, HRTEM 像显示出 5 次对称. 加速电压达到 300kV 时,5 次对称的原子团簇的 HRTEM 像就大体上显示成十次对称了.

(5) Tsuda 等(1996b)采用 HRTEM 和 CBED 研究了 $Al_{70}Ni_{20}Rh_{10}$,$Al_{70}Ni_{15+x}Ir_{15-x}$($x=0,2$ 和 5)和 $Al_{70}Ni_{15-x}Co_{15+x}$($x=0$ 或 5)等十次准晶的空间群和原子结构,发现这些十次准晶中的原

子团簇都具有 10 次对称，空间群为 $P10_5/mmc$.

单晶 X 射线衍射是测定晶体结构的标准方法，近年来也用于准晶结构（包括其点群和空间群）的测定. Steurer 和他的同事(Steurer et al., 1993; Steurer 1996; Steurer et al., 1999; Cervellino et al., 2002)研究了下列十次准晶：$Al_{65}Co_{15}Cu_{20}$，$Al_{70}Co_{20}Ni_{10}$，$Al_{70}Co_{15}Ni_{15}$，$Al_{78}Mn_{22}$，$Al_{70.5}Mn_{16.5}Pd_{13}$和 $Al_{80}Fe_{10}Pd_{10}$，发现它们的空间群都是 $P10_5/mmc$.

关于二十面体准晶的点群和空间群，早期的会聚束电子衍射研究表明，Al-Mn-Si 二十面体准晶的点群是中心对称的 $m\,\overline{3}\,\overline{5}$，而不是非中心对称的 235. 后来进一步发现，$Al_{73}Mn_{21}Si_6$，$Al_6CuLi_3$，$Ga_{20.4}Mg_{36.7}Zn_{42.9}$和 $Al_{38}Mg_{47}Pd_{15}$的空间群是 $Pm\,\overline{35}$，而 Al-Cu-Me(Me=Fe,Ru,Os)和 Al-Me-Pd(Me=Mn,Re)系的空间群则是 $Fm\,\overline{3}\,\overline{5}$. 理论上来讲，二十面体准晶还可能有体心的空间群 $I235$ 和 $Im\,\overline{35}$，但迄今未见实验发现这类准晶的报道. 此外，还有实验表明 Al-Cu-Fe 和 Al-Pd-Mn 二十面体准晶没有对称中心.

总之，准晶点群和空间群的实验鉴定虽有相当进展，但工作仍是初步的，尚有待进一步的深入和完善.

参考文献

王仁卉，郭可信. 晶体学中的对称群. 北京：科学出版社，1990

Bak P. Goldman A I. in: Jaric MV, ed. Aperiodicity and Order, V. 1, Introduction to QCs, San Diego: Academic Press, 1988. 143～170

Bendersky L, Kaufman M J. Phil Mag B, 1986. (53): L75

Burkov S E. Phys Rev Lett, 1991(67): 614

Cervellino A, Haibach T, Steurer W. Acta Cryst B, 2002(58): 8～33

Hahn T. Intern Tables for Crystallography, 1999(A)

Hiraga K, Lincoln F J, Sun W. Mater Trans JIM, 1991(32): 308

Hu C Z, Wang R H, Ding D H. Rep Prog Phys, 2000(6):31～39

Janssen T. Z Kristall, 1992(198):17～32

Rabson D A, Mermin N D, Rokhsar D S, Wright D C. Rev Mod Phys, 1991(63): 699～733

Rokhsar D S, Wright D C, Mermin N D. Phys Rev B, 1988(37): 8145～8149

Saito M, Tanaka M, Tsai A P et al. Jpn J Appl Phys, 1992(31): L109
Saitoh K, Tsuda K, Tanaka M. Phil Mag A, 1998(76):135
Saitoh K, Tsuda K, Tanaka M et al. Materials Science and Engineering, 1994(A 181/A 182): 805
Saitoh K, Tsuda K, Tanaka M et al. Phil Mag A, 1996(73): 387
Steurer W, Haibach T, Zhang B. Acta Cryst A, 1993(49):661
Steurer W., in: Cahn R W, Haasen P (eds). Physical Metallurgy Vol Ⅰ. Elsevier Science, 1996.371～411
Steurer W, Haibach T. in: ed. Stadnik Z M. Physical Properties of Quasicrystals, Berlin: Springer, 1999
Tanaka M, Terauchi M, Kaneyama T. Convergent-Beam Electron Diffraction Ⅱ. Tokyo: JEOL, 1988
Tanaka M, Terauchi M,Tsuda K. Convergent-Beam Electron Diffraction Ⅲ. Tokyo: JEOL, 1994
Tanaka M, Terauchi M, Tsuda K, Saitoh K. Convergent-Beam Electron Diffraction Ⅳ, Tokyo: JEOL, 2002
Tanaka M, Terauch M, Tsuda K et al. 日本金属学会会报, 2000(32):645～653
Tanaka M, Tsuda K, Saitob K. Sci Rep A RITU, 1996(42):199
Tanaka M, Tsuda K, Terauchi M et al. J Non-Crystalline Solids, 1993(153～154): 98
Tsuda K, Nishida Y, Saitoh K et al. Phil Mag A, 1996a(74): 697
Tsuda K, Nishida Y, Tanaka M et al. Phil Mag Lett, 1996b(73): 271
Tsuda K, Saito M, Saitoh K et al. Materials Science Forum, 1994(150～151): 255
Tsuda K, Saito M, Terauchi M et al. Jpn J Appl Phys, 1993(32): 129
Wang R H, Yang W G, Hu C Z et al. J Phys:Condens Matter, 1997(9):2411～2422
Yamamoto A, Weber S. Phys Rev Lett, 1997(79): 861

第五章 准晶体平衡性质热力学及物理性质张量

§5.1 准晶体状态参量及其相互关系

二十面体对称最先在 Al-Mn 合金中被发现时是以亚稳定状态出现的,现在各种热力学稳定的准晶体已能由人工顺利培育出来,详见§1.2. 这就使得人们在研究准晶体性质时将它看成能承受一系列外界作用并给予相应响应的热力学系统不仅有了理论上的必要,而且有了实际上的可能. 从热力学观点看来,一个热力学系统可以处于两种状态. 一种是系统与周围环境处于平衡,这时需用到平衡态热力学. 武汉大学准晶研究组杨文革等(Yang, et al., 1996)已把晶体的平衡物理性能热力学推广到准晶的情况. 另一种是系统不处于平衡态,它的状态随时间变化,这时需用到非平衡态热力学. 这一章我们只按照杨文革等(Yang, et al., 1996)讨论准晶体的平衡性质热力学,而对非平衡态过程,如准晶的传热、导电过程则放到第七章去讨论.

准晶体作为一个热力学系统,它在不同物理量作用下将产生不同的响应. 这些作用物理量和代表产生响应的效果物理量之间的关系刻画了准晶体各种不同的物理性质. 我们把这些作用物理量和效果物理量称为状态参量. 准晶体的一个状态可以由它所有的独立参量来确定. 准晶体的状态参量分为强度参量和广延参量两种. 强度参量与系统质量无关,通常有温度(θ)、应力(T_{ij}, H_{ij})、电(磁)场强度(F_i),它们多表现为对系统的作用. 广延参量与系统质量有关,通常有熵(S)、应变(E_{ij}, W_{ij})、电位移(磁感应)矢量($\boldsymbol{D}_i$),它们多表现为对作用的响应. 这里应该注意的是:由于准晶有声子和相位子两种位移场,因此相应的应力和应变也有两种类型，与声子相关的应力 T_{ij} 和应变 E_{ij}，以及与相位子相关的应力 H_{ij} 和应变 W_{ij}（有关它们的详细讨论请参见下章）. 因为强度参量多表现为对准晶的作用（作用物理量），广延参量多表现为对这些作用所产生的响应（效果物理量），所以常把强度参量选作描写热力学系统的独立变量（自变量），而广延参量则作为系统的因变量. 当某一种作用施加于准晶体时，准晶体会产生一些相应的效应. 这些效应描叙了作用物理量和效果物理量之间的关系，一般它们可分为两类：属于相应的强度参量和广延参量之间的效应称为主效应，其他的效应则称为耦合效应. 今列举如下：

主效应

（1）热学主效应，温度变化 $\mathrm{d}\theta$ 引起熵的变化 $\mathrm{d}S$，即热学主效应. 这时

$$\mathrm{d}S = \frac{\partial S}{\partial \theta}\mathrm{d}\theta = \frac{c}{\theta}\mathrm{d}\theta, \tag{5.1}$$

其中系数 c（标量）即热容量.

（2）电（磁）学主效应，电（磁）场强度的变化引起电位移（磁感应强度）矢量的变化称为电（磁）学主效应. 这时

$$\mathrm{d}D_i = \frac{\partial D_i}{\partial F_j}\mathrm{d}F_j = \kappa_{ij}\mathrm{d}F_j, \tag{5.2}$$

其中系数 κ_{ij}（二阶张量）对于电学效应即为介电张量，对于磁学效应即为磁导张量.

（3）力学主效应，应力的变化产生应变的变化即力学主效应. 不过，应该注意的是，准晶体有两类应变（E_{ij}，W_{ij}）和两类应力（T_{ij}，H_{ij}），因此描写这一效应的关系为

$$\begin{aligned}\mathrm{d}E_{ij} &= \frac{\partial E_{ij}}{\partial T_{kl}}\mathrm{d}T_{kl} + \frac{\partial E_{ij}}{\partial H_{kl}}\mathrm{d}H_{kl},\\ \mathrm{d}W_{ij} &= \frac{\partial W_{ij}}{\partial T_{kl}}\mathrm{d}T_{kl} + \frac{\partial W_{ij}}{\partial H_{kl}}\mathrm{d}H_{kl},\end{aligned} \tag{5.3}$$

式中 $E_{ij} = (\partial_i u_j + \partial_j u_i)/2$，$W_{ij} = \partial_j w_i$，$\boldsymbol{u}$，$\boldsymbol{w}$ 分别为声子位移场和相位子位移场. 在小应变条件下，应力和应变成线性关系，它们服

从 Hooke 定律

$$\begin{pmatrix} T_{ij} \\ H_{ij} \end{pmatrix} = \begin{pmatrix} [C_{ijkl}] & [R_{ijkl}] \\ [R'_{ijkl}] & [K_{ijkl}] \end{pmatrix} \begin{pmatrix} E_{kl} \\ W_{kl} \end{pmatrix} \tag{5.4}$$

或等价地

$$\begin{pmatrix} T \\ H \end{pmatrix} = \begin{pmatrix} [C] & [R] \\ [R]^T & [K] \end{pmatrix} \begin{pmatrix} E \\ W \end{pmatrix}, \tag{5.5}$$

这里 C, K, R(四阶张量)即弹性常数,它们分别描写声子场、相位子场以及声子-相位子耦合.

耦合效应

(1) 机电效应,应力的改变引起电位移矢量的改变为机电效应,俗称为压电效应. 这时

$$\mathrm{d}D_i = \frac{\partial D_i}{\partial T_{jk}} \mathrm{d}T_{jk} + \frac{\partial D_i}{\partial H_{jk}} \mathrm{d}H_{kl} = d^{(1)}_{ijk} \mathrm{d}T_{jk} + d^{(2)}_{ijk} \mathrm{d}H_{jk}. \tag{5.6}$$

逆效应是电场的变化引起应变的变化

$$\mathrm{d}E_{ij} = \frac{\partial E_{ij}}{\partial F_k} \mathrm{d}F_k = \underset{-}{d}^{(1)}_{ijk} \mathrm{d}F_k,$$

$$\mathrm{d}W_{ij} = \frac{\partial W_{ij}}{\partial F_k} \mathrm{d}F_k = \underset{-}{d}^{(2)}_{ijk} \mathrm{d}F_k, \tag{5.7}$$

其中系数 $d^{(1)}_{ijk}(\mathrm{d}^{(1)}_{ijk})$、$d^{(2)}_{ijk}(\mathrm{d}^{(2)}_{ijk})$(三阶张量)即正(逆)压电系数. 如果式(5.6)和式(5.7)中的 D 和 F 分别是磁感应和磁场强度,那么式(5.7)即表示磁致伸缩效应,而式(5.6)即表示 Villari 效应.

(2) 热电效应,温度的变化引起电位移矢量的变化即热电效应. 这时

$$\mathrm{d}D_i = \frac{\partial D_i}{\partial \theta} \mathrm{d}\theta = p_i \mathrm{d}\theta. \tag{5.8}$$

逆效应为电热效应,即电场改变引起熵改变

$$\mathrm{d}S = \frac{\partial S}{\partial F_i} \mathrm{d}F_i = \underset{-}{p}_i \mathrm{d}F_i, \tag{5.9}$$

式中 p_i(矢量)为热释电系数. 如果式(5.8)和式(5.9)中的 D, F 分别是磁感应和磁场强度,那么它们即描写磁热效应.

(3) 热弹效应，温度的变化引起应变的变化为热弹效应. 这时

$$dE_{ij} = \frac{\partial E_{ij}}{\partial \theta} d\theta = \alpha_{ij}^{(1)} d\theta,$$

$$dW_{ij} = \frac{\partial W_{ij}}{\partial \theta} d\theta = \alpha_{ij}^{(2)} d\theta. \tag{5.10}$$

逆效应为应力的变化引起熵的变化

$$dS = \frac{\partial S}{\partial T_{ij}} dT_{ij} + \frac{\partial S}{\partial H_{ij}} dH_{ij} = \underset{\sim}{\alpha}_{ij}^{(1)} dT_{ij} + \underset{\sim}{\alpha}_{ij}^{(2)} dH_{ij}, \tag{5.11}$$

式中 α_{ij} 即热膨胀系数.

从以上的讨论可以看出，对于热学、电学主效应及热电效应，它们与晶体的情况相同；对其他与力学性质有关的效应，描写相位子的应变 W_{ij} 和应力 H_{ij} 就应该考虑在内；随之，刻画这些效应的物理量(比例系数)也就有两类. 这时，我们对这些量将附加上标(1)和(2)以表示它们分别与声子和相位子有关.

§5.2 准晶体平衡性质的热力学关系 (Yang et al., 1996)

下面我们将上节所列举的效应都考虑在内，并视准晶体为一热力学体系对之进行总体研究，从中得到各状态参量以及各种性质之间可能存在的相互关系. 若选取应力、电(磁)场强度和温度作为描叙系统状态的自变量，则相应的因变量是应变、电位移(磁感应强度)矢量和熵. 自变量改变时因变量的改变为

$$dE_{ij} = \left(\frac{\partial E_{ij}}{\partial T_{kl}}\right)_{H,F,\theta} dT_{kl} + \left(\frac{\partial E_{ij}}{\partial H_{kl}}\right)_{T,F,\theta} dH_{kl} + \left(\frac{\partial E_{ij}}{\partial F_k}\right)_{T,H,\theta} dF_k + \left(\frac{\partial E_{ij}}{\partial \theta}\right)_{T,H,F} d\theta,$$

$$dW_{ij} = \left(\frac{\partial W_{ij}}{\partial T_{kl}}\right)_{H,F,\theta} dT_{kl} + \left(\frac{\partial W_{ij}}{\partial H_{kl}}\right)_{T,F,\theta} dH_{kl}$$

$$+\left(\frac{\partial W_{ij}}{\partial F_k}\right)_{T,H,\theta} dF_k + \left(\frac{\partial W_{ij}}{\partial \theta}\right)_{T,H,F} d\theta,$$

$$dD_i = \left(\frac{\partial D_i}{\partial T_{kl}}\right)_{H,F,\theta} dT_{kl} + \left(\frac{\partial D_i}{\partial H_{kl}}\right)_{T,F,\theta} dH_{kl}$$

$$+\left(\frac{\partial D_i}{\partial F_k}\right)_{T,H,\theta} dF_k + \left(\frac{\partial D_i}{\partial \theta}\right)_{T,H,F} d\theta,$$

$$dS = \left(\frac{\partial S}{\partial T_{kl}}\right)_{H,F,\theta} dT_{kl} + \left(\frac{\partial S}{\partial H_{kl}}\right)_{T,F,\theta} dH_{kl}$$

$$+\left(\frac{\partial S}{\partial F_k}\right)_{T,H,\theta} dF_k + \left(\frac{\partial S}{\partial \theta}\right)_{T,H,F} d\theta, \tag{5.12}$$

这些微分方程反映了系统状态的变化．这些微分方程中的系数并非都是独立的，利用热力学定律可以求出它们之间的关系．按定义，系统的 Gibbs 函数

$$G = U - T_{ij}E_{ij} - H_{ij}W_{ij} - F_iD_i - \theta S, \tag{5.13}$$

式中内能 U 的变化根据热力学定律为

$$dU = T_{ij}dE_{ij} + H_{ij}dW_{ij} + F_idD_i + \theta dS. \tag{5.14}$$

于是

$$dG = -E_{ij}dT_{ij} - W_{ij}dH_{ij} - D_idF_i - Sd\theta. \tag{5.15}$$

由于 G 是系统的状态函数，因此

$$dG = \left(\frac{\partial G}{\partial T_{ij}}\right)_{H,F,\theta} dT_{ij} + \left(\frac{\partial G}{\partial H_{ij}}\right)_{T,F,\theta} dH_{ij}$$

$$+\left(\frac{\partial G}{\partial F_i}\right)_{T,H,\theta} dF_i + \left(\frac{\partial G}{\partial \theta}\right)_{T,H,F} d\theta. \tag{5.16}$$

比较式(5.15)和式(5.16)可得

$$E_{ij} = -\left(\frac{\partial G}{\partial T_{ij}}\right)_{H,F,\theta}, W_{ij} = -\left(\frac{\partial G}{\partial H_{ij}}\right)_{T,F,\theta},$$

$$D_i = -\left(\frac{\partial G}{\partial F_i}\right)_{T,H,\theta}, \quad S = -\left(\frac{\partial G}{\partial \theta}\right)_{T,H,F}. \tag{5.17}$$

对照上式和(5-12)式，我们看到各主效应和耦合效应的系数都可以通过 G 对各强度量求导得到．如弹性顺服系数 s_{ijkl}、r_{ijkl} 和 k_{ijkl}

就可表示为

$$S_{ijkl} = -\left(\frac{\partial^2 G}{\partial T_{ij}\partial T_{kl}}\right)_{F,\theta}, r_{ijkl} = -\left(\frac{\partial^2 G}{\partial T_{ij}\partial H_{kl}}\right)_{F,\theta},$$

$$\underset{-}{r}_{ijkl} = -\left(\frac{\partial^2 G}{\partial H_{ij}\partial T_{kl}}\right)_{F,\theta}, k_{ijkl} = -\left(\frac{\partial^2 G}{\partial H_{ij}\partial H_{kl}}\right)_{F,\theta}. \tag{5.18}$$

由于微商的次序不影响微商的结果,因此

$$s_{ijkl} = s_{klij}, r_{ijkl} = \underset{-}{r}_{klij}, k_{ijkl} = k_{klij}. \tag{5.19}$$

如果引入自由能

$$\Psi = U - \theta S, \tag{5.20}$$

那么

$$\mathrm{d}\Psi = T_{ij}\mathrm{d}E_{ij} + H_{ij}\mathrm{d}W_{ij} + F_i\mathrm{d}D_i - S\mathrm{d}\theta. \tag{5.21}$$

类似于从式(5.15)到式(5.19)的推导过程便可得到有关弹性劲度系数 C_{ijkl},R_{ijkl}和K_{ijkl}的转置关系

$$C_{ijkl} = C_{klij}, R_{ijkl} = \underset{-}{R}_{klij}, K_{ijkl} = K_{klij}. \tag{5.22}$$

这种转置对称关系在相关耦合效应的系数间也成立,即

$$\underset{-}{d}^{(1)}_{ijk} = \frac{\partial E_{ij}}{\partial F_k} = -\frac{\partial^2 G}{\partial F_k \partial T_{ij}} = \frac{\partial D_k}{\partial T_{ij}} = d^{(1)}_{kij},$$

$$\underset{-}{d}^{(2)}_{ijk} = \frac{\partial W_{ij}}{\partial F_k} = -\frac{\partial^2 G}{\partial F_k \partial H_{ij}} = \frac{\partial D_k}{\partial H_{ij}} = d^{(2)}_{kij},$$

$$\underset{-}{\alpha}^{(1)}_{ij} = \frac{\partial S}{\partial T_{ij}} = -\frac{\partial^2 G}{\partial T_{ij}\partial \theta} = \frac{\partial E_{ij}}{\partial \theta} = \alpha^{(1)}_{ij},$$

$$\underset{-}{\alpha}^{(2)}_{ij} = \frac{\partial S}{\partial H_{ij}} = -\frac{\partial^2 G}{\partial H_{ij}\partial \theta} = \frac{\partial W_{ij}}{\partial \theta} = \alpha^{(2)}_{ij},$$

$$\underset{-}{p}_i = \frac{\partial S}{\partial F_i} = -\frac{\partial^2 G}{\partial F_i \partial \theta} = \frac{\partial D_i}{\partial \theta} = p_i, \tag{5.23}$$

这表明,正效应和逆效应的系数相等,它们互为正逆效应.

§5.3 群表示理论和张量分析的有关知识 (Yang,et al., 1994; 胡承正等,1997)

为了便于无意深究群理论和张量分析的数学细节的读者了解

它们在准晶物理中的应用技巧,在此,我们将不去刻意追求数学的严谨性,而以一种较为通俗、直观的方式介绍有关它们的一些基本知识.

如果 V 为一 n 维实(复)向量空间,那么我们把 V 映射到自身上所有非奇异线性变换($n\times n$ 满秩矩阵)所组成的群称为 n 维实(复)一般线性群,记做 $GL(V)$. 对于任一群 G,若存在 G 到 $GL(V)$的一个同态 $\Gamma: g\rightarrow\Gamma(g)$ $(g\in G)$,则称它为群 G 的一个表示. V 为表示空间,n 为表示的维数. 根据同态的定义,这就是说,对任意 $g_1,g_2,g\in G$,下列关系成立:

$$\Gamma(g_1g_2)=\Gamma(g_1)\Gamma(g_2),$$
$$\Gamma(g^{-1})=\Gamma(g)^{-1},\Gamma(e)=I, \tag{5.24}$$

式中 e 为G 中单位元,I 为恒等变换($n\times n$ 单位矩阵). G 的同态象中元素$\Gamma(g)$(即相应的非奇异矩阵)称为 g 的表示矩阵. 作为一个例子,我们来写出 C_{2v}群的表示. C_{2v}群有 4 个元素:一个恒等操作 e,一个绕二度轴的旋转 C_2,两个对包含二度轴且互相正交的平面的反映 σ_v、$\sigma_v{}'$. 如果我们选取二度轴为 z 轴,相应 σ_v 和$\sigma_v{}'$的对称面分别为xz 和 yz 平面,那么一种自然的对应是

$$\Gamma(e)=\begin{pmatrix}1&0&0\\0&1&0\\0&0&1\end{pmatrix},\quad \Gamma(C_2)=\begin{pmatrix}-1&0&0\\0&-1&0\\0&0&1\end{pmatrix},$$

$$\Gamma(\sigma_v)=\begin{pmatrix}1&0&0\\0&-1&0\\0&0&1\end{pmatrix},\quad \Gamma(\sigma'_v)=\begin{pmatrix}-1&0&0\\0&1&0\\0&0&1\end{pmatrix}, \tag{5.25}$$

对照 C_{2v}群的乘法表

e	C_2	σ_v	$\sigma_v{}'$	e	C_2	σ_v	$\sigma_v{}'$
C_2	e	$\sigma_v{}'$	σ_v	$\sigma_v{}'$	σ_v	C_2	e
σ_v	$\sigma_v{}'$	e	C_2				

直接利用矩阵乘法定义,不难验证,上述对应满足条件(5.24),因此映射 Γ 是G 的一个表示. 由 Γ 所定义的 4 个矩阵

(表示矩阵)组成 $GL(V)$ 的一个子群. 由于这种对应是 $1\leftrightarrow1$ 的($1\leftrightarrow1$的同态称同构),该表示通常叫忠实表示. 在上面的例子中我们还可以看到,所有的表示矩阵被分成相同的对角块,显然所有相应的对角块同样构成 C_{2v} 的一个表示,即

$$\Gamma_1: e\to1, C_2\to1, \sigma_v\to1, \sigma'_v\to1,$$
$$\Gamma'_1: e\to1, C_2\to-1, \sigma_v\to-1, \sigma'_v\to1,$$
$$\Gamma''_1: e\to1, C_2\to-1, \sigma_v\to1, \sigma'_v\to-1, \qquad (5.26)$$

是 $\boldsymbol{G}$ 的 3 个一维表示. 这时我们说,Γ 被分解成 3 个一维表示的直和,并记为

$$\Gamma=\Gamma_1+\Gamma'_1+\Gamma''_1, \qquad (5.27)$$

式中 + 表直和. 又比如点群 $C_3(3)$ 由 3 个元素组成:e, C_3, C_3^2. 它的一个忠实表示显然为

$$\Gamma(e)=\begin{pmatrix}1&0&0\\0&1&0\\0&0&1\end{pmatrix},\quad \Gamma(C_3)=\begin{pmatrix}\cos\frac{2\pi}{3}&-\sin\frac{2\pi}{3}&0\\ \sin\frac{2\pi}{3}&\cos\frac{2\pi}{3}&0\\0&0&1\end{pmatrix},$$

$$\Gamma(C_3^2)=\begin{pmatrix}\cos\frac{4\pi}{3}&-\sin\frac{4\pi}{3}&0\\ \sin\frac{4\pi}{3}&\cos\frac{4\pi}{3}&0\\0&0&1\end{pmatrix}. \qquad (5.28)$$

上面所有表示矩阵也被分成了相同的对角块:一个 1×1 的矩阵和一个 2×2 的矩阵,它们定义了 C_3 群的一个一维表示

$$\Gamma_1: e\to1, C_3\to1, C_3^2\to1 \qquad (5.29)$$

和一个二维表示

$$\Gamma_2: e\to\begin{pmatrix}1&0\\0&1\end{pmatrix}, C_3\to\begin{pmatrix}\cos\frac{2\pi}{3}&-\sin\frac{2\pi}{3}\\ \sin\frac{2\pi}{3}&\cos\frac{2\pi}{3}\end{pmatrix},$$

$$C_3^2 \to \begin{pmatrix} \cos\frac{4\pi}{3} & -\sin\frac{4\pi}{3} \\ \sin\frac{4\pi}{3} & \cos\frac{4\pi}{3} \end{pmatrix}. \tag{5.30}$$

如果我们考虑表示空间 V 为一复空间，那么我们还可以对 V 的基矢进行线性组合，即令变换矩阵

$$A = \frac{1}{\sqrt{2}}\begin{pmatrix} 1 & i \\ 1 & -i \end{pmatrix}. \tag{5.31}$$

因而有 $A^{-1} = \frac{1}{\sqrt{2}}\begin{pmatrix} 1 & 1 \\ -i & i \end{pmatrix}$. 相应地，所有表示矩阵将作同样的相似变换，这时我们有

$$A\Gamma(e)A^{-1} = \begin{pmatrix} 1 & 0 \\ 0 & 1 \end{pmatrix}, A\Gamma(C_3)A^{-1} = \begin{pmatrix} \rho & 0 \\ 0 & \rho^{-1} \end{pmatrix},$$

$$A\Gamma(C_3^2)A^{-1} = \begin{pmatrix} \rho^{-1} & 0 \\ 0 & \rho \end{pmatrix}, \tag{5.32}$$

式中 ρ 为三次单位原根，一般取 $\rho = \exp(\mathrm{i}2\pi/3)$. 可见上面的二维表示 Γ_2 又被分解成两个一维表示 $\Gamma_1{}'$和 $\Gamma_1{}''$. 这种定义在复空间上的表示称为复表示. 于是，对于群 C_3 的表示 Γ，在实数域的范围内，它被分解成一个一维表示和一个二维表示的直和

$$\Gamma = \Gamma_1 + \Gamma_2. \tag{5.33}$$

而在复数域的范围内，它被分解成 3 个一维表示的直和

$$\Gamma = \Gamma_1 + \Gamma'_1 + \Gamma''_1. \tag{5.34}$$

如果对于群 G 的某一表示 Γ，存在一个相似变换(等价地存在表示空间中基的改变)，使得所有表示矩阵被分成完全相同形式的对角块，那么我们称该表示为可约表示，否则为不可约表示. 将一个群的某一个可约表示分解成不可约表示的直和叫做群表示的约化. 如果对于群的两个表示(Γ、Γ')，它们之间存在一个相似变换：$\Gamma' = A\Gamma A^{-1}$，则称 Γ 和 Γ' 为等价表示，否则为不等价表示. 互相等价的表示在群表示论中被认为是相同的. 对有限群(所含元素个数有限的群)，只存在有限个不等价的不可约表示，其个数恰

好等于群共轭类的个数，且满足

$$\sum_{\mu=1}^{r} n_{\mu}^{2} = h, \tag{5.35}$$

式中 r 为不等价不可约表示数目(亦即群共轭类数目)，n_μ 为第 μ 个不可约表示的维数，h 为群的阶(即群元素个数)．这个结果限制了有限群不可约表示的数目和大小，这就使我们原则上能确定有限群所有不可约表示．

不等价不可约表示反映了有限群的本质．不过，要实际确定群表示的所有表示矩阵仍然是相当困难的．下面我们引入群表示论中一个非常重要而有用的概念——特征标．一个群的许多性质往往无须知道表示矩阵的具体形式而单独从它的不可约表示特征标中便可导出，这样就把我们研究的某些问题大为简化了．一个群元素的特征标定义为相应表示矩阵之迹，通常用符号 χ 标记，即

$$\chi(g) = \mathrm{tr}\Gamma(g), g \in G. \tag{5.36}$$

一个群所有元素在某一表示中的特征标完全集合称为群表示的特征标．群表示的特征标具有如下性质：

(1) 互为等价的表示的特征标相等；反之，如果两个表示的特征标相等，则这两个表示等价．

(2) 属于同一共轭类的元素特征标相等．

(3) 对于不等价不可约表示 Γ_μ 和 Γ_v，它们的特征标满足

$$\sum_{g \in G} \chi_{\mu}(g)\chi_{v}(g)^{*} = h\delta_{\mu v}. \tag{5.37}$$

考虑到同一个共轭类元素特征标相等，上式还可改写为

$$\sum_{i=1}^{r} h_{i}\chi_{\mu}(g_{i})\chi_{v}(g_{i})^{*} = h\delta_{\mu v}, \tag{5.38}$$

式中 h_i 是群 G 中第 i 个共轭类元素的个数，$\chi_\mu(g_i)$是该类任一元素在第 μ 个不可约表示中的特征标．

在实际应用中，常将一个群所有不等价不可约表示的特征标排列成表，称为特征标表．作为示例，我们给出在准晶对称性研究中两个有代表性的点群特征标表．首先考虑 $C_5(5)$点群．C_5 点群

是一个循环群,它由一个绕 5 度轴旋转生成,共有五个元素:e, C_5, C_5^2, C_5^3, C_5^4. 循环群是可交换群(Abelian 群),因此,它的每一个元素单独构成一类,共 5 个共轭类. 根据式(5.35), C_5 点群共有 5 个不等价的不可约表示,并且全都是一维的. 由于一维表示的特征标和它的表示矩阵相同,因此我们只须写出生成元的特征标,其余元素的特征标便可以利用循环群的性质确定. 又由于 C_5 点群的生成元是一个绕 5 度轴的旋转,因此它的特征标是 1 和 4 个 5 次单位原根: $\rho, \rho^2=\rho^{-3}, \rho^3=\rho^{-2}, \rho^4=\rho^{-1}$,通常 ρ 取为 $\rho=\exp(i2\pi/5)$. 这样,我们便得到了 C_5 点群所有不等价不可约表示的特征标(见表 5.1).

表 5.1　点群 $C_5(5)$ 特征标表(ρ 为 5 次单位原根)

	e	C_5	C_5^2	C_5^3	C_5^4
Γ_1	1	1	1	1	1
Γ_2	1	ρ	ρ^2	ρ^{-2}	ρ^{-1}
Γ'_2	1	ρ^{-1}	ρ^{-2}	ρ^2	ρ
Γ_3	1	ρ^2	ρ^{-1}	ρ	ρ^{-2}
Γ'_3	1	ρ^{-2}	ρ	ρ^{-1}	ρ^2

利用 5 次单位原根的性质

$$0=x^5-1=(x-1)(x^4+x^3+x^2+x+1),$$

即

$$\rho^4+\rho^3+\rho^2+\rho+1=\rho^{-2}+\rho^{-1}+\rho^2+\rho+1=0. \quad (5.39)$$

我们不难验证条件式(5.38)成立. 从表(5.1)可看出,表示 Γ_1 中每个群元素都对应于一恒等变换,这样的表示称为恒等表示. 显然,任何一个群都有一个恒等表示,通常我们把它放在特征标表的首行. Γ_2 和 Γ_2'、Γ_3 和 Γ_3' 是两个互相共轭的表示. 前面我们已经讲过,在实空间中它们是两个二维忠实表示,分别由在平面上旋转 $\pm\frac{2\pi}{5}$ 和 $\pm 3\times\frac{2\pi}{5}$ 生成. 在群特征标表中,一般我们用一曲括号将它们联立起来，往往记为一个表示（Γ_2 和 Γ_3）. 其次考虑 $C_{5v}(5m)$点群. C_{5v}点群有10个元素，分成4个共轭类：e 单独成一类，C_5 和 ${C_5}^4$，${C_5}^2$ 和 ${C_5}^3$ 各成一类，所有的映射 σ 成一类. 因此，C_{5v}点群共有4个不等价不可约表示. 由于

$$1^2+1^2+2^2+2^2=10, \tag{5.40}$$

[参见式(5.35)]，这意味着其中2个是一维表示，2个是二维表示. 显然，一维表示中有一个是恒等表示，而另一个我们可以利用群的生成元来构造. C_{5v}有两个生成元：C_5 和 σ_v. 令 $\chi(C_5)=1$ 和 $\chi(\sigma_v)=-1$，即推得另一个一维表示所有的特征标. 这里应该注意，$\chi(C_5)$不可能为 -1，因为 C_5 和 ${C_5}^4$ 属于同一共轭类. 不难看出，两个二维表示分别由绕5度轴旋转 $2\pi/5$ 和 $4\pi/5$（或 $6\pi/5$）生成. 这样，我们便得到了 C_{5v}点群所有不等价不可约表示的特征标（见表5.2）.

表 5.2 点群 $C_{5v}(5m)$特征标表

	e	$2C_5$	$2{C_5}^2$	$5\sigma_v$
Γ_1	1	1	1	1
Γ_2	1	1	1	-1
Γ_3	2	$\rho+\rho^{-1}$	$\rho^2+\rho^{-2}$	0
Γ_4	2	$\rho^2+\rho^{-2}$	$\rho+\rho^{-1}$	0

（ρ 为5次单位原根. 若取 $\rho=\exp(\mathrm{i}2\pi/5)$，则 $\rho+\rho^{-1}=2\cos(2\pi/5)=1/\tau$，$\rho^2+\rho^{-2}=2\cos(2\times2\pi/5)=2\cos(3\times2\pi/5)=-\tau$，$\tau=(1+\sqrt{5})/2$.）

由前面一节我们看到，准晶的作用物理量和效果物理量之间的关系在线性近似下可以用一组线性偏微分方程表示，这组偏微分方程的系数即准晶体的各种物理性质张量. 因为这些系数一般不只包含一个分量，它们是由满足一定变换关系的一组数（分量）来确定的，所以被称为张量. 特别地，0阶张量被称为标量，1阶张量被称为矢量，1阶以上的张量则称为张量. 用群表示论的语言

来说，它们张成系统对称群的表示空间，而群元素对其基矢作用所产生的变换确定了相应的表示矩阵．因此，这样的表示又叫做标量表示、矢量表示和张量表示．今分述如下：

(1) 标量表示．表示空间为一维空间．若选取基矢为 r，则点群 G 中对称操作对其基矢的作用为 $r \to r$，即

$$\Gamma(g) r = r, \qquad g \in G. \tag{5.41}$$

可见，任意群元素的表示矩阵都是单位矩阵．这是一个一维(不可约)恒等表示．因此，标量表示即为恒等表示．

(2) 矢量表示．表示空间为矢量空间．若选取基矢为 $\boldsymbol{r}$，则点群 G 中对称操作对其基矢的作用为 $\boldsymbol{r} \to \boldsymbol{r}'$，即

$$\boldsymbol{r}' = \Gamma(g) \boldsymbol{r},$$

或写成分量形式

$$r'_i = \sum_j \alpha_{ij} r_j, \tag{5.42}$$

式中 α_{ij} 为表示矩阵第 i 行第 j 列元素．

(3) 张量表示．表示空间为张量空间．如果 n 阶张量都能写成 n 个矢量的直积(张量积)，这样的张量叫可乘张量，那么我们可以选取空间基矢为 $\boldsymbol{R} = \boldsymbol{r}^{(1)} \times \boldsymbol{r}^{(2)} \times \cdots \times \boldsymbol{r}^{(n)}$（$\times$ 号表示直积，$\boldsymbol{r}^{(i)}$ 为矢量空间基矢）．点群 G 中对称操作对基矢作用为 $\boldsymbol{R} \to \boldsymbol{R}'$，即

$$\boldsymbol{R}' = \boldsymbol{r}^{(1)'} \times \boldsymbol{r}^{(2)'} \times \cdots \times \boldsymbol{r}^{(n)'} = \Gamma(g) \boldsymbol{R} = \Gamma^{(1)}(g) \boldsymbol{r}^{(1)} \times \Gamma^{(2)}(g) \boldsymbol{r}^{(2)} \times \cdots \times \Gamma^{(n)}(g) \boldsymbol{r}^{(n)},$$

或写成分量形式

$$R'_{i_1 i_2 \cdots i_n} = r_{i_1}^{(1)'} r_{i_2}^{(2)'} \cdots r_{i_n}^{(n)'} = \sum_{j_1 \cdots j_n} \alpha^{(1)}_{i_1 j_1} \alpha^{(2)}_{i_2 j_2} \cdots \alpha^{(n)}_{i_n j_n} r^{(1)}_{j_1} r^{(2)}_{j_2} \cdots r^{(n)}_{j_n}. \tag{5.43}$$

一般我们将 n 个矢量空间基矢取成相同，这时上式化为

$$\boldsymbol{R}'_{i_1 i_2 \cdots i_n} = \sum_{j_1 \cdots j_n} \alpha_{i_1 j_1} \alpha_{i_2 j_2} \cdots \alpha_{i_n j_n} \boldsymbol{R}_{j_1 j_2 \cdots j_n}, \tag{5.44}$$

这里变换系数 $\alpha_{i_1 j_1} \alpha_{i_2 j_2} \cdots \alpha_{i_n j_n}$ 是 $\Gamma(g)$ 的矩阵元，而

$$\Gamma(g) = \Gamma^{(1)}(g) \times \Gamma^{(1)}(g) \times \cdots \times \Gamma^{(1)}(g)$$

$$\{\Gamma^{(1)}(g)\}_{ij} = \alpha_{ij}, \tag{5.45}$$

式中右端表示 n 个 $\Gamma^{(1)}(g)$的直积. 因此,n 阶张量表示是n 个矢量表示的直积,一般它们是可约的.

将张量分析应用到准晶时,有两点值得注意. 首先,根据准晶的高维空间描述法,准晶的某些物理量(应变和应力)应有两类:一类与声子场相连,例如 E_{ij}, T_{ij},另一类与相位子场相连,例如 W_{ij}, H_{ij}. 前者是物理空间(平行空间)中矢量,它们按系统对称群的矢量表示变换;后者是数学空间(垂直空间)中矢量,它们按照一个相关的但非矢量表示变换. 其次,对五次、十次、八次和十二次对称准晶,物理空间一个绕对称轴旋转 $\alpha=2\pi/n$,($n=5,10,8,12$)的操作联系数学空间一个旋转 $\beta=p\alpha$,($p=3,3,3,5$)的操作. 对二十面体准晶,则有 $\alpha=2\pi/5$, $\beta=6\pi/5$.

根据 Neumann 原理,一个系统的任何宏观物理性质的对称元素必须包含系统对称群中的全部元素. 所谓物理性质具有某个对称元素,就是说代表这个物理性质的张量在此对称操作下不变. 因此,一个物理性质张量由于系统本身的对称性其中一些分量必定为零,其余非零分量应当在系统对称群所有元素作用下保持不变,从而由这些分量组成的张量本身也保持不变. 满足此要求的张量分量及其线性组合叫做张量不变量. 理论分析的任务就在于如何寻找任意一个物理性质张量非零独立分量的个数和确定它们的具体形式(或等价地给出其所有张量不变量). 我们将在下节针对准晶这一具体情况详细讨论此问题.

§5.4 准晶物理性质张量非零独立分量个数的确定(Yang, et al., 1994; 胡承正等,1997; Hu,et al., 2000)

由上节我们知道,准晶体物理性质张量张成其对称群的一个表示空间,一般是可约的;而此物理性质张量中的任意非零独立分量是其对称群的一个不变量,它荷载该群的一个不变子空间;群元素对此子空间作用均为恒等变换,相应表示是恒等表示. 因此,物理性质张量构成的表示空间中所含张量不变量的数目，或等价地说，张量表示中所含恒等表示的数目，即非零独立分量的数目；而张量不变量本身则确定了非零独立分量的形式. 为了具体确定物理性质张量非零独立分量，下面我们先论述下列 3 个有关的定理：

(1) 群 G 的某一不可约表示 Γ_μ 在可约表示 Γ 中出现的次数 a_μ 可按下列公式计算：

$$a_\mu = \frac{1}{h}\sum_{g\in G}\chi(g)\chi_\mu(g)^*. \qquad (5.46)$$

证：任一可约表示最终可约化为

$$\Gamma = a_1\Gamma_1 + a_2\Gamma_2 + \cdots + a_k\Gamma_k = \sum_v a_v\Gamma_v. \qquad (5.47a)$$

对每个 $g\in G$，两边求迹都有

$$\chi(g) = \sum_v a_v\chi_v(g). \qquad (5.47b)$$

从而

$$\sum_{g\in G}\chi(g)\chi_\mu(g)^* = \sum_v a_v\sum_{g\in G}\chi_v(g)\chi_\mu(g)^* = \sum_v a_v h\delta_{\mu v},$$

即

$$a_\mu = \frac{1}{h}\sum_{g\in G}\chi(g)\chi_\mu(g)^*. \qquad (5.48)$$

证明中已用到式(5.37).

特别地，如果不可约表示 Γ_μ 为恒等表示 Γ_1，那么

$$\chi_\mu(g)=\chi_1(g)=1, g\in G, \qquad (5.49)$$

则

$$a_1 = \frac{1}{h}\sum_{g\in G}\chi(g). \qquad (5.50)$$

利用上式就可以计算任何一个可约表示的约化式中包含恒等表示的数目.

(2) 若 n 阶张量可以写成 n 个矢量的并积(张量积)时，那么群元素在此张量表示中的特征标 $\chi(g)$ 等于张量积中各矢量表示特征标 $\chi_i(g)$ 之积，即

$$\chi(g) = \prod_i\chi_i(g). \qquad (5.51)$$

证:此结论可直接由式(5.45)得到.

(3) 如果二阶张量张成的表示空间的基矢可以写成两个矢量空间相同基矢的并积 $r_i r_j$,那么我们总能将此张量表示空间分成对称空间(由对称基矢$(r_i r_j + r_j r_i)/2$张成)和反对称空间(由反对称基矢$(r_i r_j - r_j r_i)/2$张成)两个子空间的直和. 我们称由对称基矢线性组合成的张量为对称张量,由反对称基矢线性组合成的张量为反对称张量;定义在对称空间上的表示为对称张量表示,定义在反对称空间上的表示为反对称张量表示. 这时,二阶对称张量表示和反对称张量表示的特征标与其矢量表示的特征标关系为

$$\chi_S(g) = \frac{1}{2}[\chi(g)^2 + \chi(g^2)],$$

$$\chi_A(g) = \frac{1}{2}[\chi(g)^2 - \chi(g^2)], \tag{5.52}$$

式中下标 S,A 分别表示对称和反对称张量表示,$\chi(g)$表示群中任意元素 g 在矢量表示中的特征标.

证:由对称和反对称基矢的构造,我们不难验证,对称空间和反对称空间分别是张量表示空间的不变子空间,二阶张量表示可约化成

$$\Gamma(g)\times\Gamma(g) = [\Gamma(g)\times\Gamma(g)]_S + [\Gamma(g)\times\Gamma(g)]_A, \tag{5.53}$$

其中对称部分和反对称部分的变换矩阵元可以表示成

$$\{[\Gamma(g)\times\Gamma(g)]_S\}_{ij,i'j'} = \frac{1}{2}(\alpha_{ii'}\alpha_{jj'} + \alpha_{ij'}\alpha_{ji'}),$$

$$\{[\Gamma(g)\times\Gamma(g)]_A\}_{ij,i'j'} = \frac{1}{2}(\alpha_{ii'}\alpha_{jj'} - \alpha_{ij'}\alpha_{ji'}), \tag{5.54}$$

这里 $\alpha_{ii'}$为矢量表示$\Gamma(g)$的矩阵元,即$[\Gamma(g)]_{ii'} = \alpha_{ii'}$. 将上式两边求迹得

$$\chi_S(g) = \mathrm{tr}[\Gamma(g)\times\Gamma(g)]_S = \frac{1}{2}\sum_{ij}(\alpha_{ii}\alpha_{jj} + \alpha_{ij}\alpha_{ji})$$

$$= \frac{1}{2}\left\{\begin{array}{l}\sum_i[\Gamma(g)]_{ii}\sum_j[\Gamma(g)]_{jj} + \\ \sum_{ij}[\Gamma(g)]_{ij}[\Gamma(g)]_{ji}\end{array}\right\}$$

$$= \frac{1}{2}\{\chi(g)\chi(g) + \sum_i [\Gamma(g^2)]_{ii}\}$$

$$= \frac{1}{2}\{\chi(g)^2 + \chi(g^2)\}$$

$$\chi_A(g) = \mathrm{tr}[\Gamma(g) \times \Gamma(g)]_A = \frac{1}{2}\sum_{ij}(\alpha_{ii}\alpha_{jj} - \alpha_{ij}\alpha_{ji})$$

$$= \frac{1}{2}\{\chi(g)^2 - \chi(g^2)\},$$

此即式(5.52). 证明中我们没有明显用到限定条件: $i \leqslant j, i' \leqslant j'$, 但由 $(r_j r_i \pm r_i r_j)/2 = \pm(r_i r_j \pm r_j r_i)/2$ 可知, 交换指标次序并未产生新的基矢. 实际上, 若矢量空间为 m 维, 则对称空间维数为 $C_m{}^2 + m = m(m+1)/2$, 反对称空间维数为 $C_m{}^2 = m(m-1)/2$, 它们的总数恰好是二阶张量空间维数 m^2. 考虑到空间基矢指标存在限定条件($i \leqslant j, i' \leqslant j'$)这一因素, 式(5.54)将变为

$$\{[\Gamma(g) \times \Gamma(g)]_S\}_{ij,i'j'} = \left(1 - \frac{1}{2}\delta_{i'j'}\right)(\alpha_{ii'}\alpha_{jj'} + \alpha_{ij'}\alpha_{ji'}),$$

$$\{[\Gamma(g) \times \Gamma(g)]_A\}_{ij,i'j'} = \left(1 - \frac{1}{2}\delta_{i'j'}\right)(\alpha_{ii'}\alpha_{jj'} - \alpha_{ij'}\alpha_{ji'}), \quad (5.55)$$

这时 $i \leqslant j, i' \leqslant j'$, 但式(5.52)不变. 我们未明显这样做是因为它便于计算具有交换对称性的更高阶张量的特征标.

显然, 利用式(5.50)我们便可以求出准晶体物理性质张量非零独立分量的数目; 并且计算中只须知道此张量表示的特征标, 而无须知道它的表示矩阵的具体形式, 这种方法称为特征标分析法. 不过, 根据前述理由, 在将它应用到准晶时, 我们必须区分构成张量积的矢量空间基矢是张成一个物理空间, 按矢量表示(记为 Γ_A)变换; 还是张成它的正交补空间(数学空间), 按一个相关的但非矢量表示的不等价表示(记为 Γ_B)变换. 鉴于这两类空间不同变换性质, 以下我们用英文字母作下标来标记那些与物理空间有关的分量, 而用希腊字母标记那些与补空间有关的分量. 另外, 我们还用{}来标记{}内的量彼此具有交换对称性. 由式(5.50)可知, 只要知道了所有群元素 g 在张量表示中的特征标 $\chi(g)$, 便容易计算出该张量的非零独立分量的数目. 下面将给出 §5.1 所列举的

各类张量相应的表示矩阵和特征标[5]. 为简单计,我们用 A 和 B 代替上面提到的 $\Gamma_A(g)$ 和 $\Gamma_B(g)$,并记 $\chi_A(g)=\mathrm{tr}\Gamma_A(g)$, $\chi_B(g)=\mathrm{tr}\Gamma_B(g)$.

(1) 形如 $F_{\{ij\}}$ 的二阶张量

$$[\Gamma(g)]_{ij,i'j'}=\{A\times A\}_{ij,i'j'}=\frac{1}{2}(A_{ii'}A_{jj'}+A_{ij'}A_{ji'}),$$

$$\chi(g)=\frac{1}{2}(A_{ii}A_{jj}+A_{ij}A_{ji})=\frac{1}{2}[\chi_A(g)^2+\chi_A(g^2)].\tag{5.56}$$

(2) 形如 $F_{\mu i}$ 的二阶张量

$$[\Gamma(g)]_{\mu i,\mu' i'}=(B\times A)_{\mu i,\mu' i'}=B_{\mu\mu'}A_{ii'},$$

$$\chi(g)=B_{\mu\mu}A_{ii}=\chi_B(g)\chi_A(g).\tag{5.57}$$

(3) 形如 $F_{i\{jk\}}$ 的三阶张量

$$[\Gamma(g)]_{ijk,i'j'k'}=(A\times\{A\times A\})_{ijk,i'j'k'}=A_{ii'}\times\{A\times A\}_{jk,j'k'}$$

$$=A_{ii'}\frac{1}{2}(A_{jj'}A_{kk'}+A_{jk'}A_{kj'})$$

$$\chi(g)=A_{ii}\frac{1}{2}(A_{jj}A_{kk}+A_{jk}A_{kj})=\frac{1}{2}\chi_A(g)[\chi_A(g)^2+\chi_A(g^2)].\tag{5.58}$$

(4) 形如 $F_{i\mu k}$ 的三阶张量

$$[\Gamma(g)]_{i\mu k,i'\mu' k'}=(A\times(B\times A))_{i\mu k,i'\mu' k'}=A_{ii'}\times(B\times A)_{\mu k,\mu' k'}$$

$$=A_{ii'}B_{\mu\mu'}A_{kk'},$$

$$\chi(g)=A_{ii}B_{\mu\mu}A_{kk}=\chi_B(g)\chi_A(g)^2,\tag{5.59}$$

(5) 形如 $F_{\{\{ij\}\},\{\{kl\}\}}$ 的四阶张量

$$[\Gamma(g)]_{ijkl,i'j'k'l'}=\{\{A\times A\}\times\{A\times A\}\}_{ijkl,i'j'k'l'}$$

$$=\frac{1}{2}[\{A\times A\}_{ij,i'j'}\times\{A\times A\}_{kl,k'l'}+\{A\times A\}_{ij,k'l'}\times\{A\times A\}_{kl,i'j'}]$$

$$=\frac{1}{8}[(A_{ii'}A_{jj'}+A_{ij'}A_{ji'})(A_{kk'}A_{ll'}+A_{kl'}A_{lk'})+(A_{ik'}A_{jl'}+A_{il'}A_{jk'})$$

$$\cdot(A_{ki'}A_{lj'}+A_{kj'}A_{li'})],$$

$$\chi(g)=\frac{1}{8}\chi_A(g)^4+\frac{1}{4}\chi_A(g)^2\chi_A(g^2)+\frac{3}{8}\chi_A(g^2)^2+\frac{1}{4}\chi_A(g^4). \tag{5.60}$$

(6) 形如 $F_{\{\mu i,vj\}}$ 的四阶张量

$$[\Gamma(g)]_{\mu ivj,\mu'i'v'j'}=\{(B\times A)\times(B\times A)\}_{\mu ivj,\mu'i'v'j'}$$

$$=\frac{1}{2}[(B\times A)_{\mu i,\mu'i'}(B\times A)_{vj,v'j'}+(B\times A)_{\mu i,v'j'}(B\times A)_{vj',\mu'i'}]$$

$$=\frac{1}{2}(B_{\mu\mu'}A_{ii'}B_{vv'}A_{jj'}+B_{\mu v'}A_{ij'}B_{v\mu'}A_{ji'}),$$

$$\chi(g)=\frac{1}{2}[\chi_B(g)^2\chi_A(g)^2+\chi_B(g^2)\chi_A(g^2)]. \tag{5.61}$$

(7) 形如 $F_{\{ij\},\mu k}$ 的四阶张量

$$[\Gamma(g)]_{ij\mu k,i'j'\mu'k'}=(\{A\times A\}\times(B\times A))_{ij\mu k,i'j'\mu'k'}$$

$$=\{A\times A\}_{ij,i'j'}(B\times A)_{\mu k,\mu'k'}=\frac{1}{2}[A_{ii'}A_{jj'}+A_{ij'}A_{ji'}]B_{\mu\mu'}A_{kk'},$$

$$\chi(g)=\frac{1}{2}[\chi_A(g)^2+\chi_A(g^2)]\chi_B(g)\chi_A(g). \tag{5.62}$$

(上面各式中的重复指标表示求和).

对于各种对称准晶,利用其点群的特征标表就可以计算出上述各类张量相应该点群所有对称操作的特征标,于是,由式(5.50)则能确定此张量独立分量的数目. 下面以五次对称准晶(点群 5)为例来计算它的热膨胀系数 $\alpha_{ij}{}^{(1)},\alpha_{ij}{}^{(2)}$ 和压电系数 $d_{ijk}{}^{(1)},d_{ijk}{}^{(2)}$ 的独立分量数目. 这两类物理性质张量属于刚才提到的类型(1)、(2)、(3)、(4). 我们已经知道,点群 $C_5(5)$ 的不可约表示全是一维的(见表 5.1),其中一个是恒等表示 Γ_1,另外 4 个配成两对,它们在实数域中是两个二维不可约表示(Γ_2,Γ_3). 这时物理空间基矢按 $\Gamma_1+\Gamma_2$(即前面提到的 A)变换,补空间基矢按 Γ_3(即前面提到的 B)变换.

现将计算中涉及的有关参数列入表 5.3.

热膨胀系数 $\alpha_{ij}{}^{(1)}$ 属于类型(1),由表 5.3 中的"$\chi(g)$:式(5.56)"得到按式(5.56)计算的有关数据:

$$\chi(e)=6,\chi(\alpha)=\chi(\alpha^2)=\chi(\alpha^3)=\chi(\alpha^4)=1, \tag{5.63}$$

表 5.3 计算点群 $C_5(5)$ 的物理性能张量独立分量个数的步骤

对称操作 g	e	C_5	C_5^4	C_5^3	C_5^2	物理性质张量独立分量个数：按式(5.50)
对称操作矩阵 $A(g)$	$\begin{bmatrix}1&0&0\\0&1&0\\0&0&1\end{bmatrix}$	$\begin{bmatrix}\frac{1}{2\tau}&-\frac{\sqrt{2+\tau}}{2}&0\\\frac{\sqrt{2+\tau}}{2}&\frac{1}{2\tau}&0\\0&0&1\end{bmatrix}$	C_5^{-1}	$\begin{bmatrix}-\frac{\tau}{2}&\frac{\sqrt{3-\tau}}{2}&0\\-\frac{\sqrt{3-\tau}}{2}&-\frac{\tau}{2}&0\\0&0&1\end{bmatrix}$	$(C_5^3)^{-1}$	
特征标 $\chi_A(g)$	3	τ	τ	$-\tau+1$	$-\tau+1$	
特征标 $\chi_A(g^2)$	3	$-\tau+1$	$-\tau+1$	τ	τ	
特征标 $\chi_A(g^4)$	3	τ	τ	$-\tau+1$	$-\tau+1$	
对称操作矩阵 $B(g)$	$\begin{bmatrix}1&0\\0&1\end{bmatrix}$	$\begin{bmatrix}-\frac{\tau}{2}&\frac{\sqrt{3-\tau}}{2}\\-\frac{\sqrt{3-\tau}}{2}&-\frac{\tau}{2}\end{bmatrix}$	C_5^{-1}	$\begin{bmatrix}\frac{1}{2\tau}&\frac{\sqrt{2+\tau}}{2}\\-\frac{\sqrt{2+\tau}}{2}&\frac{1}{2\tau}\end{bmatrix}$	$(C_5^3)^{-1}$	
特征标 $\chi_B(g)$	2	$-\tau$	$-\tau$	$\tau-1$	$\tau-1$	

续表

对称操作 g	e	C_5	C_5^4	C_5^3	C_5^2	物理性质张量独立分量个数：按式(5.50)
特征标 $\chi_B(g^2)$	2	$\tau-1$	$\tau-1$	$-\tau$	$-\tau$	
$\chi(g)$：式(5.56)	6	1	1	1	1	$n_{a(1)}=2$
$\chi(g)$：式(5.57)	6	$-(\tau+1)$	$-(\tau+1)$	$-(2-\tau)$	$-(2-\tau)$	$n_{a(2)}=0$
$\chi(g)$：式(5.58)	18	τ	τ	$-\tau+1$	$-\tau+1$	$n_{d(1)}=4$
$\chi(g)$：式(5.59)	18	$-(2\tau+1)$	$-(2\tau+1)$	$2\tau-3$	$2\tau-3$	$n_{d(2)}=2$
$\chi(g)$：式(5.60)	21	1	1	1	1	$n_C=5$
$\chi(g)$：式(5.61)	21	2τ	2τ	$2-2\tau$	$2-2\tau$	$n_K=5$
$\chi(g)$：式(5.62)	36	$-(\tau+1)$	$-(\tau+1)$	$\tau-2$	$\tau-2$	$n_R=6$

这里 e 表示恒等变换，α 为 5 次旋转，即表中的对称操作 C_5. 由式(5.50)求出非零独立分量的数目为 $(6+4)/5=2$. 热膨胀系数 $\alpha_{ij}^{(2)}$ 属于类型(2)，由表 5.3 中的"$\chi(g)$：式(5.57)"得到按式(5.57)计算的有关数据

$$\chi(e)=6,\chi(\alpha)=\chi(\alpha^4)=-(\tau+1),\chi(\alpha^2)=\chi(\alpha^3)=\tau-2, \tag{5.64}$$

这里 $\tau=(1+\sqrt{5})/2$. 由式(5.50)知非零独立分量数目为 $[6-2(\tau+1)+2(\tau-2)]/5=0$. 压电系数 $d_{ijk}^{(1)}$ 属于类型(3)，由表 5.3 中的"$\chi(g)$：式(5.58)"得到按式(5.58)计算的有关数据

$$\chi(e)=18,\chi(\alpha)=\chi(\alpha^4)=\tau,\chi(\alpha^2)=\chi(\alpha^3)=1-\tau, \tag{5.65}$$

其非零独立分量数目为 $[18+2\tau+2(1-\tau)]/5=4$. 压电系数 $d_{ijk}^{(2)}$ 属于类型(4)，由表 5.3 中的"$\chi(g)$：式(5.59)"得到按式(5.59)计算的有关数据

$$\chi(e)=18,\chi(\alpha)=\chi(\alpha^4)=-(2\tau+1),\chi(\alpha^2)=\chi(\alpha^3)=2\tau-3, \tag{5.66}$$

其非零独立分量数目为 $[18-2(2\tau+1)+2(2\tau-3)]/5=2$. 表中 n_C，n_K 和 n_R 分别是声子、相位子和耦合弹性常数的独立分量的个数，其推导步骤见§6.3. 其余物理性质张量非零独立分量数目均可以类似求得.

§5.5 准晶物理性质张量非零独立分量的确定(胡承正等，1997；Hu，et al.，2000；Yang，et al.，1995；Hu，et al.，1997)

确定物理性质张量非零独立分量的具体形式无疑要比计算它们的数目困难得多，这需要用到群表示的约化理论. 在此，我们先以点群 $C_n(N)$ 为例，在 5.5.1 节中讨论 n 次旋转(转角为 $\alpha=\frac{2\pi}{n}$)对称性的作用下，声子和相位子应变张量表示约化的矩阵形式.

然后以五次对称准晶为例，来推导它的热膨胀系数 $\alpha_{ij}^{(1)}$，$\alpha_{ij}^{(2)}$ 和压电系数 $d_{ijk}^{(1)}$，$d_{ijk}^{(2)}$ 的独立分量. 在§6.3 再讨论应变的二次不变量以及弹性常数的独立分量.

5.5.1 声子和相位子应变张量表示约化的矩阵形式

这里，我们介绍一种简单易行的确定二次不变量的方法，即声子、相位于应变张量表示约化的矩阵形式. 下面的讨论将以准周期平面是 4 秩的二维准晶为例，这时物理空间是三维的，补空间是二维的. 这里讨论的基本方法原则上适用于更高秩的二维准晶和其他维准晶. 首先需要指出的是：声子位移场 $u_i(i=1,2,3)$ 和梯度算符 $\partial_i(i=1,2,3)$ 按准晶点群的一个真实表示变换，而相位子位移场 w_i $(i=1,2)$ 按另一个不可约表示变换. 另外，由于点群的所有对称操作均可由其生成元（n 次旋转、旋转反演、反演、平面反映）得到，因此在约化过程中只需求出生成元所对应的表示矩阵的变换就够了. 这样，就矩阵形式来看，群表示的约化即是矩阵的分块对角化.

对点群 $N(C_n)$，其生成元只有一个，即，n 次旋转 $\alpha=2\pi/n$，在 α 的作用下，矢量 ∂，u 和 w 的变换分别为

$$\partial'=\begin{pmatrix}M(\alpha) & 0\\ 0 & 1\end{pmatrix}\partial,\quad \boldsymbol{u}'=\begin{pmatrix}M(\alpha) & 0\\ 0 & 1\end{pmatrix}\boldsymbol{u},\quad \boldsymbol{w}'=M(\beta)\boldsymbol{w},\tag{5.67}$$

其中

$$M(\theta)=\begin{pmatrix}\cos\theta & -\sin\theta\\ \sin\theta & \cos\theta\end{pmatrix},\tag{5.68}$$

于是，声子应变场的变换为

$$(\boldsymbol{\partial}\times\boldsymbol{u})'=\left\{\begin{pmatrix}M(\alpha) & 0\\ 0 & 1\end{pmatrix}\times\begin{pmatrix}M(\alpha) & 0\\ 0 & 1\end{pmatrix}\right\}(\boldsymbol{\partial}\times\boldsymbol{u}).\tag{5.69}$$

相位子应变场的变换为

$$(\boldsymbol{\partial}\times\boldsymbol{w})'=\left\{\begin{pmatrix}M(\alpha) & 0\\ 0 & 1\end{pmatrix}\times M(\beta)\right\}(\boldsymbol{\partial}\times\boldsymbol{w}),\tag{5.70}$$

（其中的"×"号表直积）. 通过计算，式(5.69)可分成如下三部分：

$$\begin{pmatrix} \partial_1 u_1 \\ \partial_1 u_2 \\ \partial_2 u_1 \\ \partial_2 u_2 \end{pmatrix}' = M_1 \begin{pmatrix} \partial_1 u_1 \\ \partial_1 u_2 \\ \partial_2 u_1 \\ \partial_2 u_2 \end{pmatrix} =$$

$$\begin{pmatrix} \cos^2\alpha & -\cos\alpha\sin\alpha & -\cos\alpha\sin\alpha & \sin^2\alpha \\ \cos\alpha\sin\alpha & \cos^2\alpha & -\sin^2\alpha & -\cos\alpha\sin\alpha \\ \cos\alpha\sin\alpha & -\sin^2\alpha & \cos^2\alpha & -\cos\alpha\sin\alpha \\ \sin^2\alpha & \cos\alpha\sin\alpha & \cos\alpha\sin\alpha & \cos^2\alpha \end{pmatrix}$$

$$\times \begin{pmatrix} \partial_1 u_1 \\ \partial_1 u_2 \\ \partial_2 u_1 \\ \partial_2 u_2 \end{pmatrix}, \tag{5.71}$$

$$\begin{pmatrix} \partial_1 u_3 \\ \partial_2 u_3 \\ \partial_3 u_1 \\ \partial_3 u_2 \end{pmatrix}' = M_2 \begin{pmatrix} \partial_1 u_3 \\ \partial_2 u_3 \\ \partial_3 u_1 \\ \partial_3 u_2 \end{pmatrix}$$

$$= \begin{pmatrix} \cos\alpha & -\sin\alpha & 0 & 0 \\ \sin\alpha & \cos\alpha & 0 & 0 \\ 0 & 0 & \cos\alpha & -\sin\alpha \\ 0 & 0 & \sin\alpha & \cos\alpha \end{pmatrix} \begin{pmatrix} \partial_1 \mu_3 \\ \partial_2 \mu_3 \\ \partial_3 \mu_1 \\ \partial_3 \mu_2 \end{pmatrix}, \tag{5.72}$$

$$(\partial_3 u_3)' = \partial_3 u_3. \tag{5.73}$$

而式(5.70)分成如下两部分:

$$\begin{pmatrix} \partial_1 w_1 \\ \partial_1 w_2 \\ \partial_2 w_1 \\ \partial_2 w_2 \end{pmatrix}' = M_3 \begin{pmatrix} \partial_1 w_1 \\ \partial_1 w_2 \\ \partial_2 w_1 \\ \partial_2 w_2 \end{pmatrix}$$

$$= \begin{pmatrix} \cos\alpha\cos\beta & -\cos\alpha\sin\beta & -\sin\alpha\cos\beta & \sin\alpha\sin\beta \\ \cos\alpha\sin\beta & \cos\alpha\cos\beta & -\sin\alpha\sin\beta & -\sin\alpha\cos\beta \\ \sin\alpha\cos\beta & -\sin\alpha\sin\beta & \cos\alpha\cos\beta & -\cos\alpha\sin\beta \\ \sin\alpha\sin\beta & \sin\alpha\cos\beta & \cos\alpha\sin\beta & \cos\alpha\cos\beta \end{pmatrix} \begin{pmatrix} \partial_1 w_1 \\ \partial_1 w_2 \\ \partial_2 w_1 \\ \partial_2 w_2 \end{pmatrix},$$

(5.74)

$$\begin{pmatrix} \partial_3 w_1 \\ \partial_3 w_2 \end{pmatrix}' = M(\beta) \begin{pmatrix} \partial_3 w_1 \\ \partial_3 w_2 \end{pmatrix}. \tag{5.75}$$

由式(5.73)知,$\partial_3\mu_3$ 按群的恒等表示变换,因而它是一个一次不变量. 对式(5.71),(5.72),(5.74)和式(5.75)进行如下运算:先作基变换,即选取两个变换矩阵

$$\boldsymbol{T}_1 = \begin{pmatrix} \frac{1}{\sqrt{2}} & 0 & 0 & \frac{1}{\sqrt{2}} \\ 0 & \frac{1}{\sqrt{2}} & \frac{-1}{\sqrt{2}} & 0 \\ 0 & \frac{1}{\sqrt{2}} & \frac{1}{\sqrt{2}} & 0 \\ \frac{1}{\sqrt{2}} & 0 & 0 & \frac{-1}{\sqrt{2}} \end{pmatrix}, \quad \boldsymbol{T}_2 = \begin{pmatrix} \frac{1}{\sqrt{2}} & 0 & \frac{1}{\sqrt{2}} & 0 \\ 0 & \frac{1}{\sqrt{2}} & 0 & \frac{1}{\sqrt{2}} \\ \frac{-1}{\sqrt{2}} & 0 & \frac{1}{\sqrt{2}} & 0 \\ 0 & \frac{1}{\sqrt{2}} & 0 & \frac{-1}{\sqrt{2}} \end{pmatrix}, \tag{5.76}$$

使得

$$\boldsymbol{T}_1 \begin{pmatrix} \partial_1 u_1 \\ \partial_1 u_2 \\ \partial_2 u_1 \\ \partial_2 u_2 \end{pmatrix} = \frac{1}{\sqrt{2}} \begin{pmatrix} \partial_1 u_1 + \partial_2 u_2 \\ \partial_1 u_2 - \partial_2 u_1 \\ \partial_1 u_2 + \partial_2 u_1 \\ \partial_1 u_1 - \partial_2 u_2 \end{pmatrix},$$

$$\boldsymbol{T}_2 \begin{pmatrix} \partial_1 u_3 \\ \partial_2 u_3 \\ \partial_3 u_1 \\ \partial_3 u_2 \end{pmatrix} = \frac{1}{\sqrt{2}} \begin{pmatrix} \partial_1 u_3 + \partial_3 u_1 \\ \partial_2 u_3 + \partial_3 u_2 \\ \partial_3 u_1 - \partial_1 u_3 \\ \partial_2 u_3 - \partial_3 u_2 \end{pmatrix},$$

$$
\boldsymbol{T}_1 \begin{pmatrix} \partial_1 w_1 \\ \partial_1 w_2 \\ \partial_2 w_1 \\ \partial_2 w_2 \end{pmatrix} = \frac{1}{\sqrt{2}} \begin{pmatrix} \partial_1 w_1 + \partial_2 w_2 \\ \partial_1 w_2 - \partial_2 w_1 \\ \partial_1 w_2 + \partial_2 w_1 \\ \partial_1 w_1 - \partial_2 w_2 \end{pmatrix}. \tag{5.77}
$$

然后将上面 3 个基的变换应用到式(5.71),式(5.72)和式(5.74),并计算出相似变换 $\boldsymbol{T}_1\boldsymbol{M}_1\boldsymbol{T}_1^{-1}$, $\boldsymbol{T}_2\boldsymbol{M}_2\boldsymbol{T}_2^{-1}$ 和 $\boldsymbol{T}_1\boldsymbol{M}_3\boldsymbol{T}_1^{-1}$,便可以得到用来确定不变量的表示式. 它们连同式(5.73)和(5.75)可总括为

$$
\begin{pmatrix} E'_{11} - E'_{22} \\ 2E'_{12} \end{pmatrix} = M(2\alpha) \begin{pmatrix} E_{11} - E_{22} \\ 2E_{12} \end{pmatrix}, \tag{5.78}
$$

$$
\begin{pmatrix} E'_{13} \\ E'_{23} \end{pmatrix} = M(\alpha) \begin{pmatrix} E_{13} \\ E_{23} \end{pmatrix}, \tag{5.79}
$$

$$
E'_{11} + E'_{22} = I(E_{11} + E_{22}), \tag{5.80}
$$

$$
E'_{33} = I\,E_{33}, \tag{5.81}
$$

$$
\begin{pmatrix} W'_{11} + W'_{22} \\ W'_{21} - W'_{12} \end{pmatrix} = M(\beta - \alpha) \begin{pmatrix} W_{11} + W_{22} \\ W_{21} - W_{12} \end{pmatrix}, \tag{5.82}
$$

$$
\begin{pmatrix} W'_{11} - W'_{22} \\ W'_{21} + W'_{12} \end{pmatrix} = M(\beta + \alpha) \begin{pmatrix} W_{11} - W_{22} \\ W_{21} + W_{12} \end{pmatrix}, \tag{5.83}
$$

$$
\begin{pmatrix} W'_{13} \\ W'_{23} \end{pmatrix} = M(\beta) \begin{pmatrix} W_{13} \\ W_{23} \end{pmatrix}, \tag{5.84}
$$

这里,I 是单位矩阵,$W_{ij} = \partial_j w_i$, $E_{ij} = \frac{1}{2}(\partial_i u_j + \partial_j u_i)$是声子位移梯度张量$\partial_i u_j$ 的对称部分,相应的反对称部分$\frac{1}{2}(\partial_i u_j - \partial_j u_i)$代表刚性旋转,对弹性能无贡献,故不予考虑. 这 7 个式子(5.78)~(5.84)反映了声子、相位子应变场在群元素作用下的变换性质. 利用它们便可以得到,具有点对称 N 的准晶的声子、相位子应变以及由它们的耦合而形成的所有二次不变量. 算出了这些应变张量不变量,也就确定了独立的弹性常数,进而也就得到了相应的弹

性能表示式.

对于其他类型的准晶,其生成元一般不只一个旋转操作. 除了上面 7 个变换式外,还需写出声子、相位子应变场在其他生成元作用下的变换式. 这时,推导的过程可能繁复些,但基本方法是相同的. 现在我们就用这里所介绍的方法,推导五次准晶的热膨胀系数和压电系数的独立分量.

5.5.2 五次准晶的热膨胀系数和压电系数的独立分量的推导

从热膨胀系数的表示式

$$\alpha_{ij}^{(1)}=\frac{\partial E_{ij}}{\partial \theta},\quad \alpha_{ij}^{(2)}=\frac{\partial W_{ij}}{\partial \theta},\tag{5.85}$$

人们不难看出,$\alpha_{ij}^{(1)}$ 与 E_{ij} 具有相同变换特征. 因此,只要知道了 E_{ij} 的张量不变量的形式,也就知道了 $\alpha_{ij}^{(1)}$ 的张量不变量的形式,从而便可以确定它的非零独立分量. 根据定义 $E_{ij}=(\partial_j u_i+\partial_i u_j)/2(\partial_i=\partial/\partial x_i)$,声子应变场是由梯度算符和声子位移场生成的二阶对称张量. 因为梯度算符和声子位移场都是物理空间中的矢量,它们按 $\Gamma_1+\Gamma_2$ 变换,所以二阶对称张量将按 $\{(\Gamma_1+\Gamma_2)\times(\Gamma_1+\Gamma_2)\}$ 变换. 这个表示是可约的,它的约化式为

$$\{(\Gamma_1+\Gamma_2)\times(\Gamma_1+\Gamma_2)\}=2\Gamma_1+\Gamma_2+\Gamma_3.\tag{5.86}$$

上式右端各项系数可以利用式(5.47b)得到. Γ_1 前的系数 2 正是在§5.4 中计算的结果. 注意,实空间中的二维表示 Γ_2 和 Γ_3 并不是点群 $C_5(5)$的不可约表示. 为了求得它们在式(5.86)中的系数,需要用表 5.1 中的特征标代入式(5.47b)中进行计算. 约化式(5.86)表明,二阶对称空间的 6 个基矢($E_{11},E_{22},E_{33},E_{23},E_{31},E_{12}$)可以分成 4 个不变子空间. 由(5.80)和(5.81)两式可知,$E_{11}+E_{22}$和 E_{33}分别张成两个恒等表示空间. 由(5.78)和(5.79)两式可知,$E_{11}-E_{22}$和 $2E_{12}$,张成 Γ_3 的表示空间,E_{31}和 E_{23}张成 Γ_2 的表示空间. 根据张量不变量的定义,E_{ij} 中有两个不变量,这就是 $E_{11}+E_{22}$和 E_{33}. 只有由这些不变量线性组合而成的二阶对称张

量才能满足 Neumann 原理的要求. 显然,它们的线性组合系数,或非零独立分量即为

$$\alpha_{11}^{(1)}=\alpha_{22}^{(1)},\alpha_{33}^{(1)}. \tag{5.87}$$

通常将它们写成如下矩阵形式:

$$\boldsymbol{\alpha}^{(1)}=\begin{pmatrix}\alpha_{11} & 0 & 0\\ 0 & \alpha_{11} & 0\\ 0 & 0 & \alpha_{33}\end{pmatrix}_2, \tag{5.88}$$

式中矩阵所附下标表示非零独立分量数目.

另一方面,构成相位子应变 $W_{ij}=\partial_j w_i$ 的梯度算符和相位子位移场分别是物理空间及其补空间的矢量,前者按 $\Gamma_1+\Gamma_2$ 变换,后者按 Γ_3 变换. 因此,W_{ij} 按下面约化式变换

$$(\Gamma_1+\Gamma_2)\times\Gamma_3=\Gamma_2+2\Gamma_3. \tag{5.89}$$

由式(5.83)可知,$(W_{21}+W_{12},W_{11}-W_{22})$张成 Γ_2 的表示空间. 由(5.84)和(5.82)两式可知,(W_{13},W_{23})和$(W_{21}-W_{12},W_{11}+W_{22})$张成两个 Γ_3 的表示空间. 式(5.89)的等号右边不含恒等表示,故而 $\alpha^{(2)}$中非零独立分量的个数为零

$$\alpha^{(2)}=0. \tag{5.90}$$

类似地,我们也可以确定压电系数非零独立分量(Hu, et al., 1997). 从压电系数的表示式

$$d_{ijk}^{(1)}=\frac{\partial D_i}{\partial T_{jk}},d_{ijk}^{(2)}=\frac{\partial D_i}{\partial H_{jk}}. \tag{5.91}$$

人们不难看出,$d_{ijk}^{(1)}$与$D_i\times T_{jk}$具有相同变换特征,$d_{ijk}^{(2)}$与$D_i\times H_{jk}$具有相同变换特征($\times$表示张量积). 对于 $d_{ijk}^{(1)}$,电位移矢量是物理空间中的矢量,它按 $\Gamma_1+\Gamma_2$ 变换,T_{jk}与 E_{jk}具有相同变换性质,即它按$\{(\Gamma_1+\Gamma_2)\times(\Gamma_1+\Gamma_2)\}=2\Gamma_1+\Gamma_2+\Gamma_3$ 变换. 因此,压电系数 $d_{ijk}{}^{(1)}$按下面约化式变换:

$$\begin{aligned}(\Gamma_1+\Gamma_2)\times\{(\Gamma_1+\Gamma_2)\times(\Gamma_1+\Gamma_2)\}&=(\Gamma_1+\Gamma_2)\\ \times(2\Gamma_1+\Gamma_2+\Gamma_3)&=4\Gamma_1+4\Gamma_2+3\Gamma_3.\end{aligned} \tag{5.92}$$

上式右边包含 4 个恒等表示,这意味着存在 4 个不变量. 这 4 个

不变量由 P_i, E_{jk} 适当线性组合而成. 首先,电位移矢量的第三分量 P_3(沿旋转轴 x_3)是一个不变量(荷载恒等表示 Γ_1),同时 $E_{11}+E_{22}, E_{33}$ 在热膨胀系数的讨论中已表明也都是不变量,因此它们的乘积构成下面两个不变量:

$$P_3E_{33}, P_3(E_{11}+E_{22}). \tag{5.93}$$

其次,(P_1, P_2) 和 (E_{31}, E_{23}) 都按表示 Γ_2 变换,即

$$\begin{bmatrix} P_1{}' \\ P_2{}' \end{bmatrix} = M(\alpha)\begin{bmatrix} P_1 \\ P_2 \end{bmatrix}, \begin{bmatrix} E_{31}{}' \\ E_{23}{}' \end{bmatrix} = M(\alpha)\begin{bmatrix} E_{31} \\ E_{23} \end{bmatrix},$$

并有

$$\begin{bmatrix} E_{23}{}' \\ -E_{31}{}' \end{bmatrix} = M(\alpha)\begin{bmatrix} E_{23} \\ -E_{31} \end{bmatrix}.$$

因此,荷载此不可约表示的两个矢量间的标积也应是不变量. 在 C_5 点群的情况下,它们有两个,即

$$P_1E_{31}+P_2E_{23}, P_1E_{23}-P_2E_{31}. \tag{5.94}$$

结合式(5.93)和式(5.94)我们得到 $d_{ijk}^{(1)}$ 的 4 个非零独立分量

$$d_{333}^{(1)}, d_{311}^{(1)}=d_{322}^{(1)}, d_{131}^{(1)}=d_{223}^{(1)}, d_{123}^{(1)}=-d_{231}^{(1)}. \tag{5.95}$$

写成矩阵形式为

$$\boldsymbol{d}^{(1)} = \begin{pmatrix} 0 & 0 & 0 & d_{14}^{(1)} & d_{15}^{(1)} & 0 \\ 0 & 0 & 0 & d_{15}^{(1)} & -d_{14}^{(1)} & 0 \\ d_{31}^{(1)} & d_{31}^{(1)} & d_{33}^{(1)} & 0 & 0 & 0 \end{pmatrix}_4, \tag{5.96}$$

式中对称部分指标采用了简化下标,双下标与简化下标的对应关系如下:

$$11\Leftrightarrow 1, 22\Leftrightarrow 2, 33\Leftrightarrow 3, 23\Leftrightarrow 4, 31\Leftrightarrow 5, 12\Leftrightarrow 6. \tag{5.97}$$

同样可以用求形如 P_iW_{jk} 的不变量的方法来确定 $d_{ijk}{}^{(2)}$ 的非零独立分量. 不过,应该注意的是,构成相位子应变 $W_{ij}=\partial_j w_i$ 的梯度算符和相位子位移场分别是物理空间及其补空间的矢量,前者按 $\Gamma_1+\Gamma_2$ 变换,后者按 Γ_3 变换. 因此,W_{ij} 应按约化式(5.89)变换

$$(\Gamma_1+\Gamma_2)\times\Gamma_3=\Gamma_2+2\Gamma_3.$$

这时,$d_{ijk}{}^{(2)}$ 的约化式为

$$(\Gamma_1+\Gamma_2)\times[(\Gamma_1+\Gamma_2)\times\Gamma_3]=(\Gamma_1+\Gamma_2)\times(\Gamma_2+2\Gamma_3)$$
$$=2\Gamma_1+3\Gamma_2+5\Gamma_3.$$

两个恒等表示意味存在两个形如 P_iW_{jk} 的不变量. 注意到(P_1, P_2)和$(W_{21}+W_{12}, W_{11}-W_{22})$均按 Γ_2 变换,这两个不变量即可由荷载此表示的两矢量间的标积得到. 它们是

$$P_1(W_{21}+W_{12})+P_2(W_{11}-W_{22}),P_1(W_{11}-W_{22})-P_2(W_{21}+W_{12}). \tag{5.98}$$

由此,$d_{ijk}{}^{(2)}$两个非零独立分量为

$$d_{121}^{(2)}=d_{112}^{(2)}=d_{211}^{(2)}=-d_{222}^{(2)},d_{111}^{(2)}=-d_{122}^{(2)}=-d_{221}^{(2)}=-d_{212}^{(2)}, \tag{5.99}$$

它们也可以写成

$$\boldsymbol{d}^{(2)}=\begin{bmatrix} d_{111}^{(2)} & -d_{111}^{(2)} & 0 & d_{112}^{(2)} & 0 & d_{112}^{(2)} \\ d_{112}^{(2)} & -d_{112}^{(2)} & 0 & -d_{111}^{(2)} & 0 & -d_{111}^{(2)} \\ 0 & 0 & 0 & 0 & 0 & 0 \end{bmatrix}_2, \tag{5.100}$$

这里,与相位子有关的双指标编序为 11,22,23,12,13,21. 其他对称准晶物理性质张量非零独立分量都可以类似地确定,它们的形式和个数已在本书附录中给出.

参 考 文 献

胡承正、杨文革、王仁卉、丁棣华. 物理学进展,1997(17):345~375

Hu C Z, Wang R H, Ding D H, Yang W G. Phys Rev B,1997(56):2463~2468

Hu C Z, Wang R H. Ding D H. Rep Prog. Phys, 2000(63):1~39

Yang W G, Ding D H, Hu C Z, Wang R H. Phys Rev B, 1994(49): 12656~12661

Yang W G, Ding D H, Wang R H, Hu C Z. Z Phys B, 1996(100):447~454

Yang W G, Wang R H, Ding D H, Hu C Z. J Phys,1995(7):7099~7112

第六章　准晶的线弹性理论

§6.1　准晶弹性行为的基本特征

自从准晶相在实验上被观察到后，有关这一有序相的弹性问题便引起了人们极大的兴趣．Lubensky (1988)综述了有关准晶的对称性、弹性以及流体动力学等方面的开创性的成果．这方面的研究主要有两种方法：Penrose 拼砌(单胞法)和密度波模型(密度波法)．由于密度波方法更易于理解准晶的弹性性质，我们的注意力将集中于此表述上．

根据 Landau 的唯象理论，如果选取有序相的密度函数 $\rho(r)$ 为序参数，那么它的自由能可以按 $\rho(r)$的幂级数展开．其展开式中第 k 次幂的项为

$$\begin{aligned}F^{(k)} &= -A_k\sum_i\int \mathrm{d}\boldsymbol{r}\rho_{G_1}\rho_{G_2}\cdots\rho_{G_k}\exp(\sum_i \boldsymbol{G}_i\cdot\boldsymbol{r}) \\ &= -A_k\sum_{\boldsymbol{G}_i}\Delta[\sum_i \boldsymbol{G}_i]\cos[\sum_i \Phi_{G_i}]\prod_i\left|\rho_{G_i}\right|,\end{aligned}\tag{6.1}$$

式中，ρ_G 为 $\rho(r)$的 Fourier 分量

$$\rho(\boldsymbol{r}) = \sum\rho_G \mathrm{e}^{\mathrm{i}\boldsymbol{G}\cdot\boldsymbol{r}},\ \rho_G = \left|\rho_G\right|\mathrm{e}^{\mathrm{i}\Phi_i},\tag{6.2}$$

且由于 $\rho(r)$为实函数

$$\left|\rho_G\right| = \left|\rho_{-G}\right|,\ \Phi_G = -\Phi_{-G}.\tag{6.3}$$

另外

$$\Delta(x) = \delta_{x,0}.\tag{6.4}$$

显然，一个可能存在的有序相应该使得它的自由能取极小值，即

$$\frac{\delta F}{\delta\left|\rho_G\right|} = 0,\ \frac{\delta F}{\delta\Phi_G} = 0.\tag{6.5}$$

可惜，要利用上式来求一个稳定有序结构的密度函数是非常棘手

的，甚至是不可能的．因此，实际的做法是：将某一有序相结构的密度函数代入自由能展开式中，由此判断它是否或在什么条件下取极小值；并且计算中一般将自由能展开式加以截断，即取 F 中只包含所需的低阶项．一些作者的研究表明，在包含到三次项时，稳定相呈体心立方结构；而在包含到五次项时，稳定相呈五次对称或二十面体对称结构．

这里考虑五次对称（C_{5V}）情形．五次对称结构的密度函数

$$\rho(\boldsymbol{r}) = \sum_i \rho_i \cos(\boldsymbol{G}_i \cdot \boldsymbol{r} + \Phi_i) \qquad (\rho_i = \rho_{G_i}). \qquad (6.6)$$

若相应的 $F^{(5)}$ 不为零，则应满足条件(6.4)，即和式中的 G_i 形成一封闭的五边形．这时

$$F^{(5)} = - A_5 \rho^5 \cos(\sum_i \Phi_i), \qquad (6.7)$$

此处，由于对称性要求

$$|\rho_i| = \rho \qquad (i = 1, 2, \cdots, 5). \qquad (6.8)$$

由此可见，当自由能取极小值时，和式 $\sum \Phi_i$，应为某一固定值，设为常数 γ

$$\sum_i \Phi_i = \gamma, \qquad (6.9)$$

这意味着，对于一个确定的极小值 F，有一个确定的 γ，并且 F 的值并不取决于式(6.9)中单个位相 Φ_i 的值，而是取决于它们的和值．选取 G_i 为下面 5 个二维倒格矢：

$$G_i = b^* [\cos 2\pi i/5, \sin 2\pi i/5] \quad (i = 0, 1, 2, 3, 4). \quad (6.10)$$

显然，它们满足条件式(6.4)，且 G_0 与 $G_1 + G_4$ 之比是无理数．与这 5 个 G_i 相关的 5 个相位 Φ_i 应满足式(6.9)．所以，这种准周期结构具有 4 个独立的位相变量，也就是说，它们可以用一个 4 维矢量场参数化．按照 2.4.1 节，我们取 4 维空间晶体倒易点阵的基矢 $\boldsymbol{e}_1^*, \boldsymbol{e}_2^*, \boldsymbol{e}_3^*$ 和 $\boldsymbol{e}_4^*$ 依次作为式(6.10)中的 G_1, G_2, G_3 和 G_4．下面我们给出位相 $\Phi_i = \Phi_{G_i}$ 与波矢 $\widetilde{\boldsymbol{G}}$ 一个明显的函数关系式（称为参数化）．

本节讨论的密度函数 $\rho(r)$具有点群 $C_{5V}(5m)$所描述的对称性，它存在于三维物理空间．其中有二维是准周期分布的，另外一维则是周期地分布的，且沿其周期性方向具有五次旋转轴．因此，为了描述五次准晶，需要考虑由基矢 $\boldsymbol{e}_j=(\boldsymbol{e}_1,\boldsymbol{e}_2,\boldsymbol{e}_3,\boldsymbol{e}_4,\boldsymbol{e}_5)$张着的五维空间晶体以及另外一套由基矢 $\boldsymbol{E}_j=(\boldsymbol{E}_1,\boldsymbol{E}_2,\boldsymbol{E}_3,\boldsymbol{E}_4,\boldsymbol{E}_5)$张着的正交归一化的坐标系，其中基矢 $\boldsymbol{E}_1,\boldsymbol{E}_2,\boldsymbol{E}_3$ 张着平行空间，基矢 $\boldsymbol{E}_4,\boldsymbol{E}_5$ 张着垂直空间．五维空间晶体中由基矢 $\boldsymbol{e}_5$ 张着的一维空间恰好就是平行空间中由基矢 $\boldsymbol{E}_3$ 张着的呈周期性的一维空间．五维空间晶体中另外的由基矢 $\boldsymbol{e}_1,\boldsymbol{e}_2,\boldsymbol{e}_3,\boldsymbol{e}_4$ 张着的四维空间与正交归一化坐标系中的另外 4 个基矢 $\boldsymbol{E}_1,\boldsymbol{E}_2,\boldsymbol{E}_4,\boldsymbol{E}_5$ 相对应．由群表示理论(见第四、五章)，四维空间中的五次旋转操作在平行空间是旋转 $2\pi/5$ 角度．在垂直空间则是旋转 $3\times2\pi/5$ 角度．据此我们可以如图 2.10(a)安排倒易点阵基矢的平行空间分量，并如图 2.10(b)安排倒易点阵基矢的垂直空间分量，它们都是由正五边形的中心指向顶点的矢量．

图 2.10 所表示的 4 维晶体空间中倒易点阵基矢$(\boldsymbol{e}_1{}^*,\boldsymbol{e}_2{}^*,\boldsymbol{e}_3{}^*,\boldsymbol{e}_4{}^*)$与另一套正归一化的基矢 $\boldsymbol{E}_j{}^*=(\boldsymbol{E}_1{}^*,\boldsymbol{E}_2{}^*,\boldsymbol{E}_4{}^*,\boldsymbol{E}_5{}^*)$之间的下列关系：

$$\begin{pmatrix} e_1{}^* \\ e_2{}^* \\ e_3{}^* \\ e_4{}^* \end{pmatrix} = W^t \begin{pmatrix} E_1{}^* \\ E_2{}^* \\ E_4{}^* \\ E_5{}^* \end{pmatrix}, \tag{6.11}$$

式中

$$W^t = a^* \begin{pmatrix} \cos\omega & \sin\omega & \cos3\omega & \sin3\omega \\ \cos2\omega & \sin2\omega & \cos\omega & \sin\omega \\ \cos3\omega & \sin3\omega & \cos4\omega & \sin4\omega \\ \cos4\omega & \sin4\omega & \cos2\omega & \sin2\omega \end{pmatrix}, \tag{6.12}$$

$$\omega=2\pi/5,$$

$$\cos\omega=\cos4\omega=\frac{\tau-1}{2}=0.309,$$

$$\cos 2\omega = \cos 3\omega = -\frac{\tau}{2} = -0.809,$$

$$\cos m\omega + \cos 3m\omega = -1/2(m\text{ 是整数}),$$

$$\sin\omega = -\sin 4\omega = \frac{\sqrt{2+\tau}}{2} = 0.951,$$

$$\sin 2\omega = -\sin 3\omega = \frac{\sqrt{3-\tau}}{2} = \frac{1}{\tau}\sin\omega = 0.588, \qquad (6.13)$$

a^*是五次准晶倒易基矢在平行空间的分量和垂直空间分量的长度．利用式(6.13)可以求出矩阵 $\boldsymbol{W}$ 的逆矩阵 $\boldsymbol{T}=\boldsymbol{W}^{-1}$是

$$\boldsymbol{T} = \frac{2}{5a^*}\begin{pmatrix} \cos\omega - 1 & \sin\omega & \cos 3\omega - 1 & \sin 3\omega \\ \cos 2\omega - 1 & \sin 2\omega & \cos\omega - 1 & \sin\omega \\ \cos 3\omega - 1 & \sin 3\omega & \cos 4\omega - 1 & \sin 4\omega \\ \cos 4\omega - 1 & \sin 4\omega & \cos 2\omega - 1 & \sin 2\omega \end{pmatrix}. \qquad (6.14)$$

按照 2.1.2 节关于线性坐标变换的讨论，可知对五次准晶而言，正点阵基矢 $\boldsymbol{e}_j=(\boldsymbol{e}_1,\boldsymbol{e}_2,\boldsymbol{e}_3,\boldsymbol{e}_4)$和 $\boldsymbol{E}_j=(\boldsymbol{E}_1,\boldsymbol{E}_2,\boldsymbol{E}_4,\boldsymbol{E}_5)$，倒易点阵基矢 $\boldsymbol{e}_j{}^*=(\boldsymbol{e}_1{}^*,\boldsymbol{e}_2{}^*,\boldsymbol{e}_3{}^*,\boldsymbol{e}_4{}^*)$和 $\boldsymbol{E}_j^*=(\boldsymbol{E}_1^*,\boldsymbol{E}_2^*,\boldsymbol{E}_3^*,\boldsymbol{E}_4^*)$，原子位矢的分量 $x_j=(x_1,x_2,x_3,x_4)$和 $X_j=(X_1,X_2,X_4,X_5)$，以及倒易点阵矢量的指数 $h_j=(h_1,h_2,h_3,h_4)$和 $H_j=(H_1,H_2,H_4,H_5)$，分别按下列公式进行变换：

$$\boldsymbol{e}_j{}^{\mathrm{T}} = T\boldsymbol{E}_j{}^{\mathrm{T}} \quad \text{或者} \quad E_j{}^{\mathrm{T}} = W\boldsymbol{e}_j{}^{\mathrm{T}}, \qquad (6.15)$$

$$\boldsymbol{e}_j{}^{*\mathrm{T}} = W^{\mathrm{T}}\boldsymbol{E}_j{}^{*\mathrm{T}} \quad \text{或者} \quad \boldsymbol{E}_j{}^{*\mathrm{T}} = T^{\mathrm{T}}\boldsymbol{e}_j{}^{*\mathrm{T}}, \qquad (6.16)$$

$$x_j{}^{\mathrm{T}} = W^{\mathrm{T}}X_j{}^{\mathrm{T}} \quad \text{或者} \quad X_j{}^{\mathrm{T}} = T^{\mathrm{T}}x_j{}^{\mathrm{T}}, \qquad (6.17)$$

$$h_j{}^{\mathrm{T}} = TH_j{}^{\mathrm{T}} \quad \text{或者} \quad H_j{}^{\mathrm{T}} = Wh_j{}^{\mathrm{T}}. \qquad (6.18)$$

以上各式中大写字母标出的第 1 和第 2 个分量表示平行空间，第 4 和第 5 个分量表示垂直空间．

在由正点阵基矢 $\boldsymbol{e}_j=(\boldsymbol{e}_1,\boldsymbol{e}_2,\boldsymbol{e}_3,\boldsymbol{e}_4)$张着的四维晶体空间中，按照图 2.12(a)的描述，点群 $C_{5V}(5m)$的两个生成元（生成操作）的作用在坐标上的对称操作矩阵分别为

$$\Gamma(C_5)=\begin{bmatrix}-1&-1&-1&-1\\1&0&0&0\\0&1&0&0\\0&0&1&0\end{bmatrix},\ \Gamma(\sigma)=\begin{bmatrix}0&0&0&1\\0&0&1&0\\0&1&0&0\\1&0&0&0\end{bmatrix},\qquad(6.19\text{a})$$

这里 C_5 是绕 5 次轴旋转 $2\pi/5$, σ 是关于过 $\boldsymbol{e}_0$ 的平面(即垂直于图中 $\boldsymbol{E}_2$ 的平面)的映射(镜面反映). 查附录 B,可知点群 $C_{5V}(5m)$ 有 4 个共轭类,4 个不可约表示,即恒等表示 Γ_1,另外一个一维表示 Γ_2,以及两个二维表示 Γ_3 和 Γ_4: Γ_3 是矢量表示,即对称操作 C_5 在此表示中的矩阵为旋转 $2\pi/5$ 的变换; Γ_4 是一个非矢量的二维不可约表示,对称操作 C_5 在此表示中的矩阵为旋转 $6\pi/5$ 的变换. 根据第五章中有关群表示理论的知识,我们知道式(6.19a)中的表示 Γ 是可约的. 它的约化式为

$$\Gamma=\Gamma_3+\Gamma_4.\qquad(6.20)$$

首先我们尝试用§4.1 中采用的方法对式(6.19a)中的矩阵表示 $\Gamma(C_5)$进行约化,即求解下列本征方程:

$$\Gamma(C_5)W^{\mathrm{T}}=W^{\mathrm{T}}\Gamma'(C_5)\quad\text{或}\quad T^{\mathrm{T}}\Gamma(C_5)W^{\mathrm{T}}=\Gamma'(C_5),\qquad(6.21)$$

式中上标 T 表示矩阵转置, $\Gamma'(C_5)$即约化后的矩阵表示,由本征值 λ 构成. 求本征值 λ 也就是求解下列四次代数方程

$$|\Gamma(C_5)-\lambda I|=\begin{vmatrix}-1-\lambda&-1&-1&-1\\1&-\lambda&0&0\\0&1&-\lambda&0\\0&0&1&-\lambda\end{vmatrix}=\lambda^4+\lambda^3+\lambda^2+\lambda+1.\qquad(6.22)$$

不难验证,这个四次多项式可以按照下列方式进行因式分解:

$$\begin{aligned}\lambda^4+\lambda^3+\lambda^2+\lambda+1&=\left(\lambda^2-\frac{\lambda}{\tau}+1\right)(\lambda^2+\tau\lambda+1)\\&=\left[\lambda-\exp\left(\mathrm{i}\,\frac{2\pi}{5}\right)\right]\left[\lambda-\exp\left(-\mathrm{i}\,\frac{2\pi}{5}\right)\right]\left[\lambda-\exp\left(\mathrm{i}\,\frac{6\pi}{5}\right)\right]\\&\quad\times\left[\lambda-\exp\left(-\mathrm{i}\,\frac{6\pi}{5}\right)\right],\end{aligned}\qquad(6.23)$$

这里的 4 个复数根 $\exp\left(\pm\mathrm{i}\,\frac{2\pi}{5}\right)$和 $\exp\left(\pm\mathrm{i}\,\frac{6\pi}{5}\right)$满足§4.1 中提到

的“复根成双”定理．与之对应的约化之后的实数域上的对称操作矩阵是

$$\Gamma'(C_5)=\begin{bmatrix}\cos\omega & -\sin\omega & 0 & 0\\ \sin\omega & \cos\omega & 0 & 0\\ 0 & 0 & \cos3\omega & -\sin3\omega\\ 0 & 0 & \sin3\omega & \cos3\omega\end{bmatrix}=\begin{bmatrix}M(\omega) & 0\\ 0 & M(3\omega)\end{bmatrix}. \tag{6.24a}$$

矩阵 $\Gamma(C_5)$的 4 个本征矢 ξ,η,ρ 和 ζ 构成下列矩阵：

$$\boldsymbol{W}^{\mathrm{T}}=[\xi\ \eta\ \rho\ \zeta]=\begin{bmatrix}\xi_1 & \eta_1 & \rho_1 & \zeta_1\\ \xi_2 & \eta_2 & \rho_2 & \zeta_2\\ \xi_3 & \eta_3 & \rho_3 & \zeta_3\\ \xi_4 & \eta_4 & \rho_4 & \zeta_4\end{bmatrix}$$

$$=\begin{pmatrix}\cos\omega & \sin\omega & \cos3\omega & \sin3\omega\\ \cos2\omega & \sin2\omega & \cos\omega & \sin\omega\\ \cos3\omega & \sin3\omega & \cos4\omega & \sin4\omega\\ \cos4\omega & \sin4\omega & \cos2\omega & \sin2\omega\end{pmatrix}. \tag{6.25}$$

不难验证，式(6.19a)，式(6.24a)和式(6.25)满足方程(6.21)．

正是考虑到式(6.15)～式(6.18)中采用的符号体系，我们故意将式(6.12)中的矩阵记为 $\boldsymbol{W}^{\mathrm{T}}$，以便与式(6.25)一致．然后根据式(6.15)就可得到坐标变换前后两套基矢 $\boldsymbol{E}_j$ 和 $\boldsymbol{e}_j$ 之间的关系是：

$$\begin{bmatrix}\boldsymbol{E}_1\\ \boldsymbol{E}_2\\ \boldsymbol{E}_4\\ \boldsymbol{E}_5\end{bmatrix}=\boldsymbol{W}\begin{bmatrix}e_1\\ e_2\\ e_3\\ e_4\end{bmatrix}=\begin{pmatrix}\cos\omega & \cos2\omega & \cos3\omega & \cos4\omega\\ \sin\omega & \sin2\omega & \sin3\omega & \sin4\omega\\ \cos3\omega & \cos\omega & \cos4\omega & \cos2\omega\\ \sin3\omega & \sin\omega & \sin4\omega & \sin2\omega\end{pmatrix}\begin{bmatrix}e_1\\ e_2\\ e_3\\ e_4\end{bmatrix},$$

将此式与式(6.25)对比，可知本征矢 ξ,η,ρ,ζ 正好就分别是正交归一化的平行空间的$(\boldsymbol{E}_1,\boldsymbol{E}_2)$和垂直空间的$(\boldsymbol{E}_4,\boldsymbol{E}_5)$基矢．

以上式(6.19)到式(6.25)所描述的是对称操作矩阵 $\boldsymbol{\Gamma}(C_5)$约化．读者不难验证，采用式(6.25)给出的基(或称为该矩阵的本

征矢)，也可对式(6.19a)中的另一个生成操作 $\Gamma(\sigma)$进行约化，得到

$$T^{\mathrm{T}}\Gamma(\sigma)W^{t}=\Gamma'(\sigma)=\begin{bmatrix}1&0&0&0\\0&-1&0&0\\0&0&1&0\\0&0&0&-1\end{bmatrix}. \tag{6.24b}$$

式(6.24b)表明，这是个反映操作，有关的镜面与平行空间的 $\boldsymbol{E}_2$($X_2^{\parallel}$ 轴)以及垂直空间的 $\boldsymbol{E}_5$($X_2^{\perp}$ 轴)垂直.

在4维晶体空间的 $e_j=(\boldsymbol{e}_1,\boldsymbol{e}_2,\boldsymbol{e}_3,\boldsymbol{e}_4)$坐标系中的位矢的分量 $x_j=(x_1,x_2,x_3,x_4)$ 按照式(6.24a)和式(6.24b)约化成在平行空间和垂直空间的两个二维矢量的直和：$X_j=(X_1,X_2)\oplus(X_4,X_5)$. 相应地，位移矢量 $\boldsymbol{U}(\boldsymbol{r})$的分量也按照式(6.24)约化成在平行空间和垂直空间的两个二维矢量的直和

$$\boldsymbol{U}(\boldsymbol{r})=\boldsymbol{u}(\boldsymbol{r})\oplus\boldsymbol{w}(\boldsymbol{r}). \tag{6.26}$$

从式(6.19)到式(6.26)讨论的是对正空间的坐标的对称操作矩阵的约化. 现在我们讨论对倒易空间的坐标的对称操作矩阵的约化. 由图2.10(a)可得到在四维晶体空间的倒易点阵基矢 $\boldsymbol{e}_j^*=(\boldsymbol{e}_1^*,\boldsymbol{e}_2^*,\boldsymbol{e}_3^*,\boldsymbol{e}_4^*)$所张的坐标系中，五次旋转和镜面反映这两个生成操作的矩阵表示分别是

$$\boldsymbol{\Gamma}^*(C_5)=\begin{bmatrix}0&0&0&-1\\1&0&0&-1\\0&1&0&-1\\0&0&1&-1\end{bmatrix}\text{和 }\boldsymbol{\Gamma}^*(\sigma)=\begin{bmatrix}0&0&0&1\\0&0&1&0\\0&1&0&0\\1&0&0&0\end{bmatrix}. \tag{6.19b}$$

与式(6.19a)对比，不难证明：$\boldsymbol{\Gamma}^*(C_5)=[\boldsymbol{\Gamma}(C_5)^{\mathrm{T}}]^{-1}$. 将式(6.21) $T^{\mathrm{T}}\Gamma(C_5)W^{\mathrm{T}}=\Gamma'(C_5)$等号两侧取转置逆，可得

$$W\Gamma(C_5)T=[\Gamma'(C_5)^{\mathrm{T}}]^{-1}=\Gamma'(C_5)=\begin{bmatrix}M(\omega)&0\\0&M(3\omega)\end{bmatrix}. \tag{6.24c}$$

与式(6.24a)对比可知，约化采用的基不一样：在正空间中约化采用的基是矩阵 $\boldsymbol{W}^T$ 的列，按照式(6.15)，它们正好是平行空间和垂直空间的正点阵的基矢 $\boldsymbol{E}_1,\boldsymbol{E}_2$ 和 $\boldsymbol{E}_4,\boldsymbol{E}_5$. 在倒易空间约化采

用的基则是矩阵 T 的列，按照式(6.16)，它们正好是平行空间和垂直空间的倒易点阵的基矢 $\boldsymbol{E}_1^*$，$\boldsymbol{E}_2^*$ 和 $\boldsymbol{E}_4^*$，$\boldsymbol{E}_5^*$。

因此，在四维晶体空间的倒易矢量 $\boldsymbol{G}$ 及其分量 $h_j=(h_1,h_2,h_3,h_4)$ 也按照式(6.24c)约化成在平行空间和垂直空间的两个二维矢量 $\boldsymbol{g}^{\parallel}$ 和 $\boldsymbol{g}^{\perp}$ 的直和：$\boldsymbol{G}=\boldsymbol{g}^{\parallel}\oplus\boldsymbol{g}^{\perp}$，以及 $(h_1,h_2,h_3,h_4)=(H_1^{\parallel},H_2^{\parallel})\oplus(H_4^{\perp},H_5^{\perp})$. 式(6.1)中的位相 Φ_i 也可以相应地参数化

$$\Phi_i=\Phi_i(0)+\boldsymbol{g}_i^{\parallel}\cdot\boldsymbol{u}(\boldsymbol{r}^{\parallel})+\boldsymbol{g}_i^{\perp}\cdot\boldsymbol{W}(\boldsymbol{r}^{\parallel}),\tag{6.27}$$

式中 $\Phi_i(0)$ 代表不随物理空间位矢 $\boldsymbol{r}$ 变化的相位.

在将 Φ_n 参数化后，我们看到 $\boldsymbol{u}(\boldsymbol{r}^{\parallel})$ 和 $\boldsymbol{W}(\boldsymbol{r}^{\parallel})$ 的改变将导致系统能量的改变(Socolar, et al., 1986). 物理上，$\boldsymbol{u}(\boldsymbol{r}^{\parallel})$ 和 $\boldsymbol{w}(\boldsymbol{r}^{\parallel})$ 是两类不同的流体动力学变量. 变量 $\boldsymbol{u}(\boldsymbol{r}^{\parallel})$ 的均匀变化代表系统平移，而空间变化产生传播的声子. 这与传统晶体一样. 因此，矢量场 $\boldsymbol{u}(\boldsymbol{r}^{\parallel})$ 即通常声子场. 变量 $\boldsymbol{w}(\boldsymbol{r}^{\parallel})$ 称为相位子型变量(类似于非公度晶体中的相位子自由度). 在单胞图像中，$\boldsymbol{w}(\boldsymbol{r}^{\parallel})$ 的空间变化反映拼块的局域重排. 这两类变量均是弹性变量，对弹性能都有贡献. 由此可见，准晶体与晶体的一个重要区别在于前者除了通常声子场外，还存在相位子场. 对于其他对称的二维准晶，情况类似. 它们的弹性性质仍然可用一个 4 分量的矢量场 $\boldsymbol{U}(r)$[式(6.26)]描写；只是四维晶体空间中倒易点阵基矢在物理空间的分量 $\boldsymbol{e}_j^{*\parallel}=(\boldsymbol{e}_1^{*\parallel},\boldsymbol{e}_2^{*\parallel},,\boldsymbol{e}_3^{*\parallel},\boldsymbol{e}_4^{*\parallel})$ 应选取具有相应对称性的二维倒格矢. 对于二十面体准晶，情况当然要复杂些，但描写其弹性性质的流体动力学变量仍由式(6.26)给出. 只不过这时 $\boldsymbol{U}(r)$ 为一个六维矢量，它是两个三维矢量 $\boldsymbol{u}(u_1,u_2,u_3)$ 和 $\boldsymbol{w}(w_1,w_2,w_3)$ 的直和.

至此，我们得出，描述准晶的弹性行为有两类流体动力学变量. 一类即通常晶体中的声子变量 $\boldsymbol{u}(\boldsymbol{r}^{\parallel})$，而另一类则是准晶所特有的相位子变量 $\boldsymbol{w}(\boldsymbol{r}^{\parallel})$. 另外，从上面的分析我们还知道，这两类弹性变量在准晶对称群元素作用下具有不同的变换性质. 当

系统坐标在对称操作下变换时，声子场 $\boldsymbol{u}(\boldsymbol{r}^{\parallel})$ 按矢量表示变换（即具有与坐标变换相同的性质）；而相位子场 $\boldsymbol{w}(\boldsymbol{r}^{\parallel})$ 按对称群一个相关的非矢量的不可约表示变换.

在结束本节时，还有一点需要指出的是：对于准晶体，和其他实际物理系统一样，弹性变量与弹性能之间的函数关系同样是一个十分重要的基本问题. 依照通常弹性理论，物体发生形变时，在谐振子近似下，弹性能与其应变的平方成正比. 在准晶的密度波模型中，相位子变量同声子变量一样都可视为连续介质的流体动力学变量，因此，它们对弹性能的贡献均正比于其梯度的平方. 但在单胞模型中，相位子激发对应拼块的局域重排，出现分立的错排点. 一个方向上出现错排的数目正比于 w 的改变 $|\delta w|$. 如果我们给每个错排赋予一确定的能量，那么因 w 的空间变化导致的弹性能应正比于 $|\delta w|$，即梯度的一次方. 有关相位子变量对弹性能的贡献一直是一个有争议的问题. 一个可能的解释是（Jeong, Steinhardt, 1993）：按照热力学理论，在一定外界条件（如温度）下，稳定系统自由能应取极小值. 由自由能定义（$F = U - TS$）知，系统趋向稳定时，对温度比较低的情形，其能量尽可能小；对温度比较高的情形，其熵尽可能大. 在前一种情况下，系统的状态称为锁定相. 在锁定相中，相位子很难被热力学激发，它们的弹性能正比于其梯度的一次方. 在后一种情况下，系统状态称为未锁定相. 在未锁定相中，相位子和声子一样也能被热力学激发，它们的弹性能正比于其梯度的平方. 在锁定相和未锁定相之间存在一转变温度 T_c. 我们的讨论将建立在密度波描述法的基础上.

§6.2 准晶的线弹性理论

在本节，我们将准晶体视为线弹性固体，然后将晶体的线弹性理论推广到准晶，建立适合准晶的线弹性理论，进而导出各类弹性方程的普通表达式（Ding, et al., 1993）.

根据获得准周期点阵的切割投影法，一个三维准晶点阵可以

由一个高维空间的周期点阵通过选择投影得到．令 V 为高维嵌入空间，则

$$V=V_E+V_I, \tag{6.28}$$

这里，V_E 是准晶所在的实际物理空间，V_I 是它的补空间．根据前节的讨论，我们知道，V_E 和 V_I 中的矢量在系统对称群元素作用下具有不同的变换性质．V_E 中的矢量按矢量表示变换，而 V_I 中的矢量按另一个相关的非矢量表示变换．设 $\boldsymbol{U}(\boldsymbol{r}^{\parallel})$是 V 中的矢量，投影后有

$$\boldsymbol{U}(\boldsymbol{r}^{\parallel})=\boldsymbol{u}(\boldsymbol{r}^{\parallel})+\boldsymbol{w}(\boldsymbol{r}^{\parallel}). \tag{6.26}$$

如前所述，$\boldsymbol{u}(\boldsymbol{r}^{\parallel})$和 $\boldsymbol{w}(\boldsymbol{r}^{\parallel})$分别为声子和相位子位移场，它们都是 V_E 中位矢 $\boldsymbol{r}^{\parallel}$ 的函数．u_i 和 w_i 是 $\boldsymbol{u}$ 和 $\boldsymbol{w}$ 分别在 V_E 和 V_I 中的分量．将微分算符 $\nabla=e_i\nabla_i(\nabla_i=\partial/\partial x_i=\partial_i)$作用到上式得到两个位移场的梯度

$$\nabla\boldsymbol{U}=\nabla\boldsymbol{u}+\nabla\boldsymbol{w}, \tag{6.29}$$

与通常晶体情况相同，$\nabla\boldsymbol{u}$ 能分解为对称和反对称部分．反对称部分描写整个系统的一个刚性旋转，它不改变系统弹性能．因为 $\nabla\boldsymbol{w}$ 的反对称部分描写两个子空间的相对旋转，这种旋转需要能量，所以 $\nabla\boldsymbol{w}$ 的所有分量都对弹性能有贡献．于是，与弹性能有关的声子应变场为

$$E_{ij}=\frac{1}{2}(\partial_j u_i+\partial_i u_j). \tag{6.30}$$

相位子应变场为

$$W_{ij}=\partial_j w_i. \tag{6.31}$$

不难证明，上面定义的两个应变场满足下面的相容性方程组：

$$\begin{aligned}&-\varepsilon_{ijk}e_{lmn}\partial_j\partial_m E_{kn}=0,\\&-\varepsilon_{ijk}e_{lmn}\partial_j\partial_m w_{kn}=0,\end{aligned} \tag{6.32}$$

式中 ε_{ijk}，为 Levi-Civita 记号，即

$$\varepsilon_{ijk}=\begin{cases}1 & \text{当 } ijk \text{ 为一偶置换},\\ -1 & \text{当 } ijk \text{ 为一奇置换},\\ 0 & \text{其余情形}.\end{cases} \tag{6.33}$$

与上述两个弹性应变场相对应，准晶体中应存在两个应力场．与 E_{ij}对应的应力场在这里记为 T_{ij}，其相应的应力矢量记为 $\boldsymbol{t}$．它们的意义与传统的晶体弹性理论相同．与 W_{ij}对应的应力场记为 H_{ij}，其相应的应力矢量记为 h．H_{ij}表示作用在 V_E 空间、法线沿 x_{Ej}方向的单位面元上的应力，在 V_I 空间中沿 x_{Ii}方向的分量．设 $\boldsymbol{n}$ 是 V_E 空间中一个面元的法线，则应力矢量与应力张量间的关系是：

$$\boldsymbol{t}=\boldsymbol{T}\cdot\boldsymbol{n}, \qquad \boldsymbol{h}=\boldsymbol{H}\cdot\boldsymbol{n} \tag{6.34}$$

由于 $\boldsymbol{T}$ 和 $\boldsymbol{H}$ 均为二阶张量，这里的点积表示张量间的缩约，即

$$t_i=T_{ij}n_j, h_i=H_{ij}n_j. \tag{6.35}$$

令 V'是 V_E 空间中任一体积元，S 是其闭合表面．若作用在准晶体上的体力除惯常的体力密度 f 外，还存在一个广义体力密度 g，它的方向由 V_I 空间决定，那么我们可以将牛顿运动定律作形式上的推广．这时牛顿动量定理是

$$\frac{\mathrm{d}}{\mathrm{d}t}\iint_{V'}\rho(\dot{u}+\dot{w})\mathrm{d}V'=\int_{V'}(f+g)\mathrm{d}V'+\int_S(t+h)\mathrm{d}S. \tag{6.36}$$

上式积分是在 V_E 空间进行，但注意到两组矢量(u,f,t)和(w,g,h)分别属于两个子空间 V_E 和 V_I（这里 + 号表直和），上述方程可分解成两个方程

$$\begin{aligned}\frac{\mathrm{d}}{\mathrm{d}t}\int_{V'}\rho\dot{u}\mathrm{d}V'&=\int_{V'}f\mathrm{d}V'+\int_S t\mathrm{d}S,\\ \frac{\mathrm{d}}{\mathrm{d}t}\int_{V'}\rho\dot{w}\mathrm{d}V'&=\int_{V'}g\mathrm{d}V'+\int_S h\mathrm{d}S.\end{aligned} \tag{6.37}$$

应用 Gauss 定理及式(6.34)，将面积分化为体积分，便得到两组运动方程

$$\begin{aligned}\partial_j T_{ij}+f_i&=\rho\ddot{u}_i,\\ \partial_j H_{ij}+g_i&=\rho\ddot{w}_i.\end{aligned} \tag{6.38}$$

相应的静平衡方程是

$$\partial_j T_{ij}+f_i=0,$$

$$\partial_j H_{ij} + g_i = 0. \tag{6.39}$$

对于声子场,牛顿角动量定理成立

$$\frac{\mathrm{d}}{\mathrm{d}t}\int_{V'} \boldsymbol{r} \times \rho\dot{\boldsymbol{u}}\,\mathrm{d}V' = \int_{V'} \boldsymbol{r} \times \boldsymbol{f}\,\mathrm{d}V' + \int_S \boldsymbol{r} \times \boldsymbol{t}\,\mathrm{d}S. \tag{6.40}$$

再应用 Gauss 定理不难导出熟知的应力互等定律

$$T_{ij} = T_{ji}. \tag{6.41}$$

但对 H_{ij},因为 r(V_E 空间矢量)和 w, g, h(均为 V_I 空间矢量)分别按不同表示变换,它们的积表示($r \times w, r \times g, r \times h$)中都不含任何矢量表示(角动量变换相应的表示),所以不成立与式(6.40)类似的表示式. 这意味着,一般地

$$H_{ij} \neq H_{ji}. \tag{6.42}$$

准晶体的弹性能是声子应变场 E_{ij} 和相位子应变场 W_{ij} 的函数. 弹性能密度可以在 $E_{ij}=0$ 和 $W_{ij}=0$ 附近展开成 Tayler 级数

$$\begin{aligned}F(E_{mn}, W_{mn}) &= \frac{1}{2}\left[\frac{\partial^2 F}{\partial E_{ij}\partial E_{kl}}\right]_0 E_{ij}E_{kl} + \frac{1}{2}\left[\frac{\partial^2 F}{\partial W_{ij}\partial W_{kl}}\right]_0 W_{ij}W_{kl} \\ &+ \frac{1}{2}\left[\frac{\partial^2 F}{\partial E_{ij}\partial W_{kl}}\right]_0 E_{ij}W_{kl} + \frac{1}{2}\left[\frac{\partial^2 F}{\partial W_{ij}\partial E_{kl}}\right]_0 W_{ij}E_{kl} = \frac{1}{2}C_{ijkl}E_{ij}E_{kl} \\ &+ \frac{1}{2}K_{ijkl}W_{ij}W_{kl} + \frac{1}{2}R_{ijkl}E_{ij}W_{kl} + \frac{1}{2}R'_{ijkl}W_{ij}E_{kl},\end{aligned} \tag{6.43}$$

式中

$$C_{ijkl} = \left[\frac{\partial^2 F}{\partial E_{ij}\partial E_{kl}}\right]_0. \tag{6.44}$$

是与声子场相关的弹性常数

$$K_{ijkl} = \left[\frac{\partial^2 F}{\partial W_{ij}\partial W_{kl}}\right]_0 \tag{6.45}$$

是与相位子相关的弹性常数

$$R_{ijkl} = \left[\frac{\partial^2 F}{\partial E_{ij}\partial W_{kl}}\right]_0, R'_{ijkl} = \left[\frac{\partial^2 F}{\partial W_{ij}\partial E_{kl}}\right]_0 \tag{6.46}$$

是与声子-相位子场耦合相关的弹性常数. 注意到式(6.30)给出的声子型应变场的对称性 $E_{ij} = E_{ji}$,式(6.41)给出的声子型应力

场的对称性 $T_{ij}=T_{ji}$，以及微分次序可以改变 $\left(\frac{\partial^2 F}{\partial W \partial E}=\frac{\partial^2 F}{\partial E \partial W}\right)$ 等特性，不难证明上述各个四阶张量的分量具有如下性质：

$$
\begin{aligned}
& C_{ijkl}=C_{klij}=C_{jikl}=C_{ijlk}, K_{ijkl}=K_{klij}, \\
& R_{ijkl}=R_{jikl}, R_{ijkl}^{\prime}=R_{ijlk}^{\prime}, R_{klij}^{\prime}=R_{ijkl}.
\end{aligned} \tag{6.47}
$$

采用矩阵记号后，式(6.43)可写成简洁形式为

$$
F=\frac{1}{2}[EW]\begin{bmatrix}[C] & [R] \\ [R]^T & [K]\end{bmatrix}\begin{bmatrix}E \\ W\end{bmatrix}. \tag{6.48}
$$

重复与经典弹性理论完全类似的讨论，可以得到应力、应变与弹性能密度之间的关系式

$$
T_{mn}=\frac{\partial F}{\partial E_{mn}},\ H_{mn}=\frac{\partial F}{\partial W_{mn}}. \tag{6.49}
$$

将弹性能 F 的表达式(6.43)代入上式并注意到关系式(6.47)，我们有如下广义 Hooke 定律

$$
\begin{aligned}
& T_{ij}=C_{ijkl}E_{kl}+R_{ijkl}W_{kl}, \\
& H_{ij}=R_{klij}E_{kl}+K_{ijkl}W_{kl}.
\end{aligned} \tag{6.50}
$$

写成矩阵形式为

$$
\begin{bmatrix}T \\ H\end{bmatrix}=\begin{bmatrix}[C] & [R] \\ [R]^T & [K]\end{bmatrix}\begin{bmatrix}E \\ W\end{bmatrix}. \tag{6.51}
$$

将 Hooke 定律(6.50)代入平衡方程(6.38)和(6.39)便得到声子和相位子位移(u, w)所满足的偏微分方程组

$$
\begin{aligned}
& C_{ijkl}\partial_j\partial_l u_k+R_{ijkl}\partial_j\partial_l w_k+f_i=0(=\rho\ddot{u}_i), \\
& R_{klij}\partial_j\partial_l u_k+K_{ijkl}\partial_j\partial_l w_k+g_i=0(=\rho\ddot{w}_i).
\end{aligned} \tag{6.52}
$$

应用给定的边界条件，求解上述偏微分方程组，原则上就可以确定 $\boldsymbol{u}$ 和 $\boldsymbol{w}$，进而研究准晶的弹性和缺陷等. 我们还容易发现，在准晶线弹性理论中，如果不出现相位子位移场，那么上述所有弹性方程都将简化为通常晶体中相应的方程，而这正是理论的自洽性所要求的.

从式(6.48)和式(6.51)可看出，准晶的弹性常数可以表示为

$$M_{\alpha i\beta j}=\begin{bmatrix}[C] & [R]\\ [R]^T & [K]\end{bmatrix},$$

其中第一和第三个下标分别对应于应力和应变的方向,第二和第四个下标则对应于应力或应变所作用的面的法线方向. 希腊字母 α,β 等取值的范围是 $1,2,\cdots,d$. 这里,d 是准晶的秩,即用于描述准晶的高维晶体的维数. 拉丁字母 i,j 等取值的范围则是 1,2 和 3,即是准晶所在的物理空间的维数. 希腊字母 $\alpha,\beta,\cdots$ 取值为 1,2,3 时对应于在物理空间的(即是声子型的)力或位移,取值为 $4,5,\cdots,d$ 时则对应于在垂直空间的(即是相位子型的)力或位移. 当 $M_{\alpha i\beta j}$ 中的希腊字母 α,β 取值都是 1,2,3 时,对应于声子型弹性常数 $[C]$,取值都是 $4,5,\cdots,d$ 时对应于相位子型弹性常数 $[K]$,α 取值 1,2,3 而 β 取值 $4,5,\cdots,d$ 时对应于声子-相位子耦合型弹性常数 $[R]$,α 取值 $4,5,\cdots,d$ 而 β 取值 1,2,3 时对应于 $[R]$ 的转置矩阵 $[R]^T$.

§6.3 二维准晶的弹性常数

从上节中我们知道,只要各类准晶的弹性常数已经确定,则不难写出其弹性方程的具体形式,进而研究它们的弹性及力学性质. 由于准晶结构具有一定的对称性,因此我们可以利用群论的标准方法将它们的弹性常数构造出来. 不过,这里有几点值得注意的地方. 首先,准晶弹性常数除了通常声子型弹性常数 C_{ijkl} 外,还存在与相位子场有关的弹性常数 K_{ijkl} 和与声子-相位子耦合有关的弹性常数 $R_{ijkl}(R'_{ijkl})$. 其次,声子及相位子变量在对称群元素作用下具有不同的变换性质,即它们荷载不同的不可约表示. 最后,为避免混淆,我们用"二维准晶"来指平面准周期结构周期堆垛形成的三维固体,即平面准周期结构加周期维的三维实体;而用"平面准晶"来指平面准周期结构. 同样,"一维准晶"是指平面周期结构加一准周期维的三维实体. 因为弹性能是一标量,所以式(6.43)在系统点群所有对称操作下形式上是不变的,这就是说,等

表 6.1　计算点群 $C_{5V}(5m)$ 的弹性常数张量独立分量个数的步骤

按 Laue 类列举的对称操作 g	e	$C_5+C_5^4$	$C_5^3+C_5^2$	$5\sigma_V$	弹性常数张量独立分量个数:按式(5.50)
对称操作矩阵 $A(g)$	$\begin{bmatrix}1&0&0\\0&1&0\\0&0&1\end{bmatrix}$	$\begin{bmatrix}\frac{1}{2\tau}&\mp\frac{\sqrt{2+\tau}}{2}&0\\\pm\frac{\sqrt{2+\tau}}{2}&\frac{1}{2\tau}&0\\0&0&1\end{bmatrix}$	$\begin{bmatrix}-\frac{\tau}{2}&\pm\frac{\sqrt{3-\tau}}{2}&0\\\mp\frac{\sqrt{3-\tau}}{2}&-\frac{\tau}{2}&0\\0&0&1\end{bmatrix}$	$\begin{bmatrix}1&0&0\\0&-1&0\\0&0&1\end{bmatrix}$	
特征标 $\chi_A(g)$	3	τ	$-\tau+1$	1	
特征标 $\chi_A(g^2)$	3	$-\tau+1$	τ	3	
特征标 $\chi_A(g^4)$	3	τ	$-\tau+1$	3	
对称操作矩阵 $B(g)$	$\begin{bmatrix}1&0\\0&1\end{bmatrix}$	$\begin{bmatrix}-\frac{\tau}{2}&\mp\frac{\sqrt{3-\tau}}{2}\\\pm\frac{\sqrt{3-\tau}}{2}&-\frac{\tau}{2}\end{bmatrix}$	$\begin{bmatrix}\frac{1}{2\tau}&\mp\frac{\sqrt{2+\tau}}{2}\\\pm\frac{\sqrt{2+\tau}}{2}&\frac{1}{2\tau}\end{bmatrix}$	$\begin{bmatrix}1&0\\0&-1\end{bmatrix}$	

特征标 $\chi_B(g)$	2	$-\tau$	$\tau-1$	0	
特征标 $\chi_B(g^2)$	2	$\tau-1$	$-\tau$	2	
$\chi(g)$：式(5.60)	21	1	1	5	$n_C=5$
$\chi(g)$：式(5.61)	21	2τ	$-2\tau+2$	3	$n_K=4$
$\chi(g)$：式(5.62)	36	$-(\tau+1)$	$\tau-2$	0	$n_R=3$

式右边应为由 E_{ij}，W_{ij}所构成的二次多项式的线性组合．所有这些多项式在群元素作用下都是形式不变的，它们被称为(二次)不变量．用群论语言描述就是，这些不变量按群的恒等表示变换，它们构成其恒等表示的基．下面我们以二维准晶为例，利用群论技巧构造出这些不变量，进而确定相应的弹性常数．计算中，其惯用坐标系的取法为，正交直角坐标系 X_1，X_2，X_3 中的 X_3 轴与周期方向平行，X_1，X_2 坐标平面与准周期平面重合．

在§5.3 中已经提到 Neumann 原理，一个系统的任何宏观物理性质必须包含该系统点群中的全部元素．当然，物理性质还可具有更高的对称性．比如说，二秩的应变张量和应力张量都具有对称中心．即，如果把 X_i 和∂_j 都反号，则$\partial_j X_i$ 保持不变．因此，属于同一 Laue 类的物体具有相同的弹性性质．附录中的表 A.1 和表 A.2 按照 Laue 类分别列出了一维和二维准晶的点群．今以五次对称二维准晶为例．五次对称准晶共有两个 Laue 类(第十一和第十二 Laue 类)．我们先计算其弹性常数张量独立分量个数，然后确定其具体形式．表 6.1 列出了点群 $5m(C_{5V})$的二维准晶(它属于第十二 Laue 类)的弹性常数的独立分量的个数的步骤和结果．而在§5.4 的表 5.3 中，我们列举了推导点群 $5(C_5)$的二维准晶(它属于第十一 Laue 类)的弹性常数的独立分量的个数的步骤和结果．这些推导表明，同是五次对称的二维准晶，第十一 Laue 类和第十二 Laue 类的弹性常数的独立分量的个数不相同；两者都有 $n_C=5$，但对于第十一 Laue 类，$n_K=5$，$n_R=6$，而对于第十二 Laue 类，我们有 $n_K=4$，$n_R=3$．

下面给出这两个 Laue 类的弹性常数张量的具体形式．我们已经知道，$u(u_1,u_2,u_3)$按 $\Gamma_3+\Gamma_1$ 变换，$w(w_1,w_2)$按 Γ_4 变换．因此，对于声子场，$\partial_j u_i$ 按

$$(\Gamma_3+\Gamma_1)\times(\Gamma_3+\Gamma_1)=2\Gamma_1+2\Gamma_3+\Gamma_2+\Gamma_4 \qquad (6.53)$$

变换．这个约化式中各个表示空间的基矢已在 5.5.1 节中推导出．所有各类准晶的不变量已在附录 C 和 D 中给出．结果表明，其中 3 个反对称分量$\partial_2 u_1-\partial_1 u_2$，$\partial_3 u_2-\partial_2 u_3$，$\partial_1 u_3-\partial_3 u_1$ 荷载表

示空间 $\Gamma_2+\Gamma_3$. 由于它们代表系统整体一个刚性旋转,对弹性能无贡献,不予考虑. 式(5.78)~式(5.81)反映了声子应变场在 5 次旋转对称操作作用下变换的性质,即两个对称分量$\partial_1 u_1+\partial_2 u_2$, $\partial_3 u_3$ 均按恒等表示 Γ_1 变换,它们本身即为不变量(一次不变量). 显然,任意两个一次不变量的乘积都是二次不变量. 由此得到 3 个二次不变量

$$(E_{11}+E_{22})^2, E_{33}^2, (E_{11}+E_{22})E_{33}. \tag{6.54}$$

两个对称分量$\partial_1 u_3+\partial_3 u_1, \partial_3 u_2+\partial_2 u_3$ 荷载二维不可约表示 Γ_3(旋转 $\pm\alpha$ 角, $\alpha=\frac{2\pi}{5}$). 两个对称分量$\partial_1 u_1-\partial_2 u_2, \partial_2 u_1+\partial_1 u_2$)荷载二维不可约表示 Γ_4(旋转 $\pm 3\alpha$ 角). 这两个矢量本身并非不变量,但容易证明,每个二维矢量的模都是一个二次不变量. 例如,由式(5.79)出发,容易证明

$$\begin{aligned}E_{13}'^2+E_{23}'^2 &= \begin{bmatrix}E'_{13} & E'_{23}\end{bmatrix}\begin{bmatrix}E'_{13}\\ E'_{23}\end{bmatrix}\\ &= \begin{bmatrix}E_{13} & E_{23}\end{bmatrix}M(-\alpha)\\ M(\alpha)\begin{bmatrix}E_{13}\\ E_{23}\end{bmatrix} &= E_{13}^2+E_{23}^2.\end{aligned} \tag{6.55}$$

同样

$$(E_{11}-E_{22})^2+(2E_{12})^2 \tag{6.56}$$

是一不变量. 至此,我们已经得到声子场共有式(6.54),(6.55)和式(6.56)描述的 $n_C=5$ 个不变量. 注意到

$$(E_{11}-E_{22})^2+(2E_{12})^2=(E_{11}+E_{22})^2-4(E_{11}E_{22}-E_{12}^2), \tag{6.57}$$

这 5 个二次不变量一般写成如下形式:

$$(E_{11}+E_{22})^2, E_{33}^2, E_{11}E_{22}-E_{12}^2, (E_{11}+E_{22})E_{33}, E_{13}^2+E_{23}^2. \tag{6.58}$$

这时独立的弹性常数个数 $n_C=5$,相应的非零弹性常数是

$$C_{1111}=C_{2222}=C_{11}, C_{3333}=C_{33}, C_{1133}=C_{3311}=C_{2233}=C_{3322}=C_{13},$$
$$C_{2323}=C_{1313}=C_{44}, C_{1122}=C_{2211}=C_{12},$$

$$2C_{1212} = C_{1111} - C_{1122} \quad (2C_{66} = C_{11} - C_{12}), \tag{6.59}$$

式中双下标与单下标对应为

$$11 \leftrightarrow 1, 22 \leftrightarrow 2, 33 \leftrightarrow 3, 23 \leftrightarrow 4, 31 \leftrightarrow 5, 12 \leftrightarrow 6. \tag{6.60}$$

也可以将弹性常数张量写成如下矩阵形式:

$$\begin{pmatrix} C_{11} & C_{12} & C_{13} & 0 & 0 & 0 \\ C_{12} & C_{11} & C_{13} & 0 & 0 & 0 \\ C_{13} & C_{13} & C_{33} & 0 & 0 & 0 \\ 0 & 0 & 0 & C_{44} & 0 & 0 \\ 0 & 0 & 0 & 0 & C_{44} & 0 \\ 0 & 0 & 0 & 0 & 0 & C_{66} \end{pmatrix}. \tag{6.61}$$

对于相位子场,应变张量 6 个分量$\partial_j w_i$ 的变换式为式(5.82)~式(5.84),对应于下列表示:

$$(\Gamma_3 + \Gamma_1) \times \Gamma_4 = \Gamma_3 + 2\Gamma_4, \tag{6.62}$$

其中,$(\partial_1 w_2 + \partial_2 w_1, \partial_1 w_1 - \partial_2 w_2)$荷载二维不可约表示 Γ_3(旋转 $\pm\alpha$ 角,$\alpha = \frac{2\pi}{5}$),$(\partial_1 w_2 - \partial_2 w_1, \partial_1 w_1 + \partial_2 w_2)$与$(\partial_3 w_1, \partial_3 w_2)$都荷载二维不可约表示 Γ_4(旋转 $\pm 3\alpha$ 角). 显然,3 个矢量的模

$$(\partial_1 w_2 + \partial_2 w_1)^2 + (\partial_1 w_1 - \partial_2 w_2)^2 = (W_{21} + W_{12})^2 + (W_{11} - W_{22})^2,$$

$$(\partial_1 w_2 - \partial_2 w_1)^2 + (\partial_1 w_1 + \partial_2 w_2)^2 = (W_{21} - W_{12})^2 + (W_{11} + W_{22})^2,$$

$$(\partial_3 w_1)^2 + (\partial_3 w_2)^2 = W_{13}^2 + W_{23}^2 \tag{6.63}$$

都是不变量(式中 $W_{ij} = \partial_j w_i$). 另外,因为后两个矢量都按 Γ_4 变换,根据群表示理论,两个相同表示构成积表示(这里是 $\Gamma_4 \times \Gamma_4$)必含有恒等表示,所以它们还有一个由其点积产生的不变量

$$\begin{aligned} & W'_{13}(W'_{21} - W'_{12}) + W'_{23}(W'_{11} + W'_{22}) \\ &= [W'_{13} \quad W'_{23}] \begin{bmatrix} (W'_{21} - W'_{12}) \\ (W'_{11} + W'_{22}) \end{bmatrix} \\ &= [W_{13} \quad W_{23}] M(-3\alpha) M(3\alpha) \begin{bmatrix} (W_{21} - W_{12}) \\ (W_{11} + W_{22}) \end{bmatrix} \\ &= W_{13}(W_{21} - W_{12}) + W_{23}(W_{11} + W_{22}), \end{aligned}$$

这反映两者间存在耦合,即

$$W_{13}(W_{21}-W_{12})+W_{23}(W_{11}+W_{22}) \tag{6.64}$$

是个不变量. 事实上,荷载同一个不可约表示 Γ_4 的两对相位子应变分量还存在如下的不变量

$$W_{13}(W_{11}+W_{22})-W_{23}(W_{21}-W_{12}), \tag{6.65}$$

这是因为除了两个矢量 $\begin{bmatrix} A_1 \\ A_2 \end{bmatrix}$ 与 $\begin{bmatrix} B_1 \\ B_2 \end{bmatrix}$ 的标积 $A_1B_1+A_2B_2$ 外,一个矢量 $\begin{bmatrix} A_1 \\ A_2 \end{bmatrix}$ 与另一个矢量的伴随矢量(即与之垂直的矢量) $\begin{bmatrix} B_2 \\ -B_1 \end{bmatrix}$ 间的标积 $A_1B_2-A_2B_1$ 在旋转作用下也是不变的. 为此,需要证明平面上任意一个矢量 $\begin{bmatrix} B_1 \\ B_2 \end{bmatrix}$ 与其伴随矢量 $\begin{bmatrix} B_2 \\ -B_1 \end{bmatrix}$ 的变换方式是完全一样的.

证明如下:若已有 $\begin{bmatrix} B'_1 \\ B'_2 \end{bmatrix}=M(\beta)\begin{bmatrix} B_1 \\ B_2 \end{bmatrix}=\begin{bmatrix} \cos\beta & -\sin\beta \\ \sin\beta & \cos\beta \end{bmatrix}\begin{bmatrix} B_1 \\ B_2 \end{bmatrix}$,则有 $\begin{bmatrix} B'_2 \\ -B'_1 \end{bmatrix}=\begin{bmatrix} 0 & 1 \\ -1 & 0 \end{bmatrix}\begin{bmatrix} B'_1 \\ B'_2 \end{bmatrix}=\begin{bmatrix} 0 & 1 \\ -1 & 0 \end{bmatrix}\begin{bmatrix} \cos\beta & -\sin\beta \\ \sin\beta & \cos\beta \end{bmatrix}\begin{bmatrix} B_1 \\ B_2 \end{bmatrix}=\begin{bmatrix} 0 & 1 \\ -1 & 0 \end{bmatrix}\begin{bmatrix} \cos\beta & -\sin\beta \\ \sin\beta & \cos\beta \end{bmatrix}\begin{bmatrix} 0 & -1 \\ 1 & 0 \end{bmatrix}\begin{bmatrix} B_2 \\ -B_1 \end{bmatrix}$

$$=M(\beta)\begin{bmatrix} B_2 \\ -B_1 \end{bmatrix}.$$

因此,对于第十一 Laue 类而言,相位子应变场具有式(6.63)~式(6.65)给出的 $n_K=5$ 个不变量. 对于第十二 Laue 类而言,准晶的对称性更高,相位子应变场应该具有式(6.19)给出的镜面反映所描述的对称性,即将下标为 2 的量改变符号后该应变量不变. 显然,式(6.63)给出的 3 个不变量,因为由分量的平方构成,总是满足这条件的. 而(6.64)和(6.65)两式中给出的两个不变量中只有一个满足这条件. 在本章采用的坐标系之下,镜面垂直于 $E_2(X_2)$ 轴. 式

(6.64)给出的不满足镜面反映对称性的要求. 第十二 Laue 类准晶的 $n_K=4$ 个相位子应变的二次不变量就是(6.63)和(6.65)两式所给出的. 在本书附录 C 中列举的则是(6.63)和(6.64)两式所给出的. 因为那里的坐标系是选得让镜面垂直于 $E_1(X_1)$轴.

相应于第十一 Laue 类(即点群 $\overline{5}$ 和 5)的 $n_K=5$ 个非零相位子弹性常数是

$$
\begin{aligned}
&K_{1111}=K_{2222}=K_{1212}=K_{2121}=K_1,\\
&K_{1122}=K_{2211}=-K_{1221}=-K_{2112}=K_2,\\
&K_{1313}=K_{2323}=K_4,\\
&K_{1123}=K_{2311}=K_{2223}=K_{2322}=K_{1321}=K_{2113}=-K_{1312}=-K_{1213}=K_7,\\
&K_{1113}=K_{1311}=K_{2213}=K_{1322}=K_{2312}=K_{1223}=-K_{2321}=-K_{2123}=K_6.
\end{aligned}
\tag{6.66}
$$

写成矩阵形式为

$$
\begin{pmatrix}
K_1 & K_2 & K_7 & 0 & K_6 & 0\\
K_2 & K_1 & K_7 & 0 & K_6 & 0\\
K_7 & K_7 & K_4 & K_6 & 0 & -K_6\\
0 & 0 & K_6 & K_1 & -K_7 & -K_2\\
K_6 & K_6 & 0 & -K_7 & K_4 & K_7\\
0 & 0 & -K_6 & -K_2 & K_7 & K_1
\end{pmatrix},
\tag{6.67}
$$

这里与相位子应变有关的双指标编序为 11,22,23,12,13,21. 当点群 52 的二次轴平行于,或点群 $5m$ 或 $\overline{5}m$ 的镜面垂直于 X_1 坐标轴时,令式(6.66)和式(6.67)中的 $K_6=0$,就得到相应于第十二 Laue 类(即点群 52,$5m$ 和 $\overline{5}m$)的 $n_K=4$ 个非零相位子弹性常数. 当点群 52 的二次轴平行于,或点群 $5m$ 或 $\overline{5}m$ 的镜面垂直于 X_2 坐标轴时,则需令式(6.66)和式(6.67)中的 $K_7=0$,才得到相应于第十二 Laue 类的 $n_K=4$ 个非零相位子弹性常数.

最后,注意到声子应变场和相位子应变场的约化式(6.53)与(6.62)都包含有不可约表示 Γ_3 和 Γ_4,这说明声子与相位子间存在耦合. 具体地说,就是(5.79)和(5.83)两式给出的矢量都按照

Γ_3 变换,旋转 $\pm\alpha=\pm\dfrac{2\pi}{5}$角. 式(5.78),式(5.82)和式(5.84)三式给出的矢量都按照 Γ_4 变换,旋转 $\pm 3\alpha$ 角. 由它们共三对矢量耦合可产生三对不变量

$$E_{13}(W_{21}+W_{12})+E_{23}(W_{11}-W_{22}), \tag{6.68a}$$

$$E_{13}(W_{11}-W_{22})-E_{23}(W_{21}+W_{12}), \tag{6.68b}$$

$$(E_{11}-E_{22})(W_{11}+W_{22})+2E_{12}(W_{21}-W_{12}), \tag{6.68c}$$

$$(E_{11}-E_{22})(W_{21}-W_{12})-2E_{12}(W_{11}+W_{22}), \tag{6.68d}$$

$$(E_{11}-E_{22})W_{23}+2E_{12}W_{13}, \tag{6.68e}$$

$$(E_{11}-E_{22})W_{13}-2E_{12}W_{23}. \tag{6.68f}$$

相应于式(6.68)的就是第十一 Laue 类(即点群 $\bar{5}$ 和 5)的 $n_R=6$ 个非零的声子-相位子耦合弹性常数

$$R_{1111}=R_{1122}=R_{1221}=-R_{2211}=-R_{2222}=-R_{1212}=R_1, \tag{6.69a}$$

$$R_{1112}=-R_{1121}=-R_{2212}=R_{2221}=R_{1211}=R_{1222}=R_2, \tag{6.69b}$$

$$R_{2312}=R_{2321}=-R_{3111}=R_{3122}=R_3, \tag{6.69c}$$

$$R_{1312}=R_{1321}=R_{2311}=-R_{2322}=R_4, \tag{6.69d}$$

$$R_{1113}=-R_{1223}=-R_{2213}=R_5, \tag{6.69e}$$

$$R_{1123}=R_{1213}=-R_{2223}=R_6. \tag{6.69f}$$

写成矩阵形式是

$$\begin{pmatrix} R_1 & R_1 & R_6 & R_2 & R_5 & -R_2 \\ -R_1 & -R_1 & -R_6 & -R_2 & -R_5 & R_2 \\ 0 & 0 & 0 & 0 & 0 & 0 \\ R_4 & -R_4 & 0 & R_3 & 0 & R_3 \\ -R_3 & R_3 & 0 & R_4 & 0 & R_4 \\ R_2 & R_2 & -R_5 & -R_1 & R_6 & R_1 \end{pmatrix}. \tag{6.70}$$

相应于第十二 Laue 类(即点群 52,5m 和 $\bar{5}m$)有 $n_R=3$ 个非零的耦合弹性常数. 当点群 52 的二次轴平行于,或点群 5m 或

$\bar{5}m$ 的镜面垂直于 X_1 坐标轴时，令式(6.69)和式(6.70)中的 $R_2=R_3=R_5=0$. 当点群52 的二次轴平行于，或点群 $5m$ 或 $\bar{5}m$ 的镜面垂直于 X_2 坐标轴时，则需令式(6.69)和式(6.70)中的 $R_2=R_4=R_6=0$. 剩下的就是 $n_R=3$ 个非零的耦合弹性常数. 利用完全相似的程序，人们不难确定各类二维准晶的二次不变量和独立的弹性常数(Yang, et al., 1995; Hu, et al., 1996). 这些结果均已在附录C中给出.

用类似的方法，王仁卉等(Wang, et al., 1997) 确定了各类一维准晶的二次不变量.

§6.4 二十面体准晶的弹性常数以及弹性常数与坐标系的关系

现在我们来讨论二十面体准晶的弹性常数. 二十面体准晶点群有两种:235 和 $m\bar{3}\bar{5}$. 后者比前者多了一个倒反操作，故而它们的弹性性质是一样的. 二十面体准晶是三维准晶，具有6支五次轴，15支二次轴，10支三次轴. 这些对称轴的分布见图2.15. 其中点群235共有60个对称操作，即60个群元:1个恒等操作 E，15个二次旋转，20个三次旋转，12个绕五次轴的 $\pm\omega$ 角的旋转 $(\omega=\frac{2\pi}{5})$，以及12个绕五次轴的 $\pm 3\omega$ 角的旋转. 点群235的生成对称操作有两个:(1)绕某一个5次轴旋转;(2)绕与之相邻的一个二次轴的旋转. 点群 $m\bar{3}\bar{5}$ 共有120个对称操作，即点群235的60个操作，再加上它们与倒反构成的复合操作. 表6.2列出点群235的特征标表. 显见点群235有5个共轭类和5个不可约表示，它们的维数分别是: $n_{\Gamma_1}=1$, $n_{\Gamma_3}=3$, $n_{\Gamma'_3}=3$, $n_{\Gamma_4}=4$, $n_{\Gamma_5}=5$. 满足条件(5.35).

表 6.2 点群 235 的特征标表

	E	$12C_5$	$12C_5^3$	$20C_3$	$15C_2$
Γ_1	1	1	1	1	1
Γ_3	3	τ	$1-\tau$	0	-1
Γ'_3	3	$1-\tau$	τ	0	-1
Γ_4	4	-1	-1	1	0
Γ_5	5	0	0	-1	1

二十面体准晶的物理空间和补空间均为三维空间，分别按点群两个不同的不可约表示(Γ_3 和 Γ'_3)变换. 声子应变场变换为

$$\{\Gamma_3\times\Gamma_3\}_S=\Gamma_1+\Gamma_5, \tag{6.71}$$

其中 S 表示直积表示中的对称部分(反对称部分对弹性能无贡献). Γ_1 为一恒等表示，$E_{11}+E_{22}+E_{33}$为相应表示空间基矢. Γ_5 为一五维表示，其表示空间基矢为

$$\frac{1}{\sqrt{6}}(E_{11}+E_{22}-2E_{33}),\frac{1}{\sqrt{2}}(E_{11}-E_{22}),\sqrt{2}E_{12},\sqrt{2}E_{13},\sqrt{2}E_{23} \tag{6.72}$$

从而声子场有两个二次不变量，它们与各向同性介质中的形式相同，即

$$(\nabla\cdot\boldsymbol{u})^2,(E_{23}^2+E_{31}^2+E_{12}^2)-(E_{11}E_{22}+E_{22}E_{33}+E_{33}E_{11}). \tag{6.73}$$

相应的弹性常数可写成

$$C_{ijkl}=\lambda\delta_{ij}\delta_{kl}+\mu(\delta_{ik}\delta_{jl}+\delta_{il}\delta_{jk}), \tag{6.74}$$

(λ,μ 为 Lame 常数). 或写成 4 个下标的矩阵的形式

$$
[C_{ijkl}]=\begin{bmatrix}
\lambda+2\mu & \lambda & \lambda & 0 & 0 & 0 & 0 & 0 & 0\\
\lambda & \lambda+2\mu & \lambda & 0 & 0 & 0 & 0 & 0 & 0\\
\lambda & \lambda & \lambda+2\mu & 0 & 0 & 0 & 0 & 0 & 0\\
0 & 0 & 0 & \mu & 0 & 0 & \mu & 0 & 0\\
0 & 0 & 0 & 0 & \mu & 0 & 0 & \mu & 0\\
0 & 0 & 0 & 0 & 0 & \mu & 0 & 0 & \mu\\
0 & 0 & 0 & \mu & 0 & 0 & \mu & 0 & 0\\
0 & 0 & 0 & 0 & \mu & 0 & 0 & \mu & 0\\
0 & 0 & 0 & 0 & 0 & \mu & 0 & 0 & \mu
\end{bmatrix}. \tag{6.75}
$$

考虑到声子应变场与应力场都是对称的,可按式(6.60)的方式将它们由双下标变成单下标. 相应地,弹性常数则由 4 个下标变成双下标而成为下列的形式:

$$
[C_{\alpha\beta}]=\begin{bmatrix}
\lambda+2\mu & \lambda & \lambda & 0 & 0 & 0\\
\lambda & \lambda+2\mu & \lambda & 0 & 0 & 0\\
\lambda & \lambda & \lambda+2\mu & 0 & 0 & 0\\
0 & 0 & 0 & 2\mu & 0 & 0\\
0 & 0 & 0 & 0 & 2\mu & 0\\
0 & 0 & 0 & 0 & 0 & 2\mu
\end{bmatrix}. \tag{6.76}
$$

相位子应变场变换为

$$
\Gamma_3 \times \Gamma'_3 = \Gamma_4 + \Gamma_5, \tag{6.77}
$$

其中,Γ_4 为一个四维不可约表示,其表示空间基矢是

$$
\frac{1}{\sqrt{3}}(W_{11}-W_{31}-W_{13}),\frac{1}{\sqrt{3}}(W_{21}+W_{32}+W_{23}),
$$

$$
\frac{1}{\sqrt{3}}(W_{31}+W_{22}-W_{13}),\frac{1}{\sqrt{3}}(W_{12}+W_{32}-W_{23}), \tag{6.78}
$$

Γ_5 为五维不可约表示,相应表示空间基矢是

$$
W_{33},\frac{1}{\sqrt{3}}(W_{11}+W_{22}+W_{33}),\frac{1}{\sqrt{3}}(W_{21}-W_{12}-W_{23}),
$$

$$\frac{1}{\sqrt{3}}(W_{11}+W_{31}-W_{22}),\frac{1}{\sqrt{3}}(W_{32}-W_{21}-W_{12}), \tag{6.79}$$

从而相位子场也有两个不变量，它们是

$$(W_{11}-W_{31}-W_{13})^2+(W_{21}+W_{32}+W_{23})^2 \\ +(W_{31}+W_{22}-W_{13})^2+(W_{12}+W_{32}-W_{23})^2 \tag{6.80a}$$

和

$$3W_{33}^2+(W_{11}+W_{22}+W_{33})^2+(W_{21}-W_{12}-W_{23})^2 \\ +(W_{11}+W_{31}-W_{22})^2+(W_{32}-W_{21}-W_{12})^2, \tag{6.80b}$$

这时独立弹性常数个数 $n_K=2$，相应的弹性常数矩阵为

$$[K_{\alpha j\beta l}]=\begin{pmatrix} K_1 & 0 & 0 & 0 & K_2 & 0 & 0 & K_2 & 0 \\ 0 & K_1 & 0 & 0 & -K_2 & 0 & 0 & K_2 & 0 \\ 0 & 0 & K_1+K_2 & 0 & 0 & 0 & 0 & 0 & 0 \\ 0 & 0 & 0 & K_1-K_2 & 0 & K_2 & 0 & 0 & -K_2 \\ K_2 & -K_2 & 0 & 0 & K_1-K_2 & 0 & 0 & 0 & 0 \\ 0 & 0 & 0 & K_2 & 0 & K_1 & -K_2 & 0 & 0 \\ 0 & 0 & 0 & 0 & 0 & -K_2 & K_1-K_2 & 0 & -K_2 \\ K_2 & K_2 & 0 & 0 & 0 & 0 & 0 & K_1-K_2 & 0 \\ 0 & 0 & 0 & -K_2 & 0 & 0 & -K_2 & 0 & K_1 \end{pmatrix}. \tag{6.81}$$

由于声子、相位子应变场的变换式(6.71)和式(6.77)中都包含有五维表示 Γ_5，因此存在一个声子-相位子耦合不变量 $(E_{11}+E_{22}-2E_{33})W_{33}+(E_{11}-E_{22})(W_{11}+W_{22}+W_{13})+$ $+2E_{12}(W_{21}-W_{12}-W_{23})+2E_{31}(W_{11}+W_{31}-W_{22})+2E_{23}$ $(W_{32}-W_{21}-W_{12})$, (6.82)

这时独立弹性常数个数 $n_R=1$，相应的 4 个下标弹性常数矩阵形式为

$$\lfloor R_{ij\beta l} \rfloor = R \begin{pmatrix} 1 & 1 & 1 & 0 & 0 & 0 & 0 & 1 & 0 \\ -1 & -1 & 1 & 0 & 0 & 0 & 0 & -1 & 0 \\ 0 & 0 & -2 & 0 & 0 & 0 & 0 & 0 & 0 \\ 0 & 0 & 0 & 0 & 0 & -1 & 1 & 0 & -1 \\ 1 & -1 & 0 & 0 & 1 & 0 & 0 & 0 & 0 \\ 0 & 0 & 0 & -1 & 0 & -1 & 0 & 0 & 1 \\ 0 & 0 & 0 & 0 & 0 & -1 & 1 & 0 & -1 \\ 1 & -1 & 0 & 0 & 1 & 0 & 0 & 0 & 0 \\ 0 & 0 & 0 & -1 & 0 & -1 & 0 & 0 & 1 \end{pmatrix}. \tag{6.83}$$

考虑到声子应力场的对称性：$R_{ij\beta l} = R_{ji\beta l}$，式(6.83)可以改写成 6 ×9 的下列矩阵：

$$\lfloor R_{ij\beta l} \rfloor = R \begin{bmatrix} 1 & 1 & 1 & 0 & 0 & 0 & 0 & 1 & 0 \\ -1 & -1 & 1 & 0 & 0 & 0 & 0 & -1 & 0 \\ 0 & 0 & -2 & 0 & 0 & 0 & 0 & 0 & 0 \\ 0 & 0 & 0 & 0 & 0 & -1 & 1 & 0 & -1 \\ 1 & -1 & 0 & 0 & 1 & 0 & 0 & 0 & 0 \\ 0 & 0 & 0 & -1 & 0 & -1 & 0 & 0 & 1 \end{bmatrix}. \tag{6.84}$$

上面各式中矩阵元的下标排列顺序是 11,22,33,23,31,12,32,13,21.

以上的约化过程写得较为精练，仅用群表示论的语言.

需要指出的是，上述二十面体准晶弹性常数的矩阵形式是相对如下直角坐标系而言：它的 X_3 轴与一个五次轴($A5$)平行，X_2 轴与一个二次轴($A2$)平行，X_1 轴与一个伪二次轴($A2P$)平行. 以下简称这种坐标系为 $A2P$-$A2$-$A5$ 坐标系，参见图 2.15(a). 这种坐标系曾被丁棣华等(1992)，Levine 等(Levine, et al.,1985)，

Steurer 等(Steurer & Haibach, 1999)以及德国 Stuttgart 大学 Trebin 教授的研究小组(Ricker, et al., 2001)采用.

正如在 2.5.1 节中讨论过的，直角坐标系通常还有四种取法是：选 3 个互相正交的二次轴为 X_1, X_2, X_3，以下简称这种坐标系为 $A2$-$A2$-$A2$ 坐标系. 由于二十面体准晶不具备四次对称，绕其任一个 $A2$ 轴旋转 90°都将变成另一种新的取向状态. 这样一来，对于 $A2$-$A2$-$A2$ 坐标系，无论是平行空间还是垂直空间，都有 A 与 B 两种状态. 即图 2.15(b)描述的 AA 型 $A2$-$A2$-$A2$ 系，图 2.15(c, d)描述的 AB 型 $A2$-$A2$-$A2$ 系，图 2.15(e)描述的 BA 型 $A2$-$A2$-$A2$ 系，图 2.15(f)描述的 BB 型 $A2$-$A2$-$A2$ 系. 在那样一种坐标系中，因为声子场各向同性，所以式(6.75)和式(6.76)的矩阵结构不变，但式(6.81)，(6.83)和式(6.84)的矩阵结构将很不一样(Lubensky, et al., 1985). 例如，对比图 2.15(a)与图 2.15(f)，可知由 $A2P$-$A2$-$A5$ 系(以下用上标 D 标注)到 BB 型 $A2$-$A2$-$A2$ 系(以下用上标 Lub 标注)的平行空间和垂直空间坐标变换矩阵分别是

$$Q_{\text{para}}^{\text{DLub}} = \begin{bmatrix} \frac{\tau}{\sqrt{2+\tau}} & 0 & -\frac{1}{\sqrt{2+\tau}} \\ 0 & 1 & 0 \\ \frac{1}{\sqrt{2+\tau}} & 0 & \frac{\tau}{\sqrt{2+\tau}} \end{bmatrix}, \tag{6.85a}$$

$$Q_{\text{perp}}^{\text{DLub}} = \begin{bmatrix} \frac{-\tau}{\sqrt{2+\tau}} & 0 & \frac{1}{\sqrt{2+\tau}} \\ 0 & -1 & 0 \\ \frac{-1}{\sqrt{2+\tau}} & 0 & \frac{-\tau}{\sqrt{2+\tau}} \end{bmatrix}. \tag{6.85b}$$

然后按照下列公式就可由式(6.81)和式(6.83)中给出的、丁棣华等采用的 $A2P$-$A2$-$A5$ 系中的相位子弹性常数 K^{D}_{ijkl} 和声子-相位子耦合弹性常数 R^{D}_{ijkl}，求出 Lubensky 等采用的 BB 型 $A2$-$A2$-$A2$ 系中的弹性常数 K^{Lub}_{ijkl} 和 R^{Lub}_{ijkl}

$$
\begin{aligned}
&K^{\mathrm{Lub}}(i',j',k',l')\\
&=K^{\mathrm{D}}(i,j,k,l)\times Q^{\mathrm{DLub}}_{\mathrm{perp}}(i',i)\times Q^{\mathrm{DLub}}_{\mathrm{para}}(j',j)\\
&\quad\times Q^{\mathrm{DLub}}_{\mathrm{perp}}(k',k)\times Q^{\mathrm{DLub}}_{\mathrm{para}}(l',l),
\end{aligned}
\tag{6.86a}
$$

$$
\begin{aligned}
&R^{\mathrm{Lub}}(i',j',k',l')\\
&=R^{\mathrm{D}}(i,j,k,l)\times Q^{\mathrm{DLub}}_{\mathrm{para}}(i',i)\times Q^{\mathrm{DLub}}_{\mathrm{para}}(j',j)\\
&\quad\times Q^{\mathrm{DLub}}_{\mathrm{perp}}(k',k)\times Q^{\mathrm{DLub}}_{\mathrm{para}}(l',l).
\end{aligned}
\tag{6.86b}
$$

于是得到式(6.81)中丁棣华等采用的两个独立的相位子弹性常数 K^{D}_1 和 K^{D}_2 在 Lubensky 坐标系中的矩阵形式

$$
K^{\mathrm{D}}_1\boldsymbol{I}+K^{\mathrm{D}}_2\begin{bmatrix}
-\tau & 0 & 1 & 0 & 0 & 0 & 0 & 0 & 0\\
0 & 0 & 0 & 0 & -1 & 0 & 0 & 1 & 0\\
1 & 0 & 1/\tau & 0 & 0 & 0 & 0 & 0 & 0\\
0 & 0 & 0 & -\tau & 0 & 1 & 0 & 0 & 0\\
0 & -1 & 0 & 0 & 0 & 0 & 0 & 1 & 0\\
0 & 0 & 0 & 1 & 0 & 1/\tau & 0 & 0 & 0\\
0 & 0 & 0 & 0 & 0 & 0 & -\tau & 0 & -1\\
0 & 1 & 0 & 0 & 1 & 0 & 0 & 0 & 0\\
0 & 0 & 0 & 0 & 0 & 0 & -1 & 0 & 1/\tau
\end{bmatrix},
\tag{6.87a}
$$

式中 $\boldsymbol{I}$ 表示 9×9 的单位矩阵，以及式(6.83)中丁棣华等采用的独立的声子-相位子耦合弹性常数 R^{D} 在 Lubensky 坐标系中的矩阵形式为

$$
R^{\mathrm{D}} = \begin{bmatrix} 0 & -\tau & 0 & 0 & 1 & 0 & 0 & -1/\tau & 0 \\ 0 & 1 & 0 & 0 & 1/\tau & 0 & 0 & \tau & 0 \\ 0 & 1/\tau & 0 & 0 & -\tau & 0 & 0 & -1 & 0 \\ 0 & 0 & 0 & 1/\tau & 0 & \tau & 0 & 0 & 0 \\ -1/\tau & 0 & -\tau & 0 & 0 & 0 & 0 & 0 & 0 \\ 0 & 0 & 0 & 0 & 0 & 0 & 1/\tau & 0 & -\tau \\ 0 & 0 & 0 & 1/\tau & 0 & \tau & 0 & 0 & 0 \\ -1/\tau & 0 & -\tau & 0 & 0 & 0 & 0 & 0 & 0 \\ 0 & 0 & 0 & 0 & 0 & 0 & 1/\tau & 0 & -\tau \end{bmatrix}
\tag{6.87b}
$$

对比图 5.15(f)与图 5.15(c),可得到从 Lubensky 的 BB 型坐标系到 Jaric 和 Nelson 的(以下用上标 J 标注)AB 型坐标系的变换矩阵:

$$
Q_{\mathrm{para}}^{\mathrm{LubJ}} = \begin{bmatrix} 0 & 0 & 1 \\ 0 & 1 & 0 \\ -1 & 0 & 0 \end{bmatrix}, \quad Q_{\mathrm{perp}}^{\mathrm{LubJ}} = \begin{bmatrix} -1 & 0 & 0 \\ 0 & 1 & 0 \\ 0 & 0 & -1 \end{bmatrix}. \tag{6.88a}
$$

对比图 5.15(c)与图 5.15(e),就得到从 Jaric 和 Nelson 的 AB 型坐标系到 Ishii(石井)的 BA 型坐标系(以下用上标 I 标注)的变换矩阵

$$
Q_{\mathrm{para}}^{\mathrm{JI}} = \begin{bmatrix} 1 & 0 & 0 \\ 0 & 0 & 1 \\ 0 & 1 & 0 \end{bmatrix}, \quad Q_{\mathrm{perp}}^{\mathrm{JI}} = \begin{bmatrix} 1 & 0 & 0 \\ 0 & 0 & 1 \\ 0 & 1 & 0 \end{bmatrix}. \tag{6.88b}
$$

对比图 5.15(c)与图 5.15(b),则得到从 Jaric 和 Nelson 的 AB 型坐标系到武汉大学准晶课题组常采用的 AA 型坐标系(以下用上标 W 标注)的变换矩阵

$$
Q_{\mathrm{para}}^{\mathrm{JW}} = \begin{bmatrix} 1 & 0 & 0 \\ 0 & 1 & 0 \\ 0 & 0 & 1 \end{bmatrix}, \quad Q_{\mathrm{perp}}^{\mathrm{JW}} = \begin{bmatrix} 0 & 1 & 0 \\ 1 & 0 & 0 \\ 0 & 0 & 1 \end{bmatrix}. \tag{6.88c}
$$

有了这些坐标变换矩阵,就可按式(6.86)得到式(6.81)中丁棣华等采用的两个独立的相位子弹性常数 K_1^D 和 K_2^D,以及式(6.83)中丁棣华等采用的独立的声子-相位子耦合弹性常数 R^D 在 J,I,W 坐标系中的矩阵形式. 计算结果列在附录 E.3 中.

§6.5 各类弹性方程具体形式举例（丁棣华等, 1998）

知道了准晶的弹性常数 C_{ijkl}, K_{ijkl} 和 R_{ijkl} 的矩阵结构,便不难写出§6.2 中各类弹性方程的具体形式. 今以第十四 Laue 类为例,它包含点群 $10mm$, 1022, $\overline{10}m2$ 和 $10/mmm$. 这种十次对称准晶共有 9 个独立的弹性常数,即

$$n_C = 5 \qquad n_K = 3, \qquad n_R = 1. \tag{6.89}$$

相应的弹性常数矩阵,对声子场由式(6.61)给出,对相位子场为

$$[K] = \begin{pmatrix} K_1 & K_2 & 0 & 0 & 0 & 0 \\ K_2 & K_1 & 0 & 0 & 0 & 0 \\ 0 & 0 & K_4 & 0 & 0 & 0 \\ 0 & 0 & 0 & K_1 & 0 & -K_2 \\ 0 & 0 & 0 & 0 & K_4 & 0 \\ 0 & 0 & 0 & -K_2 & 0 & K_1 \end{pmatrix}. \tag{6.90}$$

对声子-相位子耦合为

$$[R] = \begin{pmatrix} R & R & 0 & 0 & 0 & 0 \\ -R & -R & 0 & 0 & 0 & 0 \\ 0 & 0 & 0 & 0 & 0 & 0 \\ 0 & 0 & 0 & 0 & 0 & 0 \\ 0 & 0 & 0 & 0 & 0 & 0 \\ 0 & 0 & 0 & -R & 0 & R \end{pmatrix}. \tag{6.91}$$

$$
\begin{pmatrix} T_{11} \\ T_{22} \\ T_{33} \\ T_{23} \\ T_{31} \\ T_{12} \\ H_{11} \\ H_{22} \\ H_{23} \\ H_{12} \\ H_{13} \\ H_{21} \end{pmatrix}
=
\begin{pmatrix}
c_{11} & c_{12} & c_{13} & 0 & 0 & 0 & R & R & 0 & 0 & 0 & 0 \\
c_{12} & c_{11} & c_{13} & 0 & 0 & 0 & -R & -R & 0 & 0 & 0 & 0 \\
c_{13} & c_{13} & c_{33} & 0 & 0 & 0 & 0 & 0 & 0 & 0 & 0 & 0 \\
0 & 0 & 0 & c_{44} & 0 & 0 & 0 & 0 & 0 & 0 & 0 & 0 \\
0 & 0 & 0 & 0 & c_{44} & 0 & 0 & 0 & 0 & 0 & 0 & 0 \\
0 & 0 & 0 & 0 & 0 & c_{66} & 0 & 0 & 0 & -R & 0 & R \\
R & -R & 0 & 0 & 0 & 0 & K_1 & K_2 & 0 & 0 & 0 & 0 \\
R & -R & 0 & 0 & 0 & 0 & K_2 & K_1 & 0 & 0 & 0 & 0 \\
0 & 0 & 0 & 0 & 0 & 0 & 0 & 0 & K_4 & 0 & 0 & 0 \\
0 & 0 & 0 & 0 & 0 & -R & 0 & 0 & 0 & K_1 & 0 & -K_2 \\
0 & 0 & 0 & 0 & 0 & 0 & 0 & 0 & 0 & 0 & K_4 & 0 \\
0 & 0 & 0 & 0 & 0 & R & 0 & 0 & 0 & -K_2 & 0 & K_1
\end{pmatrix}
\begin{pmatrix} E_{11} \\ E_{22} \\ E_{33} \\ 2E_{23} \\ 2E_{31} \\ 2E_{12} \\ W_{11} \\ W_{22} \\ W_{23} \\ W_{12} \\ W_{13} \\ W_{21} \end{pmatrix} . \tag{6.92}
$$

于是,我们可以写成 Hooke 定律(6.51)的具体形式为式(6.92)将上式的 12×12 的矩阵表示应用到式(6.48),便得到弹性能 F 的表达式

$$
\begin{aligned}
F=&\frac{1}{2}c_{11}(E_{11}^2+E_{22}^2)+\frac{1}{2}c_{33}E_{33}^2+c_{12}E_{11}E_{22}+2c_{66}E_{12}^2\\
&+c_{13}(E_{11}+E_{22})E_{33}+2c_{44}(E_{23}^2+E_{31}^2)+\frac{1}{2}K_1W_{ij}W_{ij}+K_2\\
&\cdot(W_{11}W_{22}-W_{12}W_{21})+\frac{1}{2}K_4(W_{23}^2+W_{13}^2)+R[(E_1-E_2)\\
&\cdot(W_{11}+W_{22})+2E_6(W_{21}-W_{12})],
\end{aligned}
\tag{6.93}
$$

式中,$i,j=1,2$.

若只考虑平面准周期结构,即平面准晶,那么 $C_{ijkl},K_{ijkl},R_{ijkl}$ 下标中的 $i,j,k,L=1,2$. 这时,式(6.92)的矩阵表达式化简为

$$
\begin{pmatrix}
\lambda+2\mu & \lambda & 0 & 0 & R & R & 0 & 0\\
\lambda & \lambda+2\mu & 0 & 0 & -R & -R & 0 & 0\\
0 & 0 & \mu & \mu & 0 & 0 & -R & R\\
0 & 0 & \mu & \mu & 0 & 0 & -R & R\\
R & -R & 0 & 0 & K_1 & K_2 & 0 & 0\\
R & -R & 0 & 0 & K_2 & K_1 & 0 & 0\\
0 & 0 & -R & -R & 0 & 0 & K_1 & -K_2\\
0 & 0 & R & R & 0 & 0 & -K_2 & K_1
\end{pmatrix},
\tag{6.94}
$$

式中,λ,μ 为 Lame 常数,而

$$
\begin{aligned}
&C_{1111}=C_{2222}=\lambda+2\mu,C_{1122}=C_{2211}=\lambda,\\
&C_{1212}=C_{2121}=C_{1221}=C_{2112}=\mu.
\end{aligned}
\tag{6.95}
$$

Hooke 定律化简为

$$
\begin{aligned}
&T_{11}=\lambda(E_{11}+E_{22})+2\mu E_{11}+R(\partial_1w_1+\partial_2w_2),\\
&T_{22}=\lambda(E_{11}+E_{22})+2\mu E_{22}-R(\partial_1w_1+\partial_2w_2),\\
&T_{12}=2\mu E_{12}+R(\partial_1w_2-\partial_2w_1)=T_{21},
\end{aligned}
$$

$$
\begin{aligned}
H_{11} &= R(E_{11}-E_{22}) + K_1\partial_1 w_1 + K_2\partial_2 w_2, \\
H_{22} &= R(E_{11}-E_{22}) + K_1\partial_2 w_2 + K_2\partial_1 w_1, \\
H_{12} &= -2RE_{12} + K_1\partial_2 w_1 - K_2\partial_1 w_2, \\
H_{21} &= 2RE_{12} + K_1\partial_1 w_2 - K_2\partial_2 w_1.
\end{aligned}
\tag{6.96}
$$

对其他点群的二维准晶,弹性方程的具体表达式均可类似推导,这里从略.

下面讨论二十面体准晶.二十面体准晶的三类弹性常数分别由式(6.76),(6.81)和式(6.84)给出.将它们代入式(6.51)得到广义 Hooke 定律的表达式

$$
\begin{aligned}
T_{11} &= \lambda\theta + 2\mu E_{11} + R(W_{11}+W_{22}+W_{33}+W_{13}), \\
T_{22} &= \lambda\theta + 2\mu E_{22} - R(W_{11}+W_{22}-W_{33}+W_{13}), \\
T_{33} &= \lambda\theta + 2\mu E_{33} - 2RW_{33}, \\
T_{23} &= 2\mu E_{23} + R(W_{32}-W_{12}-W_{21}) = T_{32}, \\
T_{31} &= 2\mu E_{31} + R(W_{11}-W_{22}+W_{31}) = T_{13}, \\
T_{12} &= 2\mu E_{12} + R(W_{21}-W_{23}-W_{12}) = T_{21}, \\
H_{11} &= R(E_{11}-E_{22}+2E_{31}) + K_1 W_{11} + K_2(W_{31}+W_{13}), \\
H_{22} &= R(E_{11}-E_{22}-2E_{31}) + K_1 W_{22} + K_2(W_{13}-W_{31}), \\
H_{33} &= R(E_{11}+E_{22}-2E_{33}) + (K_1+K_2)W_{33}, \\
H_{23} &= -2RE_{12} + (K_1-K_2)W_{23} + K_2(W_{12}-W_{21}), \\
H_{31} &= 2RE_{31} + (K_1-K_2)W_{31} + K_2(W_{11}-W_{22}), \\
H_{12} &= -2R(E_{23}+E_{12}) + K_1 W_{12} + K_2(W_{23}-W_{32}), \\
H_{32} &= 2RE_{23} + (K_1-K_2)W_{32} - K_2(W_{12}+W_{21}), \\
H_{13} &= R(E_{11}-E_{22}) + (K_1-K_2)W_{13} + K_2(W_{11}+W_{22}), \\
H_{21} &= 2R(E_{11}-E_{23}) + K_1 W_{21} - K_2(W_{23}+W_{32}),
\end{aligned}
\tag{6.97}
$$

式中,$\theta = E_{11}+E_{22}+E_{33}$.

参 考 文 献

丁棣华,杨文革,胡承正.武汉大学学报(自然科学版),1992(3):23

丁棣华,王仁卉,杨文革,胡承正. 物理学进展,1998(18):223～260

Ding D H, Yang W G, Hu C Z , Wang R H. Phys Rev B, 1993(48):7003～7010

Hu C Z, Wang R H, Ding D H et al. Acta Crystallorg A,1996(52):251～256

Jeong H C, Steinhardt P. J Phys B Rev,1993(48):9394～9403

Levine D, Lubensky T C. Ostlund S et al. Phys Rev Lett,1985(54):1520～1523

Lubensky TC,Ramaswamy S,Toner J. Phys Rev B, 1985(32):7444～7452

Lubensky TC. in: Jaric MV ed. Aperiodicity and Order, Vol. 1: Introduction to Quasicrystals. New york: Academic Press,1988. 199～280

Ricker M, Bachteler J, Trebin H R. Eur J Phys B, 2001(23):351～363

Socolar J E S, Lubensky T C, Steinhardt P J. Phys Rev B, 1986(34):3345～3360

Steurer W, Haibach T. In: Stadnik ZM ed. Physical Properties of Quasicrystals. Berlin: Springer,1999

Wang R H, Yang W G, Hu C Z et al. J Phys,1997(9): 2411～2422

Yang W G, Wang R H, Ding D H et al. J Phys,1995(7): 7099～7112

第七章　准晶的电子结构和物理性能

§7.1　准周期系统的电子结构（Fujiwara,1999）

固体中电子能级的计算,即能带的确定,是一个十分重要的问题. 为了计算振动谱、电导率、热导率、磁有序、光介函数等这些可直接观测的物理量,原则上都需要有关电子能级和波函数的知识. 对于晶体,能级的处理已经有了一套比较完善的方法. 在绝热近似和单电子近似范围内,由于晶体具有平移周期性,它的波函数满足 Bloch 定理,即

$$\psi_n(\boldsymbol{k},\boldsymbol{r})=\exp(\mathrm{i}\boldsymbol{k}\cdot\boldsymbol{r})u_n(\boldsymbol{k},\boldsymbol{r}),$$

其中,

$$u_n(\boldsymbol{k},\boldsymbol{r}+\boldsymbol{R})=u_n(\boldsymbol{k},\boldsymbol{r}),$$

（$\boldsymbol{R}$ 为任一格矢）,称为晶胞周期性函数. n 为能带指标,$\boldsymbol{k}$ 为波矢.

与晶体不同,准晶体不具有平移周期性,Bloch 定理不再适用. 不过,与无序系统也不同,准晶仍具有长程取向有序. 特别,根据准晶高维空间描述法,准晶体是由处于高维空间一特定条带中的周期格点向物理空间投影生成的. 由于这种特殊地位,准晶中电子的能级和波函数无疑将会呈现一些异乎寻常的特性. 下面,我们先介绍一维准周期格点中电子能级和波函数,然后讨论一般准周期系统.

7.1.1　一维准周期格点

描述一维系统电子运动的 Schrödinger 方程在紧束缚近似下可以写成:

$$t_{n+1}\psi_{n+1}+t_n\psi_{n-1}=E\psi_n \tag{7.1}$$

这里 t_n 表示两点(t_{n-1}, t_n)间的跳跃积分，ψ_n 为点 r 的波函数．若引入记号：

$$\psi_n = \begin{pmatrix} \psi_n \\ \psi_{n-1} \end{pmatrix}, M(t_j, t_i) = \begin{pmatrix} E/t_j & -t_i/t_j \\ 1 & 0 \end{pmatrix}. \tag{7.2}$$

$M(t_j, t_i)$称转移矩阵，则式(7.1)可改写成

$$\psi_{n+1} = M(t_{n+1}, t_n)\psi_n. \tag{7.3}$$

利用矩阵的性质，显然

$$\psi_{n+1} = M(n)\psi_1, \tag{7.4}$$

式中

$$M(n) = M(t_{n+1}, t_n)M(t_n, t_{n-1})\cdots M(t_2, t_1). \tag{7.5}$$

一个典型的一维准周期格点可以由 Fibonacci 序列生存．它可以按照下面的自生成律递归构成

$$S_0 = S, S_1 = L, S_{n+1} = S_n S_{n-1}, \tag{7.6}$$

其中 S, L 是两点间键长．类似地，一个 Fibonacci 数 F_L 由 $F_{L+1} = F_L + F_{L-1}$递归给出，而 $F_0 = F_1 = 1$．两个相邻的这样的数的比值当 L 不断增大时趋近于一个极限值：$F_{L+1}/F_L \to \tau = (1+\sqrt{5})/2$（黄金平均)．若点 n 恰好是一 Fibonacci 数，即 $n = F_L$, $M(n) = M_L = M(F_L)$，则按照 Fibonacci 数列构成的特点，应有

$$M_L = M_{L-2}M_{L-1}, \tag{7.7a}$$

$$M_1 = M(t_A, t_A), M_2 = M(t_A, t_B)M(t_B, t_A). \tag{7.7b}$$

此处，t_A, t_B 分别为相应于两种不同键长 L, S 的跳跃积分，$M(t_j, t_i)$的定义见式(7.2)．由此可见，它们都是行列式为 1 的 2×2 实矩阵．若 n 为一个一般点，可写成 $n = F_{L1} + F_{L2} + \cdots + F_{Li}$($L1 > L2 > \cdots > Li$)，则转移矩阵

$$M(n) = M_{Li}\cdots M_{L2}M_{L1}. \tag{7.8}$$

直接求解准周期系统的能级和波函数恐怕很难办到，它通常都是作为周期系统的极限情形来实现的．对于一维 Fibonacci 格点，递归关系式(7.7)确定了转移矩阵的具体表示式，知道了转移矩阵，我们便可以计算 n 有限时电子的能级和波函数，从而推得一维 Fibonacci格点($n \to \infty$的极限情形)相应的结果．

为此，我们先给出转移矩阵某些有用的特性．由上述可知，M_L 是幺模矩阵，即这些矩阵的行列式的值等于 1．所有行列式为 1 的 2×2 实矩阵组成的集合，称为实特殊线性群，用 $SL(2,R)$表示．

$$M_L \in SL(2,R) \tag{7.9}$$

式（7.7a）等号两侧左乘（M_{L-2}）$^{-1}$，右乘（M_L）$^{-1}$，可得：$(M_{L-2})^{-1}=M_{L-1}(M_L)^{-1}$．并进而有

$$M_{L+1}+M_{L-2}^{-1}=M_{L-1}M_L+M_{L-1}M_L^{-1}, \tag{7.10}$$

两边取迹得

$$\mathrm{tr}M_{L+1}+\mathrm{tr}M_{L-2}^{-1}=\mathrm{tr}[M_{L-1}(M_L+M_L^{-1})]. \tag{7.11}$$

显然，若 $M=\begin{pmatrix} a & b \\ c & d \end{pmatrix}\in SL(2,R)$，即 $ad-bc=1$（幺模），则

$$M^{-1}=\begin{pmatrix} d & -b \\ -c & a \end{pmatrix}\in SL(2,R),$$

并进而有

$$\mathrm{tr}M^{-1}=\mathrm{tr}M,$$

$$M+M^{-1}=\begin{pmatrix} a+d & 0 \\ 0 & a+d \end{pmatrix}=(a+d)\begin{pmatrix} 1 & 0 \\ 0 & 1 \end{pmatrix}=(\mathrm{tr}M)U, \tag{7.12a}$$

（U 为单位矩阵）．所以

$$\mathrm{tr}M_{L-2}^{-1}=\mathrm{tr}M_{L-2},$$

$$M_L+M_L^{-1}=(\mathrm{tr}M_L)U, \tag{7.12b}$$

代入式(7.11)有

$$\mathrm{tr}M_{L+1}+\mathrm{tr}M_{L-2}=\mathrm{tr}M_L\mathrm{tr}M_{L-1}. \tag{7.13}$$

令 $x_L=\frac{1}{2}\mathrm{tr}M_L$，我们得到有关转移矩阵迹间的一个递归公式

$$x_{L+1}=2x_Lx_{L-1}-x_{L-2}, \tag{7.14}$$

其中，$x_{-1}=(t_B/t_A+t_A/t_B)/2$，$x_0=E/2t_B$，$x_1=E/2t_A$．定义

$$I=x_{L+1}^2+x_L^2+x_{L-1}^2-2x_{L+1}x_Lx_{L-1}-1. \tag{7.15}$$

由式(7.14)知

$$\begin{aligned} I &= x_{L+1}^2+x_L^2+x_{L-1}^2-2x_{L+1}x_Lx_{L-1}-1 \\ &= x_L^2+x_{L-1}^2+x_{L-2}^2-2x_Lx_{L-1}x_{L-2}-1 \end{aligned}$$

$$= \cdots = x_1^2 + x_0^2 + x_{-1}^2 - 2x_1x_0x_{-1} - 1 = \frac{1}{4}\left[\frac{t_B}{t_A} - \frac{t_A}{t_B}\right]^2, \quad (7.16)$$

它是一个与 L 无关的不变量.

下面我们计算一维 Fibonacci 格点中电子能级. 若 $|X_L| \leqslant 1$, 可令 $x_L = \cos\theta_L$. 由式(7.14)得

$$\begin{aligned}\cos\theta_{L+1} &= 2\cos\theta_L\cos\theta_{L-1} - \cos\theta_{L-2} \\ &= \cos(\theta_L + \theta_{L-1}) + \cos(\theta_L - \theta_{L-1}) - \cos\theta_{L-2},\end{aligned}$$

即

$$\cos\theta_{L+1} - \cos(\theta_L + \theta_{L-1}) = \cos(\theta_L - \theta_{L-1}) - \cos\theta_{L-2}, \quad (7.17)$$

这个方程有一个明显的解

$$\theta_{L+1} = \theta_L + \theta_{L-1}. \quad (7.18)$$

若令 $x_0 = \cos\theta_0$,那么由上式和递归关系,我们便推得

$$x_L = \cos(F_L\theta_0). \quad (7.19)$$

类似地,若 $|x_L| \geqslant 1$,可令 $x_L = \mathrm{ch}\theta_L$,这时式(7.18)仍然成立,进而

$$x_L = \mathrm{ch}(F_L\theta_0). \quad (7.20)$$

式(7.20)表明,x_L 将随着 L 的增大而指数形式地增大. 注意到 x_L 是一包含能量 E 的 F_L 次方程,我们知道,这时 E 的取值是禁戒的,它不属于能谱中. 所以,只有满足 $|x_L| \leqslant 1$ 的条件的 E 才有允许值,即属于能谱. 这就是说

$$|x_L| = 1 \quad (7.21)$$

决定了能带结构. 式(7.21)是一个包含参数 t_A, t_B 关于 E 的 F_L 次方程. 这样的方程一般需要数值求解. 图 7.1 标绘了 $t_A = 1.0$, $t_B = 2.0$, $L = 1,2,3,4,5,6$ 时电子能带结构. 至于一维 Fibonacci 格点能谱,则可由 $L \to \infty$ 时的极限情形得到. 由此,我们可以得到下述一些结论:

(1) 这一能带结构具有自相似性.

(2) 随着 L 的增大,能带数目增多,带宽减小,当 $L \to \infty$ 时,它们也将趋于无穷. 这表明一维 Fibonacci 格点的电子能谱分布与 Cantor 集类似(Cantor 集是集合论创始人 G. Cantor 所构造的

一个集合). 它由闭区间[0,1]先去掉三等分中的中间开区间(1/3,2/3),再去掉剩下两个闭区间三等分的两个中间开区间(1/9,2/9)和(7/9,8/9),然后又去掉剩下 4 个闭区间三等分的 4 个中间开区间(1/27,2/27)、(7/27,8/27)、(19/27,20/27)和(25/27,26/27);如是下去直至无穷. 所剩下的余集即 Cantor 集. 它的 Lebesgue 测度为零.

(3) 随着 L 的变化,能带的边缘也在变动. 因此,对能谱中的给定能级,相应的态密度(DOS)不会严格为零,但有可能具有极小值. 这种能级形成所谓赝能隙(pseudogap),并且由于其能谱是一个 Cantor 集,它的 DOS 累积值是一个几乎处处连续但不可微分的函数. 这种函数称为奇异连续的.

(4) 态密度存在精细结构,即在态密度对能量标绘的图上可见许许多多尖峰(spikiness).

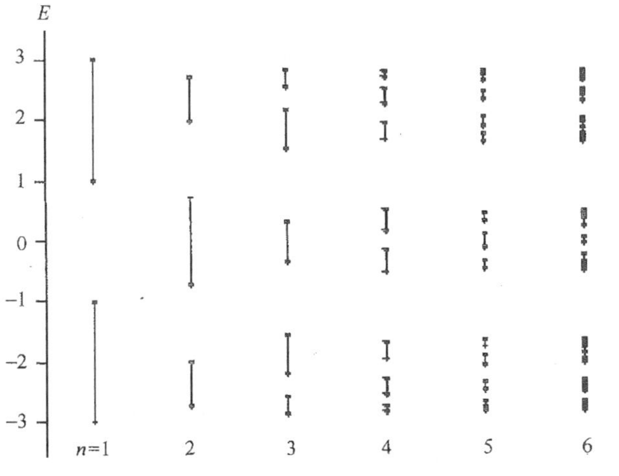

图 7.1 一维 Fibonacci 格点的电子谱
($L=n+1$ 为 Fibonacci 数 F_L 的排序号).

要进一步求解准周期系统的波函数显然更困难,一般都采用数值计算方法. 为了得到本征波函数,先应确定它在谱中所相应的本征能级,但由于刚才所述的原因,能谱是一个 Lebesgue 测度为零的 Cantor 集，因此，实际确定谱中一个严格本征值原则上几乎办不到，计算中采取的大半是近似值．对一维 Fibonacci 格点，能谱中有两个特殊点，它们波函数的特征比较容易分析．这两个点，即带的中点（$E=0$）和带的边缘（E 的允许值中最大和最小值）．下面我们以带的中点为例分析其波函数的特征．由式（7.2）和式（7.7），我们可以求得相应的转移矩阵

$$M_1=\begin{pmatrix}0 & -1\\ 1 & 0\end{pmatrix},M_2=\begin{pmatrix}-R & 0\\ 0 & -1/R\end{pmatrix},M_3=\begin{pmatrix}0 & 1/R\\ -R & 0\end{pmatrix}$$

$$M_4=\begin{pmatrix}0 & -1\\ 1 & 0\end{pmatrix},M_5=\begin{pmatrix}1/R & 0\\ 0 & R\end{pmatrix},M_6=\begin{pmatrix}0 & -R\\ 1/R & 0\end{pmatrix}$$

$$M_{L+6}=M_L,R=t_B/t_A, \tag{7.22}$$

这是 6 个元素组成的循环，其中，

$$M_3M_6=\begin{pmatrix}1/R^2 & 0\\ 0 & R^2\end{pmatrix}. \tag{7.23}$$

若令

$$n=F_3+F_6+F_9+F_{12}+\cdots+F_{3\times 2m}, \tag{7.24}$$

由式（7.5）可得

$$M(n)=M_3M_6M_9M_{12}\cdots M_{3\times 2m},$$

继而

$$\psi_n=R^{2m}\psi_0. \tag{7.25}$$

若令

$$n=F_3+F_6+F_9+\cdots+F_{3\times(2m+1)}, \tag{7.26}$$

则有

$$M(n)=M_3M_6M_9\cdots M_{3\times(2m+1)},$$

$$\psi_n=-R^{2m+1}\psi_1. \tag{7.27}$$

可见，随着准周期格点 n 的增大，每当 n 的值满足条件（7.24）和（7.26）时，相应波函数取值出现峰值，而且它们具有自相似性．事实上，如果选取初始点：$|\psi_1|=|\psi_0|=1$，且认为，$F_{L+1}/F_L\approx\tau$，那么由式（7.24），式（7.25）[或式（7.26），式（7.27）]得

$$n=\tau^{3k},|\psi_n|=R^k, \tag{7.28}$$

这表明 n 扩大 $|\tau^3|$ 倍，$|\psi_n|$ 将扩大 R 倍，即波函数的模在标度变换

$$n \leftrightarrow \frac{n}{\tau^3}, |\psi| \leftrightarrow \frac{|\psi|}{R} \tag{7.29}$$

下不变. 由式(7.28)，我们有

$$\frac{\ln|\psi_n|}{\ln n} \approx \beta = \frac{\ln R}{\ln \tau^3}$$

或

$$\psi_n \approx n^\beta, \tag{7.30}$$

这种具有幂函数渐近行为的波函数，既不是扩展型的，像通常固体中平面波或 Bloch 波函数那样在整个空间振荡；也不是定域型的(其振幅随距离指数衰减，而实际只集中在几个原子组成的区域内). 我们称这种波函数为临界波函数. 图 7.2 示出了相应能带中点处的波函数. 对于能带边缘的点，可以类似地构造一个由两个元素组成的循环来进行分析. 至于能谱中其他一些点，情况将更为复杂，一般都需要进行数值计算. 不过，所有研究表明，对于一维 Fibonacci 格点，它的波函数具有自相似性质，存在幂函数渐近行为，是一种临界波函数.

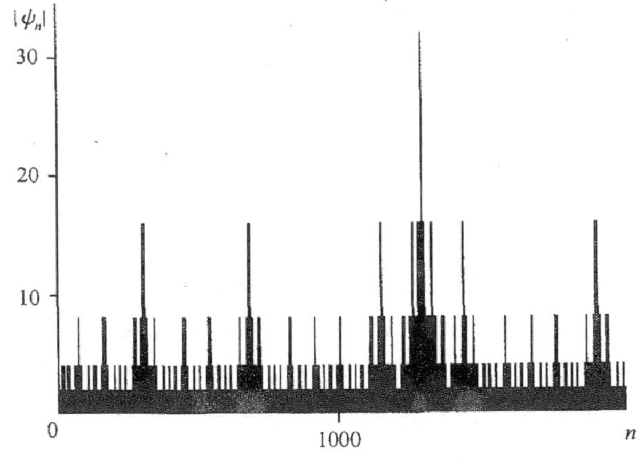

图 7.2　一维 Fibonacci 格点能带中点处波函数.

上面所讨论的虽是电子的能带结构，但对格点振动所产生的声子也适用. 这时仅需将式(7.1)中的变数作如下替换：

$$t_i \to K_i, t_{A,B} \to K_{A,B}, E \to -\omega^2 + K_i + K_j, \tag{7.31}$$

(ω 为声子频率，K 为力常数)，便可描写声子的运动. 因此，声子谱及其波函数也与电子谱及其波函数一样具有上述非寻常的特征.

7.1.2 三维准晶体

计算实际三维准晶体的电子结构仍是利用准晶近似相来逼近，但计算量更大、更复杂. 如二十面体准晶 Al-Mn-Si 的[1/1]近似相，一个元胞就含有 138 个原子. 为了易于计算，一般都采用 muffin-tin(蛋糕模子)轨道，即将原子势看作球形，在球内基函数为通常原子轨道，在球外满足一 Laplace 方程. 系统的波函数可以用这样的基函数展开，而系统的哈密顿量则用紧束缚形式给出. 因此，这种方法称为紧束缚线性 muffin-tin 轨道(TB-LMTO)法，它是求解像准晶近似相这样具有大元胞的复杂系统一个有力的工具. 虽然实际三维准晶体结构更加复杂，研究更加困难，但对不同准晶体构造的各种结构模型进行的计算表明，它们在电子结构上也具有与一维准周期系统相类似的性质. 它们在 Fermi 面邻域同样存在赝能隙，DOS 结构中也有许多尖峰(精细结构)，它们的本征态仍然是临界波函数.

根据量子理论，一个系统的物理性质取决于它们的薛定鄂方程解. 我们已经知道，一个晶体，它的能量本征值是(绝对)连续的，形成所谓能带；它的本征波函数是扩展的(Bloch 定理). 一个完全无序系统，它的能量本征值是分立的，它的本征波函数是定域的. 从上面的讨论可见，准晶体位于这两者之间. 它的能量本征值是奇异连续的，而本征波函数是临界函数. 由于准晶这一独特的性质，它的相关物理性能必然会呈现一些异乎寻常的特征. 在下面几节，我们将分别予以介绍.

§7.2 准晶的导电性能(Rapp,1999)

准晶大多由金属元素构成. 由金属元素形成的晶体,它们的导电性能是人所共知的. 金属是电的良导体(电阻率 $\rho \approx 1\mu\Omega\text{cm}$). 金属的电阻是温度 T 的函数,ρ 一般随 T 增加而增加. 变化规律可用 Grüneisen 公式描写

$$\rho = ATG(x), G(x) = x^{-4}\int_0^x \frac{s^5}{(e^s - 1)(1 - e^{-s})}ds, \quad (7.32)$$

这里,$x = \theta_D / T$, θ_D 为 Debye 温度. 金属的导电性还与金属内杂质类型和浓度有关,其相互关系符合 Mathiessen 规律

$$\rho = \rho_0(T) + \rho_i(x), \quad (7.33)$$

式中 ρ 为实验观测值,$\rho_0(T)$ 是与温度相关的纯金属电阻率,$\rho_i(x)$ 是依赖于杂质浓度(x)的杂质电阻率(剩余电阻).

与金属晶体这些导电性质相比,准晶体显示出一种迥然不同的特征. 准晶一般有比较大的电阻. 如在温度为 4K 时,二十面体准晶 I-Al-Cu-Fe 的电阻率 $\rho(4\text{K}) = 4.3\text{m}\Omega\text{cm}$, I-Al-Cu-Ru 的 $\rho(4\text{K}) = 30\text{m}\Omega\text{cm}$,而对 I-Al-Pd-Re 的 $\rho(4\text{K})$ 竟超过 $200\text{m}\Omega\text{cm}$. 当温度不太高时,准晶的电阻随温度的增加而减少. 如对 I-Al-Pd-Re,它的电阻率在 4K 和 300K 之比可高达 $\rho(4\text{K})/\rho(300\text{K}) \approx 190$. 准晶的电阻也与其组分浓度有关. 实验发现,准晶的导电性能随样品质量的改善反而降低. 准晶的导电率 σ(不是电阻率 ρ, $\rho = 1/\sigma$)在一个较宽的温度范围内也可表示成

$$\sigma = \sigma_0 + \Delta\sigma(T), \quad (7.34)$$

式中 σ 为准晶导电率,σ_0 为剩余导电率,$\Delta\sigma(T)$ 为与温度相关的项. 另外,对十次准晶(DQC)导电性能的实验观测得到:沿周期方向显示通常金属特点,该方向电阻率 ρ_p 小,且随温度增加而增加($d\rho_p/dT > 0$);但沿准周期平面却显示异常行为,该方向电阻率 ρ_q 大,且随温度增加而减少($d\rho_q/dT < 0$).

准晶异常的导电行为反映了系统准周期结构对其物理性能的

影响，它可以从准周期系统中电子结构的异常性得到解释．金属具有无能隙能带结构，电子易于跃迁，电阻小．准晶能带结构存在赝能隙，电子不容易跃迁，电阻大．另外，根据 Boltzmann 输运理论，导电率

$$\sigma = e^2 \tau \left(\frac{n}{m^*} \right). \tag{7.35}$$

由于准晶电子结构中的态密度有许多尖峰，它反映了带的平滑程度较好，而能带曲线的平滑导致了大的有效质量（$(1/m^*)_{\alpha\beta} \approx \partial^2 \varepsilon / \partial k_\alpha \partial k_\beta$）．再者，准晶中载流子浓度（$n$）较小．这种小的载流子浓度和大的有效质量值也是准晶导电性低的一个原因．准晶中无序的存在使得由于准周期性所诱导的电子态密度的峰值被抹平，结果导致电子的迁移变容易．无序还强化了相邻带间耦合的可能性，这有助于电子在弱定域态间的跃迁．正是这样一些原因，准晶中的无序引起了其导电率的增加．温度升高，电子热运动加剧，无序度变大；杂质和缺陷的存在则增加了其结构的无序．因此，准晶的导电率将随温度的增加而增加，随样品质量的改善而下降．上面对准晶导电性方面异常行为的解释大半都是建立在 Boltzmann 输运理论的基础上．这一理论将电子结构与其输运性能紧密相连．不过，对 Boltzmann 理论直接推广到准晶是否合理这一问题仍然是有争议的．一个明显的例子便是：晶体中的 Mathiessen 规律[式(7.33)]可利用解 Boltzmann 输运方程的弛豫时间近似得到；由是，对准晶中与之对立的关系式(7.34)的解释恐怕就只有在 Boltzmann 理论的框架外去搜寻．

§7.3　准晶的磁性行为(Fukamichi,1999；O'handely,et al.,1991)

组成物质的粒子与磁场的相互作用反映在两个方面：一是带电粒子在磁场中运动时将受到磁场作用力（洛伦兹力）；二是粒子由于本身的轨道角动量和内禀角动量（自旋）而具有磁矩，这一磁

矩将与外磁场产生作用．前者表现为宏观系统中 Hall 效应和磁致电阻(磁阻)；后者表现为宏观系统有着不同的磁性．

Hall 在 1879 年发现金属中电流(J_x)在垂直磁场(H_z)作用下发生偏转，导致在有限样品中出现横向电场(E_y)．这一现象被称为 Hall 效应．Hall 场(E_y)同 H_zJ_x(J_x 为电流密度)的比值 R_H 定义为 Hall 系数：

$$R_H=\frac{E_y}{H_zJ_x}. \tag{7.36}$$

由于电子、空穴两种载流子所带电荷相异，它们在磁场中的偏转方向正好相反．若 E 与 $H\times J$ 方向相同，R_H 为正(对空穴)；若方向相反，R_H 为负(对电子)．对于正常金属，R_H 一般为负，其大小可由金属中自由电子模型计算得到($R_H\approx-1/ne$)．此外，R_H 与温度依赖关系较小，且一般不改变符号．实验发现，廿面体准晶 Al-Cu-Fe 和 Al-Cu-Ru 的 Hall 系数 R_H 为负，但绝对值比金属大两个数量级，与温度有密切关系，且随温度增加可能改变符号．有人认为，这些准晶的 R_H 大是因为载流子浓度小，而 R_H 与温度密切相关也是因为载流子浓度与温度有关的结果；且由于能带结构的影响，其载流子类型还可能改变．

金属中的电子在磁场力的作用下会改变其运动方向．这种偏离运动增加了它同晶格或杂质原子的碰撞机会，从而金属电阻率将增加，称为磁致电阻(磁阻)．通常所谓磁阻并不是指在磁场中导体的绝对电阻，而被定义为磁场存在时电阻率的增加($\Delta\rho$)与磁场为零时的电阻率(ρ_0)之比($\Delta\rho/\rho_0=(\rho-\rho_0)/\rho_0$)．金属的磁阻，在低场下正比于场强平方($H^2$)．在充分大的磁场下，可能趋近饱和．大多数金属磁阻和磁场的关系可用 Kohler 规律描写

$$\frac{\Delta\rho}{\rho_0}=F\left(\frac{H}{\rho_0}\right), \tag{7.37}$$

式中函数 F 仅依赖于金属性质而与温度无关．实验观测到，对高电阻的准晶磁阻比较大，$|\Delta\rho/\rho|$ 可从 i-Al-Cu-Fe 和 i-Al-Cu-Ru 的百分之几到 i-Al-Pd-Re 的 100%．而且，当温度 T 不太高时，准

晶磁致电阻的情况将更加复杂．比如，i-Al-Cu-Fe 的磁阻在 $T \leqslant 100K$ 为正，且随外场增加而增加；但若 $T > 100K$ 时，磁阻将为负，且随外场增加而减少．这时，Kohler 规律也不再适用．准晶磁阻的这种异常表现可用量子干涉效应予以解释．20 世纪 70 年代末和 20 世纪 80 年代初对弱定域化理论和实验研究表明，应该区分传导电子在迁移中所受到的弹性和非弹性这两类不同的散射．弹性散射是电子从一个动量本征态变到另一个动量本征态，但能量不变．这种散射实际上是波在势场中的散射．它的特点是入射波和散射波间有确定的相位关系．非弹性散射是电子从一个能量本征态变到另一个能量本征态，与散射前后状态无关．我们知道，金属中的电子可以认为是自由的．这就是说，电子处在动量本征态的时间(弹性散射时间 τ)要比非弹性散射的时间 τ_{ie}(电子处在能量本征态的时间)长．电子在时间 τ 内运动的距离即平均自由程．电子波在这段路上所发生的散射是互不相干的，它的传播可以用准经典方法描述．这便是传统的固体电导理论．对于准晶，特别是高电阻准晶，电子将不再是自由的．随着温度 T 的下降，τ_{ie}增加；当 T 下降到适当值，可使得 $\tau \ll \tau_{ie}$成立．这时，电子在时间 τ_{ie}内所走的这段路上可以被散射很多次而保留相位间的确定关系(通常称为相位记忆)．于是，电子波在传播路上会互相干涉，这就是量子干涉效应．实际上，电子在运动中还可能受到外磁场或电子本身自旋与散射产生的轨道运动间的作用而发生相干散射．由于这些散射时间(外场散射时间 τ_B、自旋-轨道散射时间 τ_{so}和 τ_{ie})在不同条件下相对大小不同，以及它们本身一般都与外场和温度有关，因此，准晶磁阻也就呈现上面所述的复杂情形．

物质在磁场中的行为通常有逆磁、顺磁、铁磁和反铁磁．一切原子(或分子)，当它们位于磁场 H 中时，都会获得一个感应磁偶极矩，其方向总是与 H 相反．因此，一个物质的原子如不具有固有磁矩，则它的磁性质就是逆磁的．这时，磁化率 χ 为负($\chi = M/H$，M 为磁化强度)．如物质的原子具有固有磁矩(磁性原子)，则原子将在磁场方向具有净的顺向排列．这时，物质沿磁场

方向有微弱磁化，χ 为正．这类物质在磁场中的行为表现出顺磁性．由质子、中子构成的原子核磁贡献很小，原子磁性主要来自绕原子核运动的电子，即电子的轨道磁矩和自旋磁矩．顺磁体和逆磁体磁化率都很小($|\chi| \approx 10^{-6}$)．对于某些材料来说，它们含有铁、钴、镍这些元素，其自旋能存在长程取向有序，从而形成一种自旋有序相．这就是说，这类物质中自旋耦合比较强．按照海森堡的观点，描写它们的哈密顿量可取为

$$H = \varepsilon_0 - \sum J_{ij} s_i \cdot s_j, \tag{7.38}$$

式中，$s_{j(i)}$ 为原子的自旋算符，J_{ij} 为它们之间的交换积分参量($J_{ij} = J_{ij}(|R_i - R_j|)$)．对于这样的哈密顿量，系统的基态将不再是正常 Fermi 态．若所有的 $J_{ij} > 0$，则基态为自旋波态(铁磁相)，否则，为反自旋波态(反铁磁相)．处在铁磁相的物体(铁磁体)有相当大的正磁化率($\chi \approx 10^3$)，可产生自发磁化，在交变磁场中出现磁滞回线现象．反铁磁体的一个重要特征是它的磁化率－温度(χ-T)曲线有一个明显的峰．这两类磁性物质都存在一个转变温度，对铁磁体，这个温度称 Curie 温度，而对反铁磁体，称为 Neel 温度．在转变温度以上，物质本质上是顺磁的，磁化率都满足 Curie-Weiss 定律

$$\chi = \frac{C}{T - \theta}, \tag{7.39}$$

只是对前者，$\theta > 0$，对后者，$\theta < 0$.

实际观察到准晶体在磁场中同样也有逆磁、顺磁、铁磁和反铁磁这些不同行为．实验上报道最多的是准晶的顺磁性．几乎所有由 Al 和过渡金属组成的准晶(Al-T)都有顺磁性．此外，在 $Al_{65}Cu_{20}Fe_{15}$ 也发现有顺磁行为．若用 Cr 代替 Fe，顺磁性将减弱；而用 Mn 代替 Fe，则顺磁性加强．这些材料的磁化率都满足类似的 Curie-Weiss 定理：

$$\chi - \chi_0 = \frac{C}{T - \theta}. \tag{7.40}$$

1988 年，在 I-Al-Mn-Ge 中首次观察到铁磁有序，随后发现 I-Al-Mn-Si、I-Al-B-Pd-Fe 等准晶也具有铁磁性．相对来说，准晶铁磁体

有较低的磁化强度，较高的 Curie 温度和较大的矫顽力. 这样的铁磁特性来自材料中只存在少量的磁团结构. 这种结构可能是由相位子所引起的原子重排而诱导生成. 此外，这种结构也具有很强的各向异性，以致在某些方向显示较大的矫顽力. 这有点与铁磁晶体类似. 实验表明，含过渡金属元素的准晶，它们的磁性很大程度上与过渡金属有关. 比如，含 Mn 的准晶，它的磁性主要由 Mn 原子磁性决定. 不过，并非所有的 Mn 原子都是磁性的. 实际上，只有少部分 Mn 原子才具有磁性. 磁性 Mn 原子的百分比(x_m)与 Mn 原子的浓度(x)之比 x_m/x 与 x 有关. 可见改变 Mn 原子浓度有可能改变相应准晶的磁性. 有文章就提到在具有低浓度 Mn 的准晶 Al-Pd-Mn 中观察到逆磁性. 另外，Mn 原子的磁性还与周围局域环境有关. 改变这一局域环境有可能改变 Mn-Mn 原子间自旋交换力的符号，这时将出现反铁磁作用. 像 $Al_{85-x}Pd_{15}Mn_x$ 准晶，其磁化率所满足的 Curie-Weiss 公式中 θ_p 为负($\theta_p \approx -29 \sim -10K$)，说明其 Mn-Mn 交换作用是反铁磁的. 更进一步，最近有人报道在含稀土元素(RE)的准晶中，如 $Mg_{42}Tb_8Zn_{50}$，当温度降到 20K 时观察到反铁磁长程有序. 不过，也有相反的报道存在. 可见，$Mg_{42}RE_8Zn_{50}$是否存在反铁磁长程有序仍然是有争议的.

§7.4 准晶的热性质 (Hafner, 1999)

按照固体的量子理论，低温下电子比热不再能忽略. 这时，金属的比热

$$C = C_{ph} + C_e, \tag{7.41}$$

C_{ph}是晶格比热，它满足 Debye T^3 律

$$C_{ph} = \beta T^3, \tag{7.42}$$

C_e 是电子比热，它与 T 成正比

$$C_e = \gamma T, \tag{7.43}$$

γ 是电子比热系数，在自由电子近似下，有

$$\gamma=\frac{\pi^2}{3}k_B^2N(\varepsilon_f) \tag{7.44}$$

k_B 为 Boltzmann 常数，ε_f 为 Fermi 能，$N(\varepsilon_f)$为电子 Fermi 面态密度. 我们知道，在这种情况下，金属的导电率

$$\sigma=\frac{1}{3}e^2\,\overline{(\tau v^2)}_{\varepsilon_f}N(\varepsilon_f), \tag{7.45}$$

因此，有

$$\rho=\frac{1}{\sigma}=\frac{\pi^2k_B^2}{3e^2D\gamma}, \tag{7.46}$$

式中 $D=\tau v_f^2/3$ 为扩散系数. 这说明准晶体的高电阻和它的低电子比热互相关联. 实际上，准晶体电子比热系数的实验观测值 γ_{exp}一般都比由自由电子模型所计算的值 γ_{free}要小. 比如，对准晶 $Al_{55}Li_{35.8}Cu_{9.2}$，$\gamma_{exp}=0.318mJ\ mol^{-1}K^{-2}$，$\gamma_{exp}/\gamma_{free}=0.39$. 这种小的 γ 值是因为准晶能带结构中存在赝能隙以致 $N(\varepsilon_f)$小的缘故. 有一点值得注意的是：实验观测到的 γ 与 ρ 的关系式并非与式(7.46)相似，而是

$$\gamma\approx\frac{1}{\sqrt{\rho}}. \tag{7.47}$$

对此的解释是：通常准晶体的态密度 $N(\varepsilon_f)$和扩散系数 D 都很小，正是这一双重因素使得 ρ 不是与γ 的一次方，而是与它的平方成反比.

至于准晶的传热能力，如同它的导电性一样不高，即它的导热系数 κ 小，且 κ 也与温度密切有关. 实验还观察到，十次准晶的电子导热系数有明显的各向异性. 如 d-$Al_{65}Cu_{20}Co_{15}$中电子导热系数沿准周期平面在 100K 时要比周期方向小一个数量级，在 1K 时则小到二个数量级.

我们知道，电流在导体中流动的同时，不断地把能量较高的电子从一端输送至另一端，这样，在导体中便形成了一个温度场，即温度梯度$\nabla T\neq0$. 温度梯度的出现使得导体中除了电流外还有热量的传递(热流). 而导体两端温度的差异又会在电路中产生一相关电动势(热电动势或温差电动势). 这种热能和电能相互转换

的现象叫做热电效应．导体中单位体积内热量的变化率仿照流体力学中连续性方程的推导可以表示为

$$\frac{\mathrm{d}u}{\mathrm{d}t}=J_e\cdot\left(E+\frac{\nabla\mu}{e}\right)-\nabla\cdot J_q, \tag{7.48}$$

式中 J_e 为电流密度，E 为电场强度，J_q 为热流密度，u 为热量密度，μ 是通常化学势，一般它是温度和粒子浓度的函数．因此，$\nabla\mu/e$ 是由于化学势所引入的附加电场(内电场)．根据不可逆过程热力学理论，通量和动力成线形关系，即

$$J_e=e^2L_0\left(E+\frac{\nabla\mu}{e}\right)+\frac{e}{T}L_1\cdot\nabla T,$$

$$J_q=-eL_1\left(E+\frac{\nabla\mu}{e}\right)-\frac{1}{T}L_2\cdot\nabla T, \tag{7.49}$$

式中 L_i 为动力系数，它一般为一个二阶张量．为简单计，此处我们仅考虑它为标量的特殊情形．金属导电率 σ 是在恒温条件下测定的，这时，$\nabla T=\nabla\mu=0$．由上式知

$$J_e=e^2L_0E. \tag{7.50}$$

对照关于导电现象的欧姆定律

$$J_e=\sigma E, \tag{7.51}$$

有

$$\sigma=e^2L_0. \tag{7.52}$$

而导热系数则是在不存在电流条件下测定的．这时从式(7.49)的第一式可知

$$e^2L_0\left(E+\frac{\nabla\mu}{e}\right)+\frac{e}{T}L_1\nabla T=0, \tag{7.53}$$

即

$$e^2L_0\left(E+\frac{\nabla\mu}{e}\right)=-\frac{e}{T}L_1\nabla T. \tag{7.54}$$

代入式(7.49)的第二式可得

$$J_q=\left(\frac{L_1^2}{TL_0}-\frac{L_2}{T}\right)\nabla T. \tag{7.55}$$

对照关于热传导现象的 Fourier 定律

$$J_q=-\kappa\nabla T, \tag{7.56}$$

有

$$\kappa = \frac{L_0 L_2 - L_1^2}{TL_0}. \tag{7.57}$$

将式(7.49),(7.52)和式(7.56)代入式(7.48)得

$$\begin{aligned}\frac{\mathrm{d}u}{\mathrm{d}t} &= J_e \cdot \left(\frac{J_e}{e^2 L_0} - \frac{L_1}{eTL_0}\nabla T\right) - \nabla \cdot \left[-eL_1\left(\frac{J_e}{e^2 L_0} - \frac{L_1}{eTL_0}\nabla T\right) - \frac{L_2}{T}\nabla T\right] \\ &= \frac{J_e^2}{\sigma} + \left[\frac{\mathrm{d}}{\mathrm{d}T}\left(\frac{L_1}{eL_0}\right) - \frac{L_1}{eTL_0}\right]\nabla T \cdot J_e + \nabla \cdot (\kappa \nabla T) \\ &= \frac{J_e^2}{\sigma} + T\frac{\mathrm{d}}{\mathrm{d}T}\frac{L_1}{eTL_0}\nabla T \cdot J_e + \nabla \cdot (\kappa \nabla T) \\ &= \frac{J_e^2}{\sigma} + T\nabla\left(\frac{L_1}{eTL_0}\right) \cdot J_e + \nabla \cdot (\kappa \nabla T). \end{aligned} \tag{7.58}$$

上式右端第一项表示焦耳热,第三项是通常的热扩散,中间一项即与热电效应有关,称为 Thomson 热. 由此可见,非零的温度梯度诱导了一个附加电场,产生了一个相应的附加电动势(热电动势 ε). 式中 $T\nabla(L_1/eTL_0)$即为这一电场强度. 记

$$s = \frac{\mathrm{d}\varepsilon}{\mathrm{d}T} = \frac{L_1}{eTL_0}. \tag{7.59}$$

它表示热电动势随温度的变化率,叫做(绝对)热电动势率. 由此,单位时间内、单位体积所释放的 Thomson 热可写成

$$u_T = T\nabla\frac{L_1}{eTL_0} \cdot J_e = T\frac{\mathrm{d}}{\mathrm{d}T}\frac{L_1}{eTL_0}\nabla T \cdot J_e, \tag{7.60}$$

对照描述 Thomson 效应的实验规律

$$u_T = \sigma_T \nabla T \cdot J_e, \tag{7.61}$$

有

$$\sigma_T = T\frac{\mathrm{d}}{\mathrm{d}T}\frac{L_1}{eTL_0} = T\frac{\mathrm{d}s}{\mathrm{d}T},$$

或

$$\frac{\mathrm{d}s}{\mathrm{d}T} = \frac{\sigma_T}{T}, \tag{7.62}$$

式中 σ_T 为 Thomson 系数. 实验表明对多数金属,s 值略为 $-10\mu\mathrm{V/K}$. 不过,对 Cu,Ag,Au,s 值为正. 比如,对 Cu,在一个

较广的温度范围内(10～500K)，s 值约为 1～2μV/K. 从对准晶中热电现象的实验观察得知，其绝对热电动势 s 与温度和每原子电子数(e/a)密切相关. 比如对二十面体准晶 Al-Cu-Ru，s 从很低温度时一个很小的负值开始随温度而下降，到某一温度值达到负的极大，然后开始上升，到另一适当温度时将改变符号. 如对 i-$Al_{65}Cu_{20}Ru_{15}$，在温度约 70K 时，s 达到极小值(－15μV/K)，温度约 150K，s 改变符号. 对 i-$Al_{70}Cu_{15}Ru_{15}$，在温度约 120K 时，s 达到极小值(－15μV/K)，温度约 250K，s 改变符号. 而对 i-$Al_{68}Cu_{17}Ru_{15}$，在温度约 150K 时，s 达到极小值(－20μV/K)，温度约 300K，s 才改变符号. 另外，对十次对称准晶，同样存在各向异性行为. 比如 d-$Al_{73}Cu_{17}Co_{10}$，低温下，s(负值)沿准周期方向有很大的增强效应. 准晶热电现象中的异常表现同样被认为与它们独特的能带结构有关.

如前所述，十次准晶沿十次轴方向具有周期性，在垂直于十次轴的平面内显示准周期性. 因此，十次准晶的物理性能应该具有很强的各向异性. 即：沿十次轴方向的物理性能应该具有晶体中的特点，沿垂直于十次轴的方向则应该显示准晶中的特性. 张殿琳研究小组系统地实验研究了 $Al_{62}Si_3Cu_{20}Co_{15}$，$Al_{65}Cu_{20}Co_{15}$ 和 $Al_{65}Ni_{20}Co_{15}$ 十次准晶的电阻 (Li, et al., 1990; Wang, et al., 1994; Zhang & Wang, 1994)，Hall 效应 (Zhang, et al., 1990; Wang, et al., 1993a; Wang, et al., 1993b)，热电势 (Lin, et al., 1996; Lin, et al., 1998; 张殿琳, 1997)，导热 (Zhang, et al., 1991) 等物理性能的各向异性. 近年他们又通过对 AlNiCo 十次准晶—Al_2O_3—Al 隧道结中在极低温下的隧道谱的测量，发现了丰富的尖峰结构 (Li, et al., 1999a, 1999b; 张殿琳, 1999). 详见原始论文.

至此，我们对准晶体一些重要的物理性质在目前理论和实验所了解的程度上作了一个比较全面的描写. 叙述的着重点主要在准晶体与晶体，特别是与金属晶体的区别上，并且对这种差异作了尽可能详细的阐明. 无疑，这种说明多半还属于定性上的. 欲求进一步了解准晶这些奇异的物理性质还需理论和实验上作更多的工作. 特别地,是否存在有由于准周期性这一结构上的特征而为准晶所固有的性质? 对此问题,目前仍然莫衷一是,因为一些看来独特的性质在与准晶有相似组分的晶体(准晶近似相)中也可以发现 (Stadnik,1999). 所有这一切均表明这一领域仍有许多空白尚待有心人去填补.

参 考 文 献

张殿琳. 物理,1997(26):257

张殿琳. 物理,1999(28):668

Fujiwara T. In: Stadnik ZM ed. Physical Properties of Quasicrystals. Berlin: Springer, 1999

Fukamichi K. In: Stadnik ZM ed. Physical Properties of Quasicrystals. Berlin: Springer, 1999

Hafner J, Krajcí M. In: Stadnik ZM ed. Physical Properties of Quasicrystals. Berlin: Springer, 1999

Li G H, He H F, Wang Y P, Lu L, Li S L, Jing X N, Zhang D L. Phys Rev Lett, 1999(82):1229

Li G H, He H F, Wang Y P, Lu L, Li S L, Jin X N, Zhang D L. Phys Rev Lett, 1999(83):3969

Lin S Y, Li G H, Zhang D L. In: Takeuchi S, Fujiwara T, eds. Proc 6th Intern Conf on Quasicrystals. Singapore: World Scientific, 1998. 684～687

Lin S Y, Wang X M, Lu L, Zhang D L, He L X, Kuo K H. Phys Rev B, 1990(41): 9625

Lin S Y, Li G H, Zhang D L. Phys Rev Lett, 1996(77):1998

O'handley R C, Dunlap R A, McHenry M E. In: Buschow KHJ ed. Handbook of Magnetic Materials. Amsterdam: Elsevier, 1991(6). 453～510

Rapp Ö. In: Stadnik ZM ed. Physical Properties of Quasicrystals, Berlin: Springer, 1999

Stadnik Z M. In: Stadnik ZM ed. Physical Properties of Quasicrystals, Berlin: Springer, 1999

Wang Y P, Lu L, and Zhang D L. J Non-Cryst Solids, 1993(153～154): 361

Wang Y P, Zhang D L, and Chen L F. Phys Rev B, 1993(48): 10542

Wang Y P and Zhang D L. Phys RevB, 1994(49):13204

Zhang D L, Lu L, Wang X M, and Lin S Y. Phys RevB, 1990(41): 8557

Zhang D L, Cao S C, Wang Y P, Lu L, and Wang X M. Phys Rev Lett, 1991(66): 2778

Zhang D L and Wang Y L. Materials Science Forum, 1994(150～151): 445

第八章　准晶近似相和准晶相变

§8.1　准晶近似相

准晶发现后不久,人们便观察到,与某一准晶具有类似化学配比的晶体不但常与之共生,且在对称轴方位上还密切相关;而在低温下,一些热力学稳定的准晶相又会向相应的晶体相跃迁. 这种与准晶有类似化学配比和相关结构的晶体被称为准晶的晶体近似相. 进一步对准晶结构的研究表明,准晶近似相可以由高维周期点阵的特定投影条带斜率的无理-有理数替换中得到,即用有理数 p/q 来逼近准晶特征长度的无理数将准晶与其近似相通过同一高维空间联系起来. 比如五次、十次、二十面体对称准晶的近似相可以用 F_{n+1}/F_n(F_{n+1},F_n 为相邻 Fibonacci 数)来逼近黄金中值 $\tau=(1+\sqrt{5})/2$ 得到. 八次对称准晶的近似相可以用 T_{2n}/T_{2n-1}(这里 $T_{2n+1}=T_{2n}+T_{2n-1}$,$T_{2n+2}=T_{2n+1}+T_{2n-1}$,$T_1=T_2=1$)代替$\sqrt{2}$得到. 十二次对称准晶近似相可以用 T_{2n}/T_{2n-1}(这里 $T_{2n+1}=T_{2n}+T_{2n-1}$,$T_{2n+2}=T_{2n+1}+2T_{2n-1}$,$T_1=2$, $T_2=3$)代替$\sqrt{3}$得到. 准晶相及其近似相结构紧密联系的这一特点使我们有可能利用准晶近似相来构筑准晶的结构模型,这样就解决了用通常结构分析方法难以得到不具有平移周期性的准晶结构这一问题. 另外,由于准晶近似相常与准晶共生,它们的存在无疑会影响准晶的制备及性能. 研究准晶及其近似相的结构联系及相变特性还有助于完善准晶制备技术及新准晶材料的研制.

某些合金系中准晶相相应于高温稳定相,其近似相相应于低温稳定相. 当温度达到临界值时,它们之间将发生结构相变. 准晶的几何结构决定了它的无公度性,使得元激发中除了通常声子外,还有相位子激发. 因此,一些学者认为,与自发剪切应变在马氏体相变中的作用相类似,自发相位子应变可能是诱导准晶中结构相变的主要原因(Lubensky,et al.,1986).

中国准晶研究工作者投入了相当多的力量研究准晶的晶体近似相. 特别是郭可信院士和他的学生在十次准晶的晶体近似相研究方面,研究工作最为系统. 详见§8.5及表8.2. 中国科学院物理研究所李方华院士领导的研究组(Li,et al.,1988; Li,et al.,1989;Li,et al.,1990;Cheng,et al.,1990;Pan,et al.,1990; Pan,et al.,1992; Li,et al.,1992;Li,et al.,1993)从选区电子衍射花样中,率先发现了二十面体准晶到其体心立方晶体近似相几乎连续的转变过程. 在此基础上推导出了准晶与晶体之间关系的表达式,再根据此公式提出了测定准晶结构的一种新方法.

武汉大学准晶研究组运用载能粒子辐照和改变温度等实验方法,系统地研究了涉及准晶的相变过程:(1)亚稳的Al_4Mn二十面体准晶在加热时与试样中的Al晶体反应而生成Al_6Mn晶体的相变过程(Wang,et al.,1986).(2)能量为120kV的Ar^+离子辐照以及能量为1MeV的电子辐照对亚稳的$Al_{76}Si_4Mn_{20}$二十面体准晶的效应(Wang,et al.,1991; Wang,et al.,1992;Wang,et al.,1994). 发现在低温下,辐照使得准晶非晶化. 在中温,辐照使得准晶无序度增大. 在一定的条件下,辐照使得准晶多晶化. 在高温,辐照使得准晶的完整性增加. 还在局部区域观察到Ar^+离子辐照使得简单点阵的$Al_{76}Si_4Mn_{20}$二十面体准晶转变成面心点阵的二十面体准晶.(3)Ar^+离子辐照和改变温度对稳定的$Al_{62.5}Cu_{25}Fe_{12.5}$二十面体准晶的效应(Wang,et al.,1993;Wang,et al.,1995;Yang,et al.,1996). 发现能量为120kV的Ar^+离子在室温下辐照使得$Al_{62.5}Cu_{25}Fe_{12.5}$二十面体准晶转变成B2型(即CsCl型)结构或基于B2型结构的晶体相. 如果辐照剂量适当,则随后将此试样加热到1000K的温度时,可观察到试样中不太薄的区域重新转变成面心二十面体准晶. 而能量为120kV的Ar^+离子在液氮温度下辐照使得$Al_{62.5}Cu_{25}Fe_{12.5}$二十面体准晶转变成B2

型结构的晶体则较之室温辐照需要更高的剂量.(4)室温下,Ar^+离子辐照对稳定的 $Al_{70}Co_{15}Ni_{15}$ 十次准晶的效应(Qin, et al., 1995;Qin, et al., 1997). 研究发现:随着辐照剂量的增加发生下列相变过程:有序的 $Al_{70}Co_{15}Ni_{15}$ 十次准晶⇒无序的 $Al_{70}Co_{15}Ni_{15}$ 十次准晶⇒体心立方结构的晶体⇒有序的 B2 型(CsCl 型)结构的晶体⇒体心立方结构的晶体. 辐照引起原子位移而导致无序化,同时使得空位浓度增加,促进扩散,从而导致有序化,这样两个相反的过程与被辐照的试样,辐照温度,辐照剂量和剂量速率等因素有关. 考虑到这两个过程的竞争就可以解释上述实验结果.

大连理工大学董闯及其同事(Dong, 1995c; Dong, et al., 1998a; Dong, et al., 2000)系统地讨论了基于 B2 的结构与准晶的原子结构之间的相似,认为基于 B2 的结构确实是准晶的晶体近似相.

准晶及其近似相间的转变仍然可以在 Landau 相变理论的框架内予以描写. 下面,我们先介绍准晶结构相变的 Landau 理论,然后运用它来分析实验上所观察到的一些准晶结构相变现象.

§8.2 准晶结构相变的 Landau 理论 (Hu, et al., 2000)

Landau 二级相变理论形式简单、概括性强、应用范围广,它不但是理解连续相变的必要基础,而且还成功地推广到多种一级相变中. 现在,Landau 理论已经成为研究相变问题的一个重要而有力的工具. 这里,我们将结合群论方法介绍它在准晶结构相变中的应用.

Landau 理论注意对称性变化在相变中的作用,它将对称性破缺与有序相的出现紧密联系在一起. Landau 理论认为,高温相一般具有较高对称性,而低温相具有较低对称性;换言之,低温相的对称群 G 是高温相的对称群 G_0 的真子群($G \subset G_0$). 在相变点两侧,物体具有不同的对称性,而利用群理论我们便可以确定各种可能的对称性变化.

在 Landau 唯象理论中,准晶的密度函数可以表示成

$$\rho(\boldsymbol{r}) = \sum \rho_G \exp(\mathrm{i}\boldsymbol{G}\cdot\boldsymbol{r}),$$
$$\rho_G = |\rho_G| \exp(\mathrm{i}\phi_G), \tag{8.1}$$

式中 $|\rho_G|$ 是 ρ_G 的振幅,ϕ_G 是它的相位. 在将 ϕ_G 参数化时,由于存在两类流体动力学变量:声子变量 u 和相位子变量 w,因此

$$\phi_G = \boldsymbol{G}\cdot\boldsymbol{u} + \boldsymbol{G}'\cdot\boldsymbol{w}, \tag{8.2}$$

这里 $\boldsymbol{G}$ 是物理空间的倒格矢,$\boldsymbol{G}'$ 是垂直空间的共轭(倒格)矢. 如果我们只考虑相位涨落中的线性效应,那么由于线性声子应变不会改变单胞的组态,这时我们有

$$u_i(\boldsymbol{r}) = u_i(\boldsymbol{r}_0),$$
$$w_i(\boldsymbol{r}) = w_i(\boldsymbol{r}_0) + \boldsymbol{W}_{ij}\Delta r_j, \tag{8.3}$$

式中 $W_{ij} = \partial_j w_i$. 将上式代入式(8.1)得

$$\begin{aligned} \rho &= \rho(\boldsymbol{r}) \approx \rho_0[1 + i(-G'_i + G_i\delta_{ij}/W_{ij})\Delta r_j W_{ij} \\ &= \rho_0(1 + C_{ij}W_{ij}) = \rho_0 + \delta\rho, \end{aligned} \tag{8.4}$$

这里,$\rho_0 = \rho(r_0)$,$C_{ij}(\propto \Delta r_j)$是无穷小参数. 注意到 W_{ij}适当线性组合后可以按对称群的不可约表示变换,因此,上式中 $\delta\rho$ 所包含的即是这些经适当线性组合后按群的不可约表示变换的各项. 式(8.4)表明,在相变点一侧(高温相),$C_{ij} = 0$,$\rho(=\rho_0)$具有较高的对称 G_0;而在相变点的另一侧,C_{ij}不全为零,$\delta\rho$、从而 ρ,具有较低的对称 G(G 是 G_0 的子群). 用群论语言来说,ρ_0 是对称群 G_0 的不变量,它按 G_0 的恒等表示变换;$\delta\rho$ 是对称群 G 的不变量,它按 G 的恒等表示变换. 因此,确定准晶结构相变中对称性变化的可能方式,便归结为寻找那些张成 G 的恒等表示的不为零的相位子应变分量. 而后者则可以利用母群相对于子群的约化理论得到.

根据准晶高维空间描写法,一个 d 维准晶可由 N 维晶体点阵投影生成. 如果我们将那些不为零的相位子应变分量视作高维空间的一个旋转,那么适当调整相位子波幅,即用一个有理值代替准晶几何结构中非公度长度标度的无理值,可得到一个调制的公度

结构．这便是准晶中相位子应变所诱导的结构相变（Ishii，1989，1992）．事实上，N 维空间的一个旋转可以表示为

$$R=\exp\Big[\sum_{i<j}\alpha_{ij}X_{ij}\Big], \tag{8.5}$$

这里 X_{ij} 为 N 维旋转群的生成元（X_{ij} 是一 $N\times N$ 矩阵，它的第 L 行和第 L' 列的元素为 $(X_{ij})_{LL'}=\delta_{Li}\delta_{L'j}-\delta_{Lj}\delta_{L'i}$）．在此旋转下，高维空间矢量变换为

$$\boldsymbol{r}'=\exp\Big[\sum_{i<j}\alpha_{ij}X_{ij}\Big]\boldsymbol{r}, \tag{8.6}$$

对无穷小变换

$$\begin{aligned}x'_L &= \sum_{L'}\Big(\delta_{LL'}+\sum_{i<j}\alpha_{ij}X_{ij}\Big)x_{L'}\\ &= x_L+\sum_{L'}\Big[\sum_{i<j}\alpha_{ij}(\delta_{Li}\delta_{L'j}-\delta_{Lj}\delta_{L'i})\Big]x_{L'}\\ &= x_L+\sum_{L'>L}\alpha_{LL'}x_{L'}-\sum_{L'<L}\alpha_{L'L}x_{L'}=x_L+\sum_{L'}\alpha_{LL'}x_{L'}.\end{aligned} \tag{8.7}$$

由此得

$$\tilde{u}_i=x'_i-x_i=\sum_j\alpha_{ij}x_j,$$

$$\frac{\partial\tilde{u}_i}{\partial x_j}=\alpha_{ij},\ \tilde{\boldsymbol{u}}=(\boldsymbol{u},\boldsymbol{w}). \tag{8.8}$$

如果我们只考虑相位子应变，则有

$$W_{ij}=\partial_j w_i=\frac{\partial w_i}{\partial x_j}=\alpha_{ij}. \tag{8.9}$$

写成矩阵形式为

$$\begin{pmatrix}0 & W^t\\ -W & 0\end{pmatrix}. \tag{8.10}$$

继而式(8.5)右边化为

$$\exp\Big[\sum_{i<j}\alpha_{ij}X_{ij}\Big]=\sum_{n=0}^{\infty}\frac{1}{n!}\begin{pmatrix}0 & W^t\\ -W & 0\end{pmatrix}^n. \tag{8.11}$$

令

$$R=\exp\Big[\sum_{i<j}\alpha_{ij}X_{ij}\Big]=\begin{pmatrix}B_{\parallel} & A^t\\ -A & B_{\perp}\end{pmatrix}, \tag{8.12}$$

利用矩阵乘积的定义可得

$$B_{\parallel} = \sum_{n=0}^{\infty} \frac{(-1)^n}{(2n)!}(W^t W)^n, B_{\perp} = \sum_{n=0}^{\infty} \frac{(-1)^n}{(2n)!}(W W^t)^n,$$

$$A = \sum_{n=0}^{\infty} \frac{(-1)^n}{(2n+1)!}(W W^t)^n W. \tag{8.13}$$

对于具有某种对称 G_0 和 G(G 为 G_0 的子群)的准晶及其近似相，我们可以利用群表示的约化理论找出那些不为零的相位子应变分量(此模式称为锁定模)，由此构造出矩阵 W 和高维空间中相应的旋转操作，进而确定长度标度中的无理－有理变换. 相应地，我们说这种相位子自由度引起的结构调制导致了准晶及其近似相间的相跃迁.

§8.3 二维准晶的结构相变(Hu, et al., 1996)

利用群理论分析相变点对称性变化时，有几点需要说明的是：首先，由于相位子自由度不破坏反演对称，我们所考虑的群中将不包含反演操作；其次，由于相位子变量的引进起源于非晶体学旋转对称，我们的讨论将只涉及点群；最后，为了简单起见，对称性分析将局限于母群和它的最大子群之间. 另外，对二维准晶，周期方向一般不会发生结构改变，因此，我们只考虑准周期平面.

8.3.1 十次准晶

十次对称准晶的代表群为 $D_{10}(10\ 2\ 2)$. 它有 20 个元素，8 个共轭类，8 个不可约表示，其中 4 个一维表示(Γ_1 为恒等表示)，4 个二维表示(特征标表见附录 B). 相位子应变张量 $\partial_j w_i$ 按下述约化式变换：

$$\Gamma_5 \times \Gamma_7 = \Gamma_6 + \Gamma_8. \tag{8.14}$$

从第六章中我们知道，其中$(\partial_1 w_1 + \partial_2 w_2, \partial_1 w_2 - \partial_2 w_1)$荷载二维不可约表示 Γ_6；$(\partial_1 w_2 + \partial_2 w_1, \partial_1 w_1 - \partial_2 w_2)$荷载二维不可约表示 Γ_8. 晶体学点群 $D_2(2\ 2\ 2)$是点群 D_{10}的一个最大子群. 它的特征标表为

D_2	ε	C_{2z}	C_{2y}	C_{2x}
A	1	1	1	1
B_1	1	1	−1	−1
B_2	1	−1	1	−1
B_3	1	−1	−1	1

当 D_{10}限定在 D_2 上时,式(8.14)右边两个表示的特征标为

	ε	C_{2z}	C_{2y}	C_{2x}
Γ_6	2	2	0	0
Γ_8	2	2	0	0

从而,Γ_6 和 Γ_8 相对于 D_2 的约化式如下:

$$\Gamma_6\Big|_{D_2} = A + B_1, \Gamma_8\Big|_{D_2} = A + B_1. \tag{8.15}$$

可见,它们均包含 D_2 的恒等表示(A),因而都是锁定模. 而相位子应变分量$\partial_1 w_1 + \partial_2 w_2, \partial_1 w_1 - \partial_2 w_2$ 分别是相应的不变量. 正是这些非零分量诱导了 $D_{10} \to D_2$ 结构相变. 与之相联系的矩阵 W 为

$$W = \alpha_6 \begin{pmatrix} 1 & 0 \\ 0 & 1 \end{pmatrix} + \alpha_8 \begin{pmatrix} 1 & 0 \\ 0 & -1 \end{pmatrix}. \tag{8.16}$$

由此得

$$W^t W = W W^t = (\alpha_6^2 + \alpha_8^2) \begin{pmatrix} 1 & 0 \\ 0 & 1 \end{pmatrix} + 2\alpha_6 \alpha_8 \begin{pmatrix} 1 & 0 \\ 0 & -1 \end{pmatrix}, \tag{8.17}$$

$$(W^t W)^2 = (W W^t)^2 = \left[(\alpha_6^2 + \alpha_8^2)^2 + (2\alpha_6 \alpha_8)^2 \right] \begin{pmatrix} 1 & 0 \\ 0 & 1 \end{pmatrix} + 2(\alpha_6^2 + \alpha_8^2) 2\alpha_6 \alpha_8 \begin{pmatrix} 1 & 0 \\ 0 & -1 \end{pmatrix}.$$

若要求任意$(W^t W)^n$ 的值,可令

$$(W^t W)^n = (W W^t)^n = a_n \begin{pmatrix} 1 & 0 \\ 0 & 1 \end{pmatrix} + b_n \begin{pmatrix} 1 & 0 \\ 0 & -1 \end{pmatrix}, \tag{8.18}$$

则

$$(W^t W)^{n+1} = (W W^t)^{n+1} = (a_n a_1 + b_n b_1) \begin{pmatrix} 1 & 0 \\ 0 & 1 \end{pmatrix}$$

$$+(a_n b_1 + b_n a_1)\begin{pmatrix}1 & 0\\ 0 & -1\end{pmatrix},$$

$$\begin{pmatrix}a_{n+1}\\ b_{n+1}\end{pmatrix} = \begin{pmatrix}a_1 & b_1\\ b_1 & a_1\end{pmatrix}\begin{pmatrix}a_n\\ b_n\end{pmatrix} = \cdots = \begin{pmatrix}a_1 & b_1\\ b_1 & a_1\end{pmatrix}^{n+1}\begin{pmatrix}1\\ 0\end{pmatrix} \tag{8.19}$$

不难验证

$$\frac{1}{\sqrt{2}}\begin{pmatrix}1 & 1\\ 1 & -1\end{pmatrix}\begin{pmatrix}a_1 & b_1\\ b_1 & a_1\end{pmatrix}\frac{1}{\sqrt{2}}\begin{pmatrix}1 & 1\\ 1 & -1\end{pmatrix} = \begin{pmatrix}\lambda_1 & 0\\ 0 & \lambda_2\end{pmatrix}, \tag{8.20}$$

式中

$$\lambda_1 = a_1 + b_1, \lambda_2 = a_1 - b_1, a_1 = a_6^2 + a_8^2, b_1 = 2a_6 a_8.$$

利用式(8.19)和(8.20)两式有

$$\begin{pmatrix}a_n\\ b_n\end{pmatrix} = \frac{1}{\sqrt{2}}\begin{pmatrix}1 & 1\\ 1 & -1\end{pmatrix}\begin{pmatrix}\lambda_1^n & 0\\ 0 & \lambda_2^n\end{pmatrix}\frac{1}{\sqrt{2}}\begin{pmatrix}1 & 1\\ 1 & -1\end{pmatrix}\begin{pmatrix}1\\ 0\end{pmatrix}$$

$$= \frac{1}{2}\begin{pmatrix}\lambda_1^n + \lambda_2^n\\ \lambda_1^n - \lambda_2^n\end{pmatrix}. \tag{8.21}$$

上式给出式(8.18)中系数为

$$a_n = \frac{1}{2}(\lambda_1^n + \lambda_2^n) = \frac{1}{2}[(a_6 + a_8)^{2n} + (a_6 - a_8)^{2n}],$$

$$b_n = \frac{1}{2}(\lambda_1^n - \lambda_2^n) = \frac{1}{2}[(a_6 + a_8)^{2n} - (a_6 - a_8)^{2n}]. \tag{8.22}$$

于是

$$R = \begin{pmatrix}B_{\parallel} & A^t\\ -A & B_{\perp}\end{pmatrix},$$

$$B_{\parallel} = B_{\perp} = \sum_{n=0}^{\infty}\frac{(-1)^n}{(2n)!}\left[a_n\begin{pmatrix}1 & 0\\ 0 & 1\end{pmatrix} + b_n\begin{pmatrix}1 & 0\\ 0 & -1\end{pmatrix}\right]$$

$$= \begin{pmatrix}\cos(\alpha_6 + \alpha_8) & 0\\ 0 & \cos(\alpha_6 - \alpha_8)\end{pmatrix},$$

$$A = \sum_{n=0}^{\infty}\frac{(-1)^n}{(2n+1)!}\left[a_n\begin{pmatrix}1 & 0\\ 0 & 1\end{pmatrix} + b_n\begin{pmatrix}1 & 0\\ 0 & -1\end{pmatrix}\right]$$

$$\left[\alpha_6\begin{pmatrix}1 & 0\\ 0 & 1\end{pmatrix} + \alpha_8\begin{pmatrix}1 & 0\\ 0 & -1\end{pmatrix}\right]$$

$$= \begin{pmatrix}\sin(\alpha_6 + \alpha_8) & 0\\ 0 & \sin(\alpha_6 - \alpha_8)\end{pmatrix}. \tag{8.23}$$

若选取高维空间的基矢为(Zhang & Kuo,1990b)

$$\tilde{e}_1=(1,0,1,0,1),$$
$$\tilde{e}_2=(1/2\tau,\sqrt{2+\tau}/2,-\tau/2,\sqrt{3-\tau}/2,1),$$
$$\tilde{e}_3=(-\tau/2,\sqrt{3-\tau}/2,1/2\tau,-\sqrt{2+\tau}/2,1),$$
$$\tilde{e}_4=(-\tau/2,-\sqrt{3-\tau}/2,1/2\tau,\sqrt{2+\tau}/2,1),$$
$$\tilde{e}_5=(1/2\tau,-\sqrt{2+\tau}/2,-\tau/2,-\sqrt{3-\tau}/2,1), \tag{8.24}$$

则在上述旋转作用下,变换后的基矢

$$\tilde{e}_i{}'=R\tilde{e}_i \tag{8.25}$$

由于高维空间基矢有五个分量,式中 R 应理解为

$$\begin{pmatrix} R & 0 \\ 0 & 1 \end{pmatrix}. \tag{8.26}$$

选取恰当的旋转,可以在长度标度比率中实现有理-无理替换,即用 F_{n+1}/F_n 代替 τ,于是,调制后的结构将具有周期性. 比较新旧基矢相应分量,我们有

$$\frac{\tilde{e}_{2x}}{\tilde{e}_{1x}}=\frac{\tilde{e}'_{2x}}{\tilde{e}'_{1x}},$$

$$\frac{1}{2\tau}=\frac{(1/2\tau)\cos(\alpha_6+\alpha_8)-(\tau/2)\sin(\alpha_6+\alpha_8)}{\cos(\alpha_6+\alpha_8)+\sin(\alpha_6+\alpha_8)},$$

$$\frac{F_n}{F_{n+1}}=\frac{1}{\tau}\frac{\cos(\alpha_6+\alpha_8)-\tau^2\sin(\alpha_6+\alpha_8)}{\cos(\alpha_6+\alpha_8)+\sin(\alpha_6+\alpha_8)}, \tag{8.27}$$

即

$$\tan(\alpha_6+\alpha_8)=\frac{\sin(\alpha_6+\alpha_8)}{\cos(\alpha_6+\alpha_8)}=\frac{F_{n+1}-\tau F_n}{\tau(\tau F_{n+1}+F_n)}=\frac{(-1/\tau)^n}{\tau\tau^{n+1}}$$
$$=\frac{(-1)^n}{\tau^{2(n+1)}}, \tag{8.28}$$

$$\frac{\tilde{e}_{2y}}{\tilde{e}_{3y}}=\frac{\tilde{e}'_{2y}}{\tilde{e}'_{3y}},$$

$$\frac{\sqrt{2+\tau}}{\sqrt{3-\tau}}=\frac{(\sqrt{2+\tau}/2)\cos(\alpha_6-\alpha_8)+(\sqrt{3-\tau}/2)\sin(\alpha_6-\alpha_8)}{(\sqrt{3-\tau}/2)\cos(\alpha_6-\alpha_8)-(\sqrt{2+\tau}/2)\sin(\alpha_6-\alpha_8)}, \tag{8.29}$$

$$\frac{F_{n+1}}{F_n}=\frac{\sqrt{2+\tau}\cos(\alpha_6-\alpha_8)+\sqrt{3-\tau}\sin(\alpha_6-\alpha_8)}{\sqrt{3-\tau}\cos(\alpha_6-\alpha_8)-\sqrt{2+\tau}\sin(\alpha_6-\alpha_8)}$$
$$=\frac{\tau\cos(\alpha_6-\alpha_8)+\sin(\alpha_6-\alpha_8)}{\cos(\alpha_6-\alpha_8)-\tau\sin(\alpha_6-\alpha_8)},$$

即

$$\tan(\alpha_6-\alpha_8)=\frac{F_{n+1}-\tau F_n}{F_n+\tau F_{n+1}}=\frac{(-1/\tau)^n}{\tau^{n+1}}=\frac{(-1)^n}{\tau^{2n+1}}. \tag{8.30}$$

计算中我们利用了性质

$$\tau F_{n+1}+F_n=\tau(F_n+F_{n-1})+F_n=(1+\tau)F_n+\tau F_{n-1}=\tau^2F_n+\tau F_{n-1}$$
$$=\tau(\tau F_n+F_{n-1})=\tau^2(\tau F_{n-1}+F_{n-2})=\cdots$$
$$=\tau^n(\tau F_1+F_0)=\tau^{n+1}$$

和

$$F_{n+1}-\tau F_n=(1-\tau)F_n+F_{n-1}=-\frac{1}{\tau}(F_n-\tau F_{n-1})=\cdots$$
$$=\frac{(-1)^n}{\tau^n}.$$

上面给出的式子表明了非零相位子应变强度应该满足的条件．此相位子应变诱导了对称性变化 $D_{10}\to D_2$．实验上已观察到许多 Al-TM(TM 为过渡金属)合金中存在十次准晶相与其近似相间的相互转变,并且其衍射花样显示有式(8.28)和式(8.30)所给出的规律(Zhang & Kuo,1990b).

8.3.2 八次准晶

八次对称准晶的代表群为 D_8．它共有 16 个元素,7 个共轭类,7 个不可约表示,其中 4 个一维表示,3 个二维表示(特征标表见附录)．相位子应变张量$\partial_j w_i$ 按下述约化式变换:

$$\Gamma_5\times\Gamma_7=\Gamma_3+\Gamma_4+\Gamma_6, \tag{8.31}$$

其中$\partial_1w_1-\partial_2w_2$ 荷载一维不可约表示 Γ_3,$\partial_1w_2+\partial_2w_1$ 荷载一维不可约表示 Γ_4,余下的两个分量$\partial_1w_1+\partial_2w_2$,$\partial_1w_2-\partial_2w_1$ 荷载二维不可约表示 Γ_6．点群 D_8 所包含的最大子群为 D_4,它的特征标表为

D_4	ε	$2C_4$	C_2	$2C_2'$	$2C_2''$
A_1	1	1	1	1	1
A_2	1	1	1	−1	−1
B_1	1	−1	1	1	−1
B_2	1	−1	1	−1	1
E	1	0	−2	0	0

当 D_8 限定在 D_4 上时,式(8.31)右边3个表示的特征标为

	ε	$2C_4$	C_2	$2C_2'$	$2C_2''$
Γ_3	1	1	1	1	1
Γ_4	1	1	1	−1	−1
Γ_6	2	−2	2	0	0

显然,它们相对于 D_4 的约化式为

$$\Gamma_3\Big|_{D_4}=A_1,\Gamma_4\Big|_{D_4}=A_2,\Gamma_6\Big|_{D_4}=B_1+B_2. \tag{8.32}$$

可见,只有 Γ_3 含 D_4 的恒等表示(A_1). 这意味着 Γ_3 为一锁定模,相应的相位子应变分量 $\partial_1 w_1-\partial_2 w_2$ 是一不变量. 正是这一非零分量诱导了 $D_8\rightarrow D_4$ 结构相变. 与这一非零分量相联系的矩阵

$$W=\alpha_3\begin{pmatrix}1 & 0\\ 0 & -1\end{pmatrix}, \tag{8.33}$$

由此得

$$R=\begin{pmatrix}B_{\parallel} & A^t\\ -A & B_{\perp}\end{pmatrix},$$

$$B_{\parallel}=B_{\perp}=\sum_{n=0}^{\infty}\frac{(-1)^n}{(2n)!}(WW^t)^n=\cos\alpha_3\begin{pmatrix}1 & 0\\ 0 & 1\end{pmatrix},$$

$$A=\sum_{n=0}^{\infty}\frac{(-1)^n}{(2n+1)!}(WW^t)^nW=\sin\alpha_3\begin{pmatrix}1 & 0\\ 0 & -1\end{pmatrix}. \tag{8.34}$$

若选取高维空间的正交基矢为(You & Hu,1988)

$$\tilde{\boldsymbol{e}}_1=(1,0,1,0),$$

$$\tilde{\boldsymbol{e}}_2=(1/\sqrt{2},1/\sqrt{2},-1/\sqrt{2},1/\sqrt{2}),$$

$$\tilde{e}_3 = (0,1,0,-1),$$

$$\tilde{e}_4 = (-1/\sqrt{2},1/\sqrt{2},1/\sqrt{2},1/\sqrt{2}). \tag{8.35}$$

变换后正交基矢

$$\tilde{e}_i' = R\tilde{e}_i.$$

如果在长度标度比率中实行有理-无理替换，即用 T_{2n}/T_{2n-1} 代替 $\sqrt{2}$，那么调制后的结构可能具有周期性. 这时

$$\frac{T_{2n}}{T_{2n=1}} = \frac{\cos\alpha_3 + \sin\alpha_3}{(\cos\alpha_3 - \sin\alpha_3)/\sqrt{2}}, \tan\alpha_3 = \frac{T_{2n} - \sqrt{2}T_{2n-1}}{T_{2n} + \sqrt{2}T_{2n-1}}. \tag{8.36}$$

模式 Γ_3 中这一非零相位子分量诱导了对称性变化 $D_8 \to D_4$.

8.3.3 十二次准晶

十二次对称准晶的代表群为 D_{12}，它有 24 个元素，9 个共轭类，9 个不可约表示，其中 4 个一维表示，5 个二维表示（特征标表见附录）. 相位子应变场约化式为

$$\Gamma_5 \times \Gamma_9 = \Gamma_3 + \Gamma_4 + \Gamma_8, \tag{8.37}$$

其中 $\partial_1 w_1 - \partial_2 w_2$ 荷载一维表示 Γ_3；$\partial_1 w_2 + \partial_2 w_1$ 荷载一维表示 Γ_4；$\partial_1 w_1 + \partial_2 w_2$、$\partial_1 w_2 - \partial_2 w_1$ 荷载二维表示 Γ_8. 点群 D_{12} 包含两个晶体学允许的最大子群 D_6 和 D_4. 当 D_{12} 限定在 D_4 时，上面三个表示的约化式表明，只有 Γ_8 含有 D_4 的恒等表示. 因此，Γ_8 是一锁定模式，相应的不变量为 $\partial_1 w_1 + \partial_2 w_2$. 这时

$$W = \alpha_8 \begin{pmatrix} 1 & 0 \\ 0 & 1 \end{pmatrix}, \tag{8.38}$$

由此得

$$R = \begin{pmatrix} B_\parallel & A^t \\ -A & B_\perp \end{pmatrix},$$

$$B_\parallel = B_\perp = \cos\alpha_8 \begin{pmatrix} 1 & 0 \\ 0 & 1 \end{pmatrix}, A = \sin\alpha_8 \begin{pmatrix} 1 & 0 \\ 0 & 1 \end{pmatrix}. \tag{8.39}$$

若选取高维空间的基矢（You & Hu, 1988）

$$\tilde{e}_1 = (1,0,1,0,1,0),$$

$$\tilde{e}_2 = (\sqrt{3}/2,1/2,-\sqrt{3}/2,1/2,0,1),$$

$$\tilde{e}_3=(1/2,\sqrt{3}/2,1/2,-\sqrt{3}/2,-1,0),$$
$$\tilde{e}_4=(0,1,0,1,0,-1),$$
$$\tilde{e}_5=(-1/2,\sqrt{3}/2,-1/2,-\sqrt{3}/2,1,0),$$
$$\tilde{e}_6=(-\sqrt{3}/2,1/2,\sqrt{3}/2,1/2,0,1). \tag{8.40}$$

变换后的基矢即

$$\tilde{e}_i{}'=R\tilde{e}_i \tag{8.41}$$

由于高维空间基矢有 6 个分量,式中 R 应理解为

$$\begin{pmatrix} R & 0 & 0 \\ 0 & 1 & 0 \\ 0 & 0 & 1 \end{pmatrix}. \tag{8.42}$$

选择恰当的旋转,可以在长度标度比率变换中实现有理-无理替换,即用 T_{2n}/T_{2n-1} 代替 $\sqrt{3}$,于是,调制后的结构将具有周期性.比较新旧基矢相应分量,我们有

$$\frac{T_{2n}}{T_{2n-1}}=\frac{\sqrt{3}(\cos\alpha_8-\sin\alpha_8)}{\cos\alpha_8+\sin\alpha_8},\tan\alpha_8=\frac{\sqrt{3}T_{2n-1}-T_{2n}}{\sqrt{3}T_{2n-1}+T_{2n}}. \tag{8.43}$$

Krumeich 等(1993, 1994)用透射电子显微术研究 $Ta_{0.63}Te_{0.37}$ 合金时发现,其中有十二次对称准晶相,其沿 12 次轴方向的周期 $c=2.070$nm. 另有两个四方晶体近似相,与 12 次准晶具有类似的化学成分. 它们的点阵常数分别是: $a_1=2.7587$nm, $c_1=2.0548$nm; $a_2=3.7588$nm, $c_2=2.0662$nm. 可见这 3 个相沿周期方向的点阵常数相同,而且两个四方近似相的另外一个点阵常数 a_1 与 a_2 与十二次对称相中的无理标度因子($\xi=2+\sqrt{3}$)还存在如下关系:

$$\frac{a_2^2}{a_1^2}=\frac{\xi}{2}, \tag{8.44}$$

这一实验结果可以很好地在上述理论范围内予以解释. 利用式(8.41)和式(8.43),我们得到旋转算符在物理空间的表示矩阵

$$\frac{\lambda(\cos\alpha_8+\sin\alpha_8)}{2T_{2n-1}}\begin{pmatrix} 2T_{2n-1} & 0 \\ T_{2n} & T_{2n-1} \end{pmatrix}, \tag{8.45}$$

式中 λ 为比例因子. 继而

$$a_i = \frac{\lambda(\cos\alpha_8 + \sin\alpha_8)}{2T_{2n-1}}. \tag{8.46}$$

根据式(8.43)

$$\cos\alpha_8 = \frac{\sqrt{3}T_{2n-1} + T_{2n}}{\sqrt{2(3T_{2n-1}^2 + T_{2n}^2)}}, \sin\alpha_8 = \frac{\sqrt{3}T_{2n-1} - T_{2n}}{\sqrt{2(3T_{2n-1}^2 + T_{2n}^2)}}. \tag{8.47}$$

将式(8.47)代入式(8.46),有

$$a_i = \frac{\sqrt{3}\lambda}{\sqrt{2(3T_{2n-1}^2 + T_{2n}^2)}}. \tag{8.48}$$

由电子衍射花样知,具有晶格常数 a_2 的近似相可在有理-无理标度替换中用 9/5 代替$\sqrt{3}$得到,而晶格常数为 a_1 的近似相可由12/7代替$\sqrt{3}$得到. 因此

$$\frac{a_2^2}{a_1^2} = \frac{3T_5^2 + T_6^2}{3T_3^2 + T_4^2} = \frac{3\times 7^2 + 12^2}{3\times 5^2 + 9^2} = 1.865 = \frac{\xi}{2}. \tag{8.49}$$

上式结果与实验所观测到的完全吻合. 此外,Fujii 等(1998) 在 Bi-Mn 合金中观察到点阵常数为 $a = 1.726$nm, $c = 1.921$nm 的四方晶体相,发现其原子结构与 12 次准晶密切相关.

Conrad 等(2000) 和 Krumeich 等(2000)研究了$(Ta,V)_{1.6}Te = (Ta,V)_{61.5}Te_{38.5}$十二次准晶的六角近似相:(1)$Ta_{21}Te_{13} = (Ta,V)_{61.8}Te_{38.2}$,空间群为 $P6mm$,$a = 1.95$nm,$c = 1.03$nm. (2)$Ta_{97}Te_{60}$和 $Ta_{83}V_{14}Te_{60} = (Ta,V)_{61.8}Te_{38.2}$. (3)$(Ta,V)_{151}Te_{74} = (Ta,V)_{67.1}Te_{32.9}$. 这种 $D_{12}\rightarrow D_6$ 的对称性变化,也可以进行与 $D_{12}\rightarrow D_4$ 相类似的分析,在此从略.

§8.4 二十面体准晶的结构相变(Ishii,1989;1992)

二十面体点群 Y 包含 60 个元素,即 60 个对称操作,它们是:(1)24 个绕六支五次对称轴的旋转操作. 这些操作又可分成两个共轭类:$12C_5$,包括 12 个旋转 $\pm\frac{2\pi}{5}$角度的对称操作;$12C_5^2$,包括 12 个旋转 $\pm\frac{4\pi}{5}$角度的对称操作. (2)20 个绕着十支三次对称轴的

旋转 $\pm\frac{2\pi}{3}$ 角度的对称操作. (3)15 个绕着十五支二次对称轴旋转 π 角的对称操作. (4)一个恒等操作. 共分成 5 个共轭类,故有 5 个不可约表示. 其中 1 个恒等表示,2 个三维表示,1 个四维表示和 1 个五维表示(特征标表见下).

Y	ε	$12C_5$	$12C_5^2$	$20C_3$	$15C_2$
Γ_1	1	1	1	1	1
Γ_3	3	τ	$-1/\tau$	0	-1
Γ_3'	3	$-1/\tau$	τ	0	-1
Γ_4	4	-1	-1	1	0
Γ_5	5	0	0	-1	1

相位子应变张量 $\partial_j w_i$ 的约化式为

$$\Gamma_3 \times \Gamma_3' = \Gamma_4 + \Gamma_5, \tag{8.50}$$

其中 Γ_4 的表示空间基矢可写成

$$e_1^{(4)} = \frac{1}{\sqrt{3}}(\partial_1 w_1 + \partial_2 w_2 + \partial_3 w_3), e_2^{(4)} = \frac{1}{\sqrt{3}}(\frac{1}{\tau}\partial_1 w_2 + \tau\partial_2 w_1),$$

$$e_3^{(4)} = \frac{1}{\sqrt{3}}(\frac{1}{\tau}\partial_2 w_3 + \tau\partial_3 w_2), e_4^{(4)} = \frac{1}{\sqrt{3}}(\frac{1}{\tau}\partial_3 w_1 + \tau\partial_1 w_3). \tag{8.51}$$

Γ_5 的表示空间基矢可写成

$$e_1^{(5)} = \frac{1}{\sqrt{2}}(\partial_1 w_1 - \partial_2 w_2), e_2^{(5)} = \frac{1}{\sqrt{6}}(\partial_1 w_1 + \partial_2 w_2 - 2\partial_3 w_3),$$

$$e_3^{(5)} = \frac{1}{\sqrt{3}}(\tau\partial_1 w_2 - \frac{1}{\tau}\partial_2 w_1), e_4^{(5)} = \frac{1}{\sqrt{3}}(\tau\partial_2 w_3 - \frac{1}{\tau}\partial_3 w_2),$$

$$e_5^{(5)} = \frac{1}{\sqrt{3}}(\tau\partial_3 w_1 - \frac{1}{\tau}\partial_1 w_3). \tag{8.52}$$

二十面体点群的 3 个最大子群,即四面体群 T、五次对称群 D_5 和三次对称群 D_3. 它们的特征标表分别为

T	ε	$4C_3$	$4C_3^2$	$3C_2$
A	1	1	1	1
E	2	-1	-1	2
T	3	0	0	-1

D_5	ε	$4C_3$	$4C_3^2$	$3C_2$
A_1	1	1	1	1
A_2	1	1	1	−1
E_1	2	$1/\tau$	$-\tau$	0
E_2	2	$-\tau$	$1/\tau$	0

D_3	ε	$2C_3$	$3C_2$
A_1	1	1	1
A_2	1	1	−1
E	2	−1	0

下面分别对这三种情况予以扼要分析.

8.4.1 对称性变化 $Y \to T$

当 Y 限定在 T 上时,式(8.50)右边两个表示的特征标为

T	ε	$4C_3$	$4C_3^2$	$3C_2$
Γ_4	4	1	1	0
Γ_5	5	−1	−1	1

其相对于 T 的约化式为

$$\Gamma_4\Big|_T = A + T, \Gamma_5\Big|_T = E + T. \tag{8.53}$$

可见,Γ_4 是一锁定模(含有 T 的恒等表示 A),相应的非零相位子应变分量为

$$e_1^{(4)} = \frac{1}{\sqrt{3}}(\partial_1 w_1 + \partial_2 w_2 + \partial_3 w_3). \tag{8.54}$$

与之相联系的矩阵

$$W = \alpha_4 \begin{pmatrix} 1 & 0 & 0 \\ 0 & 1 & 0 \\ 0 & 0 & 1 \end{pmatrix}, \tag{8.55}$$

继而

$$R=\begin{pmatrix} B_{\parallel} & A^t \\ -A & B_{\perp} \end{pmatrix},$$

$$B^{\parallel}=B_{\perp}=\cos\alpha_4\begin{pmatrix}1&0&0\\0&1&0\\0&0&1\end{pmatrix}, A=\sin\alpha_4\begin{pmatrix}1&0&0\\0&1&0\\0&0&1\end{pmatrix}. \qquad (8.56)$$

若按照 Ishii(1989;1992)采用的坐标系,见图 2.15(e)和式(2.96e),选取高维超立方晶体基矢为

$$\begin{aligned}
\tilde{\boldsymbol{p}}_1&=\frac{1}{\sqrt{2(\tau^2+1)}}(\tau,\tau,1,0,0,1),\\
\tilde{\boldsymbol{p}}_2&=\frac{1}{\sqrt{2(\tau^2+1)}}(1,-1,0,\tau,\tau,0),\\
\tilde{\boldsymbol{p}}_3&=\frac{1}{\sqrt{2(\tau^2+1)}}(0,0,\tau,1,-1,-\tau),\\
\tilde{\boldsymbol{p}}_4&=\frac{1}{\sqrt{2(\tau^2+1)}}(1,1,-\tau,0,0,-\tau),\\
\tilde{\boldsymbol{p}}_5&=\frac{1}{\sqrt{2(\tau^2+1)}}(-\tau,\tau,0,1,1,0),\\
\tilde{\boldsymbol{p}}_6&=\frac{1}{\sqrt{2(\tau^2+1)}}(0,0,1,-\tau,\tau,-1),
\end{aligned} \qquad (8.57)$$

则

$$\tilde{\boldsymbol{p}}'=R\tilde{\boldsymbol{p}}. \qquad (8.58)$$

特别地

$$\tilde{\boldsymbol{p}}'_4=-\tilde{\boldsymbol{p}}_1\sin\alpha_4+\tilde{\boldsymbol{p}}_4\cos\alpha_4. \qquad (8.59)$$

由上式及定义(8.57)和渐近式 $\tau \doteqdot F_{k+1}/F_k$,我们不难得到

$$-\frac{F_k}{F_{k+1}}=\frac{\cos\alpha_4-\tau\sin\alpha_4}{-\tau\cos\alpha_4-\sin\alpha_4}, \qquad (8.60)$$

即

$$\tan\alpha_4=\frac{F_{k+1}-\tau F_k}{\tau F_{k+1}+F_k}. \qquad (8.61)$$

8.4.2 对称性变化 $Y\to D_5$

式(8.50)右边两个表示相对于 D_5 的约化式为

$$\Gamma_4\Big|_{D_5} = E_1 + E_2, \Gamma_5\Big|_{D_5} = A_1 + E_1 + E_2. \qquad (8.62)$$

可见，Γ_5 是一锁定模，相应的非零相位子应变分量为

$$\sqrt{2}e_1^{(5)} - \sqrt{3}e_3^{(5)} = (\partial_1 w_1 - \partial_2 w_2) - \left(\tau\partial_1 w_2 - \frac{1}{\tau}\partial_2 w_1\right). \qquad (8.63)$$

与之相联系的矩阵

$$W = \alpha_5 \begin{pmatrix} 1 & 1/\tau & 0 \\ -\tau & -1 & 0 \\ 0 & 0 & 0 \end{pmatrix}. \qquad (8.64)$$

继而

$$R = \begin{pmatrix} B_{\parallel} & A^t \\ -A & B_{\perp} \end{pmatrix},$$

$$B^{\parallel} = B_{\perp} = \begin{pmatrix} 1 & 0 & 0 \\ 0 & 1 & 0 \\ 0 & 0 & 1 \end{pmatrix} - \frac{1-\cos\phi}{\sqrt{5}} \begin{pmatrix} 1/\tau & -1 & 0 \\ -1 & \tau & 0 \\ 0 & 0 & 0 \end{pmatrix},$$

$$A = \frac{\sin\phi}{\sqrt{5}} \begin{pmatrix} 1 & 1/\tau & 0 \\ -\tau & -1 & 0 \\ 0 & 0 & 0 \end{pmatrix}, \phi = \sqrt{5}\alpha_5. \qquad (8.65)$$

这时

$$\tilde{\boldsymbol{p}}'_4 = -\frac{\sin\phi}{\sqrt{5}}\tilde{\boldsymbol{p}}_1 - \frac{\sin\phi}{\sqrt{5}\tau}\tilde{\boldsymbol{p}}_2 + \left(1 - \frac{1-\cos\phi}{\sqrt{5}\tau}\right)\tilde{\boldsymbol{p}}_4 + \frac{1-\cos\phi}{\sqrt{5}}\tilde{\boldsymbol{p}}_5. \qquad (8.66)$$

而 $\boldsymbol{p}_4$ 可写成

$$\tilde{\boldsymbol{p}}_4 = \frac{1}{\sqrt{2(\tau^2+1)}}\left(1, -\cos\theta + \tau\sin\theta, -\cos\theta - \frac{\tau^2}{2}\sin\theta, -\cos\theta + \frac{1}{2}\sin\theta,\right.$$
$$\left. -\cos\theta + \frac{1}{2}\sin\theta, -\cos\theta - \frac{\tau^2}{2}\sin\theta\right), \qquad (8.67)$$

式中 $\cos\theta = 1/\sqrt{5}, \sin\theta = 2/\sqrt{5}$. 容易验证上式与(8.57)中的定义一致. 比较

$$\tilde{\boldsymbol{p}}'_4 = \frac{1}{\sqrt{2(\tau^2+1)}}\left(\cos\phi - \sin\phi, 1 + \frac{1-\cos\phi-\sin\phi}{\sqrt{5}}, -\tau + \frac{1-\cos\phi-\sin\phi}{\sqrt{5}},\right.$$
$$\left.\frac{1-\cos\phi-\sin\phi}{\sqrt{5}}, \frac{1-\cos\phi-\sin\phi}{\sqrt{5}}, -\tau + \frac{1-\cos\phi-\sin\phi}{\sqrt{5}}\right),$$

$$\tilde{\boldsymbol{p}}_4 = \frac{1}{\sqrt{2(\tau^2+1)}}\left(1, 1-\cos\theta+\frac{1}{2}\sin\theta, -\tau-\cos\theta+\frac{1}{2}\sin\theta,\right.$$

$$\left.-\cos\theta+\frac{1}{2}\sin\theta, -\cos\theta+\frac{1}{2}\sin\theta, -\tau-\cos\theta+\frac{1}{2}\sin\theta\right), \quad (8.68)$$

得

$$\cos\phi-\sin\phi=1, \frac{1-\cos\phi-\sin\phi}{\sqrt{5}}=-\cos\theta+\frac{1}{2}\sin\theta,$$

即

$$\sin\phi=\frac{\sqrt{5}\cos\theta-1}{2}, \cos\phi=\frac{\sqrt{5}\cos\theta+1}{2}. \quad (8.69)$$

一个调制后的周期结构可以在上式中用一有理数代替 $\cos\theta$ 得到，即令 $m/n \doteqdot \cos\theta$（m, n 为互质的两整数）. 于是，由式(8.69)有

$$\tan\phi=\frac{\sqrt{5}m-n}{\sqrt{5}m+n}. \quad (8.70)$$

8.4.3 对称性变化 $Y \to D_3$

式(8.50)右边两个表示相对于 D_3 的约化式为

$$\Gamma_4\Big|_{D_3}=A_1+A_2+E, \Gamma_5\Big|_{D_3}=A_1+2E. \quad (8.71)$$

可见，Γ_4 和 Γ_5 都是锁定模，相应的非零相位子分量为

$$3e_1^{(4)}+\sqrt{5}(e_2^{(4)}+e_3^{(4)}+e_4^{(4)})=\sqrt{3}(\partial_1 w_1+\partial_2 w_2+\partial_3 w_3)+$$

$$\sqrt{\frac{5}{3}}\left(\frac{1}{\tau}\partial_1 w_2+\tau\partial_2 w_1+\frac{1}{\tau}\partial_2 w_3+\tau\partial_3 w_2+\frac{1}{\tau}\partial_3 w_1+\tau\partial_1 w_3\right), \quad (8.72)$$

$$e_3^{(5)}+e_4^{(5)}+e_5^{(5)}=\frac{1}{\sqrt{3}}\left(\tau\partial_1 w_2-\frac{1}{\tau}\partial_2 w_1+\tau\partial_2 w_3-\frac{1}{\tau}\partial_3 w_2\right.$$

$$\left.+\tau\partial_3 w_1-\frac{1}{\tau}\partial_1 w_3\right).$$

与之相联系的矩阵

$$\mathrm{W}=\alpha_4\begin{pmatrix}3/\sqrt{5} & \tau & 1/\tau\\ 1/\tau & 3/\sqrt{5} & \tau\\ \tau & 1/\tau & 3/\sqrt{5}\end{pmatrix}+\alpha_5\begin{pmatrix}0 & -1/\tau & \tau\\ \tau & 0 & -1/\tau\\ -1/\tau & \tau & 0\end{pmatrix}. \quad (8.73)$$

利用与上节确定十次对称中的 R 相类似的方法，我们可以求得

$$R=\begin{pmatrix} B_{\parallel} & A^t \\ -A & B_{\perp} \end{pmatrix},$$

$$B_{\perp}=\frac{1}{3}\cos\theta_1\begin{pmatrix}1&1&1\\1&1&1\\1&1&1\end{pmatrix}+\frac{1}{3}\cos\theta_2\begin{pmatrix}2&-1&-1\\-1&2&-1\\-1&-1&2\end{pmatrix},$$

$$A=\frac{1}{3}\sin\theta_1\begin{pmatrix}1&1&1\\1&1&1\\1&1&1\end{pmatrix}+\frac{1}{6}\sin\theta_2\begin{pmatrix}1&1+3/\tau&1-3\tau\\1-3\tau&1&1+3/\tau\\1+3/\tau&1-3\tau&1\end{pmatrix},$$

$$\theta_1=\frac{8}{\sqrt{5}}\alpha_4+\alpha_5,\theta_2=\frac{2}{\sqrt{5}}\alpha_4-2\alpha_5, \tag{8.74}$$

这时

$$\begin{aligned}\tilde{\boldsymbol{p}}'_4=&-\left(\frac{1}{3}\sin\theta_1+\frac{1}{6}\sin\theta_2\right)\tilde{\boldsymbol{p}}_1-\left(\frac{1}{3}\sin\theta_1+\frac{1+3/\tau}{6}\sin\theta_2\right)\tilde{\boldsymbol{p}}_2\\&-\left(\frac{1}{3}\sin\theta_1+\frac{1-3/\tau}{6}\sin\theta_2\right)\tilde{\boldsymbol{p}}_3+\left(\frac{1}{3}\cos\theta_1+\frac{2}{3}\cos\theta_2\right)\tilde{\boldsymbol{p}}_4\\&+\left(\frac{1}{3}\cos\theta_1-\frac{1}{3}\cos\theta_2\right)\tilde{\boldsymbol{p}}_5+\left(\frac{1}{3}\cos\theta_1-\frac{1}{3}\cos\theta_2\right)\tilde{\boldsymbol{p}}_6.\end{aligned} \tag{8.75}$$

定义二十面体的一个三次轴同与其共面的两个五次轴的交角为 θ、θ'，则

$$\tan\theta=\frac{2}{\tau^2},\tan\theta'=2\tau^2. \tag{8.76}$$

相关的非公度比率

$$\lambda_{\parallel}=\frac{\cos\theta'}{\cos\theta}=\frac{1}{\tau^3},\lambda_{\perp}=\frac{\sin\theta'}{\sin\theta}=\tau. \tag{8.77}$$

利用式(8.76)和(8.77)，$\boldsymbol{p}_4$ 可改写成

$$\tilde{\boldsymbol{p}}_4=(x_1,x_2,y_1,z_1,y_2,-z_2), \tag{8.78}$$

这里

$$x_1=\frac{1}{3\sqrt{\lambda_{\parallel}^2+1}}\left[-\lambda_{\parallel}+\frac{1}{2}\lambda_{\perp}(2\tau-1)\tan\theta\right],$$

$$y_1=\frac{1}{3\sqrt{\lambda_{\parallel}^2+1}}\left[-\lambda_{\parallel}-\frac{1}{2}\lambda_{\perp}(\tau+1)\tan\theta\right],$$

$$z_1=\frac{1}{3\sqrt{\lambda_{\parallel}^2+1}}\left[-\lambda_{\parallel}+\frac{1}{2}\lambda_{\perp}(-\tau+2)\tan\theta\right],$$

$$x_2=\frac{1}{3\sqrt{\lambda_{\parallel}^2+1}}\left[1+\frac{1}{2}(-\tau+2)\tan\theta\right],$$

$$y_2=\frac{1}{3\sqrt{\lambda_{\parallel}^2+1}}\left[1-\frac{1}{2}(\tau+1)\tan\theta\right],$$

$$z_2=\frac{1}{3\sqrt{\lambda_{\parallel}^2+1}}\left[1+\frac{1}{2}(2\tau-1)\tan\theta\right]. \tag{8.79}$$

容易验证上式与(8.57)中的定义一致. 比较式(8.75)和(8.78), 我们发现

$$\frac{1}{\sqrt{2(\tau^2+1)}}[-(\tau+2)\sin\theta_2]=\frac{1}{2\sqrt{\lambda_{\parallel}^2+1}}(\lambda_{\perp}-\tau)\tan\theta,$$

$$\frac{1}{\sqrt{2(\tau^2+1)}}[\tau(\tau+2)\cos\theta_2]=\frac{1}{2\sqrt{\lambda_{\parallel}^2+1}}(\lambda_{\perp}\tau^2+\tau)\tan\theta. \tag{8.80}$$

由此得

$$\tan\theta_2=\frac{\tau-\lambda_{\perp}}{\lambda_{\perp}\tau+1}. \tag{8.81}$$

另外

$$\sin\theta_1+\tau\cos\theta_1=\frac{\lambda_{\parallel}+1}{\sqrt{\lambda_{\parallel}^2+1}}\sqrt{\frac{\tau^2+1}{2}}. \tag{8.82}$$

注意到

$$\sqrt{(\tau^6+1)(\tau^2+1)/2}=3\tau+1,$$

$$\sqrt{(\lambda_{\parallel}^2+1)(\tau^6+1)}=\sqrt{(\lambda_{\parallel}+\tau^3)^2+(\lambda_{\parallel}\tau^3-1)^2},$$

$$(3\tau+1)(\lambda_{\parallel}+1)=(\tau^3\lambda_{\parallel}-1)+\tau(\lambda_{\parallel}+\tau^3), \tag{8.83}$$

式(8.82)成为

$$\sin\theta_1+\tau\cos\theta_1=\frac{(\tau^3\lambda_{\parallel}-1)+\tau(\lambda_{\parallel}+\tau^3)}{\sqrt{(\lambda_{\parallel}+\tau^3)^2+(\tau^3\lambda_{\parallel}-1)^2}}.$$

由此得

$$\tan\theta_1=\frac{\tau^3\lambda_{\parallel}-1}{\lambda_{\parallel}+\tau^3}. \tag{8.84}$$

一个调制后的结构可以在式(8.81)和(8.84)中利用 Finonacci 数来逼近 $\lambda_{\parallel}$,$\lambda_{\perp}$,即令

$$\lambda_{\parallel}=\frac{F_k}{F_{k+3}},\lambda_{\perp}=\frac{F_{k'+1}}{F_{k'}} \tag{8.85}$$

得到. 反映式(8.61),(8.71),(8.81)和式(8.84)所示规律的准晶近似相已被观察到. 有关二十面体准晶结构相变的详细讨论请参考文献(Ishii,1989;1992).

这里需要指出的是,在研究准晶及其近似相间的相跃迁时,除了上述建立在 Landau 理论基础上的对称性分析即群论方法外,还有一些方法无需借助群论技巧,如依据随机拼砌模型进行的解析分析法、转移矩阵数值计算法、Bathe-Ansatz 法以及线性相位子应变理论方法等(Li, Park, Widom, 1992; Widom, 1993; Kalugin, 1994). 下面两节我们将介绍其中的线性相位子应变理论方法,并将收集到的实验上已发现的十次准晶的晶体近似相和二十面体准晶的晶体近似相分别列于表 8.2 和表 8.4.

§8.5 用线性相位子应变法讨论十次准晶的晶体近似相

对于十次准晶而言,基矢 $\boldsymbol{e}_5 \parallel \boldsymbol{E}_3$ 张着的一维空间是周期性的,这里不需考虑. 由基矢 $\boldsymbol{E}_4$ 和 $\boldsymbol{E}_5$ 张着的是二维垂直空间. 式(2.51a)和式(2.51b)给出的描述线性相位子应变的矩阵 A_P(作用到正点阵的坐标 X_j 上的矩阵)及其转置逆矩阵$(A_p^{-1})^T$(作用到倒易点阵的坐标 X_j^* 或 H_j 上的矩阵)具体化为

$$A_P=\begin{bmatrix}1 & 0 & 0 & 0\\ 0 & 1 & 0 & 0\\ A_{41} & A_{42} & 1 & 0\\ A_{51} & A_{52} & 0 & 1\end{bmatrix} \tag{8.86}$$

和

$$(A_p^{-1})^T = \begin{bmatrix} 1 & 0 & -A_{41} & -A_{51} \\ 0 & 1 & -A_{42} & -A_{52} \\ 0 & 0 & 1 & 0 \\ 0 & 0 & 0 & 1 \end{bmatrix}. \tag{8.87}$$

一般的情况下,如果设 $A_{42} = A_{51} = 0$,并选取适当的相位子应变的参数 A_{41}和 A_{52},使得互相垂直的沿着基矢 $\boldsymbol{E}_1$ 和基矢 $\boldsymbol{E}_2$ 的两方向都变成周期性的,则得到正交晶系的晶体近似相. 正交的晶体近似相也正是实验上观察得最多的. 现详细讨论如下:

由式(2.65)和式(2.59),四维空间倒易矢量 $\boldsymbol{r}^* = h_1\boldsymbol{e}_1^* + h_2\boldsymbol{e}_2^* + h_3\boldsymbol{e}_3^* + h_4\boldsymbol{e}_4^*$ 的平行分量是

$$\boldsymbol{H}^{\parallel T} = \begin{bmatrix} H_1 \\ H_2 \end{bmatrix} = a^* \begin{bmatrix} \left\{\frac{\tau-1}{2}(h_1+h_4) - \frac{\tau}{2}(h_2+h_3)\right\} \\ \left\{\frac{\sqrt{2+\tau}}{2}(h_1-h_4) + \frac{\sqrt{3-\tau}}{2}(h_2-h_3)\right\} \end{bmatrix}. \tag{8.88}$$

垂直空间分量是

$$\boldsymbol{H}^{\perp T} = \begin{pmatrix} H_4 \\ H_5 \end{pmatrix} = a^* \begin{bmatrix} \left\{-\frac{\tau}{2}(h_1+h_4) + \frac{\tau-1}{2}(h_2+h_3)\right\} \\ \left\{-\frac{\sqrt{3-\tau}}{2}(h_1-h_4) + \frac{\sqrt{2+\tau}}{2}(h_2-h_3)\right\} \end{bmatrix}. \tag{8.89}$$

线性相位子应变把倒易矢量的平行空间分量变成了

$$(H^{\parallel\prime})^T = \begin{bmatrix} H_1 - A_{41}H_4 \\ H_2 - A_{52}H_5 \end{bmatrix}$$

$$= \frac{a^*}{2\tau} \begin{bmatrix} \{(1+A_{41}\tau^2)(h_1+h_4) - (\tau^2+A_{41})(h_2+h_3)\} \\ \sqrt{\tau+2}\,\{(\tau+A_{52})(h_1-h_4) + (1-A_{52}\tau)(h_2-h_3)\} \end{bmatrix}. \tag{8.90}$$

若取有关的线性相位子应变参数

$$A_{41} = \frac{(\tau^2 F_{n-1} - F_{n+1})}{(\tau^2 F_{n+1} - F_{n-1})}, \tag{8.91}$$

$$A_{52} = \frac{(F_{n+1} - \tau F_n)}{(\tau F_{n+1} + F_n)}. \tag{8.92}$$

根据式(2.57)有关 Fibonacci 数列的特性,此式可化简为

$$A_{41}=\frac{-(-1)^{n-1}}{\tau^{n+1}}=\frac{(-1)^n}{\tau^{2n}}, \tag{8.93}$$

$$A_{52}=\frac{(-\tau)^{-n}}{\tau^{n+1}}=\frac{(-1)^n}{\tau^{2n+1}}, \tag{8.94}$$

而且有

$$1+A_{41}\tau^2=\frac{\tau^2\sqrt{5}F_{n-1}}{(\tau^2F_{n+1}-F_{n-1})}=\frac{\sqrt{5}F_{n-1}}{\tau^{n-1}}, \tag{8.95}$$

$$\tau^2+A_{41}=\frac{\tau^2\sqrt{5}F_{n+1}}{(\tau^2F_{n+1}-F_{n-1})}=\frac{\sqrt{5}F_{n+1}}{\tau^{n-1}}, \tag{8.96}$$

$$\tau+A_{52}=\frac{(2+\tau)F_{n+1}}{\tau^{n+1}}=\frac{\tau\sqrt{5}F_{n+1}}{\tau^{n+1}}, \tag{8.97}$$

和

$$1-A_{52}\tau=\frac{(2+\tau)F_n}{\tau^{n+1}}=\frac{\tau\sqrt{5}F_n}{\tau^{n+1}}. \tag{8.98}$$

[推导中用到了式(2.29)中列举的有关 τ 的关系式和式(2.57)给出的有关 Fibonacci 数列的特性],于是线性相位子应变 A_{41} 把倒易矢量的平行空间 X 分量(即沿 $\boldsymbol{E}_1$ 方向,也就是沿 $A2P$ 方向的分量)由 H_1 变成了

$$H_1'=H_1-A_{41}H_4=\frac{5a^*}{2\sqrt{5}\tau^n}[F_{n-1}(h_1+h_4)-F_{n+1}(h_2+h_3)]. \tag{8.99}$$

而线性相位子应变 A_{52} 则把倒易矢量的平行空间 Y 分量(即沿 $\boldsymbol{E}_2$ 方向,也就是沿 $A2D$ 方向的分量)由 H_2 变成了

$$H_2'=H_2-A_{52}H_5=\frac{5a^*\sqrt{2+\tau}}{2\sqrt{5}\tau^{n+1}}[F_{n+1}(h_1-h_4)+F_n(h_2-h_3)]. \tag{8.100}$$

与式(8.88)对比,可见,十次准晶中成无理数比例关系 $\frac{\tau}{\tau-1}=\tau$ 的倒易矢量的平行空间 X 分量,现在已被 Fibonacci 数(整数)之比 $\frac{F_{n+1}}{F_{n-1}}$ 所取代,从而使正空间 X 方向(即某个 $A2P$ 方向)晶化.

晶化相的倒易基矢的长度为$(a_1^{Ap})^* = (a_P^{Ap})^* = \frac{5a^*}{2\sqrt{5}\tau^n}$,正空间基矢的长度是 $a_P^{Ap} = \frac{2\sqrt{5}\tau^n}{5a^*}$. 按式(2.61),$\frac{2}{5a^*}$是正空间中的特征正五边形的外接圆的半径,即 Penrose 菱形的边长 a_R. 因此有

$$a_P^{Ap} = \frac{2\sqrt{5}\tau^n}{5a^*} = \sqrt{5}a_R\tau^n. \tag{8.101}$$

而十次准晶中成无理数比例关系$\frac{\sqrt{2+\tau}}{\sqrt{3-\tau}} = \tau$ 的倒易矢量的平行空间 Y 分量,现在已被 Fibonacci 数(整数)之比$\frac{F_{n+1}}{F_n}$所取代,从而使正空间 Y 方向(即与上述 $A2P$ 垂直的 $A2D$ 方向)也被晶化. 晶化相的倒易基矢的长度为$(a_2^{Ap})^* = (a_D^{Ap})^* = \frac{5a^*\sqrt{2+\tau}}{2\sqrt{5}\tau^{n+1}}$,正空间基矢的长度是

$$a_D^{Ap} = \frac{\sqrt{5}\tau^{n+1}a_R}{\sqrt{2+\tau}}. \tag{8.102}$$

显然,n 越大,则相位子位移量越小,同时其晶体近似相的单胞就越大.

以上讨论的是线性相位子应变导致准晶倒易矢量的长度由无理数比变成整数比. 现在从另外一个角度讨论准晶与其晶体近似相之间的关系,即线性相位子应变使得高维空间中某些阵点的垂直分量变成 0,使这些阵点落在平行空间内,从而产生晶化. 由式(2.64),(2.61)和式(2.60),四维空间晶体点阵矢量 $\boldsymbol{r} = m\boldsymbol{e}_1 + n\boldsymbol{e}_2 + p\boldsymbol{e}_3 + q\boldsymbol{e}_4$的平行空间分量是

$$X^{\parallel} = \begin{bmatrix} X_1 \\ X_2 \end{bmatrix} = \frac{2}{5a^*}\begin{bmatrix} \left\{ -(3-\tau)\frac{(m+q)}{2} - (2+\tau)\frac{(n+p)}{2} \right\} \\ \left\{ \sqrt{2+\tau}\frac{(m-q)}{2} + \sqrt{3-\tau}\frac{(n-p)}{2} \right\} \end{bmatrix}. \tag{8.103}$$

垂直空间分量是

$$X^{\perp}=\begin{bmatrix}X_4\\X_5\end{bmatrix}=\frac{2}{5a^*}\begin{bmatrix}\left\{-\frac{2+\tau}{2}(m+q)-\frac{3-\tau}{2}(n+p)\right\}\\\left\{-\frac{\sqrt{3-\tau}}{2}(m-q)+\frac{\sqrt{2+\tau}}{2}(n-p)\right\}\end{bmatrix}.\tag{8.104}$$

线性相位子应变把垂直分量 $X^{\perp}$ 变成了

$$\begin{aligned}X^{\perp\prime}&=\begin{bmatrix}X_4'\\X_5'\end{bmatrix}=\begin{pmatrix}X_4+A_{41}X_1\\X_5+A_{52}X_2\end{pmatrix}\\&=\frac{2}{5a^*}\begin{pmatrix}-\frac{3-\tau}{2}\{(\tau^2+A_{41})(m+q)+(1+A_{41}\tau^2)(n+p)\}\\\frac{\sqrt{3-\tau}}{2}\{-(1-A_{52}\tau)(m-q)+(A_{52}+\tau)(n-p)\}\end{pmatrix}.\end{aligned}\tag{8.105}$$

把式(8.95)到式(8.98)代入上式,就有

$$X^{\perp\prime}=\begin{bmatrix}X_4'\\X_5'\end{bmatrix}=\frac{2}{5a^*}\begin{pmatrix}-\frac{(3-\tau)\sqrt{5}}{2\tau^{n-1}}\{F_{n+1}(m+q)+F_{n-1}(n+p)\}\\\frac{\sqrt{(3-\tau)5}}{2\tau^n}\{-F_n(m-q)+F_{n+1}(n-p)\}\end{pmatrix}.\tag{8.106}$$

由式(8.106)可知,当 $\frac{m+q}{n+p}=-\frac{F_{n-1}}{F_{n+1}}$ 时,有 $X_4'=0$. 再与式(8.103)对比,可知:当 $m=q,n=p$ 时,满足条件$\frac{m+q}{n+p}=-\frac{F_{n-1}}{F_{n+1}}$的点阵矢量 $\boldsymbol{r}=m(\boldsymbol{e}_1+\boldsymbol{e}_4)+n(\boldsymbol{e}_2+\boldsymbol{e}_3)$的平行空间分量沿着 $\boldsymbol{E}_1$ 方向,且其垂直分量变为零,形成了晶体近似相的周期为 $A_1^{Ap}=\frac{2(3-\tau)(F_{n+1}\tau^2-F_{n-1})}{5a^*}=a_R\sqrt{5}\tau^n$ 的方向. 这与式(8.100)的结果一致. 类似地,当 $m=-q,n=-p$ 时,满足条件$\frac{m-q}{n-p}=\frac{F_{n+1}}{F_n}$的点阵矢量$\boldsymbol{r}=m(\boldsymbol{e}_1-\boldsymbol{e}_4)+n(\boldsymbol{e}_2-\boldsymbol{e}_3)$的平行空间分量沿着 $\boldsymbol{E}_2$ 方向,且其垂直分量变为零,形成了晶体近似相

的周期为 $A_2^{Ap}=\frac{2\sqrt{3-\tau}(\tau F_{n+1}+F_n)}{5a^*}=\frac{a_R\sqrt{5}\tau^{n+1}}{\sqrt{2+\tau}}$ 的方向．这与式(8.101)的结果一致．

总之，在上述相位子应变的作用下，十次准晶变成了正交晶体近似相．表 8.1 列举了按式(8.93)，(8.94)，(8.101)和(8.102)计算出的，在若干相位子应变参数作用之下的若干十次准晶正交晶体近似相的点阵常数．表 8.2 列举了实验上观察到的十次准晶的若干正交晶体近似相．文献中经常用替代黄金分割比 τ 的相邻的 Fibonacci 数之比 $\left(\frac{F_{n+1}^D}{F_n^D},\frac{F_{m+1}^P}{F_m^P}\right)$ 作为十次准晶的正交晶体近似相的标记．例如，吴劲松等(Wu, et al., 1999)称他们发现的点阵常数为 $a=2.04$nm（相当于 $F_{n+1}^D/F_n^D=2/1$ 的 $A_D^{Ap}=1.992$nm），$b=1.25$nm，$c=1.48$nm（相当于 $F_{n+1}^P/F_n^P=1/1$ 的 $A_P^{Ap}=1.447$nm）的 Ga-Mn 正交晶体近似相为(2/1，1/1)近似相．

表 8.1　若干十次准晶正交晶体近似相的相位子应变参数 A_{41} 和 A_{52} 以及点阵常数 A_1^{Ap} 和 A_2^{Ap}

（$a_R=0.4$nm 并定义 $F_{-1}=1$，$F_0=0$，于是有 $F_1=1$，$F_2=1$，$F_3=2$，$F_4=3$，$F_5=5$，$F_6=8$，$F_7=13$，…）

n	F_{n+1}/F_n	A_{52}	$A_2^{Ap}=A_D^{Ap}$	$F_{n+1}/F_n/F_{n-1}$	A_{41}	$A_1^{Ap}=A_P^{Ap}$
0	1/0	$1/\tau$	0.761nm	1/0/1	1	0.894nm
1	1/1	$-1/\tau^3$	1.231nm	1/1/0	$-1/\tau^2$	1.447nm
2	2/1	$1/\tau^5$	1.992nm	2/1/1	$1/\tau^4$	2.342nm
3	3/2	$-1/\tau^7$	3.223nm	3/2/1	$-1/\tau^6$	3.789nm
4	5/3	$1/\tau^9$	5.214nm	5/3/2	$1/\tau^8$	6.130nm
5	8/5	$-1/\tau^{11}$	8.437nm	8/5/3	$-1/\tau^{10}$	9.918nm

表 8.2　实验上观察到的若干十次准晶正交晶体近似相

a_D^{Ap} / a_P^{Ap}	0.761nm (1/0)	1.231nm (1/1)	1.992nm (2/1)	3.223nm (3/2)	5.214nm (5/3)	8.437nm (8/5)
1.447nm (1/1)		Y-Al_3Mn (Taylor, 1961; Li, et al., 1992c); Al_3Co (Ma & Kuo, 1992); $Al_{11}Mn_4$ (Fitzgerald, et al., 1988); Y-AlMnCu (Li & Kuo, 1992b); $Al_{70}Pd_{15}Mn_{15}$ (Li & Kuo, 1994); Ga_6Mn_5 (Wu & Kuo, 1998); Ga_7Mn_6 (Wu & Kuo, 1997; Wu, Li, Kuo, 1998; Wu & Kuo, 2000)	$Al_{70}Co_{15}Ni_{10}Tb_5$ (Li, et al., 1995); GaMn (Wu & Kuo, 1998); Ga_7Mn_5 (Wu & Kuo, 1997; Wu, Ge, Kuo, 1999; Wu & Kuo, 2000); $Ga_{46}Fe_{23}Cu_{23}Si_8$, $Ga_{50}Co_{25}Cu_{25}$, $Ga_{46}V_{23}Ni_{23}Si_8$ (Ge & Kuo, 1997)			

续表

a_D^{Ap} / a_P^{Ap}	0.761nm (1/0)	1.231nm (1/1)	1.992nm (2/1)	3.223nm (3/2)	5.214nm (5/3)	8.437nm (8/5)
2.342nm (2/1)	π-Al_4Mn (Li & Kuo, 1992a); $Al_{60}Mn_{11}Ni_4$ (Robinson, 1954); AlMnCu (Robinson, 1952); AlMnZn (T_3) (Damjanovic, 1961); Ga_6Mn_5 (Wu & Kuo 1998); Ga_7Mn_6 (Wu & Kuo, 1997; Wu, Li, Kuo, 1998; Wu & Kuo, 2000); $Ga_{46}Fe_{23}Cu_{23}Si_8$, $Ga_{50}Co_{25}Cu_{25}$, $Ga_{46}V_{23}Ni_{23}Si_8$ (Ge & Kuo, 1997)	Al_3Pd (Ma, Wang, Kuo, 1988); $Al_{70}Co_{15}Ni_{10}Tb_5$ (Li et al., 1995); ξ′-AlPdMn (Boudard et al., 1996)	Al-Co-Cu (Liao, et al., 1992); $Al_{75}Pd_{2.1}Co_{22.9}$ (Yubuta, et al., 1998)	$Al_{24}Mn_5Zn$ (Robinson, 1952); $Al_{60}Mn_{11}Ni_4$. (VanTendeloo, et al., 1988); Al-Cr-Fe (Demange, et. al., 2000); Al-Fe-Cu (Dong, et al., 1992); $Al_{71}Co_{14.5}Ni_{14.5}$ (Doeblinger, et al., 2000)	$Al_{70}Co_{15}Ni_{10}Tb_5$ (Yu, et al., 1993)	

续表

a_D^{Ap} / a_P^{Ap}	0.761nm (1/0)	1.231nm (1/1)	1.992nm (2/1)	3.223nm (3/2)	5.214nm (5/3)	8.437nm (8/5)
3.789nm (3/2)		Al-Mn-Si (Kuo 1993)			Al-Co-Ni (Edagawa, et al., 1991); Al-Cu-Co-Si (Dong, et al., 1992); $Al_{70}Pd_{15}Mn_{15}$ (Li & Kuo, 1994);	
6.130nm (5/3)			Al-Fe-Cu (Dong, et al., 1992)			$Al_{70}Co_{15}Ni_{10}Tb_5$ (Yu, et al., 1993); $Al_{63}CuCr_{17.5}Si$ (Kuo, 2002)
9.92nm (8/5)				Al-Cu-Co-Si (Dong, et al., 1992);		

其实在研究十次准晶的原子结构的早期，最重要的晶体近似相是点阵常数为 $a_m = 1.5489\text{nm}$，$b_m = 0.8083\text{nm}$，$c_m = 1.2476\text{nm}$，$\beta = 107.71°$ 的单斜晶系的 λ-$Al_{13}Fe_4$ 相，以及 $a_m = 1.52\text{nm}$，$c_m = 1.23\text{nm}$ 的单斜晶系的 $Al_{13}Co_4$ 相. 由于 $\beta \approx 108°$，$2c_m \sin(\beta - \pi/2) \approx a_m/2$，张洪和郭可信(Zhang & Kuo, 1992b)近似地把这类单斜晶系的晶体近似相描述为正交的(1/0, 2/1)晶体近似相，其点阵常数为 $A_{\text{Orth}} = A_D = a_m/2 = 0.76 \sim 0.7745\text{nm}$，$B_{\text{Orth}} = b_m$，$C_{\text{Orth}} = A_P = 2c_m \cos(\beta - \pi/2) = 2.34 \sim 2.373\text{nm}$. 郭可信(Kuo, 2000)进一步还观察到 τ^2-$Al_{13}Co_4$ 相和 τ^3-$Al_{13}Co_4$ 相，它们的点阵常数 a 和 c 分别是 $Al_{13}Co_4$ 相的 τ^2 倍和 τ^3 倍.

研究准晶的晶体近似相，不但可以由已知的近似相中的基本结构单元(原子团)，从而帮助我们研究准晶的原子结构，还可以由已知的小单胞近似相中的基本结构单元帮助我们研究大单胞近似相的原子结构. 例如，隋海心等(Sui, et al., 1999)在 $Al_{12}Fe_2Cr$ 合金中发现了空间群为 $P\,63/m$，点阵常数近似为 $a = 4.0\text{nm}$ 和 $c = 1.24\text{nm}$ 的大单胞晶体 ν-$Al_{80.61}Cr_{10.71}Fe_{8.68}$，每个单胞内约有1000多个原子. 莫志民等(Mo, et al., 2000)曾尝试将单晶 X 射线衍射数据用直接法求解其结构，但得不到合理的结构模型. ν-$Al_{80.61}Cr_{10.71}Fe_{8.68}$晶体沿[0　0　1]方向的高分辨电子显微像表明，$\nu$-$Al_{80.61}Cr_{10.71}Fe_{8.68}$晶体与 κ-$Al_{76}Cr_{18}Ni_6$ 和 λ-$Al_{4.32}Mn$ 有相同的结构单元，该结构单元是二十面体原子团. 利用单胞较小的 κ 和 λ 相中的这种二十面体原子团中已知的原子分布作为起点，莫志民等将其单晶 X 射线衍射数据用直接法解出了其结构，误差为 $R = 0.075$.

在 1.1.3 节讨论一维准晶时曾指出，表 1.7 中所列举的一维准晶都与二维准晶有密切的联系. 比如说，可以描述为在十次准晶中某一个，而且也仅仅在这个准周期方向上引入线性相位子应变而变成周期的，则此十次准晶就变成了一维准晶.

以上讨论的近似相都是用含有 0 的 Fibonacci 数列中两个近

邻整数之比 F_{n+1}/F_n 取代无理数 τ 而得到的. 实际上还有不含 0 的 Fibonacci 数列 $\cdots\Phi_{-1},\Phi_0,\Phi_1,\cdots\Phi_{n-1},\Phi_n,\Phi_{n+1}\cdots$ 也满足递推关系 $\Phi_{n+1}=\Phi_n+\Phi_{n-1}$. 当 n 趋近于无穷大时,其中两个近邻整数之比 Φ_{n+1}/Φ_n 也趋近于无理数 τ. 例如数列:$\cdots,-1,2,1,3,4,7,11,18,29,\cdots$. 现将这两类 Fibonacci 数列列于表 8.3.

表 8.3 两类 Fibonacci 数列对比

	n	-1	0	1	2	3	4	5	6	7	8
有 0 数列	F_n	1	0	1	1	2	3	5	8	13	21
无 0 数列	Φ_n	-1	2	1	3	4	7	11	18	29	47

不难用数学归纳法证明这两类 Fibonacci 数列之间的下列关系:

$$\Phi_n=F_n+2F_{n-1}. \tag{8.107}$$

由式(8.105)容易证明

$$\frac{\Phi_{n+1}}{\Phi_n}=\frac{F_{n+1}+2F_n}{F_n+2F_{n-1}}=\frac{Fn\left(\frac{F_{n+1}}{F_n}+2\right)}{F_{n-1}\left(\frac{F_n}{F_{n-1}}+2\right)}\rightarrow\frac{F_n(\tau+2)}{F_{n-1}(\tau+2)}\rightarrow\tau,$$

即不含 0 的 Fibonacci 数列. $\cdots,\Phi_{-1},\Phi_0,\Phi_1,\cdots\Phi_{n-1},\Phi_n,\Phi_{n+1}\cdots$ 不但满足递推关系 $\Phi_{n+1}=\Phi_n+\Phi_{n-1}$,而且当 n 趋近于无穷大时,其中两个近邻整数之比 Φ_{n+1}/Φ_n 也趋近于 τ.

杨文革等(Yang,et al.,1996)在熔炼并于 880℃ 退火 49h 的 $Al_{65}Cu_{20}Fe_{10}Mn_5$ 合金中既观察到用整数比 F_{n+1}/F_n($n=3$ 和 4)取代无理数 τ 而得到的近似相,也观察到用整数之比 Φ_{n+1}/Φ_n($n=3$)取代无理数 τ 而得到的近似相. 图 8.1 示出十次准晶某一个 $A2P$ 方向上的若干重要的电子衍射斑点的位置,其中各图的线性相位子应变参数 A_{41} 不同. 图 8.1(a)对应于 $A_{41}=0$,衍射斑点呈现以无理数 τ 为特征的分布. 指数为($\bar{1}\,\bar{1}\,\bar{1}\,\bar{1}$)的倒易点对应于 $a^*=1.0\text{nm}^{-1}$,亦即相应的菱形的边长 $a_R=2/5a^*=0.4\text{nm}$. 指数为(1001),($0\,\bar{1}\,\bar{1}\,0$),($\bar{1}\,\bar{2}\,\bar{2}\,\bar{1}$)和($\bar{1}\,\bar{3}\,\bar{3}\,\bar{1}$)的倒易量的长度则分别是 $a^*/\tau,\tau a^*,\tau^2a^*$ 和 τ^3a^*. 由图 2.10 可知,沿着 $\boldsymbol{E}_1^*$ 方向

(即一个 $A2P$ 方向)的倒易矢量,必有 $h_1=h_4$ 和 $h_2=h_3$. 故而(8.98a)式应改为

$$H_1'=(H_1-A_{41}H_4)=\frac{5a^*}{\sqrt{5}\tau^n}\left[F_{n-1}\frac{h_1+h_4}{2}-F_{n+1}\frac{h_2+h_3}{2}\right]. \quad (8.108)$$

相应地,如果称这个 $A2P$ 方向为一维准晶的 $\boldsymbol{a}$ 方向,则其点阵常数应为 $a_{1D}=\frac{\sqrt{5}\tau^n}{2}a_R$,十次准晶的指数为($h_1\ h_2\ h_3\ h_4$)的衍射斑点则应该变成一维准晶的指数为($h_{1D}$ 0 0)的衍射斑,这里,$h_{1D}=F_{n-1}h_1-F_{n+1}h_2$. 图 8.1(b)和(d)分别对应于 $n=3$ 和 4,即 $A_{41}=-1/\tau^6$ 和 $1/\tau^8$ 的情况[按式(8.93)]. 图中标出了衍射斑的指数(h_{1D} 0 0)=(h_1-3h_2 0 0)(对应于 $n=3$)和($2h_1-5h_2$ 0 0)(对应于 $n=4$)以及点阵常数 $a_{1D}=1.894$nm 和 3.065nm.

现在讨论无 0 的 Fibonacci 数列的情况. 如果选取的线性相位子应变参数较之式(8.91)的参数反号

$$A'_{41}=-A_{41}=\frac{(F_{n+1}-\tau^2F_{n-1})}{(\tau^2F_{n+1}-F_{n-1})}. \quad (8.109)$$

利用式(2.29),(2.57)和式(8.107),则有

$$1+A'_{41}\tau^2=\frac{F_{n-1}+2F_{n-2}}{\tau^{n-1}}=\frac{\Phi_{n-1}}{\tau^{n-1}}, \quad (8.110)$$

$$\tau^2+A'_{41}=\frac{F_{n+1}+2F_n}{\tau^{n-1}}=\frac{\Phi_{n+1}}{\tau^{n-1}}. \quad (8.111)$$

于是线性相位子应变 A'_{41}把倒易矢量的平行空间沿 $\boldsymbol{E}_1$ 方向(也就是沿 $A2P$ 方向的分量)由 H_1 变成了

$$H_1'=(H_1-A'_{41}H_4)=\frac{a^*}{\tau^n}\left[\Phi_{n-1}\frac{h_1+h_4}{2}-\Phi_{n+1}\frac{h_2+h_3}{2}\right]. \quad (8.112)$$

相应地,如果称这个 $A2P$ 方向为一维准晶的 $\boldsymbol{a}$ 方向,则其点阵常数应为 $a'_{1D}=\frac{5\tau^n}{2}a_R$,十次准晶的指数为($h_1\ h_2\ h_3\ h_4$)的衍射斑点则应该变成一维准晶的指数为($h'_{1D}$ 0 0)的衍射斑,这里 $h'_{1D}=(\Phi_{n-1}h_1-\Phi_{n+1}h_2)$. 图 8.1(c)对应于 $n=3$,即 $A'_{41}=-A_{41}=1/\tau^6$的情况[按式(8.93)]. 图中标出了衍射斑的指数(h'_{1D}0 0)=

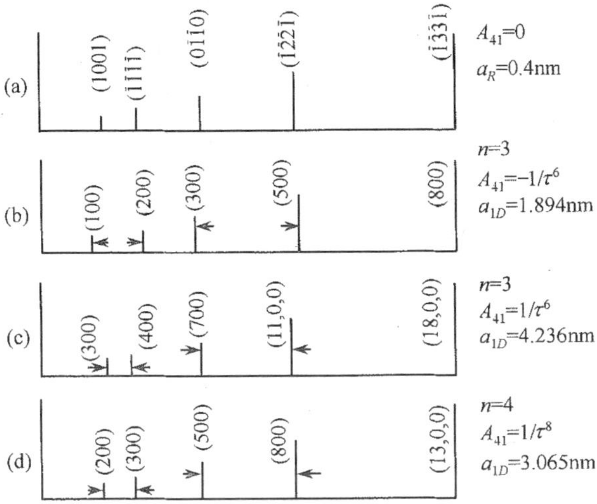

图 8.1　十次准晶某一个 $A2P$ 方向上的若干重要的电子衍射斑点在不同的线性相位子应变参数 A_{41} 下的位置.
(a) $A_{41}=0$;(b) $A_{41}=-1/\tau^6$;(c) $A_{41}=1/\tau^6$;(d) $A_{41}=1/\tau^8$.

$(\Phi_2 h_1-\Phi_4 h_2\ 0\ 0)=(3h_1-7h_2\ 0\ 0)$和点阵常数 $a'_{1D}=\frac{5\tau^3}{2}a_R=4.236\text{nm}$.

§8.6　用线性相位子应变法讨论二十面体准晶的晶体近似相

对于二十面体准晶而言，式(2.51)和式(2.52)给出的描述线性相位子应变的矩阵 A_P(作用到正点阵的坐标 X_j 上的矩阵)及其转置逆矩阵$(A_p^{-1})^T$(作用到倒易点阵的坐标 H_j^* 上的矩阵)具有下列一般的表达式：

$$A_p = \begin{pmatrix} 1 & 0 & 0 & 0 & 0 & 0 \\ 0 & 1 & 0 & 0 & 0 & 0 \\ 0 & 0 & 1 & 0 & 0 & 0 \\ A_{41} & A_{42} & A_{43} & 1 & 0 & 0 \\ A_{51} & A_{52} & A_{53} & 0 & 1 & 0 \\ A_{61} & A_{62} & A_{63} & 0 & 0 & 1 \end{pmatrix}, \tag{8.113}$$

$$(A_p^{-1})^{\mathrm{T}} = \begin{pmatrix} 1 & 0 & 0 & -A_{41} & -A_{51} & -A_{61} \\ 0 & 1 & 0 & -A_{42} & -A_{52} & -A_{62} \\ 0 & 0 & 1 & -A_{43} & -A_{53} & -A_{63} \\ 0 & 0 & 0 & 1 & 0 & 0 \\ 0 & 0 & 0 & 0 & 1 & 0 \\ 0 & 0 & 0 & 0 & 0 & 1 \end{pmatrix}. \tag{8.114}$$

如果选取适当的相位子位移矩阵的矩阵元,而且保留点群为 235 或 $m\,\bar{3}\,\bar{5}$ 的二十面体准晶的 23 或 $m\,\bar{3}$ 对称性,则得到立方晶系的晶体近似相. 这是实验上观察得最多的. 现在以图 2.15(c) 所示的 Jaric 坐标系为例,就立方晶体近似相讨论如下:

由式(2.92)和式(2.96),六维空间晶体点阵矢量 $\boldsymbol{r} = m\boldsymbol{e}_1 + n\boldsymbol{e}_2 + p\boldsymbol{e}_3 + q\boldsymbol{e}_4 + r\boldsymbol{e}_5 + s\boldsymbol{e}_6$ 的平行空间分量是

$$X^{\parallel} = \begin{pmatrix} X_1 \\ X_2 \\ X_3 \end{pmatrix} = \frac{a^{6D}}{\sqrt{2(2+\tau)}} \begin{pmatrix} \tau(m+n)+(p+s) \\ \tau(p-s)+(q-r) \\ \tau(q+r)+(m-n) \end{pmatrix}. \tag{8.115}$$

垂直空间分量是

$$X^{\perp} = \begin{pmatrix} X_4 \\ X_5 \\ X_6 \end{pmatrix} = \frac{a^{6D}}{\sqrt{2(2+\tau)}} \begin{pmatrix} (m+n)-\tau(p+s) \\ (p-s)-\tau(q-r) \\ (q+r)-\tau(m-n) \end{pmatrix}. \tag{8.116}$$

以上各式中六维空间晶体的点阵常数 a^{6D} 与物理空间菱面体的棱边长度 a_R 之间的关系是:$a^{6D} = \sqrt{2}\,a_R$.

类似地,由式(2.85)和式(2.88),六维空间倒易矢量 $\boldsymbol{r}^* = h_1\boldsymbol{e}_1^* + h_2\boldsymbol{e}_2^* + h_3\boldsymbol{e}_3^* + h_4\boldsymbol{e}_4^* + h_5\boldsymbol{e}_5^* + h_6\boldsymbol{e}_6^*$ 的平行分量是

$$H^{\parallel}=\begin{pmatrix}H_1\\H_2\\H_3\end{pmatrix}=\frac{a^{6D^*}}{\sqrt{2(2+\tau)}}\begin{pmatrix}\tau(h_1+h_2)+(h_3+h_6)\\\tau(h_3-h_6)+(h_4-h_5)\\\tau(h_4+h_5)+(h_1-h_2)\end{pmatrix}.\qquad(8.117)$$

垂直空间分量是

$$H^{\perp}=\begin{pmatrix}H_4\\H_5\\H_6\end{pmatrix}=\frac{a^{6D^*}}{\sqrt{2(2+\tau)}}\begin{pmatrix}(h_1+h_2)-\tau(h_3+h_6)\\(h_3-h_6)-\tau(h_4-h_5)\\(h_4+h_5)-\tau(h_1-h_2)\end{pmatrix}.\qquad(8.118)$$

以上各式中 $a^{6D*}=1/a^{6D}$是六维晶体的倒易点阵常数. 设线性相位子应变式(8.113)中的左下方的 3×3 矩阵是一个对角矩阵

$$\begin{pmatrix}A_{41}&A_{42}&A_{43}\\A_{51}&A_{52}&A_{53}\\A_{61}&A_{62}&A_{63}\end{pmatrix}=\begin{pmatrix}A_{41}&0&0\\0&A_{52}&0\\0&0&A_{63}\end{pmatrix}.\qquad(8.119)$$

相应地,式(8.113)中的右上方的 3×3 矩阵也是对角矩阵

$$\begin{pmatrix}-A_{41}&-A_{51}&-A_{61}\\-A_{42}&-A_{52}&-A_{62}\\-A_{43}&-A_{53}&-A_{63}\end{pmatrix}=\begin{pmatrix}-A_{41}&0&0\\0&-A_{52}&0\\0&0&-A_{63}\end{pmatrix}.\qquad(8.120)$$

线性相位子应变式(8.113)和式(8.119)把式(8.116)给出的正点阵矢量的垂直空间分量变成了

$$\boldsymbol{X}^{\perp\prime}=\begin{pmatrix}X_4+A_{41}X_1\\X_5+A_{52}X_2\\X_6+A_{63}X_3\end{pmatrix}$$

$$=\frac{a^{6D}}{\sqrt{2(2+\tau)}}\begin{pmatrix}(1+\tau A_{41})(m+n)-(\tau-A_{41})(p+s)\\(1+\tau A_{52})(p-s)-(\tau-A_{52})(q-r)\\(1+\tau A_{63})(q+r)-(\tau-A_{63})(m-n)\end{pmatrix}.\qquad(8.121)$$

线性相位子应变式(8.113)和(8.120)把式(8.117)给出的倒易矢量的平行空间分量变成了

$$\boldsymbol{H}^{\parallel\prime}=\begin{pmatrix}H_1-A_{41}H_4\\H_2-A_{52}H_5\\H_3-A_{63}H_6\end{pmatrix}$$

$$= \frac{a^{6D*}}{\sqrt{2(2+\tau)}} \begin{pmatrix} (\tau - A_{41})(h_1 + h_2) + (1 + \tau A_{41})(h_3 + h_6) \\ (\tau - A_{52})(h_3 - h_6) + (1 + \tau A_{52})(h_4 - h_5) \\ (\tau - A_{63})(h_4 + h_5) + (1 + \tau A_{63})(h_1 - h_2) \end{pmatrix}. \quad (8.122)$$

取

$$A_{41} = A_{52} = A_{63} = \frac{F_n \tau - F_{n+1}}{F_n + F_{n+1}\tau}, \quad (8.123)$$

并应用式(8.92)，(8.97)和(8.98)等公式，显然有

$$1 + \tau A_{41} = 1 + \tau A_{52} = 1 + \tau A_{63} = \frac{F_n(\tau + 2)}{F_n + F_{n+1}\tau} = \frac{\sqrt{5} F_n}{\tau^n} \quad (8.124)$$

和

$$\tau - A_{41} = \tau - A_{52} = \tau - A_{63} = \frac{F_{n+1}(\tau + 2)}{F_n + F_{n+1}\tau} = \frac{\sqrt{5} F_{n+1}}{\tau^n}. \quad (8.125)$$

根据式(2.57)有关 Fibonacci 数列的特性，式(8.123)可化简为

$$A_{41} = A_{52} = A_{63} = \frac{(-1)^{n+1}}{\tau^{2n+1}}. \quad (8.126)$$

将式(8.123)，(8.124)和式(8.125)代入式(8.126)和式(8.122)，可得

$$\boldsymbol{X}^{\perp'} = \begin{pmatrix} X_4 + A_{41} X_1 \\ X_5 + A_{52} X_2 \\ X_6 + A_{63} X_3 \end{pmatrix}$$

$$= \frac{a^{6D}(2+\tau)}{\sqrt{2(2+\tau)}(F_n + F_{n+1}\tau)} \begin{pmatrix} F_n(m+n) - F_{n+1}(p+s) \\ F_n(p-s) - F_{n+1}(q-r) \\ F_n(q+r) - F_{n+1}(m-n) \end{pmatrix} \quad (8.127)$$

和

$$\boldsymbol{H}^{\parallel'} = \begin{pmatrix} H_1 - A_{41} H_4 \\ H_2 - A_{52} H_5 \\ H_3 - A_{63} H_6 \end{pmatrix}$$

$$= \frac{\sqrt{(2+\tau)}\, a^{6D*}}{\sqrt{2}(F_n + F_{n+1}\tau)} \begin{pmatrix} F_{n+1}(h_1 + h_2) + F_n(h_3 + h_6) \\ F_{n+1}(h_3 - h_6) + F_n(h_4 - h_5) \\ F_{n+1}(h_4 + h_5) + F_n(h_1 - h_2) \end{pmatrix}. \quad (8.128)$$

对比式(8.128)与式(8.117)可见，二十面体准晶中成无理数比例关系 τ 的倒易矢量的平行空间分量，现在已被 Fibonacci 数(整数)之比 $\frac{F_{n+1}}{F_n}$ 所取代，从而得到晶体近似相. 观察式(8.128)可知，$\boldsymbol{H}^{\parallel\prime}$ 的第 k 个($k=1,2,3$)分量可以表示为 $H_k a^*_{\text{Cubic}}$ 的形式. 这里 H_k 是整数，故 $\boldsymbol{H}^{\parallel\prime}$ 是某个立方晶体的倒易矢量. 这立方晶体的倒易点阵的基矢的长度是

$$a^*_{\text{cubic}} = \frac{\sqrt{(2+\tau)}\, a^{6D*}}{\sqrt{2}(F_n + F_{n+1}\tau)}. \tag{8.129}$$

相应的正点阵的基矢的长度是

$$a_{\text{cubic}} = \frac{1}{a^*_{\text{cubic}}} = \frac{a^{6D}\sqrt{2}(F_n + F_{n+1}\tau)}{\sqrt{2+\tau}} = \frac{2a_R\tau^{n+1}}{\sqrt{2+\tau}}. \tag{8.130}$$

显然，n 越大，则相位子位移量越小，见式(8.126)，同时其晶体近似相的单胞越大，见式(8.130).

以上讨论的是线性相位子应变导致准晶倒易矢量的长度由无理数比变成整数比. 现在从线性相位子应变使得高维空间中某些阵点落在平行空间内这样一个角度来讨论晶体近似相. 由式(8.115)和式(8.127)，六维空间晶体点阵矢量 $\boldsymbol{r} = me_1 + ne_2 + pe_3 + qe_4 + re_5 + se_6$，当 $m=n$，$p=s$，$q=r=0$，满足条件 $\frac{m}{p} = \frac{F_{n+1}}{F_n}$ 的点阵矢量 $\boldsymbol{r}_{(1)} = m(\boldsymbol{e}_1 + \boldsymbol{e}_2) + p(\boldsymbol{e}_3 + \boldsymbol{e}_6)$ 的平行空间分量沿着 $\boldsymbol{E}_{(1)}$ 方向，且其垂直分量变为零，形成的晶体近似相的周期为 $a_{\text{cubic}(1)} = \frac{2a_R\tau^{n+1}}{\sqrt{2+\tau}}$. 这与式(8.130)的结果一致. 类似地，满足条件 $\frac{p}{q} = \frac{F_{n+1}}{F_n}$ 的点阵矢量 $\boldsymbol{r}_{(2)} = p(\boldsymbol{e}_3 - \boldsymbol{e}_6) + q(\boldsymbol{e}_4 - \boldsymbol{e}_5)$ 的平行空间分量沿着 $\boldsymbol{E}_{(2)}$ 方向，满足条件 $\frac{q}{m} = \frac{F_{n+1}}{F_n}$ 的点阵矢量 $\boldsymbol{r}_{(3)} = m(\boldsymbol{e}_1 - \boldsymbol{e}_2) + q(\boldsymbol{e}_4 + \boldsymbol{e}_5)$ 的平行空间分量沿着 $\boldsymbol{E}_{(3)}$ 方向，相应的垂直分量都变为零，形成的晶体近似相的周期与式(8.130)的表达

式完全一样.

取 $n=0, F_{n+1}/F_n=1/0$,得到二十面体准晶的 1/0 晶体近似相,其点阵常数

$$a_{\text{cubic}}(1/0)=\frac{2\tau a_R}{\sqrt{2+\tau}}=1.701a_R. \qquad (8.131)$$

取 $n=1, F_{n+1}/F_n=1/1$,得到二十面体准晶的 1/1 晶体近似相,其点阵常数

$$a_{\text{cubic}}(1/1)=\frac{2\tau^2 a_R}{\sqrt{2+\tau}}=2.753a_R. \qquad (8.132)$$

若取 $n=2, F_{n+1}/F_n=2/1$,就得到二十面体准晶的 2/1 晶体近似相,其点阵常数

$$a_{\text{cubic}}(2/1)=\frac{2\tau^3 a_R}{\sqrt{2+\tau}}=4.454a_R. \qquad (8.133)$$

Elser 与 Henley(1985)和 Guyot 与 Audier(1985)两组研究者独立地研究了立方晶系的 α-AlMnSi(空间群 $Pm\bar{3}$)和 α-AlFeSi(空间群 $Im\bar{3}$)相与 Al-Mn-(Si)二十面体准晶在结构上的密切关系. 指出:Cooper 和 Robinson (1966)测定的立方 α-AlMnSi 以及 Cooper(1967)测定的立方 α-AlFeSi 中的基本结构单元,即图 3.1(a)和(b)描绘的由 54 个原子构成的 Mackay 二十面体,也正好就是 Al-Mn-(Si)二十面体准晶中的基本结构单元. 但在立方 α-AlMnSi 和 α-AlFeSi 中是按体心立方的方式堆垛,在 Al-Mn-(Si)二十面体准晶中则是按三维 Penrose 拼砌的方式来堆垛. Elser 和 Henley(1985),以及 Audier 和 Guyot (1986)还指出立方 α-AlMnSi 和 α-AlFeSi 就是在切割时用 1/1 代替 τ 而得到的结构. Henley 和 Elser (1986),Audier 和 Guyot (1986),以及 Audier 等(1986)还研究了立方 $Mg_{32}(Al,Zn)_{49}$ 晶体与成分几乎相同的 $Zn_{38}Mg_{37}Al_{25}$ 二十面体准晶之间,以及立方 R-$Al_{5.6}Li_{2.9}Cu$ 晶体与 $Al_{5.1}Li_3Cu$ 二十面体准晶之间在结构上的关系. 他们仔细分析了 Bergman 等(1957)测定的立方 $Mg_{32}(Al,Zn)_{49}$ 的晶体结构,发现其中的基本结构单元就是本书图 3.2(f)所示的由 137 个原子构成的 Samson-

Bergman-Pauling 菱形三十面体. Henley 和 Elser(1986)并给出了 1/1 型立方晶体的点阵常数 a_{cubic}与二十面体准晶的点阵常数 a_R 的下列关系:

$$a_{\mathrm{cubic}} = \sqrt{4 + \frac{8}{\sqrt{5}}}\, a_R. \tag{8.134}$$

注意到,$\sqrt{5} = 2\tau - 1 = \frac{\tau + 2}{\tau}$和 $2\tau + 1 = \tau^3$,容易证明式(8.134)与式(8.132)是等价的. 遗憾的是,Elser 和 Henley(1985)给出的公式则有错误.

杉山和平贺 (Sugiyama & Hiraga,2000)对于二十面体准晶的 1/0,1/1 和 2/1 三类晶体近似相进行了很好的综述. 他们把二十面体准晶的立方近似相分成两种:其一是原子团按体心立方点阵堆垛(以下简记为 I),另一种则按简单立方点阵(以下简记为 P)堆垛而得到. 实验上已经观察到 $I(1/0)$, $I(1/1)$, $I(2/1)$, $P(1/0)$, $P(1/1)$和 $P(2/1)$共六种晶体近似相,其中 1/1 型的最多. 按照杉山和平贺 (Sugiyama & Hiraga,2000)的观点,Adam 和 Rich (1954)报道的 $Al_{12}Mn$ 晶体($Im\,\bar{3}$, $a_{\mathrm{cubic}} = 0.75\mathrm{nm}$)就是二十面体准晶的一个 $I(1/0)$晶体近似相. 其晶体结构的基本单元是如图 3.1(a)和图 3.2(a)所示的由 12 个 Al 原子(加上中心的 1 个 Mn 原子)构成的 $Al_{12}Mn$ 二十面体. 这样的 $Al_{12}Mn$ 二十面体原子团按体心立方的方式堆垛就得到空间群为 $Im\,\bar{3}$,点阵常数为 $a_{\mathrm{cubic}} = 0.75\mathrm{nm}$ 的 $Al_{12}Mn$ 晶体. Araki 等(1993)和 Sugiyama 等(1998)研究的 γ-Al-Cu-Ru-Si, Mahne 和 Steurer (1996)和 Sugiyama 等(2000b)研究的 γ-$Al_{63.6}Pd_{30.2}Fe_{6.2}$,以及 Edler 等(1998)和 Sugiyama 等(2000b)研究的 $Al_{66.8}Pd_{21.2}Ru_{12.0}$,具有相同的结构. 例如,$Al_{66.8}Pd_{21.2}Ru_{12.0}$和 γ-$Al_{63.6}Pd_{30.2}Fe_{6.2}$的基本结构单元都是图 3.2(b)所示的内壳层为二十面体、外壳层为五角十二面体,再加上一个中心原子构成的原子团. 让五角十二面体沿着它的三支互相垂直的二次轴的方向共棱边地堆垛就得到 $P(1/0)$型的近似相. 但其基本结构单元中构成五角十二面体的外壳层的 20 个原子会按一定的规则有序分布,导致形成点阵常数加倍的空间群为 $Fm\bar{3}$ 的面心立方点阵. 其中 $Al_{66.8}Pd_{21.2}Ru_{12.0}$ 的点阵常数是 1.56058nm,γ-$Al_{63.6}Pd_{30.2}Fe_{6.2}$的点阵常数是 1.55187nm. 此外,Sugiyama 等(2000b)研究的 $Al_{68.9}Pd_{17.1}Fe_{13.9}$,是外壳为具有二十面体对称的原子团按简单立方点阵堆垛而得的 1/0 类,即 $P(1/0)$ 型的近似相. 这里形成点阵常数加倍至 $a_{cubic}=1.53755$nm 的空间群为 $Im\bar{3}$ 的体心立方点阵. 每个单胞内的 8 个原子团中有 6 个正二十面体,2 个正五角十二面体. 最后,Grin 等(1997)研究了 Ir_2Al_5($P23$, $a_{cubic}=0.77$nm)和 Rh_2Al_5($P23$, $a_{cubic}=0.77$nm)的结构,并将它们归类为 $P(1/0)$.

在 1.2.1 节讨论了二十面体准晶 IQC-$Al_{5.1}Li_3Cu$,其点阵常数 $a_R=0.504$nm. Hardy 和 Silcock(1955)测定了立方 R-$Al_{5.6}Li_{2.9}Cu$ 的晶体结构,它与 $Al_{5.1}Li_3Cu$ 二十面体准晶之间具有类似的结构上的关系. 又,Guryan 等(1988) 优化了立方晶体 R-$Al_{5.6}Li_{2.9}Cu$ 的晶体结构,指出它的点阵常数 $a_{cubic}=1.389$nm. 两者之比为 $a_{cubic}/a_R=2.756$,与式(8.132)中给出的理论值 2.753 符合得非常好. 李慧林和郭可信(Li and Kuo, 1994)在经过 800℃ 退火 3 天的 $Al_{70}Pd_{20}Mn_{10}$试样中观察到 $Al_{70}Pd_{20}Mn_{10}$二十面体准晶的 1/1 和 2/1 立方近似相. 它们的点阵常数分别是 $a_{cubic}(1/1)=1.24$nm 和 $a_{cubic}(2/1)=2.03$nm. 与 Boudard 等(1992)给出的 $Al_{70}Pd_{20}Mn_{10}$二十面体准晶的点阵常数 $a_R=0.456$nm 相比,可得 $a_{cubic}(1/1)/a_R=2.719$, $a_{Cubic}(2/1)/a_R=4.452$. 与式(8.123)与式(8.124)中给出的理论值 2.753 和 4.454 相符合. 蔡安邦等(Tsai, et al., 2000)和郭俊清等(Guo, et al., 2000)新发现了二元的稳定的 Cd 基二十面体准晶,Kaneko 等(2001)新发现了 $Zn_{80}Mg_5Sc_{15}$二十面体准晶,这些二十面体准晶与其晶体近似相的点阵常数之间也有类似的关系. 现将有关实验数据及其比值 a_{cubic}/a_R 列于表 8.4. 它们与按式(8.131),(8.132),(8.133)计算出的理论值 1.701,2.753,4.454 相符合.

表 8.4　二十面体准晶及其晶体近似相的点阵常数

二十面体准晶 IQC	a_R(nm)	立方近似相 (F_{n+1}/F_n)	a_{cubic}(nm)	a_{cubic}/a_R	参考文献
IQC-$Al_{74}Mn_{20}Si_6$	0.460	$Al_{12}Mn$(1/0)	0.75	1.63	Adam & Rich (1954)
		α-($Al_{72.5}Mn_{17.4}Si_{10.1}$) (1/1)	1.268	2.7565	Cooper & Robinson (1966); Cooper (1967); Elser & Henley (1985); Guyot & Audier (1985); Audier & Guyot (1986)
		α-AlFeSi(1/1)			
IQC-$Al_{62.5}Cu_{25}Fe_{12.5}$	0.445 ×2	$Al_{53}Si_9Cu_{25.5}Fe_{12.5}$ (1/1); α-$Al_{55}Si_7Cu_{25.5}Fe_{12.5}$ (1/1); $α_1$-$Al_{57}Si_{05}Cu_{27}Fe_{11}$ (1/1)	1.232; 1.2330; 1.2345	2.769; 2.771; 2.774	Takeuchi, et al. (2000); Bresson, et al. (1998); Quiquandon, et al. (1998)
IQC-$Al_{5.1}Li_3Cu$	0.504	R-$Al_{5.6}Li_{2.9}Cu$(1/1)	1.389	2.756	Hardy & Silcock (1955); Guryan, et al. (1988)
IQC- $Zn_{38}Mg_{37}Al_{25}$	0.518	$Mg_{32}(Al,Zn)_{49}$(1/1)	1.416 1.422	2.734 2.745	Bergman, et al. (1957); Henley & Elser (1986); Audier & Guyot (1986); Audier, et al. (1986); Chandra, et al (1988)

二十面体准晶 IQC	a_R(nm)	立方近似相 (F_{n+1}/F_n)	a_{Cubic}(nm)	a_{Cubic}/a_R	参考文献
IQC-$Al_{70}Pd_{20}Mn_{10}$	0.456	$Al_{70}Pd_{20}Mn_{10}$(1/1)	1.24	2.719	Boudard, et al. (1992); Li and Kuo (1994); Sugiyama, et al. (1998b) Yamamoto & Hiraga (2000)
		$Al_{70}Pd_{20}Mn_{10}$ (2/1); $Al_{69.5}Pd_{23.0}Mn_{6.2}Si_{1.3}$ (2/1); $Al_{69.6}Pd_{24.3}Mn_{6.1}$ (2/1)	2.03; 2.0211	4.452; 4.432	
IQC-$Cd_{84}Yb_{16}$	0.5681	Cd_6Yb (1/1)	1.564	2.753	Tsai, et al., (2000) Guo, et al., (2000)
IQC-$Cd_{85}Ca_{15}$	0.5731	Cd_6Ca (1/1)	1.568	2.736	Guo, et al., (2000)
IQC-$Zn_{80}Mg_5Sc_{15}$	0.5031	$Zn_{17}Sc_3$(1/1)	1.3854	2.754	Kaneko, et al., (2001)
IQC-$Al_{73}Pd_{15}Ru_{12}$;		$Al_{66.8}Pd_{21.2}Ru_{12}$. (1/0); $Al_{68.5}Pd_{20}Ru_{11.5}$(1/0)	1.56058/2; 1.55/2		Edler, et al., (1998); Sugiyama, et al., (2000b)
		$Al_{75}Pd_{15}Ru_{10}$(2/1);	2.00		Shibuya, et al., (2000)
		γ-$Al_{63.6}Pd_{30.2}Fe_{6.2}$ (1/0);	1.55187/2		Mahne & Steurer (1996); Sugiyama, et al., (2000b)
IQC-$Al_{71}Pd_{18}Fe_{11}$		$Al_{68.9}Pd_{17.1}Fe_{13.9}$ (1/0); $Al_{71}Pd_{14}Fe_{15}$(1/0)	1.53/2		Sugiyama, et al., (2000b); Shibuya, et al., (2000)

续表

二十面体准晶 IQC	a_R(nm)	立方近似相 (F_{n+1}/F_n)	a_{Cubic}(nm)	a_{Cubic}/a_R	参考文献
		γ-Al-Cu-Ru-Si(1/0); $Al_{71.5}Cu_{8.5}Ru_{20}$(1/0)	1.53755/2; 0.77;		Araki, et al., (1993); Kirihara, et al., (1998);
		Al-Cu-Ru(1/1)	1.24		Shield, et al., (1992); Sugiyama, et al., (1998b)
IQC-$Al_{71}Pd_{17.5}Os_{11.5}$		$Al_{74}Pd_{16}Os_{10}$(1/0)	1.55/2		Shibuya, et al., (2000)
		$Al_{69.5}Pd_{20}Os_{10.5}$(2/1)	2.00		
		Ir_2Al_5(1/0); Rh_2Al_5(1/0)	0.77 0.77		Grin, et al., (1997
IQC-$Ti_{41.5}Zr_{41.5}Ni_{17}$; IQC-$Ti_{45}Zr_{38}Ni_{17}$	0.52	$Ti_{50}Zr_{35}Ni_{15}$(1/1); $Ti_{50-40}Zr_{31-42}Ni_{16-19}$ (W-phase) (1/1).	1.432	2.754	Kim, et al., (1998); Majzoub, et al., (2000); Sadoc, et al., (2000)

李方华研究组(Li, et al., 1988; 1989; 1990; Cheng, et al., 1990; Pan, et al. ,1990; Pan, et al., 1992; Li, et al., 1992; 1993)从选区电子衍射花样中,率先发现了二十面体准晶到其体心立方晶体近似相几乎连续的转变过程. 在此基础上推导出了准晶与晶体之间关系的表达式,再根据此公式提出了测定准晶结构的一种新方法.

一般的情况下,如果在相位子位移矩阵式(8.113)和(8.114)中选取适当的矩阵元,而且保留的对称性为 5 或 $\bar{5}$,则得到的近似相是五次准晶. 如果保留的对称性为 3 或 $\bar{3}$,则得到三角晶系的晶体近似相. 如果保留的对称性较之 23 或 m $\bar{3}$ 更低,仅有 222 或 *mmm*,则得到正交晶系的晶体近似相. Gratias 等 (1995), Niizeki

等(1992),以及 Quiquandon 等 (1995, 1996, 1999)就此进行了系统的讨论,本书不再重复.

实验上还观察到二十面体准晶的六角晶系的晶体近似相,如空间群为 $P6_3/mmc$,点阵常数为 $a=0.7500$nm, $c=0.7772$nm 的 β-Al_9Mn_3Si (Robinson, 1952), 点阵常数为 $a=1.240$nm, $c=2.623$nm 的 β-AlFeSi(Corby & Black, 1977).

一般认为与准晶有相近的化学配比和相同的结构单元(原子团)的晶体称为准晶的晶体近似相. 准晶及其晶体近似相都可以描述为高维空间晶体被物理空间切割而得到. 当切割的斜率为无理数时,得到准晶. 引入线性相位子应变以改变切割的斜率,使之变成有理数,就得到该准晶的晶体近似相. 但董闯(Dong, 1995a)就准晶的晶体近似相提出了一个新的准则:与某准晶具有近似相同的价电子浓度的 Hume-Rothery 晶体相就是该准晶的晶体近似相. 这个准则并不要求两者具有相近的化学成分. 董闯及其同事(Dong, 1995b; Dong, 1996; 董闯, 1998; Dong, et al., 1998a; Dong, et al., 1998b)不但认为 λ-$Al_{13}Fe_4$ 相是 I-$Al_{62.5}Cu_{25}Fe_{12.5}$ 二十面体准晶的晶体近似相,而且还进一步讨论了下列各相的价电子浓度和原子结构,认为它们也是 Al-Cu-TM(TM 代表过渡族金属元素)准晶的近似相. 包括: Al_3Ni_2 结构类型的 Al_3Cu_2, H-$Al_3(Cu_{0.75}Co_{0.25})_2$ 和 ϕ-$Al_{10}Cu_{10}Fe_1$ 等相(Dong, 1995b), γ 黄铜结构类型的 δ-Al_4Cu_9 相(Dong, 1996),面心正交的 oF-Al_3Cu_4(即 ζ-Al_3Cu_4),体心正交的 oI-Al_2Cu_3 和六角的 $\varepsilon 2$-Al_2Cu_3 等相(Dong, et al., 1998a; 1998b).

参 考 文 献

董闯. 准晶材料, 北京:国防工业出版社, 1998

Adam J, Rich J B. Acta Crystallogr, 1954(7): 813

Araki K, Waseda A, Kimura K and Inoue A. Philos Mag Lett, 1993(67): 351

Audier M, Guyot P. Philos. Mag B, 1986a(53): L43～L51

Audier M, Guyot P. In: Extended Icosahedral Structures. Eds. Jaric MV, Gratias D. Boston: Academic Press, 1986b. 1～36

Audier M, Sainfort P, Dubost B. Philos Mag,1986(B 54):L105～L111

Bergman G,Waugh J L T, Pauling L. Acta Crystallogr,1957(10):254

Boudard M, Klein H, de Boissieu M, Audier M, Vincent H. Phil Mag A, 1996(74): 939

Bresson L, Quivy A, Faudot F, Quiquandon M, Calvayrac Y. In: Takeuchi S, Fujiwara T Eds. Proc 6th Int Conf on Quasicrystals. Singapore: World Sci,1998:211～214

Cheng Y F, Hui M J, Chen X S and Li F H. Phil Mag Lett,1990(61): 173～179

Conrad M, Krumeich F, Reich C, Harbrecht B. Mater Sci Eng A, 2000 (294～296): 37～40

Cooper M, Robinson K. Acta Crystallogr,1966(20):614

Cooper M. Acta Crystallogr, 1967(23): 1106

Corby R N, Black P J. Acta Crystallogr B,1977(33):3468

Damjanovic A. Acta crystallogr,1961(14): 982～987

Demange V, Wu J S, Brien V, Machizaud F, Dubois J M. Mater Sci Eng A,2000(294～296):79～81

Doeblinger M, Wittmann R, Gerthsen D, Grushko B. Mater Sci Eng A, 2000 (294～296):131～134

Dong C. Scr Metall Mater,1995a,33(2):239～243

Dong C. J Phys I France,1995b,5(12): 1625～34

Dong C. In: Janot C, Mosseri R Eds. Proc 5th Int Conf on Quasicrystals. Singapore: World Sci,1995c. 334～337

Dong C. Philos Mag A,1996,73(6):1519～1528

Dong C, Dubois J M, Kang S, Audier M. Philos Mag B,1992,65(1):107～26

Dong C, Wang D H, Wang Y M, Ge F, He F Z, Zhang Q H, Chattopadhyay K, Ranganathan S. In: Takeuchi S, Fujiwara T Eds. Proc 6th Int Conf on Quasicrystals. Singapore: World Sci,1998a. 223～226

Dong, C, Zhang Q H, Wang D H, Wang Y M. Eur Phys J B,1998b,6(1):25～32

Dong C; Zhang Q H,Wang D H,Wang Y M. Micron,2000(31): 507～514

Edagawa K, Suzuki K, Ichihara M, Audier M. Phil Mag B,1991(64): 629～638

Edler FJ, Gramlich V, Steurer W. J Alloy Comp,1998(269):7

Elser V,Henley C L. Phys Rev Lett,1985(55): 2883～2886

Fujii Y, Amino K, Yoshida K. In: Takeuchi S, Fujiwara T Eds. Proc 6th Int Conf on Quasicrystals. Singapore: World Sci,1998:227～230

Fitzgerald D, Withers RL, Stewart AM, Calka A. Phil Mag B,1988(58):15～33

Ge SP, Kuo K H. Metall. Mater. Trans A,1999(30):697～705

Gratias D, Quiquandon M, Katz A. J Phys,1995(7): 9101

Grin Y, Peters K, Burkhardt U, Goltzman K, Ellner M. Z Kristallogr,1997(212): 439

Guo J Q, Abe E, Tsai A P. Phys Rev B,2000(62): R14605～R14608

Guryan C A, Stephens P W, Goldman A I, Gayle F W. Phys Rev B,1988(37): 8495～8498

Guyot P, Audier M. Phil Mag B,1985(52):L15～19

Hardy H K, Silcock J M. J Inst Metals,1955(24):423

Henley C L, Elser V. Philos Mag B,1986(53):L59

Hu C Z, Wang R H, Ding D-H, Yang W G. Phys Rev B,1996(53): 12031～12034

Hu C Z, Wang R H, Ding D H. Rep Prog Phys,2000(63): 1～39

Ishii Y. Phys Rev B,1989(39): 11862～11871

Ishii Y. Phys Rev B,1992(45): 5228～5239

Kalugin P A. J Phys A,1994(27):3599～3614

Kim W J, Gibbons P C, Kelton K F. In: Takeuchi S, Fujiwara T Eds. Proc 6th Int Conf on Quasicrystals. Singapore: World Sci,1998:47～50

Kirihara K, Kimura K, Ino H, Dmitrienko V E. In: Takeuchi S, Fujiwara T Eds. Proc 6th Int Conf on Quasicrystals. Singapore: World Sci,1998:243～246

Klein H, Audier M, Boudard M, Boissieu MDE, Beraha L, Duneau M, In: Janot C, Mosseri R Eds. Proc 5th Int Conf on Quasicrystals. Singapore: World Sci, 1995:338～342

Krumeich F, Conrad M, Harbrecht. Optik Suppl,1993,5(94): 68

Krumeich F, Conrad M, Harbrecht B. Proc 13th Int Congress Electron Microscopy (ICEM-13) Paris. 1994. 751～752

Krumeich F, Reich C, Conrad M, Harbrecht B. Mater Sci Eng A,2000(294～296): 152～155

Kuo K H. J Non-Cryst Solids,1993(153～154): 40～44

Kuo K H. Pentagon tessellation in crystalline and quasicrystalline phases, in Symmetry 2000.2001

Kuo K H. Acta Cryst A,2002(58):209

Li W, Park H & Widom M J. Stat Phys,1992(66):1～69

Lubensky T C, Socolar J E S, Steinhardt P J, Bancel P A, Heiney P A. Phys Rev Lett, 1986(57):1440～1443

Li F H. in: Crystal-Quasicrystal Transitions. ed. Jacaman MJ and Torres M. Elsevier Sci Publ,1993:13～47

Li F H, Teng C M, Huang Z R, Chen X C and Chen X S. Phil Mag Lett,1988(57): 113～116

Li F H, Pan G Z, Tao S Z, Hui M J, Mai Z H, Chen X S and Cai L Y. Phil Mag B, 1989(59):535～542

Li F H and Chen Y F. Acta Cryst A,1990(46): 142～149

Li F H, Pan G Z, Huang D X, Hashimoto H and Yokota Y. Ultramicroscopy,1992(45): 299～305

Li X Z and Kuo K H. Phil Mag B,1992a(65):525～533

Li X Z, Kuo K H. Phil Mag B,1992b(66): 117～124

Li XZ, Shi D, Kuo KH. Phil Mag B,1992c(66):331～340

Li H L, Kuo K H. Phil Mag Lett,1994(70):55～62

Li X Z, Yu R C, Zhang Z, Kuo K H. Phil Mag. B,1995(71): 261～272

Liao X Z, Kuo K H, Zhang H, Urban K. Phil Mag B,1992(66): 549～558

Majzoub E H, Kim J Y, Hennig R G, Kelton K F, Gibbons P C, Yelon W B. Mater Sci Eng A,2000(294～296):108～111

Ma L, Wang R, Kuo K H. Scripta Met,1988(22):1791～1794

Ma X L, Kuo K H. Metall Trans A,1992(23): 1121～1128

Mahne S, Steurer W. Z Krist,1996(211):17

Mo Z M,Zhou H Y,Kuo K H. Acta Crystallogr B,2000(56): 392～401

Pan G Z, Chen Y F and Li F H. Phys Rev B,1990(41): 3401～340

Pan G Z, Teng C M and Li F H. Phys Rev B,1992(46):6091～6098

Qin Y L, Wang R H, Wang Q L, Zhang Y M, Pan C X. Phil Mag Lett,1995(71):83～90

Qin Y L, Wang R H, Wang Q L. Rad Effects and Defects in Solids,1997(140):335～349

Quiquandon M, Gratias D, Devaud J, Lann Ale, Hyetch M, Bresson L. In: Takeuchi S, Fujiwara T Eds. Proc. 6th Int Conf on Quasicrystals. Singapore: World Sci,1998:239～242

Quiquandon M, Katz A, Puyraimond F, Gratias D. Acta Cryst A,1999(55): 975～983

Quiquandon M, Quivy A, Devaud J, Faudot F, Lefebvre S, Bessiere M, Calvayrac Y. J Phys: Condens Matter,1996(8): 2487～2512

Quiquandon M, Quivy A, Faudot F, Saadi N, Calvayrac Y, Lefebvre S, Bessiere M. Proc 5th Int Conf on Quasicrystals. Eds. Janot C, Mosseri R, Singapore: World Sci,1995: 152～155

Robinson K. Acta Crystallogr,1952(5): 397～403

Robinson K. Acta Crystallogr,1954(7): 494

Sadoc A, Kim J Y, Kelton K F. Mater Sci Eng A,2000(294～296):348～350

Shibuya T, Asao T, Tamura M, Tamura R, Takeuchi S. Mater Sci Eng A,2000 (294～296): 61～64

Shield J E et al. Phys Rev B,1992(45): 2063

Sugiyama K, Hiraga K. 日本金属学会会报,2000(32):635～640

Sugiyama K, Kaji N, Yubuta K, Hiraga K. In: Takeuchi S, Fujiwara T Eds. Proc 6th Int

Conf on Quasicrystals. Singapore: World Sci,1998a:199～206
Sugiyama K, Kato T, Saito K, Hiraga K. Phil Mag Lett,1998b(77): 165～171
Sugiyama K, Kato K, Ogawa T, Hiraga K. J Alloy Comp,2000a(299): 169～174
Sugiyama K,Hiraga K, Saito K. Mater Sci Eng,2000b(294～296):345～347
Sui H X,Li X Z,Kuo K H. Phil Mag Lett,1999(79): 181～185
Takeuchi T, Yamada H, Takata M, Nakata T, Tanaka N, Mizutani U. Mater Sci Eng A, 2000(294～296):340～344
Taylor M A. Acta Crystallogr,1961(14): 84
Van Tendeloo G, Van Landuyt J, Amelinckx S, Ranganathan S. J Microsc,1988(149): 1
Wang R H, Gui J N, Yao S N, Cheng Y F, Lu G H, Huang M F. Phil Mag B, 1986(54): L33～L37
Wang R H, Wang Z G, Deng W F, Ohnuki S, Takahashi H. In: Proc of VIth China-Japan Electron Microscopy Seminar (Okayama,1991). 1991. 73～76
Wang Z G,. Deng W F, Wang R H. Phys Stat Sol A,1992(133): 299～304
Wang Z G, Yang X X, Wang R H. J Phys:Condens Matter,1993(5): 7569～7576
Wang R H, Takahashi H, Ohnuki S, Wang Z G. Radiation Effects and Defects in Solids, 1994(129): 173～180
Wang R H, Yang XX, Takahashi H, Ohnuki S.J Phys: Condens Matter, 1995(7): 2105～2114
Widom M. Phys Rev Lett,1993(70):2094～2097
Wu J S, Ge S P, Kuo K H. Phil Mag A,1999(79):1787～1803
Wu J S, Kuo K H. Metall Mater Trans A,1997(28A): 729～742
Wu J S, Kou K H. In: Takeuchi S, Fujiwara T Eds. Proc 6th Int Conf on Quasicrystals. Singapore: World Sci,1998. 215～218
Wu J S, Kuo K H. Micron,2000(31): 459～467
Wu J S, Li X Z, Kuo K H. Phil Mag Lett,1998(77):359～370
Yamamoto A, Hiraga K. Mater Sci Eng A,2000(294～296):228～231
Yang X X, Wang R H, Fan X J. Phil Mag Lett,1996(73): 121～127
Yang W G, Gui J N, Wang R H. Phil Mag Lett,1996(74): 357～366
You J Q, Hu T B. Pphys Stat Sol B,1988(147): 471～484
Yu R C, Li X Z, Xu D P, Zhang Z, Su W H, Kuo K H. Phil Mag Lett,1993(67): 287～292
Yubuta K, Sugiyama K, Hiraga K, In: Takeuchi S, Fujiwara T Eds. Proc 6th Int Conf on Quasicrystals. Singapore: World Sci,1998. 235～238
Zhang H, Kuo K H. Phys Rev B,1990a(41): 3482～3487
Zhang H, Kuo K H. Phys Rev B,1990b(42): 8907～8914

第九章 晶体与准晶的热漫散射理论

在晶体的结构分析工作中,需要对比实验测定的和理论计算的衍射峰的累积强度. 早在X射线衍射晶体结构分析工作的初期(1913～1928),Debye(1914),随后 Faxen (1923)和 Waller (1928)就已经讨论了晶体中原子热振动会导致累积强度的降低,而且这种效应随温度的升高以及衍射矢量的长度的增大而加重. 另一方面,Laval(1939)和 Zachariasen (1940)互相独立地探讨了晶体中原子热振动引起的热漫散射的理论. 由于热漫散射强度在倒易空间中的分布与晶体的弹性常数和温度关系极为密切,我们可以通过实验测定热漫散射强度在倒空间中的分布而测定出该晶体的弹性常数,详见 Wooster 的有关专著(Wooster,1962). 在国内,在郭可信的指导下,吴德昌与王仁卉用X射线热漫散射的方法测定了锌晶体的弹性常数(吴德昌,王仁卉,1966). 此外,在晶体的结构分析工作中有时需要精确地测定某些衍射峰的累积强度. 由于热漫散射的强度在倒易空间中的分布并非均匀,而是在衍射峰处达到极大,随着对峰位的偏离的增大而成平方地减小(详见下文),就必须会计算热漫散射对这些峰的累积强度的贡献,并将其一一从实验测得的对应的衍射峰的累积强度中扣除.

预期在准晶中也应该有类似的现象,而且,正如在第六章中已经详细地讨论过,准晶可以描述为用三维的物理空间去切割高维(d 维,$d>3$)空间中的晶体而得. 这样一来,准晶中原子的位移有两种类型:在3维的物理空间(或称为平行空间)内位移的声子型的位移 $\boldsymbol{u}^{\parallel}(\boldsymbol{r}^{\parallel})$,以及在$(d-3)$维的补空间(或称为垂直空间)内位移的相位子型的位移 $\boldsymbol{u}^{\perp}(\boldsymbol{r}^{\parallel})$,它们都是物理空间中的位矢 $\boldsymbol{r}^{\parallel}$ 的函数. 因而准晶中的应变也有声子型和相位子型两类,弹性常数则有声子型、相位子型和声子-相位子耦合型共三类. 预期准晶热漫散射的理论计算公式会比晶体的情况更为复杂,但却是可以用类似的方法推导出来的. 此外,除了应用热漫散射强度在倒空间的分布测定弹性常数的方法之外,现有的应用其他原理的实验测定晶体的弹性常数的方法,如测量超声波速度(Amazit, et al.,1995),测量超声谐振频率(Chernikov, et al.,1998; Tanaka, et al.,1996),都只能推广到测定准晶的声子型弹性常数,见参考文献(Amazit, et al.,1995; Chernikov, et al.,1998; Tanaka, et al.,1996)及其中所引用的文献. 至今能推广到测定准晶的相位子型或者声子-相位子耦合型弹性常数的方法只有热漫散射法(de Boissieu, et al.,1995; Boudard, et al.,1996).

本章将要详细讨论准晶的热漫散射理论. 首先介绍常用的一些数学公式,接着再介绍晶体的热漫散射理论,然后再讨论准晶的热漫散射理论,最后介绍准晶弹性常数的热漫散射测定的初步工作.

§9.1 常用的一些数学公式

9.1.1 与 Fourier 变换和 δ 函数有关的几个公式

晶体学和衍射物理学工作者习惯于采用的倒易空间的基矢 $\boldsymbol{e}_j^* = (\boldsymbol{e}_1^*, \boldsymbol{e}_2^*, \boldsymbol{e}_3^*, \boldsymbol{e}_4^*, \boldsymbol{e}_5^*, \boldsymbol{e}_6^*)$与正空间的基矢 $\boldsymbol{e}_j = (\boldsymbol{e}_1, \boldsymbol{e}_2, \boldsymbol{e}_3, \boldsymbol{e}_4, \boldsymbol{e}_5, \boldsymbol{e}_6)$之间有如下关系:

$$\boldsymbol{e}_j^{*\mathrm{T}} \boldsymbol{e}_j = \boldsymbol{I} \quad 或者 \quad \boldsymbol{e}_j^{\mathrm{T}} \boldsymbol{e}_j^* = \boldsymbol{I} \tag{2.2}$$

这里 $\boldsymbol{I}$ 表示单位矩阵. $\rho(x_1, x_2) = \rho(\boldsymbol{r})$函数的 Fourier 变换(Cowley,1981),即衍射振幅 Φ 的表达式为

$$\Phi(h_1, h_2) = \int \rho(x_1, x_2) \exp(2\pi\mathrm{i}(h_1 x_1 + h_2 x_2)) \mathrm{d} x_1 \mathrm{d} x_2,$$

或

$$\Phi(\boldsymbol{r}^*) = \int \rho(\boldsymbol{r}) \exp(2\pi\mathrm{i}\, \boldsymbol{r}^* \cdot \boldsymbol{r}) \mathrm{d} \boldsymbol{r}. \tag{2.18a}$$

它是倒易点阵矢量 $\boldsymbol{r}^*(h_1, h_2)$ 的函数. 逆 Fourier 变换的表达式

为

$$\rho(x_1, x_2) = \int \Phi(h_1, h_2)\exp(-2\pi i(h_1 x_1 + h_2 x_2))\mathrm{d}h_1\mathrm{d}h_2,$$

或

$$\rho(\boldsymbol{r}) = \int \Phi(\boldsymbol{r}^*)\exp(-2\pi i\,\boldsymbol{r}^*\cdot\boldsymbol{r})\mathrm{d}\boldsymbol{r}^*. \tag{2.18b}$$

而凝聚态物理学工作者习惯于采用的波矢 $\boldsymbol{s}$ 或 $\boldsymbol{k}$ 的长度为倒易矢量 $\boldsymbol{r}^*$ 的 2π 倍. 这时 $\rho(\boldsymbol{r})$ 函数的 Fourier 变换的表达式为

$$\Phi(s) = \int \rho(\boldsymbol{r})\exp(\mathrm{i}\boldsymbol{s}\cdot\boldsymbol{r})\mathrm{d}^d\boldsymbol{r}, \tag{9.1}$$

其中的上标 d 表示空间的维数. 相应的逆 Fourier 变换的表达式为

$$\rho(\boldsymbol{r}) = \frac{1}{(2\pi)^d}\int \Phi(\boldsymbol{s})\exp(-\mathrm{i}\,\boldsymbol{s}\cdot\boldsymbol{r})\mathrm{d}^d\boldsymbol{s}. \tag{9.2}$$

注意式(9.2)积分号前面有一个系数$\frac{1}{(2\pi)^d}$. 相应的 δ 函数的表达式应为

$$\delta(\boldsymbol{r}) = \frac{1}{(2\pi)^d}\int \exp(\mathrm{i}\boldsymbol{s}\cdot\boldsymbol{r})\mathrm{d}^d\boldsymbol{s} \tag{9.3}$$

和

$$\delta(s) = \frac{1}{(2\pi)^d}\int \exp(\mathrm{i}\boldsymbol{s}\cdot\boldsymbol{r})\mathrm{d}^d\boldsymbol{r}. \tag{9.4}$$

现在,我们来讨论 Fourier 变换的切割定理的具体的表达式. 考虑 3 维物理空间(平行空间)中秩为 d 的准晶,此时补空间(垂直空间)则是 $(d-3)$ 维的. 物理空间中的准晶的密度函数 $\rho^{\parallel}(\boldsymbol{r}^{\parallel})$ 可以表示为 d 维空间的晶体的密度函数 $\rho(\boldsymbol{r}) = \rho(\boldsymbol{r}^{\parallel}, \boldsymbol{r}^{\perp})$ 被物理空间切割而得到

$$\rho^{\parallel}(\boldsymbol{r}^{\parallel}) = \rho(\boldsymbol{r}^{\parallel}, \boldsymbol{r}^{\perp} = 0). \tag{9.5}$$

改变积分次序并利用式(9.3),我们有

$$\frac{1}{(2\pi)^{d-3}}\int \Phi(\boldsymbol{s}^{\parallel}, \boldsymbol{s}^{\perp})\mathrm{d}^{d-3}\boldsymbol{s}^{\perp}$$

$$= \frac{1}{(2\pi)^{d-3}}\int d^{d-3}\boldsymbol{s}^{\perp}\iint \rho(\boldsymbol{r}^{\parallel}, \boldsymbol{r}^{\perp})\exp[\mathrm{i}(\boldsymbol{s}^{\parallel}\cdot\boldsymbol{r}^{\parallel} + \boldsymbol{s}^{\perp}\cdot\boldsymbol{r}^{\perp})]\mathrm{d}\boldsymbol{r}^{\parallel}\mathrm{d}\boldsymbol{r}^{\perp}$$

$$= \iint \delta(\boldsymbol{r}^{\perp})\rho(\boldsymbol{r}^{\parallel},\boldsymbol{r}^{\perp})\exp[\mathrm{i}(\boldsymbol{s}^{\parallel}\cdot\boldsymbol{r}^{\parallel}+\boldsymbol{s}^{\perp}\cdot\boldsymbol{r}^{\perp})]\mathrm{d}\boldsymbol{r}^{\parallel}\mathrm{d}\boldsymbol{r}^{\perp}$$

$$= \int \rho(\boldsymbol{r}^{\parallel},\boldsymbol{r}^{\perp}=0)\exp[\mathrm{i}(\boldsymbol{s}^{\parallel}\cdot\boldsymbol{r}^{\parallel})]\mathrm{d}\boldsymbol{r}^{\parallel}. \tag{9.6}$$

式(9.6)说明:高维正空间的函数 $\rho(\boldsymbol{r}^{\parallel},\boldsymbol{r}^{\perp})$被平行空间切割(就是令 $\boldsymbol{r}^{\perp}=0$)之后进行 Fourier 变换,即式(9.6)等号右边,等于该函数的 Fourier 变换 $\Phi(\boldsymbol{s}^{\parallel},\boldsymbol{s}^{\perp})$向平行空间的投影,即等号左边,对 $\mathrm{d}^{d-3}\boldsymbol{s}^{\perp}$积分. 注意,对 $d-3$ 维的垂直空间的 $\mathrm{d}^{d-3}\boldsymbol{s}^{\perp}$积分,则积分号之前有一个系数$\frac{1}{(2\pi)^{d-3}}$.

现在我们探讨 d 维正空间中的一个周期点阵

$$f(\boldsymbol{r})=\sum_{R}\delta(\boldsymbol{r}-\boldsymbol{R}) \tag{9.7}$$

的 Fourier 变换 $\Phi(\boldsymbol{s})$. 式(9.7)中 $\boldsymbol{R}$ 是指向点阵格点的矢量. 一方面,按照式(9.1),函数 $f(\boldsymbol{r})$的 Fourier 变换的表达式为

$$\Phi(\boldsymbol{s}) = \int\sum_{R}\delta(\boldsymbol{r}-\boldsymbol{R})\exp(\mathrm{i}\,\boldsymbol{s}\cdot\boldsymbol{r})\mathrm{d}\boldsymbol{r} = \sum_{R}\exp(\mathrm{i}\,\boldsymbol{s}\cdot\boldsymbol{R}) \tag{9.8}$$

另一方面,式(9.8)等号右边的 d 维点阵位矢 $\boldsymbol{R}$ 和波矢 $\boldsymbol{s}$ 都可以分解

$$\boldsymbol{R}=\sum_{j=1}^{d}n_j\boldsymbol{e}_j,\ \boldsymbol{s}=\sum_{j=1}^{d}s_j\boldsymbol{e}_j^{*}=\sum_{j=1}^{d}2\pi h_j\boldsymbol{e}_j^{*}. \tag{9.9}$$

因此,式(9.8)等号右边的对 d 维点阵位矢 $\boldsymbol{R}$ 的求和,可以分解成 d 个因子,其中第 j 个因子是形如 $\sum_{n_j=0}^{(N_j-1)}\exp(\mathrm{i}s_jn_j)$的由 N_j 个项组成的几何级数之和. 这个和的模量等于$\frac{\sin(s_jN_j/2)}{\sin(s_j/2)}$. 当 $s_j=2\pi h_j$ (h_j 是整数)时,它达到峰值等于 N_j,全宽为$\frac{2\pi}{N_j}$的主极大. 当 N_j 趋向无穷大时,主极大的峰高也趋向无穷大,峰宽则趋近于 0,成为系数为$\frac{2\pi}{e_j}$的、以波矢 $\boldsymbol{s}$ 为自变量的 δ 函数. 因此,式(9.8)可以写成

$$\sum_{R}\exp(\mathrm{i}s\cdot\boldsymbol{R})=\frac{(2\pi)^{d}}{v_{c}}\sum_{S}\delta(\mathbf{s}-\mathbf{S}),\tag{9.10}$$

式中 $\boldsymbol{S}$ 是 d 维倒易空间中指向倒易阵点的矢量，v_c 是 d 维正空间中的单胞体积. 一般的有关 X 射线或电子衍射分析的教科书，例如黄胜涛(1985)和 Cowley(1981)都有式(9.8)等号右边几何级数的求和的详细的讨论. 式(9.10)也可用于三维空间中的晶体，此时 $d=3$.

严格地说，δ 函数的主峰高应该趋近无穷大，峰宽则趋近于0. 但是，实际的试样中的相干畴的尺度总是有限而不是无穷大的. 在这种情况下，我们还是借用 δ 函数的符号，但是却赋予其主峰某一个有限的峰高. 例如，对 $d=3$ 的晶体而言，在式(9.10)中令 s 等于某一个倒易阵点的位矢 $\boldsymbol{S}_j$ 时，等号右边对倒易点阵矢量 $\boldsymbol{S}$ 的求和就只剩下 $\boldsymbol{s}=\boldsymbol{S}_j$ 这一项. 由于 $\boldsymbol{S}_j\cdot\boldsymbol{R}$ 等于 2π 的整数倍，等号左边的求和得到相干畴中对衍射有贡献的阵点的总数 N. 于是我们得到

$$\delta(\boldsymbol{s}=0)=N\frac{v_c}{(2\pi)^3}=\frac{V}{(2\pi)^3}.\tag{9.11}$$

式(9.11)说明：当相干畴中对衍射有贡献的体积 $V\to\infty$ 时，每一个衍射峰的主峰高都趋近于无穷大. 但实际试样中的相干畴的体积 V 是有限的. 此时我们借用 δ 函数这一符号来描述衍射峰形，但是却赋予其主峰的峰高的值正比于体积 V.

现在，我们讨论准晶的情况. 在式(9.10)中令 $s^{\parallel}=0$，则式(9.10)中的 δ 函数要求 $\boldsymbol{S}^{\parallel}=0$. 由于无论是垂直空间或是平行空间相对于 d 维空间的取向矩阵的系数都是含有无理数的，满足条件 $\boldsymbol{S}^{\parallel}=0$ 的倒易阵点只有一个，其垂直分量也等于 0：$\boldsymbol{S}^{\perp}=0$. 于是式(9.10)变成了

$$\delta^{\parallel}(\boldsymbol{s}^{\parallel}=0)\delta^{\perp}(\boldsymbol{s}^{\perp})=\frac{v_c}{(2\pi)^d}\sum_{R}\exp(\mathrm{i}\boldsymbol{s}^{\perp}\cdot\boldsymbol{R}^{\perp}).\tag{9.12}$$

在垂直空间引入原子面函数(或称为窗口函数)$w(\boldsymbol{r}^{\perp})$，即规定一定的范围，比如说，$d$ 维空间的单胞体积 v_c 在垂直空间的投影

$v^{\perp}$. 当且仅仅当某个原子的垂直空间坐标 $r^{\perp}$ 在 $v^{\perp}$ 的范围之内时,该原子被平行空间切割

$$w(\boldsymbol{r}^{\perp})=\begin{cases}1, \text{如果} \quad r^{\perp}\in v^{\perp},\\ 0, \quad \text{其他}.\end{cases} \tag{9.13}$$

原子面函数的 Fourier 变换则是

$$W(\boldsymbol{s}^{\perp})=\int w(\boldsymbol{r}^{\perp})\exp(\mathrm{i}\boldsymbol{s}^{\perp}\cdot\boldsymbol{r}^{\perp})\mathrm{d}^{d-3}\boldsymbol{r}^{\perp}. \tag{9.14}$$

当 $s^{\perp}=0$ 时,由式(9.14)可知

$$W(\boldsymbol{s}^{\perp}=0)=v^{\perp}. \tag{9.15}$$

式(9.14)的逆 Fourier 变换是

$$w(\boldsymbol{r}^{\perp})=\frac{1}{(2\pi)^{d-3}}\int W(\boldsymbol{s}^{\perp})\exp(-\mathrm{i}\boldsymbol{s}^{\perp}\cdot\boldsymbol{r}^{\perp})\mathrm{d}^{d-3}\boldsymbol{s}^{\perp}. \tag{9.16}$$

式(9.12)等号两边都乘以 $W(\boldsymbol{s}^{\perp})$,对 $\mathrm{d}^{d-3}\boldsymbol{s}^{\perp}$ 积分,用式(9.15)和式(9.16),并注意到

$$\sum_{R}w(\boldsymbol{R}^{\perp})=N^{\parallel}, \tag{9.17}$$

即可得

$$\delta^{\parallel}(\boldsymbol{s}^{\parallel}=0)=N^{\parallel}\frac{v_c}{v^{\perp}(2\pi)^3}=\frac{V^{\parallel}}{(2\pi)^3}, \tag{9.18}$$

这里 $N^{\parallel}$ 是 d 维空间晶体点阵中被平行空间切割的阵点数,$N^{\parallel}v_c$ 是这些阵点在 d 维空间中的总体积,这体积在垂直空间的宽度是 $v^{\perp}$. 因此,$N^{\parallel}\dfrac{v_c}{v^{\perp}}=V^{\parallel}$ 是物理空间中对衍射有贡献的阵点对应的总体积. 可见式(9.18)具有与式(9.11)相同的物理意义.

由式(9.11)可以立即得到晶体中 δ 函数的平方的计算公式如下:

$$[\delta(s)]^2=N\frac{v_c}{(2\pi)^3}\delta(s). \tag{9.19}$$

由式(9.18)可以立即得到准晶中 δ 函数的平方的计算公式如下:

$$[\delta^{\parallel}(s^{\parallel})]^2=N^{\parallel}\frac{v_c}{v^{\perp}(2\pi)^3}\delta^{\parallel}(s^{\parallel}). \tag{9.20}$$

9.1.2 与准晶运动方程有关的若干公式

在§6.2讨论准晶的线弹性理论时已经指出:准晶的弹性常数可以表示为 $M_{\alpha i\beta j}=\begin{bmatrix}[C] & [R]\\ [R]^{\mathrm{T}} & [K]\end{bmatrix}$,其中第一和第三个下标分别对应于应力和应变的方向,第二和第四个下标则对应于应力或应变所作用的面的法线方向. 希腊字母 $\alpha,\beta,\cdots$ 取值的范围是1,2,⋯,d. 这里 d 是准晶的秩,即用于描述准晶的高维晶体的维数. 拉丁字母 $i, j,\cdots$ 取值的范围则是1,2和3,即是准晶所在的物理空间的维数. 希腊字母 $\alpha,\beta,\cdots$ 取值为1,2,3时对应于在物理空间的(即是声子型的)力或位移,取值为4,5,⋯,d 时则对应于在垂直空间的(即是相位子型的)力或位移. 当 $M_{\alpha i\beta j}$ 中的希腊字母 α,β 取值都是1,2,3时,对应于声子型弹性常数[C],取值都是4,5,⋯,d 时对应于相位子型弹性常数[K],α 取值1,2,3而 β 取值4,5,⋯,d 时对应于声子-相位子耦合型弹性常数[R],α 取值4,5,⋯,d 而 β 取值1,2,3时对应于[R]的转置矩阵[R]^T.

准晶作为一种具有相位子型位移与力的特殊的连续介质,其运动方程可以表示如下:

$$M_{\alpha i\beta j}\partial x_i^{\parallel}\partial x_j^{\parallel}u_\beta(\boldsymbol{r}^{\parallel})=\rho\ddot{u}_\alpha(\boldsymbol{r}^{\parallel}),\tag{9.21}$$

式中 d 维空间的位移矢量 $\boldsymbol{u}(\boldsymbol{r}^{\parallel})$ 是其位矢 $\boldsymbol{r}^{\parallel}=x_1^{\parallel}e_1^{\parallel}+x_2^{\parallel}e_2^{\parallel}+x_3^{\parallel}e_3^{\parallel}$ 的函数. 等号右边的 $\ddot{u}_\alpha$ 上方的两点表示对时间 t 的二级微分. 准晶运动方程式(9.21)的推导方法如下:在§6.2讨论准晶的线弹性理论时,已给出了广义 Hooke 定理式(6.50). 将此式代入式(6.38)中,并忽略体力密度 $\boldsymbol{f}$ 与 $\boldsymbol{g}$,即令 $f_i=g_i=0$,再注意到上述关于准晶弹性常数 $M_{\alpha i\beta j}$ 的定义就得到式(9.21). 将式(9.21)中的位移矢量 $\boldsymbol{u}(\boldsymbol{r}^{\parallel})$ 进行 Fourier 变换

$$\boldsymbol{U}(\boldsymbol{p}^{\parallel})=\int\boldsymbol{u}(\boldsymbol{r}^{\parallel})\exp(\mathrm{i}\boldsymbol{p}^{\parallel}\cdot\boldsymbol{r}^{\parallel})\mathrm{d}^3\boldsymbol{r}^{\parallel},\tag{9.22}$$

$$\boldsymbol{u}(\boldsymbol{r}^{\parallel})=\frac{1}{(2\pi)^3}\int\boldsymbol{U}(\boldsymbol{p}^{\parallel})\exp(-\mathrm{i}\boldsymbol{p}^{\parallel}\cdot\boldsymbol{r}^{\parallel})\mathrm{d}^3\boldsymbol{p}^{\parallel},\tag{9.23}$$

式中 $U(\boldsymbol{p}^{\parallel})=\mathrm{U}(\boldsymbol{p}^{\parallel})n^0(\boldsymbol{p}^{\parallel})$ 中的 $\mathrm{n}^0(\boldsymbol{p}^{\parallel})$ 是波矢为 $\boldsymbol{p}^{\parallel}$、角频率

为 $\omega=2\pi v=p^{\parallel}c$ 的格波(即声子)的位移方向的单位矢量,是 d 维空间中的矢量,$U(\boldsymbol{p}^{\parallel})$ 是它的振幅. c 是该格波传播的速度,即声速. 由式(9.22)和式(9.23)可知,对实空间的函数的微分 $(\partial x_j^{\parallel}u_\beta(\boldsymbol{r}^{\parallel}))$ 的 Fourier 变换,等于该函数的 Fourier 变换 $U_\beta(\boldsymbol{p}^{\parallel})$乘以波矢的对应的分量$(-\mathrm{i}\boldsymbol{p}_j^{\parallel})$. 此外,函数 $u_\alpha(\boldsymbol{r}^{\parallel})$对时间 t 的微分 $\dot{u}_\alpha$ 等于该函数的 Fourier 变换 $U_\alpha(\boldsymbol{p}^{\parallel})$乘以 $\mathrm{i}\omega$. 据此,对式(9.21)进行 Fourier 变换,得到

$$-M_{\alpha i\beta j}p_i^{\parallel}p_j^{\parallel}n_\beta^0(\boldsymbol{p}^{\parallel})=-\rho\omega^2(\boldsymbol{p}^{\parallel})n_\alpha^0(\boldsymbol{p}^{\parallel}). \tag{9.24}$$

引入 $d\times d$ 的流体动力学矩阵 $\mathbf{A}$,其矩阵元定义为

$$A_{\alpha\beta}(\boldsymbol{p}^{\parallel})=M_{\alpha i\beta j}p_i^{\parallel}p_j^{\parallel}. \tag{9.25}$$

显然矩阵 $\mathbf{A}$ 是实数的($A_{\alpha\beta}^*=A_{\alpha\beta}$),对称的($A_{\alpha\beta}=A_{\beta\alpha}$),是 $\boldsymbol{p}^{\parallel}$ 的偶函数 $A(p^{\parallel})=A(-p^{\parallel})$. 准晶运动方程式(9.24)可以进一步简化成下列形式:

$$A_{\alpha\beta}(\boldsymbol{p}^{\parallel})n_\beta^0(\boldsymbol{p}^{\parallel})=\rho\omega^2(\boldsymbol{p}^{\parallel})n_\alpha^0(\boldsymbol{p}^{\parallel}), \tag{9.26}$$

这是一个典型的本征方程,共有 d 个($\mu=1,2,\ldots,d$)本征值 $\lambda(\boldsymbol{p}^{\parallel},\mu)=\rho\omega^2(\boldsymbol{p}^{\parallel},\mu)$ 和本征矢 $n^0(\boldsymbol{p}^{\parallel},\mu)$. 注意:求解本征方程只能得到本征矢的方向,却不能得到本征矢的振幅 $U(\boldsymbol{p}^{\parallel})$. 引入下列有关本征值的对应于波矢 $\boldsymbol{p}^{\parallel}$ 的 $d\times d$ 的矩阵

$$\Lambda(\boldsymbol{p}^{\parallel})=\begin{bmatrix}\lambda(\boldsymbol{p}^{\parallel},1) & 0 & \cdots & \cdots & 0\\ 0 & \ddots & & & \vdots\\ \vdots & & \lambda(\boldsymbol{p}^{\parallel},\mu) & & \vdots\\ \vdots & & & \ddots & 0\\ 0 & \cdots & \cdots & 0 & \lambda(\boldsymbol{p}^{\parallel},d)\end{bmatrix} \tag{9.27}$$

和 d 个($\mu=1,2,\cdots,d$)本征矢方向的单位矢量的对应于波矢 $\boldsymbol{p}^{\parallel}$ 的 $d\times d$ 的矩阵

$$N(\boldsymbol{p}^{\parallel})=\begin{bmatrix}n_1^0(\boldsymbol{p}^{\parallel},1)\cdots n_1^0(\boldsymbol{p}^{\parallel},\mu)\cdots n_1^0(\boldsymbol{p}^{\parallel},d)\\ \vdots \qquad\qquad \vdots \qquad\qquad \vdots\\ n_\beta^0(\boldsymbol{p}^{\parallel},1)\cdots n_\beta^0(\boldsymbol{p}^{\parallel},\mu)\cdots n_\beta^0(\boldsymbol{p}^{\parallel},d)\\ \vdots \qquad\qquad \vdots \qquad\qquad \vdots\\ n_d^0(\boldsymbol{p}^{\parallel},1)\cdots n_d^0(\boldsymbol{p}^{\parallel},\mu)\cdots n_d^0(\boldsymbol{p}^{\parallel},d)\\ \vdots \qquad\qquad \vdots \qquad\qquad \vdots\end{bmatrix}, \tag{9.28}$$

则式(9.26)可以写成如下矩阵乘法的形式：

$$A(\boldsymbol{p}^{\parallel})N(\boldsymbol{p}^{\parallel})=N(\boldsymbol{p}^{\parallel})\Lambda(\boldsymbol{p}^{\parallel}). \tag{9.29}$$

由于矩阵 $\boldsymbol{A}$ 是实数的($A_{\alpha\beta}^{*}=A_{\alpha\beta}$),对称的($A_{\alpha\beta}=A_{\beta\alpha}$),可以证明(详见有关线性代数的教科书,例如 Jenning (1977))：这 d 个本征值 $a(\boldsymbol{p}^{\parallel},\mu)=\rho\omega^{2}(\boldsymbol{p}^{\parallel},\mu)$ 也是实数的. 而且可以把这 d 个本征矢 $n^{0}(\boldsymbol{p}^{\parallel},\mu)$ 也都选成实数的. 进一步还可以证明这 d 个本征矢是互相正交的,即 $N(\boldsymbol{p}^{\parallel})$ 是正交矩阵

$$\boldsymbol{N}^{\mathrm{T}}(\boldsymbol{p}^{\parallel})\boldsymbol{N}(\boldsymbol{p}^{\parallel})=\boldsymbol{I}, \tag{9.30}$$

这里上标 $\boldsymbol{T}$ 表示该矩阵的转置矩阵,$\boldsymbol{I}$ 表示单位矩阵. 由式(9.29)容易证明下列关系

$$\boldsymbol{A}(\boldsymbol{p}^{\parallel})=N(\boldsymbol{p}^{\parallel})\boldsymbol{\Lambda}(\boldsymbol{p}^{\parallel})\boldsymbol{N}^{\mathrm{T}}(\boldsymbol{p}^{\parallel}), \tag{9.31a}$$

$$\boldsymbol{A}^{-1}(\boldsymbol{p}^{\parallel})=\boldsymbol{N}(\boldsymbol{p}^{\parallel})\boldsymbol{\Lambda}^{-1}(\boldsymbol{p}^{\parallel})\boldsymbol{N}^{\mathrm{T}}(\boldsymbol{p}^{\parallel}), \tag{9.31b}$$

$$\boldsymbol{\Lambda}(\boldsymbol{p}^{\parallel})=\boldsymbol{N}^{T}(\boldsymbol{p}^{\parallel})\boldsymbol{A}(\boldsymbol{p}^{\parallel})\boldsymbol{N}(\boldsymbol{p}^{\parallel}). \tag{9.32}$$

如果 $d=3$,则本节的讨论也可用于晶体.

9.1.3 Gauss 积分

在实数域,有一个关于 Gauss 函数的积分的公式,即：$\int_{-\infty}^{+\infty}\exp(-x^{2})\mathrm{d}x=\sqrt{\pi}$. 作变量替代 $y = x\mp a/(2\sqrt{c})$,可得

$$\int_{-\infty}^{+\infty}\exp(-cx^{2}\pm ax)\mathrm{d}x=\sqrt{\frac{\pi}{c}}\exp\left(\frac{a^{2}}{4c}\right). \tag{9.33}$$

式(9.33)中的被积函数和积分变量是实数域的标量. 现在让我们将它推广到复数域的矢量. 对应于式(9.33)中的实数标量“c”的是一个 $d\times d$ 的矩阵 $\boldsymbol{C}$,它是个对称矩阵：$\boldsymbol{C}^{T}=\boldsymbol{C}$. 例如,式(9.25)定义的流体动力学矩阵 $\boldsymbol{A}$ 就是个对称矩阵. 对应于式(9.33)中的实数标量“a”和“x”的各是一个复数域的 $d\times 1$ 的列矩阵 a 和 $U(\boldsymbol{p},\mu)$. 在这一情况下,式(9.33)可以推广成

$$\int\exp(-\boldsymbol{U}^{T}\boldsymbol{C}\boldsymbol{U}+a^{T}\boldsymbol{U})\mathrm{d}U=\sqrt{\frac{\pi}{\lambda_{\mu}}}\exp\left(\frac{a^{\mathrm{T}}\boldsymbol{C}^{-1}a}{4}\right), \tag{9.34a}$$

式中 λ_{μ} 是矩阵 $\boldsymbol{C}$ 的第 μ 个本征值. 为了证明式(9.34a),需要引

入变量替代 $V = U-\frac{1}{2}C^{-1}a$. 由于 $a^{\mathrm{T}}U=\sum a_{\mu}U_{\mu}=U^{\mathrm{T}}a$，并注意到 $\boldsymbol{C}^{\mathrm{T}}=\boldsymbol{C}$，我们有 $\boldsymbol{V}^{\mathrm{T}}\boldsymbol{C}\boldsymbol{V}=(\boldsymbol{U}^{T}-\frac{1}{2}a^{T}\boldsymbol{C}^{-1})\boldsymbol{C}(\boldsymbol{U}-\frac{1}{2}\boldsymbol{C}^{-1}a)=\boldsymbol{U}^{T}\boldsymbol{C}\boldsymbol{U}-\frac{a^{\mathrm{T}}\boldsymbol{U}+\boldsymbol{U}^{\mathrm{T}}a}{2}+\left(\frac{a^{\mathrm{T}}\boldsymbol{C}^{-1}a}{4}\right)=\boldsymbol{U}^{T}\boldsymbol{C}\boldsymbol{U}-a^{\mathrm{T}}\boldsymbol{U}+\left(\frac{a^{\mathrm{T}}\boldsymbol{C}^{-1}a}{4}\right)$,. 故而式(9.34a)等号的左边变换成了

$$\int\exp(-\boldsymbol{U}^{\mathrm{T}}\boldsymbol{C}\boldsymbol{U}+a^{T}\boldsymbol{U})\,\mathrm{d}\,U=\exp\left(\frac{a^{\mathrm{T}}\boldsymbol{C}^{-1}a}{4}\right)\int\exp(-\boldsymbol{V}^{\mathrm{T}}\boldsymbol{C}\boldsymbol{V})\mathrm{d}\boldsymbol{V}.$$

用(9.31a)式，可计算上式等号右边的积分

$$\int\exp(-\boldsymbol{V}^{\mathrm{T}}\boldsymbol{C}\boldsymbol{V})\,\mathrm{d}\,\boldsymbol{V}=\int\exp(-\boldsymbol{U}^{\mathrm{T}}\boldsymbol{C}\boldsymbol{U})\,\mathrm{d}\,\boldsymbol{U}$$
$$=\int\exp(-\lambda\mu\,|\,\boldsymbol{U}\mu\,|^{2})\,\mathrm{d}\,\boldsymbol{U}=\sqrt{\frac{\pi}{\lambda\mu}}.$$

于是式(9.34a)得证.

现在讨论矩阵 $\boldsymbol{C}$ 仍然是对称矩阵($\boldsymbol{C}^{\mathrm{T}}=\boldsymbol{C}$)，但式(9.34a)被积函数中的$\frac{1}{2}(a^{\mathrm{T}}\boldsymbol{U}+\boldsymbol{U}^{\mathrm{T}}a)$ 改成了$\frac{i}{2}(a^{\mathrm{T}}\boldsymbol{U}+\boldsymbol{U}^{\mathrm{T}}a)$的情况. 作一个变量替代 $\boldsymbol{V}=\boldsymbol{U}-\frac{i}{2}\boldsymbol{C}^{-1}a$，则有

$$\boldsymbol{V}^{\mathrm{T}}\boldsymbol{C}\boldsymbol{V}=[\boldsymbol{U}^{\mathrm{T}}-\frac{i}{2}a^{\mathrm{T}}\boldsymbol{C}^{-1}]\,\boldsymbol{C}\,[\boldsymbol{U}-\frac{i}{2}\boldsymbol{C}^{-1}a]$$
$$=\boldsymbol{U}^{\mathrm{T}}\boldsymbol{C}\boldsymbol{U}-\frac{i}{2}[a^{T}\boldsymbol{U}+\boldsymbol{U}^{T}a]-\frac{1}{4}a^{\mathrm{T}}\boldsymbol{C}^{-1}a.$$

类似于推导式(9.34a)的过程，容易证明

$$\int\exp(-\boldsymbol{U}^{T}\boldsymbol{C}\boldsymbol{U}+\frac{i}{2}[a^{\mathrm{T}}\boldsymbol{U}+\boldsymbol{U}^{\mathrm{T}}a])\,\mathrm{d}\boldsymbol{U}$$
$$=\exp\left(-\frac{a^{\mathrm{T}}\boldsymbol{C}^{-1}a}{4}\right)\int\exp(-\boldsymbol{V}^{T}\boldsymbol{C}\boldsymbol{V})\,\mathrm{d}\boldsymbol{V}$$
$$=\sqrt{\frac{\pi}{\lambda\mu}}\exp\left(-\frac{a^{T}\boldsymbol{C}^{-1}a}{4}\right). \tag{9.35a}$$

最后，讨论 Hermitian 矩阵 $\boldsymbol{C}$ 的情况：$\boldsymbol{C}^{+}=\boldsymbol{C}$（这里的上标符号 + 表示转置而且复共轭）. 例如，式(9.21)定义的流体动力学矩阵 $\mathbf{A}$ 是实对称矩阵，是厄米矩阵的一个特例. 这种情况下有

$$\int \exp\left(-\boldsymbol{U}^{+}\boldsymbol{C}\boldsymbol{U}+\frac{a^{+}\boldsymbol{U}+\boldsymbol{U}^{+}a}{2}\right)\mathrm{d}\boldsymbol{U}=\sqrt{\frac{\pi}{\lambda\mu}}\exp\left(\frac{a^{+}\boldsymbol{C}^{-1}a}{4}\right) \tag{9.36a}$$

从式(9.34a)到式(9.36a),符号 $\boldsymbol{U}$ 都是 $d\times 1$ 的列矩阵 $\boldsymbol{U}(\boldsymbol{p},\mu)$ 的简写. 如果把 $\mu=1,2,\cdots,d$ 的贡献都考虑到,就有

$$\int \exp\left[-\boldsymbol{U}^{\mathrm{T}}\boldsymbol{C}\boldsymbol{U}+\frac{1}{2}(a^{\mathrm{T}}\boldsymbol{U}+\boldsymbol{U}^{\mathrm{T}}a)\right]\mathrm{d}\boldsymbol{U} = \prod_{\mu=1}^{d}\sqrt{\frac{\pi}{\lambda\mu}}\exp\left(\frac{a^{\mathrm{T}}\boldsymbol{C}^{-1}a}{4}\right), \tag{9.34b}$$

$$\int \exp\left[-\boldsymbol{U}^{\mathrm{T}}\boldsymbol{C}\boldsymbol{U}+\frac{i}{2}(a^{\mathrm{T}}\boldsymbol{U}+\boldsymbol{U}^{\mathrm{T}}a)\right]\mathrm{d}\boldsymbol{U} = \prod_{\mu=1}^{d}\sqrt{\frac{\pi}{\lambda\mu}}\exp\left(-\frac{a^{\mathrm{T}}\boldsymbol{C}^{-1}a}{4}\right), \tag{9.35b}$$

$$\int \exp\left[-\boldsymbol{U}^{+}\boldsymbol{C}\boldsymbol{U}+\frac{1}{2}(a^{+}\boldsymbol{U}+\boldsymbol{U}^{+}a)\right]\mathrm{d}\boldsymbol{U} = \prod_{\mu=1}^{d}\sqrt{\frac{\pi}{\lambda\mu}}\exp\left(\frac{a^{+}\boldsymbol{C}^{-1}a}{4}\right). \tag{9.36b}$$

以上三式中的 $\boldsymbol{U}$ 都是 $d\times d$ 的方阵 $\boldsymbol{U}(\boldsymbol{p})$.

§9.2 晶体的热漫散射理论

晶体中的热漫散射是由于晶体中原子热振动(声子的激发). 原子热振动导致原子偏离其理想的平衡位置. 但是,在不同的时刻,或者同一时刻在试样的不同的区域,原子相对于其平衡位置的偏离是不相同的. 因此,推导热漫散射强度计算公式通常有两个步骤:(1)在某一种原子位移组态之下的散射强度的计算;(2)求出每一种原子位移组态出现的概率,按此概率求出该试样的平均的热漫散射强度. 考虑到这种严格的理论比较复杂,一般的教科书中(例如王仁卉与郭可信,1990)只有较通俗的介绍,本书特在此节专门介绍晶体的热漫散射理论. 其目的是让读者熟悉上述推导热漫散射强度计算公式的两个步骤. 然后再把这些理论推广到准晶的情况.

9.2.1 理想完整晶体的衍射强度

理想的完整晶体的密度分布函数的表达式是

$$\rho_0(\boldsymbol{r}) = \sum_R \delta(\boldsymbol{r}-\boldsymbol{R}) \otimes \rho_c(\boldsymbol{r}), \tag{9.37}$$

式中 $\boldsymbol{R}$ 表示晶体点阵中阵点的位矢，$\sum_R \delta(\boldsymbol{r}-\boldsymbol{R})$描述晶体点阵，$\rho_c(\boldsymbol{r})$则是晶体的一个单胞的密度分布函数，$\otimes$表示卷积(convolution). $\rho_c(\boldsymbol{r})$的 Fourier 变换，即一个单胞对衍射振幅的贡献，就是结构因子 $F(\boldsymbol{s})$

$$F(\boldsymbol{s}) = \int \rho_c(\boldsymbol{r}) \exp(\mathrm{i}\boldsymbol{s}\cdot\boldsymbol{r}) \mathrm{d}\boldsymbol{r}, \tag{9.38}$$

晶体点阵函数 $\sum_R \delta(\boldsymbol{r}-\boldsymbol{R})$的 Fourier 变换 $\Phi_L(\boldsymbol{s})$可由式(9.8)和式(9.10)得到

$$\begin{aligned}\Phi_L(\boldsymbol{s}) &= \int \sum_R \delta(\boldsymbol{r}-\boldsymbol{R}) \exp(\mathrm{i}\,\boldsymbol{s}\cdot\boldsymbol{r}) \mathrm{d}\,\boldsymbol{r} = \sum_R \exp(\mathrm{i}\,\boldsymbol{s}\cdot\boldsymbol{R}) \\ &= \frac{(2\pi)^3}{v_c} \sum_S \delta(\boldsymbol{s}-\boldsymbol{S}).\end{aligned} \tag{9.39}$$

2.2.2 节已经证明了：两个函数的卷积的 Fourier 变换，等于这两个函数各自的 Fourier 变换的乘积，见式(2.24). 据此，由式(9.37)，可得到完整晶体的密度函数 $\rho_0(\boldsymbol{r})$的 Fourier 变换，即完整晶体的衍射振幅的表达式

$$\Phi_0(\boldsymbol{s}) = \int \rho_0(\boldsymbol{r}) \exp(\mathrm{i}\boldsymbol{s}\cdot\boldsymbol{r}) \mathrm{d}\boldsymbol{r} = \sum_R \exp(\mathrm{i}\boldsymbol{s}\cdot\boldsymbol{R}) F(\boldsymbol{s}) \tag{9.40}$$

$$= \frac{(2\pi)^3}{v_c} \sum_S \delta(\boldsymbol{s}-\boldsymbol{S}) F(\boldsymbol{S}). \tag{9.41}$$

由式(9.41)得到理想完整晶体的衍射强度的表达式

$$\begin{aligned}I_0(\boldsymbol{S}) &= \Phi_0(\boldsymbol{S}) \Phi_0(\boldsymbol{s})^* \\ &= \frac{(2\pi)^6}{v_c^2} \sum_S \sum_Q \delta(\boldsymbol{s}-\boldsymbol{S}) \delta(\boldsymbol{s}-\boldsymbol{Q}) F(\boldsymbol{S}) F^*(\boldsymbol{Q}),\end{aligned}$$

式中两个 δ 函数迫使对$\boldsymbol{Q}$ 求和时仅仅$\boldsymbol{Q} = \boldsymbol{S}$ 者有贡献，并且用

式(9.19),于是得到

$$I_0(\boldsymbol{S}) = N\frac{(2\pi)^3}{v_c}\sum_S \delta(\boldsymbol{s}-\boldsymbol{S})\,|F(\boldsymbol{S})|^2, \qquad (9.42)$$

式中 N 表示相干畴中对衍射有贡献的单胞的总数. 式(9.42)表明,仅当衍射矢量 $\boldsymbol{s}$ 在倒易点阵中某一阵点 $\boldsymbol{S}$ 附近时,才有可测量的强度. 将式(9.42)围绕某一倒易点 $\boldsymbol{S}$ 积分,就得到该反射的累积强度

$$I_0^{\text{Int}}(\boldsymbol{S}) = \frac{1}{(2\pi)^3}\int_S I_0(\boldsymbol{s})\,\mathrm{d}^3\boldsymbol{s} = \frac{N}{v_c}\,|F(\boldsymbol{S})|^2, \qquad (9.43)$$

式(9.42)也可以由式(9.40)推导出来

$$\begin{aligned} I_0(\boldsymbol{S}) = \Phi_0(\boldsymbol{s})\Phi_0(\boldsymbol{s})^* &= \sum_{R_1}\sum_{R_2}\exp\,(\mathrm{i}\boldsymbol{s}\cdot(\boldsymbol{R}_1-\boldsymbol{R}_2))\,|F(\boldsymbol{s})|^2 \\ &= \sum_{R_1}\sum_{R}\exp\,(\mathrm{i}\boldsymbol{s}\cdot\boldsymbol{R})\,|F\,(\boldsymbol{s})|^2 \\ &= N\frac{(2\pi)^3}{v_c}\sum_S \delta(\boldsymbol{s}-\boldsymbol{S})\,|F(\boldsymbol{S})|^2. \end{aligned} \qquad (9.44)$$

推导过程中已经注意到双重求和仅仅依赖于两个格点之间的相对距离 $\boldsymbol{R}=\boldsymbol{R}_1-\boldsymbol{R}_2$,对 $\boldsymbol{R}_1$ 的求和则等于乘以 N,还用了式(9.10). 对式(9.41)进行逆 Fourier 变换,得到

$$\begin{aligned} \rho_0(\boldsymbol{r}) &= \frac{1}{(2\pi)^3}\int \Phi_0(\boldsymbol{s})\,\exp(-\mathrm{i}\boldsymbol{s}\cdot\boldsymbol{r})\mathrm{d}^3\boldsymbol{s} \\ &= \frac{1}{v_c}\sum_S F(\boldsymbol{S})\exp(-\mathrm{i}\boldsymbol{S}\cdot\boldsymbol{r}). \end{aligned} \qquad (9.45)$$

9.2.2 有位移场的晶体的衍射强度:一般公式

由一般的固体物理教科书,例如谢希德和方俊鑫(1961),一个由 N 个单胞(每个单胞内有 n 个原子)构成的晶体,共有 $3nN$ 个自由度. 若将位移场 $\boldsymbol{u}(\boldsymbol{r})$进行 Fourier 级数展开

$$\boldsymbol{u}(\boldsymbol{r}) = \frac{1}{V}\sum_p\sum_\omega \boldsymbol{U}(\boldsymbol{p},\omega)\,\exp\,[-\mathrm{i}(\boldsymbol{p}\cdot\boldsymbol{r}-\omega t)], \qquad (9.46)$$

则格波的波矢 $\boldsymbol{p}$ 的个数为N,每个波矢 $\boldsymbol{p}$ 有 $3n$ 个频率ω,其中有 3 个是声频波($\mu=1,2,3$). 另外$(3n-3)$支是光频波,其频率远

远高于声频波．由下文将要介绍的，热漫散射的强度与频率的平方成反比，故而本书不讨论光频波对热漫散射的贡献．而且声频波对热漫散射的贡献也主要考虑频率较低，即波矢 $\boldsymbol{p}$ 的值较小（波长较长）者．在此条件下，角频率 ω 与 p 成正比：$\omega = pC$，比例系数 C 是常数，即是声频波的波速，也就是连续介质中的弹性波的速度．在连续介质近似下，可以认为在每个单胞内的原子的位移都是一样的：位移 $\boldsymbol{u}$ 是单胞的坐标 $\boldsymbol{R}$ 的函数：$\boldsymbol{u}(\boldsymbol{R})$，即式(9.46)中的 $\boldsymbol{r}$ 都换成 $\boldsymbol{R}$．由于倒易点阵的任意一个阵点的位矢 $\boldsymbol{S}$ 与正点阵的任意一个阵点的位矢 $\boldsymbol{R}$ 的标量积 $\boldsymbol{S}\cdot\boldsymbol{R}$ 都等于 2π 的整数倍，我们有 $\exp[-\mathrm{i}(\boldsymbol{p}+\boldsymbol{S})\cdot\boldsymbol{R}] = \exp(-\mathrm{i}\boldsymbol{p}\cdot\boldsymbol{R})$，故而独立的格波波矢仅限于一个倒易单胞之内，通常都是选在第一个 Brillouin 区之内．每个倒易单胞的体积等于 $\frac{1}{v_c}$，再考虑到波矢 $\boldsymbol{p}$ 等于相应的倒易矢量的 2π 倍，每个格波波矢 $\boldsymbol{p}$ 在三维的 $\boldsymbol{p}$ 空间内占有的体积就是 $\frac{(2\pi)^3}{Nv_c} = \frac{(2\pi)^3}{V}$，这里 V 是晶体试样对衍射强度有贡献的区域的体积．因此，若把式(9.46)改写成积分的形式，就应该是

$$\begin{aligned}\boldsymbol{u}(\boldsymbol{r}) &= \frac{1}{V}\sum_{p}\sum_{\mu=1}^{3}\boldsymbol{U}(\boldsymbol{p},\mu)\exp[-\mathrm{i}(\boldsymbol{p}\cdot\boldsymbol{r}-\omega t)] \\ &= \frac{1}{(2\pi)^3}\int \mathrm{d}^3\boldsymbol{p}\boldsymbol{U}(\boldsymbol{p})\exp(-\mathrm{i}\boldsymbol{p}\cdot\boldsymbol{r}),\end{aligned} \tag{9.47}$$

式中 $\boldsymbol{U}(\boldsymbol{p}) = \sum_{\mu=1}^{3}\boldsymbol{U}(\boldsymbol{p},\mu)\exp(\mathrm{i}\omega t)$．(9.46)和(9.47)两式的逆 Fourier 变换是

$$\boldsymbol{U}(\boldsymbol{p}) = \int \boldsymbol{u}(\boldsymbol{r})\exp(\mathrm{i}\boldsymbol{p}\cdot\boldsymbol{r})\mathrm{d}^3\boldsymbol{r}. \tag{9.48}$$

由于正空间中的位移 $\boldsymbol{u}(\boldsymbol{r})$ 是实数，由式(9.48)可知 $\boldsymbol{U}^*(\boldsymbol{p}) = \boldsymbol{U}(-\boldsymbol{p})$．位移场为 $\boldsymbol{u}(\boldsymbol{R})$ 的晶体的密度分布函数 $\rho(\boldsymbol{r})$ 的表达式是

$$\rho(\boldsymbol{r}) = \sum_{R}\delta[\boldsymbol{r}-\boldsymbol{R}-\boldsymbol{u}(\boldsymbol{R})]\otimes\rho_c(\boldsymbol{r}). \tag{9.49}$$

它与式(9.37)的差别在于单胞的位置由 $\boldsymbol{R}$ 变成了 $\boldsymbol{R}+\boldsymbol{u}(\boldsymbol{R})$．密

度函数 $\rho(\boldsymbol{r})$的 Fourier 变换,即有位移场的晶体的衍射振幅的表达式

$$\begin{aligned}\Phi(\boldsymbol{s}) &= \int \rho(\boldsymbol{r})\exp(\mathrm{i}\boldsymbol{s}\cdot\boldsymbol{r})\mathrm{d}\boldsymbol{r} \\ &= \sum_{R}\exp[\mathrm{i}\boldsymbol{s}\cdot\boldsymbol{R}+\mathrm{i}\boldsymbol{s}\cdot\boldsymbol{u}(\boldsymbol{R})]F(\boldsymbol{s})\end{aligned} \tag{9.50}$$

由式(9.50)可得有位移场的晶体的衍射强度的表达式

$$\begin{aligned}I(\boldsymbol{s}) &= \Phi(\boldsymbol{s})\Phi(\boldsymbol{s})^{*} \\ &= \sum_{R_1}\sum_{R_2}\exp(\mathrm{i}\boldsymbol{s}\cdot(\boldsymbol{R}_1-\boldsymbol{R}_2)) \\ &\quad\cdot\exp[\mathrm{i}\boldsymbol{s}\cdot\boldsymbol{u}(\boldsymbol{R}_1)-\mathrm{i}\boldsymbol{s}\cdot\boldsymbol{u}(\boldsymbol{R}_2)]|F(\boldsymbol{s})|^2.\end{aligned} \tag{9.51}$$

式(9.51)中的因子 $f(u)=\exp[\mathrm{i}\boldsymbol{s}\cdot\boldsymbol{u}(\boldsymbol{R}_1)-\mathrm{i}\boldsymbol{s}\cdot\boldsymbol{u}(\boldsymbol{R}_2)]$需要按照该种位移场出现的概率进行平均,才能得到衍射强度的最后的表达式.

9.2.3 有位移场的晶体的衍射强度:按 Boltzmann 分布计算 $f(\boldsymbol{u})$的平均值

位移场 $\boldsymbol{u}(\boldsymbol{r})$引起的弹性自由能 E 在正空间的表达式是

$$E=\frac{1}{2}\int \mathrm{d}^3\boldsymbol{r}\,\frac{\partial u_i(\boldsymbol{r})}{\partial x_j}C_{ijkL}\frac{\partial u_k(\boldsymbol{r})}{\partial x_L}. \tag{9.52}$$

将式(9.47)代入,就得到弹性自由能 E 在 Fourier 变换之后的表达式是

$$\begin{aligned}E &= \frac{-1}{2(2\pi)^6}\int \mathrm{d}^3\boldsymbol{r}\int \mathrm{d}^3\boldsymbol{p}\int \mathrm{d}^3\boldsymbol{q}U_i(\boldsymbol{q})q_jC_{ijkL}p_LU_k(\boldsymbol{p}) \\ &\quad\cdot\exp[-\mathrm{i}(\boldsymbol{p}+\boldsymbol{q})\cdot\boldsymbol{r}].\end{aligned} \tag{9.53}$$

先进行$\int \mathrm{d}^3\boldsymbol{r}$ 积分,并注意到式(9.4),就可得到一个 $\delta(\boldsymbol{p}+\boldsymbol{q})$函数. 再进行$\int \mathrm{d}^3\boldsymbol{q}$ 积分,得到

$$\begin{aligned}E &= \frac{1}{2(2\pi)^3}\int \mathrm{d}^3\boldsymbol{p}U_i(-\boldsymbol{p})p_jC_{ijkL}p_LU_k(\boldsymbol{p}) \\ &= \frac{1}{2(2\pi)^3}\int \mathrm{d}^3\boldsymbol{p}U_i(-\boldsymbol{p})A_{ik}(\boldsymbol{p})U_k(\boldsymbol{p})\end{aligned}$$

$$=\frac{1}{2V}\sum_{p}U_i(-\boldsymbol{p})A_{ik}(\boldsymbol{p})U_k(\boldsymbol{p}). \tag{9.54}$$

式(9.54)中的 C_{ijkL} 是晶体的弹性常数,而

$$A_{ik}(\boldsymbol{p})=p_jC_{ijkL}p_L \tag{9.55}$$

是一个 3×3 的流体动力学矩阵 $\mathbf{A}$ 的矩阵元. 显然矩阵 $\mathbf{A}$ 是实数的($A_{ik}^*=A_{ik}$),对称的($A_{ik}=A_{ki}$,是 $\boldsymbol{p}$ 的偶函数[$A(\boldsymbol{p})=A(-\boldsymbol{p})$].

按照 Boltzmann 分布,某种位移场 $\boldsymbol{u}(\boldsymbol{r})$ 或者 $\boldsymbol{U}(\boldsymbol{p})$ 出现的概率决定于该状态的自由能 E 和温度 T

$$P[\boldsymbol{u}]=\exp\left(-\frac{E}{k_BT}\right). \tag{9.56}$$

式(9.51)中的因子 $f(\boldsymbol{u})=\exp[\mathrm{i}\boldsymbol{s}\cdot\boldsymbol{u}(\boldsymbol{R}_1)-\mathrm{i}\boldsymbol{s}\cdot\boldsymbol{u}(\boldsymbol{R}_2)]$ 的平均值的计算公式就是

$$\langle f(\boldsymbol{u})\rangle=\frac{\int f(\boldsymbol{u})P[\boldsymbol{u}]\mathrm{D}\boldsymbol{u}}{\int P[\boldsymbol{u}]\mathrm{D}\boldsymbol{u}}, \tag{9.57}$$

或者,按照式(9.47)对 $\boldsymbol{u}(\boldsymbol{r})$ 进行 Fourier 级数展开

$$\begin{aligned}f(\boldsymbol{u})&=\exp[\mathrm{i}\boldsymbol{s}\cdot\boldsymbol{u}(\boldsymbol{R}_1)-\mathrm{i}\boldsymbol{s}\cdot\boldsymbol{u}(\boldsymbol{R}_2)]\\&=\prod_{p}\exp\left\{\frac{\boldsymbol{i}}{V}\mathrm{s}[\exp(-\mathrm{i}\boldsymbol{p}\cdot\boldsymbol{R}_1)-\exp(-\mathrm{i}\boldsymbol{p}\cdot\boldsymbol{R}_2)]\cdot\boldsymbol{U}(\boldsymbol{p})\right\}\\&=\exp\left\{\frac{1}{(2\pi)^3}\int\mathrm{d}^3\boldsymbol{p}(\mathrm{i}\boldsymbol{s}[\exp(-\mathrm{i}\boldsymbol{p}\cdot\boldsymbol{R}_1)-\exp(-\mathrm{i}\boldsymbol{p}\cdot\boldsymbol{R}_2)])\cdot\boldsymbol{U}(\boldsymbol{p})\right\}.\end{aligned} \tag{9.58}$$

将式(9.54),(9.56)和(9.58)代入(9.57),得到

$$\langle f(\boldsymbol{u})\rangle=\frac{\int\exp\left[\frac{1}{(2\pi)^3}\int\left\{\mathrm{i}s^+[\exp(-\mathrm{i}\boldsymbol{p}^\mathrm{T}\boldsymbol{R}_1)-\exp(-\mathrm{i}\boldsymbol{p}^\mathrm{T}\boldsymbol{R}_2)]\boldsymbol{U}(p)-\frac{1}{2k_BT}\boldsymbol{U}^+(\boldsymbol{p})\mathbf{A}(\boldsymbol{p})\boldsymbol{U}(\boldsymbol{p})\right\}\mathrm{d}^3\boldsymbol{p}\right]\mathrm{D}\boldsymbol{U}}{\int\exp\left[-\frac{1}{2k_BT}\frac{1}{(2\pi)^3}\int\boldsymbol{U}^+(\boldsymbol{p})\mathbf{A}(\boldsymbol{p})\boldsymbol{U}(\boldsymbol{p})\mathrm{d}^3\boldsymbol{p}\right]\mathrm{D}\boldsymbol{U}}. \tag{9.59}$$

上式中黑体字母代表矩阵,例如 $\mathbf{A}(\boldsymbol{p})$ 代表 3×3 的方阵,$\boldsymbol{s}$ 代表 3×1 的列矩阵,$\boldsymbol{U}(\boldsymbol{p},\boldsymbol{\mu})$ 代表 3×1 的列矩阵,即第 μ 个本征矢方

向的振幅，$\boldsymbol{U}(\boldsymbol{p})$则代表 3×3 的由 $\mu=1,2,3$ 的 3 个本征矢方向的振幅构成的方阵. 如上所述，对 $\boldsymbol{p}$ 的积分$\frac{1}{(2\pi)^3}\int \mathrm{d}^3\boldsymbol{p}$ 也就等于对 $\boldsymbol{p}$ 的求和：$\frac{1}{(2\pi)^3}\int \mathrm{d}^3\boldsymbol{p}=\frac{1}{\mathrm{V}}\sum_{p}$，进一步还有 $\exp\left[\sum_{p}\cdots\right]=\prod_{p}\exp[\cdots]$. 因此，在计算平均值$\langle f(\boldsymbol{u})\rangle$的公式中，可以先对某一个格波矢 $\boldsymbol{p}$ 的第 $\boldsymbol{\mu}$ 个本征矢计算对其振幅 $\boldsymbol{U}(\boldsymbol{p},\boldsymbol{\mu})$的积分，再计算对 $\boldsymbol{\mu}$ 和 $\boldsymbol{p}$ 的求和. 故而计算上式的核心是计算下列高斯积分：$\int\exp[\mathrm{i}\boldsymbol{a}^{+}(\boldsymbol{p})\boldsymbol{U}(\boldsymbol{p},\boldsymbol{\mu})-\boldsymbol{U}^{+}(\boldsymbol{p},\boldsymbol{\mu})\boldsymbol{C}(\boldsymbol{p})\boldsymbol{U}(\boldsymbol{p},\boldsymbol{\mu})]\cdot\mathrm{D}\boldsymbol{U}(\boldsymbol{p},\boldsymbol{\mu})$. 式中，$a^{+}(\boldsymbol{p})=\frac{1}{(2\pi)^3}\boldsymbol{s}^{+}[\exp(-\mathrm{i}\boldsymbol{p}^{\mathrm{T}}\boldsymbol{R}_1)-\exp(-\mathrm{i}\boldsymbol{p}^{\mathrm{T}}\boldsymbol{R}_2)]$，$\mathrm{C}(\boldsymbol{p})=\frac{1}{(2\pi)^3 2k_BT}\boldsymbol{A}(\boldsymbol{p})$. 矩阵 $\boldsymbol{C}(\boldsymbol{p})$与 $\boldsymbol{A}(\boldsymbol{p})$仅相差一实数的常数系数，因而有相同的特性：是实数的($\boldsymbol{C}^{*}=\boldsymbol{C}$)，对称的($\boldsymbol{C}^{\mathrm{T}}=\boldsymbol{C}$)，因而是厄米的 ($\boldsymbol{C}^{+}=\boldsymbol{C}$)，而且是 $\boldsymbol{p}$ 的偶函数：$\boldsymbol{C}(-\boldsymbol{p})=\boldsymbol{C}(\boldsymbol{p})$，具有相差同一系数的本征值，以及相同的本征矢. 由于被积函数中矩阵相乘的结果都是数值，可将这些矩阵相乘进行转置而不影响其结果. 又因为在对 $\boldsymbol{p}$ 的积分中，$\boldsymbol{p}$ 换成 $-\boldsymbol{p}$ 不影响积分的结果，而且我们有：$\boldsymbol{U}(-\boldsymbol{p})=\boldsymbol{U}^{*}(\boldsymbol{p})$，$\boldsymbol{a}(-\boldsymbol{p})=\boldsymbol{a}^{*}(\boldsymbol{p})$，$\boldsymbol{C}(-\boldsymbol{p})=\boldsymbol{C}(\boldsymbol{p})$. 这样，对上列的高斯积分中被积函数的宗量进行转置并把 $\boldsymbol{p}$ 换成 $-\boldsymbol{p}$ 之后，对应于式(9.56)的概率函数没有改变，待求平均的函数变成了 $\exp[\mathrm{i}\boldsymbol{U}^{+}(\boldsymbol{p},\boldsymbol{\mu})\,\boldsymbol{a}(\boldsymbol{p})]$. 作一个变量替代 $\boldsymbol{V}(\boldsymbol{p},\boldsymbol{\mu})=\boldsymbol{U}(\boldsymbol{p},\boldsymbol{\mu})-\frac{\mathrm{i}}{2}\boldsymbol{C}^{-1}(\boldsymbol{p})\,\boldsymbol{a}(\boldsymbol{p})$，则有

$$\boldsymbol{V}^{\mathrm{T}}(-\boldsymbol{p},\boldsymbol{\mu})\boldsymbol{C}(\boldsymbol{p})V(\boldsymbol{p},\boldsymbol{\mu})=\left[\boldsymbol{U}^{\mathrm{T}}(-\boldsymbol{p},\boldsymbol{\mu})-\frac{\mathrm{i}}{2}\boldsymbol{a}^{\mathrm{T}}(-\boldsymbol{p})\boldsymbol{C}^{-1}(\boldsymbol{p})\right]$$
$$\boldsymbol{C}(\boldsymbol{p})\left[\boldsymbol{U}(\boldsymbol{p},\boldsymbol{\mu})-\frac{\mathrm{i}}{2}\boldsymbol{C}^{-1}(\boldsymbol{p})\boldsymbol{a}(\boldsymbol{p})\right]=[\boldsymbol{U}^{\mathrm{T}}(-\boldsymbol{p},\boldsymbol{\mu})\,\boldsymbol{C}(\boldsymbol{p})\,\boldsymbol{U}(\boldsymbol{p},\boldsymbol{\mu})]$$
$$-\frac{\mathrm{i}}{2}[\boldsymbol{a}^{\mathrm{T}}(-\boldsymbol{p})\,\boldsymbol{U}(\boldsymbol{p},\boldsymbol{\mu})+\boldsymbol{U}^{\mathrm{T}}(-\boldsymbol{p},\boldsymbol{\mu})\,\boldsymbol{a}(\boldsymbol{p})]-\frac{1}{4}\boldsymbol{a}^{\mathrm{T}}(-\boldsymbol{p})$$
$$\cdot\boldsymbol{C}^{-1}(\boldsymbol{p})\,\boldsymbol{a}(\boldsymbol{p}),$$

这个式子也就是

$$\boldsymbol{V}^{+}\boldsymbol{C}\boldsymbol{V}=\boldsymbol{U}^{+}\boldsymbol{C}\boldsymbol{U}-\frac{\mathrm{i}}{2}[\boldsymbol{a}^{+}\boldsymbol{U}+\boldsymbol{U}^{+}\boldsymbol{a}]-\frac{1}{4}\boldsymbol{a}^{+}\boldsymbol{C}^{-1}\boldsymbol{a}.$$

类似于推导式(9.34a),式(9.35a)和式(9.36a),可以求出式(9.59)中对 $\boldsymbol{U}(\boldsymbol{p},\boldsymbol{\mu})$的积分为

$$\int\exp\left\{\frac{\mathrm{i}}{2}[\boldsymbol{a}^{+}(\boldsymbol{p})\boldsymbol{U}(\boldsymbol{p},\boldsymbol{\mu})+\boldsymbol{U}^{+}(\boldsymbol{p},\boldsymbol{\mu})\boldsymbol{a}(\boldsymbol{p})]\right.$$
$$\left.-\boldsymbol{U}^{+}(\boldsymbol{p},\boldsymbol{\mu})\boldsymbol{C}(\boldsymbol{p})\boldsymbol{U}(\boldsymbol{p},\boldsymbol{\mu})\right\}\mathrm{D}\boldsymbol{U}(\boldsymbol{p},\boldsymbol{\mu})$$
$$=\sqrt{\frac{\pi}{\lambda\mu}}\exp\left[-\frac{1}{4}\boldsymbol{a}^{+}(\boldsymbol{p})\boldsymbol{C}^{-1}(\boldsymbol{p})\boldsymbol{a}(\boldsymbol{p})\right].\tag{9.60}$$

如果把 $\mu=1,2,3$ 的贡献都考虑到,就有

$$\int\exp\left\{\frac{\mathrm{i}}{2}[\boldsymbol{a}^{+}(\boldsymbol{p})\boldsymbol{U}(\boldsymbol{p})+\boldsymbol{U}^{+}(\boldsymbol{p})\boldsymbol{a}(\boldsymbol{p})]\right.$$
$$\left.-\boldsymbol{U}^{+}(\boldsymbol{p})\boldsymbol{C}(\boldsymbol{p})\boldsymbol{U}(\boldsymbol{p})\right\}\mathrm{D}\boldsymbol{U}(\boldsymbol{p})$$
$$=\prod_{\mu=1}^{3}\sqrt{\frac{\pi}{\lambda\mu}}\exp\left[-\frac{1}{4}\boldsymbol{a}^{+}(\boldsymbol{p})\boldsymbol{C}^{-1}(\boldsymbol{p})\boldsymbol{a}(\boldsymbol{p})\right].\tag{9.61}$$

于是,式(9.59)只剩下对 $\boldsymbol{p}$ 的积分了

$$\langle f(\boldsymbol{u})\rangle=\exp\left[\frac{-k_BT}{2(2\pi)^3}\int\boldsymbol{a}^{+}(\boldsymbol{p})\ \boldsymbol{A}^{-1}(\boldsymbol{p})\ \boldsymbol{a}(\boldsymbol{p})\mathrm{d}^3\boldsymbol{p}\right]$$
$$=\exp\left[\frac{-k_BT}{2(2\pi)^3}\int\boldsymbol{s}^{\mathrm{T}}[\exp(-\mathrm{i}\boldsymbol{p}^{\mathrm{T}}\boldsymbol{R}_1)-\exp(-\mathrm{i}\boldsymbol{p}^{\mathrm{T}}\boldsymbol{R}_2)]\right.$$
$$\left.\boldsymbol{A}^{-1}(\boldsymbol{p})\boldsymbol{s}[\exp(\mathrm{i}\ \boldsymbol{p}^{\mathrm{T}}\boldsymbol{R}_1)-\exp(\mathrm{i}\ \boldsymbol{p}^{\mathrm{T}}\boldsymbol{R}_2)]\mathrm{d}^3\boldsymbol{p}\right]$$
$$=\exp\left[\frac{-k_BT}{(2\pi)^3}\int\boldsymbol{s}^{\mathrm{T}}\boldsymbol{A}^{-1}(\boldsymbol{p})\boldsymbol{s}\right.$$
$$\left.\left[1-\frac{1}{2}\exp(\mathrm{i}\boldsymbol{p}^{\mathrm{T}}\boldsymbol{R})-\frac{1}{2}\exp(-\mathrm{i}\boldsymbol{p}^{\mathrm{T}}\boldsymbol{R})\right]\mathrm{d}^3\boldsymbol{p}\right]$$
$$=\exp[-2M]\exp$$
$$\left[\frac{k_BT}{(2\pi)^3}\int\boldsymbol{s}^{\mathrm{T}}\boldsymbol{A}^{-1}(\boldsymbol{p})\boldsymbol{s}\ \exp(\pm\mathrm{i}\boldsymbol{p}^{\mathrm{T}}\boldsymbol{R})\mathrm{d}^3\boldsymbol{p}\right]$$

$$\approx \exp[-2M(\boldsymbol{s})]\left[1+\frac{k_B T}{(2\pi)^3}\int \boldsymbol{s}^{\mathrm{T}}\boldsymbol{A}^{-1}(\boldsymbol{p})\boldsymbol{s}\ \exp(\pm \mathrm{i}\ \boldsymbol{p}^{\mathrm{T}}\boldsymbol{R})\mathrm{d}^3\boldsymbol{p}\right]. \tag{9.62}$$

在推导过程中用到了被积函数是 $\boldsymbol{p}$ 的偶函数的特性. 式(9.62)中的 $\boldsymbol{R}=\boldsymbol{R}_1-\boldsymbol{R}_2$ 是两个格点之间的相对位矢,式中的德拜-瓦勒因子 $\exp[-2M(\boldsymbol{s})]$中的 $M(s)$的表达式为

$$M(\boldsymbol{s})=\frac{k_B T}{2(2\pi)^3}\int \boldsymbol{s}^{\mathrm{T}}\boldsymbol{A}^{-1}(\boldsymbol{p})\boldsymbol{s}\mathrm{d}^3\boldsymbol{p}. \tag{9.63}$$

把式(9.62)代入式(9.51),得到对长波声子各种振幅平均了的衍射强度公式如下:

$$\begin{aligned} I(\boldsymbol{s}) &= \sum_{\boldsymbol{R}_1}\sum_{\boldsymbol{R}}\exp(\mathrm{i}\boldsymbol{s}\cdot\boldsymbol{R})|F(\boldsymbol{s})|^2\exp[-2M(\boldsymbol{s})] \\ &\quad \left[1+\frac{k_B T}{(2\pi)^3}\int \boldsymbol{s}^{\mathrm{T}}\boldsymbol{A}^{-1}(\boldsymbol{p})\boldsymbol{s}\exp(\pm \mathrm{i}\ \boldsymbol{p}^{\mathrm{T}}\boldsymbol{R})\mathrm{d}^3\boldsymbol{p}+\cdots\right. \\ &= I_B(\boldsymbol{s})+I_{\mathrm{TDS1}}(\boldsymbol{S})+\cdots. \end{aligned} \tag{9.64}$$

式(9.64)中的 $I_B(\boldsymbol{s})$是 Bragg 反射的强度分布,用推导式(9.44)的方法可得到其表达式是

$$\begin{aligned} I_{\mathrm{B}}(\boldsymbol{s}) &= \sum_{\boldsymbol{R}_1}\sum_{\boldsymbol{R}}\exp(\mathrm{i}\boldsymbol{s}\cdot\boldsymbol{R})|F(\boldsymbol{s})|^2\exp[-2M(\boldsymbol{s})] \\ &= N\frac{(2\pi)^3}{v_c}\sum_{\boldsymbol{S}}\delta(\boldsymbol{s}-\boldsymbol{S})|F(\boldsymbol{S})|^2\exp[-2M(\boldsymbol{s})]. \end{aligned} \tag{9.65}$$

围绕某一倒易点 $\boldsymbol{S}$ 积分,就得到该 Bragg 反射的累积强度

$$I_B^{\mathrm{Int}}(\boldsymbol{S})=\frac{1}{(2\pi)^3}\int_S I_B(\boldsymbol{s})\mathrm{d}^3\boldsymbol{s}=\frac{N}{v_c}|F(\boldsymbol{S})|^2\exp[-2M(\boldsymbol{S})]. \tag{9.66}$$

与式(9.44)和式(9.43)对比,这里多出了个德拜-瓦勒因子 $\exp[-2M]$. 用式(9.10),可推导出式(9.64)中的一级热漫散射的强度公式如下:

$$\begin{aligned} I_{\mathrm{TDS1}}(\boldsymbol{S}) &= \sum_{\boldsymbol{R}_1}\sum_{\boldsymbol{R}}\exp(\mathrm{i}\boldsymbol{s}^{\mathrm{T}}\boldsymbol{R})|F(\boldsymbol{s})|^2\exp[-2M(\boldsymbol{s})] \\ &\quad \cdot\frac{k_B T}{(2\pi)^3}\int \boldsymbol{s}^{\mathrm{T}}\boldsymbol{A}^{-1}(\boldsymbol{p})\boldsymbol{s}\ \exp(\pm \mathrm{i}\ \boldsymbol{p}^{\mathrm{T}}\boldsymbol{R})\mathrm{d}^3\boldsymbol{p} \end{aligned}$$

$$= N\frac{k_BT}{v_c}\int\sum_{\boldsymbol{S}}\delta[\boldsymbol{s}-(\boldsymbol{S}\pm\boldsymbol{p})]\,|F(\boldsymbol{s})|^2$$

$$\cdot\exp[-2M(\boldsymbol{s})]\boldsymbol{s}^{\mathrm{T}}\boldsymbol{A}^{-1}(\boldsymbol{p})\boldsymbol{s}\mathrm{d}^3\boldsymbol{p}$$

$$= N\frac{k_BT}{v_c}\sum_{\boldsymbol{S}}|F(\boldsymbol{S}\pm\boldsymbol{p})|^2\exp[-2M(\boldsymbol{S}\pm\boldsymbol{p})]$$

$$(\boldsymbol{S}\pm\boldsymbol{p})^{\mathrm{T}}\boldsymbol{A}^{-1}(\boldsymbol{p})(\boldsymbol{S}\pm\boldsymbol{p}). \tag{9.67}$$

由式(9.31b)可知 $\boldsymbol{A}^{-1}(\boldsymbol{p})\sim\frac{1}{\lambda_\mu}\sim\frac{1}{\omega^2}\sim\frac{1}{p^2}$,即:热漫散射的强度随着从倒易阵点的偏离量的增加而按照$\frac{1}{|\boldsymbol{p}|^2}$急剧地减小,只需要考虑每个倒易阵点对其近邻处的热漫散射的贡献就够了. 比如说,倒易阵点 $\boldsymbol{S}$ 近邻区的一级热漫散射强度的表达式为

$$I_{\mathrm{TDS1}}(\boldsymbol{S}\pm\boldsymbol{p}) = N\frac{k_BT}{v_c}|F(\boldsymbol{S}\pm\boldsymbol{p})|^2\exp[-2M(\boldsymbol{S}\pm\boldsymbol{p})]$$

$$\cdot(\boldsymbol{S}\pm\boldsymbol{p})^{\mathrm{T}}\boldsymbol{A}^{-1}(\boldsymbol{p})(\boldsymbol{S}\pm\boldsymbol{p})$$

$$\approx I_B^{\mathrm{Int}}(\boldsymbol{S})k_BT[\boldsymbol{S}^{\mathrm{T}}\boldsymbol{A}^{-1}(\boldsymbol{p})\boldsymbol{S}]. \tag{9.68}$$

图 9.1 示出了倒易矢量 $\boldsymbol{S}$ 指着的倒易阵点,围绕此点的用虚线框出的第一 Brillouin 区,格波的波矢 $\boldsymbol{p}$,以及衍射矢量 $\boldsymbol{s}=\boldsymbol{S}\pm\boldsymbol{p}$.

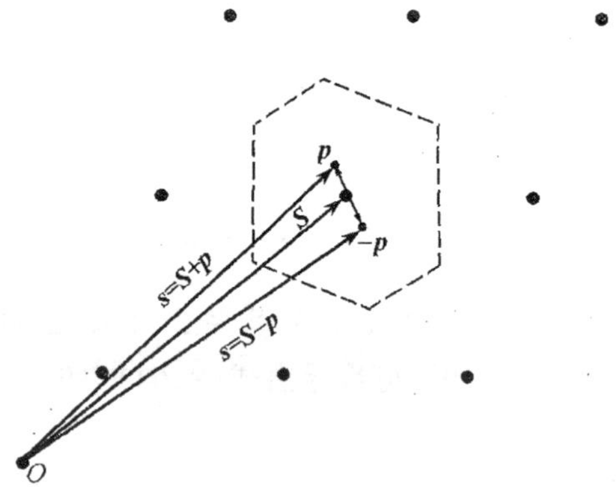

图 9.1 倒易矢量 $\boldsymbol{S}$ 指着的倒易阵点,围绕此点的用虚线框出的第一 Brillouin 区,格波的波矢 $\boldsymbol{p}$,以及衍射矢量 $\boldsymbol{s}=\boldsymbol{S}\pm\boldsymbol{p}$

9.2.4 有位移场的晶体的衍射强度：按能量均分定理计算 $f(u)$ 的平均值

在本节，将介绍在一般的教科书(如 Guinier, 1963；王仁卉，郭可信，1990)中所用到的较为通俗的求 $f(u)$ 的平均值的方法．先把指数函数展开成级数，再注意到位移 $\boldsymbol{u}(\boldsymbol{R})$ 的奇数次方的平均值为 0，我们有

$$
\begin{aligned}
\langle f(\boldsymbol{u})\rangle &= \langle \exp[\mathrm{i}\, \boldsymbol{s}\cdot\boldsymbol{u}(\boldsymbol{R}_1)-\mathrm{i}\, \boldsymbol{s}\cdot\boldsymbol{u}(\boldsymbol{R}_2)]\rangle \\
&\approx 1 + \langle[\mathrm{i}\, \boldsymbol{s}\cdot\boldsymbol{u}(\boldsymbol{R}_1)-\mathrm{i}\, \boldsymbol{s}\cdot\boldsymbol{u}(\boldsymbol{R}_2)]\rangle \\
&\quad -\frac{1}{2}\langle[\boldsymbol{s}\cdot\boldsymbol{u}(\boldsymbol{R}_1)-\boldsymbol{s}\cdot\boldsymbol{u}(\boldsymbol{R}_2)]^2\rangle+\cdots \\
&\approx \exp\left[-\frac{1}{2}\langle[\boldsymbol{s}\cdot\boldsymbol{u}(\boldsymbol{R}_1)-\boldsymbol{s}\cdot\boldsymbol{u}(\boldsymbol{R}_2)]^2\rangle\right] \\
&= \exp(-2M)\exp[\langle[\boldsymbol{s}\cdot\boldsymbol{u}(\boldsymbol{R}_1)][\boldsymbol{s}\cdot\boldsymbol{u}(\boldsymbol{R}_2)]\rangle] \\
&\approx \exp(-2M)\{1+\langle[\boldsymbol{s}\cdot\boldsymbol{u}(\boldsymbol{R}_1)][\boldsymbol{s}\cdot\boldsymbol{u}(\boldsymbol{R}_2)]\rangle+\cdots\},
\end{aligned}
\tag{9.69}
$$

式中的 Debye-Waller 因子 $\exp[-2M(s)]$ 中的 $M(s)$ 的表达式为

$$
M(s)=\frac{1}{2}\langle[\boldsymbol{s}\cdot\boldsymbol{u}(\boldsymbol{R})]^2\rangle. \tag{9.70}
$$

式(9.69)中大括号{ }内的第一项对应于 Bragg 反射，第二项对应于一级热漫散射．按照式(9.47)将位移矢量 $\boldsymbol{u}(\boldsymbol{R})$ 展开成 N 个波矢为 $\boldsymbol{p}$，每个波矢有三个偏振方向($\mu=1,2,3$)的格波．又注意到

$$
\begin{aligned}
&\langle \exp[\pm \mathrm{i}(\boldsymbol{p}\cdot\boldsymbol{R}_1-\boldsymbol{q}\cdot\boldsymbol{R}_2)]\rangle \\
&\quad = \exp[\pm \mathrm{i}(\boldsymbol{p}\cdot\boldsymbol{R})]\langle \exp[\pm \mathrm{i}(\boldsymbol{p}-\boldsymbol{q})\cdot\boldsymbol{R}_2]\rangle \\
&\quad = \exp[\pm \mathrm{i}(\boldsymbol{p}\cdot\boldsymbol{R})]\frac{(2\pi)^3}{N v_c}\sum_{S}\delta(\boldsymbol{p}-\boldsymbol{q}-\boldsymbol{S}) \\
&\quad = \exp[\pm \mathrm{i}(\boldsymbol{p}\cdot\boldsymbol{R})]\frac{(2\pi)^3}{V}\delta(\boldsymbol{p}-\boldsymbol{q}),
\end{aligned}
$$

这里 $\boldsymbol{R}=\boldsymbol{R}_1-\boldsymbol{R}_2$，用到了式(9.10)，而且由于 $\boldsymbol{p}$ 与 $\boldsymbol{q}$ 都是在第一 Brillouin 区内取值，对 $\boldsymbol{S}$ 的求和只能取 $\boldsymbol{S}=0$ 一项．于是式(9.69)中的求平均的项应是

$$\langle[\boldsymbol{s}\cdot\boldsymbol{u}(\boldsymbol{R}_1)][\boldsymbol{s}\cdot\boldsymbol{u}(\boldsymbol{R}_2)]\rangle$$
$$=\frac{1}{V(2\pi)^3}\int \mathrm{d}^3\boldsymbol{p}\sum_{\mu=1}^{3}|\boldsymbol{s}\cdot\boldsymbol{U}(\boldsymbol{p},\boldsymbol{\mu})|^2\exp[\pm\mathrm{i}(\boldsymbol{p}\cdot\boldsymbol{R})]. \tag{9.71}$$

令式(9.71)中的 $\boldsymbol{R}_1=\boldsymbol{R}_2$，因而 $\boldsymbol{R}=0$，代入式(9.70)，可得

$$M(\boldsymbol{s})=\frac{1}{2V(2\pi)^3}\int \mathrm{d}^3\boldsymbol{p}\sum_{\mu=1}^{3}|\boldsymbol{s}\cdot\boldsymbol{U}(\boldsymbol{p},\boldsymbol{\mu})|^2. \tag{9.72}$$

把式(9.72)代入式(9.69)，再代入式(9.51)，得到对长波声子各种振幅平均了的衍射强度公式如下：

$$I(\boldsymbol{s})=\sum_{\boldsymbol{R}_1}\sum_{\boldsymbol{R}}\exp(\mathrm{i}\boldsymbol{s}\cdot\boldsymbol{R})|F(\boldsymbol{s})|^2\exp[-2M(\boldsymbol{s})]$$
$$\left[1+\frac{1}{V(2\pi)^3}\int \mathrm{d}^3\boldsymbol{p}\sum_{\mu=1}^{3}|\boldsymbol{s}\cdot\boldsymbol{U}(\boldsymbol{P},\boldsymbol{\mu})|^2\exp[\pm\mathrm{i}(\boldsymbol{p}\cdot\boldsymbol{R})]+\cdots\right]$$
$$=I_B(\boldsymbol{s})+I_{\mathrm{TDS1}}(\boldsymbol{s})+\cdots, \tag{9.73}$$

式中对应于 Bragg 反射的强度的分布 $I_B(\boldsymbol{s})$及围绕某一倒易阵点 $\boldsymbol{S}$ 积分而得到的该反射的累积强度 $I_B^{\mathrm{Int}}(\boldsymbol{S})$的表达式与式(9.65)和式(9.66)完全一样．倒易阵点 $\boldsymbol{S}$ 近邻区的一级热漫散射强度的表达式为

$$I_{\mathrm{TDS1}}(\boldsymbol{S}\pm\boldsymbol{p})=I_B^{\mathrm{Int}}(\boldsymbol{S})\frac{1}{V}\sum_{\mu=1}^{3}|(\boldsymbol{S}\pm\boldsymbol{p})\cdot\boldsymbol{U}(\boldsymbol{p},\boldsymbol{\mu})|^2. \tag{9.74}$$

为了求得式(9.72)和式(9.74)中格波的振幅 $\boldsymbol{U}(\boldsymbol{p},\boldsymbol{\mu})$的表达式，我们应用能量均分定理，即每一个自由度的平均能量是 k_BT，其中$\frac{1}{2}k_BT$ 是平均动能，$\frac{1}{2}k_BT$ 是平均势能．设晶体的质量密度为 ρ．由式(9.47)可知：波矢为 $\boldsymbol{p}$ 的第 $\boldsymbol{\mu}$ 支格波的位移是 $\frac{1}{V}\boldsymbol{U}(\boldsymbol{p},\boldsymbol{\mu})\exp(-\mathrm{i}(\boldsymbol{p}\cdot\boldsymbol{r}-\omega t))$，速度的平均值是$\frac{1}{V}|\boldsymbol{U}(\boldsymbol{p},\boldsymbol{\mu})|\cdot\omega(\boldsymbol{p},\boldsymbol{\mu})$，与这支格波对应的平均动能是 $\frac{V\rho}{2}\frac{1}{V^2}|\boldsymbol{U}(\boldsymbol{p},\boldsymbol{\mu})|^2\cdot\omega^2(\boldsymbol{p},\boldsymbol{\mu})$，它应该等于$\frac{1}{2}k_BT$．据此可得波矢为 $\boldsymbol{p}$ 的第 $\boldsymbol{\mu}$ 支格波的位移的振幅及其与 s 的标量积的表达式

$$|\boldsymbol{U}(\boldsymbol{p},\boldsymbol{\mu})|^2 = Vk_BT\,\frac{1}{\rho\omega^2(\boldsymbol{p})} = Vk_BT(\boldsymbol{\Lambda}^{-1}(\boldsymbol{p}))_{\mu\mu}, \tag{9.75}$$

$$\frac{1}{V}\sum_{\mu=1}^{3}|\boldsymbol{S}\cdot\boldsymbol{U}(\boldsymbol{p},\boldsymbol{\mu})|^2 = k_BT\sum_{\mu=1}^{3}\boldsymbol{s}^T\boldsymbol{n}_\mu^0(\boldsymbol{p})[\boldsymbol{\Lambda}^{-1}(\boldsymbol{p})]_{\mu\mu}\boldsymbol{n}_\mu^{0^T}(\boldsymbol{p})\boldsymbol{s} \tag{9.76}$$

$$= k_BT\,\boldsymbol{s}^{\mathrm{T}}\boldsymbol{N}(\boldsymbol{p})\boldsymbol{\Lambda}^{-1}(\boldsymbol{p})\boldsymbol{N}^{\mathrm{T}}(\boldsymbol{p})\boldsymbol{s} = k_BT\boldsymbol{s}^{\mathrm{T}}\boldsymbol{\Lambda}^{-1}(\boldsymbol{p})\boldsymbol{s}. \tag{9.77}$$

从式(9.76)到式(9.77)用到了式(9.27),(9.28)和式(9.31b). 把式(9.77)代入式(9.72)和式(9.74),就分别得到式(9.63)关于$M(s)$和式(9.68)关于一级热漫散射强度的公式.

把式(9.75)代入式(9.74),可得关于一级热漫散射强度的另外一个表达式

$$I_{\mathrm{TDS1}}(\boldsymbol{S}\pm\boldsymbol{p}) = I_B^{\mathrm{Int}}(\boldsymbol{S})\frac{|s|^2k_BT}{\rho|\boldsymbol{p}|^2}\sum_{\mu=1}^{3}\frac{\cos^2[\boldsymbol{s},\boldsymbol{U}(\boldsymbol{p},\boldsymbol{\mu})]}{\boldsymbol{C}^2}$$

$$= \frac{N|F(\boldsymbol{S})|^2\exp(-2M(\boldsymbol{s}))|\boldsymbol{s}|^2k_BT}{v_c\rho|\boldsymbol{p}|^2}\sum_{\mu=1}^{3}\frac{\cos^2(\boldsymbol{s},\boldsymbol{U}(\boldsymbol{p},\boldsymbol{\mu}))}{\boldsymbol{C}^2}, \tag{9.78}$$

这个表达式较之文献(王仁卉,郭可信,1990)中的式(4.22)仅多一个因子N,这是因为这里给出的是N个单胞构成的晶体在波矢空间$\boldsymbol{s} = \boldsymbol{S}\pm\boldsymbol{p}$处的一级热漫散射的强度,而在文献(王仁卉,郭可信,1990)中给出的则是单位衍射强度,即平均每个单胞对倒易空间$\boldsymbol{s} = \boldsymbol{S}\pm\boldsymbol{p}$处的一级热漫散射强度的贡献.

式(9.78)表明:(1)热漫散射强度随着远离倒易阵点而按$\frac{1}{|\boldsymbol{p}|^2}$的规律急剧减小,因而只需要考虑每个倒易阵点近邻处的热漫散射就够了,而且也只需要考虑最近邻的倒易阵点的贡献. (2)Bragg反射强度愈大,温度愈高,距离倒易点阵原点愈远,则热漫散射愈强. (3)热漫散射强度还与晶体的弹性波的波矢$\boldsymbol{p}$的方向,以及从倒易点阵原点到观测点的位矢$\boldsymbol{s}=\boldsymbol{S}\pm\boldsymbol{p}$的方向有关.

9.2.5 有位移场的晶体的衍射强度:晶体热漫散射强度公式的流体动力学方法推导

Wooster 在其关于晶体 X 射线漫反射的专著(Wooster,1962)中,把对 X 射线衍射有贡献的电子密度函数分成两部分:$\rho(\boldsymbol{r})=\rho_0(\boldsymbol{r})-\Delta\rho(\boldsymbol{r})$. 其中一是平均晶体中的 $\rho_0(\boldsymbol{r})$,二是由于位移场 $\boldsymbol{u}(\boldsymbol{r})$ 而引起的电子的流出,导致电子密度的减小 $\Delta\rho(\boldsymbol{r})=\nabla\cdot(\rho_0(\boldsymbol{r})\boldsymbol{u}(\boldsymbol{r}))$.对于电子衍射,我们可以把 $\rho(\boldsymbol{r})$理解为电势函数,即

$$\rho(\boldsymbol{r})=\rho_0(\boldsymbol{r})-\nabla\cdot(\rho_0(\boldsymbol{r})\boldsymbol{u}(\boldsymbol{r})). \tag{9.79}$$

把式(9.45)和式(9.47)代入,可得

$$\rho(\boldsymbol{r})=\frac{1}{v_c}\sum_{S}F(\boldsymbol{S})\{\exp(-\mathrm{i}\boldsymbol{S}\cdot\boldsymbol{r})+\frac{\mathrm{i}}{(2\pi)^3}\int \mathrm{d}^3\boldsymbol{p}\sum_{\mu}\times(\boldsymbol{S}\pm\boldsymbol{p})\cdot\boldsymbol{U}(\boldsymbol{p},\boldsymbol{\mu})\exp[-\mathrm{i}(\boldsymbol{S}\pm\boldsymbol{p})\cdot\boldsymbol{r}]\}. \tag{9.80}$$

将密度函数 $\rho(\boldsymbol{r})$的这个表达式进行 Fourier 变换,并用到式(9.4),即得到有位移场的晶体的衍射振幅的表达式

$$\Phi(\boldsymbol{s})=\frac{(2\pi)^3}{v_c}\sum_{S}F(\boldsymbol{S})\left\{\delta(\boldsymbol{s}-\boldsymbol{S})+\frac{\mathrm{i}}{(2\pi)^3}\sum_{\mu}(\boldsymbol{S}\pm\boldsymbol{p})\cdot\boldsymbol{U}(\boldsymbol{p},\boldsymbol{\mu})\right\}. \tag{9.81}$$

应用式(9.11)和式(9.19),并且仅考虑围绕某个倒易阵点 $\boldsymbol{S}$ 的热漫散射,可得衍射强度的表达式如下:

$$I(\boldsymbol{s})=I_B(\boldsymbol{s})+I_{\mathrm{TDS1}}(\boldsymbol{s})+\cdots,$$

其中 $I_B(\boldsymbol{s})$是 Bragg 反射的强度分布

$$I_B(\boldsymbol{s})=N\frac{(2\pi)^3}{v_c}\delta(\boldsymbol{s}-\boldsymbol{S})|F(\boldsymbol{S})|^2. \tag{9.82}$$

将其围绕该倒易阵点 $\boldsymbol{S}$ 积分而求得的该 Bragg 反射的累积强度是

$$I_B^{\mathrm{Int}}(\boldsymbol{S})=\frac{N}{v_c}|F(\boldsymbol{S})|^2. \tag{9.83}$$

$I_{\mathrm{TDS1}}(\boldsymbol{s})$是一级热漫散射的强度分布

$$I_{\mathrm{TDS1}}(\boldsymbol{s}\pm\boldsymbol{p})=I_B^{\mathrm{Int}}(\boldsymbol{S})\frac{1}{V}\sum_{\mu=1}^{3}|(\boldsymbol{S}\pm\boldsymbol{p})\cdot\boldsymbol{U}(\boldsymbol{p},\boldsymbol{\mu})|^2 \tag{9.84}$$

$$= I_B^{\rm Int}(\boldsymbol{S})k_BT(\boldsymbol{S}\pm\boldsymbol{p})^{\rm T}\boldsymbol{A}^{-1}(\boldsymbol{p})(\boldsymbol{S}\pm\boldsymbol{p}). \qquad (9.85)$$

在由式(9.84)到式(9.85)的推导过程中用到了式(9.77). 注意到 $\rho_0(\boldsymbol{r})$是平均晶体的密度函数,故而本节讨论的结构因子表达式 $F(\boldsymbol{S})$内已经包含了 Debye-Waller(Wooster 1962;王仁卉,郭可信,1990). 将式(9.82) ~式(9.85)与式(9.65),(9.66),(9.68),(9.74)对比,则可以说以上讨论的三种推导方法所得到的结果都是一样的.

§9.3 位移场能够迅速达到平衡的准晶的热漫散射理论

上一节里我们用了三种方法推导了晶体的热漫散射理论,得到了同样的表达式. 本节我们将这三种方法推广到准晶的情况. 推导过程中注意准晶相对于晶体的特殊性:(1)准晶可以描述为用三维的物理空间去切割高维(d 维,$d>3$)空间中的晶体而得. 因而准晶中原子的位移有两种类型:在3维的物理空间(或称为平行空间)内位移的声子型的位移 $\boldsymbol{u}^{\parallel}(\boldsymbol{r}^{\parallel})$,以及在($d-3$)维的补空间(或称为垂直空间)内位移的相位子型的位移 $\boldsymbol{u}^{\perp}(\boldsymbol{r}^{\parallel})$,它们都是物理空间中的位矢 $r^{\parallel}$ 的函数. (2)准晶中的相位子型的位移描述的是原子从某个平衡位置(或亚平衡位置)跳跃到其近邻的另一个平衡位置(或亚平衡位置). 这是一种扩散型的运动,需要较高的温度才能较快地达到平衡态. 本节讨论当温度较高时相位子位移场能够迅速达到平衡的准晶的热漫散射理论.

上述三种方法中按 Boltzmann 分布求系综平均值的方法是由 Jaric,Nelson(1988)最先推广到准晶的. 王仁卉等(Wang,et al.,2000;2001)进一步完善了这一方法,并将按能量均分定理求平均值的方法,还有流体动力学的方法,也推广到准晶的情况. 雷建林等在这些基本理论的基础上,运用本书第六章关于二维准晶($d=5$, $d-3=2$)各种 Laue 类的弹性常数矩阵的知识,给出了五次(Lei,et al.,1998),十次(Lei,et al.,1999a),八次(Lei,et al.,

1999b)，十二次(Lei, et al., 2000)这 4 个晶系的二维准晶的流体动力学矩阵的形式，并进而计算了这 4 个二维准晶晶系的等强度热漫散射轮廓图.

9.3.1 理想完整准晶的热漫散射理论

在 d 维空间中理想的完整晶体的密度分布函数的表达式是

$$\rho_0(r)=\sum_R \delta(\boldsymbol{r}-\boldsymbol{R})\otimes\rho_c(\boldsymbol{r}), \tag{9.86}$$

式中 $\boldsymbol{R}$ 表示 d 维晶体点阵中阵点的位矢，$\sum_{\boldsymbol{R}}\delta(\boldsymbol{r}-\boldsymbol{R})$ 描述 d 维晶体点阵，$\rho_c(\boldsymbol{r})$ 则是 d 维晶体的一个单胞的密度分布函数，$\otimes$ 表示卷积. $\rho_c(\boldsymbol{r})$ 的 Fourier 变换就是结构因子 $F(\boldsymbol{s})$

$$F(\boldsymbol{s})=\int\rho_c(\boldsymbol{r})\exp(\mathrm{i}\,\boldsymbol{s}\cdot\boldsymbol{r})\mathrm{d}^d\boldsymbol{r} \tag{9.87}$$

d 维晶体点阵函数 $\sum_R\delta(\boldsymbol{r}-\boldsymbol{R})$ 的 Fourier 变换 $\Phi_L(\boldsymbol{s})$ 可由式(9.8)和式(9.10)得到

$$\begin{aligned}\Phi_L(\boldsymbol{s})&=\int\sum_{\boldsymbol{R}}\delta(\boldsymbol{r}-\boldsymbol{R})\exp(\mathrm{i}\,\boldsymbol{s}\cdot\boldsymbol{r})\mathrm{d}^d\boldsymbol{r}=\sum_{\boldsymbol{R}}\exp(\mathrm{i}\,\boldsymbol{s}\cdot\boldsymbol{R})\\&=\frac{(2\pi)^d}{v_c}\sum_s\delta(\boldsymbol{s}-\boldsymbol{S}).\end{aligned} \tag{9.88}$$

由 2.2.2 节可知：两个函数的卷积的 Fourier 变换，等于这两个函数各自的 Fourier 变换的乘积. 据此可得到 d 维完整晶体的密度函数 $\rho_0(\boldsymbol{r})$ 的 Fourier 变换的表达式

$$\Phi_0(\boldsymbol{s})=\int\rho_0(\boldsymbol{r})\exp(\mathrm{i}\,\boldsymbol{s}\cdot\boldsymbol{r})\mathrm{d}^d\boldsymbol{r}=\sum_R\exp(\mathrm{i}\,\boldsymbol{s}\cdot\boldsymbol{R})\;F(\boldsymbol{s}) \tag{9.89a}$$

$$=\frac{(2\pi)^d}{v_c}\sum_S\delta(\boldsymbol{s}-\boldsymbol{S})\;F(\boldsymbol{S}). \tag{9.89b}$$

将式(9.89)进行逆 Fourier 变换，可得密度函数 $\rho_0(\boldsymbol{r})$ 的另一个表达式如下：

$$\rho_0(\boldsymbol{r})=\frac{1}{v_c}\sum_Q F(\boldsymbol{Q})\exp(-\mathrm{i}\boldsymbol{Q}\cdot\boldsymbol{R}). \tag{9.90}$$

准晶可以描述为用三维的物理空间(或称为平行空间)去切割

高维(d 维,$d>3$)空间中的晶体而得. 按照这种描述方法,三维的物理空间中的准晶的密度函数 $\rho^{\parallel}(\boldsymbol{r}^{\parallel})$应该等于 d 维晶体的密度分布函数 $\rho(\boldsymbol{r})$当位矢 $\boldsymbol{r}$ 的垂直分量$\boldsymbol{r}^{\perp}=0$ 时(切割)的值

$$\rho^{\parallel}(\boldsymbol{r}^{\parallel})=\rho(\boldsymbol{r})\Big|_{\boldsymbol{r}^{\perp}=0}=\rho(\boldsymbol{r}^{\parallel},\boldsymbol{r}^{\perp}=0). \tag{9.5}$$

由 2.2.2 节的讨论可知:某个函数的切割的 Fourier 变换,等于这个函数的 Fourier 变换的投影. 据此可得到三维准晶的密度函数 $\rho^{\parallel}(\boldsymbol{r}^{\parallel})$的 Fourier 变换的一般表达式

$$\begin{aligned}\Phi^{\parallel}(\boldsymbol{s}^{\parallel})&=\int\rho^{\parallel}(\boldsymbol{r}^{\parallel})\exp(\mathrm{i}\,\boldsymbol{s}^{\parallel}\cdot\boldsymbol{r}^{\parallel})\mathrm{d}^3\boldsymbol{r}^{\parallel}\\&=\frac{1}{(2\pi)^{d-3}}\int\Phi(\boldsymbol{s})\mathrm{d}^{d-3}\boldsymbol{s}^{\perp}.\end{aligned} \tag{9.6}$$

将式(9.89b)代入式(9.6),可得到理想的完整的 3 维准晶的衍射振幅的表达式如下:

$$\Phi_0^{\parallel}(\boldsymbol{s}^{\parallel})=\frac{(2\pi)^3}{v_c}\sum_{S}\delta^{\parallel}(\boldsymbol{s}^{\parallel}-\boldsymbol{S}^{\parallel})\,F(\boldsymbol{S}). \tag{9.91}$$

将式(9.89a)代入式(9.6)可得到理想的完整的 3 维准晶的衍射振幅的另一种表达式如下:

$$\begin{aligned}\Phi_0^{\parallel}(\boldsymbol{s}^{\parallel})&=\frac{1}{(2\pi)^{d-3}}\int\sum_{R}\exp(\mathrm{i}\,\boldsymbol{s}\cdot\boldsymbol{R})\,F(\boldsymbol{s})\mathrm{d}^{d-3}\boldsymbol{s}^{\perp}\\&=\frac{1}{(2\pi)^{d-3}}\int\sum_{R}\exp(\mathrm{i}\,\boldsymbol{s}^{\parallel}\cdot\boldsymbol{R}^{\parallel}+\mathrm{i}\boldsymbol{k}^{\perp}\cdot\boldsymbol{R}^{\perp})F(\boldsymbol{s}^{\parallel},\boldsymbol{k}^{\perp})\mathrm{d}^{d-3}\boldsymbol{k}^{\perp}\\&=\frac{1}{(2\pi)^{d-3}}\int\sum_{R}\exp(\mathrm{i}\,\boldsymbol{k}^{\parallel}\cdot\boldsymbol{R}^{\parallel}+\mathrm{i}\boldsymbol{k}^{\perp}\cdot\boldsymbol{R}^{\perp})F(\boldsymbol{k}^{\parallel},\boldsymbol{k}^{\perp})\\&\quad\cdot\delta^{\parallel}(\boldsymbol{s}^{\parallel}-\boldsymbol{k}^{\parallel})\mathrm{d}^3\boldsymbol{k}^{\parallel}\mathrm{d}^{d-3}\boldsymbol{k}^{\perp}\\&=\frac{1}{(2\pi)^{d-3}}\int\sum_{R}\exp(\mathrm{i}\,\boldsymbol{k}\cdot\boldsymbol{R})\int F(\boldsymbol{k})\delta^{\parallel}(\boldsymbol{s}^{\parallel}-\boldsymbol{k}^{\parallel})\mathrm{d}^d\boldsymbol{k}.\end{aligned} \tag{9.92}$$

式(9.92)的推导过程中首先进行了积分变量的变换(把 $\boldsymbol{s}^{\perp}$变成$\boldsymbol{k}^{\perp}$),然后引入 $\delta^{\parallel}(\boldsymbol{s}^{\parallel}-\boldsymbol{k}^{\parallel})$函数并对 $\mathrm{d}^3\boldsymbol{k}^{\parallel}$积分. 式(9.92)的优点在于可以较为方便地推广到有位移场的情况.

由式(9.91),并注意到式(9.18),可得到理想的完整的 3 维准晶的衍射强度的表达式如下:

$$
\begin{aligned}
I_0^{\parallel}(\boldsymbol{s}^{\parallel}) &= \Phi_0^{\parallel}(\boldsymbol{s}^{\parallel})\Phi_0^{\parallel}(\boldsymbol{s}^{\parallel})^* \\
&= \frac{V^{\parallel}(2\pi)^3}{v_c^2}\sum_{\boldsymbol{S}}\delta^{\parallel}(\boldsymbol{s}^{\parallel}-\boldsymbol{S}^{\parallel})\,|F(\boldsymbol{S})|^2. \qquad (9.93)
\end{aligned}
$$

式(9.93)中,$V^{\parallel}=\dfrac{N^{\parallel}v_c}{v^{\perp}}$表示对衍射有贡献的准晶试样的体积,$N^{\parallel}$是被平行空间切割的 d 维空间的单胞数,$N^{\parallel}v_c$ 是这些单胞在d 维空间的总体积,$v^{\perp}$是 d 维空间的单胞体积 v_c 在垂直空间的投影.

式(9.93)也可由式(9.92)推导出来

$$
\begin{aligned}
I_0^{\parallel}(\boldsymbol{s}^{\parallel}) = \Phi_0^{\parallel}(\boldsymbol{s}^{\parallel})\Phi_0^{\parallel}(\boldsymbol{s}^{\parallel})^* &= \frac{1}{(2\pi)^{2d-6}}\int \mathrm{d}^d\boldsymbol{k}_1\int \mathrm{d}^d\boldsymbol{k}_2 \\
&\cdot\sum_{\boldsymbol{R}_1}\sum_{\boldsymbol{R}_2}\exp(\mathrm{i}\,\boldsymbol{k}_1\cdot\boldsymbol{R}_1-\mathrm{i}\,\boldsymbol{k}_2\cdot\boldsymbol{R}_2)F(\boldsymbol{k}_1)F^*(\boldsymbol{k}_2) \\
&\cdot\delta^{\parallel}(\boldsymbol{s}^{\parallel}-\boldsymbol{k}_1^{\parallel})\delta^{\parallel}(\boldsymbol{s}^{\parallel}-\boldsymbol{k}_2^{\parallel}). \qquad (9.94)
\end{aligned}
$$

引入单胞对相对位矢 $\boldsymbol{R}=\boldsymbol{R}_1-\boldsymbol{R}_2$,注意到$\mathrm{i}\,\boldsymbol{k}_1\cdot\boldsymbol{R}_1-\mathrm{i}\,\boldsymbol{k}_2\cdot\boldsymbol{R}_2=\mathrm{i}\,\boldsymbol{k}_1\cdot\boldsymbol{R}+\mathrm{i}\,(\boldsymbol{k}_1-\boldsymbol{k}_2)\cdot\boldsymbol{R}_2$,在对 $\boldsymbol{R}$ 和 $\boldsymbol{R}_2$ 的求和过程中运用式(9.10),就得到

$$
\begin{aligned}
&\sum_{\boldsymbol{R}}\sum_{\boldsymbol{R}_2}\exp(\mathrm{i}\,\boldsymbol{k}_1\cdot\boldsymbol{R})\exp[\mathrm{i}\,(\boldsymbol{k}_1-\boldsymbol{k}_2)\cdot\boldsymbol{R}_2] \\
&\quad=\frac{(2\pi)^{2d}}{v_c^2}\sum_{\boldsymbol{S}}\delta(\boldsymbol{k}_1-\boldsymbol{S})\sum_{\boldsymbol{Q}}\delta(\boldsymbol{k}_1-\boldsymbol{k}_2-\boldsymbol{Q}). \qquad (9.95)
\end{aligned}
$$

式(9.94)中的两个 δ 函数迫使 $\boldsymbol{k}_1^{\parallel}=\boldsymbol{k}_2^{\parallel}$. 一方面,这说明式(9.94)中的两个 δ 函数是一样的,运用式(9.18)和式(9.20),得到 $\delta^{\parallel}(\boldsymbol{s}^{\parallel}-\boldsymbol{k}_1^{\parallel})\delta^{\parallel}(\boldsymbol{s}^{\parallel}-\boldsymbol{k}_2^{\parallel})=\delta^{\parallel}(\boldsymbol{s}^{\parallel}-\boldsymbol{k}_1^{\parallel})\dfrac{V^{\parallel}}{(2\pi)^3}$. 另一方面,将这个结果代入式(9.95)中对 $\boldsymbol{Q}$ 求和的 δ 函数,就迫使 $\boldsymbol{Q}^{\parallel}=0$. 由于构造准晶的平行空间和垂直空间的基矢与 d 维晶体空间的基矢之间的相对取向都是无理数的,与 $\boldsymbol{Q}^{\parallel}=0$ 相对应,必然有 $\boldsymbol{Q}^{\perp}=0$,即 $\boldsymbol{Q}=0$. 对 $\boldsymbol{k}_2$ 积分的结果就是将式(9.94)中的全部 $\boldsymbol{k}_2$ 改成 $\boldsymbol{k}_1$. 这样一来,我们就有

$$
I_0^{\parallel}(\boldsymbol{s}^{\parallel})=\frac{1}{(2\pi)^{2d-6}}\int \mathrm{d}^d\boldsymbol{k}\,\frac{(2\pi)^{2d}}{v_c^2}\sum_{\boldsymbol{S}}\delta(\boldsymbol{k}-\boldsymbol{S})\,|F(\boldsymbol{k})|^2
$$

$$\cdot\delta^{\parallel}(\boldsymbol{s}^{\parallel}-\boldsymbol{k}^{\parallel})\frac{V^{\parallel}}{(2\pi)^3}$$

$$=\frac{V^{\parallel}(2\pi)^3}{v_c^2}\sum_{S}\delta^{\parallel}(\boldsymbol{s}^{\parallel}-\boldsymbol{S}^{\parallel})|F(\boldsymbol{S})|^2. \qquad (9.93)$$

把式(9.93)围绕着倒易点 $\boldsymbol{S}^{\parallel}$(它是 d 维空间某一倒易阵点 $\boldsymbol{S}$ 向平行空间的投影)积分,就得到该反射的累积强度

$$I_0^{\mathrm{Int}}(\boldsymbol{S})=\frac{1}{(2\pi)^3}\int_S I_0^{\parallel}(\boldsymbol{s}^{\parallel})\mathrm{d}^3\boldsymbol{s}^{\parallel}=\frac{V^{\parallel}}{v_c^2}|F(\boldsymbol{S})|^2. \qquad (9.96)$$

把式(9.93),(9.96)与晶体中的式(9.42),(9.43)相比,并注意到晶体中的单胞数 $N=\dfrac{V}{v_c}$,可知完整准晶中单位体积的衍射强度的分布 $I_0^{\parallel}(\boldsymbol{s}^{\parallel})$以及单位体积的 Bragg 反射的累积强度 $I_0^{\mathrm{Int}}(\boldsymbol{S})$的计算公式,与晶体中对应的计算公式在形式上是一样的.

9.3.2 位移场达到平衡的准晶热漫散射:一般公式

当温度较高时,扩散型的相位子位移也能很快达到热平衡.在这种情况下,我们可以把相位子型位移与声子型位移一起考虑.设 d 维空间中位矢为 $\boldsymbol{R}$ 的单胞位移量为 $\boldsymbol{u}(\boldsymbol{R}^{\parallel})$,则 d 维空间的密度函数的表达式由(9.86)式变成了

$$\rho(\boldsymbol{r})=\sum_{R}\delta(\boldsymbol{r}-\boldsymbol{R}-\boldsymbol{u}(\boldsymbol{R}^{\parallel}))*\rho_c(\boldsymbol{r}). \qquad (9.97)$$

$\rho(\boldsymbol{r})$的 Fourier 变换的表达式由式(9.89a)变成了

$$\Phi(s)=\int\rho(\boldsymbol{r})\exp(\mathrm{i}\,\boldsymbol{s}\cdot\boldsymbol{r})\mathrm{d}^d\boldsymbol{r}$$

$$=\sum_{R}\exp(\mathrm{i}\,\boldsymbol{s}\cdot[\boldsymbol{R}+\boldsymbol{u}(\boldsymbol{R}^{\parallel})])\,F(s). \qquad (9.98)$$

将此式向平行空间投影得到有位移场 $\boldsymbol{u}(\boldsymbol{R}^{\parallel})$的准晶的衍射振幅和衍射强度的表达式依次为

$$\Phi^{\parallel}(\boldsymbol{s}^{\parallel})=\frac{1}{(2\pi)^{d-3}}\int\sum_{R}\exp(\mathrm{i}\,\boldsymbol{k}\cdot[\boldsymbol{R}+\boldsymbol{u}(\boldsymbol{R}^{\parallel})])$$

$$\cdot F(\boldsymbol{k})\delta^{\parallel}(\boldsymbol{s}^{\parallel}-\boldsymbol{k}^{\parallel})\mathrm{d}^d\boldsymbol{k}, \qquad (9.99)$$

$$I^{\parallel}(\boldsymbol{s}^{\parallel})=\Phi^{\parallel}(\boldsymbol{s}^{\parallel})\Phi^{\parallel}(\boldsymbol{s}^{\parallel})^*$$

$$= \frac{1}{(2\pi)^{2d-6}} \int \mathrm{d}^d \boldsymbol{k}_1 \int \mathrm{d}^d \boldsymbol{k}_2 \sum_{\boldsymbol{R}_1} \sum_{\boldsymbol{R}_2} \exp(\mathrm{i}\, \boldsymbol{k}_1 \cdot \boldsymbol{R}_1 - \mathrm{i}\, \boldsymbol{k}_2 \cdot \boldsymbol{R}_2)$$
$$\cdot f(\boldsymbol{u}) F(\boldsymbol{k}_1) F^*(\boldsymbol{k}_2) \delta^{\parallel}(\boldsymbol{s}^{\parallel} - \boldsymbol{k}_1^{\parallel}) \delta^{\parallel}(\boldsymbol{s}^{\parallel} - \boldsymbol{k}_2^{\parallel}), \tag{9.100}$$

式中与位移场有关的因子

$$f(\boldsymbol{u}) = \exp[\mathrm{i}\, \boldsymbol{k}_1 \cdot \boldsymbol{u}(\boldsymbol{R}_1^{\parallel}) - \mathrm{i}\, \boldsymbol{k}_2 \cdot \boldsymbol{u}(\boldsymbol{R}_2^{\parallel})]$$

需要对各种可能的位移场 $\boldsymbol{u}(\boldsymbol{R}^{\parallel})$进行平均,才能得到衍射强度的最后的表达式.

9.3.3 位移场达到平衡的准晶热漫散射:按照 Boltzmann 分布计算 $f(\boldsymbol{u})$的平均值

按照 Boltzmann 分布,某种位移场 $\boldsymbol{u}(\boldsymbol{r})$或者 $\boldsymbol{U}(\boldsymbol{p})$出现的概率决定于该状态的自由能 E 和温度 T

$$P[\boldsymbol{u}] = \exp\left(-\frac{E}{k_B T}\right), \tag{9.56}$$

再按这概率 $P[\boldsymbol{u}]$对 $f(\boldsymbol{u})$进行平均

$$\langle f(\boldsymbol{u}) \rangle = \frac{\int f(\boldsymbol{u}) P[\boldsymbol{u}] \mathrm{D}\boldsymbol{u}}{\int P[\boldsymbol{u}] \mathrm{D}\boldsymbol{u}}, \tag{9.57}$$

就可以得到衍射强度的最后的表达式.

把位移场函数 $\boldsymbol{u}(\boldsymbol{R}^{\parallel})$进行 Fourier 变换

$$\boldsymbol{U}(\boldsymbol{p}^{\parallel}) = \int \boldsymbol{u}(\boldsymbol{r}^{\parallel}) \exp(\mathrm{i}\boldsymbol{p}^{\parallel} \cdot \boldsymbol{r}^{\parallel}) \mathrm{d}^3 \boldsymbol{r}^{\parallel}, \tag{9.101}$$

$$\boldsymbol{u}(\boldsymbol{r}^{\parallel}) = \frac{1}{(2\pi)^3} \int \boldsymbol{U}(\boldsymbol{p}^{\parallel}) \exp(-\mathrm{i}\boldsymbol{p}^{\parallel} \cdot \boldsymbol{r}^{\parallel}) \mathrm{d}^3 \boldsymbol{p}^{\parallel}, \tag{9.102}$$

式中 $\boldsymbol{U}(\boldsymbol{p}^{\parallel}) = \sum_{\mu=1}^{d} \boldsymbol{U}(\boldsymbol{p}^{\parallel}, \boldsymbol{\mu}) \exp(\mathrm{i}\omega t)$.

如前所述,准晶中位移矢量有 d 个方向,力也有 d 个方向,我们用希腊字母 $\alpha, \beta, \cdots, \mu, \nu, \cdots$表示. 但准晶中位矢,应力和应变作用的面的法向,则是 3 维的平行空间的矢量,我们用拉丁字母 $i, j, k, L, \cdots$来标记它们的分量. 例如,准晶中的应变 $\varepsilon_{\mu j} = \frac{\partial u_{\mu}}{\partial x_j}$,

其中 $\varepsilon_{1j},\varepsilon_{2j},\varepsilon_{3j}$是声子型应变，$\varepsilon_{4j},\varepsilon_{5j},\cdots\varepsilon_{dj}$则是相位子型应变. 应力 $\sigma_{\mu j}$也是一样地由声子型和相位子型两部分组成. 弹性常数 $M_{\mu j\nu L}=\dfrac{\partial^2 E}{\partial\varepsilon_{\mu j}\partial\varepsilon_{\nu L}}$则可分成四块

$$\boldsymbol{M}=\begin{bmatrix}\boldsymbol{C} & \boldsymbol{R}\\ \boldsymbol{R}^{\mathrm{T}} & \boldsymbol{K}\end{bmatrix}, \tag{9.103}$$

其中 $C_{ijkL}=M_{ijkL},K_{ijkL}=M_{(i+3)j(k+3)L},R_{ijkL}=M_{ij(k+3)L}$分别是声子型，相位子型，声子-相位子耦合型弹性常数. 上标 T 表示矩阵的转置，即：$(\boldsymbol{R}^T)_{kLij}=\boldsymbol{R}_{ijkL}$.

由位移场 $\boldsymbol{u}(\boldsymbol{r}^{\parallel})$而产生的弹性自由能 E 在正空间和 Fourier 变换之后的表达式分别为

$$E=\frac{1}{2}\int \mathrm{d}^3\boldsymbol{r}^{\parallel}\frac{\partial u_\mu(\boldsymbol{r})}{\partial x_j}M_{\mu j\nu L}\frac{\partial u_\nu(\boldsymbol{r})}{\partial x_L}, \tag{9.104}$$

$$\begin{aligned}E&=\frac{1}{2(2\pi)^3}\int \mathrm{d}^3\boldsymbol{p}^{\parallel}U_\mu(-\boldsymbol{p}^{\parallel})p_jM_{\mu j\nu L}p_L U_\nu(\boldsymbol{p}^{\parallel})\\ &=\frac{1}{2(2\pi)^3}\int \mathrm{d}^3\boldsymbol{p}^{\parallel}U_\mu(-\boldsymbol{p}^{\parallel})A_{\mu\nu}(\boldsymbol{p}^{\parallel})U_\nu(\boldsymbol{p}^{\parallel}) &(9.105\mathrm{a})\\ &=\frac{1}{2(2\pi)^3}\int \mathrm{d}^3\boldsymbol{p}^{\parallel}U^T(-\boldsymbol{p}^{\parallel})\boldsymbol{A}(\boldsymbol{p}^{\parallel})\boldsymbol{U}(\boldsymbol{p}^{\parallel}), &(9.105\mathrm{b})\end{aligned}$$

这里，式(9.105a)是分量相乘再求和的形式，式(9.105b)则是矩阵乘法的形式. 式(9.105a)中的 $U_\mu(-\boldsymbol{p}^{\parallel})$是 $d\times 1$ 的列矩阵 $\boldsymbol{U}(\boldsymbol{p}^{\parallel})$的第 $\boldsymbol{\mu}$ 个元. $d\times 1$ 的列矩阵 $\boldsymbol{U}(\boldsymbol{p}^{\parallel})$也可分解成平行空间分量 $\boldsymbol{U}^{\parallel}$ 和垂直空间分量 $\boldsymbol{U}^{\perp}$ 两部分：$\boldsymbol{U}(\boldsymbol{p}^{\parallel})=\boldsymbol{U}^{\parallel}(\boldsymbol{p}^{\parallel})+\boldsymbol{U}^{\perp}(\boldsymbol{p}^{\parallel})$.

$$A_{\mu\nu}(p^{\parallel})=p_jM_{\mu j\nu L}p_L \tag{9.106}$$

是一个 $d\times d$ 的流体动力学矩阵 $\boldsymbol{A}$ 的矩阵元. 显然矩阵 $\boldsymbol{A}$ 是实数的($A^*_{\mu\nu}=A_{\mu\nu}$)，对称的($A_{\mu\nu}=A_{\nu\mu}$)，是 $\boldsymbol{p}$ 的偶函数[$\boldsymbol{A}(\boldsymbol{p})=\boldsymbol{A}(-\boldsymbol{p})$]. 类似于式(9.103)，$d\times d$ 的流体动力学矩阵 $\boldsymbol{A}$ 也可以分块成

$$\boldsymbol{A}=\begin{bmatrix}A^{\parallel,\parallel} & A^{\parallel,\perp}\\ A^{\perp,\parallel} & A^{\perp,\perp}\end{bmatrix}, \tag{9.107}$$

其中

$$[A^{\parallel,\parallel}(\boldsymbol{p}^{\parallel})]_{ik} = p_j C_{ijkL} p_L, \tag{9.108}$$

$$[A^{\perp,\perp}(\boldsymbol{p}^{\parallel})]_{ik} = p_j C_{ijkL} p_L, \tag{9.109}$$

$$[A^{\parallel,\perp}(\boldsymbol{p}^{\parallel})]_{ik} = [A^{\perp,\parallel}(\boldsymbol{p}^{\parallel})]_{ki} = p_j R_{ijkL} p_L. \tag{9.110}$$

相应地,式(9.105)表示的弹性自由能E也可分解成下列三部分:

$$E = E_{\text{phon}}(\boldsymbol{u}^{\parallel}) + E_{\text{phas}}(\boldsymbol{u}^{\perp}) + E_{\text{coup}}(\boldsymbol{u}^{\parallel}, \boldsymbol{u}^{\perp}), \tag{9.111}$$

其中,

$$E_{\text{phon}}(\boldsymbol{u}^{\parallel}) = \frac{1}{2(2\pi)^3}\int \mathrm{d}^3\boldsymbol{p}^{\parallel}\ \boldsymbol{U}^{\parallel^{\mathrm{T}}}(-\boldsymbol{p}^{\parallel})\ A^{\parallel,\parallel}(\boldsymbol{p}^{\parallel})\ U^{\parallel}(\boldsymbol{p}^{\parallel}), \tag{9.112}$$

$$E_{\text{phas}}(\boldsymbol{u}^{\perp}) = \frac{1}{2(2\pi)^3}\int \mathrm{d}^3\boldsymbol{p}^{\parallel}\ \boldsymbol{U}^{\perp^{\mathrm{T}}}(-\boldsymbol{p}^{\parallel})\ A^{\perp,\perp}(\boldsymbol{p}^{\parallel})\ U^{\perp}(\boldsymbol{p}^{\parallel}), \tag{9.113}$$

$$E_{\text{coup}}(\boldsymbol{u}^{\parallel}\boldsymbol{u}^{\perp}) = \frac{1}{(2\pi)^3}\int \mathrm{d}^3\boldsymbol{p}^{\parallel}\ \boldsymbol{U}^{\parallel^{\mathrm{T}}}(-\boldsymbol{p}^{\parallel})\ A^{\parallel,\perp}(\boldsymbol{p}^{\parallel})\ U^{\perp}(\boldsymbol{p}^{\parallel}). \tag{9.114}$$

将式(9.102),(9.105b),(9.56)代入式(9.57),得到

$$\langle f(\boldsymbol{u})\rangle = \langle \exp[\mathrm{i}k_1^{\mathrm{T}}\boldsymbol{u}(\boldsymbol{R}_1^{\parallel}) - \mathrm{i}k_2^{\mathrm{T}}\boldsymbol{u}(\boldsymbol{R}_2^{\parallel})]\rangle =$$

$$\frac{\int \exp\left[\frac{1}{(2\pi)^3}\int\left\{\mathrm{i}\left[k_1^{\mathrm{T}}\exp(-\mathrm{i}\boldsymbol{p}^{\parallel^{\mathrm{T}}}\boldsymbol{R}_1^{\parallel}) - k_2^{\mathrm{T}}\exp(-\mathrm{i}\,\boldsymbol{p}^{\parallel^{\mathrm{T}}}\boldsymbol{R}_2^{\parallel})\right]\boldsymbol{U}(\boldsymbol{p}^{\parallel}) - \frac{1}{2k_BT}\boldsymbol{U}^{+}(\boldsymbol{p}^{\parallel})\boldsymbol{A}(\boldsymbol{p}^{\parallel})\boldsymbol{U}(\boldsymbol{p}^{\parallel})\right\}\mathrm{d}^3\boldsymbol{p}^{\parallel}\right]DU}{\int \exp\left[-\frac{1}{2k_BT}\frac{1}{(2\pi)^3}\int \boldsymbol{U}^{+}(\boldsymbol{p}^{\parallel})\boldsymbol{A}(\boldsymbol{p}^{\parallel})\boldsymbol{U}(\boldsymbol{p}^{\parallel})\mathrm{d}^3\boldsymbol{p}^{\parallel}\right]DU}. \tag{9.115}$$

采用类似于从式(9.59)到式(9.62)的推导方法,可得

$$\begin{aligned}
\langle f(\boldsymbol{u})\rangle = {} & \exp\left[\frac{-k_BT}{2(2\pi)^3}\int [k_1^{\mathrm{T}}\exp(-\mathrm{i}\,\boldsymbol{p}^{\parallel\mathrm{T}}\boldsymbol{R}_1^{\parallel}) \right. \\
& - k_2^{\mathrm{T}}\exp(-\mathrm{i}\,\boldsymbol{p}^{\parallel\mathrm{T}}\boldsymbol{R}_2^{\parallel})]\ \boldsymbol{A}^{-1}(\boldsymbol{p}^{\parallel})\ [k_1\exp(\mathrm{i}\,\boldsymbol{p}^{\parallel\mathrm{T}}\boldsymbol{R}_1^{\parallel}) \\
& \left. - k_2\exp(\mathrm{i}\,\boldsymbol{p}^{\parallel\mathrm{T}}\boldsymbol{R}_2^{\parallel})]\mathrm{d}^3\boldsymbol{p}\right] \\
= {} & \exp[-M(\boldsymbol{k}_1) - M(\boldsymbol{k}_2)]\ \exp\left[\frac{k_BT}{(2\pi)^3}\right. \\
& \left.\cdot\int k_1^{\mathrm{T}}A^{-1}(\boldsymbol{p}^{\parallel})k_2\exp(\pm\mathrm{i}\boldsymbol{p}^{\parallel\mathrm{T}}\boldsymbol{R}^{\parallel})\mathrm{d}^3\boldsymbol{p}^{\parallel}\right] \\
\approx {} & \exp[-M(\boldsymbol{k}_1) - M(\boldsymbol{k}_2)]
\end{aligned}$$

$$\cdot\left[1+\frac{k_B T}{(2\pi)^3}\int k_1^{\mathrm{T}} A^{-1}(\boldsymbol{p}^{\parallel})k_2 \exp(\pm \mathrm{i}\boldsymbol{p}^{\parallel \mathrm{T}}\boldsymbol{R}^{\parallel})\mathrm{d}^3\boldsymbol{p}^{\parallel}+\cdots\right].$$

(9.116)

式(9.116)中的 $\boldsymbol{R} = \boldsymbol{R}_1 - \boldsymbol{R}_2$ 是两个格点之间的相对距离，式中的 Debye-Waller 因子 $\exp[-2M(\boldsymbol{k})]$中的 $M(k)$的表达式为：

$$M(k) = \frac{k_B T}{2(2\pi)^3}\int \boldsymbol{k}^{\mathrm{T}}\boldsymbol{A}^{-1}(\boldsymbol{p}^{\parallel})\boldsymbol{k}\ \mathrm{d}^3\boldsymbol{p}^{\parallel} \tag{9.117}$$

将式(9.116)代入式(9.100)，可得到对长波声子各种振幅平均了的衍射强度公式如下：

$$\begin{aligned} I(s) = & \frac{1}{(2\pi)^{2d-6}}\int \mathrm{d}^d\boldsymbol{k}_1\int \mathrm{d}^d\boldsymbol{k}_2 \sum_{\boldsymbol{R}}\sum_{\boldsymbol{R}_2}\exp(\mathrm{i}\ \boldsymbol{k}_1^{\mathrm{T}}\boldsymbol{R})\exp[\mathrm{i}\ (\boldsymbol{k}_1-\boldsymbol{k}_2)^{\mathrm{T}}\boldsymbol{R}_2] \\ & \cdot F(\boldsymbol{k}_1)F^*(\boldsymbol{k}_2)\delta^{\parallel}(\boldsymbol{s}^{\parallel}-\boldsymbol{k}_1^{\parallel})\delta^{\parallel}(\boldsymbol{s}^{\parallel}-\boldsymbol{k}_2^{\parallel})\exp[-M(\boldsymbol{k}_1)-M(\boldsymbol{k}_2)] \\ & \cdot\left[1+\frac{k_B T}{(2\pi)^3}\int \boldsymbol{k}_1^{\mathrm{T}}\boldsymbol{A}^{-1}(\boldsymbol{p}^{\parallel})\boldsymbol{k}_2\exp(\pm\mathrm{i}\boldsymbol{p}^{\parallel\mathrm{T}}\boldsymbol{R}^{\parallel})\mathrm{d}^3\boldsymbol{p}^{\parallel}+\cdots\right] \\ = & I_B^{\parallel}(\boldsymbol{s}^{\parallel}) + I_{TDS1}^{\parallel}(\boldsymbol{s}^{\parallel})+\cdots. \end{aligned} \tag{9.118}$$

式(9.118)中的 $I_B^{\parallel}(\boldsymbol{s}^{\parallel})$是 Bragg 反射的强度分布．与式(9.94)对比，这里多出了个 Debye-Waller 因子 $\exp[-2M]$．故而由式(9.93)可得其表达式如下：

$$I_B^{\parallel}(\boldsymbol{s}^{\parallel}) = \frac{V^{\parallel}(2\pi)^3}{v_c^2}\sum_{\boldsymbol{S}}\delta^{\parallel}(\boldsymbol{s}^{\parallel}-\boldsymbol{S}^{\parallel})|F(\boldsymbol{S})|^2\exp[-2M(\boldsymbol{S})].$$

(9.119)

围绕平行空间某一倒易点 $\boldsymbol{S}^{\parallel}$ 积分，就得到该反射的累积强度

$$I_B^{\mathrm{Int}}(\boldsymbol{S}) = \frac{1}{(2\pi)^3}\int_{\boldsymbol{S}^{\parallel}} I_B^{\mathrm{Int}}(\boldsymbol{s}^{\parallel})\mathrm{d}^3\boldsymbol{s}^{\parallel} = \frac{V^{\parallel}}{v_c^2}|F(\boldsymbol{S})|^2\exp[-2M(\boldsymbol{S})].$$

(9.120)

由式(9.118)中有关一级热漫散射强度的表达式可知，较之 Bragg 反射的表达式，这里：(1) 多出了一个因子 $\boldsymbol{k}_1^T\boldsymbol{A}^{-1}(\boldsymbol{p}^{\parallel})\boldsymbol{k}_2$ 以及对 $\mathrm{d}^3\boldsymbol{p}^{\parallel}$ 的积分；(2)多出了一个相角因子 $\exp(\pm\mathrm{i}\ \boldsymbol{p}^{\parallel T}\boldsymbol{R}^{\parallel})$，这个因子应该与 $\exp(\mathrm{i}\ \boldsymbol{k}_1^{\mathrm{T}}\boldsymbol{R})$合并之后再对 $\boldsymbol{R}$ 求和，从而得到如下结果：

$\frac{(2\pi)^d}{v_c}\sum_S \delta(s \pm p^{\parallel} - S)$. 因此,有

$$I_{\mathrm{TDS1}}^{\parallel}(s^{\parallel}) = \frac{V^{\parallel} k_B T}{v_c^2} \sum_S |F(S \pm p^{\parallel})|^2 \exp[-2M(\boldsymbol{S} \pm \boldsymbol{p}^{\parallel})]$$
$$(\boldsymbol{S} \pm \boldsymbol{p}^{\parallel})^{\mathrm{T}} \boldsymbol{A}^{-1}(\boldsymbol{p}^{\parallel})(\boldsymbol{S} \pm \boldsymbol{p}^{\parallel}). \tag{9.121}$$

进一步,利用(9.27)和(9.31b)两式可知,$\boldsymbol{A}^{-1}(\boldsymbol{p}^{\parallel}) \sim \frac{1}{\lambda_\mu} \sim \frac{1}{\omega^2} \sim \frac{1}{|p^{\parallel}|^2}$,即热漫散射的强度随着从倒易阵点的偏离量的增加而按照$\frac{1}{|p^{\parallel}|^2}$急剧地减小,只需要考虑每个倒易阵点对其近邻处的热漫散射的贡献就够了. 比如说,倒易阵点 $\boldsymbol{S}$ 近邻区$(\boldsymbol{S} \pm \boldsymbol{p}^{\parallel})$处的一级热漫散射强度的表达式为

$$\begin{aligned} I_{\mathrm{TDS1}}^{\parallel}(S \pm p^{\parallel}) &= \frac{V^{\parallel} k_B T}{v_c^2} |F(S \pm p^{\parallel})|^2 \exp[-2M(\boldsymbol{S} \pm \boldsymbol{p}^{\parallel})] \\ &\quad (\boldsymbol{S} \pm \boldsymbol{p}^{\parallel})^{\mathrm{T}} \boldsymbol{A}^{-1}(\boldsymbol{p}^{\parallel})(\boldsymbol{S} \pm \boldsymbol{p}^{\parallel}) \\ &= I_B^{\mathrm{Int}}(\boldsymbol{S}) k_B T (\boldsymbol{S} \pm \boldsymbol{p}^{\parallel})^T \boldsymbol{A}^{-1}(\boldsymbol{p}^{\parallel})(\boldsymbol{S} \pm \boldsymbol{p}^{\parallel}). \end{aligned} \tag{9.122}$$

对比(9.122)与(9.68)两式可知,当位移场能够达到平衡时,晶体与准晶的一级热漫散射强度的计算公式是一样的. 主要的差别在于:对于晶体,由于位移矢量是 3 维的,因而流体动力学矩阵 $\boldsymbol{A}(\boldsymbol{p})$是 3×3 的. 对于准晶,由于位移矢量是 d 维的,因而流体动力学矩阵 $\boldsymbol{A}(\boldsymbol{p})$是 $d\times d$ 的.

9.3.4 位移场达到平衡的准晶热漫散射:按能量均分定理计算 $f(\boldsymbol{u})$的平均值

类似于式(9.69),先把指数函数展开成级数,再注意到位移 $\boldsymbol{u}(\boldsymbol{R})$的奇数次方的平均值为 0,我们有

$$\begin{aligned} \langle f(\boldsymbol{u})\rangle &= \langle \exp[\mathrm{i}\boldsymbol{k}_1^{\mathrm{T}}\boldsymbol{u}(\boldsymbol{R}_1^{\parallel}) - \mathrm{i}\boldsymbol{k}_2^{\mathrm{T}}\boldsymbol{u}(\boldsymbol{R}_2^{\parallel})]\rangle \\ &= \exp\left[-\frac{1}{2}\langle[\boldsymbol{k}_1^{\mathrm{T}}\boldsymbol{u}(\boldsymbol{R}_1^{\parallel}) - \boldsymbol{k}_2^{\mathrm{T}}\boldsymbol{u}(\boldsymbol{R}_2^{\parallel})]^2\rangle\right] \end{aligned}$$

$$= \exp[-M(\boldsymbol{k}_1) - M(\boldsymbol{k}_2)]$$
$$\cdot \exp[\langle [\boldsymbol{k}_1^{\mathrm{T}}\boldsymbol{u}(\boldsymbol{R}_1^{\parallel})][\boldsymbol{k}_2^{\mathrm{T}}\boldsymbol{u}(\boldsymbol{R}_2^{\parallel})]\rangle]$$
$$= \exp[-M(\boldsymbol{k}_1) - M(\boldsymbol{k}_2)]$$
$$\cdot [1 + \langle [\boldsymbol{k}_1^{\mathrm{T}}\boldsymbol{u}(\boldsymbol{R}_1^{\parallel})][\boldsymbol{k}_2^{\mathrm{T}}\boldsymbol{u}(\boldsymbol{R}_2^{\parallel})]\rangle + \cdots]. \tag{9.123}$$

按照式(9.47)将位移矢量 $\boldsymbol{u}(\boldsymbol{R}^{\parallel})$对波矢 $\boldsymbol{p}^{\parallel}$展开成 Fourier 级数，每个波矢有 d 个偏振方向($\mu=1,2,\cdots,d$)的格波，又注意到$\langle \exp \cdot [\pm \mathrm{i}(\boldsymbol{p}_1^{\parallel \mathrm{T}}\boldsymbol{R}_1^{\parallel} - \boldsymbol{p}_2^{\parallel \mathrm{T}}\boldsymbol{R}_2^{\parallel})]\rangle = \exp[\pm \mathrm{i}(\boldsymbol{p}_1^{\parallel \mathrm{T}}\boldsymbol{R}^{\parallel})]\langle \exp[\pm \mathrm{i}(\boldsymbol{p}_1^{\parallel} - \boldsymbol{p}_2^{\parallel})^{\mathrm{T}}\boldsymbol{R}_2^{\parallel}]\rangle = \exp[\pm \mathrm{i}(\boldsymbol{p}_1^{\parallel \mathrm{T}}\boldsymbol{R}^{\parallel})]\dfrac{(2\pi)^3}{V^{\parallel}}\sum_{S}\delta(\boldsymbol{p}_1^{\parallel} - \boldsymbol{p}_2^{\parallel} - \boldsymbol{S}^{\parallel}) = \exp[\pm \mathrm{i}(\boldsymbol{p}_1^{\parallel \mathrm{T}}\boldsymbol{R}^{\parallel})]\dfrac{(2\pi)^3}{V^{\parallel}}\delta(\boldsymbol{p}_1^{\parallel} - \boldsymbol{p}_2^{\parallel})$. 这里 $\boldsymbol{R}^{\parallel} = \boldsymbol{R}_1^{\parallel} - \boldsymbol{R}_2^{\parallel}$，用到了式(9.10)，而且由于 $\boldsymbol{p}_1^{\parallel}$ 与 $\boldsymbol{p}_2^{\parallel}$ 都是在第一 Brillouin 区内取值，对 $\boldsymbol{S}$ 的求和只能取$\boldsymbol{S}=0$ 一项. 于是式(9.123)中的求平均的项应是

$$\langle [\boldsymbol{k}_1^{\mathrm{T}}\boldsymbol{u}(\boldsymbol{R}_1^{\parallel})][\boldsymbol{k}_2^{\mathrm{T}}\boldsymbol{u}(\boldsymbol{R}_2^{\parallel})]\rangle$$
$$= \frac{1}{V^{\parallel}(2\pi)^3}\int \mathrm{d}^3\boldsymbol{p}^{\parallel}\sum_{\mu=1}^{d}\boldsymbol{k}_1^{\mathrm{T}}\boldsymbol{U}(\boldsymbol{p}^{\parallel},\boldsymbol{\mu})\boldsymbol{U}^{\mathrm{T}}(\boldsymbol{p}^{\parallel},\boldsymbol{\mu})$$
$$\cdot \boldsymbol{k}_2\exp[\pm \mathrm{i}(\boldsymbol{p}^{\parallel}\cdot \boldsymbol{R})]. \tag{9.124}$$

应用式(9.75)和式(9.31b)，类似于推导式(9.75)和式(9.77)的方法，可以证明式(9.124)中的

$$\sum_{\mu=1}^{d}\boldsymbol{k}_1^{\mathrm{T}}\boldsymbol{U}(\boldsymbol{p}^{\parallel},\boldsymbol{\mu})\boldsymbol{U}^{\mathrm{T}}(\boldsymbol{p}^{\parallel},\boldsymbol{\mu})\boldsymbol{k}_2$$
$$= \sum_{\mu=1}^{d}\boldsymbol{k}_1^{\mathrm{T}}\boldsymbol{n}^0(\boldsymbol{p}^{\parallel},\boldsymbol{\mu})|\boldsymbol{U}(\boldsymbol{p}^{\parallel},\boldsymbol{\mu})|^2\,\boldsymbol{n}^{0\mathrm{T}}(\boldsymbol{p}^{\parallel},\boldsymbol{\mu})\boldsymbol{k}_2$$
$$= V^{\parallel}k_BT\sum_{\mu=1}^{d}\boldsymbol{k}_1^{\mathrm{T}}\boldsymbol{n}^0(\boldsymbol{p}^{\parallel},\boldsymbol{\mu})[\boldsymbol{\Lambda}^{-1}(\boldsymbol{p}^{\parallel})]_{\mu\mu}\boldsymbol{n}^{0^{\mathrm{T}}}(\boldsymbol{p}^{\parallel},\boldsymbol{\mu})\boldsymbol{k}_2$$
$$= V^{\parallel}k_BT[\boldsymbol{k}_1^{\mathrm{T}}\,\boldsymbol{N}(\boldsymbol{p}^{\parallel})\boldsymbol{\Lambda}^{-1}(\boldsymbol{p}^{\parallel})\boldsymbol{N}^{\mathrm{T}}(\boldsymbol{p}^{\parallel})\boldsymbol{k}_2]$$
$$= V^{\parallel}k_BT[\boldsymbol{k}_1^{\mathrm{T}}\,\mathbf{A}^{-1}(\boldsymbol{p}^{\parallel})\boldsymbol{k}_2]. \tag{9.125}$$

把式(9.125)代入式(9.124)，再代入式(9.123)，就得到式(9.116). 然后就可得到从式(9.117)到式(9.122)的有关 Debye-

Waller 因子,Bragg 衍射的强度分布,Bragg 衍射的累积强度,以及关于一级热漫散射强度的表达式.

9.3.5 位移场达到平衡的准晶热漫散射:准晶热漫散射强度公式的流体动力学方法推导

9.2.5 节的思路在于把晶体看作由连续分布的电子密度(对X射线衍射)或者电势密度(对电子衍射)$\rho(\boldsymbol{r})$组成,不均匀的位移场$\boldsymbol{u}(\boldsymbol{r})$则按照流体动力学中的连续性方程引起密度函数的改变. 本节的关键在于把 9.2.5 节的思路推广到高维(d 维)空间,即:d 维空间的密度函数$\rho(\boldsymbol{r}) = \rho_0(\boldsymbol{r}) - \Delta\rho(\boldsymbol{r})$分成两部分:一是平均晶体中的 $\rho_0(\boldsymbol{r})$,二是由于位移场 $\boldsymbol{u}(\boldsymbol{r}^{\parallel})$而引起的电子的流出,导致电子密度的减小 $\Delta\rho(\boldsymbol{r}) = \nabla\cdot[\rho_0(\boldsymbol{r})\boldsymbol{u}(\boldsymbol{r}^{\parallel})]$,即

$$\rho(\boldsymbol{r}) = \rho_0(\boldsymbol{r}) - \nabla\cdot(\rho_0(\boldsymbol{r})\boldsymbol{u}(\boldsymbol{r}^{\parallel})). \tag{9.126}$$

把(9.90)和(9.102)两式代入,可得

$$\rho(\boldsymbol{r}) = \frac{1}{v_c}\sum_{S}F(\boldsymbol{S})\{\exp(-\mathrm{i}\boldsymbol{S}\cdot\boldsymbol{r})$$
$$+\frac{i}{(2\pi)^3}\int \mathrm{d}^3\boldsymbol{p}^{\parallel}\sum_{\mu}[(\boldsymbol{S}\pm\boldsymbol{p}^{\parallel})^T\boldsymbol{U}(\boldsymbol{p}^{\parallel},\boldsymbol{\mu})]\exp[-\mathrm{i}(\boldsymbol{S}\pm\boldsymbol{p}^{\parallel})\boldsymbol{r}]\}. \tag{9.127}$$

应用式(9.4),将式(9.127)进行 Fourier 变换,即可得到有位移场的 d 维晶体的衍射振幅的表达式如下:

$$\Phi(\boldsymbol{s}) = \frac{(2\pi)^d}{v_c}\sum_{S}F(\boldsymbol{S})\{\delta(\boldsymbol{s}-\boldsymbol{S})$$
$$+\frac{\mathrm{i}}{(2\pi)^3}\int \mathrm{d}^3\boldsymbol{p}^{\parallel}\sum_{\mu}(\boldsymbol{S}\pm\boldsymbol{p}^{\parallel})^T\boldsymbol{U}(\boldsymbol{p}^{\parallel},\boldsymbol{\mu})\delta[\boldsymbol{s}-(\boldsymbol{S}\pm\boldsymbol{p}^{\parallel})]\}. \tag{9.128}$$

将式(9.128)向平行空间投影,得到有位移场 $\boldsymbol{u}(\boldsymbol{R}^{\parallel})$的准晶的衍射振幅的表达式为

$$\Phi^{\parallel}(\boldsymbol{s}^{\parallel}) = \int \rho^{\parallel}(\boldsymbol{r}^{\parallel})\exp(\mathrm{i}\,\boldsymbol{s}^{\parallel}\cdot\boldsymbol{r}^{\parallel})\mathrm{d}^3\,\boldsymbol{r}^{\parallel} = \frac{1}{(2\pi)^{d-3}}\int \Phi(\boldsymbol{s})\mathrm{d}^{d-3}\boldsymbol{s}^{\perp}$$

$$
=\frac{(2\pi)^3}{v_c}\sum_S F(\boldsymbol{S})\left\{\delta^{\parallel}(\boldsymbol{s}^{\parallel}-\boldsymbol{S}^{\parallel})+\frac{\mathrm{i}}{(2\pi)^3}\int \mathrm{d}^3\boldsymbol{p}^{\parallel}\right.
$$

$$
\left.\sum_{\mu}(\boldsymbol{S}\pm\boldsymbol{p}^{\parallel})^{\mathrm{T}}\boldsymbol{U}(\boldsymbol{p}^{\parallel},\boldsymbol{\mu})\delta^{\parallel}[\boldsymbol{s}^{\parallel}-(\boldsymbol{S}^{\parallel}\pm\boldsymbol{p}^{\parallel})]\right\}
$$

$$
=\frac{(2\pi)^3}{v_c}\sum_S F(\boldsymbol{S})\left\{\delta^{\parallel}(\boldsymbol{s}^{\parallel}-\boldsymbol{S}^{\parallel})\right.
$$

$$
\left.+\frac{\mathrm{i}}{(2\pi)^3}\sum_{\mu}(\boldsymbol{S}\pm\boldsymbol{p}^{\parallel})^{T}\boldsymbol{U}(\boldsymbol{p}^{\parallel},\boldsymbol{\mu})\right\}. \tag{9.129}
$$

注意到不同波矢 $\boldsymbol{p}^{\parallel}$,不同偏振方向(由 $\boldsymbol{\mu}$ 标记)的格波是互不相干的,并应用式(9.20)和式(9.125),可由式(9.129)求得衍射强度的表达式如下:

$$
I^{\parallel}(\boldsymbol{s}^{\parallel})=\Phi^{\parallel}(\boldsymbol{s}^{\parallel})\Phi^{\parallel *}(\boldsymbol{s}^{\parallel})
$$

$$
=\frac{V^{\parallel}(2\pi)^3}{v_c^2}\sum_S|F(\boldsymbol{S})|^2\left\{\delta^{\parallel}(\boldsymbol{s}^{\parallel}-\boldsymbol{S}^{\parallel})\right.
$$

$$
\left.+\frac{k_{\mathrm{B}}T}{(2\pi)^3}[(\boldsymbol{S}\pm\boldsymbol{p}^{\parallel})^{T}\boldsymbol{A}^{-1}(\boldsymbol{p}^{\parallel})(\boldsymbol{S}^{\parallel}\pm\boldsymbol{p}^{\parallel})_2]\right\}. \tag{9.130}
$$

把式(9.130)与式(9.119),(9.121)对比,并注意到本节讨论的结构因子表达式 $F(\boldsymbol{S})$ 内已经包含了 Debye-Waller 因子(Wooster, 1961;王仁卉,郭可信,1990),则可以说以上在 9.3.3 节,9.3.4 节和 9.3.5 节讨论的三种推导方法所得到的结果都是一样的.

§9.4 相位子位移场冻结时的准晶热漫散射的一般公式

在§9.3 的引言里谈到,该节的讨论适用于高温,相位子位移场能够迅速达到热平衡. 此时准晶的热漫散射理论较之晶体的情况,基本上是一样的. 差别主要在于需要把 3 维晶体的理论推广到 d 维晶体的情况,然后再把 d 维晶体的衍射振幅投影到 3 维物理空间. 本节则讨论另外一种极端的情况:准晶从某高温 T_q[相

位子位移场 $\boldsymbol{u}_{Tq}^{\perp}(\boldsymbol{R}^{\parallel})$在此温度能够迅速达到热平衡]淬火到某一低温 T,温度低到相位子位移场 $\boldsymbol{u}_{Tq}^{\perp}(\boldsymbol{R}^{\parallel})$已经冻结了,保持着在 T_q 温度下的状态. 至于声子型位移场 $\boldsymbol{u}^{\parallel}(\boldsymbol{R}^{\parallel})$,则在这两个温度下都是可以迅速热激活的. 在低温 T 之下,由于声子型位移场与相位子型位移场互相耦合,我们可以计算在某一冻结着的相位子型位移场之下每一种声子型位移场出现的概率. 在高温,由于声子型位移场与相位子型位移场互相耦合,我们可以按照§9.3 推导出的公式计算在 Tq 温度下的某一相位子型位移场出现的概率.

首先回顾一下位移场能够迅速达到热平衡的情况下衍射强度的计算. 一般公式是式(9.100),但与位移场 $\boldsymbol{u}(\boldsymbol{R}^{\parallel})$有关的因子

$$f(\boldsymbol{u})=\exp[\mathrm{i}\ \boldsymbol{k}_1\cdot\boldsymbol{u}(\boldsymbol{R}_1^{\parallel})-\mathrm{i}\ \boldsymbol{k}_2\cdot\boldsymbol{u}(\boldsymbol{R}_2^{\parallel})].$$

需按概率 $P[\boldsymbol{u}]=\exp\left(-\dfrac{E(\boldsymbol{u})}{k_BT}\right)$进行平均. 式中 $E(\boldsymbol{u})$是对应于该位移场 $\boldsymbol{u}$ 的自由能. 把位移场 $\boldsymbol{u}(\boldsymbol{R}^{\parallel})$按照式(9.102)Fourier 展开之后,待进行平均的量是

$$F(\boldsymbol{p}^{\parallel})=\exp[\mathrm{i}\ \boldsymbol{a}^{+}(\boldsymbol{p}^{\parallel})\ \boldsymbol{U}(\boldsymbol{p}^{\parallel},\boldsymbol{\mu})],\tag{9.131a}$$

式中

$$\boldsymbol{a}^{+}(\boldsymbol{p}^{\parallel})=\frac{1}{(2\pi)^3}[\boldsymbol{k}_1^T\exp(-\mathrm{i}\ \boldsymbol{p}^{\parallel T}\boldsymbol{R}_1^{\parallel})-\boldsymbol{k}_2^T\exp(-\mathrm{i}\ \boldsymbol{p}^{\parallel T}\boldsymbol{R}_2^{\parallel})].\tag{9.131b}$$

由于

$$\boldsymbol{a}(-\boldsymbol{p}^{\parallel})=\boldsymbol{a}^{*}(\boldsymbol{p}^{\parallel}),\boldsymbol{U}(-\boldsymbol{p}^{\parallel},\mu)=\boldsymbol{U}^{*}(\boldsymbol{p}^{\parallel},\boldsymbol{\mu}),$$

因而有

$$\boldsymbol{a}^{+}(-\boldsymbol{p}^{\parallel})\ \boldsymbol{U}(-\boldsymbol{p}^{\parallel},\boldsymbol{\mu})=\boldsymbol{U}^{+}(\boldsymbol{p}^{\parallel},\boldsymbol{\mu})\ \boldsymbol{a}(\boldsymbol{p}^{\parallel}).$$

在位移场能够迅速达到热平衡时,式(9.131)的概率的表达式 $P[\boldsymbol{u}]=\exp\left(-\dfrac{E(\boldsymbol{p}^{\parallel})}{k_BT}\right)$中的对应于该格波的振幅 $\boldsymbol{U}(\boldsymbol{p}^{\parallel},\boldsymbol{\mu})$的自由能是

$$E(\boldsymbol{p}^{\parallel},\boldsymbol{\mu})=\frac{1}{2(2\pi)^3}\boldsymbol{U}^{\mathrm{T}}(-\boldsymbol{p}^{\parallel},\boldsymbol{\mu})\boldsymbol{A}(\boldsymbol{p}^{\parallel})\ \boldsymbol{U}(\boldsymbol{p}^{\parallel},\boldsymbol{\mu}).\tag{9.132}$$

因此,式(9.131a)的平均值是

$$\langle \exp[\mathrm{i}\, \boldsymbol{a}^{+}(\boldsymbol{p}^{\parallel})\ \boldsymbol{U}(\boldsymbol{p}^{\parallel},\boldsymbol{\mu})]\rangle$$

$$=\frac{\int \exp[\mathrm{i}\, \boldsymbol{a}^{+}(\boldsymbol{p}^{\parallel})\boldsymbol{U}(\boldsymbol{p}^{\parallel})]\exp\left[-\frac{E(\boldsymbol{p}^{\parallel})}{k_B T}\right]\mathrm{D}\boldsymbol{U}(\boldsymbol{p}^{\parallel})}{\int \exp\left[-\frac{E(\boldsymbol{p}^{\parallel})}{k_B T}\right]\mathrm{D}\boldsymbol{U}(\boldsymbol{p}^{\parallel})}$$

$$=\exp\left[-\frac{(2\pi)^3(k_B T)\boldsymbol{a}^{+}(\boldsymbol{p}^{\parallel})\boldsymbol{A}^{-1}(\boldsymbol{p}^{\parallel})\boldsymbol{a}(\boldsymbol{p}^{\parallel})}{2}\right]. \tag{9.133}$$

在相位子位移场冻结的情况下,被射线辐照的试样中不同的区域具有不同的相位子位移场. 在其中的每一个相位子位移场 $\boldsymbol{u}^{\perp}_{Tq}(\boldsymbol{R}^{\parallel})$的区域内,被辐照的不同的时刻或者不同的亚区域又将有不同的声子型位移场 $\boldsymbol{u}^{\parallel}(\boldsymbol{R}^{\parallel})$. 把位移场 $\boldsymbol{u}^{\parallel}(\boldsymbol{R}^{\parallel})$按照式(9.102)Fourier 展开之后,第一步进行平均的量是

$$F(\boldsymbol{p}^{\parallel})=\exp[\mathrm{i}\, \boldsymbol{a}^{+}(\boldsymbol{p}^{\parallel})\boldsymbol{U}^{\parallel}(\boldsymbol{p}^{\parallel},\boldsymbol{\mu})], \tag{9.134}$$

其概率计算公式中的有效的弹性自由能是

$$E_{\mathrm{eff}}=E_{\mathrm{phon}}(\boldsymbol{U}^{\parallel}(\boldsymbol{p}^{\parallel},\boldsymbol{\mu}))\ +\ E_{\mathrm{coup}}[\boldsymbol{U}^{\parallel}(\boldsymbol{p}^{\parallel},\boldsymbol{\mu}),\boldsymbol{U}^{\perp}_{Tq}(\boldsymbol{p}^{\parallel},\boldsymbol{\mu})]. \tag{9.135}$$

为了积分计算的方便,引入下列变量替代

$$\boldsymbol{U}^{\parallel}(\boldsymbol{p}^{\parallel},\boldsymbol{\mu})=\overline{\boldsymbol{U}}^{\parallel}(\boldsymbol{p}^{\parallel},\boldsymbol{\mu})-[\boldsymbol{A}^{\parallel,\parallel}(\boldsymbol{p}^{\parallel})]^{-1}\boldsymbol{A}^{\parallel,\perp}(\boldsymbol{p}^{\parallel})\boldsymbol{U}^{\perp}_{\mathrm{Tq}}(\boldsymbol{p}^{\parallel},\boldsymbol{\mu}). \tag{9.136}$$

于是 $F(\boldsymbol{p}^{\parallel})$的平均值就可计算

$$\langle F(\boldsymbol{p}^{\parallel})\rangle_1=\langle \exp[\mathrm{i}\, \boldsymbol{a}^{+}(\boldsymbol{p}^{\parallel})\ \boldsymbol{U}^{\parallel}(\boldsymbol{p}^{\parallel},\boldsymbol{\mu})]\rangle_1=$$

$$\frac{\int \exp[\mathrm{i}\boldsymbol{a}^{+}(\boldsymbol{p}^{\parallel})\boldsymbol{U}^{\parallel}(\boldsymbol{p}^{\parallel})]\exp\left[-\frac{E_{\mathrm{eff}}(\boldsymbol{p}^{\parallel})}{k_B T}\right]\mathrm{D}\boldsymbol{U}^{\parallel}(\boldsymbol{p}^{\parallel})}{\int \exp\left[-\frac{E_{\mathrm{eff}}(\boldsymbol{p}^{\parallel})}{k_B T}\right]\mathrm{D}\boldsymbol{U}^{\parallel}(\boldsymbol{p}^{\parallel})}$$

$$=\exp\left[-\frac{(2\pi)^3(k_B T)\boldsymbol{a}^{\parallel +}(\boldsymbol{p}^{\parallel})[\boldsymbol{A}^{\parallel,\parallel}(\boldsymbol{p}^{\parallel})]^{-1}\boldsymbol{a}^{\parallel}(\boldsymbol{p}^{\parallel})}{2}\right]\cdot\exp[\mathrm{i}\boldsymbol{b}^{\perp +}(\boldsymbol{p}^{\parallel})\boldsymbol{U}^{\perp}_{Tq}(\boldsymbol{p}^{\parallel},\boldsymbol{\mu})], \tag{9.137a}$$

式中

$$b^{\perp +}(p^{\parallel}) = a^{\perp +}(p^{\parallel}) - a^{\parallel +}(p^{\parallel})[A^{\parallel,\parallel}(p^{\parallel})]^{-1}A^{\parallel,\perp}(p^{\parallel}). \tag{9.137b}$$

如上所述，被射线辐照的试样中不同的区域具有不同的相位子位移场. 它们是在位移场能够迅速达到热平衡的 T_q 温度下形成的，因而相应的概率计算公式中的弹性自由能的表达式应该采用在 T_q 温度下的式(9.111)～式(9.114)和式(9.133). 这一步(即第二步)需要进行平均的物理量是式(9.137)中的 $\exp[\mathrm{i}b^{\perp +}(p^{\parallel})U_{Tq}^{\perp}(p^{\parallel},\mu)]$. 由式(9.133)可以计算出其平均值为

$$\begin{aligned}&\langle \exp[\mathrm{i}b^{\perp +}(p^{\parallel})U_{Tq}^{\perp}(p^{\parallel},\mu)]\rangle_2\\ &= \exp\left[-\frac{(2\pi)^3(k_BT)b^{\perp +}(p^{\parallel})[A_{Tq}^{-1}(p^{\parallel})]^{\perp,\perp}b^{\perp}(p^{\parallel})}{2}\right].\end{aligned} \tag{9.138}$$

由式(9.137)和式(9.138)可得 $F(p^{\parallel})$ 的总平均为

$$\begin{aligned}&\ll F(p^{\parallel}) \gg\\ &= \exp\left[-\frac{(2\pi)^3(k_BT)a^{\parallel +}(p^{\parallel})[A^{\parallel,\parallel}(p^{\parallel})]^{-1}a^{\parallel}(p^{\parallel})}{2}\right]\\ &\quad\cdot\exp\left[-\frac{(2\pi)^3(k_BT)b^{\perp +}(p^{\parallel})[A_{Tq}^{-1}(p^{\parallel})]^{\perp,\perp}b^{\perp}(p^{\parallel})}{2}\right].\end{aligned} \tag{9.139}$$

为了整理式(9.139)，首先让我们介绍分块矩阵的逆矩阵的表达式. 设有两个分块矩阵

$$A = \begin{bmatrix} A^{\parallel,\parallel} & A^{\parallel,\perp} \\ A^{\perp,\parallel} & A^{\perp,\perp} \end{bmatrix} \tag{9.107}$$

和

$$B = \begin{bmatrix} B^{\parallel,\parallel} & B^{\parallel,\perp} \\ B^{\perp,\parallel} & B^{\perp,\perp} \end{bmatrix}, \tag{9.140a}$$

其中

$$B^{\parallel,\parallel} = [A^{\parallel,\parallel} - A^{\parallel,\perp}(A^{\perp,\perp})^{-1}A^{\perp,\parallel}]^{-1}, \tag{9.140b}$$

$$B^{\perp,\perp} = [A^{\perp,\perp} - A^{\perp,\parallel}(A^{\parallel,\parallel})^{-1}A^{\parallel,\perp}]^{-1}, \tag{9.140c}$$

$$B^{\parallel,\perp} = -B^{\parallel,\parallel}A^{\parallel,\perp}(A^{\perp,\perp})^{-1} = -(A^{\parallel,\parallel})^{-1}A^{\parallel,\perp}B^{\perp,\perp}$$

$$= (\boldsymbol{B}^{\perp,\parallel})^{\mathrm{T}}, \tag{9.140d}$$

$$\boldsymbol{B}^{\perp,\parallel} = (\boldsymbol{B}^{\parallel,\perp})^{\mathrm{T}} = -(\boldsymbol{A}^{\perp,\perp})^{-1}\boldsymbol{A}^{\perp,\parallel}\boldsymbol{B}^{\parallel,\parallel}$$

$$= -\boldsymbol{B}^{\perp,\perp}\boldsymbol{A}^{\perp,\parallel}(\boldsymbol{A}^{\parallel,\parallel})^{-1}, \tag{9.140e}$$

则不难证明

$$\boldsymbol{A}\,\boldsymbol{B} = \begin{bmatrix} \boldsymbol{A}^{\parallel,\parallel} & \boldsymbol{A}^{\parallel,\perp} \\ \boldsymbol{A}^{\perp,\parallel} & \boldsymbol{A}^{\perp,\perp} \end{bmatrix} \begin{bmatrix} \boldsymbol{B}^{\parallel,\parallel} & \boldsymbol{B}^{\parallel,\perp} \\ \boldsymbol{B}^{\perp,\parallel} & \boldsymbol{B}^{\perp,\perp} \end{bmatrix} = \boldsymbol{I}, \tag{9.141a}$$

也就是

$$\boldsymbol{A}^{-1} = \boldsymbol{B}. \tag{9.141b}$$

把式(9.137b)中关于 $\boldsymbol{b}^{\perp +}(\boldsymbol{p}^{\parallel})$ 的定义代入式(9.139),然后对此式进行整理,就得到

$$\ll F(\boldsymbol{p}^{\parallel}) \gg$$

$$= \exp\left[-\frac{(2\pi)^3 (k_B T)\boldsymbol{a}^{+}(\boldsymbol{p}^{\parallel})\boldsymbol{A}_{\mathrm{eff}}^{-1}(\boldsymbol{p}^{\parallel})\boldsymbol{a}(\boldsymbol{p}^{\parallel})}{2} \right], \tag{9.142}$$

式中

$$\boldsymbol{a}^{+} = [\,\boldsymbol{a}^{\parallel +} \quad \boldsymbol{a}^{\perp +}\,], \tag{9.143a}$$

$$\boldsymbol{a} = \begin{bmatrix} \boldsymbol{a}^{\parallel} \\ \boldsymbol{a}^{\perp} \end{bmatrix}, \tag{9.143b}$$

$$\boldsymbol{A}_{\mathrm{eff}}^{-1} = \begin{bmatrix} (\boldsymbol{A}^{\parallel,\parallel})^{-1} + (\boldsymbol{A}^{\parallel,\parallel})^{-1}\boldsymbol{A}^{\parallel,\perp}\dfrac{Tq}{T}\boldsymbol{B}_{T_q}^{\perp,\perp}\boldsymbol{A}^{\perp,\parallel}(\boldsymbol{A}^{\parallel,\parallel})^{-1} & -(\boldsymbol{A}^{\parallel,\parallel})^{-1}\boldsymbol{A}^{\parallel,\perp}\dfrac{Tq}{T}\boldsymbol{B}_{T_q}^{\perp,\perp} \\ -\dfrac{Tq}{T}\boldsymbol{B}_{T_q}^{\perp,\perp}\mathrm{A}^{\perp,\parallel}(\mathrm{A}^{\parallel,\parallel})^{-1} & \dfrac{Tq}{T}\boldsymbol{B}_{T_q}^{\perp,\perp} \end{bmatrix}. \tag{9.144}$$

不难验证,式(9.144)正好是下列表达式的逆矩阵

$$\boldsymbol{A}_{\mathrm{eff}} = \begin{bmatrix} \boldsymbol{A}^{\parallel,\parallel} & \boldsymbol{A}^{\parallel,\perp} \\ \boldsymbol{A}^{\perp,\parallel} & \dfrac{T}{T_q}[\boldsymbol{A}_{T_q}^{\perp,\perp} - \boldsymbol{A}_{T_q}^{\perp,\parallel}(\boldsymbol{A}_{T_q}^{\parallel,\parallel})^{-1}\boldsymbol{A}_{T_q}^{\parallel,\perp}] + \boldsymbol{A}^{\perp,\parallel}(\boldsymbol{A}^{\parallel,\parallel})^{-1}\boldsymbol{A}^{\parallel,\perp} \end{bmatrix}. \tag{9.145}$$

式(9.142)和式(9.145)表明：相位子位移场冻结时的准晶热漫散射的公式，与相位子位移场能够迅速达到热平衡时的公式在形式上是完全一样的，仅需要把流体动力学矩阵中 $\boldsymbol{A}^{\perp,\perp}$ 换成式(9.145)中的

$$\boldsymbol{A}_{\text{eff}}^{\perp\perp} = \frac{T}{T_q}[\boldsymbol{A}_{T_q}^{\perp,\perp} - \boldsymbol{A}_{T_q}^{\perp,\parallel}(\boldsymbol{A}_{T_q}^{\parallel,\parallel})^{-1}\boldsymbol{A}_{T_q}^{\parallel,\perp}] + \boldsymbol{A}^{\perp,\parallel}(\boldsymbol{A}^{\parallel,\parallel})^{-1}\boldsymbol{A}^{\parallel,\perp} \tag{9.146}$$

就行了．必须强调的是：通常弹性常数与温度有关．以上各式中标有下标 T_q 者，都应该用 T_q 温度下的弹性常数．

从物理意义上说，当 $T_q = T$ 时，两步平均的结果应与一步平均的完全相同．本节推导相位子位移场冻结时的准晶热漫散射公式的两步平均这一方法，是 Jaric，Nelson(1988)受到过去关于黄昆漫散射强度公式的推导方法的启发，最先引进的．但他们在进行第二步平均时，即在求 $\exp[\mathrm{i}\boldsymbol{b}^{\perp+}\boldsymbol{U}_{T_q}^{\perp}]$ 在高温 T_q 下的平均值时，仅考虑了相位子型弹性自由能 E_{phas} 的贡献．这一失误导致他们给出的 $\boldsymbol{A}_{\text{eff}}^{\perp,\perp} = \frac{T}{T_q}\boldsymbol{A}_{T_q}^{\perp,\perp} + \boldsymbol{A}^{\perp,\parallel}(\boldsymbol{A}^{\parallel,\parallel})^{-1}\boldsymbol{A}^{\parallel,\perp}$ 较之式(9.146)少了一项 $\left[-\frac{T}{T_q}\boldsymbol{A}_{T_q}^{\perp,\parallel}(\boldsymbol{A}_{T_q}^{\parallel,\parallel})^{-1}\boldsymbol{A}_{T_q}^{\parallel,\perp}\right]$．当 $T_q = T$ 时，他们给出的 $\boldsymbol{A}_{\text{eff}}^{\perp,\perp} = \boldsymbol{A}^{\perp,\perp} + \boldsymbol{A}^{\perp,\parallel}(\boldsymbol{A}^{\parallel,\parallel})^{-1}\boldsymbol{A}^{\parallel,\perp}$，并不等于 $\boldsymbol{A}^{\perp,\perp}$．王仁卉等 (Wang，et al.，2000；Wang，et al.，2001)发现了这一问题，并推导出了(9.145)和(9.146)两式．按照式(9.146)，当 $T_q = T$ 时，式(9.146)中的 $\boldsymbol{A}_{\text{eff}}^{\perp,\perp}$ 等于 $\mathrm{A}^{\perp,\perp}$．

§9.5　各 Laue 类准晶的流体动力学矩阵

9.5.1　准晶热漫散射强度计算公式概要

由(9.66)，(9.68)，(9.120)，(9.122)和(9.145)等式可知，无论是晶体还是准晶，无论是在相位子型位移场可以迅速达到热平衡或是相位子位移场被冻结的情况下，当绝对温度为 T 时，在倒易阵点 $\boldsymbol{S}$ 的近邻，距离 $\boldsymbol{S}$ 为 $\pm \boldsymbol{p}^{\parallel}$ 处一级热漫散射强度的公式在

形式上都是

$$I_{\mathrm{TDS1}}^{\parallel}(S \pm p^{\parallel}) = I_B^{\mathrm{Int}}(S) k_B T (S \pm p^{\parallel})^{\mathrm{T}} A^{-1}(p^{\parallel}) (S \pm p^{\parallel}) \tag{9.122}$$

$$\approx I_B^{\mathrm{Int}}(S) k_B T S^{\mathrm{T}} A^{-1}(p^{\parallel}) S, \tag{9.122a}$$

式中 $A^{-1}(p^{\parallel})$是流体动力学矩阵 $A(p^{\parallel})$的逆矩阵. $I_B^{\mathrm{Int}}(S)$是体积为 $V^{\parallel}$ 的试样区对倒易阵点 $S^{\parallel}$ 的 Bragg 反射的累积强度的贡献,其表达式为

$$I_B^{\mathrm{Int}}(S) = \frac{V^{\parallel}}{v_c^2} |F(S)|^2 \exp[-2M(S)], \tag{9.120}$$

式中 $F(S)$是 d 维空间中体积为 v_c 的单胞的结构因子, $\exp[-2M(S)]$是 Debye-Waller 因子. $d \times d$ 的流体动力学矩阵 $A(p^{\parallel})$的矩阵元是

$$A_{\mu\nu}(p^{\parallel}) = p_j^{\parallel} M_{\mu j \nu L} p_L^{\parallel}, \tag{9.106}$$

式中 $M_{\mu j \nu L} = \dfrac{\partial^2 E}{\partial \varepsilon_{\mu j} \partial \varepsilon_{\nu L}}$是弹性常数,它们是弹性自由能 E 对应变 $\varepsilon_{\mu j}$ 的二级微分. 对准晶而言可分成四块

$$M = \begin{bmatrix} C & R \\ R^T & K \end{bmatrix}, \tag{9.103}$$

其中 $C_{ijkL} = M_{ijkL}$, $K_{ijkL} = M_{(i+3)j(k+3)L}$, $R_{ijkL} = M_{ij(k+3)L}$分别是声子型,相位子型,声子-相位子耦合型弹性常数. 上标 T 表示矩阵的转置,即:$(R^{\mathrm{T}})_{kLij} = R_{ijkL}$.

类似于式(9.103),$d \times d$ 的流体动力学矩阵 A 也可以分块成

$$A = \begin{bmatrix} A^{\parallel,\parallel} & A^{\parallel,\perp} \\ A^{\perp,\parallel} & A^{\perp,\perp} \end{bmatrix}, \tag{9.107}$$

其中

$$[A^{\parallel,\parallel}(p^{\parallel})]_{ik} = p_j^{\parallel} C_{ijkL} p_L^{\parallel},$$

$$[A^{\perp,\perp}(p^{\parallel})]_{ik} = p_j^{\parallel} K_{ijkL} p_L^{\parallel},$$

$$[A^{\parallel,\perp}(p^{\parallel})]_{ik} = [A^{\perp,\parallel}(p^{\parallel})]_{ik} = p_j^{\parallel} R_{ijkL} p_L^{\parallel}.$$

以上 5 个公式都是针对相位子型位移场可以迅速达到热平衡的准晶的. 若令 $d = 3$,即没有垂直空间,弹性常数也是只考虑声子型

的 C_{ijkL}，而且 $\frac{V^{\parallel}}{v_c^2}=\frac{N}{v_c}$，则得到关于晶体的热漫散射的公式.

对于相位子位移场在 T_q 温度下达到热平衡之后快冷到温度 T 而被冻结的情况，仅需要把流体动力学矩阵[式(9.107)]中的 $\boldsymbol{A}^{\perp,\perp}$ 换成

$$\boldsymbol{A}_{\text{eff}}^{\perp,\perp}=\frac{T}{T_q}\left[\boldsymbol{A}_{T_q}^{\perp,\perp}-\boldsymbol{A}_{T_q}^{\perp,\parallel}(\boldsymbol{A}_{T_q}^{\parallel,\parallel})^{-1}\boldsymbol{A}_{T_q}^{\parallel,\perp}\right]$$
$$+\boldsymbol{A}^{\perp,\parallel}(\boldsymbol{A}^{\parallel,\parallel})^{-1}\boldsymbol{A}^{\parallel,\perp} \tag{9.146}$$

就行了. 必须强调：通常弹性常数与温度有关. 式(9.146)中标有下标 T_q 者，都应该用 T_q 温度下的弹性常数.

由式(9.122a)可知，在倒易阵点 $\boldsymbol{S}$ 的近邻，距离 $\boldsymbol{S}$ 为 $\pm\boldsymbol{p}^{\parallel}$ 处的一级热漫散射强度的计算公式是

$$\boldsymbol{I}_{\text{TDS1}}^{\parallel}(\boldsymbol{S}\pm\boldsymbol{p}^{\parallel})\approx\boldsymbol{I}_B^{\text{Int}}(\boldsymbol{S})k_BT\,\boldsymbol{S}^{\text{T}}\boldsymbol{A}^{-1}(\boldsymbol{p}^{\parallel})\,\boldsymbol{S}. \tag{9.147}$$

如果只需要计算各个 $\boldsymbol{p}^{\parallel}$ 处的相对强度，就只需计算 $\boldsymbol{S}^{\text{T}}\boldsymbol{A}^{-1}(\boldsymbol{p}^{\parallel})\boldsymbol{S}$. 其关键在于计算流体动力学矩阵 $\boldsymbol{A}(\boldsymbol{p}^{\parallel})$ 的每个矩阵元，后者的关键则在于知道弹性常数矩阵元 M_{ijkL} 的具体的形式. 在第 6 章和附录 D3，E3 已给出各 Laue 类的弹性常数矩阵的形式. 本节在此基础上将要给出各 Laue 类的准晶在常用的坐标系之下流体动力学矩阵的具体形式.

9.5.2 二十面体准晶的流体动力学矩阵

在§2.5 中我们已经讨论了二十面体准晶常用的五种坐标系. 每种坐标系之下，弹性常数矩阵的形式都不一样，现分述如下：

(1) 在丁棣华等(Ding, et al, 1993)以及 Levine 等(1985)采用的(以下简称为“D”的)坐标系，即 z 轴平行于某一支五次轴 $A5$，y 轴平行于与此五次轴垂直的某一支二次轴 $A2$ 的情况下[图 2.15(a)]，二十面体准晶的五个独立的弹性常数 λ,μ,K_1,K_2,R 的分布如下. 需要说明的是：在下列 9×9 的矩阵中，行的顺序是 $ij=$ 11,22,33,23,31,12,32,13,21；列的顺序也是 $kl=$ 11,22,33,23,31,12,32,13,21.

$$
\lfloor \boldsymbol{C}_{ijkL} \rfloor = \begin{bmatrix}
\lambda+2\mu & \lambda & \lambda & 0 & 0 & 0 & 0 & 0 & 0 \\
\lambda & \lambda+2\mu & \lambda & 0 & 0 & 0 & 0 & 0 & 0 \\
\lambda & \lambda & \lambda+2\mu & 0 & 0 & 0 & 0 & 0 & 0 \\
0 & 0 & 0 & \mu & 0 & 0 & \mu & 0 & 0 \\
0 & 0 & 0 & 0 & \mu & 0 & 0 & \mu & 0 \\
0 & 0 & 0 & 0 & 0 & \mu & 0 & 0 & \mu \\
0 & 0 & 0 & \mu & 0 & 0 & \mu & 0 & 0 \\
0 & 0 & 0 & 0 & \mu & 0 & 0 & \mu & 0 \\
0 & 0 & 0 & 0 & 0 & \mu & 0 & 0 & \mu
\end{bmatrix}, \tag{6.75}
$$

$$
[\boldsymbol{K}_{\alpha j\beta L}]^D = \begin{bmatrix}
K_1^D & 0 & 0 & 0 & K_2^D & 0 & 0 & K_2^D & 0 \\
0 & K_1^D & 0 & 0 & -K_2^D & 0 & 0 & K_2^D & 0 \\
0 & 0 & K_1^D+K_2^D & 0 & 0 & 0 & 0 & 0 & 0 \\
0 & 0 & 0 & K_1^D-K_2^D & 0 & K_2^D & 0 & 0 & -K_2^D \\
K_2^D & -K_2^D & 0 & 0 & K_1^D-K_2^D & 0 & 0 & 0 & 0 \\
0 & 0 & 0 & K_2^D & 0 & K_1^D & -K_2^D & 0 & 0 \\
0 & 0 & 0 & 0 & 0 & -K_2^D & K_1^D-K_2^D & 0 & -K_2^D \\
K_2^D & K_2^D & 0 & 0 & 0 & 0 & 0 & K_1^D-K_2^D & 0 \\
0 & 0 & 0 & -K_2^D & 0 & 0 & -K_2^D & 0 & K_1^D
\end{bmatrix}, \tag{6.81}
$$

$$
[\boldsymbol{R}_{ij\beta L}]^D = R^D \begin{bmatrix}
1 & 1 & 1 & 0 & 0 & 0 & 0 & 1 & 0 \\
-1 & -1 & 1 & 0 & 0 & 0 & 0 & -1 & 0 \\
0 & 0 & -2 & 0 & 0 & 0 & 0 & 0 & 0 \\
0 & 0 & 0 & 0 & 0 & -1 & 1 & 0 & -1 \\
1 & -1 & 0 & 0 & 1 & 0 & 0 & 0 & 0 \\
0 & 0 & 0 & -1 & 0 & -1 & 0 & 0 & 1 \\
0 & 0 & 0 & 0 & 0 & -1 & 1 & 0 & -1 \\
1 & -1 & 0 & 0 & 1 & 0 & 0 & 0 & 0 \\
0 & 0 & 0 & -1 & 0 & -1 & 0 & 0 & 1
\end{bmatrix}. \tag{6.83}
$$

按照定义式(9.106)和式(9.107),可知二十面体准晶的流体动力学矩阵 $\boldsymbol{A}$ 是个 6×6 的矩阵,并得到它的 4 个 3×3 分块矩阵的表达式分别是

$$[\boldsymbol{A}^{\parallel,\parallel}(\boldsymbol{p}^{\parallel})]_{ik}=p_j^{\parallel}\boldsymbol{C}_{ijkL}p_L^{\parallel}$$

$$=\mu|\boldsymbol{p}^{\parallel}|^2\begin{bmatrix}1&0&0\\0&1&0\\0&0&1\end{bmatrix}+(\lambda+\mu)\begin{bmatrix}(p_1^{\parallel})^2&p_1^{\parallel}p_2^{\parallel}&p_1^{\parallel}p_3^{\parallel}\\p_2^{\parallel}p_1^{\parallel}&(p_2^{\parallel})^2&p_2^{\parallel}p_3^{\parallel}\\p_3^{\parallel}p_1^{\parallel}&p_3^{\parallel}p_2^{\parallel}&(p_3^{\parallel})^2\end{bmatrix},\tag{9.148}$$

$$[\boldsymbol{A}^{\perp,\perp}(\boldsymbol{p}^{\parallel})]_{ik}=p_j^{\parallel}\boldsymbol{K}_{ijkL}p_L^{\parallel}$$

$$=K_1^D|\boldsymbol{p}^{\parallel}|^2\begin{bmatrix}1&0&0\\0&1&0\\0&0&1\end{bmatrix}+K_2^D$$

$$\begin{bmatrix}2p_1^{\parallel}p_3^{\parallel}-p_3^{\parallel 2}&2p_2^{\parallel}p_3^{\parallel}&p_1^{\parallel 2}-p_2^{\parallel 2}\\2p_2^{\parallel}p_3^{\parallel}&-(2p_1^{\parallel}p_3^{\parallel}+p_3^{\parallel 2})&-2p_1^{\parallel}p_2^{\parallel}\\p_1^{\parallel 2}-p_2^{\parallel 2}&-2p_1^{\parallel}p_2^{\parallel}&-p_1^{\parallel 2}-p_2^{\parallel 2}+p_3^{\parallel 2}\end{bmatrix}\tag{9.149a}$$

$$[\boldsymbol{A}^{\parallel\perp}(\boldsymbol{p}^{\parallel})]_{ik}=[\boldsymbol{A}^{\parallel,\perp}(\boldsymbol{p}^{\parallel})]_{ik}^T=p_j^{\parallel}\boldsymbol{R}_{ijkL}p_L^{\parallel}$$

$$=R_D$$

$$\begin{bmatrix}p_1^{\parallel 2}-p_2^{\parallel 2}+2p_1^{\parallel}p_3^{\parallel}&2(p_1^{\parallel}p_2^{\parallel}-p_2^{\parallel}p_3^{\parallel})&2p_1^{\parallel}p_3^{\parallel}\\-2(p_1^{\parallel}p_2^{\parallel}+p_2^{\parallel}p_3^{\parallel})&p_1^{\parallel 2}-p_2^{\parallel 2}-2p_1^{\parallel}p_3^{\parallel}&2p_2^{\parallel}p_3^{\parallel}\\p_1^{\parallel 2}-p_2^{\parallel 2}&-2p_1^{\parallel}p_2^{\parallel}&p_1^{\parallel 2}+p_2^{\parallel 2}-2p_3^{\parallel 2}\end{bmatrix}.\tag{9.149b}$$

正如在§6.4中已经讨论过的,二十面体准晶的弹性常数可分成两类.一类是声子型的弹性常数 C_{ijkL},见式(6.75),它们是各向同性的,与坐标系的选取无关.于是,式(9.148)给出的 $\boldsymbol{A}^{\parallel,\parallel}$ 的表达式也与坐标系的选取无关.另一类是相位子型的弹性常数 K_{ijkL}和声子-相位子耦合型弹性常数 R_{ijkL},它们的具体的表达式

与坐标系的选取有关.

(2) Lubensky 等(1985, 1988)采用的 BB 型 $A2$-$A2$-$A2$ 坐标系,以下简称为 Lub 坐标系. 用式(6.85a)和式(6.85b)给出的 D 与 Lub 两个系的坐标之间的关系,从式(6.81)和式(6.83)给出的在 D 坐标系中的 K_{ijkL} 和 R_{ijkL} 的表达式出发,可分别按照式(6.86a)和式(6.86b)求得 Lub 坐标系中的 K_{ijkL} 和 R_{ijkL} 的表达式,即式(6.87a)和式(6.87b),并进而求得流体动力学矩阵$(\boldsymbol{A}^{\perp\perp})^{\text{Lub}}$和$(\boldsymbol{A}^{\parallel\perp})^{\text{Lub}}$分别是

$$(\boldsymbol{A}^{\perp\perp})^{\text{Lub}} = K_1^D |\boldsymbol{p}^{\parallel}|^2 \begin{bmatrix} 1 & 0 & 0 \\ 0 & 1 & 0 \\ 0 & 0 & 1 \end{bmatrix} - K_2^D$$

$$\begin{bmatrix} \tau p_1^{\parallel 2} - \tau^{-1} p_2^{\parallel 2} & -2p_2^{\parallel} p_3^{\parallel} & -2p_1^{\parallel} p_3^{\parallel} \\ -2p_2^{\parallel} p_3^{\parallel} & \tau p_3^{\parallel 2} - \tau^{-1} p_1^{\parallel 2} & 2p_1^{\parallel} p_2^{\parallel} \\ -2p_1^{\parallel} p_3^{\parallel} & 2p_1^{\parallel} p_2^{\parallel} & \tau p_2^{\parallel 2} - \tau^{-1} p_3^{\parallel 2} \end{bmatrix}, \qquad (9.150\text{a})$$

$$(\boldsymbol{A}^{\parallel\perp})^{\text{Lub}} = -R^D$$

$$\begin{bmatrix} 2\tau^{-1} p_1^{\parallel} p_3^{\parallel} & 2\tau p_1^{\parallel} p_2^{\parallel} & \tau p_3^{\parallel 2} - p_1^{\parallel 2} - \tau^{-1} p_2^{\parallel 2} \\ -2\tau p_2^{\parallel} p_3^{\parallel} & \tau p_1^{\parallel 2} - p_2^{\parallel 2} - \tau^{-1} p_3^{\parallel 2} & -2\tau^{-1} p_1^{\parallel} p_2^{\parallel} \\ -\tau p_2^{\parallel 2} + p_3^{\parallel 2} + \tau^{-1} p_1^{\parallel 2} & -2\tau^{-1} p_2^{\parallel} p_3^{\parallel} & 2\tau p_1^{\parallel} p_3^{\parallel} \end{bmatrix}. \qquad (9.150\text{b})$$

式(9.150a)和式(9.150b)中的弹性常数 K_1^D, K_2^D 和 R^D 都是 D 坐标系中的弹性常数. Lubensky (1988)本人给出的流体动力学矩阵则为下列形式:

$$(\boldsymbol{A}^{\perp\perp})^{\text{Lub}} = (K_1^L + K_2^L) |\boldsymbol{p}^{\parallel}|^2 \begin{bmatrix} 1 & 0 & 0 \\ 0 & 1 & 0 \\ 0 & 0 & 1 \end{bmatrix} + K_2^L$$

$$\begin{bmatrix} \tau p_1^{\parallel 2} - \tau^{-1} p_2^{\parallel 2} & -2p_2^{\parallel} p_3^{\parallel} & -2p_1^{\parallel} p_3^{\parallel} \\ -2p_2^{\parallel} p_3^{\parallel} & \tau p_3^{\parallel 2} - \tau^{-1} p_1^{\parallel 2} & 2p_1^{\parallel} p_2^{\parallel} \\ -2p_1^{\parallel} p_3^{\parallel} & 2p_1^{\parallel} p_2^{\parallel} & \tau p_2^{\parallel 2} - \tau^{-1} p_3^{\parallel 2} \end{bmatrix}, \tag{9.151a}$$

$(\boldsymbol{A}^{\parallel\perp})^{\mathrm{Lub}} = K_3^L$

$$\begin{bmatrix} 2\tau^{-1} p_1^{\parallel} p_3^{\parallel} & 2\tau p_1^{\parallel} p_2^{\parallel} & \tau p_3^{\parallel 2} - p_1^{\parallel 2} - \tau^{-1} p_2^{\parallel 2} \\ -2\tau p_2^{\parallel} p_3^{\parallel} & \tau p_1^{\parallel 2} - p_2^{\parallel 2} - \tau^{-1} p_3^{\parallel 2} & -2\tau^{-1} p_1^{\parallel} p_2^{\parallel} \\ -\tau p_2^{\parallel 2} + p_3^{\parallel 2} + \tau^{-1} p_1^{\parallel 2} & -2\tau^{-1} p_2^{\parallel} p_3^{\parallel} & 2\tau p_1^{\parallel} p_3^{\parallel} \end{bmatrix} \tag{9.151b}$$

对比(9.150)与(9.151)两式可知,这两套弹性常数之间的关系如下:

$$K_1^D = K_1^L + K_2^L, \tag{9.152a}$$

$$K_2^D = -K_2^L, \tag{9.152b}$$

$$R^D = -K_3^L. \tag{9.152c}$$

(3) Jaric 和 Nelson(1988), Widom(1991)、还有 Shaw 等(1991)采用式(2.96c)和图 2.15(c)描述的 AB 型 $A2$-$A2$-$A2$ 坐标系(以下简称为 J 坐标系). 应用§6.4 中给出的从 Lub 系到 J 系的坐标的变换关系,即式(6.88a),可以求得用 Lubensky 的弹性常数(用上标 L 标注)表达的 J 系中流体动力学矩阵为

$$(\boldsymbol{A}^{\perp\perp})^J = (K_1^L + K_2^L)|\boldsymbol{p}^{\parallel}|^2 \begin{bmatrix} 1 & 0 & 0 \\ 0 & 1 & 0 \\ 0 & 0 & 1 \end{bmatrix} + K_2^L$$

$$\begin{bmatrix} \tau p_3^{\parallel 2} - \tau^{-1} p_2^{\parallel 2} & 2p_1^{\parallel} p_2^{\parallel} & 2p_1^{\parallel} p_3^{\parallel} \\ 2p_2^{\parallel} p_1^{\parallel} & \tau p_1^{\parallel 2} - \tau^{-1} p_3^{\parallel 2} & 2p_2^{\parallel} p_3^{\parallel} \\ 2p_3^{\parallel} p_1^{\parallel} & 2p_3^{\parallel} p_2^{\parallel} & \tau p_2^{\parallel 2} - \tau^{-1} p_1^{\parallel 2} \end{bmatrix}, \tag{9.153a}$$

$(\boldsymbol{A}^{\parallel\perp})^J = [\boldsymbol{A}^{\perp\parallel}]^T = -K_3^L$

$$\begin{bmatrix} (p_1^{\parallel 2} - \tau p_2^{\parallel 2} + \tau^{-1} p_3^{\parallel 2}) & 2\tau^{-1} p_1^{\parallel} p_2^{\parallel} & -2\tau p_1^{\parallel} p_3^{\parallel} \\ -2\tau p_2^{\parallel} p_1^{\parallel} & (p_2^{\parallel 2} - \tau p_3^{\parallel 2} + \tau^{-1} p_1^{\parallel 2}) & 2\tau^{-1} p_2^{\parallel} p_3^{\parallel} \\ 2\tau^{-1} p_3^{\parallel} p_1^{\parallel} & -2\tau p_3^{\parallel} p_2^{\parallel} & (p_3^{\parallel 2} - \tau p_1^{\parallel 2} + \tau^{-1} p_2^{\parallel 2}) \end{bmatrix}.$$

(9.153b)

与 Jaric 和 Nelson (1988)采用的弹性常数 m_1, m_2(声子型), m_3, m_4(相位子型), m_5(耦合型)及与之相对应的流体动力学矩阵形式也可求得这两套弹性常数之间的关系.

Widom(1991)和 Shaw 等(1991)采用与 Jaric 和 Nelson(1988)一致的坐标系,但弹性常数的定义不同,其相位子型的和耦合型的流体动力学矩阵 $\boldsymbol{A}^{\perp\perp}$ 和 $\boldsymbol{A}^{\parallel,\perp}$ 的形式分别为

$$(\boldsymbol{A}^{\perp\perp})^{\mathrm{Wid}} = \left(K_1^{\mathrm{Wid}} - \frac{K_2^{\mathrm{Wid}}}{3}\right) |\boldsymbol{p}^{\parallel}|^2 \begin{bmatrix} 1 & 0 & 0 \\ 0 & 1 & 0 \\ 0 & 0 & 1 \end{bmatrix} + K_2^{\mathrm{Wid}}$$

$$\begin{bmatrix} \tau p_3^{\parallel 2} - \tau^{-1} p_2^{\parallel 2} & 2 p_1^{\parallel} p_2^{\parallel} & 2 p_1^{\parallel} p_3^{\parallel} \\ 2 p_2^{\parallel} p_1^{\parallel} & \tau p_1^{\parallel 2} - \tau^{-1} p_3^{\parallel 2} & 2 p_2^{\parallel} p_3^{\parallel} \\ 2 p_3^{\parallel} p_1^{\parallel} & 2 p_3^{\parallel} p_2^{\parallel} & \tau p_2^{\parallel 2} - \tau^{-1} p_1^{\parallel 2} \end{bmatrix}, \quad (9.154a)$$

$$(\boldsymbol{A}^{\parallel\perp})^{\mathrm{Wid}} = [\boldsymbol{A}^{\perp\parallel}]^T = -K_3^{\mathrm{Wid}}$$

$$\begin{bmatrix} (p_1^{\parallel 2} - \tau p_2^{\parallel 2} + \tau^{-1} p_3^{\parallel 2}) & 2\tau^{-1} p_1^{\parallel} p_2^{\parallel} & -2\tau p_1^{\parallel} p_3^{\parallel} \\ -2\tau p_2^{\parallel} p_1^{\parallel} & (p_2^{\parallel 2} - \tau p_3^{\parallel 2} + \tau^{-1} p_1^{\parallel 2}) & 2\tau^{-1} p_2^{\parallel} p_3^{\parallel} \\ 2\tau^{-1} p_3^{\parallel} p_1^{\parallel} & -2\tau p_3^{\parallel} p_2^{\parallel} & (p_3^{\parallel 2} - \tau p_1^{\parallel 2} + \tau^{-1} p_2^{\parallel 2}) \end{bmatrix}.$$

(9.154b)

对比式(9.153a),(9.153b)与(9.154a),(9.154b)可推导出两者的弹性常数 K_1^L 和 K_1^{Wid} 等等(用上标 Wid 表示 Widom 采用的弹性常数)之间的关系是

$$K_1^L = K_1^{\mathrm{Wid}} - \frac{4}{3} K_2^{\mathrm{Wid}}, \quad (9.155a)$$

$$K_2^L = K_2^{\mathrm{Wid}}, \tag{9.155b}$$

$$K_3^L = K_3^{\mathrm{Wid}}. \tag{9.155c}$$

(4) Ishii (1992)采用的 BA 型 $A2$-$A2$-$A2$ 坐标系(以下简称为 I 系). 应用 §6.4 中给出的从 J 系到 I 系的坐标的变换关系,即式(6.88b),可以求得用 Lubensky 的弹性常数(上标为 L)表达的 I 系中流体动力学矩阵为

$$\boldsymbol{A}^{\perp\perp} = (K_1^L + K_2^L)|\boldsymbol{p}^{\parallel}|^2 \begin{bmatrix} 1 & 0 & 0 \\ 0 & 1 & 0 \\ 0 & 0 & 1 \end{bmatrix} + K_2^L$$

$$\begin{bmatrix} \tau p_2^{\parallel 2} - \tau^{-1} p_3^{\parallel 2} & 2p_1^{\parallel} p_2^{\parallel} & 2p_1^{\parallel} p_3^{\parallel} \\ 2p_2^{\parallel} p_1^{\parallel} & \tau p_3^{\parallel 2} - \tau^{-1} p_1^{\parallel 2} & 2p_2^{\parallel} p_3^{\parallel} \\ 2p_3^{\parallel} p_1^{\parallel} & 2p_3^{\parallel} p_2^{\parallel} & \tau p_1^{\parallel 2} - \tau^{-1} p_2^{\parallel 2} \end{bmatrix}, \tag{9-156a}$$

$$\boldsymbol{A}^{\parallel\perp} = K_3^L$$

$$\begin{bmatrix} (-p_1^{\parallel 2} - \tau^{-1} p_2^{\parallel 2} + \tau p_3^{\parallel 2}) & 2\tau p_1^{\parallel} p_2^{\parallel} & -2\tau^{-1} p_1^{\parallel} p_3^{\parallel} \\ -2\tau^{-1} p_2^{\parallel} p_1^{\parallel} & (-p_2^{\parallel 2} - \tau^{-1} p_3^{\parallel 2} + \tau p_1^{\parallel 2}) & 2\tau p_2^{\parallel} p_3^{\parallel} \\ 2\tau p_3^{\parallel} p_1^{\parallel} & -2\tau^{-1} p_3^{\parallel} p_2^{\parallel} & (-p_3^{\parallel 2} - \tau^{-1} p_1^{\parallel 2} + \tau p_2^{\parallel 2}) \end{bmatrix}. \tag{9.156b}$$

如果规定 Lubensky(1988)采用的弹性常数(上标为 L)与 Ishii 采用的弹性常数(上标为 I)之间具有下列关系:

$$K_1^L + K_2^L = \frac{K_4^I + 2K_5^I}{3}, \tag{9.157a}$$

$$K_2^L = \frac{K_4^I - K_5^I}{3}, \tag{9.157b}$$

$$K_3^L = (K')^I, \tag{9.157c}$$

则(9.156a)和(9.156b)两式就与 Ishii(1992)给出的流体动力学矩

阵一样．比时需注意：Ishii (1992)文中给出的声子-相位子耦合型流体动力学矩阵 $\boldsymbol{C}$，并非 $\boldsymbol{A}^{\parallel\perp}$，而是其转置矩阵 $\boldsymbol{A}^{\perp\parallel}=(\boldsymbol{A}^{\parallel\perp})^T$.

德国 Trebin 研究组(Bachteler，1998；Ricker，et al.，2001)经常采用与 Ishii (1992)一样的坐标系，但用的是 μ_1，μ_2(声子型)，μ_3(耦合型)，μ_4，μ_5(相位子型)这样的弹性常数．这些弹性常数与 Ishii (1992)的弹性常数(用上标 I 表示)之间的关系是

$$\mu_4 = K_4^I, \tag{9.158a}$$

$$\mu_5 = K_5^I, \tag{9.158b}$$

$$\mu_3 = -(K')^I. \tag{9.158c}$$

(5) 应用式(6.88c)给出的从 BA 型 $A2$-$A2$-$A2$ 坐标系到 AA 型 $A2$-$A2$-$A2$ 坐标系(以下简称为 AA 系)的坐标变换矩阵，可以求得用 Lubensky 的弹性常数(上标为 L)表达的在 AA 坐标系中的流体动力学矩阵为

$$(\boldsymbol{A}^{\perp,\perp})^{AA} = (K_1^L + K_2^L)|\boldsymbol{p}^{\parallel}|^2\begin{bmatrix}1 & 0 & 0\\0 & 1 & 0\\0 & 0 & 1\end{bmatrix} + K_2^L$$

$$\begin{bmatrix}\tau p_1^{\parallel 2} - \tau^{-1}p_3^{\parallel 2} & 2p_1^{\parallel}p_2^{\parallel} & 2p_2^{\parallel}p_3^{\parallel}\\ 2p_1^{\parallel}p_2^{\parallel} & \tau p_3^{\parallel 2} - \tau^{-1}p_2^{\parallel 2} & 2p_1^{\parallel}p_3^{\parallel}\\ 2p_2^{\parallel}p_3^{\parallel} & 2p_1^{\parallel}p_3^{\parallel} & \tau p_2^{\parallel 2} - \tau^{-1}p_1^{\parallel 2}\end{bmatrix}, \tag{9.159a}$$

$$(\boldsymbol{A}^{\parallel,\perp})^{AA} = K_3^L$$

$$\begin{bmatrix}-2\tau^{-1}p_1^{\parallel}p_2^{\parallel} & -p_1^{\parallel 2} + \tau p_2^{\parallel 2} - \tau^{-1}p_3^{\parallel 2} & 2\tau p_1^{\parallel}p_3^{\parallel}\\ -p_2^{\parallel 2} + \tau p_3^{\parallel 2} - \tau^{-1}p_1^{\parallel 2} & 2\tau p_1^{\parallel}p_2^{\parallel} & -2\tau^{-1}p_2^{\parallel}p_3^{\parallel}\\ 2\tau p_2^{\parallel}p_3^{\parallel} & -2\tau^{-1}p_1^{\parallel}p_3^{\parallel} & -p_3^{\parallel 2} + \tau p_1^{\parallel 2} - \tau^{-1}p_2^{\parallel 2}\end{bmatrix} \tag{9.159b}$$

综合以上有关二十面体准晶的弹性常数的讨论，至今文献中已有共四种坐标系中六种定义的弹性常数．它们是：$AP2$-$A2$-$A5$

坐标系中的 λ, μ(声子型), K_1^D, K_2^D(相位子型), R^D(耦合型);BB 型 $A2$-$A2$-$A2$ 坐标系中的 λ, μ(声子型), K_1^L, K_2^L(相位子型), K_3^L(耦合型);AB 型 $A2$-$A2$-$A2$ 坐标系中 Widom(1991)采用的 λ, μ(声子型), K_1^{Wid}, K_2^{Wid}(相位子型), K_3^{Wid}(耦合型);AB 型 $A2$-$A2$-$A2$ 坐标系中 Jaric 和 Nelson(1988)采用的 m_1, m_2(声子型), m_3, m_4(相位子型), m_5(耦合型);BA 型 $A2$-$A2$-$A2$ 坐标系中 Ishii(1992)采用的 λ, μ(声子型), K_4^I, K_5^I(相位子型), $(K')^I$(耦合型);BA 型 $A2$-$A2$-$A2$ 坐标系中 Trebin 等(Bachteler, et al., 1998; Ricker, et al., 2001)采用的 μ_1, μ_2(声子型), μ_4, μ_5(相位子型), μ_3(耦合型).

虽然二十面体准晶声子型弹性常数是各向同性的,且多数作者都采用 Lame 弹性常数 λ 和 μ,但 Jaric 和 Nelson(1988)采用 m_1 和 m_2, Trebin 等(Bachteler, et al., 1998; Ricker, et al., 2001)采用 μ_1 和 μ_2 作为声子型弹性常数. 它们定义不同,相互之间的关系如下:

$$\lambda = \sqrt{\frac{2}{15}}\, m_2 = \frac{\mu_1 - \mu_2}{3}, \tag{9.160a}$$

$$\mu = \frac{m_1}{2\sqrt{6}} - \frac{m_2}{2\sqrt{30}} = \frac{\mu_2}{2}, \tag{9.160b}$$

$$\mu_1 = 2\mu + 3\lambda = \frac{m_1 + \sqrt{5}\, m_2}{\sqrt{6}}, \tag{9.160c}$$

$$m_1 = \sqrt{6}\left(2\mu + \frac{\lambda}{2}\right) = \frac{\mu_1 + 5\mu_2}{\sqrt{6}}. \tag{9.160d}$$

由式(9.152), (9.155), (9.157)和(9.158)可求得这六种相位子型弹性常数之间的关系

$$(-K_2^D) = K_2^L = K_2^{\mathrm{Wid}} = \frac{m_4}{2\sqrt{5}} = \frac{K_4^I - K_5^I}{3} = \frac{\mu_4 - \mu_5}{3}, \tag{9.161a}$$

$$K_1^D = K_1^L + K_2^L = K_1^{\mathrm{Wid}} - \frac{K_2^{\mathrm{Wid}}}{3} = \frac{m_3}{3} - \frac{m_4}{6\sqrt{5}} = \frac{K_4^I + 2K_5^I}{3} = \frac{\mu_4 + 2\mu_5}{3}, \tag{9.161b}$$

$$K_1^L = K_1^D + K_2^D = K_1^{\text{Wid}} - \frac{4K_2^{\text{Wid}}}{3} = \frac{m_3}{3} - \frac{2m_4}{3\sqrt{5}} = K_5^I = \mu_5, \quad (9.161\text{c})$$

$$K_1^{\text{Wid}} = K_1^D - \frac{K_2^D}{3} = K_1^L + \frac{4K_2^L}{3} = \frac{m_3}{3} = \frac{4K_4^I + 5K_5^I}{9} = \frac{4\mu_4 + 5\mu_5}{9}, \quad (9.161\text{d})$$

$$K_4^I = \mu_4 = K_1^D - 2K_2^D = K_1^L + 3K_2^L = K_1^{\text{Wid}} + \frac{5K_2^{\text{Wid}}}{3} = \frac{m_3}{3} + \frac{\sqrt{5}m_4}{6}, \quad (9.161\text{e})$$

以及声子-相位子耦合弹性常数之间的关系

$$(-R^D) = K_3^L = K_3^{\text{Wid}} = \frac{m_5}{2\sqrt{15}} = (K')^I = -\frac{\mu_3}{\sqrt{6}}. \quad (9.162)$$

9.5.3 非晶体学对称的二维准晶的流体动力学矩阵

本书附录 D3 中列举了 4 个晶系(五角,十角,八角,十二角)8 个 Laue 类($\bar{5}, \bar{5}\frac{2}{m}, A/m = 10/m, A/mmm = 10/mmm, 8/m, 8/mmm, C/m = 12/m, C/mmm = 12/mmm$)的非晶体学对称的二维准晶的弹性常数的矩阵形式. 据此可求出它们的流体动力学矩阵. 雷建林等(Lei, et al., 1998; 1999a; 1999b; 2000)在这领域进行了系统的研究.

首先,这 8 个 Laue 类的声子型弹性常数都是一样的,因而具有同样的下列流体动力学矩阵

$$\boldsymbol{A}^{\parallel,\parallel}(\boldsymbol{p}^{\parallel}) = \begin{bmatrix} C_{11}p_1^{\parallel 2} + C_{66}p_2^{\parallel 2} + C_{44}p_3^{\parallel 2} & (C_{11} - C_{66})p_1^{\parallel}p_2^{\parallel} & (C_{44} + C_{13})p_1^{\parallel}p_3^{\parallel} \\ (C_{11} - C_{66})p_1^{\parallel}p_2^{\parallel} & C_{66}p_1^{\parallel 2} + C_{11}p_2^{\parallel 2} + C_{44}p_3^{\parallel 2} & (C_{44} + C_{13})p_2^{\parallel}p_3^{\parallel} \\ (C_{44} + C_{13})p_1^{\parallel}p_3^{\parallel} & (C_{44} + C_{13})p_2^{\parallel}p_3^{\parallel} & C_{44}(p_1^{\parallel 2} + p_2^{\parallel 2}) + C_{33}p_3^{\parallel 2} \end{bmatrix}, \quad (9.163)$$

其中 $C_{66}=(C_{11}-C_{12})/2$.

相位子型弹性常数 K 及声子-相位子耦合型弹性常数 R 则与 Laue 类的类型及坐标系的选取有关. 现分别叙述如下.

1. 五角晶系的二维准晶.

(1) 第 11 号 Laue 类($\overline{5}$). 按照附录 A2, Laue 类 $\overline{5}$ 应有 5 个独立的相位子型弹性常数, 即, K_1, K_2, K_4, K_6 和 K_7. 但是, 相应的流体动力学矩阵中却没有 K_2

$$
\boldsymbol{A}^{\perp,\perp}(\boldsymbol{p}^{\parallel})=
\begin{bmatrix}
K_1(p_1^{\parallel 2}+p_2^{\parallel 2})+K_4p_3^{\parallel 2}+2K_6p_1^{\parallel}p_3^{\parallel}-2K_7p_2^{\parallel}p_3^{\parallel} & 2K_6p_2^{\parallel}p_3^{\parallel}+2K_7p_1^{\parallel}p_3^{\parallel} \\
2K_6p_2^{\parallel}p_3^{\parallel}+2K_7p_1^{\parallel}p_3^{\parallel} & K_1(p_1^{\parallel 2}+p_2^{\parallel 2})+K_4p_3^{\parallel 2}-2K_6p_1^{\parallel}p_3^{\parallel}+2K_7p_2^{\parallel}p_3^{\parallel}
\end{bmatrix}. \tag{9.164}
$$

Laue 类 $\overline{5}$ 应有 6 个独立的声子-相位子耦合型弹性常数, 即 R_1, R_2, R_3, R_4, R_5 和 R_6, 相应的声子-相位子耦合型流体动力学矩阵是

$$
\boldsymbol{A}^{\parallel,\perp}(\boldsymbol{p}^{\parallel})=
\begin{bmatrix}
R_1(p_1^{\parallel 2}-p_2^{\parallel 2})+2R_2p_1^{\parallel}p_2^{\parallel}-(R_3-R_5)p_1^{\parallel}p_3^{\parallel}+(R_4+R_6)p_2^{\parallel}p_3^{\parallel} & -R_2(p_1^{\parallel 2}-p_2^{\parallel 2})+2R_1p_1^{\parallel}p_2^{\parallel}+(R_3-R_5)p_2^{\parallel}p_3^{\parallel}+(R_4+R_6)p_1^{\parallel}p_3^{\parallel} \\
R_2(p_1^{\parallel 2}-p_2^{\parallel 2})-2R_1p_1^{\parallel}p_2^{\parallel}+(R_3-R_5)p_2^{\parallel}p_3^{\parallel}+(R_4+R_6)p_1^{\parallel}p_3^{\parallel} & R_1(p_1^{\parallel 2}-p_2^{\parallel 2})+2R_2p_1^{\parallel}p_2^{\parallel}+(R_3-R_5)p_1^{\parallel}p_3^{\parallel}-(R_4+R_6)p_2^{\parallel}p_3^{\parallel} \\
-R_3(p_1^{\parallel 2}-p_2^{\parallel 2})+2R_4p_1^{\parallel}p_2^{\parallel} & R_4(p_1^{\parallel 2}-p_2^{\parallel 2})+2R_3p_1^{\parallel}p_2^{\parallel}
\end{bmatrix}
\tag{9.165}
$$

(2) 第 12 号 Laue 类$\left(\overline{5}\,\dfrac{2}{m}\right)$. 按照附录 A2, Laue 类 $\overline{5}\,\dfrac{2}{m}$应有 4 个独立的相位子型弹性常数, 即 K_1, K_2, K_4, K_6 和 K_7 中有一个为零, 3 个独立的声子-相位子耦合型弹性常数, 即 R_1, R_2, R_3,

R_4, R_5 和 R_6 中有 3 个为零. 究竟哪一个或哪几个为零,则与坐标系的选取有关. 常用的坐标系有两种

(i) 对于 $A2 \parallel x_1$ 或 $m \perp x_1$ 的情况,有 $K_6 = R_2 = R_3 = R_5 = 0$. 于是(9.164)和(9.165)两式分别蜕化为

$$\boldsymbol{A}^{\perp,\perp}(\boldsymbol{p}^{\parallel}) = \begin{bmatrix} K_1({p_1^{\parallel}}^2 + {p_2^{\parallel}}^2) + K_4 {p_3^{\parallel}}^2 - 2K_7 p_2^{\parallel} p_3^{\parallel} & 2K_7 p_1^{\parallel} p_3^{\parallel} \\ 2K_7 p_1^{\parallel} p_3^{\parallel} & K_1({p_1^{\parallel}}^2 + {p_2^{\parallel}}^2) + K_4 {p_3^{\parallel}}^2 + 2K_7 p_2^{\parallel} p_3^{\parallel} \end{bmatrix}, \tag{9.166}$$

$$\boldsymbol{A}^{\parallel,\perp}(\boldsymbol{p}^{\parallel}) = \begin{bmatrix} R_1({p_1^{\parallel}}^2 - {p_2^{\parallel}}^2) + (R_4 + R_6) p_2^{\parallel} p_3^{\parallel} & 2R_1 p_1^{\parallel} p_2^{\parallel} + (R_4 + R_6) p_1^{\parallel} p_3^{\parallel} \\ -2R_1 p_1^{\parallel} p_2^{\parallel} + (R_4 + R_6) p_1^{\parallel} p_3^{\parallel} & R_1({p_1^{\parallel}}^2 - {p_2^{\parallel}}^2) - (R_4 + R_6) p_2^{\parallel} p_3^{\parallel} \\ 2R_4 p_1^{\parallel} p_2^{\parallel} & R_4({p_1^{\parallel}}^2 - {p_2^{\parallel}}^2) \end{bmatrix}. \tag{9.167}$$

(ii) 对于 $A2 \parallel x_2$ 或 $m \perp x_2$ 的情况,即将上述坐标系绕五次轴旋转 90°或 18°的情况,有 $K_7 = R_2 = R_4 = R_6 = 0$. 于是(9.164)和(9.165)两式分别蜕化为

$$\boldsymbol{A}^{\perp,\perp}(\boldsymbol{p}^{\parallel}) = \begin{bmatrix} K_1({p_1^{\parallel}}^2 + {p_2^{\parallel}}^2) + K_4 {p_3^{\parallel}}^2 + 2K_6 p_1^{\parallel} p_3^{\parallel} & 2K_6 p_2^{\parallel} p_3^{\parallel} \\ 2K_6 p_2^{\parallel} p_3^{\parallel} & K_1({p_1^{\parallel}}^2 + {p_2^{\parallel}}^2) + K_4 {p_3^{\parallel}}^2 - 2K_6 p_1^{\parallel} p_3^{\parallel} \end{bmatrix}, \tag{9.168}$$

$$\boldsymbol{A}^{\parallel,\perp}(\boldsymbol{p}^{\parallel}) = \begin{bmatrix} R_1({p_1^{\parallel}}^2 - {p_2^{\parallel}}^2) - (R_3 - R_5) p_1^{\parallel} p_3^{\parallel} \\ -2R_1 p_1^{\parallel} p_2^{\parallel} + (R_3 - R_5) p_2^{\parallel} p_3^{\parallel} \\ -R_3({p_1^{\parallel}}^2 - {p_2^{\parallel}}^2) \end{bmatrix}$$

$$\left.\begin{matrix} 2R_1 p_1^{\parallel} p_2^{\parallel} + (R_3 - R_5) p_2^{\parallel} p_3^{\parallel} \\ R_1 ({p_1^{\parallel}}^2 - {p_2^{\parallel}}^2) + (R_3 - R_5) p_1^{\parallel} p_3^{\parallel} \\ 2R_3 p_1^{\parallel} p_2^{\parallel} \end{matrix}\right]. \tag{9.169}$$

2．十角晶系的二维准晶．

(1) 第 13 号 Laue 类($A/m = 10/m$)．按照附录 A2 和附录 D3，Laue 类 $A/m = 10/m$ 应有 3 个独立的相位子型弹性常数，即 K_1, K_2 和 K_4，2 个独立的声子-相位子耦合型弹性常数，即 R_1 和 R_2．于是(9.164)和(9.165)两式分别蜕化为

$$\boldsymbol{A}^{\perp,\perp}(\boldsymbol{p}^{\parallel}) = \begin{bmatrix} K_1({p_1^{\parallel}}^2 + {p_2^{\parallel}}^2) + K_4 {p_3^{\parallel}}^2 & 0 \\ 0 & K_1({p_1^{\parallel}}^2 + {p_2^{\parallel}}^2) + K_4 {p_3^{\parallel}}^2 \end{bmatrix}, \tag{9.170}$$

$$\boldsymbol{A}^{\parallel,\perp}(\boldsymbol{p}^{\parallel}) = \begin{bmatrix} R_1({p_1^{\parallel}}^2 - {p_2^{\parallel}}^2) + 2R_2 p_1^{\parallel} p_2^{\parallel} & -R_2({p_1^{\parallel}}^2 - {p_2^{\parallel}}^2) + 2R_1 p_1^{\parallel} p_2^{\parallel} \\ R_2({p_1^{\parallel}}^2 - {p_2^{\parallel}}^2) - 2R_1 p_1^{\parallel} p_2^{\parallel} & R_1({p_1^{\parallel}}^2 - {p_2^{\parallel}}^2) + 2R_2 p_1^{\parallel} p_2^{\parallel} \\ 0 & 0 \end{bmatrix}. \tag{9.171}$$

(2) 第 14 号 Laue 类($A/mmm = 10/mmm$)．按照附录 A2 和附录 D3，Laue 类 $A/mmm = 10/mmm$ 应有 3 个独立的相位子型弹性常数，即 K_1, K_2 和 K_4，1 个独立的声子－相位子耦合型弹性常数，即 R_1．于是，相位子型流体动力学矩阵 $\boldsymbol{A}^{\perp,\perp}(\boldsymbol{p}^{\parallel})$仍然是式(9.170)式，式(9.171)则蜕化为

$$\boldsymbol{A}^{\parallel,\perp}(\boldsymbol{p}^{\parallel}) = \begin{bmatrix} R_1({p_1^{\parallel}}^2 - {p_2^{\parallel}}^2) & 2R_1 p_1^{\parallel} p_2^{\parallel} \\ -2R_1 p_1^{\parallel} p_2^{\parallel} & R_1({p_1^{\parallel}}^2 - {p_2^{\parallel}}^2) \\ 0 & 0 \end{bmatrix}. \tag{9.172}$$

3．八角晶系的二维准晶

(1) 第 15 号 Laue 类($8/m$)．按照附录 A2 和附录 D3，Laue

类 $8/m$ 应有 5 个独立的相位子型弹性常数,即 K_1,K_2,K_3,K_4 和 K_5,2 个独立的声子-相位子耦合型弹性常数,即 R_1 和 R_2. 相应的流体动力学矩阵是

$$\boldsymbol{A}^{\perp,\perp}(\boldsymbol{p}^{\parallel})=$$

$$\begin{bmatrix} K_1 p_1^{\parallel 2}+(K_1+K_2+K_3)p_2^{\parallel 2}+K_4 p_3^{\parallel 2}+2K_5 p_1^{\parallel} p_2^{\parallel} & K_5(p_1^{\parallel 2}-p_2^{\parallel 2})+(K_2+K_3)p_1^{\parallel} p_2^{\parallel} \\ K_5(p_1^{\parallel 2}-p_2^{\parallel 2})+(K_2+K_3)p_1^{\parallel} p_2^{\parallel} & (K_1+K_2+K_3)p_1^{\parallel 2}+K_1 p_2^{\parallel 2}+K_4 p_3^{\parallel 2}-2K_5 p_1^{\parallel} p_2^{\parallel} \end{bmatrix}, \tag{9.173}$$

$$\boldsymbol{A}^{\parallel,\perp}(\boldsymbol{p}^{\parallel})=$$

$$\begin{bmatrix} R_1(p_1^{\parallel 2}-p_2^{\parallel 2})+2R_2 p_1^{\parallel} p_2^{\parallel} & -R_2(p_1^{\parallel 2}-p_2^{\parallel 2})+2R_1 p_1^{\parallel} p_2^{\parallel} \\ R_2(p_1^{\parallel 2}-p_2^{\parallel 2})-2R_1 p_1^{\parallel} p_2^{\parallel} & R_1(p_1^{\parallel 2}-p_2^{\parallel 2})+2R_2 p_1^{\parallel} p_2^{\parallel} \\ 0 & 0 \end{bmatrix}. \tag{9.174}$$

(2) 第 16 号 Laue 类($8/mmm$). 按照附录 A2 和附录 D3, Laue 类 $8/mmm$ 应有 4 个独立的相位子型弹性常数,即 K_1,K_2,K_3 和 K_4,1 个独立的声子-相位子耦合型弹性常数,即 R_1. 于是,式(9.173)和式(9.174)表述的相位子型和声子-相位子耦合型流体动力学矩阵分别蜕化为

$$\boldsymbol{A}^{\perp,\perp}(\boldsymbol{p}^{\parallel})=\begin{bmatrix} K_1 p_1^{\parallel 2}+(K_1+K_2+K_3)p_2^{\parallel 2}+K_4 p_3^{\parallel 2} & (K_2+K_3)p_1^{\parallel} p_2^{\parallel} \\ (K_2+K_3)p_1^{\parallel} p_2^{\parallel} & (K_1+K_2+K_3)p_1^{\parallel 2}+K_1 p_2^{\parallel 2}+K_4 p_3^{\parallel 2} \end{bmatrix}, \tag{9.175}$$

$$\boldsymbol{A}^{\parallel,\perp}(\boldsymbol{p}^{\parallel})=\begin{bmatrix} R_1(p_1^{\parallel 2}-p_2^{\parallel 2}) & 2R_1 p_1^{\parallel} p_2^{\parallel} \\ -2R_1 p_1^{\parallel} p_2^{\parallel} & R_1(p_1^{\parallel 2}-p_2^{\parallel 2}) \\ 0 & 0 \end{bmatrix}. \tag{9.176}$$

4. 十二角晶系的二维准晶

(1) 第 17 号 Laue 类(C/m, $C=12$). 按照附录 A2 和附录 D3, Laue 类 C/m 应有 5 个独立的相位子型弹性常数,即 K_1, K_2, K_3, K_4 和 K_5,但没有声子-相位子耦合型弹性常数. 相应的相位子型流体动力学矩阵与式(9.173)一样,而声子-相位子耦合型流体动力学矩阵则为零

$$\boldsymbol{A}^{\perp,\perp}(\boldsymbol{p}^{\parallel}) = \begin{bmatrix} K_1 p_1^{\parallel 2} + (K_1+K_2+K_3) p_2^{\parallel 2} + K_4 p_3^{\parallel 2} + 2K_5 p_1^{\parallel} p_2^{\parallel} & K_5(p_1^{\parallel 2} - p_2^{\parallel 2}) + (K_2+K_3) p_1^{\parallel} p_2^{\parallel} \\ K_5(p_1^{\parallel 2} - p_2^{\parallel 2}) + (K_2+K_3) p_1^{\parallel} p_2^{\parallel} & (K_1+K_2+K_3) p_1^{\parallel 2} + K_1 p_2^{\parallel 2} + K_4 p_3^{\parallel 2} - 2K_5 p_1^{\parallel} p_2^{\parallel} \end{bmatrix} \tag{9.177}$$

$$\boldsymbol{A}^{\parallel,\perp}(\boldsymbol{p}^{\parallel}) = 0. \tag{9.178}$$

(2) 第 18 号 Laue 类(C/mmm, $C=12$). 按照附录 A2 和附录 D3, Laue 类 C/mmm 应有 4 个独立的相位子型弹性常数,即 K_1, K_2, K_3 和 K_4($K_5=0$),没有声子-相位子耦合型弹性常数. 故而式(9.177)蜕化为

$$\boldsymbol{A}^{\perp,\perp}(\boldsymbol{p}^{\parallel}) = \begin{bmatrix} K_1 p_1^{\parallel 2} + (K_1+K_2+K_3) p_2^{\parallel 2} + K_4 p_3^{\parallel 2} & (K_2+K_3) p_1^{\parallel} p_2^{\parallel} \\ (K_2+K_3) p_1^{\parallel} p_2^{\parallel} & (K_1+K_2+K_3) p_1^{\parallel 2} + K_1 p_2^{\parallel 2} + K_4 p_3^{\parallel 2} \end{bmatrix}, \tag{9.179}$$

$$\boldsymbol{A}^{\parallel,\perp}(\boldsymbol{p}^{\parallel}) = 0. \tag{9.180}$$

§9.6 准晶弹性常数测定的初步工作

如前所述, Laval(1939)和 Zachariasen(1940)互相独立地探讨了晶体中原子热振动引起的热漫散射的理论. 由于热漫散射强度在倒易空间中的分布与晶体的弹性常数和温度关系极为密切,我们可以通过实验测定热漫散射强度在倒空间中的分布而测定出该

晶体的弹性常数,详见 Wooster 的有关专著(Wooster,1962). 在国内,在郭可信先生的指导下,吴德昌与王仁卉用 X 射线热漫散射的方法测定了锌晶体的弹性常数(吴德昌,王仁卉,1966).

在制备出了准晶单晶之后,某些实验测定晶体的弹性常数的方法,如测量超声波速度和测量超声谐振频率等方法,已经推广到测定准晶的声子型弹性常数,见参考文献(Amazit, et al., 1995; Chernikov, et al., 1998; Tanaka, et al., 1996)及其中所引用的文献. 热漫散射法也被推广到测定准晶的相位子型弹性常数,见参考文献(de Boissieu, et al., 1995; Boudard, et al., 1996; Lei, et al., 2002a; 2002b)及其中所引用的文献.

Reynolds 等 (1990)测定了 $Al_{5.1}Li_3Cu$ 二十面体准晶在室温沿 $A2$ 轴和 $A5$ 轴传播的超声波(频率为 20MHz)的纵波(用下标 L 标记)和横波(用下标 T 标记)的速度. 测量结果列入表 9.1 的第 2 栏与第 3 栏. 对于弹性各相同性的连续介质,声速 V 与弹性常数 C_{ij} 以及密度 ρ 之间的关系是

$$V_L = \sqrt{\frac{C_{11}}{\rho}} \qquad \text{和} \qquad V_T = \sqrt{\frac{C_{44}}{\rho}}. \tag{9.181}$$

弹性常数 $C_{11}, C_{44}, \lambda, \mu$,杨氏模量 E,体模量 B,以及泊松比 v 中仅有两个是独立的,它们之间的关系是

$$C_{11} = \lambda + 2\mu, \qquad C_{44} = \mu \tag{9.182}$$

$$E = \mu(3\lambda + 2\mu)/(\lambda + \mu), \qquad B = (3\lambda + 2\mu)/3,$$

$$v = \lambda/2(\lambda + \mu). \tag{9.183}$$

利用这些关系,已知 $Al_{5.1}Li_3Cu$ 二十面体准晶的密度 $\rho = 2.464 g/cm^3$,就可计算出表 9.1 中的其他数据.

表 9.1 中的有关 $Al_{5.1}Li_3Cu$ 二十面体准晶在室温的声速及弹性常数的数据表明,无论声波是沿着二十面体准晶的二次轴方向或是五次轴方向传播,测得的声速在实验精度的范围内是一样的. 这一实验结果以及其他一些实验结果(Reynolds, et al., 1990)都说明二十面体准晶的声子型弹性是各向同性的,与运用群论推导的结论一致.

表 9.1　$Al_{5.1}Li_3Cu$ 二十面体准晶在室温的声速及弹性常数

(表中声速的单位是 10^5cm/s,弹性常数和模量的单位是 GPa,泊松比是无量纲的)

	V_L	V_T	C_{11}	$C_{44}=\mu$	λ	杨氏模量 E	体模量 B	泊松比 ν
沿 $A2$ 轴	6.4	3.8	100.9	35.6	29.7	87.4	53.4	0.23
沿 $A5$ 轴	6.5	3.7	104.1	33.7	36.7	85.0	59.2	0.26

Vanderwal 等(1992)采用 Brillouin 散射谱的方法推断出了 $Al_{63.5}Cu_{24.5}Fe_{12}$ 二十面体准晶的声速为 $V_L=7.191\times10^5$cm/s 和 $V_T=3.809\times10^5$cm/s. 注意到它的密度 $\rho=4.5$g/cm^3,就可计算出表 9.2 中列举的 $Al_{63.5}Cu_{24.5}Fe_{12}$ 二十面体准晶的弹性常数和模量的数据.

Yokoyama 等(1993)研究了 $Al_{70}Pd_{20}Mn_{10}$ 二十面体准晶的力学性能,断裂模式和形变行为. 他们从该准晶的单晶试样在室温下的拉伸实验测定出杨氏模量 $E=200$GPa 和泊松比 $\nu=0.38$. 再用关系式(9.182)和式(9.183),就可得到表 9.2 中列举的 $Al_{70}Pd_{20}Mn_{10}$ 二十面体准晶的其他的弹性常数和模量的数据.

Amazit 等(1995)采用测量超声波速度方法测定了 $Al_{68.7}Pd_{21.7}Mn_{9.6}$ 二十面体准晶的声子型弹性常数是:$\mu=65$GPa,$\lambda=85$GPa. 再用关系式(9.182)和式(9.183),就可得到表 9.2 中列举的其他的弹性常数和模量的数据. Tanaka 等(1996) 采用测量超声谐振频率的方法测定了 $Al_{70}Pd_{24}Mn_6$,$Al_{65}Cu_{20}Fe_{15}$ 和 $Al_{67}Cu_{20}Fe_7Ru_6$ 二十面体准晶的声子型弹性常数. 这些数据都列在表 9.2 中.

正如本章前面几节,特别是§9.5 中所讨论的,准晶热漫散射强度在倒易空间中的分布与该准晶的弹性常数和温度关系极为密切. 据此,我们可以通过实验测定热漫散射强度在倒空间中的分布而测定出该晶体的弹性常数. de Boissieu 等 (1995)和 Boudard 等 (1996)用中子衍射的方法测定了 $Al_{68.2}Pd_{22.8}Mn_9$ 二十面体准晶漫散射强度在倒易空间中的分布. 通过拟合而得到相位子型弹性常数 K_2^{Wid} 与 K_1^{Wid} 之比 $\frac{K_2^{\mathrm{Wid}}}{K_1^{\mathrm{Wid}}}=0.50$ (室温, de Boissieu, et al., 1995)和 0.52(在 200°C, Boudard, et al., 1996).

表 9.2 若干二十面体准晶在室温的弹性常数

(表中弹性常数和模量的单位是 GPa, 相位子型弹性常数 K_2^{wid} 与 K_1^{wid} 之比和泊松比 ν 则是无量纲的)

$\lambda(C_{12})$	$\mu(C_{44})$	C_{11}	E	B	υ	$\frac{K_2^{\mathrm{Wid}}}{K_1^{\mathrm{Wid}}}$	准晶的成分	参考文献
32.5	35	102.5	87	56	0.24		$Al_{5.1}CuLi_3$	Reynolds, et al. (1990)
100	66	230	172	143	0.30		$Al_{63.5}Cu_{24.5}Fe_{12}$	Vanderwal, et al. (1992)
59.1	68.1	195	168	104	0.232		$Al_{65}Cu_{20}Fe_{15}$	Tanaka, et al. (1996)
48.4	57.9	164	142	87.0	0.228		$Al_{67}Cu_{20}Fe_7Ru_6$	Tanaka, et al. (1996)
230	72	374	200	278	0.38		$Al_{70}Pd_{20}Mn_{10}$	Yokoyama, et al. (1993)
85	65	215	167	129	0.28		$Al_{68.7}Pd_{21.7}Mn_{9.6}$	Amazit, et al. (1995)
74.9	72.4	220	182	123	0.254		$Al_{70}Pd_{24}Mn_6$	Tanaka, et al. (1996)
						−0.50	$Al_{68.2}Pd_{22.8}Mn_9$	de Boissieu, et al. (1995)
						−0.52	$Al_{68.2}Pd_{22.8}Mn_9$	Boudard, et al. (1996)
						−0.50	$Al_{70.5}Pd_{21.5}Mn_{8.2}$	Lei, et al. (2002a)

雷建林等(Lei, et al., 2002a)采用在慢扫描电荷耦合器件上定量记录的、经过能量过滤的选区电子衍射花样, 测定了 $Al_{70.5}Pd_{21.5}Mn_{8.2}$ 二十面体准晶中围绕其最强的两个 Bragg 反射(即沿着一支二次轴的(4 4 2 0 0 2)反射和沿着一支五次轴的($\bar{2}\,\bar{2}\,2\,2\,\bar{2}\,\bar{4}$)反射)的电子射线漫散射强度的分布. 为了避开强度很高的

Bragg 峰，实验得到的选区电子衍射花样是略为偏离带轴的. 把相位子型弹性常数 K_2^{Wid} 与 K_1^{Wid} 之比$\frac{K_2^{\mathrm{Wid}}}{K_1^{\mathrm{Wid}}}$，还有其他一些实验上不能准确测定的参数作为可调的参数，拟合出$\frac{K_2^{\mathrm{Wid}}}{K_1^{\mathrm{Wid}}}=-0.50$，见图 9.2.

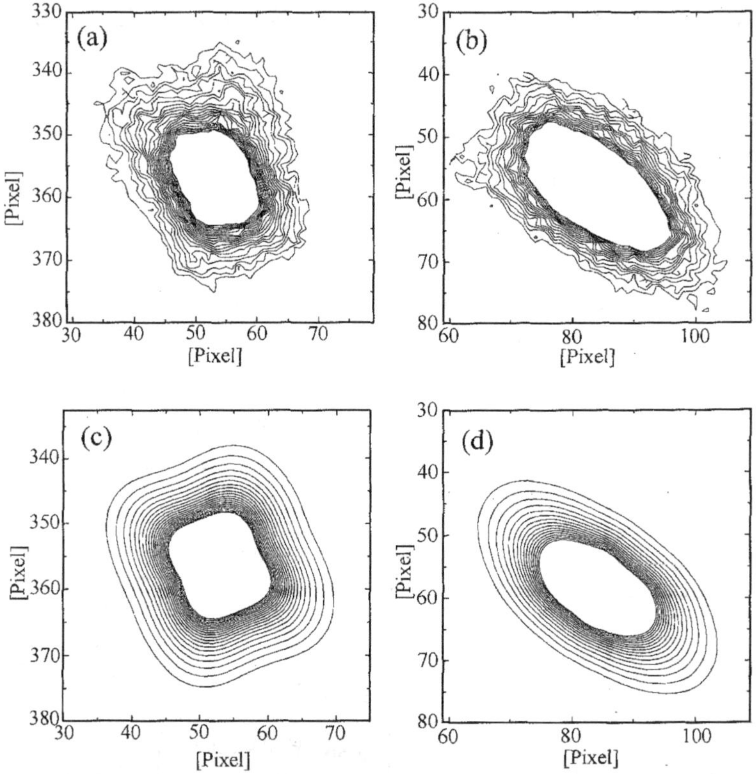

图 9.2 $Al_{70.5}Pd_{21.5}Mn_{8.2}$二十面体准晶中围绕其最强的两个 Bragg 反射的电子射线漫散射强度的分布. (a)和(c)围绕(4 4 2 0 0 2)反射；(b)和(d)围绕($\bar{2}$ $\bar{2}$ 2 2 $\bar{2}$ $\bar{4}$)反射. (a)和(b)实验的等强度轮廓图；(c)和(d)当$\frac{K_2^{\mathrm{Wid}}}{K_1^{\mathrm{Wid}}}=-0.50$时电子漫散射的等强度轮廓图

Chernikov 等(1998)采用超声谐振频谱法测定了具有 S_1 型超结构的 $Al_{71}Ni_{16}Co_{13}$ 十次准晶的声子弹性常数。根据群表示理论的推导,具有五次、十次、八次和十二次对称的二维准晶,其声子型弹性常数中有 5 个是独立的。即:$C_{11}=C_{22}$,C_{33},$C_{44}=C_{55}$,$C_{66}=(C_{11}-C_{12})/2$,C_{12},$C_{13}=C_{23}$。为了检验群表示理论的推导是否正确,Chernikov 等 (1998)用 6 个弹性常数,即 $C_{11}=C_{22}$,C_{33},$C_{44}=C_{55}$,C_{66},C_{12},$C_{13}=C_{23}$ 来拟合实验数据。得到这 6 个弹性常数值(以 GPa 为单位)如下:$C_{11}=C_{22}=234.30$,$C_{33}=232.21$,$C_{44}=C_{55}=70.19$,$C_{66}=88.45$,$C_{12}=57.36$,$C_{13}=C_{23}=66.62$。显然,这些实验值以很高的精度满足关系式 $C_{66}=(C_{11}-C_{12})/2$。

雷建林等(Lei,et al.,2002b)尝试用同步辐射 X 射线衍射实验测定 $Al_{71.5}Ni_{23.5}Fe_5$ 十次准晶的弹性常数,发现须用弹性常数比值 $C_{66}/C_{11}=4.0$ 才能拟合出实验观察到的 X 射线漫散射强度分布。

参 考 文 献

黄胜涛主编. 固体 X 射线学(一). 北京:高等教育出版社,1985

王仁卉,郭可信. 不完整晶体的漫散射. 见:黄胜涛主编. 固体 X 射线学(二). 北京:高等教育出版社,1990. 220~269

吴德昌,王仁卉. 物理学报,1966(22): 533

谢希德,方俊鑫编. 固体物理学(上册). 上海:上海科学技术出版社,1961

Amazit Y, Fischer M, Perrin B, Zarembowitch A. In: Janot C, Mosseri R eds. Proceedings of 5th International Conference on Quasicrystals. Singapore: World Scientific, 1995. 584~587

Bachteler J, Trebin H R. Eur Phys J B, 1988(4): 299~306

Boudard M, de Boissieu M, Letoublon A, Hennion B, Bellissent R, Janot C. Europhys Lett, 1996(33): 199~204

Chernikov M A, Ott H R, Bianchi A et al. Phys Rev Lett, 1998(80): 321~324

Cowley J M. Diffraction Physic. Amsterdam: Elsevier, 1981

de Boissieu M, Boudard M, Hennion B, Bellissent R, Kycia S, Goldman A, Janot C, Audier M. Phys Rev Lett, 1995(75): 89

Debye P. Ann Phys Lpz, 1914(43): 49

Ding D-H, Yang W G, Hu C Z, Wang R H. Phys Rev,1993(B 48):7003

Faxen H. Z Phys,1923(17): 266

Guinier A. X-Ray Diffraction. San Francisco and London: W H Freeman and Company, 1963

Ishii Y. Phys Rev B,1992(45): 5228

Jaric M C, Nelson D R. Phys Rev B,1988(37): 4458

Jenning A. Matrix Computation for Engineers and Scientists. London: Wiley,1977

Laval J C R Acad Sci Paris,1939(208): 1512

Lei J L, Wang R H, Hu C Z, Ding D-H. Phys Lett A,1998(247): 343

Lei J L, Wang R H, Hu C Z, Ding D-H. Phys Rev B,1999a(59): 822

Lei J L, Hu C Z, Wang R H, Ding D-H. J Phys,Condensed Matter,1999b(11): 1211

Lei J L, Wang R H, Hu C Z, Ding D-H. Eur J Phys B,2000(13): 21

Lei J L, Wang R H, Yin J H, Duan X F. J Alloys Comp,2002a

Lei J L, Weidner E, Frey F, Wang R H. J Alloys Comp,2002b

Levine D, Lubensky T C, Ostlund S, Ramaswamy S, Steinhardt P J, Toner J. Phys Rev Lett,1985(54): 1520

Lubensky T C, Ramaswamy S and Toner J. Phys Rev B,1985(32): 7444

Lubensky T C. In: Jaric M V ed. Aperiodicity and Order, Vol. 1: Introduction to Quasicrystals. Boston: Academic Press,1988. 199～280

Reynolds G A M, Golding B, Kortan A R, Parsey J M Jr. Phys Rev,1990(B 41): 1194

Ricker M, Bachteler J, Trebin H R. Eur J Phys B,2001(23): 351～363

Shaw L J, Elser V, Henley C L. Phys Rev B,1991(43): 3423

Tanaka K, Mitarai Y, Koiwa M. Phil Mag A,1996(73): 1715～1723

Vanderwal J J, Zhao P, Walton D. Phys Rev B,1992 (46): 501

Waller I. Z Phys,1928(51): 213

Wang R H, Hu C Z, Lei J L, Ding D-H. Phys Rev B,2000(61): 5843～5845

Wang R H, Hu C Z, Lei J L. Phys Stat Sol B,2001(225): 21～34

Widom M. Phil Mag Lett,1991(64):297

Wooster W A. Diffuse X-ray Reflections from Crystals. Oxford: Clarendon Press. Yokoyama Y, Inoue A, Masumoto T. Mater Trans JIM,1993(34): 135

Zachariasen W H. Phys Rev,1940(57): 597

第十章　准晶中的结构缺陷

§10.1　准晶中的结构缺陷

一个实际的准晶体如同晶体一样,也存在诸如位错、层错、孪晶、反相畴、公度错、晶界等精细结构和结构缺陷. 它们对准晶性质及物理过程将产生直接的重大影响. 因此,自准晶问世后,对准晶缺陷的理论和实验研究一直是最活跃的领域之一. 在实验上观察到位错之前,Levine 等(1985)和 Socolar 等(1986)就已经对准晶中的位错的特殊点和基本概念在理论上进行了系统的讨论. 1987 年,应用透射电子显微术(transmission electron microscopy,简称为 TEM)分别在 Al-Mn (Wang, et al., 1987),Al-Mn-Si(Hiraga and Hirabayashi, 1987)和 Al-Li-Cu(Chen, et al, 1987)二十面体准晶中获得了位错的高分辨电子显微像和衍衬像. 因为位错是准晶中一类重要而特殊的结构缺陷,它的存在将影响准晶的生长、相变及力学性能等. 并且,位错的滑移还是准晶单晶高温塑性形变的主要模式(虽然其情况与晶体位错滑移并不完全相同),所以我们的讨论将侧重于准晶中的位错.

准晶位错的实验观察一般采用如下几种实验技术:TEM 中的衍射衬度成像分析法(DCI)、TEM 中的高分辨电子显微术(HREM)、TEM 中的会聚束电子衍射(CBED)和 X 射线形貌术. 在具体实验中,必要时可将上述技术中的若干种相配合,并根据理论分析配以计算机对实验结果进行模拟计算. 从文献中的报道来看,准晶位错观察实验主要集中在各种成分的三维的二十面体准晶和二维的十次对称准晶. 例如,图 10.1 示出在 720℃ 经弯曲塑性形变的 AlPdMn 二十面体准晶单晶中密集分布的位错的衍衬像.

表 10.1 列出了二十面体准晶和十次准晶中有关位错及其

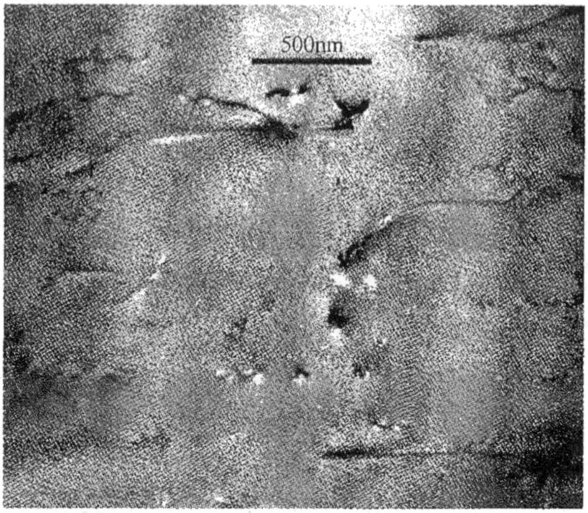

图 10.1　在 720℃ 经弯曲塑性形变的 AlPdMn 二十面体准晶单晶中密集分布的位错的透射电镜衍衬像

Burgers 矢量 ***B*** 的实验观测的一些结果. 表 10.1 是在戴明星和王仁卉(Dai and Wang, 1995),以及俞大鹏等(Yu, et al., 1997)早期所做的总结的基础上增补而成的. 表中的比值 $\zeta=\frac{|\boldsymbol{b}^{\perp}|}{|\boldsymbol{b}^{\parallel}|}$ 是准晶位错 Burgers 矢量的垂直分量与平行分量的长度之比.

表 10.1　二十面体准晶和十次准晶位错及其 Burgers 矢量 *B* 的实验观测结果

合金成分	***B*** 的六维指数	$\boldsymbol{b}^{\parallel}$ 大小(nm)、方向	比值 ζ	类型(组态)	实验方法	文　献
二　十　面　体　准　晶						
$Al_{85.7}Mn_{14.3}$		多种 $\boldsymbol{b}_{\parallel}$		刃	HREM	Wang et al. 1987, 1988
$Al_{74}Mn_{20}Si_6$		‖ A5		刃	HREM	Hiraga and Hirabayashi, 1987
$Al_{76}Mn_{20}Si_4$		‖ A2		小位错圈	DCI	Wang, et al., 1991

续表

合金成分	B 的六维指数	$b^{\parallel}$ 大小(nm)、方向	比值 ζ	类型(组态)	实验方法	文献
$Al_{70}Pd_{20}Mn_{10}$	$\frac{1}{2}[11\bar{2}00\bar{2}]$	0.18, ∥ $A2$	τ^5	螺	DCI + CBED	Feng, et al., 1993
	$\frac{1}{2}[001\bar{2}\bar{2}\bar{1}]$	0.18, ∥ $A2$	τ^5		DCI + CBED	Wang, et al., 1994a; Feng, et al., 1994b
	$\frac{1}{2}[2\bar{1}0\bar{2}0\bar{1}]$	∥ $A2$	τ^5		DCI	Feng, et al., 1994d
$Al_{71}Pd_{19}Mn_{10}$	$\frac{1}{2}[\bar{1}01011]$	0.296, ∥ $A2$	τ^3	小位错圈	DCI	Wang, et al., 1994c
	$\frac{1}{2}[01\bar{1}10\bar{1}]$	0.296, ∥ $A2$	τ^3	刃	DCI + CBED	Dai, 1993
	$\frac{1}{2}[001\bar{2}\bar{2}\bar{1}]$	0.183, ∥ $A2$	τ^5		DCI	Wang, et al., 1994d
$Al_{72.5}Pd_{17.1}$-$Mn_{10.4}$		∥ $A5$		薄片状析出相边界位错群	DCI + HREM	Wollgarten, et al., 1993b
$Al_{70}Pd_{20}Mn_{10}$		∥ $A2$			DCI	Inoue, et al., 1994
	$\frac{1}{4}[1\bar{1}\bar{1}1\bar{3}1]$	0.17, ∥ $A5$	τ^4	不全位错	DCI + CBED	Feng, et al., 1995
$Al_{73}Pd_{20}Mn_7$ $Al_{70}Pd_{21}Mn_9$	$[2\bar{1}\bar{1}002]$	0.183, ∥ $A2$($A3$、$A5$)	τ^5	混合	DCI + CBED	Wollgarten, et al., 1993a; Wollgarten, et al., 1995
$Al_{70.6}Pd_{21.1}$-$Mn_{8.3}$	$\frac{1}{2}[\bar{2}11111]$	0.11, ∥ $A5$	τ^6		CBED	Rosenfeld, et al., 1995
	$\frac{1}{4}[\bar{3}11111]$	0.17, ∥ $A5$	τ^4			
	$\frac{1}{4}[\bar{7}33333]$	0.07, ∥ $A5$	τ^8			
	$\frac{1}{2}[2\bar{3}2\bar{3}00]$	0.113, ∥ $A2$	τ^7			
	$\frac{1}{4}[\bar{5}\bar{1}515\bar{1}]$	0.10, ∥ $A3$	τ^7			

续表

合金成分	**B** 的六维指数	$b^{\parallel}$大小(nm)、方向	比值 ζ	类型(组态)	实验方法	文 献
$Al_{70.4}Pd_{21.2}$-$Mn_{8.4}$	$\frac{1}{2}[03\bar{3}20\bar{2}]$	0.113, ‖ $A2$	τ^7	三条Burgers矢之和为零的位错线交于一点	CBED	Wang, et al., 1998a
	$\frac{1}{2}[0\bar{2}2\bar{1}01]$	0.183, ‖ $A2$	τ^5			
	$\frac{1}{2}[01\bar{1}10\bar{1}]$	0.296, ‖ $A2$	τ^3			
$Al_{70.4}Pd_{21.2}$-$Mn_{8.4}$	$\frac{1}{2}[03\bar{3}20\bar{2}]$	0.113, ‖ $A2$	τ^7		HREM	Yang, et al., 2000
$Al_{62}Cu_{25.5}Fe_{12.5}$		0.307, ‖ $A2$			DCI + CBED	Dai, 1992
			τ^5		DCI	Wollgarten, et al., 1992
	$\frac{1}{2}[1\bar{1}1\bar{1}00]$	0.291, ‖ $A2$	τ^3		DCI + CBED	Wang and Dai, 1993a
			τ^5		DCI	Urban, et al., 1993
$Al_{65}Cu_{20}Fe_{15}$	$\frac{1}{2}[1\bar{1}\bar{1}001]$				HREM	Devaud-Rzepski, et al., 1989a
		‖ $A2$		混合	DCI	Zhang, et al., 1990; Wollgarten, et al., 1991
	$\frac{1}{2}[11\bar{2}00\bar{2}]$	‖ $A2$	τ^5	螺	DCI + CBED	Feng, et al., 1993
	$\frac{1}{2}[00\bar{1}2\bar{2}1]$	0.18, ‖ $A2$	τ^5		DCI + CBED	Kuo, Wang(1992); Wang, et al., 1994a; Feng, et al., 1994c
	$\frac{1}{2}[\bar{1}01010]$	0.5, ‖ $A3$	τ^3			
	$\frac{1}{2}[11\bar{2}1\bar{1}\bar{1}]$	0.21, ‖ $A5$	τ^6			

续表

合金成分	B 的六维指数	$b^{\parallel}$大小(nm)、方向	比值 ζ	类型(组态)	实验方法	文献
$Al_{5.5}Li_3Cu$		<0.7		小角晶界位错群	DCI	Chen, et al., 1987
Al_6Li_3Cu		∥ $A2$		刃	DCI	Yu, et al., 1992
Al_6Li_3Cu		∥ $A5$		螺	DCI	Baluc, et al., 1995
		∥ $A3$		刃位错群(晶界)		
十次准晶						
$Al_{70}Co_{15}Ni_{15}$	$\left[\frac{1}{4}00000\right]$	0.2, ∥ $A10$	0	螺	CBED	Kuo, Wang, 1992; Yan et al., 1992b; Yan, Wang, 1992c; Wang, et al., 1993b; 王仁卉等, 1993e; Yan, Wang, 1993a; Yan, Wang, 1993c; Yan, Wang, 1993d; Yan, Wang, 1993e; Yan, et al., 1994a; Yan, et al., 1994b; Wang, et al., 1994a;
	$\left[\frac{1}{2}00000\right]$	0.4, ∥ $A10$	0	螺，刃		
	$\left[\frac{3}{4}00000\right]$	0.6, ∥ $A10$	0	螺		
	[100000]	0.8, ∥ $A10$	0	螺		
		∥ $A10$	0	刃，平行阵列倾侧晶界		
		∥ $A10$	0	螺，平行阵列扭转晶界		
		∥ $A2P$		螺，位错网络中的一组平行阵列扭转晶界		
		∥ $A2D$				
	$[0100\bar{1}0]$	0.19, ∥ $A2D$	τ^{-1}			
	$[011\bar{1}\bar{1}0]$	0.30, ∥ $A2D$	τ^{-3}			
	$[12\bar{2}\bar{1}01]$			位错圈		

续表

合金成分	B 的 六维指数	$b^{\parallel}$ 大小 (nm)、方向	比值 ζ	类型 (组态)	实验方法	文　献
AlCuCo(Si)		$\parallel A10$			DCI	Zhang and Urban, 1989, Zhang, et al., 1994

§10.2　准晶位错的 Burgers 矢量和在准晶中引入位错的 Volterra 过程

准晶发现一年后，准晶位错的基本理论在准晶位错这类结构缺陷还尚无实验证据的情况下，就已经发展起来了，[见 Levine, et al., 1985; Lubensky, et al., 1985; Socolar, et al., 1986; Steinhardt J. & Ostlund, 1987]. 目前更有了相当细致完善的描述. 本节将介绍准晶位错描述中两个最基本的问题：准晶位错的 Burgers 矢量和在准晶中引入位错的 Volterra 过程. 此前，Bohsung 和 Trebin (1989), Kleman 和 Sommers (1991), 俞大鹏等(Yu, et al., 1997), 杨文革等(Yang, et al., 1998), 丁棣华等(1998)已讨论过这类问题.

大家知道，由于晶体具有平移对称性，而 Burgers 矢量又是该晶体点阵的平移矢量，所以在晶体中作一 Volterra 切口，将切口两侧的点阵结构刚性平移一个点阵矢量并重新胶合后，假想的切口并没有在物理上留下任何痕迹. 显然，这样的过程无法在准晶体自身上进行，因为准晶体自身没有这样的平移矢量. 由于准晶可以被描述为高维晶体空间向物理空间投影或被物理空间切割而得到，准晶中全位错的 Burgers 矢量 $\boldsymbol{B}$ 应该是高维空间的周期点阵的一个平移矢量：

$$\boldsymbol{B} = \boldsymbol{b}^{\parallel} \oplus \boldsymbol{b}^{\perp}. \tag{10.1}$$

由两个正交子空间($\boldsymbol{P}^{\parallel}$ 或 V_E，物理空间，平行空间，以及 $\boldsymbol{P}^{\perp}$ 或

V_I,补空间,垂直空间)中的矢量 $\boldsymbol{b}^{\parallel}$ 和 $\boldsymbol{b}^{\perp}$ 的直和构成. 在数学上意味着,对于一个全位错,不存在仅仅 $\boldsymbol{b}^{\parallel}=0$ 或者仅仅 $\boldsymbol{b}^{\perp}=0$ 的 Burgers 矢量 $\boldsymbol{B}$. 这个结论的最简单的物理意义是,准晶中的全位错不简单地对应于插入或抽去一个半无限原子平面(我们以后将在这个结论的基础上讨论在准晶中引入位错的 Volterra 过程).

准晶的弹性位移场 $\boldsymbol{U}(\boldsymbol{r}^{\parallel})$ 也是一个高维矢量

$$\boldsymbol{U}(\boldsymbol{r}^{\parallel})=\boldsymbol{u}(\boldsymbol{r}^{\parallel})\oplus\boldsymbol{w}(\boldsymbol{r}^{\parallel}). \tag{10.2}$$

注意,这里的 $\boldsymbol{r}^{\parallel}$ 是准晶所在的物理空间(平行空间)$\boldsymbol{P}^{\parallel}$ 中的位矢. 根据式(10.2),准晶的弹性位移场 $\boldsymbol{U}(\boldsymbol{r}^{\parallel})$ 也是 $\boldsymbol{P}^{\parallel}$ 和 $\boldsymbol{P}^{\perp}$ 这两个正交子空间中的矢量 $\boldsymbol{u}(\boldsymbol{r}^{\parallel})$ 和 $\boldsymbol{w}(\boldsymbol{r}^{\parallel})$ 的直和. 同样,对于一个全位错,不存在仅仅 $\boldsymbol{u}=0$ 或仅仅 $\boldsymbol{w}=0$ 的弹性位移场. $\boldsymbol{u}(\boldsymbol{r}^{\parallel})$ 的空间变化,与晶体一样,对应于声子激发,相应的应变场称为声子应变场. $\boldsymbol{w}(\boldsymbol{r}^{\parallel})$ 的空间变化对应于相位子(phason)激发,相应的应变场称为相位子应变场. 所以,准晶位错引起的弹性位移场、应变场,除了传统晶体中的位移场、应变场之外,还有一个与相位子激发对应的位移场和应变场.

此外,准晶中的倒易点阵矢量 $\boldsymbol{G}=\boldsymbol{g}^{\parallel}+\boldsymbol{g}^{\perp}$ 也是由其物理空间分量 $\boldsymbol{g}^{\parallel}$ 和垂直空间分量 $\boldsymbol{g}^{\perp}$ 的直和构成. 物理空间 $\boldsymbol{P}^{\parallel}$ 的维数等于准晶所存在的空间的维数,通常是三维. 补空间 $\boldsymbol{P}^{\perp}$ 的维数决定于准晶点群的性质. 例如,对于具有五次、八次、十次、十二次对称的二维准晶(这里指的是二维准周期结构加一维周期结构组成的三维固体),平行空间是三维,垂直空间是二维. 对于二十面体准晶和立方准晶,$\boldsymbol{P}^{\parallel}$ 和 $\boldsymbol{P}^{\perp}$ 都是三维.

根据准晶位错 Burgers 矢量的以上性质,可以想像一个在准晶中引进位错的 Volterra 过程,见图 10.2. $\boldsymbol{P}^{\parallel}$ 代表 N 维空间中一个三维子空间 V_E(物理空间,或称为平行空间),它与 N 维超点阵相交的斜率为无理数. $\boldsymbol{P}^{\perp}$ 代表与之正交的 $(N-3)$ 维子空间 V_I(补空间,或称为垂直空间). 图中阴影部分代表切割投影法中的"片状"条带 S. 这个条带中有 3 维是无穷大的且与 $\boldsymbol{P}^{\parallel}$ 平行,其余的 $(N-3)$ 维与 $\boldsymbol{P}^{\perp}$ 平行,且是有界的. 把在条带 S 内的 N 维空间内

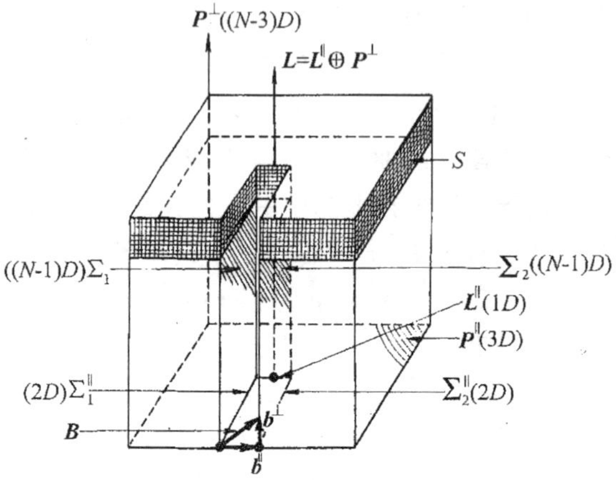

图 10.2 在 N 维空间中构造准晶中位错的 Volterra 过程

图中 $\boldsymbol{P}^{\perp}$ 表示(N－3)维的垂直空间，$\boldsymbol{P}^{\parallel}$ 表示三维的平行空间，阴影部分代表切割投影法中的条带 S. $\boldsymbol{L}^{\parallel}$ 代表平行空间中的位错线(1 维的)，它与垂直空间的直和 $\boldsymbol{L}=\boldsymbol{L}^{\parallel}\oplus\boldsymbol{P}^{\perp}$ 构成了 N 维空间中的维数为$(N-2)$的超位错线. $\sum_1$ 和 $\sum_2$ 是在 N 维空间中以超位错线 L 为边界作出切口后留下的两个超平面，这两个超平面在平行空间的投影 $\sum_1^{\parallel}$ 和 $\sum_2^{\parallel}$ 正好就是在物理空间以位错线 $L^{\parallel}$ 为边界作出切口后露出的两个二维的表面

的所有的阵点都投影到物理空间 $\boldsymbol{P}^{\parallel}$，就得到准晶体. 为了在物理空间的一个准晶体中构造出一条 Burgers 矢量为 $\boldsymbol{B}$ 的位错线 $\boldsymbol{L}^{\parallel}$，其 Volterra 过程有以下 6 个步骤：

(1) 把图 10.2 中用实心圆点代表的在物理空间的 1 维的位错线 $\boldsymbol{L}^{\parallel}$ 上举到 N 维空间成为一条$(N-2)$维的超位错线 $\boldsymbol{L}$，它是 $\boldsymbol{L}^{\parallel}$ 与垂直空间的直和

$$\boldsymbol{L}=\boldsymbol{L}^{\parallel}\oplus\boldsymbol{P}^{\perp}.$$

(2) 在 N 维空间中以超位错线 $\boldsymbol{L}$ 为边界作出切口，留下两个$(N\text{-}1)$维的超平面 $\sum_1$ 和 $\sum_2$. 这两个超平面在平行空间的投影 $\sum_1^{\parallel}$ 和 $\sum_2^{\parallel}$ 正好就是在物理空间以位错线 $\boldsymbol{L}^{\parallel}$ 为边界作出切口

后露出的两个二维的表面．这过程也可说成是：在物理空间以位错线 $L^{\parallel}$ 为边界作出切口，露出两个二维的表面 $\sum_1^{\parallel}$ 和 $\sum_2^{\parallel}$．将它们上举到 N 维空间，得到以超位错线 $\boldsymbol{L}$ 为边界的两个超平面 $\sum_1$ 和 $\sum_2$

$$\sum\nolimits_1 = \sum\nolimits_1^{\parallel} \oplus \boldsymbol{P}^{\perp} \qquad \text{和} \qquad \sum\nolimits_2 = \sum\nolimits_2^{\parallel} \oplus \boldsymbol{P}^{\perp}.$$

(3) 将 N 维空间中这两个超平面 $\sum_1$ 和 $\sum_2$ 相互刚性地平移高维空间的周期点阵的一个点阵矢量，即位错线的 Burgers 矢量 $\boldsymbol{B}$，它由平行空间分量 $\boldsymbol{b}^{\parallel}$ 和垂直空间分量 $\boldsymbol{b}^{\perp}$ 两部分组成

$$\boldsymbol{B} = \boldsymbol{b}^{\parallel} \oplus \boldsymbol{b}^{\perp}. \tag{10.1}$$

(4) 如果两个超平面 $\sum_1$ 和 $\sum_2$ 相互刚性地平移后将会造成重叠，就在平移之前先去掉这部分重叠的物质，即抽出半平面物质；如果留下空隙，就将超平面 $\sum_1$ 和 $\sum_2$ 之间的空隙填满，即插入半平面物质．

(5) 然后把这两个超平面 $\sum_1$ 和 $\sum_2$ 粘起来．由于平移矢量 $\boldsymbol{B}$ 是 N 维晶体点阵的一个点阵矢量，粘合面上的物质匹配得很好．当然，这将造成围绕位错线 L 的弹性位移场，而且这个弹性位移场 $\boldsymbol{U}(\boldsymbol{r}^{\parallel})$ 也是一个 N 维矢量

$$\boldsymbol{U}(\boldsymbol{r}^{\parallel}) = \boldsymbol{u}(\boldsymbol{r}^{\parallel}) \oplus \boldsymbol{w}(\boldsymbol{r}^{\parallel}). \tag{10.2}$$

注意到 N 维空间中的超位错线 $\boldsymbol{L}$ 是平行于垂直空间 $\boldsymbol{P}^{\perp}$ 的，这样的位错产生的弹性位移场 $\boldsymbol{U}(\boldsymbol{r}^{\parallel})$ 应该与位矢在垂直空间中的分量无关，仅仅是位矢在平行空间中的分量 $\boldsymbol{r}^{\parallel}$ 的函数．

(6) 把在条带 S 内的阵点投影到物理空间 $\boldsymbol{P}^{\parallel}$，就得到包含有位错线 $\boldsymbol{L}^{\parallel}$ 的准晶体．N 维空间中的弹性位移场 $\boldsymbol{U}(\boldsymbol{r}^{\parallel})$ 由其在物理空间中的声子型的分量 $\boldsymbol{u}(\boldsymbol{r}^{\parallel})$ 和在垂直空间中的相位子型的分量 $\boldsymbol{w}(\boldsymbol{r}^{\parallel})$ 两部分组成．其在垂直空间中的相位子型的分量 $\boldsymbol{w}(\boldsymbol{r}^{\parallel})$ 将会引起某些原先在条带 S 内的阵点被移到条带之外，从而不再能投影到物理空间；在这些阵点附近则会有另外一些原先在条带 S 之外的、不能投影到物理空间的阵点被移到条带之内，

被投影到物理空间. 这种相位子型位移的总的效果就是:在物理空间的准晶中某些原子跳到其近邻的一个亚稳的位置.

必须强调指出的是:对于准晶中的全位错,其 Burgers 矢量的两个分量 $\boldsymbol{b}^{\parallel}$ 和 $\boldsymbol{b}^{\perp}$ 都不为零. 如果某位错只有物理空间分量 $\boldsymbol{b}^{\parallel}$,而垂直空间分量 $\boldsymbol{b}^{\perp}$ 为零,则在切口产生一个相位子型层错面. 而且这一层错面的端部为不全位错. 在经受了塑性形变而且此后在高温停留时间很短的准晶中,的确存在这种位错(王仁卉等,1992;Yan, Wang,1992d;Yan, Wang,1993b;Wang,et al.,1998b).

作为位矢在平行空间中的分量 $\boldsymbol{r}^{\parallel}$ 的函数,围绕着位错线 $\boldsymbol{L}^{\parallel}$ 的弹性位移场 $\boldsymbol{U}(\boldsymbol{r}^{\parallel})$ 仅仅决定于位错线 $\boldsymbol{L}^{\parallel}$ 的位置与方向,该位错的 Burgers 矢量 $\boldsymbol{B}$,以及该准晶的弹性常数,而与 Volterra 过程中切口的选取无关. 在物理空间中绕着位错线 $\boldsymbol{L}^{\parallel}$ 走一个闭合回路 λ(称之为 Burgers 回路 λ,见图 10.3),则累积的位移量,即位移矢量 $\boldsymbol{U}(\boldsymbol{r}^{\parallel})$ 沿着 Burgers 回路 λ 的积分,应该等于该位错线的 Burgers 矢量 $\boldsymbol{B}$

$$\oint_{\lambda} \mathrm{d}\,\boldsymbol{U}(\boldsymbol{r}^{\parallel}) = \oint_{\lambda} \nabla_{r^{\parallel}} \boldsymbol{U}(\boldsymbol{r}^{\parallel}) \cdot \mathrm{d}\boldsymbol{L}^{\parallel} = \boldsymbol{B}, \qquad (10.3)$$

而且位移矢量的物理空间分量 $\boldsymbol{u}(\boldsymbol{r}^{\parallel})$ 和垂直空间分量 $\boldsymbol{w}(\boldsymbol{r}^{\parallel})$ 沿着 Burgers 回路 λ 的积分,应该分别等于该位错线的 Burgers 矢量的物理空间分量 $\boldsymbol{b}^{\parallel}$ 和垂直空间分量 $\boldsymbol{b}^{\perp}$

$$\oint_{\lambda} \mathrm{d}\,\boldsymbol{u}(\boldsymbol{r}^{\parallel}) = \oint_{\lambda} \nabla_{(r^{\parallel})} \boldsymbol{u}(\boldsymbol{r}^{\parallel}) \cdot \mathrm{d}\boldsymbol{L}^{\parallel} = \boldsymbol{b}^{\parallel}, \qquad (10.4\mathrm{a})$$

$$\oint_{\lambda} d\,\boldsymbol{w}(\boldsymbol{r}^{\parallel}) = \oint_{\lambda} \nabla_{(r^{\parallel})} \boldsymbol{w}(\boldsymbol{r}^{\parallel}) \cdot \mathrm{d}\boldsymbol{L}^{\parallel} = \boldsymbol{b}^{\perp}. \qquad (10.4\mathrm{b})$$

注意:无论位移分量是在物理空间或是在补空间,它们的自变量都是平行空间的位矢 $\boldsymbol{r}^{\parallel}$. 因而上面两个积分号内的梯度都是对 $\boldsymbol{r}^{\parallel}$ 的,而且两个积分都是绕着平行空间 $\boldsymbol{P}^{\parallel}$ 中的 Burgers 回路 λ 进行的.

图 10.3(a)示出了围绕位错线 $\boldsymbol{L}^{\parallel}$ 的 Burgers 回路 λ. Burgers 回路 λ 的方向与位错线 $\boldsymbol{L}^{\parallel}$ 的方向遵从右手螺旋(right-handed

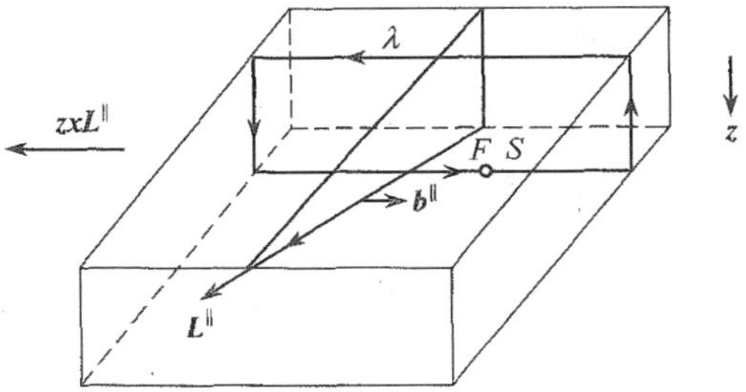

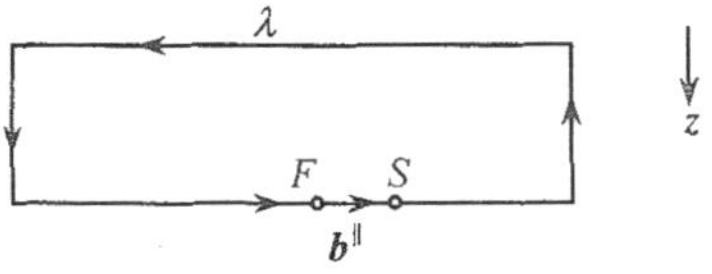

图 10.3 围绕位错线 $\boldsymbol{L}^{\parallel}$ 的 Burgers 回路 λ

(a) 在含有位错的晶体中；(b)在完整的参照晶体中. 说明关于位错线 $\boldsymbol{L}^{\parallel}$ 的 Burgers 矢量 $\boldsymbol{b}^{\parallel}$ 定义的完整晶体终点到始点右手螺旋法则. z 代表电子束在试样中的传播方向. 在位错线 $\boldsymbol{L}^{\parallel}$ 的由矢量 $z\times L^{\parallel}$ 所指向的那一侧，$\frac{\mathrm{d}\boldsymbol{u}(\boldsymbol{r}^{\parallel})}{\mathrm{d}z}$ 近似地平行于 $\boldsymbol{b}^{\parallel}$

Screw，简写为 RH)的法则. 图 10.3(b)示出了在完整晶体中相应的回路 λ. 所不同的是：当在含有位错的晶体中从起点 S 绕着回路走了一整圈，即终点 F 与起始点 S 相同时，在作为参照物的完整晶体的相应的回路 λ 中，从 F 点到 S 点的矢量就定义为 Burgers 矢量 $\boldsymbol{b}^{\parallel}$. 关于位错线的 Burgers 矢量的这种定义(Hirsch，et al.，1977；Hirth，Lothe，1968)，参考文献中称之为完整晶体终点到始点右手螺旋法则(FS/RH perfect crystal convention).

显然，如果我们反转位错线的方向，则该位错线的 Burgers 矢量的方向也应该反转.

由式(10.4a)可知，沿着 Burgers 回路 λ 的方向，$\mathrm{d}\boldsymbol{u}(\boldsymbol{r}^{\parallel})$大体上平行于 $\boldsymbol{b}^{\parallel}$. 图 10.3(a)中 z 是入射电子束的方向. 显然，在位错线 $\boldsymbol{L}^{\parallel}$ 的由矢量 $z\times\boldsymbol{L}^{\parallel}$ 所指向的那一侧，z 的方向平行于

Burgers 回路 λ 的方向，$\frac{du(r^{\parallel})}{dz}$近似地平行于 $b^{\parallel}$. 在位错线 $L^{\parallel}$ 的$(-z\times L^{\parallel})$侧，z 的方向反平行于 Burgers 回路 λ 的方向，$\frac{du(r^{\parallel})}{dz}$近似地平行于$(-b^{\parallel})$.

为要将这一法则推广到准晶，只需首先在含有位错的和完整的 N 维空间晶体中作出类似的 Burgers 回路，就可得到关于准晶中的全位错的 Burgers 矢量 $B=b^{\parallel}\oplus b^{\perp}$的定义，然后把这回路投影到物理空间即可.

§10.3 准晶位错 Burgers 矢量的实验鉴定

位错的主要特征参数是它的 Burgers 矢量及位错线的几何形状. 后者可直接采用形貌术，特别是透射电子显微镜衍衬成像技术直接观察. 但 Burgers 矢量的鉴定则较为困难. 本节主要介绍用透射电子显微镜中的(1)离焦会聚束电子衍射(convergent-beam electron diffraction，以下简写为 CBED)技术，(2)衍衬成像技术和(3)高分辨点阵条纹技术鉴定位错的 Burgers 矢量的原理和方法.

10.3.1 准晶位错 Burgers 矢量的离焦会聚束电子衍射鉴定

有关会聚束电子衍射的基本知识请参阅下列书中的有关章节：朱静等(1987)，Wang，Zou(2002). 有关离焦会聚束电子衍射法测定晶体与准晶中的位错的 Burgers 矢量的原理、方法和应用举例请参见下列综述：王仁卉等(1993e)，Wang 等(1994a)，王仁卉(1996)，Wang (2000).

图 10.4 示出的是离焦 CDEB 的光路图. 有一定角度范围(通常是 0.4°～1°)的锥形入射电子束会聚于偏离试样 Sp 距离为 Δf 的 C 点(交叉点). 让这一圆锥形会聚的入射束照射到试样上包含有 Burgers 矢量为 b、线方向为 $L^{\parallel}$ 的位错线段 $D1D2$ 的圆形区域，则试样上不同的被照射点具有不同的位移矢量 $U(r^{\parallel})$以及

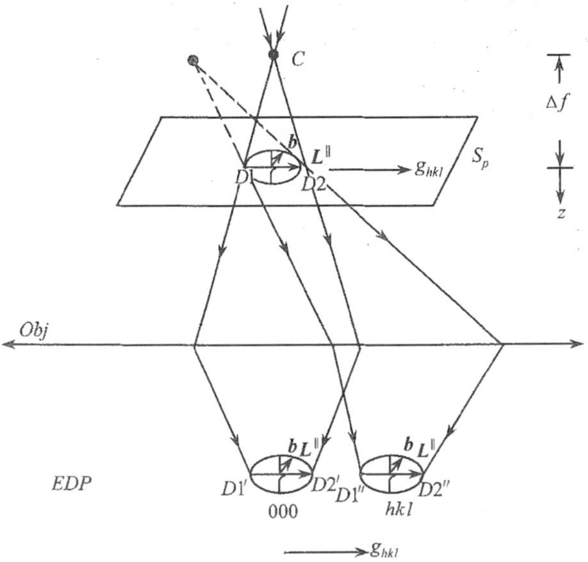

图 10.4 离焦 CBED 光路图

有一定角度范围的锥形入射电子束会聚于偏离试样 S_p 距离为 Δf 的 C 点(交叉点). 透射束和衍射束经物镜 *Obj* 之后在物镜后焦面 *EDP* 处形成的 *CBED* 花样由透射盘和衍射盘组成. 若试样被照射区内有缺陷,则其离焦 *CBED* 花样中包含着试样被照射区衍衬像的信息

不同的入射方向,因而产生强度不同的透射束和衍射束. 透射束经物镜 *Obj* 之后在物镜后焦面处(即图中标为 *EDP* 处)形成 000 透射盘,g_{hkl}衍射束则在物镜后焦面处形成 *hkl* 衍射盘. 适当调节透射电子显微镜的中间镜励磁电流,可将这一衍射花样聚焦于电子显微镜的荧光屏上(衍射模式)而被观察到. 也可用照相底片或慢扫描电荷耦合器件将其记录下来. 作为一级近似,认为会聚的入射束聚成一个几何点 C,则试样被照射区的每一个点,分别对应于 000 透射盘和 *hkl* 衍射中的一个点. 如试样的 $D1$ 和 $D2$ 点分别对应于透射盘中的 $D1'$ 和 $D2'$ 点,以及 *hkl* 衍射盘中的 $D1''$ 和 $D2''$. 在 *hkl* 衍射盘中,该点的强度就是试样中对应点的 *hkl* 衍射

强度．同样，000 透射盘中该点的强度就是试样上对应点的透射强度．这样，离焦 *CBED* 花样包含着试样被照射区各点的透射强度与衍射强度的信息，即衍衬像的信息．

为了理解采用离焦会聚束电子衍射测定晶体或准晶中位错的 Burgers 矢量的原理，需要知道 Burgers 矢量为 $\boldsymbol{b}$ 或 $\boldsymbol{B}=\boldsymbol{b}^{\parallel}\oplus\boldsymbol{b}^{\perp}$ 的位错线的位移场对离焦 *CBED* 花样的影响．在这方面武汉大学准晶研究组曾经做了大量预备性的工作，见 Wang，Dai(1990a)，Feng 等(1992,1994a)．

在有关透射电子显微分析的教科书(例如 Hirsch, et al., 1977)中都已讲到，对于衍射本领很弱的衍射束，运动学近似成立．当入射束的波函数为 1 时，指数为 hkl 的倒易矢 g_{hkl} 对应的衍射束在试样下表面的振幅可表示为

$$\Phi_g = \frac{\mathrm{i}\pi}{\zeta_g}\int_0^t \exp\left[-2\pi\mathrm{i}\left(s + g\cdot\frac{\mathrm{d}\boldsymbol{u}(z)}{\mathrm{d}z}\right)z\right]\mathrm{d}z, \quad (10.5\mathrm{a})$$

式中 z 为距离试样上表面的深度，t 为试样膜厚，ζ_g 为 $\boldsymbol{g}$ 衍射的消光距离，它与该衍射的结构因子 $F(\boldsymbol{g})$ 成反比．s 为偏离参数．$\boldsymbol{u}(z)$ 表示入射电子射到的深度为 z 处的位移矢量，即该点原子由于有缺陷而偏离其规则位置的位移矢量．$\boldsymbol{u}(z)$ 既是深度 z 的函数，也是入射束与试样表面的交点的 (x,y) 坐标的函数，由于入射束是会聚的而不是平行的，表示入射方向对 Bragg 条件偏离程度的 s 参量也是入射束与试样表面的交点 (x,y) 坐标的函数．这样，式(10.5a)表明 $\boldsymbol{g}$ 衍射束的强度 $I_g=|\Phi_g|^2$，以及透射速的强度 $I_0=1-I_g$ 也都是 (x,y) 的函数．按照准晶的电子衍射的动力学理论(Wang, Cheng, 1987; Cheng, Wang, 1989)，对于准晶中的位错，只需把晶体中的倒易矢量 $\boldsymbol{g}$ 改成高维空间中的倒易矢量 $\boldsymbol{G}=\boldsymbol{g}^{\parallel}+\boldsymbol{g}^{\perp}$，把晶体中的位移矢量 $\boldsymbol{u}(\boldsymbol{r}^{\parallel})$ 改成高维空间中的位移矢量 $\boldsymbol{U}(\boldsymbol{r}^{\parallel})=\boldsymbol{u}(\boldsymbol{r}^{\parallel})\oplus\boldsymbol{w}(\boldsymbol{r}^{\parallel})$．即：准晶中倒易矢 $\boldsymbol{G}=\boldsymbol{g}^{\parallel}+\boldsymbol{g}^{\perp}$ 对应的衍射束在试样下表面的振幅可表示为

$$\Phi_G = \frac{\mathrm{i}\pi}{\zeta_G}\int_0^t \exp\left[-2\pi\mathrm{i}\left(s + G\cdot\frac{\mathrm{d}\boldsymbol{U}(z)}{\mathrm{d}z}\right)z\right]\mathrm{d}z. \quad (10.5\mathrm{b})$$

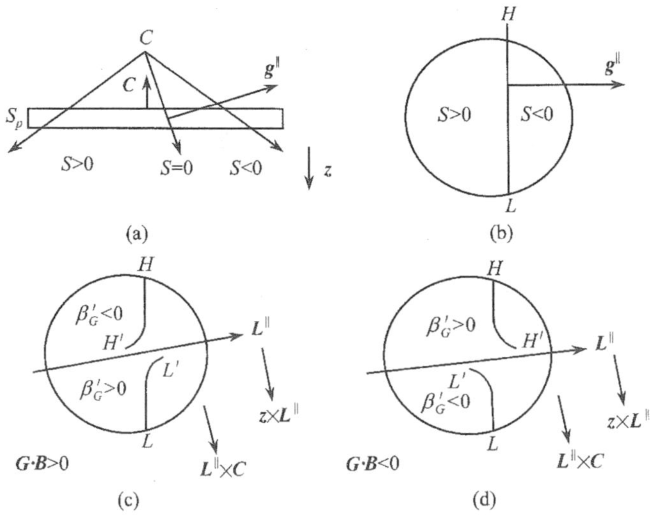

图 10.5　位错线位移场对离焦 *CBED* 花样的影响

(a) 离焦 *CBED* 实验的几何布置:会聚束斑 C 点在试样上方,图中的矢量 $\boldsymbol{C}$ 由试样指向 C 点;(b) 试样被辐照区为完整晶体时,离焦 *CBED* 花样中的 *HOLZ* 线(*HL* 线). 在 *HL* 线的顺着倒易矢量 $\boldsymbol{g}^{\|}$ 所指的那一侧 $s<0$;(c) 当 $\boldsymbol{G}\cdot\boldsymbol{B}>0$ 时,位于位错线的 $\boldsymbol{z}\times\boldsymbol{L}^{\|}$ 侧的那段 *HOLZ* 线朝 $\boldsymbol{g}^{\|}$ 的正向弯折;(d) 当 $\boldsymbol{G}\cdot\boldsymbol{B}<0$ 时,位于位错线的 $\boldsymbol{z}\times\boldsymbol{L}^{\|}$ 侧的那段 *HOLZ* 线朝 $\boldsymbol{g}^{\|}$ 的负方向弯折

图 10.5(a)示出离焦 *CBED* 实验的几何布置:会聚束斑 C 点在试样上方,图中的矢量 $\boldsymbol{C}$ 由试样指向 C 点. 当入射束照射到完整晶体区时,$\boldsymbol{U}(\boldsymbol{r}^{\|})=0$,由式(10.5b)可得到关于衍射与透射束强度的解析表达式如下:

$$I_G = 1 - I_0 = \left(\frac{\pi t}{\zeta_G}\right)^2 \frac{\sin^2(\pi t s)}{(\pi t s)^2}. \qquad (10.6)$$

由上式可见,当偏离参数 $s=0$ 时,即满足 Bragg 条件时,衍射束强度 I_G 最大,透射束强度 I_0 最弱. 在离焦 *CBED* 花样中,某些高阶反射 $\boldsymbol{g}^{\|}$ 的衍射盘[如图 10.5(b)的圆圈]中产生对应于 $s=0$ 的标为 *HL* 的一条亮的主衍射条纹. 在透射盘的相应的区域则生成一

条暗线,称之为高阶 Laue 带线(higher-order laue zone line,简称为 HOLZ 线). 在图 10.5(a)的几何布局之下,即入射束斑 C 点在试样上方的情况下,图 10.5(b)所示透射盘或衍射盘中 HL 线的右侧,即倒易矢量 $\boldsymbol{g}^{\parallel}$ 所指的那一侧,入射角小于 Bragg 角,$s<0$. 反之,HL 线的左侧 $s>0$.

当入射束照射到缺陷影响区时,$\frac{\mathrm{d}\boldsymbol{U}}{\mathrm{d}z}\neq 0$,有梯度的位移矢量 $\boldsymbol{U}(\boldsymbol{r}^{\parallel})$ 使晶体局部区域点阵平面的取向与面间距发生变化,因而该局部区域的偏离参数 s 也变成了有效偏离参数 s'

$$s' = s + \boldsymbol{G}\cdot\frac{\mathrm{d}\boldsymbol{U}}{\mathrm{d}z} = s + \beta'_G. \tag{10.7}$$

衍射强度 I_G 达极大的区域也由 $s=0$ 区移到 $s'=0$ 的区域. 这意味着:在远离位错的区域,极大值出现在 $s=0$ 的区域,而在逐渐接近位错的过程中,由于 $\beta'_G=\boldsymbol{G}\cdot\frac{\mathrm{d}\boldsymbol{U}}{\mathrm{d}z}$ 的绝对值越来越大,对应于 $s'=0$的极大值区域越来越偏离原来 $s=0$ 的区域. 实验现象就是:在离焦 *CBED* 花样中,$\boldsymbol{g}^{\parallel}$ 衍射盘中一条直的主衍射条纹在接近位错的过程中将向一侧弯曲.

图 10.5(c)和(d)说明 *HOLZ* 线跨过位错线时偏折的方向. 如上所述,当入射束斑 C 点在试样上方时,HL 线的倒易矢量 $\boldsymbol{g}^{\parallel}$ 所指的那一侧,$s<0$. 又,在位错线 $\boldsymbol{L}^{\parallel}$ 的 $\boldsymbol{z}\times\boldsymbol{L}^{\parallel}$ 侧,$\frac{\mathrm{d}\boldsymbol{U}(\boldsymbol{r}^{\parallel})}{\mathrm{d}z}$ 近似地平行于$\boldsymbol{B}$. 因此,当 $\boldsymbol{G}\cdot\boldsymbol{B}>0$ 时, 即 $\beta'_G=\boldsymbol{G}\cdot\frac{\mathrm{d}\boldsymbol{U}}{\mathrm{d}z}>0$ 时,$s'=0$ 的极大值区域应该是$s<0$的区域,如图 10.5(c)之下半图所示. 在位错线 $\boldsymbol{L}^{\parallel}$ 的$(-\boldsymbol{z}\times\boldsymbol{L}^{\parallel})$侧,$\frac{\mathrm{d}\boldsymbol{U}(\boldsymbol{r}^{\parallel})}{\mathrm{d}z}$ 近似地平行于$(-\boldsymbol{B})$. 此时,当 $\boldsymbol{G}\cdot\boldsymbol{B}>0$ 时, 即 $\beta'_G=\boldsymbol{G}\cdot\frac{\mathrm{d}\boldsymbol{U}}{\mathrm{d}z}<0$ 时,$s'=0$ 的极大值区域应该是 $s>0$ 的区域,如图 10.5(c)之上半图所示.

图 10.5(d)示出的是 $\boldsymbol{G}\cdot\boldsymbol{B}<0$ 的情况. 这时 *HOLZ* 线的偏折方向较之图 10.5(c)中的对应于 $\boldsymbol{G}\cdot\boldsymbol{B}>0$ 时的偏折方向全部相

反.

如果 $\boldsymbol{G}\cdot\boldsymbol{B}=0$,则 $\beta'_G=\boldsymbol{G}\cdot\dfrac{\mathrm{d}\boldsymbol{U}}{\mathrm{d}z}\approx 0$, *HOLZ* 线在跨越位错线 $\boldsymbol{L}^{\parallel}$ 时不会断开.

图 10.5 中描绘的 *HOLZ* 线 *HL* 与位错线 $\boldsymbol{L}^{\parallel}$ 相交时断开与偏折的规律是:如果 $\boldsymbol{G}\cdot\boldsymbol{B}\neq 0$,则 *HL* 分裂为 *HH′*, *L′L* 两段. 若 $\boldsymbol{G}\cdot\boldsymbol{B}>0$,则位于位错线的 $\boldsymbol{z}\times\boldsymbol{L}^{\parallel}$ 侧的那段 *HOLZ* 线朝 $\boldsymbol{g}^{\parallel}$ 的正向弯折,另一段朝 $\boldsymbol{g}^{\parallel}$ 的负向弯折;若 $\boldsymbol{G}\cdot\boldsymbol{B}<0$,则位于位错线的 $\boldsymbol{z}\times\boldsymbol{L}^{\parallel}$ 侧的那段 *HOLZ* 线朝 $\boldsymbol{g}^{\parallel}$ 的负方向弯折. 如果 $\boldsymbol{G}\cdot\boldsymbol{B}=0$,则 *HL* 条纹不分裂. 显然,上述现象可用来直接判断 $\boldsymbol{G}\cdot\boldsymbol{B}$ 的正负号:观察位于位错线的 $\boldsymbol{z}\times\boldsymbol{L}^{\parallel}$ 侧的那段 *HOLZ* 线的弯折方向,若是朝着 $\boldsymbol{g}^{\parallel}$ 的方向,则 $\boldsymbol{G}\cdot\boldsymbol{B}>0$. 反之,若是朝着 $\boldsymbol{g}^{\parallel}$ 的负方向,则 $\boldsymbol{G}\cdot\boldsymbol{B}<0$.

以上围绕图 10.5 的讨论都是针对会聚束斑 *C* 点位于试样上方的情况. 如果会聚束斑 *C* 点位于试样之下,则 *HL* 线的由倒易矢量 $\boldsymbol{g}^{\parallel}$ 所指的那一侧,入射角大于 Bragg 角, $s>0$. 反之, *HL* 线的背离 $\boldsymbol{g}^{\parallel}$ 的那一侧 $s<0$. 这样一来,关于 *HOLZ* 线弯折方向的法则也应该相应地改为:如果会聚束斑 *C* 点位于试样之下,则观察位于位错线的 $(-\boldsymbol{z}\times\boldsymbol{L}^{\parallel})$ 侧的那段 *HOLZ* 线的弯折方向,若是朝着 $\boldsymbol{g}^{\parallel}$ 的方向,则 $\boldsymbol{G}\cdot\boldsymbol{B}>0$. 反之,若是朝着 $\boldsymbol{g}^{\parallel}$ 的负方向,则 $\boldsymbol{G}\cdot\boldsymbol{B}<0$.

注意:会聚束斑 *C* 点位于试样上方时,矢量 $\boldsymbol{C}$ 与矢量 $\boldsymbol{z}$ 的方向相反;会聚束斑 *C* 点位于试样之下时,矢量 $\boldsymbol{C}$(仍然定义为由试样指向会聚束斑 *C* 点)与矢量 $\boldsymbol{z}$ 的方向相同. 据此, *HOLZ* 线的弯折规则可以表述为:若 $\boldsymbol{G}\cdot\boldsymbol{B}$ 取正号,则位于位错线的 $\boldsymbol{L}^{\parallel}\times\boldsymbol{C}$ 侧的那段 *HOLZ* 线的弯折方向是朝着 $\boldsymbol{g}^{\parallel}$ 的方向. 根据这一规则,采用离 *CBED* 技术测定 $\boldsymbol{G}\cdot\boldsymbol{B}$ 的符号的方法可以表述为:若位于位错线的 $\boldsymbol{L}^{\parallel}\times\boldsymbol{C}$ 侧的那段 *HOLZ* 线的弯折方向是朝着 $\boldsymbol{g}^{\parallel}$ 的方向,则 $\boldsymbol{G}\cdot\boldsymbol{B}$ 取正号.

上面的讨论是针对主衍射条纹的,见图 10.6(a)中的条纹

s_0s_0'. 图 10.6 的几何布置与图 10.5 一样,会聚束斑 C 点在试样上方,对应的矢量 $\boldsymbol{C}$ 由纸面指向读者. 故而在主衍射条纹的顺着倒易矢量 $\boldsymbol{g}^{\parallel}$ 所指的那一侧,$s<0$. 实际上,式(10.6)表示的 I_G 在 $t_s=\pm 1.431, \pm 2.459, \cdots$ 时达次极大,对应于 *CBED* 花样中的较弱的衍射条纹,见图 10.6(a)中的条纹 $s_1s_1', s_{-1}s_{-1}'$(以上对应于 $t_s=\pm 1.431$)和 $s_2s_2', s_{-2}s_{-2}'$(以上对应于 $t_s=\pm 2.459$). 这些较弱的衍射条纹也同样会在位错的应变场区域产生弯折和分裂. 而且,由于主、次极大都产生弯折和分裂,结果导致图 10.6(b)和(c)示出的新现象:图 10.6(b)表示当 $\boldsymbol{G}\cdot\boldsymbol{B}=1$ 的位错线 $\boldsymbol{L}^{\parallel}$ 与这些衍射条纹相交时,位于位错线的由 $\boldsymbol{L}^{\parallel}\times\boldsymbol{C}$ 所指向的一侧的衍射条纹朝 $\boldsymbol{g}^{\parallel}$ 的正向弯折,而由$(-\boldsymbol{L}^{\parallel}\times\boldsymbol{C})$所指向的一侧的条纹朝 $\boldsymbol{g}^{\parallel}$ 的负向弯折. 结果,原来的直衍射条纹 $s_1s_1', s_0s_0', s_{-1}s_{-1}'$ 变成了三条弯曲条纹:$s_1s_2', s_0h_0s_1', s_{-1}1_0s_0'$. 由式(10.6),$I_G$ 随 s 偏离 0 而剧减,以致实验上只能观察到 s_0h_0 和 $1_0s_0'$ 两段条纹,即 s_0s_0' 分裂成具有一个节点的两段. 图 10.6(c)示出了 $\boldsymbol{G}\cdot\boldsymbol{B}=2$ 时,实验上观察到 $s_0h_0, h_{-1}1_{-1}$ 和 $1_0s_0'$ 共两节点三段. 一般地,当 $\boldsymbol{G}\cdot\boldsymbol{B}=n$($n$ 为整数)时,衍射条纹分裂成具有 $|n|$ 个节点的 $|n|+1$ 段条纹,这个规律称为 Cherns-Preston 准则(Cherns, Preston, 1986). 可见,由节点数可计算出 $\boldsymbol{G}\cdot\boldsymbol{B}$ 的绝对值.

为了解出 N 维空间的 $\boldsymbol{B}=[B_1, B_2, \cdots, B_N]$ 的 N 个分量,需要在 N 维空间选择 N 个线性独立的 $\boldsymbol{G}_i$. 二十面体准晶 *CBED* 花样中的 *HOLZ* 线的几何分布的计算机模拟方法见参考文献(Dai, Wang, 1990). 十次准晶 *CBED* 花样中的 *HOLZ* 线的计算机模拟方法见 Yan 等(1992a, 1993f). 通过模拟也同时求出了与各 *HOLZ* 线对应的 $\boldsymbol{G}_i$ 的指数 G_{ij}. 由 G_{ij} 及 $\boldsymbol{G}_i\cdot\boldsymbol{B}=n_i$ 计算 $\boldsymbol{B}$ 的方程是

$$\begin{bmatrix} G_{11} & G_{12} & \cdots & G_{1N} \\ \vdots & \vdots & \vdots & \vdots \\ \vdots & \vdots & \vdots & \vdots \\ G_{N1} & G_{N2} & \cdots & G_{NN} \end{bmatrix} \begin{bmatrix} B_1 \\ \vdots \\ \vdots \\ B_N \end{bmatrix} = \begin{bmatrix} n_1 \\ \vdots \\ \vdots \\ n_N \end{bmatrix}. \qquad (10.8)$$

由此法实验测定的二十面体准晶的 Burgers 矢量 $\boldsymbol{B}=[B_1,B_2,\cdots,B_N]$的 6 维指数、$\boldsymbol{b}^{\parallel}$ 的大小和方向，以及比值 $\zeta=\dfrac{|\boldsymbol{b}^{\perp}|}{|\boldsymbol{b}^{\parallel}|}$，都列于表 10.1.

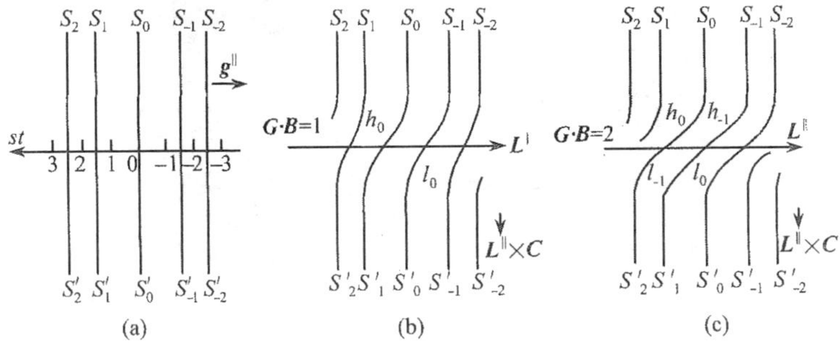

图 10.6 Burgers 矢量为 $\boldsymbol{B}$ 的位错引起的离焦 *CBED* 花样中倒易矢量为 $\boldsymbol{G}$ 的高阶衍射条纹的分裂和扭折. 会聚束斑 C 点在试样上方，对应的矢量 $\boldsymbol{C}$ 由纸面指向读者. 故而在主衍射条纹的顺着倒易矢量 $\boldsymbol{g}^{\parallel}$ 所指的那一侧 $s<0$. (a) 完整晶体或 $\boldsymbol{G}\cdot\boldsymbol{B}=0$ 时高阶衍射产生的条纹；(b) $\boldsymbol{G}\cdot\boldsymbol{B}=1$ 时主衍射分裂成有一个节点的两段条纹；(c) $\boldsymbol{G}\cdot\boldsymbol{B}=2$ 时主衍射分裂成有两个节点的三段条纹

现举一例. 图 10.7 是从 $Al_{70.4}Pd_{21.2}Mn_{8.4}$二十面体准晶试样中某一完整区域拍摄到的离焦 *CBED* 花样. 为了在一幅 *CBED* 花样中出现尽可能多的 *HOLZ* 线，故意将该准晶试样倾转到偏离主要带轴且偏离重要菊池线的某一取向. 然后采用计算机模拟的方法将此花样中出现的 *HOLZ* 反射(衍射盘中的亮线)和 *HOLZ* 线(透射盘中的暗线)指标化. 图 10.7 中各 *HOLZ* 反射的指数列于表 10.2 中. 从透射盘中的暗线(对应于入射束和透射束的方向)指向相应的衍射盘中的亮线(对应于衍射束的方向)的矢量，就是某 6 维空间倒易矢在平行空间的分量. 例如图中标记为 $\boldsymbol{g}_1^{\parallel}$ 的矢量，就是指数为$(2\ 8\ 2\ \bar{6}\ \bar{4}\ 4)$的倒易矢量 $\boldsymbol{G}_1$ 在平行空间的分量.

图 10.8(a)是经高温塑性变形后 $AL_{70.4}Pd_{21.2}Mn_{8.4}$二十面体准晶中一条位错线的衍衬像. 将离焦会聚电子束照射到该位错线

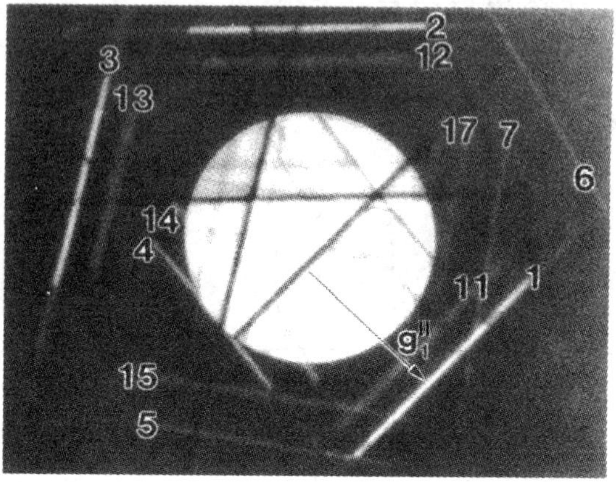

图 10.7　从 $Al_{70.4}Pd_{21.2}Mn_{8.4}$二十面体准晶的完整区域拍摄的离焦 *CBED* 花样

所在区域,得到图 10.8(b)所示离焦 *CBED* 图,图中箭头 $\boldsymbol{L}^{\parallel}$ 表示位错线的方向. 比较图 10.8(b)与图 10.7,发现图 10.8(b)中的衍射线 1 分裂为 1 个节点,且位错线 $\boldsymbol{L}^{\parallel}\times\boldsymbol{C}$ 一侧的分支向 $\boldsymbol{g}_1^{\parallel}$ 的反方向扭转,故 $\boldsymbol{G}_1\cdot\boldsymbol{B}=n_1=-1$. 类似地,得到 $\boldsymbol{G}_2\cdot\boldsymbol{B}=n_2=1$, $\boldsymbol{G}_3\cdot\boldsymbol{B}=n_3=0,\cdots$。衍射线 4,6 和 14 与位错线不相交,因此不分裂,也就得不到相应的 $\boldsymbol{G}_i\cdot\boldsymbol{B}=n_i(i=4,6,12,14)$的实验值. 所有这些信息列于表 10.2 最后一列. 从 10 个有 $\boldsymbol{G}_i\cdot\boldsymbol{B}=n_i$ 实验值的 $\boldsymbol{G}_i$ 中选择 6 个线性独立的 $\boldsymbol{G}_i$ 可以有多种选取方法. 对于任何一种选择,都得到相同的柏格矢 $\boldsymbol{B}=\frac{A}{2}[\bar{3}\,3\,0\,2\,2\,0]$. 这里 $A=12.9$Å 是面心二十面体 AlPdMn 准晶在六维空间的单胞的边长. 相应的在物理空间的菱面体的边长 $a_R=\frac{A}{2\sqrt{2}}=4.56$Å.

王仁卉等(Wang, et al., 1998a; Wang, 2000)运用离焦 *CBED* 技术测定了若干组构成三叉节点的三条相交位错线的 Burgers 矢量. 主要结果有;

表 10.2 图 10.7 和图 10.8(b)所示离焦 *CBED* 花样中的编号为 $i=1$,2,⋯,17 的高阶衍射线 G_i 的指数 G_{ij} 和由图 10.8(a)中的位错引起的这些 *HOLZ* 线分裂和扭折而获得的有关 $G_i \cdot B = n_i$ 的实验值.表中的 *ni* 代表位错线未与该衍射条纹相交

i	G_{i1}	G_{i2}	G_{i3}	G_{i4}	G_{i5}	G_{i6}	n_i
1	2	8	2	−6	−4	4	−1
2	2	−4	4	8	2	−6	1
3	−4	−8	−6	2	4	−2	0
4	−6	−4	−10	−6	2	4	*ni*
5	−4	4	−8	−12	−2	8	−2
6	8	6	12	6	−4	−4	*ni*
7	6	10	8	−2	−6	2	−2
11	1	5	1	−3	−3	3	0
12	1	−3	3	5	1	−3	0
13	−3	−5	−3	1	3	−1	1
14	−4	−2	−6	−4	2	2	*ni*
15	−3	3	−5	−7	−1	5	1
17	3	7	5	−1	−3	1	2

(1) 证实了位错的 Burgers 矢量的守恒性.若取三条位错线的方向指向三叉节点或是都从这个节点出发向外,则这三条位错线的 Burgers 矢量之和等于零;若取一条位错线的方向指向三叉节点,另外两条的方向从三叉节点往外指,则第一条的 Burgers 矢量等于另外两条的 Burgers 矢量之和,显示位错分解;若取一条位错线的方向从三叉节点往外指,另外两条的方向指向三叉节点,则第一条的 Burgers 矢量等于另外两条的 Burgers 矢量之和,显示后两条位错线通过位错反应生成第一条位错.

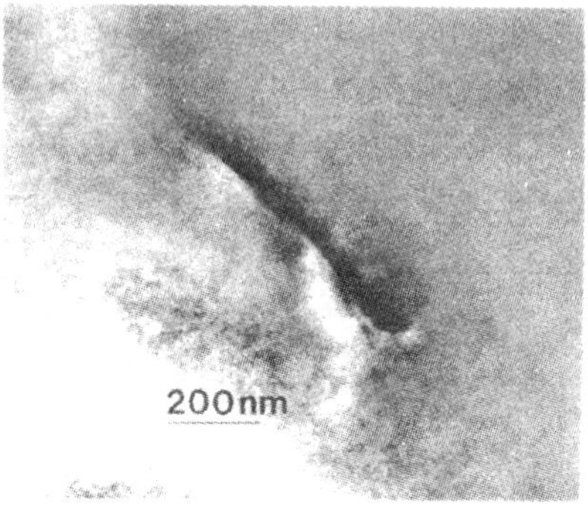

(a)

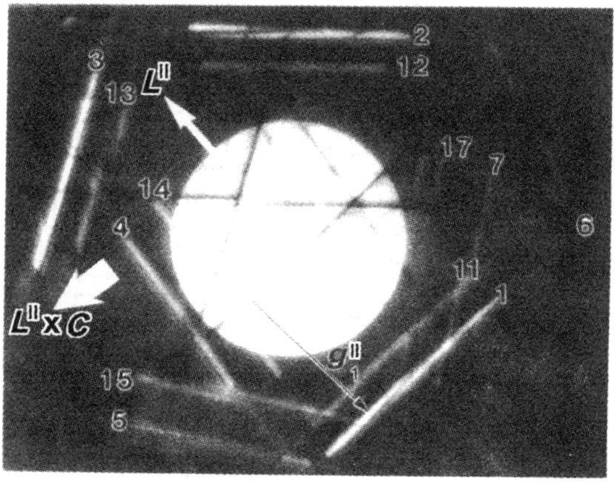

(b)

图 10.8 (a)经高温塑性变形的 $Al_{70.4}Pd_{21.2}Mn_{8.4}$ 二十面体准晶中某一位错线的衍衬像.(b)从图 10.8(a)所示位错线处拍摄的离焦 *CBED* 花样

(2) 既观察到 3 个 Burgers 矢量类型相同的位错反应

$$\frac{1}{2}[\bar{1}\,0\,0\,2\,\bar{1}\,2]+\frac{1}{2}[1\,\bar{2}\,1\,\bar{2}\,0\,0]\leftrightarrow\frac{1}{2}[0\,\bar{2}\,1\,0\,\bar{1}\,2]. \tag{10.9a}$$

也观察到 3 个 Burgers 矢量类型不是完全相同的位错反应

$$\frac{1}{2}[1\,\bar{1}\,1\,\bar{1}\,0\,0]+\frac{1}{2}[\,\bar{1}\,0\,1\,\bar{1}\,1\,0]\leftrightarrow\frac{1}{2}[0\,\bar{1}\,2\,\bar{2}\,1\,0].\tag{10.9b}$$

和

$$\frac{1}{2}[0\,\bar{2}\,2\,\bar{1}\,0\,1]+\frac{1}{2}[0\,\bar{1}\,0\,1\,\bar{2}\,2]\leftrightarrow\frac{1}{2}[0\,\bar{3}\,2\,0\,\bar{2}\,3].\tag{10.9c}$$

按照 Wang 等(1998a)的研究表明,位错反应式(10.9a,b,c)共涉及三类 Burgers 矢量,见表 10.3. 它们在物理空间的分量 $\boldsymbol{b}^{\parallel}$ 都沿着某支二次轴 $A2$ 的方向,但 $\boldsymbol{b}^{\parallel}$ 的长度则按 $\frac{1}{\tau}$ 这个因子递减. 同时 $\boldsymbol{b}^{\perp}$ 的长度按因子 τ 递增,以至 Burgers 矢量的垂直分量与平行分量的长度之比 $\zeta=\frac{|\boldsymbol{b}^{\perp}|}{|\boldsymbol{b}^{\parallel}|}$ 按因子 τ^2 递增. 位错反应式(10.9b,c)都分别涉及到比值 ζ 不同的位错. 这样,Rosenfeld 等(1995)观察到的在准晶高温塑性形变的过程中,比值 ζ 不同的位错所占的比例发生变化的现象,就可通过位错反应得到解释了.

表 10.3 位错反应式(10.9a,b,c)涉及的三类 Burgers 矢量的特征参数

$\boldsymbol{B}$ 的名称	$\boldsymbol{B}$ 的指数	$\boldsymbol{b}^{\parallel}$ 的方向	$\boldsymbol{b}^{\parallel}$ 的长度	$\zeta=\frac{\mid\boldsymbol{b}^{\perp}\mid}{\mid\boldsymbol{b}^{\parallel}\mid}$
$\boldsymbol{B}_2(\tau^3)$	$\frac{1}{2}[1\,\bar{1}\,1\,\bar{1}\,0\,0]$	平行于某支二次轴 $A2$	2.96Å	τ^3
$\boldsymbol{B}_2(\tau^5)$	$\frac{1}{2}[\bar{1}\,2\,\bar{1}\,2\,0\,0]$	平行于某支二次轴 $A2$	1.83Å	τ^5
$\boldsymbol{B}_2(\tau^7)$	$\frac{1}{2}[2\,\bar{3}\,2\,\bar{3}\,0\,0]$	平行于某支二次轴 $A2$	1.13Å	τ^7

10.3.2 准晶位错 Burgers 矢量的衍衬成像法鉴定

中国科学院物理研究所张泽院士与德国 Juelich 研究中心 Urban 教授准晶研究小组，系统地探讨了如何把晶体中位错 Burgers 矢量的衍衬成像鉴定法推广到准晶[见 Zhang, et al. (1990); Wollgarten, et al. (1991); Wollgarten, et al. (1992) 以及 Urban, et al (1999) 写的综述]. 他们指出，若把晶体倾转到仅仅倒易点 $\boldsymbol{g}$ 满足 Bragg 条件，则晶体中位错的消光条件是 $\boldsymbol{g}\cdot\boldsymbol{b}=0$ (Hirsch, et al., 1977). 推广到准晶中位错，其消光条件应为

$$\boldsymbol{G}\cdot\boldsymbol{B}=\boldsymbol{g}^{\parallel}\cdot\boldsymbol{b}^{\parallel}+\boldsymbol{g}^{\perp}\cdot\boldsymbol{b}^{\perp}=0. \tag{10.10}$$

对于准晶中的位错，消光条件式(10.10)分成两种情况：

(1) 强消光(strong extinction condition，简称为 SEC)

$$\boldsymbol{g}^{\parallel}\cdot\boldsymbol{b}^{\parallel}=\boldsymbol{g}^{\perp}\cdot\boldsymbol{b}^{\perp}=0. \tag{10.11a}$$

在 SEC 情况之下，与 $\boldsymbol{g}^{\parallel}$ 方向相同的所有的倒易矢量都满足消光条件式(10.10).

(2) 弱消光(weak extinction condition，简称为 WEC)

$$\boldsymbol{g}^{\parallel}\cdot\boldsymbol{b}^{\parallel}=-\boldsymbol{g}^{\perp}\cdot\boldsymbol{b}^{\perp}\neq 0. \tag{10.11b}$$

在 WEC 情况之下，与 $\boldsymbol{g}^{\parallel}$ 方向相同的所有其他的倒易矢量都不满足消光条件式(10.10).

这样，对于 $N=6$ 的二十面体准晶，若能找到两个强消光条件，则该位错线的 Burgers 矢量的物理空间分量 $\boldsymbol{b}^{\parallel}$ 的方向和补空间分量 $\boldsymbol{b}^{\perp}$ 的方向都可以测定出. 如果还能找到一个弱消光条件，则此位错的作为六维空间晶体矢量的 Burgers 矢量 $\boldsymbol{B}$ 的方向也可以测定出.

武汉大学准晶研究组进一步发展了准晶中位错 Burgers 矢量 $\boldsymbol{B}$ 的衍衬成像鉴定法. 冯江林、王仁卉(Feng, Wang, 1994d)指出，衍衬成像鉴定法需要找出$(N-1)$个(对于二十面体准晶就是5个)线性无关的、且与某位错的 Burgers 矢量 $\boldsymbol{B}$ 垂直的倒易矢 $\boldsymbol{G}_i[i=1,2,\cdots,(N-1)]$，即这些 $\boldsymbol{G}_i$ 与 $\boldsymbol{B}$ 满足下列关系：

$$\boldsymbol{G}_i\cdot\boldsymbol{B}=\sum_j G_{ij}B_j=0, \tag{10.12}$$

这里 $i=1,2,\cdots,(N-1)$, $j=1,2,\cdots,N$. 即

$$\begin{bmatrix} G_{11} & \cdots & G_{1N} \\ \vdots & & \vdots \\ G_{(N-1)1} & \cdots & G_{(N-1)N} \end{bmatrix} \begin{bmatrix} B_1 \\ \vdots \\ B_N \end{bmatrix} = \begin{bmatrix} 0 \\ \vdots \\ 0 \end{bmatrix}. \qquad (10.13)$$

正如§10.2所述，由式(10.3)和(10.4)可知，Burgers 矢量为 $\boldsymbol{B}$ 的位错周围的位移场 $\boldsymbol{U}(\boldsymbol{r}^{\parallel})$ 及其改变量 $\mathrm{d}\boldsymbol{U}(\boldsymbol{r}^{\parallel})$ 的方向近似地平行或反平行于 $\boldsymbol{B}$. 因此，满足条件(10.12)，也就是近似地满足下列条件：

$$\beta'_G = \boldsymbol{G} \cdot \frac{\mathrm{d}\boldsymbol{U}}{\mathrm{d}z} = 0, \qquad (10.14)$$

代入式(10.5b)并与式(10.6)对比可知，满足条件式(10.14)的准晶位错，其衍射强度与完整准晶的衍射强度近似地一样，故称之为该位错"消光". 但是，与 $\boldsymbol{B}$ 垂直的 $\boldsymbol{G}_i$，仅仅是近似地满足条件(10.14)，故而所谓的"消光"只是近似地"消光"，实际上会或多或少显示残余衬度. 因此，如果找出了$(N-1)$个(对于二十面体准晶就是5个)线性无关的、使某位错消光或仅显示残余衬度的倒易矢 $\boldsymbol{G}_i[i=1,2,\cdots,(N-1)]$，则可求得该位错的 Burgers 矢量为

$$\boldsymbol{B} = \beta \begin{vmatrix} \boldsymbol{e}_1 & \boldsymbol{e}_2 & \cdots & \boldsymbol{e}_N \\ G_{11} & G_{12} & \cdots & G_{1N} \\ \vdots & \vdots & & \vdots \\ G_{(N-1)1} & G_{(N-1)2} & \cdots & G_{(N-1)N} \end{vmatrix}, \qquad (10.15)$$

这个行列式中，β 是一个决定于 Burgers 矢量 $\boldsymbol{B}$ 的模和正负号的系数，$\boldsymbol{e}_j$ 是 N 维空间晶体的第 j 个基矢. 按照式(10.15)计算出的 Burgers 矢量 $\boldsymbol{B}$ 与 $\boldsymbol{G}_i$ 的标量积可写成下列行列式形式：

$$\boldsymbol{G}_i \cdot \boldsymbol{B} = \sum_j G_{ij} B_j = \beta \begin{vmatrix} G_{i1} & G_{i2} & \cdots & G_{iN} \\ G_{11} & G_{12} & \cdots & G_{1N} \\ \vdots & \vdots & & \vdots \\ G_{(N-1)1} & G_{(N-1)2} & \cdots & G_{(N-1)N} \end{vmatrix}. \qquad (10.16)$$

由于式(10.16)右边的行列式中有两行是一样的，其值必为0. 这

样就证明了按照式(10.15)计算出的 Burgers 矢量 $\boldsymbol{B}$ 满足式(10.12).

武汉大学准晶研究组在准晶中位错 Burgers 矢量 $\boldsymbol{B}$ 的衍衬成像鉴定法方面的另外一个贡献是将 Head 等(1973) 模拟计算晶体中的位错的衍衬像的方法推广到准晶的情况(Wang, et al., 1990b;Wang, et al., 1991;Wang, et al., 1992;Wang, et al., 1993d;Wang, et al., 1994c;Wang, et al., 1994d). Wang 等(1994d)对 AlPdMn 二十面体准晶中的某位错的采用一系列的倒易矢量而获得的衍衬像进行计算机模拟,成功地鉴定出它的 Burgers 矢量 $\boldsymbol{B}=\frac{A}{2}[0\ 0\ 1\ \bar{2}\ 2\ \bar{1}]$,这里 $A=12.9\text{Å}$ 是面心二十面体 AlPdMn 准晶在六维空间的单胞的边长. 相应的在物理空间的菱面体的边长 $a_R=\frac{A}{2\sqrt{2}}=4.56\text{Å}$. 采用离焦 *CBED* 技术对同一位错进行鉴定,得到完全相同的 Burgers 矢量. 模拟过程中发现,当采用同一个倒易矢量,例如 $\boldsymbol{G}_3=-(4\ 6\ 6\ 0\ \bar{4}\ 0)$,假设位错的 Burgers 矢量依次为 $\boldsymbol{B}=\frac{A}{2}[0\ 0\ 1\ \bar{2}\ 2\ \bar{1}]$和 $\boldsymbol{B}'=\frac{A}{2}[0\ 0\ \bar{1}\ 1\ \bar{1}\ 1]$时,模拟计算得到的衍衬像的特征相似. 这里 $\boldsymbol{B}$ 和 $\boldsymbol{B}'$的平行空间分量的方向相同,但从 $\boldsymbol{B}\Rightarrow\boldsymbol{B}'$其平行空间分量的长度增加到 $\tau=1.618$ 倍. 其原因在于这两个 Burgers 矢量与 $\boldsymbol{G}_3$ 的标量积相同:$\boldsymbol{G}_3\cdot\boldsymbol{B}=\boldsymbol{G}_3\cdot\boldsymbol{B}'=1$. 因此,当采用对比计算机模拟的与实验拍摄的位错衍衬像这一方法来鉴定准晶中位错的 Burgers 矢量时,不但需要采用大量的衍射矢量拍摄位错的衍衬像以求得此位错的 Burgers 矢量的方向,还需要对若干个衍射矢量对若干种可能的 Burgers 矢量进行计算机模拟.

武汉大学准晶研究组(Wang, et al., 1990b; Wang, et al., 1991;Wang, et al., 1992;Wang, et al., 1993d;Wang, et al., 1994c)运用衍衬成像及其模拟计算的方法,在 $Al_{76}Mn_{20}Si_4$ 简单二十面体准晶和 $Al_{71}Pd_{19}Mn_{10}$ 面心二十面体准晶中,鉴定出了小位错圈. 其中在 $Al_{76}Mn_{20}Si_4$ 简单二十面体准晶中鉴定出的小位错圈的

Burgers 矢量的平行空间分量 $\boldsymbol{b}^{\|}$ 以及位错圈所在平面的法线方向 $\boldsymbol{n}$ 都平行于同一支二次轴．在$Al_{71}Pd_{19}Mn_{10}$面心二十面体准晶中鉴定出的小位错圈的 Burgers 矢量的平行空间分量 $\boldsymbol{b}^{\|}$ 以及位错圈所在平面的法线方向 $\boldsymbol{n}$ 互成 60°,且分别平行于一支二次轴.

准晶中位错 Burgers 矢量的透射电镜衍衬成像鉴定法现已成功地推广到 X 射线貌像术(Zou,et al.,1994; Wang,et al.,1994b; Wang,et al.,2001).

10.3.3 准晶位错 Burgers 矢量的高分辨点阵条纹法鉴定

杨文革等(Yang,et al.,1997;Yang,et al.,1998;Yang,et al.,2000)系统地研究了 AlPdMn 二十面体准晶中位错的原子模型以及准晶位错 Burgers 矢量的高分辨点阵条纹鉴定法．指出:对包含某一条竖起来的(即平行于入射束的)、Burgers 矢量为 $\boldsymbol{B}$ 的位错线的区域,拍摄高分辨电子显微像．将此像进行 Fourier 变换．然后选择某一个倒易点 $\boldsymbol{G}_i=\boldsymbol{g}_i^{\|}+\boldsymbol{g}_i^{\perp}$ 进行逆 Fourier 变换,就得到点阵条纹像．其中的点阵条纹的方向垂直于 $\boldsymbol{g}_i^{\|}$．如果 $\boldsymbol{G}_i\cdot\boldsymbol{B}=n_i$,就会在位错线核心处出现$|n_i|$条多余的半无限条纹(代表多余的半无限原子面).

图 10.9 示出晶体中某一刃位错的线方向 $\boldsymbol{L}^{\|}$,从位错线核心指向多余的半无限原子面的矢量 $\boldsymbol{e}$,以及刃位错的 Burgers 矢量 $\boldsymbol{b}$ 三者之间的关系．图 10.9 示出的关系符合关于位错线 $\boldsymbol{L}^{\|}$ 的 Burgers 矢量 $\boldsymbol{b}$ 定义的完整晶体终点到始点右手螺旋法则．这关系也可以表示为 $\boldsymbol{b}=\boldsymbol{e}\times\boldsymbol{u}$．据此可得到晶体中的有关 $\boldsymbol{g}\cdot\boldsymbol{b}$ 的符号的法则:若$(\boldsymbol{e}\times\boldsymbol{u})\cdot\boldsymbol{g}>0$,则有 $\boldsymbol{g}\cdot\boldsymbol{b}>0$．反之亦然．杨文革等(2000) 将此符号法则推广到准晶的情况:若$(\boldsymbol{e}\times\boldsymbol{u})\cdot\boldsymbol{g}^{\|}>0$,则有 $\boldsymbol{G}\cdot\boldsymbol{B}>0$．反之亦然．这里 $\boldsymbol{G}=\boldsymbol{g}^{\|}+\boldsymbol{g}^{\perp}$,这一被推广到准晶的法则与杨文革等(1998)进行的共 30 例模拟计算完全符合.

为了采用高分辨点阵条纹法鉴定秩为 N 的准晶(例如 $N=6$ 的二十面体准晶)中位错的 Burgers 矢量 $\boldsymbol{B}$,需要求解由 N 个线性无关的形,如

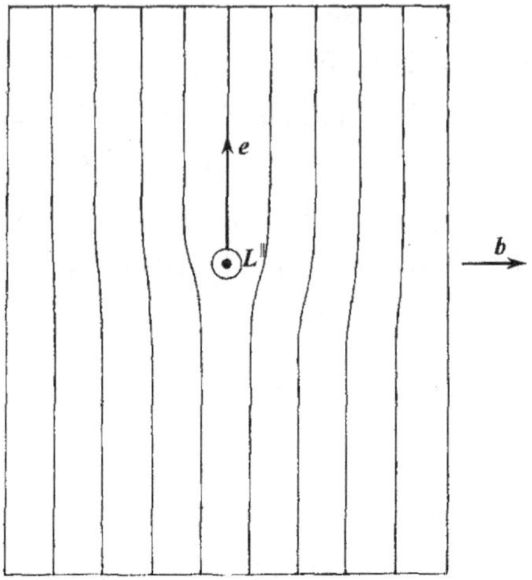

图 10.9　位错线方向为 $L^{\parallel}$，从位错线核心指向半无限多余原子面的矢量为 e 的刃位错的 Burgers 矢量 b 的定义

$$G_i \cdot B = n_i \tag{10.17}$$

的方程组成的线性方程组. 如上所述，由选择 G_i 进行逆 Fourier 变换所得的点阵条纹像中插入的半无限条纹的个数及其方向，可分别求得式(10.17)中 n_i 的绝对值和符号. G_i 的指数 G_{ij} 可按照 2.5.4 节的方法求得. 但是，在一个带轴之下拍摄的高分辨电子显微像，其线性无关的倒易矢的个数，通常是小于 N 的. 例如，对于二十面体准晶，其秩为 6. 沿其任一个带轴拍摄的高分辨电子显微像，其线性无关的倒易矢的个数是 4. 杨文革等(2000)选择一条线方向平行于二十面体准晶的某支三次轴的位错线，不但沿着这支三次轴拍摄了高分辨电子显微像，还沿着一支与此三次轴成 10.8°的伪二次轴(此时该位错线大体上仍是竖着的)拍摄了另一张高分辨电子显微像. 从中选取任意 6 个线性无关的 G_i，代入由 G_{ij} 及 $G_i \cdot B = n_i$ 计算 B 的方程

$$\begin{bmatrix} G_{11} & G_{12} & \cdots & G_{1N} \\ \vdots & \vdots & \vdots & \vdots \\ \vdots & \vdots & \vdots & \vdots \\ G_{N1} & G_{N2} & \cdots & G_{NN} \end{bmatrix} \begin{bmatrix} B_1 \\ \vdots \\ \vdots \\ B_N \end{bmatrix} = \begin{bmatrix} n_1 \\ \vdots \\ \vdots \\ n_N \end{bmatrix}, \qquad (10.8)$$

求得此位错的 Burgers 矢量是 $\boldsymbol{B}=\frac{A}{2}[\bar{2}\,0\,3\,\bar{2}\,3\,0]$，这里，$A=12.9\text{Å}$ 是面心二十面体 AlPdMn 准晶在六维空间的单胞的边长. 相应的在物理空间的菱面体的边长 $a_R=\frac{A}{2\sqrt{2}}=4.56\text{Å}$.

10.3.4 实验鉴定准晶位错 Burgers 矢量的三种方法的比较

上述三种实验鉴定准晶位错 Burgers 矢量的方法各有其适用范围和特点. 离焦 CBED 法和衍衬像消光法要求位错线沿入射束方向的投影具有一定的长度，而高分辨法则要求位错线大体上平行于入射束. 离焦 CBED 法需要让每根待测位错线与至少 N 条其指数线性无关的 HOLZ 线相交. 工作量较大，还要求研究人员会对 HOLZ 线指标化. 衍衬像消光法则可对某一选定视场内的所有的位错线同时进行研究，但有时难于可靠地区分残余衬度(对应于 $\boldsymbol{g}\cdot\boldsymbol{b}=0$)和不消光(对应于 $\boldsymbol{g}\cdot\boldsymbol{b}\neq0$). 有些研究人员喜欢先采用衍衬像消光法鉴定出一组位错线的 Burgers 矢量的方向，然后再对其中若干典型的位错线作离焦 CBED 实验. 这时，对每一条待研究的位错线，仅需有一条 HOLZ 线与之相交并分裂与扭折就够了.

冯江林、王仁卉(Feng, et al., 1995)联合运用离焦 CBED 法和衍衬像消光法在 AlPdMn 二十面体准晶中鉴定出两例扩展位错，即一个全位错分解成两个不全位错，其间夹着层错. 有关的位错反应如下：

$$\frac{1}{2}[1\,\bar{2}\,0\,0\,\bar{2}\,1]\rightarrow\frac{1}{4}[1\,\bar{3}\,1\,\bar{1}\,\bar{1}\,1]+\frac{1}{4}[1\,\bar{1}\,\bar{1}\,1\,\bar{3}\,1]. \qquad (10.18)$$

§10.4 准晶位错的弹性模型

10.4.1 准晶位错弹性位移场的普遍表达式

武汉大学准晶研究组(Ding, et al., 1994; Ding, et al., 1995a; Ding, et al., 1995b; Ding, et al., 1995c; Wang, et al., 1995; Qin, et al., 1997. 亦见下列综述:丁棣华等 1998; Hu, et al., 2000; Wang, Hu, 2002)率先把晶体位错弹性位移场的普遍表达式推广到准晶的情况.

将准晶体视为连续介质,建立准晶位错的静弹性模型的基本任务,就是应用式(10.3)和式(10.4)表达的位错条件及适当的边界条件,求解偏微分方程组(6.52)

$$C_{ijkl}\partial_j\partial_l u_k + R_{ijkl}\partial_j\partial_l w_k + f_i = 0(=\rho\ddot{u}_i),$$
$$R_{klij}\partial_j\partial_l u_k + K_{ijkl}\partial_j\partial_l w_k + g_i = 0(=\rho\ddot{w}_i), \qquad (6.52)$$

得到准晶中位错产生的声子型和相位子型位移场

$$\boldsymbol{u} = [u_1, u_2, u_3]$$

和

$$\boldsymbol{w} = [w_1, w_2, w_3].$$

相应的应变场

$$E_{ij} = \frac{1}{2}(\partial_j u_i + \partial_i u_j) \qquad (6.30)$$

和

$$W_{ij} = \partial_j w_i, \qquad (6.31)$$

以及由广义 Hooke 定律而给出的相应的应力场

$$T_{ij} = C_{ijkl}E_{kl} + R_{ijkl}W_{kl},$$
$$H_{ij} = R_{klij}E_{kl} + K_{ijkl}W_{kl}. \qquad (6.50)$$

注意:准晶中的位移既有在物理空间 V_E 中的声子型位移,也有在补空间 V_I 中的相位子型位移. 但是,这些位移量都仅仅依赖于物理空间中的位矢 $\boldsymbol{r}^{\parallel}$. 为了简便,下文中采用 $\boldsymbol{x} = [x_1, x_2, x_3]$

或 $\boldsymbol{x}'=[x'_1, x'_2, x'_3]$表示物理空间中的位矢. 因此,(6.30)和(6.31)两式中的偏微分都是相对于物理空间中的位矢的分量. 例如∂_j 就代表$\frac{\partial}{\partial x_j}$.

假设准晶体为一无限、均匀、自由的弹性体. 当 V_E 空间中的位矢 $\boldsymbol{x}\to\infty$时,下面的边界条件成立:

$$T_{ij}n_j = H_{ij}n_j = 0. \tag{10.19}$$

应用 Mura(1987)的本征应变和本征应力的概念,设 V'是准晶体 V 中的一个子区域. 根据前面讲述的 Volterra 过程,在该区域存在一个给定的本征应变 $E^*_{kl}(x')$和 $W^*_{kl}(x')$. 前者来自 Volterra 过程中的相对位移 $\boldsymbol{b}^{\parallel}$,后者来自相对位移 $\boldsymbol{b}^{\perp}$. 它们是在 V 中位错周围引起的弹性应变场 $E'_{kl}(\boldsymbol{x})$和 $W'_{kl}(\boldsymbol{x}')$的内应力源. 结果,在准晶体中实际存在的应变场是本征应变与弹性应变之和

$$E_{ij} = E^*_{ij} + E'_{ij}, \quad W_{ij} = W^*_{ij} + W'_{ij}. \tag{10.20}$$

位错的自应力场 T_{ij}、H_{ij}通过 Hooke 定律与弹性应变场 E'_{ij}、W'_{ij}相关. 将上式代入式(6.50)给出

$$\begin{aligned} T_{ij} &= C_{ijkl}E_{kl} + R_{ijkl}W_{kl} - C_{ijkl}E^*_{kl} - R_{ijkl}W^*_{kl}, \\ H_{ij} &= R_{klij}E_{kl} + K_{ijkl}W_{kl} - R_{klij}E^*_{kl} - K_{ijkl}W^*_{kl}. \end{aligned} \tag{10.21}$$

进而代入静平衡方程(6.39),并令 $f_i = g_i = 0$,则得到

$$\begin{aligned} C_{ijkl}\partial_j\partial_l u_k + R_{ijkl}\partial_j\partial_l w_k + X_i = 0, \\ R_{klij}\partial_j\partial_l u_k + K_{ijkl}\partial_j\partial_l w_k + Y_i = 0. \end{aligned} \tag{10.22}$$

上式中的 X_i 和 Y_i 的表达式是

$$\begin{aligned} X_i &= -C_{ijkl}\partial_j E^*_{kl} - R_{ijkl}\partial_j W^*_{kl}, \\ Y_i &= -R_{klij}\partial_j E^*_{kl} - K_{ijkl}\partial_j W^*_{kl}. \end{aligned} \tag{10.23}$$

将式(10.22),(10.23),(6.52)作比较可知:本征应变对静平衡方程的贡献相当于在子区域 V'中分布有两类体力密度 X_i 和 Y_i. 本书以下约定在函数符号上方加一横表示该函数的 Fourier 变换. 根据函数 $f(x)$的 Fourier 变换的定义

$$
\begin{aligned}
f(\boldsymbol{x}) &= \int_{-\infty}^{\infty} \overline{f}(\boldsymbol{k}) \exp(\mathrm{i}\boldsymbol{k} \cdot \boldsymbol{x}) \mathrm{d}\boldsymbol{k}, \\
\overline{f}(\boldsymbol{k}) &= \frac{1}{8\pi^3} \int_{-\infty}^{\infty} f(\boldsymbol{x}) \exp(-\mathrm{i}\boldsymbol{k} \cdot \boldsymbol{x}) \mathrm{d}\boldsymbol{x},
\end{aligned}
\tag{10.24}
$$

式中 $\mathrm{d}\boldsymbol{k} = \mathrm{d}\boldsymbol{k}_1 \mathrm{d}\boldsymbol{k}_2 \mathrm{d}\boldsymbol{k}_3, \mathrm{d}\boldsymbol{x} = \mathrm{d}\boldsymbol{x}_1 \mathrm{d}\boldsymbol{x}_2 \mathrm{d}\boldsymbol{x}_3$. 对偏微分方程组(10.22)逐项进行 Fourier 变换,就可以得到声子、相位子位移场的 Fourier 变换 $\overline{u}_i(\boldsymbol{k})$、$\overline{w}_i(\boldsymbol{k})$所满足的代数方程组

$$
\begin{aligned}
M_{ik}\overline{u_k} + R_{ik}\overline{w_k} &= \overline{X_i}, \\
R_{ik}^T\overline{u_k} + N_{ik}\overline{w_k} &= \overline{Y_i}.
\end{aligned}
\tag{10.25}
$$

上式中的一些记号的意义如下:

$$
\begin{aligned}
&M_{ik} = C_{ijkl}k_jk_l, \qquad R_{ik} = R_{ijkl}k_jk_l, \\
&R_{ik}^T = R_{klij}k_jk_l, \qquad N_{ik} = K_{ijkl}k_jk_l, \\
&\overline{X_i} = -iC_{ijkl}k_j\overline{E}_{kl}^* - iR_{ijkl}k_j\overline{w}_{kl}^*, \\
&\overline{Y_i} = -iR_{klij}k_j\overline{E}_{kl}^* - iK_{ijkl}k_j\overline{w}_{kl}^*.
\end{aligned}
\tag{10.26}
$$

为了后面的推导方便,将式(10.25)中的 4 个系数矩阵构成一个 6×6矩阵,其矩阵元是

$$
A^{\alpha\beta} = \delta_i^\alpha(\delta_j^\beta M_{ij} + \delta_j^{\beta-3}R_{ij}) + \delta_j^{\alpha-3}(\delta_j^{\beta-3}R_{ij} + \delta_j^{\beta-3}N_{ij}).
\tag{10.27}
$$

与式(9.107)~(9.110)对比可知,这里的 $A^{\alpha\beta}$就是那里的 $d\times d$ 的流体动力学矩阵 $\boldsymbol{A}$ 的矩阵元. 矩阵 $\boldsymbol{A}$ 也可以分块成

$$
\boldsymbol{A} = \begin{bmatrix} \boldsymbol{A}^{\parallel,\parallel} & \boldsymbol{A}^{\parallel,\perp} \\ \boldsymbol{A}^{\perp,\parallel} & \boldsymbol{A}^{\perp,\perp} \end{bmatrix},
\tag{9.107}
$$

其中

$$
[\boldsymbol{A}^{\parallel,\parallel}(\boldsymbol{p}^{\parallel})]_{ik} = p_jC_{ijkL}p_L,
\tag{9.108}
$$

$$
[\boldsymbol{A}^{\perp,\perp}(\boldsymbol{p}^{\parallel})]_{ik} = p_jK_{ijkL}p_L,
\tag{9.109}
$$

$$
[\boldsymbol{A}^{\parallel,\perp}(\boldsymbol{p}^{\parallel})]_{ik} = [\boldsymbol{A}^{\perp,\parallel}(\boldsymbol{p}^{\parallel})]_{ki} = p_jR_{ijkL}p_L
\tag{9.110}
$$

分别对应于这里式(10.26)中的 M_{ik}, N_{ik}, R_{ik}.

为了后面的推导方便,进一步定义下面有关位移矢量和等效体力的两组六维矢量,它们的分量形式分别是

$$
\begin{aligned}
V^{\alpha}(\boldsymbol{x}) &= \delta_i^{\alpha} u_i(\boldsymbol{x}) + \delta_i^{\alpha-3} w_i(\boldsymbol{x}), \\
\overline{V}^{\alpha}(\boldsymbol{k}) &= \delta_i^{\alpha} \overline{u}_i(\boldsymbol{k}) + \delta_i^{\alpha-3} \overline{w}_i(\boldsymbol{k}), \\
Z^{\alpha}(\boldsymbol{x}) &= \delta_i^{\alpha} X_i(\boldsymbol{x}) + \delta_i^{\alpha-3} Y_i(\boldsymbol{x}), \\
\overline{Z}^{\alpha}(\boldsymbol{k}) &= \delta_i^{\alpha} \overline{X}_i(\boldsymbol{k}) + \delta_i^{\alpha-3} \overline{Y}_i(\boldsymbol{k}).
\end{aligned}
\tag{10.28}
$$

上式中的 δ_i^{α} 符号的意义是

$$
\delta_i^{\alpha} = \begin{cases} 1 & \alpha = i, \\ 0 & \alpha \neq i, \end{cases} \quad \delta_i^{\alpha-3} = \begin{cases} 1 & \alpha - 3 = i, \\ 0 & \alpha - 3 \neq i. \end{cases} \tag{10.29}
$$

从现在起,如不作说明,角标的取值范围是:上标 $\alpha, \beta, \cdots = 1, 2, \cdots, 6$;下标 $i, j, \cdots = 1, 2, 3$. 完成上述定义后,式(10.25)可简缩为下面的标准非齐次代数方程组:

$$
A^{\alpha\beta}(\boldsymbol{k}) \overline{V}^{\beta}(\boldsymbol{k}) = \overline{Z}^{\alpha}(\boldsymbol{k}). \tag{10.30}
$$

它的解可表达为

$$
\overline{V}^{\alpha}(\boldsymbol{k}) = \overline{G}^{\alpha\beta}(\boldsymbol{k}) \overline{Z}^{\beta}(\boldsymbol{k}), \tag{10.31}
$$

式中

$$
\begin{aligned}
\overline{G}^{\alpha\beta}(\boldsymbol{k}) &= [A^{\alpha\beta}(\boldsymbol{k})]^{-1} = B^{\alpha\beta}(\boldsymbol{k}) / D(\boldsymbol{k}), \\
\overline{Z}^{\beta}(\boldsymbol{k}) &= \frac{1}{8\pi^3} \int_{-\infty}^{\infty} Z^{\beta}(\boldsymbol{x}') \exp(-\mathrm{i}\boldsymbol{k} \cdot \boldsymbol{x}') \mathrm{d}\boldsymbol{x}'.
\end{aligned}
\tag{10.32}
$$

式(10.32)中的 $D(\boldsymbol{k})$ 和 $B^{\alpha\beta}(\boldsymbol{k})$ 分别是矩阵 $A^{\alpha\beta}$ 的行列式和代数余子式. 由式(10.24),(10.32)得到六维位移矢量场 $V^{\alpha}(\boldsymbol{x})$ 的表达式

$$
\begin{aligned}
V^{\alpha}(\boldsymbol{x}) &= \int_{-\infty}^{\infty} \overline{V}^{\alpha} \exp(\mathrm{i}\boldsymbol{k} \cdot \boldsymbol{x}) \mathrm{d}\boldsymbol{k} \\
&= \frac{1}{8\pi^3} \int_{-\infty}^{\infty} \overline{G}^{\alpha\beta}(\boldsymbol{k}) Z^{\beta}(\boldsymbol{x}') \exp[\mathrm{i}\boldsymbol{k} \cdot (\boldsymbol{x} - \boldsymbol{x}')] \mathrm{d}\boldsymbol{k} \mathrm{d}\boldsymbol{x}'.
\end{aligned}
\tag{10.33}
$$

上式中的 $Z^{\beta}(\boldsymbol{x}')$ 代表分布在子区域 V' 中的体力密度. 根据熟知的弹性 Green 函数的意义,这种体力密度在区域 V 中引起的位移场可用 Green 函数表达如下:

$$
V^{\alpha}(\boldsymbol{x}) = \int_{-\infty}^{+\infty} G^{\alpha\beta}(\boldsymbol{x} - \boldsymbol{x}') Z^{\beta}(\boldsymbol{x}') \mathrm{d}\boldsymbol{x}'. \tag{10.34}
$$

与式(10.33)相比较有

$$G^{\alpha\beta}(\boldsymbol{x}-\boldsymbol{x}')=\frac{1}{8\pi^3}\int_{-\infty}^{\infty}\bar{G}^{\alpha\beta}(\boldsymbol{k})\exp[\mathrm{i}\boldsymbol{k}\cdot(\boldsymbol{x}-\boldsymbol{x}')]\mathrm{d}\boldsymbol{k}. \tag{10.35}$$

将式(10.23),(10.28)代入式(10.34),得到用 Green 函数表达的位错引起的位移场的表达式

$$\begin{aligned}V^{\alpha}(\boldsymbol{x})&=-\int_{-\infty}^{\infty}G^{\alpha\beta}(\boldsymbol{x}-\boldsymbol{x}')(\delta_i^{\beta}C_{ijkl}+\delta_i^{\beta-3}R_{klij})\partial'_j\cdot E_{kl}^{*}(\boldsymbol{x}')\mathrm{d}\boldsymbol{x}'\\&=-\int_{-\infty}^{\infty}G^{\alpha\beta}(\boldsymbol{x}-\boldsymbol{x}')(\delta_i^{\beta}R_{ijkl}+\delta_i^{\beta-3}K_{ijkl})\partial'_j\cdot w_{kl}^{*}(\boldsymbol{x}')\mathrm{d}\boldsymbol{x}'.\end{aligned} \tag{10.36}$$

应用一次分部积分,并注意到$\partial_j=-\partial'_j$,则上式可化为更方便的形式

$$\begin{aligned}V^{\alpha}(\boldsymbol{x})&=-\int_{-\infty}^{\infty}\partial_jG^{\alpha\beta}(\boldsymbol{x}-\boldsymbol{x}')(\delta_i^{\beta}C_{ijkl}+\delta_i^{\beta-3}R_{klij})E_{kl}^{*}(\boldsymbol{x}')\mathrm{d}\boldsymbol{x}'\\&=-\int_{-\infty}^{\infty}\partial_jG^{\alpha\beta}(\boldsymbol{x}-\boldsymbol{x}')(\delta_i^{\beta}R_{ijkl}+\delta_i^{\beta-3}K_{ijkl})w_{kl}^{*}(\boldsymbol{x}')\mathrm{d}\boldsymbol{x}'.\end{aligned} \tag{10.37}$$

对于具体位错,只要按位错条件式(10.3)给出本征应变 $E_{ij}^{*}(\boldsymbol{x}')$和 $w_{ij}^{*}(\boldsymbol{x}')$的具体数学形式,并已知该类准晶体的弹性 Green 函数,原则上,都可由表达式(10.37)或(10.33)计算出位错(包括位错环)的位移场,并可由第六章的弹性方程计算出其他场量. 注意,像晶体位错弹性理论一样,各种弹性常数矩阵都是相对准晶的惯用坐标系的,不一定与位错坐标系一致. 因此,适当的坐标变换是必须的.

最后简单讨论一下准晶的弹性 Green 函数 $G^{\alpha\beta}(\boldsymbol{x}-\boldsymbol{x}')$. 首先要指出:式(10.23)表达的体力密度 X_i 和 Y_i 都是作用在 V_E 空间的子区域 V' 中的 $\boldsymbol{x}'$点,但它们的方向分别是沿 V_E 和 V_I 空间中的坐标轴方向. $G^{\alpha\beta}(\boldsymbol{x}-\boldsymbol{x}')$是作用在 $\boldsymbol{x}'$点的单位点体力的β 方向分量($\beta=1,2,3$ 时,方向取在 V_E;$\beta=4,5,6$ 时取在 V_I)在 V 区

域中 $\boldsymbol{x}$ 点引起的位移的 α 方向分量($\alpha=1,2,3$ 时方向取在 V_E，$\alpha=4,5,6$ 时取在 V_I)．对于各类准晶体的弹性 Green 函数，我们曾作过较细致的讨论，为了节省篇幅这里不叙述了．一般说来，只要已知了某类准晶体的弹性常数的矩阵形式，就可以应用式(10.26)，(10.27)，(10.32)和式(10.35)计算出 $G^{\alpha\beta}$．然而，与传统的晶体相比，现在的情况要复杂得多．由于矩阵 $A^{\alpha\beta}(\boldsymbol{k})$是 6×6，它的行列式 $D(\boldsymbol{k})$可以是高达 12 次的多项式．可见，式(10.35)的积分一般只能由计算机作数值计算．只有在一些较特殊的情况下，才有可能得到解析表达式．

10.4.2 准晶中直长位错线的弹性场

在晶体直长位错的弹性场的计算中，Eshelby 等(Eshelby, et al.,1953)和 Stroh(1958,1962)的理论得到广泛的应用，见专著 Hirth, Lothe(1968)．下面讨论如何将它们直接推广到准晶中直长位错的弹性场的计算．本节内容取自 Ding 等(1995b)和 Ding 等(1995c)．

1．Eshelby 理论的推广(Ding, et al., 1995b)　考虑准晶体中的一条直长位错．我们选取位错直角坐标系(x_1,x_2,x_3)，位错线与 X_3 轴重合且正向一致．位错坐标系与准晶惯用坐标系之间的关系根据具体情况确定，并选择适当的坐标变换．

对于一条与 X_3 轴重合的直位错，它的位移场仅仅是 x_1 和 x_2 的函数．将偏微分方程(6.52)中的各类弹性常数变换到位错坐标系的矩阵形式后，该方程组变为

$$\begin{aligned}&C_{iJkL}\partial_J\partial_L u_k+R_{iJkL}\partial_J\partial_L w_k=0,\\&R_{kLiJ}\partial_J\partial_L u_k+K_{iJkL}\partial_J\partial_L w_k=0,\end{aligned}\tag{10.38}$$

式中的下标 J,L 是大写，表示它们的取值范围是 1,2，而小写字母取值 1,2,3，下同．令

$$B_{jl}^{\alpha\beta}=\delta_i^\alpha\left(\delta_k^\beta C_{ijkl}+\delta_k^{\beta-3}R_{ijkl}\right)+\delta_i^{\alpha-3}\left(\delta_k^\beta R_{klij}+\delta_k^{\beta-3}K_{ijkl}\right)\tag{10.39}$$

并应用式(10.28)的第一式，则方程组(10.38)有下面的简缩形式：

$$B_{JL}^{\alpha\beta}\partial_J\partial_L V^\beta(\boldsymbol{r})=0, \tag{10.40}$$

上标希腊字母 α,β 的取值范围是 1,2,3,4,5,6. $\boldsymbol{r}$ 是 V_E 空间坐标平面 X_1OX_2 内的位矢. 假设方程组(10.40)有下面形式的解:

$$V^\beta(r)=A^\beta f(\eta),\eta=x_1+px_2, \tag{10.41}$$

式中的 A^β 和 p 是由弹性常数确定的常数,f 为待定函数. 将上式代入方程(10.40),并消去公共因子$\frac{\partial^2 f}{\partial\eta^2}$,我们得到一组代数方程

$$\alpha^{\alpha\beta}A^\beta=0, \tag{10.42}$$

式中的 $\alpha^{\alpha\beta}$是一个 6×6 矩阵的阵元,即

$$\alpha^{\alpha\beta}=B_{11}^{\alpha\beta}+\left(B_{12}^{\alpha\beta}+B_{21}^{\alpha\beta}\right)p+B_{22}^{\alpha\beta}p^2, \tag{10.43}$$

它很容易由式(10.39)得到. 显然,当且仅当这个矩阵的行列式等于零时

$$\det|\alpha^{\alpha\beta}|=0, \tag{10.44}$$

代数方程组有非零解. 上式是一个关于 p 的 12 次代数方程. 由于式(6.48)中的弹性常数矩阵是正定的,且系数均为实数,所以,方程(10.44)的根以复共轭对的形式出现. 这意味着,我们将有 6 对复共轭的 $p(n)$, $\eta(n)$ 和 $A^\beta(n)$, $n=1,2,3,4,5,6$. 于是解(10.41)具有如下叠加形式:

$$\begin{aligned}V^\beta(r)&=\mathrm{Re}\Big[\sum_{n=1}^{6}A^\beta(n)f(x_1+p(n)x_2)\Big]\\&=\mathrm{Re}\Big[\sum_{n=1}^{6}A^\beta(n)f(\eta(n))\Big],\end{aligned} \tag{10.45}$$

式中的标记 Re 表示取实部.

如果用下面的符号标记两类应力场

$$M_j^\alpha=\delta_i^\alpha T_{ij}+\delta_i^{\alpha-3}H_{ij}, \tag{10.46}$$

则广义 Hooke 定律

$$\begin{aligned}T_{ij}&=C_{ijkl}\partial_l u_k+R_{ijkl}\partial_l w_k,\\H_{ij}&=R_{klij}\partial_l u_k+K_{ijkl}\partial_l w_k,\end{aligned} \tag{10.47}$$

可以简缩表示为

$$M_j^\alpha = B_{jl}^{\alpha\beta}\partial_l V^\beta(r). \tag{10.48}$$

将式(10.45)代入上式,得到应力场表达式

$$M_j^\alpha = \mathrm{Re}\Big[\sum_{n=1}^{6}\big(B_{j1}^{\alpha\beta} + B_{j2}^{\alpha\beta}p(n)\big)A^\beta(n)\frac{\mathrm{d}f(\eta(n))}{\mathrm{d}\eta(n)}\Big]. \tag{10.49}$$

我们将准晶体视为一无限大的、均匀的自由弹性体. 对于一条无限长直位错线而言,它的位移场是多值的,如式(10.3)所表达的. 但它的应力场 $M_j^\alpha(\boldsymbol{r})$,除位错芯部(原点)之外,处处是连续的. 所以,函数 $\mathrm{d}f/\mathrm{d}\eta$ 在复平面 $\eta(n)$ 上是解析的. 于是,可以将 $\mathrm{d}f/\mathrm{d}\eta$ 展成 Laurent 级数. 考虑到应力场与距原点的距离 r 成反比,且在无穷远处趋于零,级数展开式只取一项

$$f[\eta(n)] = \frac{D(n)}{\pm 2\pi\mathrm{i}}\ln\eta(n), \tag{10.50}$$

式中 $2\pi\mathrm{i}$ 前的正负号取作与 $p(n)$ 虚部的符号一致,$D(n)$是待定常数. 与晶体位错理论中的情况相类似,它由位错条件及静力平衡条件决定. 其推导过程也基本相似,所以这里不作详细讨论. 设

$$b^\alpha = \delta_k^\alpha b_k^{\parallel} + \delta_k^{\alpha-3}b_k^{\perp}, \tag{10.51}$$

则位错条件(10.3)简缩为

$$\oint_c \mathrm{d}V^\beta = b^\beta, \tag{10.52}$$

这里的 c 是在物理空间 V_E 中绕位错芯的 Burgers 回路.

根据式(10.45),(10.49),(10.50)和(10.52),将晶体位错理论的 Eshelby 方法中的推导过程直接推广过来即可得到 $D(n)$满足的 12 个代数方程

$$\mathrm{Re}\Big[\sum_{n=1}^{6}A^\beta(n)D(n)\Big] = b^\beta,$$

$$\mathrm{Re}\Big[\sum_{n=1}^{6}\big(B_{21}^{\alpha\beta} + B_{22}^{\alpha\beta}p(n)\big)A^\beta(n)D(n)\Big] = 0, \tag{10.53}$$

由此可解出 6 个 $D(n)$的实部和虚部. 将式(10.50)代入式

(10.45)和式(10.49),我们就可以分别得到位移场和应力场的一般表达式如下:

$$V^{\beta}(r) = \mathrm{Re}\Big[\sum_{n=1}^{6} \frac{1}{\pm 2\pi\mathrm{i}} A^{\beta}(n) D(n) \ln \eta(n)\Big], \tag{10.54}$$

$$M_j^{\alpha}(r) = \mathrm{Re}\Big[\sum_{n=1}^{6} \frac{1}{\pm 2\pi\mathrm{i}} (B_{j1}^{\alpha\beta} + B_{j2}^{\alpha\beta} p(n)) A^{\beta}(n) D(n) \eta^{-1}(n)\Big]. \tag{10.55}$$

采用晶体位错理论中的类似过程,单位长位错弹性能可导出如下:

$$w = \frac{kb^2}{4\pi} \ln \frac{R}{r_0} \tag{10.56}$$

式中的 kb^2 的表达式是

$$kb^2 = b^{\alpha} \mathrm{Im}\Big[\sum_{n=1}^{6} \pm (B_{21}^{\alpha\beta} + B_{22}^{\alpha\beta} p(n)) A^{\beta}(n) D(n)\Big], \tag{10.57}$$

k 称为对数前能量因子. 它取决于准晶的弹性性质,位错线的取向以及位错线与它的 Burgers 矢量之间的相对取向. 符号 Im 表示取虚部.

2. Stroh 理论的推广(Ding, et al, 1995c)

(1) 几点说明和预备性讨论. 这里只讨论无限长直位错的弹性性质. 所要求解的偏微分方程组依然是式(6.52). 与上述 Eshelby 法不同的是:式中的三类弹性常数,在整个理论推导和计算过程中,一直都是相对准晶惯用坐标系的,不特意单独将它们变换到位错坐标系后再进行讨论.

在 V_E 空间取一组相互正交的单位矢量($\boldsymbol{m}$, $\boldsymbol{n}$, $\boldsymbol{t}$),它们的交点与准晶惯用坐标系的原点 O 重合. 设 $\boldsymbol{x}$ 表示 V_E 空间中任意一点到原点的位矢. 一条与 $\boldsymbol{t}$ 重合的无限长直位错线所引起的位移场 $\boldsymbol{u}$ 和 $\boldsymbol{w}$ 将是 V_E 空间(m, n)平面内的两个正交坐标 $y_1 = \boldsymbol{m}\cdot\boldsymbol{x}$ 和 $y_2 = \boldsymbol{n}\cdot\boldsymbol{x}$ 的函数,而与 $\boldsymbol{t}\cdot\boldsymbol{x}$ 无关. $\boldsymbol{t}$ 就是代表直位错线的单位矢量. 上面我们曾引入了一些简缩标记和简缩表达式. 现将它们

一一列举于后．简缩符号是

$$
\begin{aligned}
V^{\beta}(\boldsymbol{x}) &= \delta_k^{\beta} u_k(\boldsymbol{x}) + \delta_k^{\beta-3} w_k(\boldsymbol{x}), \\
B_{jl}^{\alpha\beta} &= \delta_i^{\alpha}(\delta_k^{\beta} C_{ijkl} + \delta_k^{\beta-3} R_{ijkl}) + \delta_i^{\beta-3}(\delta_k^{\beta-3} R_{klij} + \delta_k^{\beta-3} K_{ijkl}), \\
M_j^{\alpha} &= \delta_i^{\alpha} T_{ij} + \delta_i^{\alpha-3} H_{ij}, \\
b^{\alpha} &= \delta_i^{\alpha} b_i^{\parallel} + \delta_i^{\alpha-3} b_i^{\perp}.
\end{aligned}
\tag{10.58}
$$

简缩表达式是

$$
\begin{aligned}
B_{jl}^{\alpha\beta} \partial_j \partial_l V^{\beta}(\boldsymbol{x}) &= 0, \\
M_j^{\alpha} &= B_{jl}^{\alpha\beta} \partial_l V^{\beta}(\boldsymbol{x}), \\
\oint_c \mathrm{d} V^{\beta} &= b^{\beta}.
\end{aligned}
\tag{10.59}
$$

此外，我们要求在弹性形变中，形变态相对于未形变态而言，其弹性形变能总是正的．根据式(6.48)，我们有下式成立：

$$
F = \frac{1}{2}[E_{ij}, W_{ij}] \begin{bmatrix} C_{ijkl} & R_{ijkl} \\ R_{klij} & K_{ijkl} \end{bmatrix} \begin{bmatrix} E_{kl} \\ W_{kl} \end{bmatrix} > 0. \tag{10.60}
$$

上式意味着 18×18 对称矩阵总是正定矩阵．现在，我们在 V_E 空间定义一个非零的三维实矢量 a_i，并定义一个非零的六维实矢量 c^{β}，当 $\beta=1,2,3$ 时，该矢量属于 V_E 空间；当 $\beta=4,5,6$ 时，属于 V_I 空间．于是，由式(10.60)导致下式成立：

$$
c^{\alpha} a_j B_{jl}^{\alpha\beta} a_l c^{\beta} > 0. \tag{10.61}
$$

上式意味着下面的 6×6 矩阵是正定的，即

$$
a_j B_{jl}^{\alpha\beta} a_l = (aa)^{\alpha\beta} \equiv (aa). \tag{10.62}
$$

于是，我们引出了一个重要结论：上面这个矩阵的逆矩阵 $(aa)^{-1}$ 是存在的．请记住上式中右端的简单表达形式，它代表了左端这种形式的 6×6 矩阵．如果我们再在 V_E 空间定义另外一个非零的三维实矢量 d，那么，根据三类弹性常数的对称性质式(6.47)，不难证明，下面的关系式成立：

$$
(ad)^{\alpha\beta} = (da)^{\beta\alpha}. \tag{10.63}
$$

(2) Stroh 公式的推广．设方程组(10.59)有下面形式的位移场解：

$$V^{\beta}(\boldsymbol{x})=A^{\beta}f(\lambda)=A^{\beta}f(\boldsymbol{m}\cdot\boldsymbol{x}+p\boldsymbol{n}\cdot\boldsymbol{x}),\qquad(10.64)$$

这里的 A^{β} 是一个 6 维的复常数矢量，p 是复常数，f 是其宗量的解析函数. 将这个形式的解代入方程组(10.59)，并采用式(10.62)的标记方法，我们得到

$$\{(mm)^{\alpha\beta}+p[(mn)^{\alpha\beta}+(nm)^{\alpha\beta}]+p^{2}(nn)^{\alpha\beta}\}A^{\beta}\frac{\mathrm{d}^{2}f}{\mathrm{d}\lambda^{2}}=0.\qquad(10.65)$$

如果我们选取 A^{β} 和 p 使得

$$\{(mm)^{\alpha\beta}+p[(mn)^{\alpha\beta}+(nm)^{\alpha\beta}]+p^{2}(nn)^{\alpha\beta}\}A^{\beta}=0,\qquad(10.66)$$

那么，对于任何解析函数 f，式(10.64)的 V^{β} 是一个允许的解. 方程(10.66)是一组线性齐次代数方程组. 显然，存在 6 个非零解 A^{β} 的条件是其系数矩阵的行列式值等于零

$$|(mm)^{\alpha\beta}+[(mn)^{\alpha\beta}+(nm)^{\alpha\beta}]p+(nn)^{\alpha\beta}p^{2}|=0,\qquad(10.67)$$

这是关于 p 的 12 次代数方程. 与前面曾经讨论的一样，12 个根 $p_{\mu}(\mu=1,2,\cdots,12)$将以 6 对共轭复根出现. 我们选取 6 个虚部为正的根用 p_{μ} 表示，另外 6 个与其共轭：$p_{\mu+6}=p_{\mu}^{*}$，$(\mu=1,2,\cdots,6)$。

对于一个 μ 值，我们有一个六维矢量 A_{μ}^{α}，同时，我们还定义另一个六维矢量

$$\begin{aligned}L_{\mu}^{\alpha}&=-[(nm)^{\alpha\beta}+p_{\mu}(nn)^{\alpha\beta}]A_{\mu}^{\beta},\\L_{\mu}^{\alpha}&=\frac{1}{p_{\mu}}[(mm)^{\alpha\beta}+p_{\mu}(mn)^{\alpha\beta}]A_{\mu}^{\beta},\end{aligned}\qquad(10.68)$$

式(10.66)保证了这两个定义的等价性.

为了保证 A_{μ}^{α} 和 L_{μ}^{α} 的惟一性，我们采用下面的归一化条件：

$$2A_{\mu}^{\alpha}L_{\mu}^{\alpha}=1.\qquad(10.69)$$

在上式中，希腊字 μ 表示的下标不适用求和约定. 以后凡是希腊字母 $\mu,\theta,\lambda,\cdots(=1,2,\cdots,12)$作下标时，均不适用求和约定，若要求和时，将会特别标记出来. 另外，下列共轭关系也是成立的：

$$p_{\mu+6}=p_\mu^*, A_{\mu+6}^\alpha=(A_\mu^\alpha)^*, L_{\mu+6}^\alpha=(L_\mu^\alpha)^*, \mu=1,2,\cdots,6. \tag{10.70}$$

在上面讨论的基础上,现在我们可以直接将 Stroh(1962)的六维公式推广如下:

$$V^\beta(x)=\frac{1}{2\pi i}\sum_{\mu=1}^{12}\pm A_\mu^\beta L_\mu^\alpha b^\alpha \ln(\boldsymbol{m}\cdot\boldsymbol{x}+p_\mu \boldsymbol{n}\cdot\boldsymbol{x}). \tag{10.71}$$

该六维矢量的梯度是

$$\frac{\partial}{\partial x}V^\beta(x)=\frac{1}{2\pi i}\sum_{\mu=1}^{12}\pm A_\mu^\beta L_\mu^\alpha b^\alpha\frac{m_p+p_\mu n_p}{\boldsymbol{m}\cdot\boldsymbol{x}+p_\mu\boldsymbol{n}\cdot\boldsymbol{x}}. \tag{10.72}$$

根据前面对 p_μ 的说明,上面式中的 +,− 号的取法是:当 $\mu=1,2,\cdots,6$ 时取 + 号,当 $\mu=7,8,\cdots,12$ 时取 − 号.

(3) 准晶中位错弹性场的积分表达式. 根据定义式(10.68),方程组(10.66)可以重写为一个 12 维特征值问题的形式

$$N\zeta_\mu=p_\mu\zeta_\mu, \tag{10.73}$$

式中的 ζ_μ 是一个 12 维矢量,即

$$\zeta_\mu=\begin{bmatrix}A_\mu\\ L_\mu\end{bmatrix}, \tag{10.74}$$

而 N 是一个 12×12 的矩阵

$$N=-\begin{bmatrix}(nn)^{-1}(nm) & (nn)^{-1}\\ (mn)(nn)^{-1}(nm)-(mm) & (mm)(nn)^{-1}\end{bmatrix}. \tag{10.75}$$

在以上结果的基础上,经过与 Bacon 等(Bacon, et al., 1978)已经做过的相同的详细推导过程,可以证明特征矢量 $A_\mu^\alpha, L_\mu^\alpha$ 和特征值 p_μ 具有以下性质和满足下述关系式:

正交性

$$A_\lambda^\alpha L_\mu^\alpha+A_\mu^\alpha L_\lambda^\alpha=\delta_{\lambda\mu}. \tag{10.76}$$

完备性

$$\sum_{\mu=1}^{12}A_\mu^\alpha L_\mu^\beta=\delta^{\alpha\beta},$$

$$\sum_{\mu=1}^{12} A_\mu^\alpha A_\mu^\beta = 0,$$
$$\sum_{\mu=1}^{12} L_\mu^\alpha L_\mu^\beta = 0. \tag{10.77}$$

不变性

$$\frac{\partial}{\partial\theta}A_\mu^\alpha = 0, \frac{\partial}{\partial\theta}L_\mu^\alpha = 0. \tag{10.78}$$

对于最后一个关系式,即不变性稍作如下解释:我们曾在与 t 垂直的平面内选取了一对单位矢量,组成了一个正交平面基($\boldsymbol{m}$, $\boldsymbol{n}$),现在我们仍在该平面内选取另一组平面基($\boldsymbol{m}'$, $\boldsymbol{n}'$). 它们之间的夹角是式(10.78)中的 θ. 不变性关系式的意思是:特征矢量 A_μ^α, L_μ^α 与平面基($\boldsymbol{m}$, $\boldsymbol{n}$)的选择无关,它们只决定于该弹性问题的平面的法线 $\boldsymbol{t}$ 的取向以及弹性常数 C_{ijkl}, K_{ijkl}, R_{ijkl}. 但特征值所满足的关系式是

$$\frac{\partial p_\mu}{\partial\theta} = -(1 + p_\mu^2),$$
$$\int_0^{2\pi} p_\mu \mathrm{d}\theta = \pm 2\pi\mathrm{i}. \tag{10.79}$$

积分自然是在与 $\boldsymbol{t}$ 垂直的平面中进行的.

下面我们定义 3 个 6×6 的实数矩阵,并应用式(10.76)~(10.79)导出它们的积分表达式(推导过程略去)

$$Q^{\alpha\beta} = Q^{\beta\alpha} = i\sum_{\mu=1}^{12} \pm A_\mu^\alpha A_\mu^\beta = -\frac{1}{2\pi}\int_0^{2\pi}[(nn)^{-1}]^{\alpha\beta}\mathrm{d}\theta,$$

$$B^{\alpha\beta} = B^{\beta\alpha} = -\frac{1}{4\pi\mathrm{i}}\sum_{\mu=1}^{12} \pm L_\mu^\alpha L_\mu^\beta$$
$$= \frac{1}{8\pi^2}\int_0^{2\pi}\{(mm)^{\alpha\beta} - (mn)^{\alpha\gamma}[(nn)^{-1}]^{\gamma\lambda}(nm)^{\lambda\beta}\}\mathrm{d}\theta,$$

$$S^{\alpha\beta} = i\sum_{\mu=1}^{12} \pm A_\mu^\alpha L_\mu^\beta = -\frac{1}{2\pi}\int_0^{2\pi}[(nn)^{-1}]^{\alpha\gamma}(nm)^{\gamma\beta}\mathrm{d}\theta. \tag{10.80}$$

现在回到与 $\boldsymbol{t}$ 平行的无限长度直位错线的弹性问题. 我们选取 $\boldsymbol{m}$ 沿位矢(径矢)$\boldsymbol{x}$,这意味着,$\boldsymbol{m}\cdot\boldsymbol{x} = |\boldsymbol{x}|$ 和 $\boldsymbol{n}\cdot\boldsymbol{x} = 0$ 以及我们

已改选 $|\boldsymbol{x}|=r$ 和极角 θ 为坐标变量. 新旧坐标下有下列求导关系:

$$m_p\frac{\partial}{\partial x_p}=\frac{\partial}{\partial r},n_p\frac{\partial}{\partial x_p}=\frac{1}{r}\frac{\partial}{\partial\theta}, \tag{10.81}$$

应用前面的结果,式(10.72)可以用上述矩阵表示如下:

$$\frac{\partial}{\partial x_p}V^\beta(x)=\frac{b^a}{2\pi r}\{-m_pS^{\beta\alpha}+n_p[(nn)^{-1}]^{\beta\gamma}[4\pi B^{\gamma\alpha}+(nm)^{\gamma\lambda}S^{\gamma\alpha}]\}. \tag{10.82}$$

用 m_p 左乘上式两边,得

$$\frac{\partial}{\partial r}V^\beta(x)=-\frac{1}{2\pi r}b^aS^{\beta\alpha}. \tag{10.83}$$

若改用 n_p 左乘两边,则得

$$\frac{\partial}{\partial\theta}V^\beta(x)=\frac{1}{2\pi}b^a[(nn)^{-1}]^{\beta\gamma}[4\pi B^{\gamma\alpha}+(nm)^{\gamma\lambda}S^{\lambda\alpha}]. \tag{10.84}$$

将上面两式通过积分并合并,就最后得到位移场的积分表达式,即

$$\begin{aligned}V^\beta(r,\theta)=\frac{1}{2\pi}b^a\Big\{&-S^{\beta\alpha}\ln r+4\pi B^{\gamma\alpha}\int_0^\theta[(nn)^{-1}]^{\beta\gamma}\mathrm{d}\theta\\&+S^{\lambda\alpha}\int_0^\theta[(nn)^{-1}]^{\beta\gamma}(nm)^{\gamma\lambda}\mathrm{d}\theta\Big\}.\end{aligned} \tag{10.85}$$

将式(10.82)代入式(10.59),得到应力场的表达式如下:

$$M_j^a=B_{jl}^{\alpha\beta}\frac{b^\varphi}{2\pi\gamma}\{-m_lS^{\beta\varphi}+n_l[(nn)^{-1}]^{\beta\gamma}[4\pi B^{\gamma\varphi}+(nm)^{\gamma\lambda}S^{\lambda\varphi}]\}. \tag{10.86}$$

根据常用的计算方法,位错线的能量密度由下式计算:

$$E=\frac{1}{2}\int_{r_0}^R M_j^an_jb^a\mathrm{d}|\boldsymbol{x}|, \tag{10.87}$$

式中的 r_0 和 R 是以位错线为轴线的中空圆柱体的内外半径. 将式(10.86) 代入上式,就可以导出如下结果:

$$E=b^aB^{a\beta}b^\beta\ln\frac{R}{r_0}=K\ln\frac{R}{r_0}, \tag{10.88}$$

式中

$$K = b^{\alpha} B^{\alpha\beta} b^{\beta}, \tag{10.89}$$

称为对数前能量因子.

这种方法与其他理论计算相比,有它的一些特点. 计算中所涉及的弹性常数不需单独进行一次坐标变换,矩阵形式最简单. 并不需要直接求出12次代数方程的根 p_{μ} 来. 所有计算都是实数.

§10.5 准晶位错弹性场的具体计算举例

在某些特殊情况下,准晶中的长直位错线的弹性位移场、应变场和应力场可以推导出解析表达式. 武汉大学准晶研究组在这方面已做了系统的工作,详见丁棣华等(1994),Ding 等(1995a),Ding 等(1995b), Wang 等(1995),Yang 等(1995),Qin 等(1997),Yang 等(1997),Yang 等(1998),以及下列综述:丁棣华等(1998),Hu 等(2000), Wang, Hu (2002). 这里仅举两个例子.

1. 十次对称二维准晶中与周期轴平行的直位错线的弹性场

这类准晶是目前位错实验观察中最常采用的准晶之一. 这里只讨论与周期轴平行的直长位错线 $\boldsymbol{L}^{\parallel}$. 这时位错坐标系与惯用坐标系 $x_1x_2x_3$ 一致. x_3 轴与 $\boldsymbol{L}^{\parallel}$ 重合,x_1 轴与准周期平面中的五支二次轴 $A2D$ 中的一个重合. $\boldsymbol{L}^{\parallel}$ 的 Burgers 矢量 $\boldsymbol{B} = (b_1^{\parallel}, b_2^{\parallel}, 0; b_1^{\perp}, b_2^{\perp})$. 其中的 $b_3^{\parallel} = 0$,这是由于位错($\boldsymbol{L}^{\parallel}, b_3^{\parallel}$)与晶体中的一样. 对于 Laue 类 $10/mmm$(包括点群 $10mm$, $10/mmm$, $10\,2\,2$ 和 $\overline{10}m2$) 的二维准晶,它们的独立弹性常数共9个; $C_{11} = C_{22}, C_{33}, C_{12}, C_{13} = C_{23}, C_{44} = C_{55}, 2C_{66} = C_{11} - C_{12}$; $K_{1111} = K_{2222} = K_{1212} = K_{2121} \equiv K_1$, $-K_{1221} = -K_{2112} = K_{1122} = K_{2211} \equiv K_2, K_{2323} = K_{1313} \equiv K_4$; $R_{1111} = R_{1122} = -R_{2222} = -R_{2211} = -R_{1212} = R_{1221} \equiv R$.

首先,讨论 $\boldsymbol{B}_1 = (b_1^{\parallel}, 0, 0; b_1^{\perp}, 0)$的情况. 根据前面所述的 Volterra过程,出现本征应变的子区域 V' 是 V_E 空间中的一个半无限平面:$x'_1 < 0, x'_2 = 0, -\infty \leqslant x'_3 \leqslant +\infty$. 相应的本征应变是

$$E_{12}^{*}=E_{21}^{*}=\frac{1}{2}b_{1}^{\parallel}\delta(x'_{2})H(-x'_{1}),$$

$$W_{12}^{*}=b_{1}^{\perp}\delta(x'_{2})H(-x'_{1}), \tag{10.90}$$

式中的 $\delta(x'_2)$ 是 Dirac delta 函数，$H(-x'_1)$ 是 Heaviside 阶梯函数

$$H(-x'_1)=\begin{cases}1, & x'_1<0,\\ 0, & x'_1>0.\end{cases} \tag{10.91}$$

将式(10.90),(10.91),(10.35)一起代入式(10.37)，并完成对 x' 的积分，可得到下面的表达式：

$$V^{\alpha}(\boldsymbol{x})=\frac{b_1^{\parallel}}{4\pi^2}\int\int_{-\infty}^{\infty}(\delta_i^{\beta}C_{ij12}+\delta_i^{\beta-3}R_{12ij})\left[\frac{k_j}{k_1}\overline{G}^{\alpha\beta}(\boldsymbol{k})\right]_{k_3=0}$$
$$\mathrm{e}^{\mathrm{i}(k_1x_1+k_2x_2)}\mathrm{d}k_1\mathrm{d}k_2+\frac{b_1^{\perp}}{4\pi^2}\int\int_{-\infty}^{\infty}(\delta_i^{\beta}R_{ij12}+\delta_i^{\beta-3}K_{ij12})$$
$$\left[\frac{k_j}{k_1}\overline{G}^{\alpha\beta}(\boldsymbol{k})\right]_{k_3=0}\mathrm{e}^{\mathrm{i}(k_1x_1+k_2x_2)}\mathrm{d}k_1\mathrm{d}k_2. \tag{10.92}$$

由上式可知：计算可在 $k_3=0(k^2=k_1^2+k_2^2)$ 的特殊条件下进行，这时式(10.27)构成 5×5 的矩阵

$$A^{\alpha\beta}=\begin{vmatrix} c_{11}k_1^2+c_{66}k_2^2 & (c_{11}-c_{66})k_1k_2 & 0 & R(k_1^2-k_2^2) & 2Rk_1k_2\\ (c_{11}-c_{66})k_1k_2 & c_{66}k_1^2+c_{11}k_2^2 & 0 & -2Rk_1k_2 & R(k_1^2-k_2^2)\\ 0 & 0 & c_{44}k_2 & 0 & 0\\ R(k_1^2-k_2^2) & -2Rk_1k_2 & 0 & K_1k^2 & 0\\ 2Rk_1k_2 & R(k_1^2-k_2^2) & 0 & 0 & K_1k^2 \end{vmatrix}. \tag{10.93}$$

式(10.93)正好是 9.5.3 节中当 $k_3=p_3=0$ 的式(9.164)($\alpha,\beta=1,2,3$)，式(9.171)($\alpha,\beta=4,5$)和式(9.173)($\alpha=1,2,3,\beta=4,5$)。求该矩阵的逆就得到 $k_3=0$ 的 Green 张量函数的 Fourier 变换如下：

$$\overline{G}^{11}=-\frac{K_1R^2}{C}\frac{1}{k^2}+\frac{K_1^2}{C}\frac{c_{66}k_1^2+c_{11}k_2^2}{k^4},$$

$$\overline{G}^{22} = -\frac{K_1 R^2}{C}\frac{1}{k^2} + \frac{K_1^2}{C}\frac{c_{11}k_1^2 + c_{66}k_2^2}{k^4},$$

$$\overline{G}^{33} = \frac{1}{C_{44}}\frac{1}{k^2},$$

$$\overline{G}^{44} = \frac{c_{11}c_{66}K_1}{C}\frac{1}{k^2} - \frac{R^2}{C}\frac{c_{11}k_1^2 + c_{66}k_2^2}{k^4} + \frac{8(c_{11} - c_{66})R^2}{C}\frac{(k_1^2 - k_2^2)k_1^2k_2^2}{k^8},$$

$$\overline{G}^{55} = \frac{c_{11}c_{66}K_1}{C}\frac{1}{k^2} - \frac{R^2}{C}\frac{c_{66}k_1^2 + c_{11}k_2^2}{k^4} - \frac{8(c_{11} - c_{66})R^2}{C}\frac{(k_1^2 - k_2^2)k_1^2k_2^2}{k^8},$$

$$\overline{G}^{12} = \overline{G}^{21} = -\frac{(c_{11} - c_{66})K_1^2}{C}\frac{k_1k_2}{k^4},$$

$$\overline{G}^{14} = \overline{G}^{41} = -\frac{R}{c_{11}K_1 - R^2}\frac{1}{k^2} - \frac{2R^3 + K_1R(3c_{11} - 5c_{66})}{C} \cdot \frac{k_2^2}{k^4} + \frac{4K_1R(c_{11} - c_{66})}{C}\frac{k_2^4}{k^6},$$

$$\overline{G}^{15} = \overline{G}^{51} = \frac{2R^3 + K_1R(c_{11} - 3c_{66})}{C}\frac{k_1k_2}{k^4} - \frac{4K_1R(c_{11} - c_{66})}{C}\frac{k_1k_2^3}{k^6},$$

$$\overline{G}^{24} = \overline{G}^{42} = \frac{K_1R(3c_{11} - c_{66}) - 2R^3}{C}\frac{k_1k_2}{k^4} - \frac{4K_1R(c_{11} - c_{66})}{C}\frac{k_1k_2^3}{k^6},$$

$$\overline{G}^{25} = \overline{G}^{52} = \frac{R}{c_{11}K_1 - R^2}\frac{1}{k^2} + \frac{2R^3 + K_1R(3c_{11} - 5c_{66})}{C}\frac{k_1^2}{k^4} - \frac{4K_1R(c_{11} - c_{66})}{C}\frac{k_1^4}{k^6},$$

$$\overline{G}^{45}=\overline{G}^{54}=-\frac{3(c_{11}-c_{66})R^2}{C}\frac{k_1k_2}{k^4}+\frac{16(c_{11}-c_{66})R^2}{C}\frac{k_1^3k_2^3}{k^8},$$

$$\overline{G}^{13}=\overline{G}^{31}=\overline{G}^{23}=\overline{G}^{32}=\overline{G}^{34}=\overline{G}^{43}=\overline{G}^{35}=\overline{G}^{53}=0. \tag{10.94}$$

上面各式中的 C 的表达式是

$$C=(c_{66}K_1-R^2)(c_{11}K_1-R^2).$$

将式(10.94)相应的表达式代入式(10.92),完成积分计算就可得到 $\boldsymbol{B}_1=(b_1^{\parallel},0,0;b_1^{\perp},0)$时该直长位错线的位移场 $\boldsymbol{u}_1$ 和 $\boldsymbol{w}_1$. 将所得结果进行如下坐标变换;在 V_E 空间将坐标系绕 x_3 轴逆时针旋转 $\frac{\pi}{2}$, 在 V_I 空间逆时针旋转 $\frac{3\pi}{2}$. 变换后即得到 $\boldsymbol{B}_2=(0,b_2^{\parallel},0;0,b_2^{\perp})$对应的 $\boldsymbol{u}_2$ 和 $\boldsymbol{w}_2$. 将二者相加,就得到 $\boldsymbol{B}=(b_1^{\parallel},b_2^{\parallel},0;b_1^{\perp},b_2^{\perp})$时的弹性位移场的具体表达式. 结果如下:

$$\begin{aligned}
u_1(x_1,x_2)=&\frac{b_1^{\parallel}}{2\pi}\left[\arctan\frac{x_2}{x_1}+\frac{K_1(c_{11}-c_{66})}{c_{11}K_1-R^2}\frac{x_1x_2}{r^2}\right]\\
&+\frac{b_2^{\parallel}}{2\pi}\left[\frac{c_{66}K_1-R^2}{c_{11}K_1-R^2}\ln\frac{r}{r_0}-\frac{K_1(c_{11}-c_{66})}{c_{11}K_1-R^2}\frac{x_1^2}{r^2}\right]\\
&+\frac{b_1^{\perp}}{2\pi}\left[\frac{R(K_1-K_2)}{c_{66}K_1-R^2}\frac{x_1x_2}{r^2}\right.\\
&\left.-\frac{K_1R(K_1-K_2)(c_{11}-c_{66})}{(c_{66}K_1-R^2)(c_{11}K_1-R^2)}\frac{x_1x_2^3}{r^4}\right]\\
&-\frac{b_2^{\perp}}{2\pi}\left[\frac{R(K_1-K_2)}{c_{11}K_1-R^2}\frac{x_1^2}{r^2}\right.\\
&\left.+\frac{K_1R(K_1-K_2)(c_{11}-c_{66})}{2(c_{66}K_1-R^2)(c_{11}K_1-R^2)}\frac{x_1^2(x_1^2-x_2^2)}{r^4}\right],
\end{aligned}$$

$$\begin{aligned}
u_2(x_1,x_2)=&\frac{b_1^{\parallel}}{2\pi}\left[\frac{R^2-c_{66}K_1}{c_{11}K_1-R^2}\ln\frac{r}{r_0}+\frac{K_1(c_{11}-c_{66})}{c_{11}K_1-R^2}\frac{x_2^2}{r^2}\right]\\
&+\frac{b_2^{\parallel}}{2\pi}\left[\mathrm{tg}^{-1}\frac{x_2}{x_1}-\frac{K_1(c_{11}-c_{66})}{c_{11}K_1-R^2}\frac{x_1x_2}{r^2}\right]
\end{aligned}$$

$$+\frac{b_1^{\perp}}{2\pi}\left[-\frac{R(K_1-K_2)}{c_{11}K_1-R^2}\frac{x_2^2}{r^2}\right.$$

$$\left.+\frac{RK_1(K_1-K_2)(c_{11}-c_{66})}{2(c_{66}K_1-R^2)(c_{11}K_1-R^2)}\frac{x_2^2(x_1^2-x_2^2)}{r^4}\right]$$

$$+\frac{b_2^{\perp}}{2\pi}\left[\frac{R(K_1-K_2)}{c_{66}K_1-R^2}\frac{x_1x_2}{r^2}\right.$$

$$\left.-\frac{RK_1(K_1-K_2)(c_{11}-c_{66})}{(c_{66}K_1-R^2)(c_{11}K_1-R^2)}\frac{x_1^3x_2}{r^4}\right],$$

$$u_3=0,$$

$$w_1(x_1,x_2)=\frac{b_1^{\parallel}}{2\pi}\frac{2R(c_{11}-c_{66})}{c_{11}K_1-R^2}\left(\frac{x_1x_2}{r^2}-\frac{x_1x_2^3}{r^4}\right)$$

$$+\frac{b_2^{\parallel}}{2\pi}\frac{R(c_{11}-c_{66})}{c_{11}K_1-R^2}\left(\frac{2x_1^2}{r^2}-\frac{x_1^2(x_1^2-x_2^2)}{r^4}\right)$$

$$+\frac{b_1^{\perp}}{2\pi}\left[\arctan\frac{x_2}{x_1}+\frac{R^2(K_1-K_2)(c_{11}-c_{66})}{(c_{66}K_1-R^2)(c_{11}K_1-R^2)}\right.$$

$$\left.\cdot\left(\frac{x_1x_2}{2r^2}-\frac{8x_1^3x_2^3}{3r^6}\right)\right]$$

$$+\frac{b_2^{\perp}}{2\pi}\left[\frac{R^2[(K_1+K_2)(c_{11}+c_{66})-2R^2]}{2(c_{66}K_1-R^2)(c_{11}K_1-R^2)}\ln\frac{r}{r_0}\right.$$

$$\left.-\frac{R^2(K_1-K_2)(c_{11}-c_{66})}{(c_{66}K_1-R^2)(c_{11}K_1-R^2)}\frac{x_1^2(x_1^2-3x_2^2)^2}{6r^6}\right],$$

$$w_2(x_1,x_2)=\frac{b_1^{\parallel}}{2\pi}\frac{R(c_{11}-c_{66})}{c_{11}K_1-R^2}\left(\frac{2x_2^2}{r^2}+\frac{x_1^2(x_1^2-x_2^2)}{r^4}\right)$$

$$+\frac{b_2^{\parallel}}{2\pi}\frac{2R(c_{11}-c_{66})}{c_{11}K_1-R^2}\left(\frac{x_1x_2}{r^2}-\frac{x_1^3x_2}{r^4}\right)$$

$$+\frac{b_1^{\perp}}{2\pi}\left[\frac{R^2(K_1-K_2)(c_{11}-c_{66})}{(c_{66}K_1-R^2)(c_{11}K_1-R^2)}\frac{x_2^2(3x_1^2-x_2^2)^2}{6r^6}\right.$$

$$\left.+\frac{R^2[2R^2-(K_1+K_2)(c_{11}+c_{66})]}{2(c_{66}K_1-R^2)(c_{11}K_1-R^2)}\ln\frac{r}{r_0}\right]$$

$$+\frac{b_2^{\perp}}{2\pi}\left[\arctan\frac{x_2}{x_1}-\frac{R^2(K_1-K_2)(c_{11}-c_{66})}{(c_{66}K_1-R^2)(c_{11}K_1-R^2)}\right.$$

$$\left.\cdot\left(\frac{x_1x_2}{2r^2}-\frac{8x_1^3x_2^3}{3r^6}\right)\right],$$

$$(10.95)$$

式中，$r^2=x_1^2+x_2^2$，r_0 表示位错芯半径.

2. 十次对称二维准晶中位于准周期平面内长直位错线的弹性场　还是考虑上例的点群的二维准晶，所以弹性常数完全一样. 不过，现在的位错线是位于准周期平面内且与该平面内的某个二次轴垂直. 选取位错坐标系(x_1,x_2,x_3)：x_3 轴与 x_1 轴分别与位错线 $L_{\parallel}$ 和上述二次轴重合，x_2 轴沿周期轴方向. 该位错坐标系(x_1,x_2,x_3)与上例的惯用坐标系(x_1',x_2',x_3')之间的变换关系是：$1'\to1,2'\to-3,3'\to2$.

现应用推广的 Eshelby 法进行计算. 首先将弹性常数变换到现在的位错坐标系表示(本例中，V_E 和 V_I 空间的变换方法相同). 结果如下：

$$C_{iJkL}:C_{1111}=C_{11},C_{2222}=C_{33},C_{1122}=C_{2211}=C_{13},C_{3131}=C_{66},$$
$$C_{1212}=C_{2121}=C_{1221}=C_{2112}=C_{3232}=C_{44},$$
$$K_{iJkL}:K_{1111}=K_{3131}=K_1,K_{1212}=K_{3232}=K_4,$$
$$R_{iJkL}:R_{1111}=R_{3131}=R. \qquad (10.96)$$

将上述弹性常数代入式(10.38)，得到 5 个方程. 它们又可以分成两个独立的方程组. 一个是 A^1，A^2 和 A^4 的方程组

$$(c_{11}+c_{44}p^2)A^1+(c_{13}+c_{44})pA^2+RA^4=0,$$
$$(c_{13}+c_{44})pA^1+(c_{44}+c_{33}p^2)A^2=0,$$
$$RA^1+(K_1+K_4p^2)A^4=0. \qquad (10.97)$$

它的系数行列式是一个关于 p 的六次方程

$$c_{33}c_{44}K_4p^6+[K_4(c_{11}c_{33}-c_{13}^2-2c_{13}c_{44})+c_{33}c_{44}K_1]p^4$$
$$+[c_{11}c_{44}K_4-c_{33}R^2+K_1(c_{11}c_{33}-c_{13}^2-2c_{13}c_{44})]p^2$$
$$+c_{44}(c_{11}K_1-R^2)=0, \qquad (10.98)$$

该六次代数方程可以先化为三次方程求解．由于过程十分冗长，这里不宜讨论．

另一组是关于 A^3 和 A^6 的代数方程组

$$
\begin{aligned}
&(c_{66}+c_{44}p^2)A^3+RA^6=0,\\
&RA^3+(K_1+K_4p^2)A^6=0.
\end{aligned}
\tag{10.99}
$$

由它的系数行列式得到一个 p 的 4 次方程

$$
c_{44}K_4p^4+(c_{66}K_4+c_{44}K_1)p^2+(c_{66}K_1-R^2)=0.
\tag{10.100}
$$

显然,该方程可解．

现在,考虑该直位错线的 Burgers 矢量只有纯螺成分：$\tilde{b}=(0,0,b_3^{\|},0,b_3^{\perp})$．根据式(10.51),(10.53)和(10.54),可见只需解方程(10.99)和(10.100)就可以了．代数方程(10.100)有两对共轭复根[$p(3)$,$p(9)$]和[$p(6)$,$p(12)$]．求解结果是

$$
p(3)=\sqrt{\frac{s_1+s_2}{2c_{44}K_4}}\,i,\; p(6)=\sqrt{\frac{s_1-s_2}{2c_{44}K_4}}\,i,
\tag{10.101}
$$

式中

$$
\begin{aligned}
s_1&=c_{66}K_4+c_{44}K_1,\\
s_2^2&=(c_{66}K_4-c_{44}K_1)^2+4c_{44}K_4R^2.
\end{aligned}
\tag{10.102}
$$

如果我们任意选取 $A^3(3)=A^3(6)=1$,则由式(10.99)可得到

$$
\begin{aligned}
A^6(3)&=-\frac{2c_{44}R}{c_{44}K_1-c_{66}K_4-s_2},\\
A^6(6)&=-\frac{2c_{44}R}{c_{44}K_1-c_{66}K_4+s_2}.
\end{aligned}
\tag{10.103}
$$

将式(10.101)和(10.103)代入式(10.57)和式(10.54),并考虑到 $n=3,6$ 以及 $b_3=b_3^{\|}$,$b_6=b_3^{\perp}$,通过计算可定出常数 $D(3)$和 $D(6)$,即

$$
\begin{aligned}
D(3)&=\frac{s_2-s_1+2c_{66}K_4}{2s_2}b_3^{\|}+\frac{K_4R}{s_2}b_3^{\perp},\\
D(6)&=\frac{s_2+s_1-2c_{66}K_4}{2s_2}b_3^{\|}-\frac{K_4R}{s_2}b_3^{\perp}.
\end{aligned}
\tag{10.104}
$$

将这些结果代入式(10.55)和式(10.57)就可以最后计算出该位错线的弹性场.

弹性位移场

$$
\begin{aligned}
V_3 &= u_3(\boldsymbol{r}) \\
&= \frac{1}{4\pi s_2}\left\{\left[s_2 - s_1 + 2c_{66}K_4\right]b_3^{\|} + 2K_4Rb_3^{\perp}\right]\arctan\left(\sqrt{\frac{s_1+s_2}{2c_{44}K_4}}\frac{x_2}{x_1}\right) \\
&\quad + \left[(s_2 + s_1 - 2c_{66}K_4)b_3^{\|} - 2K_4Rb_3^{\perp}\right]\arctan\left(\sqrt{\frac{s_1-s_2}{2c_{44}K_4}}\frac{x_2}{x_1}\right)\right\},
\end{aligned}
$$

$$
\begin{aligned}
V_6 &= w_3(\boldsymbol{r}) \\
&= -\frac{c_{44}R}{2\pi s_2}\left[\left(-b_3^{\|} + \frac{2K_4R}{s_1 - s_2 - 2c_{66}K_4}b_3^{\perp}\right)\arctan\left(\sqrt{\frac{s_1+s_2}{2c_{44}K_4}}\frac{x_2}{x_1}\right)\right. \\
&\quad \left. + \left(b_3^{\|} - \frac{2K_4R}{s_1 + s_2 - 2c_{66}K_4}b_3^{\perp}\right)\arctan\left(\sqrt{\frac{s_1-s_2}{2c_{44}K_4}}\frac{x_2}{x_1}\right)\right].
\end{aligned}
\tag{10.105}
$$

作为检验,若令 $K_1 = K_4 = 0, R = 0$,则可通过求极限手续,证明上列结果与六角晶体中相应位错的位移场一致.

应力场

$$
\begin{aligned}
T_{13} &= T_{31} \\
&= \frac{c_{66}(s_1 - s_2 - 2c_{66}K_4) - 2c_{44}R^2}{4\pi s_2(s_1 - s_2 - 2c_{66}K_4)} \\
&\quad \times \left[(s_1 - s_2 - 2c_{66}K_4)b_3^{\|} - 2K_4Rb_3^{\perp}\right] \\
&\quad \times \frac{\sqrt{2c_{44}K_4(s_1+s_2)}\,x_2}{2c_{44}K_4x_1^2 + (s_1+s_2)x_2^2} + \frac{c_{66}(s_1 + s_2 - 2c_{66}K_4) - 2c_{44}R^2}{4\pi s_2(s_1 + s_2 - 2c_{66}K_4)} \\
&\quad \times \left[-(s_2 + s_1 - 2c_{66}K_4)b_3^{\|} + 2K_4Rb_3^{\perp}\right]\frac{\sqrt{2c_{44}K_4(s_1-s_2)}\,x_2}{2c_{44}K_4x_1^2 + (s_1-s_2)x_2^2},
\end{aligned}
$$

$$
\begin{aligned}
T_{23} &= T_{32} \\
&= \frac{c_{44}}{4\pi s_2}\left\{\left[(s_2 - s_1 + 2c_{66}K_4)b_3^{\|} + 2K_4Rb_3^{\perp}\right]\right.
\end{aligned}
$$

$$\times \frac{\sqrt{2c_{44}K_4(s_1+s_2)}\,x_1}{2c_{44}K_4x_1^2+(s_1+s_2)x_2^2}$$
$$+\left[(s_2+s_1-2c_{66}K_4)b_3^{\|}-2K_4Rb_3^{\perp}\right]$$
$$\left.\frac{\sqrt{2c_{44}K_4(s_1-s_2)}\,x_2}{2c_{44}K_4x_1^2+(s_1-s_2)x_2^2}\right\}.$$
$$(10.106)$$

其他的 $T_{11}=T_{22}=T_{33}=T_{12}=T_{21}=0$.

$$H_{13}=\frac{R(s_2-s_1+2c_{66}K_4-2c_{44}K_2)}{4\pi s_2(s_1-s_2-2c_{66}K_4)}$$
$$\times\left[(s_1-s_2-2c_{66}K_4)b_3^{\|}-2K_4Rb_3^{\perp}\right]$$
$$\times\frac{\sqrt{2c_{44}K_4(s_1+s_2)}\,x_2}{2c_{44}K_4x_1^2+(s_1+s_2)x_2^2}$$
$$+\frac{R(s_2+s_1-2c_{66}K_4+2c_{44}K_2)}{4\pi s_2(s_1+s_2-2c_{66}K_4)}$$
$$\times\left[(s_1+s_2-2c_{66}K_4)b_3^{\|}-2K_4Rb_3^{\perp}\right]$$
$$\times\frac{\sqrt{2c_{44}K_4(s_1-s_2)}\,x_2}{2c_{44}K_4x_1^2+(s_1-s_2)x_2^2},$$

$$H_{31}=\frac{R(s_1+s_2)}{4\pi s_2}\left(-b_3^{\|}+\frac{2K_4R}{s_1-s_2-2c_{66}K_4}b_3^{\perp}\right)$$
$$\times\frac{\sqrt{2c_{44}K_4(s_1+s_2)}\,x_2}{2c_{44}K_4x_1^2+(s_1+s_2)x_2^2}$$
$$+\frac{R(s_1-s_2)}{4\pi s_2}\left(b_3^{\|}-\frac{2K_4R}{s_1+s_2-2c_{66}K_4}b_3^{\perp}\right)$$
$$\times\frac{\sqrt{2c_{44}K_4(s_1-s_2)}\,x_2}{2c_{44}K_4x_1^2+(s_1-s_2)x_2^2},$$

$$H_{32}=\frac{c_{44}K_4R}{2\pi s^2}\left\{\left(b_3^{\|}-\frac{2K_4R}{s_1-s_2-2c_{66}K_4}b_3^{\perp}\right)\frac{\sqrt{2c_{44}K_4(s_1+s_2)}\,x_1}{2c_{44}K_4x_1^2+(s_1-s_2)x_2^2}\right.$$

$$+\left(-b_3^{\parallel}+\frac{2K_4R}{s_1+s_2-2c_{66}K_4}b_3^{\perp}\right)\frac{\sqrt{2c_{44}K_4(s_1+s_2)}\,x_1}{2c_{44}K_4x_1^2+(s_1-s_2)x_2^2}\Bigg\},$$

(10.107)

其他的

$$H_{11}=H_{22}=H_{23}=H_{33}=H_{12}=H_{21}=0.$$

对数前能量因子

$$\begin{aligned}kb^2 &= -\frac{1}{2s_2}\sqrt{\frac{c_{44}}{2K_4}}\times\Big[\sqrt{s_1+s_2}(s_2-s_1+2c_{66}K_4)\\&\quad+\sqrt{s_1-s_2}(s_1+s_2-2c_{66}K_4)\Big]b_3^{\parallel 2}\\&\quad-\frac{\sqrt{2c_{44}K_4}}{s_2}R\left(\sqrt{s_1+s_2}-\sqrt{s_1-s_2}\right)b_3^{\parallel}b_3^{\perp}-\frac{2K_4^2R^2}{s_2}\sqrt{\frac{c_{44}}{2K_4}}\\&\quad\times\left[\frac{\sqrt{s_1-s_2}}{s_1+s_2-2c_{66}K_4}-\frac{\sqrt{s_1+s_2}}{s_1-s_2-2c_{66}K_4}\right]b_3^{\perp 2}.\end{aligned}$$

(10.108)

§10.6 准晶中的面缺陷——层错、小角晶界、孪晶、反相畴壁、公度错

中国科学院物理研究所张泽院士与德国 Juelich 研究中心 Urban 教授准晶研究小组，率先在 ALCoCu 十次准晶中观察到层错[见 Zhang, et al.,(1989)].

武汉大学准晶研究组系统地鉴定了 AlCoNi 十次准晶中的层错. 戴明星等(Dai, et al., 1991)和王仁卉等(1992)率先鉴定出两类层错，这两类的层错面法线方向都平行于十次准晶的某支二次轴 $A2P$. 其中第二类层错的位移矢量 $\boldsymbol{R}2$ 平行于在层错面上的某支二次轴 $A2D$. Yan, Wang(1992d, 1993b)运用透射电镜系统地观察了经受高温冲击压缩形变之后快速冷却的 AlCoNi 十次准晶试样，发现大部分区域内或者是密集的层错，或者是密集的位错. 其中层错面的法线方向平行于十次轴 $A10$，其位移矢量 $\boldsymbol{R}3$ 平行

于在层错面上的某支二次轴 $A2D$.

王仁卉等(Wang, et al., 1998b; Wang, et al., 2000)在研究 AlPdMn 二十面体准晶高温塑性形变微观机制时,也在经受高温冲击压缩形变之后快冷的试样中观察到密集的层错的条纹状衬度. 采用配有高温双倾台的超高压电镜一边升高温度,一边观察选定的层错的条纹衬度. 发现,在温度从室温上升到大约 650℃ 的过程中,层错的衬度几乎没有什么可察觉的变化. 在温度继续升高到 700℃ 的过程中,观察到层错的条纹衬度逐渐模糊,5 分钟后条纹衬度完全消失,同时其边界位错的衬度变得更明锐. 另一方面,在经受过塑性形变之后较为缓慢地冷却到室温的试样中,仅在个别试样内观察到层错. 细致的分析表明,这样的试样中的层错,已经不是面缺陷,而是有一定的厚度(约 5nm 厚),介观上的位移矢量沿着层错面的法线方向.

基于这些实验观察,王仁卉等提出了准晶单晶高温塑性形变的位错-层错机制如下:在准晶的 Schmid 因子较大的原子密排面上的位错线,当在外力作用下运动时,其声子型分量首先运动,在其后留下一个相位子型层错. 由于准晶的原子团内原子之间的键合力很强,相位子型层错的能量密度很大,导致准晶中位错运动的临界应力非常高,以至在室温或不太高的温度之下,准晶都是脆性的. 高温的热激活帮助运动着的位错攀移,绕开强键而切割弱键. 高温下的剧烈的原子扩散使得运动位错留下的相位子型层错变宽,以至于消失. 当然,扩散蠕变,准晶多晶中的晶界滑移,孪生,甚至马氏体相变过程中的切变等机制,在一定的条件下,特别是在准晶多晶试样中,也会对准晶高温塑性形变有一定的贡献.

值得注意的是:在衍衬像上显示条纹衬度的并不一定就是层错. 例如,德国 Juelich 研究中心 Urban 教授准晶研究小组(Wollgarten, et al., 1993b)在 $Al_{72.5}Pd_{17.1}Mn_{10.4}$ 合金中鉴定出从 AlPdMn 二十面体准晶基体中析出的、成分为 $Al_{69}Pd_{11}Mn_{20}$ 的、非常薄的十次准晶片. 采用衍衬成像技术,则显示类似层错的条纹衬度. 又例如,杨湘秀等(yang, et al., 1994)在 AlCuFe 二十面体准晶中鉴定出一种面缺陷，其惯习面法线方向和有效位移矢量都平行于五次轴．这很有可能是 AlCuFe 二十面体准晶析出的具有五次对称的近似相 $P1$ 相，见本书表 1.8 和图 1.3．

鄢炎发和王仁卉(Yan，Wang，1992c；1993a；1993c．王仁卉等，1992)系统地鉴定了 AlCoNi 十次准晶中的小角晶界．共发现了下列几种小角晶界：(1)Burgers 矢量平行于十次轴 $A10$ 的平行刃位错列构成的倾侧小角晶界．(2)Burgers 矢量平行于十次轴 $A10$ 的平行螺位错列构成的扭转小角晶界．(3)由两组平行螺位错列构成的扭转小角晶界．其中一列的 Burgers 矢量平行于十次轴 $A10$，另一列的 Burgers 矢量平行于二次轴 $A2D$．(4)由两组平行螺位错列构成的扭转小角晶界．其中一列的 Burgers 矢量平行于十次轴 $A10$，另一列的 Burgers 矢量平行于二次轴 $A2P$．

戴明星等(Dai，Urban，1993)在 AlCuFe 二十面体准晶中鉴定出大片的孪晶．后来，Shield 和 Kramer(1994)在经受了高温(708℃)蠕变的 AlCuFe 面心二十面体准晶多晶中鉴定出了孪晶．戴明星和 Urban(1993)，以及 Shield 和 Kramer(1994)这两组研究工作者鉴定出的孪晶的特征参数 $\boldsymbol{K}_1$，$\boldsymbol{K}_2$，η_1 和 η_2 都是一样的：都是复合孪晶．孪生面(第一个无畸变平面)的法线方向 $\boldsymbol{K}_1$，第二个无畸变平面的法线方向 $\boldsymbol{K}_2$，分别平行于一支五次轴 $A5$．在 $\boldsymbol{K}_1$ 平面内的切变方向 η_1，以及在 $\boldsymbol{K}_2$ 平面内的、而且垂直于 $\boldsymbol{K}_1$ 与 $\boldsymbol{K}_2$ 交线的 η_2 方向，分别平行于一支伪二次轴 $A2P$．

杨湘秀等(Yang，et al.，1995b)在室温用 120keV 的 Ar^+ 离子或在超高压透射电镜中用 1MeV 的高能电子对 AlCuFe 二十面体准晶辐照，发现以一定的剂量率辐照到一定的剂量后，二十面体准晶转变成 $B2$ 结构类型的相．当剂量率较高时，这些由二十面体准晶转变得来的 $B2$ 相形成微孪晶．较之二十面体准晶，$B2$ 结构的晶体的对称性要低一些，失去了五次旋转对称．这些失去的对称性将会变成 $B2$ 结构微孪晶之间的取向关系．

正如 2.5.3 节和 2.5.4 节所指出的，Al-Cu-TM 系(TM 代表过渡族金属，例如 Fe，Mn，Cr，Os，Ru 等)，Al-Pd-TM 系(TM 代表

Mn,Fe,Cr,Re 等),以及某些 Zn-Mg-RE 系(RE 代表 Dy,Ho 等稀土元素)的合金,在一定的条件下,由于原子在晶格中分布的有序化而变成点阵常数加倍的面心点阵. 在§3.1 讨论二十面体准晶的原子结构时我们已经指出:在三维物理空间内的二十面体准晶的原子结构可以描述为六维空间的超立方晶体被三维物理空间切割而得到. 如果六维空间的超立方晶体中的偶性指数的超立方体内的原子面与奇性指数的超立方体内的原子面不同,即原子在晶格中的分布发生有序化,如图 3.4 所示出的那样,就得到面心二十面体准晶. 对简单二十面体准晶而言,六维空间的超立方体的边长 a_{half}就是它的点阵常数. 但是,对面心二十面体准晶而言,它的点阵常数应该是 $a_0 = 2a_{half}$.

正点阵常数加倍导致倒易点阵常数减半,倒易点指数加倍. 图 2.17(a)和(b)分别是简单二十面体准晶和面心二十面体准晶的沿着某支二次轴 $A2_Z$ 的选区电子衍射花样示意图. 简单和面心二十面体准晶的衍射花样的主要差别在于沿五次轴 $A5$ 和三次轴 $A3$ 方向多出了一些由于有序化而产生的超衍射,如沿五次轴的 $F1,F2,F4$ 等,以及沿三次轴的 $T1,T2,T4,T5$ 等. 沿 $A5$ 方向,$A2_y$ 方向,$A3$ 方向的代表性的衍射斑点的指数列在表 2.1. 为了便于对比两种点阵之间的异同,表中一律按照简单二十面体点阵的点阵常数来指标化. 此时基于六维空间超立方晶体的衍射指数(表 2.1 第 3 栏和第 4 栏)中,半整数的指数是面心二十面体点阵所特有的超反射.

与晶体中的情况(参阅 Barrett, Massalski, 1966)类似,在有序的面心二十面体准晶中往往存在反相畴. 由于无序的简单二十面体准晶中上述偶性或奇性的超立方体是完全等同的,在有序化的成核过程中,某一个超立方体既可以有序化为偶性的,也可以有序化为奇性的. 这些面心二十面体准晶的核长大到互相接触时,将会:(1)融合成一个畴,如果这两个畴的偶性原子与奇性原子的分布相同;或者(2)生成位移矢量为 a_{half}<100000>的反相畴壁,如果这两个畴的偶性原子与奇性原子的分布不同.

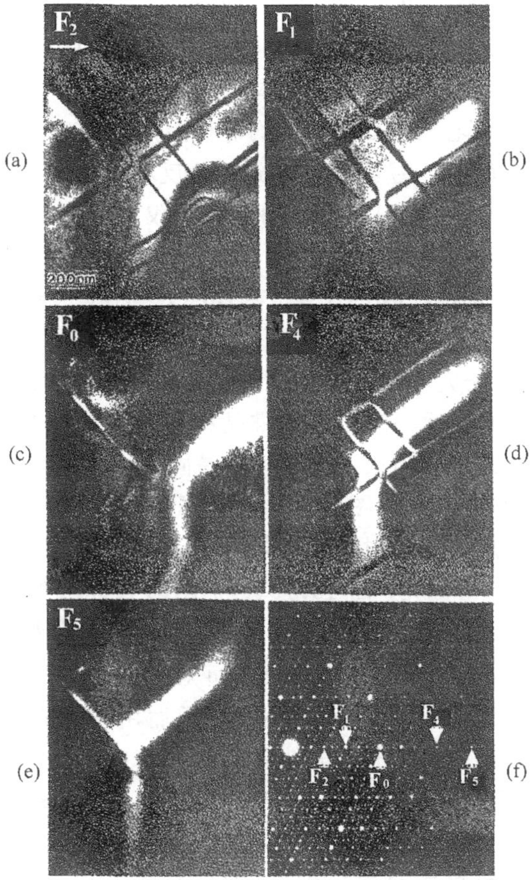

图 10.10 $Zn_{62.6}Mg_{28.3}Dy_{9.1}$面心二十面体准晶中的反相畴. (a)采用超反射 F_2 的对中暗场像；(b)采用超反射 F_1 的对中暗场像；(c)采用基本反射 F_0 的对中暗场像；(d)采用超反射 F_4 的对中暗场像；(e)采用基本反射 F_5 的对中暗场像；(f) $A2$ 带轴的选区电子衍射花样. 其中水平方向 $A5$ 轴上的标有 F_2，F_1，F_0，F_4，F_5 的衍射斑分别用于在图 10.10(a, b, c, d, e)中成像

反相畴壁不但可在不同的有序核长大到相接触时生成，还可

能由不全位错在有序化的面心二十面体准晶内扫过而生成. Burgers矢量为$a_{\text{half}}<100000>$的位错在简单二十面体准晶中是个全位错,但在有序的面心二十面体准晶中却是个不全位错. 这样的不全位错在面心二十面体准晶的滑移面内运动将会使得它扫过的面变成反相畴壁. 为了避免过分大的反相畴壁能,面心二十面体准晶中的不全位错可以是成对地运动,仅仅在这两条不全位错之间的区域是反相畴壁.

Devaud-Rzepski 等(1989b)率先在 AlCuFe 面心二十面体准晶中观察到反相畴壁.

德国 Juelich 研究中心准晶研究组(Heggen, et al., 2001)在研究 $Zn_{62.6}Mg_{28.3}Dy_{9.1}$面心二十面体准晶的形变机制的过程中,观察到反相畴壁. 图 10.10(a, b, c, d, e)是同一个区域采用不同的衍射所得到的对中暗场像,图 10.10(f)是从这一区域拍摄的以二次轴作为带轴的选区电子衍射花样. 这一衍射花样可按本书图 2.17(b)和表 2.1 指标化. 图 10.10(f)中用箭头标出的 F_2, F_1, F_0, F_4, F_5 共五个衍射斑点正好就是图 2.17(b)中沿着 $A5$ 方向所标出的同名称的 5 个点. 观察表 2.1 可知其中 F_2, F_1, F_4 这 3 个衍射斑是面心二十面体准晶所特有的,因而用它们成的暗场像中反相畴壁显示很好的衬度,分别见图 10.10(a, b, d). 而其中 F_0 和 F_5 两个衍射斑则是如图 2.17(a)中所描绘的,简单二十面体准晶和面心二十面体准晶都具有的基本的反射,因而用它们成的暗场像中反相畴壁不显示衬度,分别见图 10.10(c)和(f). 同样,如果选取 T_2, T_1, T_4, T_5 中的任一个面心二十面体准晶所特有的衍射斑成对中暗场像,反相畴壁也显示很好的衬度.

将实验拍摄的或理论计算出的 $Zn_{62.6}Mg_{28.3}Dy_{9.1}$面心二十面体准晶的高分辨电子显微像进行 Fourier 变换. 然后选取其中的某个倒易点进行逆 Fourier 变换,就会得到对应于这个倒易点的点阵条纹像. 即:条纹的方向垂直于所选的倒易矢,条纹的间距等于所选的倒易矢的长度的倒数,即该倒易矢所对应的点阵平面的面间距. 如果选取面心二十面体准晶所特有的倒易点进行逆 Fourier

变换,则所得到的条纹在跨过反相畴壁时会发生偏折. 如果选取基本的倒易点进行逆 Fourier 变换,则所得到的条纹在跨过反相畴壁时没有变化,就好像没有反相畴壁存在.

郭可信院士准晶研究组姜节超等(Jiang, et al., 1991, 1992)系统地观察了 Mn-Si-Al 和 Mo-Cr-Ni 八次准晶中的取向畴和公度错. 他们发现 Mn-Si-Al 和 Mo-Cr-Ni 八次准晶的选取电子衍射花样中的衍射斑点可以区分成四类: O 类, X 类, Y 类和 Z 类. 其中 O 类衍射斑具有八次对称,而且,把 X 类衍射斑绕着八次轴旋转 45°,就得到 Y 类衍射斑. 如果选用 O 类衍射斑对同样的区域成暗场像,则观察不到畴壁的衬度. 如果选用 X, Y 或 Z 类衍射斑成暗场像,则观察到畴壁. 与上文讨论的 Zn-Mg-Dy 面心二十面体准晶中的畴壁不同的是,在 MnSiAl 八次准晶中往往观察到四条线或者八条线相交于一点的情况,这对应于 4 个或者 8 个畴壁相交于一条线. 通常称这种情况下的畴壁为公度错(discommensuration),称这些公度错的端点,即它们的交线为公度错位错线. 经过分析,姜节超等认为这是由于八次准晶中的原子发生了有序化而变成了对称性较低的,比如说,仅具有四次对称的畴. 相邻的畴之间则具有有序化过程中失去的对称性,即八次旋转(旋转 45°). Mo-Cr-Ni 八次准晶是有相位子型应变的,其中的公度错的结构更为复杂.

参 考 文 献

丁棣华,王仁卉,杨文革,胡承正. 武汉大学学报(自然科学版), 1994(5): 59~64

丁棣华, 王仁卉,杨文革,胡承正. 物理学进展, 1998(18): 223~260

王仁卉,鄢炎发,戴明星. 武汉大学学报(自然科学版), 1992(2): 35~41

王仁卉,冯江林,鄢炎发,戴明星. 武汉大学学报(自然科学版), 1993(6): 25~30

王仁卉. 电子显微学报, 1996(15): 230~239

朱 静,叶恒强,王仁卉,温树林,康振川. 高空间分辨分析电子显微学. 北京:科学出版社, 1987. 97~169

Bacon D J, Barnett D M, Scattergood R O. Progr Mater Sci, 1978(23):51

Baluc N, Yu D.P, Kleman M. Phil Mag Lett, 1995(72):1

Barrett C S, Massalski T B. Structure of Metals. New York: McGraw-Hill, 1966. 297~302

Bohsung J & Trebin H R. in: Introduction to Mathematics of Quasicrystals. Jaric M. V. ed. London: Academic Press, 1989

Chen C H, Remeika J P, Espinosa G P, Cooper A S. Phys Rev B, 1987(35): 7737

Cheng Y F, Wang, R H. Phys Stat Sol B, 1989(152): 33～37

Cherns D, Preston A R. In: Proc 14th Int Congress on Electron Microscopy (ICEM-14) Volume Ⅲ. Tokyo. 1986. 721

Dai M X, Wang R H. Solid State Commun, 1990(73):77～80

Dai M X, Wang R H, Gui J N, Yan Y F. Phil Mag Lett, 1991(64):21～27

Dai M X, Urban K. Phil Mag Lett, 1993(67): 67

Dai M X and Wang R H. Defect and Diffusion Forum, 1995(125～126): 19～36

Devaud-Rzepski J, Cornier-Quiquandon M, Gratias D. in: Yacaman M J et al eds. Proc 3rd Intern Conf on Quasicrystals. Singapore: Word Scientific, 1989. 498

Devaud-Rzepski J, Quivy A, Calvayrac Y, Cornier-Quiquandon M, Gratias D. Phil Mag B, 1989(60):855

Ding D H, Yang W G, Hu C Z, Wang R H. Mater Sci Forum, 1994(150～151): 345～354

Ding D H, Wang R H, Yang W G, Hu C Z. J Phys:Condens Matter, 1995a(7): 5423～5436

Ding D H, Qin Y L, Wang R H , Hu C Z, Yang W G. Acta Phys Sinica (Overseas Edition), 1995b(4): 816～824

Ding D H, Wang R H, Yang W G, Hu C Z. ,Qin Y L. Phil Mag Lett, 1995c(72): 353～359

Eshelby J D, Read W T, Shockley W. Acta Met, 1953(1): 251

Feng J L, Dai M X, Wang R H, Zou H M. J Phys:Condens Matter, 1992(4): 9247～9254

Feng J L, Wang R H, and Wang Z G. Phil Mag Lett, 1993(68): 321～326

Feng J L, Zou H M, Wang R H, Yan Y F, Dai M X. Acta Cryst A, 1994(50): 27～32

Feng J L and Wang R H. Phil Mag A, 1994b(69): 981～994

Feng J L, and Wang R H. Phil Mag Lett, 1994c(69): 309～315

Feng J L, and Wang R H. J Phys: Condens Matter, 1994d(6): 6437～6446

Feng J L, Wang R H, and Dai M X. J Mater Res, 1995(10):2742～2748

Head A K, Humble P, Clarebrough L M, Morton A J, Forwood C T. Computed electron micrographs and defect identification. Amsterdam: Elsevier, 1973

Heggen M, Feuerbacher M, Schall P, Urban K, Wang R H. Phys Rev B, 2001(64): 014202.1～6

Hiraga K and Hirabayashi M. Jpn J Appl Phys, 1987(26): L155; Mater Sci Forum, 1987 (22～24): 45

Hirsch P, Howie A, Nicholson R B, Pashley D W, Whelan M J. Electron Microscopy of Thin Crystals. Huntington:Robert E Krieger, 1977

Hirth J P, Lothe J. Theory of Dislocations. New York: McGraw-Hill, 1968

Hu C Z, Wang R H, Ding D H. Rep Prog Phys, 2000(63):1~39

Inoue A, Yokoyama Y, Masumoto T. Mater Sci Eng A, 1994(181~182): 850

Jiang J C, Wang N, Fung K K, Kuo K H. Phys Rev Lett, 1991(67): 1302

Jiang J C, Fung K K, Kuo K H. Phys Rev Lett, 1992(68): 616

Kleman M and Sommers C. Acta Met Mater, 1991(39): 287

Kuo K H, Wang R H. In: Kuo K H, Zhai Z H eds. Electron Microscopy I, 5th Asia-Pacific Electron Microscopy Conference (5APEM) Singapore: World Scientific, 1992. 22~27

Levine D, Lubensky T C, Ostlund S, Ramawamy S, Steinhardt P J &Toner J. Phys Rev Lett, 1985(54): 1520

Lubensky T C, Ramawamy S, and Toner J. Phys Rev B, 1985(32):7444

Mura T. Micromechanics of Defects in Solids. Dordrecht: Martinus Nijhoff Publ, 1987

Qin Y L, Wang R H, Ding D H, Lei J L. J Phys:Condens Matter, 1997(9): 859~872

Rosenfeld R, Feuerbacher M, Baufed B, et al. Phil Mag Lett, 1995(72): 375

Shield J E,Kramer M J. Phil Mag Lett, 1994(69): 115

Socolar J E S, Lubensky T C, and Steinhardt P J. Phys Rev B, 1986(34): 3345~3360

Steinhardt J,Ostlund S. The Physics of Quaisicystals, Singapore:World Scientific, 1987

Stroh A N. J Math Phys, 1962(41): 77

Stroh A N. Phil Mag, 1958(3): 625

Urban K, Wollgarten M, Gratias D, Zhang Z. J Non-crystalline Solids, 1993(153&154): 519

Wang D N, Ishimasa T, Nissen H U, Hovmoeller S. Mater Sci Forum, 1987(22~24): 381~396

Wang D N,Ishimasa T,Nissen H U,Hovmoeller S. Phil Mag A, 1988(58): 737

Wang J B, Gastaldi J, Wang R H. Chin Phys Lett, 2001(18):88~90

Wang R H, Cheng Y F. Mater Sci Forum, 1987(22~24): 409~420

Wang R H,Dai M X. Phil Mag Lett, 1990a(61):119~123

Wang R H, Wang Z G,(1990b) In:Kuo K H,Ninomiya T eds. Proceedings of China-Japan Seminars Quasicrystals Singapore: World Sci, TOKYO, 1989; BEIJING, 1990. 174~181

Wang R H, Dai M X. Phys Rev B, 1993a(47):15326~15329

Wang R H, Yan Y F, Kuo K H. J Non-crystalline Solids, 1993b(153&154): 103~107

Wang R H, Feng J L, Yan Y F, Dai M X. Mater Sci Forum, 1994a(150~151): 323~

Wang R H, Yang X X, Zou W H, Wang Z G, Gui J N, Jiang J H. J Phys: Condens Matter, 1994b(6): 9009~9016

Wang R H, Ding D H, Qin Y L, Yang W G, Hu C Z. In: Janot C, Mosseri R eds. Proc 5th Intern Conf on Quasicrystals. Singapore: World Sci, 1995. 294~297

Wang R H, Feuerbacher M, Wollgarten M and Urban K. Phil Mag A, 1998a(77): 523~540

Wang R H, Feurbacher M, Yang W G, Urban K. Phil Mag A, 1998b(78): 273~284

Wang R H. Micron, 2000(31): 475~486

Wang R H, Yang W G, Gui J N, Urban K. Mater Sci Eng A, 2000(294~296): 742~747

Wang R H, Hu C Z. Dislocations in Quasicrystals. In: Westbrook J H, Fleischer R L eds. Intermetallic Compounds-Principles and Practice, Vol. 3, Progress. West Sussex: John Wiley & Sons, 2002. 379~402

Wang R H, Zou H M. In: Shi D L ed. Advances in Materials Science and Applications, Chapter 11. Beijing: Tsinghua University Press, 2002

Wang Z G, Wang R H, Deng W F. Phys Rev Lett, 1991(66): 2124~2127

Wang Z G, Wang R H. In: Kuo K H, Zhai Z H eds. Electron Microscopy I, 5th Asia-Pacific Electron Microscopy Conference (5APEM). Singapore: World Scientific, 1992. 514~515

Wang Z G, Wang R H. J Phys: Condens Matter, 1993d(5): 2935~2946

Wang Z G, Dai M X, and Wang, R H. Phil Mag Lett, 1994c(69): 291~296

Wang Z G, Wang R H and Feng J L. Phil Mag A, 1994d(70): 577~590

Wollgarten M, Gratias D, Zhang Z, Urban K. Phil Mag A, 1991(64): 819

Wollgarten M, Zhang Z, Urban K. Phil Mag Lett, 1992(65): 1

Wollgarten M, Beyss M, Urban K et al. Phys Rev Lett, 1993a(71): 549~552

Wollgarten M, Lakner H, Urban K. J Non-crystalline Solids, 1993b(153&154): 108

Wollgarten M, Rosenfeld R, Feuerbacher M et al. in: Proc 5th Intern Conf on Quasicrystals. Eds. C Janot and R Mosseri. Singapore: World Sci, 1995: 279~286

Yan Y F, Wang R H, Gui J N, Dai M X, He L X. Phil Mag Lett, 1992a(65): 33~41

Yan Y F, Wang R H, Feng J L. Phil Mag Lett, 1992b(66): 197~201

Yan Y F, Wang R H. Phil Mag Lett, 1992c(66): 253~258

Yan Y F, Wang R H. J Phys: Condens Matter, 1992d(4): L533~L536

Yan Y F, Wang R H, J Mater Res, 1993a(8): 286~290

Yan Y F, Wang R H. Phil Mag Lett, 1993b(67): 51~57

Yan Y F, Wang R H. J Mater Sci Lett, 1993c(12): 811~813

Yan Y F, Wang R H. J Phys:Condens Matter, 1993d(5): L195～200

Yan Y F, Wang R H. Phil Mag A, 1993e(68): 1033～1038

Yan Y F, Wang R H, Gui J N, Dai M X. Acta Cryst B, 1993f(49): 435～443

Yan Y F, Wang Q L, Wang R H, Zhang Z, Kleman M. Phil Mag Lett, 1994a(70): 281～286

Yan Y F, Zhang Z,. Wang R H. Phil Mag Lett, 1994b(69):123～130

Yang W G, Lei J L, Ding D H, Wang R H, Hu C Z. Phys Lett A, 1995(200): 177～183

Yang W G, Tamura N, Feuerbacher M, Ding D H, Wang R H, Urban K. In: Takeuchi S, Fujiwara T eds. Proc 6th Int Conf on Quasicrystals. Singapore: World Scientific, 1997. 433～436

Yang W G, Feuerbacher M, Tamura N, Ding D H, Wang R H, Urban K. Phil Mag A, 1998(77): 1481～1497

Yang W G, Wang R H, Feuerbacher M, Schall P, and Urban K. Phil Mag Lett, 2000(80): 281～288

Yang X X, Wang Z G, Wang R H. Phil Mag Lett, 1994(69): 15～22

Yang X X, Wang R H, Takahashi H, Ohnuki S. Phys Stat Sol A, 1995b(152): 341～353

Yu D.P, Staiger W, & Kleman M. Phil Mag Lett, 1992(65): 189

Yu D.P, Baluc N. & Kleman M. Defect and Diffusion Forum, 1997(141～142): 65

Zhang, Urban K. Phil Mag Lett, 1989(60): 97

Zhang Z, Wollgarten M, Urban K. Phil Mag Lett, 1990(61): 125

Zhang Z, Yan Y F, Zhang H, Wang R H. Mater Sci Forum, 1994(150～151): 335～344

Zou W H, Wang R H, Gui J N, Zhao J Y, Jiang J H. J Appl Cryst, 1994(27): 13～19

附 录 A

表 A.1 一维准晶的点群、Laue 类和独立弹性常数个数

晶系	Laue 类序数	点　群	N_C	N_K	N_R	总和
三斜	1	$1, \bar{1}$	21	6	18	45
单斜	2	$2, m_h, 2/m_h$	13	4	8	25
	3	$2_h, m, 2_h/m$	13	4	10	27
正交	4	$2_h2_h2, mm2, 2_hmm_h, mmm_h$	9	3	5	17
四方	5	$4, \bar{4}, 4/m_h$	7	2	4	13
	6	$42_h2_h, 4mm, \bar{4}2_hm, 4/m_hmm$	6	2	3	11
三角	7	$3, \bar{3}$	7	2	6	15
	8	$32_h, 3m, \bar{3}m$	6	2	4	12
六角	9	$6, \bar{6}, 6/m_h$	5	2	4	11
	10	$62_h2_h, 6mm, \bar{6}m2_h, 6/m_hmm$	5	2	3	10

表 A.2 二维准晶的点群、Laue 类和独立弹性常数个数

晶系	Laue 类序数	点　群	N_C	N_K	N_R	总和
三斜	1	$1, \bar{1}$	21	21	36	78
单斜	2	$2, m, 2/m$	13	13	20	46
	3	$12, 1m, 12/m$	13	12	18	43
正交	4	$2mm, 222, mmm, mm2$	9	8	10	27
四方	5	$4, \bar{4}, 4/m$	7	7	10	24
	6	$4mm, 422, \bar{4}m2, 4/mmm$	6	5	5	16
三角	7	$3, \bar{3}$	7	7	12	26

续表

晶系	Laue 类序数	点群	N_C	N_K	N_R	总和
	8	$3m$, 32, $\bar{3}m$	6	5	6	17
六角	9	6, $\bar{6}$, $6/m$	5	5	8	18
	10	$6mm$, 622, $\bar{6}m2$, $6/mmm$	5	4	4	13
五角	11	5, $\bar{5}$	5	5	6	16
	12	$5m$, 52, $\bar{5}m$	5	4	3	12
十角	13	10, $\overline{10}$, $10/m$	5	3	2	10
	14	$10mm$, 1022, $\overline{10}m2$, $10/mmm$	5	3	1	9
八角	15	8, $\bar{8}$, $8/m$	5	5	2	12
	16	$8mm$, 822, $\bar{8}m2$, $8/mmm$	5	4	1	10
十二角	17	12, $\overline{12}$, $12/m$	5	5	0	10
	18	$12mm$, 1222, $\overline{12}m2$, $12/mmm$	5	4	0	9

附录 B　非晶体学对称的二维准晶点群的特征标表

（表中 α 为 n 次旋转，α'为二次旋转，β 为镜面映射）

$C_5(5)$（ρ 为五次单位原根，$\rho^5=1$. 下同）

	ε	α	α^2	α^3	α^4
Γ_1	1	1	1	1	1
Γ_2	1	ρ	ρ^2	ρ^{-2}	ρ^{-1}
	1	ρ^{-1}	ρ^{-2}	ρ^2	ρ
Γ_3	1	ρ^2	ρ^{-1}	ρ	ρ^{-2}
	1	ρ^{-2}	ρ	ρ^{-1}	ρ^2

$C_{5i}(\bar{5})$

	ε	α	α^2	α^3	α^4	i	αi	$\alpha^2 i$	$\alpha^3 i$	$\alpha^4 i$
Γ_1	1	1	1	1	1	1	1	1	1	1
Γ_2	1	1	1	1	1	-1	-1	-1	-1	-1
Γ_3	1	ρ	ρ^2	ρ^{-2}	ρ^{-1}	1	ρ	ρ^2	ρ^{-2}	ρ^{-1}
	1	ρ^{-1}	ρ^{-2}	ρ^2	ρ	1	ρ^{-1}	ρ^{-2}	ρ^2	ρ
Γ_4	1	ρ^2	ρ^{-1}	ρ	ρ^{-2}	1	ρ^2	ρ^{-1}	ρ	ρ^{-2}
	1	ρ^{-2}	ρ	ρ^{-1}	ρ^2	1	ρ^{-2}	ρ	ρ^{-1}	ρ^2
Γ_5	1	ρ	ρ^2	ρ^{-2}	ρ^{-1}	-1	$-\rho$	$-\rho^2$	$-\rho^{-2}$	$-\rho^{-1}$
	1	ρ^{-1}	ρ^{-2}	ρ^2	ρ	-1	$-\rho^{-1}$	$-\rho^{-2}$	$-\rho^2$	$-\rho$
Γ_6	1	ρ^2	ρ^{-1}	ρ	ρ^{-2}	-1	$-\rho^2$	$-\rho^{-1}$	$-\rho$	$-\rho^{-2}$
	1	ρ^{-2}	ρ	ρ^{-1}	ρ^2	-1	$-\rho^{-2}$	$-\rho$	$-\rho^{-1}$	$-\rho^2$

$C_{5v}(5m)$

	ε	2α	$2\alpha^2$	5β
Γ_1	1	1	1	1
Γ_2	1	1	1	-1
Γ_3	2	$1/\tau$	$-\tau$	0
Γ_4	2	$-\tau$	$1/\tau$	0

$D_5(52)$

	ε	2α	$2\alpha^2$	$5\alpha'$
Γ_1	1	1	1	1
Γ_2	1	1	1	-1
Γ_3	2	$1/\tau$	$-\tau$	0
Γ_4	2	$-\tau$	$1/\tau$	0

$D_{5d}\left(\bar{5}\frac{2}{m}\right)$

	ε	2α	$2\alpha^2$	$5\alpha'$	i	$2\alpha i$	$2\alpha^2 i$	5β
Γ_1	1	1	1	1	1	1	1	1
Γ_2	1	1	1	-1	1	1	1	-1
Γ_3	1	1	1	1	-1	-1	-1	-1
Γ_4	1	1	1	-1	-1	-1	-1	1
Γ_5	2	$1/\tau$	$-\tau$	0	2	$1/\tau$	$-\tau$	0
Γ_6	2	$-\tau$	$1/\tau$	0	2	$-\tau$	$1/\tau$	0
Γ_7	2	$1/\tau$	$-\tau$	0	-2	$-1/\tau$	τ	0
Γ_8	2	$-\tau$	$1/\tau$	0	-2	τ	$-1/\tau$	0

$C_{10}(10)$

	ε	α	α^2	α^3	α^4	α^5	α^6	α^7	α^8	α^9
Γ_1	1	1	1	1	1	1	1	1	1	1
Γ_2	1	-1	1	-1	1	-1	1	-1	1	-1
Γ_3	1	$-\rho^2$	ρ^{-1}	ρ	ρ^{-2}	-1	ρ^2	$-\rho^{-1}$	ρ	$-\rho^{-2}$
	1	$-\rho^{-2}$	ρ	ρ^{-1}	ρ^2	-1	ρ^{-2}	$-\rho$	ρ^{-1}	$-\rho^2$
Γ_4	1	ρ	ρ^2	ρ^{-2}	ρ^{-1}	1	ρ	ρ^2	ρ^{-2}	ρ^{-1}
	1	ρ^{-1}	ρ^{-2}	ρ^2	ρ	1	ρ^{-1}	ρ^{-2}	ρ^2	ρ
Γ_5	1	$-\rho$	ρ^2	$-\rho^{-2}$	ρ^{-1}	-1	ρ	$-\rho^2$	ρ^{-2}	$-\rho^{-1}$
	1	$-\rho^{-1}$	ρ^{-2}	$-\rho^2$	ρ	-1	ρ^{-1}	$-\rho^{-2}$	ρ^2	$-\rho$
Γ_6	1	ρ^2	ρ^{-1}	ρ	ρ^{-2}	1	ρ^2	ρ^{-1}	ρ	ρ^{-2}
	1	ρ^{-2}	ρ	ρ^{-1}	ρ^2	1	ρ^{-2}	ρ	ρ^{-1}	ρ^2

$C_{5h}(\overline{10})$

	ε	α	α^2	α^3	α^4	β	$\alpha\beta$	$\alpha^2\beta$	$\alpha^3\beta$	$\alpha^4\beta$
Γ_1	1	1	1	1	1	1	1	1	1	1
Γ_2	1	1	1	1	1	-1	-1	-1	-1	-1
Γ_3	1	ρ	ρ^2	ρ^{-2}	ρ^{-1}	1	ρ	ρ^2	ρ^{-2}	ρ^{-1}
	1	ρ^{-1}	ρ^{-2}	ρ^2	ρ	1	ρ^{-1}	ρ^{-2}	ρ^2	ρ
Γ_4	1	ρ^2	ρ^{-1}	ρ	ρ^{-2}	1	ρ^2	ρ^{-1}	ρ	ρ^{-2}
	1	ρ^{-2}	ρ	ρ^{-1}	ρ^2	1	ρ^{-2}	ρ	ρ^{-1}	ρ^2
Γ_5	1	ρ	ρ^2	ρ^{-2}	ρ^{-1}	-1	$-\rho$	$-\rho^2$	$-\rho^{-2}$	$-\rho^{-1}$
	1	ρ^{-1}	ρ^{-2}	ρ^2	ρ	-1	$-\rho^{-1}$	$-\rho^{-2}$	$-\rho^2$	$-\rho$
Γ_6	1	ρ^2	ρ^{-1}	ρ	ρ^{-2}	-1	$-\rho^2$	$-\rho^{-1}$	$-\rho$	$-\rho^{-2}$
	1	ρ^{-2}	ρ	ρ^{-1}	ρ^2	-1	$-\rho^{-2}$	$-\rho$	$-\rho^{-1}$	$-\rho^2$

$C_{10h}\left(\frac{\mathbf{10}}{m}\right)$

	ε	α	α^2	α^3	α^4	α^5	α^6	α^7	α^8	α^9	β	$\alpha\beta$	$\alpha^2\beta$	$\alpha^3\beta$	$\alpha^4\beta$	$\alpha^5\beta$	$\alpha^6\beta$	$\alpha^7\beta$	$\alpha^8\beta$	$\alpha^9\beta$
Γ_1	1	1	1	1	1	1	1	1	1	1	1	1	1	1	1	1	1	1	1	1
Γ_2	1	-1	1	-1	1	-1	1	-1	1	-1	1	-1	1	-1	1	-1	1	-1	1	-1
Γ_3	1	1	1	1	1	1	1	1	1	1	-1	-1	-1	-1	-1	-1	-1	-1	-1	-1
Γ_4	1	-1	1	-1	1	-1	1	-1	1	-1	-1	1	-1	1	-1	1	-1	1	-1	1
Γ_5	1	$-\rho^2$	ρ^{-1}	$-\rho$	ρ^{-2}	-1	ρ^2	$-\rho^{-1}$	ρ	$-\rho^{-2}$	1	$-\rho^2$	ρ^{-1}	$-\rho$	ρ^{-2}	-1	ρ^2	$-\rho^{-1}$	ρ	$-\rho^{-2}$
	1	$-\rho^{-2}$	ρ	$-\rho^{-1}$	ρ^2	-1	ρ^{-2}	$-\rho$	ρ^{-1}	$-\rho^2$	1	$-\rho^{-2}$	ρ	$-\rho^{-1}$	ρ^2	-1	ρ^{-2}	$-\rho$	ρ^{-1}	$-\rho^2$
Γ_6	1	$-\rho^2$	ρ^{-1}	$-\rho$	ρ^{-2}	-1	ρ^2	$-\rho^{-1}$	ρ	$-\rho^{-2}$	-1	ρ^2	$-\rho^{-1}$	ρ	$-\rho^{-2}$	1	$-\rho^2$	ρ^{-1}	$-\rho$	ρ^{-2}
	1	$-\rho^{-2}$	ρ	$-\rho^{-1}$	ρ^2	-1	ρ^{-2}	$-\rho$	ρ^{-1}	$-\rho^2$	-1	ρ^{-2}	$-\rho$	ρ^{-1}	$-\rho^2$	1	$-\rho^{-2}$	ρ	$-\rho^{-1}$	ρ^2
Γ_7	1	ρ	ρ^2	ρ^{-2}	ρ^{-1}	1	ρ	ρ^2	ρ^{-2}	ρ^{-1}	1	ρ	ρ^2	ρ^{-2}	ρ^{-1}	1	ρ	ρ^2	ρ^{-2}	ρ^{-1}
	1	ρ^{-1}	ρ^{-2}	ρ^2	ρ	1	ρ^{-1}	ρ^{-2}	ρ^2	ρ	1	ρ^{-1}	ρ^{-2}	ρ^2	ρ	1	ρ^{-1}	ρ^{-2}	ρ^2	ρ

续表

	ε	α	α^2	α^3	α^4	α^5	α^6	α^7	α^8	α^9	β	αβ	$\alpha^2\beta$	$\alpha^3\beta$	$\alpha^4\beta$	$\alpha^5\beta$	$\alpha^6\beta$	$\alpha^7\beta$	$\alpha^8\beta$	$\alpha^9\beta$
Γ_8	1	ρ	ρ^2	ρ^{-2}	ρ^{-1}	1	ρ	ρ^2	ρ^{-2}	ρ^{-1}	−1	$-\rho$	$-\rho^2$	$-\rho^{-2}$	$-\rho^{-1}$	−1	$-\rho$	$-\rho^2$	$-\rho^{-2}$	$-\rho^{-1}$
	1	ρ^{-1}	ρ^{-2}	ρ^2	ρ	1	ρ^{-1}	ρ^{-2}	ρ^2	ρ	−1	$-\rho^{-1}$	$-\rho^{-2}$	$-\rho^2$	$-\rho$	−1	$-\rho^{-1}$	$-\rho^{-2}$	$-\rho^2$	$-\rho$
Γ_9	1	$-\rho$	ρ^2	$-\rho^{-2}$	ρ^{-1}	−1	ρ	$-\rho^2$	ρ^{-2}	$-\rho^{-1}$	1	$-\rho$	ρ^2	$-\rho^{-2}$	ρ^{-1}	−1	ρ	$-\rho^2$	ρ^{-2}	$-\rho^{-1}$
	1	$-\rho^{-1}$	ρ^{-2}	$-\rho^2$	ρ	−1	ρ^{-1}	$-\rho^{-2}$	ρ^2	$-\rho$	1	$-\rho^{-1}$	ρ^{-2}	$-\rho^2$	ρ	−1	ρ^{-1}	$-\rho^{-2}$	ρ^2	$-\rho$
Γ_{10}	1	$-\rho$	ρ^2	$-\rho^{-2}$	ρ^{-1}	−1	ρ	$-\rho^2$	ρ^{-2}	$-\rho^{-1}$	−1	ρ	$-\rho^2$	ρ^{-2}	$-\rho^{-1}$	1	$-\rho$	ρ^2	$-\rho^{-2}$	ρ^{-1}
	1	$-\rho^{-1}$	ρ^{-2}	$-\rho^2$	ρ	−1	ρ^{-1}	$-\rho^{-2}$	ρ^2	$-\rho$	−1	ρ^{-1}	$-\rho^{-2}$	ρ^2	$-\rho$	1	$-\rho^{-1}$	ρ^{-2}	$-\rho^2$	ρ
Γ_{11}	1	ρ^2	ρ^{-1}	ρ	ρ^{-2}	1	ρ^2	ρ^{-1}	ρ	ρ^{-2}	1	ρ^2	ρ^{-1}	ρ	ρ^{-2}	1	ρ^2	ρ^{-1}	ρ	ρ^{-2}
	1	ρ^{-2}	ρ	ρ^{-1}	ρ^2	1	ρ^{-2}	ρ	ρ^{-1}	ρ^2	1	ρ^{-2}	ρ	ρ^{-1}	ρ^2	1	ρ^{-2}	ρ	ρ^{-1}	ρ^2
Γ_{12}	1	ρ^2	ρ^{-1}	ρ	ρ^{-2}	1	ρ^2	ρ^{-1}	ρ	ρ^{-2}	−1	$-\rho^2$	$-\rho^{-1}$	$-\rho$	$-\rho^{-2}$	−1	$-\rho^2$	$-\rho^{-1}$	$-\rho$	$-\rho^{-2}$
	1	ρ^{-2}	ρ	ρ^{-1}	ρ^2	1	ρ^{-2}	ρ	ρ^{-1}	ρ^2	−1	$-\rho^{-2}$	$-\rho$	$-\rho^{-1}$	$-\rho^2$	−1	$-\rho^{-2}$	$-\rho$	$-\rho^{-1}$	$-\rho^2$

$C_{10v}(10mm)$

	ε	2α	$2\alpha^2$	$2\alpha^3$	$2\alpha^4$	α^5	5β	$\alpha\beta$
Γ_1	1	1	1	1	1	1	1	1
Γ_2	1	1	1	1	1	1	-1	-1
Γ_3	1	-1	1	-1	1	-1	1	-1
Γ_4	2	-1	1	-1	1	-1	-1	1
Γ_5	2	τ	$1/\tau$	$-1/\tau$	$-\tau$	-2	0	0
Γ_6	2	$1/\tau$	$-\tau$	$-\tau$	$1/\tau$	2	0	0
Γ_7	2	$-1/\tau$	$-\tau$	τ	$1/\tau$	-2	0	0
Γ_8	2	$-\tau$	$1/\tau$	$1/\tau$	$-\tau$	2	0	0

$D_{10}(10\ 2\ 2)$

	ε	2α	$2\alpha^2$	$2\alpha^3$	$2\alpha^4$	α^5	$5\alpha'$	$5\alpha\alpha'$
Γ_1	1	1	1	1	1	1	1	1
Γ_2	1	1	1	1	1	1	-1	-1
Γ_3	1	-1	1	-1	1	-1	1	-1
Γ_4	2	-1	1	-1	1	-1	-1	1
Γ_5	2	τ	$1/\tau$	$-1/\tau$	$-\tau$	-2	0	0
Γ_6	2	$1/\tau$	$-\tau$	$-\tau$	$1/\tau$	2	0	0
Γ_7	2	$-1/\tau$	$-\tau$	τ	$1/\tau$	-2	0	0
Γ_8	2	$-\tau$	$1/\tau$	$1/\tau$	$-\tau$	2	0	0

$D_{5h}(\overline{10}\ m\ 2)$

	ε	2α	$2\alpha^2$	$5\alpha'$	β	$2\alpha\beta$	$2\alpha^2\beta$	$5\alpha'\beta$
Γ_1	1	1	1	1	1	1	1	1
Γ_2	1	1	1	-1	1	1	1	-1
Γ_3	1	1	1	1	-1	-1	-1	-1
Γ_4	1	1	1	-1	-1	-1	-1	1
Γ_5	2	$1/\tau$	$-\tau$	0	2	$1/\tau$	$-\tau$	0
Γ_6	2	$-\tau$	$1/\tau$	0	2	$-\tau$	$1/\tau$	0
Γ_7	2	$1/\tau$	$-\tau$	0	-2	$-1/\tau$	τ	0
Γ_8	2	$-\tau$	$1/\tau$	0	-2	τ	$-1/\tau$	0

$D_{10h}\left(\frac{10}{m}\frac{2}{m}\frac{2}{m}\right)$

	ε	2α	$2\alpha^2$	$2\alpha^3$	$2\alpha^4$	α^5	β	$2\alpha\beta$	$2\alpha^2\beta$	$2\alpha^3\beta$	$2\alpha^4\beta$	$\alpha^5\beta$	$5\alpha'$	$5\alpha\alpha'$	$5\alpha'\beta$	$5\alpha\alpha'\beta$
Γ_1	1	1	1	1	1	1	1	1	1	1	1	1	1	1	1	1
Γ_2	1	1	1	1	1	1	1	1	1	1	1	1	−1	−1	−1	−1
Γ_3	1	1	1	1	1	1	−1	−1	−1	−1	−1	−1	1	1	−1	−1
Γ_4	1	1	1	1	1	1	−1	−1	−1	−1	−1	−1	−1	−1	1	1
Γ_5	1	−1	1	−1	1	−1	1	−1	1	−1	1	−1	1	−1	1	−1
Γ_6	1	−1	1	−1	1	−1	1	−1	1	−1	1	−1	−1	1	−1	1
Γ_7	1	−1	1	−1	1	−1	−1	1	−1	1	−1	1	1	−1	−1	1
Γ_8	1	−1	1	−1	1	−1	−1	1	−1	1	−1	1	−1	1	1	−1
Γ_9	2	τ	$1/\tau$	$-1/\tau$	$-\tau$	−2	2	τ	$1/\tau$	$-1/\tau$	$-\tau$	−2	0	0	0	0

续表

	ε	2α	$2\alpha^2$	$2\alpha^3$	$2\alpha^4$	α^5	β	$2\alpha\beta$	$2\alpha^2\beta$	$2\alpha^3\beta$	$2\alpha^4\beta$	$\alpha^5\beta$	$5\alpha'$	$5\alpha\alpha'$	$5\alpha'\beta$	$5\alpha\alpha'\beta$
Γ_{10}	2	τ	$1/\tau$	$-1/\tau$	$-\tau$	-2	-2	$-\tau$	$-1/\tau$	$1/\tau$	τ	2	0	0	0	0
Γ_{11}	2	$1/\tau$	$-\tau$	$-\tau$	$1/\tau$	2	2	$1/\tau$	$-\tau$	$-\tau$	$1/\tau$	2	0	0	0	0
Γ_{12}	2	$1/\tau$	$-\tau$	$-\tau$	$1/\tau$	2	-2	$-1/\tau$	τ	τ	$-1/\tau$	-2	0	0	0	0
Γ_{13}	2	$-1/\tau$	$-\tau$	τ	$1/\tau$	-2	2	$-1/\tau$	$-\tau$	τ	$1/\tau$	-2	0	0	0	0
Γ_{14}	2	$-1/\tau$	$-\tau$	τ	$1/\tau$	-2	-2	$1/\tau$	τ	$-\tau$	$-1/\tau$	2	0	0	0	0
Γ_{15}	2	$-\tau$	$1/\tau$	$1/\tau$	$-\tau$	2	2	$-\tau$	$1/\tau$	$1/\tau$	$-\tau$	2	0	0	0	0
Γ_{16}	2	$-\tau$	$1/\tau$	$1/\tau$	$-\tau$	2	-2	τ	$-1/\tau$	$-1/\tau$	τ	-2	0	0	0	0

$C_8(8)$（ρ 为八次单位原根，$\rho^8=1$. 下同）

	ε	α	α^2	α^3	α^4	α^5	α^6	α^7
Γ_1	1	1	1	1	1	1	1	1
Γ_2	1	-1	1	-1	1	-1	1	-1
Γ_3	1	ρ	ρ^2	$-\rho^{-1}$	-1	$-\rho$	ρ^{-2}	ρ^{-1}
	1	ρ^{-1}	ρ^{-2}	$-\rho$	-1	$-\rho^{-1}$	ρ^2	ρ
Γ_4	1	ρ^2	-1	ρ^{-2}	1	ρ^2	-1	ρ^{-2}
	1	ρ^{-2}	-1	ρ^2	1	ρ^{-2}	-1	ρ^2
Γ_5	1	$-\rho^{-1}$	ρ^{-2}	ρ	-1	ρ^{-1}	ρ^2	$-\rho$
	1	$-\rho$	ρ^2	ρ^{-1}	-1	ρ	ρ^{-2}	$-\rho^{-1}$

$S_8(\bar{8})$

	ε	$\beta\alpha$	α^2	$\beta\alpha^3$	α^4	$\beta\alpha^5$	α^6	$\beta\alpha^7$
Γ_1	1	1	1	1	1	1	1	1
Γ_2	1	-1	1	-1	1	-1	1	-1
Γ_3	1	ρ	ρ^2	$-\rho^{-1}$	-1	$-\rho$	ρ^{-2}	ρ^{-1}
	1	ρ^{-1}	ρ^{-2}	$-\rho$	-1	$-\rho^{-1}$	ρ^2	ρ
Γ_4	1	ρ^2	-1	ρ^{-2}	1	ρ^2	-1	ρ^{-2}
	1	ρ^{-2}	-1	ρ^2	1	ρ^{-2}	-1	ρ^2
Γ_5	1	$-\rho^{-1}$	ρ^{-2}	ρ	-1	ρ^{-1}	ρ^2	$-\rho$
	1	$-\rho$	ρ^2	ρ^{-1}	-1	ρ	ρ^{-2}	$-\rho^{-1}$

$C_{8h}\left(\frac{8}{m}\right)$

	ε	α	α^2	α^3	α^4	α^5	α^6	α^7	β	$\alpha\beta$	$\alpha^2\beta$	$\alpha^3\beta$	$\alpha^4\beta$	$\alpha^5\beta$	$\alpha^6\beta$	$\alpha^7\beta$
Γ_1	1	1	1	1	1	1	1	1	1	1	1	1	1	1	1	1
Γ_2	1	−1	1	−1	1	−1	1	−1	1	−1	1	−1	1	−1	1	−1
Γ_3	1	1	1	1	1	1	1	1	−1	−1	−1	−1	−1	−1	−1	−1
Γ_4	1	−1	1	−1	1	−1	1	−1	−1	1	−1	1	−1	1	−1	1
Γ_5	1	ρ	ρ^2	$-\rho^{-1}$	−1	$-\rho$	ρ^{-2}	ρ^{-1}	1	ρ	ρ^2	$-\rho^{-1}$	−1	$-\rho$	ρ^{-2}	ρ^{-1}
	1	ρ^{-1}	ρ^{-2}	$-\rho$	−1	$-\rho^{-1}$	ρ^2	ρ	1	ρ^{-1}	ρ^{-2}	$-\rho$	−1	$-\rho^{-1}$	ρ^2	ρ
Γ_6	1	ρ^2	−1	ρ^{-2}	1	ρ^2	−1	ρ^{-2}	1	ρ^2	−1	ρ^{-2}	1	ρ^2	−1	ρ^{-2}
	1	ρ^{-2}	−1	ρ^2	1	ρ^{-2}	−1	ρ^2	1	ρ^{-2}	−1	ρ^2	1	ρ^{-2}	−1	ρ^2
Γ_7	1	$-\rho^{-1}$	ρ^{-2}	ρ	−1	ρ^{-1}	ρ^2	$-\rho$	1	$-\rho^{-1}$	ρ^{-2}	ρ	−1	ρ^{-1}	ρ^2	$-\rho$
	1	$-\rho$	ρ^2	ρ^{-1}	−1	ρ	ρ^{-2}	$-\rho^{-1}$	1	$-\rho$	ρ^2	ρ^{-1}	−1	ρ	ρ^{-2}	$-\rho^{-1}$
Γ_8	1	ρ	ρ^2	$-\rho^{-1}$	−1	$-\rho$	ρ^{-2}	ρ^{-1}	−1	$-\rho$	$-\rho^2$	ρ^{-1}	1	ρ	$-\rho^{-2}$	$-\rho^{-1}$
	1	ρ^{-1}	ρ^{-2}	$-\rho$	−1	$-\rho^{-1}$	ρ^2	ρ	−1	$-\rho^{-1}$	$-\rho^{-2}$	ρ	1	ρ^{-1}	$-\rho^2$	$-\rho$
Γ_9	1	ρ^2	−1	ρ^{-2}	1	ρ^2	−1	ρ^{-2}	−1	$-\rho^2$	1	$-\rho^{-2}$	−1	$-\rho^2$	1	$-\rho^{-2}$
	1	ρ^{-2}	−1	ρ^2	1	ρ^{-2}	−1	ρ^2	−1	$-\rho^{-2}$	1	$-\rho^2$	−1	$-\rho^{-2}$	1	$-\rho^2$
Γ_{10}	1	$-\rho^{-1}$	ρ^{-2}	ρ	−1	ρ^{-1}	ρ^{-2}	$-\rho$	−1	ρ^{-1}	$-\rho^{-2}$	$-\rho$	1	$-\rho^{-1}$	$-\rho^2$	ρ
	1	$-\rho$	ρ^2	ρ^{-1}	−1	ρ	ρ^2	$-\rho^{-1}$	−1	ρ	$-\rho^2$	$-\rho^{-1}$	1	$-\rho$	$-\rho^{-2}$	ρ^{-1}

$C_{8v}(8mm)$

	ε	2α	$2\alpha^2$	$2\alpha^3$	α^4	4β	$4\alpha\beta$
Γ_1	1	1	1	1	1	1	1
Γ_2	1	1	1	1	1	-1	-1
Γ_3	1	-1	1	-1	1	1	-1
Γ_4	1	-1	1	-1	1	-1	1
Γ_5	2	$\sqrt{2}$	0	$-\sqrt{2}$	-2	0	0
Γ_6	2	0	-2	0	2	0	0
Γ_7	2	$-\sqrt{2}$	0	$\sqrt{2}$	-2	0	0

$D_8(822)$

	ε	2α	$2\alpha^2$	$2\alpha^3$	α^4	$4\alpha'$	$4\alpha\alpha'$
Γ_1	1	1	1	1	1	1	1
Γ_2	1	1	1	1	1	-1	-1
Γ_3	1	-1	1	-1	1	1	-1
Γ_4	1	-1	1	-1	1	-1	1
Γ_5	2	$\sqrt{2}$	0	$-\sqrt{2}$	-2	0	0
Γ_6	2	0	-2	0	2	0	0
Γ_7	2	$-\sqrt{2}$	0	$\sqrt{2}$	-2	0	0

$D_{4d}(\bar{8}m2)$

	ε	$2\alpha i$	$2\alpha^2$	$2\alpha^3 i$	α^4	4β	$4\alpha i\beta$
Γ_1	1	1	1	1	1	1	1
Γ_2	1	1	1	1	1	-1	-1
Γ_3	1	-1	1	-1	1	1	-1
Γ_4	1	-1	1	-1	1	-1	1
Γ_5	2	$\sqrt{2}$	0	$-\sqrt{2}$	-2	0	0
Γ_6	2	0	-2	0	2	0	0
Γ_7	2	$-\sqrt{2}$	0	$\sqrt{2}$	-2	0	0

$$D_{8h}\left(\frac{8}{m}\ \frac{2}{m}\ \frac{2}{m}\right)$$

	ε	2α	$2\alpha^2$	$2\alpha^3$	α^4	β	$2\alpha\beta$	$2\alpha^2\beta$	$2\alpha^3\beta$	$\alpha^4\beta$	$4\alpha'$	$4\alpha\alpha'$	$4\alpha'\beta$	$4\alpha\alpha'\beta$
Γ_1	1	1	1	1	1	1	1	1	1	1	1	1	1	1
Γ_2	1	1	1	1	1	1	1	1	1	1	−1	−1	−1	−1
Γ_3	1	1	1	1	1	−1	−1	−1	−1	−1	1	1	−1	−1
Γ_4	1	1	1	1	1	−1	−1	−1	−1	−1	−1	−1	1	1
Γ_5	1	−1	1	−1	1	1	−1	1	−1	1	1	−1	1	−1
Γ_6	1	−1	1	−1	1	1	−1	1	−1	1	−1	1	−1	1
Γ_7	1	−1	1	−1	1	−1	1	−1	1	−1	1	−1	−1	1
Γ_8	1	−1	1	−1	1	−1	1	−1	1	−1	−1	1	1	−1
Γ_9	2	$\sqrt{2}$	0	$-\sqrt{2}$	−2	2	$\sqrt{2}$	0	$-\sqrt{2}$	−2	0	0	0	0
Γ_{10}	2	$\sqrt{2}$	0	$-\sqrt{2}$	−2	−2	$-\sqrt{2}$	0	$\sqrt{2}$	2	0	0	0	0
Γ_{11}	2	0	−2	0	2	2	0	−2	0	2	0	0	0	0
Γ_{12}	2	0	−2	0	2	−2	0	2	0	−2	0	0	0	0
Γ_{13}	2	$-\sqrt{2}$	0	$\sqrt{2}$	−2	2	$-\sqrt{2}$	0	$\sqrt{2}$	−2	0	0	0	0
Γ_{14}	2	$-\sqrt{2}$	0	$\sqrt{2}$	−2	−2	$\sqrt{2}$	0	$-\sqrt{2}$	2	0	0	0	0

C_{12}(12)（ρ 为十二次单位原根，$\rho^{12}=1$. 下同）

	ε	α	α^2	α^3	α^4	α^5	α^6	α^7	α^8	α^9	α^{10}	α^{11}
Γ_1	1	1	1	1	1	1	1	1	1	1	1	1
Γ_2	1	-1	1	-1	1	-1	1	-1	1	-1	1	-1
Γ_3	1	ρ	ρ^2	ρ^3	$-\rho^{-2}$	$-\rho^{-1}$	-1	$-\rho$	$-\rho^2$	$-\rho^3$	ρ^{-2}	ρ^{-1}
	1	ρ^{-1}	ρ^{-2}	ρ^{-3}	$-\rho^2$	$-\rho$	-1	$-\rho^{-1}$	$-\rho^{-2}$	$-\rho^{-3}$	ρ^2	ρ
Γ_4	1	ρ^2	$-\rho^{-2}$	-1	$-\rho^2$	ρ^{-2}	1	ρ^2	$-\rho^{-2}$	-1	$-\rho^2$	ρ^{-2}
	1	ρ^{-2}	$-\rho^2$	-1	$-\rho^{-2}$	ρ^2	1	ρ^{-2}	$-\rho^2$	-1	$-\rho^{-2}$	ρ^2
Γ_5	1	ρ^3	-1	$-\rho^3$	1	ρ^3	-1	$-\rho^3$	1	ρ^3	-1	$-\rho^3$
	1	ρ^{-3}	-1	$-\rho^{-3}$	1	ρ^{-3}	-1	$-\rho^{-3}$	1	ρ^{-3}	-1	$-\rho^{-3}$
Γ_6	1	$-\rho^2$	$-\rho^{-2}$	1	$-\rho^2$	$-\rho^{-2}$	1	$-\rho^2$	$-\rho^{-2}$	1	$-\rho^2$	$-\rho^{-2}$
	1	$-\rho^{-2}$	$-\rho^2$	1	$-\rho^{-2}$	$-\rho^2$	1	$-\rho^{-2}$	$-\rho^2$	1	$-\rho^{-2}$	$-\rho^2$
Γ_7	1	$-\rho$	ρ^2	$-\rho^3$	$-\rho^{-2}$	ρ^{-1}	-1	ρ	$-\rho^2$	ρ^3	ρ^{-2}	$-\rho^{-1}$
	1	$-\rho^{-1}$	ρ^{-2}	$-\rho^{-3}$	$-\rho^2$	ρ	-1	ρ^{-1}	$-\rho^{-2}$	ρ^{-3}	ρ^2	$-\rho$

$$C_{12h}\left(\frac{12}{m}\right)$$

	ε	α	α^2	α^3	α^4	α^5	α^6	α^7	α^8	α^9	α^{10}	α^{11}	β	$\alpha\beta$	$\alpha^2\beta$	$\alpha^3\beta$	$\alpha^4\beta$	$\alpha^5\beta$	$\alpha^6\beta$	$\alpha^7\beta$	$\alpha^8\beta$	$\alpha^9\beta$	$\alpha^{10}\beta$	$\alpha^{11}\beta$
Γ_1	1	1	1	1	1	1	1	1	1	1	1	1	1	1	1	1	1	1	1	1	1	1	1	1
Γ_2	1	1	1	1	1	1	1	1	1	1	1	1	−1	−1	−1	−1	−1	−1	−1	−1	−1	−1	−1	−1
Γ_3	1	−1	1	−1	1	−1	1	−1	1	−1	1	−1	1	−1	1	−1	1	−1	1	−1	1	−1	1	−1
Γ_4	1	−1	1	−1	1	−1	1	−1	1	−1	1	−1	−1	1	−1	1	−1	1	−1	1	−1	1	−1	1
Γ_5	1	ρ	ρ^2	ρ^3	$-\rho^{-2}$	$-\rho^{-1}$	−1	$-\rho$	$-\rho^2$	$-\rho^3$	ρ^{-2}	ρ^{-1}	1	ρ	ρ^2	ρ^3	$-\rho^{-2}$	$-\rho^{-1}$	−1	$-\rho$	$-\rho^2$	$-\rho^3$	ρ^{-2}	ρ^{-1}
	1	ρ^{-1}	ρ^{-2}	ρ^{-3}	$-\rho^2$	$-\rho$	−1	$-\rho^{-1}$	$-\rho^{-2}$	$-\rho^{-3}$	ρ^2	ρ	1	ρ^{-1}	ρ^{-2}	ρ^{-3}	$-\rho^2$	$-\rho$	−1	$-\rho^{-1}$	$-\rho^{-2}$	$-\rho^{-3}$	ρ^2	ρ
Γ_6	1	ρ^2	$-\rho^{-2}$	−1	$-\rho^2$	ρ^{-2}	1	ρ^2	$-\rho^{-2}$	−1	$-\rho^2$	ρ^{-2}	1	ρ^2	$-\rho^{-2}$	−1	$-\rho^2$	ρ^{-2}	1	ρ^2	$-\rho^{-2}$	−1	$-\rho^2$	ρ^{-2}
	1	ρ^{-2}	$-\rho^2$	−1	$-\rho^{-2}$	ρ^2	1	ρ^{-2}	$-\rho^2$	−1	$-\rho^{-2}$	ρ^2	1	ρ^{-2}	$-\rho^2$	−1	$-\rho^{-2}$	ρ^2	1	ρ^{-2}	$-\rho^2$	−1	$-\rho^{-2}$	ρ^2
Γ_7	1	ρ^3	−1	$-\rho^3$	1	ρ^3	−1	$-\rho^3$	1	ρ^3	−1	$-\rho^3$	1	ρ^3	−1	$-\rho^3$	1	ρ^3	−1	$-\rho^3$	1	ρ^3	−1	$-\rho^3$
	1	ρ^{-3}	−1	$-\rho^{-3}$	1	ρ^{-3}	−1	$-\rho^{-3}$	1	ρ^{-3}	−1	$-\rho^{-3}$	1	ρ^{-3}	−1	$-\rho^{-3}$	1	ρ^{-3}	−1	$-\rho^{-3}$	1	ρ^{-3}	−1	$-\rho^{-3}$
Γ_8	1	$-\rho^2$	$-\rho^{-2}$	1	$-\rho^2$	$-\rho^{-2}$	1	$-\rho^2$	$-\rho^{-2}$	1	$-\rho^2$	$-\rho^{-2}$	1	$-\rho^2$	$-\rho^{-2}$	1	$-\rho^2$	$-\rho^{-2}$	1	$-\rho^2$	$-\rho^{-2}$	1	$-\rho^2$	$-\rho^{-2}$
	1	$-\rho^{-2}$	$-\rho^2$	1	$-\rho^{-2}$	$-\rho^2$	1	$-\rho^{-2}$	$-\rho^2$	1	$-\rho^{-2}$	$-\rho^2$	1	$-\rho^{-2}$	$-\rho^2$	1	$-\rho^{-2}$	$-\rho^2$	1	$-\rho^{-2}$	$-\rho^2$	1	$-\rho^{-2}$	$-\rho^2$

续表

	ε	α	α^2	α^3	α^4	α^5	α^6	α^7	α^8	α^9	α^{10}	α^{11}	β	$\alpha\beta$	$\alpha^2\beta$	$\alpha^3\beta$	$\alpha^4\beta$	$\alpha^5\beta$	$\alpha^6\beta$	$\alpha^7\beta$	$\alpha^8\beta$	$\alpha^9\beta$	$\alpha^{10}\beta$	$\alpha^{11}\beta$
Γ_9	1	$-\rho$	ρ^2	$-\rho^3$	$-\rho^{-2}$	ρ^{-1}	-1	ρ	$-\rho^2$	ρ^3	ρ^{-2}	$-\rho^{-1}$	1	$-\rho$	ρ^2	$-\rho^3$	$-\rho^{-2}$	ρ^{-1}	-1	ρ	$-\rho^2$	ρ^3	ρ^{-2}	$-\rho^{-1}$
	1	$-\rho^{-1}$	ρ^{-2}	$-\rho^{-3}$	$-\rho^2$	ρ	-1	ρ^{-1}	$-\rho^{-2}$	ρ^{-3}	ρ^2	$-\rho$	1	$-\rho^{-1}$	ρ^{-2}	$-\rho^{-3}$	$-\rho^2$	ρ	-1	ρ^{-1}	$-\rho^{-2}$	ρ^{-3}	ρ^2	$-\rho$
Γ_{10}	1	ρ	ρ^2	ρ^3	$-\rho^{-2}$	$-\rho^{-1}$	-1	$-\rho$	$-\rho^2$	$-\rho^3$	ρ^{-2}	ρ^{-1}	-1	$-\rho$	$-\rho^2$	$-\rho^3$	ρ^{-2}	ρ^{-1}	1	ρ	ρ^2	ρ^3	$-\rho^{-2}$	$-\rho^{-1}$
	1	ρ^{-1}	ρ^{-2}	ρ^{-3}	$-\rho^2$	$-\rho$	-1	$-\rho^{-1}$	$-\rho^{-2}$	$-\rho^{-3}$	ρ^2	ρ	-1	$-\rho^{-1}$	$-\rho^{-2}$	$-\rho^{-3}$	ρ^2	ρ	1	ρ^{-1}	ρ^{-2}	ρ^{-3}	$-\rho^2$	$-\rho$
Γ_{11}	1	ρ^2	$-\rho^{-2}$	-1	$-\rho^2$	ρ^{-2}	1	ρ^2	$-\rho^{-2}$	-1	$-\rho^2$	$-\rho^{-2}$	-1	$-\rho^2$	ρ^{-2}	1	ρ^2	$-\rho^{-2}$	-1	$-\rho^2$	ρ^{-2}	1	ρ^2	$-\rho^{-2}$
	1	ρ^{-2}	$-\rho^2$	-1	$-\rho^{-2}$	ρ^2	1	ρ^{-2}	$-\rho^2$	-1	$-\rho^{-2}$	$-\rho^2$	-1	$-\rho^{-2}$	ρ^2	1	ρ^{-2}	$-\rho^2$	-1	$-\rho^{-2}$	ρ^2	1	ρ^{-2}	$-\rho^2$
Γ_{12}	1	ρ^3	-1	$-\rho^3$	1	ρ^3	-1	$-\rho^3$	1	ρ^3	-1	$-\rho^3$	-1	$-\rho^3$	1	ρ^3	-1	$-\rho^3$	1	ρ^3	-1	$-\rho^3$	1	ρ^3
	1	ρ^{-3}	-1	$-\rho^{-3}$	1	ρ^{-3}	-1	$-\rho^{-3}$	1	ρ^{-3}	-1	$-\rho^{-3}$	-1	$-\rho^{-3}$	1	ρ^{-3}	-1	$-\rho^{-3}$	1	ρ^{-3}	-1	$-\rho^{-3}$	1	ρ^{-3}
Γ_{13}	1	$-\rho^2$	$-\rho^{-2}$	1	$-\rho^2$	$-\rho^{-2}$	1	$-\rho^2$	$-\rho^{-2}$	1	$-\rho^2$	$-\rho^{-2}$	-1	ρ^2	ρ^{-2}	-1	ρ^2	ρ^{-2}	-1	ρ^2	ρ^{-2}	-1	ρ^2	ρ^{-2}
	1	$-\rho^{-2}$	$-\rho^2$	1	$-\rho^{-2}$	$-\rho^2$	1	$-\rho^{-2}$	$-\rho^2$	1	$-\rho^{-2}$	$-\rho^2$	-1	ρ^{-2}	ρ^2	-1	ρ^{-2}	ρ^2	-1	ρ^{-2}	ρ^2	-1	ρ^{-2}	ρ^2
Γ_{14}	1	$-\rho$	ρ^2	$-\rho^3$	$-\rho^{-2}$	ρ^{-1}	-1	ρ	$-\rho^2$	ρ^3	ρ^{-2}	$-\rho^{-1}$	-1	ρ	$-\rho^2$	ρ^3	ρ^{-2}	$-\rho^{-1}$	1	$-\rho$	ρ^2	$-\rho^3$	$-\rho^{-2}$	ρ^{-1}
	1	$-\rho^{-1}$	ρ^{-2}	$-\rho^{-3}$	$-\rho^2$	ρ	-1	ρ^{-1}	$-\rho^{-2}$	ρ^{-3}	ρ^2	$-\rho$	-1	ρ^{-1}	$-\rho^{-2}$	ρ^{-3}	ρ^2	$-\rho$	1	$-\rho^{-1}$	ρ^{-2}	$-\rho^{-3}$	$-\rho^2$	ρ

$S_{12}(\overline{12})$

	ε	$\beta\alpha$	α^2	$\beta\alpha^3$	α^4	$\beta\alpha^5$	α^6	$\beta\alpha^7$	α^8	$\beta\alpha^9$	α^{10}	$\beta\alpha^{11}$
Γ_1	1	1	1	1	1	1	1	1	1	1	1	1
Γ_2	1	-1	1	-1	1	-1	1	-1	1	-1	1	-1
Γ_3	1	ρ	ρ^2	ρ^3	$-\rho^{-2}$	$-\rho^{-1}$	-1	$-\rho$	$-\rho^2$	$-\rho^3$	ρ^{-2}	ρ^{-1}
	1	ρ^{-1}	ρ^{-2}	ρ^{-3}	$-\rho^2$	$-\rho$	-1	$-\rho^{-1}$	$-\rho^{-2}$	$-\rho^{-3}$	ρ^2	ρ
Γ_4	1	ρ^2	$-\rho^{-2}$	-1	$-\rho^2$	ρ^{-2}	1	ρ^2	$-\rho^{-2}$	-1	$-\rho^2$	ρ^{-2}
	1	ρ^{-2}	$-\rho^2$	-1	$-\rho^{-2}$	ρ^2	1	ρ^{-2}	$-\rho^2$	-1	$-\rho^{-2}$	ρ^2
Γ_5	1	ρ^3	-1	$-\rho^3$	1	ρ^3	-1	$-\rho^3$	1	ρ^3	-1	$-\rho^3$
	1	ρ^{-3}	-1	$-\rho^{-3}$	1	ρ^{-3}	-1	$-\rho^{-3}$	1	ρ^{-3}	-1	$-\rho^{-3}$
Γ_6	1	$-\rho^2$	$-\rho^{-2}$	1	$-\rho^2$	$-\rho^{-2}$	1	$-\rho^2$	$-\rho^{-2}$	1	$-\rho^2$	$-\rho^{-2}$
	1	$-\rho^{-2}$	$-\rho^2$	1	$-\rho^{-2}$	$-\rho^2$	1	$-\rho^{-2}$	$-\rho^2$	1	$-\rho^{-2}$	$-\rho^2$
Γ_7	1	$-\rho$	ρ^2	$-\rho^3$	$-\rho^{-2}$	ρ^{-1}	-1	ρ	$-\rho^2$	ρ^3	ρ^{-2}	$-\rho^{-1}$
	1	$-\rho^{-1}$	ρ^{-2}	$-\rho^{-3}$	$-\rho^2$	ρ	-1	ρ^{-1}	$-\rho^{-2}$	ρ^{-3}	ρ^2	$-\rho$

$D_{12}(1\ 2\ 2\ 2)$

	ε	2α	$2\alpha^2$	$2\alpha^3$	$2\alpha^4$	$2\alpha^5$	α^6	$6\alpha'$	$6\alpha\alpha'$
Γ_1	1	1	1	1	1	1	1	1	1
Γ_2	1	1	1	1	1	1	1	−1	−1
Γ_3	1	−1	1	−1	1	−1	1	1	−1
Γ_4	1	−1	1	−1	1	−1	1	−1	1
Γ_5	2	$\sqrt{3}$	1	0	−1	$-\sqrt{3}$	−2	0	0
Γ_6	2	1	−1	−2	−1	1	2	0	0
Γ_7	2	0	−2	0	2	0	−2	0	0
Γ_8	2	−1	−1	2	−1	−1	2	0	0
Γ_9	2	$-\sqrt{3}$	1	0	−1	$\sqrt{3}$	−2	0	0

$C_{12v}(12mm)$

	ε	2α	$2\alpha^2$	$2\alpha^3$	$2\alpha^4$	$2\alpha^5$	α^6	6β	$6\alpha\beta$
Γ_1	1	1	1	1	1	1	1	1	1
Γ_2	1	1	1	1	1	1	1	−1	−1
Γ_3	1	−1	1	−1	1	−1	1	1	−1
Γ_4	1	−1	1	−1	1	−1	1	−1	1
Γ_5	2	$\sqrt{3}$	1	0	−1	$-\sqrt{3}$	−2	0	0
Γ_6	2	1	−1	−2	−1	1	2	0	0
Γ_7	2	0	−2	0	2	0	−2	0	0
Γ_8	2	−1	−1	2	−1	−1	2	0	0
Γ_9	2	$-\sqrt{3}$	1	0	−1	$\sqrt{3}$	−2	0	0

$D_{6d}(\overline{12}m2)$

	ε	$2\alpha i$	$2\alpha^2$	$2\alpha^3 i$	$2\alpha^4$	$2\alpha^5 i$	α^6	6β	$6\alpha i\beta$
Γ_1	1	1	1	1	1	1	1	1	1
Γ_2	1	1	1	1	1	1	1	−1	−1
Γ_3	1	−1	1	−1	1	−1	1	1	−1
Γ_4	1	−1	1	−1	1	−1	1	−1	1
Γ_5	2	$\sqrt{3}$	1	0	−1	$-\sqrt{3}$	−2	0	0
Γ_6	2	1	−1	−2	−1	1	2	0	0
Γ_7	2	0	−2	0	2	0	−2	0	0
Γ_8	2	−1	−1	2	−1	−1	2	0	0
Γ_9	2	$-\sqrt{3}$	1	0	−1	$\sqrt{3}$	−2	0	0

$$D_{12h}\left(\frac{\mathbf{12}}{m}\frac{\mathbf{2}}{m}\frac{\mathbf{2}}{m}\right)$$

	ε	2α	$2\alpha^2$	$2\alpha^3$	$2\alpha^4$	$2\alpha^5$	α^6	β	$2\alpha\beta$	$2\alpha^2\beta$	$2\alpha^3\beta$	$2\alpha^4\beta$	$2\alpha^5\beta$	$\alpha^6\beta$	$6\alpha'$	$6\alpha\alpha'$	$6\alpha'\beta$	$6\alpha\alpha'\beta$
Γ_1	1	1	1	1	1	1	1	1	1	1	1	1	1	1	1	1	1	1
Γ_2	1	1	1	1	1	1	1	1	1	1	1	1	1	1	−1	−1	−1	−1
Γ_3	1	1	1	1	1	1	1	−1	−1	−1	−1	−1	−1	−1	1	1	−1	−1
Γ_4	1	1	1	1	1	1	1	−1	−1	−1	−1	−1	−1	−1	−1	−1	1	1
Γ_5	1	−1	1	−1	1	−1	1	1	−1	1	−1	1	−1	1	1	−1	1	−1
Γ_6	1	−1	1	−1	1	−1	1	1	−1	1	−1	1	−1	1	−1	1	−1	1
Γ_7	1	−1	1	−1	1	−1	1	−1	1	−1	1	−1	1	−1	1	−1	−1	1
Γ_8	1	−1	1	−1	1	−1	1	−1	1	−1	1	−1	1	−1	−1	1	1	−1
Γ_9	2	$\sqrt{3}$	1	0	−1	$-\sqrt{3}$	−2	2	$\sqrt{3}$	1	0	−1	$-\sqrt{3}$	−2	0	0	0	0
Γ_{10}	2	1	−1	−2	−1	1	2	2	1	−1	−2	−1	1	2	0	0	0	0

续表

	ϵ	2α	$2\alpha^2$	$2\alpha^3$	$2\alpha^4$	$2\alpha^5$	α^6	β	$2\alpha\beta$	$2\alpha^2\beta$	$2\alpha^3\beta$	$2\alpha^4\beta$	$2\alpha^5\beta$	$\alpha^6\beta$	$6\alpha'$	$6\alpha\alpha'$	$6\alpha'\beta$	$6\alpha\alpha'\beta$
Γ_{11}	2	0	−2	0	2	0	−2	2	0	−2	0	2	0	−2	0	0	0	0
Γ_{12}	2	−1	−1	2	−1	−1	2	2	−1	−1	2	−1	−1	2	0	0	0	0
Γ_{13}	2	$-\sqrt{3}$	1	0	−1	$\sqrt{3}$	−2	2	$-\sqrt{3}$	1	0	−1	$\sqrt{3}$	−2	0	0	0	0
Γ_{14}	2	$\sqrt{3}$	1	0	−1	$-\sqrt{3}$	−2	−2	$-\sqrt{3}$	−1	0	1	$\sqrt{3}$	2	0	0	0	0
Γ_{15}	2	1	−1	−2	−1	1	2	−2	−1	1	2	1	−1	−2	0	0	0	0
Γ_{16}	2	0	−2	0	2	0	−2	−2	0	2	0	−2	0	2	0	0	0	0
Γ_{17}	2	−1	−1	2	−1	−1	2	−2	1	1	−2	1	1	−2	0	0	0	0
Γ_{18}	2	$-\sqrt{3}$	1	0	−1	$\sqrt{3}$	−2	−2	$\sqrt{3}$	−1	0	1	$-\sqrt{3}$	2	0	0	0	0

附 录 C

表 C.1 一维准晶的应变张量不变量

Laue 类	声子场部分	相位子场部分	声子－相位子耦合部分
1	$E_{11},E_{22},E_{33},E_{12},E_{13}$	W_{31},W_{32},W_{33}	
2	$E_{11},E_{22},E_{33},E_{12},E_{13}^2,E_{23}^2,E_{13}E_{23}$	$W_{31},W_{32},W_{33},W_{31}^2,W_{32}^2$	$W_{31}E_{13},W_{31}E_{23},W_{32}E_{13},W_{32}E_{23}$
3	$E_{11},E_{22},E_{33},E_{23},E_{12}^2,E_{13}^2,E_{12}E_{13}$	W_{32},W_{33},W_{31}^2	$W_{31}E_{13},W_{31}E_{12}$
4	$E_{11},E_{22},E_{33},E_{12}^2,E_{13}^2,E_{23}^2$	W_{33},W_{31}^2,W_{32}^2	$W_{31}E_{13},W_{32}E_{23}$
5	$E_{33},E_{11}+E_{22},E_{12}^2,(E_{11}-E_{22})^2,E_{13}^2+E_{23}^2,$ $E_{12}(E_{11}-E_{22})$	$W_{33},W_{31}^2+W_{32}^2$	$W_{31}E_{13}+W_{32}E_{23},W_{31}E_{23}-W_{32}E_{13}$
6	$E_{33},E_{11}+E_{22},(E_{11}-E_{22})^2,(E_{12}+E_{21})^2$	$W_{33},W_{31}^2+W_{32}^2$	$W_{31}E_{13}+W_{32}E_{23}$
7	$E_{33},E_{11}+E_{22},2E_{13}E_{12}+E_{23}(E_{11}-E_{22}),$ $E_{13}(E_{11}-E_{22})-2E_{23}E_{12},E_{11}E_{22}-E_{12}^2,$ $E_{13}^2+E_{23}^2$	$W_{33},W_{31}^2+W_{32}^2$	$2W_{31}E_{12}+W_{32}(E_{11}-E_{22}),$ $W_{31}(E_{11}-E_{22})-2W_{32}E_{12},$ $W_{31}E_{13}+W_{32}E_{23},W_{31}E_{23}-W_{32}E_{13}$

8	$E_{33}, E_{11}+E_{22}, 2E_{13}E_{12}+E_{23}(E_{11}-E_{22})$, $E_{11}E_{22}-E_{12}^2, E_{13}^2+E_{23}^2$	$W_{33}, W_{31}^2+W_{32}^2$	$W_{31}E_{13}+W_{32}E_{23}$, $2W_{31}E_{12}+W_{32}(E_{11}-E_{22})$
9	$E_{33}, E_{11}+E_{22}, E_{11}E_{22}-E_{12}^2, E_{13}^2+E_{23}^2$	$W_{33}, W_{31}^2+W_{32}^2$	$W_{31}E_{13}+W_{32}E_{23}, W_{31}E_{23}-W_{32}E_{13}$
10	$E_{33}, E_{11}+E_{22}, E_{11}E_{22}-E_{12}^2, E_{13}^2+E_{23}^2$	W_{33}	$W_{31}E_{13}+W_{32}E_{23}$

（凡是能写成两个一次不变量之积的二次不变量在表中均未给出，下表同）

表 C.2 二维准晶的应变张量不变量

Laue 类	声子场部分	相位子场部分	声子-相位子耦合部分
1	$E_{11}, E_{22}, E_{33}, E_{12}, E_{13}, E_{23}$	$W_{11}, W_{22}, W_{13}, W_{23}, W_{12}, W_{21}$	
2	$E_{11}, E_{22}, E_{33}, E_{12}, E_{13}^2$, $E_{23}^2, E_{13}E_{23}$	$W_{11}, W_{22}, W_{12}, W_{21}, W_{13}^2, W_{23}^2$, $W_{13}W_{23}$	$W_{13}E_{13}, W_{13}E_{23}$, $W_{23}E_{13}, W_{23}E_{23}$
3	$E_{11}, E_{22}, E_{33}, E_{23}, E_{12}^2$, $E_{13}^2, E_{12}E_{13}$	$W_{11}, W_{22}, W_{23}, W_{13}^2, W_{12}^2, W_{21}^2$, $W_{13}W_{12}, W_{13}W_{21}, W_{12}W_{21}$	$W_{13}E_{12}, W_{13}E_{13}, W_{21}E_{12}$, $W_{21}E_{13}, W_{12}E_{12}, W_{12}E_{13}$
4	$E_{11}, E_{22}, E_{33}, E_{23}^2, E_{12}^2$, E_{13}^2	$W_{11}, W_{22}, W_{13}^2, W_{23}^2, W_{12}^2, W_{21}^2$, $W_{12}W_{21}$	$W_{12}E_{12}, W_{21}E_{12}, W_{13}E_{13}$, $W_{23}E_{23}$

续表

Laue 类	声子场部分	相位子场部分	声子-相位子耦合部分
5	$E_{33}, E_{11}+E_{22}$, $E_{12}^2, (E_{11}-E_{22})^2$, $E_{13}^2+E_{23}^2$, $E_{12}(E_{11}-E_{22})$	$W_{11}+W_{22}, W_{21}-W_{12}$, $(W_{11}-W_{22})^2$, $(W_{21}+W_{12})^2$, $W_{13}^2+W_{23}^2$, $(W_{11}-W_{22})(W_{21}+W_{12})$	$W_{31}E_{13}+W_{23}E_{23}, W_{31}E_{23}-W_{23}E_{13}$, $(W_{11}-W_{22})E_{12}$, $(W_{11}-W_{22})(E_{11}-E_{22})$, $(W_{21}+W_{12})E_{12}$, $(W_{21}+W_{12})(E_{11}-E_{22})$
6	$E_{33}, E_{11}+E_{22}$, $E_{12}^2, (E_{11}-E_{22})^2$, $E_{13}^2+E_{23}^2$	$W_{11}+W_{22}, (W_{21}-W_{12})^2$, $(W_{11}-W_{22})^2, (W_{21}+W_{12})^2$, $W_{13}^2+W_{23}^2$	$W_{31}E_{13}+W_{23}E_{23}$, $(W_{11}-W_{22})(E_{11}-E_{22})$, $(W_{21}+W_{12})E_{12}$
7	$E_{33}, E_{11}+E_{22}$, $2E_{13}E_{12}+E_{23}(E_{11}-E_{22})$, $E_{13}(E_{11}-E_{22})-2E_{23}E_{12}$, $E_{13}^2+E_{23}^2$, $E_{11}E_{22}-E_{12}^2$	$W_{11}+W_{22}$, $W_{21}-W_{12}$, $W_{13}^2+W_{23}^2$, $(W_{21}+W_{12})^2+(W_{11}-W_{22})^2$, $W_{13}(W_{21}+W_{12})+W_{23}(W_{11}-W_{22})$, $W_{13}(W_{11}-W_{22})-W_{23}(W_{21}+W_{12})$	$2(W_{21}+W_{12})E_{12}+(W_{11}-W_{22})(E_{11}-E_{22})$, $(W_{21}+W_{12})(E_{11}-E_{22})-2(W_{11}-W_{22})E_{12}$, $2W_{13}E_{12}+W_{23}(E_{11}-E_{22})$, $W_{13}(E_{11}-E_{22})-2W_{23}E_{12}$, $W_{13}E_{13}+W_{23}E_{23}, W_{13}E_{23}-W_{23}E_{13}$, $(W_{21}+W_{12})E_{13}+(W_{11}-W_{22})E_{23}$, $(W_{21}+W_{12})E_{23}-(W_{11}-W_{22})E_{13}$

续表

Laue 类	声子场部分	相位子场部分	声子-相位子耦合部分
8	$E_{33}, E_{11}+E_{22}$, $2E_{13}E_{12}+E_{23}(E_{11}-E_{22})$, $E_{13}^2+E_{23}^2$, $E_{11}E_{22}-E_{12}^2$	$W_{11}+W_{22}$, $(W_{21}-W_{12})^2$, $W_{13}^2+W_{23}^2$, $(W_{21}+W_{12})^2+(W_{11}-W_{22})^2$, $W_{13}(W_{21}+W_{12})+W_{23}(W_{11}-W_{22})$	$2(W_{21}+W_{12})E_{12}+(W_{11}-W_{22})(E_{11}-E_{22})$, $2W_{13}E_{12}+W_{23}(E_{11}-E_{22})$, $W_{13}E_{13}+W_{23}E_{23}$, $(W_{21}+W_{12})E_{13}+(W_{11}-W_{22})E_{23}$
9	$E_{33}, E_{11}+E_{22}$, $E_{13}^2+E_{23}^2$, $E_{11}E_{22}-E_{12}^2$	$W_{11}+W_{22}$, $W_{21}-W_{12}$, $W_{13}^2+W_{23}^2$, $(W_{21}+W_{12})^2+(W_{11}-W_{22})^2$,	$2(W_{21}+W_{12})E_{12}+(W_{11}-W_{22})(E_{11}-E_{22})$ $(W_{21}+W_{12})(E_{11}-E_{22})-2(W_{11}-W_{22})E_{12}$ $W_{13}E_{13}+W_{23}E_{23}$ $W_{13}E_{23}-W_{23}E_{13}$
10	$E_{33}, E_{11}+E_{22}$, $E_{13}^2+E_{23}^2$, $E_{11}E_{22}-E_{12}^2$,	$W_{11}+W_{22}$, $(W_{21}-W_{12})^2$, $W_{13}^2+W_{23}^2$, $(W_{21}+W_{12})^2+(W_{11}-W_{22})^2$	$2(W_{21}+W_{12})E_{12}+(W_{11}-W_{22})(E_{11}-E_{22})$, $W_{13}E_{13}+W_{23}E_{23}$

续表

Laue 类	声子场部分	相位子场部分	声子-相位子耦合部分
11	$E_{33}, E_{11}+E_{22}$, ${E_{13}}^2+{E_{23}}^2$, $E_{11}E_{22}-{E_{12}}^2$	${W_{13}}^2+{W_{23}}^2$, $(W_{11}+W_{22})^2+(W_{21}-W_{12})^2$, $(W_{21}+W_{12})^2+(W_{11}-W_{22})^2$, $W_{13}(W_{21}-W_{12})+W_{23}(W_{11}+W_{22})$, $W_{13}(W_{11}+W_{22})-W_{23}(W_{21}-W_{12})$	$2(W_{21}-W_{12})E_{12}+(W_{11}+W_{22})(E_{11}-E_{22})$, $(W_{21}-W_{12})(E_{11}-E_{22})-2(W_{11}+W_{22})E_{12}$, $2W_{13}E_{12}+W_{23}(E_{11}-E_{22})$, $W_{13}(E_{11}-E_{22})-2W_{23}E_{12}$, $(W_{21}+W_{12})E_{13}+(W_{11}-W_{22})E_{23}$, $(W_{21}+W_{12})E_{23}-(W_{11}-W_{22})E_{13}$
12	$E_{33}, E_{11}+E_{22}$, ${E_{13}}^2+{E_{23}}^2$, $E_{11}E_{22}-{E_{12}}^2$	${W_{13}}^2+{W_{23}}^2$, $(W_{11}+W_{22})^2+(W_{21}-W_{12})^2$, $(W_{21}+W_{12})^2+(W_{11}-W_{22})^2$, $W_{13}(W_{21}-W_{12})+W_{23}(W_{11}+W_{22})$	$2(W_{21}-W_{12})E_{12}+(W_{11}+W_{22})(E_{11}-E_{22})$, $2W_{13}E_{12}+W_{23}(E_{11}-E_{22})$, $(W_{21}+W_{12})E_{13}+(W_{11}-W_{22})E_{23}$
13	$E_{33}, E_{11}+E_{22}$, ${E_{13}}^2+{E_{23}}^2$, $E_{11}E_{22}-{E_{12}}^2$	${W_{13}}^2+{W_{23}}^2$, $(W_{11}+W_{22})^2+(W_{21}-W_{12})^2$, $(W_{21}+W_{12})^2+(W_{11}-W_{22})^2$	$2(W_{21}-W_{12})E_{12}+(W_{11}+W_{22})(E_{11}-E_{22})$, $(W_{21}-W_{12})(E_{11}-E_{22})-2(W_{11}+W_{22})E_{12}$
14	$E_{33}, E_{11}+E_{22}$, ${E_{13}}^2+{E_{23}}^2$, $E_{11}E_{22}-{E_{12}}^2$	${W_{13}}^2+{W_{23}}^2$, $(W_{11}+W_{22})^2+(W_{21}-W_{12})^2$, $(W_{21}+W_{12})^2+(W_{11}-W_{22})^2$	$2(W_{21}-W_{12})E_{12}+(W_{11}+W_{22})(E_{11}-E_{22})$

续表

Laue 类	声子场部分	相位子场部分	声子-相位子耦合部分
15	$E_{33}, E_{11}+E_{22}$, $E_{13}^2+E_{23}^2$, $E_{11}E_{22}-E_{12}^2$	$(W_{11}-W_{22})^2$, $(W_{21}+W_{12})^2$, $W_{13}^2+W_{23}^2$, $(W_{11}-W_{22})(W_{21}+W_{12})$, $(W_{11}+W_{22})^2+(W_{21}-W_{12})^2$	$2(W_{21}-W_{12})E_{12}+(W_{11}+W_{22})(E_{11}-E_{22})$, $(W_{21}-W_{12})(E_{11}-E_{22})-2(W_{11}+W_{22})E_{12}$
16	$E_{33}, E_{11}+E_{22}$, $E_{13}^2+E_{23}^2$, $E_{11}E_{22}-E_{12}^2$	$(W_{11}-W_{22})^2$, $(W_{21}+W_{12})^2$, $W_{13}^2+W_{23}^2$, $(W_{11}+W_{22})^2+(W_{21}-W_{12})^2$	$2(W_{21}-W_{12})E_{12}+(W_{11}+W_{22})(E_{11}-E_{22})$
17	$E_{33}, E_{11}+E_{22}$, $E_{13}^2+E_{23}^2$, $E_{11}E_{22}-E_{12}^2$	$(W_{11}-W_{22})^2$, $(W_{21}+W_{12})^2$, $W_{13}^2+W_{23}^2$, $(W_{11}-W_{22})(W_{21}+W_{12})$, $(W_{11}+W_{22})^2+(W_{21}-W_{12})^2$	

续表

Laue 类	声子场部分	相位子场部分	声子-相位子耦合部分
18	$E_{33}, E_{11}+E_{22}$, $E_{13}^2+E_{23}^2$, $E_{11}E_{22}-E_{12}^2$	$(W_{11}-W_{22})^2$, $(W_{21}+W_{12})^2$, $W_{13}^2+W_{23}^2$, $(W_{11}+W_{22})^2+(W_{21}-W_{12})^2$	

附录 D 非晶体学对称的二维准晶的物理性质张量

D.1 热膨胀系数

对所有对称类型

$$\alpha^{(1)}=\begin{pmatrix}\alpha_{11}^{(1)} & 0 & 0\\ 0 & \alpha_{11}^{(1)} & 0\\ 0 & 0 & \alpha_{33}^{(1)}\end{pmatrix}\qquad \alpha^{(2)}=0$$

D.2 压电系数

5,10,8,12	5,10mm,8mm,12mm
$d^{(1)}=\begin{pmatrix}0 & 0 & 0 & d_{14}^{(1)} & d_{15}^{(1)} & 0\\ 0 & 0 & 0 & d_{15}^{(1)} & -d_{14}^{(1)} & 0\\ d_{31}^{(1)} & d_{31}^{(1)} & d_{33}^{(1)} & 0 & 0 & 0\end{pmatrix}_4$	$d^{(1)}=\begin{pmatrix}0 & 0 & 0 & 0 & d_{15}^{(1)} & 0\\ 0 & 0 & 0 & d_{15}^{(1)} & 0 & 0\\ d_{31}^{(1)} & d_{31}^{(1)} & d_{33}^{(1)} & 0 & 0 & 0\end{pmatrix}_3$
52,1022,822,1222	5,$\overline{10}$
$d^{(1)}=\begin{pmatrix}0 & 0 & 0 & d_{14}^{(1)} & 0 & 0\\ 0 & 0 & 0 & 0 & -d_{14}^{(1)} & 0\\ 0 & 0 & 0 & 0 & 0 & 0\end{pmatrix}_1$	$d^{(2)}=\begin{pmatrix}d_{111}^{(2)} & -d_{111}^{(2)} & 0 & d_{112}^{(2)} & 0 & d_{112}^{(2)}\\ d_{112}^{(2)} & -d_{112}^{(2)} & 0 & -d_{111}^{(2)} & 0 & -d_{111}^{(2)}\\ 0 & 0 & 0 & 0 & 0 & 0\end{pmatrix}_2$
52,$\overline{10}2m$ ($2/\!/x_1$)	$5m$,$\overline{10}m2$ ($m\perp x_1$)
$d^{(2)}=\begin{pmatrix}d_{111}^{(2)} & -d_{111}^{(2)} & 0 & 0 & 0 & 0\\ 0 & 0 & 0 & -d_{111}^{(2)} & 0 & -d_{111}^{(2)}\\ 0 & 0 & 0 & 0 & 0 & 0\end{pmatrix}_1$	$d^{(2)}=\begin{pmatrix}0 & 0 & 0 & d_{112}^{(2)} & 0 & d_{112}^{(2)}\\ d_{112}^{(2)} & -d_{112}^{(2)} & 0 & 0 & 0 & 0\\ 0 & 0 & 0 & 0 & 0 & 0\end{pmatrix}_1$

5,10,8,12	5,10mm,8mm,12mm
$\bar{8},\overline{12}$	$\bar{8}2m$, $\overline{12}2m$ ($2/\!/x_1$)
$$d^{(2)}=\begin{pmatrix}0&0&d_{123}^{(2)}&0&d_{113}^{(2)}&0\\0&0&-d_{113}^{(2)}&0&d_{123}^{(2)}&0\\d_{311}^{(2)}&-d_{311}^{(2)}&0&d_{312}^{(2)}&0&d_{312}^{(2)}\end{pmatrix}_4$$	$$d^{(2)}=\begin{pmatrix}0&0&d_{123}^{(2)}&0&0&0\\0&0&0&0&d_{123}^{(2)}&0\\0&0&0&d_{312}^{(2)}&0&d_{312}^{(2)}\end{pmatrix}_2$$
$\bar{8}m2,\overline{12}m2$ ($m\perp x_1$)	其他情况
$$d^{(2)}=\begin{pmatrix}0&0&0&0&d_{113}^{(2)}&0\\0&0&-d_{113}^{(2)}&0&d_{123}^{(2)}&0\\d_{311}^{(2)}&-d_{311}^{(2)}&0&0&0&0\end{pmatrix}_2$$	或者 $d^{(1)}=0$ 或者 $d^{(2)}=0$ 或者 $d^{(1)}=d^{(2)}=0$

D.3 弹性常数

声子部分(C_{ijkl})对所有对称类型

	11	22	33	23	31	12
11	C_{11}	C_{12}	C_{13}	0	0	0
22	C_{12}	C_{11}	C_{13}	0	0	0
33	C_{13}	C_{13}	C_{33}	0	0	0
23	0	0	0	C_{44}	0	0
31	0	0	0	0	C_{44}	0
12	0	0	0	0	0	C_{66}

($C_{66}=(C_{11}-C_{12})/2$)

第 11 Laue 类(Laue 类编号见表 A.2)

相位子部分(K_{ijkl})

	11	22	23	12	13	21
11	K_1	K_2	K_7	0	K_6	0
22	K_2	K_1	K_7	0	K_6	0
23	K_7	K_7	K_4	K_6	0	$-K_6$
12	0	0	K_6	K_1	$-K_7$	$-K_2$
13	K_6	K_6	0	$-K_7$	K_4	K_7
21	0	0	$-K_6$	$-K_2$	K_7	K_1

声子-相位子耦合(R_{ijkl})

	11	22	23	12	13	21
11	R_1	R_1	R_6	R_2	R_5	$-R_2$
22	$-R_1$	$-R_1$	$-R_6$	$-R_2$	$-R_5$	R_2
33	0	0	0	0	0	0
23	R_4	$-R_4$	0	R_3	0	R_3
31	$-R_3$	R_3	0	R_4	0	R_4
12	R_2	R_2	$-R_5$	$-R_1$	R_6	R_1

第 12 Laue 类

若 $2 /\!/ x_1, m \perp x_1$,则 $K_6 = R_2 = R_3 = R_5 = 0$,

若 $2 /\!/ x_2, m \perp x_2$,则 $K_7 = R_2 = R_4 = R_6 = 0$.

第 13 Laue 类　　$K_6 = K_7 = R_3 = R_4 = R_5 = R_6 = 0$,

第 14 Laue 类　　$K_6 = K_7 = R_2 = R_3 = R_4 = R_5 = R_6 = 0$.

第 15 Laue 类

相位子部分(K_{ijkl})

	11	22	23	12	13	21
11	K_1	K_2	0	K_5	0	K_5
22	K_2	K_1	0	$-K_5$	0	$-K_5$
23	0	0	K_4	0	0	0
12	K_5	$-K_5$	0	Σ	0	K_3
13	0	0	0	0	K_4	0
21	K_5	$-K_5$	K_3	0	0	Σ

($\Sigma = K_1 + K_2 + K_3$)

声子-相位子耦合(R_{ijkl})

	11	22	23	12	13	21
11	R_1	R_1	0	R_2	0	$-R_2$
22	$-R_1$	$-R_1$	0	$-R_2$	0	R_2
33	0	0	0	0	0	0
23	0	0	0	0	0	0
31	0	0	0	0	0	0
12	R_2	R_2	0	$-R_1$	0	R_1

第 16 Laue 类，$K_5 = R_2 = 0$.

第 17 Laue 类，相位子部分同第 15 Laue 类，但无声子-相位子耦合.

第 18 Laue 类，相位子部分同第 16 Laue 类，但无声子-相位子耦合.

附录 E　二十面体准晶和立方准晶的物理性质张量

E.1　热膨胀系数

所有对称类型，　　235，$m\bar{3}\bar{5}$，　　23，$m3$，432，$\bar{4}32$，$m3m$，

$$\alpha^{(1)}=\begin{pmatrix}\alpha_{11}^{(1)} & 0 & 0\\ 0 & \alpha_{11}^{(1)} & 0\\ 0 & 0 & \alpha_{11}^{(1)}\end{pmatrix},\qquad \alpha^{(2)}=0,\qquad \alpha^{(2)}=\begin{pmatrix}\alpha_{11}^{(2)} & 0 & 0\\ 0 & \alpha_{11}^{(2)} & 0\\ 0 & 0 & \alpha_{11}^{(2)}\end{pmatrix}.$$

E.2　压电系数

点群		压电常数
	$d^{(1)}$	$d^{(2)}$
23	$\begin{pmatrix}0&0&0&d_{14}^{(1)}&0&0\\0&0&0&0&d_{14}^{(1)}&0\\0&0&0&0&0&d_{14}^{(1)}\end{pmatrix}_1$	$\begin{pmatrix}0&0&0&d_{123}^{(2)}&0&0&d_{132}^{(2)}&0&0\\0&0&0&0&d_{123}^{(2)}&0&0&d_{132}^{(2)}&0\\0&0&0&0&0&d_{123}^{(2)}&0&0&d_{132}^{(2)}\end{pmatrix}_2$
$\bar{4}3m$	$\begin{pmatrix}0&0&0&d_{14}^{(1)}&0&0\\0&0&0&0&d_{14}^{(1)}&0\\0&0&0&0&0&d_{14}^{(1)}\end{pmatrix}_1$	$\begin{pmatrix}0&0&0&d_{123}^{(2)}&0&0&d_{123}^{(2)}&0&0\\0&0&0&0&d_{123}^{(2)}&0&0&d_{123}^{(2)}&0\\0&0&0&0&0&d_{123}^{(2)}&0&0&d_{123}^{(2)}\end{pmatrix}_1$
432	$d^{(1)}=0$	$\begin{pmatrix}0&0&0&d_{123}^{(2)}&0&0&-d_{123}^{(2)}&0&0\\0&0&0&0&d_{123}^{(2)}&0&0&-d_{123}^{(2)}&0\\0&0&0&0&0&d_{123}^{(2)}&0&0&-d_{123}^{(2)}\end{pmatrix}_1$
$m\bar{3}$ $m\bar{3}m$ 235 $m\bar{3}\bar{5}$	$d^{(1)}=d^{(2)}=0$	

E.3 弹性常数

二十面体准晶,

声子场部分(C_{ijkl}),

是各向同性的,因而与坐标系的选取无关.

$C_{ijkl}=\lambda\delta_{ij}\delta_{kl}+\mu(\delta_{ik}\delta_{jl}+\delta_{il}\delta_{jk})$,

即是

$$[C]=\begin{bmatrix} \lambda+2\mu & \lambda & \lambda & 0 & 0 & 0 & 0 & 0 & 0 \\ \lambda & \lambda+2\mu & \lambda & 0 & 0 & 0 & 0 & 0 & 0 \\ \lambda & \lambda & \lambda+2\mu & 0 & 0 & 0 & 0 & 0 & 0 \\ 0 & 0 & 0 & \mu & 0 & 0 & \mu & 0 & 0 \\ 0 & 0 & 0 & 0 & \mu & 0 & 0 & \mu & 0 \\ 0 & 0 & 0 & 0 & 0 & \mu & 0 & 0 & \mu \\ 0 & 0 & 0 & \mu & 0 & 0 & \mu & 0 & 0 \\ 0 & 0 & 0 & 0 & \mu & 0 & 0 & \mu & 0 \\ 0 & 0 & 0 & 0 & 0 & \mu & 0 & 0 & \mu \end{bmatrix}.$$

相位子场部分(K_{ijkl})和声子-相位子耦合部分(R_{ijkl}).

(1) $A2P$-$A2$-$A5$ 坐标系.

相位子场部分(K_{ijkl})

$$[K]=\begin{bmatrix} K_1 & 0 & 0 & 0 & K_2 & 0 & 0 & K_2 & 0 \\ 0 & K_1 & 0 & 0 & -K_2 & 0 & 0 & K_2 & 0 \\ 0 & 0 & K_1+K_2 & 0 & 0 & 0 & 0 & 0 & 0 \\ 0 & 0 & 0 & K_1-K_2 & 0 & K_2 & 0 & 0 & -K_2 \\ K_2 & -K_2 & 0 & 0 & K_1-K_2 & 0 & 0 & 0 & 0 \\ 0 & 0 & 0 & K_2 & 0 & K_1 & -K_2 & 0 & 0 \\ 0 & 0 & 0 & 0 & 0 & -K_2 & K_1-K_2 & 0 & -K_2 \\ K_2 & K_2 & 0 & 0 & 0 & 0 & 0 & K_1-K_2 & 0 \\ 0 & 0 & 0 & -K_2 & 0 & 0 & -K_2 & 0 & K_1 \end{bmatrix}$$

声子-相位子耦合部分(R_{ijkl})

$$[R]=R\begin{bmatrix}1&1&1&0&0&0&0&1&0\\-1&-1&1&0&0&0&0&-1&0\\0&0&-2&0&0&0&0&0&0\\0&0&0&0&0&-1&1&0&-1\\1&-1&0&0&1&0&0&0&0\\0&0&0&-1&0&-1&0&0&1\\0&0&0&0&0&-1&1&0&-1\\1&-1&0&0&1&0&0&0&0\\0&0&0&-1&0&-1&0&0&1\end{bmatrix}.$$

(2) BB型 $A2$-$A2$-$A2$ 坐标系

$[K]=$

$$\begin{bmatrix}K_1-\tau K_2&0&K_2&0&0&0&0&0&0\\0&K_1&0&0&-K_2&0&0&K_2&0\\K_2&0&K_1+K_2/\tau&0&0&0&0&0&0\\0&0&0&K_1-\tau K_2&0&K_2&0&0&0\\0&-K_2&0&0&K_1&0&0&K_2&0\\0&0&0&K_2&0&K_1+K_2/\tau&0&0&0\\0&0&0&0&0&0&K_1-\tau K_2&0&-K_2\\0&K_2&0&0&K_2&0&0&K_1&0\\0&0&0&0&0&0&-K_2&0&K_1+K_2/\tau\end{bmatrix}$$

$$R=R\begin{bmatrix}0&-\tau&0&0&1&0&0&-\tau+1&0\\0&1&0&0&\tau-1&0&0&\tau&0\\0&\tau-1&0&0&-\tau&0&0&-1&0\\0&0&0&\tau-1&0&\tau&0&0&0\\-\tau+1&0&-\tau&0&0&0&0&0&0\\0&0&0&0&0&0&\tau-1&0&-\tau\\0&0&0&\tau-1&0&\tau&0&0&0\\-\tau+1&0&-\tau&0&0&0&0&0&0\\0&0&0&0&0&0&\tau-1&0&-\tau\end{bmatrix}.$$

(3) AB 型 $A2$-$A2$-$A2$ 坐标系

$K=$

$$\begin{bmatrix} K_1 & -K_2 & -K_2 & 0 & 0 & 0 & 0 & 0 & 0 \\ -K_2 & K_1 & -K_2 & 0 & 0 & 0 & 0 & 0 & 0 \\ -K_2 & -K_2 & K_1 & 0 & 0 & 0 & 0 & 0 & 0 \\ 0 & 0 & 0 & K_1+K_2/\tau & 0 & 0 & -K_2 & 0 & 0 \\ 0 & 0 & 0 & 0 & K_1+K_2/\tau & 0 & 0 & -K_2 & 0 \\ 0 & 0 & 0 & 0 & 0 & K_1+K_2/\tau & 0 & 0 & -K_2 \\ 0 & 0 & 0 & -K_2 & 0 & 0 & K_1-\tau K_2 & 0 & 0 \\ 0 & 0 & 0 & 0 & -K_2 & 0 & 0 & K_1-\tau K_2 & 0 \\ 0 & 0 & 0 & 0 & 0 & -K_2 & 0 & 0 & K_1-\tau K_2 \end{bmatrix}$$

$$R=R\begin{bmatrix} 1 & \tau-1 & -\tau & 0 & 0 & 0 & 0 & 0 & 0 \\ -\tau & 1 & \tau-1 & 0 & 0 & 0 & 0 & 0 & 0 \\ \tau-1 & -\tau & 1 & 0 & 0 & 0 & 0 & 0 & 0 \\ 0 & 0 & 0 & -\tau & 0 & 0 & \tau-1 & 0 & 0 \\ 0 & 0 & 0 & 0 & -\tau & 0 & 0 & \tau-1 & 0 \\ 0 & 0 & 0 & 0 & 0 & -\tau & 0 & 0 & \tau-1 \\ 0 & 0 & 0 & -\tau & 0 & 0 & \tau-1 & 0 & 0 \\ 0 & 0 & 0 & 0 & -\tau & 0 & 0 & \tau-1 & 0 \\ 0 & 0 & 0 & 0 & 0 & -\tau & 0 & 0 & \tau-1 \end{bmatrix}.$$

(4) BA 型 $A2$-$A2$-$A2$ 坐标系

$K=$

$$\begin{bmatrix} K_1 & -K_2 & -K_2 & 0 & 0 & 0 & 0 & 0 & 0 \\ -K_2 & K_1 & -K_2 & 0 & 0 & 0 & 0 & 0 & 0 \\ -K_2 & -K_2 & K_1 & 0 & 0 & 0 & 0 & 0 & 0 \\ 0 & 0 & 0 & K_1-\tau K_2 & 0 & 0 & -K_2 & 0 & 0 \\ 0 & 0 & 0 & 0 & K_1-\tau K_2 & 0 & 0 & -K_2 & 0 \\ 0 & 0 & 0 & 0 & 0 & K_1-\tau K_2 & 0 & 0 & -K_2 \\ 0 & 0 & 0 & -K_2 & 0 & 0 & K_1+K_2/\tau & 0 & 0 \\ 0 & 0 & 0 & 0 & -K_2 & 0 & 0 & K_1+K_2/\tau & 0 \\ 0 & 0 & 0 & 0 & 0 & -K_2 & 0 & 0 & K_1+K_2/\tau \end{bmatrix}$$

$$
R = R\begin{bmatrix}
1 & -\tau & \tau-1 & 0 & 0 & 0 & 0 & 0 & 0 \\
\tau-1 & 1 & -\tau & 0 & 0 & 0 & 0 & 0 & 0 \\
-\tau & \tau-1 & 1 & 0 & 0 & 0 & 0 & 0 & 0 \\
0 & 0 & 0 & \tau-1 & 0 & 0 & -\tau & 0 & 0 \\
0 & 0 & 0 & 0 & \tau-1 & 0 & 0 & -\tau & 0 \\
0 & 0 & 0 & 0 & 0 & \tau-1 & 0 & 0 & -\tau \\
0 & 0 & 0 & \tau-1 & 0 & 0 & -\tau & 0 & 0 \\
0 & 0 & 0 & 0 & \tau-1 & 0 & 0 & -\tau & 0 \\
0 & 0 & 0 & 0 & 0 & \tau-1 & 0 & 0 & -\tau
\end{bmatrix}.
$$

(5) AA 型 $A2\text{-}A2\text{-}A2$ 坐标系

$K=$

$$
\begin{bmatrix}
K_1-\tau K_2 & -K_2 & 0 & 0 & 0 & 0 & 0 & 0 & 0 \\
-K_2 & K_1+K_2/\tau & 0 & 0 & 0 & 0 & 0 & 0 & 0 \\
0 & 0 & K_1 & 0 & 0 & -K_2 & 0 & 0 & -K_2 \\
0 & 0 & 0 & K_1-\tau K_2 & -K_2 & 0 & 0 & 0 & 0 \\
0 & 0 & 0 & -K_2 & K_1+K_2/\tau & 0 & 0 & 0 & 0 \\
0 & 0 & -K_2 & 0 & 0 & K_1 & 0 & 0 & -K_2 \\
0 & 0 & 0 & 0 & 0 & 0 & K_1-\tau K_2 & -K_2 & 0 \\
0 & 0 & 0 & 0 & 0 & 0 & -K_2 & K_1+K_2/\tau & 0 \\
0 & 0 & -K_2 & 0 & 0 & -K_2 & 0 & 0 & K_1
\end{bmatrix},
$$

$$
R = R\begin{bmatrix}
0 & 0 & -\tau & 0 & 0 & \tau-1 & 0 & 0 & 1 \\
0 & 0 & \tau-1 & 0 & 0 & 1 & 0 & 0 & -\tau \\
0 & 0 & 1 & 0 & 0 & -\tau & 0 & 0 & \tau-1 \\
0 & 0 & 0 & 0 & 0 & 0 & \tau-1 & -\tau & 0 \\
0 & 0 & 0 & \tau-1 & -\tau & 0 & 0 & 0 & 0 \\
\tau-1 & -\tau & 0 & 0 & 0 & 0 & 0 & 0 & 0 \\
0 & 0 & 0 & 0 & 0 & 0 & \tau-1 & -\tau & 0 \\
0 & 0 & 0 & \tau-1 & -\tau & 0 & 0 & 0 & 0 \\
\tau-1 & -\tau & 0 & 0 & 0 & 0 & 0 & 0 & 0
\end{bmatrix}.
$$

立方准晶

共有 9 个独立的弹性常数，C_{ijkl}、K_{ijkl} 和 R_{ijkl} 各有 3 个，而且它们具有相

同的矩阵结构. 若采用统一的、与经典弹性理论一样的减缩指标 $B_{ijkl} \to B_{KM}$，则其形式为

$$\begin{bmatrix} B_{11} & B_{12} & B_{12} & 0 & 0 & 0 \\ B_{12} & B_{11} & B_{12} & 0 & 0 & 0 \\ B_{12} & B_{12} & B_{11} & 0 & 0 & 0 \\ 0 & 0 & 0 & B_{44} & 0 & 0 \\ 0 & 0 & 0 & 0 & B_{44} & 0 \\ 0 & 0 & 0 & 0 & 0 & B_{44} \end{bmatrix},$$

这里，$B_{KM} = C_{KM}(C_{ijkl})$，或 $K_{KM}(K_{ijkl})$，或 $R_{KM}(R_{ijkl})$.

附录F 本书三位作者的准晶研究主要论文目录(1986～2003)

[1] Wang R, Gui J, Yao S, Cheng Y, Lu G, Huang M. High-temperature X-ray Diffraction Study of the Crystallization Process in Rapidly Quenched Al (Mn, Fe). Alloys Phil Mag B, 1986(54): L33～37

[2] Cheng Y, Wang R. Convergent-Beam Electron Diffraction Determination of the Extinction Distance of the Quasicrystalline Icosahedral Phase. Solid State Commun, 1988(68): 795～797

[3] Cheng Y, Wang R. Dynamical Theory of Electron Diffraction for Quasicrystals. Phys Stat Sol B, 1989(152): 33～37

[4] Dai MX, Wang R H. Experimental Observation and Computer Simulation of HOLZ Line Patterns of Quasicrystalline Icosahedral Phase. Solid State Commun, 1990(73): 77～80

[5] Dai M X, Wang R H. Comparative Investigation of Microarea Quasilattice Parameters of Al-Mn-Si and Al-Cu-Fe Icosahedral Phases by Using HOLZ Line Patterns. Acta Cryst B, 1990(46): 455～458

[6] Dai M X, Wang R H, Gui JN, Yan YF. Transmission Electron Microscopic Analysis of Stacking Faults in a Decagonal Al-Co-Ni. Alloy Phil Mag Lett, 1991(64): 21～27

[7] Wang Z G, Wang R H, Deng W F. Transmission-Electron-Microscopy Studies of Small Dislocation Loops in $Al_{76}Si_4Mn_{20}$ Icosahedral Phase. Phys Rev Lett, 1991(66): 2124～2127

[8] Yan Y, Wang R, Gui J, Dai M, He L. Experimental Observation and Computer Simulation of High-order Laue Zone Line Patterns of Al-Co-Ni Decagonal Quasicrystals. Phil Mag Lett, 1992(65): 33～41

[9] Yan Y F, Wang R, Feng J L. Burgers vector determination of dislocations in an $Al_{70}Co_{15}Ni_{15}$ decagonal quasicrystal. Phil Mag Lett, 1992(66): 197～201

[10] Yan Y F, Wang R. Experimental observations of small-angle grain boundaries in the $Al_{70}Co_{15}Ni_{15}$ decagonal Quasicrystal. Phil Mag Lett, 1992(66):253～258

[11] Yan Y F, Wang R. Experimental observations of effects on HOLZ lines induced by a stacking fault in an $Al_{70}Co_{15}Ni_{15}$ decagonal quasicrystal. J Phys: Condens Matter, 1992(4):L533~536

[12] Yan Y F, Wang R, Gui J, Dai M. Kikuchi patterns, index system and inflation properties of an $Al_{70}Co_{15}Ni_{15}$ decagonal phase. Acta Cryst B, 1993(49): 435~443

[13] Yan Y F, Wang R. Transmission electron microscope observations of rectangular dislocation networks in an $Al_{70}Co_{15}Ni_{15}$ decagonal quasicrystal. J Materials Res, 1993(8): 286~290

[14] Yan Y F, Wang R. High-temperature-deformation introduced defects in an $Al_{70}Co_{15}Ni_{15}$ decagonal quasicrystal. Phil Mag Lett, 1993(67): 51~57

[15] Wang Z G, Wang R. Computer simulation of diffraction contrast images of small dislocation loops in icosahedral Quasicrystals. J Phys: Condens Matter, 1993(5): 2935~2946

[16] Yan Y F, Wang R. The Burgers vector of an edge dislocation in an $Al_{70}Co_{15}Ni_{15}$ decagonal quasicrystal determined by means of convergent-beam electron diffraction. J Phys: Condens Matter, 1993(5): L195~200

[17] Wang R, Dai M X. Burgers vector of dislocations in an icosahedral $Al_{62}Cu_{25.5}Fe_{12.5}$ quasicrystal determined by means of convergent-beam electron diffraction. Phys Rev B, 1993(47): 15326~15329

[18] Wang Z G, Yang X X, Wang R H. Ar^{+}-ion-irradiation-induced phase transformation in an $Al_{62}Cu_{25.5}Fe_{12.5}$ icosahedral quasicrystal. J Phys: Condens Matter, 1993(5): 7569~7576

[19] Yan Y F, Wang R H. A transmission electron microscopy study of a dislocation dipole and dislocation pairs in an $Al_{70}Co_{15}Ni_{15}$ decagonal quasicrystal. Phil Mag A, 1993(68): 1033~1038

[20] Feng J L, Wang R H, Wang Z G. A new six-dimensional Burgers vector of dislocations in icosahedral quasicrystals determined by convergent-beam electron diffraction. Phil Mag Lett, 1993(68): 321~326

[21] Ding D H, Yang W G, Hu C Z, Wang R H. Generalized elasticity theory of quasicrystals. Phys Rev B, 1993(48): 7003~7010

[22] Wang R H, Takahashi H, Ohnuki S, Wang Z G. Irradiation-induced amorphization of the $Al_{76}Si_4Mn_{20}$ icosahedral quasicrystal. Radiation Effects and Defects in Solids, 1994(129): 173~180

[23] Wang R, Qin C, Lu G, Feng Y, Xu S. Projection description of cubic quasiperiodic crystals with phason strains. Acta Cryst A, 1994(50): 366~375

[24] Zou W H, Wang R, Gui J, Zhao J Y, Jiang J H. Standard Stereographic Diagrams and Indexing of X-Ray Laue Diffraction Spots of an Icosahedral Quasicrystal. J Appl Cryst, 1994(27): 13～19

[25] Wang R H, Feng J L, Yan Y F, Dai M X. Convergent-beam electron diffraction determination of the Burgers vectors of dislocations in Quasicrystals. Mater Sci Forum, 1994(150,151): 323～334

[26] Feng J L, Wang R H. Convergent-beam electron diffraction study of the Burgers vectors of dislocations in icosahedral Quasicrystals. Phil Mag A, 1994(69): 981～994.

[27] Wang Z G, Dai M X, Wang R. Observation and simulation of a small dislocation loop in Al-Pd-Mn face-centred icosahedral Quasicrystal. Phil Mag Lett, 1994(69): 291～296

[28] Feng J L, Wang R H. Fivefold and threefold-type dislocations in an Al-Cu-Fe icosahedral quasicrystal identified by defocus convergent-beam electron diffraction. Phil Mag Lett, 1994(69): 309～315

[29] Wang Z G, Wang R, Feng J L. Dynamical simulations of diffraction contrast images of straight dislocations in icosahedral Quasicrystals. Phil Mag A, 1994(70): 577～590

[30] Yang W G, Ding D H, Hu C Z, Wang R H. Group-theoretical derivation of the numbers of independent physical constants of quasicrystals. Phys Rev B, 1994(49): 12656～12661

[31] Feng J L, Wang R H. Burgers vector determination for quasi-crystalline dislocations by the diffraction contrast Technique. J Phys: Condens Matter, 1994(6): 6437～6446

[32] Wang R H, Yang X X, Zou W H, Wang Z G, Gui J N, Jiang J H. White-beam synchrotron radiation study of dislocations in an $Al_{62}Cu_{25.5}Fe_{12.5}$ icosahedral quasicrystal. J Phys: Condens Matter, 1994(6): 9009～9016

[33] Qin Y L, Wang R H, Wang Q L, Zhang Y M, Pan C X, Ar^+-ion-irradiation-induced phase transformations in an $Al_{70}Co_{15}Ni_{15}$ decagonal quasicrystal. Phil Mag Lett, 1995(71): 83～90

[34] Wang R H, Yang X X, Takahashi H, Ohnuki S. Phase transformation induced by irradiating an $Al_{62}Cu_{25.5}Fe_{12.5}$ icosahedral quasicrystal. J Phys: Condens Matter, 1995(7): 2105～2114

[35] Ding D H, Wang R H, Yang W G, Hu C Z. General expressions for the elastic displacement fields induced by dislocations in quasicrystals. J Phys: Condens Matter, 1995(7): 5423～5436

[36] Yang W G, Lei J L, Ding D H, Wang R H, Hu C Z. Elastic displacement fields induced by dislocations in dodecagonal quasicrystals. Phys Lett A, 1995(200): 177~183

[37] Yang W G, Wang R H, Ding D H, Hu C Z. Group-theoretical derivation of quadratic elastic invariants of two-dimensional quasicrystals of rank five and rank seven. J Phys: Condens Matter, 1995(7): 7099~7112

[38] Ding D H, Wang R H, Yang W G, Hu C Z, Qin Y L. Elasticity theory of straight dislocations in quasicrystals. Phil Mag Lett, 1995(72): 353~359

[39] Ding D H, Qin Y L, Wang R H, Hu C Z, Yang W G. Generalisation of Eshlby's method to the anisotropic elastiity theory of dislocations in Quasicrystals. Acta Phys Sinica (Overseas Edition), 1995(4): 816~824

[40] Feng J L, Wang R H, Dai M X. Observation and analysis of extended dislocations in an Al-Pd-Mn icosahedral quasicrystal by transmission electron microscopy. J Mater Res, 1995(10): 2742~2748

[41] Yang X X, Wang R, Fan X J. Phase transitions in $Al_{62}Cu_{25.5}Fe_{12.5}$ quasicrystal induced by low-temperature Ar^{2+} irradiation, Phil Mag Lett, 1996(73): 121~127

[42] Hu C Z, Wang R, Yang W G, Ding D H. Point groups and elastic properties of two-dimensional quasicrystals. Acta Cryst A, 1996(52): 251~256

[43] Hu C Z, Wang R, Ding D H, Yang W G. Structural Transitions in Octagonal, Decagonal and Dodecagoal Quasicrystals. Phys Rev B, 1996(53): 12031~12034

[44] Yang W G, Ding D H, Wang R H, Hu C Z. Thermodynamics of equilibrium properties of quasicrystals. Z Phys B, 1996(100): 447~454

[45] Yang W G, Gui J N, Wang R H. Some new stable one dimensional quasicrystals in an $Al_{65}Cu_{20}Fe_{10}Mn_5$ alloy. Phil Mag Lett, 1996(74): 357~366

[46] Qin Y L, Wang R H, Ding D H, Lei J L. Analytical expression of the elastic displacement fields induced by straight dislocations in decagonal, octogonal and dodecagonal quasicrystals. J Phys: Condens Matter, 1997(9): 859~872

[47] Wang R H, Yang W G, Hu C Z, Ding D H. Point and space groups and elastic behaviours of one-dimensional quasicrystals. J Phys: Condens Matter, 1997 (9), 2411~2422

[48] Qin Y L, Wang R H, Wang Q L. Ar ion irradiation effects in an $Al_{70}Co_{15}Ni_{15}$ decagonal quasicrystal. Rad Effects and Defects in Solids, 1997(140): 335~349

[49] Lei J L, Wang R H, Ding D H, Wang Z G. Calculation and Illustration of Section-Projection Diagrams of Quasicrystals. Wuhan University Journal of Natural Sciences, 1997(2): 40~44

[50] Yao D Z, Wang R H, Ding D H, Hu C Z. Evaluation of some useful integrals for the theory of dislocations in quasicrystals. Phys Lett A, 1997(225): 127～133

[51] Hu C Z, Wang R H, Ding D H, Yang W G. Piezoelectric effects in quasicrystals. Phys Rev B, 1997(56): 2463～2468

[52] 胡承正,杨文革,王仁卉,丁棣华. 准晶的对称性和物理性质. 物理学进展, 1997(17): 345～374

[53] Wang R H, Feuerbacher M, Wollgarten M, Urban K. Dislocation reactions in icosahedral Al-Pd-Mn quasicrystals. Phil Mag A, 1998(77): 523～540

[54] Yang W G, Feuerbacher M, Tamura N, Ding D H, Wang R H, Urban K. Atomic model of dislocations in Al-Pd-Mn icosahedral quasicrystals. Phil Mag A, 1998 (77): 1481～1497

[55] Wang R H, Feurbacher M, Yang W G, Urban K. Stacking faults in high-temperature-deformed Al-Pd-Mn icosahedral quasicrystals. Phil Mag A, 1998(78): 273～284

[56] Lei J L, Wang R H, Hu C Z, Ding D H. Diffuse scattering from pentagonal quasicrystals. Phys Lett A, 1998(247): 343～352.

[57] 丁棣华, 王仁卉,杨文革,胡承正. 准晶的弹性、塑性与位错. 物理学进展, 1998 (18): 223～260

[58] Lei J L, Wang R H, Hu C Z, Ding D H. Diffuse scattering from decagonal quasicrystals. Phys Rev B, 1999(59): 822～828

[59] Lei J L, Hu C Z, Wang R H, Ding D H. Diffuse scattering from octagonal quasicrystals. J Phys: Condens Matter, 1999(11): 1211～1223

[60] Wang J B, Zhang R K, Ding D H, Wang R H. Positive-definite conditions of elastic constants of two-dimensional quasicrystals with non-crystallographic symmetries. Acta Cryst A, 1999(55): 558～560

[61] Hu C Z, Wang R H, Ding D H. Symmety groups, physical propety tensors, elasticity and dislocations in quasicrystals. Rep Prog Phys, 2000(63): 1～39

[62] Lei J L, Wang R H, Hu C Z, Ding D H. Diffuse scattering from dodecagonal quasicrystals. Eur Phys J B, 2000(13): 21～30

[63] Wang R H, Hu C Z, Lei J L, Ding D H. Theoretical aspects of thermal diffuse scattering from Quasicrystals. Phys Rev B, 2000(61): 5843～5845

[64] Yang W G, Wang R H, Feuerbacher M, Schall P, Urban K. Determination of the Burgers vector of dislocations in icosahedral quasicrystals by a high-resolution lattice-fringe technique. Phil Mag Lett, 2000(80): 281～288

[65] Wang R H, Defocus convergent beam electron diffraction determination of Burgers vectors of dislocations in quasicrystals. Micron, 2000(31): 475～486

[66] Wang R H, Yang W G, Gui J N, Urban K. Dislocation mechanism of high-temperature plastic deformation of Al-Cu-Fe and Al-Pd-Mn icosahedral quasicrystals. Mater Sci Eng A, 2000(294~296): 742~747

[67] Heggen M, Feuerbacher M, Schall P, Urban K, Wang R. Antiphase domains in plastically deformed Zn-Mg-Dy single quasicrystals. Phys Rev B, 2001 (64): 014202~014206

[68] Wang J B, Gastaldi J, Wang R H. Preliminary Characterization of Loop-Shaped Defect in AlPdMn Icosahedral Quasicrystal by Conventional X-ray Topography. Chin Phys Lett, 2001(18): 88~90

[69] Wang R H, Hu C Z, Lei J L. Theory of Diffuse scattering of Quasicrystals due to Thermalised Phonons and Phasons Fluctuations. Phys Stat Sol B, 2001(225): 21~34

[70] Gui J N, Wang J B, Wang R H, Wang D H, Liu J, Chen F Y. On some discrepancies in the literature about the formation of icosahedral quasicrystal in Al-Cu-Fe alloys. J Mater Res, 2001(16): 1037~1046

[71] Lei J L, Wang R H, Yin J H, Duan X F. Diffuse electron scattering determination of elastic constants of Al-Pd-Mn icosahedral quasicrystal. J Alloys Comp, 2002 (342): 326~329

[72] Weidner E, Lei J L, Frey F, Wang R H, Grushko B. Difuse scattering in decagonal Al-Ni-Fe. J Alloys Comp, 2002(342): 156~158

[73] Wang R H and Hu C Z. Dislocations in Quasicrystals. In: Intermetallic Compounds-Principles and Practice, Vol. 3, Progress, Eds: J. H. Westbrook and R. L. Fleischer. West Sussex: John Wiley, 2002. 379~402

[74] Wang J B, Yang W G, Wang R H. Atomic model of anti-phase boundaries in a face-centred icosahedral Zn-Mg-Dy quasicrystal. J Phys: Condens Matter, 2003(15): 1599~1611

[75] Wang J B, Mancini L, Wang R H, Gastaldi J. Phonon-and phason-type spherical inclusions in icosahedral quasicrystals. J Phys: Condens Matter, 2003(15): L363~370

[76] Fang A H, Zou H M, Yu F M, Wang R H, Duan X F. Structure refinement of the icosahedral AlPdMn quasicrystal using quantitative convergent beam electron diffraction and symmetry-adapted parameters. J Phys: Condens Matter, 2003 (15): 4947~4960

[77] Zhao D S, Wang R H, Wang J B, Qu W B, Shen N F, Gui J N. The role of the phi-phase in the solidification process of Al-Cu-Fe icosahedral quasicrystal. Material Letters, 2003(57): 4493~4500

主要参考文献

[1] R. Wang, J. Gui, S. Yao, Y. Cheng, G. Lu and M. Huang, High-temperature X-ray Diffraction Study of the Crystallization Process in Rapidly Quenched Al(Mn, Fe) Alloys, Phil. Mag. B. 1986, 54(2):L33～L37

[2] Y. Cheng and R. Wang, Convergent-Beam Electron Diffraction Determination of the Extinction Distance of the Quasicrystalline Icosahedral Phase Solid State Commun.. 1988(68):795～797

[3] Y. Cheng and R. Wang, Dynamical Theory of Electron Diffraction for Quasicrystals. phys. stat. sol. (b). 1989(152):33～37

[4] Mingxing Dai and Renhui Wang, Experimental Observation and Computer Simulation of HOLZ Line Patterns of Quasicrystalline Icosahedral Phase. Solid state Commun.. 1990(73):77～80

[5] Mingxing Dai and Renhui Wang, Comparative Investigation of Microarea Quasilattice Parameters of Al-Mn-Si and Al-Cu-Fe Icosahedral Phases by Using HOLZ Line Patterns. Acta Cryst. B. 1990(46):455～458

[6] Mingxing Dai, Renhui WANG, Jianian GUI and Yanfa YAN, Transmission Electron Microscopic Analysis of Stacking Faults in a Decagonal Al-Co-Ni Alloy. Phil. Mag. Lett.. 1991,64(1):21～27

[7] Zhouguang WANG, Renhui WANG and Wenfang Deng, Transmission-Electron-Microscopy Studies of Small Dislocation Loops in $Al_{76}Si_4Mn_{20}$ Icosahedral Phase. Physical Review Letters. 1991(66):2124～2127

[8] Y. YAN, R. WANG, J. GUI, M. DAI and L. HE, Experimental Observation and Computer Simulation of high-order Laue zone Line Patterns of Al-Co-Ni Decagonal Quasicrystals, Phil. Mag. Lett.. 1992(65):33～41

[9] Y. F. Yan, R. Wang and J. L. Feng, Burgers vector determination of dislocations in an $Al_{70}Co_{15}Ni_{15}$ decagonal quasicrystal Phil. Mag. Lett.. 1992, 66(4):197～201

[10] Y. F. Yan and R. Wang, Experimental observations of small-angle grain boundaries in the $Al_{70}Co_{15}Ni_{15}$ decagonal quasicrystal, Phil. Mag. Lett.. 1992(66):253～258

[11] Y. F. Yan, R. Wang, Experimental observations of effects on HOLZ lines induced by a stacking fault in an $Al_{70}Co_{15}Ni_{15}$ decagonal quasicrystal. J. Phys.: Condens. Matter. 1992(4):533～536

[12] Y. F. Yan, R. Wang, J. Gui and M. Dai, Kikuchi patterns, index system and inflation properties of an $Al_{70}Co_{15}Ni_{15}$ decagonal phase. Acta Cryst.. 1993(B 49)

435～443

[13] Y. F. Yan and R. Wang, Transmission electron microscope observations of rectangular dislocation networks in an $Al_{70}Co_{15}Ni_{15}$ decagonal quasicrystal. J. Materials Res.. 1993(8):286～290

[14] Y. F. Yan and R. Wang, High-temperature-deformation introduced defects in an $Al_{70}Co_{15}Ni_{15}$ decagonal quasicrystal. Phil. Mag. Lett.. 1993(67):51～57

[15] Z. G. Wang and R. Wang, Computer simulation of diffraction contrast images of small dislocation loops in icosahedral quasicrystals. J. Phys.: Condens. Matter. 1993(5):2935～2946

[16] Y. F. Yan and R. Wang, The Burgers vector of an edge dislocation in an $Al_{70}Co_{15}Ni_{15}$ decagonal quasicrystal determined by means of convergent-beam electron diffraction. J. Phys.:Condens. Matter. 1993(5):L195～L200

[17] R. Wang and M. X. Dai, Burgers vector of dislocations in an icosahedral $Al_{62}Cu_{25.5}Fe_{12.5}$ quasicrystal determined by means of convergent-beam electron diffraction, Phys. Rev. B. 1993(47):15326～15329

[18] Zhouguang Wang, Xiangxiu Yang and Renhui Wang, Ar^{+}-ion-irradiation-induced phase transformation in an $Al_{62}Cu_{25.5}Fe_{12.5}$ icosahedral quasicrystal J. Phys.: Condens. Matter. 1993(5):7569～7576

[19] Yanfa Yan and Renhui Wang, A transmission electron microscopy study of a dislocation dipole and dislocation pairs in an $Al_{70}Co_{15}Ni_{15}$ decagonal quasicrystal, Phil. Mag. A. 1993(68):1033～1038

[20] Jianglin Feng, Renhui Wang and Zhouguang Wang, A new six-dimensional Burgers vector of dislocations in icosahedral quasicrystals determined by convergent-beam electron diffraction, Phil. Mag. Lett.. 1993(68):321～326

[21] Di-hua Ding, Wenge Yang, Chengzheng Hu and Renhui Wang Generalized elasticity theory of quasicrystals, Phys. Rev. B. 1993(48):7003～7010

[22] Renhui Wang, Heishichiro Takahashi, Somei Ohnuki and Zhouguang Wang Irradiation-induced amorphization of the $Al_{76}Si_4Mn_{20}$ icosahedral quasicrystal Radiation Effects and Defects in Solids. 1994(129):173～180

[23] R. Wang, C. Qin, G. Lu, Y. Feng and S. Xu, Projection description of cubic quasiperiodic crystals with phason strains Acta Cryst. A. 1994(50):366～375

[24] W. H. Zou, R. Wang, J. Gui, J. Y. Zhao and J. H. Jiang, Standard Stereographic Diagrams and Indexing of X-Ray Laue Diffraction Spots of an Icosahedral Quasicrystal, J. Appl. Cryst.. 1994(27):13～19

[25] Renhui Wang, Jianglin Feng, Yanfa Yan and Mingxing Dai, Convergent-beam elec-

tron diffraction determination of the Burgers vectors of dislocations in Quasicrystals, Mater. Sci. Forum. 1994(150～151):323～334

[26] Jianglin Feng and Renhui Wang, Convergent-beam electron diffraction study of the Burgers vectors of dislocations in icosahedral quasicrystals, Phil. Mag. A, 1994(69):981～994

[27] Z. G. Wang, M. X. Dai and R. Wang, Observation and simulation of a small dislocation loop in Al-Pd-Mn face-centred icosahedral quasicrystal, Phil. Mag. Lett.. 1994(69):291～296

[28] Jianglin Feng and Renhui Wang. Fivefold and threefold-type dislocations in an Al-Cu-Fe icosahedral quasicrystal identified by defocus convergent-beam electron diffraction, Phil. Mag. Lett.. 1994(69):309～315

[29] Z. G. Wang, R. Wang and J. L. Feng, Dynamical simulations of diffraction contrast images of straight dislocations in icosahedral quasicrystals, Phil. Mag. A. 1994(70):577～590

[30] Wenge Yang, Dihua Ding, Chenzheng Hu and Renhui Wang, Group-theoretical derivation of the numbers of independent physical constants of quasicrystals Phys. Rev. B. 1994(49):12656～12661

[31] Jianglin Feng and Renhui Wang, Burgers vector determination for quasi-crystalline dislocations by the diffraction contrast technique, J. Phys.: Condens. Matter.. 1994(6):6437～6446

[32] Renhui Wang, Xiangxiu Yang, Wenhui Zou, Zhouguang Wang, Jianian Gui and Jianhua Jiang White-beam synchrotron radiation study of dislocations in an $Al_{62}Cu_{25.5}Fe_{12.5}$ icosahedral quasi-crystal, J. Phys.:Condens. Matter. 1994(6):9009～9016

[33] Yueling Qin, Renhui Wang. Qinglin Wang, Yimin Zhang and Cunxu Pan Ar^{+}-ion-irradiation-induced phase transformations in an $Al_{70}Co_{15}Ni_{15}$ decagonal quasicrystal Phil. Mag. Lett.. 1995(71):83～90

[34] Renhui wang, Xiangxiu Yang, H. Takahashi and S. Ohnuki, Phase transformation induced by irradiating an $Al_{62}Cu_{25.5}Fe_{12.5}$ icosahedral quasicrystal J. Phys.: Condens. Matter. 1995(7):2105～2114

[35] Di-hua Ding, Renhui Wang, Wenge Yang and chengzheng Hu, General expressions for the elastic displacement fields induced by dislocations in quasicrystals J. Phys.: Condens. Matter. 1995(7):5423～5436

[36] Wenge Yang, Jianlin Lei, Di-hua Ding, Renhui Wang and Chengzheng Hu, Elastic displacement fields induced by dislocations in dodecagonal quasicrystals, Phys. Lett. A. 1995(200):177～183

[37] Wenge Yang, Renhui Wang, Di-hua Ding and Chengzheng Hu, Group-theoretical derivation of quadratic elastic invariants of two-dimensional quasicrystals of rank five and rank seven, J. Phys. Condens. Matter. 1995(7):7099～7112

[38] Di-hua Ding, Renhui Wang, Wenge Yang, Chengzheng Hu and Yuelin Qin Elasticity theory of straight dislocations in quasicrystals, Phil. Mag. Lett.. 1995(72): 353～359

[39] Di-hua Ding, Yueling Qin, Renhui Wang, Chengzheng Hu and Wenge Yang Generalisation of Eshlby's method to the anisotropic elastiity theory of dislocations in quasicrystals, Acta. Phys. Sinica (Overseas Edition). 1995(4):816～824

[40] Jianglin Feng, Renhui Wang and Mingxing Dai, Observation and analysis of extended dislocations in an Al-Pd-Mn icosahedral quasicrystal by transmission electron microscopy, J. Mater. Res.. 1995(10):2742～2748

[41] X. X. Yang, R. Wang and X. J. Fan, Phase transitions in $Al_{62}Cu_{25.5}Fe_{12.5}$ quasicrystal induced by low-temperature Ar^{2+} irradiation. Phil. Mag. Lett.. 1996(73):121～127

[42] C. Z. Hu, R. Wang, W. G. Yang and D.-H. Ding. Point groups and elastic properties of two-dimensional quasicrystals, Acta Cryst. A. 1996(52):251～256

[43] C. Z. Hu, R. Wang, D,-H. Ding and W. G. Yang. Structural Transitions in Octagonal, Decagonal and Dodecagoal Quasicrystals Phys. Rev. B. 1996 (53): 12031～12034

[44] Wenge Yang, Di-Hua Ding, Renhui Wang and Chengzheng Hu. Thermodynamics of equilibrium properties of quasicrystals, Z. Phys. B. 1996(100):447～454

[45] Wenge YANG, Jianian GUI and Renhui WANG. Some new stable one dimensional quasicrystals in an $Al_{65}Cu_{20}Fe_{10}Mn_5$ alloy Phil. Mag. Lett.. 1996(74):357～366

[46] Yueling QIN, Renhui WANG, Di-hua DING and Jianlin LEI, Analytical expression of the elastic displacement fields induced by straight dislocations in decagonal, octogonal and dodecagonal quasicrystals, J. Phys.:Condens. Matter.. 1997(9):859～872

[47] Renhui WANG, Wenge YANG, Chengzheng HU and Di-hua DING, Point and space groups and elastic behaviours of one-dimensional quasicrystals, J. Phys.:Condens. Matter, 1997(9):2411～2422

[48] Yueling QIN, Renhui WANG and Qinglin WANG, Ar ion irradiation effects in an $Al_{70}Co_{15}Ni_{15}$ decagonal quasicrystal, Rad. Effects and Defects in Solids. 1997(140): 335～349

[49] Lei Jianlin, Wang Renhui, Ding Dihua, Wang Zhouguang, Calculation and Illustra-

tion of Section-Projection Diagrams of Quasicrystals Wuhan University Journal of Natural Sciences. 1997(2):40～44

[50] Duanzheng Yao, Renhui Wang, Di-Hua Ding and Chengzheng Hu. Evaluation of some useful integrals for the theory of dislocations in quasicrystals. Phys. Lett.. 1997(225):127～133

[51] Chengzheng Hu, Renhui Wang, Di-Hua Ding, and Wenge Yang, Piezoelectric effects in quasicrystals, Phys. Rev. B. 1997(56):2463～2468

[52] 胡承正,杨文革,王仁卉,丁棣华. 准晶的对称性和物理性质. 物理学进展, 1997,17(4):345～374

[53] Renhui Wang, Michael Feuerbacher, Markus Wollgarten and Knut Urban Dislocation reactions in icosahedral Al-Pd-Mn quasicrystals, Philosophical Magazine. 1998, A77(2):523～540

[54] Renhui Wang, Michael Feurbacher, Wenge Yang and Knut Urban, Stacking faults in high-temperature-deformed Al-Pd-Mn icosahedral quasicrystals. Philosophical Magazine. 1998,A78(2):273～284

[55] Jianlin Lei, Renhui Wang, Chengzheng Hu and Di-hua Ding. Diffuse scattering from pentagonal quasicrystals, Phys. Lett.. 1998(247):343～352

[56] 丁棣华,王仁卉,杨文革,胡承正,准晶的弹性、塑性与位错. 物理学进展,1998. 18(3):223～260

中国科学院科学出版基金资助出版

U0786843

凝聚态物理学丛书·典藏版

晶体位错理论基础

（第二卷）

杨顺华　丁棣华　著

科学出版社

北　京

内 容 简 介

位错理论起源于用弹性体中位错的行为来解释晶体的范性性质，尔后发展成为晶体缺陷理论的一个重要独立部分．现代位错理论已是金属力学性质微观理论的基础，位错与固体各种结构敏感的物理性质都有相当的联系，在理论上也取得了若干新进展．本书内容是位错理论的基础，分两卷出版，本书是第二卷，主要论述位错与点缺陷的相互作用，位错的攀移与滑移，晶界、相界的位错模型，位错与裂纹，位错与马氏体相变，向错理论基础以及新近发展起来的准晶体中的位错理论.书末还附有两个附录，即位错塞积群和平面弹性理论提要.

本书可作为大专院校金属物理、材料科学及固体理论方面的高年级学生和研究生的教学用书或参考书，也可供有关教师及从事金属及其他材料研究和开发的科技人员参考.

图书在版编目(CIP)数据

晶体位错理论基础. 第二卷/杨顺华，丁棣华著. —北京：科学出版社，1998.3
(2017.1 重印)

（凝聚态物理学丛书 ： 典藏版）

ISBN 978-7-03-006102-7

Ⅰ. ①晶…　Ⅱ. ①杨… ②丁…　Ⅲ. 晶体化学—位错理论　Ⅳ. ①O77

中国版本图书馆 CIP 数据核字(2017)第 002220 号

科学出版社 出版

北京东黄城根北街 16 号

邮政编码：100717

http://www.sciencep.com

北京厚诚则铭印刷科技有限公司印刷

科学出版社发行　各地新华书店经销

*

1998 年 3 月第　一　版　开本：850×1168 1/32

2017 年 1 月印　　刷　印张：17 1/2

字数：460 000

定价：138.00 元

(如有印装质量问题，我社负责调换)

《凝聚态物理学丛书》出版说明

以固体物理学为主干的凝聚态物理学,通过半个世纪以来的迅速发展,已经成为当今物理学中内容最丰富、应用最广泛、集中人力最多的分支学科. 从历史的发展来看,凝聚态物理学无非是固体物理学的向外延拓. 由于近年来固体物理学的基本概念和实验技术在许多非固体材料中的应用也卓有成效,所以人们乐于采用范围更加广泛的"凝聚态物理学"这一名称.

凝聚态物理学是研究凝聚态物质的微观结构、运动状态、物理性质及其相互关系的科学. 诸如晶体学、金属物理学、半导体物理学、磁学、电介质物理学、低温物理学、高压物理学、发光学以及近期发展起来的表面物理学、非晶态物理学、液晶物理学、高分子物理学及低维固体物理学等都是属于它的分支学科,而且新的分支尚在不断迸发. 还有,凝聚态物理学的概念、方法和技术还在向相邻的学科渗透,有力地促进了材料科学、化学物理学、生物物理学和地求物理学等学科的发展.

研究凝聚态物质本身的性质和它在各种外界条件(如力、热、光、气、电、磁、各种微观粒子束的辐照乃至各种极端条件)下发生的变化,常常可以发现多种多样的物理现象和效应,揭示出新的规律,形成新的概念,彼此层出不穷,内容丰富多彩,这些既体现了多粒子体系的复杂性,又反映了物质结构概念上的统一性. 所有这一切不仅对人们的智力提出了强有力的挑战,更重要的是,这些规律往往和生产实践有着密切的联系,在应用、开发上富有潜力,有可能开辟出新的技术领域,为新材料、元件、器件的研制和发展,提供牢固的物理基础. 凝聚态物理学的发展,导致了一系列重要的技术突破和变革,对社会和科学技术的发展将发生深远的影响.

为了适应世界正在兴起的新技术革命的需要,促进凝聚态物理学的发展,并为这一领域的科技人员提供必要的参考书,我们特组织了这套《凝聚态物理学丛书》,希望它的出版将有助于推动我国凝聚态物理学的发展,为我国的四化建设做出贡献.

主　编　葛庭燧
副主编　冯　端

序　言

固体材料的力学微观研究始于本世纪20年代. 著名的学者有苏联的 Иоффе，英国的 A. A. Griffith，德国的U. Dehlinger，F. Zwyker 和 A. Goertz 等人. 到了30年代，这门学科的研究趋向成熟，匈牙利之 E. Orowan，德国之 M. Polanyi，英国之 G. I. Taylor 不期于1934年各自发表论文，正确地描述晶体中微观缺陷的图象，阐明它的物理概念. Taylor 文中设想这种缺陷在晶体中成为列阵时可计算晶体的加工硬化与实验相比较，这是材料力学中将微观结构与宏观实测联系起来的初次尝试. Taylor 将这种缺陷命名为 dislocation. 1956年，由 J. W. Menter，P. B. Hirsch 在电子显微镜中观察到这种晶体中缺陷的形态结构与 Taylor 所设想的丝毫无异. 自此众议纷纭者咸为缄默. 位错学说得以成立，在固体物理学中成为一个重要的领域①.

初，柯俊同志1953年从英国归来，我去前门旅舍访问，谈及 dislocation 事，两人都觉得学说新成立，应定个译名，以利此学说在中国推广，因而推敲此缺陷之由来和图象，试译为位错，以后逐渐为大家所认可. 然而迫于当时的形势，学习和研究位错理论及实验工作还难于开展.

1960年吴有训先生应伦敦皇家学会邀请访问英国归来，吴先生告诉我们："50年代英国的物理学研究最大成就之一就是发展了位错理论和实验工作，他们以此为自豪". 当时国内的政治形势也有所转变. 于是1960年8月在长春举行全国性的晶体缺陷讨论会. 会议文集于1962年由科学出版社出版，这就是现在所见的《晶体缺陷与金属强度》上、下两册. 当时距 Taylor

① 较详细的历史过程见本书第一卷引论.

等三人首创位错学说已有 28 年之久了．

自然晶体或人造晶体的结构不可能十分完美，缺陷的存在是不可避免的．科学工作者的任务就是要研究它的结构、形态以及它的由来．位错是晶体中主要缺陷之一．它也存在于非晶态和连续介质中．缺陷之存在并非对物质都是有害的．半导体中需要掺进微量元素以成结，金属强化之一途即为加工增加位错．50 年代末有若干科学家主张制造完全没有位错的晶体以达到晶体的理想强度，结果事与愿违，徒劳无功而罢．我国有句成语“格物以致知”，意思是研究事物的目的在于明白它的道理，又说“万物皆备于我”，明白了事物的道理就要利用它为我所用．这难道不是今日科技工作者的职责么?!

自 60 年代以来，我国科技工作者很快地熟悉位错理论，进行基础研究的多所创见，应用固体材料工业中去帮助解决生产中问题的更是所在多有．国外位错专著亦有多种介绍到国内，有一些译成我国文字．至于以我国文字详细论述位错理论的仅见冯端教授等所著《金属物理》(第一版 1964，科学出版社)[①] 中一大章．缺乏以自己研究心得普遍论述位错这一学科的书籍，读者引以为憾．北京钢铁学院教授杨顺华同志对于位错理论研究有年，且有教学经验，又对于固体物理各分支学科有广博深邃的了解．朋友们早已劝他写这本书．10多年前方始执笔，现已成稿，全书分两卷出版，第一卷已于 1988 年出版，此为第二卷，并承蒙丁棣华教授参与该卷的撰写工作．至于作者对写作此书的意图，材料的取舍，在本书第一卷的《前言》中已详述的了，毋需在此重复．

这是我国科学工作者以自己的观点撰写的一部论述位错学说的专著，距长春第一次讨论会已约 30 多年，去位错学说创建之年已有半个多世纪．思之能无慨叹!

钱临照

① 修订版，《金属物理学》，第一卷（1987）第七章．

目　录

《凝聚态物理学丛书》出版说明………………… 葛庭燧、冯端

序言 ……………………………………………………… 钱临照

第十二章　点缺陷及其与位错的平衡……………………… (1)

§12.1　概述………………………………………………… (1)

§12.2　点缺陷的弹性模型………………………………… (3)

§12.3　点缺陷的运动……………………………………… (9)

§12.4　热扭折与热割阶 ………………………………… (15)

§12.5　本征点缺陷与位错的平衡 ……………………… (23)

§12.6　溶质原子的平衡 ………………………………… (28)

一般性参考文献 ……………………………………… (35)

第十三章　位错的攀移 ……………………………………… (37)

§13.1　扩散控制的攀移 ………………………………… (37)

§13.2　带割阶的位错的攀移 …………………………… (45)

§13.3　扩展位错的攀移 ………………………………… (51)

§13.4　空位过饱和时的攀移 …………………………… (59)

§13.5　空位聚集体的成核 ……………………………… (62)

§13.6　例　螺旋形位错线、层错四面体 ……………… (64)

一般性参考文献 ……………………………………… (73)

第十四章　位错的滑移 ……………………………………… (74)

§14.1　带扭折位错的滑移 ……………………………… (74)

§14.2　扭折对的成核和运动 …………………………… (78)

§14.3　带割阶位错的滑移 …………………………… (81)
§14.4　割阶扩展的影响 ……………………………… (92)
一般性参考文献……………………………………… (102)
第十五章　溶质原子效应………………………… (103)
§15.1　与一个运动势阱相关的扩散……………… (103)
§15.2　位错对 Cottrell 气团的拖曳 ……………… (111)
§15.3　位错对 Snoek 气团的拖曳………………… (124)
§15.4　位错芯效应………………………………… (130)
§15.5　其它一些溶质原子效应…………………… (138)
一般性参考文献……………………………………… (146)
第十六章　晶界结构……………………………… (148)
§16.1　述引………………………………………… (148)
§16.2　Bilby-Frank 公式和 Frank 公式 ………… (150)
§16.3　在限制条件下的可能晶界结构…………… (154)
§16.4　晶界附近的应力场与晶界能……………… (159)
§16.5　重位点阵与 O 点阵 ……………………… (167)
§16.6　近重位晶界与次级位错…………………… (175)
一般性参考文献……………………………………… (179)
第十七章　相界结构……………………………… (181)
§17.1　点阵转变概述……………………………… (181)
§17.2　界面位错·共格位错……………………… (185)
§17.3　失配与失配位错…………………………… (192)
§17.4　马氏体相界………………………………… (201)
§17.5　失配位错的例……………………………… (211)
§17.6　失配位错的生成机制……………………… (215)
一般性参考文献……………………………………… (222)
第十八章　位错源与形变孪生…………………… (223)
§18.1　Frank-Read 源 …………………………… (223)

§ 18.2 双交滑移机制…………………………………………（226）
§ 18.3 滑移位错环的成核……………………………………（228）
§ 18.4 Bardeen-Herring 源 ………………………………（230）
§ 18.5 关于位错源的几个补充问题…………………………（233）
§ 18.6 形变孪生………………………………………………（235）
§ 18.7 孪生位错和原子移动…………………………………（238）
§ 18.8 孪生的极轴机制………………………………………（241）
§ 18.9 孪晶晶界的一些现象…………………………………（251）
一般性参考文献…………………………………………………（256）
第十九章 裂纹与位错……………………………………（257）
§ 19.1 绪论……………………………………………………（257）
§ 19.2 连续分布位错群与裂纹………………………………（261）
§ 19.3 裂纹和位错的弹性场…………………………………（273）
§ 19.4 作用在弹性奇点上的力：Eshelby 定理 ……（286）
§ 19.5 裂纹发射位错…………………………………………（295）
§ 19.6 位错屏蔽及其它补充问题……………………………（303）
一般性参考文献…………………………………………………（311）
第二十章 马氏体相变……………………………………（312）
§ 20.1 马氏体相界的运动……………………………………（312）
§ 20.2 热激活运动……………………………………………（315）
§ 20.3 与缺陷的相互作用……………………………………（318）
§ 20.4 马氏体成核、经典成核………………………………（330）
§ 20.5 成核能量学……………………………………………（334）
§ 20.6 非经典成核……………………………………………（343）
§ 20.7 成核动力学……………………………………………（349）
§ 20.8 马氏体生长、热弹性行为……………………………（353）
§ 20.9 非热弹性生长、小结…………………………………（360）
一般性参考文献…………………………………………………（367）

第二十一章　国内若干工作进展…………………… (368)
§21.1　晶体位错的离散弹性模型…………………… (368)
§21.2　体心立方结构{110}〈111〉和{112}〈111〉棱锥及其投影展示图…………………… (384)
§21.3　非线性连续介质中的位错…………………… (394)
第二十二章　向错理论基础…………………… (399)
§22.1　向错的定义及其基本特征…………………… (399)
§22.2　向错的弹性场…………………… (414)
§22.3　向错的弹性相互作用与作用在向错上的力…………………… (434)
§22.4　向错的运动及其增殖机构…………………… (443)
一般性参考文献…………………… (451)
第二十三章　准晶体中的位错…………………… (452)
§23.1　准晶位错的高维 Burgers 矢量…………………… (452)
§23.2　准晶中引进位错的 Volterra 过程…………………… (459)
§23.3　准晶的线弹性理论…………………… (471)
§23.4　Green 函数法在准晶位错理论中的应用…………………… (485)
§23.5　Eshelby 法和 Stroh 表述法的推广…………………… (497)
§23.6　准晶位错 Burgers 矢量的实验鉴定…………………… (510)
一般性参考文献…………………… (521)
附录 A　位错塞积群…………………… (523)
附录 B　平面弹性理论提要…………………… (539)
后　记…………………… (547)

第十二章　点缺陷及其与位错的平衡

晶体中的点缺陷是多种多样的，包括例如半导体中的异价杂质，离子晶体中的色心，以及金属中的点阵空位、自填隙原子及杂质原子等．有时也把它们称为原子缺陷．对于它们的讨论涉及的范围很广，已有若干专著进行过论述．在本章里，我们仅限于讨论对位错的行为有影响的那些类型的点缺陷及其性质．令人感兴趣的是：位错线上的扭折（kink）和割阶也可以并且必须作为（位错线上的）点缺陷来处理．它们的产生、运动和湮没是位错动力学的一部分．

本章前三节简述点缺陷的一般性质和行为，后三节讨论点缺陷与位错的平衡．总的目的是为论述位错动力学作准备．

§12.1　概述

点缺陷是晶体中的零维结构缺陷，它的影响范围（即“坏”区域），在三个方向上都是小的．它无须，也不可能用 Burgers 迴路和 Burgers 矢量的方案去定义或描述．在本书的第一章中曾说明：对于点缺陷，可以想像用一个小球面包围起来，然后把小球内的坏物质（区域）用好物质置换，如此就可以去掉这个点缺陷．这个理想的过程对于线缺陷（例如位错）是无效的，或者说是做不到的．点缺陷与线缺陷拓扑性质之不同即在于此．

点缺陷与位错的不同点之二是：前者中的几种可认为是“热缺陷”，而后者则不是热缺陷．按照 Haasen 提出的名词定义，位错属于所谓“显微结构”（microstructure），而点缺陷则否．就这点而言，位错与晶界属于同一大类，而点缺陷则不属此类．所谓“热”缺陷意思是指这类存在物可由热激活产生，在有限温度 T 之下，具有一定的浓度，并与晶体点阵系统处于热平衡．这种热平衡浓度可由如下的简单考虑推出.

点缺陷的出现对晶体有两方面的影响. 其一是使晶体的内能增大，其二是增加晶体的混乱程度，从而使体系的熵增加. 这对于自由能 $F=U-TS$ 是两个作用相反的贡献. 由于 U 和 S 都决定于点缺陷的浓度，所以，在有限温度 T 之下，为了使自由能 F 为极小，就应该存在一定的点缺陷平衡浓度. 现在作一个简单的一般推导. 考虑某一种点缺陷，晶体中可供它占据的位置有 N 个，实际存在的点缺陷的数目为 n 个 $(n<N)$. 因此，此种点缺陷的排列数（排列方式）为 $N!/(N-n)!\,n!$. 由此引起的组态熵的增加为

$$
\begin{aligned}
S_c &= k\ln\frac{N!}{(N-n)!\,n!} \\
&\simeq k\left[N\ln N-(N-n)\ln(N-n)-n\ln n\right].
\end{aligned}
\tag{12.1}
$$

自由能 F 应有

$$
F=U-TS=n\,(U_f-TS_f)-TS_c. \tag{12.2}
$$

上式中的 U_f 为一个该类点缺陷的生成能，S_f 为形成一个此类缺陷时改变其周围原子振动而引起的振动熵. 令 $(\partial F/\partial n)=0$，即可求出平衡态点缺陷浓度的一般表示式，即

$$
\begin{aligned}
c=\frac{n}{N-n} &= \exp\left[-(U_f-TS_f)/kT\right] \\
&= A\exp(-U_f/kT).
\end{aligned}
\tag{12.3}
$$

但位错密度不遵守这种形式的规律. 位错密度决定于晶体的形成、形变历史等. 晶粒间界也是如此.

点缺陷的运动是以扩散的方式进行的，这也是和位错很不相同. 这里所谓的扩散指的是原子或点阵空位由一个位置向相邻的位置的跳跃或迁移，这种运动当然需要热能的协助，并且要克服一定的势垒，此势垒高度即所谓迁移激活能. 宏观的扩散现象是以这种原子迁移运动为其微观的基础. 本书下文中将要着重阐明位错的若干行为是受点缺陷扩散所控制的.

点缺陷也可以通过“非热”过程产生，这些非热产生的机理是十分重要的. 这样产生的点缺陷称为非平衡点缺陷，有时直观

地称为“过饱和”点缺陷. 产生非平衡点缺陷的方法很多，主要有如下三种，它们在实验上都得到证实.

(1) *淬火* 由式(12.3)可见，当晶体温度升高时，平衡点缺陷的浓度显著增加. 当晶体自高温缓慢冷却时，这些热缺陷会通过各种不同机制逐渐消失，例如消失于晶体的外表面、晶粒间界或位错处，从而使其浓度随时接近于相应温度的平衡浓度. 但若从高温迅速冷却，即急冷或淬火降至相当低的温度时，则高温下热平衡的点缺陷中相当大一部分可能来不及消失，而保留(或“冻结”)在低温的晶体之中. 这就成为在后一温度(终了温度)下的过饱和缺陷. 这种点缺陷的浓度的决定因素较多，例如缺陷类型、生成能、扩散行为、晶体显微结构情况、以及冷却速度等.

(2) *辐照效应* 高能粒子轰击固体材料时，与晶体原子发生一系列碰撞过程，从而产生大量点缺陷. 一般地讲，高能粒子在固体中产生的辐照效应有三种：电离、蜕变和离位. 离位指的是点阵原子离开其正常坐位，产生空位和间隙原子(即所谓 Frenkel 缺陷). 在金属中这是比较常见的重要辐照效应. 首次碰撞时，当传递的能量超过某一阈值，则被撞原子离开其平衡位置，成为一个初级击出原子. 后者还可能继之与其它点阵原子碰撞，产生次级击出原子. 如此进行下去，形成一个级联过程，持续到所能转移的能量低于某一临界值时即终止. 一般，该全过程所需时间仅为 10^{-11}s 量级. 这样形成含大量点阵空位和间隙原子的一个较大的晶内区域. 关于辐照效应和辐照损伤的细致讨论比较艰深，已有专著论述，本书就不予讨论.

(3) *范性形变* 晶体范性形变过程中晶体位错发生运动，异号位错的湮没及位错割阶的受迫攀移都会使点阵空位或间隙原子形成. 反过来，点缺陷对位错运动起控制作用. 这是本书以下数章的主要论题.

§12.2 点缺陷的弹性模型

将晶体视为连续弹性介质，建立点缺陷的弹性模型，计算出它在晶体中的弹性场，这对于讨论点缺陷的自由能及其与其它缺陷，例如位错的相互作用等是一种很有用的近似. 这里分别介绍弹性错配球模型和弹性偶极子模型.

(1) **弹性错配球模型** 晶体中的点阵空位、间隙原子及溶质原子都可以粗糙地看作一个具有一定弹性常数、半径为 r_B 的球体，并嵌入到介质中的一个空洞中. 空洞是取去晶体点阵中的一个正常原子所留下来的空间，或是相对应的间隙位置，并假定此时空洞周围的原子尚未产生弛豫，该空洞为半径为 r_A 的球形. 一般，$r_B=(1+\delta)r_A$，$\delta>0$ 或 $\delta<0$. 下面以代换式溶质原子为例推导出该点缺陷的弹性场.

设溶质原子是自由半径为 r_B 的球体，填入到未经弛豫的母体原子半径为 r_A 的球形空洞中去. 经弛豫达到弹性平衡后，溶质原子的半径变为 $r_B^*=(1+\varepsilon)r_A$. 弹性平衡态下位移 $\boldsymbol{u}$ 满足 Navier 方程（见本书第一卷附录 § A. 2），在各向同性假设下，Navier 方程的形式为

$$(1-2\nu)\nabla^2\boldsymbol{u}+\nabla(\nabla\cdot\boldsymbol{u})=0. \tag{12.4}$$

由于现在的问题具有球对称性，位移场 $\boldsymbol{u}$ 只与径向距离 r 有关，在球坐标系下，上方程可简化为

$$\frac{\partial}{\partial r}\left(\frac{\partial u_r}{\partial r}+\frac{2u_r}{r}\right)=0. \tag{12.5}$$

此方程的解有如下形式：

$$u_r=Cr+Dr^{-2}. \tag{12.6}$$

边界条件为

$$\begin{cases} r\to 0\text{ 时，}u_r\to 0, \\ r\to\infty\text{时，}u_r\to 0. \end{cases} \tag{12.7}$$

为保证界面上位移连续，应取

$$\begin{cases} u_r=\varepsilon r,\quad r<r_A, \\ u_r=\dfrac{\varepsilon r_A^3}{r^2},\quad r>r_A. \end{cases} \tag{12.8}$$

由此可推出母体中的应变和应力.

应变分量为

$$
e_{rr}=\frac{\partial u_r}{\partial r}=-2\varepsilon r_A^3\frac{1}{r^3},
$$

$$
e_{\theta\theta}=e_{\varphi\varphi}=\frac{u_r}{r}=\varepsilon r_A^3\frac{1}{r^3}, \tag{12.9}
$$

$$
e_{\theta\varphi}=e_{\varphi r}=e_{r\theta}=0.
$$

故此，母体的膨胀率为

$$
e_A=e_{rr}+e_{\varphi\varphi}+e_{\theta\theta}=0,\quad r>r_A. \tag{12.10}
$$

应力分量为

$$
\sigma_{rr}=-\frac{4\mu_A\varepsilon r_A^3}{r^3},\quad \sigma_{\theta\theta}=\sigma_{\varphi\varphi}=\frac{2\mu_A\varepsilon r_A^3}{r^3},
$$

$$
\sigma_{\theta\phi}=\sigma_{\phi r}=\sigma_{r\theta}=0. \tag{12.11}
$$

以上各式中仅余下数 ε 待定.

接下来讨论 $r<r_A$ 的情况. 式（12.8）中的 u_r 在 $r<r_A$ 处之值是相对于填入的小球的原始状态而计算的. 实际上，球体在填入前需将其半径由（$1+\delta$）r_A 压缩至 r_A. 因此，位移应相对小球未形变的原始状态进行计算. 故此时的 u_r 应改写为

$$
u_r=(\varepsilon-\delta)r,r<r_A. \tag{12.12}
$$

于是小球内部有均匀应变

$$
e_{rr}=e_{\phi\phi}=e_{\theta\theta}=\varepsilon-\delta,\quad r<r_A. \tag{12.13}
$$

小球的体膨胀率为

$$
e_B=3(\varepsilon-\delta),r<r_A. \tag{12.14}
$$

小球内部应力是均匀的，压强为

$$
p=3(\varepsilon-\delta)/K_B,r<r_A, \tag{12.15}
$$

K_B 为小球的压缩系数，即是大块材料的物质常数，其近似的粗糙程度与开始时用方程（12.4）处理此问题的粗糙程度相当.

由于母体与填入的小球处于弹性平衡，故要求界面上正应力连续，即

$$
-p=\sigma_{rr}\big|_{r\to r_A}. \tag{12.16}
$$

由式（12.11）和式（12.15）可得

$$3(\delta-\varepsilon)=4\mu_B\varepsilon K_B. \tag{12.17}$$

由上式可导出下面的关系式

$$f\equiv\frac{\varepsilon}{\delta}=\frac{3}{3+4\mu_B K_B}. \tag{12.18}$$

由此可见，仅当小球为不可压缩，即 $K_B=0$ 时，才有 $\varepsilon=\delta$，一般，$|\varepsilon|<|\delta|$.

最后估算一下体积的变化. 根据式（12.10），母体不产生体积变化，故体积变化应来源于空洞体积之变化，即

$$\Delta V^{\infty}=4\pi\varepsilon r_A^3=4\pi f\delta r_A^3=f\Delta V_{AB}, \tag{12.19}$$

式中 ΔV_{AB}是原子 B，A 体积之差. 这是母体介质为无限大时的结果. 但实际上晶体是有自由边界的，因此需要估计它的影响. 为了简便，设母体为一半径为 R 的大球，溶质原子位于此球中心，$R\gg r_A$，r_B. 由于大球表面是自由表面，所以，必须满足正应力在 $r=R$ 处为零的边界条件. 或者说自由表面上感生一个镜像力，在此镜像力作用下，大球产生均匀膨胀. 根据式（12.11），可算出大球的膨胀率为

$$e_A=4\mu_A K_A f\delta r_A^3/R^3. \tag{12.20}$$

因而整个大球的体积增加为

$$\Delta V^i=\frac{16}{3}\pi\mu_A K_A f\delta r_A^3=\frac{4\mu_A K_A}{3}\Delta V^{\infty}. \tag{12.21}$$

总的体积变化为

$$\Delta V=\Delta V^{\infty}+\Delta V^i=(f/f')\Delta V_{AB}, \tag{12.22}$$

式中

$$f'=\frac{3}{3+4\mu_A K_A}. \tag{12.23}$$

若 $K_A=K_B$，则 $f=f'$，于是 $\Delta V=\Delta V_{AB}$. 上面虽是对球体情况推出的结果，但 Eshelby 证明了式（12.22）和式（12.23）对任意形状的晶体均成立[7,8].

(2)弹性偶极子模型　溶质原子的畸变可能不具有球对称性. 例如体心立方金属中的填隙原子(如 α-Fe 中的 C 原子)，可以处于

八面体间隙位置$\left(1,\ 1,\ \frac{1}{2}\right)$或是$\left(\frac{1}{2}\ \frac{1}{2}\ 0\right)$．此时将产生四方对称型畸变，其四方轴随间隙位置的不同可有三种不同取向，见图 12.1．在这种情况下便应采用 Kröner 引入的所谓弹性偶极子模型[9].

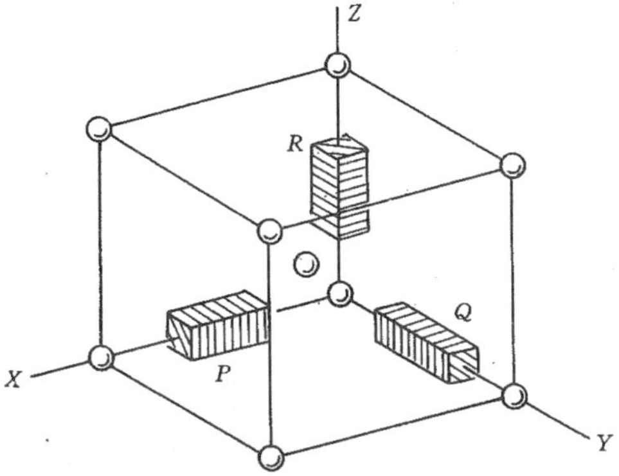

图 12.1

参考图 12.1，设想在无限大弹性介质中挖出四方柱形空洞，边长 Δx，Δy，Δz. 施加外力，使得与 x 轴垂直的洞壁作相对位移 dx. 类似地有 dy，dz（见图 12.2)．然后在小洞中填充与母体弹

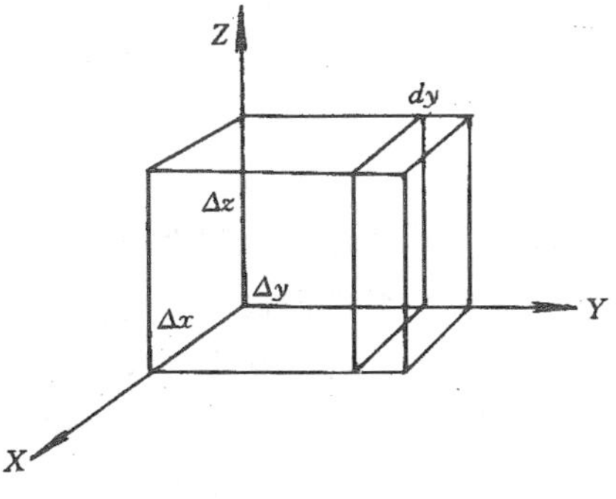

图 12.2

性常数相同但处于均匀应变态的材料，并令其应变分量为

$$e_{xx}=\frac{dx}{\Delta x} \quad e_{yy}=\frac{dy}{\Delta y},\ e_{zz}=\frac{dz}{\Delta z},$$

其余分量为零．这样就满足界面上设定的位移边界条件．当外力撤除后，界壁位置可保持不变，而在界面外的整个母体介质中出现不均匀应变场．该应变场的具体情况决定于界面以内的介质的均匀应变$\left(\text{即 } e_{xx}=\frac{dx}{\Delta x}\text{等}\right)$．在该模型中，溶质原子与母体的错配参量定义为 $c_x=e_{xx}\Delta x\Delta y\Delta z=dx\Delta y\Delta z$ 等．可令小洞体积尺寸在 c_x，c_y，c_z 保持一定值的条件下趋于无限小，此时，位移和相应的有向面积 ΔS_i 的乘积保持为有限值．我们可以将位移与有向面积的并矢定义为位移偶极矩张量

$$Q_{ij}=\lim_{\substack{dx_i\to 0\\ \Delta S_j\to 0}} dx_i\Delta S_j=\lim_{\Delta V\to 0} e_{ij}\Delta V. \tag{12.24}$$

显然，如果 $Q_{11}=Q_{22}=Q_{33}$，则回到球形对称应变场情况．一般情况，它描述了非球形对称应变．错配度参量的数目增多，更能如实地模拟溶质原子引起的弹性畸变．

小方洞界壁上出现的作用力为 $f_x=\sigma_{xx}\Delta y\Delta z$ 等．相对两个面上的两个力是一个偶力（大小相等、方向相反、作用点略有差异），所以可以相应地定义一个力偶极矩张量

$$P_{ij}=\lim_{\substack{\Delta x_i\to 0\\ f_j\to 0}} \Delta x_i f_j, \tag{12.25}$$

P_{ij}与 Q_{ij}一样，只有对角分量不为零．再根据广义 Hooke 定律，可导出下面的关系式：

$$P_{ij}=c_{ijkl}Q_{kl}. \tag{12.26}$$

下面进一步推导弹性偶极子的弹性场表达式．考虑无限大弹性各向同性介质中的单个弹性偶极子，坐标原点取在正力作用点处．根据本书第一卷附录 § A．3中关于 Navier 方程在各向同性情况下的基本解，即弹性格林张量函数的表达式 (A. 87)，可直接写出作用于原点的点力 $\boldsymbol{f}$ 产生的位移场为

$$\boldsymbol{u}(\boldsymbol{r})=A(\boldsymbol{f}/r)+B(\boldsymbol{f}\cdot\boldsymbol{r}/r^3)\boldsymbol{r}, \tag{12.27}$$

这里

$$A=\frac{3-4\mu}{16\pi\mu\ (1-\nu)},\ B=\frac{1}{16\pi\mu\ (1-\nu)}. \tag{12.28}$$

偶极子相当于三对偶力，f_x，f_y，f_z 作用于原点，而 $-f_x$，$-f_y$，$-f_z$ 的作用点分别为 $(-h,\ 0,\ 0)$、$(0,\ -h,\ 0)$ 和 $(0,0,-h)$. 因为场点 $\boldsymbol{r}=(x,\ y,\ z)$ 中的 x，y，$z\gg h$，故可将位移 $\boldsymbol{u}$ $(u,\ v,\ w)$ 的各分量展为 Taylor 级数，并保留首项，于是有

$$\begin{aligned}\boldsymbol{u}=&-\left(hf_x\frac{\partial u_1}{\partial x}+hf_y\frac{\partial u_2}{\partial y}+hf_z\frac{\partial u_3}{\partial z}\right)\boldsymbol{i}\\&-\left(hf_x\frac{\partial v_1}{\partial x}+hf_y\frac{\partial v_2}{\partial y}+hf_z\frac{\partial v_3}{\partial z}\right)\boldsymbol{j}\\&-\left(hf_x\frac{\partial w_1}{\partial x}+hf_y\frac{\partial w_2}{\partial y}+hf_z\frac{\partial w_3}{\partial z}\right)\boldsymbol{k}.\end{aligned} \tag{12.29}$$

上式中的 u_1，v_1，w_1分别表示力 f_x 在 $\boldsymbol{r}$ 点产生的位移在 x，y，z 3个方向上的分量，u_2，v_2，w_2等的意义可以类推. 另外，$P_{11}=hf_x$，$P_{22}=hf_y$，$P_{33}=hf_z$. 应用式 (12.27) 就可得到 $\boldsymbol{u}$ 的各分量的表达形式，其中 u 分量是：

$$\begin{aligned}u=&P_{11}\left(A\frac{x}{r^3}-2B\frac{x}{r^3}+3A\frac{x^3}{r^5}\right)\\&+P_{22}\left(-B\frac{x}{r^3}+3B\frac{xy^2}{r^5}\right)\\&+P_{33}\left(-B\frac{x}{r^3}+3B\frac{xz^2}{r^5}\right).\end{aligned} \tag{12.30}$$

分量 v 和 w 的表达式可由式 (12.30) 直接作相应的轮换得到. 依照标准方法可由上面的位移场求得应变场. 若 $P_{11}=P_{22}=P_{33}$，则位移场回复到球对称形式，即与式 (12.6) 相同的形式. 若 $P_{11}=P_{22}\neq P_{33}$，则具有四方对称性，四方轴沿 Z 轴. 一般诸 P_{ij}互不相等，由此与错配球模型相异.

§ 12.3　点缺陷的运动

宏观的扩散流服从熟知的唯象 Fick 定律. 它的一维和三维形式分别是

$$J=-D\frac{\partial c}{\partial x}, \tag{12.31}$$

$$\frac{\partial c}{\partial t}=D\frac{\partial^2 c}{\partial x^2}, \tag{12.32}$$

$$\boldsymbol{J}=-D\nabla c, \tag{12.33}$$

$$\dot{c}=D\nabla^2 c. \tag{12.34}$$

扩散的微观单元过程是原子在晶体点阵中的位置跃迁运动. 描述这种原子运动即可给出关于系数 D 的微观解释. 这里所说的原子实际上是点阵空位、自间隙原子和溶质原子的统称，即是指这几类点缺陷.

试考虑一维的简单情况，参看图12.3. 令原子缺陷沿 X 轴跳

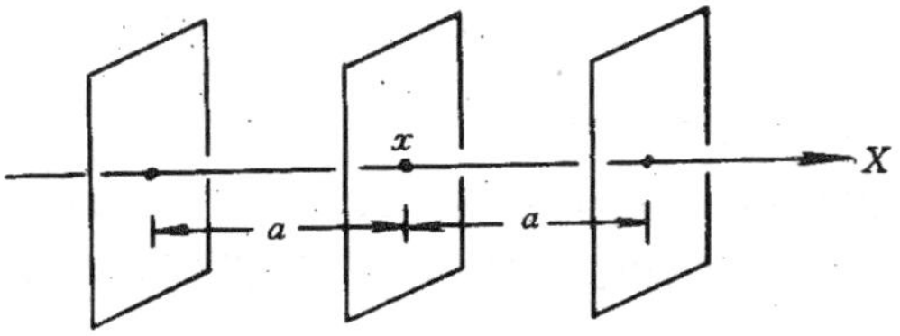

图 12.3

动. 这种运动是离散的，即每次跳动一个距离 a，相继跳动之间的平均时间 $\tau=\frac{1}{\omega}$. $\frac{1}{2}\frac{\delta t}{\tau}$是时间间隔 δt（$\delta t\ll\tau$）内原子向正 X 方向或负 X 方向跳跃一次的概率. 于是直观地可以见到

$$c(t+\delta t,x)-c(t,x)$$
$$=\frac{\delta t}{2\tau}[c(t,x+a)-c(t,x)+c(t,x-a)-c(t,x)],$$

此式可写为

$$\frac{\partial c}{\partial t}=\frac{a^2}{2\tau}\frac{\partial^2 c}{\partial x^2}, \tag{12.35}$$

与式（12.32）相比较，可见

$$D=\frac{1}{2}\frac{a^2}{\tau}=\frac{1}{2}a^2\omega. \tag{12.36}$$

在三维情况下可得到

$$D=\frac{1}{6}a^2\omega. \tag{12.37}$$

一般地讲可写为

$$D=\beta a^2\omega, \tag{12.38}$$

式中 β 是一个数量小于1的常数. 它的数值决定于点阵类型及原子缺陷类型. 例如, bcc 结构中间隙扩散 $\beta=\frac{1}{24}$, bcc 点阵结点扩散 $\beta=\frac{1}{8}$, fcc 结构中的这两类扩散均有 $\beta=\frac{1}{12}$.

现在对 $\tau=\frac{1}{\omega}$ 中的 ω 加以说明. 设原子所处的势场如图12.4

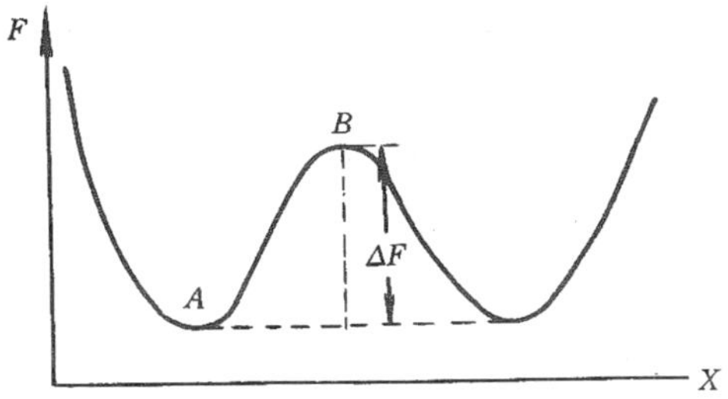

图 12.4

所示,可用经典统计法讨论量 ω. 考虑 N 个彼此无关的原子,各自处在图示的那种势场中,并与恒温 T 的热池保持平衡. 设在 B 点原子的线密度为 n_B, 它们在 X 方向的平均速度为 $\bar{v}$, 并设 β' 表示一个原子可以从 A 点跳跃出去的等价方式之数,则 N 个原子中一个离开势能谷的频率为

$$\omega=\beta'\bar{v}\frac{n_B}{N} \tag{12.39}$$

此式中的 $\bar{v}$ 和 n_B/N 均可用经典统计计算. 例如

$$\bar{v}=\frac{\int_{-\infty}^{+\infty}\frac{p_x}{m}\exp(-p_x^2/2mkT)dp_x}{\int_{-\infty}^{+\infty}\exp(-p_x^2/2mkT)dp_x}, \tag{12.40}$$

于是可以算出

$$\bar{v}=\sqrt{kT/2\pi m}. \tag{12.41}$$

n_B/N 也可以用类似的方法计算. 最后得到的结果是

$$\omega=\beta'\nu\exp(-\Delta F/kT), \tag{12.42}$$

式中

$$\nu = (2\pi)^{-1}\sqrt{k/m} \tag{12.43}$$

是原子在势能谷中在 X 方向上的振动频率. ΔF 是激活自由能，表示在等温等压下，将一个可以在 YZ 平面上自由振动的原子由 A 点搬到 B 点所需要作的功. 由以上诸公式得到扩散系数

$$D = \beta\beta' a^2 \nu \exp(-\Delta F/kT), \tag{12.44}$$

也可以表示为

$$D = \beta\beta' a^2 \nu \exp(\Delta S/k)\exp(-\Delta U/kT). \tag{12.45}$$

对于具有空位机制的自扩散，扩散原子邻近处必须存在一个空位. 出现这种可能性的概率比例于空位浓度 c_v

$$c_v = \exp(\Delta S_v/k)\ \exp(\Delta U_v/kT), \tag{12.46}$$

而 D 成为

$$D = c_v\beta\beta' a^2 \nu \exp(\Delta S/k)\exp(-\Delta U/kT). \tag{12.47}$$

D 的一般表示为

$$D = D_0 \exp(-Q/kT), \tag{12.48}$$

式中 D_0 称为频率因子，Q 表示一个原子的扩散激活能. 以上是关于扩散系数 D 的简单微观说明.

现在考察原子的位移. 如上所述，原子的位置跃迁属于“无规行走”，即是向各个可能方向跃迁之概率相等，各次跳动互无关联.

设想一个原子由原点出发，在时间 t 内跃迁 n 次. 令 $\boldsymbol{R}_n$ 为连结出发点与最后位置的矢量，$\boldsymbol{r}_i$（$i=1, 2, \cdots, n$）为第 i 次跃迁的位移矢量. 于是有

$$\boldsymbol{R}_n = \sum_i^n \boldsymbol{r}_i \tag{12.49}$$

$$\begin{aligned}\boldsymbol{R}_n^2 &= \boldsymbol{R}_n \cdot \boldsymbol{R}_n = \left(\sum_i^n \boldsymbol{r}_i\right)\cdot\left(\sum_i^n \boldsymbol{r}_i\right)\\ &= \sum_i^n \boldsymbol{r}_i\cdot\boldsymbol{r}_i + 2\sum_i^{n-1}\boldsymbol{r}_i\cdot\boldsymbol{r}_{i+1} + 2\sum_i^{n-2}\boldsymbol{r}_i\cdot\boldsymbol{r}_{i+2} + \cdots\\ &= \sum_i^n \boldsymbol{r}_i\cdot\boldsymbol{r}_i + 2\sum_j^{n-1}\sum_i^{n-j}\boldsymbol{r}_i\cdot\boldsymbol{r}_{i+j},\end{aligned} \tag{12.50}$$

因为

$$\boldsymbol{r}_i \cdot \boldsymbol{r}_{i+j} = |\boldsymbol{r}_i||\boldsymbol{r}_{i+j}|\cos\theta_{i,i+j},$$

并假定每次跃迁步长均等于常量 r，故此有

$$R_n^2 = nr^2 + 2r^2 \sum_j^{n-1} \sum_i^{n-j} \cos\theta_{i,i+j}, \tag{12.51}$$

而

$$\langle R_n^2 \rangle = nr^2 \left(1 + \frac{2}{n} \left\langle \sum_j^{n-1} \sum_i^{n-j} \cos\theta_{i,i+j} \right\rangle \right). \tag{12.52}$$

对于无规行走过程，上式中余弦函数之平均值为零，所以

$$\langle R_n^2 \rangle = nr^2, \tag{12.53}$$

$$\langle R_n^2 \rangle^{1/2} = \sqrt{n}\, r. \tag{12.54}$$

此即 n 步以后位移的均方根值. 在跃迁中，按照前文中的记号，有 $r=a$，$\omega=\frac{n}{t}$，所以根据式 (12.36) 和式 (12.37)，在一维和三维情况下分别有

$$\langle R_n^2 \rangle^{1/2} = \sqrt{2Dt}, \tag{12.55}$$

$$\langle R_n^2 \rangle^{1/2} = \sqrt{6Dt}. \tag{12.56}$$

若原子的迁移并不满足无规行走的条件，则是一个有关联的过程，上面的式 (12.52) 中的余弦之平均不为零，所以该式中括号项须保留. 在这种情况下，我们可以形式上得到与上两式相对应的表示式

$$\langle R_n^2 \rangle = 2D_T t, \tag{12.57}$$

$$\langle R_n^2 \rangle = 6D_T t. \tag{12.58}$$

由此可以得到同样的比值

$$f \equiv \frac{D_T}{D} = 1 + \frac{2}{n} \left\langle \sum_j^{n-1} \sum_i^{n-j} \cos\theta_{i,i+j} \right\rangle. \tag{12.59}$$

f 称为关联因子，$D_T = fD$ 表示具有关联过程与简单无规行走过程之间的关系. 关联因子的计算超出本书范围，不过可以在此指出空位机制扩散的 f 大致在0.5～0.8之间.

现在说明一下有外力存在时扩散原子的漂移运动（参看图

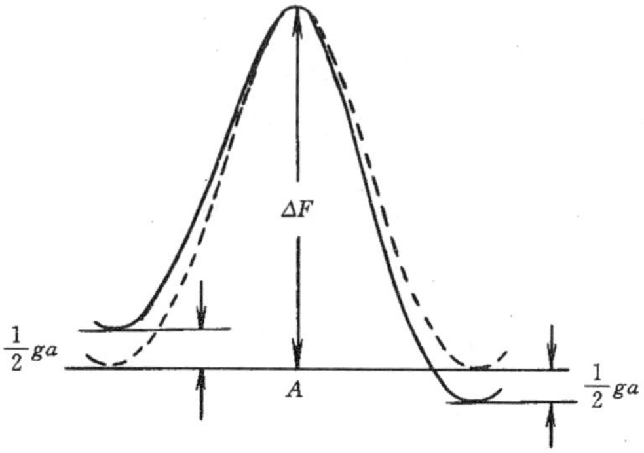

图 12.5

12.5). 设原子受到 X 正向的力（包括电场、浓度梯度场等产生的力）为 g，于是位置 A 左方势垒提高 $\frac{1}{2}ga$，右方降低 $\frac{1}{2}ga$. 原子将发生自左至右的漂移. 根据 Boltzmann 统计律，并参考上面的讨论，能谷 A 中的一个原子向右（正向）和向左渡越势垒的概率 p^+ 和 p^- 分别为

$$p^+=\nu\exp\left[-\left(\Delta F-\frac{1}{2}ga\right)/kT\right], \tag{12.60}$$

$$p^-=\nu\exp\left[-\left(\Delta F+\frac{1}{2}ga\right)/kT\right], \tag{12.61}$$

其差值为正向的跃迁概率

$$\Delta p=p^+-p^-=2\nu\exp(-\Delta F/kT)\sinh(ga/2kT), \tag{12.62}$$

于是原子正向漂移速度是

$$v_D=a\Delta p=2a\nu\exp(-\Delta F/kT)\sinh(ga/2kT). \tag{12.63}$$

在一般情况下，$ga\ll kT$，故 $\sinh$ $(ga/2kT)\simeq ga/2kT$，于是

$$v_D\simeq a^2\nu\exp(-\Delta F/kT)(g/kT). \tag{12.64}$$

根据上述式（12.38）至式（12.39）之间的讨论，计及原子跳离 A 点的各种等价方式，v_D 应含有因子 $\beta\beta'$，于是

$$v_D=\beta\beta' a^2\nu\exp(-\Delta F/kT)(g/kT). \tag{12.65}$$

与上面扩散系数 D 的表达式（12.44）相比较，可见

$$v_D=\frac{D}{kT}g, \tag{12.66}$$

此式一般称为 Einstein 迁移率关系，D/kT 即是漂移迁移率，在统计热力学专著中有详细普遍的推导和说明.

上面已经提到，这里的力 g 包括一般的热力学力，例如理想溶液中浓度梯度产生的广义力. 此时，g 定义为化学势的导数之负数

$$g=-\frac{\partial}{\partial x}\left(kT\ln\frac{c}{c_0}\right)=-\frac{kT}{c}\frac{\partial c}{\partial x}, \tag{12.67}$$

于是，由式（12.66）得到扩散流的表示式

$$J=cv_D=-D\frac{\partial c}{\partial x}, \tag{12.68}$$

此即本节开始处的式（12.31）.

本节的讨论甚为简略，不少细致的考虑和修正未曾提及. 欲知其详可参阅关于固体中扩散问题的专著[10].

§12.4 热扭折与热割阶

本书第一卷§1.6中曾介绍了位错线上的扭折与割阶的概念. 在那里曾说明位错线上的扭折是长位错线上处于它自身滑移面内的一小段曲折线段，并且指出，若依据简单的晶体点阵图象，则在0K 下位错是一条位于 Peierls 能谷中的长直线，仅在某种外来影响或激发之下，它才可能一部分转移到相邻的 Peierls 能谷中，而在这两段的连接处形成一个扭折，如图1.40和图1.41所示. 该节还阐明了扭折沿位错的旁向运动导致长位错线的滑移.

在有限温度下，位错线上会由于热激活而产生双扭折（参看图12.6），可以与第一卷中的图1.40和图1.41比较. 这些无规分布的双扭折，会增大自由能中所含的熵项，所以有一个平衡浓度（密度）. 就这一点说，这样产生的扭折与上面所述的热缺陷具有相似的行为，故称为“热扭折”[11].

现在，首先对一对双扭折的生成自由能加以说明. 这个生成的自由能为

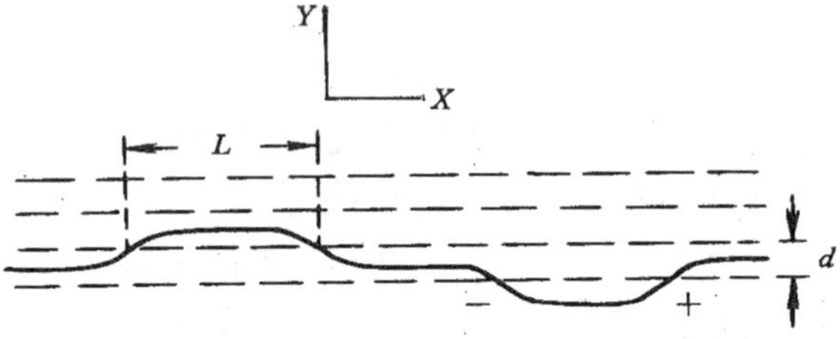

图 12.6

$$2F_k = 2U_k - 2TS_k. \tag{12.69}$$

对于$2U_k$，其主要贡献来自扭折的弹性能和位错芯错配能，它由单扭折自能及互作用能W_{int}组成

$$W = 2W_f + W_{int}. \tag{12.70}$$

对于螺型位错上的扭折对，有

$$W_f = \frac{\mu b^2 d}{4\pi(1-\nu)}\left[\ln\frac{d}{e\rho} - (1-\nu)\right], \tag{12.71}$$

$$W_{int} = -\frac{\mu b^2 d^2}{8\pi L}\frac{1+\nu}{1-\nu}. \tag{12.72}$$

对于刃型位错上的扭折对，有

$$W_f = \frac{\mu b^2 d}{4\pi}\left[\ln\frac{d}{e\rho} - \frac{1}{1-\nu}\right], \tag{12.73}$$

$$W_{int} = \frac{\mu b^2 d^2}{8\pi L}\frac{1-2\nu}{1-\nu}, \tag{12.74}$$

式中的 d 代表相邻两个 Peierls 谷之间的距离，L 为双扭折的间距. 根据对 W_f 和 W_{int}作的数值估算，当双扭折间距 L 与扭折宽度 d 相比较很大时，或者是扭折靠得很近时，忽略互作用能都是一个很好的近似，于是有

$$2Uk \simeq 2W_k = \text{常数}, \tag{12.75}$$

其中，W_k 由式（12.71）和式（12.73）表示.

扭折熵依赖于扭折位置是否定域. 首先考虑下面的情况，沿一条位错线每一个扭折均处在一个能量最低的位置上. 相邻两个扭折之间的间距为 a，这里的 a 是沿长位错线上最短的晶体点阵

重复距离（图12.7）．这时熵就与振动模相联系．在高温极限下，

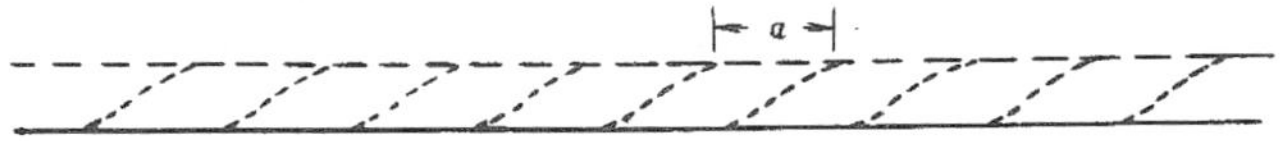

图 12.7

具有圆频率 $\omega=2\pi\nu$ 的每个振子的熵为

$$S=-k\ln\left[1-\exp\left(-\frac{\hbar\omega}{kT}\right)\right]\simeq k\ln\frac{kT}{\hbar\omega},kT\gg\hbar\omega. \quad (12.76)$$

这里 $\hbar$ 是 Planck 常数．当一个扭折形成时，会出现一个频率为 ω_k 的振动模，此处 ω_k 为扭折在其平衡位置附近的振动频率．由于晶体中振动模的总数是一定的，所以一个频率为 ω_p 的晶体模或位错模应该相应地消失，而代之以频率为 ω_k 的扭折模．这样，总的熵变化就是

$$S_k\simeq k\left(\ln\frac{kT}{\hbar\omega_k}-\ln\frac{kT}{\hbar\omega_p}\right)=k\ln\frac{\omega_p}{\omega_k}, \quad (12.77)$$

这是一个高温表达式．在 $\hbar\omega_p\gg kT\gg\hbar\omega_k$ 的温度范围内，只有扭折振动模会经典地激发，而 Peierls 谷中位错振动具有的熵可以忽略．因此

$$S_k\simeq k\ln\frac{kT}{\hbar\omega_k}. \quad (12.78)$$

对于诸振动频率对应的合理数值而言，TS_k 与 U_k 相比是很小的．因此，在这种情况下，有

$$2U_k\simeq 2W_k, \quad (12.79)$$

这是一个足够好的近似．

在许多情况下，特别是密积结构金属中，估计扭折旁向平移的激活能甚小，以致扭折在热激活下能自由地沿长位错线作平移运动．这意味着，位错线段就可以在很低的应力、很低的温度下发生运动．甚至在0K 下的零点运动也足以避免扭折的定域化．晶体中一个振动模消失，而代之以一个平移模的出现，所引起的熵变最简单的形式如下：

$$S_k = k\ln\left\{\frac{a}{\hbar}\ (2\pi m^* kT)^{1/2}\left[1-\exp\left(-\frac{\hbar\,\omega_p}{kT}\right)\right]\right\}, \tag{12.80}$$

式中 m^* 是扭折的有效质量：$m^* = W_k/c_t^2$，c_t 是横声波速，a 是上面提到的扭折平衡间距.

在低温下熵因子会大不相同. 但 S_k 的值对 F_k 的影响甚小. 这是因为低温下 TS_k 项中的因子 T 减小之故. 于是，式（12.79）仍不失为一个甚好的近似.

热平衡扭折的密度求法与§12.1中热缺陷平衡浓度的求法相同. 即是，在 Peierls 能谷中长度为 L 的位错线段上共有 $N=L/a$ 个可能的正扭折坐位，而有 $N_k^+ = c_k^+ L$ 个正扭折坐落于其上时，其排列数为

$$P^+ = \frac{N!}{(N-N_k^+)!\,N_k^+!}, \tag{12.81}$$

于是有

$$\ln P^+ = -Lc_k^+\ (\ln c_k^+ a - 1),\quad c_k^+ a \ll 1. \tag{12.82}$$

相应的总组态熵为

$$S_k = -k[c_k^+(\ln c_k^+ a - 1) + c_k^-(\ln c_k^- a - 1)]. \tag{12.83}$$

总组态熵包含了正扭折（+）和负扭折（−）的贡献. 平衡态下自由能 F 为稳定值，即

$$\delta F = 2F_k\delta c - T\delta S_k = 0, \tag{12.84}$$

式中 $\delta c = \delta c_k^+ = \delta c_k^-$. 由此有

$$2F_k + kT(\ln c_k^+ a + \ln c_k^- a) = 0,$$

即

$$c_k^+ c_k^- = \frac{1}{a^2}\exp\left(-\frac{2F_k}{kT}\right), \tag{12.85}$$

此式还表示正负扭折之间的一个“质量作用律”. 在动力学讨论中一般就是将扭折-扭折湮没速率（比例于 $c_k^+ c_k^-$）设定为与扭折对产生速率（比例于 $\exp(-2F_k/kT)$）相等.

若长位错线并不是处在一条 Peierls 能谷中，而是与能谷（线）斜交，如图12.8所示，则称为斜位错. 此时

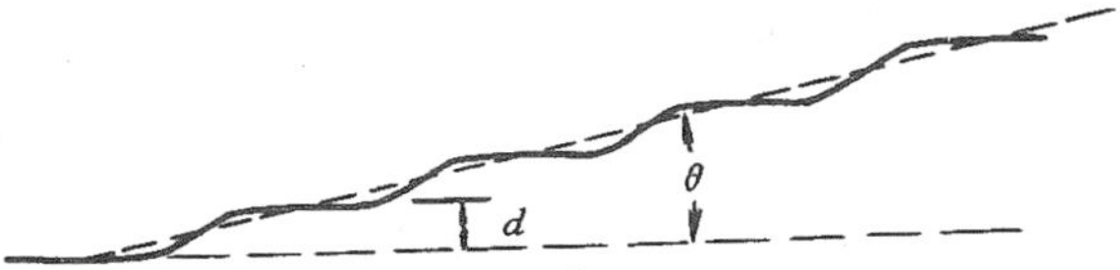

图 12.8

$$c_k^+ - c_k^- = \frac{\theta}{d}, \tag{12.86}$$

式中 d 是 Peierls 能谷间的间距. 将上面两个公式联立，即得

$$c_k^-\left(\frac{d}{\theta} + c_k^-\right) = \frac{1}{a^2}\exp\left(-\frac{2F_k}{kT}\right). \tag{12.87}$$

如果倾斜较大，使得

$$\frac{\theta}{d} \gg \frac{1}{a}\exp\left(-\frac{F_k}{kT}\right),$$

扭折浓度成为

$$c_k^+ = \frac{\theta}{d}, \quad c_k^- = \frac{1}{c_k^+ a^2}\exp\left(-\frac{2F_k}{kT}\right), \tag{12.88}$$

负扭折被浓度高得多的正扭折所“湮没”. 此时熵值大大降低，而出现的扭折主要是几何条件所要求的那些.

一般地讲，扭折还有一个“宽度”，记作 w，如图12.9所示. 以上的讨论未将此量考虑在内. 但当 w 的大小很显著时，则不应忽略. 对于斜位错，当 $\theta \lesssim d/w$ 时，则诸扭折将明显交叠，而上文中讨论的离散扭折模型便很不合适，而最好代之以连续的弦模型. 即是将斜位错看作一条具有线张力的、其上含有小波纹的弹性弦线，如图12.10所示. 大多数估算得出在密积金属中滑移位错的宽度约具有数量级 $w \sim 5d$ 至 $10d$. 这样，当 $\theta \gtrsim 0.1$时，扭折就失去了它的独立性. 此时，扭折平衡浓度的概念即失去意义，而应代之以作热振动的连续弦线的模型. 试考虑两端固定的位错线段 PQ，如图12.11所示. 它最低序的热激发模式是一个振幅为 A 的半波. 在

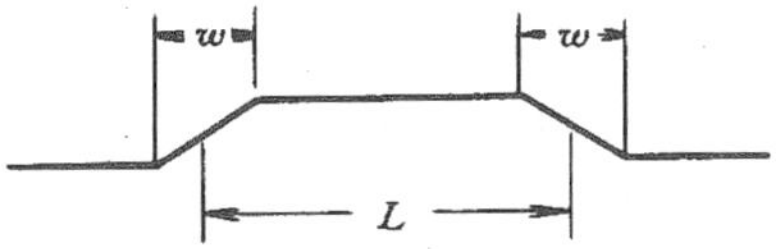

图 12.9

线张力近似下，激发能量是

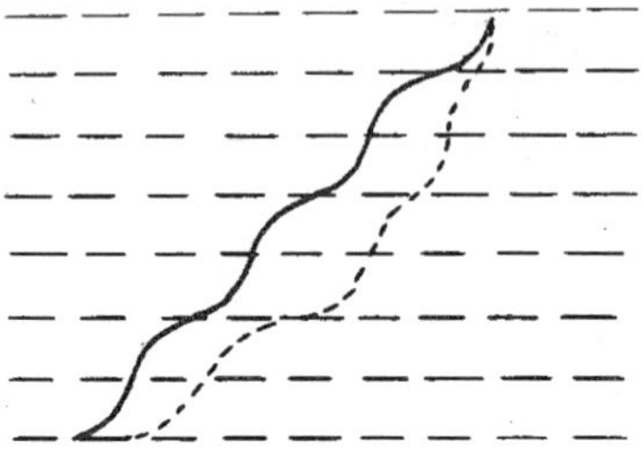

图 12.10

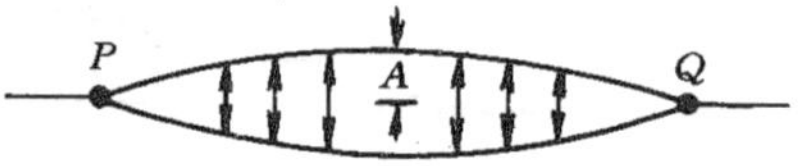

图 12.11

$$W=\mathscr{T}\ (L'-L),\tag{12.89}$$

L'是位错线段凸曲状态下的长度，$\mathscr{T}$ 为线张力．若振动是正弦形的，则当振幅小时，有

$$L'-L=\frac{\pi^2A^2}{4L},\tag{12.90}$$

所以

$$W=\frac{\pi^2\mathscr{T}A^2}{4L}.\tag{12.91}$$

令 $W=\frac{1}{2}kT$，于是可得振幅 A 的均方根值

$$\langle A^2\rangle^{\frac{1}{2}}=\frac{1}{\pi}\left(\frac{2LkT}{\mathscr{T}}\right)^{\frac{1}{2}}.\tag{12.92}$$

线张力 $\mathscr{T}$ 取典型数值 $\mathscr{T}=(\mu b^2/4\pi)\ln(L/b)$，$\mu b^2\sim0.5\text{eV}$，$kT\sim0.025\text{eV}$（室温），可以估算：

$$\langle A^2\rangle^{\frac{1}{2}}\sim1.4b,\ L\sim10^3b,\tag{12.93}$$

$$\langle A^2\rangle^{\frac{1}{2}}\sim4.2b,\ L\sim10^4b.\tag{12.94}$$

若考虑到位错的迁移率值，则可知如果迁移率高，则位错基本上以其本征频率作自由振动，此本征频率由线张力 $\mathscr{T}$ 及有效质量 m^* 决定．反之，如果受到严重阻尼，则位错进行缓慢的扩散运动．

上面讨论了无相互作用扭折和交叠扭折这两种极端情况．若扭折密度较高，但还不到显著交叠的程度，则扭折-扭折相互作用的影响是重要的，特别对斜位错是如此．例如图12.10中所示的那样的斜位错，有固定端点 P，Q，并假定诸扭折可以自由平移．在 0K 下，诸扭折会等距排列，以使其弹性排斥极小．在有限温度下，这个系统将进行热运动．由于存在扭折-扭折相互作用，故此这种运动最好以关联运动的见地去分析．扭折-扭折相互作用有两个来源：其一是扭折间的弹性排斥，导致一个线张力的出现

$$\mathscr{T}=\frac{\mu b^2}{4\pi}\ \frac{1+\nu}{1-\nu}\ \frac{D}{l'},\tag{12.95}$$

式中 D 是线段 PQ 的长度，l' 是扭折之间的间距．其二是涉及一个熵贡献．在有限温度下，线张力表示位错长度变化引起的自由能变化；而伴随着屈曲发生的扭折分布变化引起组态熵的改变，后面这个改变又贡献于线张力．在大多数情况下，线张力的弹性部分占主导地位．

在较高的温度下，热起伏足够大，以致扭折-扭折相互作用可以忽略．而在更高温度之下，扭折对的成核使情况复杂化，增加了分析的困难．总而言之，可以区分以下三种情况：

(i) 位错接近于与 Peierls 能谷平行，其上主要的是热密度的扭折，此时温度的作用主要是引起扭折对的成核．

(ii) 斜位错基本上仅含几何扭折，而扭折成核不重要．温度的效应是激发扭折的关联运动．激发的模式依赖于 kT 与扭折-扭折相互作用之比较．

(iii) 倾斜程度较大的位错，其行为有如一条在热激发作用下的光滑弦线．

只有较窄的一些位错取向范围相应于情况 (i) 和 (ii)．这里讨论的一些结果对分析蠕变和内耗是有意义的．

以下简单讨论热割阶．

第一卷 § 1.6中对于几何交截割阶作了一定的说明．热起伏同样能导致长位错的一小段从原来的滑移面跳到另一滑移面，产生热致双割阶，或称热割阶．热割阶的理论与热扭折的理论类似．

考虑一条长直刃型位错线，处在它的滑移面上．设想由位错

移出（或向位错加入）原子，并将这些原子置于（或移自）晶体表面棱边的某些原子坐位（这样它们可以重获这个系统的平衡化学势），如此形成位错线上的一个双割阶．在这个过程中，自由能的净改变即是双割阶的生成自由能$2F_j$．一个双割阶的生成能是$2W_j$，而

$$W_j=\frac{\mu b^2 a}{4\pi(1-\nu)}\ln\frac{a}{e\rho},\tag{12.96}$$

它远大于一个双扭折的生成能．但W_{int}在这两种情况下都没有什么差别．所以在双割阶的生成中，则

$$2F_j=2W_j\tag{12.97}$$

是一个较好的近似．

对于混合型位错$\boldsymbol{b}$，其 Burgers 矢量的刃型分量为b_e，如图12.12所示．若从该位错移去一个原子，则割阶从点P移至点Q，

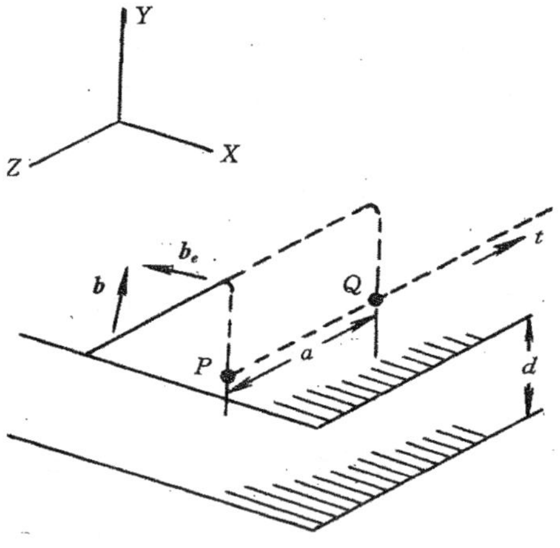

图 12.12

PQ的距离为

$$a=\frac{v_a}{b_e d},\tag{12.98}$$

式中v_a是原子体积．由此，割阶的可能位置应是彼此的间距为a，d是两滑移面之间的距离．

以下的推导与扭折情况时相同. 如此得出热割阶的浓度满足下式：

$$c_j^+ c_j^- = \frac{1}{a^2}\exp\left(-\frac{2F_j}{kT}\right). \tag{12.99}$$

若一条位错线，除了所含的热割阶外，其它部分均处在一个滑移面上，即除热割阶外不含其他割阶，在这种特殊情况下，上式简化为

$$c_j^+ = c_j^- = \frac{1}{a}\exp\left(-\frac{F_j}{kT}\right). \tag{12.100}$$

长程割阶-割阶相互作用也与扭折相互作用相似，所以对于它的讨论也与上文相似. 割阶与扭折在平衡性质方面是完全一样的，所不同者在于其迁移率之差异：扭折能够容易地进行（旁向）滑移，具有高的可动性；而割阶仅能作攀移，依赖于扩散.

由于割阶的生成能远大于扭折生成能，因此，在相同温度下，热割阶的浓度远小于热扭折的浓度. 另一方面，割阶都是比较"尖锐"的，它的宽度 w_j 比扭折的宽度 w_k 小得多. 因此，通过长程应力相互作用的单个割阶的概念，与扭折相比，其应用更普遍得多.

§12.5 本征点缺陷与位错的平衡

在有限温度下，晶体中会出现热空位和自间隙原子，称为"本征点缺陷". 其平衡浓度已在§12.1中作了简单的一般性讨论. 具体地讲，有空位-间隙原子对，亦称为 Frenkel 缺陷；单个空位，亦称 Schottky 缺陷；当然也存在单个自间隙原子，以及双空位等等. 不过，多空位在常温下出现的概率较小. 与§12.4中讨论的扭折与割阶不同，一个 Frenkel 缺陷的生成自由能可以分成两个单独的缺陷的生成自由能，故可以将间隙原子与点阵空位分别讨论.

(1) 自间隙原子的平衡　想像间隙原子的生成过程如图12.13所示. 一个原子由晶体 A 的棱边处移下，置于晶体 B 中适当的

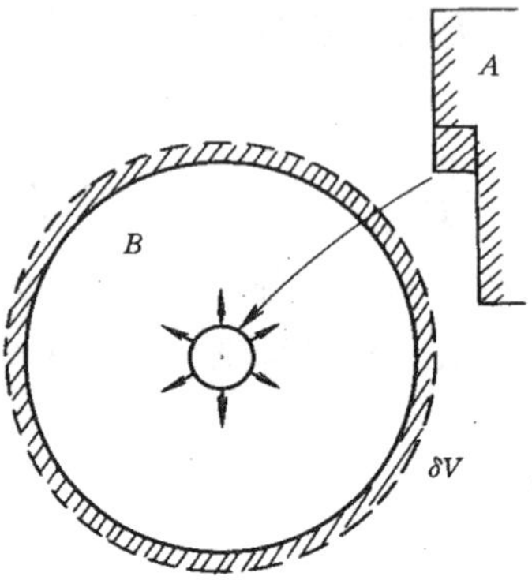

图 12.13

(间隙)位置上. 假设晶体 A 和 B 初始均处于无应力的自由状态. 于是上述转移过程中的自由能变化就是间隙的生成 Gibbs 自由能. 这种变化涉及该过程中破断原子键的势能和间隙原子周围的畸变能. Gibbs 自由能 G_i 包含一个混合熵项，与上文中讨论的相类似. 于是，间隙原子的平衡浓度 c_i^0 可表示如下：

$$c_i^0=n_i\exp\ (-G_i/kT), \tag{12.101}$$

式中的 n_i 为晶体 B 中所存在的可能间隙坐位数.

现在把上述条件稍加推广，即假定晶体 B 表示一个受应力的晶体区域，其中存在外加应力 σ_{ij}，其静水压力分量为 $P=-\dfrac{1}{3}\sigma_{ii}$，并且存在一个内应力场，其静水压力分量为 p. 所以在间隙原子嵌入晶体时要产生一个附加的功项 $(P+p)\ v_i^*$. v_i^* 包含两部分：(a) 间隙空洞的膨胀 v_i，以接纳这个间隙原子；(b) 压力 $(P+p)$ 作用于间隙原子而引起其体积变化. 所以 v_i^* 显然与 v_i 不同. 对于一般的金属晶体结构而言，自间隙原子是一个强的膨胀中心. 具体采用 § 12.2中所述弹性错配球模型，即一个弹性球嵌入一个各向同性弹性介质中比它小的空洞中. 按式 (12.22) 的结果，此时在无应力晶体 B 中引起的外体积变化为

$$\delta V=v_i=v_a\frac{3+\ (4\mu/K)}{3+\ (4\mu'/K')}, \tag{12.102}$$

式中 K' 和 μ' 是间隙原子的有效压缩系数和切变模量.

细致的计算表明 v_i^* 中的两项贡献加起来，给出外体积改变为

$$\delta V=v_i=v_i^*, \tag{12.103}$$

v_i 是一个热力学生成体积，其意义是嵌入间隙原子这个可逆作功

过程中压力前面的系数．另外，若上述参考晶体 A 也如同"接纳"原子的实际晶体一样受到外压强 P 的话，则导致自由能中出现另一功项 W_e，于是总生成自由能是

$$G=G_i+(P+p)v_i+W_e. \tag{12.104}$$

若设想间隙原子就是从受力晶体 B 的表面某处 Q 移至内部一个适当间隙位置，这样的情况是很自然的．按上面的讨论，间隙原子的平衡浓度是

$$c_i=c_i^0\exp(-W_e/kT), \tag{12.105}$$

式中

$$c_i^0=n_i\exp\left[-\frac{G_i+(P+p)v_i}{kT}\right], \tag{12.106}$$

c_i^0 定义为间隙原子的参考态（或标准态）浓度．这个定义包含了参考自由能中的部分 P-V 功，将其用于下文中定义位错攀移力甚是方便．此定义的另一优点在于：若考虑一个内部平衡的晶体，其中间隙原子对于式（12.101）表示的平衡浓度为过饱和，但又不存在源和壑，并且其中内压力是可变的，则此晶体中化学势

$$\overline{G}=kT\ln(c_i/c_i^0)$$

处处一样，为一常数．

最后，考虑图12.14中所示的情形．作为一个例子，首先移去一个表面上的原子，给出外功

$$W_e=-Pv_a, \tag{12.107}$$

因此，式（12.105）所表示的间隙原子浓度是

$$c_i=c_i^0\exp(Pv_a/kT). \tag{12.108}$$

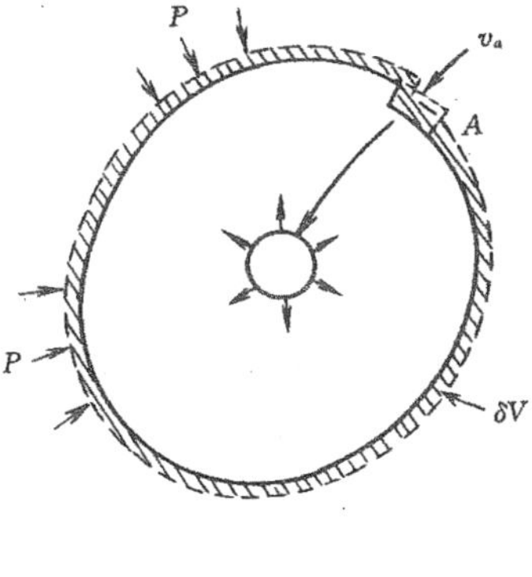

图 12.14

在式（12.102）中，令 $K'=K$，$\mu'=\mu$，便得 $v_i=v_a$．于是式（12.105）变为

$$c_i = n_i \exp\left[-(G_i + Pv_a)/kT\right]. \tag{12.109}$$

可见，在较粗糙的近似下，可以认为间隙原子浓度与外压力无关.

（2）*点阵空位平衡* 点阵空位是一个孤立的未被原子占据的点阵坐位. 它出现后，周围的点阵原子应向内弛豫，因而在晶体中引起收缩性畸变，并且伴随着张应力场. 在连续理论中，空位就是被简单地描述为一个被挖去的球形小洞. 小洞的内壁是完全无应力的. 比较接近实际一点的连续理论是将空位描述为先在介质中挖去一个球形空洞，然后将半径小于空洞的弹性小球置于此空洞中，再将空洞壁向内拉，直至与内部的小球表面接触，并用某种办法将此二面粘连在一起，最后放开，任其弛豫至平衡态. 这是弹性错配球模型的另一特定情况. 此时，在晶体中产生收缩性畸变和相应的张应力. 这个模型所涉及的近似比之间隙原子情况要差，不过还是可以用来估计外体积收缩 Δv_v 与空位处局域收缩量 Δv_v 之间的关系. 与间隙原子情况相似，Δv_v 由两部分组成，即局域收缩 Δv_v 和整个晶体在镜像力作用下的收缩. 真实的局域空隙体积是

$$v_v = v_a - \Delta v_v. \tag{12.110}$$

现在应用图12.13中所示的逆过程来考虑一个空位的形成. 从晶体 B 中移出一个原子，并令它附着到晶体 A 的一个棱边上去，在 B 中留下一个空位. 余下的讨论与间隙原子情况一样：在有外应力和内应力情况下，分别存在静压 P 和 p. 在一般情况下，总的空位生成自由能是

$$G = G_v - (P+p)\Delta v_v^* + W_e, \tag{12.111}$$

式中 G_v 是零压下的生成自由能，W_e 是在将原子附着到晶体 A 表面上时所作的附加外功. 于是空位的平衡浓度便是

$$c_v = c_v^0 \exp(-W_e/kT), \tag{12.112}$$

其中

$$c_v^0 = n_v \exp\left[-\frac{G_v - (P+p)\Delta v_v^*}{kT}\right], \tag{12.113}$$

c_v^0 是空位的参考态浓度，n_v 是可能的空位坐位浓度. 同样，此参考

态的选定是为了便于处理攀移力，并且对其内压力 p 为可变的晶体中的平衡空位给出一个为常数的化学势

$$\overline{G}=kT\ln(c_v/c_v^0). \tag{12.114}$$

细致计算表明 Δv_v^* 和 Δv_v 不同，但等于外体积收缩

$$\Delta v_v^*=\Delta v_v,$$

与间隙原子的状况相似. 由晶体内部移出一个原子，并置于晶体表面上，其所作的外功最后可表示为

$$W_e=Pv_a \tag{12.115}$$

这样，与表面平衡的空位浓度即是

$$c_v=c_v^0\exp(-Pv_a/kT). \tag{12.116}$$

联合以上诸式，可得

$$c_v=n_v\exp\left[-\frac{G_v+P(v_a-\Delta v_v)-P'\Delta v_v}{kT}\right]. \tag{12.117}$$

最后考虑一下点阵空位-间隙对，即所谓 Frenkel 缺陷的平衡. Frenkel 缺陷的形成是将一个原子从它的正常点阵位置移出，置于一个间隙位置上. 前后两个位置相距足够远，以致此空位与间隙原子之间的相互作用可以略去不计. 质量作用律要求乘积 c_ic_v 为一常数. 由于在这个过程中外功 W_e 为零，因此局部平衡条件是

$$c_ic_v=c_i^0c_v^0=n_in_v\exp\left[-\frac{G_i+G_v+(P+p)(v_i^*+\Delta v_v^*)}{kT}\right]. \tag{12.118}$$

(3) 点缺陷与位错的平衡　一般地说，由于位错可作为点缺陷的源或壑，所以，点缺陷可以在位错处达成平衡. 在位错附近，点缺陷与位错处于准平衡；而在靠近表面，点缺陷与表面处于准平衡. 如果在整个晶体中，诸位错和表面导致不相同的空位或间隙的化学势，那么，将会在位错之间，以及向表面引起点缺陷扩散流，并导致位错攀移. 这种非平衡情况将在第十三章中进行详述. 在平衡态下，位错运动停止，点缺陷与表面、位错及一切可能的源和壑各自达成平衡.

考虑位错的应力场所导致点缺陷浓度的改变. 在上文讨论的

模型的近似下，将空位和间隙原子看成各向同性弹性介质中的收缩中心或膨胀中心，点缺陷只与位错应力场的流体静压力分量 p 发生相互作用. 对于直线位错，流体静压力仅由其刃型分量 b_e 产生. 根据第二章直位错的结果

$$p=-\frac{1}{3}\sigma_{ii}=\frac{\mu b_e}{3\pi}\frac{1+\nu}{1-\nu}\frac{\sin\theta}{r}. \qquad (12.119)$$

将此式代入式 (12.106) 和式 (12.113)，可见，在应力场的扩张区中，间隙原子的浓度增加，空位浓度减小；但在压缩区中，情况恰恰相反. 应当指出，式 (12.119) 是将位错看作一条刚性直线这种理想近似得到的. 若将位错视为一条柔性的线，并在点缺陷弹性场作用下产生波纹，则结果应有一定的小量修正.

在位错芯附近，内应力值较高. 所以，含 p^2 的二阶项变得重要. 如果在一个有应力的区域内产生一个空位，储存在相应位置上的应变能 Wv_v 将释放出来. 这里的 W 为应变能密度：$W=\frac{1}{2}c_{ijkl}e_{ij}e_{kl}$，比例于 p^2. 实际上，因为弛豫发生在一个较大的体积之内，且比 v_v 大很多，所以总的弛豫能量大致可取为 $2Wv_v$. 因而式 (12.113) 成为下面的形式：

$$c_v^0=n_v\exp\left[-\frac{G_v-(P+p)v_v^*-2Wv_v}{kT}\right]. \qquad (12.120)$$

这种二阶效应使空位有被吸引到所有有内应力区域的倾向，且不论该应力是切应力还是正应力. 这意味着与位错的刃型分量和螺型分量都能发生相互作用. 除了在低温情况下外，二阶项只有在很靠近位错芯的地区才显得重要. 对于自间隙原子，也存在类似的二阶效应.

另外，即使在高对称性晶体点阵中，也会出现非线性和各向异性效应等，在这里不准备详细论述.

§12.6 溶质原子的平衡

(1) 各向同性尺寸效应　溶质原子与位错的相互作用，对合金而言自然是重要的. 就是对于纯晶体，杂质原子也会优先被位

错吸附并显著影响位错的行为.溶质原子既可以以代位形式存在，也可以以填隙形式存在.不过，无论是哪一种形式，溶质原子在连续统弹性近似下总是可视为一个膨胀中心或收缩中心.在§12.2的弹性错配球模型一节中曾作过初步讨论.这就是所谓各向同性尺寸效应.研究表明，这个近似对于代位式溶质原子甚为适用，尤其是密积结构情况更佳.

前面已导出弹性错配球引起的外体积变化表达式（12.22）

$$\Delta V=(V_B-V_A)\left(\frac{3+4\mu_A/K_A}{3+4\mu_B/K_B}\right),$$

式中的 V_B 和 V_A 分别表示溶质原子和基体原子的体积.溶质原子嵌入时所作的总可逆功为 $p\Delta V$，若取近似：$\mu_A=\mu_B$，$K_A=K_B$，则互作用能是 $p(V_B-V_A)$.当存在位错应力场时，根据与推导式（12.106）完全相似的过程，可得

$$c=c_0\exp\left[-\frac{p(V_B-V_A)}{kT}\right], \tag{12.121}$$

式中 c_0 是在内压力为零的区域中溶质原子的浓度.

在连续统模型中，溶质原子只有通过它们的镜像场才能发生相互作用，因为只有这些像场才给出静压分量.在同样近似下，溶质原子的存在并不屏蔽位错的流体静应力场.这意味着，无论有没有溶质原子，位错应力场的流体静压分量都相同.这样，根据式（12.119）和式（12.121），可得到

$$c=c_0\exp\left(-\frac{\beta\sin\theta}{rkT}\right), \tag{12.122}$$

式中

$$\beta=\frac{\mu b_e}{3\pi}\frac{1+\nu}{1-\nu}(V_B-V_A). \tag{12.123}$$

此式表示溶质原子在位错周围的浓度分布，通常人们常称它为 Cottrell 气团.由公式可见，若 $V_B>V_A$，则在刃位错应力场压缩一侧溶质原子分布变稀，而在扩张一侧富集溶质原子.这是静止的平衡情况.在后面还要讨论位错运动时，对属于它的 Cottrell 气团的拖曳，以及运动位错从气团挣脱（“脱钉”）等问题.

关于位错对溶质原子的总容量，也是人们感兴趣的问题．所谓总容量是指单位长度位错线上存在的、超出均匀浓度 c_0 的那些溶质原子的总数．在计算中取半径的上下限为 R 和 r_0．现在 $c\ (R)\ =c_0$，r_0 为位错芯半径，即在计算中除去位错芯区域．若 r_0 足够大，以致 $\beta<r_0kT$，则式（12.122）可以展开为

$$c-c_0=-\frac{c_0\beta\sin\theta}{rkT}+\frac{c_0}{2}\left(\frac{\beta\sin\theta}{rkT}\right)^2-\frac{c_0}{3}\left(\frac{\beta\sin\theta}{rkT}\right)^3+\cdots. \tag{12.124}$$

单位长度上位错线上超量溶质原子之净数为

$$\frac{N}{L}=\int_{r_0}^{R}rdr\int_0^{2\pi}(c-c_0)d\theta. \tag{12.125}$$

被积函数式（12.124）中奇数项的积分为零．各偶数项的贡献为

$$\frac{N}{L}=\frac{\pi\beta^2c_0}{k^2T^2}\left\{\frac{1}{2}\ln\frac{R}{r_0}+\sum_{n=1}^{\infty}\frac{1}{n[2^{n+1}(n+1)!]^2}\left[\left(\frac{\beta}{r_0kT}\right)^{2n}\left[1-\left(\frac{r_0}{R}\right)^{2n}\right]\right]\right\}. \tag{12.126}$$

数值计算研究表明，式（12.126）的右端在一般情况下首项对数项占主导地位，所以仅保留此项还是足够好的近似．如果 β 值太大，那就需要用 Fermi-Dirac 形式的函数代替式（12.122）中的 Boltzmann 型指数函数．

位错如果扩展，则出现两个不全位错和一个介于其间的层错带．不全位错与溶质原子的弹性相互作用，原则上可以像上述那样处理．而杂质原子与层错的相互作用则是比较特殊，这将在下文铃木析聚一小节中讨论．

（2）*高浓度溶质*　当溶质原子浓度高时，按理说以上的稀溶体理论便不能再用．但上文中已经提及，若不计入镜像场项，则溶质原子间的相互作用可略去不计，即是说此时第二个溶质原子并不与第一个已存在的溶质原子发生互作用．当计入镜像场时，将出现一个比例于 $(\Delta V)^2$ 的互作用项[12]．但是，这里的互作用并不表现为溶质原子的简单的二体相互作用．如果不存在阻碍诸溶质原子在局域尺度上的无规分布的大的相互作用项，那么上文中的

无相互作用的简单考虑仍可成立．现在要在不允许两个杂质原子同时占据一个基体点阵坐位的合理要求之下，推出杂质原子间的一种短程互作用．

考虑一个晶体，含有 N 个点阵坐位及 cV 个溶质原子．若不允许两个溶质原子同时占据同一坐位，则溶质原子的排布方式数 f 为

$$f=\frac{(nV)!}{(nV-cV)!\ (cV)!},\tag{12.127}$$

式中 $n=N/V$．应用 Stirling 公式，可得

$$\ln f=-V\left[c\ln\left(\frac{c}{n}\right)+(n-c)\ln\left(1-\frac{c}{n}\right)\right],\tag{12.128}$$

单位体积中的熵为

$$S=-k\left[c\ln\left(\frac{c}{n}\right)+\ (n-c)\ \ln\left(1-\frac{c}{n}\right)\right].\tag{12.129}$$

每加进一个溶质原子所引起的自由能变化，便是上面的熵项对化学势的贡献，即

$$\overline{G}=-T\ \frac{\partial S}{\partial c}=kT\ln\frac{c}{n-c}.\tag{12.130}$$

下面推导关于溶质原子在内部压应力场中分布的表达式．该式比式（12.121）要精确．这里用 c_0表示 $p=0$区域中的杂质浓度．平衡态要求体内化学势处处相同，于是有

$$p\ (V_B-V_A)\ +kT\ln\frac{c}{n-c}=kT\ \frac{c_0}{n-c_0},\tag{12.131}$$

代替式（12.121），现在得到

$$\frac{c\ (n-c_0)}{c_0\ (n-c)}=\exp\left[-\frac{p\ (V_B-V_A)}{kT}\right].\tag{12.132}$$

经过整理，上式化为如下形式：

$$\frac{c}{n}=\frac{1}{1+\exp\ \{\ [p\ (V_B-V_A)\ -\overline{G}_0]\ /kT\}},\tag{12.133}$$

其中

$$\overline{G}_0=kT\ln\frac{c_0}{n-c_0}.\tag{12.134}$$

式（12.133）具有 Fermi-Dirac 分布函数的形式，其中 $\overline{G}_0$相当于 Fermi 能，而两个原子不允许占据同一阵点坐位的要求相当于量子力学的 Pauli 不相容原理.

将式（12.133）展开，可以给出

$$\frac{c}{n}=\sum_{j=1}^{\infty}(-1)^{j+1}\left(\frac{c_0}{n-c_0}\right)^j\exp\left[-\frac{jp'(V_B-V_A)}{kT}\right]. \tag{12.135}$$

由此式可知，式（12.126）中的对数发散并非无限稀溶体所特有的虚伪现象.

（3）其它弹性效应　这里简单叙述一下除各向同性尺寸效应以外的一些弹性效应.

溶质原子的另一简单弹性模型是一个体积与基体原子体积相同，但弹性常数不同的小球．相互作用能即是这个弹性常数不同所引起的．弹性力学推出这个能量差为

$$\Delta W=\frac{1}{2}(c'_{ijkl}-c_{ijkl})e_{ij}e_{kl}V_A, \tag{12.136}$$

V_A 是杂质（亦即基体）原子体积，c'_{ijkl}和 c_{ijkl}分别是杂质原子球和基体的弹性常数，e_{ij}，e_{kl}是内部应变场，杂质原子正是与这个场发生相互作用．例如，与这个刃型位错应力场静压分量 p 的相互作用是

$$\Delta W=\frac{1}{2}p^2V_A(K_A-K_B) \tag{12.137}$$

注意到式（12.136）已包括了与切应力的相互作用，因此，这个效应也涉及螺位错．对刃型和螺型的情况，均有溶质原子的浓度变化

$$c=c_0\exp(\Delta W/kT). \tag{12.138}$$

当然，上面所述模型的良好程度取决于赋予一个杂质原子以一个“弹性常数”这种近似的好坏程度．这里不再作更细致的推算.

另外一个著名的例子是小间隙式杂质原子在体心立方结构中从优分布的情况，例如碳、氮原子在 α-Fe 中占据坐位的问题．当

碳原子进入 α-Fe 点阵单胞的 $\langle 0, 0, \frac{1}{2}\rangle$ 间隙位置，即所谓八面体位置时，会引起原立方晶胞的四角对称性畸变. 此时，将溶质原子作为弹性错配球处理便不适合了. 在简化的各向同性近似下，可将溶质原子看作是一个边长（a, a, c）的四角形缺陷，它可以沿基体单胞的3个互为正交的轴的任一个坐落（图12.1）. 但若基体中存在应力，例如沿 X 轴存在张应力，则这种溶质原子则从优落坐于$\left(\frac{1}{2}, 0, 0\right)$位置. 在热平衡下，$\left(\frac{1}{2}, 0, 0\right)$位置上的溶质原子会统计地多于$\left(0, \frac{1}{2}, 0\right)$、$\left(0, 0, \frac{1}{2}\right)$位置上的溶质原子. 这种分布会在与位错的相互作用中显出效果. 由此而在位错周围形成一个杂质原子气团，称为 Snoeck 气团.

在此仅限于指出：当这种四角型畸变出现时，溶质原子之间出现相互作用. 另外，即使在线性弹性近似下，杂质气团对位错弹性场的屏蔽作用也是可能的. 这种屏蔽作用在溶质原子对位错之间的相互作用的间接影响中是重要的.

（4）位错芯析聚　溶质原子除了与位错的弹性场有互作用之外，还应考虑在 $r<r_0$ 的位错芯区域的原子态，位错芯区域对杂质的作用比弹性区域任何位置的作用强得多，但在这里，弹性计算已失效. 这里也只作一个形式上的讨论. 假设在位错芯区域存在一些彼此间距为 $a \sim b$ 的杂质原子位置，且假定位于这些位置上的溶质原子无相互作用，它们的自由能可表示为

$$F = F_0 - F_B \tag{12.139}$$

F_0是远离位错处的自由能，F_B 是结合自由能，通常近似取为

$$F_B \sim U_B. \tag{12.140}$$

一般认为如此的位错芯杂质态在刃型及螺型位错上均存在.

虽然，可能出现的位错芯杂质态不止一种，但为简单起见，假定仅有一种杂质态存在. 而且由于原子尺度的各向异性，可以想见仅当位错线处于某些取向时，特定的芯杂质态才易于实现. 还要求平行于这些取向的位错位于一系列等间距位置上. 这情形有

些类似于 Peierls 能谷的图景[13]，但这两种特殊取向一般不是共线的.

用类似于上文中的方法可推得位错芯上杂质原子浓度表达式

$$c_d=\frac{1}{a}\frac{1}{1+\exp\left[-\left(F_B+\overline{G}_0\right)/kT\right]}. \qquad (12.141)$$

与式（12.133）相似，此处$\overline{G}_0$与c_0的关系由式（12.134）表示. 若$F_B \ll \overline{G}_0$，$c_0 \ll n$，式（12.141）化为

$$c_d \simeq \frac{c_0}{an}\exp\left(\frac{F_B}{kT}\right). \qquad (12.142)$$

在此情况下，位错芯中杂质原子浓度较稀. 在另一极限下，当$F_B \gg -\overline{G}_0$，$c_d \sim \frac{1}{a}$，位错芯被饱和. 可以得到较好的近似式

$$1-ac_d=\exp\left(-\frac{F_B+\overline{G}_0}{kT}\right). \qquad (12.143)$$

该式给出“空穴”的概率，即是未被占据的位错芯坐位（杂质态）的概率. 将式（12.134）代入式（12.143），得到

$$(1-ac_d)\ \frac{c_0}{n}=\exp\left(-\frac{F_B}{kT}\right), \qquad (12.144)$$

这表示空穴与溶质原子之间相关的一个“质量作用律”.

一般地讲，在足够高的温度下，c_d 表示的浓度是稀的，而在较低温度下发生饱和. 对于给定的c_0和F_B，可以定义一个转变温度T_0，它是稀溶体区间与饱和溶体区间之间的分界. 在T_0之下，位错芯坐位一半被占据. 根据式（12.141），当$\overline{G}_0=-F_B \simeq -U_B$时，有$ac_d=\frac{1}{2}$，而

$$T_0=-\frac{U_B}{k\ln\left[c_0/\left(n-c_0\right)\right]}. \qquad (12.145)$$

（5）铃木（suzuki）析聚　铃木[14]指出，一个扩展位错可以通过层错带的吸附作用而与杂质或溶质原子相互作用. 这种析聚效应通常称为铃木析聚. 一般，吸附在层错上的溶质原子的能量是与正常点阵中的能量不相同的. 这个效应可以采用与处理晶界吸

附的相同方法来处理[15]. 对于一个平衡态的层错，其结果可用 Gibbs 吸附等温线描述. 设 γ 为层错能，下面关系式成立：

$$\left(-\frac{\partial\gamma}{\partial \overline{G}_2}\right)_T=\Gamma_2-\frac{x_2}{x_1}\Gamma_1, \qquad (12.146)$$

式中，x_2和 x_1分别是该相中溶质和溶剂原子的分数，$\overline{G}_2$是溶质的化学势，Γ_2和 Γ_1分别是溶质和溶剂在层错处的表面剩余浓度. 通常情况下是处理稀溶体. 这时 $\Gamma_2\gg\frac{x_2}{x_1}\Gamma_1$，于是上式变为

$$\left(-\frac{\partial\gamma}{\partial \overline{G}_2}\right)_T=\Gamma_2. \qquad (12.147)$$

上式表明，当溶质在层错上聚集时，平衡层错能随溶质含量增大（吸附）而降低；而当溶质被层错排斥而离去时，平衡层错能随溶质含量的减少（解吸附）而降低. 总之，在两种情况下，最后的平衡层错能均小于其组分与整体组分相同的层错之层错能. 这就是铃木指出的“化学”相互作用.

一般性参考文献

[1] Peterson, N. L., Diffusion in Metals, Solid State Physics, **22** (1968).

[2] Stark, J. P., Solid State Diffusion, Wiley (1976).

[3] Teodosiu, C., Elastic Models of Crystal Defects, Springer-Verlag, New York (1982).

[4] Hirth, J. P., Lothe, J., Theory of Dislocations, 2nd ed., Johe Wiley & Sons. Inc., New York (1982).

[5] Schöck, G., Thermodynamics and Thermal Activation of Dislocations, Dislocations in Solids, **3**, ed by Nabarro, F. R. N., North-Holland Pub. Com. (1980).

[6] Balluffi, R. W., Granato, A. V., Dislocations, Vacancies and interstitials, Dislocations in Solids, **4**, ed. by Nabarro, F. R. N., North-Holland Pub. Com. (1979).

[7] Eshelby, J. D., The Continuum Theory of Lattice Defects, Solid State Physics, F. Seitz and D. Turnbull, Eds., Academic Press, New York, **3** (1956).

[8] Teodosiu, C., Elastic Models of Crystal Defects, Springer-Verlag, New York (1982).

[9] Kröner E., Theory of Crystal Defects, Academia, 215 (1966).

[10] Stark J. P., Solid State Diffusion, Wiley (1976); Peterson N. L., Diffusion

in Metals, Solid State Physics, **22** (1968).

[11] Hirth J. P., Lothe J., Theory of Dislocations, McGraw-Hill, New York (1968).

[12] Eshelby J. D., *Solid State Phys.*, **3**, 79 (1956).

[13] Lothe J., *Acta Met.* **10**, 663 (1962).

[14] Suzuki H., *J. Phys. Soc.* (*Japan*), **17**, 322 (1962).

[15] de Wit R., Howard R. E., *Acta Met*, **13**, 655 (1965).

第十三章　位错的攀移

§13.1　扩散控制的攀移

位错攀移的普通方式是借助于割阶的成核与生长，在此过程中涉及本征点缺陷的放出或湮没．所以，在这种情况下，作用于攀移位错的力除了一般的弹性力之外还有所谓渗透力（osmotic force）．因此，我们从纯粹扩散控制的位错攀移开始讨论，对渗透力作一个适当的说明．在这种攀移中，假定位错与它附近的点缺陷保持局部的平衡．

为了简明起见，下面首先考虑一个直刃型位错，并且假定仅有空位扩散机制在物质（原子）进入或移出位错的输运过程中起作用（这种机制一般被认为是物质输运过程的主要机制）．从这种简化的处理出发，不难推广到较普遍的情况．

（1）*作用于直刃型位错上的攀移力*　考虑如图13.1所示的刃型位错，有应力 σ_{xx}作用在位错芯上．如果原子由这个无应力晶体的表面移走并附着到该位错线上，这就造成该位错的一小段向上

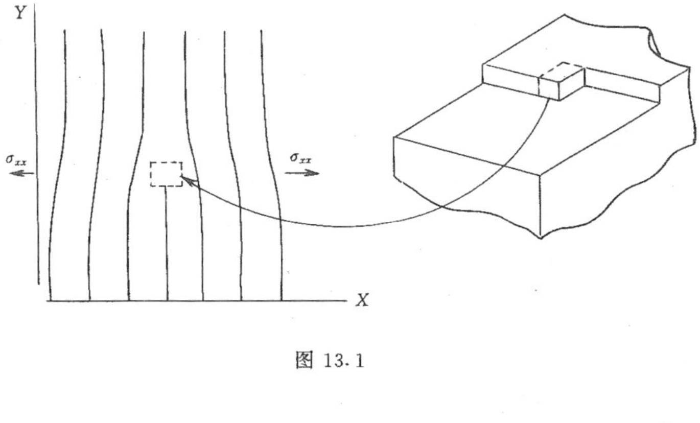

图 13.1

攀移一个原子面间距 h，则单位长度位错线的总能变化为

$$\frac{\delta W}{L}=-\sigma_{xx}bh. \tag{13.1}$$

作用在单位长度位错线上相应的弹性力为

$$\frac{F_{yel}}{L}\sigma_{xx}b. \tag{13.2}$$

现在，我们假设在位错芯处有 $\sigma_{xx}=0$. 如果将靠近位错的点阵位置上的原子移走，并将其附着到位错线上，则导致位错攀移距离 h. 在这个过程中产生了一些空位，但由于 $\sigma_{xx}=0$，弹性能并未改变. 不过与空位生成相关的自由能却发生了变化，单位长位错线的自由能变化是

$$\frac{\delta G}{L}=\bar{\mu}bh/v_a, \tag{13.3}$$

式中 v_a 为原子体积，$\bar{\mu}$ 是空位化学势，即

$$\bar{\mu}=kT\ln\ (c/c^0), \tag{13.4}$$

c^0是式 (12.113) 所给出的参考态浓度. 与上述的自由能变化相对应的作用在单位长位错线上的渗透力是

$$\frac{F_{yos}}{L}=-\frac{\bar{\mu}b}{v_a}=-\frac{kTb}{v_a}\ln\left(\frac{c}{c^0}\right). \tag{13.5}$$

如果应力 σ_{xx}以及空位浓的差异 c/c^0均存在，则作用在单位长位错上的总力为

$$\frac{F_y}{L}=\frac{F_{yel}}{L}+\frac{F_{yos}}{L}=\sigma_{xx}b-\frac{kTb}{v_a}\ln\left(\frac{c}{c^0}\right). \tag{13.6}$$

在局部平衡情况下，$F_y=0$，则由上式给出位错附近的空位局部平衡浓度是

$$c=c^0\exp\ (\sigma_{xx}v_a/kT), \tag{13.7}$$

相应的空位化学势由式 (13.4) 给出. 注意，由式 (12.113) 可见，c^0也依赖于 σ_{xx}. 如果晶体中远离位错处的空位化学势与位错附近处不同，就会出现一个使化学势梯度减小的空位扩散流，位错将通过空位的放出或湮没而攀移，借以保持由式 (13.7) 给出的局部平衡浓度.

为了具体说明，下面列举两个简单例子进行讨论.

第一，参看图13.2，考虑一个处于流体静压下的方柱体，其中含有一条刃位错. 略去像力，根据式（13.7），与位错平衡的空位局部化学势为

$$\bar{\mu}=\sigma_{xx}v_a=-pv_a. \tag{13.8}$$

外表面处的浓度是

$$c_v=c_v^0\exp(-W_e/kT).$$

由于在现在情况下，$W_e=pv_a$，故此外表面处的空位浓度为

$$c=c^0\exp(-pv_a/kT). \tag{13.9}$$

相当于 $\bar{\mu}=-pv_a$，与位错芯处的 $\bar{\mu}$ 一样. 因此，在图13.2所示的情况下，该刃位错不发生攀移.

第二，参看图13.3，此时位错附近空位的化学势仍然是 $\bar{\mu}=\sigma_{xx}v_a$. 在 A 面上化学势也是 $\sigma_{xx}v_a$；不过在 B 面上，$W_e=0$，故此空位化学势为零. 这样，向位错以及由 B 面向 A 面都会发生空位扩散流. 这个例子在一定程度上相当于理想的所谓 Nabarro-Herring 蠕变.

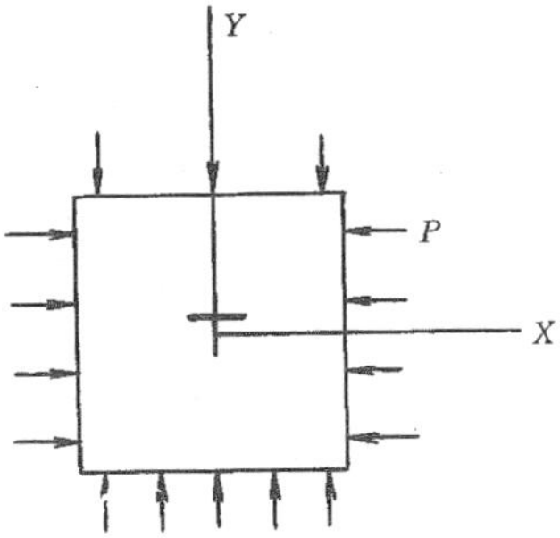

图 13.2

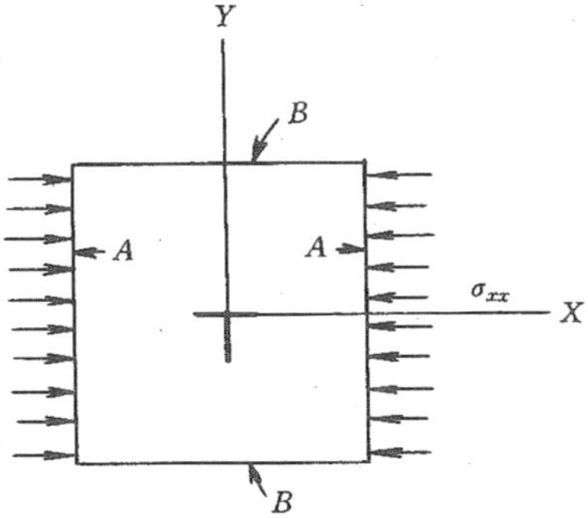

图 13.3

最后，将式（13.6）推广于混合型直位错的情况. 位错线的方向矢量为 $\boldsymbol{t}$. 作用于位错单位长度上、沿 $\boldsymbol{b}\times\boldsymbol{t}$ 方向的攀移力仍表示为

$$\frac{F}{L}=\frac{F_{el}}{L}+\frac{F_{os}}{L}, \tag{13.10}$$

按第一卷式（3. 90），式中 F_{el} 为

$$\frac{F_{el}}{L}=\frac{(\boldsymbol{b}\cdot\boldsymbol{\sigma}\times\boldsymbol{t})\cdot(\boldsymbol{b}\times\boldsymbol{t})}{|\boldsymbol{b}\times\boldsymbol{t}|}. \tag{13.11}$$

渗透力为

$$\frac{F_{os}}{L}=\frac{kTb_e}{v_a}\ln\left(\frac{c}{c^0}\right), \tag{13.12}$$

式中 b_e 为 Burgers 矢量的刃型分量

$$b_e=\frac{(\boldsymbol{b}\times\boldsymbol{t})\ \cdot\ (\boldsymbol{b}\times\boldsymbol{t})}{|\boldsymbol{b}\times\boldsymbol{t}|}. \tag{13.13}$$

注意，F_{el} 中一般包含对位错螺型分量作用力的一项贡献，所以正应力与切应力二者对混合型直位错的攀移都有作用.

（2）*扩散控制的攀移速率* 位错攀移速率的计算是一个基本的演算. 这里所处理的情况简单，有助于明了各计算步骤的意义及其实现.

考虑一条混合型位错，位于一个圆柱体中心，并与其轴平行，如图13. 4所示. 假定存在外应力 $\sigma=\sigma_{xz}$，且忽略镜像应力. 为了保持这个应力，只需要在表面施加一个切应力，故外力的静水压力量为零，而与表面达到局部平衡的空位浓度是 c^0. 外加切应力施于单位长位错上的力是 σb_s，于是，按式（13. 12），位错芯附近的空位局部平衡浓度是

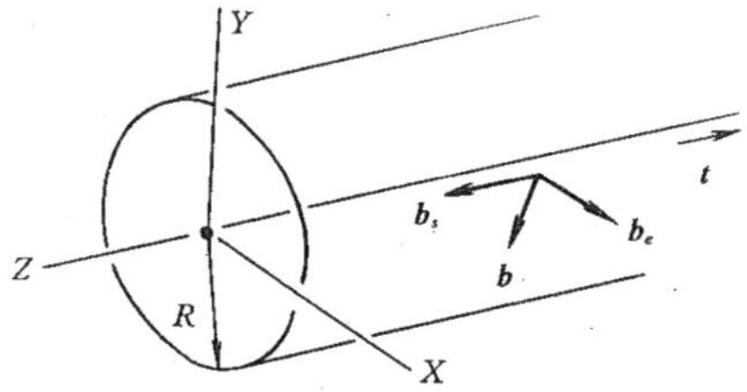

图 13. 4

$$c=c^0\exp\ (\sigma b_s v_a/kTb_e). \tag{13.14}$$

可见，在柱体表面与位错之间存在一个空位的化学势梯度.

回顾式（12. 66）至式（12. 68）之间的讨论，可知空位扩散流 $\boldsymbol{J}$ 等于空位浓度 c 与其漂移速度 v_D 之积. 而 v_D 又由 Einstein 关系式（12. 66）决定，其中的广义力 g 为化学势 $\overline{\mu}$ 的负梯度. 最后

的结果是

$$\boldsymbol{J}=-\frac{D_v c}{kT}\nabla\bar{\mu}=-D_v c\nabla\ln\left(\frac{c}{c^0}\right), \tag{13.15}$$

式中 D_v 为空位的扩散系数. 稳态条件为流矢量 $\boldsymbol{J}$ 的散度为零

$$\nabla\cdot\boldsymbol{J}=-\nabla\cdot\left(D_v c\nabla\ln\left(\frac{c}{c^0}\right)\right)=0, \tag{13.16}$$

这是一个关于 c 的方程. 它的解 c 是位置的函数 $c(r, \theta)$. 将这解代入式(13.15),即可求出 $\boldsymbol{J}$. 知道了空位向位错或离位错的流量,便可直观地计算位错攀移速率.

方程 (13.16) 中的 D_v 和 c^0均与内应力有关，因此也是位置的函数. 这就使得方程 (13.16) 的求解在数学上甚为繁难. 关于这个问题的讨论已超出本书范围. 但可以指出，在合理近似的范围内可以将 D_v 和 c^0作为常数处理. 在不很靠近位错芯的地方，这个假定均相当好地成立. 于是方程 (13.16) 便化为 Laplace 方程 $\nabla^2 c=0$. 再由于问题的对称性，对 z 和 θ 的偏导数均为零. 所以最终成为

$$\nabla^2 c=\frac{1}{r}\frac{\partial}{\partial r}r\frac{\partial c}{\partial r}=0. \tag{13.17}$$

现在假定 $\sigma b_s v_a \ll b_e kT$，所以式 (13.14) 的指数函数展开可以仅保留第一项，而浓度在 $r=b$ 处保持其值. 于是边界条件为

$$\begin{aligned} c-c^0&=0, && r=R,\\ c-c^0&=c'=\frac{\sigma b_s v_a}{b_e kT}c^0, && r=b. \end{aligned} \tag{13.18}$$

方程 (13.17) 满足上述边界条件的解是

$$c-c^0=c'\frac{\ln(R/r)}{\ln(R/b)}. \tag{13.19}$$

由单位长度位错流出的空位流为

$$\begin{aligned} I&=-2\pi r D_v\frac{\partial}{\partial r}(c-c^0)\\ &=\frac{2\pi D_v c'}{\ln(R/b)}=\frac{2\pi D_v \sigma b_s v_a c^0}{b_e kT\ln(R/b)}. \end{aligned} \tag{13.20}$$

位错的攀移速度为

$$v_y = I v_a / b_e. \tag{13.21}$$

将式（13.20）代入式（13.21），并引用原子自扩散系数 D_s 的表示式

$$D_s = v_a c^0 D_v, \tag{13.22}$$

最后得到

$$v_y = \frac{2\pi D_s v_a \sigma b_s}{b_e^2 kT \ln (R/b)}. \tag{13.23}$$

分母中对数项基本上与位错自能表达式中出现的情况一样，它既依赖于一个外切断参数 R，也依赖于一个内切断参数 b.

普遍一点看，R 是由位错线至 $c \sim c^0$ 的地区的距离. 另外，对 R 的一个合理估计是把它看成一种位错林中位错之间的间距. 该位错林中的位错有些放出空位，有些吸收空位. 典型的估计值是 $R \sim 10^4 b$. 此外，攀移力也应推广如式（13.11），包括 σ_{xx} 的贡献. 于是位错在 $\boldsymbol{b} \times \boldsymbol{t}$ 方向上的速度是

$$v = \frac{2\pi D_s v_a (F_{el}/L)}{b_e^2 kT \ln (R/b)} \simeq \frac{D_s v_a (F_{el}/L)}{b_e^2 kT}. \tag{13.24}$$

由于 v 对 R 的变化不敏感，所以上式对各种不同实验条件都是适用的.

（3）*作用在弯曲位错上的攀移力*　上面讨论了直线位错，对于曲线位错而言，可以在线张力作用下攀移.

下面具体考虑一个棱柱位错环通过攀移而收缩的例子. 设该圆环半径为 R，线张力为 $\mathscr{T}$，环的能量是 W. 若环收缩一个量 δR，放出的空位数为

$$\delta N = \frac{2\pi R b}{v_a} \delta R. \tag{13.25}$$

放出一个空位所释出的能量是

$$W_0 = \frac{\partial W}{\partial N} = \frac{\partial W}{\partial R} \frac{\partial R}{\partial N} = 2\pi \mathscr{T} \quad \frac{\partial R}{\partial N} = \frac{\mathscr{T} v_a}{R b}. \tag{13.26}$$

现在考虑扩散问题中的边界条件. 为了位错环与空位维持局部平衡，W_0 必须与化学势 $\bar{\mu}$ 的局部值相等

$$W_0 = \bar{\mu} = kT \ln (c/c^0). \tag{13.27}$$

此式可以化为

$$c' = c - c^0 = c^0\left[\exp\left(\frac{W_0}{kT}\right) - 1\right] \simeq \frac{c^0 \mathscr{T}\ v_a}{RbkT}, \qquad (13.28)$$

这里有 $W_0 \ll kT$. 假定直到距位错 $r \simeq b$ 处均维持过量浓度 $c' = c - c^0$；在远离位错处，$r \to \infty$，$c \to c^0$.

虽然位错环是一个有限大小的空位源，但在 $r \gg R$ 的远处，它的效果相当于一个点源. 形为 $\nabla^2 c = 0$ 的 Laplace 方程对于点源的解为

$$c - c^0 = \frac{B}{r}, \qquad (13.29)$$

B 是一个特定常数. 由位错环流出的空位净流量等于

$$I = -4\pi r^2 D_v \frac{\partial}{\partial r}\frac{B}{r} = 4\pi D_v B. \qquad (13.30)$$

实际上，位错环这个点源还可以看作是由一系列强度均为 β、间距为 b、沿环均匀分布的点源组成，如图13.5所示. 于是常数 B 与 β 有如下关系：

$$B = \frac{2\pi R}{b}\beta. \qquad (13.31)$$

现确定每个点源强度 β. 在环自身的 b 距离范围内，各基元的贡献是

$$c - c^0 = \frac{\beta}{r}, \qquad (13.32)$$

累加起来就给出 c'. 确切地说，c' 必须是各点源之间的中点处的浓度，只要 $2R \gg b$，c' 可采用图13.5的参数由下式计算得到：

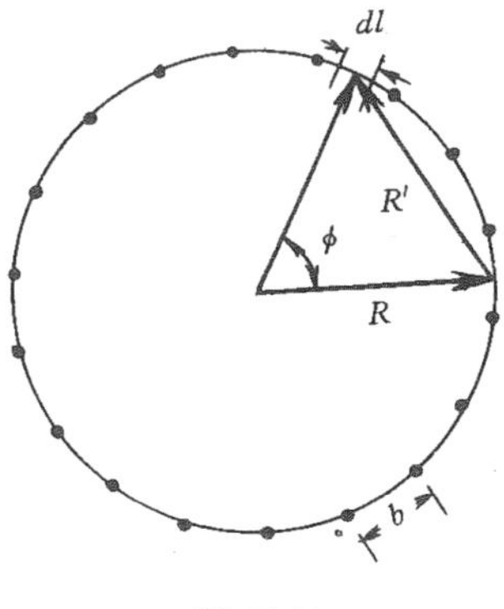

图 13.5

$$c' = \beta\int_{b/2}^{2\pi R - \frac{b}{2}} \frac{dl}{dR'} = \frac{\beta}{2b}\int_{\frac{b}{2R}}^{2\pi - \frac{b}{2R}} \frac{d\varphi}{\sin(\varphi/2)} \simeq \frac{2\beta}{b}\ln\frac{8R}{b}. \qquad (13.33)$$

联合式（13.22）、（13.28）和（13.33），可推导出

$$I = \frac{4\pi^2 D_s \mathscr{T}}{bkT\ln\ (8R/b)}, \qquad (13.34)$$

式中位错圆环的线张力 $\mathscr{T}$ 为（参看第一卷 § 4. 10）

$$\mathscr{T}=\frac{\mu b^2}{4\pi(1-\nu)}\ln\left(\frac{4R}{\rho}\right)=\mathscr{T}_0\ln\left(\frac{4R}{\rho}\right). \tag{13.35}$$

当 $R\gg b$ 时，式（13. 34）和式（13. 35）中的对数项相互抵销，于是流量公式成为

$$I=\frac{4\pi^2 D_s\mathscr{T}_0}{kTb}, \tag{13.36}$$

式中不出现切断距离这类参数．位错环的径向攀移速度为

$$v=\frac{2\pi D_s v_v\mathscr{T}_0}{Rb^2kT}. \tag{13.37}$$

（4）运动参考系问题　以上诸小节中的处理均包含准稳态假设，即是假定静态解对于攀移位错的任一瞬时位置均成立，所以位错的运动并不在扩散解中出现．静态解成立需要满足的条件是：扩散距离的均方根值 $\bar{x}=\langle x^2\rangle^{1/2}=\sqrt{2D_v t}$ 远大于空位源与壑之间距离 R. $\bar{x}$ 的表达式中的 $t=\dfrac{R}{v}$ 是空位由源至壑的行走时间．对于现在的位错攀移问题，以上条件相当于

$$R<\frac{D_v}{v}. \tag{13.38}$$

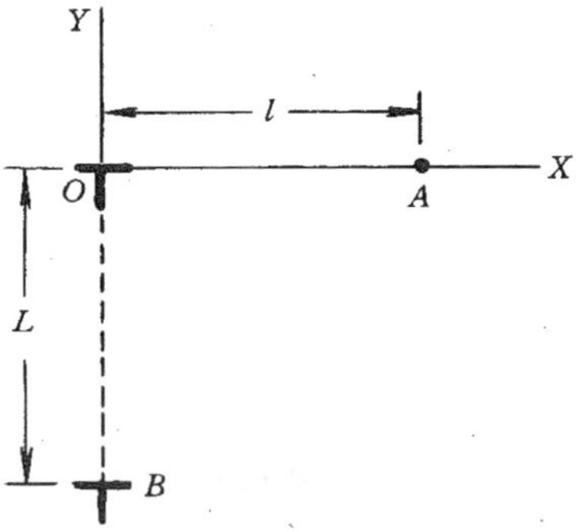

图 13. 6

考虑图13. 6所示的刃位错，它借助于放出空位而进行攀移．准静态解（13. 23）含有一项 ln（R/b），这里的 R 的意义就是式(13. 38)中的意义，因此不适用于无限介质中的位错行为．设图中 A 点上有一个空位，它是位错在某个时刻放出的，于是根据上面那个公式

$$\bar{x}=\sqrt{2D_v t}, \tag{13.39}$$

为了空位能够旁向扩散距离 l，它必须约在 t 时间以前被放出，所以

$$t \geqslant \frac{l^2}{2D_v}. \tag{13.40}$$

当空位被放出时，位错约在位置 B. B 点与位错现在的位置（即原点 O）相距为 L

$$L = vt. \tag{13.41}$$

但是，这样空位必然需要在时间 $t=\frac{L}{v}$ 之内在 Y 方向行走距离 L. 这仅当

$$\frac{L}{v} \geqslant \frac{L^2}{2D_v} \tag{13.42}$$

时方有可能. 联合式（13.40）和式（13.42），可以见到由位错放出的所有空位在 x 方向必然局限在一个区域之中，并由以下条件决定：

$$l \leqslant l_c = \frac{2D_v}{v}. \tag{13.43}$$

比这个距离更远的空位就可能不是由这个位错所放出的. 所以，可以合理推断，在半径 l_c 以内空位分布接近于一个静止源放出的空位分布，并满足边界条件：当 $r=l_c$ 时，$c=c^0$；事实上，在 Y 轴上，当 $r>l_c$ 时，$c-c^0=0$. 攀移速度可取式（13.24）. 令 $l_c=\frac{2D_v}{v}$代换其中的量 R，于是得到

$$v = \frac{2\pi D_s v_a\ (F/L)}{b^2 kT \ln\ (2D_v/vb)}, \tag{13.44}$$

这是一个关于本征攀移迁移率的超越关系，不能展开为 v 的幂级数.

§13.2　带割阶的位错的攀移

在上一节中讨论了晶体中非平衡空位离开或进入位错而引起的位错的整体攀移，没有细致处理位错上割阶的生灭和运动，换句话说，没有细致处理位错攀移的元过程. 割阶的生灭和运动同样与点缺陷（例如空位）的分布与扩散密切相关：例如一个空位移至位错线上并附着在那里，就成为一个双割阶的胚芽；一个空

位若移到一个已经存在的割阶之上并与它合并，就会产生割阶沿位错线的一步旁向运动，此时整个组态平移，而位错芯能量没有变化.

本节首先讨论单割阶的运动，然后考虑位错线上割阶群体的行为.

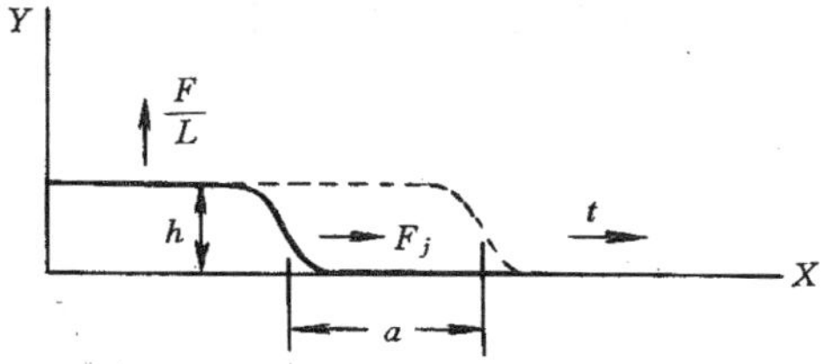

图 13.7

(1) 单割阶运动

试考虑长直刃型位错线上的一个单割阶，如图13.7所示. 若有攀移力$\frac{F}{L}$作用在位错上，则作用在此割阶上的力应是

$$F_j = Fh/L. \tag{13.45}$$

割阶运动放出空位所作弹性功 W 为

$$W = \frac{Fha}{L} = \frac{F}{L}\frac{v_a}{b}. \tag{13.46}$$

这样，与一个割阶处于局部平衡的空位超量浓度为

$$c' = c - c^0 = c^0\left[\exp\left(\frac{Fv_a}{LbkT}\right) - 1\right]$$
$$\simeq c^0\ (Fv_a/LbkT), \tag{13.47}$$

此式与上节中不含割阶的式 (13.18) 相吻合，即表明，与一个固定位错处于局部平衡的空位浓度，和该位错有无割阶等细致形态无关.

假定割阶是一个点源，在割阶周围半径约为 b 的球面内部维持准平衡. 现在暂且忽略沿位错芯的空位扩散. 根据与上节中表述的相似论述，可证割阶平移运动可以忽略，而一个准稳态解可以应用于空位扩散问题. 这样，割阶附近的静态扩散场便为［参看式 (13.29)］

$$c - c^0 = c'b/r. \tag{13.48}$$

由此给出扩散流

$$I = -4\pi r^2 D_v \frac{\partial c}{\partial r} = 4\pi D_v c' b. \tag{13.49}$$

相应的割阶漂移速度是

$$v_j = Ia = 4\pi abc^0 D_v \frac{Fv_a}{LbkT}$$

$$= \frac{4\pi D_s aF}{LkT}. \tag{13.50}$$

根据 Einstein 迁移率关系式(12.66),可得割阶沿位错线作无规运动的扩散系数为

$$D_j = \frac{4\pi a}{h} D_s. \tag{13.51}$$

当考虑到位错芯是一个易扩散通道时，式 (13.50) 对割阶迁移率的估计则过低. 由于芯扩散率高，可以假定割阶与其周围一个距离 $\bar{\xi}$ 以内的物质维持准平衡，这里的 $\bar{\xi}$ 的物理意义是芯空位沿位错扩散在"蒸发"进入周围点阵以前所行走距离的方均根值. 令芯空位的能量为 $W_v - \Delta W_v$，此处 ΔW_v 为空位与位错的结合能；并设芯空位沿位错游走的能量为 $W'_v - \Delta W'_v$. 这样，参照表达式 (12.44)，得芯空位扩散率

$$D_c = a^2 \nu \exp\left(-\frac{W'_v - \Delta W'_v}{kT}\right). \tag{13.52}$$

将所有位错芯以外的原子坐位看作是整体点阵坐位，于是蒸发一个空位所需供给的能量便是 $\Delta W_v + W'_v$. 或者说，认为一个空位运动进入位错芯，其激活势垒为 W'_v，如同在整体点阵中运动一样. 于是，一个芯空位在蒸发以前其平均寿命就是

$$\tau = \frac{1}{\nu} \exp\left(\frac{\Delta W_v + W'_v}{kT}\right), \tag{13.53}$$

ν 是原子振动频率. 沿位错轴线空位的平均自由程 $\bar{\xi}$ 即是

$$\bar{\xi} = \sqrt{2D_c \tau} = \sqrt{2}\, a \exp\left(\frac{\Delta W_v + \Delta W'_v}{2kT}\right). \tag{13.54}$$

定义 ΔW_s 为空位在点阵中的自扩散激活能 W_s 与在位错芯中的自扩散激活能 W_c 之差，上式即可写作

$$\bar{\zeta}=\sqrt{2}\,a\exp\left(\frac{\Delta W_s}{2kT}\right). \tag{13.55}$$

在渐近行为的意义上，当 $r\gg\bar{\zeta}$ 时，割阶与整体点阵维持准平衡有如一个点源，不过在其上存在准平衡的位错线段长度约为$2\bar{\zeta}$，这个长度决定点源的强度. 这个长为$2\bar{\zeta}$ 的线段可以看作一条有相互作用的单元点源分布于其上的线. 像式（13.33）之前的那样计算，可以得到一个割阶产生空位分布乃是以下这个点源强度的特征性结果，此强度是

$$c-c^0=\frac{c'\bar{\zeta}}{r\ln\ (\bar{\zeta}/b)}. \tag{13.56}$$

与式（13.48）相比较，上式多一个因子

$$\frac{\bar{\zeta}}{b\ln\ (\bar{\zeta}/b)}\simeq\frac{1}{\ln\ (\bar{\zeta}/b)}\exp\left(\frac{\Delta W_s}{2kT}\right). \tag{13.57}$$

这样，当计入沿位错芯的管道扩散以后，式（13.50）和式（13.51）的形式分别成为

$$v_j=\frac{4\pi D_s aF}{LkT\ln\ (\bar{\zeta}/b)}\exp\left(\frac{\Delta W_s}{2kT}\right), \tag{13.58}$$

$$D_j=\frac{4\pi aD_s}{h\ln\ (\bar{\zeta}/b)}\exp\left(\frac{\Delta W_s}{2kT}\right). \tag{13.59}$$

根据实验数据估算，上述因考虑沿位错芯扩散而作出的修正，对不分解位错，效应较显著，而对可分解位错效应则较小.

（2）斜位错的攀移　一条与其滑移面斜交的近直线位错，自然会含有许多几何割阶；当然，这样的割阶也可能由其它途径形成，这时，割阶成核不起重要作用. 如果诸割阶之间的间距 λ 小于上节中引入的参数 $\bar{\zeta}$，即

$$\lambda<\bar{\zeta}=\sqrt{2}\,a\exp(\Delta W_s/2kT), \tag{13.60}$$

则沿整条位错线均存在准平衡，于是§13.1所论述的全部结果均能直接应用于这种含割阶的位错.

若 $\lambda>\bar{\zeta}$，预计位错攀移速度比例于割阶浓度$1/\lambda$ 与速度 v_j 是有可能的. 但是事实上并不如此简单，因为存在扩散场的重叠. 一

个单独的割阶的扩散场的形式类似于式（13.56）

$$c-c^{0}=\frac{Ac'\bar{\xi}}{r\ln\ (\bar{\xi}/b)},\tag{13.61}$$

式中参数 A 决定于交叠的程度．单独扩散场的扩展范围不大于源与壑的间距 R．所以在一个给定的割阶附近，即 $\sim R$ 以内的诸割阶对尺度为 $\sim 2R$ 区域内的空位浓度有贡献．这样，在一个给定割阶处的平衡条件就是

$$Ac'\left[1+\frac{2\bar{\xi}}{\ln\ (\bar{\xi}/b)}\sum_{n=1}^{R/\lambda}\frac{1}{n\lambda}\right]=c',\tag{13.62}$$

式中的求和式近似地表示为

$$\sum_{n=1}^{R/\lambda}\frac{1}{n\lambda}=\frac{1}{\lambda}\ln\frac{R}{\lambda}.\tag{13.63}$$

所以条件（13.62）成为

$$A\left[1+\frac{2\bar{\xi}}{\lambda\ln\ (\bar{\xi}/b)}\ln\left(\frac{R}{\lambda}\right)\right]=1.\tag{13.64}$$

当

$$\bar{\xi}>\lambda\frac{\ln\ (\bar{\xi}/b)}{2\ln\ (R/\lambda)}\tag{13.65}$$

时，可由式（13.64）得到

$$A\simeq\frac{\lambda\ln\ (\bar{\xi}/b)}{2\bar{\xi}\ln\ (R/\lambda)}.\tag{13.66}$$

于是，由式（13.61）和式（13.66），可得出式（13.58）的修改后的形式，即

$$v_j=\frac{2\pi D_s a\lambda F}{LbkT\ln\ (R/\lambda)}.\tag{13.67}$$

总的位错速度是

$$\begin{aligned}v&=\frac{h}{\lambda}v_j=\frac{2\pi D_s ahF}{LbkT\ln\ (R/\lambda)}\\&=\frac{2\pi D_s vaF}{Lb^2kT\ln\ (R/\lambda)}.\end{aligned}\tag{13.68}$$

该式与前面的式（13.24）完全相同，只是对数项中的内切断参数有区别．这里是 λ 代替了 b．现在，“饱和行为”已经出现；$\bar{\xi}$ 和 λ

这两个参数已从式（13.68）的主要因子中消失，λ 仅仅出现在不甚重要的对数函数中.

式（13.65）可代替式（13.60）作为一个饱和条件. 若 R 值大，则当割阶间距 λ 较大时方出现饱和行为. 仅当式（13.65）不被满足时，位错攀移速度才比例于割阶密度$\frac{1}{\lambda}$及割阶漂移速度 v_j. 在此情况下，$A=1$. 因此，v_j 由式（13.58）给出，而位错速度为

$$v=\frac{4\pi D_s v_a F}{\lambda LbkT\ln\ (\bar{\zeta}/b)}\exp\left(\frac{\Delta W_s}{2kT}\right). \tag{13.69}$$

因在处理交叠扩散场时采用了式（13.61）和式（13.66）的近似，所以本节的处理不能算是精确的. 但这个处理能揭示攀移位错行为的物理含意. 比较精确的理论研究将是十分繁复的，因为必须涉及位错芯管道中的，以及整体点阵中的运动参考系. 即使在静态情况下，单个位错芯或多个平行位错芯的管道扩散，还伴随着向整体点阵扩散的这么一个扩散问题将是十分复杂的，甚至不可能得到解析解.

（3）准平衡假设　前述的理论都属于准平衡理论，即无论是在割阶处还是沿整条位错线都是假设局部空位平衡. 准平衡假设并非总是有效的. 我们选取在割阶处的空位平衡为例子，考察准平衡条件. 为简明起见，略去芯扩散.

在割阶上产生一个空位以及它向完整点阵运动，需要经历一系列的能量跃迁，如图13.8所示. 图中示意了在割阶处1的一个空位，以及它离开割阶进入完整点阵所经历的位置和相应的能-位移曲线. 位置1和2之间的能差用 W_{12}表示，其它类推. W_{15}是在完整点阵中一个空位的形成能

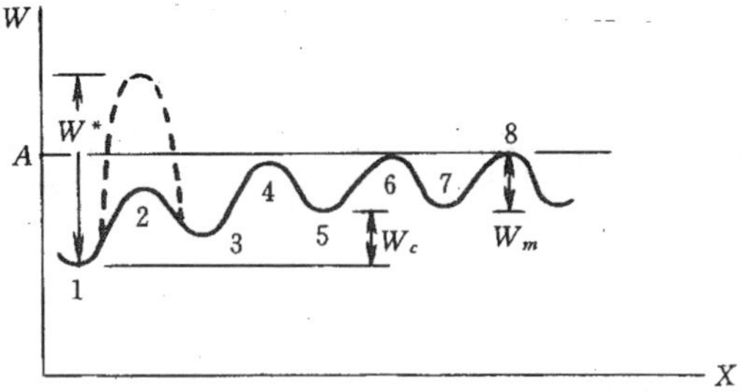

图 13.8

W_v. 在位置5右边区域，空位就被视为处在完整的晶格中. 在一个处于平衡的割阶系列中，与它们相邻的位置3有空位. 暂时想像不出现从3到5的跃迁. 假若1和3之间的相对分布偏离了平衡，那么，回复到平衡所需的弛豫时间由下式决定

$$\frac{1}{\tau}=\nu\exp\left(-W_{12}/kT\right)+\nu\exp\left(-W_{32}/kT\right)$$

$$\simeq\nu\exp\left(-W_{32}/kT\right). \tag{13.70}$$

如果 $W_{32}<W_{34}$，时间 τ 就比从3到5的跃迁所需时间要短，也就是说，位置3的空位处在与割阶成准平衡状态. 而处于3右边的那些位置都属于整体点阵位置，在这个区域宏观扩散的常用方程都适用，而位置5就是与割阶处于准平衡的边界条件. 只要从1到2，3到4取向上的能差明显地大于从出现第一个“完整晶体”位置以前的所有位置的反向能差，以及只要不存在高于图中 A 处的能垒，那么，在完整晶体位置就近似地得到与割阶的准平衡.

如果在割阶处产生一个空位包含一个如图13.8中虚线所示的势垒，那么，跨越这个势垒的运动将起主导作用. 在这样一种情况下，将不能应用准平衡的方法. 这样的势垒仅对具有低层错能，即具有宽扩展位错的金属是有可能的. 我们将在下一节讨论这个问题.

§13.3 扩展位错的攀移

扩展位错与非扩展位错的攀移的共同之处在于都是通过割阶的运动而实现. 对于扩展位错，就需要根据割阶的具体形式（即是扩展割阶还是束集割阶）来构想运动的模型. 本书第一卷§9.5中曾对面心立方晶体中位错割阶的构型进行了比较详细的论述. 可以看到，在这类金属中扩展位错上的割阶，除了个别特殊取向的以外，一般都是扩展的.

（1）割阶迁移率　在低层错能金属中，割阶是扩展的. 此时空位的生成能可能涉及一个如图13.8中虚线所示的高度为 W^* 的势垒，从而得不到准平衡. 相反，若割阶是束集的，则空位生成

能量图就如图13.8中的实线所示，像通常的情况一样能够得到准平衡，以上有关的各公式也均成立．对于扩展割阶，一个提出过的可能性是一个扩展割阶在空位生成或湮没以前必须进行束集．但这个束集过程需要相当大的弹性能，导致一个相当高的有效 W^*，由 W_s 与束集能之和决定．故此，这种过程实现的可能性有限．

不过曾经提出过在面心立方晶体中扩展刃型位错上一个锐角扩展割阶的直接攀移模型，参看图13.9．图中示出了一个扩展位

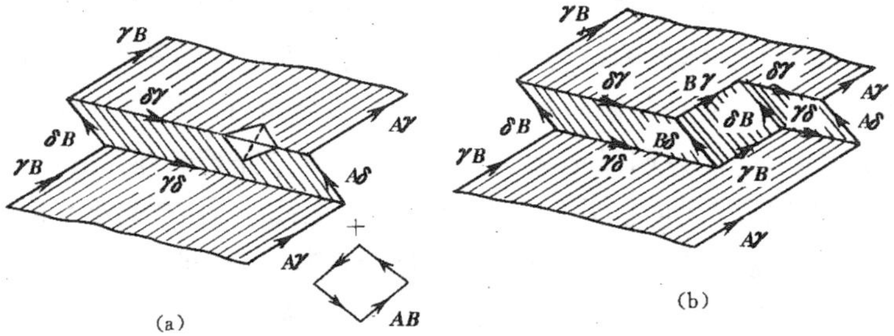

图 13.9

错割阶，(a)，(b)所示出的分别为在右端吸收空位前后的组态．图中箭头示意位错方向矢 $\boldsymbol{t}$ 的取向．吸收一个空位就等效于一个小环 AB，结果导致图13.9 (b) 可示的组态．不全位错 **Bγ** 和 **Bδ** 都是可滑位错，它们可以向左滑移．这种滑移的结果是重新出现图13.9(a)所示的组态．而整个过程的净结果是吸收了一个空位．注意，空位同样可以一开始就在左端的不全位错 **δB** 处被吸收．两个这样的组态可分别在一条割阶线的两端形成，且不会在此割阶线的中点附近相遇而湮没，而是像两个单独的过程一样，各自向另一端扩散．

如果是单元割阶，那末将图 (b) 中的 **Bγ**，**δB**，**γB**，**Bδ** 视为不全位错不免有些问题，最好是将这组排列视为一个位错芯级缺陷，例如一个不全空位①．不管是将这组排列的运动看作是不全位

① Argon，A. S.，Moffatt，W. C.，*Acta Met.*，**29**，293 (1981)．

错的滑移还是不全空位的扩散，在低驱动力作用下，这种运动总是扩散型的，因为不全空位必须扩散开去，以利于后继空位的吸收，同时也就给位错的攀移施加一个弱约束力．另一个非常类似的模型是认为一个空位直接由割阶吸收然后分裂为两个不全空位．

以上结果表明，若吸收空位，一个扩展位错割阶可通过局部攀移而保持准平衡空位浓度．空位与不全位错 $A\delta$［图13.9(a)］结合的初始阶段将出现准平衡．于是割阶迁移率就应当是前进距离 a 与克服势垒 W^* 的频率的乘积

$$v_j \simeq a\nu \exp\left(-W^*/kT\right). \tag{13.71}$$

相应的位错攀移速度为

$$v \simeq \frac{ha\nu}{\lambda} \exp\left(-W^*/kT\right). \tag{13.72}$$

放出空位的情况要涉及不全间隙原子的生成和扩散，与上文的讨论相对应，但不等价，不在此详述．不过总而言之，分析指出：在扩展位错上空位的放出或间隙原子的吸收，在远离平衡态的条件下，远比空位吸收过程困难．

(2) 割阶的成核　双割阶的成核过程也将因位错的扩展而复杂化，对此曾提出过若干有意思的设想．其中之一是认为，对于割阶的生成，扩展位错的束集是必要的第一步．但如上一节所述一样，有的学者认为这种过程在能量上不见得有利．另一种设想是：一种扩展组态直接在扩展位错上成核．这里介绍比较早期的一种模型．

图13.10示出了通过吸收空位一个双割阶成核的3个阶段．图13.10(a)示出沿不全位错 $B\gamma$ 吸收一列空位．空位凝聚形成一个与层错面垂直的棱柱位错环［图13.10(b)］．该环的各段全位错在各自的滑移面上滑移形成扩展位错［图13.10(c)］，为了清晰起见，该图中由 γA 和 $B\gamma$ 为边界的层错未画阴影线．这种滑移过程持续到 $A\gamma$ 与 γA 相接触为止，便形成一个完整的扩展双割阶．该过程中的能量最大的临界组态不易确定．不过可以想见，生成临

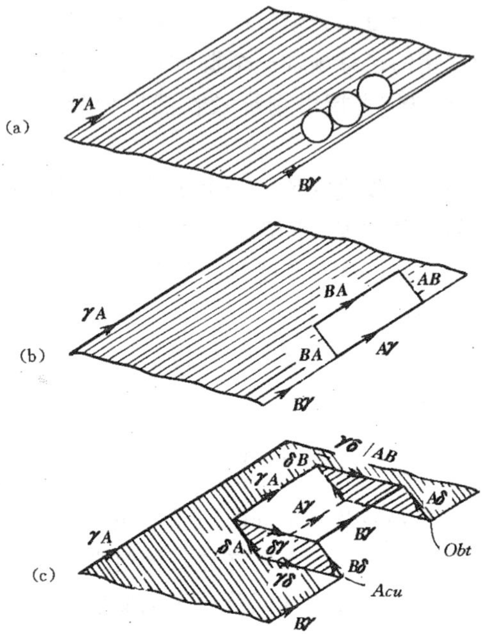

图 13.10

界能 W_{cr}与弹性能、外加应力、温度以及空位过饱和度有关. 不过也有人提出：该过程中的临界阶段是图13.10 (b) 中的环的形成. 关于后一问题我们将在下文中详述. 在那里将明确计算各个参数如何进入 W_{cr}. 若将 W_{cr}作为已知，则在单位长位错线上单位时间内双割阶的成核率为

$$J\simeq\frac{\nu}{b}\exp\left(-W_{cr}/kT\right). \tag{13.73}$$

该成核率使无限长直线位错的攀移速度变成

$$v=2h\sqrt{Jv_j}, \tag{13.74}$$

式中的 v_j 可采用式 (13.58) 或式 (13.67)，或式 (13.71) 的形式. W_{cr}大致具有如下形式：

$$W_{cr}\propto\frac{(W_{el}/L)^2}{kT\ln\left(c/c^0\right)}, \tag{13.75}$$

所以，割阶成核控制的攀移，其特色之一就是攀移速率强烈依赖温度和空位过饱和度.

若空位过饱和度高，而且扩展位错的宽度大，则割阶成核机制可能很不一样[①]. 不过，根据若干实验结果分析，即使位错扩展宽度大，双割阶的成核仍然是不很困难的.

(3) *高温蠕变中扩展位错的攀移* 关于扩展割阶的行为，我们在上文已表述了现存的两种不同的观点，即是：(i)，扩展割阶在动作前必须先进行束集，变成一个非扩展的普通割阶. 然后一切就可以像普通割阶那样处理；(ii)，扩展割阶在动作以前无需先进行束集，而是保持其扩展的组态与点缺陷相互作用并以特殊的形式运动. Argon 等[②] 处理了扩展割阶不经过束集的问题. 他们假设：在扩展割阶的每一端的不全空位必须通过沿割阶线的无规行走而集聚，以便形成全空位而离去. 我国学者孔庆平等[③] 重新较全面地讨论了高温蠕变中扩展位错的攀移问题. 他们倾向于上述的观点 (i). 我们在这里对孔庆平的工作作一简要介绍.

扩展割阶有两种生成方式，即扩展割阶的热激活生成和非热激活生成. 热激活方式产生的扩展割阶浓度 c_{jt}依赖于生成能 W_j

$$c_{jt}=\frac{2}{a_0}\exp\ (-W_j/kT), \tag{13.76}$$

这里的 a_0为原子距离. 而生成能 W_j 是扩展割阶的束集能 W_c 与未扩展割阶的线能量 W_0之和，即

$$W_j=W_c+W_0. \tag{13.77}$$

线能量是

$$W_0=\mu b^3/10. \tag{13.78}$$

割阶束集过程就是要将两个不全位错段合并为全位错段. 因此要

---

① Cherns D, Hirsh P. B., Saka H., *Proc. Roy. Soc.*, **A371** 213, (1980).

② Argon A. S., et al., *Acta Metall.*, **29**, 295 (1981); **29**, 1877 (1981); **35**, 1261 (1991).

③ Kong Q. P., Li Y., *Phil. Mag.*, **A68**, 113 (1993).

克服这两个不全位错段之间的斥力. 再考虑到层错能，就可推导出扩展割阶的束集能 W_c. 简单推导过程如下：

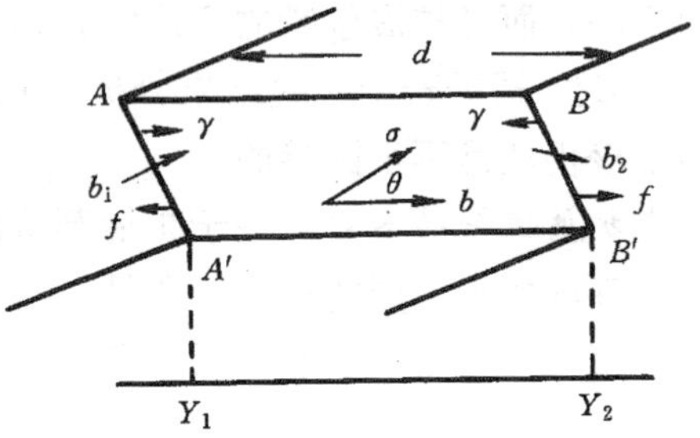

图 13.11

图13.11示出了一个扩展位错上的一个扩展割阶. d 为层错宽度. 设 f 是两个不全位错段之间的斥力，γ 为层错表面张力，则为使割阶束集，克服割阶两边两个不全位错间的排斥相互作用所需之力为

$$F=(\gamma-f)\,b=\left(\gamma-\frac{a}{y}\right)b, \tag{13.79}$$

式中 $y=y_1-y_2$ 为扩展割阶的初始宽度，a 的形式为

$$a=\frac{\mu b^2\,(2-\nu)}{24\pi\,(1-\nu)}\left(1-\frac{2\nu}{2-\nu}\cos 2\phi\right), \tag{13.80}$$

式中的 ϕ 表示 Burgers 矢量与位错线取向间的夹角. 所以，使两个不全位错段合并为一个全位错段过程所需能量为

$$\begin{aligned} W_c &= \int_d^b b\left(\gamma-\frac{a}{y}\right)dy \\ &= ab\ln\frac{d}{b}-b\gamma\,(d-b) \\ &\simeq ab\ln\frac{d}{b}-ab, \end{aligned} \tag{13.81}$$

这里有 $(d-b)\simeq d$，$\gamma d=a$. 合并式 (13.78)，(13.81)，得到扩展割阶的形成能为

$$W_j=ab[\ln(d/b)-1]+\mu b^3/10. \tag{13.82}$$

对于典型金属 Cu，当蠕变温度为 $T=0.5T_m$（T_m 为熔点温

度）时，取平均值 $\cos 2\phi=0$，式（13.76）的估算值为 $c_{jt}=10^2\text{cm}^{-1}$.

非热割阶浓度的估算如下：设晶体中的林位错密度为 ρ，则位错林中位错间的平均间距是 $1/\sqrt{\rho}$. 当一个位错与此位错林相交截时，其上产生的几何割阶的密度为此间距的倒数

$$c_{jm}=\sqrt{\rho}. \tag{13.83}$$

假定在高温蠕变条件下有 $\rho\simeq 10^{10}\text{cm}^{-2}$，则割阶密度是 $c_{jm}\simeq 10^5\text{cm}^{-1}$. 由此可见，热割阶的浓度比非热割阶要低3个数量级. 也就是说，在高温蠕变过程中，非热割阶起着重要得多的作用.

接下来讨论割阶的束集. 扩展割阶的束集有两种产生方式：即在外加应力作用下发生的束集与热激活束集. 首先简单讨论外加应力作用下的束集. 图13.11所示的扩展割阶上的两个不全位错段 AA' 和 BB'，在外加应力 σ 作用下的运动方程是①

$$\begin{aligned} B\dot{y}_1&=\sigma b_1\cos(\theta-30°)+\gamma-f, \\ B\dot{y}_2&=\sigma b_2\cos(\theta+30°)-\gamma+f, \end{aligned} \tag{13.84}$$

式中的 B 为阻尼常数，y_1 和 y_2 分别是 AA' 和 BB' 位错段的位置，b_1 和 b_2 分别是两个不全 Burgers 矢量的大小（$b_1=b_2$），θ 是 b 和 σ 之间的夹角.

由式（13.84）可得

$$B\dot{y}=2\left(\gamma-\frac{a}{y}\right)+\sigma b_1\sin\theta. \tag{13.85}$$

出现束集的条件是

$$\sigma b_1\sin\theta>2(a/y-\gamma). \tag{13.86}$$

在 $y=b$ 处，两不全位错之间的斥力达一极大值，所以，完成束集的临界应力 σ_{cr} 是

$$\sigma_{cr}=\frac{2}{b_1\sin\theta}\left(\frac{a}{b}-\gamma\right). \tag{13.87}$$

实际估算这个临界应力约为 $10^{-2}\sim 10^{-1}\mu$（μ 为切变模量）. 而蠕变

---

① Li. Y, Kong Q. P., *Phys. Stat. Sol.*, (a) **113**, 345 (1989); Ibid., (a) **122**, 511 (1990).

形变中达到的应力约为$10^{-4}\mu$，所以，该应力导致扩展割阶的束集机会很小.

再来看看热激活产生束集的情况. 根据式（13.81），热激活产生扩展割阶束集的概率是

$$p=\exp[-(W_c\pm W_{ex})/kT], \tag{13.88}$$

式中的W_{ex}是热束集过程中外应力所作的功. 由于外加蠕变应力σ一般最大不过$10^{-4}\mu$，因此W_{ex}的大小也就不会超过$\sigma b^2 d\sim 10^{-4}\mu b^2 d$. 而式（13.81）的$W_c$的估算是$3.3\times 10^{-2}\mu b^2$ [ln（d/b）－1]. 取各参数的实际合理数值，可以判断出$W_{ex}\ll W_c$. 再加上夹角θ是无规的，即外应力对束集既可能起促进作用，也可能起阻碍作用. 综上所述，可以认为，W_{ex}相对于W_c来看，完全可以略去. 于是式（13.88）可简化为

$$\begin{aligned} p &=\exp(-W_c/kT) \\ &=\exp(ab/kT)(b/d)^{ab/kT} \\ &=(\alpha e)^{\beta}(\gamma/\mu b)^{\beta}, \end{aligned} \tag{13.89}$$

式中

$$\alpha=\mu b^2/a,\ \beta=ab/kT. \tag{13.90}$$

令扩展割阶的总浓度为c_{j0}

$$c_{j0}=c_{jm}+c_{jt}\simeq c_{jm}, \tag{13.91}$$

于是被热束集的割阶的浓度是

$$c_j=c_{j0}p=c_{j0}(\alpha e)^{\beta}(\gamma/\mu b)^{\beta}. \tag{13.92}$$

热束集后，这些割阶可以像非扩展位错割阶一样地进行攀移. 割阶沿位错线运动的速度是

$$\begin{aligned} v_j &=n_0\nu_0 b[\exp(\sigma_e\Omega/kT)-1]\exp(-W/kT) \\ &\simeq\frac{n_0\nu_0 b\sigma_e\Omega}{kT}\exp(-W/kT), \end{aligned} \tag{13.93}$$

式中，n_0为配位数，ν_0为原子振动攻打势垒频率，W为扩散激活能，σ_e为有效应力，Ω为激活体积. 上式应用了近似条件（$\sigma_e\Omega/kT$）$\ll$ 1.

这样，扩展位错的攀移速度即是

$$v_c = c_j v_j b. \tag{13.94}$$

而该位错在它的滑移面上运动的平均速度是

$$v = v_c \frac{L}{h}, \tag{13.95}$$

式中的 L 是位错从割阶生成至湮没期间滑移的平均距离，h 为攀移高度. 有了以上各式，便可推出蠕变形变速率 $\dot{\varepsilon}$，它是

$$\dot{\varepsilon} = NbLv_c/h, \tag{13.96}$$

式中 N 是可动位错密度

$$N \propto (\sigma_e/\mu)^2,\ N \propto \rho \tag{13.97}$$

而攀移高度 h 反比于有效应力

$$h \propto 1/\sigma_e. \tag{13.98}$$

最后，由以上诸式得到

$$\dot{\varepsilon} \propto (\gamma/\mu b)^\beta (\sigma_e/\mu)^5 \exp(-W/kT). \tag{13.99}$$

孔庆平的文章中列举了8种估算的金属实际参数 β 值，得到的结果均在3左右，与实验结果符合甚佳. 式（13.99）中的5次方依赖关系也是与实验数据符合的. 所以，孔、李的理论还是合理和令人满意的.

§13.4 空位过饱和时的攀移

在大的空位过饱和情况下，位错的运动不可用准平衡动力学方法处理. 这个问题既具有基础的意义，又对若干有趣的位错组态的生成和发展给出清晰的说明，例如攀移位错源（Bardeen-Herring 源），螺旋线型位错，以及层错四面体等.

在一次高温淬火以后，由于位错和其它甕对空位的吸收，原来的过饱和度随时间按指数律下降. 系统趋向平衡的具体过程是复杂的，依赖于微观结构，例如位错的密度和分布，以及其它甕的存在和性质. 而且，过程的不同阶段也有不同的特点. 下面对空位过饱和情况下位错的攀移作一简略的论述.

（1）*攀移力*　淬火后，由于空位过饱和而产生很强的渗透力，比通常外应力下产生的力要大得多. 设晶体在高温 $T \simeq T_m$ 时，其

平衡空位浓度是

$$c=\frac{1}{v_a}\exp\ (-W_v/kT_m). \qquad (13.100)$$

在 $T=T_0=\frac{1}{2}T_m$ 时，其平衡浓度是

$$c^0=\frac{1}{v_a}\exp\ (-W_v/kT_0), \qquad (13.101)$$

现在将晶体从 $T\simeq T_m$ 骤冷至 $T=T_0$，并假设淬火后所有的空位均不消失，则过饱和度是

$$\frac{c}{c^0}=\exp\ (W_v/2kT_0). \qquad (13.102)$$

这相应于化学势

$$\bar{\mu}=kT\ln\ (c/c^0)\ =\frac{1}{2}W_v, \qquad (13.103)$$

这意思就是，若空位在淬火后立即消失，则系统自由能之降低为 $\frac{1}{2}W_v$. W_v 的典型值是 $W_v\sim 0.2\mu b^3$，而 $v_a\sim b^3$，根据式 (13.5)，作用在一刃型位错上的力，相应地是

$$\frac{F}{L}\simeq\frac{\mu b}{10}, \qquad (13.104)$$

即是淬火引致的渗透力相当于外应力（压应力）$\sigma\sim\frac{\mu}{10}$产生的效果. 这样大的外应力，除晶须之外，早已超过了晶体可承受的外应力值.

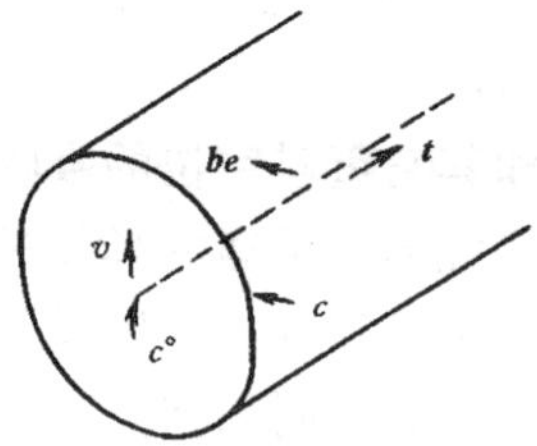

图 13.12

（2）位错攀移　作为一个简单例子，考虑一条沿圆柱体轴线的刃型位错的攀移（图13.12）. 设想圆柱的表面处维持高空位浓度 c，但并无外应力存在. 若圆柱体内均有初始浓度 $c>c^0$，根据式 (13.12)，初始攀移力是

$$\frac{F}{L}=\frac{kTb_e}{v_a}\ln\ (c/c^0). \tag{13.105}$$

在此力作用下，流向位错的初始瞬态空位流量是最大的可能流量.它等于单位长度位错芯附近的空位数（$\simeq 8cv_a/a$）与空位跳跃频率 ω（$\omega=\nu\exp\ (-W'_v/kT)$）之乘积. 当 $c\gg c^0$时，可略去初始的空位放出的流量. 初始的攀移速度等于以上的乘积再乘以因子 v_a/b_e，即

$$\begin{aligned} v &\simeq \frac{8c^0v_a^2}{ab_e}\nu\exp\left(-\frac{W'_v}{kT}\right)\left(\frac{c}{c^0}\right) \\ &= \frac{8D_s}{b_e}\frac{c}{c^0}. \end{aligned} \tag{13.106}$$

最终，当空位放出和湮没速率趋于抵消，在位错芯处将趋于一个局部平衡浓度 c^0. 此时，空位由表面流至位错芯的流量达到一个稳定值［参看式（12.23）］

$$v=\frac{2\pi D_s}{b_e\ln\ (R/b)}\left(\frac{c}{c^0}-1\right). \tag{13.107}$$

与此相似，如圆柱体内空位不足，低于饱和浓度，$c\ll c^0$，也会产生一个大的渗透压. 此时，初始的空位放出速率也是最大可能的放出速率，并给出初始攀移速度

$$v\simeq -\frac{8D_s}{b_e}. \tag{13.108}$$

与空位从位错芯蒸发率所允许的位错攀移相比，此时位错的攀移不可能更快，而且与欠饱和的程度无关. 在初始瞬态时期以后，v 弛豫至其稳定态值

$$v=\frac{2\pi D_s}{b_e\ln\ (R/b)}\left(1-\frac{c}{c^0}\right). \tag{13.109}$$

一般地讲，在§13.1和§13.2中所导出的关于攀移的所有公式，只要将式中的外应力引起的力项代之以渗透力，就可以用于净渗透力攀移的情况. 这时，只要渗透力能够线性化，即近似地有 $\ln\ (c/c^0)\ \simeq\ (c/c^0)\ -1$. 由此可以看到这两种类型力作用下的攀移的重要差别：由外应力引致的力全部表现在攀移速度中；而

对净渗透力而言，理论上只有力的线性部分影响攀移速度.

§13.5 空位聚集体的成核

在室温过饱和的晶体中，渗透力有可能充分地大，以致在若干情况下可以导致新空位聚集体的成核，最后造成棱柱位错环或层错四面体等等（参看第一卷§9.4等）.

简单的均匀成核理论对此似乎不很适宜，未能满意地符合实验数据. 所以下面要对成核理论略加分析，然后讨论将它应用于说明实验时的某些问题.

普遍的成核理论超出了本书范围，并有专著论述①. 在这里仅就高层错能面心立方金属铝中棱柱位错环成核之例进行一定的说明.

考察图13.13.图中示出了空位聚集体的生成自由能与其尺寸的关系. 这是一个典型的图示.图中曲线 a 示出与弹性项和表面项相关的正贡献，曲线 b 示意与空位湮没相关的负贡献，曲线 c 是总自由能曲线. 自由能随尺寸增大的变化在初始阶段是正的，亦即呈上升趋势. 这乃是由于对于小的空位团簇而言，此时弹性能和表面能的增大超过由于空位湮没而引起的自由能降低. 尔后，后面这项贡献逐渐变为主导. 于是图中曲线 c 在尺寸为 i^* 处出现一个极大，相应于 ΔG^*. i^* 即是临界尺寸. 胚芽在生长到临界尺寸的过程中要发生一系列双分子反应. 反应 $i^*-1 \longrightarrow i^*$ 的速率比其它步骤缓慢，因此，对这个流量的稳态处理可以近似确定成核速率. 此外，由于早期

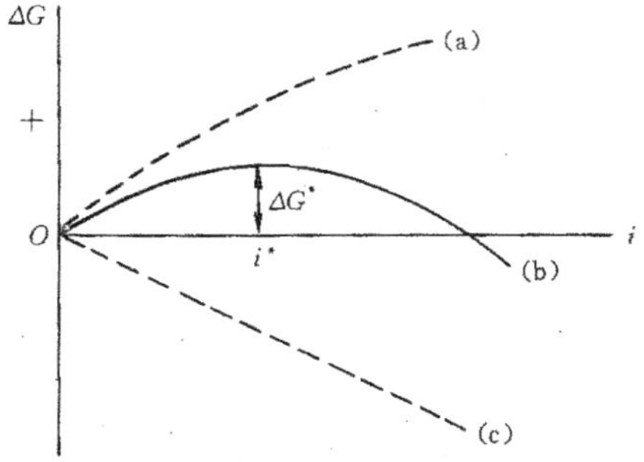

图 13.13

① 冯端等著，金属物理学，第二卷，科学出版社（1990）.

的步骤 $i^*-2 \rightleftharpoons i^*-1$ 靠近平衡，可见，在成核过程中起主导作用的一类空位聚集体，应是具有最小 ΔG^* 的聚集体. 同时，它们的 i^* 值也最小. 考虑六边形 $\frac{1}{2}$〈110〉全位错环的组态能以及球形空洞的组态能，可以断定 $\frac{1}{2}$〈110〉全位错棱柱环可在铝中成核.

稳态成核速率是

$$J=Z\omega n_c, \tag{13.110}$$

Z 是所谓非平衡因子，表示通过尺寸 i^* 给出的实际流量与尺寸 i^* 的一个平衡布居（population）导致的流量之比，又称为 Zeldovich 因子. 近似地表达为

$$Z\simeq\frac{1}{2}\left[(\partial^2G/\partial x^2)/2kT\right]^{1/2}. \tag{13.111}$$

在现在这个应用中，$Z\sim0.1$. 式（13.110）中的 ω 是空位扩散加入一个临界尺寸团簇的频率，它等于邻近一个核的空位数（$\sim10\pi r^* cv_a/b$）与空位跳跃频率的乘积，即

$$\omega=\frac{10\pi r^* cv_a}{b}\nu\exp\ (-W_v/kT), \tag{13.112}$$

此处的 r^* 是临界尺寸环之半径 $r^*=(i^* v_a/\pi d)^{1/2}$, d 是诸（111）面之间的间距. 最后，式（13.110）中的 n_c 是临界尺寸环的平衡浓度

$$n_c=\frac{1}{v_a}\exp(-\Delta G^*/kT). \tag{13.113}$$

尺寸为 r 的环的生成自由能为

$$\Delta G=2\pi r\frac{W}{L}-\frac{\pi r^2 d}{v_a}\bar{\mu}. \tag{13.114}$$

简单成核理论中的一个断然的近似是设临界尺寸的核可以用若干宏观量来描述，例如位错的线性弹性能，空洞的平衡表面能，以及层错能等等. 这样，对环来说，W/L 是适当的单位长度弹性能量（参看本书第一卷 § 4.2，§ 4.9中的讨论和结果）. 于是可得 ΔG 的极大值

$$\Delta G^{*}=\frac{\pi v_{a}}{\bar{\mu} d}\left[\left(\frac{W}{L}\right)^{2}-\left(r^{*}\right)^{2}\left(\frac{\partial(W / L)}{\partial r}\right)^{2}\right], \quad (13.115)$$

式中

$$r^{*}=\frac{v_{a}}{\bar{\mu} d}\left(\frac{W}{L}+r^{*} \frac{\partial(W / L)}{\partial r}\right). \quad (13.116)$$

至此，确定成核率 J 的式（13.113）中所需各量已具为已知.

§13.6 例 螺旋形位错线、层错四面体

（1）*螺旋形位错线* 具有螺型或混合形特征的位错段，可以通过吸收或放出空位而攀移弓出，并导致一螺旋形位错线，这已被实验所证实. 不难证明，螺旋形位错线的产生与非保守的攀移

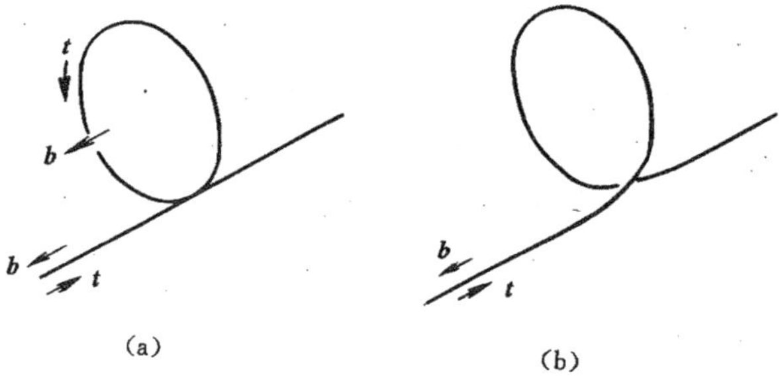

图 13.14

运动有关. 图13.14（a）示出了一条与棱柱位错环接触的直左螺型位错线，它与环具有相同的 Burgers 矢量，这个环是通过吸收空位而形成的. 这个组态再通过一个滑移反应生成如图13.14（b）所示出的左手螺旋线的一圈. 图13.14所示的过程是由直螺型位错形成螺旋线的许多可能的过程中的一种. 不管是哪一种可能过程，都需要吸收空位，而且吸收空位的数目就等于图中棱柱位错环所含空位的数目. 反应的一般规律如下：左螺型位错线生成左手螺旋形位错线，或右螺型位错线生成右手螺旋形位错线，都涉及空位的吸收（或物质的舍弃）；左螺型位错线生成右手螺旋形位错线，或右螺型位错线生成左手螺旋形位错线，都涉及空位的放出.

每生成一圈螺旋所输运的物质的体积是

$$V=A'b,\tag{13.117}$$

式中的 A' 是该螺旋圈在与 b 垂直的平面上的投影的面积.

下面讨论几种形成螺旋线的机制.

在一条直位错线上有各种可能触发螺旋线形成的机制. 不同

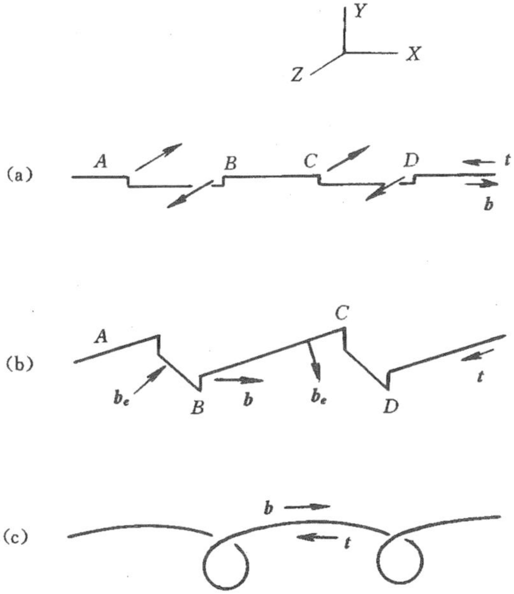

图 13.15

的形成动力学可能有不同的螺距. 图13.15示出了一条纯螺型位错线，其上有一些不同符号的割阶. 在空位过饱和时，这些割阶吸收空位并垂直于该螺位错运动，运动的方向由割阶的符号确定[见图13.15 (a) 中的箭头]. 割阶的这种运动导致如图13.15 (b) 所示的 Z 字形组态. 这时，所有位错段都已经出现了一些刃型分量. 由于刃型分量的符号不同，以致于当它们吸收空位而攀移时，将在垂直于纸面的两个不同方向运动. 这个过程的最后结果是形成如图13.15 (c) 所示的左手螺旋形位错线.

图13.16示出了一条螺型位错线（实线）. 由于某种热扰动或内应力的影响，它在 XZ 平面上有一个小的弓出段，并出现刃型分

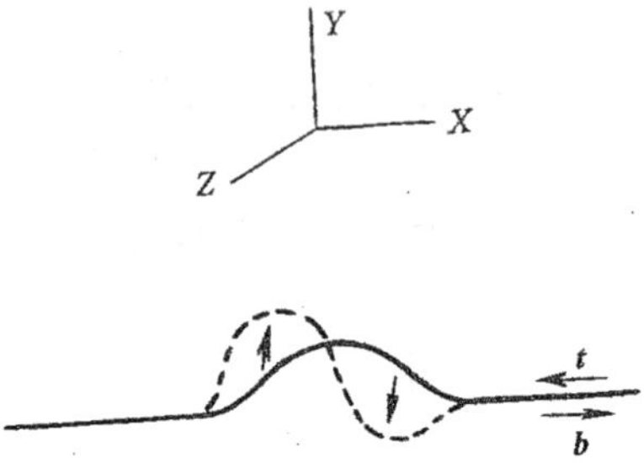

图 13.16

量. 由此即可触发螺旋线的形成.

现在再考察如图13.17(a)所示的混合型位错段AB，它的两个端点被钉扎. 由于存在刃型分量，可以直接出现位错攀移. 图13.17(b,c)示出了攀移运动在垂直于$\boldsymbol{b}$平面上的投影. 在这

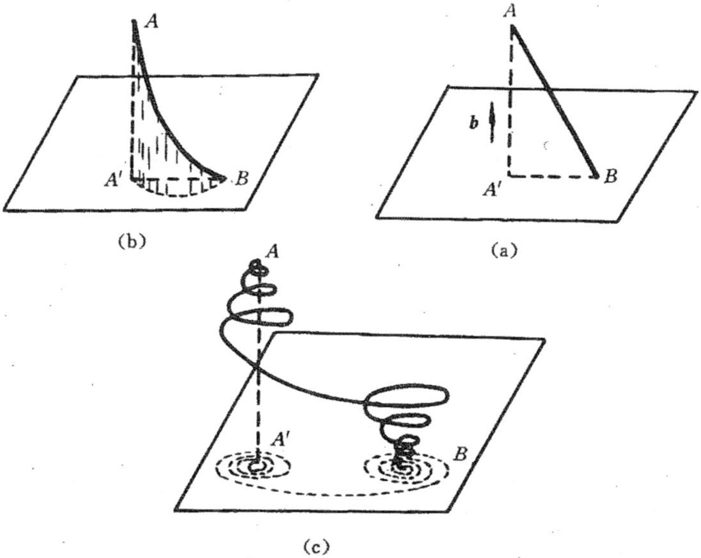

图 13.17

种情况下，可以达到局部平衡的螺线组态，即由位错线的弯曲引起的线张力、以及线圈-线圈间的弹性交互作用力与渗透力的平衡.

图中的ABA'平面是位错的滑移面，圈与圈之间的相互推力以及线张力在滑移面上的分力将使端点处的螺旋线变成锥形螺旋线，如图13.17 (c) 中实线或图13.18所示. 实验上早已观察到这

图 13.18

类位错线．它们很可能都是被点缺陷所钉扎．像图13.18这样的螺旋体还不是平衡组态．在后面还要讨论平衡形式．

当不存在渗透力时，也有可能产生螺旋形位错线．例如图13.15和图13.16所示的位错线，假设最初是一条沿 X 轴的纯刃位错 $\boldsymbol{b}=(0, b_y, 0)$，它们可以在其滑移面上弓出．$Z$ 字形段可以发展左、右螺型位错片段．在切应力 σ_{xy}的作用下，作用在螺型片段上的力，推动这些左右螺型片段沿正，负 Z 轴方向运动．而刃型分量借助短程芯扩散与螺型分量同时运动．这时没有向位错输送物质．所以，螺旋形线可以形成并达到一个强制的平衡形状，这时线张力平衡了应力 σ_{xy}.

对于一般情况下的混合型位错，在螺旋形位错线上的总的力平衡包括（第一卷）式（3.90）的 Peach-Koehler 力、渗透力和线张力．后面为了简化，主要考虑渗透力和线张力．

下面讨论一条螺旋形位错线的平衡形状．考虑图13.19所示的、由一螺型直位错生成的圆柱状螺旋形位错线．λ 是螺距，$n=\lambda^{-1}$是单位长的圈数，r 是圆柱的半径．首先考虑 $\lambda \gg r$ 这种疏缠绕情况．螺位错小凸曲时线张力为

$$\mathscr{T}=\frac{\mu b^2}{4\pi(1-\nu)}\left[(1+\nu)\ln\frac{L}{\rho}-1.89\nu-2.89\right].$$

取 $L=\frac{\lambda}{2}$，$\rho=\frac{b}{8}$，由上式可得近似结果：

$$\mathscr{T}\simeq\frac{\mu b^2}{4\pi}\frac{1+\nu}{1-\nu}\ln\frac{\lambda}{3b}. \tag{13.118}$$

当螺位错卷上一圈时，螺旋线增加的长度为

$$\Delta L = L\left\{\frac{1}{\lambda}\left[(2\pi r)^2+\lambda^2\right]^{1/2}-1\right\}. \tag{13.119}$$

所以，在线张力近似中，单位长能量的增加为

$$\frac{\Delta W}{L} = \mathscr{T}\left\{\frac{1}{\lambda}\left[(2\pi r)^2+\lambda^2\right]^{1/2}-1\right\}. \tag{13.120}$$

在产生该螺旋线时，单位长度吸收的空位数是

$$\frac{N}{L} = \frac{\pi r^2 b}{\lambda v_a}, \tag{13.121}$$

因而该螺旋形位错线的平衡条件为

$$\frac{\partial(\Delta W/L)}{\partial r} = \frac{\partial(\bar{\mu} N/L)}{\partial r}, \tag{13.122}$$

式中 $\bar{\mu}$ 是空位化学势. 应用式(13.106)，由上式可导出

$$kT\ln\frac{c}{c^0} = \frac{2\pi v_a \mathscr{T}}{b\left[(2\pi r)^2+\lambda^2\right]^{1/2}}. \tag{13.123}$$

若 $r\to 0$，满足上式的临界螺距长度是

$$\lambda^* = \frac{2\pi v_a \mathscr{T}}{bkT\ln(c/c^0)}. \tag{13.124}$$

对于任意 λ，由式(13.123)和(13.124)给出平衡半径 r^* 为

$$r^* = \frac{1}{2\pi}(\lambda^{*2}-\lambda^2)^{1/2}. \tag{13.125}$$

如果 $\lambda>\lambda^*$，螺旋线的自由能随着 r 的增加单调地下降，于是，不存在平衡半径，并且该螺旋线将由一直螺型位错自发地生长. 如果 $\lambda<\lambda^*$，则存在一个成核势垒，为了达到不稳定平衡半径 r^*，必须供给热能. 而超过 λ^* 值又会重新出现自发生长. 因此，像图13.16中的那种波动，只有他们的波长超过 λ^* 才能直接成核生成螺旋线. 由于从螺型位错形成的螺旋形位错的滑移面是缠绕其上的圆柱面，长为 $\lambda<\lambda^*$ 的初期的螺旋圈，可以通过滑移摇摆调整到超过临界尺寸 $\lambda>\lambda^*$. 一旦螺旋线开始生成，不管它的成核模式如何，它相对径向生长是不稳定的.

现在讨论外应力 σ_{ij} 的影响. 仍以图13.19的螺旋线为例，选取 Z 轴沿螺旋线的轴，$\boldsymbol{b}=(b_x,0,b_z)$. 由于我们主要感兴趣的是螺旋

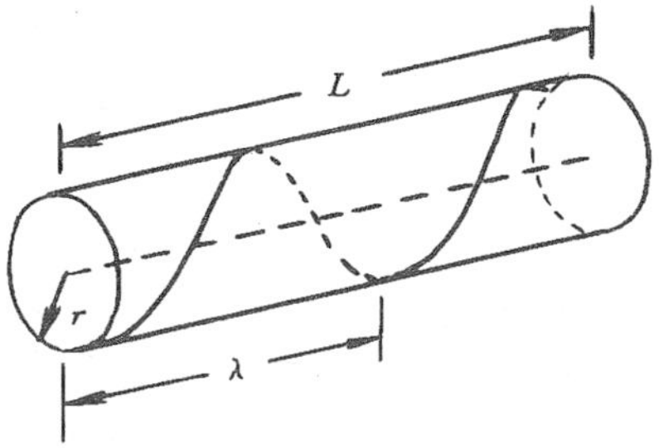

图 13.19

线的弓出，所以我们强加一个条件：对于初始的直位错线，即当 $\xi=(0,0,\xi_z)$ 时，力 F 趋于零. 对于螺旋形位错线 $\boldsymbol{\xi}=(0,\xi_\theta,\xi_z)$. 由方程(3.90)导出

$$\begin{aligned}\frac{\boldsymbol{F}}{L}&=(\sigma_{xz}b_x+\sigma_{zz}b_z)(-\xi_y\boldsymbol{i}+\xi_x\boldsymbol{j})\\&=-(\sigma_{xz}b_x+\sigma_{zz}b_z)\xi_\theta\boldsymbol{e}_r\\&=\frac{F_r}{L}\xi_\theta\boldsymbol{e}_r,\end{aligned}\tag{13.126}$$

这里，$\boldsymbol{e}_r$ 是径向单位矢量，ξ_θ 的表达式是

$$\xi_\theta=\left[1+\left(\frac{\lambda}{2\pi r}\right)^2\right]^{-\frac{1}{2}}.\tag{13.127}$$

这个力仅在 r 方向上有一个分量. 所以，在形成半径为 r 的螺旋线时，在单位长度上作的功是 $\pi r^2F_r/L\lambda$. 将这项包括进去，式(13.123)修正为

$$\frac{F_rv_a}{Lb_z}+kT\ln\frac{c}{c^0}=\frac{2\pi v_a\mathscr{T}}{b_z[(2\pi r)^2+\lambda^2]^{1/2}}.\tag{13.128}$$

对于初始是一条纯螺位错来说，如从处理渗透力时所预期的，F_r 中的有效应力分量是正应力 σ_{zz}. 而对于初始是纯刃位错的情况，切应力 σ_{xz} 是有效应力分量. 对于从一混合型位错形成的螺旋线，两个应力分量都起作用. 由混合型位错生成的螺旋形位错与从螺位错生成的区别在于：前者的滑移面与螺旋轴倾斜，以至于螺距的变动需要位错攀移.

在冷加工金属中，由于在割阶处形成空位，一般预料会出现渗透力，而且也会出现内应力. 所以，所有直位错段，只要其长度 $L>\lambda^*$，相对螺旋线形成而言都是不稳定的. 这个现象在加工硬化过程中，特别是在位错缠结形成时是重要的.

式(13.130)是关于一个均匀圆柱螺旋形位错线的平衡条件. 现在讨论相对局部几何形状的起伏时螺旋线的稳定性. 我们首先讨论由一螺位错生成的螺旋线，在因滑移而出现螺距起伏时的稳定性. 该稳定性决定于一圈范围内的推斥力. 我们由图13.20来估计这些力.

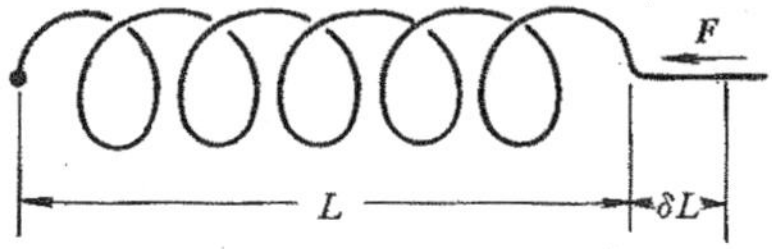

图 13.20

假设在圈数 $N=L/\lambda$ 保持不变的条件下，螺旋线长度改变一个量 δL，那么该螺旋线的能量的增加是

$$\delta W=\frac{\partial \Delta W}{\partial L}\delta L=\frac{1}{N}\frac{\partial \Delta W}{\partial \lambda}\delta L, \qquad (13.129)$$

式中 ΔW 由式(13.122)给出. 压力 F 的定义以及计算结果是

$$\begin{aligned} F &= -\frac{\delta W}{\delta L}=-\frac{1}{N}\frac{\partial \Delta W}{\partial \lambda} \\ &= \mathscr{T}\left\{1-\frac{\lambda}{[(2\pi r)^2+\lambda^2]^{1/2}}\right\}\left\{1-\frac{[(2\pi r)^2+\lambda^2]^{1/2}}{\lambda \ln(\lambda/3b)}\right\} \\ &\simeq \mathscr{T}\ \frac{2\pi^2 r^2}{\lambda^2}. \end{aligned} \qquad (13.130)$$

该表达式表明，当 $\lambda\to\infty$ 时 $F\to 0$，即较稀疏缠绕的螺旋线，"劲度"下降. 当 λ 是圆柱直径数量级时，螺旋线的压力或"弹簧张力"是线张力 $\mathscr{T}$ 的量级，但随 λ 的增加而急剧下降.

由于$(\partial F/\partial\lambda)$是负的，所以，均匀螺旋管对螺距的起伏是稳定的. 如果一个均匀螺旋线中的某些线圈有起伏，使得螺距有些地方变为 $\lambda+\delta\lambda$，另一些地方是 $\lambda-\delta\lambda$. 作用在后者部分上的压力较大，最初的均匀性将被恢复. 这与弹簧相类似.

现在讨论两个不同半径 r_1和 r_2的螺旋形位错线之间的热力学平衡关系. 图13.21示出了两个已处于滑移平衡的两个不同半径的

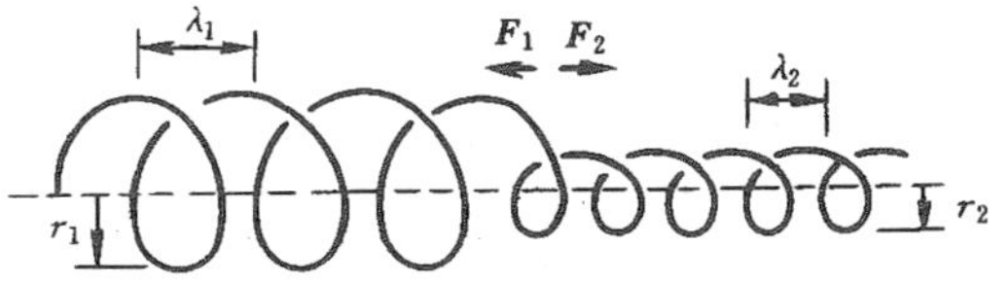

图 13.21

螺旋线. 这样的滑移平衡要求 $F_1=F_2$，使得式(13.130)中的对数因子的小小差别可以忽略，并导致条件

$$\lambda_1/r_1=\lambda_2/r_2 \tag{13.131}$$

由于方程(13.125)可以写为下面的形式：

$$\bar{\mu}=\frac{2\pi v_a \mathscr{T}}{b[(2\pi)^2+(\lambda/r)^2]^{1/2}}\frac{1}{r}, \tag{13.132}$$

在同样的近似下，由方程(13.118)和(13.132)得到两个处于平衡的螺旋线的空位化学势之比是

$$\frac{\bar{\mu}_2}{\bar{\mu}_1}=\frac{r_1}{r_2}. \tag{13.133}$$

所以，来自较小线圈的空位流将导致螺旋线1长大而螺旋线2收缩(图13.21). 因而，一个均匀线圈相对其 r 的扰动是不稳定的. 一个螺旋线的平衡形状预料是一个一圈的退化螺旋线.

最后，我们简单讨论一下密缠绕的情况. 在 $\lambda \ll r$ 的极端情况，环与环之间的弹性相互作用将超过圈的线张力而占主导地位. 在第一卷 § 4.7中讨论共轴圆环间的相互作用时得到的互作用能表达式(4.96c)适应现在的情况. 这表示两环之间的推斥力 $F\sim \mu b^2 r/(1-\nu)\lambda$ 已大于典型的线张力 $\mathscr{T}\sim \mu b^2$. 根据 § 4.7中的讨论，对于环堆叠情况下的单位长互作用能是

$$\frac{W_{\text{int}}}{L}=\frac{\pi \mu b^2}{1-\nu}\frac{r^2}{\lambda^2}. \tag{13.134}$$

对密缠绕螺旋线，该项占主导地位. 按式(13.130)，可导出

$$F=-\frac{1}{N}\frac{\partial W_{\text{int}}}{\partial \lambda}=\frac{\pi \mu b^2 r^2}{(1-\nu)\lambda^2}. \tag{13.135}$$

可见，上式的 F-λ 曲线与疏缠绕情况时的式(13.130)中的 F-λ 曲线相同.

相互作用力也给密缠绕螺旋线增添了相对于 r 的变动的不稳定性. 的确，这些力和式(13.13)的压力太大，预计这种密缠绕圈是不存在的. 实验观察到的螺旋线，其半径和螺距经常都是十分均匀的，螺距大约在其直径数量级到稍大的尺寸. 没有见到密缠绕情况. 现在的理论处理很适合 $\lambda \longrightarrow r$ 时的稀疏缠绕情况中的这些互作用力的可能影响的分析. 对于不密不疏，居中状态的 $\Delta W/L$ 的估算是非常有用的.

(2)层错四面体　本书第一卷§9.4中曾讨论过层错四面体，主要内容是讲述几种层错四面体的形成机制. 上一节关于成核的所有问题也适合层错四面体.

层错四面体一旦生成，可以通过如图13.9所示的一条锐角割阶线吸收空位的过程而生长. 这个过程正是前面讨论的扩展割阶的攀移过程.

对于锐角割阶线，当吸收空位时，在四面体的顶角处成核；当放出空位时在棱边处成核，如图13.22所示. 而对钝角割阶，放出空

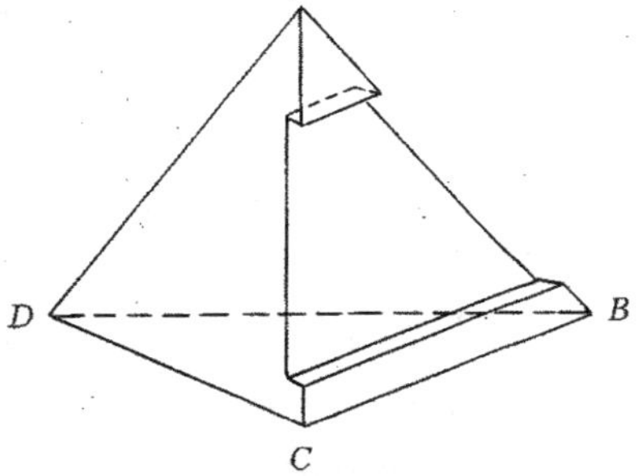

图 13.22

位时在顶角处成核；吸收空位时在棱边处成核. 如果临界核组态包含一条完全横跨四面体表面的割阶线，则在顶角处成核为好，因为这时割阶线短得多. 由于钝角割阶线的弹性能大于锐角割阶线的，所以吸收空位比放出空位成核容易. 相反，如果临界核组态仅仅只包含一部分割阶线，则成核总是发生在顶角处，如图13.23所示. 图中 $C\delta$ 和 δC 所围的小阴影区不含层错.

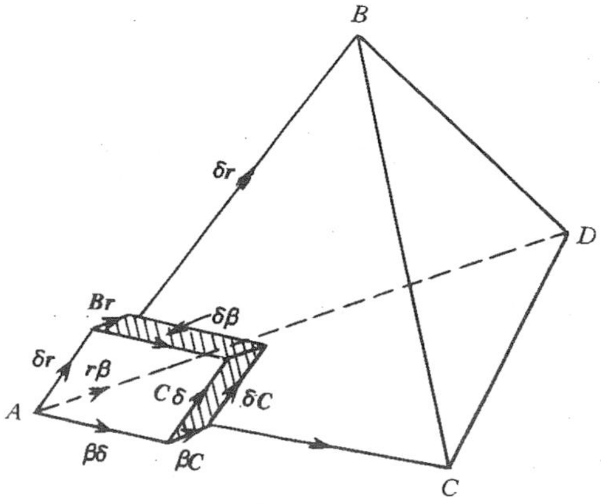

图 13.23

一般性参考文献

[1] Hirth, J. P., Lothe, J., Theory of Dislocations, 2nd ed., John Wiley & Sons. Inc., New York(1982).

[2] Schöck, G., Thermodynamic and Thermal Activation of Dislocations, Dislocations in Solids, **3**, ed by Nabarro, F. R. N., North-Holland Pub. Com. (1980).

[3] Balluffi, R. W., Granato, A. V., Dislocations, Vacancies and Interstitial, Dislocations in Solids, **4**, ed. by Nabarro, F. R. N., North-Holland Pub. Com. (1979).

[4] Weertman, J., Weertman, J. R., Moving Dislocations, Dislocations in Solids, **3**, ed by Nabarro, F. R. N., North-Holland Pub. Com. (1980).

第十四章　位错的滑移

第十二章的讨论表明，在有限温度下，位错可以包含一定平衡浓度的扭折和割阶．当外加应力很小时，这种浓度并不明显地改变，但扭折和割阶将经历一种扩散漂移，并分别导致滑移和攀移．当应力很大时，扭折和割阶扫至位错段的端点，并在这些钉扎点处积累起来．在该处有两类可能的形变过程．第一种情况是：如果该钉扎点的拖曳的弛豫时间短于双扭折或双割阶的成核，那么扭折和割阶的成核以及横向扩散传播将控制位错运动．反之，这些钉扎点的拖曳是主导的，即第二种情况．关于攀移已在上一章讨论过了，这里只讨论滑移．主要包括两大方面的内容：一是通过扭折的运动翻越 Peierls 势垒实现整条位错的滑移，一是带有割阶的位错的滑移．

§14.1　带扭折位错的滑移

本书第一卷中曾经指出，位错滑移的道路并非平坦，而是要不断地越过一个又一个 Peierls 势垒．对于一条长直位错而言，如果在其上存在一个扭折，这个扭折即是长位错线从一个 Peierls 能谷转移至相邻能谷处过渡的一个短的线段，如图 1.40 所示．这条长位错线越过 Peierls 势垒的过程若是通过扭折沿位错线运动实现，则就比整体地翻越要容易得多．采用这种图象来研究位错滑移，与上一章论述位错的攀移的割阶运动的图象十分相似．

（1）*扭折的迁移率*　由晶体的周期性可知，沿着一条直位错线，存在许多扭折自由能最低的位置，它们等间距地分布，间距记为 a．在热激活条件下，扭折可以从一个位置跃迁到另一个相邻的位置．设热激活势垒为 W_m，则扭折的跃迁频率为

$$\omega \simeq \nu \exp\left(-W_m/kT\right), \tag{14.1}$$

式中的 ν 是跃至一特定坐位的试探频率，与德拜频率具有同一数量级，即

$$\nu \sim \nu_D \sim 10^{12} — 10^{13} \ (\mathrm{s}^{-1}).$$

在式（14.1），更精确地当然是应以激活自由能 F_m 代替式中的 W_m，但这样做会引起另外一些问题和不确定性，所以下面仍采用式（14.1）的形式. 扭折在热激励下作无规运动，即扩散. 其扩散系数由式（12.38）给出：$D_k = \beta a^2 \omega$，式中的 β 是一个大小约为 1 的数值因子，与关联效应及可能的跳跃位置数有关. 由式（14.1）可得

$$D_k \simeq \nu_D a^2 \exp\ (-W_m/kT). \tag{14.2}$$

作为一个简单例子，考虑一条纯螺型位错线. 设晶体受外加应力场作用，令 σ 表示作用在滑移面上、平行于 $\boldsymbol{b}$ 方向的应力分量，则作用在扭折上的力为

$$F = \sigma b h. \tag{14.3}$$

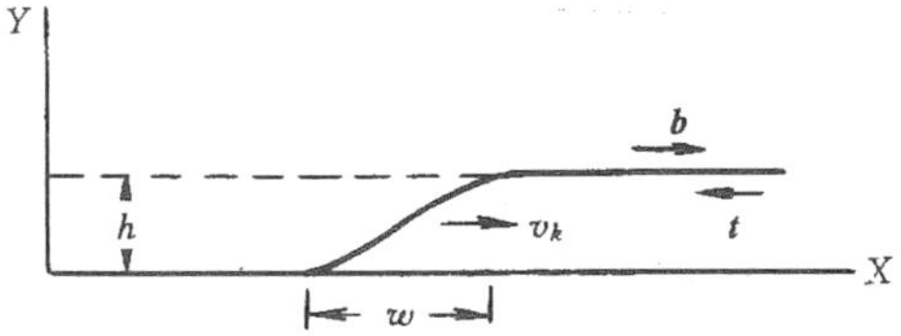

图 14.1

在图 14.1 中，XY 平面是滑移面，$\sigma = \sigma_{xz}$. $\boldsymbol{b}$ 平行于 X 轴. F 是与 X 轴平行的横向力. 由于力 F 的出现，原来作无规运动（扩散）的扭折，其运动将有所偏倚，即是说将有助于它向一个方向跃迁，而阻碍它向其它方向跃迁. 结果，在该力的方向上产生一个净漂移. 根据式（12.66）的 Einstein 迁移率关系，漂移速度是

$$v_k = \frac{D_k}{kT} F = \sigma b h \frac{D_k}{kT}, \tag{14.4}$$

式中的（D_k/kT）即为漂移迁移率. v_k 亦即是扭折的横向速度. F 也可以是广义的热力学力，如化学势的负梯度.

对于小应力，不管扭折扩散性质如何，式（14.4）都是正确的. 然而，式（14.2）是建立在具有 $W_m \gg kT$ 的离散扭折位置的

概念上的. 在体心立方金属中，直到接近绝对零度，位错仍保持可动. 对此，一种合理的解释是，位错的可动性与扭折的运动相关，认为直到量子效应变得重要的温度区域，$kT \lesssim W_m$ 成立. 当运动的激活势垒可忽略时，这种扭折的可动性决定于与声子散射相关的阻尼项.

(2) *单扭折的漂移* 现在考虑一条斜位错，如图 14.2 所示. 所谓斜位错即是与 Peierls 能峰、能谷斜交的位错线. 它上面含有很多规则分布的扭折，相邻扭折之间是长度为 l 的螺型位错线段. 如果这些等间距的扭折以漂移速度 v_k 向左方运动，该斜位错将整体向图中正 Y 方向滑移. 显然，位错的这种滑移速度是

$$v=v_k\frac{h}{l}. \tag{14.5}$$

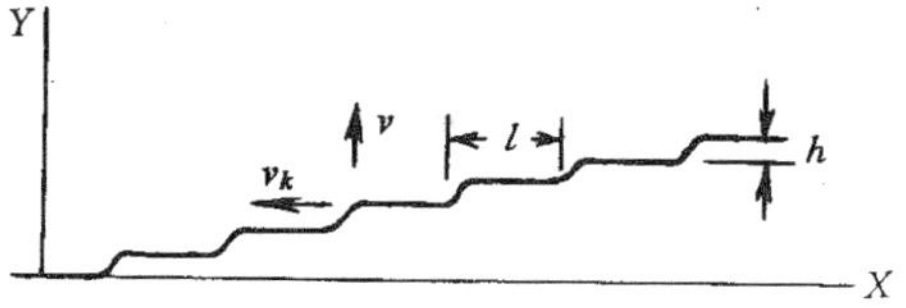

图 14.2

如果存在切应力 σ，则扭折的上述漂移速度 v_k 就由式(14.4)决定. 于是位错的滑移速度是

$$v=D_k\frac{\sigma b h^2}{lkT}. \tag{14.6}$$

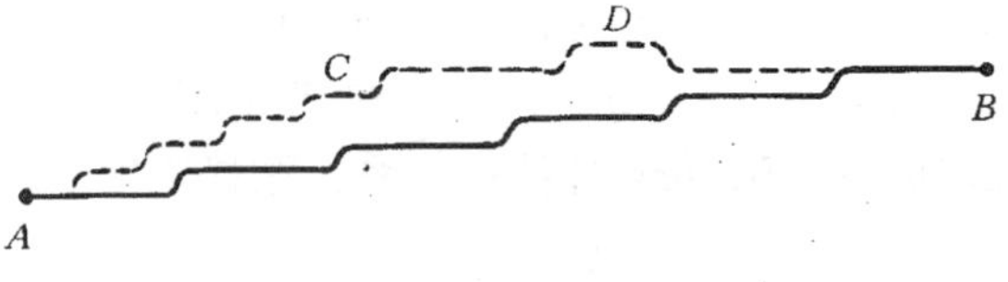

图 14.3

由图 14.2 可看出，上式的建立要有一个假设：当扭折向左运动时，右边要不断供给新的扭折. 图 14.3 示出了一条在 A，B 两点被钉扎的斜位错. 在应力作用下，扭折最初是横向运动，然后在钉扎

点 A 前积累起来，最后在 Peierls 谷中留下一段长直位错. 这个长位错段可以通过扭折对的成核和随后的旁向运动而弓出.

(3) 低应力下扭折的滑移　在有限温度和小应力极限下，在 Peierls 能谷中的直线位错上会存在第十二章中曾讨论过的热扭折. 它们的浓度接近于平衡浓度，由式 (12.85) 给出其浓度为

$$c_k=\frac{2}{a}\exp\left(-\frac{F_k}{kT}\right), \tag{14.7}$$

式中 $c_k=c_k^++c_k^-$. 所有这些扭折都有一个由式 (14.4) 表达的小的漂移速度 v_k，但正、负扭折的运动方向相反. 于是长位错在与其自身垂直的方向的运动速度 v 是

$$v=hc_kv_k. \tag{14.8}$$

将式 (14.4) 和 (14.7) 代入上式，得出

$$v=\frac{2\sigma bh^2}{akT}D_k\exp\left(-F_k/kT\right), \tag{14.9}$$

这个所谓小应力极限，或此类近平衡处理法的判据可以估计如下. 首先定义两个特性时间：τ_{ff} (扩散) 和 τ_{ft} (漂移). 当没有应力存在时，一个扭折扩散的距离是 $1/c_k$，即扭折间的平均间距. 与之对应，一个扭折自它产生至与另一符号相反的扭折相碰撞而湮没所需时间，即称为扭折的平均扩散寿命，记作 τ_{ff}. 根据式 (12.55)，可以推出

$$\tau_{ff}\sim\frac{1}{c_k^2D_k}. \tag{14.10}$$

而当存在有小外应力时，扭折将获得一个漂移速度 v_k，它运动一个距离 $1/c_k$ 所需时间为

$$\tau_{ft}=\frac{1}{c_kv_k}. \tag{14.11}$$

当 $\tau_{ft}\gg\tau_{ff}$时，单个扭折的运动遂为无规扩散过程所控制. 这就使得成核与湮没之间的均衡与无应力状态下的平衡无大差别. 所以，近平稳的结果，即式 (14.9) 成立的条件是 $\tau_{ft}\gg\tau_{ff}$. 由此可导出所谓小应力条件是

$$\sigma \ll \frac{kT}{bh}c_k = \frac{2kT}{abh}\exp\left(-\frac{F_k}{kT}\right). \tag{14.12}$$

§14.2 扭折对的成核和运动

在较高的外加应力作用下将发生扭折对的成核.

当应力 σ 存在时，一个扭折对的自由能 ΔF 与二扭折之间的间距 x 的函数关系一般如图 14.4 所示. 主要特征是存在一个临界间距（尺寸）x^*. 在该 x^* 处，ΔF 达到一极大值 ΔF^*. 当扭折对中的二扭折的间距大于 x^* 时，它们趋于进一步分开而使自由能降低；而当间距小于 x^* 时，它们则趋于彼此接近而致湮没. 这一类型的自由能变化形式以及生长-湮没习性，正是经典成核理论所处理的事件，所以，一般的成核理论的结果可用于此①.

首先定义一个距离 x'，令 x^*+x' 处的扭折对的自由能是 ΔF^*-kT. 其分隔间距大于 x^*+x' 的扭折对的自湮没的概率几乎为零，因为这个湮没需要能量大于 kT 的热激活，方能越过鞍点而到达 x^* 的左侧. 扭折间间距大于 x^*，但又小于 x^*+x' 的扭折对不能看作是已经成功地越过了势垒 ΔF^*，它们中的一部分可以扩散返回再度越过势垒到达右侧而最后湮没，故此对长位错的净运动没有贡献. 因此，新扭折对的净成核率约等于单位长度位错线上单位时间内所出现的其内间距大于 x^*+x' 的扭折对的数目. 这些扭折对在应力下内间距增大，直到其中的扭折与其它扭折对中的扭折碰撞而湮没，或直到停止在某些钉扎点处.

扭折对净成核的流量的求法，习惯上是当作一个扩散问题来处理. 考虑扭折对在 x 空间中的扩散，此处的 x 即上述的扭折对的内间距或长度. 由于扭折对的长度的改变可由其中任一扭折的运动引起，所以扭折对的扩散系数 D_p 应为

$$D_p = 2D_k. \tag{14.13}$$

令 $c_p(x)\,dx$ 是单位位错长度上、尺寸在 x 至 $x+dx$ 之间的

① 冯端等著,金属物理学，第二卷，科学出版社（1990）.

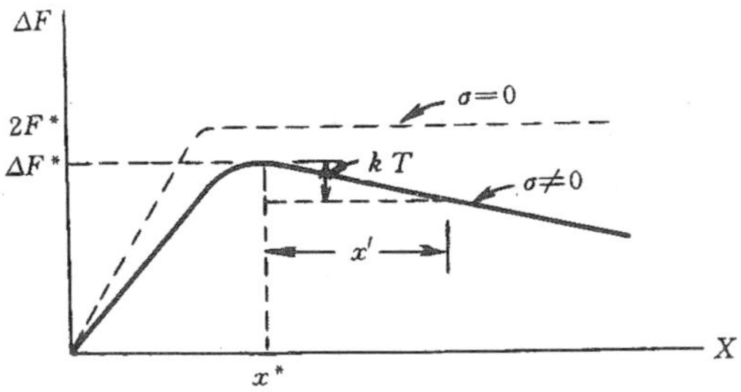

图 14.4

扭折对的数目. 这意味着在本扩散问题中定义的浓度 c_p 的量纲是[长度]$^{-2}$. 若既不存在扭折间的相互作用，也不存在外应力，则浓度 c_p 可以像下面这样确定：给定一个正扭折，则在 x 至 $x+dx$ 区间出现一个负扭折的概率是 $c_k^- dx$，此处 x 是相对该给定正扭折量度的. 当在 dx 中出现一个负扭折时，就存在一个长度在 x 与 $x+dx$ 之间的扭折对. 在单位长度位错线上总共有 c_k^+ 个正扭折，可以认为它们处在扭折对的左边一侧. 所以，在单位长度位错线上存在长度在 x 与 $x+dx$ 之间的扭折对的概率是

$$c_p^0 dx = c_k^+ c_k^- dx = \frac{1}{a^2}\exp\left(-\frac{2F_k}{kT}\right)dx. \tag{14.14}$$

若计入扭折间相互作用以及外加应力时，上式推广为

$$c_p^0(x) = \frac{1}{a^2}\exp\left[-\frac{F(x)}{kT}\right], \tag{14.15}$$

这里的 c_p^0 (x) 表示尺寸为 x 的扭折对的“约束”平衡浓度，即是当扭折对的流动被阻止时出现的浓度.

给出净成核率的扩散模型示于图 14.5. 图中示出了约束平衡浓度 c_p^0 和实际浓度 c_p 与扭折对内间距 x 的函数关系，还给出了由

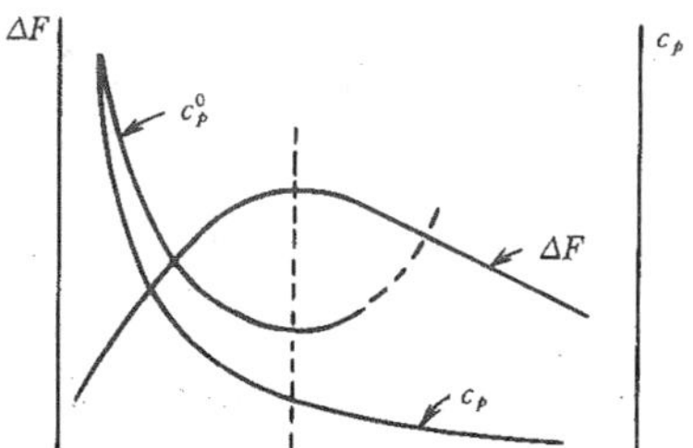

图 14.5

图 14.4 得来的 ΔF-x 曲线. 在 $x \ll x^*$ 的区间内，胚芽形核与湮没之间的均衡与无应力存在时的情况近于相同，因此有 $c_p \sim c_p^0$. 实际上，尺寸在 $x = x^* + x'$ 的扭折对从系统中消失，故此在 $x = x^* + x'$ 处，$c_p^0 \sim 0$. 于是由一般的成核理论可以得到 $c_p\ (x^*) \sim \frac{1}{2} c_p^0\ (x)$. 因此，在区间 $[x^*,\ x^* + x']$ 中，存在一个浓度梯度

$$\frac{\partial c_p}{\partial x} \simeq \frac{c_p\ (x^* + x') - c_p\ (x^*)}{x'} = -\frac{c_p^0\ (x^*)}{2x'}. \qquad (14.16)$$

扩散流 $\mathscr{J}$ 等于扭折对的净成核率，即是

$$\mathscr{J} = \frac{D_p c_p^0\ (x^*)}{2x'}. \qquad (14.17)$$

作为一级近似，在区间 x' 上的势能的降落 kT 是外加应力 σ 所产生，即

$$\sigma b h x' = kT. \qquad (14.18)$$

根据式 (14.13)，(14.15) 和 (14.17)，可得

$$\mathscr{J} = \frac{\sigma b h}{a^2 kT} D_k \exp\ (\frac{-F^*}{kT}). \qquad (14.19)$$

加上如下的近似：

$$F^* \simeq 2F_k, \qquad (14.20)$$

于是得到

$$\mathscr{J} = \frac{\sigma b h}{a^2 kT} D_k \exp(\frac{-2F_k}{kT}). \qquad (14.21)$$

最后，推导位错运动速度. 考虑一条无限长位错线，在应力作用下借助扭折对成核和随后的旁向运动而运动. 令 X 表示一个扭折对与其它扭折对碰撞而湮没之前沿长位错线旁向运动的平均距离. 于是，长位错线垂直于自身的运动速度 v 为

$$v = hXJ. \qquad (14.22)$$

设用 τ 表示扭折对的平均寿命，则 X 可以写为

$$X = 2\tau v_k. \qquad (14.23)$$

为了保持稳衡状态，上式中的 τ 必须也是在正在生长中的扭折对中新出现的位错线段上，成功地发生又一次扭折对成核事件所需

的平均时间

$$\tau=\frac{1}{J\ (X/2)},\tag{14.24}$$

式中的 $(X/2)$ 是在扭折对的寿命时间内为成核事件提供的平均位错线段长度. 合并上式可得

$$X=2(\frac{v_a}{J})^{\frac{1}{2}}=2a\exp(\frac{F_k}{kT}).\tag{14.25}$$

由此可得

$$v=2h(Jv_k)^{\frac{1}{2}}=\frac{2\sigma bh^2}{akT}D_k\exp(-\frac{F_k}{kT}).\tag{14.26}$$

此式与式 (14.9) 完全一样. 式 (14.26) 成立的条件是 $X\gg x'$，扭折的扩散蹙在成核鞍点之外. 这个条件与保证式 (14.9) 成立的条件式 (14.12) 正相对立. 由此可以断定，式 (14.26) 在整个应力满足线性关系的范围内成立.

若所考虑的长位错线是一个长度为 L 的有限线段，以致于扭折对只能扩展到该线段的端头，则此位错线段的法向速度表示式应修改为

$$v=2h\ (Jv_k)^{1/2}\frac{L}{L+X}.\tag{14.27}$$

当 $L\ll X$，即当运动位错线段短于热扭折之间的平均距离时，则上式化为

$$v=hLJ=\frac{\sigma bh^2L}{a^2kT}D_k\exp\ (-\frac{2F_k}{kT}).\tag{14.28}$$

§14.3 带割阶位错的滑移

带割阶位错的滑移问题是一个很有意思和很有实用意义的问题. 这种运动实际包含滑移和攀移. 处理这类滑移要涉及位错钉扎、位错线段凸曲、以及作用在钉扎点上的点力等概念. 这些概念以及描述这些情况下位错运动的方程可以应用于任何类型的位错的局部钉扎.

本节将较细致地分别处理三种带割阶位错的滑移运动情况.

（1）产生空位的割阶　带割阶的位错在作整体滑移（保守性运动）时，其上所含割阶是否也随之作保守性运动，要视其几何组态而定. 这一点在本书第一卷§1.6中已有比较具体的说明. 现在所要论述的就是不能随长位错线作保守性运动的割阶的行为.

现考虑一条纯螺型位错. 位错方向 $\boldsymbol{t}$ 平行于直角坐标系的负 X 轴方向，而其 Bwrgers 矢量 $\boldsymbol{b}$ 平行于正 X 轴方向. 该螺型位错上等间距地分布着高度为 h 的割阶. 这些割阶平行于 Z 轴，且符号相同，如图 14.6 所示. 该长螺型位错在与其自身垂直的正、负 Y 轴方向作滑移运动. 因割阶的滑移面显然是 XZ 平面，所以该长螺型位错线在正、负 Y 轴方向作滑移运动时，诸割阶只能作攀移运动，并引致空位或自间隙原子的产生. 具体地讲，当该左螺位错向正 Y 方向滑移时，割阶的攀移产生点阵空位；而向负 Y 方向滑移时，则割阶运动产生自间隙原子.

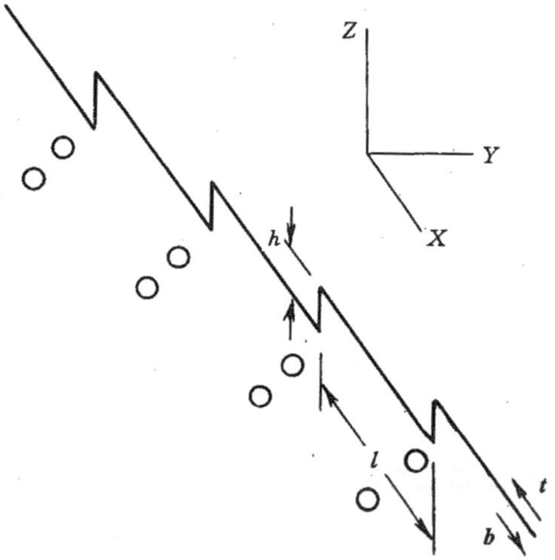

图 14.6

现在就产生空位的情况作一分析.

假定存在外加分切应力 σ. 作用在单位长度位错线段上的力 $F/L=\sigma b$. 当 σ 低于某一临界数值时，位错被诸割阶所钉扎，仅割阶之间的线段向应力所决定的方向弓出．借助于热激活可以在割阶处产生空位，而整个位错向前滑移．整体的弓曲位错构型向前运动时，若每个割阶放出一个空位，则位错在正 Y 方向移动的距离是

$$\delta y=\frac{v_a}{bh}=a. \tag{14.29}$$

设 l 是割阶的间距，亦即弓出前位错段的长度．在这个过程中，长度为 l 的位错段的自由能的变化是

$$\delta F=kT\ln\ (c/c^0)\ -\sigma bla. \tag{14.30}$$

在局部平衡条件下，$\delta F=0$，即有

$$\frac{c}{c^0}=\exp(\frac{\sigma bla}{kT}). \tag{14.31}$$

当空位超浓度在半径～b 的球内与割阶达到准平衡时，割阶的漂移速度由式（13.47）和式（13.50）给出；由于在现在的情况下，割阶速度应与位错速度相等，故后者为

$$v=v_j=\frac{4\pi D_s}{h}[\exp(\frac{\sigma bal}{kT})-1]. \tag{14.32}$$

在小应力极限下，速度表达式为

$$v\simeq\frac{4\pi D_s\sigma bal}{hkT}. \tag{14.33}$$

而在高应力极限下，表达式变为

$$v\simeq\frac{4\pi D_s}{h}\exp(\frac{\sigma bal}{kT}), \tag{14.34}$$

此式是最常用的形式．

在高应力极限下，割阶速度可能很快，以致于稳态扩散流不能建立．此时运动就被热激活过程控制．考虑图 14.7 中所示的情况．当位错由构型 A 进展至构型 C 时，在割阶处产生一个空位．这中间应通过一个激发态 B．这个事件发生的概率比例于 $\exp[-(W^*-\sigma bla^*)/kT]$．不过，只要位置 B 的能量低于 E 位置的能量，组态 C 就不相应于位错线的一个最终的净前进位移．当由 C 至 B 的势垒小于 C 至 E 的势垒时，产生的空位和割阶趋向复合，系统

可回复至原始构型 A. 仅当空位跳跃至点阵中，形成构型 D 时，位错线的净位移方才发生.

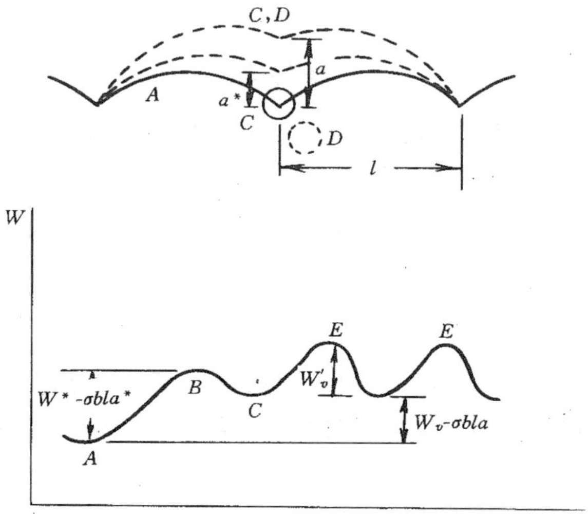

图 14.7

此时的位错速度可以确定如下. 中间态 C 中单位长度位错线上割阶数目是

$$n_j=\frac{1}{l}\exp\left(-\frac{W_v-\sigma bla}{kT}\right). \tag{14.35}$$

注意，此值不依赖于 B 态的能量与构型. 跃迁至 D 态的成功跳跃次数是 n_j 与空位扩散跳跃频率之积，即

$$n_j\nu\exp\left(-\frac{W_v'}{kT}\right).$$

最后，位错速度是上面这项与每个事件的平均进展面积 al 之积，即

$$v=a\nu\exp\left(-\frac{W_v+W'_v}{kT}\right)\exp\left(\frac{\sigma bla}{kT}\right)$$

$$\simeq\frac{D_s}{a}\exp\left(\frac{\sigma bla}{kT}\right), \tag{14.36}$$

这个表达式与式（14.34）有相同的温度依赖关系，即相同的激活能，而且数值上这两式也是很接近的．换句话说，这里的热激活滑移的结果与前面以准平衡方法处理得到的结果，最终是相近的．

假设位错的各种构型的能量图如图 14.8 所示．这时，$W_{AB}=W^{*}-\sigma bla^{*}$ 大于相继以远的所有各个势垒，则越过势垒 B 的频率是控制过程速率的因素，并给出位错速度

$$v \simeq a\nu_d \exp\left(-\frac{W^{*}-\sigma bla^{*}}{kT}\right), \tag{14.37}$$

式中的 ν_d 是弓出的位错线的振动频率，a^{*} 是割阶移动到达势垒顶点的位移距离［见图 14.7（a）］.

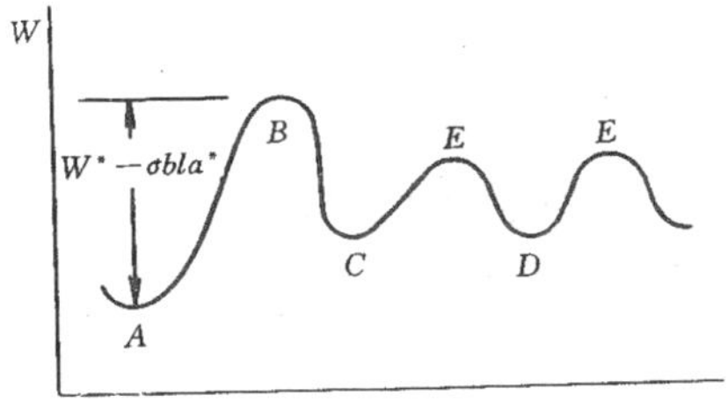

图 14.8

对于图 13.7 和图 13.8 所示的空位参与的带割阶位错的前进过程，当外加应力超过某个临界值时，将发生割阶从钉扎点脱离．例如，当

$$W^{*}-\sigma bla^{*}<0 \tag{14.38}$$

时，则割阶与空位的复合不发生，因而净的割阶运动无需空位至点阵中的跳跃，所以不要热激活，而在割阶后方留下一串空位．而当

$$W_v-\sigma bla<0 \tag{14.39}$$

时，也能形成一串空位．于是可以定义一个临界应力

$$\sigma_{\text{crit}} \simeq \frac{W^{*}}{bla^{*}} \sim \frac{W_v}{bla}. \tag{14.40}$$

当 $\sigma>\sigma_{\text{crit}}$ 时，带割阶、产生空位的螺型位错可以进行无热激活的滑

移.

下面简单讨论点力的概念.

在前面的几节中，量 bla^* 与长为 $2l$ 的线段前进 $\frac{1}{2}a^*$ 的运动相关. 一般，$\sigma la^* b$ 是释放的能量，甚至在被激活的组态局限在割阶的附近，也是这样. 由此，我们可以定义在钉扎点处作用在位错上的点力.

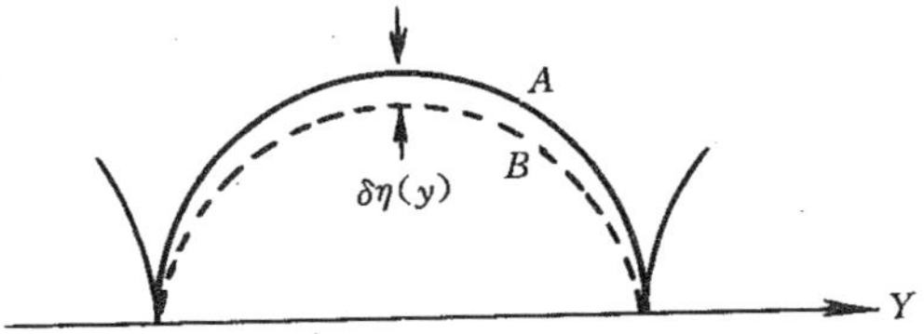

图 14.9

图 14.9 示出了一条螺型位错在应力作用下，两个钉扎点之间的线段在滑移面上弓出. 在两个钉扎点被固定的强制条件下，该平衡组态有最低的总能. 相对组态的小变动 $\delta\eta(y)$，当 $\delta W/\delta\eta=0$ 时，总能有一个极小值. 在一级近似下，图 14.9 中示出的虚线组态 B 与平衡组态有相同的能量. 显然，虚线位置的位错线能量较小. 但另方面，它扫过一个较小的面积，外应力已对它作了功. 在一级近似下，这两者的效应相互抵消.

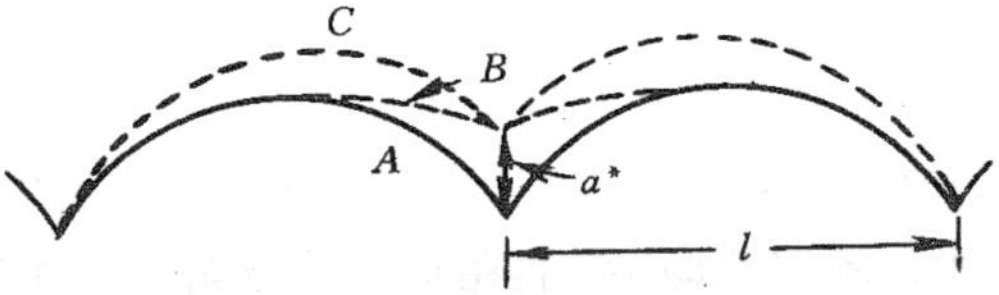

图 14.10

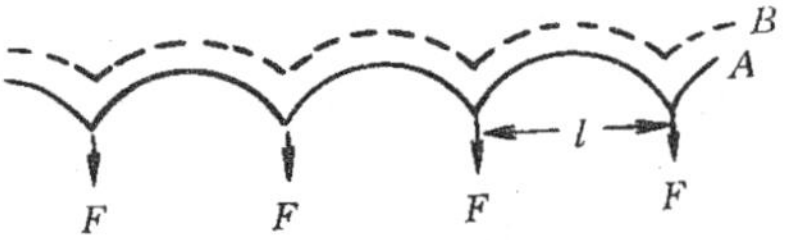

图 14.11

在图 14.10 中想像存在两种可能的激活组态 B 和 C. 它们有相同的激活能 W^*. 按刚才的讨论，它们的总能也相同. 所以，从组态 A 运动到 B 与从 A 运动到 C 所释出的能量相同，即等于 σbla^*. 这就是说，只要割阶向前运动时，线组态是平滑渐进地变化，则激活能与被激活组态的局域度在一级近似下是无关的.

如果认为在钉扎点处有点力

$$F=\sigma bl \tag{14.41}$$

施加在位错上，则可得到与上面相同的结论. 这些力与分散作用在位错上的力 σbl 保持平衡，如图 14.11 所示. 图中示出了割阶均匀分布的螺位错反抗点力 $\boldsymbol{F}$ 而弓出. 当一个钉扎点移动 δx 时，组态能量的变化是

$$\delta W=-F\delta x. \tag{14.42}$$

通常，在钉扎点作用在位错上的力分量 F_η 的定义是

$$F_\eta=-\frac{\delta W}{\delta\eta}. \tag{14.43}$$

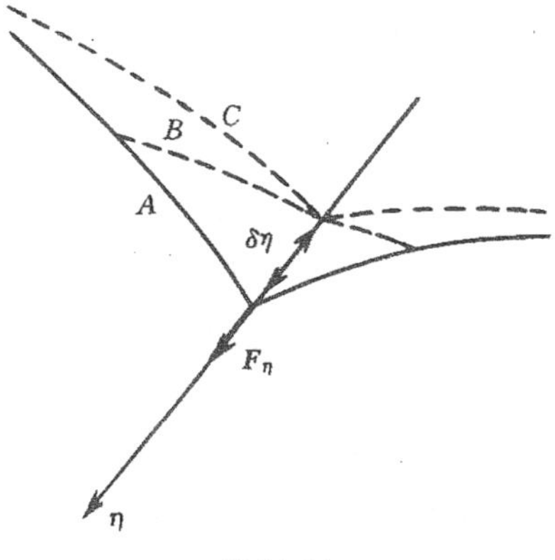

图 14.12

这里的 $\delta\eta$ 是图 14.12 所示的通常的位移. 依据上面的讨论，对于任何小的虚位移 $\delta\eta$，在一级近似下可计算出 δW，而且将得到同样的点力. 图 14.12 示出了某些可能的组态. 所以，如果我们知道了最初的平衡组态，就可以在一级近似下计算出点力 F_η，而不必

知道准确的已位移了的组态.

为了确定初始组态，通常必须进行十分复杂的能量计算. 而且，当位错组态发生突变时，一级近似的表达式（14.43）将导致大的误差，除非已知精确的已位移的组态. 另一方面，当组态不改变而仅仅是组态平移，则结果是精确的. 图 14.11 所示均匀钉扎位错的移动就是一个例子. 这时表达式（14.41）是精确的.

（2）*产生间隙原子的割阶*　间隙原子的生成能远大于空位生成能，在普通金属中前者的典型值为后者的 5 倍左右. 在自扩散过程中，空位起主导作用. 因此，除非是在极高的应力下之外，割阶的运动一般都是借助于吸收空位，而不是产生自间隙原子.

若位错在外应力优选的方向拖曳运动，而所含割阶仅能产生自间隙原子，则位错的动力学特性将与空位情况大不相同.

当外加应力存在时，割阶处的空位的欠饱和度为

$$\frac{c}{c^0}=\exp\left(-\frac{\sigma bla}{kT}\right). \tag{14.44}$$

如同前面推导式（14.32）那样办理，可以得到准平衡状态下带产生自间隙原子割阶的位错的滑移运动速度为

$$v=\frac{4\pi D_s}{h}\left[1-\exp\left(-\frac{\sigma bla}{kT}\right)\right]. \tag{14.45}$$

低应力极限下的速度表达式与前面的式（14.33）相同，即此时与产生空位的割阶的情况直接相似. 但在高应力水平下，这种相似性已不复存在. 对于产生空位的割阶，当应力增大时，可在割阶处产生很大的空位过饱和度，即 $c/c^0\gg1$，于是推得式（14.34）；而一个产生间隙原子的割阶，当吸收空位而运动时，不会比将它视为一个理想的空位壑时更快. 在高应力下，这个割阶逐渐接近于一个理想的空位壑，此时式（14.45）约化为

$$v=\frac{4\pi D_s}{h}. \tag{14.46}$$

只有当应力提高到足以使得自间隙原子的产生占重要地位时，位错速度才会再度随应力之增大而增大. 在此情况下，位错速度表达式与前面的式（14.37）一致. 其中 W^* 和 a^* 取适合于间隙原子

之值．当应力高于

$$\sigma_{\mathrm{crit}} \sim \frac{W_i}{bla}. \tag{14.47}$$

时，割阶可以不借助于热激活而运动．在多数情况下，当应力尚未高达 σ_{crit}时，这个长度为 l 的位错线段就会像一个 Frank-Read 位错源那样运动（参见第十八章）．所以，自动产生间隙原子的过程不发生．

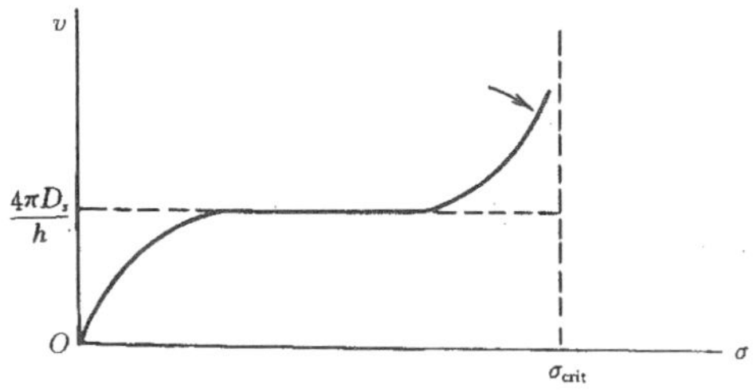

图 14.13

图 14.13 示出了一条带产生间隙的割阶的螺位错的位错速度-应力曲线．当位错速度超过$\frac{4\pi D_s}{h}$后，开始产生间隙原子（图中箭头所指曲线段）．

（3）带两种符号的割阶的螺型位错　上面分别处理了仅含一种割阶的位错运动，这是些理想化的情况，所得到的速率方程也分别是极限形式．比较接近实际的是在一条螺位错上含有接近相等数目的两种符号的割阶．一种可选择的模型是：螺位错上不同符号的割阶交替排列，它们之间的平均间距为 l．通过成核或位错交截形成割阶，与割阶间相互作用引致割阶湮没这两种过程之间的均衡，可能达到一个稳态割阶浓度．

当应力超过临界值

$$\sigma_{\mathrm{crit}} \sim \frac{W_v + W_i}{2bla}, \tag{14.48}$$

位错无需热激活就可发生运动．当 $\sigma < \sigma_{\mathrm{crit}}$时，位错迁移率将由运动较慢的产生间隙原子的割阶所控制．产生空位的割阶也运动，并

在后面留下空位，不过对位错所施加的拖曳力较小．但是在这种情况下，割阶的旁向运动（即沿位错线的运动）以及割阶-割阶间的湮没会引起复杂化的效应．当然，首先处理的是这种保守的旁向运动的可能效应．

割阶的旁向滑移可以避免割阶与其所产生的空位复合，并要求空位跳跃到点阵中去．由于这样的旁向滑移几乎不需要热激活，所以，从式（14.36）中舍去因子 $\exp\left(-W'_v/kT\right)$ 就可得到蠕变速度，即

$$v \simeq a\nu \exp\left(-\frac{W_v - \sigma bla}{kT}\right). \qquad (14.49)$$

由于导致式（14.36）的局部平衡可能不太适合，预料更普遍的情况是式（14.37）．在诸如流变应力的许多理论中，像式（14.37）这样的公式已替代了式（14.36）．

然而，推导出表达式（14.37）的模型和构想尚存在一些需要说明的问题．

如果作用在割阶上的力没有侧向分量，即如果这些弓曲的环在割阶处被拉成对称的形状，那么割阶可能由空位的任何一侧滑开，如图 14.14 所示．如果真是这样，割阶并不可能连续不断地滑得很远，而是如图所示，在空位两侧来回往返，而且由于空位尚未扩散到点阵中去，割阶将趋于与空位复合．因此，在这个例子中，割阶的这种横向运动并不促进割阶的攀移，原来的速度方程式（14.36）仍将适用．

如果相对于横向滑移，割阶处于不稳定的弹性平衡状态中，以致于一旦横向运动开始就不断继续下去，那么这种横向割阶运动将有助于割阶的攀移．显然，这样的横向运动在割阶产生空位之前很容易沿 L' 发生（图 14.14）．所以，仅当系统相对滑移处于相对稳定组态之前，这样的侧向运动才有利于割阶攀移．

图 14.15 示出了另外一种情况．图中示出了一条弓出的位错段依靠另一段的缩短而增长，从而导致已滑移区净面积的增加和位错的向前移动．可见，只要位错可以很容易地借助滑移而运动，

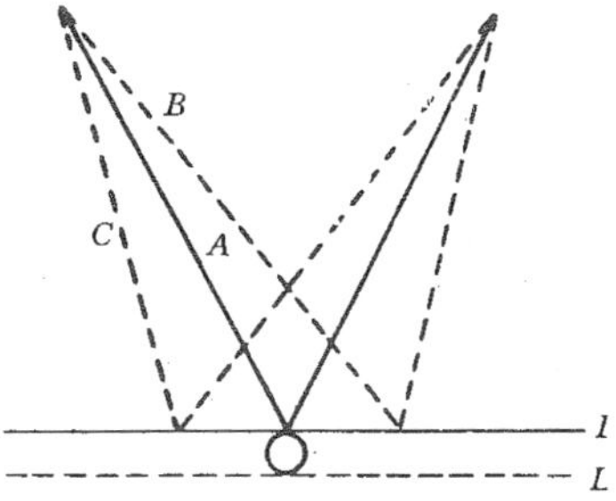

图 14.14

图 14.15

则可促进攀移.

我们得出结论，如果横向割阶运动不能促进割阶的攀移，则割阶的攀移不控制位错的速率. 式（14.36）描述了位错运动.

还有一种可能的想法是:侧向运动非常容易导致割阶消失,以致于割阶不能明显地阻碍螺型位错的前进. 如果割阶从头到尾都是移动到一条运动螺位错的端点，情况肯定就会是这样，结果它将像一个非常长的 Frank-Read 源那样弓出.

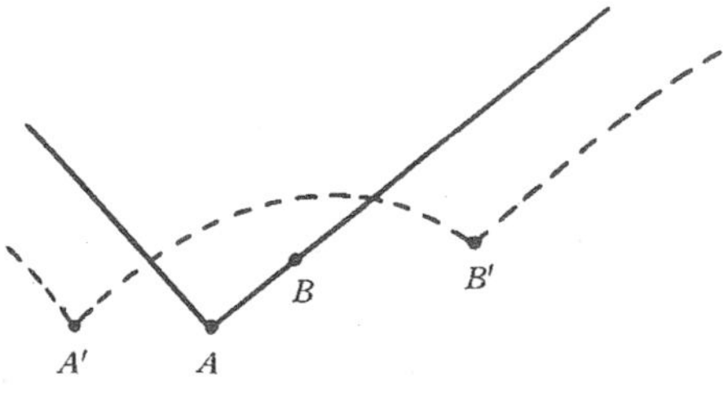

图 14.16

不过，在大多数情况中，为了不使螺位错逐渐变得不可动，在运动位错段上出现割阶-割阶湮没是不可少的. 通常，这样的湮没是通过割阶的攀移实现. 然而，当由位错的交截产生割阶时，由于这些割阶往往并不排列成一行，结果，仅通过滑移就可使它们湮没，如图 14.16 所示. 图中示出了一条螺位错与其附近的两条垂直于它的螺位错分别在 A' 和 B' 点相交截（虚线所示组态）. 产

生空位的割阶（A）和产生间隙原子的割阶（B）在经过侧向滑移后最终形成图中实线所示的钉扎组态

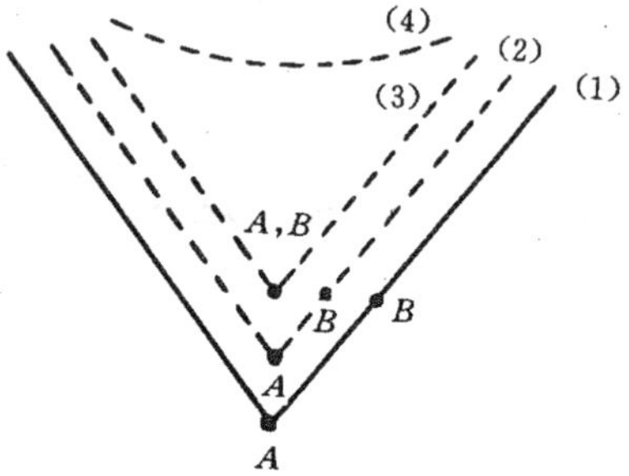

图 14.17

但在图 14.17 所示的情况中，割阶 A 只能通过攀移与割阶 B 湮没. 例如，割阶 A 通过放出空位向前攀移，而割阶 B 作保守滑移，它们在位置（3）湮没，而位错段可自由向前并达到一个新的准平衡位置. 图中所示的这种尾曳割阶同样常常可以是产生间隙原子的割阶. 在割阶-割阶的湮没过程中，产生空位和产生间隙原子的这两类割阶都是重要的.

如果在符号相反的割阶之间很容易进行芯扩散，则将增强位错的可动性，但并不促进割阶-割阶的湮没. 在图 14.18 中，如果空位在 A 割阶处放出，通过芯扩散在 B 割阶处湮没，则得到的结果是整个组态均匀地向前移动. 这种情况下，位错的运动速度由式（14.36）给出，不过，要用适当的一些芯特征值替代空位形成能和迁移能.

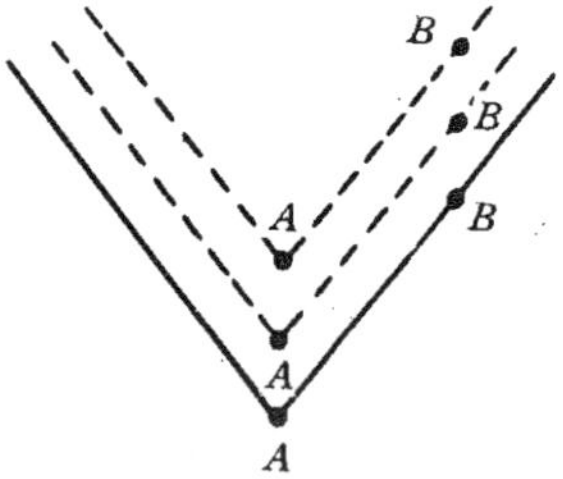

图 14.18

§14.4 割阶扩展的影响

本节讨论割阶扩展对带割阶的位错的滑移运动的影响，且

以 fcc 点阵为例.

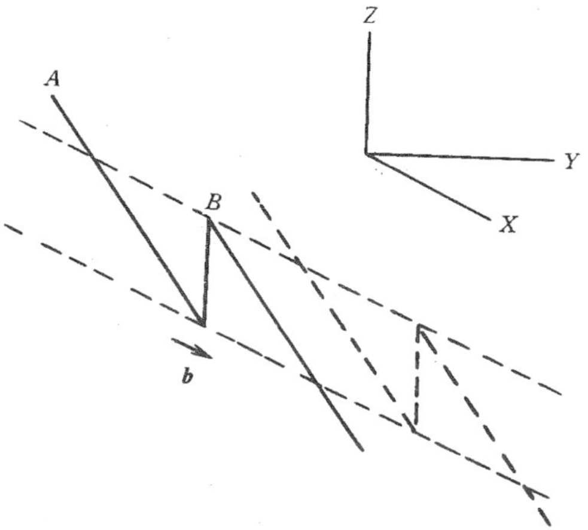

图 14.19

如果扩展割阶完全被束集，如图 9.43 (a) 所示那样，那么前面对未扩展的位错的讨论将完全适用，因此这里不再讨论. 如果割阶本身被扩展，那末，带割阶位错的滑移行为将会很不一样.

(1)可滑动扩展割阶　只要割阶仅分离成 *Shockley* 不全位错，它就是可滑动的，它的运动相当于一个未扩展的割阶的保守滑移运动. 图 14.19 示意了这样的运动：一条混合型位错 [$\boldsymbol{b}=(b_x, 0, 0)$] 从 A 滑移到 B，位错的滑移平面是 XY，割阶的滑移平面是 XZ.

下面我们考察图 14.20 和图 14.21 的扩展割阶的组态的运动性质. 在本书第一卷 § 9.5 中曾详细讨论了它们的构型，这里就不再重复. 在图 14.20 (a—d) 和图 14.21 (g) 中的那些割阶都属于这类保守滑移型. 作为一个例子，图 14.22 示出了在位错 **BA** (d) 上的一个割阶的保守滑移. 对于扩展到包含一个不可移动的压杆位错，如图 14.21 (f) 中的割阶，可以通过图 14.21 中的 (f—h) 过程而变为可滑动的，并留下一个层错四面体.

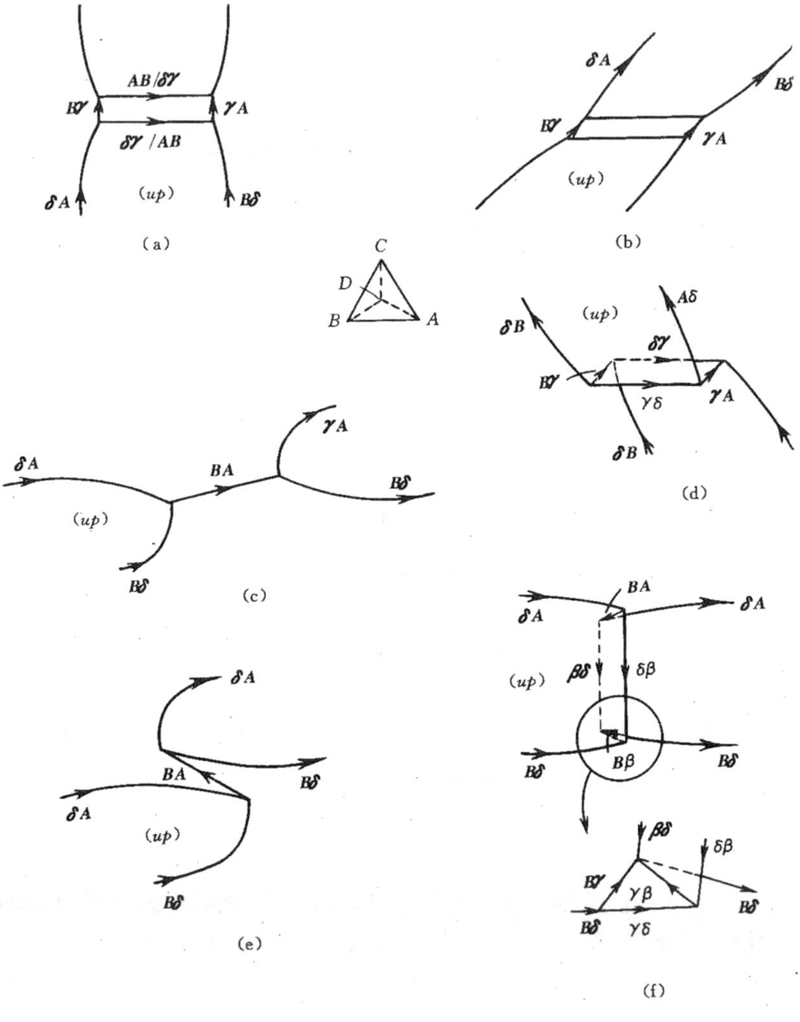

图 14.20

(2) 不可滑动的刃型割阶　在图 14.21 (b) 中，扩展的刃型割阶的运动可以导致图 14.23 所示的不可滑动的构型．当向右运

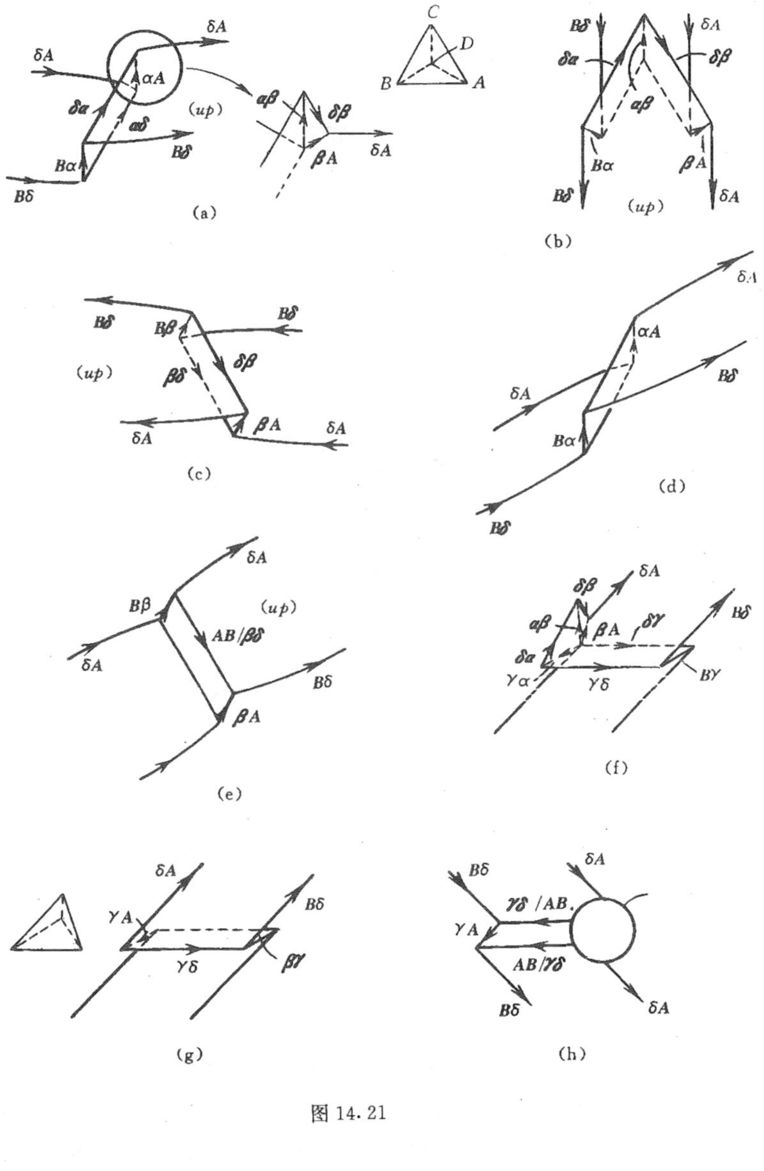
δA
αA
δA
δα
(up)
αδ
Bδ
Bα
Bδ
αβ
δβ
βA
δA
C
D
B
A
(a)
Bδ
δA
δα
δβ
αβ
Bα
βA
Bδ
(up)
δA
(b)
Bδ
Bβ
Bδ
(up)
δβ
βδ
βA
δA
δA
(c)
δA
αA
Bδ
δA
Bα
Bδ
(d)
δA
Bβ
(up)
AB/βδ
δA
Bδ
βA
(e)
δA
δβ
αβ
βA
δγ
Bδ
δα
γα
γδ
Bγ
(f)
δA
γA
Bδ
γδ
βγ
(g)
Bδ
δA
γδ /AB.
γA
AB/γδ
Bδ
δA
(h)

图 14.21

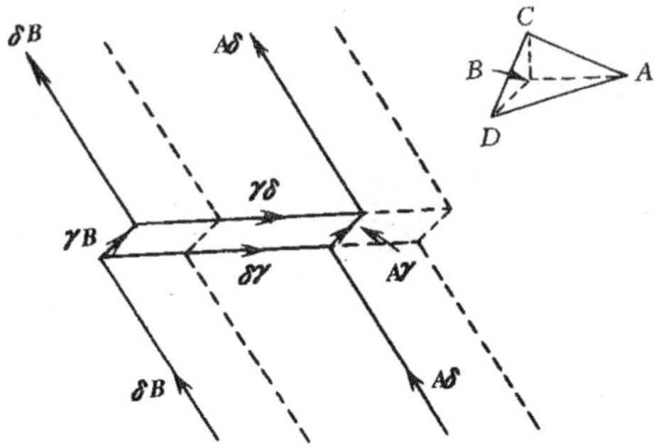

图 14.22

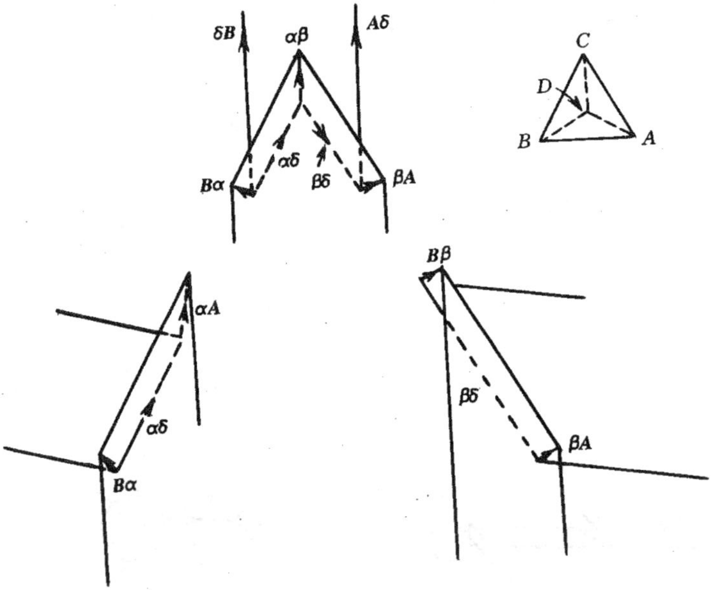

图 14.23

动，则在尾曳位置留下不可滑动的 Frank 不全位错 $\boldsymbol{B\beta}$. 而向左运动则在尾曳位置留下不可滑动的 $\boldsymbol{\alpha A}$. 对这种弓曲构型的几何研究表明，无论哪种情况，仅仅只有产生空位，这种不可滑动的不全位错才能继续在弓出方向运动. 因此不可滑动的刃型割阶将在尾

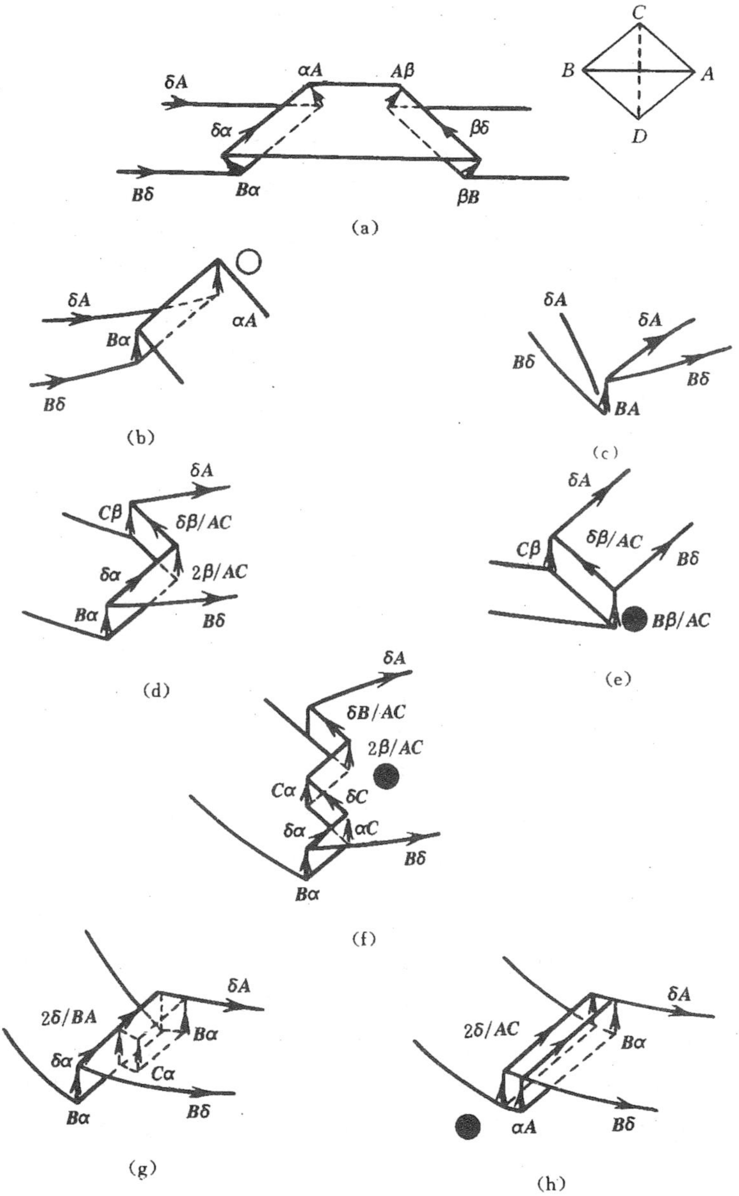

C
B
A
D
δA
αA
Aβ
δα
βδ
Bδ
Bα
βB
(a)
δA
Bα
αA
Bδ
(b)
δA
Bδ
δA
Bδ
BA
(c)
δA
Cβ
δβ/AC
δα
2β/AC
Bα
Bδ
(d)
δA
Cβ
δβ/AC
Bδ
Bβ/AC
(e)
δA
δB/AC
2β/AC
Cα
δC
δα
αC
Bδ
Bα
(f)
δA
2δ/BA
Bα
δα
Cα
Bα
Bδ
(g)
δA
2δ/AC
Bα
αA
Bδ
(h)

图 14.24

曳位置形成产生空位的割阶，而且与位错的运动方向无关．这个结果在流变应力理论中是重要的．

(3) 不可滑动的螺型割阶　一条带割阶的螺型位错可以含有锐角和钝角两种割阶．而图 12.24 (a) 中的扩展割阶都是锐角的．该图中左边的割阶的向下运动与右边割阶的向上运动等价，反过来，左边割阶的向上运动与右边的向下运动等价．所以，只考虑其中一边的割阶在上下两个方向的运动就够了．图 14.24 示出了在螺型位错 **BA** (d) 上的扩展锐角割阶的各种组态．图中的空心圆圈表示空位生成，实心圆表示间隙原子生成．

位错由组态 (a) 向 (b) 的运动，在尾曳位置留下不可滑动的不全位错 αA. 如果 αA 在弓出方向运动，则产生空位，如图 12.24 (b) 所示．

Hirsch 和 Mott① 提出：如果 αA 向相反方向弓出，则产生间隙原子．但由于产生间隙原子所需能量大，结果，$B\alpha$ 与 αA 合并成全位错割阶，即组态 (c)．相反，Hirth 和 Lothe[1]则提出：组态 (c) 的割阶总是形成一种扩展组态．位错弓出时，来自 δA 的线张力以及 $B\alpha$，αA 之间的相互作用力都有利于分离成组态 (d)．当 $B\alpha$，向 $\alpha\beta/AC$ 滑移时，可以形成组态 (e)，在这里，拖曳的不全割阶 $B\beta/AC$ 产生间隙原子．压杆不全位错 $\delta\beta/AC$ 的能量较低，因此，(e) 的扩展模式很可能受到弓出的力作用．而在 $B\alpha$ 和 $\alpha\beta/AC$ 之间存在弱推斥力，只有在外加应力作用下才有可能合并成 $B\beta/AC$. $B\beta/AC$ 属于$\frac{1}{6}\langle 411\rangle$ 类型，能量较高，在没有外加应力时是不稳定的．不过，即使 $B\alpha$ 和 $\alpha B/AC$ 不合并，$\alpha\beta/AC$ 还可以直接攀移，如图 14.24 (f) 所示．在这个组态中的 $C\alpha$，δC，αC 和 $C\delta$ 的横向滑移将导致恢复组态 (d)．所以，无论哪种可能，其净过程仍需要扩展组态攀移一个 a 和湮没一个空位（或形成一个间隙原子）．在两种情况下，扩展组态中的尾曳不全割阶都是产生间隙

① Mott N. F., *Trans. AIME*, **218**, 962 (1960); Hirsch *P. B.*, *Phil. Mag.*, **7**, 67 (1962).

原子且不可滑动，并对位错产生钉扎作用. 这与 Hirsch 和 Mott 的模型相反.

上面讨论的所有组态都涉及抽出型堆垛层错. Weertman① 曾提出：图 14.24 (a) 组态中的不可滑动的 αA 可以分离，形成具有插入型堆垛层错的分离的割阶，如图 14.24 (g，h) 所示. 在这类组态中，形成间隙原子的不全割阶仍是尾曳.

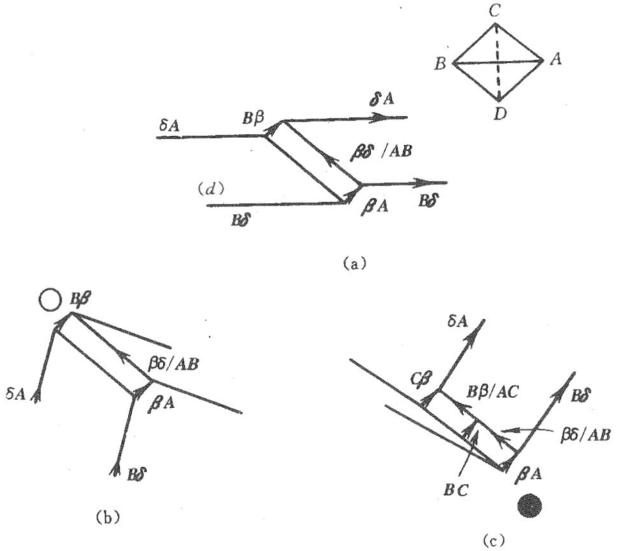

图 14.25

在带割阶的螺型位错上也可以存在图 14.25 (a) 中所示的钝角扩展割阶. 位错向纸面下方运动导致产生空位的不全割阶 $B\beta$，它对不全位错起钉扎作用，如图 14.25 (b) 所示. 若朝反方向运动，则导致图 14.25 (c) 的中间组态，继续运动将又形成图 14.24 (e) 的组态. 其中，形成间隙原子的不全割阶 $B\beta/AC$ 拖曳和钉扎位错.

① Weertman J.，*Phil. Mag.*，**8**，967 (1963).

对于上述的几何效应，简而言之就是：扩展割阶不管是可滑动的还是不可滑动的，在尾曳位置都有不可滑动的不全割阶．各种组态都是不平衡的，只是在有使位错弓出的外力作用下才出现．

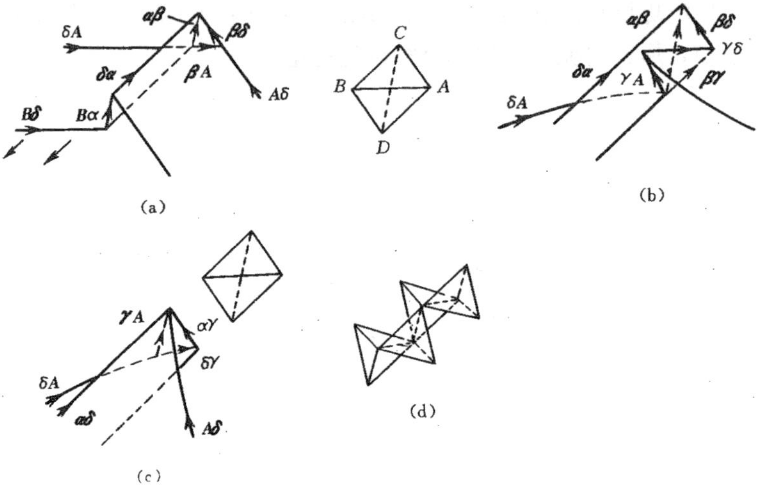

图 14.26

(4) *层错四面体的形成*　不可滑动不全割阶的运动有可能形成堆垛层错四面体．参看图 14.24（a，b），假定螺型位错 $\boldsymbol{BA}$（d）处于基本滑移系统，不全割阶 $\boldsymbol{\alpha A}$ 在滑移中能量的减少，以及外加应力都有利于形成图 14.26 的组态（a）即 $\boldsymbol{\alpha A} \to \boldsymbol{\alpha\beta} + \boldsymbol{\beta A}$．当 $\boldsymbol{\beta A}$ 线变得与 $\boldsymbol{AD}$ 线平行时，作用在 $\boldsymbol{\gamma A}$ 和 $\boldsymbol{\delta A}$ 上的分解切应力有利于形成组态（b）．$\boldsymbol{\gamma A}$ 的连续滑移形成一个完整的堆垛层错四面体，其顶点指向 D．组态（c）的进一步发展，同样产生一个邻接的四面体，其顶点离开了 D．外加应力以及互作用力可以使不可滑动的不全割阶运动，不过，不是留下一列空位，而是形成一串堆垛层错四面体．

对于单位割阶也有可能出现这种机制，虽然可能性较小．由一个单位割阶形成的单四面体的体积等于半个空位的空缺体积，所以，两个单四面体对应一个单空位．图 14.27 示出了一个单空位弛豫到两个单四面体. 图 14.27 (a) 示出了相邻的两个面心立方体单胞，空心圆圈代表 x 坐标为 0 的原子，有浅阴影的圆圈代表 x 坐标为 $\frac{1}{2}$ 的原子，黑圆点代表 $x=1$ 的原子，黑度代表它们 x 坐标的变化程度. 箭头表示原子位移. 图 14.27 (b) 是由 [001] 取向的观察图. 如果这样的组态对于一个单空位是可能的话，那末图 14.26 所示的这类单位四面体尾曳应是单位割阶运动的一种可能的结果①.

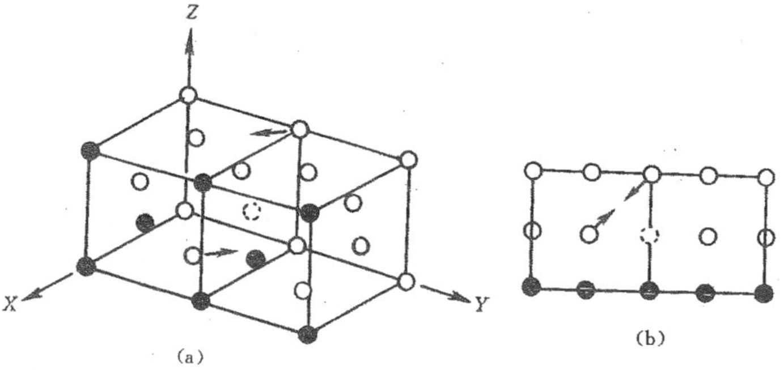

图 14.27

(5) *带扩展割阶的位错的运动* 不考虑芯扩散，割阶扩散对位错运动有几种可能的影响. 在一对分离的不全位错中，为了将一个不全位错 b_1 相对另一个被钉扎的不全位错 b_2 推离开去，需要一个分解切应力 σ_1，且

$$\sigma_1 b_1 \geqslant \gamma - F_{\text{int}} \simeq \gamma, \tag{14.50}$$

式中的 F_{int} 是两不全位错之间的相互作用力，γ 是堆垛层错能. 作用在尾曳不全位错上的力是 $\sigma_2 b_2+\gamma$. 由于 $\boldsymbol{b}_1$ 与 $\boldsymbol{b}_2$ 不平行，一般 σ_2 不等于 σ_1. 尾曳不全位错保持被钉扎的条件是

$$\sigma_2 b_2+\gamma<\sigma_{\text{crit}}. \tag{14.51}$$

式中的 σ_{crit} 由式 (14.40) 或式 (14.47) 给出，这取决于该不可动

---

① Kubin L. P., et al., *Phil. Mag.*, **33**, 293 (1976); Peterson N. L., et al., Properties of Atomic Defects in Metal, North-Holland, Amsterdam (1978).

不全割阶是形成空位或是形成间隙原子.

如果条件式（14.50）和式（14.51）都满足，则有两种可能：领头的不全位错从尾曳撕裂出去，或强使两个不全位错向相反方向弓出.

如果条件式（14.51）满足，而式（14.50）不满足，那末两个不全位错都被尾曳上的钉扎点所强制. 这时，作用在这两个不

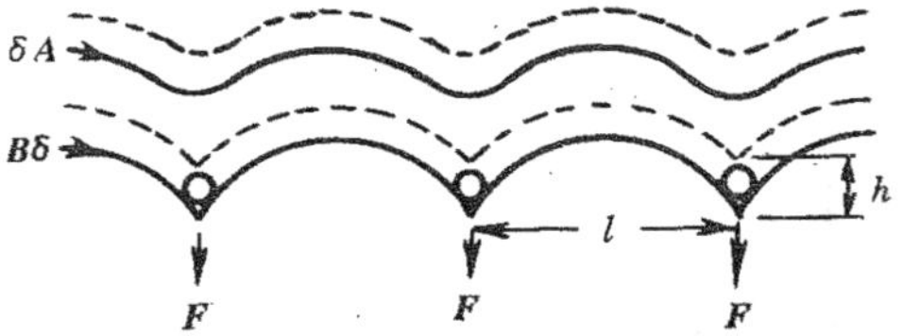

图 14.28

全位错上的总力等于 σb，就好像它并未分解成不全位错一样，等于作用在 Burgers 矢量为 $\boldsymbol{b}$ 的全位错上的力. 如果扩展位错，如图 14.28 所示的扩展螺位错 $\boldsymbol{BA}$（d），由于放出空位而前进距离 h（图中虚线组态），则它的能量改变由式（14.30）给出. 所以，当扩展不全位错整体运动时，位错速度就由对未分离位错所导出的运动方程给出.

一般性参考文献

[1] Hirth, J. P., Lothe, J., Theory of Dislocations, 2nd ed., John Wiley, Sons. Inc., New York (1982).

[2] Schöch, G., Thermodynamic and thermal Activation of Dislocations, Dislocations in Solids, **3**, ed by Nabarro, F. R. N., North-Holland. Pub. Com. (1980).

[3] Weertman, J., Weertman, J. R., Moving dislocations, Dislocations in Solids, **3**, ed by Nabarro, F. R. N., North-Holland Pub. Com. (1980).

[4] Balluffi, R. W., Granoto, A. V., Dislocations, Vacancies and Interstitial, Dislocations in Solids, **4**, ed by Nabarro, F. R. N. North-Holland Pub. Com. (1979).

第十五章　溶质原子效应

在第十二章，我们讨论了位错附近的溶质原子或杂质的平衡分布. 现在讨论溶质原子对位错运动的影响.

§15.1　与一个运动势阱相关的扩散

为了处理一个运动的位错对属于它的杂质气团的拖曳运动的细节，首先发展一个普遍的模型和理论计算，这就是伴随一个运动势阱的扩散问题. 鉴于二维问题在数学上的复杂性，为了获得一个尚可人意的物理上的理解，我们仅较细致地处理简单的一维问题，并把得到的解近似地应用到二维位错问题，使人得以了解运动位错的渐近性质.

(1) *扩散解*　考虑一个一维系统的扩散问题. 简单地设想：一条以 x 为标度的直线，令 $c(x)$为单位长度上溶质粒子的数目（线密度）. 设存在一个势阱 $W(x)$，它可沿该线运动. 在 $x\to\infty$的极限处，$W(x)=0$，$c=c_0$. 当势阱静止时，有

$$c=c_0\exp\left[-\frac{W(x)}{kT}\right]. \tag{15.1}$$

势阱所吸引的净超量粒子总数为

$$\begin{aligned}N &= \int_{-\infty}^{+\infty}(c-c_0)dx.\\ &= c_0\int_{-\infty}^{-\infty}\left\{\exp\left[-\frac{W(x)}{kT}\right]-1\right\}dx.\end{aligned} \tag{15.2}$$

对于某些类型的势函数 $W(x)$，式(15.2)的结果是对数发散. 例如，若考虑一个势函数

$$W(x)=-\frac{A}{(x^2+B^2)^{1/2}}, \tag{15.3}$$

它与一个位错类型的势相似. 在$|x|\gg B$的极限下，式（15.3）的渐近形式为

$$W(x)\simeq-\frac{A}{|x|}. \tag{15.4}$$

于是$c(x)$的渐近值为

$$c=c_0\left(1+\frac{A}{kT}\frac{1}{|x|}\right), \tag{15.5}$$

采取这种表达形式的c，则由式（15.2）得出的N将对数发散，即意味着被此势阱吸引的原子气团的浓度将趋于无限.

现在考虑一个与势阱一起以恒速v运动的坐标系，并研究在该运动参照系中的稳态扩散解. 在此情况下，N的值是收敛的. 在该运动参照系中，守恒方程，即 Fick 第二定律的形式是

$$D\frac{\partial^2 c}{\partial x^2}+\frac{D}{kT}\frac{\partial}{\partial x}\left(c\frac{\partial W}{\partial x}\right)+v\frac{\partial c}{\partial x}=0. \tag{15.6}$$

左端第一项是熟知的，第二项是漂移流cv_D的散度［参看式（12.66）］，第三项是表示在运动坐标系中的聚集项$-\partial c/\partial t$. 式（15.6）经过积分得到方程

$$D\frac{\partial c}{\partial x}+\frac{Dc}{kT}\frac{\partial W}{\partial x}+v(c-c_0)=0. \tag{15.7}$$

除以c，得到相应的齐次方程

$$\frac{D}{c}\frac{\partial c}{\partial x}-\frac{D}{kT}\frac{\partial W}{\partial x}+v=0, \tag{15.8}$$

此方程可以直接积分，给出它的一个特解为

$$c=C\exp\left(-\frac{W}{kT}-\frac{vx}{D}\right), \tag{15.9}$$

代入式（15.7），得

$$\frac{\partial C}{\partial x}=\frac{vc_0}{D}\exp\left(\frac{W}{kT}+\frac{vx}{D}\right), \tag{15.10}$$

因而有

$$C=\frac{vc_0}{D}\int_{-\infty}^{x}\exp\left(\frac{W}{kT}+\frac{vx}{D}\right)dx, \tag{15.11}$$

这样，解的完整形式是

$$c=\frac{vc_0}{D}\exp\left(-\frac{W}{kT}-\frac{vx}{D}\right)\int_{-\infty}^{x}\exp\left(\frac{W}{kT}+\frac{vx}{D}\right)dx. \quad (15.12)$$

此解满足边界条件：当 $x=\pm\infty$，$c=c_0$，所以它是所期望的解.

为了加深理解，试考虑下面的例. 我们取式（15.4）的势，v 很小但有限. 首先考虑 $x<0$ 的情况. 若将 exp（W/kT）展开至第二项，则式（15.12）中的积分成为

$$\int_{\infty}^{x}\exp\left(\frac{W}{kT}+\frac{vx}{D}\right)dx=\frac{D}{v}\exp\left(\frac{vx}{D}\right)$$
$$+\frac{A}{kT}\int_{-\infty}^{x}\frac{1}{x}\exp\left(\frac{vx}{D}\right)dx+\frac{A^2}{2k^2T^2}\int_{-\infty}^{x}\frac{1}{x^2}\exp\left(\frac{vx}{D}\right)dx. \quad (15.13)$$

上式右边第二项是指数积分 $\mathrm{Ei}(vx/D)$. 它可以用分部积分法展开为一个级数. 该级数是半收敛的，并在宗量 vx/D 大于 1，即当

$$|x|>\frac{D}{v} \quad (15.14)$$

时，它是上述积分的准确表达. 式（15.13）右端最后一项也可以类似地展开. 展开式保留至 $\frac{1}{x}$ 的二次项，表达式（15.13）变为

$$\int_{-\infty}^{x}\exp\left(\frac{W}{kT}+\frac{vx}{D}\right)dx\simeq\exp\left(\frac{vx}{D}\right)$$
$$\times\left(\frac{D}{v}+\frac{AD}{vxkT}+\frac{AD^2}{v^2x^2kT}+\frac{A^2D}{2vx^2k^2T^2}\right). \quad (15.15)$$

将此结果代入式（15.12），并将 exp（$-W/kT$）展开至 $\frac{1}{x}$ 的二次项，于是得

$$c=c_0\left(1+\frac{DA}{vx^2kT}\right). \quad (15.16)$$

对于 $x>0$ 的情况，也可作类似的演算而得到

$$c=c_0\left(1-\frac{DA}{vx^2kT}\right). \quad (15.17)$$

所以有

$$c=c_0+0\left(\frac{1}{x^2}\right). \quad (15.18)$$

最后的这个表达式要求 $DA/vx^2kT\ll1$，或

$$|x|>\left(\frac{DA}{vkT}\right)^{\frac{1}{2}}. \tag{15.19}$$

条件式(15.19)定义了一个区域，在该区域中，溶质原子由于势场梯度引起的漂移而导致的重新分布可以忽略.

这样，在条件式(15.14)和式(15.19)均被满足的渐近区间中，溶质浓度 $c\sim c_0$；至于这两个条件中，何者限制作用更大，取决于具体情况. 一般，在位错问题中，条件式(15.14)是关键性的. 这也就是要求$\frac{D}{v}>(DA/vkT)^{\frac{1}{2}}$. 将式(15.18)与静态解式(15.5)相比较可见，在运动势阱情况下，N 的对数发散性质消失.

现在考虑 $|x|<D/v$ 区间中的浓度. 若 v 充分小，则在对式(15.12)积分有贡献的区间的大部分均有 $\exp(W/kT)\sim 1$. 于是，该积分有如下的表达式：

$$\int_{-\infty}^{x}\exp\left(\frac{W}{kT}\right)\exp\left(\frac{vx}{D}\right)dx\simeq\int_{-\infty}^{x}\exp\left(\frac{vx}{D}\right)dx=\frac{D}{v}\exp\left(\frac{vx}{D}\right), \tag{15.20}$$

由此式的结果得到式(15.12)的 c 是

$$c\simeq c_0\exp\left(-\frac{W}{kT}\right), \tag{15.21}$$

即与静态解一样. 这样，若速度 v 足够小，以致区间 D/v 大于势的作用程，在运动参照系的大部分区间内的浓度均由式（15.18）和式（15.21）给出.

（2）*方形势阱*　在前面考虑渐近行为中，没有处理势程以内区域中的浓度问题. 为了说明该区域中的物理效应，我们考虑一个运动的方形排斥性势阱. 它可以看作是一个有坡度的势阱的极限情况.

图 15.1 示出了该方阱的剖面图以及相应的静态浓度分布. 当势阱以速度 v 运动时，表达式（15.9）提示浓度 c 有一个 $\exp(-vx/D)$形式的泛函依赖关系. 式(15.12)更说明在势阱的左侧，$c=c_0$. 由于因子 $\exp(-vx/D)$ 随 $x\to-\infty$而趋于$+\infty$，所以，前文的结果需要根据对稳度的考虑进行物理上的合理处理. 图 15.2

(a) 示出了势阱移出后浓度的轮廓形式，图 15.2 (b) 示出势阱稳态运动时的浓度分布形式，并定义了参数 c_1，c_2 和 l. 在势阱壁处必须满足质量连续条件，由此给出关于浓度梯度的结果

$$D\frac{\partial c}{\partial x}=(c_0-c_1)\ v. \tag{15.22}$$

在 B 点处，下端较低的浓度是 $c_1+\Delta c$，其中

$$\Delta c=\frac{(c_0-c_1)\ vl}{D}. \tag{15.23}$$

在势阱的两侧壁以外浓度保持准平衡的要求，导致如下条件：

$$\frac{c_2}{c_1+\Delta c}=\frac{c_0}{c_1}. \tag{15.24}$$

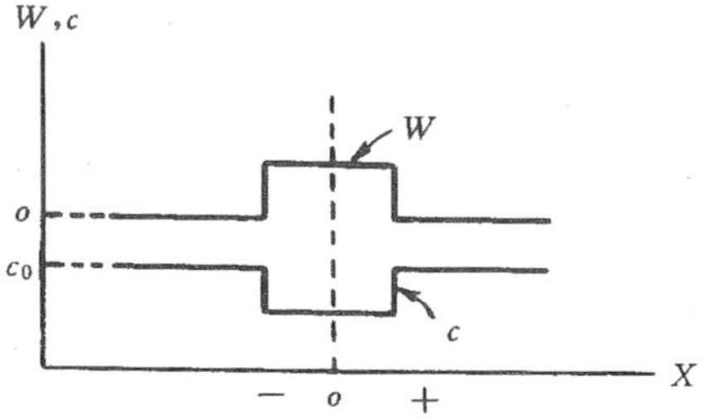

图 15.1

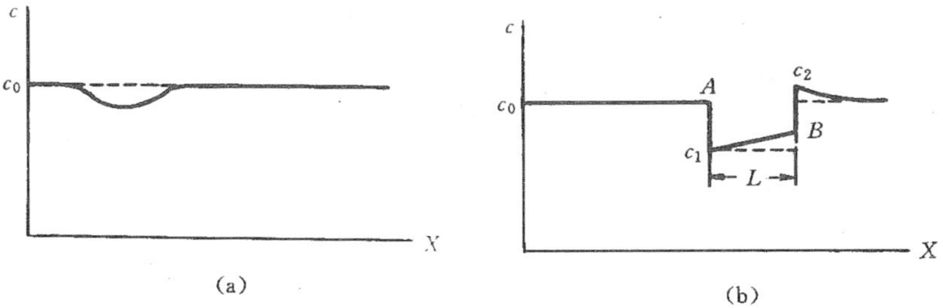

图 15.2

所以

$$c_2-c_0=\frac{c_0}{c_1}\Delta c. \tag{15.25}$$

最后，在势阱右侧，该过饱和度以 $\exp(-vx/D)$ 形式下降．于是由此得到势阱右侧过量杂质的总数为

$$\frac{c_0}{c_1}\Delta c\int_0^{\infty}\exp(-\frac{vx}{D})dx=\frac{c_0D\Delta c}{c_1v}=\frac{c_0}{c_1}l(c_0-c_1).\quad(15.26)$$

由于势阱自身排斥的杂质原子数约等于 $(c_0-c_1)l$，故此，运动参照系中的净超量杂质数为

$$N=\frac{l}{c_1}(c_0-c_1)^2.\quad(15.27)$$

此式成立要求 v 较小，具体地讲，要求

$$v\ll\frac{2D(c_0-c_1)}{c_0l}.\quad(15.28)$$

若是 v 显著地比式 (15.28) 所限定的大，则势阱中的过量杂质原子数也必须考虑到，这时势阱中杂质浓度梯度不再是线性的了．

图 15.2 (b) 示出了在运动参照系中的稳态的浓度分布．现在的一个问题是这个稳态超量原子数 N 从何而来．实际上，当势阱从静态缓慢加速到速度 v 时，在它原来所处的位置上留下一个原子欠缺地区（小区间），如图 15.2 (a) 所示．当势阱离开原位之后，这个“尾随”便不与它发生相互作用，所以未出现在以上的解式中．由图 15.2 (b) 可见，在势阱附近的浓度分布是不对称的．

(3) 运动势场中的力　根据 Einstein 迁移率关系式 (12.66)，为使与势阱相联系的 N 个超量原子以速度 v 运动，所需的力是

$$F=\frac{kTv}{D}N,\quad(15.29)$$

这个结果也可以根据式 (15.7)，直接完成下面的积分得到：

$$F=-\int_{-\infty}^{\infty}c\frac{\partial W}{\partial x}dx.\quad(15.30)$$

正如前面所讨论的，N 的静态结果出现对数发散，所以不能将静态的 N 用于式 (15.29)．而且，若将静态结果用于排斥性势阱的情况，则因此处的 $N<0$，而导致当 v 为正时有 F 为负．故此在估算 F 时，必须应用在运动坐标系中定出的 N．例如，对于运动的

方形势阱，N 由式（15.27）给出，得到

$$F=\frac{kTvl}{D}\frac{(c_0-c_1)^2}{c_1}. \tag{15.31}$$

一般地说，在运动坐标系中还必须考虑 c 的复杂的渐近特征.

但是，研究表明，利用发展起来的一个耗散定理，可以消除以上计算中的若干不方便之处. 而且，还可以去掉与前面讨论的推斥势相关的某些含糊不清之处.

耗散定理可推导如下：

以 v 遍乘式（15.30），并以 $c-c_0$ 代换式中的 c. 由于

$$\int_{-\infty}^{\infty} c_0\frac{\partial W}{\partial x}dx=c_0\int_{-\infty}^{\infty}\frac{\partial W}{\partial x}dx=c_0W\Big|_{-\infty}^{\infty}=0,$$

所以这个代换不改变式（15.30）的值. 于是有

$$Fv=-\int_{-\infty}^{\infty}v(c-c_0)\frac{\partial W}{\partial x}dx. \tag{15.32}$$

而式（15.7）可以简写为

$$J=v\ (c-c_0), \tag{15.33}$$

式中的 J 是稳态原子流通量，包括扩散项与漂移项. 根据式（15.7），将$\frac{\partial W}{\partial x}$代入式（15.32），得到

$$Fv=\frac{kT}{D}\int_{-\infty}^{\infty}\frac{v^2(c-c_0)^2}{c}dx+kT\int_{-\infty}^{\infty}\frac{v(c-c_0)}{c}\frac{\partial c}{\partial x}dx. \tag{15.34}$$

由于

$$\int_{-\infty}^{\infty}\left(v\frac{\partial c}{\partial x}-vc_0\frac{\partial \ln c}{\partial x}\right)dx$$

$$=(vc-vc_0\ln c)\Big|_{-\infty}^{\infty}=0,$$

于是，合并式（15.33）和式（15.34），给出

$$Fv=\frac{kT}{D}\int_{-\infty}^{\infty}\frac{J^2}{c}\boldsymbol{dx}, \tag{15.35}$$

上式的左端是单位时间内作用于系统的功，而右端是与扩散流相关的自由能耗散率. 式（15.35）就是所求的耗散定理. 它的三维

形式是

$$\boldsymbol{F}\cdot\boldsymbol{v}=\frac{kT}{D}\int_V\frac{\boldsymbol{J}\cdot\boldsymbol{J}}{\boldsymbol{c}}d\boldsymbol{V},\tag{15.36}$$

式中积分号下的 V 是体积，dV 是小体元.

式（15.35）应用十分方便：对位错问题，在一级近似下，可以假定在运动坐标系中的浓度与静止坐标系中一样，即 $c(v)=c(0)$. 于是

$$J\simeq v\ [c(0)-c_0]\tag{15.37}$$

以及

$$F\simeq\frac{kTv}{D}\int_{-\infty}^{\infty}\frac{[c(0)-c_0]^2}{c(0)}dx.\tag{15.38}$$

在区间$\frac{D}{v}$上流动的、比例于 v^2 的小流量对式（15.38）中的速度的二次项没有贡献. 运动坐标系中扩散问题的细致处理在此没有必要，因为式（15.38）仅含平衡浓度.

对于方形势阱的例，式（15.38）直接给出式（15.31）的结果. 将静止浓度 $c\ (0)\ =c_1$ 代入式（15.38）中，可自动简单地说明势阱前端聚集超量浓度的复杂贡献. 这个例子图象性地阐明了耗散定理的用处.

对于式（15.3）形式的势，它在静止情况下给出发散的 N. 而式（15.38）给出的结果

$$F=\frac{kTvc_0}{D}\int_{-\infty}^{+\infty}4\sinh^2\frac{A}{2kT(x^2+B^2)^{\frac{1}{2}}}dx.\tag{15.39}$$

是收敛的. 此式的积分一般须作数值计算. 但在 $A\ll 2kT\ (x^2+B^2)^{\frac{1}{2}}$的极限情况下，将双曲正弦函数展开可得解析解

$$F=\frac{vc_0}{DkT}\int_{-\infty}^{\infty}\frac{A^2}{x^2+B^2}dx=\frac{\pi vc_0A^2}{DBkT}.\tag{15.40}$$

对于例如形式为

$$W=-\frac{\alpha}{(x^2+B^2)^{\frac{1}{4}}}\tag{15.41}$$

之类收敛更缓慢的势，式（15.38）的结果可能会是发散的. 所以，

这个情况需要加以渐近方式处理，在所有情况下，式（15.35）的结果显然拓宽了静态近似所能处理的缓慢收敛势的范围.

§15.2 位错对 Cottrell 气团的拖曳

（1）相互作用力 在§12.6中曾导出一个静止刃型位错周围可能出现一个特定的溶质原子的分布. 以 (r,θ) 表示以位错中心为原点的极坐标，该溶质原子的浓度分布表达式是

$$c=c_0\exp\left(-\frac{\beta\sin\theta}{rkT}\right), \tag{12.122}$$

式中的 β 的表达式是

$$\beta=\frac{\mu b_e}{3\pi}\frac{1+\nu}{1-\nu}(v_B-v_A) \tag{12.123}$$

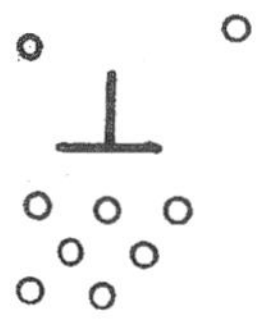

图 15.3

这个分布通称为 Cottrell 气团. 式中的 c_0 是当 $r\to\infty$ 时的浓度. 在平衡情况下，当 $\beta>0$ 时，在位错应力场的挤压区域中的溶质原子将被稀释化，而在扩张区域中将出现溶质原子的富集，如图 15.3 所示. 如果溶质原子被“冷凝”在原地，而位错滑移了一段距离 x（如图 15.4 所示），则位错与诸溶质原子之间的总相互作用能 $W(x)$ 将升高. 与平衡分布相比较，位错位移之后的组态将是：杂质原子能量高的地区中杂质原子数增多，能量低的地区中数目减少. 为了位错处在位置 x，需要作用一个外加切应力

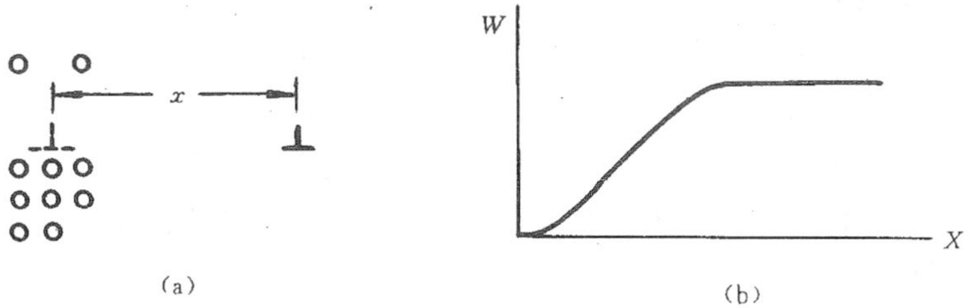

(a) (b)

图 15.4

$$\sigma b=\frac{F}{L}=\frac{\partial}{\partial x}\frac{W(x)}{L}. \tag{15.42}$$

在数量为几个 b 的 r_{max}处，力达到最大 F_{max}/L. 而在此时，诸杂质原子作用于位错上的净力与位错作用于杂质原子的力二者大小相等方向相反. 这点可简单说明如下：试考虑一个刃型位错位于 $\boldsymbol{r}_d$，一个杂质原子位于 $\boldsymbol{r}_i$. 相互作用能仅依赖于相对坐标：$\boldsymbol{r}_i-\boldsymbol{r}_d$，即

$$W_{int}=W\ (\boldsymbol{r}_i-\boldsymbol{r}_d). \tag{15.43}$$

作用在杂质原子上的力的 x 分量是

$$F_{i_x}=\frac{\partial}{\partial x_i}W_{int}. \tag{15.44}$$

而作用在位错上的力的 x 分量是

$$F_{d_x}=\frac{\partial}{\partial x_d}W_{int}. \tag{15.45}$$

由于式（15.43）中仅出现相对坐标 $\boldsymbol{r}_i-\boldsymbol{r}_d$，所以这两个力分量大小相等，方向相反

$$F_{i_x}=-F_{d_x}. \tag{15.46}$$

其它两个力分量也具有与式（15.46）相同的关系. 关于重要的相互作用能 W_{int}，可以像 § 12.5— § 12.6 中讨论的那样，从嵌入点缺陷时反抗位错应力场静水压分量所作的功计算推导出来. 与此相等价，W_{int}也可以从位错作滑移运动时反抗诸溶质原子对它所施加的切应力所作的功推导出来.

若外加的力小于 F_{max}/L，则位错必须借助于热激活方能脱离溶质原子气团. 如果是在小应力下，则热激活的可能性可以忽略. 那末位错的运动必然伴随着对溶质气团的拖曳. 这种运动是被溶质原子之扩散所控制的. 下面即将处理这个问题. 不过在整个讨论中都不涉及位错芯区中的溶质原子，它们不含在式(12.122)中. 其实这还是一个不坏的近似. 因为在位错运动为点阵扩散控制的情况下，位错芯区中的溶质原子通过沿位错芯的扩散从而很容易随位错运动.

（2） *扩散解*　与运动位错相关的扩散是一个二维问题. 与式（15.6）和式（15.7）相应的二维形式方程的解非常复杂. Cottrell 和 Jaswon 曾用半解析半数值的方法进行过研究，但是他们在浓度

几乎等于 c_0 时人为地截断了他们的计算. 结果，他们就在作用在位错的力中丢失了对数发散的一项. 于是导出在低速下位错迁移率为常数的判断，而这只是在特殊情况下才出现. 在此我们按照 Hirth 和 Lothe 的建议处理一维问题，从中可以得到物理上有意义的信息.

设势阱在直角坐标系中的形式是

$$W=\frac{\beta y}{(x^2+y^2)^{\frac{1}{2}}}. \tag{15.47}$$

假定当刃型位错运动时，溶质原子只能沿 X 方向扩散. 这就是上小节中处理的一维问题.

考虑在 y 到 $y+\Delta y$ 的带状区域中的扩散（图 15.5），此时式（15.38）成为式（15.39）的形式. 对于一个充分大的 y，以致

$$\exp\left(-\frac{W}{kT}\right)=1-\frac{W}{kT} \tag{15.48}$$

时，力的表达式成为

$$\frac{\delta F}{L}=\frac{vc_0\delta y\beta^2}{DkT}\int_{-\infty}^{\infty}\frac{y^2}{x^2+y^2}dx=\frac{\pi vc_0\beta^2\delta y}{2DkTy}, \tag{15.49}$$

这就是条带中诸杂质原子所产生的拖曳力. 通过对 y 积分，得到总的拖曳力

$$\frac{F}{L}=\frac{\pi vc_0\beta^2}{2DkT}\ln\left(\frac{y_2}{y_1}\right). \tag{15.50}$$

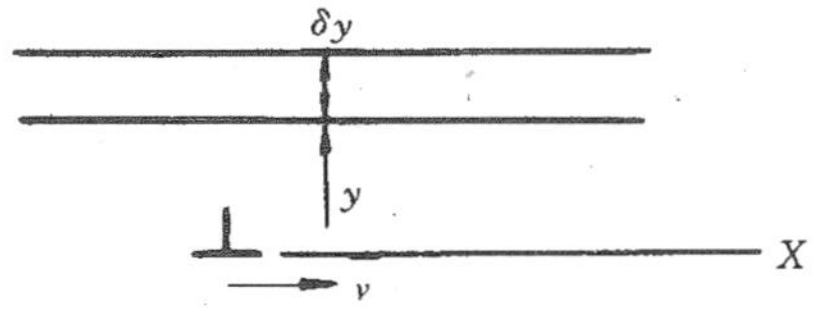

图 15.5

当 $y_2\to\infty$时，此式并不收敛. 但参考上节对一维问题的讨论可知，当 $y\gg\frac{D}{v}$时，浓度等于常数，即 $c\sim c_0$；所以 $y_2=\frac{D}{v}$可以合

理地取为 y_2 的一个上限．再加上来自区间 $-y_1>y>-y_2$ 的同样贡献，于是得到

$$\frac{F}{L}=\frac{\pi v c_0 \beta^2}{DkT}\ln\frac{D}{v y_1}. \tag{15.51}$$

此式在 $v\to0$ 时对 v 并不是线性的，这是由于存在对 v 的对数奇点．由上述结果可得到一个结论：在小速度极限下，含溶质原子的无限介质中的单个刃型位错的迁移率不是常数．这与前述的 Cottrell 和 Jaswon 的结论不同．

我们可能怀疑，当一维扩散的限制取消时，上面这个性质会失去．不过，下面的推理表明，方程（15.51）仍可能是正确的．当图 15.6 中所示的位错运动时，溶质原子必定从部位 A，A'，A''，A'''到部位 B，B'，B''，B'''输运．图中的长箭头表示输送的方向．可以定性地预计：流量 J_x 在象限 Ⅱ 和 Ⅳ 占优势，而流量 J_y 在象限 Ⅰ 和 Ⅲ 占优势．流量的大小是离位错的距离 r 的函数．显然，J_x 和 J_y 是相同的．由于只有 $\boldsymbol{J}$ 的大小出现在 F/L 的一般表达式（15.36）中，所以，式（15.51）的预计是有道理的．

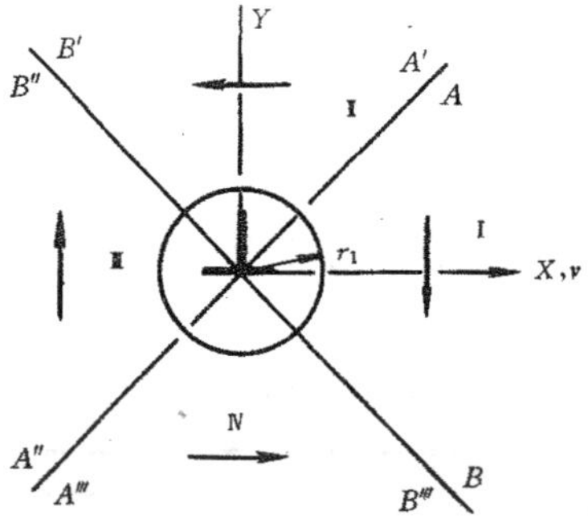

图 15.6

为了进一步证实上面的结论，假设扩散只出现在 Y 方向．这时，连续性方程为

$$\frac{\partial J_y}{\partial y}=-v\frac{\partial}{\partial x}\ (c-c_0)\ =\frac{v c_0 \beta}{kT}\ \frac{\partial}{\partial x}\ \frac{y}{x^2+y^2}$$

$$=\frac{vc_0\beta}{kT}\frac{\partial}{\partial y}\frac{x}{x^2+y^2},\qquad(15.52)$$

故此有

$$J_y=\frac{vc_0\beta x}{kT\ (x^2+y^2)}.\qquad(15.53)$$

将上式代入式(15.36)，先由 $y=-\infty$ 至 $y=+\infty$ 积分，然后由 $x=y_1$ 至 $x=D/v$ 积分，于是得到与式（15.51）全同的结果. 由于无论是假定扩散仅沿 X 方向或是仅沿 Y 方向进行，同样的对数奇异点总是出现. 因此不能期望在各向同性扩散情况下这种奇异性质会消失.

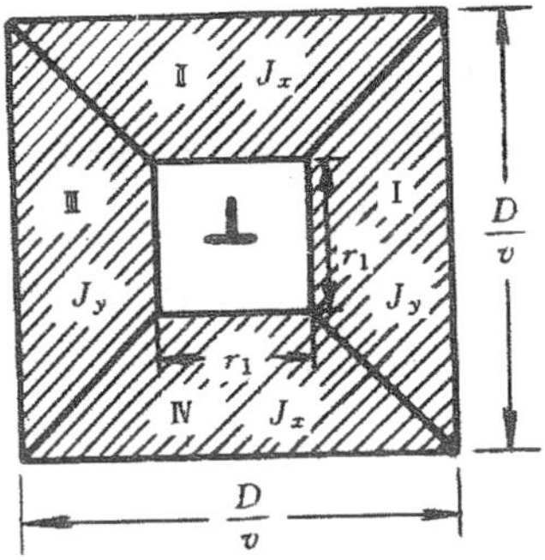

图 15.7

根据以上的讨论，二维扩散情况可以近似作如下处理：参考图 15.7，图中出示了位错周围的 4 个区域Ⅰ，Ⅱ，Ⅲ，Ⅳ. 假定在区域Ⅱ和Ⅳ中仅出现流 J_x，在Ⅰ和Ⅲ中仅出现流 J_y. 在区域边界上的连续性要求，使得在这些边界上 J_x 和 J_y 为零. 这样就有

$$J_x=-\frac{vc_0\beta}{kT}\left(\frac{y}{x^2+y^2}-\frac{1}{2y}\right),\quad |x|<|y|,\qquad(15.54)$$

$$J_y=-\frac{vc_0\beta}{kT}\left(\frac{x}{x^2+y^2}-\frac{1}{2x}\right),\quad |x|>|y|.\qquad(15.55)$$

区域Ⅱ的贡献是

$$\frac{F_{Ⅱ}}{L}=\frac{vc_0\beta^2}{DkT}\int_{r_1}^{D/v}dy\int_{-y}^{y}\left(\frac{y}{x^2+y^2}-\frac{1}{2y}\right)^2dx$$

$$=\frac{vc_0\beta^2}{DkT}\frac{4-\pi}{4}\ln\frac{D}{vr_1}.\qquad(15.56)$$

由于 4 个区域的贡献，所以上式右端的 4 倍即是总的拖曳力①

① 一个精确的处理在该式前有 $\frac{\pi}{2}$ 的因子. 见：Fuentes -Samaniego，R.，*Thesis Ph. D.*，Stanford University，Stanford，Calif.（1979）.

$$\frac{F}{L} \simeq \frac{v c_0 \beta^2}{DkT} \ln \frac{D}{r_1 v}. \tag{15.57}$$

为了简化，此式也可认为是表示由半径为 r_1 的柱面以外的溶质原子作用在单位长度位错上的力．切断半径 r_1 这样选择

$$r_1 = \frac{\beta}{kT}, \tag{15.58}$$

使得当 $r > r_1$ 时，式（15.48）的展开式成立．在 $r < r_1$ 时，本节的两个假设：式（15.36）中的分母 $c \sim c_0$，以及式（15.48）的展开式都不成立．

当速度 v 小到 D/v 大于晶体线度 R 或晶体中位错间距 R 时，则 D/v 不是一个有意义的外切断参数，而应以恰当的 R 代之，此时

$$\frac{F}{L} \simeq \frac{v c_0 \beta^2}{DkT} \ln \frac{R}{r_1}, \tag{15.59}$$

在这种情况下，小速度运动位错的迁移率为常数，这与 Cottrell 和 Jaswon 的结论一致．如果式（15.58）表示的 r_1 小于位错芯切断半径 r_0，则式（15.57）或式（15.59）中的 r_1 应以 r_0 代之．于是位错芯以外所有溶质原子的效应均完全包括在拖曳力之中．

（3）位错势程中的力　在 $r_1 > r_0$ 的情况下，以 r_0 和 r_1 为半径的两个圆柱面之间的溶质原子必须考虑．根据定义式（15.58），这个区域正是 Boltzmann 因子 $\exp(-W/kT)$ 与 1 相差甚远的区域，除了与 X 轴邻近的一个窄带之外．图 15.8 示出了这个区域．在图中的原子匮乏地区

$$c = c_0 \exp\left(-\frac{W}{kT}\right) \ll c_0, \tag{15.60}$$

使得

$$\frac{[c(0) - c_0]^2}{c(0)} \simeq \frac{c_0^2}{c_0 \exp(-W/kT)} = c_0 \exp\left(\frac{W}{kT}\right). \tag{15.61}$$

这样，由式（15.38）得杂质匮乏地区对力的贡献是

$$\frac{F}{L} \simeq \frac{kTv}{D} \iint c_0 \exp\left(\frac{W}{kT}\right) dx\, dy, \tag{15.62}$$

此式与式（15.49）有类似之处．在图中杂质原子富集地区

$$c=c_0\exp\left(\frac{W}{kT}\right)\gg c_0, \tag{15.63}$$

所以，

$$\frac{[c(0)-c_0]^2}{c(0)}\simeq\frac{c_0^2\exp(2W/kT)}{c_0\exp(W/kT)}=c_0\exp(W/kT). \tag{15.64}$$

这样拖曳力又得到式（15.62）一样的结果．由此可见，杂质原子匮乏地区与富集地区对拖曳力的贡献相等．

式（15.62）的积分最好引用图15.9所示的极坐标来完成．在该坐标系中位错势为

$$W=\frac{\beta\cos\phi}{r}. \tag{15.65}$$

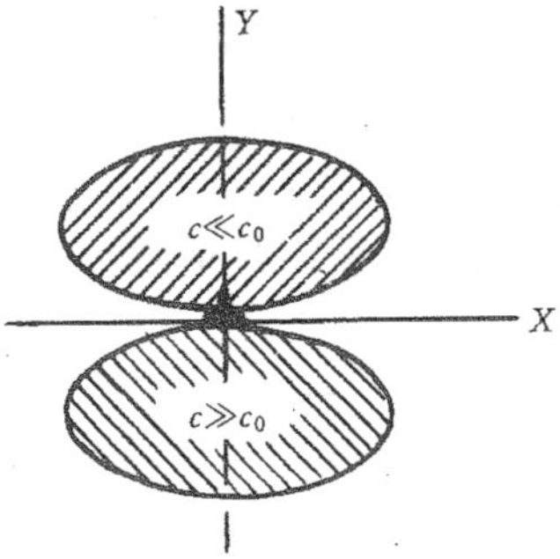

图 15.8

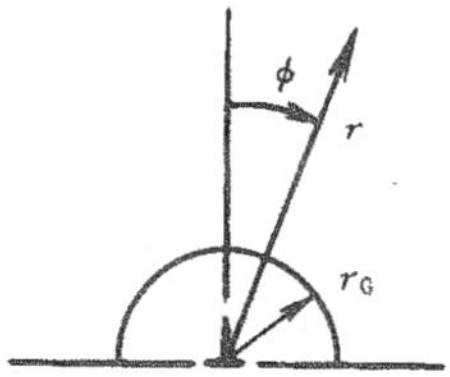

图 15.9

式（15.62）是杂质原子匮乏地区对拖曳力的贡献．将其乘2就包括了富集地区的贡献．考虑到包括了通量 J_y 而增加迁移率，再除以3．所以，总的拖曳力是匮乏地区对力的贡献的2/3，即式（15.62）的2/3，即

$$\frac{F}{L}=\frac{2kTvc_0}{3D}\int_{r_0}^{r_1}rdr\int_{-\frac{\pi}{2}}^{\pi/2}\exp\left(\frac{\beta\cos\phi}{rkT}\right)d\phi. \tag{15.66}$$

因为仅有 $\phi\simeq0$ 附近给出显著贡献，所以余弦因子可以展开为 $\cos\phi=1-\frac{1}{2}\phi^2$，并将积分限推至 $\pm\infty$，这样就有

$$\frac{F}{L} = \frac{2kTvc_0}{3D}\int_{r_0}^{r_1} r\exp(\frac{\beta}{rkT})dr\int_{-\infty}^{\infty}\exp(-\frac{\beta\phi^2}{2rkT})d\phi$$

$$= \frac{2kTvc_0}{3D}(\frac{2\pi kT}{\beta})^{\frac{1}{2}}\int_{r_0}^{r_1} r^{\frac{2}{3}}\exp(\frac{\beta}{rkT})dr, \qquad (15.67)$$

更换变数，令 $z=\beta/rkT$，最后可得到

$$\frac{F}{L}=\frac{vc_0\beta^2}{DkT}I(z_0), \qquad (15.68)$$

式中

$$I(z_0) = \int_1^{z_0}\frac{2\sqrt{2\pi}}{3}z^{-\frac{7}{2}}e^z dz, \qquad (15.69)$$

以及

$$z_0=\frac{\beta}{kTr_0}=\frac{W_{max}}{kT}, \qquad (15.70)$$

式中的 W_{max} 是溶质原子富集一侧杂质与位错的结合能之极大值. 式 (15.69) 中的被积函数在 $z=3.5$ 时取极小值，而在 $z>7$ 时迅速增大. 图 15.10 示出了被积函数与 z 的函数关系. 作为一个粗糙的估计，在区间 $z=$ (1, 7) 中，被积函数的平均值约为 1.5. 所以

$$I(z_0)\simeq 1.5(z_0-1), 1<z_0<7, \qquad (15.71)$$

而当 $z_0\gg 7$ 时的近似公式为

$$I(z_0)=\left(\frac{2\sqrt{2\pi}}{3}z_0^{-\frac{7}{2}}e^{z_0}\right)\Big/\left(1-\frac{7}{2z_0}\right)$$

$$\cong\frac{2\sqrt{2\pi}}{3}z_0^{-\frac{7}{2}}e^{z_0}. \qquad (15.72)$$

由于方程 (15.65) 的势在位错芯处 ($r=0$) 是高度奇异的，所以，这里存在一个与式 (15.70) 的位错芯切断 z_0 相关的大的不确定性. 由于渐近式 (15.72) 得到来自与芯相邻区域的主要贡献，所以通量可能与式 (15.68) 的估计很不一样. 另外，一个不确定性源，对大的 z_0 而言，涉及 D 在芯区域的变化. 总而言之，与式 (15.57) 和式 (15.59) 相比较，式 (15.68) 的贡献的不确定性更严重，特别是对大的 z_0 更是如此.

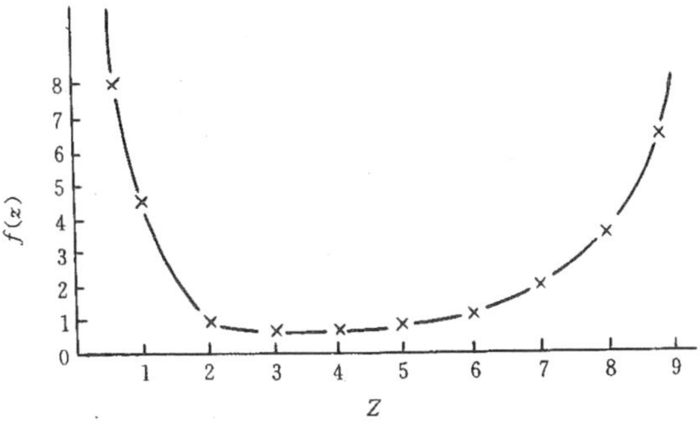

图 15.10

现在最好对内、外两个区域中溶质原子对 F/L 的贡献作一个比较估算. 当由溶质原子的扩散控制的蠕变运动以显著的速率进行时，其典型的温度相当于 $kT\sim0.05\text{eV}$；$W_{\max}\sim0.1\text{eV}$，$z_0=2$. 这样在内区域，即 $r<r_1$ 的区域中的溶质原子的贡献是

$$\frac{F}{L}=\frac{1.5vc_0\beta^2}{DkT}, \tag{15.73}$$

而在外区域，取合理值 $R\sim10^4r_0$，可得

$$\frac{F}{L}=\frac{8.5vc_0\beta^2}{DkT}, \tag{15.74}$$

此值虽比式（15.73）所表示的为大，但毕竟属于同一数量级.

对于这样一些蠕变参数，我们来确定关于 D/v 的一些典型值. 这里还添加一些典型值：$(F/L)=10^{-5}\mu b$，$c_0=0.1b^{-3}$，$\beta=3\times10^{-2}\mu b^4$. 于是由式（15.73）和式（15.74）得出

$$\frac{D}{v}\simeq\frac{10c_0\beta^2}{kT(F/L)}=(6\times10^3)\,b, \tag{15.75}$$

这个值大约与原来假设的 R 值相同. 所以，对于这种情况，式（15.59）是适合的. 另一方面，如果 $c_0=0.01b^{-3}$，$(D/v)=(6\times10^2)\,b$，式（15.57）将因自相容而被应用. 这些结果显示了式(15.57)的重要性,以及表明远离芯的溶质原子对 F/L 有贡献.

总的说来，上面的这些结果表明，靠近芯部的溶质原子贡献的不确定性，与外围的贡献相比，一般是可以略而不顾的. 方程

(15.73) 中"芯"部的 D 可能比式 (15.74) 中的 D 要大几个数量级. 这个事实也支持了上述结论. 所以, 式 (15.57) 和式 (15.59) 近似地描述了在溶质原子拖曳下的蠕变. 若用蠕变速度 v 来表达, 这些方程就是

$$v=\frac{(F/L)\ DkT}{c_0\beta^2\ln\ (y_2/r_1)}, \tag{15.76}$$

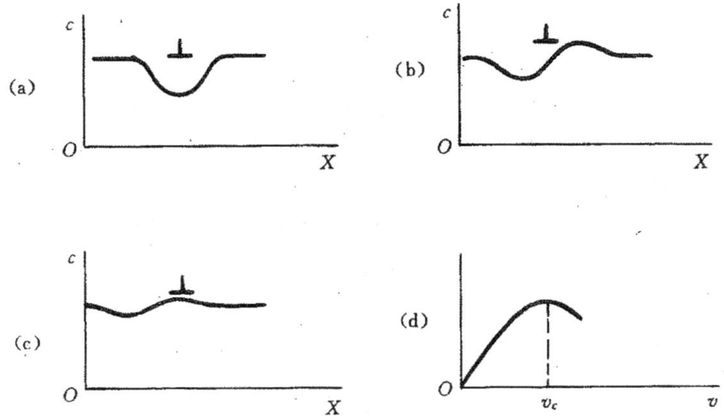

图 15.11

式中的 y_2 或者等于 D/v, 或者等于 R. Gottrell 和 Jaswon 导出的表达式与式 (15.76) 类似, 其差别在于用一个大约为 4 的数代替了 $\ln\ (y_2/r_1)$.

(4) 高速运动的位错　在高速运动下, 杂质气团发生严重畸变, 从而以上的处理无效. 随着 v 的增加, 围绕位错 $c\neq c_0$ 的区域的范围缩小. 当 v 大于某个临界速度 v_c 时, 这种缩小甚为迅速, 以致拖曳应力随 v 的增加而减小. 图 15.11 示出了浓度与速度以及应力与速度之间的关系. 图 15.11 (a): $v\ll v_c$, 图 15.11 (b): $v\sim v_c$, 图 15.11 (c): $v\sim 2v_c$, 图 15.11 (d) 是相应的应力-速度曲线.

在速度 $v>v_c$ 的区间里, 气团尺寸为漂移所控制, 而并非扩散

控制．为说明这个问题，试考虑一维浓度的表示式（15.12）．在势程以内给定一个上限 x，对于充分大的 v，$\exp(vx/D)$ 因子随 x 增大很快，使得因子 $\exp(W/kT)$ 可以取为它在上限处之值而提出积分号外，并与积分号前的因子 $\exp(-W/kT)$ 相消．所以结果是

$$c \simeq \frac{vc_0}{D}\exp\left(-\frac{vx}{D}\right)\int_{-\infty}^{x}\exp\left(\frac{vx}{D}\right)dx$$

$$=c_0. \tag{15.77}$$

在势程以内，有 $W>kT$．对于 $W=-\dfrac{A}{x}$ 的势，式（15.12）中的被积函数的空间变化率为

$$\frac{\partial}{\partial x}\exp\left(-\frac{A}{xkT}\right)\exp\left(\frac{vx}{D}\right)$$

$$=\left(\frac{A}{x^2kT}+\frac{v}{D}\right)\exp\left(-\frac{A}{xkT}\right)\exp\left(\frac{vx}{D}\right).$$

所以，$c\simeq c_0$ 的条件是

$$\frac{A}{x^2kT}<\frac{v}{D}. \tag{15.78}$$

的确，对于充分高的速度，$c\simeq c_0$，而运动为漂移所控制．

对于位错势，β/r 替代 A/x，与式（15.78）相应的漂移区内半径表示为

$$r_2=\left(\frac{D\beta}{vkT}\right)^{\frac{1}{2}}. \tag{15.79}$$

当 r_2 小于静态气团的半径 $r_1=\beta/kT$ 时，过程为漂移控制．这样，由扩散控制转变为漂移控制时，有 $r_2=r_1$，转变时的临界速度是

$$v_t=\frac{DkT}{\beta}. \tag{15.80}$$

在漂移区域，$c=c_0$，而在位错应变场范围里，原子通量的表达式是

$$J_r=-\frac{c_0D\beta\sin\theta}{kTr^2}, \tag{15.81}$$

$$J_\theta=\frac{c_0D\beta\cos\theta}{kTr^2}, \tag{15.82}$$

所以，
$$\boldsymbol{J}\cdot\boldsymbol{J}=\frac{c_0^2D^2\beta^2}{k^2T^2r^4} \tag{15.83}$$
这样的流是在高速情况下，出现在 $r>r_2$ 的区域中. 在此情况下，耗散定理式（15.36）给出外区域对 F/L 的贡献
$$\frac{F}{L}=\frac{kT}{Dv}\int_{r_2}^{\infty}\frac{\boldsymbol{J}\cdot\boldsymbol{J}}{c_0}2\pi rdr=\frac{\pi c_0D\beta^2}{vkTr_2^2}. \tag{15.84}$$
将式（15.79）表示的 r_2 代入，得到
$$\frac{F}{L}\simeq\pi\beta c_0. \tag{15.85}$$
所以在高速区域内，拖曳力有一个显著的不依赖于速度的贡献. 若速度高到
$$v>\frac{D\beta}{kTb^2}=v_c^1, \tag{15.86}$$
则式（15.79）将给出 $r_2<b$，这是无意义的. 在这个速度区域里气团已不存在，在式（15.84）中应用 b 代替 r_2，并给出力
$$\frac{F}{L}\simeq\frac{\pi c_0D\beta^2}{b^2vkT}. \tag{15.87}$$
由该式看出，随着速度 v 的增大，力 F 减小. 这个表达式与精确处理的极限结果[①]及数值解[②]一致. 在区间 $v_c<v<v_c^1$ 中，区域 $r<r_2$ 中的扩散对拖曳力作出贡献，并近似地由式（15.68）得出，不过是用 r_2 代替 r_1 作积分限. 结果是
$$\frac{F}{L}=\frac{3vc_0\beta^3}{Dk^2T^2}\frac{r_2-r_0}{r_2r_0}, \tag{15.88}$$
这个贡献也在 $r_2\to r_0$ 时随 v 之增大而减小. 在式（15.86）所示的极限下，此贡献趋于零. 故总的拖曳力由式（15.87）给出.

（5）讨论　以上的分析给出有关位错低速和高速极限下的力-速度关系的合理的理论估算. 图 15.12 示出了 Cottrell 拖曳时的力-速度曲线. 图中左边的实线部分，即低速部分，是表达式

---

① Fuentes-Samaniego，R.，*Thesis*，*Ph. D*，Stanford University，Stanford，Calif.（1979）.

② Takeuchi，S. Argon A. S.，*Phil. Mag.*，**40**，65（1979）.

(15.57) 和式 (15.68) 的图解. 而右边较平坦的实线部分代表式 (15.87)，而拐点处 $v=v_c^1$，$\frac{F}{L}=\pi\beta c_0$，即表达式 (15.85). 根据 §15.1 的讨论，在中速区间解析处理法失效，只能断定存在一个 v_c 临界速度，图中虚线部分需要求助于更精确的计算. 对于一个稀释的气团，Cottrell 和 Jaswon 曾估计此临界速度 v_c 约为式 (15.80) 表示的 v_t 的 4 倍，即

$$v_c \simeq \frac{4DkT}{\beta}. \tag{15.89}$$

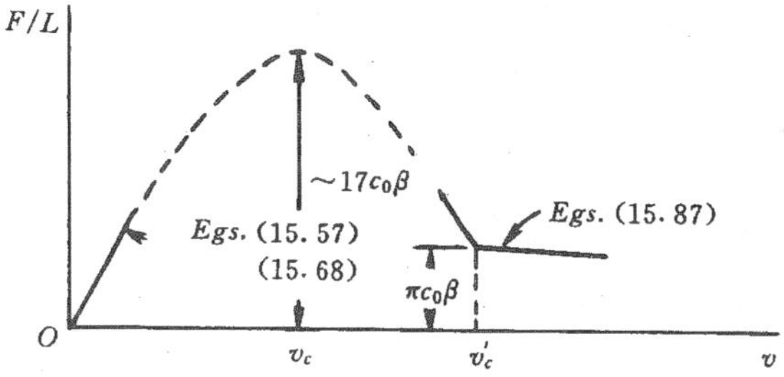

图 15.12

更详实的分析和数值解① 给出一个因子约在 0.7～10 之间，代替上式中的因子 4. 在 $v=4v_t$ 时，计算得到最大拖曳力为

$$\frac{F_{\max}}{L} \simeq 17c_0\beta, \tag{15.90}$$

即约为漂移力式 (15.85) 的 5 倍，这就是图 15.12 中虚线的峰值. 根据以上所述以及其他一些有关研讨，可见 $F_{\max}$ 是力-速度关系曲线上的最主要不确定量.

在前面的整个讨论中，我们已经强加了一些假设. 为了避免精确处理时的过分的复杂性，提出了一个一维近似模型. 在较复杂问题中，这个近似模型的确显示出它是可应用的处理手段. 然而，这个模型中还隐含着一些附加的假设. 明显的一个是弹性各向同性假设. 正如在 §12.5 中提到的位错的可弯曲效应，它提供

① Takeuchi, S., Argon, A. S., *phil. Mag.*, **40**, 65 (1979).

了杂质原子与螺位错相互作用的可能性[①]. 所以，螺型位错拖曳它附近的杂质原子的可能性是不能不予考虑的. 另外，相互作用势的二次项被忽略了. 不管是弹性各向异性，还是相互作用的二次项，它们的一个效应是：气团将部分地屏蔽位错的应变场. 其结果是，在所有情况下，浓度随离位错距离的增加趋于更加迅速地收敛. 各向异性的另一个效应是溶质原子可能出现局域的取向择优排列，如在第十二章讨论的. 最后一个假设是扩散系数 D 与浓度无关. 实际上这仅仅是在相对低浓度时才成立.

§ 15.1 中的模型和方法还可直接应用到运动晶界、相界对溶质原子的拖曳. 用声子扩散代替溶质原子扩散，则本节的结果可用于描述运动位错的热弹性阻尼.

§ 15.3 位错对 Snoek 气团的拖曳

除了 Cottrell 气团之外，在 § 12.6 中还提到体心立方结构的晶体中占据八面体间隙位置的小杂质原子的行为，并说明在位错周围这些杂质原子会生成所谓 Snoek 气团. 现在我们来讨论位错运动时对 Snoek 气团的拖曳问题.

一般地讲，对 Snoek 气团同样可以使用方形势阱模型. 在运动坐标系中，杂质原子的浓度分布曲线如图 15.13 所示. 在这个模型中，排除了间隙杂质原子的长程扩散，只考虑它们的局域分布的调整或重排. 与图 15.2 所示的 Cottrell 气团的情况不同，这里并不出现运动势阱前端浓度的增高. 从在势阱区域中杂质原子的有序，到在势阱后方变为无序，最终成为无规分布，这个过程有一定的弛豫时间 $\tau_r=\omega^{-1}$，ω 是平均扩散跳跃频率. 在很低的速度下，在势阱内部近乎维持平衡分布；而在很高的速度下，处处 $c\sim c_0$. 这两种情况均对应较低的拖曳力. 预计当弛豫时间 τ_r 等于时间 r_1/v_c 时达到一个极大值. 这里 v_c 表示一个临界速度，r_1 即是势阱的宽度. 所以 r_1/v_c 就是势阱以速度 v_c 通过势阱宽度这么一段距

---

① Arsenault, R. J., de wit, R., *Scripta Met.*, **15**, 615 (1981).

离的时间．这个条件给出

$$v_c=\frac{r_1}{\tau_r}=r_1\omega. \tag{15.91}$$

在后面的叙述中还要回到关于这个临界速度的讨论．

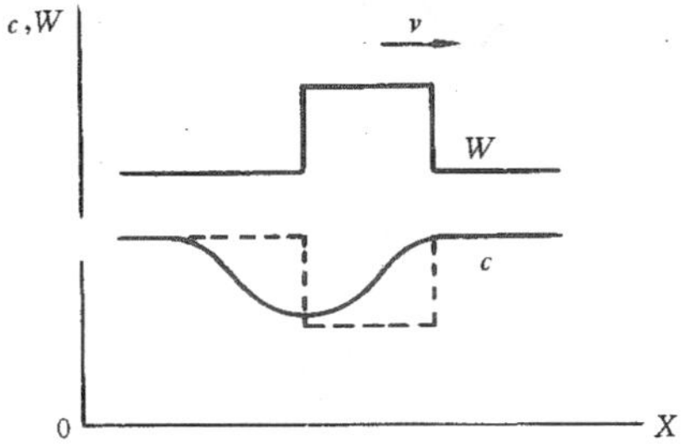

图 15.13

现在定量处理 Snoek 气团的拖曳问题．首先要知道一个螺型位错周围间隙式杂质原子的势场，这是一个典型情况的讨论．若将造成四角对称畸变的间隙杂质原子作为分别处在 3 个 $(0, \frac{1}{2}, 0)$ 位置上的弹性偶极子处理，结合晶格常数的畸变测量值，经过标准的弹性力学推导，最后得到 α-Fe 中位于［111］方向的螺型位错与周围的间隙溶质原子碳的相互作用能的一级近似表达式为

$$W\simeq 0.406\frac{v_s\mu b_s}{6\pi r}\left(\sqrt{6}\sin\theta-\sqrt{2}\cos\theta\right), \tag{15.92}$$

式中的 (r, θ) 是绕螺型位错的极坐标．

如图 12.1 所示，位于体心立方单胞 $(\frac{1}{2}, 0, 0)$，$(0, \frac{1}{2}, 0)$ 和 $(0, 0, \frac{1}{2})$ 位置上的间隙原子分别记为 P，Q，R．在这 3 个位置上的间隙原子与螺型位错的相互作用能与极角 θ 的函数关系如图 15.14 (a) 所示．刃型位错或混合型位错的情况更为复杂．图 15.14 (b) 是 (a) 的一个甚佳近似，称为三能级近似．此处

$$W_1=-W_2=W=-\frac{\beta}{r}=-\frac{\beta}{(x^2+y^2)^{\frac{1}{2}}}. \tag{15.93}$$

对于碳的情况，即式 (15.92) 的特殊情况，有

$$\beta=0.05\mu b v_s. \tag{15.94}$$

在第 i 能级中的平衡浓度 c_{ie} 与 $r=\infty$ 处的平均浓度 c_∞ 之间的关系是

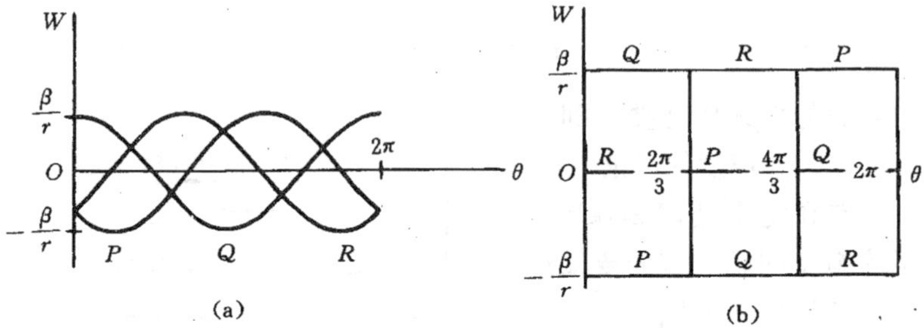

图 15.14

$$c_{ie}=\frac{c_{\infty}\exp\ (-W_i/kT)}{\sum\limits_i\exp\ (-W_i/kT)}=\frac{c_{\infty}\exp\ (-W_i/kT)}{1+\exp\ (W/kT)\ +\exp\ (-W/kT)}. \tag{15.95}$$

如上节考虑 Cottrell 气团时的办法一样，先讨论势程以外的情况，即当 $r>r_1$ 时，这里

$$r_1=\beta/kT. \tag{15.96}$$

在这个区域中，势函数可以展开并线性化．所以浓度表示为

$$c_{0e}=c_0=\frac{1}{3}c_{\infty},$$

$$c_{1e}=c_{0e}\ (1-\frac{W}{kT}),$$

$$c_{2e}=c_{0e}\ (1+\frac{W}{kT}). \tag{15.97}$$

由于能级 1 和 2 中的杂质原子所产生的拖曳力大小相等，所以计算能级 1 中的原子产生的贡献并将其结果乘以 2 便得到总的拖曳力．

运动坐标系中的质量守恒给出守恒方程

$$v\frac{\partial c}{\partial x}=\omega\ (c-c_e)\ =-\dot{c}, \tag{15.98}$$

式中 $v\ (\partial c/\partial x)$ 项是运动坐标系中单位时间内能级 1 的粒子数减少，而 $\dot{c}$ 是进入能级 1 的扩散弛豫跳跃流量．

方程（15.98）与方程（15.8）相类似，所以可用类似的办法求解，给出

$$c=\frac{c_0\omega}{v}\exp(\frac{\omega x}{v})\int_x^{\infty}\exp(-\frac{\omega x}{v})\exp(-\frac{W}{kT})dx, \quad (15.99)$$

这个结果的确给出如图 15.13 所示的分布.

与式（15.32）相似的力的表达式是

$$\frac{F}{L}=-\int_A(c-c_e)\frac{\partial W}{\partial x}dA, \quad (15.100)$$

式中 A 是与位错线垂直的面积. 在式（15.95）中的 Boltzmann 因子可以线性化的区域，式（15.100）简化为一个与式（15.35）相似的普遍耗散方程

$$\frac{F}{L}=\frac{kT}{\omega v}\int_A\frac{\dot{c}^2}{c}dA, \quad (15.101)$$

此式右端与自由能之耗散率相关.

现在确定低速情况下，外部区域（$r>r_1$）的杂质原子所产生的拖曳力. 参照式（15.78），若 x 为负，v 足够小，使得

$$|x|>r_2=\frac{v}{\omega}, \quad (15.102)$$

则式（15.99）中的 c 即 c_e. 这样，在低速情况下，根据式（15.98），有如下近似关系：

$$\dot{c}=-v\frac{\partial c}{\partial x}\simeq -v\frac{\partial c_e}{\partial x}=\frac{vc_e}{kT}\frac{\partial W}{\partial x}, \quad (15.103)$$

而式（15.101）变为

$$\frac{F}{L}=\frac{v}{\omega kT}\int_A c_e\left(\frac{\partial W^2}{\partial x}\right)dA, \quad (15.104)$$

从式（15.93）可得

$$\frac{\partial W}{\partial x}=\frac{\beta}{r^2}\cos\theta, \quad (15.105)$$

所以拖曳力是

$$\frac{F}{L}=\frac{vc_0\beta^2}{\omega kT}\int_{r_1}^{\infty}\frac{dr}{r^3}\int_0^{2\pi}\cos^2\theta d\theta=\frac{\pi vc_0\beta^2}{2\omega kTr_1^2}. \quad (15.106)$$

乘以 2 即得出总的拖曳力，并将式（15.96）代入上式，最后得到

总拖曳力是

$$\frac{F}{L}=\frac{\pi v c_{\infty} kT}{3\omega}, \quad r>\frac{\beta}{kT}>\frac{v}{\omega}. \tag{15.107}$$

在势程的内部区域，即 $r<r_1$ 处，式（15.95）化为

$$c_{1e}\simeq c_{\infty}\ [1-\exp\ (W/kT)],$$
$$c_{0e}\simeq c_{2e}\simeq 0. \tag{15.108}$$

在这个区域里，有

$$\dot{c}=-v\frac{\partial c}{\partial x}=\frac{v c_{\infty}}{kT}\exp\left(\frac{W}{kT}\right)\left(\frac{\partial W}{\partial x}\right), \tag{15.109}$$

于是，由式（15.98）和式（15.100）得到拖曳力

$$\frac{F}{L}=\frac{v c_{\infty}\beta^2}{\omega kT}\int_b^{r_1}\frac{1}{r^3}\exp\ \left(-\frac{r_1}{r}\right)\ dr\int_0^{2\pi}\cos^2\theta d\theta$$
$$=\frac{\pi v c_{\infty}\beta^2}{\omega kT}\int_b^{r_1}\frac{1}{r^3}\exp\ \left(-\frac{r_1}{r}\right)\ dr, \tag{15.110}$$

这个积分可以近似算出如下：

$$\int_b^{r_1}\frac{1}{r^3}\exp\ \left(-\frac{r_1}{r}\right)\ dr\simeq\frac{1}{r_1}\int_b^{r_1}\frac{1}{r^2}\exp\ \left(-\frac{r_1}{r}\right)\ dr$$
$$=\frac{1}{r_1^2}\exp\ \left(-\frac{r_1}{r}\right)\ \Big|_b^{r_1}\simeq\frac{1}{3r_1^2},$$

于是拖曳力是

$$\frac{F}{L}=\frac{\pi v c_{\infty} kT}{3\omega}, \quad \frac{\beta}{kT}>r, \tag{15.111}$$

此式与式（15.107）全同．这两个表达式之和，即势程内外的总拖曳力是

$$\frac{F}{L}=\frac{2\pi v c_{\infty} kT}{3\omega}. \tag{15.112}$$

以下考虑高速极限．这时，在 $b<\frac{v}{\omega}<\frac{\beta}{kT}$ 区间，积分很复杂，必须采用数值方法解决．另一方面，在极限 $\frac{v}{\omega}=r_2\gg\frac{\beta}{kT}$，漂移对力的贡献却是可以计算的．漂移控制发生在 $r<\frac{v}{\omega}$ 的范围．这与 cottrell 气团的情况相反．在那里，漂移控制发生在 $r>\frac{D}{v}$ 区域．之所

以出现这种相反的行为，乃是由于对 Snoek 气团，扩散弛豫时间$\frac{1}{\omega}$是一个常数，而对 Cottrell 气团，它以$\frac{r^2}{D}$的形式依赖于 r. 式(15.99)表明，对能级 1 和 2 均有 $c \simeq c_0 = \frac{1}{3} c_\infty$，所以原子流由漂移项

$$\dot{c} = \frac{\omega c_0 W}{kT}$$

确定 [参见式 (15.98)]. 所以，两个能级对拖曳力的总漂移贡献可由式 (15.101) 给出

$$\begin{aligned} \frac{F}{L} &= \frac{2c_0\omega}{vkT} \int_b^{v/\omega} \left(\frac{\beta}{r}\right)^2 r dr \int_0^{2\pi} d\theta \\ &= \frac{4\pi c_\infty \omega \beta^2}{3vkT} \ln \frac{v}{\omega b}. \end{aligned} \tag{15.113}$$

在区间 $r > \frac{v}{\omega}$ 中，浓度是 $c = c_e$. 这个区域对拖曳力的扩散贡献由与式 (15.106) 的相同的积分确定，只是要用$\frac{v}{\omega}$代替 r_1 作为积分限. 所得结果是

$$\frac{F}{L} = \frac{\pi c_\infty \beta^2 \omega}{3vkT}. \tag{15.114}$$

一般情况下，这个贡献与式 (15.113) 相比较可以略去. 不过当速度非常大，以致 v/ω 超过适当的切断距离 R 时，便必须取 R 作积分上限. 于是得到

$$\frac{F}{L} = \frac{4\pi c_\infty \omega \beta^2}{3vkT} \ln \frac{R}{b}. \tag{15.115}$$

这样，就如同 Cottrell 气团的情况那样，对于 Snoek 气团也可以合理地估计一条渐近的力-速度曲线，如图 15.15 所示. 图中左边的实曲线代表方程 (15.112)，右边的实曲线反映了方程 (15.113) 和(15.115). 图中以 A 标志的速度切断下限表示低速区间 Cotterll 气团起重要作用的起点. 由式 (15.89) 和式 (15.91) 可得两个气团的临界速度之比是

$$\frac{v_c\ (S)}{v_c\ (C)}=\frac{\beta\ (S)\ \beta\ (C)}{4b^2k^2T^2}. \qquad (15.116)$$

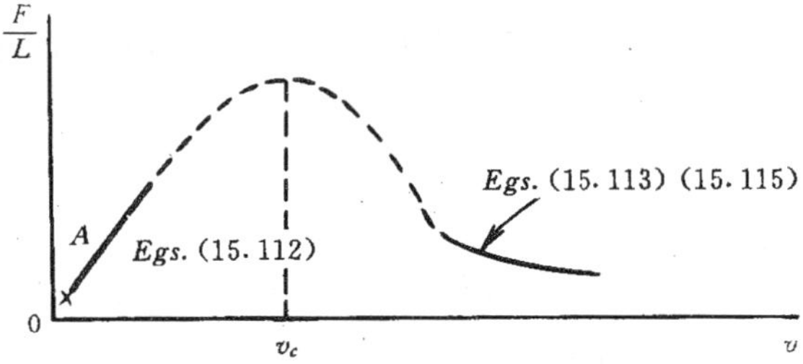

图 15.15

§ 15.4 位错芯效应

(1)位错芯的拖曳　前面两节在讨论 Cottrell 气团和 Snoek 气团时作了如下的假设，即位错芯处的杂质能跟着位错一起作扩散运动. 在点阵扩散为重要过程的温度范围内，位错芯杂质的影响可略去不计. 但在另一些条件下，位错芯杂质会控制位错速度. 在这里，我们沿用 § 12.6 中位错芯析聚中的模型，其中涉及杂质吸附的择优取向以及与 Peierls 势垒相似的行为. 为了简化计算，假定位错芯部的杂质原子间无相互作用①. 作为一个具体例子，考虑温度为 200℃时的铁中含碳的情况. 这时，溶解热为 $H_s \simeq W_s \simeq 0.8$eV，碳原子与位错芯的结合能为 $W_B \simeq 1.0$ eV. 铁碳合金中，碳原子在 α 间隙相中与在渗碳体中的化学势相等. 在这种典型情况下，式 (12.134) 可简化为

$$\frac{c_\infty}{n}=\exp\left(-\frac{W_s}{kT}\right). \qquad (15.117)$$

位错芯中的空杂质坐位，即空穴的浓度是

$$c_h=\frac{1}{b}\exp\left(-\frac{W_B-W_s}{kT}\right). \qquad (15.118)$$

---

① Chipman, J., *Met. Trans.*, **35**, 55 (1972).

现在考虑位错线上的一个扭折，如图 15.16 所示. 由于扭折本身并不处在位错吸附杂质原子的从优取向上，所以扭折是“清洁”的. 杂质原子作用一个渗透力，力图缩小扭折的宽度 d，而位错线张力倾向于使 d 增加. 根据本书第一卷 §4.10 中的讨论和公式，由于形成扭折而使位错增长为 $b^2/2d$ 时的线张力为

$$\mathscr{T} \simeq \mu b^2/5. \qquad (15.119)$$

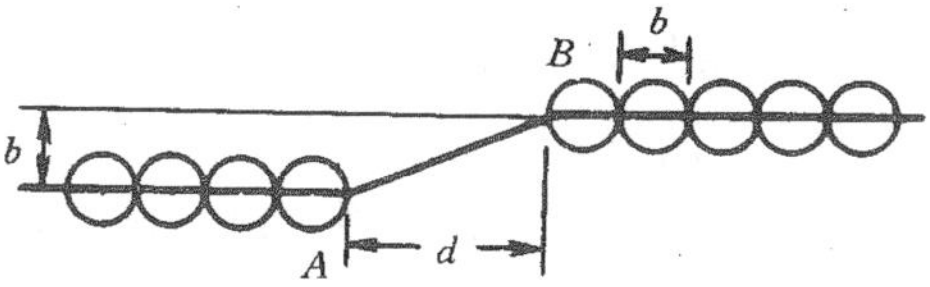

图 15.16

根据式 (15.118)，清除长度为 d 的位错线段上的杂质原子所需自由能为 $F=d\ (W_B-W_s)\ /b$. 这样此扭折的自由能即是

$$F=\frac{\mu b^4}{10d}+\frac{d}{b}\ (W_B-W_s). \qquad (15.120)$$

平衡条件 $(\partial F/\partial d)=0$ 给出平衡时扭折的宽度及能量是

$$d_k=b\left[\frac{\mu b^3}{10\ (W_B-W_s)}\right]^{\frac{1}{2}}, \qquad (15.121)$$

$$F_k=\left[\frac{2\mu b^3\ (W_B-W_s)}{5}\right]^{\frac{1}{2}}. \qquad (15.122)$$

在热平衡下，扭折浓度为

$$c_k=\frac{1}{b}\exp\left(-\frac{F_k}{kT}\right). \qquad (15.123)$$

扭折可以以多种方式扩散，不过一种很可能的机制是在 A 点湮没一个空穴，并在 B 点产生一个空穴. 这样一个事件的跳跃频率为

$$\omega=c_h b\nu\exp\ \left(-\frac{W_m}{kT}\right), \qquad (15.124)$$

式中 ν 为 Debye 频率，W_m 为位错芯中一个空穴的跳跃激活能. 于是扭折的扩散率即为

$$D_k = b^2\omega = c_h b^3 \nu \exp(-W_m/kT). \qquad (15.125)$$

至此，位错运动速度的推导就与§14.1节的越过Peierls峰滑移的情况全同．其结果是式（14.28），即

$$v_D = \frac{\sigma b h^2 L}{a^2 kT} D_k \exp\left(-\frac{2F_k}{kT}\right). \qquad (15.126)$$

将式（15.122）和式（15.125）表示的 F_k 和 D_k 代入，就得到 v_D 的显式表达式．

由以上的结果容易将Snoek或Cottrell拖曳与位错芯拖曳进行比较．由于两种气团的拖曳具有相类似的力-速度关系（见图15.12和图15.15），所以作一个比较便可以显示相对性质的特点．根据式（15.126）和式（15.112），可得

$$\frac{v_D}{v_s} \simeq \frac{L}{b} \exp\left[\frac{W_D - W_B - W_m - 2F_k}{kT}\right], \qquad (15.127)$$

式中 W_D 是溶质原子在整体中的扩散激活能．对于碳在铁中这个具体的例子，有 $W_B = 1.0\text{eV}$，$\mu b^3 = 8\text{eV}$，$F_k = 0.8\text{eV}$，$W_D = 0.9\text{eV}$，并猜测 $W_m \simeq 0.1\text{eV}$，$L \simeq 10^4 b$．于是有

$$\frac{v_D}{v_s} \simeq 10^4 \exp\left(-\frac{Q}{kT}\right), \qquad (15.128)$$

其中 $Q = 1.9\text{eV}$．在低温下有 $v_D < v_s$，力-速度关系的形式如图15.17 (a) 所示．由图可见，在所有应力水平下，都是位错芯杂质原子的拖曳控制了速率．而且位错从Snoek气团中脱钉的临界应力一般都要大于 $F_{\max}$．在较高温度下，如 $T > \frac{Q}{9k}$，有 $V_D > v_s$，力-速度关系如图15.17 (b) 所示的形式．在较低速区域，Snoek气团的拖曳占主控地位．不过在 $F = F_{\max}$ 附近，位错会从Snoek气团逃逸而被加速至较高速度．这时位错运动由位错芯拖曳控制．

以上分析是以图15.16的模型为基础，结果导致一个最大可能的 F_k 值．图15.18示出了另外一种扭折模型．在该模型中，位置 A 处溶质原子-位错的结合能 W_B 最高，位置 B 处的结合能 W_B 较低．扭折能量与Peierls势垒上扭折能量的较低值比较接近，$F_k \simeq 0.1\text{eV}$．另外，扭折扩散率中的激活能大约等于位错芯扩散的激

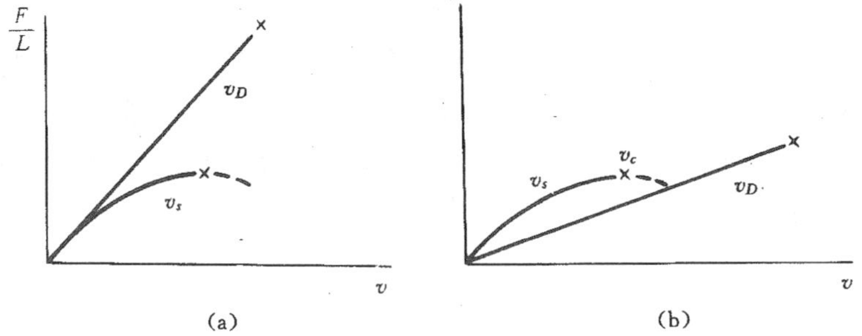

图 15.17

活能，$\sim W_D/2$. 在此情况下，有

$$\frac{v_D}{v_s} \simeq 10^4 \exp\left(\frac{\frac{1}{2}W_D - 2F_k - W_s}{kT}\right) \tag{15.129}$$

在此直至相当低的温度，均有 $v_D > v_s$，进而若 $W_D > 4F_k + 2W_s$，则在所有温度下均有 $v_D > v_s$. 在这样一种情况下，图 15.17 (b) 中的曲线对所有温度下都成立，不过，v_D 和 v_s 的差随温度的升高而减小.

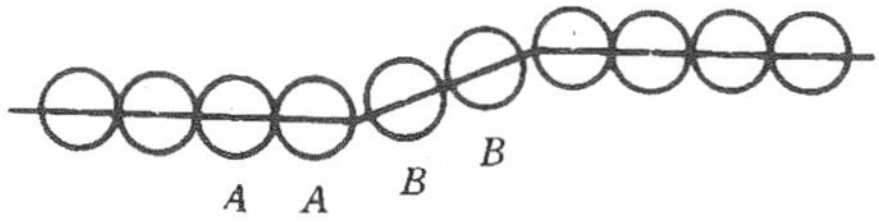

图 15.18

(2) 位错从位错芯气团脱钉　在足够低的温度下，位错芯中、以及整体点阵中的杂质原子几乎不可动，而前几节中所有方程给出的溶质原子的拖曳速度均接近于零. 以致位错唯有挣脱它所带的杂质原子气团才能够运动. 这里首先处理位错从聚集于其芯上的溶质原子脱离的问题. 在低温下，式 (12.141) 表示平衡芯浓度是饱和的：$c_d \sim \frac{1}{a}$. 对于一个饱和的位错芯，强行使位错从芯气团脱离的应力粗略地由下面关系式给出：

$$\sigma b = \frac{F_{\max}}{L} \simeq \frac{c_d W_B}{b} \simeq \frac{W_B}{ab}, \tag{15.130}$$

W_B 是越过势程 b 所必须提供的能量. 通常，式中的应力非常大. 典型的例子如铁中的碳、氮间隙原子：$W_B \sim \mu b^3/10$，$\sigma \sim \frac{\mu}{10}$；置换式溶质原子的情况下有 $\sigma \sim \mu/100$. 在两种情况下，位错从芯气团挣脱所需的应力都远大于材料经应变时效后的屈服应力. 所以，这种脱钉事件只有在大的应力集中处才能发生.

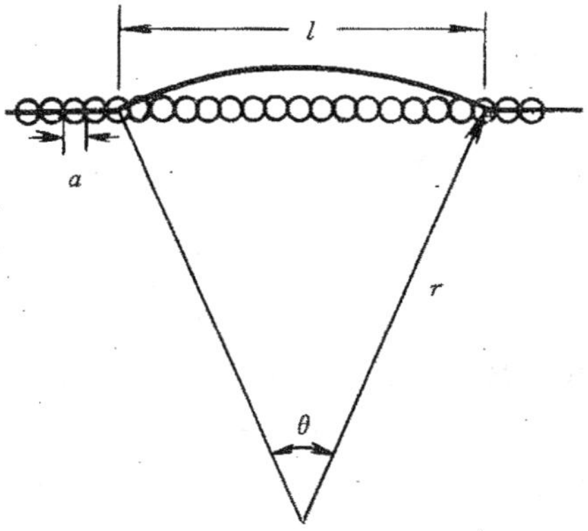

图 15.19

Fisher① 认为存在在热激发下位错局部脱离的可能性，如图 15.19 所示. 为了使长为 l 的位错段脱离杂质气团，必须提供的能量是

$$W_l = \frac{1}{a} W_B. \tag{15.131}$$

线张力 $2\mathscr{T}\sin\frac{\theta}{2}$ 与外加应力引起的作用力 $\sigma b r\theta$ 之间的平衡给出位错线段弓出，其弓出段的曲率半径 $r \simeq \mathscr{T}/\sigma b$，$\theta \simeq \frac{l}{r}$. 取线张力 $\mathscr{T} \simeq \frac{\mu b^2}{10}$，线段长度增加 $r\theta^3/24$，那么弓出引起的位错线能量增加是

① Fisher J. C., *Trans. ASM*, **47**, 451 (1955).

$$W_2=\frac{\sigma^2 b^2 l^3}{24\mathscr{T}}. \quad (15.132)$$

在弓出过程中，外应力所作之功为

$$W_3=\frac{\sigma^2 b^2 l^3}{12\mathscr{T}}. \quad (15.133)$$

因此弓出引起的总能变化是

$$W=W_2-W_3=-\frac{\sigma^2 b^2 l^3}{24\mathscr{T}}. \quad (15.134)$$

当力$-\frac{\partial W}{\partial l}$大于$\frac{\partial W_1}{\partial l}$时，位错可以继续由芯气团脱出而无需热激发；当长度 l 大于临界长度

$$l_c=\left(\frac{8W_B\mathscr{T}}{\sigma^2 b^2 a}\right)^{\frac{1}{2}}. \quad (15.135)$$

时，这一事件发生. 所以，在临界组态下，热激活所必须提供的能量为

$$W_c=\frac{l_c W_B}{a}-\frac{\sigma^2 b^2 l_c^3}{24\mathscr{T}}=\frac{2l_c}{3a}W_B. \quad (15.136)$$

为了使这种位错脱钉所产生的应变成为可被测出的，每秒每立方厘米中此种脱钉事件的数目 $\dot{N}$ 必须为 1 左右，即

$$\dot{N}=\frac{\rho\nu}{b}\exp\left(-\frac{W_c}{kT}\right)=1\mathrm{s}^{-1}\cdot\mathrm{Cm}^{-3}, \quad (15.137)$$

式中的 ρ 是位错密度，ν 是 Debye 频率. 如果取 $\rho\sim10^8\mathrm{Cm}^{-2}$，上式要求

$$W_c=\frac{2l_c^*}{3a}W_B\leqslant 65kT. \quad (15.138)$$

对于室温下铁中的碳，$W_B=1.0\mathrm{eV}=\mu b^3/6$，满足这个条件要求 $l_c^*\sim3a$，或 $\sigma^*=\mu/12$. 对于其它例子也有 $W_B=\mu b^3/50$，$l_c^*=25a$，$\sigma^*=\mu/125$. 由此可见，由饱和位错芯脱钉的临界应力并不会因热激活降低很多. 故一般这类脱钉事件也只会发生在有很大应力集中的区域里.

以上考虑的是在被钉扎位错线上任意点附近的脱离. 但可以想像在析聚溶质原子气团的某些统计薄弱的地点，这种脱离将比

较容易发生①. 由§12.6（位错芯析聚）可知，一个给定的位错芯坐位上出现一个空穴的概率为 $c_h a$［参见式（12.143）］. 相继 l_c/a 个空着的坐位产生一个长为 l_c 的自由位错芯线段. 而形成相继 l_c/a 个空穴的概率是

$$(c_h a)^{l_c/a} = \left(\frac{n}{c_0}\right)^{l_c/a} \exp\left(-\frac{l_c W_B}{akT}\right). \tag{15.139}$$

或者，c_0 由式（15.117）给出，则有

$$(c_h a)^{l_c/a} = \exp\left[-\frac{l_c}{akT}(W_B - W_s)\right]. \tag{15.140}$$

由长度（$l_c - a$）长大至 l_c 的频率 ω 等于由 l_c 衰减至（$l_c - a$）的频率. ω 由下式给出：

$$\omega = \nu \exp\left(-\frac{W_m}{kT}\right). \tag{15.141}$$

将式（15.140）和式（15.141）相乘，再乘以单位体积内可以发生这种事件的坐位数 ρ/b，就给出脱钉速率 $\dot{N}$，即

$$\dot{N} = \frac{\rho\nu}{b} \exp\left(-\frac{W_c'}{kT}\right). \tag{15.142}$$

为使应变率可测则激活能必须满足

$$W_c' = \frac{l_c^*}{a}(W_B - W_s) + W_m \leqslant 65kT. \tag{15.143}$$

如同上述的碳在铁中的例子，条件（15.143）得出，$\sigma^* = \mu/50$. 这个值比前面得出的值 $\sigma^* = \mu/12$ 小不了多少. 所以这一段考虑也未见得有很大的改进，依然要求存在应力集中. 因为这个临界应力 σ^* 仍然大于观察到的、应变时效后的流变应力. 看来，在铁中要出现不需应力集中的位错与芯气团脱离，只能是在位错芯气团尚未弛豫到平衡态的情况下实现. 例如，由高温淬火形成较稀疏溶质原子气团，或新的位错生成后无足够时间使平衡气团得以扩散形成，或者是存在溶质能量低的位置，如位错结点，该处倾向吸引其它位错芯中的溶质原子，等等. 对于间隙式溶质原子，式

---

① Lothe J., *Acta Met.*, **10**, 663 (1962).

(15.143) 预示，在典型情况下，脱离可以在标称屈服强度应力下发生. 所以该式很可能可以描述可能的位错脱钉机制.

(3) 位错由 Cottrell 气团脱钉　虽然，Cottrell 气团和 Snoek 气团延展的范围远大于 b，但阻止其脱钉的力大部分来自位错芯附近的溶质原子的贡献. 所以这类脱钉可以基本上作为一个位错芯现象处理. 试考虑一个刃型位错从它的气团位移出一个距离 x，如图 15.4 (a) 所示. 并假定相互作用是弱的，即 $\beta < bkT$. 系统能量随 x 的变化表示为

$$\begin{aligned}\frac{\Delta W}{L} &= \int_A (c - c_0)[W(r',\theta') - W(r,\theta)]dA \\ &= \int_A (c - c_0)\left(\frac{\beta\sin\theta'}{r'} - \frac{\beta\sin\theta}{r}\right)dA \\ &= \beta c_0\int_b^\infty rdr\int_0^{2\pi}\frac{\beta\sin\theta}{rkT}\left(\frac{r\sin\theta}{r^2 + x^2 - 2rx\cos\theta} - \frac{\sin\theta}{r}\right)d\theta.\end{aligned} \tag{15.144}$$

此式计算的结果是

$$\frac{\Delta W}{L} = \frac{\pi c_0\beta^2}{4kT}\left[\frac{\pi}{2} - \tan^{-1}\ (\zeta^4+1)^{\frac{1}{2}} + \ (\zeta^4+1)^{\frac{1}{2}} - \zeta^2\right], \tag{15.145}$$

式中，$\zeta = x/b$. 在平衡条件下，为了维持距离 x 所需的外力为

$$\frac{F}{L} = \frac{\partial\ (\Delta W/L)}{\partial x} = \frac{\pi c_0\beta^2}{4bkT}\left[\frac{2\zeta^5}{(\zeta^4+1)^{1/2}}\ \left(\frac{1}{\zeta^4+2} - 1\right)\ + 2\zeta^3\right]. \tag{15.146}$$

此力有一极大值，即

$$\frac{F_{\max}}{L} \simeq \frac{c_0\beta^2}{bkT}. \tag{15.147}$$

它对应于 $x = 0.65b$. 在 $x = 2b$ 时，此力下降到极值的 1/7. 这说明它在芯处有一尖锐的峰. 这点在本节开端便已提示.

直接由位错与位错芯近傍溶质原子的相互作用也可以推导这一结果. 考虑最接近位错芯的溶质原子行，它与芯距离约为 b. 每单位长度上超量的溶质原子数为 $c_0b^2(\beta/bkT)$，每个原子具有的结合能为 β/b. 这个结合能在约为 b 的距离上释放，所需的力为

$$\frac{F}{L} < c_0 b^2 \frac{\beta}{bkT} \frac{\beta}{b} \frac{1}{b} = \frac{c_0 \beta^2}{bkT}. \tag{15.148}$$

显见，它与式（15.147）一致.

当 $\beta > bkT$ 时，难于直接估算 ΔW. 不过以上结果表明：位错-溶质原子结合主要是与最接近芯的原子行. 这乃是由于此处浓度 $c - c_0$ 随 r 下降比弱相互作用情况下快. 当 $\beta > bkT$ 时，最近的溶质原子行一般是近于饱和的，因此，式（15.130）可以应用到这种情况，只要用 β / b 代换 W_B 即可.

§15.5 其它一些溶质原子效应

除了前面讨论的几种效应之外，还存在其它一些可能的杂质效应. 它们在晶体的范性形变中也十分重要. 其中一些因其理论过于复杂，这里不能讨论. Suzuki，Heasen 已对许多这类可能的效应作了评述[1,2]. 这里只扼要地讨论几个突出的例子.

（1）*低温硬化* 在发生拖曳效应的温度范围内，溶质原子可以通过扩散而在位错周围重新分布，使得位错在线张力作用下弛豫到一直线组态. 当温度低到不必考虑扩散时，为了适应那些不可动溶质原子的内应力，位错需要调整自己的组态，于是出现摆动变形. 这种类型的硬化理论相当困难，我们只略述其要点.

在稀溶质原子浓度情况下，位错在应力作用下弓出，如图 15.20（b）所示. 位错脱钉的激活势垒如图 14.8 所示，其动力学也与第十四章中的讨论类似. 图 15.20 示出了位错与溶质原子的相互作用. 黑点代表溶质原子，包围它的圆圈示意其应变场. 图 15.20（a—c）分别表示稀释溶体，应力作用下的稀释溶体和浓聚溶体. 与大弓出对应的点力是 $\sim \mu b^2$. 对于小弓出时的脱离如图 15.20（b）中从组态 A 运动到组态 B. 采用式（14.40）和式（14.41）的表达，最大的点力是

$$F^* = \frac{W^*}{a^*} \ll \mu b^2. \tag{15.149}$$

发生脱钉的临界应力是

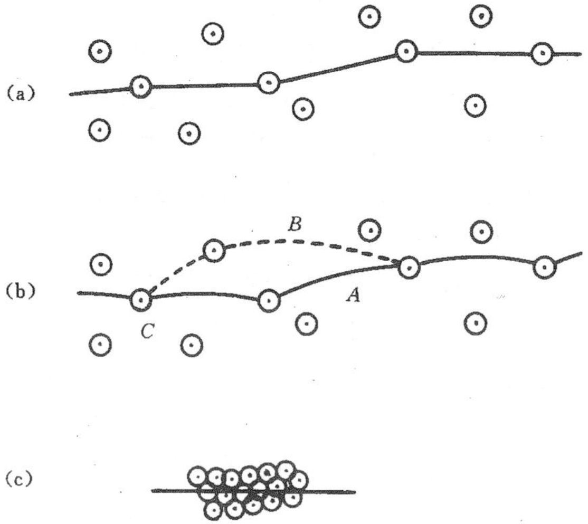

图 15.20

$$\sigma_{\text{crit}}=\frac{F^*}{bl}=\frac{W^*}{a^*bl}. \tag{15.150}$$

将溶质原子视为一个膨胀点源，由它引起的作用在位错滑移平面上的切应力，可以根据 Green 张量函数和典型的弹性力学计算得到

$$\sigma_{xy}=\frac{\mu\delta V}{\pi r^3}\sin\theta\cos\theta. \tag{15.151}$$

可见，该应力随 r 的增加而急剧下降. 由于位错基本上只与滑移平面上的溶质原子在短程范围内相互作用，所以钉扎点之间的间距大约为 $l\sim(c_0b)^{\frac{-1}{2}}$，$c_0$ 是溶质浓度. 于是，有

$$\sigma_{\text{crit}}=\frac{W^*}{a^*b}(bc_0)^{\frac{1}{2}}, \tag{15.152}$$

这就是固溶硬化的 Fleischer-Orowan 方程. 关于这方面的进一步细致讨论见一般性参考文献 [4].

W^* 是沿相互作用方向的位移的函数，它和 a^* 的计算是一个困难问题，尚未满意解决. 正如以前讨论的，当位错和溶质原子之间的分离至芯尺寸数量级时，相互作用达最大值，而在这个范围，弹性理论计算失效，相互作用能不能精确得到．然而，W^*/a^* 与 W_B/b 这两个比值应是同数量级的．而 W_B/b 的典型值比线张力 μb^2 小一到两个数量级，因此它是满足式(15.149)的条件的．由于是在小的弓出时出现脱钉，所以可以粗略地预料 W^*/a^* 与 l 无关，进而与 c_0 无关．这样，对于稀释固溶体式（15.152）预示了 σ_{crit}有一个 $c_0^{1/2}$ 的因子关系．

热激活可以对脱钉的发生作出贡献．描述这个过程的表达式与式（14.37）相类似．其差别仅仅是用 $l/2$ 代替每次脱离后的前进距离 a. 对于流变的温度关系，我们简单地指出，就各种参数的典型值而言，当温度低于溶质原子的拖曳起重要作用的温度区域时，脱离过程将控制速率．如果固有速率高，那么，惯性效应在跨越障碍物过程中将起明显作用．例如在对正常超导转变温度观察到的冷却用金属的软化效应的解释[①].

尽管前面的近似法是合理的，但模型仍较粗糙．在实际情况中，长度 l 有一个统计分布．式（15.151）表达的相互作用也是不全面的，例如还应包括第十二章讨论的四方形畸变、二阶效应等．一般，脱离将首先在 l 较长的一些弱点处发生．这样一种脱钉可以导致类似扭折的组态，如图 15.20（b）的 C 处．在这些类扭折处，线张力较大，以致于它们被认为是一些优先脱钉位置，从而导致具有扭折型特征的净运动．精确的流变方程的计算，在这种情况下将涉及溶质原子与位错芯能的统计分布和复杂的线张力积分，这将是十分艰难的．将线张力视为常数，对无规分布的障碍和变化的 W^* 已有过数值计算[②]. 还有一些计算进一步考虑了弹性各向异性[③] 以及惯性效应[④].

---

① Alers G. A., et al., *phys. Rev. Lett.*, **23**, 290 (1969); Alshits V. I., et al., *Sov. Phys. Usp.*, **18**, 1 (1975).

② Argon A. S., *Phil. Mag.*, **25**, 1053 (1972); Hanson K., et al., *Nucl. Met.* **20**, 917 (1976); Kocks U. F., *Can. J. Phys.*, **45** (1967).

③ Labusch R., *Phys. Stat. Solidi*, **41**, 659 (1970).

④ Scattergood. R. O., et al., *Phil. Mag.*, **31**, 179 (1975).

当溶质浓度增加时，l 减小，σ_{crit}增加. 对于高浓度，各种模型都给出线性浓度关系. 图 15.20 (c) 表示：由于浓度高，溶质原子的应变场相互重叠. 这时，作用在位错上的长程弹性应力是溶质原子应力场的代数和，因而等于零. 结果，位错变直，相互作用主要来自与位错芯的相互作用. 如下面将要讨论的短程序的情况，位错前进所需的能量将与被位错芯在滑移中所切断的化学键的数目有关. 设 W_{ch}是在芯区域与溶质-溶剂键的切断和生成相关的净能，d 是垂直于滑移面的晶面间距，则单位长度位错前进 δx 时所需能量为

$$\delta W = W_{ch} c_0 d \delta x. \tag{15.153}$$

实现这种运动所需应力为

$$\sigma_{crit} = \frac{1}{b}\frac{\delta W}{\delta x} = \frac{W_{ch} c_0 d}{b}, \tag{15.154}$$

即浓聚固溶体低温流变的临界应力与浓度 c_0 是线性关系.

对处于稀释和浓聚之间的中间状况，流变应力以 $c_0^{2/3}$ 的形式依赖于浓度①.

总起来说，固溶体模型包含一些近似处理，而计算十分复杂，除非是某些理想化情况. 近似处理的结果表明：对于十分稀释的固溶体，溶质原子引起的低温硬化与浓度的关系是 $c_0^{1/2}$；对于较浓聚的固溶体，是 $c_0^{2/3}$ 或线性关系. 所有这些类型的依赖关系均在实验上观察到.

上面这个模式可直接应用到沉淀硬化和弥散硬化. 这些缺陷当然可以经受较大的点力，其数量级可等于甚至大于 μb^2，以致于可能发生大的弓出. 这些内容将在第十八章中讨论.

(2)有序合金　本书第一卷 § 11.1 和 § 11.2 曾详细讨论了有序合金中的反相畴及位错. 这里仅限于讨论有序硬化效应.

对于由 A, B 两组元组成的浓聚固溶体，通常存在簇集或短程

① Labusch R., *Phys. Stat. Solidi*, **41**, 659 (1970); Nabarro F. R. N., *Phil. Mag.*, **35**, 613 (1977).

序的倾向. 这取决于下面这个量

$$\phi=\frac{1}{2}\ (U_{AA}+U_{BB})\ -U_{AB}. \tag{15.155}$$

式中 U_{AA} 是 A-A 原子对的键能，其它类推. 如果 ϕ 为正，则序参量 α 为负，短程序出现. 也就是说，一个 A 原子的最近邻的 B 原子的分数 $(1-\alpha)X_B$ 超过该二元合金中的 B 原子分数 X_B. 对 B 原子的最近邻的 A 原子的分数也是这样. 如果 ϕ 为负，则 α 为正. 这时 A 原子趋于聚集成群，而 B 原子也是这样. 于是出现簇集现象. 无论是那种情况，位错运动都要使有利类型的键结合遭到破坏，进而出现无规固溶倾向. 位错的这种运动所需应力为

$$\sigma_c=\frac{C\alpha|\phi|}{b^3}, \tag{15.156}$$

式中的 C 是一个近乎 1 的数，取决于滑移平面上原子键的分布，也与 α 有微弱关系. 当位错继续滑动而固溶变为无规分布时，有 $\alpha\to0$ 和 $\sigma\to0$. 因为在继续滑移过程中，被切断的有利类型的键与生成的一样多. 所以我们预料，在这样的固溶体中，或者随着应变的增加，导致流变应力下降，即出现屈服点现象；或者随着应变增加，硬化速率降低. σ_c 与温度的关系直接体现在序参量 α 与温度的关系

$$\alpha\simeq X_AX_B\left[\exp\left(-\frac{2\phi}{kT}\right)-1\right]. \tag{15.157}$$

此外，还存在一些与长程序相关的现象. 在低温，一种可能的形变机制是涉及单个位错的运动，并伴随能量为 γ 的反相畴界的生成. 对于这种运动所需的应力较简单，即

$$\sigma=\frac{\gamma}{b}. \tag{15.158}$$

对于高界能合金，若不出现应力集中，是达不到如此高的应力的. 结果，可滑动的只有超位错结构. 控制超位错运动的一种可能机制是切断反相畴界. 图 15.21 (a) 示出了超位错经滑移通过反相畴界后生成新的反相畴界. 设单位长超位错通过尺寸为 l 的反相畴界网前进 δx，畴界的增加量为 $\delta xb/l$，则所需应力为

$$\sigma=\frac{1}{b}\frac{\delta W}{\delta x}=\frac{1}{b}\frac{\delta(xb\gamma/l)}{\delta x}=\frac{\gamma}{l}. \qquad (15.159)$$

这样的过程增加了滑移面上的错排面积，如图 15.21 (b) 中所示：实线为原先的反相畴界，虚线是超位错滑移而生成的新畴界. 这些新的畴界给次滑移系统的开动造成了困难. 这就是这类多晶有序合金快速硬化的原因. 同样，当滑移继续进行时，将形成如图 15.21 (c) 所示出的组态：超位错被锁定在畴界上，初级滑移系统硬化.

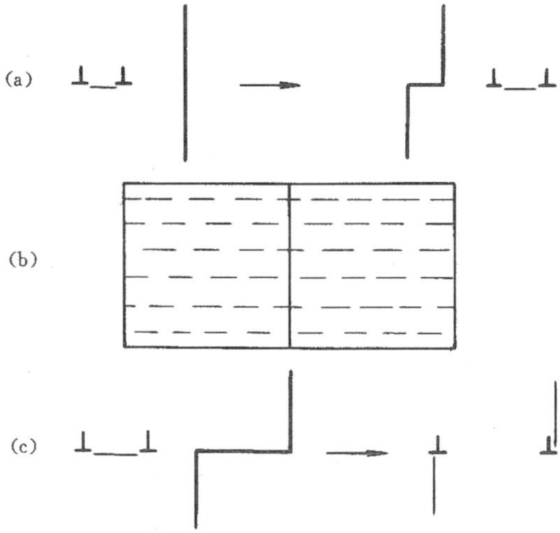

图 15.21

受热升温会产生一些属于有序合金特有的效应. 与正常的堆垛层错不一样，如果反相畴界移出滑移平面，其畴界能并不明显增加. 所以，可以通过滑移或攀移形成图 15.22 (a) 这样的组态. 图中的超位错扩展使得反相畴界不躺在滑移平面上. 相对低温滑移而言，这等效于对超位错的钉扎. 其次，界面还可以波动起伏而形成图 15.22 (b) 的组态，这也将钉扎位错. 最后，A 或 B 组元吸附到界面也能降低其能量，特别是对非理想配比的合金. 所有上述这些机制都能引起屈服点现象和时效现象.

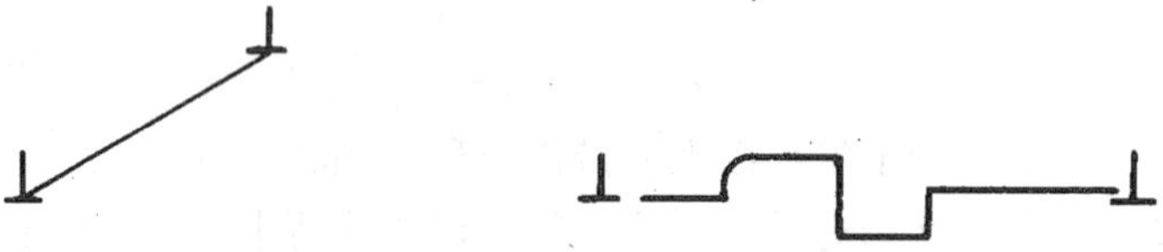

(a)　　　　　　　　　　(b)

图 15.22

对于在某一临界温度 T_c 成为无序的有序合金，在靠近 T_c 但低于 T_c 温度时，出现硬度和流变应力的升高，接着在高于 T_c 时又下降. 上面列举的机制在动力学上有助于这样的效应. 不过，Snoek 和 Cottrell 气团和铃木拖曳也能促进这些效应. 无序化需要短程扩散，而这种扩散的启动与这些拖曳效应相关. 在靠近 T_c 时，反相畴界向各方移动散开，并遍布几个晶格平面. 这将导致与图 15.22 (b) 类似的硬化.

(3) 铃木锁　在 § 12.6 中我们曾讨论过铃木析聚. 它可以导致对位错的钉扎. 我们首先考虑如图 15.23 (a) 所示的变动过程. 图中×号表示析聚的溶质原子. 层错区域的宽度 r 可无限小地增大或减小. 不是层错区域的过剩的溶质原子可以在合金相中可逆地分布. 单位长度层错的过量面自由能的改变是

$$dG=\gamma_1 dr+\sum_i \overline{G}_i dn_i=\gamma_1 dr, \tag{15.160}$$

式中的 γ_1 是堆垛层错的表面能，$\overline{G}_i$ 是第 i 类原子的化学势，n_i 是第 i 类原子的数目. 由于在平衡时整个系统中的第 i 类化学势是常数，以及从层错中离去的第 i 类原子的数目恰好等于进入晶体点阵中的数目，所以上式中含有化学势的这项等于零. 于是可直接由平衡层错能 γ_1 确定平衡间距 γ_e:

$$F_r=\frac{C}{r_e}=\gamma_1, \tag{15.161}$$

F_r 是两个不全位错之间的斥力，C 常数可由本书第一卷的式 (9.21) 至式 (9.23) 确定.

现在考虑在应力作用下的变化［图 15.23 (b)］. 设不全位错的 Burgers 矢量为 $\boldsymbol{b}$，自由能的改变是

$$\begin{aligned}\delta G &= -F_r\delta r+\gamma_2\delta r-\sigma b\delta r\\&= (-\gamma_1+\gamma_2-\sigma b)\ \delta r.\end{aligned} \tag{15.162}$$

γ_2 是在未偏聚区域新生成的堆垛层错能. 对于稳定的变化，施加的应力必须是

$$\sigma b=\gamma_2-\gamma_1. \tag{15.163}$$

如果后面的不全位错的被钉扎状态仍然维持，则领先的不全位错将因应力增加，F_r 减小而继续扩展. 当

$$\sigma b=\gamma_2 \tag{15.164}$$

时，领先的不全位错最终将会脱离层错而去，而尾曳的不全位错独立前进.

现在考虑图 15.23 (c) 中所示的尾曳不全位错的移动. 自由能的变化是

$$\begin{aligned}\delta G &= F_r\delta r-\gamma_1\delta r+\gamma_{ch}\delta r-\sigma b\delta r\\&= (\gamma_{ch}-\sigma b)\ \delta r,\end{aligned}$$

式中的 $-\gamma_1\delta r$ 来自如图 15.23 (a) 中所示的那种可逆位移. 然而，在这种情况下，在无堆垛层错区域的过量溶质原子是不可逆地分布在大块晶体点阵中，但出现在析聚区域时，A，B 组元的摩尔数分别是 X_A^s 和 X_B^s，而不是 X_A 和 X_B. 所以，这时出现一个对自由能的附加贡献项，它由下式计算：

$$\begin{aligned}\gamma_{ch}\delta r &= \frac{2d\delta r}{v_a}\left[\int_{X_B}^{X_B^s}\overline{G}_B dX_B+\int_{X_A}^{X_A^s}\overline{G}_A dX_A\right]\\&= \frac{2d\delta r}{v_a}\int_{X_B}^{X_B^s}(\overline{G}_B-\overline{G}_A)dX_B,\end{aligned} \tag{15.165}$$

式中 $2d$ 是析聚区域的厚度，v_a 是原子的平均体积. 波动趋于稳定时，应力必须是

$$\sigma b=\gamma_{ch}. \tag{15.166}$$

如果 γ_{ch}超过了 $(\gamma_2-\gamma_1)$，则尾曳不全位错保持被钉扎，而领先的不全位错前进，F_r 下降，推动尾曳不全位错所需的应力趋于一极

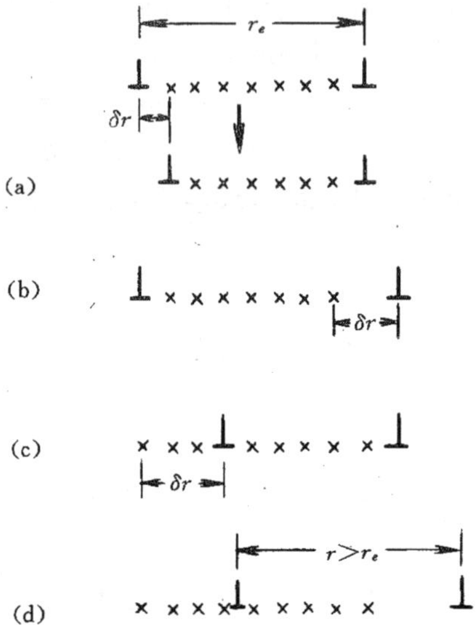

图 15.23

限值

$$\sigma b=\gamma_{ch}-\gamma_1. \tag{15.167}$$

将上面的表达式作比较可知，存在两种可能的情况. 如果 $\gamma_{ch}-\gamma_1$ 超过 γ_2，则领先的不全位错在 $\sigma=\dfrac{\gamma_2}{b}$ 时将从尾曳不全位错撕裂并离去，而尾曳不全位错仍被钉扎. 如果 $\gamma_{ch}-\gamma_1$ 比 γ_2 小，则将达到一个使二者一起前进的应力，如图 15.23 (d) 所示. 图 15.23 中的符号×表示析聚的原子. 当尾曳的不全位错逃离气团时，位错将加速，并可在较低的应力下运动，即对应一个屈服点现象. 具有总 Burgers 矢量 $\boldsymbol{b}$ 的两个不全位错同时运动的临界应力是

$$\sigma b=\gamma_2-\gamma_1+\gamma_{ch}, \tag{15.168}$$

这是因为共同前进一无限小距离时，增加一个层错能 γ_2，而增加的聚析面积（能量 γ_{ch}）与湮没的面积（能量 γ_1）相等.

一般性参考文献

[1] Hirth, J. P., Lothe, J., Theory of Dislocations, 2nd ed., John Wiley & Sons

(1982).

[2] Suzuki, H., Heasen, P., Gerold, V., Kostorz, G., eds, Strength of Metals and Alloys, **3**, Pergamon, Oxford, 1595 (1980).

[3] Nabarro, F. R. N. (ed.), Dislocations in Solids, **4**, North-Holland, Amsterdam (1979).

[4] Kocks, U. F., Argon, A. S., Ashby, M. F., *Prog. Mat. Sci.*, **19**, 55 (1975).

第十六章　晶界结构

单个位错理论的重要应用之一是研究晶体中界面的结构和性质. 晶体中的界面,包括普通的晶粒间界与复杂的相界. 它们是实际多晶材料中的重要存在物,并在极大程度上决定实际材料的性能. 因此关于界面结构与动力学的研究,长期以来一直受到材料科学工作者的重视和关注①.

本章将比较系统地表述晶界结构的几何理论,包括普适的初级位错晶界模型和次级晶界位错理论. 本章所处理的是半共格晶界情况. 关于具体的相界,例如马氏体相界和失配界面,以及共格孪晶晶界,将在第十七章和第十八章中讨论.

§16.1　述引

晶体中的晶粒间界一词的本来涵义较广,按理应指非单晶材料中的各种界面. 由它所分隔的两部分晶体称为晶粒. 这两个晶粒或是点阵取向不同,或是点阵参数和晶体结构不同,或是化学成分不同,或是以上两种或所有性质均不相同. 最简单的单相材料中的晶粒间界,其两侧的晶粒仅有点阵取向的差别. 文献中经常出现的晶粒间界(简称晶界)一词就专指这种界面. 至于复相系统中的晶粒间界则通称为相界. 本书用语遵循这种惯例约定.

本书第一卷§1.8中曾简略叙述了小角晶界的位错模型,具体描绘了倾斜晶界与扭转晶界. 前者是由平行等距排列于晶界平面内的具有同样 $\boldsymbol{b}$ 的刃型位错构成,如图 16.1 所示. 后者由位于晶界平面上的一个正方形螺型位错网络形成,如图 16.2 所示. 对

---

① 关于早期工作,例如参看 Mclean D., Grain Boundaries in Metals. 中译本:金属中的晶粒间界,杨顺华译,科学出版社(1965).

于这两种情况均存在近似关系

$$D=b/\theta, b=D\theta, \tag{16.1}$$

式中 D 是位错间距，$\boldsymbol{b}$ 是 Burgers 矢量，θ 是取向差角. 至于一个一般晶界的理想构作方法，可以想像为首先取一完整单晶，沿一

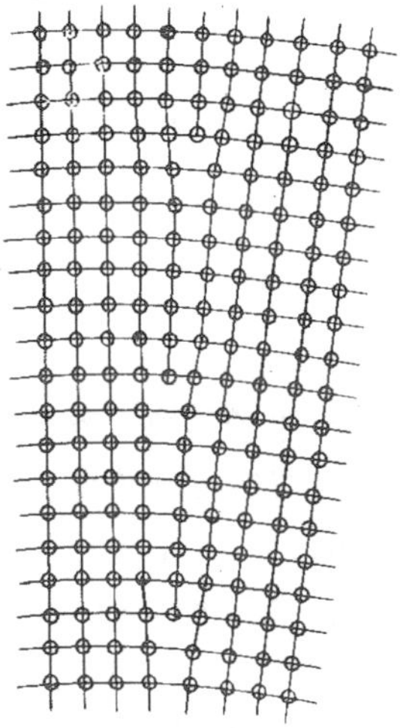

图 16.1

图 16.2

个法线为 $\boldsymbol{n}$ 的平面切开，将两个已分离部分绕一个轴 $\boldsymbol{u}$（单位矢量）作相对旋转，转角为 θ. 最后再将这两个分离的、有一定相对取向的部分晶体结合起来，形成一个双晶，含有由 $\boldsymbol{n}$，$\boldsymbol{u}$ 和 θ 确定的平面晶界. 因此，一个一般晶界有五个自由度，即单位矢量 $\boldsymbol{n}$ 的方向余弦，单位矢量 $\boldsymbol{u}$ 的方向余弦，它们各自有两个独立变数，绕 $\boldsymbol{u}$ 的转动角度 θ. 对于倾斜晶界，$\boldsymbol{u}\perp\boldsymbol{n}$；对于扭转晶界，$\boldsymbol{u}/\!/\boldsymbol{n}$.

对于比较一般的平面晶界，Frank 曾提出一个如下形式的公式：

$$\boldsymbol{B}=2\sin\left(\frac{\theta}{2}\right)(\boldsymbol{p}\times\boldsymbol{u}), \tag{16.2}$$

式中 $\boldsymbol{p}$ 为位于晶界平面中的一个任意矢量，$\boldsymbol{B}$ 是与矢量 $\boldsymbol{p}$ 交截的所有晶界位错的 Burgers 矢量之总和，或称为位错含量. 式(16.2)称

为 Frank 公式. 容易看出,式(16.1)是式(16.2)的两个特例,在 θ 很小时成立. 图 16.3 和图 16.4 分别示出了倾斜和扭转晶界,单位矢量 ξ 和 ξ_1 均表示位错线的取向.

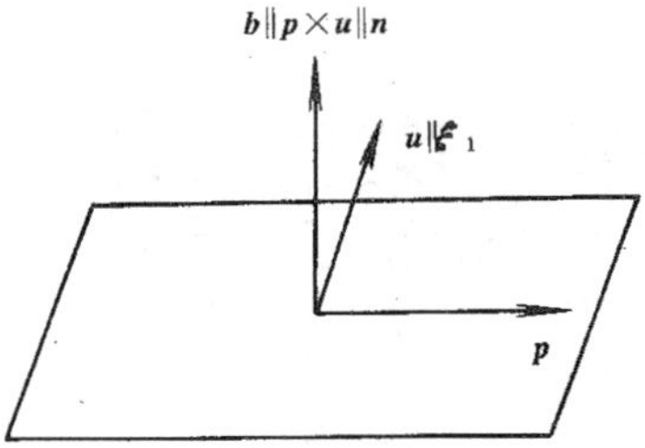

图 16.3

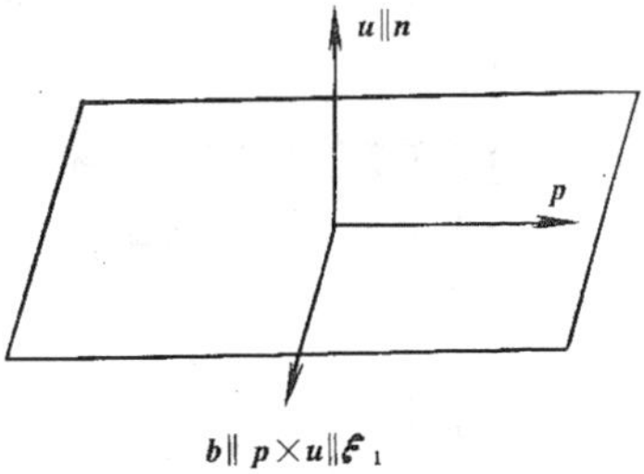

图 16.4

晶粒间界是一种面缺陷,在此面附近,原子偏离了理想的点阵位置. 当取向差角 θ 小时,可以想像这些失调经过弛豫集中表现为一系列的线缺陷,即晶界位错,而其间间以一片片理想配置的区域,这就是晶界的位错模型. 这是一种半共格界面. 当 θ 角增加时,晶界位错的间距越来越小,以致逐渐失去其分立性,联成一片不可分辨. 这时,晶界的初级晶界位错模型(或方案)就不适用了. 本章的后一部分将较细致地讨论这个问题,提出所谓次级晶界位错模型.

§16.2　Bilby-Frank 公式和 Frank 公式

Bilby-Frank 公式是关于平面界面位错含量的普遍公式,它可以从关于相界的普遍形式的考虑推导出来. 而 Frank 公式(16.2)仅是它应用于(单相)对称晶界的特殊形式.

结构相变是指点阵结构的转变. 当母相与新相共存时,其间有一界面相隔,即是相界. 转变前后的两个点阵可以通过一个线性变换 $\mathbf{S}$ 相联系. 设 $\boldsymbol{V}$ 是母相中的一个矢量,$\boldsymbol{V}'$ 是新相中与之对应的矢量,则有

$$\boldsymbol{V}'=\mathbf{S}\,\boldsymbol{V}. \tag{16.3}$$

变换 $\mathbf{S}$ 可将母相中的一个非共面三矢集 $\{\boldsymbol{a}_1,\boldsymbol{a}_2,\boldsymbol{a}_3\}$ 变换为新相中

的一个非共面的三矢集$\{\boldsymbol{a}_1',\boldsymbol{a}_2',\boldsymbol{a}_3'\}$.若前者定义母相的一个单胞，则后者定义新相的一个单胞，二者含有相同数目的原子.这种变换就适于描述结构相变.

为了以普遍的形式表述相界结构，我们选取一个参考点阵，它是一个单晶(或称为母相)，如图 16.5(a)所示，其中 O 为原点.现将它先后施行线性变换 $\mathbf{S}_A$ 和 $\mathbf{S}_B$，分别得到点阵 A 和点阵 B，如图 16.5(b)和(c)所示，即得到两个新相 A 和 B.假定这两相互相接触，并以法线为$\boldsymbol{\nu}$的界面相隔，如图 16.5(d)所示.$\boldsymbol{\nu}$作为法线是相对参考点阵而言的.设$\overline{\boldsymbol{OP}}=\boldsymbol{p}$是躺在界面上的任一矢量.取 OP_APP_BO 为一 Burgers 回路，其中 OP_AP 和 PP_BO 分别属于点阵 A 和 B.为了在参考点阵中得到相应的 Burgers 回路，我们分别对 OP_AP 和 PP_BO 施行反变换 $\mathbf{S}_A^{-1}$ 和 $\mathbf{S}_B^{-1}$，其结果如图 16.5(a)所示.此时，终态下的矢量$\boldsymbol{p}$变成了两个矢量

$$\mathbf{S}_A^{-1}\,\boldsymbol{p}=\boldsymbol{OP},\mathbf{S}_B^{-1}\,\boldsymbol{p}=\boldsymbol{O'p},$$

而原来闭合的 Burgers 回路现在变成不闭合的了.

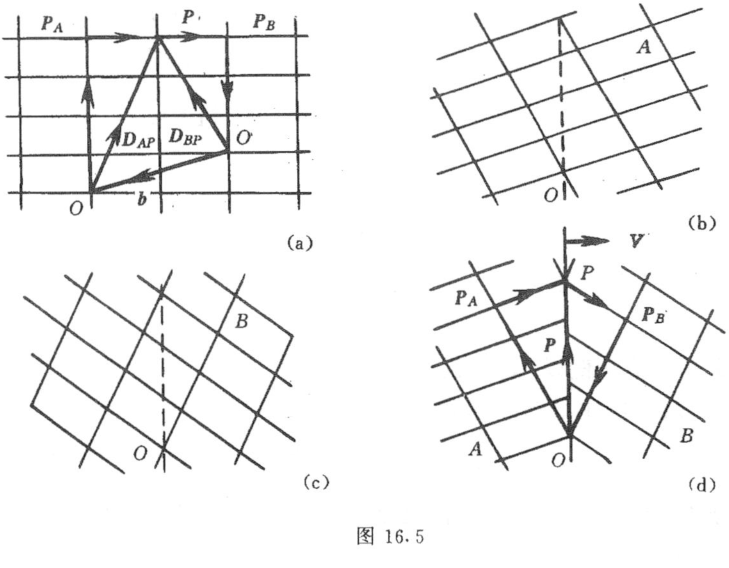

图 16.5

这里出现了一个封闭差量$\boldsymbol{B}=\boldsymbol{O'O}$. 按照本书第一卷 § 1.3 中关于 Burgers 迴路和 Burgers 矢量的论述，这个差量$\boldsymbol{B}$就是按 Frank 方案定义的迴路 OP_APP_BO 所围的所有位错 Burgers 矢量的总和

$$\boldsymbol{B}=(\mathbf{S}_B^{-1}-\mathbf{S}_A^{-1})\,\boldsymbol{p},\tag{16.4}$$

此即所谓 Bilby-Frank 公式，对于相界和晶界普遍适用.

假若参考点阵被选取与点阵 A 等同，那么上式变为

$$\boldsymbol{B}=(\mathbf{S}_B^{-1}-\mathbf{I})\,\boldsymbol{p}.$$

若考虑单相材料中的晶粒间界，变换 $\mathbf{S}$ 是简单的转动 $\mathbf{R}$，于是公式(16.4)成为

$$\boldsymbol{B}=(\mathbf{R}_B^{-1}-\mathbf{R}_A^{-1})\,\boldsymbol{p}.\tag{16.5}$$

转动张量 R 的分量形式为[6]

$$R_{ij}=\delta_{ij}\cos\theta+u_iu_j(1-\cos\theta)-\varepsilon_{ijk}u_k\sin\theta,\tag{16.6}$$

式中$\boldsymbol{u}$为转动轴单位矢量，θ 是转角，δ_{ij}和 ε_{ijk}是通用的 Dirac 符号和 Levi-Civita 符号(参见第一卷附录 § A.1). 将式(16.6)代入(16.5)可得

$$\begin{aligned}\boldsymbol{B}=&(\cos\theta_B-\cos\theta_A)\boldsymbol{p}+\boldsymbol{p}\times(\boldsymbol{u}_A\sin\theta_A-\boldsymbol{u}_B\sin\theta_B)\\&+(\boldsymbol{u}_A\cdot\boldsymbol{p})(1-\cos\theta_A)\boldsymbol{u}_A-(\boldsymbol{u}_B\cdot\boldsymbol{p})(1-\cos\theta_B)\boldsymbol{u}_B.\end{aligned}\tag{16.7}$$

如果由居间态出发，绕同一转轴进行两个相互对称的转动，即取$\boldsymbol{u}_A=\boldsymbol{u}_B=\boldsymbol{u}$, $\theta_A=-\theta_B=\dfrac{\theta}{2}$，代入式(16.7)后，就得出上节中表述的 Frank 公式，即

$$\boldsymbol{B}=2\sin\frac{\theta}{2}(\boldsymbol{p}\times\boldsymbol{u}).\tag{16.2}$$

当 θ 很小时，上式简化为

$$\boldsymbol{B}=\theta(\boldsymbol{p}\times\boldsymbol{u}).\tag{16.8}$$

若存在的(直线)晶界位错可以分为若干分立的位错组，以 i 标记组号，每组中的诸位错相互平行且等距，则应有

$$\boldsymbol{B}(\boldsymbol{p})=\sum_i C_i(\boldsymbol{p})\boldsymbol{b}_i.\tag{16.9}$$

如果第 i 组(b_i)中诸平行位错之间的间距为 D_i，方向为$\boldsymbol{\xi}_i$，可定义诸量 N_i

$$N_i=\frac{1}{2D_i\sin(\theta/2)} \tag{16.10}$$

从而定义矢量N_i($\boldsymbol{n}$ 即图 16.3 和图 16.4 中的法向单位矢量):

$$\boldsymbol{N}_i=N_i(\boldsymbol{n}\times\boldsymbol{\xi}_i), \tag{16.11}$$

$\boldsymbol{N}_i$ 是位于晶界平面中的一个倒易矢量,显然有

$$\boldsymbol{\xi}_i=(\boldsymbol{N}_i\times\boldsymbol{n})/N_i. \tag{16.12}$$

根据以上 $C_i(\boldsymbol{p})$和 D_i 的定义,有

$$C_i(\boldsymbol{p})=(\boldsymbol{N}_i\cdot\boldsymbol{p})2\sin(\theta/2). \tag{16.13}$$

于是,由式(16.2)和式(16.9)可得到

$$\boldsymbol{p}\times\boldsymbol{u}=\sum_i\boldsymbol{b}_i(\boldsymbol{N}_i\cdot\boldsymbol{p}). \tag{16.14}$$

此方程若为界面中两个独立的$\boldsymbol{p}$所满足,则它将为一切$\boldsymbol{p}$所满足.对于每一个$\boldsymbol{p}$,矢量方程式(16.14)有 3 个分量.由于$\boldsymbol{N}_i$ 是在间界平面中的一个矢量,所以三个$\boldsymbol{N}_i$ 有 6 个独立的分量.若给定$\boldsymbol{u}$和$\boldsymbol{b}_i$,对于两个独立的$\boldsymbol{p}$,方程(16.14)成为一组 6 个标量方程,确定$\boldsymbol{N}_i$的值.若存在三组独立的位错,即存在 3 个相互独立的$\boldsymbol{b}_1$、$\boldsymbol{b}_2$、$\boldsymbol{b}_3$,则方程(16.14)唯一决定三个$\boldsymbol{N}_i$ 的 6 个分量值,即是唯一决定一组三个矢量$\boldsymbol{N}_i$.若独立的$\boldsymbol{b}_i$ 矢量多于 3 个,则解不定,即间界有许多可能的位错构造组态.若独立的$\boldsymbol{b}_i$ 少于 3 个,则只有若干特殊形式的间界是可能的,这些将在下节中讨论.

现在考虑三个独立$\boldsymbol{b}_i$ 的情况.引入$\boldsymbol{b}_i$ 的倒易矢量$\boldsymbol{b}_j^*$,使

$$\boldsymbol{b}_i\cdot\boldsymbol{b}_j^*=\delta_{ij}, \tag{16.15}$$

并有

$$\boldsymbol{b}_1^*=\frac{\boldsymbol{b}_2\times\boldsymbol{b}_3}{\boldsymbol{b}_1\cdot(\boldsymbol{b}_2\times\boldsymbol{b}_3)}. \tag{16.16}$$

于是,由方程(16.14)可得

$$\boldsymbol{b}_i^*\cdot(\boldsymbol{p}\times\boldsymbol{u})=\boldsymbol{N}_i\cdot\boldsymbol{p}=(\boldsymbol{u}\times\boldsymbol{b}_i^*)\cdot\boldsymbol{p}. \tag{16.17}$$

由于$\boldsymbol{p}$是界面上的任意矢量,所以$\boldsymbol{N}_i$ 是矢量[$\boldsymbol{u}\times\boldsymbol{b}_i^*$]在界面上的分量(投影)

$$\boldsymbol{N}_i=\boldsymbol{u}\times\boldsymbol{b}_i^*-\boldsymbol{n}[\boldsymbol{n}\cdot(\boldsymbol{u}\times\boldsymbol{b}_i^*)], \tag{16.18}$$

这就是确定一个一般晶界位错模型的表达式.

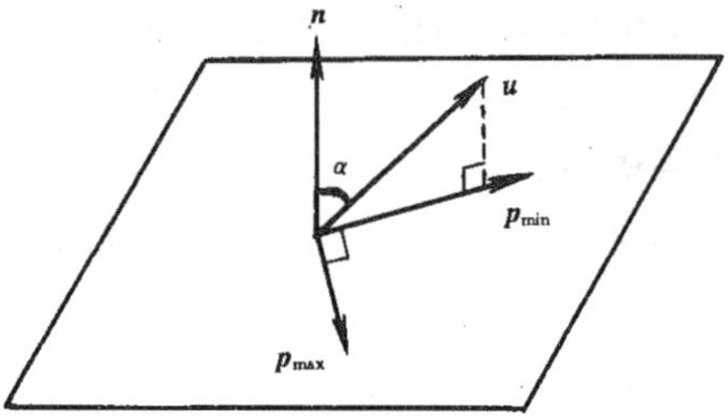

所谓位错含量或总Burgers 矢量$\boldsymbol{B}$实际上依赖于所取的位于界面中的矢量$\boldsymbol{p}$. 用 Frank 公式(16.2)可以确定$|\boldsymbol{B}|$的极值及相应的矢量$\boldsymbol{p}$. 参看图 16.6,若取$|\boldsymbol{p}|=1$,可见,$|\boldsymbol{p}\times\boldsymbol{u}|$的极值是 1 和 $\cos\alpha$,因此$\boldsymbol{B}$的极值为

$$|\boldsymbol{B}_{\max}|=2\sin(\theta/2), \tag{16.19}$$

$$|\boldsymbol{B}_{\min}|=2\cos\alpha\sin(\theta/2). \tag{16.20}$$

与此相对应

$$\boldsymbol{p}_{\max}=\boldsymbol{n}\times\boldsymbol{u}/|\boldsymbol{n}\times\boldsymbol{u}|, \tag{16.21}$$

$$\boldsymbol{p}_{\min}=\boldsymbol{u}\csc\alpha-\boldsymbol{n}\cot\alpha. \tag{16.22}$$

注意,$|\boldsymbol{B}_{\max}|$之值不依赖于 $\boldsymbol{n}$ 的取向.

由于晶体自身所具有的点群对称,所以方程(16.5)确定的 $\boldsymbol{B}$ 并不是唯一的. 显然,对任一晶粒施行一个属于其点群的对称操作,应该不改变界面结构;但,若以 $\mathbf{G}_A$,$\mathbf{G}_B$ 分别表示晶粒 A 和 B 所经受的对称操作变换,则方程(16.5)中的 $\mathbf{R}$ 就应乘以 $\mathbf{G}_A$ 或 $\mathbf{G}_B$. 所以总的 $\boldsymbol{B}$ 会因 $\mathbf{G}_A$ 和 $\mathbf{G}_B$ 的出现而改变. 看来合理的作法是选择使$|\boldsymbol{B}_{\max}|$为最小的一种描述方法,一般称为“极小 Burgers 矢量判据”. 显然,只有在$|\boldsymbol{B}_{\max}|$充分小的情况下,利用几组分立的晶体位错去描述界面结构才是有意义的. 此时,分立位错之间的间距较大,可以分辨.

§16.3 在限制条件下的可能晶界结构

这一节的内容,直接明确地说,就是晶界上可能的位错配置方式.

(1)晶界含一组位错的情况 令诸位错的 Burgers 矢量为 $\boldsymbol{b}_1$,

则显然应有 $\boldsymbol{B}=C_1\boldsymbol{b}_1$. 按照 Frank 公式(16.2),有

$$\boldsymbol{p}\times\boldsymbol{u}/\!/\boldsymbol{b}_1, \tag{16.23}$$

这意味着 $\boldsymbol{p}$ 和 $\boldsymbol{u}$ 二者均与 $\boldsymbol{b}_1$ 垂直. 所以,$\boldsymbol{b}_1$ 必定与晶界垂直,即 $\boldsymbol{n}/\!/\boldsymbol{b}_1$,且 $\boldsymbol{u}$ 在晶界面上. 若取 $\boldsymbol{p}/\!/\boldsymbol{u}$,则有 $\boldsymbol{B}(\boldsymbol{p})=0$,即此时 $\boldsymbol{p}$ 不与位错交截,$\boldsymbol{p}/\!/\boldsymbol{u}/\!/\boldsymbol{\xi}$. 由于 $\boldsymbol{u}\perp\boldsymbol{b}_1$,又有 $\boldsymbol{b}_1/\!/\boldsymbol{n}$,故 $\boldsymbol{u}\perp\boldsymbol{n}$,即 $\boldsymbol{u}\cdot\boldsymbol{n}=0$,所以,该晶界为一纯倾斜晶界. 并且由于 $\boldsymbol{u}/\!/\boldsymbol{\xi}$,所以 $\boldsymbol{b}_1\perp\boldsymbol{\xi}$,即诸位错为纯刃型位错.

若位错的运动仅限于滑移,则位错必须约束在其滑移面上,此时,$\boldsymbol{\xi}$ 与 $\boldsymbol{u}$ 均肯定地由界面与滑移面之交线决定,即是

$$\boldsymbol{\xi}/\!/\boldsymbol{u}/\!/\boldsymbol{\nu}\times\boldsymbol{b}_1, \tag{16.24}$$

式中 $\boldsymbol{\nu}$ 是此组位错滑移面之法线. 这就是如图 16.1 所示的对称倾斜晶界的情况. 如果位错滑移面本身不是唯一的,或者允许位错攀移,则上述限制条件不存在,而 $\boldsymbol{u}$ 在晶界上可以取任何的方向.

(2)晶界含两组位错的情况　在这里研究两组位错,但它们的 Burgers 矢量不平行的情况,即是 $\boldsymbol{b}_1\times\boldsymbol{b}_2\neq 0$.

现在,式(16.14)的形式是

$$\boldsymbol{p}\times\boldsymbol{u}=\boldsymbol{b}_1(\boldsymbol{N}_1\cdot\boldsymbol{p})+\boldsymbol{b}_2(\boldsymbol{N}_2\cdot\boldsymbol{p}). \tag{16.25}$$

上式两端与$(\boldsymbol{b}_1\times\boldsymbol{b}_2)$作标积,得到

$$(\boldsymbol{p}\times\boldsymbol{u})\cdot(\boldsymbol{b}_1\times\boldsymbol{b}_2)=0. \tag{16.26}$$

它可以变形为

$$[\boldsymbol{u}\times(\boldsymbol{b}_1\times\boldsymbol{b}_2)]\cdot\boldsymbol{p}=0, \tag{16.27}$$

这是一个基本的方程.

(i)第一类晶界组态. 由于 $\boldsymbol{p}\cdot\boldsymbol{n}=0$,所以一类满足以上方程的情况是

$$\boldsymbol{p}\perp\boldsymbol{u}\times(\boldsymbol{b}_1\times\boldsymbol{b}_2) \tag{16.28}$$

或

$$\boldsymbol{n}/\!/\boldsymbol{u}\times(\boldsymbol{b}_1\times\boldsymbol{b}_2), \tag{16.29}$$

所以,此时 $\boldsymbol{u}$ 和$(\boldsymbol{b}_1\times\boldsymbol{b}_2)$均在晶界平面内,这晶界是一个倾斜晶界. $\boldsymbol{u}$ 在晶界平面内,$\boldsymbol{p}$ 也在晶界面内,且可以取任一方向. 若取 $\boldsymbol{p}$ 等于 $\boldsymbol{u}$,则得到

$$\boldsymbol{b}_1(\boldsymbol{N}_1 \cdot \boldsymbol{u}) + \boldsymbol{b}_2(\boldsymbol{N}_2 \cdot \boldsymbol{u}) = 0. \tag{16.30}$$

因为 $\boldsymbol{b}_1$ 和 $\boldsymbol{b}_2$ 线性无关，所以有

$$\boldsymbol{N}_1 \cdot \boldsymbol{u} = \boldsymbol{N}_2 \cdot \boldsymbol{u} = 0. \tag{16.31}$$

根据 $\boldsymbol{N}_i$ 与 ξ_i 的关系式(16.11)，可见 $\xi_1 = \xi_2 = \xi_0$，而且 $\xi_0 /\!/ \boldsymbol{u}$，即是这两组位错均平行于 ξ_0. 为了求得 N_1 和 N_2，首先令 $\boldsymbol{p} = \boldsymbol{N}_1/N_1$，代入式(16.25)，两端与 $\boldsymbol{b}_2$ 作矢积，然后再与 $\boldsymbol{u}$ 作标积得到

$$N_1 = \frac{\boldsymbol{b}_2 \cdot \{[(\boldsymbol{N}_1/N_1) \times \boldsymbol{u}] \times \boldsymbol{u}\}}{\boldsymbol{u} \cdot (\boldsymbol{b}_2 \times \boldsymbol{b}_1)}. \tag{16.32}$$

同样，可以得到

$$N_2 = \frac{\boldsymbol{b}_1 \cdot \{[(\boldsymbol{N}_2/N_2) \times \boldsymbol{u}] \times \boldsymbol{u}\}}{\boldsymbol{u} \cdot (\boldsymbol{b}_1 \times \boldsymbol{b}_2)}. \tag{16.33}$$

根据式(16.11)，以及 $\xi_1 = \xi_2 = \xi_0$，可见

$$\boldsymbol{N}_1/N_1 = \boldsymbol{N}_2/N_2 = \boldsymbol{n} \times \xi_0 = \boldsymbol{n} \times \boldsymbol{u}. \tag{16.34}$$

此外，对于任意矢量 $\boldsymbol{a}$ 均应有

$$[(\boldsymbol{a} \times \boldsymbol{u}) \times \boldsymbol{u}] \times \boldsymbol{u} = -\boldsymbol{a} \times \boldsymbol{u}, (\boldsymbol{u}^2 = 1). \tag{16.35}$$

因此，式(16.32)和式(16.33)的 N_1，N_2 的表达式应为

$$N_1 = \frac{\boldsymbol{b}_2 \cdot (\boldsymbol{n} \times \boldsymbol{u})}{\boldsymbol{u} \cdot (\boldsymbol{b}_1 \times \boldsymbol{b}_2)}, \tag{16.36}$$

$$N_2 = \frac{\boldsymbol{b}_1 \cdot (\boldsymbol{n} \times \boldsymbol{u})}{\boldsymbol{u} \cdot (\boldsymbol{b}_2 \times \boldsymbol{b}_1)}, \tag{16.37}$$

而

$$D_1^{-1} = \rho_1 = 2N_1 \sin(\theta/2), \tag{16.38}$$

$$D_2^{-1} = \rho_2 = 2N_2 \sin(\theta/2). \tag{16.39}$$

如果只允许位错滑移，而且两组位错的滑移面不同，其法线分别为 $\boldsymbol{\nu}_1$、$\boldsymbol{\nu}_2$，这些位错必然平行于 $\boldsymbol{\nu}_1 \times \boldsymbol{\nu}_2$，所以

$$\boldsymbol{u} /\!/ \xi_0 /\!/ \boldsymbol{\nu}_1 \times \boldsymbol{\nu}_2. \tag{16.40}$$

若 $\boldsymbol{\nu}_1 \times \boldsymbol{\nu}_2$ 不与 $\boldsymbol{b}_1 \times \boldsymbol{b}_2$ 共线，则仅有一个晶界平面是可能的

$$\boldsymbol{n} /\!/ (\boldsymbol{\nu}_1 \times \boldsymbol{\nu}_2) \times (\boldsymbol{b}_1 \times \boldsymbol{b}_2) \tag{16.41}$$

若 $\boldsymbol{\nu}_1 \times \boldsymbol{\nu}_2$ 与 $\boldsymbol{b}_1 \times \boldsymbol{b}_2$ 共线，则所有平行于 $\boldsymbol{b}_1 \times \boldsymbol{b}_2$ 的平面均为可能的晶界面. 最后，若 $\boldsymbol{\nu}_1 = \boldsymbol{\nu}_2 = \boldsymbol{\nu}$，则 $\boldsymbol{\nu} /\!/ \boldsymbol{b}_1 \times \boldsymbol{b}_2$. 由于晶界面必须含 $\boldsymbol{b}_1 \times \boldsymbol{b}_2$

[参见式(16.29)]，所以此界面与滑移面垂直，位错线 ξ_0 及 $\boldsymbol{u}$ 平行于这两个面的交线.

(ii)第二类晶界位错组态. 满足方程(16.27)的第二类情况是

$$\boldsymbol{u} /\!/ \boldsymbol{b}_1 \times \boldsymbol{b}_2, \tag{16.42}$$

或

$$\boldsymbol{u} = \frac{\boldsymbol{b}_1 \times \boldsymbol{b}_2}{|\boldsymbol{b}_1 \times \boldsymbol{b}_2|}. \tag{16.43}$$

由此算出

$$\boldsymbol{p} \times \boldsymbol{u} = \frac{\boldsymbol{b}_1(\boldsymbol{b}_2 \cdot \boldsymbol{p}) - \boldsymbol{b}_2(\boldsymbol{b}_1 \cdot \boldsymbol{p})}{|\boldsymbol{b}_1 \times \boldsymbol{b}_2|}. \tag{16.44}$$

与前面的式(16.14)或式(16.25)作比较，并注意到 $\boldsymbol{p}$ 是晶界中的任一确定矢量，于是可以断定矢量 $\boldsymbol{N}_1$，$\boldsymbol{N}_2$ 分别是 $\boldsymbol{b}_2/|\boldsymbol{b}_1 \times \boldsymbol{b}_2|$、$-\boldsymbol{b}_1/|\boldsymbol{b}_1 \times \boldsymbol{b}_2|$ 在晶界平面中的分量，即

$$\boldsymbol{N}_1 = \frac{\boldsymbol{b}_2 - \boldsymbol{n}(\boldsymbol{n} \cdot \boldsymbol{b}_2)}{|\boldsymbol{b}_1 \times \boldsymbol{b}_2|}, \tag{16.45}$$

$$\boldsymbol{N}_2 = \frac{-\boldsymbol{b}_1 + \boldsymbol{n}(\boldsymbol{n} \cdot \boldsymbol{b}_1)}{|\boldsymbol{b}_1 \times \boldsymbol{b}_2|}. \tag{16.46}$$

由此可见，ξ_1 和 ξ_2 不平行，位错在晶界平面上形成一个栅网. 一个特殊情况是

$$\boldsymbol{n} = \frac{\boldsymbol{b}_1 \times \boldsymbol{b}_2}{|\boldsymbol{b}_1 \times \boldsymbol{b}_2|}. \tag{16.47}$$

于是式(16.45)和式(16.46)可化为

$$\boldsymbol{N}_1 = \boldsymbol{b}_2/|\boldsymbol{b}_1 \times \boldsymbol{b}_2|, \tag{16.48}$$

$$\boldsymbol{N}_2 = -\boldsymbol{b}_1/|\boldsymbol{b}_1 \times \boldsymbol{b}_2|. \tag{16.49}$$

并且由于 $\boldsymbol{n} = \boldsymbol{u}$，所以，这是一个纯扭转型晶界.

如果仅允许位错滑移，则晶界位错必须平行于 $\boldsymbol{\nu} \times \boldsymbol{n}$，所以，

$$(\boldsymbol{\nu}_1 \times \boldsymbol{n}) \cdot \boldsymbol{N}_1 = (\boldsymbol{\nu}_2 \times \boldsymbol{n}) \cdot \boldsymbol{N}_2 = 0, \tag{16.50}$$

结合式(16.45)—(16.46)以及矢量混合积的性质，得

$$(\boldsymbol{\nu}_1 \times \boldsymbol{n}) \cdot \boldsymbol{b}_2 = (\boldsymbol{b}_2 \times \boldsymbol{\nu}_1) \cdot \boldsymbol{n} = 0, \tag{16.51}$$

$$(\boldsymbol{\nu}_2 \times \boldsymbol{n}) \cdot \boldsymbol{b}_1 = (\boldsymbol{b}_1 \times \boldsymbol{\nu}_2) \cdot \boldsymbol{n} = 0. \tag{16.52}$$

于是只有一个晶界平面

$$\boldsymbol{n} /\!/ (\boldsymbol{b}_1 \times \boldsymbol{\nu}_2) \times (\boldsymbol{b}_2 \times \boldsymbol{\nu}_1) \tag{16.53}$$

是可能的.不过,如果

$$(\boldsymbol{b}_1 \times \boldsymbol{\nu}_2) /\!/ (\boldsymbol{b}_2 \times \boldsymbol{\nu}_1), \tag{16.54}$$

则有必要进一步分析.若将上式右方和左方分别与 $\boldsymbol{b}_1$,$\boldsymbol{b}_2$ 作标积,则有

$$(\boldsymbol{b}_1 \times \boldsymbol{\nu}_2) \cdot \boldsymbol{b}_2 = (\boldsymbol{b}_2 \times \boldsymbol{\nu}_1) \cdot \boldsymbol{b}_1 = 0 \tag{16.55}$$

或

$$\boldsymbol{\nu}_1 \cdot (\boldsymbol{b}_1 \times \boldsymbol{b}_2) = \boldsymbol{\nu}_2 \cdot (\boldsymbol{b}_1 \times \boldsymbol{b}_2) = 0, \tag{16.56}$$

这意味着 $\boldsymbol{\nu}_1$ 和 $\boldsymbol{\nu}_2$ 与 $\boldsymbol{b}_1$ 和 $\boldsymbol{b}_2$ 线性相关.因此

$$\boldsymbol{b}_1 \times \boldsymbol{\nu}_2 /\!/ \boldsymbol{b}_2 \times \boldsymbol{\nu}_1 /\!/ \boldsymbol{b}_1 \times \boldsymbol{b}_2, \tag{16.57}$$

于是,根据式(16.51)和式(16.52),有

$$\boldsymbol{n} \perp \boldsymbol{b}_1 \times \boldsymbol{b}_2, \tag{16.58}$$

而这是一个倾斜晶界[参见方程(16.29)].

但如果 $\boldsymbol{\nu}_1 /\!/ \boldsymbol{b}_2$,则式(16.51)的推导不成立.此时两个滑移面相互垂直.而对 $\boldsymbol{n}$ 仅有的条件是

$$\boldsymbol{n} \cdot (\boldsymbol{b}_1 \times \boldsymbol{\nu}_2) = 0, \tag{16.59}$$

即是晶界与$(\boldsymbol{b}_1 \times \boldsymbol{\nu}_2)$平行.如果还有 $\boldsymbol{\nu}_2 /\!/ \boldsymbol{b}_1$,则任何晶界取向都是允许的.最后,若 $\boldsymbol{\nu}_1 = \boldsymbol{\nu}_2 = \boldsymbol{\nu}$,则仅有与滑移面平行的纯扭转晶界是可能的.

(3)晶界含三组位错的情况　上节中讨论过一般的解,在这里还要补充一些有限制的情形.

若允许攀移,则任何晶界取向均为可能,晶界由三组互相独立的位错构成.若滑移仅限于一个平面,则三组位错中仅有两组相互独立,因此上一节中的讨论成立.

现在考虑三组位错分别位于 3 个不同的滑移面上.此时,显然

$$\boldsymbol{p} \times \boldsymbol{u} = \sum_{i=1}^{3} \boldsymbol{b}_i (N_i \cdot \boldsymbol{p}), \tag{16.60}$$

将此式与$(\boldsymbol{b}_2 \times \boldsymbol{b}_3)$作标积,并选择 $\boldsymbol{p} = \boldsymbol{\xi}_1$,可得

$$\boldsymbol{\xi}_1 \cdot [\boldsymbol{u} \times (\boldsymbol{b}_2 \times \boldsymbol{b}_3)] \equiv \boldsymbol{\xi}_1 \cdot \boldsymbol{\lambda}_1 = 0, \tag{16.61}$$

式中 $\boldsymbol{\lambda}_1$ 定义为

$$\boldsymbol{\lambda}_1 \equiv [\boldsymbol{u} \times (\boldsymbol{b}_2 \times \boldsymbol{b}_3)]. \tag{16.62}$$

由于还有

$$\xi_1 \cdot \boldsymbol{n} = 0, \tag{16.63}$$

所以

$$\xi_1 /\!/ \boldsymbol{\lambda}_1 \times \boldsymbol{n}. \tag{16.64}$$

两端与 ν_1 作标积，并注意到 $\nu_1 \cdot \xi_1 = 0$，故有

$$\nu_1 \cdot (\boldsymbol{\lambda}_1 \times \boldsymbol{n}) = 0, \tag{16.65}$$

或

$$\boldsymbol{n} \cdot (\nu_1 \times \boldsymbol{\lambda}_1) = 0. \tag{16.66}$$

与此相似，可证

$$\boldsymbol{n} \cdot (\nu_2 \times \boldsymbol{\lambda}_2) = \boldsymbol{n} \cdot (\nu_3 \times \boldsymbol{\lambda}_3) = 0. \tag{16.67}$$

因此，晶界的法线 $\boldsymbol{n}$ 由下式确定：

$$\boldsymbol{n} = (\nu_1 \times \boldsymbol{\lambda}_1) \times (\nu_2 \times \boldsymbol{\lambda}_2). \tag{16.68}$$

所有矢量 $(\nu_i \times \boldsymbol{\lambda}_i)(i=1,2,3)$ 均垂直于 $\boldsymbol{n}$，所以这三个矢量共面，给出

$$[(\nu_1 \times \boldsymbol{\lambda}_1) \times (\nu_2 \times \boldsymbol{\lambda}_2)] \cdot (\nu_3 \times \boldsymbol{\lambda}_3) = 0, \tag{16.69}$$

这是限制矢量 $\boldsymbol{u}$ 的一个方程式.

§16.4 晶界附近的应力场与晶界能

晶界是晶体中的缺陷，晶界附近点阵发生畸变，在这地区内可能出现应力. 在远离晶界的地区中应力即消失，所以一般说晶界是分隔两个无应力晶粒的界面就是这个意思. 晶界附近应力场的计算有赖于所取的具体的晶界模型. 晶界的位错模型可用，不过如上文所述，这个模型的成立有限度，超出这个限度后，一切推导和结果失效.

在此，首先以简单纯倾斜晶界为例作一些具体的计算. 试观察图 16.7 所示的刃型位错列，其中每一单独位错的应力场（各向同性情况）已在第一卷第二章中给出，原点处位错产生的 σ_{xy} 是

$$\sigma_{xy}^0 = \frac{\mu b}{2\pi(1-\nu)} \frac{x(x^2-y^2)}{(x^2+y^2)^2}. \tag{16.70}$$

对所有位错的贡献求和，便有

$$\sigma_{xy}(x,y)=\frac{\mu b}{2\pi(1-\nu)}\sum_{n=-\infty}^{+\infty}\frac{x[x^2-(y-nD)^2]}{[x^2+(y-nD)^2]^2}. \quad (16.71)$$

为了此式的级数求和得到封闭形式，需要引用如下的基本公式：

$$\sum_{n=-\infty}^{+\infty}\frac{1}{n+a}=\pi\cot\pi a. \quad (16.72)$$

若分别令 $a=p+iq$，及 $a=p-iq$ 分别代入上式，并将所得二式相加，于是得到

$$\sum_{-\infty}^{+\infty}\frac{n+p}{q^2+(n+p)^2}=\frac{\pi}{2}[\cot\pi(p+iq)+\cot\pi(p-iq)]$$

$$=\frac{\pi\sin 2\pi p}{\cosh 2\pi q-\cos 2\pi p}. \quad (16.73)$$

若代入后将二式相减，则得到

$$\sum_{n=-\infty}^{+\infty}\frac{1}{q^2+(n+p)^2}=\frac{\sinh 2\pi p}{\cosh 2\pi q-\cos 2\pi p}\frac{\pi}{q}. \quad (16.74)$$

将式(16.73)和式(16.74)对 p 微分，分别得到

$$\sum_{-\infty}^{\infty}\frac{q^2-(n+p)^2}{[q^2+(n+p)^2]^2}=2\pi^2\frac{\cosh 2\pi q\cos 2\pi p-1}{(\cosh 2\pi q-\cos 2\pi p)^2} \quad (16.75)$$

$$\sum_{-\infty}^{\infty}\frac{n+p}{[q^2+(n+p)^2]^2}=\frac{\pi^2}{q}\frac{\sinh 2\pi q\sin 2\pi p}{(\cosh 2\pi q-\cos 2\pi p)^2}. \quad (16.76)$$

式(16.75)用于式(16.71)的级数求和，即得

$$\sigma_{xy}=\sigma_0 2\pi X(\cosh 2\pi X\cos 2\pi Y-1), \quad (16.77)$$

式中

$$\sigma_0=\frac{\mu b}{2D(1-\nu)(\cosh 2\pi X-\cos 2\pi Y)^2}, \quad (16.78)$$

其中 $X=x/D$，$Y=y/D$. 另几个应力分量也可以类似地由求和求出，如

$$\sigma_{xx}=-\sigma_0\sin 2\pi Y(\cosh 2\pi X-\cos 2\pi Y+2\pi X\sinh 2\pi X), \quad (16.79)$$

$$\sigma_{yy}=-\sigma_0\sin 2\pi Y(\cosh 2\pi X-\cos 2\pi Y-2\pi X\sinh 2\pi X). \quad (16.80)$$

当 $x\gg\frac{D}{2\pi}$时，式(16.77)的近似形式为

$$\sigma_{xy}\simeq\frac{2\pi\mu bx}{(1-\nu)D^2}\exp\left(-\frac{2\pi x}{D}\right)\cos\frac{2\pi y}{D}, \tag{16.81}$$

即在此地区内，应力分量 σ_{xy}随 x 之增大而指数式下降至零. 证实了位错模型能给出晶界的长程应力场消失的结果. 可证其它几个应力分量也表现出类似的行为.

其它形式的位错排列，例如图 16.8 所示的一行均匀排列于滑移面上的刃型位错，以及一列螺型位错(图 16.9)，其总的应力场也可以用如上的方法求得. 结果是，对于横排刃型位错行：

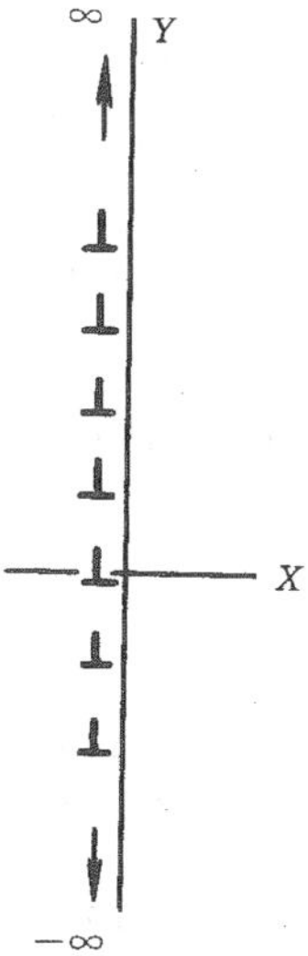

图 16.7

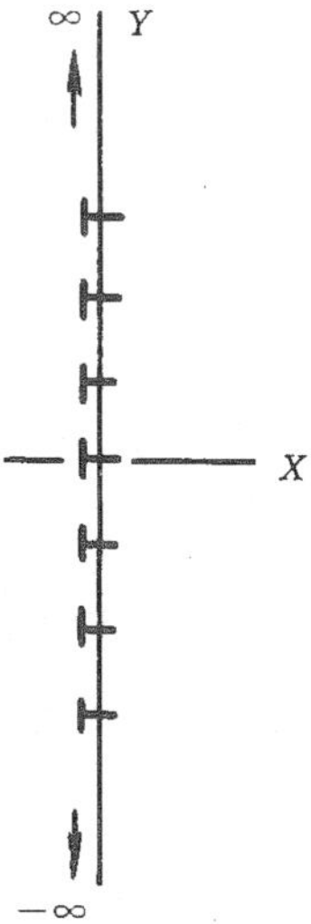

图 16.8

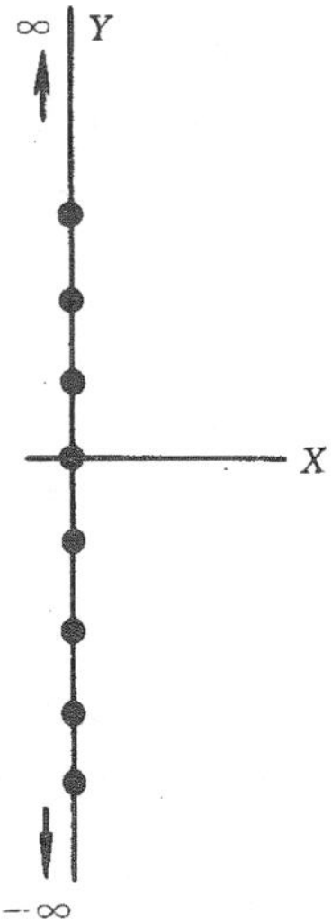

图 16.9

$$\sigma_{xy}=\sigma_0\sin2\pi Y(\cosh X-\cos2\pi Y-2\pi X\sin2\pi X), \tag{16.82}$$

$$\sigma_{xx}=-\sigma_0 2\pi X(\cosh2\pi X\cos2\pi Y-1), \tag{16.83}$$

$$\begin{aligned}\sigma_{yy}=-\sigma_0[&2\sinh2\pi X(\cosh2\pi X-\cos2\pi Y),\\&-2\pi X(\cosh2\pi X\cos2\pi Y-1)].\end{aligned} \tag{16.84}$$

对于螺位错列，则

$$\sigma_{xz}=-\frac{\mu b}{2D}\frac{\sin 2\pi Y}{\cosh 2\pi X-\cos 2\pi Y}, \tag{16.85}$$

$$\sigma_{yz}=-\frac{\mu b}{2D}\frac{\sinh 2\pi X}{\cosh 2\pi X-\cos 2\pi Y}. \tag{16.86}$$

各种由直位错组构成的晶界均可以利用以上公式(16.77)、(16.79)—(16.80),(16.82)—(16.86)进行分析. 不过要注意,这里所有的结果都属于弹性各向同性情况.

由式(16.82)至式(16.86)可看得出,所描述的位错壁均有长程应力场. 例如式(16.84)表达的 σ_{yy},当 $x\to\infty$时,收敛于 $\mu b/D(1-\nu)$,式(16.86)表达的 σ_{yz},收敛于 $\mu b/2D$.

下面简短讨论晶界能的问题.

晶界能是一个具有实际意义的重要参数. 它与几何参数(如 θ 等)都可以实测. 晶界能的测量和理论计算对于研究晶界的基本性质及晶界在若干物理或力学过程中所起作用都是重要的. 根据晶界位错模型可以对此能量作一近似计算,不过结果的严格正确性有限度.

现在先说明一种最简单的计算法. 已知单个刃型位错单位长度的自由能(第一卷,§2.2)

$$E=\frac{\mu b^2}{4\pi(1-\nu)}\ln\left(\frac{R}{r_0}\right)+B_e, \tag{16.87}$$

式中 B_e 是单位长度的位错的芯能,R 和 r_0 分别是外、内切断半径. R 表示位错所产生的弹性畸变影响所及的范围. 考虑小角对称倾斜晶界,上面已证明,在距该晶界约 D 处($x>\frac{D}{2\pi}$),应力急剧下降,故此取 $R=D$. 另外,$D\simeq b/\theta$,所以对于晶界上位错密度适中的情况,内切断半径 r_0 可取为 $r_0\sim b$. 晶界能取为其上诸位错自能之和. 于是可得单位面积的界面能为

$$\begin{aligned}\gamma&=\frac{\mu b\theta}{4\pi(1-\nu)}\ln\left(\frac{1}{\theta}\right)+\frac{\theta}{b}B_e\\&=\gamma_0\theta(A-\ln\theta),\end{aligned} \tag{16.88}$$

式中

$$\gamma_0 = \mu b / 4\pi(1-\nu), \tag{16.89}$$

$$A = 4\pi(1-\nu) B_e / \mu b^2, \tag{16.90}$$

这就是第一卷中的式(1.47),在那里没有给出推导.简单扭转晶界能表示式也具有式(16.88)的形式,不过,其中

$$\gamma_0 = \mu b / 4\pi, A = 2\pi B_e / \mu b^2. \tag{16.91}$$

现在介绍另一种计算方法,其直观的程度与上法相似.考虑一对符号相反相互平行的晶界,如图 16.10 所示,它们可能在无限晶体中形成.如果二者相距较远,则这对界面的单位面积形成能即等于相应的单个晶界能的二倍.这个形成能可以用相互作用能的计算方式得出(例如参看第一卷§4.6).

回顾上文中推出的式(16.77)和式(16.78),取 $y=0$,即是在某位错的滑移面上,有

$$\sigma_{xy}(x) = \frac{\pi \mu b x}{2D^2(1-\nu)\sinh^2(\pi x/D)}, \tag{16.92}$$

此应力场作用在该滑移面上一个反号位错上的吸引力为 $\sigma_{xy} b$;于是,根据上段中的说明,一个晶界中一个位错的单位长度能量即是相互作用能之一半.

$$\frac{W}{L} = \frac{1}{2}\int_{b/\alpha}^{+\infty} \sigma_{xy} b dx$$

$$= \frac{\mu b^2}{4\pi(1-\nu)}\int_{\eta_0}^{\infty} \frac{\eta d\eta}{\sinh^2 \eta}, \tag{16.93}$$

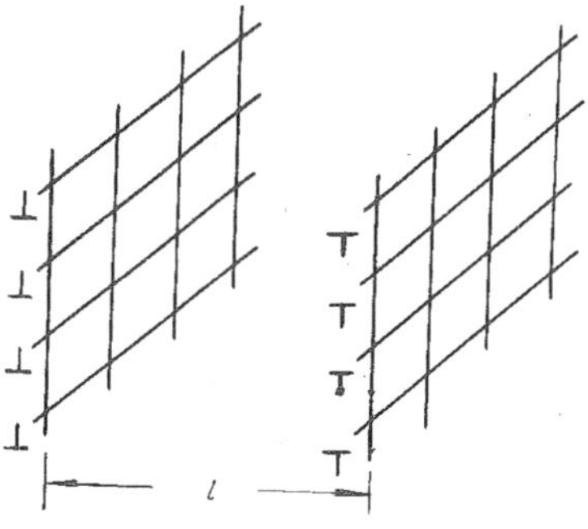

图 16.10

式中 b/α 为内截断半径,位错芯能量已隐含于因子 α 之内;$\eta = \pi x / D$,$\eta_0 = \pi b / \alpha D$.执行积分,得到

$$\gamma = \frac{W}{LD} = \frac{\mu b^2}{4\pi(1-\nu)D}[\eta_0 \coth \eta_0 - \ln(2\sinh \eta_0)], \tag{16.94}$$

$\theta = b/D$,θ 小即相当于 $\eta_0 \ll 1$.此时,即在小角晶界极限下,上式成为

$$\gamma \simeq \frac{\mu b^2}{4\pi(1-\nu)D}\ln\left(\frac{e\alpha D}{2\pi b}\right), \tag{16.95}$$

它可以改写为

$$\gamma=\gamma_0\theta\ln(e\theta_m/\theta), \tag{16.96}$$

式中

$$\gamma_0=\frac{\mu b}{4\pi(1-\nu)},\theta_m=\frac{\alpha}{2\pi},$$

与式 (16.88)一致.

这个简单公式可与实验进行比较. 为此可将式(16.88)对 θ 微分,得到

$$\frac{\partial\gamma}{\partial\theta}=\gamma_0(A-\ln\theta)-\gamma_0, \tag{16.97}$$

θ_m 即是相应于 γ 为极大值 γ_m 时的取向差,由上式可见 $A-\ln\theta_m=1$,再参看式(16.88),有

$$\gamma_m=\gamma_0\theta_m(A-\ln\theta_m)=\gamma_0\theta_m, \tag{16.98}$$

故有

$$\frac{\gamma}{\gamma_m}=\frac{\theta}{\theta_m}(A-\ln\theta)=\frac{\theta}{\theta_m}(1-\ln\frac{\theta}{\theta_m}), \tag{16.99}$$

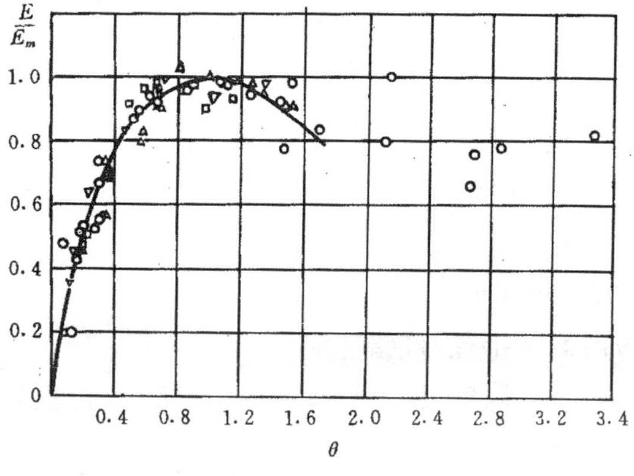

图 16.11

这是一个 γ/γ_m 对 θ/θ_m 的关系,它对所有的金属都应适用. 理论与实验的典型比较示于图 16.11 中,它引自 Read 和 Shockley 较早期的工作(1953). 从本章开始时提到的 Mclean D. 的书里可以看

到关于与实验比较的较详细讨论.

上面所述位错晶界的能量公式显然是一个粗略的简化结果，估计对于10°以内的小角差简单晶界它是适用的.

本节最后回到关于界面附近应力场的一些讨论.上文中所得的主要结果是应力场的封闭表达式，如式(16.77)，及晶界能的简单式(16.88).对于单相材料中如§16.3中所论述的各种组态，这类应力公式是有用的.但对于大角晶界，上文中的方法随晶界的初级位错模型之失效而失败.进而，即使是在初级位错模型成立的几何情况下，只要晶体被视为是弹性各向异性的，上法立即失效.原因很简单，就因为此时不但不可用基本公式(16.70)，而且一般也不可能求出类似的关于单个位错的表达式，(参看第一卷第五章).所以要探索另外的普遍方法，以研究各向异性情况下的一般晶界及相界.为此，Bonnet①曾提出一方法处理具有二维周期性结构的平面界面，具体考虑了各向同性情况.杨顺华等②采取类似的思路，细致考虑了各向异性情况，其方法具有相当的普适性.

关于界面的研究表明：具有某种二维周期结构是界面的共有特性.这种结构的元素可以是上文中所讨论的离散初级位错，也可以是连续分布位错，或者是下文中将要讨论的次级位错，等等.不论组成的具体元素是什么，这样的界面总可以抽象成为一个二维格子.取坐标系(x_1,x_2,x_3)，界面为x_1x_3平面.二维格子基矢为$\{\boldsymbol{a},\boldsymbol{c}\}$，其相应的倒易格子的基矢为$\{\boldsymbol{a}^*,\boldsymbol{c}^*\}$.任一倒易矢量$\boldsymbol{G}=m\boldsymbol{a}^*+n\boldsymbol{c}^*$.实空间中的应力场$\sigma(\boldsymbol{r})$和位移场$\boldsymbol{u}(\boldsymbol{r})$均可以用$\boldsymbol{G}$为宗量展开(Fourier展开)，例如，$\boldsymbol{u}$的展开形式为

$$u_k(\boldsymbol{r})=u_k^0+v_{kj}^0x_j+\sum_{\boldsymbol{G}}u_k^{(G)}(x_2)\exp 2\pi i(\boldsymbol{G}\cdot\boldsymbol{R}),\quad(16.100)$$

式中，$\boldsymbol{r}=\boldsymbol{r}(x_1,x_2,x_3)$为空间场点，$\boldsymbol{R}=\boldsymbol{R}(x_1,x_3)$为晶界平面上的一个位矢，$u_k^0$，$v_{kj}^0$为常数.由于物理界面的弹性影响是短程的，所以

① Bonnet, R. *Phil. Mag.*, **43**, 1165(1981).

② 杨顺华等，物理学报，**41**，1465(1992).

要求$\lim\limits_{x\to\infty}\boldsymbol{u}(\boldsymbol{r})=0$,因此 $u_k^0=0, v_{kj}^0=0$. $\boldsymbol{u}(\boldsymbol{r})$应满足 Navier 方程(见第一卷§A.3)

$$c_{ijkl}u_{k,lj}=0 \tag{16.101}$$

和一定的边界条件. 联合方程(16.101)和式(16.100),可以得到对每一个取定的 $\boldsymbol{G}$ 的关于 $u_k^{(G)}$ 一组三个联立二阶常微分方程,形如

$$\sum_j A_{ij}u_j^{(G)}+B_{ij}u_{j,2}^{(G)}+C_{ij}u_{j,22}^{(G)}=0, i=1,2,3 \tag{16.102}$$

其中

$$u_j^{(G)}=u_j^{(G)}(x_2). \tag{16.103}$$

试设形如下列的保证收敛的特解:

$$\begin{aligned}
u_1^{(G)}(x_2)&=[P_1^{(G)}+2\pi G_1P_2^{(G)}|x_2|]\exp(-2\pi G|x_2|),\\
u_2^{(G)}(x_2)&=i\mathrm{sgn}(x_2)[D^{(G)}+2\pi G_2P_2^{(G)}|x_2|]\exp(-2\pi G|x_2|),\\
u_3^{(G)}(x_2)&=[P_3^{(G)}+2\pi G_3P_2^{(G)}|x_2|]\exp(-2\pi G|x_2|),
\end{aligned} \tag{16.104}$$

式中 $P_j^{(G)}(j=1,2,3)$为待定复常数,$D^{(G)}$为 $P_j^{(G)}$ 和 $\boldsymbol{G}$ 的简单线性函数. 将 $P_j^{(G)}$ 分为实部和虚部

$$P_j^{(G)}=E_j^{(G)}+i\mathrm{sgn}F_j^{(G)}, j=1,2,3, \tag{16.105}$$

并且将 x_1x_3 平面所分隔的两个相区,$x_2=+$,一分别用上标+、一记之. 于是就有 12 个未知量,它们是 $E_j^{\pm}, F_j^{\pm}(j=1,2,3)$.

现在考虑边界条件. 由于 x_2 为+、一的两相在 $x_2=0$ 的平面界面上连成一个连续体,所以必须满足应力连续的条件,即第一组边界条件

$$\sigma_{2j}^{+}\Big|_{x_2\to0}=\sigma_{2j}^{-}\Big|_{x_2\to0}, j=1,2,3. \tag{16.106}$$

另一方面,此界面具有某种本征结构元素,无论具体的是何种缺陷,总可以像普遍 Volterra 过程的结果那样,以界面上岸与下岸之间的一个位移跃变表示,此位移跃变即是内应力之源. 这个位移跃变可以如上文中一样以 $\boldsymbol{G}$ 为宗量作 Fourier 展开,取实表示形式,有

$$(u_j^{+}-u_j^{-})_{x_2\to0}=\sum_G[H_j^{(G)}\cos(2\pi\boldsymbol{G}\cdot\boldsymbol{R})$$

$$+L_j^{(G)}\sin(2\pi \boldsymbol{G}\cdot\boldsymbol{R})\Big],\ j=1,2,3,\qquad (16.107)$$

这是第二组边界条件，式中实系数 $H_j^{(G)}, L_g^{(G)}$ 由实际设定的本征结构元素及其分布确定(例如初级网络等). 这两组边界条件式(17.106)—(17.107)展开后得到12个线性代数方程，确定未知系数 $E_j^{\pm}, F_j^{\pm}$. 求得解后即可算出 $u_k^{(G)}$. 对某一有效区域 $\mathscr{A}$ 中的每一个 $\boldsymbol{G}$ 重复进行这个过程，然后代入式(17.100)，对区域 $\mathscr{A}$ 中的所有 $\boldsymbol{G}$ 求和，即得位移场 $\boldsymbol{u}(\boldsymbol{r})$，再由普遍关系 $\sigma_{ij}=c_{ijkl}u_{k,l}$ 求出应力场，这就是最后的结果. 杨等人的论文以各向异性 N_i 中的小角扭转晶界为例作了数值解，演示了此法过程的实现. 显然，此法具有相当的普适性，可以用于各种不同本征结构元素构成的间界的讨论.

界面能在弹性框架内可用通常方法求出，即通过对弹性能密度 $W=\dfrac{1}{2}c_{ijkl}u_{i,j}u_{k,l}$ 的积分求得.

§16.5 重位点阵与 O 点阵

重位点阵(coincidence site lattice，CSL)和 O 点阵是现代研究大角晶界结构，进行原子计算所必要引入的两个概念，或几何构作图式. O 点阵定义是重位点阵定义的推广.

重位图形(coincidence plot)概念是 Kronberg 和 Wilson 首先提出的①，用以分析二次再结晶织构. 继之提出重位点阵的概念②，旨在试图解释某些含杂质物质中出现的某些大角晶界的存在，这些晶界的迁移率远远高于一般无规大角晶界，在这些特殊晶界的角差附近，晶界能对角差的实验关系曲线上还出现向下的尖点.

首先讨论重位点阵.

取充满整个空间的一个理想点阵. 设想它是由两套完全重合的点阵构成，两套点阵分别标记为 A 和 B. 由此态出发，令点阵 A，

---

① Kronberg M. C.，Wilson F. H.，*Trans. AIME*，**185**，501(1949)；Aust K. J.，Rutter J. W.，ibid.，**215**，820(1959).

② Bollmann W.，*Phil. Mag.*，**16**，363，383(1967).

B 相对转动一个有限角度 θ. 此时,整个空间由转动后的 A,B 两个点阵所占据. 转动以后再进行适度的平移,造成 A,B 点阵中有一个阵点位置相互重合. 这时可能会有如下两种情况出现:第一种情况是,除了上述这个人为造成的重位之外,所有属于点阵 A 和属于点阵 B 的阵点位置,再没有任何一对阵点发生重位;第二种情况是:有(多于一对的)一部分属于点阵 A 的阵点与属于点阵 B 的阵点出现重位. 这种情况当且仅当转动 $\mathbf{R}(\boldsymbol{u},\theta)$ 为某些特定值时才出现. 应当记住,一个重位点是空间中既属于点阵 A 的阵点位置,又属于点阵 B 的阵点位置的一个点,由于点阵 A,B 都是周期的,所以它们相重合的那些陈点在空间也将是周期排列,即这些重位点的集合将构成另一个空间点阵,称为重位点阵,简记为 CSL. 显然,CSL 的形成和性质与原来的点阵 A,B 有密切关系.

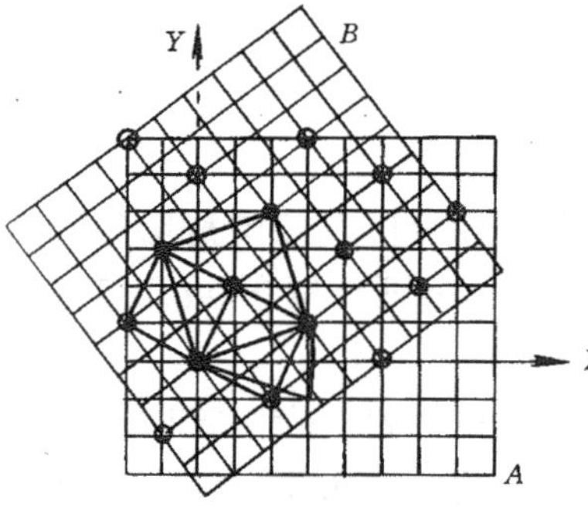

图 16.12

图 16.12 示出了重位点阵的形成. 选取简立方点阵 A,B 并完全重合. 单胞边长 a 取为单位长. 任取一阵点(显然它是一个重位点)为直角坐标系 XYZ 的原点(Z 轴与图中纸面垂直). 现保持点阵 A 及所选原点固定不动,旋转点阵 B,使得它的阵点(3,-1,0)与点阵 A 的(3,1,0)阵点重合,于是形成一个重位点. 显然,另一个重位点是(-1,3,0),而且这两个点的位矢之和,即点(2,4,0)也是重位点,该位矢的$\frac{1}{2}$处[即点(1,2,0)]也是重位点,如此下去则可得到位于 XY 平面中的无限多重位点. 相应地,还可以得到 $z=\cdots,-1,0,1,\cdots$ 各层上的重位点. 于是构成一个三维的重位点阵. 由于我们选定了一个阵点为坐标原点,它在任何情况下自然是一个重位点,如果旋转后还出现其它重位点,则将自动生成一个重位点阵. 图 16.12 中的实心圆点示出了重位

点阵.得到这个 CSL 的旋转角是

$$\theta=2\mathrm{tg}^{-1}\frac{y}{x}=2\mathrm{tg}^{-1}\frac{1}{3}=36.87°,$$

这个 CSL 的单胞的体积可由 3 个矢量[2,−1,0],[1,2,0]和[0,0,1]的长度求得

$$(2^2+1^2)^{\frac{1}{2}}(1^2+2^2)^{\frac{1}{2}}1=5.$$

表征重位点阵特性的一个重要量是重位点阵单胞与原点阵单胞(晶体单胞)的体积之比 Σ.对于立方点阵,Σ 可以是一个任意的奇数.显然,对于图 16.12 示出的 CSL,数 Σ 的值等于 5.数 Σ 越大,CSL 的周期越大.$\Gamma=1/\Sigma$ 称为重位密度,该分数的意义是:一个重位旋转必定将点阵 A 中(具有整数坐标的)$1/\Sigma$ 阵点变为重位点.如图 16.12 所示,$\frac{1}{5}$的阵点变为了重位点.

接下来讨论导致重位点阵的旋转矩阵.由于旋转属于正交变换,所以转动矩阵应由 3 个相互正交的单位矢量组成.为了构造这 3 个单位矢量,我们可以从一个奇数 N 开始(可以证明这个数 N 与 Σ 一样①).数 N 的平方可以是 3 个数的平方和,即

$$N^2=n_1^2+n_2^2+n_3^2, \tag{16.108}$$

其中的 n_i^2 不存在公共因子.例如

$N=3,3^2=2^2+2^2+1^2,$

$N=5,5^2=4^2+3^2+0^2,$

$=5^2+0^2+0^2,$

$N=7,7^2=6^2+3^2+2^2.$

式(16.108)可改写为

$$1=\left(\frac{n_1}{N}\right)^2+\left(\frac{n_2}{N}\right)^2+\left(\frac{n_3}{N}\right)^2. \tag{16.109}$$

只要$\pm\frac{n_i}{N}$是些坐标,上式就是一个单位矢量的长度的平方,这些坐标出现的顺序是任意的.根据这个单位矢量的类型,我们可构造一

① Grimmer, H., *Acta Cryst.*, **A30**, 680(1974).

个正交矩阵，它的任一对行矢量或列矢量的标积等于零，它的行列式等于+1. 例如，对于 $N=3$，这样一个矩阵是

$$\mathbf{R}=\frac{1}{3}\begin{bmatrix} 2 & -1 & 2 \\ 2 & 2 & -1 \\ -1 & 2 & 2 \end{bmatrix},$$

且转轴是[111]，转动角 $\theta=60°$. 对于 $N=5$，矩阵是

$$\mathbf{R}=\frac{1}{5}\begin{bmatrix} 5 & 0 & 0 \\ 0 & 4 & -3 \\ 0 & 3 & 4 \end{bmatrix},$$

且转轴为[100]，$\theta=36.87°$.

方程(16.109)有时不止一个解. 例如，对于 $\Sigma=13(\mathrm{N}=13)$，有

$$13^2=13^2+0^2+0^2=12^2+5^2+0^2.$$

可以有矩阵

$$\mathbf{R}=\frac{1}{13}\begin{bmatrix} 13 & 0 & 0 \\ 0 & 12 & -5 \\ 0 & 5 & 12 \end{bmatrix}.$$

转动轴沿[100]轴，转动角 $\theta=22.62°$；同时有

$$13^2=12^2+4^2+3^2,$$

给出矩阵

$$\mathbf{R}=\frac{1}{13}\begin{bmatrix} 12 & -3 & 4 \\ 4 & 12 & -3 \\ -3 & 4 & 12 \end{bmatrix},$$

转动轴沿[111]轴，$\theta=27.80°$

Σ 的值将表示两个点阵(晶粒)之间的一个特殊取向关系，这个关系有严格的定量要求. 一般性参考文献[3]给出了详细的定量资料. 一个给定的重位关系是以绕一个轴 $\boldsymbol{u}$ 的转动角 θ 表示；这种表示可以有若干个不同的形式. 但它们都可以从某一表示通过立

方点群 432(O-群)的 24 个对称操作的任一个得出. Warrington 和 Bufalini[①]对 $\Sigma \leqslant 25, \theta \leqslant \pi$ 情况,给出了这些表示的一个完全表.

简单地讲,如果我们考虑如图 16.12 所示的平面网格(点阵),转动使得点$(x,-y)$转到点(x,y),并形成一个重位点,这里 x,y 没有公共因子,那末我们有

$$\Sigma' = x^2 + y^2. \tag{16.110}$$

若 Σ' 为奇数,则有 $\Sigma = \Sigma'$;若 Σ' 为偶数则 $\Sigma = \frac{1}{2}\Sigma'$. θ 角由下式确定:

$$\theta = 2\mathrm{tg}^{-1}\frac{x}{y}. \tag{16.111}$$

对于 fcc 结构,若立方的尺寸与简立方一样,则它的重位点阵单胞的体积是简立方的重位点阵单胞的体积的 1/4. 类似地,对 bcc 结构这个值是$\frac{1}{2}$.

在讨论重位点阵理论与晶界理论的关系之前,先介绍 O 点阵理论.

所谓 O 点阵的概念是重位点阵概念之推广,如本节开始时提到的,它是由 Boltzmann 首先提出的. 回顾上述 CSL 中的阵点,是由两个有相对转动的点阵 A,B 中重位的阵点之集合. 现在,推广考虑 A,B 两个点阵晶胞中的内点,它的坐标可表为晶胞边长的一个分数. 若经过转动,某一点 P 在点阵 A 中的坐标与在点阵 B 中的坐标相同,则此 P 点即定义为一个重位点. 所有这样的 P 点之集合构成一个点阵,即称为 O 点阵. 容易见到:对于前文所述的高密度 CSL 而言,它仅出现在某些特定的取向关系之下,且若转角 θ 改变一个无限小量,这个 CSL 就不复存在了. 但 O 点阵不是这样,它对于取向差的变化可以是连续的,所以更为普遍. 现在引入定量的描述. 设想晶体点阵 A 为始态,经过变换 **S** 变为晶体点阵 B,即为终态. 考查点阵 A 中的一个非阵点 $\boldsymbol{x}$,经过变换之后变为点阵 B

---

① Warrington D. H., Bufalini P., *Scripta Met.*, **5**, 771(1971).

中的一个非阵点 $\boldsymbol{y}$，即

$$\boldsymbol{y}=\mathbf{S}\boldsymbol{x}. \tag{16.112}$$

点阵 $\boldsymbol{A}$ 中一个与 $\boldsymbol{x}$ 等价的点是由 $\boldsymbol{x}$ 加上一个任意点阵矢量 $\boldsymbol{u}$ 得到，即 $\boldsymbol{x}+\boldsymbol{u}$. 如果如此得到的点与 $\boldsymbol{y}$ 重位，则 $\boldsymbol{y}=\boldsymbol{x}+\boldsymbol{u}$ 就是一个 O 点阵的阵点，简记为 $\boldsymbol{x}^{(0)}$. 于是

$$\boldsymbol{y}=\mathbf{S}\boldsymbol{x}=\boldsymbol{x}+\boldsymbol{u}=\boldsymbol{x}^{(0)}, \tag{16.113}$$

而

$$\boldsymbol{u}=\boldsymbol{y}-\boldsymbol{x}=(\mathbf{I}-\mathbf{S}^{-1})\boldsymbol{x}^{(0)}, \tag{16.114}$$

此式与式(16.4)在形式上是完全一致的，仅在此处 $\mathbf{S}_B=I$，$\mathbf{S}_A=\mathbf{S}$，这里的 $\boldsymbol{u}$，$\boldsymbol{x}^{(0)}$ 与上文中的 $\boldsymbol{B}$、$\boldsymbol{p}$ 的解释不一样，这点在下面要继续讨论. 现在将 $\mathbf{S}^{-1}$ 记为 $\mathbf{D}$，即 $\mathbf{I}-\mathbf{S}^{-1}=\mathbf{I}-\mathbf{D}$，于是上式写为

$$\boldsymbol{x}^{(0)}=(\mathbf{I}-\mathbf{D})^{-1}\boldsymbol{u}, \tag{16.115}$$

并将它视为定义 $\boldsymbol{x}^{(0)}$ 的方程. 若将点阵 A 的 3 个基矢 $\boldsymbol{a}_i(i=1,2,3)$ 依次作为 $\boldsymbol{u}$ 代入，则可见 $(\mathbf{I}-\mathbf{D})^{-1}$ 的三列分别定义 O 点阵的 3 个基矢. 如此得到与参考点阵的单胞对应的 O 点阵的单胞，而 $(\mathbf{I}-\mathbf{D})^{-1}$ 的行列式给出这两种单胞体积之比.

矩阵 $(\mathbf{I}-\mathbf{D})$ 的秩数 γ 可能为 3，2 或 1.（若秩数为 0，则相应于点阵 A 与 B 全同的平庸情况）. 当矩阵 $(\mathbf{I}-\mathbf{D})$ 为满秩($\gamma=3$)时，方程(16.115)给出的解表示三维空间中一个成为点阵的点集. 此时参考点阵的每一个 $\boldsymbol{u}$ 都有一个"像点"，它是 $\boldsymbol{O}$ 点阵的一个点. 当矩阵 $(\mathbf{I}-\mathbf{D})$ 为降秩($\gamma=2,1$)时，相应的 O 点阵变成部分连续的. 当 $\gamma=2$ 时，则仅当参考阵点 $\boldsymbol{u}$ 处于含原点的一个平面上时，方程(16.115)有解. 每一个这样的 $\boldsymbol{u}$ 点的像是一条直线，后者含有无限多个 O 点阵阵点，称为一条 O 线，于是 O 点阵简并为一组互相平行的直线. 这些直线的方向是两个点阵精确适配的方向. 用马氏体晶体学理论的语言来说，$\mathbf{S}$ 是一个不变线应变，这些 O 线平行于不变线，而 $\boldsymbol{u}$ 的诸独立分量含于具有不变法线的平面中. 与此相似，当 $\gamma=1$，O 点阵简并为一组互相平行的平面，$\mathbf{S}$ 表示一个不变平面应变.

关于 O 点阵的另一种解释方式如下：对于两个晶体点阵（A，

B)的固定位置，方程(16.112)的原点可取在任一个 O 点阵的阵点上. 这乃是由于式(16.114)可以重写如下：

$$-\boldsymbol{x}^{(0)}=-\mathbf{S}\boldsymbol{x}^{(0)}+\mathbf{S}\boldsymbol{u}, \tag{16.116}$$

并将式(16.112)的原点移至点 $\boldsymbol{x}^{(0)}$，于是给出

$$\boldsymbol{y}-\boldsymbol{x}^{(0)}=\mathbf{S}(\boldsymbol{x}+\boldsymbol{u}-\boldsymbol{x}^{(0)}), \tag{16.117}$$

这个关系式与式(16.112)形式相同，不过两个晶体相对应的点有改变. 晶体 B 的 $\boldsymbol{y}$ 点原来由晶体 $\boldsymbol{A}$ 的 $\boldsymbol{x}$ 点导出，现在由点 $\boldsymbol{x}+\boldsymbol{u}$ 导出.

现在举一个简单的实例显示 O 点阵的花样. 试考虑一个正交点阵，取旋转 $\mathbf{A}$，转轴垂直于一个坐标平面，于是矩阵 $\mathbf{A}$ 的形式为

$$\mathbf{A}=\begin{bmatrix}\cos\theta & -\sin\theta\\ \sin\theta & \cos\theta\end{bmatrix}, \tag{16.118}$$

而

$$(\mathbf{I}-\mathbf{A}^{-1})^{-1}=\begin{bmatrix}\dfrac{1}{2} & \dfrac{1}{2}\cot\dfrac{\theta}{2}\\ -\dfrac{1}{2}\cot\dfrac{\theta}{2} & \dfrac{1}{2}\end{bmatrix} \tag{16.119}$$

在图 16.13[4]中示出立方系晶体的两个部分绕一个垂直于纸面的立方棱边相对旋转，$\theta=2\mathrm{tg}^{-1}(3/20)$. 注意其中的 O 阵点其实是空间的 O 线在纸平面上的截点，其内坐标 ξ^{3} 各各不同. 上述 O 点阵的一个性质，即任一个 O 点均可作为点阵旋转的原点，可以在图中演示出来. 试观察图中的点 O_1，它相当于 $\boldsymbol{x}^{(0)}=\left[\dfrac{1}{2},-\dfrac{1}{2}\cot\dfrac{\theta}{2}\right]$. 一个绕原点 O 的 θ 角旋转将点阵 A 中的 P，H 两点分别变换为点阵 B 中的 Q，T 两点. 但是，由图中可见：H 与 T 并非最近邻，而它的最近邻为 S. S，T 两点是通过绕 O_1 点旋转 θ 角而联系的. 若 $\boldsymbol{OH}=\boldsymbol{x}$，$\boldsymbol{OT}=\boldsymbol{y}$，则 $\boldsymbol{O_1T}=\boldsymbol{y}-\boldsymbol{x}^{(0)}$，$\boldsymbol{O_1S}=\boldsymbol{x}-\boldsymbol{x}^{(0)}+\boldsymbol{u}$，此处 $\boldsymbol{u}=[100]$，而表示式$(\boldsymbol{O_1T})=\mathbf{R}(\boldsymbol{O_1S})$，即相当于式(16.117).

现在将关于 O 点阵的纯粹几何理论推至具体的界面位错模型. 首先设想引入一定的“胞壁”将 O 点阵的诸 O 元素(即上述的 O 点、线或面)分隔开来. 点阵 A 和点阵 B 之间存在的任何方向上

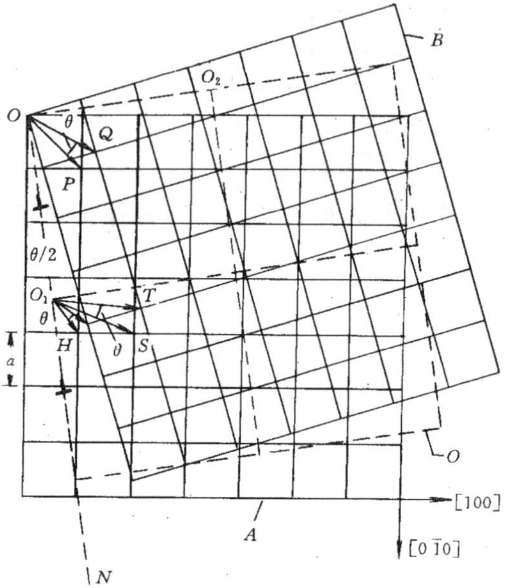

图 16.13

的失配可以想像为聚集起来集中成为这些胞壁上出现的不连续性. 若在物理空间引入真实的分隔点阵 A 和点阵 B 的界面,则上述胞壁与界面的交截就是一组不连续性的线之集合. 这些不连续性的线称为"数学位错"(mathematical dislocation). 我们现在得到的系统就是晶粒 A、晶粒 B、一定取向的界面、以及界面上的数学位错. 每一个 O 阵点可以看作是它自己所处元胞内的变换 $\boldsymbol{y}=\mathbf{S}\boldsymbol{x}$ 的原点,而当跨越胞壁时,坐标位形将改变一个 $\boldsymbol{u}$,它是联结点阵 A 中两个阵点的矢量,参看式(16.117),Boltzmann 指明了矢量 $\boldsymbol{u}$ 一方面如何满足位错的 Burgers 迴路与 Burgers 矢量的拓扑定义,另一方面也满足运动学的或位移的定义. 这样 O 点阵所导出的数学位错就与§16.2 中表述的理论构作间存在一定的等价性. 这可以用下式表示:

$$\boldsymbol{b}^{(1)}=\boldsymbol{u}=(\mathbf{I}-\mathbf{D})\boldsymbol{x}^{(0)}, \tag{16.120}$$

式中 $\boldsymbol{b}^{[1]}$表示 Boltzmann 的所谓初级数学位错的 Burgers 矢量，以区别于下文中所要论述的次级位错，它的 Burgers 矢量记为 $\boldsymbol{b}^{[2]}$. 这里 $\boldsymbol{b}^{[1]}=\boldsymbol{u}$ 是一个原始参考点阵的一个全点阵矢，这是 Boltzmann 使用“初级”一语的原因.

试将式(16.120)与原始的 Bilby-Frank 公式(16.4)相比较，可以看出，最基本的差别在于后者所描述的晶界位错布置位形是笼统的，即是给出了一个“位错含量”，这些界面位错甚至是可以连续分布的. 而 O 点阵理论给出的关于初级数学位错的基本公式(16.120)却将矢量 $\boldsymbol{B}$“量子化”为等于参考晶体点阵的重复矢量 $\boldsymbol{u}$ 为 Burgers 矢量 $\boldsymbol{b}^{[1]}$. 这乃是由于 O 点阵理论考虑了相邻晶粒的平移对称性，参看式(16.113). 而 Bilby-Frank 公式(16.4)的构作实际上是把两个晶粒作为连续介质看待，如同第一卷第一章中所叙述的那样.

§16.6 近重位晶界与次级位错

现在要将上节中介绍的重位点阵构作理论与晶界结构的研究联系起来，讨论所谓重位晶界、近重位晶界、次级晶界位错及全同位移点阵(displacement shift completely lattice，简称为 DSC 点阵)等概念. 这样就可以说是对晶界的几何理论作了较完整的概述.

设点阵 A 和 B 处于相对的重位取向，即是它们处于重位点阵出现(存在)的相对取向. 在重位点阵中作一个低指数的晶体学面，以此面为界面，分隔点阵 A 和 B，这样构作而成的晶界就称为重位晶界，其上含有许多重位点. 界面上的参量 Σ 与构想的重位点阵三维空间的 Σ 相等(等同). 这样得到的就不仅是一个理想的构形，而是一个实际的晶粒-晶界系统. 重位晶界就是 CSL 中的一个有理指数面，其上重位点的排列构成一个二维网格，这就表现了重位晶界的二维周期性. 当 Σ 较小时，意味着重位点的密度较大，而此界面周期结构的可能周期较短. 反之，Σ 较大，则其可能周期较长. 重位晶界上含有的重位点是点阵 A 与 B 所共有的阵点. 与近傍转动角度相近的晶界相比较，后者可能根本不含有重位点，重位晶界应被看作是一类特殊的大角晶界，其上原子布置的规律性较高，混乱程度较低，因而界面能较低. 这一点在实验中的显示已在上节中述及.

一个重位晶界的 5 个自由度不能任意选择，这乃是由于若 A，B 点阵的结构既定，则根据上节所述，就只能绕一定的轴作角度一定的转动，才会形成 Σ 为某一定数的 CSL. 绕一个任意的轴作任意转动一般不出现 CSL. 其次，界面必须取为 CSL 中的一个有理指数面(晶体学面)，这样才会含有多个 CSL 的阵点，因而也不能是任意的.

以 Al 中的一个对称倾斜晶界为例，其记法为 Σ89(229)，34.89°/[$1\bar{1}0$]，此晶界如图 16.14，(229)所示出最后的晶界面，[$1\bar{1}0$]为转轴，34.89°为相对转角.

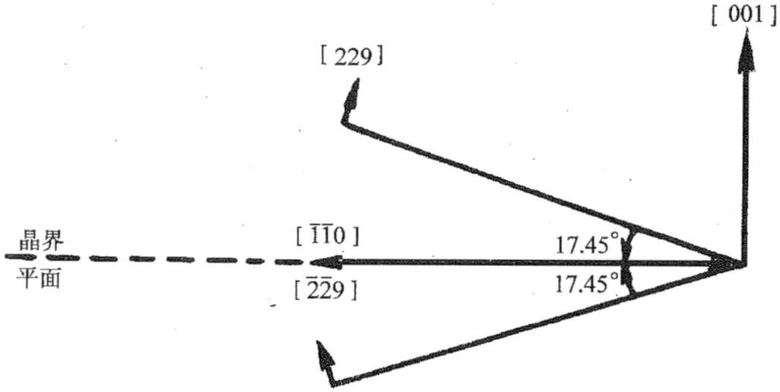

图 16.14

所谓近重位晶界是指晶粒取向差接近于重位取向的晶界. 人们采取这样的观点，即将重位晶界(重位取向)看作是一种理想的完美的状态，那么，近重位晶界就是对这种理想状态的微小偏离，正如前文所述的小角晶界那样. 于是近重位晶界可看作是弛豫至相应的完整重位晶界与某个适当的次级晶界网络之叠加. 这个构作正与通常小角晶界的初级位错结构模型相似. 次级晶界位错的 Burgers 矢量既不是点阵 A 也不是点阵 B 的点阵矢量，而是所谓全同位移点阵的点阵矢量.

接下来讨论 DSC 点阵的构成. 假设在两个相互穿插的点阵 A 和 B 中存在 CSL. 并设 $\boldsymbol{b}^{[2]}$是联结点阵 A 中一个阵点与点阵 B 中一个阵点的矢量. 如果这两个点阵中的任一个相对另一个作一平移 $\boldsymbol{b}^{[2]}$,CSL 及整个相互穿插的点阵的图样在此平移之后保持不变,或说仍重现原来的图案,仅仅 CSL 的阵点总体平移了. 那么,所有这样一些 $\boldsymbol{b}^{[2]}$矢量的集合构成一个点阵,称为 DSC 点阵. 现以图 16.15 说明如下:该图示出了立方晶体中(111)面上的一个 $\Sigma=7$ 的 CSL,$\theta=38.21°$. 其中,小实心圆点和空心圆分别代表点阵 A 和 B,大实心圆点是 CSL. 它们都是图中网络示意的 DSC 点阵的一部分. 现将点阵 A 固定不动,将点阵 B 相对 A 平移一个矢量,如图中箭头所示. 显然该矢量是联结 A,B 阵点的矢量之一,也是一个 DSC 点阵矢量. 当空心圆相对实心圆作这样平移后,其结果是仍重现原来的图案,只不过整个位置平移了,如图中由 A,B 点阵的阵点组成的大圆环移到了用虚线表示的部位[6]. 图 16.16 示出了立方点阵 $\Sigma=13$CSL 单胞在(001)面上的投影. 转轴为[001],由两个相对转动 22.62°的初基立方点阵形成. 图中细格子为 DSC,DSC 初基点阵矢为$\frac{1}{13}[320]$,$\frac{1}{13}[2\bar{3}0]$,[001][7].

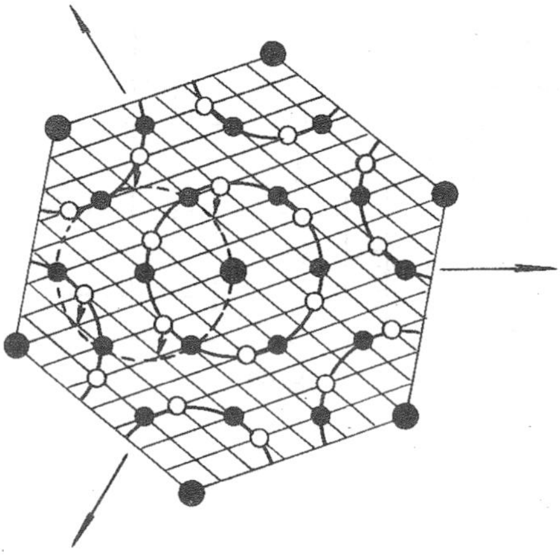

图 16.15

参照晶体位错 Burgers 矢量的普遍定义,可见这里定出的诸 $\boldsymbol{b}^{[2]}$就是一类位错的 Burgers 矢量. 这类位错即是所谓的次级晶界位错. 采用上节的记号,$\boldsymbol{b}^{[2]}$可以表示为

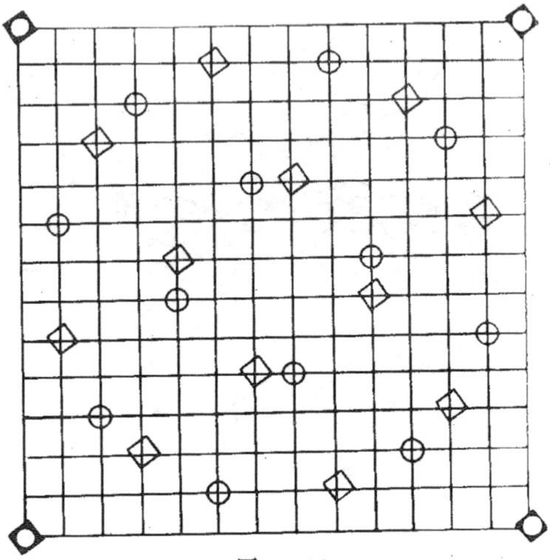

图 16.16

$$\boldsymbol{b}^{[2]}=\boldsymbol{y}-\boldsymbol{x}\pm\boldsymbol{\alpha},\tag{16.121}$$

式中 $\boldsymbol{y}$ 和 $\boldsymbol{x}$ 分别是点阵 B 和 A 中对应的点，$\boldsymbol{\alpha}$ 是点阵 A 的一个点阵矢量.

对于初基立方晶体，CSL 与 DSC 点阵有如下的倒易关系：

$$(\mathrm{CSL})_p(\mathrm{DSC})_p=I,\tag{16.122}$$

式中$(\mathrm{CSL})_p$ 是一个 3×3 矩阵，它的 3 个列是 CSL 的基矢. $(\mathrm{DSC})_p$ 是另一个 3×3 矩阵，它的 3 个行是(DSC)点阵的基矢. 上式表明 CSL 和 DSC 点阵互为倒易点阵. 与 fcc 和 bcc 点阵相应的矩阵可由观察得到，Warrington 和 Grimmer①曾用表列出有关 $\Sigma\leqslant25$ 的结果. 由上面讨论可知 $|\boldsymbol{b}^{[2]}|$ 约比例于 $\Sigma_I^{1/2}$，此处 Σ_I 是与参考界面相联系的 Σ 值. 在这里要强调指出 O 点阵依赖于变换 S 的选择，而 CSL 和 DSC 点阵不依赖于 S 的选择，所以现在一般认为 CSL 和 DSC 点阵的实用价值高于 O 点阵.

如果两个晶体点阵相对位移一个 DSC 矢量所引起的 CSL 原点的移动有一个分量 $\boldsymbol{h}$ 垂直于所选取的参考界面平面，则相应的晶界位错将与界面上的一个台阶相联系，此台阶的高度为$|\boldsymbol{h}|$. 这些台阶称为“非完整台阶”. 与此相对立，与 DSC 点阵中的一个迴路闭合矢量(参看第一卷 § 1.3)不相联系的界面台阶称为“完整台阶”. 分隔界面上台阶两侧相互等价的点的最短矢量称为台阶矢量. 一个完整台阶的台阶矢量是一个 CSL 矢量，而一个非完整台

① Warrington D. R. , Grimmer R. , *Phil. Mag.* , **30**, 461(1974).

阶的台阶矢量是一个 DSC 点阵矢，它并非 CSL 矢.

若将联系一个双晶的两个点阵的变换记作 **S**，对理想晶界或参考晶界相应的变换矩阵记作 $\mathbf{S}_\Gamma$，则变换 $\mathbf{Z}=\mathbf{S}\mathbf{S}_\Gamma^{-1}$ 确定二者的偏离，它们有待于晶界位错网去进行适配. 如上所述，有无限多个方法描述变换 **S** 和 $\mathbf{S}_\Gamma$，另外还有无限多种方法选择参考晶界，它是完全任意的. 不过，如果将次级晶界位错看作是起保持一个参考晶界结构的作用，则一般要求次级晶界位错的最小间距相当于参考晶界的一个重复单元. 根据这个判据，一个可接收的参考晶界的重位坐位面密度 Γ 必须高于所考虑的晶界的面密度. 因此，次级晶界位错的物理意义应依赖于这些位错定位与可分辨的程度. 对于一个具有低 Γ 值的晶界而言，可接受的参考晶界的数目可能很多，我们可以对次级晶界位错的 Burgers 矢量作出某些附加的假设. 若允许这些 Burgers，矢量是非初基 DSC 矢量，则次级晶界位错的间距将增大，于是对一个可能的参考晶界，满足这个判据的可能性也随之增大.

小结

在本章中表述了晶界的通常（初级）的位错模型及次级位错模型，至此可以说已对晶界的几何理论作了一个完整的概述. 按照晶界理论研究现代的发展，接下来应该讨论晶界结构的原子模拟计算，这样才能得到比较接近于现实的晶界附近原子布置的图样. 不过，作者认为试图将有关这一课题的材料压缩在本书的一节中是不现实的和不明智的，所以决定放弃这样一节. 建议对此有兴趣的读者阅读现存的优秀总结文献，例如一般性参考文献[7].

一般性参考文献

[1]Chadwick, G. A., Smith, D. A., Grain Boundary Structure and Properties, Academic Press, New York(1976).

[2] Amelinckx, S., Dislocations in Particular Structures, Dislocations in Solids, ed. by Nabarro, F. R. N., **2**, North-Holland Publi. Com., Amstedam(1979).

[3]Grain Boundary Structure and Kineties, American Society of Metals, Metals Park, Ohio

(1980).

[4]Christian, J. W. , Crocker, A. G. , Dislocations and Lattices Transformation, Dislocations in Solids, ed. by Nabarro, F. R. N. , **3**, North-Holland Publi. Com. Amsterdam (1980).

[5]Hirth, J. R. , Lothe, J. , Theory of Dislocations, John Wiley & Sons, New York (1982).

[6]Bollmann, W. , Crystal Lattiees, Interfaces Matrices, Published by the author, Geneva (1982).

[7]Sutton, A. P. *International Met. Rev.* , **29**, 377(1984).

第十七章 相界结构

§17.1 点阵转变概述

本章要论述的乃是相界的结构.相界所分隔的两个晶粒或晶体的点阵结构不同,同时也有一定的相对取向.如式(16.3)所表述的,界面所分隔的两个晶粒的晶体点阵一般通过一个线性变换 **S** 相联系.对于单相系统而言,这个变换就简单地是一个转动 **R**,见式(16.5).而对于一般的复相系统,变换 **S** 由两个因子组成,即一个纯形变 **B**,一个刚体转动 **R**

$$\mathbf{S}=\mathbf{RB}. \tag{17.1}$$

在正交归一坐标系中,**B** 和 **R** 可以分别用对称矩阵和正交矩阵表示.

这个变换 **S** 是一个仿射变换,它确定母相与新相之间的点阵对应,这两个相具有不同晶体结构并在相界上相接触.从微观上讲,变换 **S** 确定从母相结构转变为新相结构中单胞的均匀畸变.当这两种结构或其中之一具有基元时,即可能发生附加的非均匀的单胞内的原子位移,称之为"Shuffle",这种位移对点阵矢量的畸变并无贡献.图 17.1 示出了晶体相变中的两类原子的位移.在图 17.1(a)中箭头表示原子位移产生晶格均匀形变(**S**);而图 17.1(b)中示出了单胞内的 Shuffle 位移.

伴随相变的点阵形变可以看作是一种"范性"形变,它联系着稳定或亚稳的结构态.这些结构态与本征非稳定的结构态有区别,后者与"弹性"形变相关.对于一个被基体包围的新相颗粒,若它除上述点阵畸变外不发生其它的范性形变,则此颗粒称为是完全共格的,这是"共格"(coherency)的宏观定义.此时均匀形变 **S** 贡献于长程弹性应变,确定颗粒的体应变能.而上述 Shuffle 位移则贡献

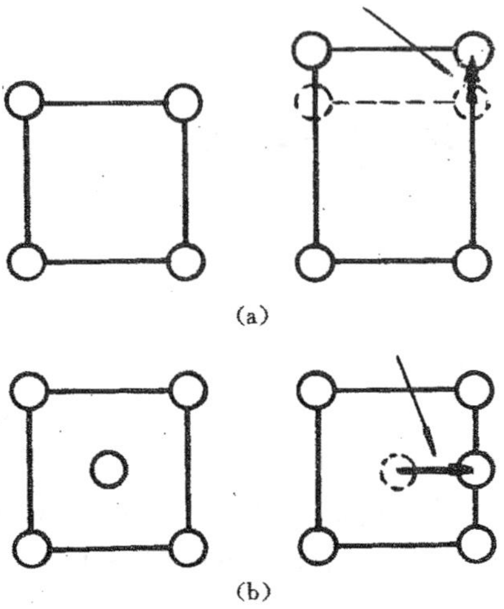

图 17.1

于共格颗粒的界面能.

虽然形变 **S** 确定颗粒形态，从而使完全共格颗粒应变能为极小. 不过借助于叠加另一些颗粒内部的范性形变，可以减小净的转变应变，使应变能进一步降低. 当点阵形变产生了相变生成物的正确点阵结构后，则进一步的形变必须是点阵不变形变(lattice-invariant deformation)，即是这种形变保持点阵结构不变，仅造成晶体形状的改变. 这种形变可以通过任何一种常见的晶体范性形变机制实现，例如寻常的晶体位错的滑移和攀移，或晶体机械孪生，并且服从对晶体范性形变的一般限制. 均匀点阵形变的某些分量在宏观上(长程上)最有效的被晶体位错的整齐周期列阵或晶体孪生的周期列阵所抵销.

现在考虑界面位错的周期列阵所产生的形变的具体性质. 先定义所谓不变平面应变(invariant-plane strain)：在形变中，一个特殊的平面在宏观上保持没有畸变和转动，因此该平面是不变的. 图 17.2(a)示出了最初是一个直角形物体在经历了简单切变 γ_{12} 与单轴应变 e_{22} 的复合形变后，与 X_2 轴垂直的平面保持不变. 右边的矢量图表示该矩形右上角的点的位移由沿 X_1 轴和 X_2 轴的分量组成. 这就是不变平面应变. 现在考查包围颗粒的封闭界面上周期排列的位错. 这些位错必然是闭合环状，并由位错所在的平面(即运动平面)与颗粒外界面的交线确定. 图 17.2(b,c,d)分别示出了产生简单切应变 γ_{12}、不变平面应变(IPS)和单轴应变 e_{22} 情况时的位错环的排列. 位错环的 Burgers 矢量在环面内的分量记为 $\boldsymbol{b}_1$，垂直

于环面的分量记为 $\boldsymbol{b}_2$，分别产生以位错环平面为不变面的不变平面应变的两个宏观分量 γ_{12}, e_{22}. 位错环列阵中环间距记为 D_0，则此列阵所产生的 $\gamma_{12}=b_1/D_0, e_{22}=b_2/D_0$. 若一个相界含有数个这样的周期性位错列阵，每一个列阵可认为是独立地产生一个不变平面应变，由此列阵中位错环的 Burgers 矢量、环平面以及环间距确定.

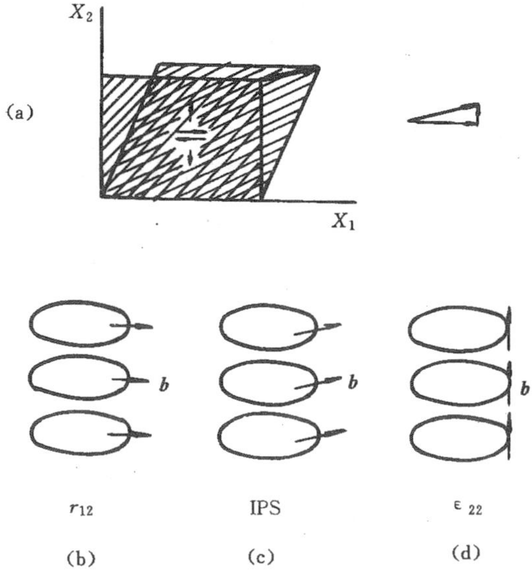

图 17.2

数个不变平面形变可以叠加合成（或适配）一个任意的均匀形变. 用符号 $\mathbf{P}_i$ 表示一个不变平面-点阵不变形变，用 $\mathbf{E}$ 表示相变生成物体的净转变应变或宏观形状应变. $\mathbf{E}$ 由一个点阵形变（方程(17.1)）与 n 个不变平面-点阵不变应变叠加合成，用矩阵表示为

$$\mathbf{E}=\mathbf{RBP}n\cdots\mathbf{P}_2\mathbf{P}_1. \tag{17.2}$$

在相变生成物内部出现点阵不变形变会降低相变生成物的共格度. 对于一个半共格的封闭颗粒而言，其体弹性应变能与一个共格颗粒的应变能等价，后者的净转变应由 $\mathbf{E}$ 确定. 点阵不变形变的非均匀性质产生一个短程的界面应力场，它对颗粒的界面（表面）能给出贡献.

对于所谓第二类位移型相变，即马氏体型相变，经过大量实验研究总结和分析，得到如下 3 个具有相当普遍性的规律[1]，它们是

(i)伴随一个封闭颗粒相变的刚体转动将倾向于使诸最大尺

寸方向的转动为极小.

(ii)一个单位体积应变能极小的相变颗粒将使其畸变极小的诸方向上的尺寸为极大.

(iii)一个表面能极小的颗粒将具有使其界面上的点阵重位数为极小的形态.

在这里,我们并不打算对马氏体颗粒的形态及其成因作细致论述,仅在此补充两个公式.

一个薄椭球体形的马氏体片,其半径为 r 厚度为 c. 若其相变应变分量是上面举例说明的 γ_{12}和 e_{22},即是一个以垂直于 X_2 轴的平面为不变平面的不变平面应变,则其单位颗粒体积的应变能以下式表示:

$$W=Kc/r, \qquad (17.3)$$
$$K=k_1\gamma_{12}^2+k_2e_{22}^2,$$

式中 k_1 和 k_2 是各向异性弹性常数的函数,若为各向同性,而且母相和新相的常数 μ 和 ν 相同,则有 $k_1=\pi\mu(2-\nu)/8(1-\nu)$, $k_2=\pi\mu/4(1-\nu)$. 在 $c/r\to 0$ 的极限下,无论弹性常数大小如何,均有 $W=0$. 以上是新相片的惯习面为与 X_2 轴垂直的平面的结果. 若新惯习面为与 X_3 轴垂直的平面,而相变应变还是同样的 γ_{12}, e_{22},则应变能会很大,并且对 c/r 不敏感. 这是由于在此情况下弹性适配不佳,使惯习面中的矢量发生畸变所致. 这两种情况的对比是上述规律(ii)的一个例证.

若将相变应变(例如上面的 γ_{12}, e_{22})一般地写为 e_{ij}^T,而此 e_{ij}^T又使某一平面保持不畸变,则一个片状马氏体以此无畸变平面为惯习面时应变能极小. 上述的规律(i)要求此平面也是不发生转动的,所以 **E** 必须是一个不变平面应变. 后一条件,结合无扩散相变中点阵不变形变的保守性限制条件,给出通常应用于马氏体相变的晶体学理论的基本假设. 当点阵形变 **B** 并不使任何平面保持无畸变,但使某一直线(或直线锥)保持无畸变,则可证单独一个点阵不变切变 **P** 便足以产生一个宏观无畸变的平面. 因此式(17.2)的形式简化为

$$\mathbf{E}=\mathbf{RBP}. \tag{17.4}$$

当选定了一个切变系统 **P** 之后，**P** 的大小可以按 **BP** 能令一个平面保持无畸变的要求来确定. 使此平面不发生旋转的 **R** 则可由使 **E** 成为一个不变平面切变的条件定出. 完整的取向关系一般由以下附加条件确定，这个条件是要求在 **B** 之下无畸变的直线（它处在 **E** 的不变平面之内）也是一条不变直线，即没有畸变也没有旋转. 以上所述的这个程序被成功地应用于对实际观察结果的分析①.

在进入下节之前还有必要对“共格性”这个重要概念再作一个简要说明. 前文所述一个封闭颗粒的共格态是通过连续统系统中位移与面力在渡越颗粒界面时的连续性定义的. 从形变的观点看来，这一状态的控制因素只是点阵不变形变的程度，此时要求基本上是由弹性适配的点阵形变产生的位移和面力发生弛豫. 与此相对应，界面的共格性一般则是通过离散点阵中对应晶面和线在渡越界面时的不间断性来定义的. 若将界面两侧的晶体学面和线构成一个整体网络，那么这个网络在界面上的不间断性就保证了连续统图象中位移和面力的连续性，所以，关于共格性的这两个概念是相一致的，而一个共格颗粒必然具有一个共格间界.

从连续系统的观点考察，一个给定的颗粒的共格态依赖于联系两个物相的点阵形变之选择. 与此相应，若采取离散点阵观点考虑，则共格态依赖于相关的晶体学面和线的选择. 因此在辨认颗粒或界面的共格性时，确定一个对应关系是重要的. 在下面讨论界面位错的性质时更是特别重要.

§17.2 界面位错·共格位错

如上节所述，一个新相颗粒相对于母相基体发生两种内部宏观形变，即是相变点阵形变（包括 Shuffle）和点阵不变形变. 与此

① Muddle B. C., The crystallography and morphology of ferrous martensites, Int. Conf. Solid-Solid Phase Transf., Aaronson, H. I., ed, TMS-AIME (1982).

对应，需要引入两种界面位错，它们的性质和起的作用不相同．第一种称为共格位错(coherency dislocation)，或相变（转变）位错(transformation dislocation)；第二种称为反共格位错(anticoherency dislocation)，或失配位错(misfit dislocation)．在此，先将这两类位错的主要特征列于表 17.1.

表 17.1 共格位错与反共格位错的主要特征

	共格(相变)位错	反共格(失配)位错
功 能	相变点阵形变 造成相变应变	点阵不变应变 降低应变能
共 格	维持共格性及 点阵对应	降低共格性，扰乱点阵对应的均匀性
特 性	不全位错	全位错
运 动	保守性攀移和/或滑移，不过局限在位错环平面上	保守性滑移，借助扩散攀移

(1)共格位错　以下先论述共格位错的特征．参看图 17.3．图 17.3(a)中示出连续统系统中的一个椭球形共格颗粒，它经历了一个其惯习面的简单切变 e_{xz} 的相变点阵形变．图 17.3(b)示出同一颗粒与基体的晶面示意图，表明两组晶面 a 和 b 分别具有连续性．由于诸晶面的离散性，颗粒内部物质的均匀切变实际上相当于各个 a 平面在 X 方向的有限相对位移．这些离散位移相对于颗粒外部材料的位移量确定一个表面位错列阵中诸位错的 Burgers 矢量，这些位错是不全位错，如图 17.3(c)中所示．由于即使在这些位错存在的情况下，诸跨过相界面的相应晶面或线仍保持为连续．这些位错并非点阵不连续几何物．由于它们维持两个相区的共格性，故此被称为共格位错．另一方面，由于这种位错造成相变点阵形变，所以也被称为相变位错．若使这些位错沿其滑移面移动，使椭球形颗粒变成一个长方形新相颗粒，如图 17.3(d)所示．这样就显示出两类共格界面，分别记为类型Ⅰ和Ⅱ．第Ⅰ类无位错界面表示“无应力”共格性；而第Ⅱ类界面表示“弹性强制”共格性．这种位

错作为相变位错的效用可由图 17.4 清楚演示. 图中涉及的是图 17.3(c) 中左上角的一单个共格位错. 这里两个相是一个机械孪晶系统, 而位错产生的切变 e_{xz} 等于孪生切变. 图 17.4(a) 中示出一个孪晶界面. 图 17.4(b) 中示出一个如上所述的共格位错即孪生位错已自右至左移至图中地区. 图 17.4(c) 示出此位错已移出图之左方. 与图 17.4(a) 相比较, 孪晶界面向上移动了一层, 即是孪晶长大了一层. 由此可见, 这种位错为何称为孪生位错, 或一般称为相变位错. 此图中的孪生面是无应力孪生面, 而且显然可见, 即使当此种共格位错存在时, 跨越孪生面的晶面的一一对应性还是被保持而并未破坏.

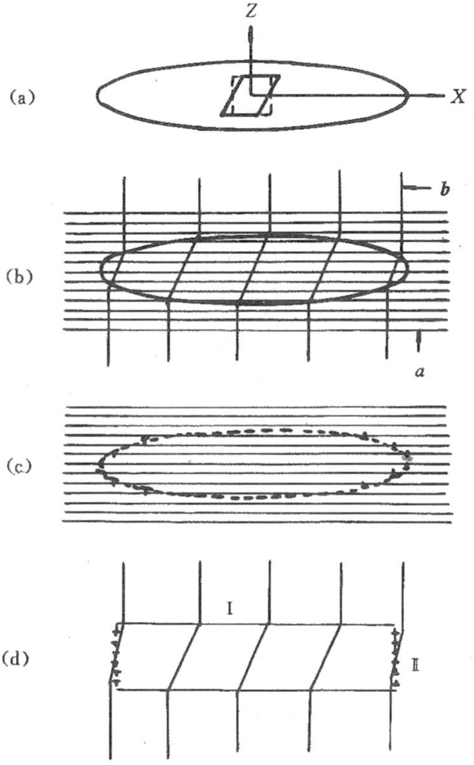

图 17.3

另一种共格位错的形式示于图 17.5 中. 新相颗粒的形状与图 17.3 所示的相同, 不过其相变点阵形变相应于单轴应变 e_{zz}, 同样, 晶面之间的离散相对位移确定图中诸共格位错的 Burgers 矢量. 移动这些位错形成一个长方形颗粒, 依然显示出两种类型的共格界面 I 和 II, 同样分别是无应力共格界面和弹性强制共格界面.

以上所述两种共格界面位错都是不全位错, 即它们的 Burgers 矢量既不是新相的也不是母相晶体的点阵矢量, 它们的运动受层

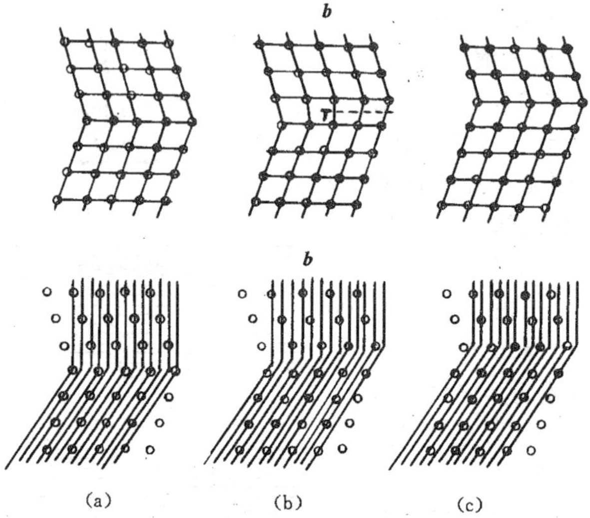

图 17.4

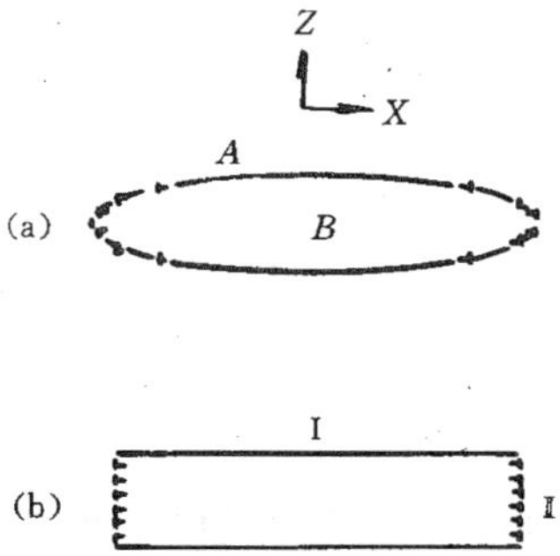

图 17.5

错能的制约. 这些位错处在相界面上,因而对于三维的封闭颗粒而言,这些位错的形式就是图 17.3(b)中晶面 a 与颗粒表面的交线确定的闭合位错环. 为了产生一个均匀的相变点阵形变,要求新相每个晶面上有一个位错环,而此位错环的运动也是局限在这环的环面上. 对于图 17.3 中所示的简单切变相变,该位错环的 Burgers 矢量处在环平面上,这个运动就是通常的滑移. 而如图 17.5 所示的单轴应变 e_{zz},位错环的 Burgers 矢量系与环平面垂直,因此这环的运动是攀移运动. 不过这个情况下的攀移是一个保守性运动过程,即是其中仅涉及晶面间距的改变,而不涉及点缺陷的运动. 这是共格位错的又一特殊性质. 与图 17.3 和图 17.5 相对应的两类共格位错分别称为"滑移共格位错"和"攀移共格位错". 而如图 17.2 中所示的一般情况,共格位错环的 Burgers 矢量有平行于和垂直于平面的两个分量，每一个位错环列阵产生一个不变平面应变. 若有数组这样的列阵，每一组各处在一组有理晶面上，这些列阵的叠加可以产生任何一个相变点阵形变.

与共格位错相对的另一类相界界面位错是反共格位错，或称失配位错. 它们产生新相颗粒的点阵不变形变，并且有和通常晶体位错相同的性质. 关于相界两侧的晶体点阵失配及界面失配位错将在§17.3中详述. 在此除了请读者再浏览表17.1所列的两种界面位错的对照之外，还请参看图17.6，它可以为考查共格位错与反共格位错之间的关系提供一个清晰简单的例子. 图17.6(a)示出两个无应力的晶体，它们垂直于 Z 方向的晶面间距不相同，将这两个晶体在以 X 为法线的平面上共格地连接起来，需要各自

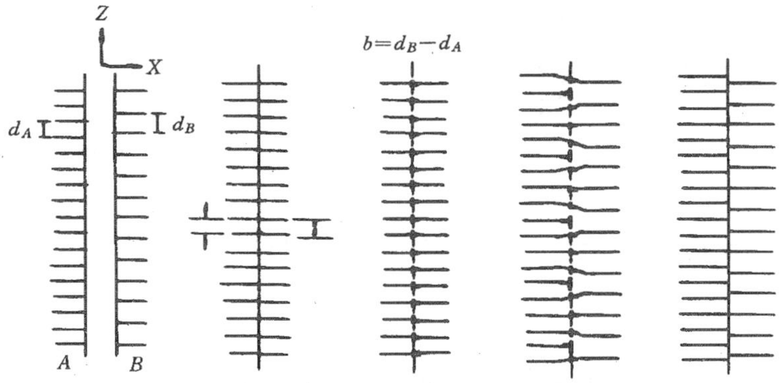

(a) (b) (c) (d) (e)

图 17.6

进行 Z 方向的单轴畸变，如图17.6(b)中所示. 于是诸离散的晶面相对位移就确定共格位错阵列的 Burgers 矢量，示于图17.6(c)中，这个列阵相当于图17.5中的攀移位错. 这列阵的长程应力场可以被叠加上一个反共格位错列阵而抵消. 叠加的结果得出图17.6(d)中表示的半共格界面，而短程应力依然存在. 这些反共格

位错有如普通晶体位错一样，起着点阵不连续几何物的作用.最后，如果层错能的值允许反共格位错分解为扩展位错，则这个扩展过程会导致短程应力场的完全抵消，结果得到图 17.6(e)中的完全非共格界面，此时界面能完全由“化学的”层错能给出.

(2)*界面形貌* 正如一个晶体可以等价地描述为任意 *hkl* 晶面的堆垛，一个给定的点阵形变可以分解为任意个数的不变平面应变的叠加，这些应变乃是由处在有理晶面上的共格位错列阵产生的.为了确定可能的共格位错列阵的相对重要性，可以从考查晶体界面的精细形貌入手.如图 17.4 所示，每个共格位错可以与一个界面台阶相联系，在相变位错意义下这一点是很直观的.于是，这些位错的台阶特性便成为比较它们在一个给定界面上可能的物理重要性的基础.

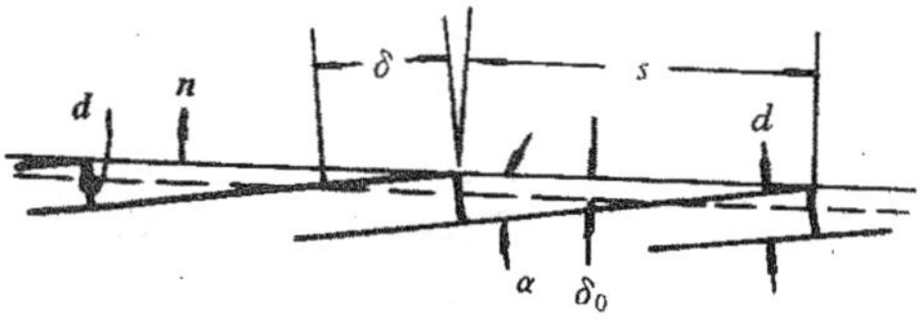

图 17.7

图 17.7 示出一个法线为 $\boldsymbol{n}$ 的(局部)原子结构上为平滑的界面的台阶结构.与一个特定晶面相连系的界面台阶用矢量 $\boldsymbol{d}$ 描述，$\boldsymbol{d}$ 与此特定晶面垂直，其量值 d 等于此组晶面的面间距.相应台阶之间的距离为 s

$$s=d/\sin\alpha, \tag{17.5}$$

α 是矢量 $\boldsymbol{d}$ 与 $\boldsymbol{n}$ 之间的夹角.相应的共格位错的 Burgers 矢量可以通过点阵形变的变换 $\mathbf{S}$ 来确定，如图 17.8 所示.此图与上一章中说明 Bliby-Frank 公式的图 16.5 相似.图 17.8(b)示出中间态的参考点阵，它通过变换 $\mathbf{S}_1$ 变为点阵 1[图 17.8(a)]，通过变换 $\mathbf{S}_2$ 变为点阵 2，则台阶矢量 $\boldsymbol{d}$ 在点阵 1 和点阵 2 中的表象转换为在参考点阵中由反变换得到的 $\mathbf{S}_1^{-1}\boldsymbol{d}$ 与 $\mathbf{S}_2^{-1}\boldsymbol{d}$ 之间的连接矢量.于是，根据 Burgers 迴路与 Burgers 矢量的定义，可见，对于相应的共格位错，有

$$\boldsymbol{b}=(\mathbf{S}_1^{-1}-\mathbf{S}_2^{-1})\boldsymbol{d}. \tag{17.6}$$

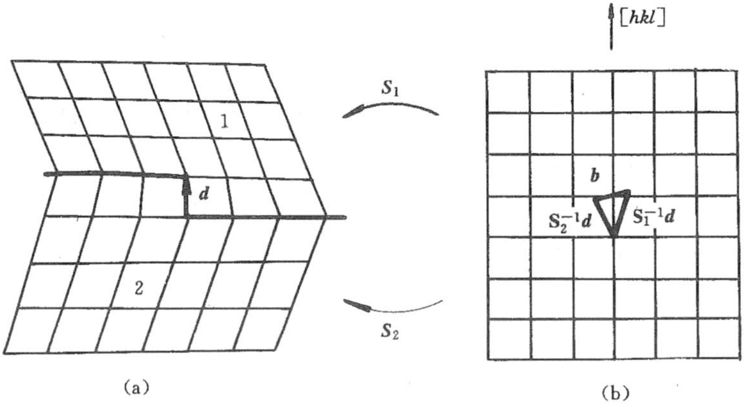

图 17.8

若将点阵 1 作为参考点阵，则上式具有形式

$$\boldsymbol{b}=(\mathbf{I}-\mathbf{S}_2^{-1})\boldsymbol{d}. \tag{17.7}$$

若将表面以下深度 δ_0 以内的原子定义为表面原子，那么每一个晶面所贡献的表面原子都处在宽度为 δ 的一个带域里，见图 17.7. 沿一个表面台阶（即一个位错）线的原子线密度 ρ_L 是

$$\rho_L=\delta d/\Omega, \tag{17.8}$$

此处 Ω 为原子体积（参考于参考点阵）. 台阶（位错）线间距 s 与沿台阶线的平均原子间距 ρ_L^{-1} 之比

$$\beta=\rho_L s \tag{17.9}$$

是一个有用指标，借以判断一组台阶能否被分辨为离散的线条. 当 $\beta \geqslant 1$ 时，则此组台阶是可以分辨的.

对于界面上的共格位错，宽度参量 δ 可以取作位错芯半径 $r_c=Ab$. A 是一个 1 至 2 之间的常数，于是便有

$$\rho_L=Abd/\Omega, \tag{17.10}$$

$$\beta=\frac{Abd^2}{\Omega\sin\alpha}. \tag{17.11}$$

对于一个给定的点阵形变，此共格位错 $\boldsymbol{b}$ 的量值 b 会正比于 d，所以 ρ_L 随 d^2，而 β 随 d^3 而变化. 由此可见，相对较高密集的晶面将

对界面台阶结构，亦即共格位错结构，起相对较大的主导作用.

§17.3 失配与失配位错

反共格位错即为失配位错. 本节将以较现实的观点，即考察点阵的失配来引入关于这种位错的论述.

一般地讲，若两个晶体具有相似或相近的晶体结构，但点阵常数略有差别，当它们在一定取向的晶面上结合时，两部分晶体具有一定的取向关系，但在未弛豫状态下，在接触面上两晶体的原子列不能对齐，这种状况即称之为失配. 图 17.6 所示的两个晶体的对接就是失配的一个简单例子. 在实际中，如薄膜的外延生长、脱溶颗粒的析出等，均产生界面失配现象，例子甚多.

失配界面两侧附近的原子会自动略微调整其位置，使体系能量降低，即发生弛豫. 弛豫的后果有两个方面，即(i)当一个晶体是较薄的薄膜，而且点阵常数与基体相差不大时，薄晶体整体发生弹性形变，界面是共格的，即两侧原子列对齐的位形；(ii)错排或失调集中到某些严重的“坏”区域，它们之间相隔以一定面积相对较大的“好”区域，而这些坏区域以位错的形式存在，即为失配位错网. 而界面就是半共格的.

这里的说法与上一节，特别是关于图 17.6 的说明等价，只是没有明确提到共格位错. 在此，失配位错的出现显然是点阵不变形变，即范性形变的结果. 从而，当异相薄膜较薄，或点阵常数相差较小时，失配或相变引起弹性应变能完全为异相体的弹性形变所接纳，则失配位错暂不出现. 而当失配增大到某一程度时，超过异相体的极限弹性接纳能力，于是发生某种范性形变，于是出现界面失配位错，降低或部分破坏界面的共格性，同时降低系统的弹性能. 为了从这个角度来考察失配位错出现的条件，必须先定义失配的度量，即失配度 f.

若是薄晶体在厚衬底上的情况，则较方便地定义为[2]

$$f=(a_s-a_0)/a_0, \tag{17.12}$$

式中 a_0 和 a_s 分别是薄膜和厚衬底在无应力状态下的点阵常数. 此

定义的特征为：若薄膜发生弹性形变使界面上两侧原子列对齐，则界面上的应变等于 f；如果失配量为弹性形变及失配位错二者所接纳，则

$$f=\varepsilon+\delta, \tag{17.13}$$

式中 ε 是薄膜中的弹性应变，δ 是失配位错所接纳的部分失配量．若 f 为正，则 ε 为张应变，位错为正；逆之亦真．

对于两个厚晶体，适合的定义是

$$f=2[(a_s-a_0)/(a_s+a_0)]. \tag{17.14}$$

与上例相同，如 f 为正，则上方生长晶体中失配应变为张应变．失配位错为正．

对于合金中的球形脱溶物，可以通过下式定义量 f：

$$\Omega_p/\Omega_m=(1+f)^3, \tag{17.15}$$

式中 Ω_p 和 Ω_m 分别是脱溶相和基体的原子体积．

若一个平面界面两侧晶体点阵常数相差较大，例如当 $a_0/a_s=m/n$ 时，这里的 m 和 n 是整数，则界面两侧的晶体点阵形成重位点阵，而界面为重位晶界．偏离重位晶界不远的界面相对于完善的重位晶界也有失配，此时失配量定义为

$$F=(ma_s-na_0)/na_0 \tag{17.16}$$

和

$$F=2[(ma_s-na_0)/(ma_s+na_0)], \tag{17.17}$$

这两个定义与式(17.12)和式(17.14)分别等效，不过这里偏差的度量是相对重位点阵而言的．当 $m=n$ 时，显然，它们分别简化为式(17.12)和式(17.14)．

下面具体考察几个失配界面的例．

(i)基底上的薄膜．设 W_d 表示界面失配位错网络的能量，W_s 表示薄膜中的弹性应变能，现计算使二者之和为极小时的弹性失配应变之值．

假定基底和薄膜均属立方晶系，并为弹性各向同性．对线性弹性理论的偏离以及表面能随应变的变化都略去不计．假定失配位错为刃型位错，其 Burgers 矢量在界面内，诸位错线组成一个正方

网络.

两个晶体的切变模量分别为 μ_0 和 μ_s，在其界面上的一个位错具有能量约为

$$\frac{\mu_0\mu_s}{\mu_0+\mu_s}\frac{b^2}{2\pi(1-\nu)}\left(\ln\frac{R}{b}+1\right). \qquad (17.18)$$

若平行于界面平面的弹性应变为 ε，则相邻两个失配位错之间的间距为

$$s=b(f-\varepsilon)^{-1}. \qquad (17.19)$$

故此若略去组成正方网格的诸位错之间的相互作用，则此网格(界面)单位面积的能量为

$$W_d=\frac{\mu_0\mu_s(f-\varepsilon)b}{\pi(\mu_0+\mu_s)(1-\nu)}\left(\ln\frac{R}{b}+1\right). \qquad (17.20)$$

与应变 ε 相联系的弹性能为

$$W_s=\frac{1+\nu}{1-\nu}2\mu_0h\varepsilon^2, \qquad (17.21)$$

式中 h 为薄膜厚度. 如果 $h<\frac{1}{2}s$，则 $R=h$. 使 W_d 和 W_s 之和成为极小的 ε 值为

$$\varepsilon^*=\frac{\mu_sb}{4\pi(\mu_0+\mu_s)(1+\nu)h}\left(\ln\frac{h}{b}+1\right), \qquad (17.22)$$

ε^* 的最大可能值为 f. 若由上式确定的 $\varepsilon^*\geqslant f$，则薄膜发生应变与基底完全精确匹配. 若 $\varepsilon^*<f$，则失配的一部分 $\delta=f-\varepsilon^*$ 由失配位错所接纳. 使第一个失配位错生成的能量条件相应的临界膜厚度 h_c 可由假定 $\varepsilon^*=f$ 得出

$$h_c=\frac{\mu_sb}{4\pi(\mu_0+\mu_s)(1+\nu)f}\left(\ln\frac{h_c}{b}+1\right). \qquad (17.23)$$

若失配位错的密度是使 $s<2h$，则式(17.22)对 ε^* 的估值过高. 当 $s<2h$ 时，设 $R=\frac{s}{2}=\frac{1}{2}b(f-\varepsilon)^{-1}$ 则可得到一个更精确的估计

$$\varepsilon^*=\frac{-\mu_sb}{4\pi(\mu_0+\mu_s)(1+\nu)h}\ln2(f-\varepsilon^*). \qquad (17.24)$$

但当 $s\geqslant 2h$ 时，上式又不精确. 设失配位错是平行的刃位错时，所

得到的表达式为

$$W_d=\frac{\mu_1}{4\pi^2}\left\{1+\beta-(1+\beta^2)^{\frac{1}{2}}-\beta\ln\left[2\beta(1+\beta^2)^{\frac{1}{2}}-2\beta^2\right]\right\},\tag{17.25}$$

这里

$$\beta=\frac{2\pi(f-\varepsilon)\mu_0\mu_s}{(1-\nu)(\mu_s+\mu_0)\mu_1},\tag{17.26}$$

而 μ_1 称为界面切变模量. 当界面间键较弱时，μ_1 较小，而当键较强时，μ_1 较大.

若失配位错构成互为垂直的两个行列阵(即长方网络)，而且无相互作用时，则可得到下面的表达式：

$$\varepsilon^*=\frac{\mu_s b}{4\pi(\mu_0+\mu_s)(1+\nu)h}\ln\left[2\beta(1+\beta^2)^{\frac{1}{2}}-2\beta^2\right].\tag{17.27}$$

(ii)基底上的三维小岛. 基底上生长一个薄膜在起始时常常是三维小岛成核，然后生长和合并. 可以预料在此种三维小岛中存在失配应变. 对形状简单的小岛不难计算失配应变与界面上失配位错结构. 不过在已进行过的计算中常略去弯曲表面对小岛内部应力的贡献，以及单个失配位错之生成使失配应变发生陡然改变的事实. 此外还假定了失配位错在界面上是均匀的. 这些假定均将引起一定的不精确性.

比较早期的工作曾考虑了半球形小岛. 设此小岛半径为 r_n，则其弹性能为

$$W_n=\frac{2}{3}\frac{\mu_n r_n^3\varepsilon_n^2}{1-\nu},\tag{17.28}$$

式中的 ε_n 是核与基体之间的界面处核的应变. 与基体应变相关联的弹性能为

$$W_s=\frac{8}{3}\frac{\mu_s r_n^3\varepsilon_s^2}{1-\nu}.\tag{17.29}$$

如果现在暂时重新约定：在能够减小两个点阵之间的失配的前提下，取 ε_n 和 ε_s 的符号为正. 这样为应变所接纳的失配量即 $\varepsilon=\varepsilon_s+\varepsilon_n$，且$(\varepsilon_n/\varepsilon_s)=(4\mu_s/\mu_n)$，与弹性应变相关的总能量是

$$W_\varepsilon=\frac{8}{3}\frac{\mu_s\mu_n}{4\mu_s+\mu_n}\frac{r_n^3\varepsilon^2}{1-\nu}. \tag{17.30}$$

若失配位错为刃型的，其 Burgers 矢量位于薄膜平面内，诸位错线构成正方网络，其间距小于 r_n，则失配位错能量近似为

$$W_d=\frac{f-\varepsilon}{b}\frac{\mu_n\mu_s}{\mu_n+\mu_s}\frac{b^2r_n{}^2}{1-\nu}\left[\ln\frac{1}{2(f-\varepsilon)}+1\right]. \tag{17.31}$$

估计由 $\varepsilon_n+\varepsilon_s$ 所接纳的失配量为

$$\varepsilon^*=\frac{-3}{16}\frac{4\mu_s+\mu_n}{\mu_s+\mu_n}\frac{b}{r_n}\ln 2(f-\varepsilon^*). \tag{17.32}$$

如果采用式(17.25)来表示界面位错能量，则有

$$\varepsilon^*=\frac{-3}{16}\frac{4\mu_s+\mu_n}{\mu_s+\mu_n}\frac{b}{r_n}\ln\left[2\beta(1+\beta^2)^{\frac{1}{2}}-2\beta^2\right]. \tag{17.33}$$

以上两个公式当 $\varepsilon^*\geqslant f$ 时不很精确. 因此若要估算一个临界半径 r_c(此 r_c 是在失去共格性时能量上变得最适合的半径值)最好取在 $\varepsilon=f$ 时的 W_ε 和 $\varepsilon=0$ 时的 W_d，令二者相等并求解 r_n. 由式(17.30)和式(17.31)解得

$$r_c=\frac{-3}{8}\frac{4\mu_s+\mu_n}{\mu_n+\mu_s}\frac{b}{f}[\ln(2f-\varepsilon)-1]. \tag{17.34}$$

若采用式(17.25)，则有

$$r_c=\frac{3}{16\pi}\mu_1\frac{4\mu_s+\mu_n}{\mu_s\mu_n}\frac{b(1-\nu)}{f^2}\times\left\{1+\beta-(1+\beta^2)^{\frac{1}{2}}-\beta\ln\left[2\beta(1+\beta^2)^{\frac{1}{2}}-2\beta^2\right]\right\}. \tag{17.35}$$

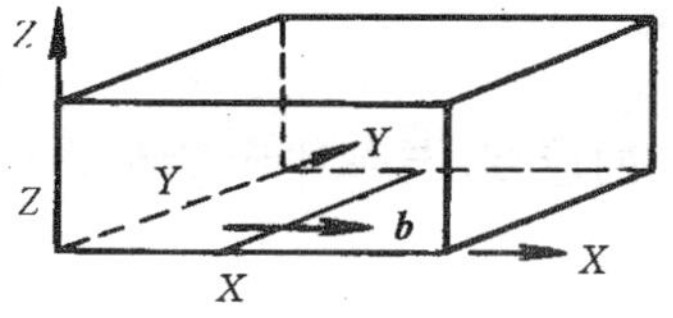

图 17.9

基底上三维小岛的另一重要情况是砖块形小岛，如图 17.9 所示. 假定小岛的未应变点阵与基体之间的失配在 x 方向上为 f，在 Y 方向上为零. 小岛的长、宽、高为 x、y、z，其中 z 远小于 x 和 y. 如果所有的失配都由弹性应变接纳，则小岛的弹性能近似为

$$W_\varepsilon=\mu_0Vf^2/(1-\nu), \tag{17.36}$$

其中 V 是小岛的体积. 当小岛达到一个临界尺寸时，产生第一个失配位错. 其 Burgers 矢量沿 X 方向，位错线沿 Y 方向. 于是界面能的降低为($x_1y_1z_1$ 为第一个位错产生时的小岛体积)：

$$\frac{\mu_0 y_1 z_1}{1-\nu}\left(2fb-\frac{b^2}{x_1}\right). \tag{17.37}$$

当第 n 个位错产生时释放的能量为

$$\frac{\mu_0 y_n z_n}{1-\nu}\left[2fb-\frac{b^2}{x_n}(2n-1)\right]. \tag{17.38}$$

如果第 n 个位错的线能量为

$$\frac{y_n \mu_0 \mu_s b^2}{\mu_0+\mu_s}, \tag{17.39}$$

并且假定第 n 个位错形成时其释放的能量等于其自身之能量，则有

$$x_n=(2n-1)\left[\frac{2f}{b}-\frac{\mu_s(1-\nu)}{(\mu_0+\mu_s)z_n}\right]^{-1}. \tag{17.40}$$

如果小岛在生长过程中保持形状不变，那末有 $z=px$，p 为一常数，于是有

$$x_n=\frac{b}{2f}\left[(2n-1)+\frac{\mu_s(1-\nu)}{(\mu_0+\mu_s)p}\right]. \tag{17.41}$$

如果达到上式表示的 x_n 值时，小岛的弹性应变发生一个突变，由 $f-(n-1)b/x_n$ 变为 $f-nb/x_n$. 如果取 $\nu=\frac{1}{3}$，$\mu_0=\mu_s$，$b=0.25\text{nm}$，$p=0.1$，$f=0.025$，则 $\varepsilon^*\sim x$ 的变化关系如图 17.10 所示.

如果略去失配应变的弛豫的不连续特征，那末，使弹性应变能与失配位错能之和为极小的应变 ε^* 与 x 的关系为

$$\varepsilon^*=\frac{b(1-\nu)}{2Z}\frac{\mu_s}{\mu_0+\mu_s}=\frac{b(1-\nu)\mu_s}{2px(\mu_0+\mu_s)}. \tag{17.42}$$

如果失配存在于 X 和 Y 两个方向上，设 $f_x=f_y=f$，并且小岛与基底的界面总成正方形. 设 f_x 为 $\boldsymbol{b}/\!/\boldsymbol{X}$ 的位错所接纳，f_y 为 $\boldsymbol{b}/\!/\boldsymbol{Y}$ 的位错所接纳. 两组位错产生的过程如图 17.11 所示. 图中的粗线表示从上往下看到的小岛的边界，细线表示老的失配位错线，而细

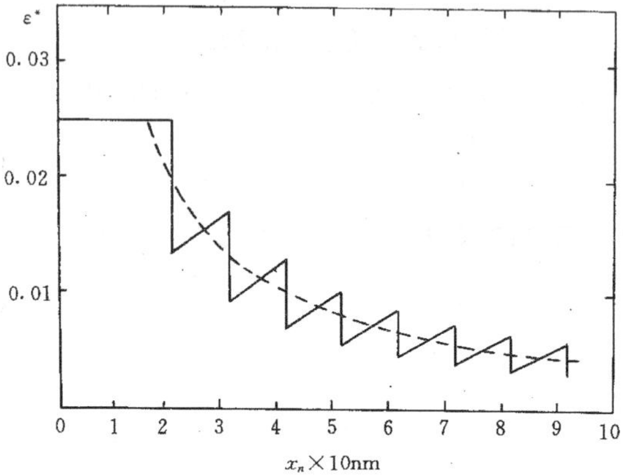

图 17.10

的间断线或者是刚形成的，或是马上就要形成的失配位错线. 图 17.11(a)示出刚形成的第一条位错，它可以沿 x 方向或 y 方向. 在进一步的长大过程中，在与第一条垂直的方向形成第二条[图 17.11(b)]. 再长大一些时，沿 X 或 Y 方向产生第三条位错或[图 17.11(c)]. 第四条与第三条垂直[图 17.11(d)]，如此继续下去. 如果这个岛很薄，即 $z \ll x, y$，则弹性能为

$$W_\varepsilon = \mu_0 V(\varepsilon_x^2 + \varepsilon_y^2 + 2\nu\varepsilon_x\varepsilon_y)(1-\nu)^{-1}. \qquad (17.43)$$

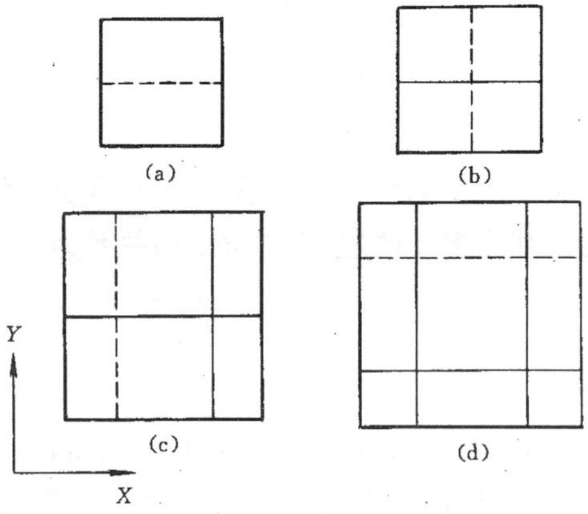

图 17.11

若有 n 条位错平行于 X,n 条位错平行于 Y,则下一个(即第 $2n+1$ 条)位错生成时的 x 或 y 的值为

$$x_{2n+1}=\frac{b}{2f(1+\nu)}\left[\frac{\mu_s(1-\nu)}{p(\mu_0+\mu_s)}+2n(1+\nu)+1\right]. \tag{17.44}$$

若有 n 条位错平行于 X(或 Y),$n-1$ 条位错平行于另一轴向,则当下一条位错(即第 $2n$ 条位错)生成时的 x 或 y 值为

$$x_{2n}=\frac{b}{f(1+\nu)}\left[\frac{\mu_s(1-\nu)}{p(\mu_0+\mu_s)}+2n(1+\nu)-1\right]. \tag{17.45}$$

以上两式可用来计算图 17.11 中所示的小岛的相对大小.

(iii)点阵常数相差较大的情况.当一对平行的晶体间失配较小时,其界面结构可由初级失配位错网络描述如上.但研究指出,当失配大致在大于 10%～15%时,上述描述方法就有问题了.这与上一章所述简单晶粒间界模型所遇到的问题相似.于是人们考虑将重位晶界及近重位晶界概念应用于点阵常数相差较大的失配界面.

具体考虑 $a_0/a_s=m/n$,这里的 m 和 n 均为整数,特别是 $n=m\pm1$ 的情况.显然,我们只考虑 $n=m-1$ 的界面就可以了.因为 $n=m+1$ 的结果只需将基底与上方晶体交换便可以从 $n=m-1$ 的结果中得出.现取 $a_0/a_s=5/4$,界面两侧原子的排列如图 17.12(a)所示.从图 17.12(a)中可看出,上方晶体中每四个原子有一个原子相当于占据基体的原子位置.图 17.12(b)示出的是另一个表示

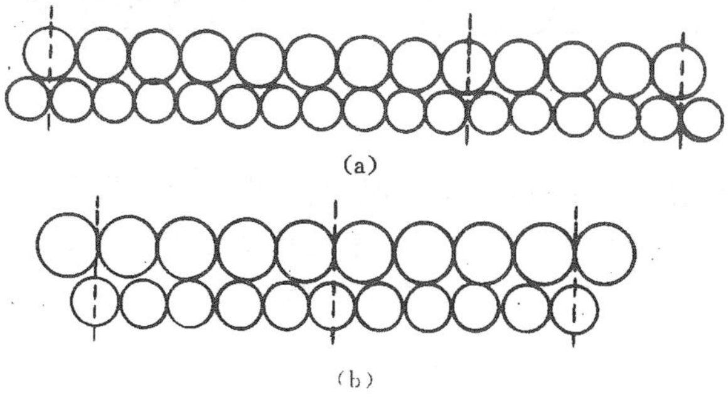

(a)

(b)

图 17.12

法. 如果允许上下两个晶体相对滑动，则可见到界面结构可以在这两种形式之间反复变动. 在这两种形式下，界面由长度(宽度)为 $4a_0$ 或 $5a_s$ 的单元构成. 这实际上是重位点阵的图象. 这时有 $F=0$ [见式(17.16)和式(17.17)].

若 $a_0/a_s>5/4$ 或 $a_0/a_s<5/4$，则失配度 $F\neq 0$，于是界面偏离重位点阵结构. 图 17.13(a)和(b)分别示出这两种情况的图象. 例如在图 17.13(a)中 F 仅有一部分为均匀弹性应变所接纳，而长度为 $4a_0$ 或 $5a_s$ 的单元为长度为 $5a_0$ 或 $6a_s$ 的单元所代替；后者相当于失配位错，其 Burgers 矢量为 $+\frac{1}{4}a_s$ 或 $+\frac{1}{5}a_0$. 图 17.13(b)所示为与此相对的情况，在这里一部分结构单元的长度为 $4a_0$ 或 $5a_s$，而失配位错的 Burgers 矢量为 $-\frac{1}{4}a_s$ 或 $-\frac{1}{5}a_0$. 如果，例如 F 的值继续增大，则图 17.13(a)中的"非正规"单元数目随之增多，直至达到另一种重位界面的位形. 此时，结构单元长度为 $5a_0(=6a_s)$ 或 $3a_0(=4a_s)$.

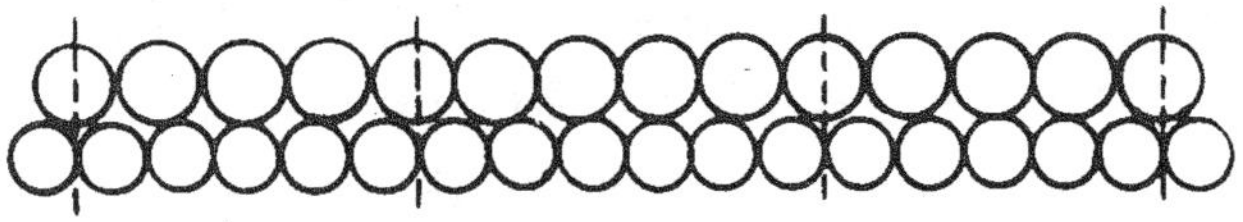

(a)

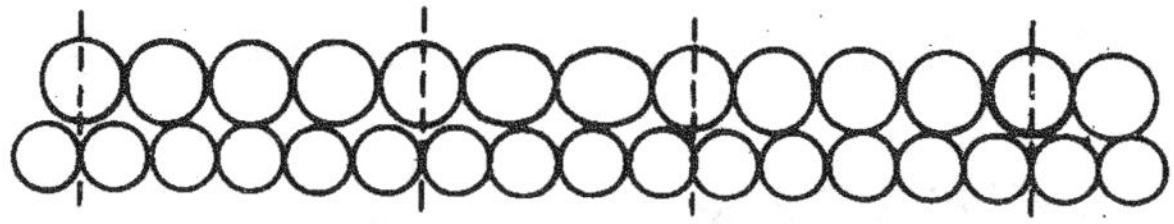

(b)

图 17.13

若考虑 $F_x=F_y$ 的二维情况，则产生正交的失配位错网络，其 Burgers 矢量为 a_0/m(或 a_s/n)，单位长度位错的能量为 $\mu_0\mu_s b^2/(\mu_0+\mu_s)$. 由此可知厚基底上薄膜中的弹性能 W^* 为

$$W^*=\frac{\mu_s(1-\nu)}{2(\mu_0+\mu_s)(1+\nu)}\frac{a_0}{hm}. \tag{17.46}$$

由此预计共格重位间界的叠加生长薄膜厚度应为

$$\frac{\mu_s(1-\nu)}{2(\mu_0+\mu_s)(1+\nu)}\frac{a_0}{mF}. \tag{17.47}$$

一般说来，m 不宜太大，若 $m>10$，则重位模型看来不很适用.

除以上处理的平面失配间界问题之外，还处理过模拟合金中脱溶粒子的球体的失配间界问题，限于篇幅，不准备在此详述，可参考一般性参考文献[2].

§17.4 马氏体相界

马氏体相界是本章要论述的一个重要例子. 由于马氏体相变的无扩散性，使得其所涉及的点阵不变形变必然是保守性的，从而也就限于一个简单切变. 因而式(17.4)被满足，即

$$\mathbf{E}=\mathbf{RBP}. \tag{17.48}$$

上式可写成

$$\mathbf{RB}=\mathbf{EP}^{-1}. \tag{17.49}$$

这里 $\mathbf{E}$ 解释为 $\mathbf{RB}$ 中的宏观可观察部分；而 $\mathbf{P}^{-1}$是一个均匀的“补充”或“不可见”的切变，且这部分宏观上为非均匀的点阵不变切变 $\mathbf{P}$ 所抵消. 以上各种形变分别可用界面位错列阵表示，或者说分别相应于不同的界面位错列阵，如图 17.14 所示. 均匀的点阵形变由产生形变 $\mathbf{E}$ 和 $\mathbf{P}^{-1}$的两个均匀的共格位错列阵表示，如图 17.14 (a)和(b)所示，图 17.14(a)中位错网络的 Burgers 矢量 $\boldsymbol{b}$ 与位错环面斜交，表示与此不变平面应变相应的位错具有滑移分量与攀移分量. 图 17.14(**b**)中的位错列阵产生形变 $\mathbf{P}^{-1}$，其 Burgers 矢量只有滑移分量. 即图 17.14(a)示出的产生宏观切应变 E 的共格位错，图 17.14(b)示出产生补充切变 $\mathbf{P}^{-1}$的共格位错. 图 17.14(c)示出产生点阵不变形变的反共格位错的周期性列阵，它通过滑移产生非均匀的点阵不变切变 $\mathbf{P}$. 以上三组位错列阵的叠加所构成的网络示于图 17.14(d)，它给出一个封闭的半共格马氏体颗粒界面结构的完整的位错描述.

将总的形变按式 $\mathbf{RB}=\mathbf{EP}^{-1}$及图 17.14 所示的各个位错列阵分解，有利于计算界面所产生的应力场. 图 17.14(a)中的 $\mathbf{E}$ 列阵

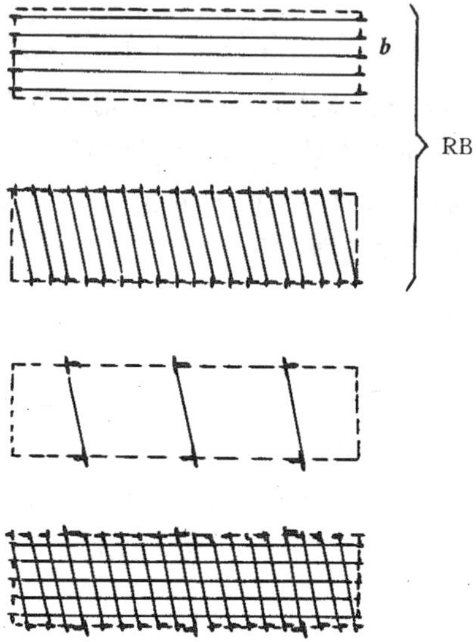

图 17.14

产生颗粒的长程应力场,从而给出体应变能.图 17.14(b)和(c)中 $\mathbf{P}^{-1}$列阵与 **P** 列阵之叠加产生短程弹性应力场,相应的弹性能与表面面积尺度成比例,从而给出界面能的弹性部分.

一个具体的马氏体相变惯态面(即相界)的位错结构要通过前面所述界面形貌学的知识去估算.一般是取定一个实际的惯态面,然后采用§17.2 中的各个公式计算与此惯态面最相近的各组晶面结构的各个参数之值,以此作为此(hkl)晶面台阶出现在该特定惯态面(相界)上重要判据,从而确定与每一组(hkl)晶面台阶相应的共格位错阵列,最后推得此相界面的较完整的共格位错网络结构.

作为一个具体的例,在此考察合金 Fe-31Ni 中 fcc(γ)→bcc(α)转变时产生的相界结构的理论描述.取 fcc 点阵为参考点阵,相界面即实际的惯态面$(3\ 10\ 15)_\gamma$,采用上文中的式(17.5)—(17.11),并取位错芯尺寸参数 $A=2$,最后算出与此惯态面相接近的若干晶

表 17.2

hkl	α	d/a	d(nm)	b/a	b(nm)	ρ_L(nm)$^{-1}$	s(nm)	β
111	25.61°	$\begin{bmatrix}1/3\\1/3\\1/3\end{bmatrix}$	0.207	$\begin{bmatrix}0.074615\\-0.175744\\0.081243\end{bmatrix}$	0.0745	2.66	0.479	1.274
002	38.52°	$\begin{bmatrix}0\\0\\1/2\end{bmatrix}$	0.180	$\begin{bmatrix}-0.008252\\-0.067728\\0.061039\end{bmatrix}$	0.0329	1.02	0.289	0.295
022	13.15°	$\begin{bmatrix}0\\0\\1/4\end{bmatrix}$	0.127	$\begin{bmatrix}0.024837\\-0.091461\\0.053724\end{bmatrix}$	0.0391	0.858	0.558	0.479
113	19.49°	$\begin{bmatrix}1/11\\1/11\\3/11\end{bmatrix}$	0.108	$\begin{bmatrix}0.017349\\-0.072559\\0.044353\end{bmatrix}$	0.0312	0.582	0.324	0.188
133	8.02°	$\begin{bmatrix}1/19\\3/19\\3/19\end{bmatrix}$	0.082	$\begin{bmatrix}0.022239\\-0.066364\\0.035449\end{bmatrix}$	0.0282	0.401	0.589	0.236
024	15.04°	$\begin{bmatrix}0\\1/10\\1/5\end{bmatrix}$	0.080	$\begin{bmatrix}0.008284\\-0.050230\\0.033698\end{bmatrix}$	0.0219	0.304	0.310	0.094
135	6.25°	$\begin{bmatrix}1/35\\3/35\\1/7\end{bmatrix}$	0.061	$\begin{bmatrix}0.011129\\-0.043767\\0.026219\end{bmatrix}$	0.0187	0.119	0.558	0.109

面(hkl)在相界面上产生的台阶的诸参数，特别是参数 ρ_L 和 β. 如前所述，每一组晶面台阶相应于一组共格位错，而参数 β 可以指示这组共格位错出现的概率. 这个计算的数值结果列于表 17.2 中. 由 ρ_L 和 β 值的比较可见(111)面的台阶相应于最显著的相界共格位错，位错间距为 0.5nm. 重要程度在其次的共格位错与(022)和(002)面相对应. 这几组共格位错构成的网络绘于图 17.15(a)中. 另一方面，为了使这一惯态面(31015) 成为一个不变平面，一个点

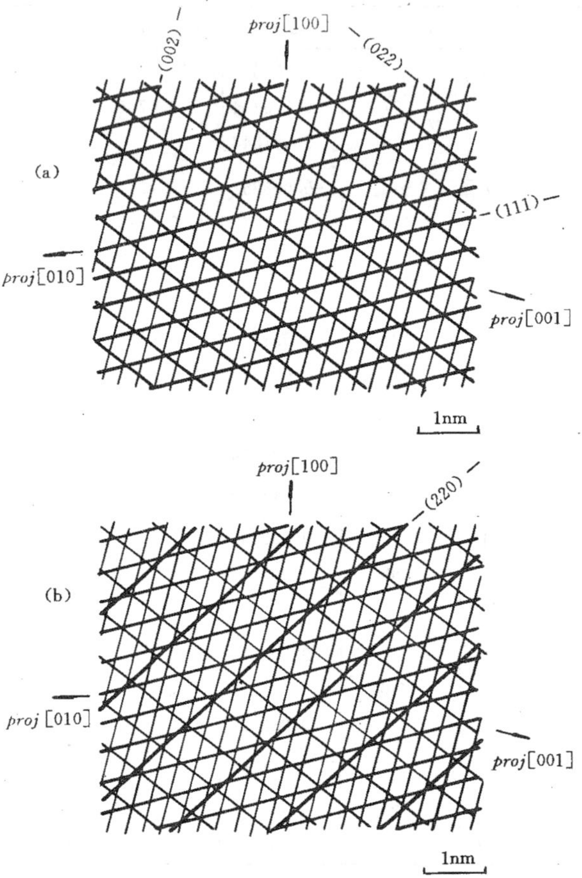

图 17.15

阵不变切变 P 必须发生在$(112)_\alpha$ 或相应的$(220)_\gamma$ 上,其形式为滑移或孪生.在滑移的情况下,这个 P 相应于一组反共格位错,其 Burgers 矢量为$\frac{1}{2}a[110]_\gamma$,位错间距 1.17nm,叠加在图 17.15(a)所示的共格位错网络之上,如图 17.15(b)所示的那样,给出完整的相界位错结构图案.以上的例子说明了推导相界位错结构的一般方法.

表 17.3

hkl	α	d/a_0	d(nm)	b/a_0	b(nm)	$\rho_L(\text{nm})^{-1}$	s(nm)	β
110	15.15°	$\begin{bmatrix}1/2\\1/2\\0\end{bmatrix}_\beta$	0.2063	$\begin{bmatrix}0.044620\\-0.071246\\-0.051746\end{bmatrix}_\beta$	0.0262	0.86	0.789	0.688
200	44.33°	$\begin{bmatrix}1/2\\0\\0\end{bmatrix}_\beta$	0.1459	$\begin{bmatrix}0.020852\\0.023742\\-0.012295\end{bmatrix}_\beta$	0.0103	0.24	0.209	0.050
$21\bar{1}$	17.38°	$\begin{bmatrix}1/3\\1/6\\-1/6\end{bmatrix}_\beta$	0.1191	$\begin{bmatrix}0.025929\\-0.043454\\-0.019988\end{bmatrix}_\beta$	0.0156	0.30	0.399	0.120
310	27.86°	$\begin{bmatrix}3/10\\1/10\\0\end{bmatrix}_\beta$	0.0923	$\begin{bmatrix}0.017273\\-0.025281\\-0.009105\end{bmatrix}_\beta$	0.0093	0.14	0.198	0.028
$32\bar{1}$	8.27°	$\begin{bmatrix}3/14\\1/7\\-1/14\end{bmatrix}_\beta$	0.0780	$\begin{bmatrix}0.017487\\-0.028372\\-0.013067\end{bmatrix}_\beta$	0.0104	0.12	0.542	0.070
$33\bar{2}$	10.65°	$\begin{bmatrix}3/22\\3/22\\-1/11\end{bmatrix}_\beta$	0.0622	$\begin{bmatrix}-0.014045\\-0.024619\\-0.006172\end{bmatrix}_\beta$	0.0091	0.08	0.337	0.030
$66\bar{2}$	3.13°	$\begin{bmatrix}6/76\\6/76\\1/38\end{bmatrix}_\beta$	0.0335	$\begin{bmatrix}0.007692\\-0.012751\\-0.006172\end{bmatrix}_\beta$	0.0047	0.02	0.613	0.016
$0\bar{1}1$	129.9°	$\begin{bmatrix}0\\-1/2\\1/2\end{bmatrix}_\beta$	0.2063	$\begin{bmatrix}-0.037101\\0.071517\\0.041414\end{bmatrix}_\beta$	0.0271	0.86	0.269	0.242
$\frac{1}{2}0\frac{1}{2}$	87.8°	$\begin{bmatrix}1\\0\\1\end{bmatrix}_\beta$	0.4126	$\begin{bmatrix}0.008272\\0.001356\\0.014200\end{bmatrix}_\beta$	0.0048	1.28	0.413	0.266

另一个有意思的例子是关于热弹性 Cu-Al-Ni 合金中 bcc(β_1)→2H(γ'_1)转变所生成的相界的分析. 在此转变中生成的 γ'_1 相内

表　17.4

hkl	α	d/a_0	d(nm)	b/a_0	b(nm)	ρ_L(nm)$^{-1}$	s(nm)	β
$\frac{1}{2}0\frac{1}{2}$	15.15°	$\begin{bmatrix}1\\1\\0\end{bmatrix}_\beta$	0.4216	$\begin{bmatrix}0.020188\\-0.024921\\-0.004210\end{bmatrix}_\beta$	0.0094	7.04	1.5788	2.828
200	44.33°	$\begin{bmatrix}1/2\\0\\0\end{bmatrix}_\beta$	0.1459	$\begin{bmatrix}0.026797\\-0.001976\\0.037549\end{bmatrix}_\beta$	0.0134	0.22	0.2088	0.046
$21\bar{1}$	17.38°	$\begin{bmatrix}1/3\\1/6\\-1/6\end{bmatrix}_\beta$	0.1191	$\begin{bmatrix}0.014173\\0.003241\\0.025801\end{bmatrix}_\beta$	0.0086	0.16	0.3988	0.066
310	27.80°	$\begin{bmatrix}3/10\\1/10\\0\end{bmatrix}_\beta$	0.0923	$\begin{bmatrix}0.013435\\-0.010364\\0.005825\end{bmatrix}_\beta$	0.0052	0.08	0.1975	0.016
$32\bar{1}$	8.27°	$\begin{bmatrix}3/14\\1/7\\-1/14\end{bmatrix}_\beta$	0.0780	$\begin{bmatrix}0.009802\\0.001107\\0.016471\end{bmatrix}_\beta$	0.0056	0.06	0.5418	0.038
$33\bar{2}$	8.27°	$\begin{bmatrix}3/22\\3/22\\-1/11\end{bmatrix}_\beta$	0.0622	$\begin{bmatrix}0.007157\\0.005036\\0.016471\end{bmatrix}_\beta$	0.0059	0.06	0.3366	0.020
$66\bar{2}$	3.13°	$\begin{bmatrix}6/76\\6/76\\-1/38\end{bmatrix}_\beta$	0.0355	$\begin{bmatrix}-0.004351\\-0.000891\\-0.007092\end{bmatrix}_\beta$	0.0027	0.02	0.6127	0.010
$01\bar{1}$	129.9°	$\begin{bmatrix}0\\-1/2\\1/2\end{bmatrix}_\beta$	0.2063	$\begin{bmatrix}-0.005160\\-0.056061\\-0.008602\end{bmatrix}_\beta$	0.0305	1.02	0.2689	0.272
101	87.80°	$\begin{bmatrix}1/2\\0\\1/2\end{bmatrix}_\beta$	0.2063	$\begin{bmatrix}0.015748\\-0.084717\\-0.055244\end{bmatrix}_\beta$	0.0234	0.78	0.2064	0.164

部有孪生，所以有一定代表性.

取一个基于 β 相的基本 bcc 点阵作为参考点阵. 相变产物有

两种取向，即所谓变体Ⅰ以及与之成孪晶关系的变体Ⅱ. 对于一个符合于观察到的接近于$(33\bar{1})_\beta$惯态面的平面界面，对γ'的变体Ⅰ和Ⅱ的β-γ'界面共格位错的诸参数进行计算，仍取A＝2，结果列于表17.3（变体Ⅰ）和表17.4（变体Ⅱ）中[①]. bcc→2H相变包含原子的平面Shuffle，在构造参考点阵时必须考虑这一点. 若参考于bcc坐标系，这种原子Shuffle使变体Ⅰ中的参考晶面(101)变为$\left(\frac{1}{2}\ 0\ \frac{1}{2}\right)$，使变体Ⅱ中的(110)变为$\left(\frac{1}{2}\ \frac{1}{2}\ 0\right)$. 其效果是使与这些晶面相联系的共格位错的$b$和$s$加倍. 由$\beta$的参数判断，对于变体Ⅰ最重要的共格位错是与(110)相联系的，对于变体Ⅱ是与$\left(\frac{1}{2}\ \frac{1}{2}\ 0\right)$面相联系的，其间距分别为0.8nm和1.6nm. 若根据参数ρ_L判断，对两种变体而言具有可能重要性的共格位错都是与(011)和(101)型晶面相联系的.

表17.3和表17.4中所列出的计算所得的共格位错列阵的配置图案示于图17.16中. 图的下部和上部分别绘出变体Ⅰ和变体Ⅱ，此处Ⅰ和Ⅱ的相对分量反映相变中所产生的孪晶量的比例. 两种界面结构相接触于一个内部孪晶界面上，在图中是一条未绘出的水平线：γ'(Ⅱ)/γ'(Ⅰ). 图中直线的粗细仍是反映晶面β值的相对大小. 最重要的共格位错与(110)型面联系，它们的间距在变体Ⅱ中为变体Ⅰ中的一倍. 这是由于在Ⅱ中这些面上原子Shuffle所导致. 与此相似，变体Ⅰ中(101)型面上的原子Shuffle导致与之联系的共格位错间距与变体Ⅱ中的间距比较要加倍. 该图还指出与(011)面相联系的共格位错是与孪生平面对应的位错. 若取γ'相作为参考点阵计算所得共格位错结构与图17.16所示的是很相似的.

既然已知相界的位错结构，便不难据之推出相界的弹性应力场. 对于各向同性弹性的情况，利用§16.4所述的加和方法，可求

---

① Grujicic M., Thesis Sc. D., *MIT*(1983).

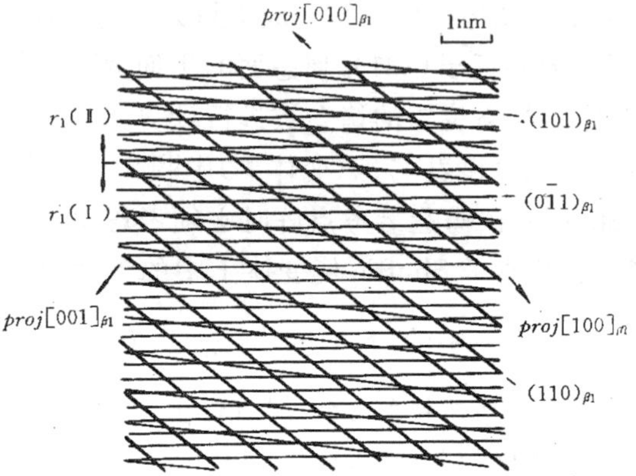

图 17.16

出平面相界面上等距平行直线位错列阵的弹性应力场，一般的结果即如式(16.77)至(16.86)各式所表达的.马氏体相界的位错结构已在图 17.14 中示出，并已说明，形变 **E** 引致长程的弹性场，即是与体应变和弹性能相关，仅形变 $\mathbf{P}^{-1}$和 **P** 给出短程弹性场，给出界面能的弹性部分. $\mathbf{P}^{-1}$和 **P** 相应的位错列阵示意地表示在图 17.14(b)和(c)中，实际上计算这两个列阵的应力场即可.这两个列阵的周期分别为 s 和 D，分别计算之后将结果相加.

现在处理的实例是铁中 γ-α' 相界，此界面为$(225)_\gamma$ 惯态面，模型中取此相界面为 X 平面，诸位错平行于 Z 轴.参考于 α' 马氏体点阵，与 **P** 相应的反共格位错列阵的 Burgers 矢量为 $\boldsymbol{b}=\dfrac{a}{2}[11\bar{1}]$，其周期间距 D 等于 12 个(112)晶面的面间距.与 $\mathbf{P}^{-1}$相应的共格位错列阵的 Burgers 矢量是 $\boldsymbol{b}_c=-\boldsymbol{b}/6=\dfrac{a}{12}[\bar{1}\bar{1}1]$，其周期间距 s 相应于每个(112)晶面一个位错.这两个列阵中的位错都是螺型位错.这个界面模型忽略了$[111]_\alpha$ 密排方向上的一个小小失配，这需要在真实的$(225)_\gamma$ 转变中引入另一个点阵不变切变.不过这里的螺型位错列阵给出的是一个方便的例子，可以揭示马氏体相界的基本特性.

图 17.17 示出了这个位错列阵的应力场值的计算结果，所采用的计算式是式(16.86)，即

$$\sigma_{yz}(b_z)=\frac{\mu b_z}{2D}\left[\frac{\sinh 2\pi x/D}{\cosh 2\pi x/D-\cos 2\pi y/D}-1\right]. \qquad (17.50)$$

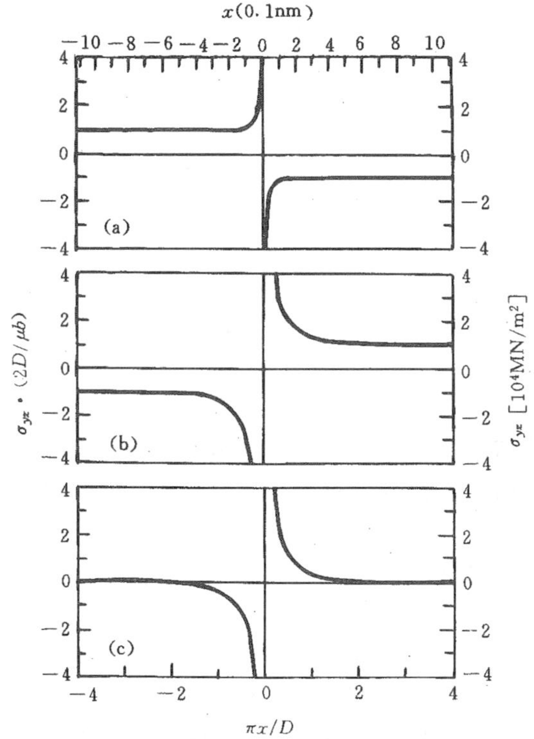

图 17.17

图 17.17(a)示出形变 $\mathbf{P}^{-1}$ 的共格位错列阵的应力场，图 17.17(b)示出形变 **P** 的反共格位错列阵的应力场，图 17.17(*c*)示出这两个应力场的叠加，即是总的短程界面应力场. 这些图都是取 $y=0$ 的计算结果. 由图显然见，$\mathbf{P}^{-1}$ 和 **P** 列阵的长程应力相等且相反，所以相互抵消，叠加的结果留下作用程约等于 D 的短程应力，与小

角晶界的情况相似.对于 $x \geqslant \frac{s}{\pi} \simeq 0.05\mathrm{nm}$，共格位错列阵的应力场值是常数，等价于一个连续位错分布或“表面位错”.采用连续分布共格位错的近似，假定它抵消反共格位错的长程应力场，那么就可以计算更加普遍的界面的诸应力分量.此界面反共格位错的 Burgers 矢量有分量 b_x, b_y, b_z，诸应力分量可用式(16.77)至式(16.86)来计算.这里刃型分量 b_x 相应于一个简单对称倾斜晶界，如上一章所处理的.螺型分量 b_z 即是本节中的模型所含列阵位错，上面已有它的计算结果.

由关于纯螺型位错列阵的计算结果便足以表明：在共格位错列阵与反共格位错列阵之间存在一个相互吸引作用.由于每个列阵贡献一个数值大小为 $\mu b/2D$ 的长程应力，将这两个列阵分开需要一个力.单位面积表面上此力之值为

$$F_A = \frac{1}{2}\mu\left(\frac{b}{D}\right)^2. \tag{17.51}$$

由界面上移出一个单个反共格位错所需之力可根据此位错与界面位错列阵中留下的所有位错之间的相互作用计算出来.具体地讲，此列阵中所留下的位错的应力场相当于完整列阵的应力场与一个位于 $(x,y)=(0,0)$ 的反号“像”位错的应力场之叠加.由上文公式可以得到一个位错由界面垂直移出(位移平行于 x 方向)时，单位长度所受的力为

$$F_l = b\sigma_{yz} = \frac{\mu b^2}{2D}\left[\coth\left(\frac{\pi x}{D}\right) - \left(\frac{\pi x}{D}\right)^{-1} - 1\right]. \tag{17.52}$$

在 $x=0$ 处，此力为极大值 $\mu b^2/2D$.若移出界面之位错的位移并不与界面垂直，而是以某一角度斜交，其与界面位错列阵的相互作用仍可用以上方法计算.当此交角较低，在 15°左右时，相互作用力对距离之关系出现振荡，这显然是由于界面位错列阵的周期结构所致.此时可能出现一个亚稳组态.不过一般地说，由上述这些位错列阵所构成的界面总体是相对稳定的，单个位错移出界面(即移出列阵)的可能性是不大的.因而这样的界面可以保持其结构而向前或向后挪动，即表现为马氏体界面运动的本征力学可逆性.此

外，作用在共格位错上的化学力也会传递给反共格位错，因而最后也是总体地作用在界面上.

界面能量的弹性部分也可以从界面的位错列阵结构推算，在简单几何和弹性各向同性情况下可应用§16.4中所述的方法.

马氏体相界的运动问题还将在第二十章中再详加讨论.

§17.5 失配位错的例

实际材料中失配界面上存在失配位错，这已在许多事例中为电子显微镜观察所鉴定. 在此举一些例子，作为上文中所述理论构想的佐证. 在这里主要论述薄膜界面的情况.

界面上存在Burgers矢量与界面平行的刃型位错的情况是很常见的. 例如Pb S/Pb Se界面，Au/Pd界面，Cu/Ni界面，Si/掺杂Si界面等都是很典型的. 如在Pb S/Pb Se(001)界面上就曾明确鉴定$\boldsymbol{b}$为$\frac{1}{2}a\langle 110\rangle$和$a\langle 100\rangle$的失配位错，它们都是$\boldsymbol{b}$在相应界面内的全位错[①].

Burgers矢量与界面斜交的全位错也并不少见，Au/Ag(001)界面就是一个例子. 实验发现精确平行于界面上$\langle 110\rangle$方向的直位错线. 分析表明，这些位错的Burgers矢量都是$\frac{1}{2}a\langle 110\rangle$的形式. 其中，$\boldsymbol{b}$为$\pm\frac{1}{2}a[101]$和$\pm\frac{1}{2}a[\bar{1}01]$的位错称之为$A$组；$\boldsymbol{b}$为$\pm\frac{1}{2}a[011]$和$\pm a[0\bar{1}1]$的位错称之为$B$组；$\boldsymbol{b}$为$\pm\frac{1}{2}a[\bar{1}10]$的位错称之为$C$组. 所以，$A$组和$B$组位错都属于混合型位错，其Burgers矢量与界面平面成45°角. 这些位错所接纳的失配量比例于它们的Burgers矢量的刃型分量在界面平面上的投影. 这意味着它们接纳失配量仅及$\boldsymbol{b}$为$\frac{1}{2}a\langle 110\rangle$类型并处在界面内的刃型位错所接纳的一半. 所以$A$组和$B$组位错是相当"低效"的失配位错.

---

① Matthews J. W., Physics of Thin Films IV, G. Hass and R. E. Thun eds., Academic Press, New York(1967).

另一种可能的情况是 Burgers 矢量与界面斜交的不全位错.当薄膜的层错能低,或失配应变约大于 1%时,失配位错可能是不全位错.在 Ni-Pd 基底上生长 Co 薄膜是这种情况的一个例. Co 薄膜淀积很薄时,它是 fcc 结构,其界面为(001)面,如通常的情况那样.全位错$\frac{1}{2}a[110]$在一个(111)面上分解,此(111)面由薄膜表面延展至它与基底的界面,层错即位于这(111)面之上,其相关的两个$\frac{1}{6}a[112]$不全位错之一即是界面上的失配位错,整个构型示于图 17.18 中.在这个事例中不全失配位错起着两方面的作用,即是释放一部分失配能量,以及使 Co 的一部分由 fcc 结构转变为 Co 在室温下稳定的 hcp 结构.此层错的另一边在薄膜的表面露出,形成一个表面台阶,可以不看作是一个不全位错.这个层错的性质依赖于位错 Burgers 矢量的取向以及失配应变的符号,也与界面的取向有关.

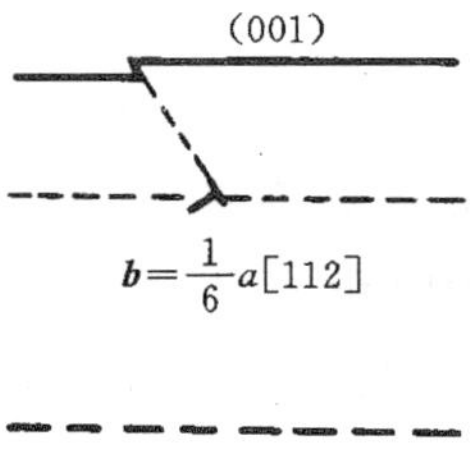

图 17.18

图 17.18 中示出的层错是插入型的,但如果失配应变是拉伸,则它将是抽出型的.

在 Co/Pd 或 Co/Pd-Ni(001)界面上还可能出现如图 17.19 所示的那种形式的位错.它是两个{111}面上层错边缘的不全位错反应所生成.此位错既不能滑移也不能攀移,所以被称为超不可动失配位错(Supersessile misfit dislocation);电子显微镜的观察中,这种位错屡见不鲜.这种位错的形成过程可能采取如下形式:

$$\frac{1}{6}a[112]\rightarrow\frac{1}{3}a[110]+\frac{1}{6}a[\bar{1}\bar{1}2],$$

右端第一项是超不可动失配位错,第二项是生成的另一不全位错,它沿另一(111)面移至薄膜表面,成为一个台阶.这就是从图 17.18 变至图 17.19 的一个可能过程.

曾研究过Pd在Au(001)面上的淀积薄膜[①],当膜厚达到1nm左右时发现出现如图17.20所示的作为界面失配位错的Frank不全位错$\frac{1}{3}a[111]$.这位错是由攀移产生的.与这位错相联系的层错将正常fcc结构的Pd一部分变成fcc和hcp结构的混合物.所以厚度在1nm以上的Pd薄膜结构既不同于正常稳定的Pd也不同于Au基底.

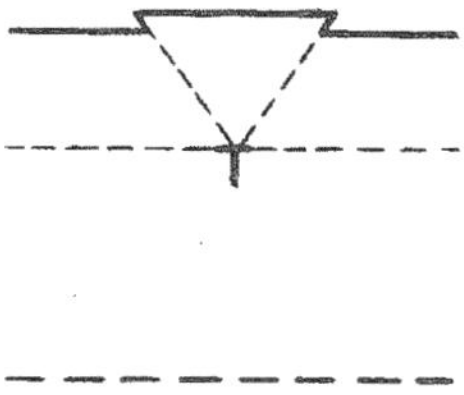

图 17.19

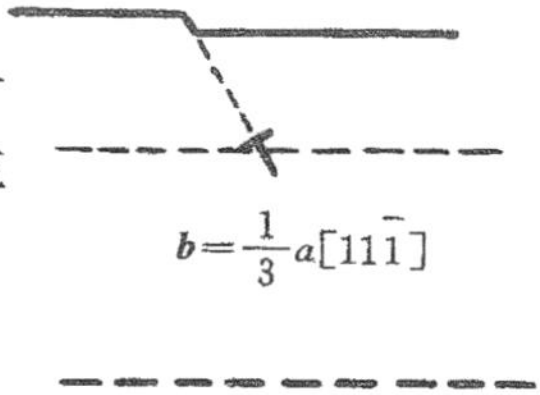

图 17.20

上图中的Frank不全位错可以放出一个Shockley不全位错而转化成为一个全位错,此反应可表示为

$$\frac{1}{3}a[\bar{1}\bar{1}1]\rightarrow\frac{1}{2}a[\bar{1}\bar{1}0]+\frac{1}{6}a[112],$$

这个全位错具有刃型取向,其Burgers矢量与界面平行.而Shockley不全位错的运动方向与原来的Frank不全位错的取向相反,使层错消失,自己逸出膜的表面.据报道,在Pt/Au,Co/Cu,Fe/Cu和Ni/Cu系统中都曾发现这种失配位错构型.

以下讨论界面上的螺型失配位错网栅.试考虑图17.21(a)中所示的位形,其中A和B是上下叠置的两片晶体,其结构相同,都属于正交晶系.A和B间的界面是C平面,其相对取向是A的a轴平行于B的b轴,即图中所示的X方向.若a略小于b,则这样相连接的两片晶体中,晶体A在X方向上受张,而晶体B在该方向受压.若伸张量和压缩量大小相等,则应变是切变.这种失配应变可以由界面上的一个螺型位错网络所适配,它的形状示于图17.21(a)中.这些螺位错之间的间距$s=b_s/f$,此处b_s是诸螺型位错的Burgers矢量,f如式(17.14)所示,等于$2[(a-b)/(a+b)]$.

若晶体A、B以C轴为轴相对转动,此轴垂直于界面.界面上

---

① Cherns D., Stowell M. J., *Thin Solid Films*, **29**, 107, 109(1975).

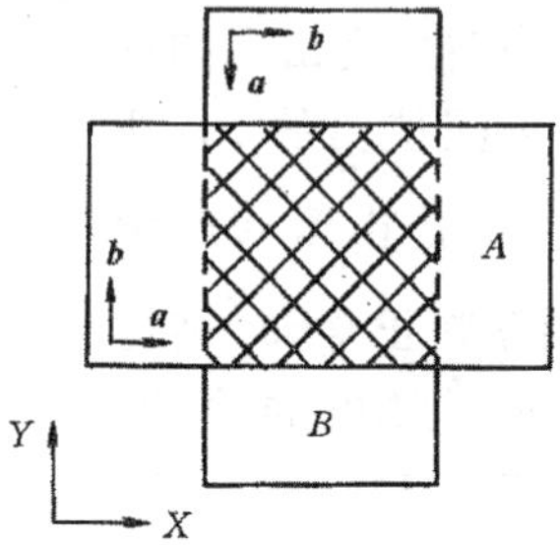

(a)

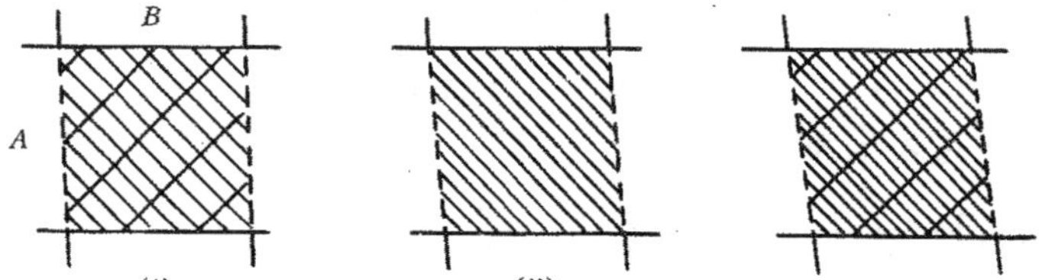

(i)　(ii)　(iii)

(b)

图 17.21

的失配位错仍保持为螺型，不过网格不再是正方形的了. 其中一组位错间距加大，而另一组的间距减小，如图 17.21(b)所示. 如果旋转偏离了垂直方向，偏离角为 ϕ，则一组位错的位错间距为 $b_s(f+\phi)^{-1}$，而另一组位错间距为 $b_s(f-\phi)^{-1}$. 若偏离弧度为$\frac{1}{2}f$，则如图 17.21(b)的(i)所示. 若 $\phi=f$，则一组位错间距为 $b_s/2f$，另一组间距变为无限大，于是就只有一组失配位错，如图 17.21(b)中(ii)所示. 若 ϕ 角继续变化，在超过 $\phi=f$ 之后，则消失的那一组位错又出现. 图 17.21(b)中(iii)示出 $\phi=\frac{3}{2}f$ 时的位错网络. 不过新出现的这组位错的 Burgers 矢量与消失之前的方向相反. 有实验表明图 17.21(b)(ii)中的单组失配位错界面具有最低的能量.

基底上三维小岛与基底间失配界面上的失配位错结构与薄膜情况相似，以 Burgers 矢量在界面内的位错居多. 例如 Ni(001)面上的 Cu 小岛，界面上的位错线很接近于与[110]和[$\bar{1}\bar{1}$0]方向平行，形成一个近似为正方形的网络. 这些位错是或近乎是刃型的，其 Burgers 矢量为$\frac{1}{2}a\langle 110\rangle$类型，平行于界面. 另一个例子是 Cu(001)面上的 fcc Fe 三维小岛. 观察表明界面上的失配位错几乎精确地平行于$\langle 110\rangle$方向，其 Burgers 矢量为$\frac{1}{2}a\langle 110\rangle$类型，与界面成 45°角.

最后的一个例是 GaAs/Si(100)界面. 其上失配位错的 Burgers 矢量均为$\frac{1}{2}a\langle 110\rangle$. 这些位错一般属于两种类型，即所谓 90°位错(刃型位错)和 60°位错. 其中 90°位错比 60°位错能更有效地调整界面的失配态；而 60°位错 Burgers 矢量与界面成 45°角，即对于界面是倾斜的，具有垂直于界面的分量.

§17.6 失配位错的生成机制

这是一个很重要的问题，因为不研究失配位错的具体生成机制就无法对它们加以控制. 不言而喻，对失配位错的控制在现代功能材料的研制有重要的实际意义.

在本节里对这个问题只能择要地略加论述，还是以薄膜为例，以期使读者得到初步了解并引起关注. 其实这个问题也是长期以来持续研究的问题，不同的材料和结构有不同的失配位错机制，不能一概而论.

现在先举图 17.22 中所示的薄膜的例子. 图 17.22(a)示出一条原始的位错由基底通过界面贯穿薄膜. 这种位错我们称它为“贯穿位错”(threading dislocation). 在开始时膜不厚，其中失配应力也较弱，所考虑的这条位错是直位错. 当膜渐次增厚时，膜中的失配应力渐次增大，可以使位错在膜中的一段发生一定的滑移，整个位错发生形如图 17.22(b)中所示的弯曲. 膜若继续加厚，失配应变导致的滑移力将显著大于反抗它滑移的力. 继续的滑移形成如图 17.22(c)所示的位形，即是生成一段长的、处在界面上的位错线

XY，它就是所生成的失配位错[①]. 这种构想至少在Pt/Au系统中得到实验证实. 这里生成的是一个全位错. 但在例如 Co/Ni 或 Co/Ni-Pd 系统中发现生成的失配位错为不全位错. 后面这种过程示于相应的图 17.23 中. 这个贯穿位错在开始时仍是一个全位错. 但在运动过程中发生如图(b)中所明确标出的分解，得到处在界面上的不全位错.

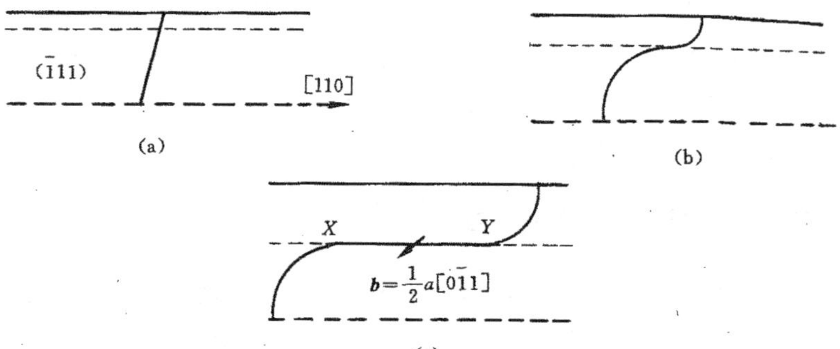

图 17.22

现在作一点简单的定量分析，计算图 17.22 和图 17.23 所示的过程得以开始的临界膜厚. 作用在膜中位错段上使之向右运动的力比例于膜中的应变及膜厚. 若膜与基底共格，并且膜厚远小于基底厚度，则有 $\varepsilon=f$，而滑移力为

$$F_s=Phf. \tag{17.53}$$

如果失配在界面的各个方向上是等量的，则

$$P=2\mu_0[(1+\nu)/(1-\nu)]b\cos\lambda, \tag{17.54}$$

式中 λ 是滑移方向与 ξ 之间的夹角，ξ 是界面上的一个矢量，它垂直于滑移面与界面的交线. 反抗滑移的力是失配位错的线张力、由位错造成的表面台阶的张力、以及不全失配位错情况下的层错面

---

① Jesser W. A. , Matthews, *Phil. Mag.* , **15**, 1097(1967); **17**, 461, 475(1968); *Acta Met.* , **16**, 1307(1968).

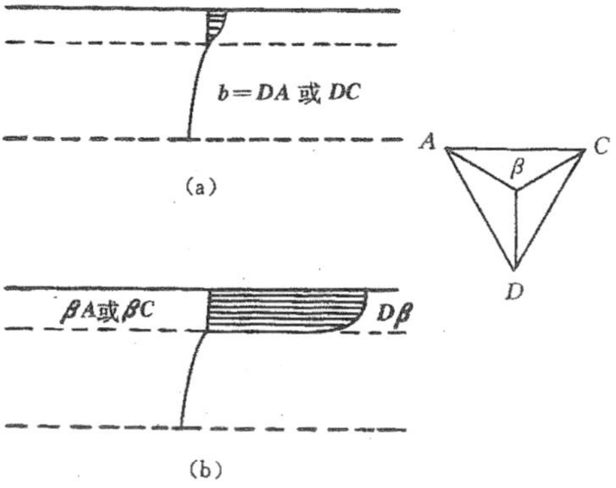

图 17.23

"张力". 失配位错的线张力是

$$F_l=\frac{\mu_0\mu_s b^2}{2\pi(\mu_0+\mu_s)}\frac{1-\nu\cos^2\alpha}{1-\nu}\left(\ln\frac{h}{b}+1\right), \qquad (17.55)$$

式中 α 是失配位错线与其 Burgers 矢量间的夹角. 表面台阶的张力实际上是在位错移动时才表现出来,它是

$$F_t=\sigma_0 b\sin\alpha, \qquad (17.56)$$

σ_0 是膜的表面能. 而由膜中层错引起的滑移阻力则是

$$F_\gamma=\gamma_0 b/\cos\phi, \qquad (17.57)$$

γ_0 是膜中层错的层错能,ϕ 是样品表面与滑移面法线之夹角. 如令 F_s 为以上三项之和,即是 $F_s=F_l+F_t+F_\gamma$,则可以得到临界厚度 h_c 的表达式如下:

$$h_c=\left[\frac{\mu_0\mu_s b^2}{2\pi(\mu_0+\mu_s)}\left(\frac{1-\nu\cos^2\alpha}{1-\nu}\right)\left(\ln\frac{h}{b}+1\right)+\sigma_0 b\sin\alpha\right]$$
$$\times\left[\frac{2\mu_0(1+\nu)fb\cos\lambda}{1-\nu}-\frac{\gamma_0}{\cos\phi}\right]^{-1}. \qquad (17.58)$$

当膜厚超过 h_c 时,膜中的弹性应变将降低,以保持 $F_s=F_l+F_t+F_\gamma$. 这个效果可通过延长失配位错线段(如图 17.22 中的线段 XY)而达到. 如果这个延伸过程没有受到其它缺陷的阻碍,那么一旦当通过了 h_c 以后,膜弹性应变随膜厚的变化即如下式所描述:

$$\varepsilon^*=\frac{1-\nu}{2\mu_0(1+\nu)h\cos\lambda}$$

$$\times\left[\frac{\mu_0\mu_s b}{2\pi(\mu_0+\mu_s)}\left(\frac{1-\nu\cos^2\alpha}{1+\nu}\right)\left(\ln\frac{h}{b}+1\right)+\sigma_0\sin\alpha+\frac{\gamma_0 h}{b\cos\phi}\right].$$

(17.59)

当膜厚小于诸失配位错间距之半，即 $h<\frac{1}{2}s$ 时，此关系是准确的.

当 $h>\frac{1}{2}s$ 时，则上式中的项 $\left(\ln\frac{h}{b}+1\right)$ 须代之以

$$[1-\ln2(f-\varepsilon^*)].$$

对于半导体膜间界面失配位错的行为也曾进行过不少研究. Haasen①曾假定有一个微裂纹与位错芯重合，而位错的运动是通过位错芯的扩散进行. 根据这个模型，对一个贯穿位错运动的反抗摩擦阻力可表为

$$F_f=\frac{h}{\cos\phi}\frac{vkT}{6D_0}\exp\frac{U}{kT},\tag{17.60}$$

式中 v 是位错速度，$D_0\exp(-U/kT)$是位错芯的扩散系数. 可令由位错线所接纳的失配量等于贯穿位错移动所产生的范性形变，这样就可以得到为位错所接纳的失配量之变化率 $\dot{\delta}$ 与位错速度之间的关系

$$v=\alpha\,\dot{\delta}/\rho b\cos\lambda,\tag{17.61}$$

式中的 ρ 是单位面积中这样的贯穿位错的数目. 它们能够移动而生成失配位错线. 如果将此式代入上面的式(17.60)并将 F_s 取为所有阻碍力之和，则可以得到一个微分方程，其解描述弹性应变如何转化为范性应变. 作为时间 t 的函数，解可表达如下

$$\delta_l=\delta_\infty(1-\exp\beta t),\tag{17.62}$$

式中

$$\beta=\frac{\mu_0(1+\nu)b^3\rho}{1-\nu}\cos\phi\cos^2\lambda\frac{D_0}{kT}\exp\frac{-U}{kT},\tag{17.63}$$

$$\delta_\infty=f-\varepsilon^*,\tag{17.64}$$

此处 ε^* 的合适数值由式(17.59)给出.

---

① Haasen P., *Acta Met.*, **5**, 598(1957).

以上讨论的是失配位错生成的滑移机制. 有实验结果表明有些情况甚至在较低温的薄膜生长中,攀移运动可能是失配位错的主导生成机制. 若取攀移力与反抗位错攀移之力相等,可以求出借助攀移过程生成失配位错相应的临界膜厚,以及一旦超出这个临界厚度之后失配应变随膜厚的变化关系,结果是

$$\varepsilon^* = \frac{1-\nu}{2\mu_0(1+\nu)\cos\phi}\left[\frac{\mu_0\mu_s b}{2\pi(\mu_0+\mu_s)(1-\nu)}\left(\ln\frac{h}{b}+1\right)+\frac{\gamma_0 h}{b\cos\phi_c}\pm q\right], \tag{17.65}$$

式中 q 项与参与攀移的表面原子数目的变化有关. 若滑移面法线与样品表面间的夹角 ϕ_c 较小,并且膜受伸张应变,则 $q\approx\sigma_0$;若膜中为压缩应变,则 $q\approx-\sigma_0$.

失配量通过位错攀移发生弛豫的速率比例于攀移的位错数目,以及每一个位错吸收或放出点缺陷的速率. 在薄膜中需要考虑两类点缺陷的吸收或放出途径. 点缺陷可以通过晶体点阵向位错扩散或从位错放出,也可以沿着运动的位错线(芯)从表面进出. 失配应力可以影响点缺陷的生成能和两种通道的运动激活能.

薄膜界面上失配位错的生成除上述贯穿位错运动转变机制之外,膜中位错环的成核长大过程也是一种重要的可能机制. 这种过程简示于图 17.24(a,b)中①,它们分别表示全位错和不全位错的情况. 位错半环在膜表面上成核并长大,其下面一段很快就与膜的下界面接触,成为一段界面失配位错. 这个过程是在膜中失配应力的驱动下进行的,其动力学处理与后面第十八章中所述位错环的成核长大理论相同,这里简略讨论如下[2].

假定薄膜表面成核的位错半环是半圆形的,当然这仅是一种理想的近似. 由滑移生成半圆位错环所需能量为

$$\pi R\frac{\mu b^2}{4\pi}\left[\frac{1}{2}\left(1+\frac{1}{1-\nu}\right)\right]\left(\ln\frac{8R}{e^2 b}+1\right). \tag{17.66}$$

位错环释放的能量是

---

① Matthews J. W., et al., *J. Appl. Phys.*, **41**, 3800(1970).

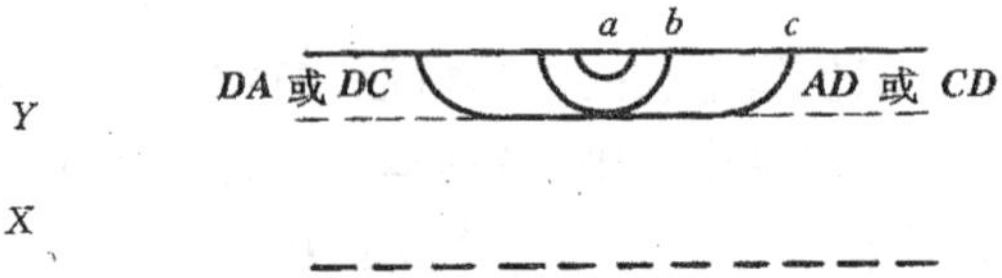

(a)

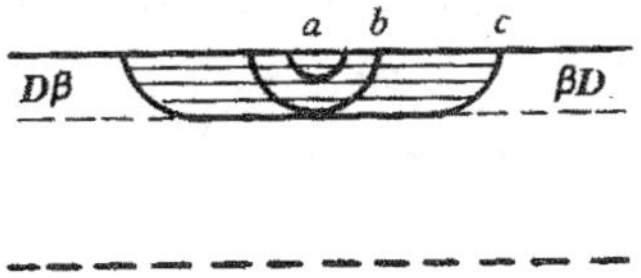

(b)

图 17.24

$$\frac{1}{2}\pi R^2 b\,\frac{2\mu(1+\nu)\varepsilon}{1-\nu}\cos\lambda\cos\phi, \tag{17.67}$$

这里指的是全位错. 若这半环是不全位错,则其中含有层错(图(b)),其能量为

$$\frac{1}{2}\pi R^2\gamma_0. \tag{17.68}$$

由位错环产生的表面台阶的能量是

$$2R\sigma_0 b\sin\alpha. \tag{17.69}$$

以上四项之和的总能量当 $R=0$ 时为零,它随 R 之增大而增大. 当 R 达到一个临界值 R_c 时,总能量达到一极大值,随后随 R 之继续增大而减小. R_c 的值可求出为下式表达:

$$R_c=\frac{\frac{1}{8}\mu b^2(2-\nu)\left[\ln\left(\frac{8R}{e^2 b}\right)+2\right]+2\sigma_0(1-\nu)b\sin\alpha}{\pi[2\mu(1+\nu)\varepsilon b\cos\lambda\cos\phi-\gamma_0(1-\nu)]}. \tag{17.70}$$

若环由攀移生成,则临界半径为

$$R_c=\frac{[\mu b^2/4(1-\nu)]\left[\ln\left(\frac{8R}{e^2 b}\right)+2\right]+2qb(1-\nu)}{\pi[2\mu(1+\nu)\varepsilon b\cos\phi_c-\gamma_0(1-\nu)]}, \tag{17.71}$$

此方程在点缺陷取平衡浓度的状态下成立. 这个公式表明攀移环成核所需应力与滑移环成核所需应力接近. 不过必须强调指出:若膜的表面和内部的点缺陷远远偏离平衡浓度,则攀移环的成核概率将远超过或远低于滑移环的成核概率.

如果膜厚不足以容纳一个半径为 R_c 的半环，则位错环的成核不能发生，而膜即保持为共格的. 这个结论可以说明为何有时很薄的膜能够承受很大的弹性应力，甚至超过无位错的晶须. 若 $R \leqslant h/\cos\phi$，则可以在此膜中存在一个半环. 所以膜有一个临界厚度 h_c

$$h_c = R_c \cos\phi. \tag{17.72}$$

当 $h > h_c$ 时，膜即可由于位错环之成核生长而失去其共格性.

但是还应注意到膜厚足以容纳一个半径为 R_c 的半环仅是膜失去共格性的必要条件，而非充分条件. 除此之外，还需要提供一个临界环的激活能. 假如室温下的点缺陷浓度为平衡浓度，而能够提供位错环成核的能量未超过 $50kT$，那么，只有在失配量大于 0.01 或 0.02 时成核才能发生.

三维小岛与基底间界面上的失配位错的生成机制与薄膜情况相似，包括位错在小岛边缘上的成核和贯穿位错的运动. Jesser 和 Matthews 曾在 Cu 基(001)面上观察到 fcc Fe 的一些三维小岛并在(001)面上发现〈110〉取向的失配位错线，它们的 Burgers 矢量是 $\frac{a}{2}\langle 110\rangle$. 他们用图 17.25 解释了这些失配位错的形成. 图 17.25(a)示出了一条贯穿位错，即它从试样的一个表面一直延伸到另一表面. 作用在这条位错上的滑移力包括存在铁、铜晶体中的拉、压应力. 随着铁的厚度的增加这些力也随之增大，最终可达到克服铁-铜界面上的位错的线张力. 在这个阶段，在铁和铜中的贯穿位错段分离移动，并生成一段失配位错线[从图 17.25(a)到(b)]. 铁岛中的那一段在运动到岛的边缘时就停止下来. 而铜中的那一段位错在运动到这个小岛的边缘时将很快跨过两岛的空隙而到达下一小岛边缘图 17.25(c). 如果下一个小岛足够大，铜基中的位错将继续穿过铜晶格，并在岛的下沿产生失配位错. 在跨过两岛之间的间隙时运动速度十分迅速的原因是：靠近岛的基体部分产生的弹性应力作用在该位错上使其滑移，而且不受到一个失配位错的线张力的阻碍. 贯穿位错运动的最后结果是在小岛 A，B 下方的同一条直线上生成一条失配位错线[图 17.25(d)],其 Burgers 矢量与(001)面成 45°交角.这正是实验中观察到的现象.

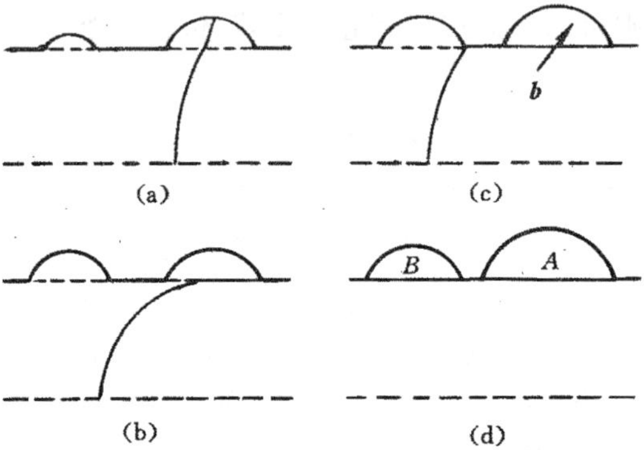

图 17.25

合金中脱溶沉淀粒子可以用一个嵌在基体中的异质小球模拟.在这种情况下,失配量的定义、失配位错的几何以及生成机制均与平面情况大不相同,不准备在这里详细讨论.有兴趣的读者可参看一般性参考文献[2].

一般性参考文献

[1]Olson G. B. ,Cohen M. ,Dislocation Theory of Martensitic Transformations,Dislocations in Solids,ed. by Nabarro F. R. N. ,**7**,North-Holland(1986).

[2]Matthews J. W. ,Misfit Dislocations,Dislocations in Solids,ed. by Nabarro F. R. N. ,**2**, Horth-Holland(1979).

[3]Christian,J. W. ,Crocker,A. G. ,Dislocations and Lattice Transformation,Dislocations in Solids,ed. by Nabarro,F. R. N. ,**3**,North-Holland Publi Com. ,Amsterdam(1980).

[4]Bollmann,W. ,Crystal Lattices,Interfaces,Matrices,Published by the Anthor,Geneva (1982).

[5]Sutton,*International Mel. Rev.* ,**29**,377(1984).

第十八章　位错源与形变孪生

所谓位错源是一种特殊的位错组态，它的活动可以引致位错的增殖. 在本书第一卷§1.7中曾对之作了简要的介绍，在本章里将给出稍稍详细的讨论. 形变孪生是晶体点阵转变的一个简单具体的例，它是晶体范性形变的一个重要机制. 所谓的孪生位错是一种典型的相变位错，孪生的极轴机制就是一个实际的位错源机制. 由于这个联系，以及分章篇幅长度的考虑，本书将位错源与形变孪生安排在一章里来论述.

§18.1　Frank-Read 源

在本书第一卷的§1.7节中曾介绍过具有一个结点的和具有两个结点的平面滑移位错源，按照惯例，称它们为Frank-Read源. 它的基本结构是一段处在其滑移面上的位错. 该段位错可能是一条半无限直线，于是只有一个端点；也可能是一条有限长线段，于是有两个端点. 端点是不可能动的，称为结点. 在适当的应力条件下，具有结点的位错段会在它的滑移（平）面上环绕结点发生运动，如在§1.7中所描绘的，结果形成一个不断迴转的平面蜷线（单结点情况），或形成一个个相互套叠的、不断扩大的环圈（双结点情况），见图1.45和图1.47. 这就是动作中的位错源，有人形象地把它称为位错磨（dislocation mill）. 它们动作的结果就是在一个平面（上述滑移面）上产生大量的、普通显微镜下清晰可见的滑

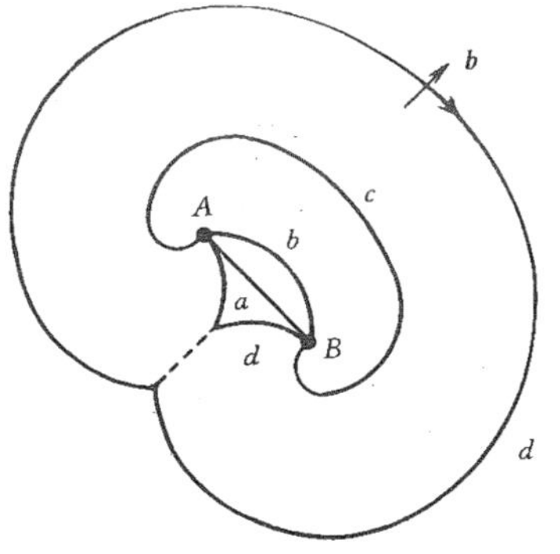

图 18.1

移.

在这里，为了加深印象，我们将双结点源的形态重绘于图18.1中. 图中 A，B 是两个结点，线段 AB 即是初始状态下的源位错，纸面是它的滑移面，其 Burgers 矢量也示于图中. 在适当的应力条件下，位错线段 AB 将以 A，B 为固定点向一方凸出或弯曲. 当应力低于某一临界应力时，作用在位错上的（外）力与弯曲位错的线张力平衡. 参看第一卷 §4.9 和 §4.10，可以得出大凸曲情况下的如下平衡条件：

$$b\sigma = \frac{\mathscr{T}}{r} = \frac{\mu b^2}{4\pi r(1-\nu)}\left\{\left[1-\frac{\nu}{2}(3-4\cos^2\beta)\right]\ln\frac{L}{\rho}-1-\frac{\nu}{2}\right\}, \tag{18.1}$$

式中 r 是弯曲位错的曲率半径，L 是直线线段 AB 的长度. 当 $r=L/2$ 时，即达到曲率半径之极小值，也即是达到临界状态，式(18.1)中的 r 和 σ 分别用 r^* 和 σ^* 标记. 当外加应力 $\sigma>\sigma^*$ 时，弯曲的位错成为不稳定的，即是此位错源开始动作，犹如吹泡泡一样，不断形成一个又一个的位错环圈，在滑移面上向四面八方扩大. 此源动作发展的几个阶段用字母顺序 a,b,c,d 标记在图 18.1 中. 到阶段 d 即已生成一个完整的环圈，并继续向外扩展. 而内部余留的小位错复归原位 AB，准备开始下一个轮迴. 如此往复，就是位错磨.

当然，以上所述仅是最简单的模型图象. 实际形态未见得这样规则，这样对称，也可能有一系列的相邻的不动点，每两点之间的位错线段都可以各自向前凸曲. 上面这两种情况分别示意地示于图 18.2 和图 18.3 中. 这时临界应力 σ^* 的估算就不像式

图 18.2

图 18.3

(18.1) 所表示的那样简单了. 在形状不对称的情况下至少要考虑

到位错线张力 $\mathscr{T}$ 沿曲线发生变化的因素. 在出现多个相邻位错凸曲情况下要考虑邻近位错曲线之间的相互作用，其后果一般是降低 $\mathscr{T}$，从而降低 σ^*. 对于双结点 Frank-Read 源，有人对相继两个环圈生成之间的“等待时间”作过估算，在典型情况下得到的结果是 $\tau \sim 0.2\mu s$.

对于平面滑移位错源的一种推广的构思就是所谓“极轴机制”的滑移源. 其基本构型如图 18.4 所示. 在图 18.4(a)中，Burgers 矢量分别为 $\boldsymbol{b}_1$，$\boldsymbol{b}_2$，$\boldsymbol{b}_3$ 的位错 1，2，3 汇交于一点. 其中位错 1 处在它的滑移面上，而位错 2，3 不能滑移. 于是交点就是该系统中的一个不可动点，即结点. 根据 Burgers 矢量守恒的基本原理可知，交于一点的三条位错应满足

$$\sum_{i}^{3} \boldsymbol{b}_i = 0, \tag{18.2}$$

图 18.4

而 $\boldsymbol{b}_2$ 和 $\boldsymbol{b}_3$ 应有垂直于位错 1 的滑移面的分量，或者说具有相对滑移面的螺型分量. 参看第一卷图 1.35 可知，位错 1 的上述滑移面现在变成为一个螺旋面，其螺距就等于 $\boldsymbol{b}_2$ 的垂直分量. 此时，位错 2，3 不能运动，称为极轴 (pole) 位错. 而位错 1 在适当的应力作用下容易在它自己的滑移面上作滑移运动. 由于交点（结点）是不动点，根据前面所述的同样道理，它应绕该结点迴转，形成一个蜷线. 不同的是现在的滑移面已经变成了一个螺旋面，所以位错 1 在运动中就成为一条空间螺旋线. 如图 18.4 (b) 所示. 这个组态即是动作中的极轴机制滑移源. 此源动作的后果是产生不断增加的均匀切变. 为了区别攀移源——Bardeen-Herring 源，

可以把本节的两类滑移源统称为 Frank-Read 源.

§ 18.2 双交滑移机制

位错增殖的双交滑移机制是 Koehler 早期提出的，与上节所述的 Frank-Read 机制有紧密的联系.

具体考虑面心立方晶体. 在本书第一卷的图 9.9 中示出了面心立方点阵中的基本坐标四面体 $ABCD$. 这 4 个顶点的坐标分别是：$A\left(\frac{1}{2}\ 0\ \frac{1}{2}\right)$，$B\left(0\ \frac{1}{2}\ \frac{1}{2}\right)$，$C\left(\frac{1}{2}\ \frac{1}{2}\ 0\right)$，$D\left(0\ 0\ 0\right)$. 与这四个顶点相对的面依次记为 (a)，(b)，(c)，(d). 为了读者方便，现将此四面体重绘于图 18.5 中.

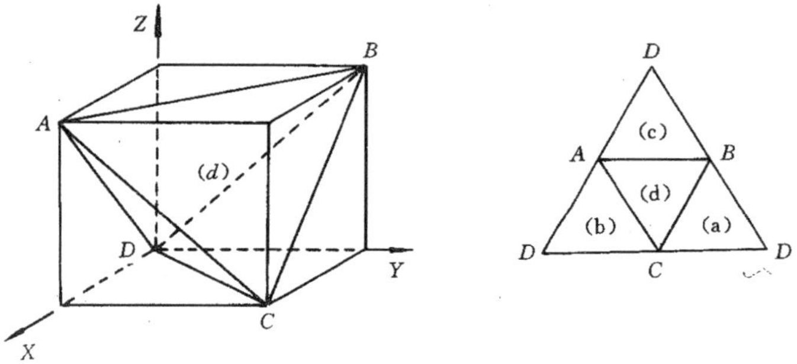

图 18.5

设想螺型位错 ***AB*** 在 (d) 面上滑动，该面对应局部最大分切应力条件，如图 18.6 (a) 所示. 假设这条位错在运动中有一小段遇到某种障碍（如图中记号×标出），于是发生局部的交滑移，这段位错转移到相邻接的、分解切应力较低的 (c) 平面上 [图 18.6 (b)]. 待在 (c) 面上运动了一段距离后，这段位错可能脱离了原来 (d) 面上障碍的影响，于是又一次发生交滑移，回到另一个 (d) 面上去 [图 18.6 (c)]，因为 (d) 面毕竟是分解切应力最大的面. 这样就形成所谓双交滑移的位错构型. 到了这个地步，位于另一个 (d) 面上的那一段位错线就完全可能像一个双结点类型的 Frank-Read 源那样动作［图 18.6（d）］．现在可以看到：这个双交滑机制实际上是 Frank-Read 源形成引起的一种现实的解释．由于它联系于具体点阵中的位错的行为，所以很有意思．

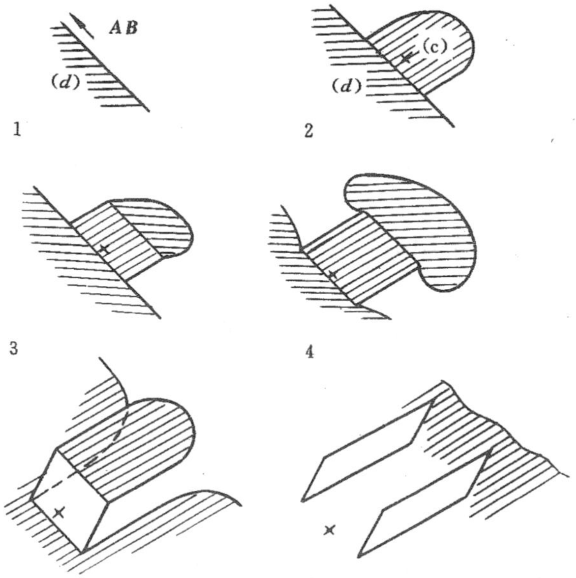

图 18.6

从几何上讲，处于原来的（d）面上没有发生交滑移的那两段位错线也应有可能像 Frank-Read 源似地动作．但上面所说的引致交滑移发生的那个障碍会妨碍这个动作的实现．另外一种变化的形式是如图 18.6（e）所示：处于后来的（d）面及原来（d）面上的位错线同时向前发展．因上下这两段位错之间存在相互吸引作用，所以它们趋于保持平行关系，从而形成位错偶极子．待进行了一段距离之后，在后来的（d）面上的位错线前端可能又回跳到原来的（d）面，使图 18.6（e）中位错偶极子的端头封闭起来．结果留下如图 18.6（f）中所示的两个平行四边形的位错偶环，而长位错线则在（d）面上继续向前远去．这种位错环偶的出现有实验证据.

另外，一条螺型位错上割阶的聚集可能形成长割阶（超割阶），使主位错线从一个滑移面部分地转移到平行的滑移面上去，这样一个简单系统等价于上述双交滑移机制形态的“单端头”变体．于是也可以像一个单结点 Frank-Read 源那样地动作.

§18.3 滑移位错环的成核

Frank 首次将均匀成核理论推广于处理滑移位错环的成核问题[①]．在以下的简述中我们采用通用的记号.

成核率 J 是单位体积单位时间内的成核数

$$J = Z\omega n_c \simeq 0.1\omega n_c, \tag{18.3}$$

其中频率因子 ω 由临界核周边上的原子振动而进入此核的概率给出

$$\omega = \frac{8\pi r^* \nu}{b}, \tag{18.4}$$

式中 ν 为德拜频率．临界核的平衡浓度为

$$n_c = n_0 \exp(-\Delta G^*/kT), \tag{18.5}$$

式中 n_0 是原子坐位数目，ΔG^* 是一个临界大小位错环（临界核）的生成自由能．应当指出，式（18.5）表示成核理论中的准平衡情况，即是各个大小小于临界尺寸的胚芽彼此处于局部的近平衡，并且其尺寸始终不断地起伏．此时临界核并不是在一次大的起伏中不经中间阶段而形成，因为这样一个大起伏会导致一个很大的负值激活熵．此熵实际上并不出现在 ΔG^* 中．ΔG^* 是下式所示的一个半径为 r 的位错环生成自由能 ΔG 之极大值

$$\Delta G = 2\pi r W - \pi r^2 b\sigma + \pi r^2 \gamma, \tag{18.6}$$

式中 W 是位错环单位长度的弹性能．最后一项仅当环是不全位错环时才出现，其中 γ 是层错能.

为了用式（18.3）确定成核率 J，必须解出 ΔG^* 和 r^*，但是

① 冯端等著,金属物理学，第二卷，科学出版社，第十四章（1990）.

在方程（18.6）中 σ^* 也是一个待定的量，故此有人称此为超越方程，不能用代数的方法解. Hirth 等曾对一些典型的情况采用图解法得到一些有意义的结果. 在表 18.1 中列出他们的部分结果. 由这些结果可知，仅当应力接近完整晶体的理论强度时才会出现显著的成核速率. 所以在屈服初期它的贡献可忽略，只有在应力明显集中的区域才会发生显著的成核速率.

表 18.1 与显著成核率相应的临界分切应力 σ^*，数值单位：$(\sigma^*/\mu)\times 10^2$

	Al		Cu	
	T（K）		T（K）	
反应	300	900	300	900
全位错				
均匀成核	7.0	4.6	7.4	5.1
表面台阶成核	4.6	2.6	3.6	2.4
不全位错				
均匀成核	8.5	5.8	5.4	2.9
表面台阶成核	6.0	4.8	2.1	1.3

显然，位错环的成核与长大过程是正规意义下的位错源机制.

在下面几种情况下成核比较容易：(i) 自由表面，在该处"镜像"效应致使 ΔG^* 降低；(ii) 当表面浮凸被位错成核湮灭时，此时 ΔG^* 降低的量等于浮凸的表面能；(iii) 不全位错成核，只要层错能较低，最为有利的是如图 18.7 所示的情况. 图中绘出了一面心立方晶体表面台阶上形成的一个不全位错半环，此台阶与表面垂直，是该位错的滑移面. 对于这种成核的结果也列在表 18.1 中. 这时的临界切应力较低，但仍比典型的屈服应力要高得多. 一般说来，如果表面上存在吸附的杂质原子层，则像力和表面能会改变，且向着使 ΔG^* 增大的方向变化.

考虑的最后一个例子是如图 18.8 中所示的楔形晶体中位错

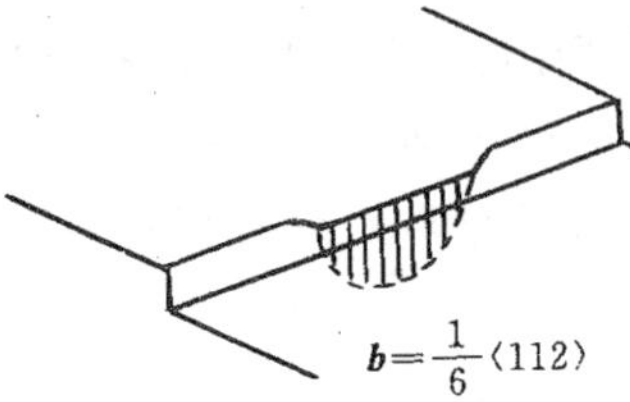

图 18.7

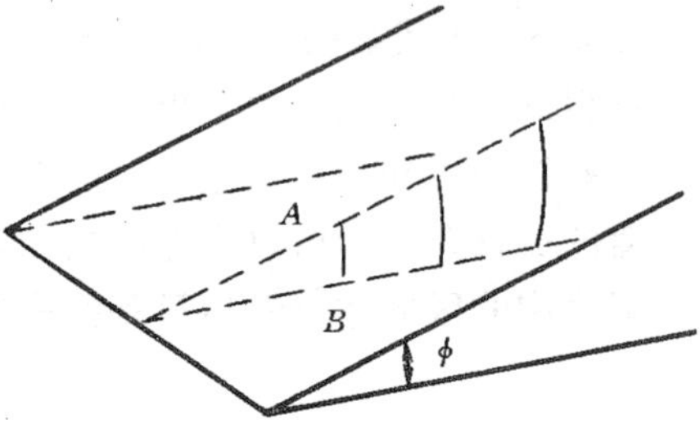

图 18.8

的成核. 这种位形的临界曲率半径大致与一个闭合环相等，但 ΔG 比闭合环的情况小一个 $(\phi/2\pi)$ 因子. 因此，在 ϕ 很小的楔形晶体中成核就很容易，一般由于晶体的劲度，此 ϕ 角限制在不小于 5°～10°. 楔形晶体中位错的成核有透射电子显微镜实验观察证据.

§18.4 Bardeen-Herring 源

在空位过饱和度不是太高的情况下比较容易出现并动作的是 Bardeen-Herring 源. 它是与前面所述的 Frank-Read 源相对应的攀移源.

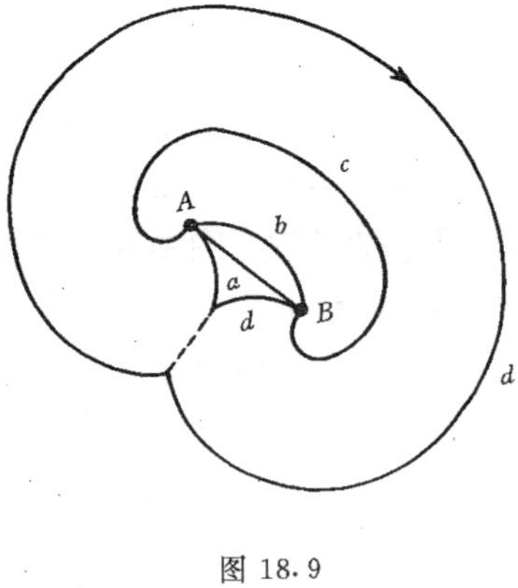

图 18.9

试考察图 18.9 中所示的具有两个不动端点的纯刃型位错 AB，它的 Burgers 矢量与纸面垂直. 在一定的空位过饱和度下，空位向位错迁移，致使该位错在纸平面上进行攀移运动. 其几何形状与双结点的 Frank-Read 源相似，位错向外凸出，但仍保持为纯刃型. 其驱动力即前面讨论位错攀移时介绍的“渗透力”，而恢复力也是弯曲位错的线张力. 渗透力决定于空位浓度，而位错局域张力决定于弯曲位错的局域曲率半径. 所以，与双结点平面滑移源相似，当空位浓度不大于某一临界值时，凸曲的位错达到一定的平衡形状. 若是将凸曲位错近似看作一个圆弧，于是曲率半径处处一样，记为 r. 这就是说，对于一定的空位浓度 c，存在着一个平衡形状的 r.

凸曲位错的 r 的最小值 $r^*=L/2$，L 是原直线位错段 AB 的长度. 当浓度 c 持续增大，相应的渗透力随之增大时，凸曲位错曲率增大，而 r 减小，直到 r 达到 r^*. 超过这一点后位错的平衡形状即不能再保持，凸曲位错将依照图 18.9 中的字母顺序的各阶段向前发展. 直到后来弯过来的两段相对接近的部分相遇而局部湮没，形成一个外部的棱柱环和一段向内收缩的位错段，并回到原来的 AB 位置. 这就是 Bardeen-Herring 源完成一个轮迴的动作过程. 只要晶体中的空位过饱和度保持为稍高于上述临界浓度 c^*，以上棱柱位错环产生的过程就会周而复始地进行下去，直到空位来源消耗至其浓度低于 c^* 为止. 在这个过程中，即一个棱柱环形成过程中，要求弯曲运动的位错线不与一个螺型位错相遇（截交），不然的话，弯曲位错显然会跑到一个蜷面上去，而相对接近的两段位错也不能接触而至湮没，自然也不能形成一个整环.

更为严谨一点的表述法是：为了凸曲的位错线通过尺寸临界点 $r^*=L/2$，在一个无限小位移下渗透力作功所产生的能量变化必须超过位错张力所产生的能量变化. 根据第一卷第四章和本卷第十三章的讨论，即有下式：

$$\frac{F_{os}}{L}\pi r\delta r \geqslant \mathscr{T}\pi\delta r, \tag{18.7}$$

即

$$\frac{kTb}{v_a}\ln\frac{c}{c_0} \geqslant \frac{\mu b^2}{2\pi L(1-\nu)}\ln\frac{L\alpha}{1.8b}. \tag{18.8}$$

可以设想热起伏能够激活亚稳的凸曲位错线，并使它们能够在渗透力低于条件式(18.8)所要求的值的情况下长大. 但 Nabarro 等人① 证明，除 $L \lesssim 20b$ 之外，热起伏力的贡献可以完全忽略. 而在所有实际情况中 L 远大于 $20b$，故可以完全不考虑热起伏力的影响.

下面取诸参数的一组典型值：$\mu b^3 = 5\text{eV}$，$\alpha = 4$，$\nu = 1/3$. 对于不同的几个 L 和 T 值，估算满足条件式（18.8）的临界过饱和浓度，其结果列于表 18.2. 一般快速淬火后产生的空位浓度的初始值约为 $c/c_0 \simeq 10^3$—10^4. 表中所有结果与此相比较都是很小的. 所以在实际上，在一次淬火后空位退火的整个期间中，式（18.8）是成立的，Bardeen-Herring 源预料可以动作.

表 18.2　满足条件式（18.8）所要求的空位化学势 $\overline{G}$、过饱和度 c/c_0 的最小值与 LT 的关系

L/b	T（K）	$\overline{G}$（eV）	c/c_0
10^2	300	6.4×10^{-2}	12.0
10^2	600	6.4×10^{-2}	3.4
10^3	300	9.2×10^{-3}	1.4
10^3	600	9.2×10^{-3}	1.2
10^4	300	1.2×10^{-3}	1.05
10^4	600	1.2×10^{-3}	1.02

与单结点 Frank-Read 源相对应的攀移位错源是所谓的螺线源（spiral source）. 当攀移刃位错只有一端被钉扎住，或上述双结点源两端的距离 L 较大，以致 $L/2 > r^*$ 时，便可实现这种螺线源. 这种源起动后，经过一些过渡阶段（参看图 1.45），便形成如图 18.10 所示的螺线的形状，整体以恒定角速度 ω 绕定点作刚体式转动. 此螺线形状的精确解十分复杂，涉及沿位错线的边界条件（它是 r, θ 的复杂函数），涉及螺线位错各圈之间的弹性相互作用，还涉及饱和效应. 所以，精确解难以导出. 不过，一条阿基米得

① Nabarro F. R. N., *Advan. Phys.*, **1**, 269 (1952); Shemenski R. M., *Trans. Quart. ASM*, **58**, 360 (1965).

螺线是一个稳态形式，它定性地具有上述的源性质. 而且，如果忽略相互作用效应和饱和效应，则此类螺线在约 20% 的误差范围内满足沿位错线曲率的边界条件. 由于这个数量级的误差可以包含在弹性各向异性近似、内应力分布效应、以及其它一些近似的后果中，所以用阿基米得螺线近似表示单结点位错攀移源还是有意义的. 该螺线的极坐标方程是

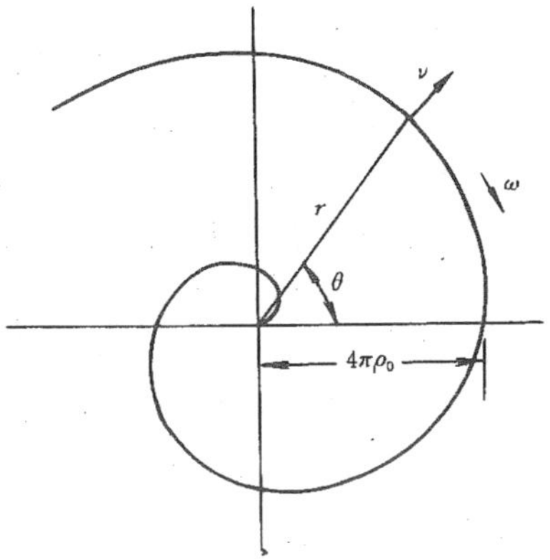

图 18.10

$$r = 2r^* \theta = 2\rho_0 \theta, \tag{18.9}$$

式中 ρ_0 为螺线中心点处的曲率半径，$\rho_0 = r^*$. 而螺线上任一点垂直于螺线的攀移速度是

$$v = 2\rho_0 \omega \frac{\theta}{(1+\theta^2)^{1/2}} = 2\rho_o \omega \frac{r}{(4\rho_0^2 + r^2)^{1/2}}. \tag{18.10}$$

任一点上的曲率半径是

$$\rho = 2\rho_0 \frac{(1+\theta^3)^{3/2}}{2+\theta^2}. \tag{18.11}$$

在这里，我们将双结点型和螺线型攀移位错源的激活均设想为由渗透力引起. 实际上，这些位错源的启动也可由外应力导致的攀移力，或渗透力与外应力的混合导致的攀移力所致. 它们的存在有实验证据①.

§18.5 关于位错源的几个补充问题

在本节中，为了完整起见，简短讨论有关位错源的另几个问题.

---

① Edelin G. Levy V., *Phil. Mag.*, **27**, 487 (1973).

(1) 棱柱位错环的成核　棱柱位错环的核就是小盘形的空位聚集体. 这种实体在高层错能的金属中较易形成. 关于这种聚集体生成的条件与过程在§13.5中已经论述过.

Nabarro 曾指出，这样的空位小盘可以作为一个位错动作. 作为示例，试考虑图18.11所示的组态. 在bcc晶体(110)面上有一个棱柱位错环，设(10$\bar{1}$)面上的分切应力较高而(01$\bar{1}$)面上分切应力较低，则此位错环可能向(10$\bar{1}$)面上凸曲，在两端的两个(10$\bar{1}$)面上分别形成双结点Frank-Read源. 但若(01$\bar{1}$)面上应力也高，则此位错环可能作整体移动，而不作位错源式运动. 在其它结构类型的晶体中也可能出现类似的位错源. 不过由于这种机制要求甚高的空位过饱和度导致棱柱位错环成核，所以实际上不会多见.

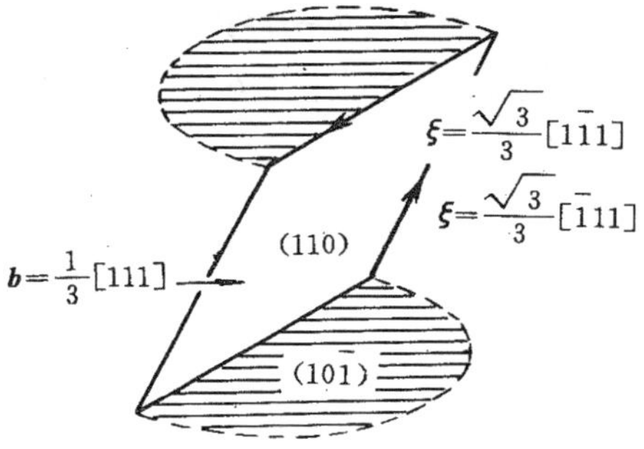

图18.11

(2) 晶界源　晶界可以以几种方式起到位错源的作用. 一个可能性是晶界位错网络的直接作用，网络的两个钉扎节点之间的位错段能够成为Frank-Read源而动作. 另一种可能性是晶界非协调性引起的后果；由于范性非协调性（滑移塞积群，见第一卷§1.8）或弹性非协调性，在晶界处会产生大的应力集中，也会产生镜像力. 在这样的大应力集中之下，预计Frank-Read源和成核生成源会优先在这些地区开始动作.

刃型的晶界位错可以发射到某一个晶粒中去，这也可以看作是一种位错源.

(3) 动力学增殖机制　动力学增殖机制亦称为动力学源，本书第一卷 § 1.7 中曾经给出一个引导性讨论，这里再补充一些说明.

简言之，Frank 早期提出的动力学增殖机制所指的就是一个具有高动能的位错，当它运动到晶体表面时，原位错消失，同时产生一个仍处在原来的滑移平面上但符号与原位错相反的新位错，如图 18.12 所示出的. 在晶体中应力状态不变的情况下，新位错在原滑移面上向对面的表面运动，即逆反的方向运动. 早年把这个过程称为位错的反射. 一个高动能位错在晶体两个表面之间来回反射即是一种增殖，造成大量形变，故称为动力源.

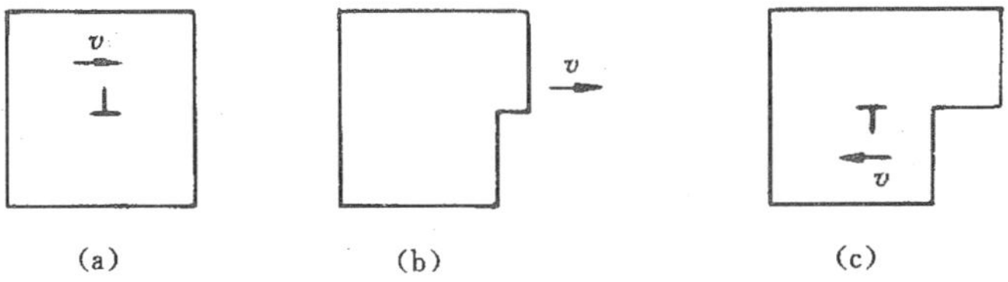

图 18.12

§ 18.6　形变孪生

形变孪生，或机械孪生，是晶体范性形变的另一种重要形式. 尤其是在对称性较低的晶体中，滑移系统较少，形变孪生的出现更为常见. 如大家熟知的，一个多晶的一般形变需要 5 个独立的切变系统，当某种晶体的实际滑移系统较少时，可以由孪生系统的动作提供或补充所需的切向位移. 因此，在 hcp 金属中，或在低温下的 fcc 和 bcc 金属中，常发生形变孪晶. 此外，孪晶的出现也会给滑移位错的运动造成障碍，孪生在马氏体相变中也起着相当重要的作用. 关于这些读者可参阅相应的专著. 下面我们将依次简短介绍并讨论形变孪生的一般特性、位错机制和另一些相关问题.

首先概述形变孪生的几何学.

两个晶体或晶粒，如果可以通过绕某一个轴相对旋转 180°，或是通过某一平面上的反映操作而使它们完全重合，则称该两晶体或晶粒互为孪晶. 上述的转轴称为孪生轴，上述的反映面称为孪生面. 两个互为孪晶的晶粒之间的晶界是孪晶连接面，相当于结构相变的惯态面，它与孪生面是两个不相同的概念. 不过为了讨论和表述的方便，常在理想的情况下将这二者取为同一个平面.

孪晶之间的取向关系依孪生轴与连接面之间的关系分类. 当孪生轴与连接面正交时，为正交孪晶，当二者平行时，为平行孪晶. 若晶体结构有中心对称，则可证正交（垂直）孪晶与在连接面上反映所产生的孪晶等价. 若无中心对称，则无此等价关系. 与此相似，可证中心对称结构中平行孪晶与在垂直于旋转轴的平面上反映产生的孪晶等价. 同样，若无中心对称，则此等价关系也不存在. 由此可见，存在四种孪晶间的取向关系，而对于有中心对称结构的晶体，则约化成为两种. 后者分别称为反映孪晶（即等价于正交孪晶者），及旋转孪晶（即等价于在垂直于孪生轴的平面上反映所生成的孪晶者）①.

大多数金属晶体中形成的孪晶可以看作同时是反映孪晶和旋转孪晶.

若由孪晶的生成分类，则可分为生长孪晶和形变孪晶. 在此准备着重讨论形变孪晶，即形变孪生的结果. 这种孪生形变和滑移一样，是一种实际的范性形变过程，在宏观上相当于原始结构的一个均匀切变，故称为滑动孪生. 图 18.13 示出了一个简单的滑动孪生，由图可以看出生成孪晶的均匀切变，以及两部分的镜像关系. 连接面，即孪生面记为 K_1（图 18.14），切变方向的单位矢量记为$\boldsymbol{\eta}$；含$\boldsymbol{\eta}$ 并与 K_1 面正交的平面为切变面，记为 s. 在孪生切变中，K_1 显然是一个切变不变平面，称为第一不畸变面. 图中的平面 K_2 与 K_1 相交截，其交截线与$\boldsymbol{\eta}_1$垂直；同时它还与 s 相交

① 在有些专著中将“旋转孪晶”一词保留用于指两种由旋转面产生的孪晶，又称“轴孪晶”.

截，η_2是它们交截线的单位矢量．在均匀切变下，K_2 由初始位置变到终态位置（由 K'_2 标记），由于切变前后 K_2 与 K_1 的夹角相等，显然 K_2 也是一个不变面，称为第二不畸变面．

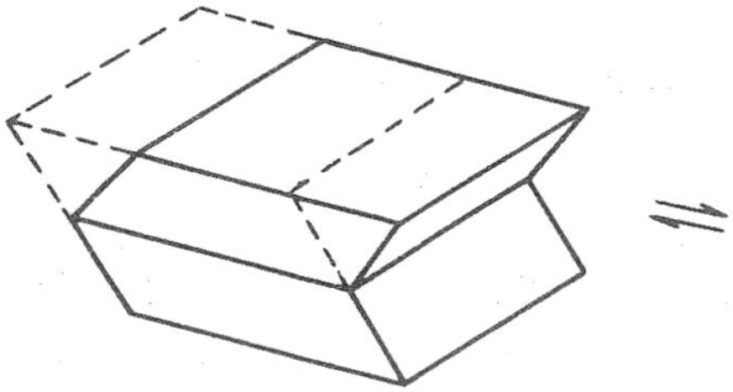

图 18.13

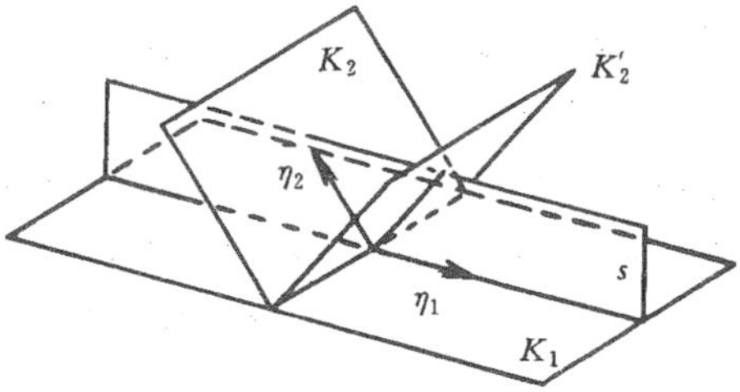

图 18.14

一个形变孪晶由 K_1 和η_2完全确定．K_1，η_1，K_2，η_2称为孪生元素．若有另一孪晶，其孪生元素是 K'_1，η'_1，K'_2，η'_2．它与前一孪晶有如下关系：$K'_1=K_2$，$K'_2=K_1$，$\eta'_1=\eta_2$，$\eta'_2=\eta_1$，则称它与前一孪晶互为倒易孪晶．在许多简单金属中，K_1 和 K_2 是等价的平面，η_1和η_2是等价的方向，于是，此时互为倒易的孪晶就是互相等价的．

大多数金属中可能出现的孪晶有如下四种类型：

(i) 第Ⅰ型孪晶：K_1 和η_2具有有理指数，而 K_2 和η_1具有无理指数．

(ii) 第Ⅱ型孪晶，K_2 和η_1具有有理指数，而 K_1 和η_2具有无理指数．

(iii) 复合型孪晶，K_1，K_2，η_1，η_2均具有有理指数，故又称为有理型孪晶.

(iv) 倒易型孪晶，若 I 型或 II 型孪晶与其倒易孪晶等价，则称为倒易型孪晶.

在一般金属中最常见的是有理型孪晶.

§18.7 孪生位错和原子移动

孪晶的生长和孪晶晶界的结构可以用所谓的孪生位错的布置和运动来描述. 孪生位错是一种典型的相变位错或共格位错，在上一章中已概略叙述过.

考察图 18.13 所示的滑动孪生. 其生成可以看作是连接面以上各原子层逐层作相对位移的结果. 具体地讲，容易看出，若平行于 K_1 的原子层的层间距为 d，孪生切变为 s，则每一层相对其下方一层的位移是 $\boldsymbol{b}_T=ds\boldsymbol{\eta}_1$；这个位移可以是 Burgers 矢量为 $\boldsymbol{b}_T$ 的位错扫过此相应原子面所造成的，这个位错即称为孪生位错. 于是，若相继的原子面上各扫过一个孪生位错，即造成均匀切变的孪晶.

本书第一卷第九章里曾讨论了面心立方结构中的堆垛次序及层错，在那里曾指出若在某一个 (111) 面以上每一个 (111) 面相对其下方的面均作一个$\frac{1}{6}[11\bar{2}]$的位移，则堆垛次序将会从正规的$\cdots ABCABCABC\cdots$变为$\cdots ABC\underset{\uparrow}{A}CBACB\cdots$. 显然，这样就形成了一个孪晶：$K_1=(111)$，$\boldsymbol{\eta}_1=[11\bar{2}]$，如铜中的孪生就是一个例子.

如果孪晶晶界，即连接面，就是平面 K_1，那么这个晶界就是共格的，其上并无位错存在. 若连接面偏离 K_1，情况便不一样了. 试考察图 18.15 (a)，图中示出了非共格孪晶界上排布的一系列位错. 非共格孪晶界是一个含有台阶的面，其上每一个台阶便是一个孪生位错（参看上一章“相界结构”）.

在许多金属晶体中，孪生是有理型，即复合型的，因此，此时孪晶可以由 Burgers 矢量平行于 η_1 的位错在 K_1 面上滑移而形成，同样，也可以由 Burgers 矢量平行于 η_2 的位错在 K_2 面上滑动而形成. 这两种机制示于图 18.15 (a) 和 (b) 中. 在第二种机制中，平行于 K_1 的位错边界实际上是在形式上描述了共格孪晶界面. 这样，晶体若以第二种机制产生孪晶，则它不仅在 η_2 方向发生切变，而且还有转动，其转动轴垂直于切变平面，转角决定于此倾斜晶界的特征角. 在图 18.15 (b) 中仅示出切变，与虚线表示的位错相联系的转动会将矢量 η_2 转为指向右方，如图 18.14 中 K'_2 面与 s 面的交截线位置. 总的效果是平行于 η_1 方向的切变，正如第一种机制一样，所以两种机制产生同样的孪晶. 两种模型的差别仅在对孪晶的非共格尖端部分及其运动方式的描述；间界的共格部分尽管所用模型不同，但却是完全相同的间界.

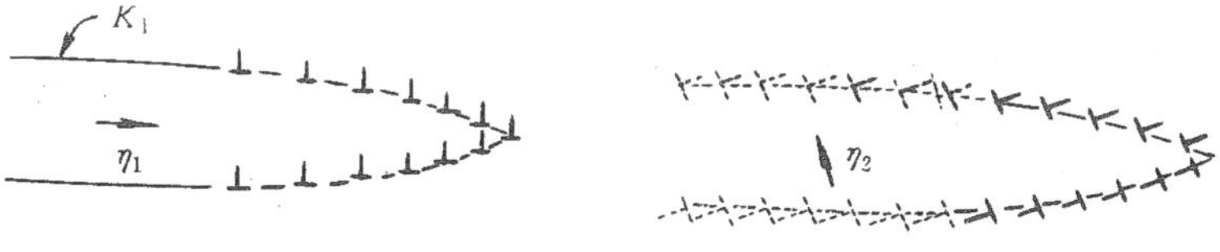

(a) (b)

图 18.15

关于孪生位错的较复杂一些的结合方式也有过一些设想. 例如可用 K_1 面上的两组滑动位错来描述一个第 I 型孪生，此两组位错结合，使得

$$N_1\boldsymbol{b}_1 + N_2\boldsymbol{b}_2 \mathbin{/\!/} \eta_1, \tag{18.12}$$

诸如此类的考虑不拟在此详加讨论.

现在简短说明一下孪生中原子的复杂运动. 具体地讲，在较复杂结构的孪生过程中，并非所有原子都是进行如孪生位错所描述的位移，甚至所有原子实际上都不是进行此种位移. 原子在切变位移之后并不到达孪晶结构的最终位置，而是需要进行一个中间阶段的移位，或者经过一个中间的位置调整. 这个步骤称为原

子的"Shuffling"，曾在上面§17.1中以及第一卷§11.6中叙述所谓"zonal"位错时引入过这个名词的概念，介绍过这种原子运动方式，曾称之为原子的"曳步运动". Bilby 和 Crocker① 以及另几组作者细致地考虑过这个问题，希望能从理论上预示孪生中可能的原子曳步运动，从而预示可能的孪生模式. 他们所采用的模型一般以以下 3 个假设为基础，即 (i) 孪生切变应该较小；(ii) 曳步机制应该简单，曳步运动的幅度应小；(iii) 曳步运动应尽可能不与切变方式相逆，这是为使键破坏尽量减小的要求.

也曾提出过某种孪生可以借助于纯粹的曳步运动来完成，也曾对 hcp 晶体具体设想过这类纯曳步孪生模型.②.

考查图 18.16 是有益的[1]. 此图是一个简单立方点阵沿 $[00\bar{1}]$方向，平行于孪生面 (310) 的投影. 网络是 DSC 点阵，重位点阵用实心黑圆点表示. 箭头表示孪生面在与其垂直的方向上作平移的可能方式，此平移距离为 10 个 DSC 点阵面间距. 可能的平移运动方式有四种，由图中 a，b，c，d 四块分别表示. 其中：(a) 表示纯粹滑动；(b) 表示滑动加曳步运动；(c) 表示平行于间界的纯曳步运动；(d) 表示纯粹的曳步运动.

最后，举例说明基体与孪晶之间晶体学方向关系的推导方法.

试考虑体心立方晶体 $\eta_1=[111]$，$K_1=(\bar{1}\,\bar{1}2)$ 孪晶. 这个孪晶在形式上可以通过以 η [111] 为转轴旋转 180°生成. 为了求得基体与孪晶中晶体学方向之间的变换矩阵，先将基体中的基矢 $\boldsymbol{i}$，$\boldsymbol{j}$，$\boldsymbol{k}$ 分解为与 [111] 平行和垂直的分量

$$\begin{aligned}\boldsymbol{i}&=[100]=\frac{1}{3}[111]+\frac{1}{3}[2\bar{1}\,\bar{1}],\\ \boldsymbol{j}&=[010]=\frac{1}{3}[111]+\frac{1}{3}[\bar{1}2\bar{1}],\\ \boldsymbol{k}&=[001]=\frac{1}{3}[111]+\frac{1}{3}[\bar{1}\,\bar{1}2].\end{aligned}\qquad(18.13)$$

---

① Bilby B. A.，Crocker A. G.，*Proc. Roy. Soc*，**A 288**，240 (1965).

② Doubertret A.，LeLann A.，*Phys. Stat. Solidi*，**60a**，145 (1980).

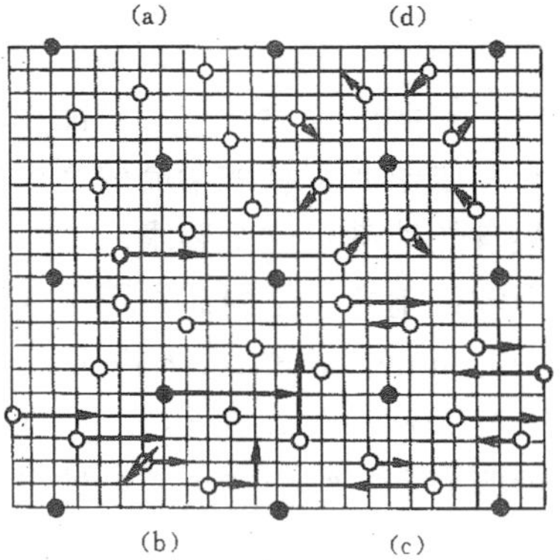

图 18.16

将上式右边所含的与（111）面平行的分量的符号改变，即得到这些矢量在孪晶中的表达式，即

$$i' = \frac{1}{3}[111]_T + \frac{1}{3}[\bar{2}11]_T,$$

$$j' = \frac{1}{3}[111]_T + \frac{1}{3}[1\bar{2}1]_T, \qquad (18.14)$$

$$k' = \frac{1}{3}[111]_T + \frac{1}{3}[11\bar{2}]_T.$$

根据

$$\boldsymbol{i}' = (\boldsymbol{i}', \boldsymbol{i})\boldsymbol{i} + (\boldsymbol{i}', \boldsymbol{j})\boldsymbol{j} + (\boldsymbol{i}', \boldsymbol{k})\boldsymbol{k}, \qquad (18.15)$$

可以得到由基体至孪晶的矢量变换矩阵

$$\mathbf{T} = \frac{1}{3}\begin{pmatrix} -1 & 2 & 2 \\ 2 & -1 & 2 \\ 2 & 2 & -1 \end{pmatrix}. \qquad (18.16)$$

由于 $\mathbf{T} \cdot \mathbf{T} = \mathbf{T} \cdot \mathbf{T}^{-1} = \mathbf{I}$，所以此矩阵也表示由孪晶到基体的变换.

§18.8 孪生的极轴机制

与滑移的发生一样，形变孪生是在晶体所受应力远低于完整晶体的理想切变强度时发生的. 所以，比较合理的设想是：孪生过程是孪晶以原子尺度上的连续生长，而不是所涉原子的同时运动．或者说要设想一种孪生过程的位错运动模型．这样就不但要确定使相邻原子面作正确的孪生切向位移的孪生位错，而且还要设计一种增殖机制，使孪生位错在运动中能相继地从一个原子面转移到相邻的另一个原子面，导致孪晶的逐层生长．而前面讨论过的极轴机制能很自然地满足这个要求．

两种孪生的极轴机制几乎是同时在两个相互独立的工作中提出的，即 Cottrell 和 Bilby① 处理 bcc α-Fe 中 {112} 面上的孪生，以及 Thompson 和 Millard② 处理 hcp Ca 中 $\{10\bar{1}\bar{2}\}$ 面上的孪生．在此我们讨论三种典型金属结构孪生的极轴机制．

（1）体心立方结构　实验上在体心立方结构中最常见的孪生是 $K_1=(112)$，$\eta_1=[11\bar{1}]$，$K_2=(11\bar{2})$，$\eta_2=[111]$．

本书第一卷第十章里曾描述过 bcc 结构中诸 {112} 面的堆垛

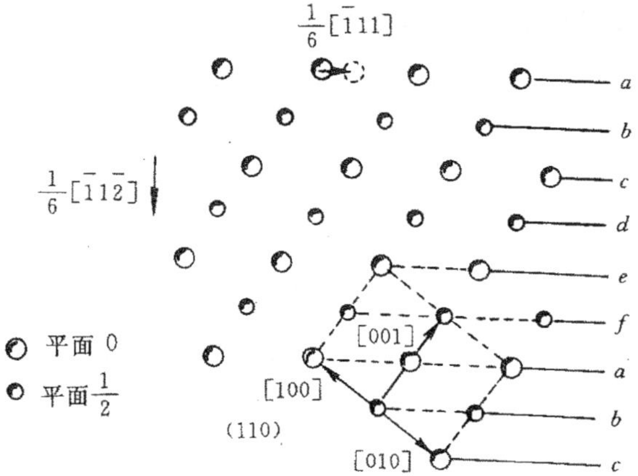

图 18.17

次序，图 18.17 示出了其堆垛规则，该图是点阵在 (110) 面上的投影．由图可见，诸 {112} 面的堆垛是以 6 个层为周期的重复堆

① Cottrell A. H., Bilby B. A., *Phil. Mag.*, **42**, 573 (1951).
② Thompson N., Millard D. J., *Phil. Mag.*, **43**, 422 (1952).

叠．一个周期内的各原子面用字母 *abcdef* 标记．各面上原子排列方式完全一样，相邻二面的间距为$\frac{1}{6}$ $[\bar{1}1\bar{2}]$，且相对位移了一个矢量，该位移矢量的两个分量是$\frac{1}{6}$ $[\bar{1}11]$ 和$\frac{1}{2}$ $[110]$．完整点阵是无穷序列……*abcdefabcdef*……，而孪生双晶序列表示为……*abcde*$\overset{\downarrow}{f}$*edcba*……；而一个所谓 I_1 层错（或称第 I 类层错或孪生层错）的堆垛序列是……*abcdef*$\overset{\downarrow}{e}\overset{\downarrow}{f}$*abcdef*……，这是一个单层的孪晶，可由（$1\bar{1}2$）面上的$\frac{1}{6}$ $[\bar{1}11]$滑移造成．显然，这个$\frac{1}{6}$ $[\bar{1}11]$ 矢量就是孪生位错的恰当的 Burgers 矢量．在某一个（$1\bar{1}2$）面以上，每一层相继产生一个 I_1 层错，结果就生成孪生双晶．因此，极轴机制要求在｛112｝面上扫动的$\frac{1}{6}$〈111〉位错具有正确的“螺距”：$\frac{1}{6}$ $[112]$．为此，Cottrell 和 Bilby 提出在 bcc 晶体中满足上述要求的一种极轴机制，如图 18.18 所示．图中处在平面 I 上的 Burgers 矢量为 $\boldsymbol{b}_S$ 的位错 *AB*，沿 *OC* 分离为一个 Burgers 矢量 $\boldsymbol{b}_T$ 躺在平面 I 上的孪生位错与一个 Burgers 矢量 $\boldsymbol{b}_R$ 与平面 I 垂直的不可滑动位错．该孪生位错在平面 I 上滑移一直到它的一部分到达螺位错取向 *OD*，然后产生交滑移到孪生平面 II 上（沿 *OED*）．自然，在最终组态中并不存在沿 *OD* 的位错．图 18.19 是图 18.18 示意的极轴机制的具体例子．在这个例子中，平面 I 是（112），平面 II 是（$1\bar{2}\bar{1}$）．Burgers 矢量 $\boldsymbol{b}_S=\frac{1}{2}$ $[\bar{1}\bar{1}\bar{1}]$，$\boldsymbol{b}_T=\frac{1}{6}$ $[\bar{1}\bar{1}1]$，$\boldsymbol{b}_R=\frac{1}{3}$ $[\bar{1}\bar{1}\bar{2}]$．*OD* 方向是 $[11\bar{1}]$．显然，现在的位错分解是

$$\frac{1}{2}[\bar{1}\,\bar{1}\,\bar{1}] \longrightarrow \frac{1}{3}[\bar{1}\,\bar{1}\,\bar{2}] + \frac{1}{6}[\bar{1}\,\bar{1}\,1], \qquad (18.17)$$

这个反应在一级近似下不改变弹性能，且可在外加应力下位错弓出时发生．Burgers 矢量为$\frac{1}{3}$ $[\bar{1}\bar{1}\bar{2}]$ 位错在（112）面上是不可滑

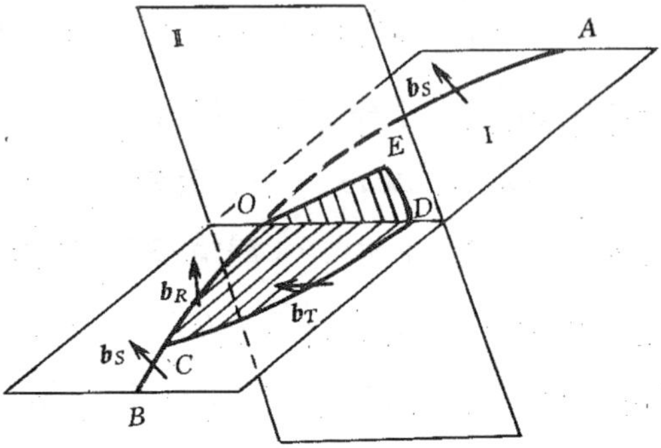

图 18.18

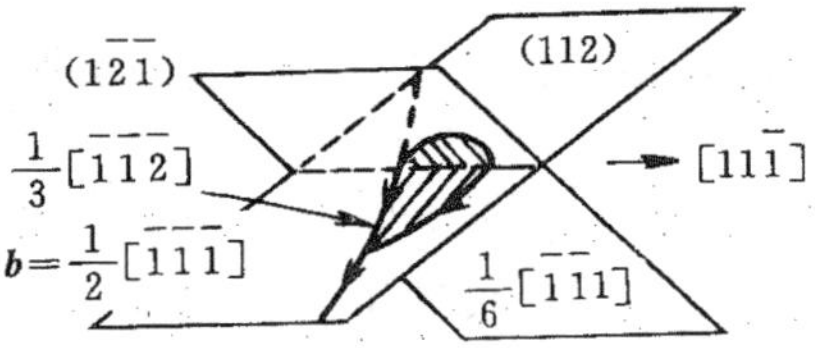

图 18.19

动的，而$\frac{1}{6}$ $[\bar{1}\bar{1}1]$ 位错在（112）面上滑动并留下一片 I_1 型层错（即一单层孪晶）. 当它交滑移至（$1\bar{2}\bar{1}$）面上后，绕固定点 O 旋转，留下一片单层孪晶. 它每转一周即前进一个$\frac{1}{6}$ $[1\bar{2}\bar{1}]$，如此继续下去就会在（$1\bar{2}\bar{1}$）面上构成厚度可观的孪晶.

极轴机制的另一种特殊变型是所谓“ratchet”机制[①]，在这里加以说明，以作为超长位错割阶在孪生过程中所起作用的例证.

现在设想在 bcc 晶体的一条$\frac{1}{2}[\bar{1}\bar{1}\bar{1}]$位错上出现一个超长割阶，它是因为与$\frac{1}{2}[11\bar{1}]$位错交截的诸割阶聚集而成. 若在($1\bar{2}\bar{1}$)

① “ratchet” 是一种机器中的机轮，字典定义为“棘轮”，此处似无恰当译法.

面上出现由式（18.17）表达的反应，那么就会在（$1\bar{2}\bar{1}$）面上形成一块 I_1 型层错，如图 18.20 所示. 不过，这个组态的特点是不能直接形成简单的极轴螺线. 为了明了这一点，可以参看图 18.21，其中图 18.21(a) 示出未分解的晶体截面，图 18.21(b) 示出已分解

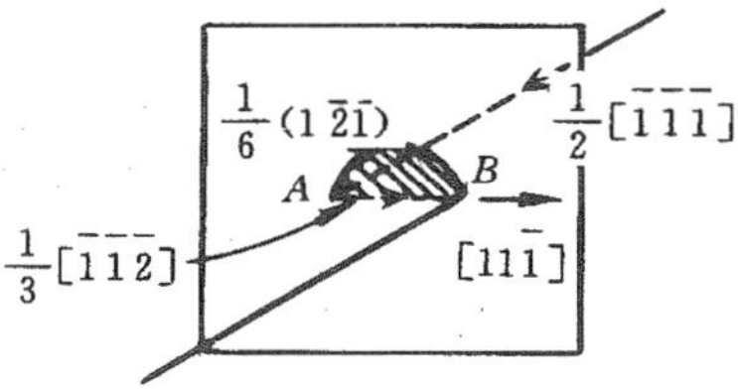

图 18.20

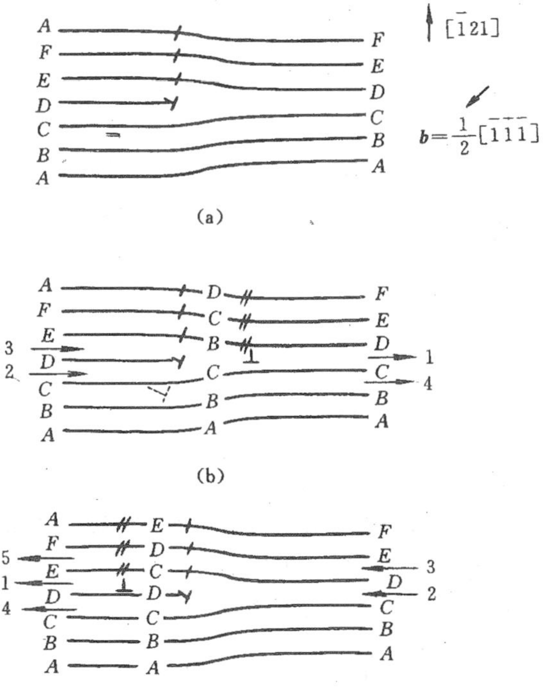

图 18.21

的形态，由该图可见，对不全位错$\frac{1}{6}$ $[\bar{1}\bar{1}1]$ 而言，以 B 点为极点的那一部分在环绕时会由图中所示的路径 1 离去，由路径 2 返回；

而以 A 点为极点的那一部分则由路径 1 离去，由路径 3 返回．在这种情况下，返回的不全位错与不可滑动的$\frac{1}{3}$ $[\bar{1}\,\bar{1}\,\bar{2}]$ 位错复合时受阻，进一步的运动将是不全位错$\frac{1}{6}$ $[\bar{1}\,\bar{1}1]$ 沿路径 1 返回，并产生层错 I_2．为了使孪晶继续生长，复合形成的全位错$\frac{1}{2}[\bar{1}\,\bar{1}\,\bar{1}]$ 必须进行一个大小为（$\bar{1}21$）面间距的交滑移［图 18.21 (b)］．这样，$\frac{1}{2}$ $[\bar{1}\,\bar{1}\,\bar{1}]$ 位错可以再一次按式（18.17）分解，并放出不全位错由路径 4 离去．这样，孪晶片的形成与复合位错的交滑移相继进行，构成形变孪生过程的一个特殊形式，人们称其为“ratchet”机制．它动作的结果与普通的极轴机构的结果等价．

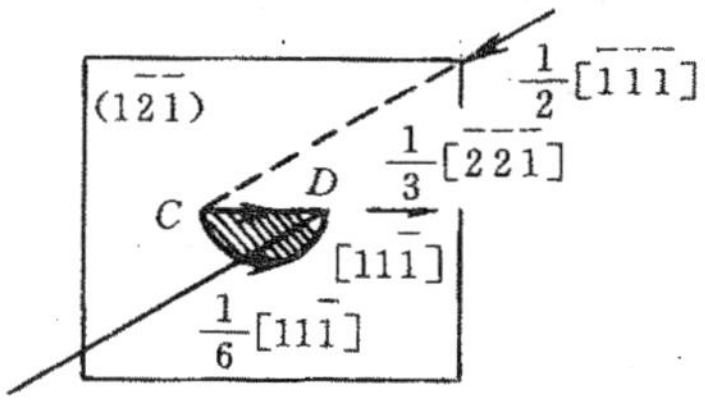

图 18.22

现在考查图 18.22 所示的构型．与图 18.20 相比较，这里的孪生不全位错为$\frac{1}{6}$ $[11\bar{1}]$，它的符号和在（$1\bar{1}\,\bar{2}$）面上的运动方向与图 18.20 的例子相反．所以它也生成 I_1 型层错．该构型的晶面截面图如图 18.21 (c) 所示．可以由该图看出：绕极点 C 迴转的不全位错沿路径 1 离去，沿路径 3 返回，它不被阻塞，而是能够简单地沿路径 5 继续运动，作为一个螺线位错源传播而持续生成孪晶．与此相似，绕极点 D 运动的孪生位错沿路径 1 离去，沿路径 2 返回，再沿路径 4 离去，于是也传播孪晶．在这种情况下的位错反应是

$$\frac{1}{2}[\bar{1}\,\bar{1}\,\bar{1}] \longrightarrow \frac{1}{3}[\bar{2}\,\bar{2}\,\bar{1}] + \frac{1}{6}[11\bar{1}]. \qquad (18.18)$$

在孪晶中，$\frac{1}{3}$ $[\bar{2}\,\bar{2}\,\bar{1}]$ 转变为 $[001]_T$．不过，这个反应在能量上是不利的，其不可滑位错的能量高于式（18.17）中相应的不全位错的能量．因此，虽然式（18.18）的反应的传播不需要位错的复合及交滑移，看起来比较容易，但从能量上看，成核却是较难的．

所以总起来讲，图 18.22 示出的这种组态的运行要比图 18.20 所示的组态困难.

Sleeswyk 曾提议将图 18.22 中的晶体学方向重新标定，令 $\frac{1}{2}[\bar{1}\bar{1}\bar{1}] \longrightarrow [001]$，$\frac{1}{6}[1\bar{1}\bar{1}] \longrightarrow 2\times\frac{1}{6}[11\bar{1}]$ 和 $\frac{1}{3}[\bar{2}\bar{2}\bar{1}] \longrightarrow \frac{1}{3}[\bar{1}\bar{1}\bar{2}]$，则所表示的构型可以成为一个纯粹的极轴机制. 因为这里旨在举例说明一个真实晶体点阵中孪生过程的位错机制的具体图象，所以不拟在此深究其细节. 有兴趣的读者可参看 Sleeswyk 的原始工作[7].

体心立方点阵的孪生元素通常是：$K_1=(112)$，$\eta_1=[11\bar{1}]$，$K_2=(11\bar{2})$，$\eta_2=[111]$，其中互为倒易的孪晶是相互等价的. 所以，这个系统可以看作是简单金属中出现的高对称性孪生的典型例子. 关于 α-Fe 中孪生切变的实际测量也证实了位错模型的准确性.

(2) 密积六角结构　首先讨论 $(11\bar{2}2)$ 孪生，这种孪晶的图样已在本书第一卷 § 11.6 中讨论 Zonal 位错时作过说明，现将图 11.68 重绘作为本章的图 18.23. 图 18.23 (c) 示出一个 Zonal 不全位错 $\sim\frac{1}{4}B'C$ 的运动所产生的一层孪晶①，并且还示出了伴随 Zonal 位错运动所发生的原子的 Shuffle 运动. 显然，为了图中的孪生能够进行，一个极轴机制必然要求极轴位错的 Burgers 矢量等于 3 个 $(11\bar{2}2)$ 晶面面间距. 图 18.24 示出了一个可满足此要求的极轴位错构型. 图中示出一个在 $(1\bar{2}12)$ 面上可滑动的全位错 $C'A$ 分解为一个 Zonal 不全位错 $\sim\frac{1}{4}B'C$ 和一个在 $(1\bar{2}12)$ 面上不可滑动的不全位错 S. 位错 $C'A$ 有一个与 $(11\bar{2}2)$ 面垂直的左螺型分量，螺距正好等于三个 $(11\bar{1}2)$ 面间距，这样就满足了 $(11\bar{2}2)$ 孪生极轴机制的要求. 具体的位错反应式是

① 关于 hcp 点阵所用记号请查阅该书第一卷.

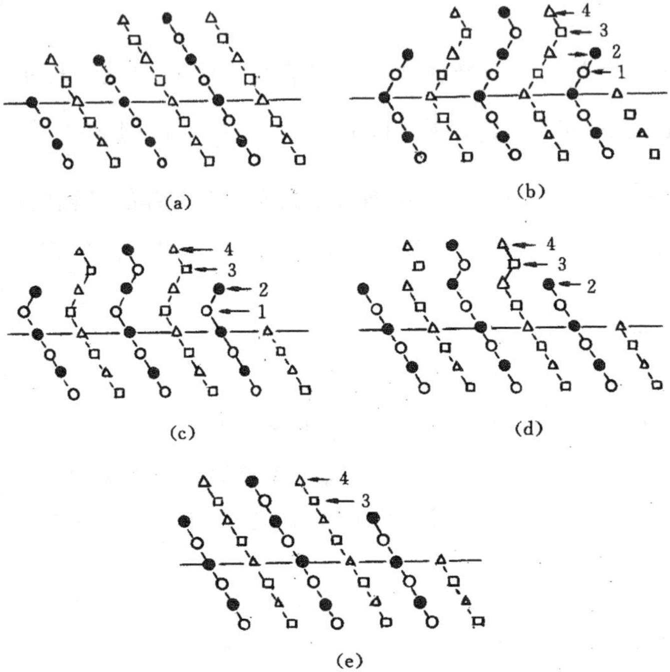

图 18.23

$$C'A \longrightarrow \sim \frac{1}{4}B'C + \text{不可滑动位错}(S), \qquad (18.19)$$

或写成

$$\frac{1}{3}[1\bar{2}1\bar{3}] \longrightarrow \sim \frac{1}{12}[11\bar{2}\,\bar{3}] + \sim \frac{1}{4}[1\bar{3}2\bar{3}]. \qquad (18.20)$$

下面讨论 hcp 点阵中更常见的孪生系统：$K_1=(10\bar{1}2)$，$\eta_1=[\bar{1}011]$，$K_2=(10\bar{1}\,\bar{2})$，$\eta_2=[10\bar{1}1]$. 此系统中互为倒易的孪晶是相互等价的. 在这种情况下，Zonal 位错是图 18.25 (a) 中两个被“弄乱”(rumpled) 的 $(10\bar{1}2)$ 面厚区域. 图 18.25 (a) 中的短箭头示意原子的移动. 图 18.25 (b) 示出了相应的极轴机制. 事实上，这是一个“ratchet”极轴机制，因为可滑动不全位错在完成一周的迴旋之后与不可滑动不全位错复合成为一个 $[000\bar{1}]$ 全位

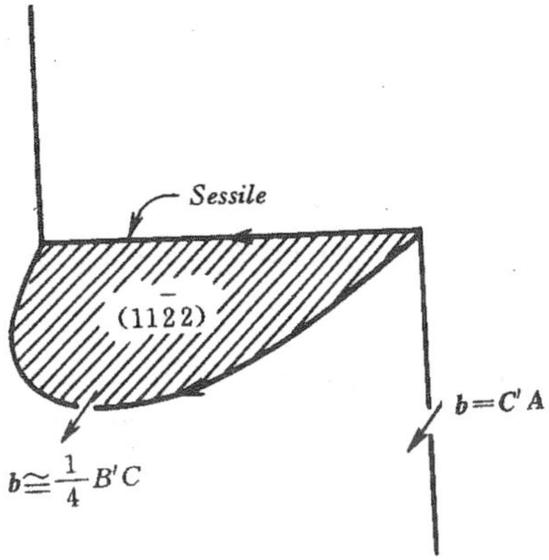

图 18.24

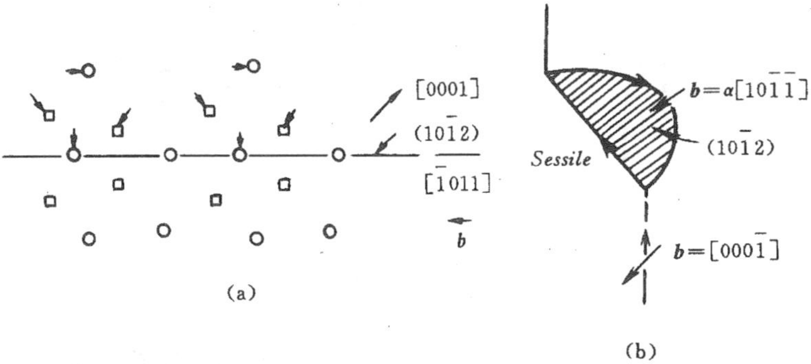

图 18.25

错，这全位错必须进行交滑移，然后才能继续进行导致孪晶传播的运转．与前面相似，这里的位错反应为

$$[000\bar{1}] \longrightarrow \alpha[10\bar{1}\,\bar{1}] + \text{不可滑动位错 } S, \qquad (18.21)$$

式中 α 是一个小的分数，$\sim\frac{1}{12}$．下式可以实现一个无需交滑移的极轴孪生过程

$$[000\bar{1}] \longrightarrow \alpha[10\bar{1}\,\bar{1}] + \text{不可滑动位错}, \qquad (18.22)$$

不过这个反应中的不可滑动位错的能量高，所以反应在能量上是

不利的.

实验观察所测得的孪生切变与$\alpha[10\bar{1}\bar{1}]$型孪生位错运转所应产生的切变相符.

(3) 面心立方结构　前面论述的孪生过程的位错机制可直接用来理解 fcc 晶体中孪生的极轴机制.

面心立方结构中的位错的特色之一是它分解的确定性，扩展割阶存在的肯定性和稳定性. 图 18.26 示出了在主滑移面 (a) 上发生的孪生. 在这里，图 18.26 (a) 和 (b) 所示的是 Hirth 提出的构型，图 18.26 (a) 示出未扩展的割阶，图 18.26 (b) 示出扩展后的割阶，扫动的孪生位错是αC，显然，割阶扩展后结构变得

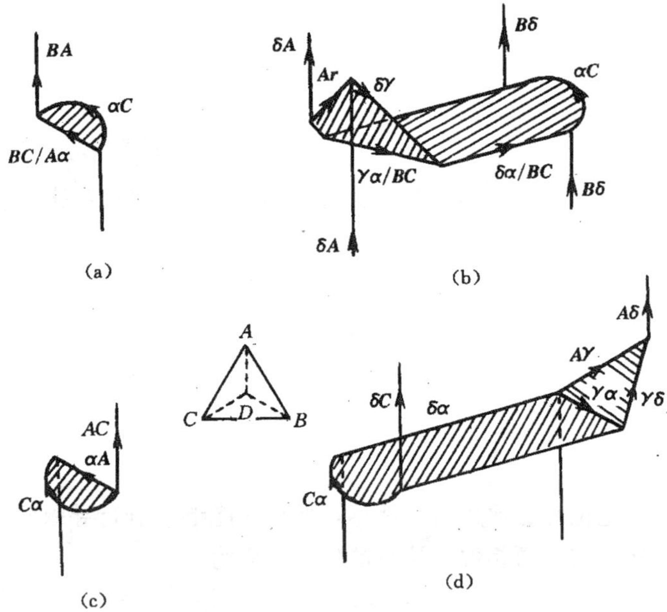

图 18.26

十分复杂. 图18.26(c)和(d)是一种 ratchel 型机制，它由 Venables 提出. 如同图18.26 (a) 和 (d) 分别表示未扩展割阶和扩展割阶

的情况，其扫动位错是 $C\alpha$. 关于这些扩展割阶的构型可以参看第一卷的 § 9.5节. 由图18.26上可见，Venables 扩展割阶中含有若干低能量的压杆位错，所以在平衡态下较容易出现这种扩展割阶. 但另一方面，由外加应力引起的靠近 [111] 方向的力有助于 Hirth 型割阶的扩展分解，而并不有利于 Venables 型割阶的分解. 因此，这两种构型各有其优点，在孪生中都能起一定作用.

§ 18.9 孪晶晶界的一些现象

作为本章的结束，准备概述有关孪晶晶界的几个现象.

(1) *滑动位错与孪晶晶界的相互作用* 孪晶晶界一方面可以作为滑动全位错的运动障碍，但另一方面，在某些情况下，滑动位错与孪晶晶界相交截可以产生孪生位错，并使孪生传播. 后面所说的这种机制在对称性较高的晶体中易于发生，并首先被提出作为体心立方晶体中的一种孪生现象.

将变换矩阵式 (18.16) 应用到双晶的母体中四个滑移位错的 Burgers 矢量上，可得到它们的变换如下：

$$\begin{aligned}&\frac{1}{2}[111]\longrightarrow\frac{1}{2}[111]_T,\frac{1}{2}[1\bar{1}1]\longrightarrow\frac{1}{6}[\bar{1}5\bar{1}],\\&\frac{1}{2}[11\bar{1}]\longrightarrow\frac{1}{6}[\bar{1}\,\bar{1}5]_T,\frac{1}{2}[\bar{1}11]\longrightarrow\frac{1}{6}[5\bar{1}\,\bar{1}].\end{aligned}\tag{18.23}$$

现在先考查图18.27. 其中图18.27 (a) 示出 bcc 点阵在 (001) 面上的投影；图18.27 (b) 示出在 $(\bar{1}10)$ 面上的投影，且是从平行于孪生面 $(\bar{1}\bar{1}2)$ 方向看过去的；若绕 [111] 旋转180°就生成 [111] $[\bar{1}\bar{1}2]$ 孪晶 [图18.27 (c)]. 观察该图可以看出，式 (18.23) 左边的四种位错与孪生面 $(\bar{1}\bar{1}2)$ 交截时会分别产生一个台阶. 与位错$\frac{1}{2}$ [111]、$\frac{1}{2}$ $[11\bar{1}]$ $\frac{1}{2}$ $[1\bar{1}1]$ 和$\frac{1}{2}$ $[\bar{1}11]$ 相对应，台阶的高度分别是 $(\bar{1}\bar{1}2)$ 面面间距的0，2，1和1倍. 这些台阶必定对应于$\frac{1}{6}$ ⟨111⟩ 孪生位错或互补的不全位错$\frac{1}{3}$ ⟨111⟩. 根据本书第一卷 § 10.5节的讨论，可以选择能给出恰当的层错的不全位

错，从而导至孪生的传播．式（18.23）右边孪晶中的位错可进一步分解，给出孪晶中的一个全位错和一个（或几个）残余孪生位错．具体的分解式如下：

$$
\begin{aligned}
&\frac{1}{6}[\bar{1}\,\bar{1}5]_T \longrightarrow \frac{1}{2}[\bar{1}\,\bar{1}1]_T + \frac{1}{6}[111]_T + \frac{1}{6}[111]_T,\\
&\frac{1}{6}[\bar{1}5\bar{1}]_T \longrightarrow \frac{1}{2}[\bar{1}1\bar{1}]_T + \frac{1}{3}[111]_T, \qquad (18.24)\\
&\frac{1}{6}[5\bar{1}\,\bar{1}]_T \longrightarrow \frac{1}{2}[1\bar{1}\,\bar{1}]_T + \frac{1}{3}[111]_T.
\end{aligned}
$$

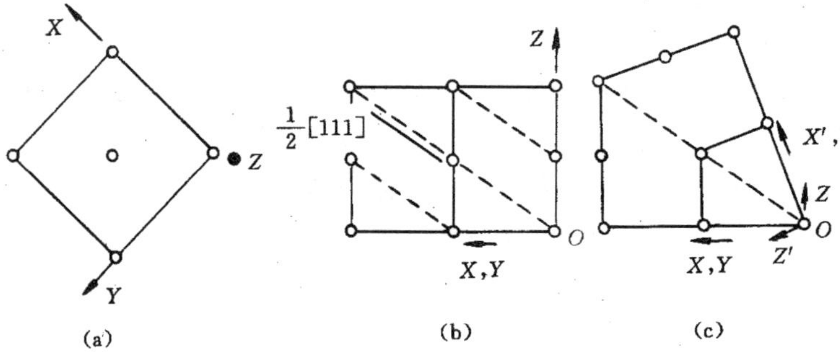

图 18.27

上式中的第一种情况的反应的全过程示意于图18.28，它表示一条 $\frac{1}{2}$ $[11\bar{1}]$ 位错与孪晶晶界相互作用的过程．图中 P，T 分别代表母体和孪晶．如果存在使孪晶趋于增大的切应力 σ，则反应的结果是孪晶生长四层．如果在同样大小的应力作用下，$\frac{1}{3}$ $[111]_T$ 不全位错滑移，则式（18.24）中产生$\frac{1}{3}$ $[111]_T$ 不全位错的反应将导致孪晶收缩．由此可见，滑动位错与孪晶相交截是导致孪晶生长或收缩的一种可能机制．这里应当指出的是：式（18.24）的分解在能量上是不利的，所以只有在大的外加应力时才出现，而且，使诸$\frac{1}{3}$ $\langle 111\rangle$ 不全位错运动的 Peierls 力也很大．

最后一个复杂情况是：若应力状态有利，但“入射”位错的

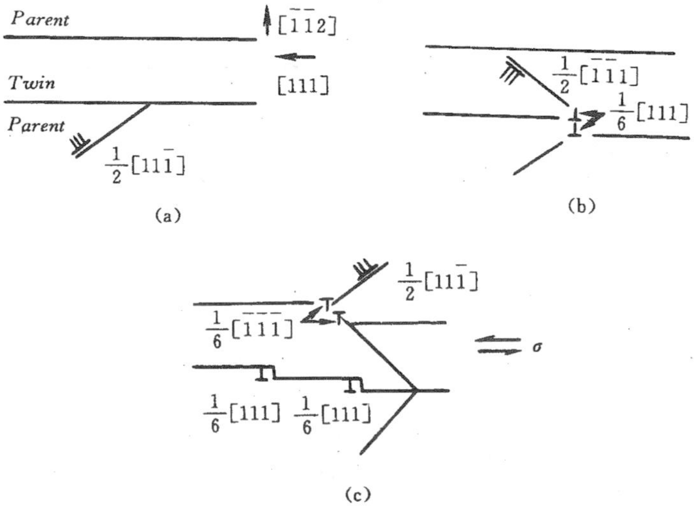

图 18.28

滑移面与孪生面相交截的角度很小，则在孪晶中形成的可滑动位错不能在与入射位错滑移面成镜像对称的平面上滑动. 一个可能的例子是

$$\frac{1}{6}[\bar{1}\,\bar{1}5]_T \longrightarrow \frac{1}{2}[1\bar{1}1]_T + \frac{1}{3}[\bar{2}11], \qquad (18.25)$$

在这种情况下，$\frac{1}{3}$ [$\bar{2}$11] 不能沿界面滑移，所以上式的反应对孪晶的增厚没 有贡献. 图18.29示出了上述情况.

总起来讲，对于上述机制的应用，应持一定程度的保留态度. 产生$\frac{1}{6}$ ⟨111⟩ 不全位错的反应是可能性最大的有效反应，这在 α-Fe 中曾有有力的实验证据①.

虽然这里讨论的仅是体心立方点阵中的例子，但类似的构型和机制对于任何点阵系统都有可能存在. 原则上，若一个滑动位

① Sleeswyk A. W., *Acta Met.*, **12**, 669 (1964).

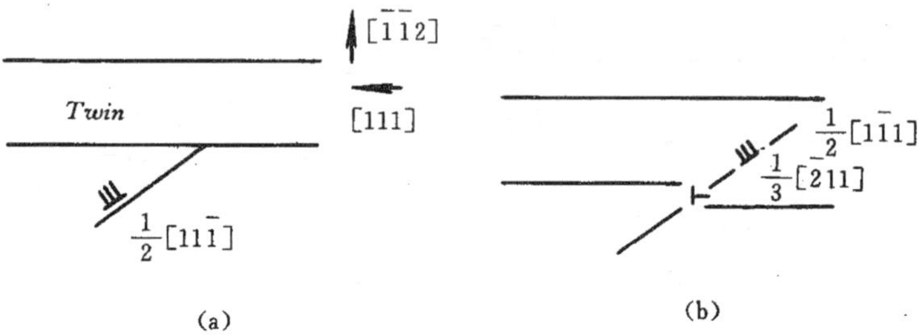

图 18.29

错通过孪晶晶界并与之发生反应，并在孪晶中与原滑动面成镜像对称关系的平面上形成一条可滑全位错，那么在间界台阶上遗留下的残余位错将是在间界上可滑动的孪生位错．但是，如果各种几何条件不能满足，则适当的运动和反应将不能实现．此时，孪晶晶界就成了位错滑移的一个障碍，如同通常的晶界一样，在它的前面可形成一个位错塞积群，同样地在硬化和断裂中起作用．

（2）发射位错　一个非共格孪晶在其拓展过程中在它的尖端会发射全位错，以释放其运动前沿的能量或降低长程应力场．这种发射的位错显示了孪晶界的应力场的存在，并对孪生的位错模型提供了有力的支持．在体心立方晶体和密积六角晶体中都有发现孪生发射位错的实验证据．

考察图18.30(a)所示的体心立方晶体中的一个孪晶晶界，它含有刃型取向的孪生位错，并存在长程应力场．如果该刃型位错孪晶界面发生位错反应，变为图18.30（b）所示的非共格孪晶界面，该界面不存在长程应力场，并有一组发射的位错．位错反应是：每3个不全位错中有一个发生如下反应：

$$\frac{1}{6}[11\bar{1}] \longrightarrow \frac{1}{3}[\bar{1}\bar{1}1] + \frac{1}{2}[11\bar{1}]. \qquad (18.26)$$

$\frac{1}{2}$ $[11\bar{1}]$ 就是发射的全位错，$\frac{1}{3}$ $[\overline{1}\overline{1}1]$ 是留在原来位置但符号相反的不全位错．这个反应降低了晶界的弹性能．不过，式

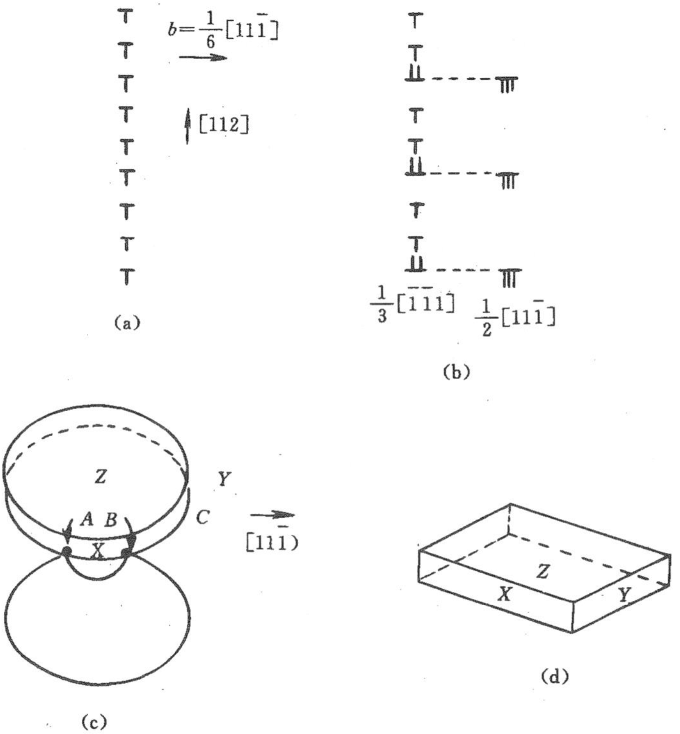

图 18.30

(18.26) 的反应在能量上是不利的，它只有在大应力场（包括在该孪晶前沿产生位错塞积）情况下才能发生.

另外一种设想是图18.30（c，d）所示的一种交滑移过程. 设界面上的孪生位错都是螺型取向. 螺型孪生位错发生交滑移，在某一线段 AB 上形成一条$\frac{1}{2}$ $[11\bar{1}]$ 全位错段. 继之这个全位错段 AB 凸出，直到在某个 C 点处与另一条$\frac{1}{6}$ $[11\bar{1}]$ 不全位错相遇并反应生成一条$\frac{1}{3}$ $[\bar{1}\bar{1}1]$ 位错. 这个运动过程即是孪晶界发射位错的过程，与上节所述的最后效果是一致的.

一般性参考文献

[1] Hirth, J. P., Lothe, J., Theory of Dislocations, 2nd ed., John Wiley & Sons, New York (1982).

[2] Christian, J. W., Crocker, A. G., Dislocations and Lattice Transformations, Dislocations in Solids, **3**, ed. by Nabarro, F. R. N., North-Holland Publi. Com. (1980).

[3] Kubin, L. P., Martin, J. L., Haasen, P., Gerold, V. and Kostorz, G. (eds.), Strength of Metals and Alloys, **3**, Pergamon, Oxford (1980).

[4] Cahn, R. W., in Reed-Hill, R. E., Hirth, J. P., Rogers, H. C. (eds.), Deformation Twinning, Gordon and Breach, New York (1963).

[5] Christian, J. W., Mahajan, S., *Prog. Mat. Sci.*, **39**, 1 (1995).

[6] Yoo, M. H., Wutlig, Twinning in advanced Materials, TMS, Warrendale, PA (1994).

[7] Sleeswyk X. Y., *Phil. Mag.*, **29**, 407 (1974).

第十九章 裂纹与位错

§19.1 绪论

本章旨在论述关于裂纹与位错的数学理论的一些基本内容，并不企望对断裂物理作任何深度的概括. 不过本章所处理的是理想化的可解模型和组态，这些定量的精确分析讨论对学习和发展断裂物理的读者还是有用处的. 国内已有不少研究集体和学者在断裂物理的诸多方面和层次进行过卓有成效的工作.

这里所要论述的裂纹指的是固体材料中一个有限的、或至多是半无限的裂隙，它至少有顶端或尖端. 如果裂纹一个顶端也没有，这意味着它贯穿整个试样，那么这个试样就已处于断裂或解理状态. 图19.1直观地示出了一个裂纹. 这是一个二维示意图，裂纹存在于区间 $[-c, +c]$，横向长度为$2c$. 裂纹区间内原子键已断开，出现一对内表面，分别用裂纹的上下两岸相称呼. 在这个意义上裂纹就是固体中一类特殊缺陷，与位错对立并存. 早在1920年 Griffith 就提出裂纹存在和发展的学说，以解释固体在远低于其理论抗张强度的应力之下发生脆性断裂的事实. 而直到1934年 Taylor 等人提出位错的存在与运动的学说，以解释固体在远低于其理论切变屈服强度的应力下发生范性形变的事实.

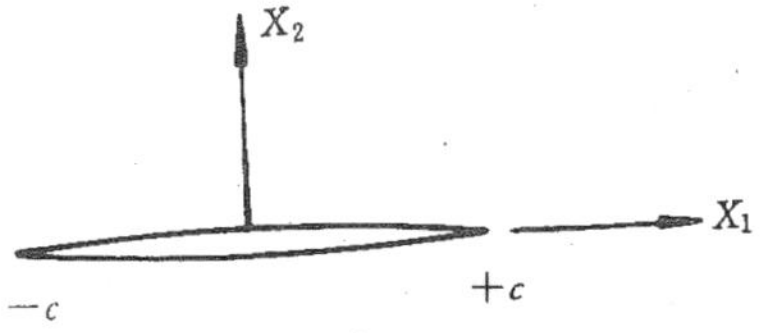

图 19.1

与位错相比较，裂纹至少有两个明显的特点：第一，必须在外力的作用下才可能产生裂纹的两个互相分离的内表面，当外力撤除后这两个内表面，在理论上讲，会重新闭合而使裂纹消失. 与此相对照，位错一经形成，它的存在就不依赖于外力的作用. 第二，裂纹的两个内表面是两个无面力表面，或者说是自由表面. 这是裂纹所特有的边界条件，有时称为裂纹条件.

在本章里，为了实现数学处理的可能性，只考虑理想化的“二维”裂纹，即是裂纹有一个直轴（命其为 X_3轴），在垂直于此轴的诸平面上（即诸 X_1X_2平面），裂纹的形状一样. 所以可以用一个平面图表示该裂纹，而裂纹的弹性性质的研究也就成为平面弹性问题. 与此相应，在本章中所讨论的与裂纹发生相互作用的位错也都是假设与 X_3轴平行的直线位错，即可以是直刃型位错也可以是 $\boldsymbol{b}/\!/X_3$轴的螺型位错. 这样的“二维”裂纹中，最通常的有以下三种，即（i）裂隙型（slit）裂纹；（ii）楔形裂纹；（iii）钝顶端裂纹. 它们分别示意性地绘于图19.2（a—c）. 最“薄”的是裂隙型裂纹，它上下两岸的距离为原子间距量级. 可将裂隙型裂纹的裂纹表面规范性地取为 X_1X_3平面，此面也称为解理面. 裂隙型裂纹还可分为两种：有限的和半无限的. 有限的裂隙型裂纹有两个顶端，它们可取在 X_1轴上的 $-c$，$+c$ 两点，而裂纹“长度”为$2c$. 半无限的只有一个顶端，它取在坐标原点上，而裂纹本身处在负 X_1轴上. 裂隙型裂纹有时也称为薄楔形裂纹.

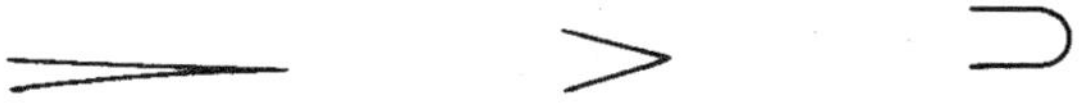

(a)　　　　(b)　　　　(c)

图 19.2

为了确定起见，就裂隙型裂纹而论，可以想像三种理想的加载方式，于是产生三种模式的裂纹，分别以模式Ⅰ，Ⅱ，Ⅲ标记. 图19.3（a—c）依次示意地表示了半无限裂纹的三种模式. 图19.4（a—c）依次示意地表示了长度为$2c$ 的有限裂纹的三种模式. 图中的箭头表示了外应力的方向. 显然，模式Ⅰ和模式Ⅱ裂纹与刃位错对应，模式Ⅲ裂纹与螺型位错对应. 模式Ⅰ裂纹是拉伸裂纹，模式Ⅱ和Ⅲ裂纹是切变裂纹. 在本章中，我们一直采用这种Ⅰ，Ⅱ，Ⅲ的标记约定.

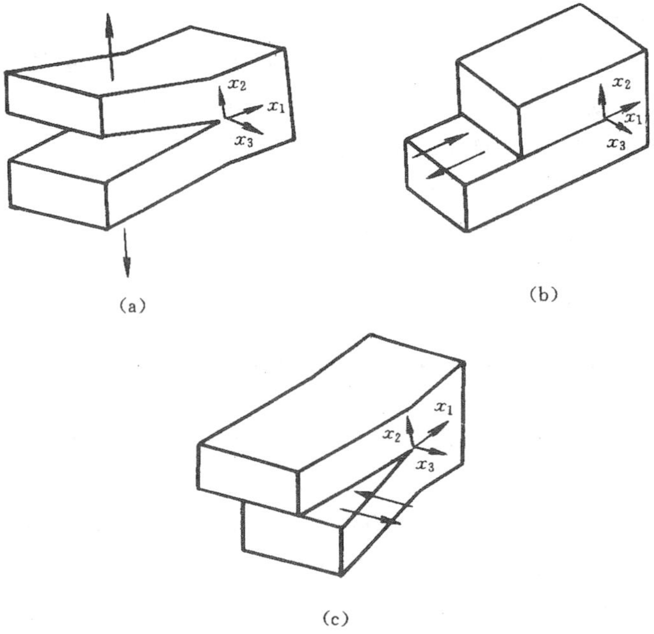

图 19.3

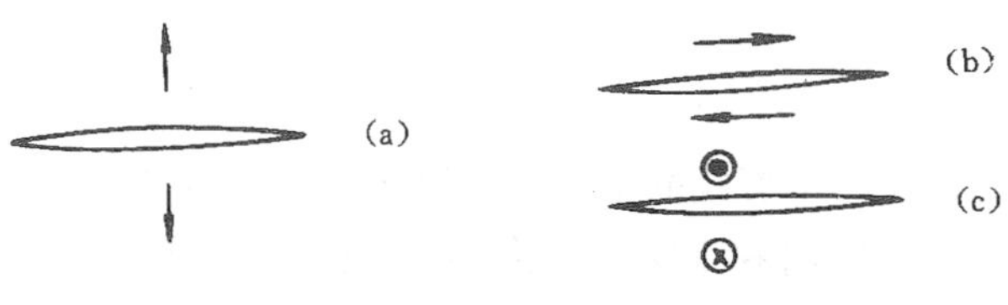

图 19.4

不难想像，一个一般性的“三维”裂纹由上下两个分离的自由表面构成. 不过，上下两岸是一对任意的三维空间曲面. 这两个曲面一般相交于一条闭合的曲线，这就是裂纹的边. 这个构型是一个特殊的 Somigliana 位错. Somigliana 位错与它的一类特例——Volterra 位错曾在本书第一卷 § 1.4中介绍和论述过. 裂纹作为一种特定的 Somigliana 位错,其特点是:经过取定切割面并进行切割和相对位移的理想操作之后，让所产生的空隙留下，不作物质的填充和上下两岸的胶合，并且不撤去外力，经过弛豫以后的两内表面上也没有面力，这样留下的就是“三维”裂纹. 它是一个“面缺陷”，而不是位错与向错之类的线缺陷.

裂纹的发展会导致试样或元件的断裂，这在工程应用中当然是一个灾难性的事件，并为工程和材料科学家所十分关注. 裂纹的成核和发展显然要受到许多因素的影响，容易想到的是冶金因素，加工历史，使用加载方式和环境因素等. 在理论研究上这些也理应超出本章所讨论的静态弹性理论的范围. 考究裂纹与位错系统的动态行为和裂纹的原子键结构是一部完善的断裂物理专著所应包含的内容.

早在1920年 Griffith 就提出一个关于裂纹的存在形式和存在条件的构想，这是一个古典的例子. 考虑材料中一个孤立的模式 I 裂纹 $[-c, +c]$，使它张开的力是外加载荷. 因为要形成两个分离的新的内表面,反抗这个过程的因素就是表面张力 γ. 当外力与裂纹表面的表面张力达到平衡时，一个静态的裂纹便可以存在于材料中. 这个平衡条件用公式表示如下：

$$K_{\mathrm{I}c}/2\mu = 2\gamma \qquad (19.1)$$

或

$$K_{\mathrm{I}c}^2 = 2\gamma Y/(1-\nu^2), \qquad (19.2)$$

式中 $K_{\mathrm{I}c}$是模式 I 裂纹的临界应力因子，直接与垂直于解理面的正应力 σ_{yy}相关，将在下文中讨论，γ 是材料的表面张力，Y 和 ν 分别是杨氏模量和泊松比.

本章的主要内容是裂纹-位错系统的平面弹性理论，这是二维裂纹与平行直线位错组成的系统. 这系统虽是理想化的，但在数学上是可解的. 得到的解析结果对于实际情况与事件的理解和推测是有意义的.

本章首先讨论用连续分布位错表示裂纹，继之系统地应用平面弹性理论方法分析二维裂纹和直位错的弹性场以及受力问题. 在此基础上考察裂纹发射位错和位错组对裂纹的屏蔽. 后面这两个问题在材料发生范性形变抑或解理断裂两个事件的竞争中至关重要.

§ 19.2 连续分布位错群与裂纹[1,2]

对于裂纹的定量处理，比较早期的是采用连续分布的平移位错群来表示，具体地讲，就是把位错塞积群的连续分布处理模式应用于表示并计算理想的裂纹. 最简单的位错塞积群是在一单个滑移面上、应力平衡下规则排列的位错群体. 将其连续化之后，此群所在的平面区域由于作用力平衡，因而造成一对无面力作用的"自由"表面. 仅就这一点而言，这个位形就相当于连续介质中的一个裂纹开口，由此可见这个表示法的合理性.

在本书第一卷§1.8中曾描述过一个形式最简单的位错群，如图19.5所示. 图中一群直线刃位错均平行于 X_3 轴且位于与 X_2 轴

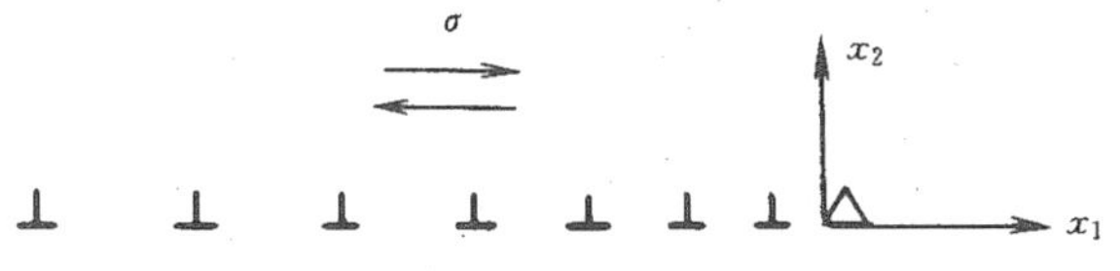

图 19.5

垂直的平面上，它们的 Burgers 矢量 $\boldsymbol{b}$ 相同且与 X_1 轴平行. 在 X_1 方向的切应力 σ 的压迫下，塞积在一个障碍物前. 除障碍前的第一个"领先"位错之外，群中每个位错均受 σ 产生的力及群中其它所有位错的作用力作用. 当群体的位置经过调整，使每一位错所受力达到平衡时，就实现了位错塞积群的平衡位形. 这是离散位错群的形式. 此时的平衡方程为

$$\frac{\mu b^2}{2\pi(1-\nu)}\sum_{j\neq i}\frac{1}{x_{(j)}-x_{(i)}}+\sigma b=0. \qquad (19.3)$$

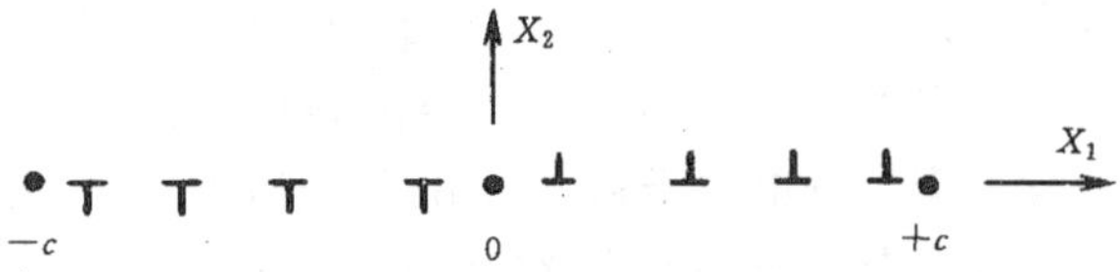

图 19.6

当群中的位错总数 N 很大时，这组联立方程有近似解

$$x_{(i)} = -\frac{A_e\pi^2}{8N\sigma}(1-i)^2, \tag{19.4}$$

式中 $A_e=\mu b/2\pi\ (1-\nu)$. 这个群一般称为单端点受应力下的单塞积群，它处在负 X_1轴上，如图19.5所示.

关于位错的连续分布，本书的第一卷中除第七章专章论述外，尚有§5.4和§8.2分别将散布位错概念与方法应用于处理匀速运动位错和 Peierls-Nabarro 的位错芯模型. 不过，在这里无需应用上卷第七章的普遍表示法和理论，仅引用一维分布即可. 具体地讲，如前面所述的位错群，可以引入一个位错密度函数 $\mathscr{D}\ (x_1)$，而区间 $[x_1,\ x_1+dx_1]$ 中的位错含量即是 $\mathscr{D}\ (x_1)\ dx_1$，该区间中总的位错强度为 $db=b\mathscr{D}\ (x_1)\ dx_1$. 与此等价，连续分布位错密度函数可以定义为 $\mathscr{D}\ (x_1)\ =\dfrac{1}{b}\dfrac{db}{dx_1}$.

表示一个裂纹，最直接明了的并不是上述单端点单塞积群，而是双端点受应力下的双塞积群，其离散形式示于图19.6中. 可见这里所说的“双”塞积群意指群中含有符号相反的两种位错.

这个位错群的力平衡方程仍为

$$\sigma b = A_e b\sum_{j\neq i}\frac{1}{x_{(j)}-x_{(i)}}, \sigma=\sigma_{12}, \tag{19.5}$$

$\sum$遍及区间 $[-c,\ +c]$ 中的所有位错. 将此群连续化后，平衡方程形式为

$$\sigma b = A_e b\int_{-c}^{c}\frac{\mathscr{D}(x')dx'}{x'-x}, -c\leqslant x\leqslant c. \tag{19.6}$$

由于 x 含于区间 $[-c, c]$ 内，故右方为 Cauchy 积分主值①，因而是一个奇异积分方程．为求得此方程的一个特解，可应用 Hilbert 变换②．一个函数 $f(y)$ 的 Hilbert 变换定义为

$$H_x[f(y)] = \frac{1}{\pi}\int_{-1}^{1} \frac{f(y)dy}{y-x}. \tag{19.7}$$

右方积分也是积分主值，这样，这个积分变换就将原函数 $f(y)$ 变为一个宗量为 x 的函数．现在考察 Tschehytscheff 多项式．定义

$$T_n(\cos\theta) \equiv \cos n\theta, U_n \equiv \sin(n+1)\theta/\sin\theta, \tag{19.8}$$

若记 $x=\cos\theta$，则 T_n，U_n 成为宗量为 x 的多项式，即称为 Tschebytscheff 多项式．几个较低序的多项式是

$$\begin{aligned} &T_{-1} = x, T_0 = 1, T_1 = x, T_2 = 2x^2 - 1, \\ &U_{-1} = 0, U_0 = 1, U_1 = 2x, U_2 = 4x^2 - 1. \end{aligned} \tag{19.9}$$

这些多项式满足如下的正交关系

$$\int_{-1}^{1} \frac{T_m T_n dx}{(1-x^2)^{\frac{1}{2}}} = \int_{-1}^{1} (1-x^2)^{\frac{1}{2}} U_m U_n dx = \begin{cases} 0, m \neq n, \\ \dfrac{\pi}{2}, m = n \neq 0, \\ \pi \text{ 和 } \dfrac{\pi}{2}, m = n = 0. \end{cases} \tag{19.10}$$

故此，参考 Hilbert 变换的定义式（19.7），有

$$H_x\left[\frac{T_n(y)}{(1-y^2)^{\frac{1}{2}}}\right] = U_{n-1}(x), \tag{19.11}$$

$$H_x\left[(1-y^2)^{\frac{1}{2}} U_{n-1}(y)\right] = T_n(x). \tag{19.12}$$

现在回到方程（19.3）．引入变数变换

$$\eta = x/c, \tag{19.13}$$

---

① 积分主值记为 $P\int_a^b d\eta$，若被积函数在 $[a, b]$ 中某点 η' 发散，则 $P\int_a^b d\eta \equiv \lim_{\varepsilon\to 0}\left[\int_a^{\eta'-\varepsilon} + \int_{\eta'+\varepsilon}^b\right] d\eta$.

② Morse, P. M., Feshbach, H., Methods of Theoretical Physics, McGraw-Hill, New York (1953).

并定义函数 $f(\eta)$

$$f(\eta)=\mathscr{D}(\eta c)=\mathscr{D}(x), \tag{19.14}$$

则方程（19.6）取如下形式：

$$\frac{2(1-\nu)\sigma}{\mu b}=\frac{1}{\pi}\int_{-1}^{1}\frac{f(\eta')d\eta'}{\eta'-\eta}. \tag{19.15}$$

应用多项式 $T_1(\eta)$ 即可直接得到方程（19.15）的解. 这乃是由于：方程（19.15）的右端是函数 $f(\eta)$ 的 Hilbert 变换式，而其左端是常数 $2(1-\nu)\sigma/\mu b$ 乘以函数 $U_0(\eta)=1$. $U_0(\eta)$ 是函数 $T_1(\eta')/[1-(\eta')^2]^{\frac{1}{2}}$ 的 Hilbert 变换式，由此可见

$$f(\eta)=\frac{2(1-\nu)\sigma}{\mu b}\frac{T_1(\eta)}{(1-\eta^2)^{\frac{1}{2}}}. \tag{19.16}$$

由于 $\eta=x/c$，故有

$$\begin{aligned} f(\eta)=\mathscr{D}(x)&=\frac{2(1-\nu)\sigma}{\mu b}\frac{\eta}{(1-\eta^2)^{\frac{1}{2}}} \\ &=\frac{2(1-\nu)\sigma}{\mu b}\frac{x}{(c^2-x^2)^{\frac{1}{2}}}, \end{aligned} \tag{19.17}$$

这就是所要求的解，它是与图19.6的离散分布相对应的连续分布的密度. 它是 x 的奇函数，其值之正负表示 Burgers 矢量之正负. $\mathscr{D}(x)$ 示于图19.7中. 参考上面的讨论可见，这样一个以 $-c$、$+c$ 为端点的位错连续分布正相当于一个以 X_3 为轴的模式 Ⅱ 裂纹［见图19.4（b）］.

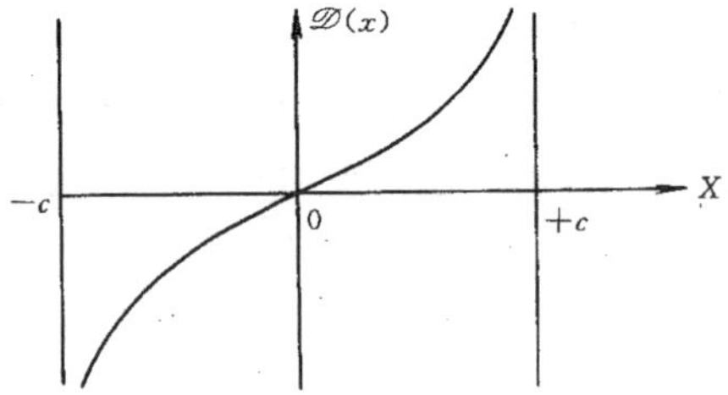

图 19.7

为了表示模式 Ⅲ 裂纹，将以上的位错塞积群中的位错换为

Burgers 矢量 $\boldsymbol{b}$ 沿 X_3 轴的螺型位错就可以了. 此时平衡方程（19.3）依然成立，只是将常数 A_e 换为 $A_s=\dfrac{\mu b}{2\pi}$，相应的连续分布群的平衡方程与式（19.6）形式完全相同，即

$$\sigma_s b = A_s b\int_{-c}^{c}\frac{\mathscr{D}_s(x')dx'}{x'-x}, \tag{19.18}$$

相应的特解为

$$\mathscr{D}_s(x)=\frac{2\sigma_s}{\mu b}\frac{x}{(c^2-x^2)^{\frac{1}{2}}}, \tag{19.19}$$

$$\sigma_s=\sigma_{23},\ -c\leqslant x\leqslant c.$$

模式Ⅲ裂纹的离散位错塞积形式如图19.8所示，而连续分布的 $\mathscr{D}_s(x)$ 的图形与图19.7完全一样，其中 $\mathscr{D}_s(x)$ 的正负分别表示右螺型和左螺型位错.

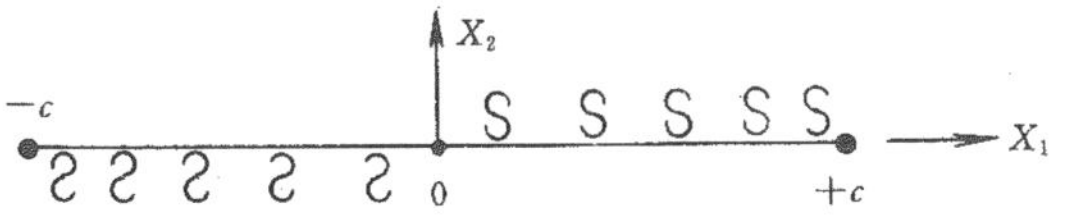

图 19.8

为了表示模式Ⅰ型裂纹需要利用刃型位错的攀移式塞积，其离散形式示于图 $A.9$中，位错的 Burgers 矢量 $\boldsymbol{b}$ 沿 x_2轴方向. 连续分布的力平衡方程仍是式（19.6），故此有同样形式的解

$$\mathscr{D}(x)=\frac{2(1-\nu)\sigma}{\mu b}\frac{x}{(c^2-x^2)^{\frac{1}{2}}}, \tag{19.20}$$

$$\sigma=\sigma_{22},\ -c\leqslant x\leqslant c.$$

以上求得模式Ⅱ，Ⅲ，Ⅰ裂纹的位错连续分布表示的分布函数 $\mathscr{D}(x)$,这是基本的重要结果. 下面将继续讨论相对位移及应力场. 在这里还要说明一点，即方程（19.6）中的 σ 为一个常数，所以可用 Hilbert 积分变换方法求解. 若应力 σ 不是一个常数，则该方程中的 σb 项应该记为 $P(x)b$，这就是这类方程的较普遍形式

$$A\int_{-c}^{c}\frac{\mathscr{D}(x')dx'}{x-x'}+P(x)=0, \tag{19.21}$$

这是一个 Cauchy 型积分方程，在数学上有较充分的研究. 它有如下形式的通解：

$$\mathscr{D}(x)=\frac{1}{\pi^2 A}\int_{-c}^{c}\left(\frac{c^2-(x')^2}{c^2-x^2}\right)^{\frac{1}{2}}\frac{P(x')dx'}{x-x'}+\frac{C}{\pi(c^2-x^2)^{\frac{1}{2}}},\tag{19.22}$$

其中待定常数 C 由下式给出：

$$\int_{-c}^{c}\mathscr{D}(x)dx=C,\tag{19.23}$$

这个解的用途在下文中还要提到.

现在由以上的结果推算裂纹开口上下两岸的相对位移 $\bar{u}$. 根据位错 Burgers 迴路及其闭合矢量的 ***SF/RH*** 约定，可见在现在连续分布位错的情况下应有

$$-d\bar{u}=b\mathscr{D}(x)dx,\tag{19.24}$$

即

$$\frac{d\bar{u}}{dx}=-b\mathscr{D}(x).\tag{19.25}$$

对于模式Ⅰ，Ⅱ，Ⅲ裂纹，它们的位移分量分别是 $\bar{u}_2$，$\bar{u}_1$，$\bar{u}_3$，于是上式可表为

$$\left(\frac{d\bar{u}_2}{dx_1},\frac{d\bar{u}_1}{dx_1},\frac{d\bar{u}_3}{dx_1}\right)=\frac{-b\sigma}{\pi A}\frac{x_1}{(c^2-x_1^2)^{\frac{1}{2}}},\tag{19.26}$$

对于模式Ⅰ（$\bar{u}_2$），Ⅱ（$\bar{u}_1$），$A=A_e=\mu b/2\pi(1-\nu)$，对模式Ⅲ（$\bar{u}_3$），$A=A_s=\mu b/2\pi$. 经简单积分后得

$$(\bar{u}_2,\bar{u}_1,\bar{u}_3)=\frac{b\sigma}{\pi A}(c^2-x_1^2)^{\frac{1}{2}},\tag{19.27}$$

图19.9示出了这些相对位移的图形，它是一个以 $2c$ 为长轴的（半）椭圆. 但要注意：模式Ⅱ和Ⅲ都是切变裂纹，并不“张开”；只有模式Ⅰ是伸张形变裂纹，其“开口”如图19.3（a）所示.

本节至此，应力符号 σ 系标记外部加载产生裂纹的均匀应力，下面我们将添加一个上标，记为 σ^0. 在现在所用的坐标系中，裂纹位于 $x_2=0$ 的平面上，裂纹的轴平行于 X_3轴，在 X_3方向为无

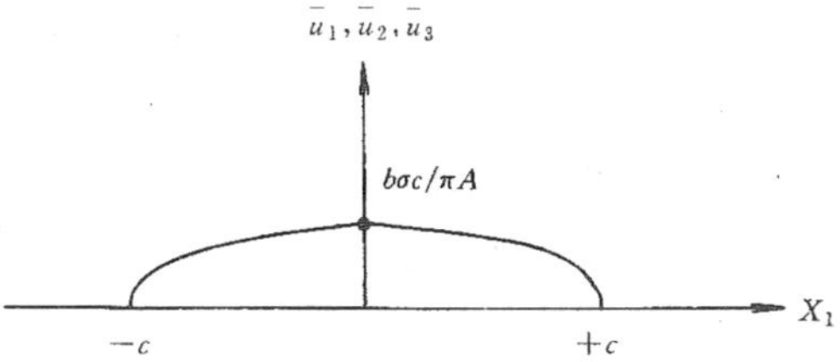

图 19.9

限，在 X_1 方向裂纹的线度是 $2c$，处于区间 $[-c, +c]$ 中．这样，与模式Ⅰ，Ⅱ，Ⅲ对应的外加均匀应力分别是 σ_{22}^0，σ_{12}^0，σ_{23}^0．在裂纹的尖端附近，即是在 $x_1>+c$，$x_1<-c$，$(|x_1|-c)\ll c$ 的区域中的一点 p，其总应力应当等于外加载荷所产生的应力与下面一项的和，这项的形式是

$$\int_{-c}^{+c}\mathscr{L}(x_1\to p)\mathscr{D}(x_1)dx_1, \qquad (19.28)$$

式中的 $\mathscr{L}(x_1\to p)$ 表示在 $x_2=0$ 平面上的 x_1 点处具有合适的 Burgers 矢量的单个位错在 p 点处产生的应力场，积分式即表示所有位错在 p 点处的应力场．经过计算后，在裂纹尖端附近地区的总的应力为

$$[\sigma_{22}(p),\sigma_{12}(p),\sigma_{23}(p)] = \sigma^0\left(\frac{c}{2r}\right)^{\frac{1}{2}} \qquad (19.29)$$

式中的 r 是 p 点到裂纹尖端的距离，且 $r\ll c$．式中左端的三项分别对应模式Ⅰ，Ⅱ，Ⅲ裂纹．与此相应的诸 $\bar{u}$ 的表达式，可从与式（19.27）类似的关系推得如下：

$$(\bar{u}_2,\bar{u}_1,\bar{u}_3) = b\sigma^0(2cr)^{\frac{1}{2}}/\pi A. \qquad (19.30)$$

上述关于 σ 和 $\bar{u}$ 的结果可以写成如下形式：

$$(\sigma_{22},\sigma_{12},\sigma_{23}) = (K_{\text{I}},K_{\text{II}},K_{\text{III}})r^{-\frac{1}{2}}/(2\pi)^{\frac{1}{2}} \qquad (19.31)$$

和

$$(\bar{u}_2,\bar{u}_1,\bar{u}_3) = 2b(K_{\text{I}},K_{\text{II}},K_{\text{III}})r^{\frac{1}{2}}/\pi A(2\pi)^{\frac{1}{2}} \qquad (19.32)$$

式中诸 $K=\sigma^0[\pi c]^{\frac{1}{2}}$ 称为应力强度因子，这当然不是 K_{I}，K_{II}，K_{III}

的普遍表达式.

以上的计算及结果成立的条件是：当裂纹不存在时，外加载荷在固体中产生的应力是均匀的，即 σ 为常数 σ^0. 现试将此条件稍为放宽，例如设固体中还有其它内应力源，致使固体中的应力是不均匀的. 现在将裂纹不存在时的固体中的应力记作 $\sigma_{ij}^A(\boldsymbol{r})$. 具体地说，对于模式 I 裂纹的加载方式为在 $x_2=0$ 的面上有 $\sigma_{12}=0$，$\sigma_{22}=\sigma_{22}^A(x_1)\neq 0$. 与此相似，对于模式 Ⅱ 有 $\sigma_{12}=\sigma_{12}^A(x_1)\neq 0$，模式 Ⅲ 有 $\sigma_{23}=\sigma_{23}^A(x_1)\neq 0$. 这样，上述的通解式（19.22）的形式为

$$\left(\mathscr{D}_{\mathrm{I}}(x_1),\ \mathscr{D}_{\mathrm{II}}(x_1),\ \mathscr{D}_{\mathrm{III}}(x_1)\right)$$
$$=\frac{1}{\pi^2 A}\int_{-c}^{c}\left(\frac{c^2-(x')^2}{c^2-{x_1}^2}\right)^{\frac{1}{2}}\frac{(\sigma_{22}^A,\ \sigma_{12}^A,\ \sigma_{23}^A)}{x_1-x_1'}dx_1', \tag{19.33}$$

而原来的常数 C 为零

$$\int_{-c}^{c}\left(\mathscr{D}_{\mathrm{I}}(x_1),\mathscr{D}_{\mathrm{II}}(x_1),\mathscr{D}_{\mathrm{III}}(x_1)\right)dx_1=C=0, \tag{19.34}$$

所用的坐标系与上面完全一样. 与此相应，可以由裂纹上下岸的相对位移 $\bar{u}$ 满足的关系

$$\left(\frac{\partial\bar{u}_2}{\partial x_1},\frac{\partial\bar{u}_1}{\partial x_1},\frac{\partial\bar{u}_3}{\partial x_1}\right)=\left(-b\mathscr{D}_{\mathrm{I}}(x_1),\ -b\mathscr{D}_{\mathrm{II}}(x_1),\ -b\mathscr{D}_{\mathrm{III}}(x_1)\right), \tag{19.35}$$

分别求出三种模式裂纹的相对位移.

在裂纹顶端附近，应力与相对位移仍由式（19.31）和式（19.32）给出，不过其中的诸 K 因子的表达式为

$$(K_{\mathrm{I}},K_{\mathrm{II}},K_{\mathrm{III}})=\frac{1}{(\pi c)^{\frac{1}{2}}}\int_{-c}^{+c}\left(\frac{c+x_1}{c-x_1}\right)^{\frac{1}{2}}(\sigma_{22}^A,\sigma_{12}^A,\sigma_{23}^A)dx_1, \tag{19.36}$$

当诸 σ^A 为常数时，右端简化为前面的 $\sigma^0\ (c\pi)^{\frac{1}{2}}$.

以上所讨论的是存在于 $x_2=0$ 平面上、平行于 X_3 轴、区间 $x_1=[-c,\ +c]$ 中的裂纹，它有两个顶点（或端点）. 单端点薄楔型裂纹不属于此类，不过其处理方法与以上所述大同小异. 例如，

以上所述三种模式的双端点裂纹中，正负号位错或左右螺型位错的数目相等（可以由图 19.6 和图 19.8 可看出），因此在此裂纹中总的位错含量为零. 对于单端点的薄楔型裂纹，式（19.22）表明：可以在以上求得的位错密度上再附加一个 Burgers 矢量总含量为 $B=Nb$ 的分布，此处 N 是相应的离散位错数，这个分布为

$$\mathscr{D}(x_1)=\frac{B}{\pi b}(c^2-x_1^2)^{\frac{1}{2}}. \tag{19.37}$$

由此导致裂纹两岸的相对位移的大小是

$$(\bar{u}_2,\bar{u}_1,\bar{u}_3)=\frac{B}{\pi}\left[\frac{\pi}{2}-\sin^{-1}\left(\frac{x_1}{c}\right)\right]. \tag{19.38}$$

上述相对位移的分布示于图 19. 10 中，相对位移在 $x_1=c$ 处为 0，在 $x_1=-c$ 处为 B，故它表示一个顶端在 $x_1=c$ 处的薄楔型裂纹.

关于薄楔型裂纹与直位错的弹性场还要在 § 19.3 节中运用平面弹性力学的复变函数方法再进行处理.

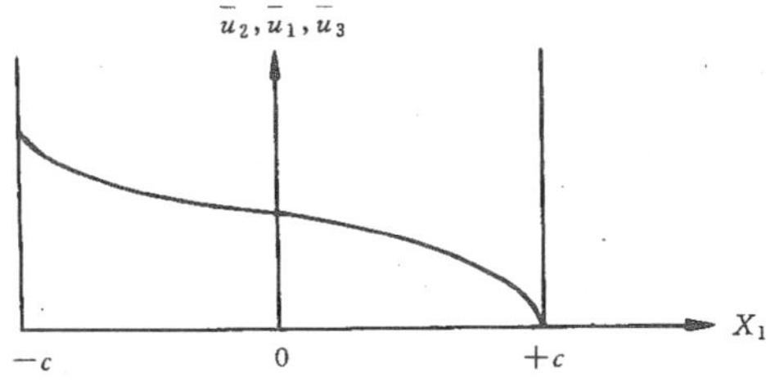

图 19.10

在本节以上的论述中所处理的是几何上特别简单的裂纹，即二维的双顶端裂纹[$-c$，$+c$]以及单顶端半无限的（薄）楔型裂纹（$-\infty$，0]. 由于裂纹轴平行于 X_3 轴，裂纹面是 $X_2=0$ 的平面，所以可以分别划分为 Ⅰ，Ⅱ，Ⅲ 三种裂纹模式，其中 Ⅰ 是伸张模式，Ⅱ 和 Ⅲ 是切变模式. 由于模式 Ⅰ 的位错的 $\boldsymbol{b}$ 平行于 X_2 轴，模式 Ⅱ 的 $\boldsymbol{b}$ 平行于 X_1 轴，它们都是刃型位错；而模式 Ⅲ 对应的是 $\boldsymbol{b}$ 平行于 X_3 轴的螺型位错，所以这三组位错的弹性场之间没有交叉项. 由此可以想像，一个混合模式裂纹的弹性场可以由适当的单纯模式裂纹的弹性场相加得到. 这虽然是简单的极端情况，但由于可以得到具体的解析结果，对于分析讨论裂纹与位错的相互作用以及裂纹发展的行为仍是十分方便的.

上述极端情况的另一特征是：裂纹面是一个平面，与此相对应的最普遍情况是裂纹面为一个任意曲面，裂纹边缘是一个任意的闭合曲线（环）. 裂纹条件依然是要求裂纹的上下两岸为无面力的自由表面. 这也就是前节所述的一种 Somigliana 位错. 这种普遍形式的裂纹，原则上同样可以用连续分布位错来描述，但必须应用本书第一卷第七章所述的位错三维连续分布的理论和方法. 首先，引入位错密度张量

$$\alpha_{ij} = \lim_{\Delta s_i \to 0}\left(\frac{\Delta b_j}{\Delta s_i}\right), \tag{19.39}$$

式中的 Δb_j 是垂直通过面元 Δs_i 的所有位错的合成 Burgers 矢量的第 j 个分量. α_{ij}是三维空间的点的坐标的函数. 一个裂纹，或一个 Somigliana 位错是 α_{ij}分布的极限情况，即是 α_{ij}的一个面分布，故有时称为面位错. 具体地讲，取一个有边缘的、厚度为 t 的壳层，让 α_{ij}仅在此壳层中不为零. 然后取极限过程，使 $t\to 0$，同时 $\alpha_{ij}\to\infty$，但保持 $t\alpha_{ij}=B_{ij}$为有限，在此极限之下便得到连续分布面位错. 量 B_{ij}是这面上坐标的函数，它是与面元 Δs_i 中一条单位长度线段相交截的那些位错的合成 Burgers 矢量的 j 分量. 张量 B_{ij}在描述面位错中所起的作用与矢量 $\boldsymbol{b}$ 在通常的离散一维线位错中所起的作用是一样的. 显然，本节前面讨论二维平面裂纹时的位错分布仅是这种面分布的特殊情况. 前面讨论的位错均是直位错线且都平行于 X_3 轴，即有 $\Delta s_i\to\Delta s_3$，且沿 X_1 轴分布，即有 $B_{ij}\to B_{3j}$ (x_1). 在线元 dx_1 内，具有 Burgers 矢量 $\boldsymbol{b}$（沿 j 的正向）的位错数是 $\mathscr{D}_j$ (x_1) dx_1，那么相应的 Burgers 矢量 $db_j = B_{3j}$ (x_1) $dx_1 = \mathscr{D}_j$ (x_1) bdx_1. 可见，$\mathscr{D}_1$ (x_1) 和 $\mathscr{D}_2$ (x_1) 分别代表正刃型位错的分布，而 $\mathscr{D}_3$ (x_1) 代表右螺型位错的分布.

本节最后对“裂纹位错”这一概念略加讨论. 可以将表示裂纹的位错称为裂纹位错，它们与通常的晶体位错不完全相同，也就是说不能误认为是普通晶体位错堆积起来形成一个裂纹. 裂纹位错与通常位错的相似之处在于：二者都通过一个 Burgers 矢量定义，该矢量 $\boldsymbol{b}$ 与它所产生的弹性场（位移场和应力场）之间的关

系对这两类位错而言是相同的．这说明裂纹位错与通常晶体位错的位错芯以外的性质是相同或相似的．但需要特别注意的是：这两类位错的位错芯结构形式及其存在条件有明显的区别，这就是要在这里讨论的问题．实际上，在§19.1的绪论中已经提出裂纹与位错的不同之点，只是还没有引入裂纹位错的概念而已．

在此可以首先用图19.11来作一个简单的说明．图19.11（a）示出一对符号相反的通常晶体位错 A，B，其间的实线表示一个不完整原子面．两个刃位错 A，B 就位于这个不全原子面的两个边缘．这两个完全普通的位错，它们自身产生应力场，它们的存在并不需要“外”应力场的存在和作用．这两个位错的 Burgers 矢量采用一般的 Burgers 迴路闭合余量 $\boldsymbol{SF}/RH$ 约定方式确定，且图19.11（a）中的 S 点和 F 点均是一个实在的点阵点．再考察图19.11（b），其中示意了一对裂纹位错 A'，B'．由图首先可以看到的特点是图19.11（a）中连接 A，B 的实线在此已换成了一条虚线，表示这里已经不存在那个定义刃型位错 A，B 的不全原子面．而且，用于定义裂纹位错的“准”Burgers 迴路也与图19.11（a）中的迴路不一样：图19.11（b）中的 S' 点是一个点阵点，但 F' 点却是位于虚线上，由于这条虚线仅表示一片“失去”了的原子面，它上面根本没有原子，所以，F' 点并不与任何实在的原子位置重合．通过这样一个“Burgers 迴路”，同样可以采用 $\boldsymbol{S'F'}/RH$ 约定的方式确定裂纹位错的 $\boldsymbol{b}$，如图中所示．有了这个 $\boldsymbol{b}$ 之后，便可按位错理论的常规办法计算后一种位错，即裂纹

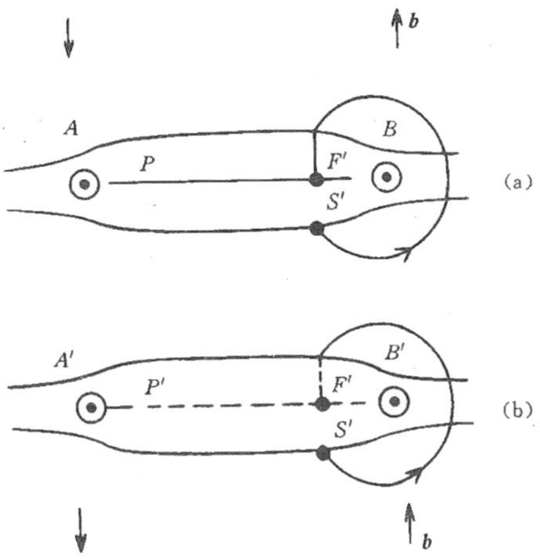

图 19.11

位错的弹性场，其结果与通常位错的结果没有什么差别．但是差别在于通常位错的自弹性场是由切割面经胶合后晶体所含的不完整原子面引起的，该固体在初始状态下是不含应力的；裂纹位错与此不同，在沿裂纹面作切割之后必须要有外加载荷给出的应力场的作用，使裂纹的开口得以存在和保持．用另一种措词来讲，这也就是造成了裂纹位错群体．固体的内部切割及产生的上下两岸相对位移实现以后，这两岸并不重新接合，留下裂纹要求的空隙，同时也造成固体的弹性畸变位形．这些裂纹位错的自弹性场即由此而来，虽然后者在定义 $\boldsymbol{b}$ 的形式上与通常位错情况中一样，但究其根源是有差别的．所以，要引入裂纹位错的名词概念，以示与通常晶体位错的区别．含有裂纹或裂纹位错的固体中必然存在两个应力系统，其一是外加载荷产生的场，另一个是裂纹本身或裂纹位错群体的应力场．这两个应力系统的叠加由前面引入的应力强度因子 K 描述．

通过以下的理想过程的说明可能使读者对裂纹位错有更明确的理解．

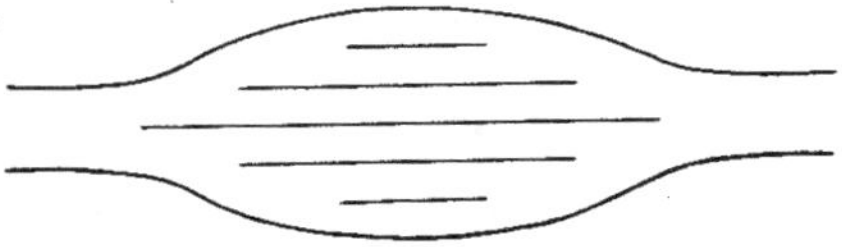

图 19.12

设 $\mathscr{D}_1$ (x_1) 表示沿 X_1 轴的刃位错的连续分布，位错线平行于 X_3 轴，Burgers 矢量 $\boldsymbol{b}$ 平行于 x_2 轴，这些位错分布在 $|x_1| \leqslant c$，$x_2=0$ 的区间．在 x_1 到 x_1+dx_1 之间的位错的总 Burgers 矢量是 $db=b\mathscr{D}_1(x_1)\,dx_1$．由于这些位错的存在，$x_2>0$ 的区域相对 $x_2<0$ 的区域的位移量是 $d\bar{u}_2=-b\mathscr{D}_1(x_1)\,dx_1$. 在 $x_1>0$ 的区域相对 $x_2>0$ 区间，$\mathscr{D}_1(x_1)>0$；在 $x_1<0$，$\mathscr{D}_1(x_1)<0$．现利用图 19.12 来解释如何用裂纹位错模拟裂纹．图中横线表示初始时已塞入的原子面（或说塞入的物质）．这是一种对称情况，可见无论在 $\mathscr{D}_1(x_1)>0$，$b>0$ 或 $\mathscr{D}_1(x_1)<0$，$b<0$ 的区间，随着 $|x_1|$ 值的增加，塞入物质的量减少．

由上述的位错分布 $\mathscr{D}_1(x_1)$ 导致在 $x_2=0$ 面上的正应力 σ_{22}^D 的分布是

$$\sigma_{22}^D = A_e\int_{-c}^{+c}\frac{\mathscr{D}_1(x'_1)}{x_1 - x'_1}dx'_1. \tag{19.40}$$

现在假定固体中存在另一应力系统，在 $x_2=0$ 面上产生正应力分量 σ_{22}^A. 我们可以调整 $\mathscr{D}_1(x_1)$，使得在区间 $[-c, +c]$ 上 $\sigma_{22}^A + \sigma_{22}^D = 0$ 成立. 于是在此区间上面力为零，因而就可能沿图中所示的上下二面作一切割并将初始时塞入的材料移走. 这样作并不影响固体中的总应力场. 这时 $\mathscr{D}_1(x_1)$ 表示在跨过 $-c<x_1<+c$，$x_2=0$ 区间时沿 X_2 方向的位移的不连续性，并且造成上下两岸是无面力表面. 这意味着已在 $[-c, +c]$ 区间造成了一个中空的裂纹. 该裂纹的存在必须有 σ_{22}^A 保证，而裂纹本身由 $\mathscr{D}_1(x_1)$ 表示. 以上所述可以看作是一个连续分布的真实位错系统转变为一个裂纹的假想过程. 最后的分布即是裂纹位错分布，这里的裂纹位错是刃型位错，其附加半原子面是空的.

§19.3 裂纹和位错的弹性场[3,5]

本节是本章中具有基础意义的一节，将应用平面弹性理论的复变函数方法比较严格细致地研究裂纹和位错的弹性场. 必要的若干先行数学推导放在本卷卷末的附录 B 中简要表述.

(1) *反平面应变·模式Ⅲ裂纹* 取定 X_3 轴为裂纹的轴以及直位错线的取向. 在该坐标系内，弹性场的特征是：$u_1=u_2=0$，$u_3(x_1, x_2)\neq 0$，$u_{i,3}=0$. 这种弹性形态状称为反平面应变. 模式Ⅲ裂纹和螺型位错的弹性场即属于反平面应变.

反平面应变态的场方程是 Laplace 方程

$$\nabla^2 u_3 = u_{3,11} + u_{3,22} = 0. \tag{19.41}$$

它的一个解可以用一个解析的复变函数 $\eta(Z)$ 表示

$$u_3(x_1,x_2) = \frac{2}{\mu}\mathrm{Im}[\eta(Z)],\ Z = x_1 + ix_2. \tag{19.42}$$

函数 η 称为反平面应变弹性势，数值因子 2 的引入是为了使公式的形式与后面表达平面应变的形式协调. Im 表示取虚部. 仅有的非零应力分量为 σ_{31}，σ_{32}，它们用势 η 的表示如下：

$$\sigma(Z) = \sigma_{31} + i\sigma_{32} = 2\eta'(z), \tag{19.43}$$

式中的右上角撇号"$'$"表示微商. 在极坐标系中

$$\sigma_{r3} = \sigma_{31}\cos\theta + \sigma_{32}\sin\theta = \mathrm{Im}(\sigma e^{i\theta}), \tag{19.44}$$

$$\sigma_{\theta 3} = -\sigma_{31}\sin\theta + \sigma_{32}\cos\theta = \mathrm{Re}(\sigma e^{i\theta}), \tag{19.45}$$

式中 Re 表示取实部. 关于在原点的位错和一个线力的奇异解如下：

$$\eta = \frac{\mu b}{4\pi}\ln Z, \tag{19.46}$$

b 的实部表示一个位错，而虚部表示一个线力的强度. Re（b）由 η 在原点的多值性给出

$$\mathrm{Re}(b) = \frac{2}{i\mu}\Delta\eta = \frac{2}{i\mu}\oint\eta' dZ, \tag{19.47}$$

与此相似，线力强度由 σ_r 环绕原点的迴路积分给出.

通过满足裂纹张开的解理面上的边界条件，可以求得适用于裂纹问题的弹性势函数. 若解理面处在负 X_1 轴上，裂纹轴与 X_3 轴重合，这称为第一类裂纹问题，此时，有

$$\sigma_{32}(x_1, 0) = 0,\ x_1 < 0. \tag{19.48}$$

一个合适的解是

$$\eta \propto \sqrt{Z}, \tag{19.49}$$

$$\eta' = K_{\mathrm{III}}/2\sqrt{2\pi Z}. \tag{19.50}$$

在这个解中，解理面是一个分枝线，而 σ 在无限远处趋于零. 原点是 η 的一个分枝点. 势函数在解理面上的不连续性相应于位移及 σ_{31} 在该面上的不连续性，σ_{31} 在该面上不必要为零. 常数 K 是裂纹尖端处奇异性强度的一个度量.

现在考虑解理面为 $x_2=0$，轴为 X_3，位于区间 $-c \leqslant x_1 \leqslant c$ 中的裂纹，它们称为第二类裂纹问题. 在这里，同样要寻求一个复势函数 η，它以解理面区间 $[-c, c]$ 为分枝线. 这时应有相等相反的外力施加于解理面的上下两岸. 单位面积上的力记为 F_{III}，从而

产生一个应力 σ_{32}. 在解理面的上岸的一个体积元上所受的净力为零，即 $\sigma_{32}[-n_2^+]+F_{\mathrm{III}}=0$，此处 $n_2^+=-1$，故有 $\sigma_{32}^+=-F_{\mathrm{III}}\ (x_1)$. 由于上下两岸作用的外力相等相反，所以根据同样的推导过程可得到下岸处有 $\sigma_{32}^-=-F_{\mathrm{III}}\ (x_1)$. 这样，解理面上的边界条件是

$$[\sigma_{32}]^+=[\sigma_{32}]^-=-F_{\mathrm{III}}(x_1), \tag{19.51}$$

式中 $F_{\mathrm{III}}\ (x_1)$ 是 x_1 的一个任意实函数. 用势函数 η 表示，上式写作

$$\{[\eta']^+ + [\eta']^-\}=-F_{\mathrm{III}}(x_1). \tag{19.52}$$

注意，由于 F_{III} 是实数，所以上式表明 η' 的虚部在裂纹面的上下两岸上的符号相反.

这个公式以及它所表示的边界值问题服从于附录 B 中所述关于 Muskhelishevili 奇异积分的分析讨论. 具体地说，这里的式 (19.52) 的形式正好与 (B.51) 中关于 $h\ (t)$ 的形式要求相符，所以，由式 (B.55) 关于 η' 的解式便可写出如下：

$$\eta'(Z)=-\frac{1}{2\pi\sqrt{Z^2-c^2}}\int_{-c}^{c}\frac{F_{\mathrm{III}}(t)\sqrt{c^2-t^2}}{t-Z}dt. \tag{19.53}$$

式 (B.55) 中的多项式取为零，为的是使无限远处应力为零. 上式表示的解在 $Z=\ (\pm c,\ 0)$ 处是奇异的，该解的形式如下：

$$\begin{aligned}2\eta'(\zeta)&=\sigma(\zeta)=\frac{K_{\mathrm{III}}}{\sqrt{2\pi\zeta}}+O\left(\frac{\zeta}{c}\right)^{\frac{1}{2}},\\ K_{\mathrm{III}}&=\frac{1}{\sqrt{\pi c}}\int_{-c}^{c}F_{\mathrm{III}}(t)\left(\frac{c+t}{c-t}\right)^{\frac{1}{2}}dt,\\ K_{\mathrm{III}}&=\sqrt{\pi c}F_{\mathrm{III}},F_{\mathrm{III}}=\text{const.},\end{aligned} \tag{19.54}$$

这就是所谓第二类裂纹问题的解.

式 (20.54) 所列关系式给出了关于裂纹尖端附近性质的重要结果：在该处出现应力的 $(Z)^{-\frac{1}{2}}$ 型奇点，奇点强度为 K. K 与外加驱动应力间有线性关系，并且依赖于裂纹的几何，样品形状以及外力加载方式. 最后这一点可由式 (19.54) 的第二式看出. 该

式表明 K 对于 F_{II} 在解理面上分布形式的依赖性. K 称为应力强度因子，这一名称已在前文中引入.

可以注意到式（19.53）具有 Green 函数表示法的形式

$$\eta' = -\int F_{\mathrm{II}}(t) g(t,Z) dt,$$
$$g(t,Z) = \frac{1}{2\pi}\left(\frac{c^2 - t^2}{Z^2 - c^2}\right)^{\frac{1}{2}} \frac{1}{t - Z}. \tag{19.55}$$

（2）平面应变与平面应力·模式Ⅰ和模式Ⅱ裂纹　平面弹性态中，若 $u_3=0$，$u_1\neq 0$，$u_2\neq 0$，且 u_1 和 u_2 是 x_1 和 x_2 的函数，则称为平面应变问题. 它与反平面应变是彼此分立的. u_1，u_2 服从的基本方程是式（B.10）

$$(\lambda + \mu)u_{j,ji} + \mu u_{i,jj} = 0,\ i,j = 1,2. \tag{19.56}$$

我们可以取

$$u = u_1(x_1,x_2) + i(x_1,x_2). \tag{19.57}$$

在附录§B.2 中引入 Goursat 弹性势函数 φ 和 ψ，导出了平面应变态的场方程（B.23）～（B.26），它们是

$$\sigma_{11}+\sigma_{22}=2[\varphi'(Z)+\overline{\varphi'(Z)}], \tag{19.58}$$

$$\sigma_{22}-\sigma_{11}+2i\sigma_{12}=2[\overline{Z}\varphi''(Z)+\psi'(Z)], \tag{19.59}$$

$$2\mu u=2\mu(u_1+iu_2).$$
$$=\kappa\varphi(Z)-[Z\overline{\varphi'(Z)}+\overline{\psi(Z)}], \tag{19.60}$$

$$\kappa=3-4\nu. \tag{19.61}$$

另一类平面弹性态是平面应力态，第一卷附录 A 中的§A.5（2）曾给了简述. 这种弹性态可在薄板内实现，板的厚度远小于板的其它尺度. 平面应力态的特征是 $\sigma_{33}=\sigma_{31}=\sigma_{32}=0$，其它应力、应变分量均存在. 它的场方程与平面应变的场方程相同，其区别仅在于

$$\begin{matrix}\sigma_{33}=\nu(\sigma_{11}+\sigma_{22}),\\ \sigma_{33}=0\end{matrix},\quad \kappa=\begin{cases}3-4\nu, & \text{平面应变},\\ \dfrac{1-\nu}{1+\nu}, & \text{平面应力}.\end{cases} \tag{19.62}$$

相应的场方程可以改写为下面更为方便的形式

$$\sigma_{11}+\sigma_{22}=2[\varphi'(Z)+\overline{\varphi'(Z)}], \tag{19.63}$$

$$\sigma_{22}-i\sigma_{12}=\varphi'(Z)+\overline{\omega'}+(Z-\overline{Z})\overline{\varphi''(Z)}, \tag{19.64}$$

$$2\mu u=\kappa\varphi(Z)-(Z-\overline{Z})\overline{\varphi'(Z)}-\omega, \tag{19.65}$$

$$\omega=Z\varphi'(Z)+\psi(Z). \tag{19.66}$$

在这里引入了函数 ω 以代替 ψ，并进行了重新组合. 因为在这几种裂纹问题的几何形式中，边界条件涉及 σ_{22} 和 σ_{12}，所以这组方程更为方便.

设裂纹位于 x_1x_3 平面上，X_1 轴上的区间为 $[-c, c]$. 上面方程组中的式（19.64）的左端的内应力 $\sigma_{22}-i\sigma_{12}$ 必将与裂纹表面上外加载荷产生的应力分布平衡. 将后者记为 F. 参照导出式（19.53）的过程，及由解理面上（$Z-\overline{Z}$）$=0$，故有

$$\begin{aligned}
-\overline{F}&=[\varphi'(t)+\overline{\omega'(t)}]^{+},\\
-\overline{F}&=[\varphi'(t)+\overline{\omega'(t)}]^{-},\\
F&=F_{\mathrm{I}}+iF_{\mathrm{II}},
\end{aligned} \tag{19.67}$$

式中的角标“+”和“−”分别表示在解理面的上岸和下岸处取该函数的极限值. 关于外加荷载引起的力 F，其中，F_{I} 相应于沿 x_2 方向的力，产生模式 Ⅰ 裂纹的张开；F_{II} 相应于沿 x_1 方向的力，产生模式 Ⅱ 裂纹的相对切移. 采用实变数 t 表明该变数在实轴 x_1 上的区间 $[-c, c]$ 取值.

上面方程组（19.67）的形式不适于 Muskheshvili 分析法的应用. 这是因为其右端出现了非解析函数 $\overline{\omega}$. $\overline{\omega}$ 不是 Z 的函数，而是 $\overline{Z}$ 的函数. 不过，应用算符“*”定义

$$\omega^{*}(Z)=\overline{\omega(\overline{Z})}, \tag{19.68}$$

可以将这些方程重写，使它们只含 Z 的解析函数，并注意到在实轴上 $[\omega^{*}(t)]^{+}=[\overline{\omega(t)}]^{-}$，所以式(19.68)的前二式可以重写为

$$\begin{aligned}
[-\overline{F}]^{+}&=[\varphi'(t)]^{+}+[\omega'^{*}(t)]^{-},\\
[-\overline{F}]^{-}&=[\varphi'(t)]^{-}+[\omega'^{*}(t)]^{+},
\end{aligned} \tag{19.69}$$

此二式相减表明函数 $[\varphi'(Z)-\omega'^{*}(Z)]$ 在裂纹面上并不出现不连续性，因而处处是解析的. 又根据解析函数的普遍理论(Liouville 定理)及无限远处为零的要求，可以推知函数 $[\varphi'(Z)]-\omega'^{*}(Z)]$ 为零. 所以，$\varphi(Z)=\omega'^{*}(Z)$. 于是，以上二式之和给出

$$-\overline{F}=[\varphi'(t)]^{+}+[\varphi'(t)]^{-},\tag{19.70}$$

这样便可以应用附录§B.4中的式(B.55)，得出

$$\varphi'(Z)=\frac{1}{2\pi\sqrt{Z^2-c^2}}\int_{-c}^{c}\frac{\overline{F}\sqrt{c^2-t^2}}{t-z}dt,\tag{19.71}$$

$$F=F_{\mathrm{I}}+iF_{\mathrm{II}}.$$

研究 $Z=c$ 处的奇异性得到

$$\varphi'(\zeta)=\frac{\overline{K}}{2\sqrt{2\pi\zeta}}+O\left(\frac{\zeta}{c}\right),\tag{19.72}$$

$$K=K_{\mathrm{I}}+iK_{\mathrm{II}},$$

$$K=\frac{1}{\sqrt{\pi c}}\int_{-c}^{c}F(t)\left(\frac{c+t}{c-t}\right)dt\tag{19.73}$$

与反平面应变态的结果式(19.54)完全相似．当 F_{I}，F_{II} 为常数时，有

$$K=F\sqrt{\pi c}.\tag{19.74}$$

式(19.72)和式(19.73)包括模式Ⅰ和Ⅱ的结果，它们分别对应式中的实部和虚部．如前所述，如果存在模式Ⅲ的应力，可与这里的公式简单线性相加．

如同反平面应变情况一样，式(19.71)给出一个关于平面应变裂纹的 Green 函数表达式．这是因为此式具有 Green 函数型积分的形式，而且在裂纹的两个相对表面上各有一组分布相同，大小相等方向相反的力．类似式(19.55)，有

$$\varphi'(Z)=\int\overline{F}(t)g(t,Z)dt,\tag{19.75}$$

$$g(t,Z)=\frac{1}{2\pi}\left(\frac{c^2-t^2}{Z^2-c^2}\right)^{\frac{1}{2}}\frac{1}{t-Z}.\tag{19.76}$$

为了完整起见，在这里列出裂纹的所有应力分量的表示式[①]．由于计算过程十分繁重，所以略去．

---

① Sih，G. C.，Liebowitz，H.，Mathematical Fundamental of Fracture，Academic Press，New York，67 (1968).

模式 Ⅰ

$$\sigma_{xx}=\frac{K_{\mathrm{I}}}{(2\pi r)^{1/2}}\left[1-\sin\left(\frac{\theta}{2}\right)\sin\left(\frac{3\theta}{2}\right)\right]\cos\left(\frac{\theta}{2}\right),$$

$$\sigma_{yy}=\frac{K_{\mathrm{I}}}{(2\pi r)^{1/2}}\left[1+\sin\left(\frac{\theta}{2}\right)\sin\left(\frac{3\theta}{2}\right)\right]\cos\left(\frac{\theta}{2}\right),$$

$$\sigma_{xy}=\frac{K_{\mathrm{I}}}{(2\pi r)^{1/2}}\sin\left(\frac{\theta}{2}\right)\cos\left(\frac{\theta}{2}\right)\cos\left(\frac{3\theta}{2}\right),$$

$$\sigma_{rr}=\frac{K_{\mathrm{I}}}{(2\pi r)^{1/2}}\left[1+\sin^2\left(\frac{\theta}{2}\right)\right]\cos\left(\frac{\theta}{2}\right),$$

$$\sigma_{\theta\theta}=\frac{K_{\mathrm{I}}}{(2\pi r)^{1/2}}\cos^2\left(\frac{\theta}{2}\right),$$

$$\sigma_{r\theta}=\frac{K_{\mathrm{I}}}{(2\pi r)^{1/2}}\sin\left(\frac{\theta}{2}\right)\cos^2\left(\frac{\theta}{2}\right),$$

$$\sigma_{zz}=\nu'(\sigma_{xx}+\sigma_{yy})=\nu'(\sigma_{rr}+\sigma_{\theta\theta}),$$

$$\sigma_{xz}=\sigma_{yz}=\sigma_{rz}=\sigma_{\theta z}=0$$

$$u_z=-\frac{\nu''Z}{Y}(\sigma_{xx}+\sigma_{yy})=-\frac{\nu'Z}{Y}(\sigma_{rr}+\sigma_{\theta\theta}),$$

$$u_x=\frac{K_{\mathrm{I}}}{2Y}\left(\frac{r}{2\pi}\right)^{\frac{1}{2}}(1+\nu)\left[(2\kappa-1)\cos\left(\frac{\theta}{2}\right)-\cos\left(\frac{3\theta}{2}\right)\right],$$

$$u_y=\frac{K_{\mathrm{I}}}{2Y}\left(\frac{r}{2\pi}\right)^{\frac{1}{2}}(1+\nu)\left[(2\kappa+1)\sin\left(\frac{\theta}{2}\right)-\sin\left(\frac{3\theta}{2}\right)\right],$$

$$u_r=\frac{K_{\mathrm{I}}}{2Y}\left(\frac{r}{2\pi}\right)^{\frac{1}{2}}(1+\nu)\left[(2\kappa-1)\cos\left(\frac{\theta}{2}\right)-\cos\left(\frac{3\theta}{2}\right)\right],$$

$$u_\theta=\frac{K_{\mathrm{I}}}{2Y}\left(\frac{r}{2\pi}\right)^{\frac{1}{2}}(1+\nu)\left[-(2\kappa+1)\sin\left(\frac{\theta}{2}\right)+\sin\left(\frac{3\theta}{2}\right)\right].$$

(19.77)

模式 Ⅱ

$$\sigma_{xx}=\frac{-K_{\mathrm{II}}}{(2\pi r)^{1/2}}\left[2+\cos\left(\frac{\theta}{2}\right)\cos\left(\frac{3\theta}{2}\right)\right]\sin\left(\frac{\theta}{2}\right),$$

$$\sigma_{yy}=\frac{K_{\mathrm{II}}}{(2\pi r)^{1/2}}\cos\left(\frac{\theta}{2}\right)\cos\left(\frac{3\theta}{2}\right)\sin\left(\frac{\theta}{2}\right),$$

$$\sigma_{xy}=\frac{K_{\mathrm{II}}}{(2\pi r)^{1/2}}\left[1-\sin\left(\frac{\theta}{2}\right)\sin\left(\frac{3\theta}{2}\right)\right]\cos\left(\frac{\theta}{2}\right),$$

$$\sigma_{rr}=\frac{K_{\mathrm{II}}}{(2\pi r)^{1/2}}\left[1-3\sin^2\left(\frac{\theta}{2}\right)\right]\sin\left(\frac{\theta}{2}\right),$$

$$\sigma_{\theta\theta}=\frac{-K_{\mathrm{II}}}{(2\pi r)^{1/2}}3\sin\left(\frac{\theta}{2}\right)\cos^2\left(\frac{\theta}{2}\right),$$

$$\sigma_{r\theta}=\frac{K_{\mathrm{II}}}{(2\pi r)^{1/2}}\left[1-3\sin^2\left(\frac{\theta}{2}\right)\right]\cos\left(\frac{\theta}{2}\right),$$

$$\sigma_{zz}=\nu'(\sigma_{xx}+\sigma_{yy})=\nu'(\sigma_{rr}+\sigma_{\theta\theta}),$$

$$\sigma_{xz}=\sigma_{yz}=\sigma_{rz}=\sigma_{\theta z}=0,$$

$$u_x=\frac{K_{\mathrm{II}}}{2Y}\left(\frac{r}{2\pi}\right)^{\frac{1}{2}}(1+\nu)\left[(2\kappa+3)\sin\left(\frac{\theta}{2}\right)+\sin\left(\frac{3\theta}{2}\right)\right],$$

$$u_y=\frac{K_{\mathrm{II}}}{2Y}\left(\frac{r}{2\pi}\right)^{\frac{1}{2}}(1+\nu)\left[(3-2\kappa)\cos\left(\frac{\theta}{2}\right)-\cos\left(\frac{3\theta}{2}\right)\right],$$

$$u_r=\frac{K_{\mathrm{II}}}{2Y}\left(\frac{r}{2\pi}\right)^{\frac{1}{2}}(1+\nu)\left[(1-2\kappa)\sin\left(\frac{\theta}{2}\right)+3\sin\left(\frac{3\theta}{2}\right)\right],$$

$$u_\theta=\frac{K_{\mathrm{II}}}{2Y}\left(\frac{r}{2\pi}\right)^{\frac{1}{2}}(1+\nu)\left[(1+2\kappa)\cos\left(\frac{\theta}{2}\right)-3\cos\left(\frac{3\theta}{2}\right)\right].$$

(19.78)

模式Ⅲ

$$\sigma_{xx}=\sigma_{yy}=\sigma_{rr}=\sigma_{\theta\theta}=\sigma_{zz}=0,\sigma_{xy}=\sigma_{r\theta}=0,$$

$$\sigma_{xz}=\frac{-K_{\mathrm{III}}}{(2\pi r)^{1/2}}\sin\frac{\theta}{2},$$

$$\sigma_{yz}=\frac{K_{\mathrm{III}}}{(2\pi r)^{1/2}}\cos\frac{\theta}{2},$$

$$\sigma_{rz}=\frac{K_{\mathrm{III}}}{(2\pi r)^{1/2}}\sin\frac{\theta}{2},$$

$$\sigma_{\theta z}=\frac{K_{\mathrm{III}}}{(2\pi r)^{1/2}}\cos\frac{\theta}{2},$$

$$u_z=\frac{K_{\mathrm{III}}}{2Y}\left(\frac{r}{2\pi}\right)^{\frac{1}{2}}\left[2(1+\nu)\sin\left(\frac{\theta}{2}\right)\right],$$

$$u_x = u_y = u_r = u_\theta = 0. \tag{19.79}$$

对所有模式有

$\kappa = (3-\nu)/(1+\nu), \nu' = 0, \nu'' = \nu$,(平面应力),

$\kappa = 3 - 4\nu, \nu' = \nu, \nu'' = 0$,(平面应变).

(3) 位错的弹性场　现在用统一的理论方法研究有裂纹存在时位错的弹性场. 这个问题的重要性不言而喻. 在这里考虑的位错都是无限长直线位错，位错线与裂纹轴，即 X_3 轴平行.

无论是在反平面应变问题还是平面应变问题中，共同的一点是在求解中先将弹性势 η' 和 φ', ω' 分为两部分，其一是无限介质中位错的弹性势，另一部分是由于位错在裂纹表面产生的镜像场，也就是为满足裂纹表面边界条件所要求的弹性势.

(i) 反平面应变·螺型位错. 此时 η' 由下式给定：

$$\eta' = \eta'_0 + \eta'_1, \tag{19.80}$$

$$\eta'_0 = \mu b / 4\pi(Z - \zeta). \tag{19.81}$$

原点取在半无限裂纹（$-\infty$, 0］的顶端，Z 是场点，螺型位错位于 ζ 点. 解 η'_0 在张开的解理表面产生非零的力，而 η'_1 相应于解理面上一个补充的力，以保证 $\sigma_{ij}n_j = 0$. 这样，η'_1（Z）便可以利用式（19.53）计算，仅需对应于处在 $-X_1$ 轴上的半无限裂纹组态，将原点移至裂纹的右端，并取 $c \to \infty$，于是

$$\eta'(Z) = \frac{1}{\pi\sqrt{Z}} \int_{-\infty}^{0} \frac{\sqrt{t}\,\mathrm{Re}[\eta'_0(t)]}{t - Z} dt, \tag{19.82}$$

这里是以 $-2\mathrm{Re}[\eta'_0(t)]$ 作为 F_{III} 代入式（19.53）. 式（19.82）经过直接积分可得[5]

$$\begin{aligned} 2\eta' = \sigma &= \frac{\mu}{4\pi\sqrt{Z}} \sum_j \left(\frac{b_j}{\sqrt{Z} - \sqrt{\zeta_j}} - \frac{b_j}{\sqrt{Z} - \sqrt{\bar{\zeta}_j}} \right) + \frac{K_{\mathrm{III}}}{\sqrt{2\pi Z}} \\ &= \frac{\mu}{4\pi} \sum_j \left\{ \frac{b_j}{Z - \zeta_j}\left[\left(\frac{\zeta_j}{Z}\right)^{\frac{1}{2}} + 1\right] + \frac{b_j}{Z - \bar{\zeta}_j}\left[\left(\frac{\bar{\zeta}_j}{Z}\right)^{\frac{1}{2}} - 1\right] \right\} \\ &\quad + \frac{K_{\mathrm{III}}}{\sqrt{2\pi Z}}. \end{aligned} \tag{19.83}$$

在这个表达式中包含了分别处于位置 ζ_j 上的 Burgers 矢量为 b_j 的诸位错的贡献，它们以线性和的形式出现；并且也包含了裂纹的 K 场. 该式中对称地出现含 $\bar{\zeta}_j$ 的项，它表示位于 $\bar{\zeta}_j$ 的位错的像. 由于位错与其像的场相互部分地抵消，所以应力场在无限远处的下降比正常位错的$\dfrac{1}{Z}$形式更为迅速. 当然，在远处起主导地位的还是裂纹的 K 场.

由式 (19.83) 所得出的最重要结果是：裂纹尖端附近的应力场奇点仍然属于 $1/\sqrt{Z}$ 类型，不过其强度与远程 K_{III} 不同. 这样，根据原点附近 σ 的极限形式，可以采用下式来定义一个局域应力强度因子 k_{III}：

$$\sigma_{Z\to 0} = k_{\mathrm{III}} / \sqrt{2\pi Z},$$

$$k_{\mathrm{III}} = K_{\mathrm{III}} - \frac{\mu}{2}\sum_j\left(\frac{b_j}{\sqrt{2\pi\zeta_j}} + \frac{b_j}{\sqrt{2\pi\bar{\zeta}_j}}\right). \qquad (19.84)$$

从物理上说，此式意味着 Burgers 矢量为正的位错的效应是减弱裂纹的 K 场，从而起一个屏蔽作用；而 Burgers 矢量为负的位错加强 K 场，从而起反屏蔽作用. 由此式也可见，k_{III} 和 K_{III} 一样，总是实数.

(ii)平面应变·刃型位错. 平面应变问题的处理方法与反平面应变问题是完全类同，只是在此需要两个弹性势，φ 和 ω. 像上面一样，令

$$\begin{aligned} \varphi' &= \varphi_0' + \varphi_1', \\ \omega' &= \omega_0' + \omega_1'. \end{aligned} \qquad (19.85)$$

φ_0' 和 ω_0' 是“自由”刃型位错的弹性势函数，其形式如下：

$$\varphi_0' = \frac{2A}{Z-\zeta} \qquad (19.86)$$

$$\omega_0' = \frac{2\bar{A}}{Z-\zeta} - \frac{2(\zeta-\bar{\zeta})A}{(Z-\zeta)^2}, \qquad (19.87)$$

$$A = \frac{\mu b}{2\pi i(\kappa+1)}. \qquad (19.88)$$

ω_0' 表达式的第二项是由于要求位错应力场具有平移对称性而引致的.

同样，根据满足裂纹表面上面力为零的边界条件来选择确定 φ_1' 和 ω_1'. 这可以按照上文中对螺型位错的做法来实现. 不过由于以下的考虑，实际上计算可以简化. 首先，根据式 (20.69) 以下的一小段讨论，可知 $\varphi_1'(Z)=\omega_1'^*(Z)$. 所以，采用式 (19.71)，在实轴上 $Z=\bar{Z}$，其中所用的函数 $\bar{F}$ 即是

$$-\bar{F}=2\varphi_0'(t). \tag{19.89}$$

然后同样将计算形式换至适合于半无限裂纹的组态，于是得到

$$\varphi_1'(Z)=\omega_1'^*(Z)=\frac{i}{\pi\sqrt{Z}}\int_{-\infty}^{0}\frac{\sqrt{t}\,\varphi_0'(t)}{t-Z}dt, \tag{19.90}$$

这个积分是在负实轴上进行的，可以采用复变函数积分的惯用方法，把它化作复平面 ζ 上的迴路积分，积分迴路示于图 19.13，即是

$$\oint_{\infty}=\int_{c}+\oint_{Z}+\oint_{\zeta_0}+\oint_{\bar{\zeta}_0}=0, \tag{19.91}$$

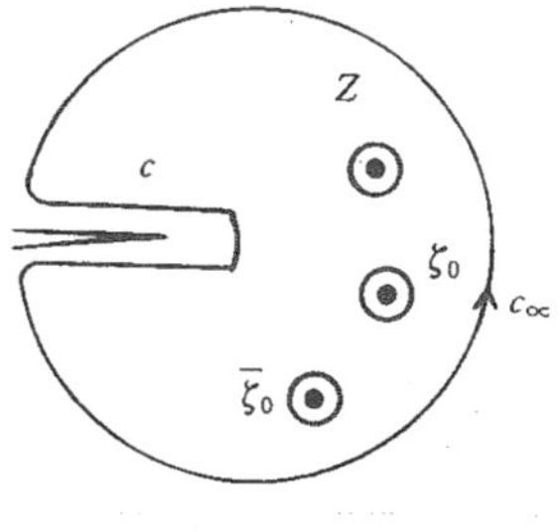

图 19.13

其中，c 是环绕负实轴的迴路，它在无限远处与迴路 c_∞ 相接；Z，ζ_0，$\bar{\zeta}_0$ 是奇点，环绕它们的小迴路也以 Z，ζ_0，$\bar{\zeta}_0$ 标记. 最后，算出关于有裂纹存在时一组位错 $\{j\}$ 的总弹性势是[5]

$$\begin{aligned}\varphi' &= \varphi_0'+\varphi_1'\\ &=\sum_j A_j\left\{\frac{1}{Z-\zeta_j}\left[\left(\frac{\zeta_j}{Z}\right)^{\frac{1}{2}}+1\right]+\frac{1}{Z-\bar{\zeta}_j}\left[\left(\frac{\bar{\zeta}_j}{Z}\right)^{\frac{1}{2}}-1\right]\right\}\\ &\quad+\sum_j\frac{\bar{A}_j(\zeta_j-\bar{\zeta}_j)}{2(Z-\bar{\zeta}_j)^2}\left[\left(\frac{\bar{\zeta}_j}{Z}\right)^{\frac{1}{2}}+\left(\frac{Z}{\bar{\zeta}_j}\right)^{\frac{1}{2}}-2\right]+\frac{\bar{K}}{2\sqrt{2\pi Z}},\end{aligned} \tag{19.92}$$

其中 $K=K_{\mathrm{I}}+iK_{\mathrm{II}}$，$A_j=\mu b_j/2\pi i(\kappa+1)$.

$$\omega' = \sum \overline{A}_j \left\{ \frac{1}{Z-\zeta_j}\left[\left(\frac{\zeta_j}{Z}\right)^{\frac{1}{2}}+1\right]+\frac{1}{Z-\overline{\zeta}_j}\left[\left(\frac{\overline{\zeta}_j}{Z}\right)^{\frac{1}{2}}-1\right]\right\}$$

$$-\sum_j \frac{A_j(\zeta_i-\overline{\zeta}_j)}{2(Z-\overline{\zeta}_j)^2}\left[\left(\frac{\zeta_j}{Z}\right)^{\frac{1}{2}}+\left(\frac{Z}{\zeta_j}\right)^{\frac{1}{2}}+2\right]+\frac{K}{2\sqrt{2\pi Z}}, \tag{19.93}$$

式中的 K 和 A_j 与上式一样. 上两式都包含了弹性势的裂纹部分. 以上公式与反平面应变情况的公式有若干相似之处，不过含有另一些附加项. 在无限远处的主导项仍是 K 项. 位错的远场应力同样为在裂纹表面上产生的像位错项所降低，但这些镜像项形式比反平面应变情况复杂得多.

上面两式在无限远处和在裂纹尖端附近的极限函数形式依然表明位错对裂纹的屏蔽或反屏蔽之效应；局部应力强度因子 k 与加载应力强度因子 K 之间的关系由下式给出：

$$\varphi_{Z\to 0}=k/2\sqrt{2\pi Z}, k=k_{\mathrm{I}}+ik_{\mathrm{II}},$$

$$\bar{k}=\overline{K}-\frac{\mu}{2i(1-\nu)}\sum\left(\frac{b_j}{\sqrt{2\pi\zeta_j}}+\frac{b_j}{\sqrt{2\pi\overline{\zeta}_j}}+\frac{\pi\bar{b}_j(\zeta_j-\overline{\zeta}_j)}{(2\pi\overline{\zeta}_j)^{3/2}}\right). \tag{19.94}$$

(4) 楔形裂纹　到此为止，定量分析过的都属于裂隙式裂纹，但在实际问题中，楔形裂纹模型也很重要，所以也在这里简述. 处理这类问题的合适方法是保形映射，在本书的附录 § B. 3 中对此作了扼要的讨论.

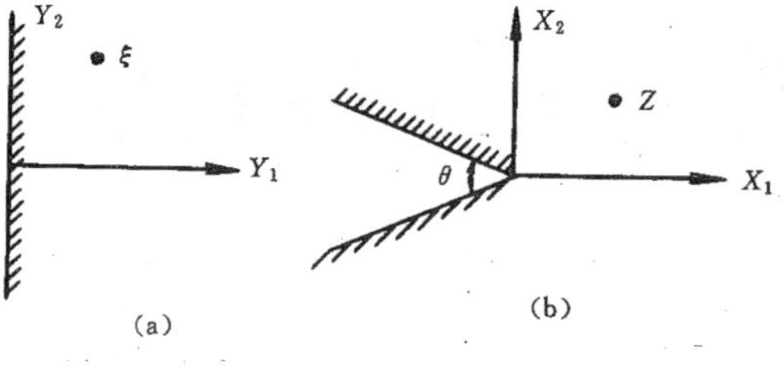

图 19.14

试考察图 19.14 所示的几何，在图 19.14 (b) 中的 Z 平面内含有一个实际的楔形裂纹，阴影线所夹的楔形角为 θ. 通过下面的保形映

射[①]

$$Z=\xi^{p},\tag{19.95}$$

$$\frac{1}{p}=\frac{\pi}{2\pi-\theta}.\tag{19.96}$$

将 Z 平面上裂纹表面上的点变换为图 19.14（a）所示的 ξ 平面上的虚轴上的点. 边界条件在 Z 平面上的形式是 $\sigma_{ij}n_j=0$，现将它变换在 ξ 平面的虚轴上表示. 将式（B.40）应用到现在情况，有

$$\sigma_T(\xi)=\frac{2}{p(\xi\bar{\xi})^{(p-1)/2}}\frac{d\eta(\xi)}{d\xi},\tag{19.97}$$

$$e^{i\alpha}=\left(\frac{Z'(\xi)}{\overline{Z'}(\xi)}\right)^{\frac{1}{2}}=\left(\frac{\xi^{p-1}}{\bar{\xi}^{p-1}}\right)^{\frac{1}{2}},\tag{19.98}$$

式中的 α 已在附录中说明，是在一点上的局部转动. 由于（$\xi\bar{\xi}$）在任何点上都是实量，所以 ξ 平面虚轴上的边界条件是

$$\mathrm{Im}[\eta'(\xi)]_{Y_2}=0.\tag{19.99}$$

另一个边界条件是：若解表示在 Z 平面中 $Z=\zeta$ 点上有一个位错，则 u（Z）在 ζ 点必须为双值，其差值，即位错强度为

$$\Delta u(Z=\zeta)=b,\tag{19.100}$$

这两个边界条件当然相当于一个位错在一个无限自由表面上的像解，这提示如下的解能满足边界条件：

$$\eta(\xi)=\frac{A}{2}\ln\left(\frac{\xi-\zeta^{1/p}}{\xi-\bar{\zeta}^{1/p}}\right).\tag{19.101}$$

这样选择的常数 $\zeta^{\frac{1}{p}}$，使 $Z=\zeta$ 成为函数 u（Z）的奇点，则此解满足式(19.99). 另一方面，若在 Z 平面将上式中的常数 A 取为 $\mu b/2\pi$，则满足条件式（19.100）的解是

$$\eta(Z)=\frac{\mu b}{4\pi}\ln\left(\frac{Z^{1/p}-\zeta^{1/p}}{Z^{1/p}-\bar{\zeta}^{1/p}}\right),\tag{19.102}$$

$$\sigma(Z)=2\eta'(Z).\tag{19.103}$$

如果将 p 取为 2，则与裂纹解式（19.83）一致.

---

① Ohr, S. M., Chang, S. J., Thomson, R., *J. Appl. Phys.*, **57**, 1839. (1985).

为了完整表述位错与楔形裂纹的相互作用，在这里还要加上一个与 K 项对应的项. 当位错不存在时，仅有楔形裂纹，则式 (19.99) 依然成立，满足它的最简单的函数是

$$\eta' = \frac{p}{2}\Lambda_{\mathrm{II}}, \eta = \frac{p}{2}\Lambda_{\mathrm{II}}\xi, \tag{19.104}$$

$$\eta' = \frac{\Lambda_{\mathrm{II}}}{2Z^{1-\frac{1}{p}}}, \eta = \frac{p}{2}\Lambda_{\mathrm{II}}Z^{\frac{1}{p}}. \tag{19.105}$$

显然，式 (19.104) 和式 (19.105) 分别对应于 ξ 平面和 Z 平面. 若 $p=2$，则有 $\Lambda_{\mathrm{II}}=K_{\mathrm{II}}/\sqrt{2\pi}$. 完整的公式由线性叠加得出如下：

$$\eta(Z) = \sum_j \frac{\mu b_j}{4\pi}\ln\left(\frac{Z^{1/p}-\zeta_j^{1/p}}{Z^{1/p}-\bar{\zeta}_j^{1/p}}\right) + \frac{p}{2}\Lambda_{\mathrm{II}}Z^{1/p}. \tag{19.106}$$

§19.4 作用在弹性奇点上的力：Eshelby 定理

Eshelby① 将连续统近似下的晶体缺陷视为弹性奇点，推导了作用在缺陷上的 Lagrange 力的一般表达式，形式如下：

$$f_m = -\frac{\partial U}{\partial X_m} = \int (W\delta_{im} - \sigma_{ij}u_{j,m})\,ds_i. \tag{19.107}$$

为了推导此式，考虑一个有限物体，在其外表面上有外应力分布，在其内部含有各种各样的内应力源，诸如位错、裂纹等. 后者是介质中的应力奇点. 由于除奇点处之外介质是弹性的，因此假定应变能密度存在

$$W = \frac{1}{2}\sigma_{ij}u_{i,j}. \tag{19.108}$$

如果所有奇点均由其原来位置 x_p 移动一定距离 δx，即变为 $x_p+\delta x$，则可依如下 3 个步骤计算能量变化.

在第一步骤中设所有内应力源发生平移，则弹性解的位移与应力在空间中刚性地与内应力源同样运动. 设平移前的能量密度函数为 $W^{(0)}(x)$，则平移后的能量密度 $W^{(1)}(x)$ 是

---

① Eshelby J. D., *Solid State Physics*, **3**, 79. (1956).

$$W^{(1)}(x) = W^{(0)}(x) - \frac{\partial W}{\partial x_i}\delta x_i, \qquad (19.109)$$

而总的能量变化由遍及物体的积分得出：

$$\delta U^{(1)} = -\int \frac{\partial W}{\partial x_i}\delta x_i \delta v = -\int W ds_i \delta x_i. \qquad (19.110)$$

在第二步骤中，考虑内应力源平移时的物体表面上的边界条件. 在未平移时，表面上的应力满足自由表面的边界条件

$$\sigma_{ij} n_j = 0. \qquad (19.111)$$

但当内应力源作刚性平移之后，原来弹性解在边界上的新值就不再满足上式. 因此，应考虑一组附加的表面应力，使它与经过平移后的应力相加之后的总应力在表面上满足上式的条件. 这组附加的应力场在平移后产生一组新的位移 $u_i^{(2)}$. 如用 $u_i^{(0)}$ 表示平移前的位移，则在步骤二中发生的位移变化为

$$\Delta u_i = u_i^{(2)} - \left(u_i^{(0)} - \frac{\partial u_i^{(0)}}{\partial x_j}\delta x_j \right), \qquad (19.112)$$

于是，总应力作用在 Δu_i 上对物体所作的功即为能量变化，取一级近似的表达式是

$$\begin{aligned} \delta U^{(2)} &= \int \sigma_{ij}^{(0)} \Delta u_i ds_j \\ &= \int \sigma_{ij}^{(0)} \left(u_i^{(2)} - u_i^{(0)} + \frac{\partial u_i^{(0)}}{\partial x_l}\delta x_l \right) ds_j. \end{aligned} \qquad (19.113)$$

第三步骤是考虑表面上总的位移变化引起的外界加载机械的能量变化

$$\delta U^{(3)} = -\int \sigma_{ij}^{(0)} (u_i^{(2)} - u_i^{(0)}) ds_j. \qquad (19.114)$$

将式（19.110），（19.113），（19.114）三式相加

$$\delta U = \delta U^{(1)} + \delta U^{(2)} + \delta U^{(3)}, \qquad (19.115)$$

则最后得到作用在奇点上的力

$$f_m = -\frac{\partial U}{\partial x_m} = \int (W\delta_{jm} - \sigma_{ij} u_{i,m}) ds_j. \qquad (19.107)$$

Rice[①] 经过另一方式的推理，得到式（19.107）右端积分的形式，并称为 J 积分. 这个量在宏观断裂力学中是一个很重要的量，或称之为弹塑性能量释放率. 关于式（19.107）与 J 积分的对比，我们在下面还要简短讨论.

由于式（19.107）中的 f_m 是总能量 U 对奇点坐标的变化率，所以它表示作用在物体内所有缺陷上的总力. 为了求得作用在某一个特定缺陷上的力（或一个缺陷子集上的力），可以在物体内作一个内表面将所要考虑的奇点包围起来，而将此内表面未包围的诸缺陷作为"外加策动力系统"处理. 此时的积分曲面为内表面；另外，必须注意到这种情况下，式（19.112）中的 Δu_i 是在内表面上计算的，它是由于要求在真实表面上满足边界条件而导出的. 当然，此时在内表面之内的奇点所受之力不仅是外加策动力的函数，同时也是未被内表面所包围的诸缺陷的影响之函数. 式（19.107）是普遍的.

在二维问题中，一切对象都表示在复平面上. 闭合表面退化为迴线，而裂纹尖端及位错等均退化为奇点. 上述的在闭合表面上的积分化为复平面上的迴路积分，于是，根据 Cauchy 积分定理，这些积分将与路径无关，而仅决定于该路线所包围的奇点上的留数，即

$$\oint ds = \sum_{\alpha} \mathrm{Res}[\zeta_\alpha]. \tag{19.116}$$

至此便可充分利用上节中所得的所有复函数形式的表示式，以求得许多有用结果.

在进入具体问题之前，对式（19.107）和 J 积分的含义作些比较讨论. J 积分是 Rice（1968 年）引入的，形式上与式（19.107）右端的二维形式相同. 在 J 积分的定义和推导过程中，除裂纹之外，Rice 并未考虑任何弹性奇点，即结构缺陷，而是假

---

① Rice J. R., *Brown University ARPA SD*-86, *Report* E39, 或: J. *Appl. Mech.*, **35**, 379 (1968).

定连续介质服从某一种非线性的应力-应变律，它是位置的单值函数. 这样，应变能密度函数便处处皆可定义，而 J 即可由式 (19.107) 的右端算出. 这样一个本构关系可以充分描述一个弹塑性材料的受荷载历史，且这样算出来的 J 积分可以用来表征材料的应力条件，因此 J 积分被广泛应用于宏观断裂力学以分析塑性材料的断裂问题，而为广大工程应用方面的工作者所熟悉. 但 J 积分从根本上不能反映微观缺陷的相互作用，也就不能描述诸如位错屏蔽裂纹及裂纹发射位错等细致的重要过程. 所以我们强调 Eshelby 定理及式 (19.107) 的原有含义，将它应用于讨论裂纹发射位错的条件，从而由微观机制确定解理的判据.

(1) *反平面应变、模式Ⅲ裂纹与螺型位错*① 具体计算的出发点就是基本公式 (19.107)，因为它重要，所以重写如下：

$$f_k = -\frac{\partial U}{\partial x_k} = \int (W\delta_{jk} - \sigma_{ij}u_{i,k})ds_j. \tag{19.107}$$

将上节中关于反平面问题的 σ_{ij}和 u_i 的复变函数表达式代入，并应用 Cauchy 留数定理计算积分，最后可得作用力的表示式为

$$\bar{f} = \frac{\pi}{\mu}\sum_{\text{Res}}\text{Res}(\sigma^2), \quad f = f_1 + if_2. \tag{19.117}$$

具体到模式Ⅲ裂纹和螺型位错，在考虑独立存在时，积分线路分别环绕裂纹和位错. 对于一个尖端在原点的模式Ⅲ裂纹，$\sigma = K_{\text{Ⅲ}}/\sqrt{2\pi Z}$，可得

$$\bar{f}_c = K_{\text{Ⅲ}}^2/2\mu. \tag{19.118}$$

该力是一个实量，所以这个裂纹仅在 X_1 轴上张开.

螺型位错自应力的形式是$\frac{1}{Z}$，它贡献的留数为零，所以位错自力为零. 这样要加上一个外加应力 σ_0，使得

$$\sigma = \sigma_0 + \mu b/2\pi Z, \tag{19.119}$$

① Thomson, R. M., Sinclair, J. E., *Acta Metall.*, **30**, 1325 (1982).

于是作用在位错上的力即是

$$\mathcal{F} = b\sigma_0, \tag{19.120}$$

这实际上就是熟知的 Peach-Koehler 公式.

当裂纹与一个或一组位错共存时,情况就不再是这样简单了.计算裂纹所受的力需要用 k_{III} 代替上面的式(19.118)中的 K_{III},此时

$$\mathcal{F}_c = k_{\mathrm{III}}^2/2\mu,$$

$$k_{\mathrm{III}} = K_{\mathrm{III}} - \frac{\mu}{2}\sum_j\left(\frac{b_j}{\sqrt{2\pi\zeta_j}} + \frac{b_j}{\sqrt{2\pi\bar{\zeta}_j}}\right). \tag{19.121}$$

如上文一样,j 标志位错序号,而 b_j,ζ_j 则分别是第 j 个位错的 Burgers 矢量和位置. 在这里仍要注意到 f 总是实量,$\mathcal{F}$ 是沿 X_1 方向的伸张力,所以在反平面应变状态下没有力趋向于使裂纹从原始解理面离开.

对于一个位于 ζ,Burgers 矢量为 b 的位错,当有一个裂纹及其它(b_j,ζ_j)位错存在时,借助于计算 ζ 处的留数,可得

$$\begin{aligned}\mathcal{F}_d = &\frac{K_{\mathrm{III}}b}{\sqrt{2\pi\zeta}} - \frac{\mu b_2}{4\pi}\left[\frac{1}{2\zeta} + \frac{1}{\zeta-\bar{\zeta}} - \left(\frac{\bar{\zeta}}{\zeta}\right)^{\frac{1}{2}}\frac{1}{\zeta-\bar{\zeta}}\right]\\ &+ \sum_j{}' \frac{\mu b b_j}{4\pi}\left[\frac{1}{\zeta-\zeta_j} - \frac{1}{\zeta-\bar{\zeta}_j} + \left(\frac{\zeta_j}{\zeta}\right)^{\frac{1}{2}}\frac{1}{\zeta-\zeta_j} + \left(\frac{\bar{\zeta}_j}{\zeta}\right)^{\frac{1}{2}}\frac{1}{\zeta-\bar{\zeta}_j}\right],\end{aligned} \tag{19.122}$$

式中 $\sum$ 号上的“$'$”号是为了提起注意:所考察的受力位错(b,ζ)不包括在诸位错 j 之内.

式(19.122)右端的各项明确地分为三组:第一项是含 K 的单项,表示裂纹的直接作用,它随位错与裂纹端点(原点)距离依 $1/\sqrt{\zeta}$ 方式变化. 第二项是位错在裂纹张开的表面的自像力,它依赖于 b^2,且随位错与裂纹尖端之距离依 $1/\zeta$ 的方式变化. 注意这个自像力在裂纹尖端的径向变化简单地是

$$(f_d^r)_{\text{自像}} = -\mu b^2/4\pi|\zeta|, \tag{19.123}$$

这正好相当于在裂纹线上有一垂直于直位错的径向的无限张开表

面的效果．第三项是其它诸位错对此位错的作用力，它们含有 $1/(\zeta-\zeta_j)$ 项，且出现因子 $(\zeta_j/\zeta)^{\frac{1}{2}}$．这乃是由于：若 ζ 接近于裂纹尖端，即使 $K_{\mathrm{II}}=0$，位错 (b,ζ) 也会感受到诸位错 (b_j,ζ_j) 的作用．这些就是由诸位错引起的对 K 场的贡献导致 k 场的概念．除位错-位错间的直接相互作用之外，还有在 $\bar{\zeta}_j$ 处的诸像位错的贡献．注意在以上三组项中，第一项含 b 是线性的，第三项含 b 是双线性的，而第二项含 b 是平方的，所以第二项总是吸引项，而第一项和第三项代表排斥或吸引要视 b 及诸 b_j 的符号而定．

引用 k_{II}，可将上式改写为下面的形式：

$$f_d=\frac{k_{\mathrm{II}}b}{\sqrt{2\pi\zeta}}+\frac{\mu b^2}{4\pi}\left[\frac{1}{2\zeta}-\frac{1}{\zeta-\bar{\zeta}}+\left(\frac{\zeta}{\bar{\zeta}}\right)^{\frac{1}{2}}\frac{1}{\zeta-\bar{\zeta}}\right]$$
$$+\sum_J{}'\frac{\mu bb_j}{4\pi}\left[\frac{1}{\zeta-\zeta_j}-\frac{1}{\zeta-\bar{\zeta}_j}+\left(\frac{\zeta}{\zeta_j}\right)^{\frac{1}{2}}\frac{1}{\zeta-\zeta_j}\right.$$
$$\left.+\left(\frac{\zeta}{\bar{\zeta}_j}\right)^{\frac{1}{2}}\frac{1}{\zeta-\bar{\zeta}_j}\right].\tag{19.124}$$

式 (19.122) 是当位错 (b,ζ) 处在诸位错分布的外边缘附近时的最佳的力表达式，而当位错处在诸位错分布的内边缘附近时，式 (19.124) 是最佳的力表达式．

当积分迴路是环绕所有位错以及裂纹时，结果简单地就是

$$\mathrm{Re}(\mathcal{F}_{\mathrm{total}})=K_{\mathrm{II}}^2/2\mu,\tag{19.125}$$

这样，作用在裂纹与位错群体集合的总力就相当于以 K 远场表征的裂纹所受之力．当分布相对实轴为对称时

$$\mathrm{Im}(f_{\mathrm{total}})=0.$$

当所有位错都排列在实轴上，即一个一维分布，则存在一个简单的关系

$$\mathcal{F}_d=\frac{bK_{\mathrm{II}}}{\sqrt{2\pi x}}-\frac{\mu b^2}{8\pi x}+\sum_j{}'\frac{\mu bb_j}{2\pi(x-x_j)}\left(\frac{x_j}{x}\right)^{\frac{1}{2}},$$
$$K_{\mathrm{II}}=k_{\mathrm{II}}+\sum_j\frac{\mu b_j}{\sqrt{2\pi x_j}},\tag{19.126}$$

这个结果可用于位错塞积问题.

(2) 平面应变、模式 I 和 II 裂纹与刃型位错①,[1] 平面应变态下的应变能表达式是

$$W = \frac{1}{2}[\sigma_{11}u_{1,1} + \sigma_{12}(u_{2,1} + u_{1,2}) + \sigma_{22}u_{2,2}]. \quad (19.127)$$

将其代入式 (19.107)，并用弹性势 φ, ω 表示，则积分后可得：

$$\mathcal{F} = \frac{4\pi(1-\nu)}{\mu}\sum_{\text{Res}}\{\text{Res}[\varphi'\omega' - (\varphi')^2 - Z\varphi'\varphi'']\} + \frac{2\pi(1-\nu)}{\mu}\sum_{\text{Res}}\{\overline{\text{Res}[(\varphi')^2]}\}, \quad (19.128)$$

$$f = f_1 + if_2. \quad (19.129)$$

对于尖端位于原点的裂纹，通过计算在原点的留数，注意在计算中取极限手续，可得到作用在裂纹上的力：

$$\mathcal{F}_c = \frac{1-\nu}{2\mu}\left(k\bar{k} + \frac{k^2 - \bar{k}^2}{2}\right) \quad (19.130)$$

$$k = k_{\mathrm{I}} + ik_{\mathrm{II}},$$

式中 k 是裂纹尖端的局域 k. 力的分量为

$$\text{Re}(f_c) = \frac{1-\nu}{2\mu}(k_{\mathrm{I}}^2 + k_{\mathrm{II}}^2),$$

$$\text{Im}(f_c) = \frac{\nu-1}{\mu}k_{\mathrm{I}}k_{\mathrm{II}}. \quad (19.131)$$

上式虚部表明裂纹此时受到一个平行于 X_2 轴的“分枝”力作用. 关于这个“分枝”力的讨论曾是一个很令人感兴趣的问题②. K 与 k 的关系如下：

$$\overline{K} = \bar{k} + \frac{\mu}{2i(1-\nu)}\sum_j\left(\frac{b_j}{\sqrt{2\pi\zeta_j}} + \frac{b_j}{\sqrt{2\pi\bar{\zeta}_j}} + \frac{\pi\bar{b}_j(\zeta_j - \bar{\zeta}_j)}{(2\pi\bar{\zeta}_j)^{3/2}}\right), \quad (19.132)$$

---

① Chang, S. J., *Int. J. Frac.* **16**, *R*79 (1980); Hirth, J., Hoagland, R., Popelar, C., *Acta Metall.*, **32**, 371 (1984).

② Cotterell, B., Rice, J. R., *Int. J. Frac.*, **16**, 155 (1980).

它表示模式Ⅱ和模式Ⅰ裂纹屏蔽关系的复数形式.

导出位错所受之力需要计算 ζ_j 点的留数，这比反平面应变态繁复得多. 类似于上面的叙述，作用在位错上的力也可分成三组.

第一组表示裂纹与位错的直接的相互作用，用 f_{Kd}表示，它与参考位错的 b 及裂纹的 K 都是线性关系，其表达式是

$$\mathcal{F}_{Kd} = \frac{1}{2i\sqrt{2\pi\zeta}}\left(Kb - \overline{K}\overline{b} + \frac{\overline{K}b(\zeta-\overline{\zeta})}{2\zeta} - \overline{K}b\right) - \frac{K\overline{b}}{2i\sqrt{2\pi\overline{\zeta}}}. \tag{19.133}$$

由于现在位错是刃型的，所以若将坐标架旋转，使滑移面与实轴重合将是方便的. 此时

$$\mathcal{F}^{sp} = \mathcal{F}e^{i\alpha}, b^{sp} = be^{-i\alpha}. \tag{19.134}$$

根据定义，b^{sp}是实数，即 $b^{sp}=-b_e$，等于该问题中的位错 Burgers 矢量的刃型分量. 在这个坐标系中，有

$$f^{sp}_{Kd}= \frac{b_e}{2\sqrt{2\pi r}}\left(\frac{Ke^{i\alpha}-\overline{K}e^{-i\alpha}}{i}e^{i\left(\alpha-\frac{\theta}{2}\right)} + \overline{K}\sin\theta e^{i\left(2\alpha-\frac{3\theta}{2}\right)}\right.$$
$$\left. + i\overline{K}e^{i\left(2\alpha-\frac{3}{2}\theta\right)} + iKe^{i\frac{\theta}{2}}\right). \tag{19.135}$$

Re（f^{sp}_{Kd}）是作用在位错上的滑移力，Im（f^{sp}_{Kd}）是攀移力. 当滑移面通过裂纹尖端，则上式简化为

$$\mathrm{Re}(f^{sp}_{Kd}) = \frac{b_e}{2\sqrt{2\pi r}}\left[K_{\mathrm{I}}\sin\theta\cos\frac{\theta}{2}\right.$$
$$\left. + K_{\mathrm{II}}\left(2\cos\frac{3\theta}{2} + \sin\theta\sin\frac{\theta}{2}\right)\right]. \tag{19.136}$$

观察此式的角度部分可见，K_{II}对位错的影响比 K_{I}的大. 粗略估计，此式给出形变区中位错受力的一个良好图象，因为一般地说，是那些滑移面大致与裂纹尖端相交的位错对裂纹的屏蔽起主要作用.

第二组是该问题中的位错自像力项 f_{d^2}，它的具体形式是

$$\mathcal{F}_{d^2} = -\frac{\mu}{4\pi(1-\nu)}\left\{\frac{b^2\sqrt{\overline{\zeta}}}{4\zeta^{3/2}}\left[1+\left(\frac{\overline{\zeta}}{\zeta}\right)^{\frac{1}{2}}\right]\right.$$

$$
+\frac{b\bar{b}}{4}\left[\frac{3}{\zeta}+\frac{1}{2\sqrt{\zeta\bar{\zeta}}}\left(1-\frac{\bar{\zeta}}{\zeta}\right)+\frac{3-\sqrt{\bar{\zeta}/\zeta}}{\sqrt{\zeta}\,(\sqrt{\zeta}+\sqrt{\bar{\zeta}})}\right]
$$

$$
-\frac{\bar{b}^2}{4\bar{\zeta}}\left[1+\left(\frac{\bar{\zeta}}{\zeta}\right)^{\frac{1}{2}}\right]\Bigg\}. \tag{19.137}
$$

当采用滑移面坐标系，且 $\alpha=\theta$ 时，结果是

$$
\begin{aligned}
&\left(f^{sp_2}_{d^2}\right)_{\text{滑移}}=-\mu|b^2|/4\pi(1-\nu)r,\\
&\left(f^{sp_2}_{d^2}\right)_{\text{攀移}}=\frac{\mu b^2\tan(\theta/2)(5+3\cos\theta)}{16\pi(1-\nu)r^2},
\end{aligned} \tag{19.138}
$$

这个形式可以与反平面应变情况相比较.

第三项是位错-位错间的互作用项 $f_{dd'}$，它是 b，b_j 的双线性型

$$
\begin{aligned}
A\bar{f}_{dd'}=&(bb_j+\bar{b}b_j+b\bar{b}_j)\left\{\frac{1}{\xi_j}\left[\left(\frac{\zeta_j}{\zeta}\right)^{\frac{1}{2}}+1\right]+\frac{1}{\xi_j^*}\left[\left(\frac{\bar{\zeta}_j}{\zeta}\right)^{\frac{1}{2}}-1\right]\right\}\\
&-\bar{b}\bar{b}_j\left\{\frac{1}{\bar{\xi}_j}\left[\left(\frac{\bar{\zeta}_j}{\bar{\zeta}}\right)^{\frac{1}{2}}+1\right]+\frac{1}{\bar{\xi}_j^*}\left[\left(\frac{\zeta_j}{\bar{\zeta}}\right)^{\frac{1}{2}}-1\right]\right\}\\
&-2b_jbiy\left\{\frac{1}{\xi_j^2}\left[\left(\frac{\zeta_j}{\zeta}\right)^{\frac{1}{2}}+1\right]+\frac{1}{\xi^{*2}}\left[\left(\frac{\bar{\zeta}_j}{\zeta}\right)^{\frac{1}{2}}-1\right]\right\}\\
&+\frac{bb_jiy_j}{\xi_j^2}\left[\left(\frac{\zeta_j}{\zeta}\right)^{\frac{1}{2}}+\left(\frac{\zeta}{\zeta_j}\right)^{\frac{1}{2}}+2\right]\\
&-\left(\frac{iy_j(\bar{b}b_j+b\bar{b}_j)}{\xi_j^{*2}}+\frac{4b\bar{b}_jyy_j}{\xi_j^{*3}}\right)\left[\left(\frac{\bar{\zeta}_j}{\zeta}\right)^{\frac{1}{2}}+\left(\frac{\zeta}{\bar{\zeta}_j}\right)^{\frac{1}{2}}-2\right]\\
&-\frac{\bar{b}b_jiy_j}{\bar{\xi}_j^{*2}}\left[\left(\frac{\zeta_j}{\bar{\zeta}}\right)^{\frac{1}{2}}+\left(\frac{\bar{\zeta}}{\zeta_j}\right)^{\frac{1}{2}}-2\right]\\
&-\frac{bb_jiy}{\zeta^{3/2}}\left(\frac{\sqrt{\zeta_j}}{\xi_j}+\frac{\sqrt{\bar{\zeta}_j}}{\xi_j^*}\right)+\frac{b\bar{b}_jyy_j}{\xi^{*2}}\left(\frac{1}{\sqrt{\zeta\bar{\zeta}_j}}+\frac{\sqrt{\bar{\zeta}_j}}{\zeta^{3/2}}\right).
\end{aligned} \tag{19.139}
$$

上式中使用的一些符号意义如下：

$$
A=8\pi(1-\nu)/\mu,\ \xi_j=\zeta-\zeta_j,\ \xi_j^*=\zeta-\bar{\zeta}_j,
$$

$$
y=(\zeta-\bar{\zeta})/2i,\ y_j=(\zeta_j-\bar{\zeta}_j)/2i.
$$

§19.5 裂纹发射位错[5]

这是一个很有实际意义的问题，将推导出脆性断裂是否发生的判据. 利用上节中推出的力的公式，可以对简单的理想位形作定量的讨论.

(1)对尖裂纹的弹性估算　设想有一个半无限裂隙型裂纹，在它附近直到与点阵常数相比为很大的距离以内没有位错. 这样，在裂纹尖端附近就可以定义一个 k 场. 其次，假定在该二维组态之下，裂纹尖端发射一个位错，如图 19.15 所示. 此时裂纹尖端应发生一个切移式变形，而裂纹与所发射的位错之间有一个相互作用力. 现在利用上节的结果计算这个力，这里略去其它所有远场中位错的作用.

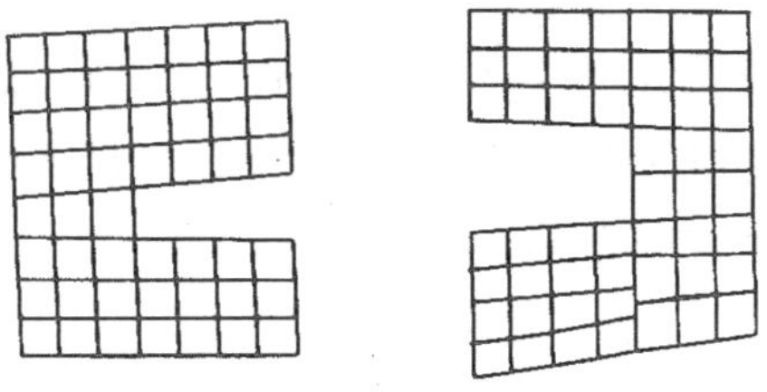

图 19.15

在现在的二维组态下，作用在裂纹所放出的位错上的力是模式Ⅰ，Ⅱ，Ⅲ裂纹作用力的线性组合. 根据上节导出的公式，可导出位错滑移面上的力分量是

$$\mathrm{Re}(f_d^{sp}) = \frac{k_{\mathrm{II}} b_s}{\sqrt{2\pi r}}\cos\frac{\theta}{2} + \frac{b_e}{2\sqrt{2\pi r}} \times \left[k_{\mathrm{I}}\sin\theta\cos\frac{\theta}{2} + k_{\mathrm{II}}\left(2\cos\frac{3\theta}{2} + \sin\theta\sin\frac{\theta}{2}\right)\right] - \frac{\mu}{4\pi r}\left(b_s^2 + \frac{b_e^2}{1-\nu}\right). \tag{19.140}$$

上式右端诸项显然分为两组：第一组是 b 和 k 的双线型项，表示 k 场力；第二组是 b 的平方项，它是像力项. 若发射出的位错 b 为正，它使裂纹变钝，如图 19.15 所示. 这时上式中的两组项所代表的力方向相反，叠加后得到的作用在位错上的总力如图 19.16 所示，它是 r 的函数. 图中的 r_0 是芯半径. 由图可见，当位错和裂纹的

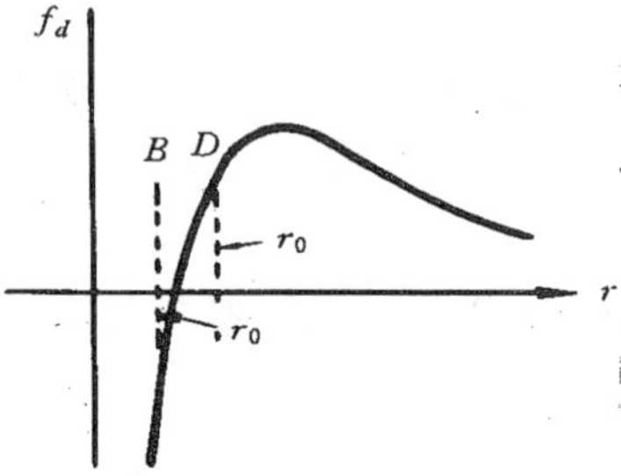

图 19.16

距离充分小时，作用力是吸引，位错发射要克服一个势垒．图中的第一个可能的 r_0 值对应稳定脆性裂纹（虚线 B）；若 r 充分大，作用力转变为排斥，图中第二个可能 r_0 值对应不稳定的韧性裂纹．当裂纹芯与位错芯重叠时，弹性分析失效．所以，假设 r_0 是以位错芯尺寸加上裂纹芯尺寸度量时，则式（19.140）成立，且可自动发射位错，因为当位错形成时，它就已经经受一个排斥相互作用，从来没有经历吸引区域．

根据式（19.140），令 $f=0$，则得到 r_0 与 k 的一个关系式，再取 $r_0=r_c$（位错芯半径），则得到 k 值所满足的一个方程．为了要发射一个位错，实际的 k 值必须超过此方程给出的临界值 k_E．这个方程的形式如下：

$$\frac{\mu}{2\sqrt{2\pi r_c}}\left(b_s^2+\frac{b_e^2}{1-\nu}\right)=k_{\mathrm{II}E}b_s\cos\left(\frac{\theta}{2}\right)+\frac{b_e}{2}k_{\mathrm{I}E}\sin\theta\cos\left(\frac{\theta}{2}\right)$$
$$+\frac{b_e}{2}k_{\mathrm{II}E}\left[2\cos\left(\frac{3\theta}{2}\right)+\sin\theta\sin\left(\frac{\theta}{2}\right)\right], \qquad (19.141)$$

k 的下标 E 表示位错发射临界值．

这个方程给出位错发射的一个判据，将此方程与 Griffith 解理判据比较则可得到解理-发射判据．为了简单起见，首先考虑 $k_{\mathrm{II}}=k_{\mathrm{III}}=0$ 和 $b_s=0$ 的情况．这时方程（19.141）变为

$$k_{\mathrm{I}E}^0=\frac{\mu b_e}{\sqrt{2\pi r_c}(1-\nu)\sin\theta\cos(\theta/2)}. \qquad (19.142)$$

解理的 Griffith 判据按式(19.2)及张开力与反张开力之平衡可得

$$k_{\mathrm{I}c}=2\sqrt{\mu\gamma/(1-\nu)}. \qquad (19.143)$$

对于纯模式 I 裂纹，解理-发射位错的综合判据即是

$$k_{\mathrm{I}E}^0<k_{\mathrm{I}c}，发射位错，$$

$$k^0_{\mathrm{I}E} > k_{\mathrm{I}c}, \text{解理}. \tag{19.144}$$

对于完整的方程式（19.141），其中 b_s，b_e 应依赖于滑移系和解理系．而 θ 和 r_c 一般也与滑移系和解理系有弱的依赖关系，但在此大致可以作为物理常数对待．这样，方程（19.141）就是（k_{I}，k_{II}，k_{III}）空间中的一个平面方程，这个平面称为展性平面，示意于图 19.17 中．此平面在 3 个 k 轴上的截距分别是 $k^0_{\mathrm{I}E}$，$k^0_{\mathrm{II}E}$ 和 $k^0_{\mathrm{III}E}$，表示单纯模式裂纹发射位错的临界 k 值．对于混合模式裂纹，只要 k 作为一个矢量的端点在这个展性平面之上（在原点的另一侧），则将发生位错发射．反之，若 k 矢量端点在展性平面之下（与原点同一侧），则裂纹对于反对位错的自动发射是稳定的，或说不倾向于自动发射位错．在展性平面附近，热激活可能有助于克服位错发射的势垒，这种发射过程将在下面简述．

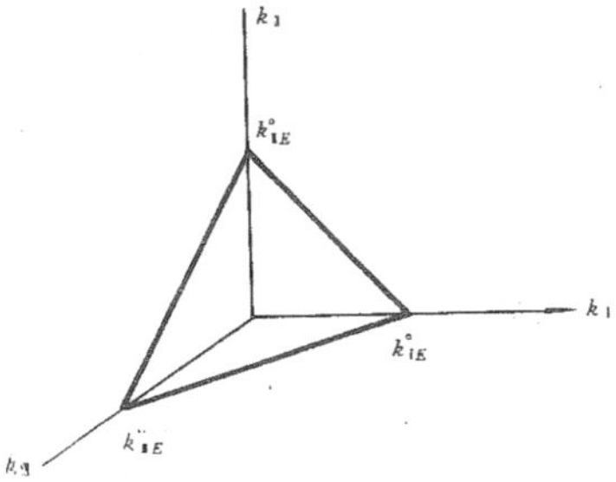

图 19.17

由以上方程和图容易看出，例如，一个适当的模式Ⅱ载荷将降低引发位错发射所需的 k_{I} 载荷．即是这时 $k_{\mathrm{I}E}$值将小于单纯模式 I 所需的 $k^0_{\mathrm{I}E}$值．但若模式Ⅱ载荷反向，则将引起 $k_{\mathrm{I}E}$的增加．与此相似，若 $b_s \neq 0$，则依 b_s 和 b_e 的符号之相同或相反，一个模式Ⅲ载荷也将使所需 $k_{\mathrm{I}E}$值降低或增加．

（2）关于解理判据和裂纹稳定性　比上述 Griffith 解理判据更精细一点的临界条件是

$$\frac{1}{2\mu}\left[(1-\nu)(k^2_{\mathrm{I}c} + k^2_{\mathrm{II}c}) + k^2_{\mathrm{III}c}\right] = 2\gamma. \tag{19.145}$$

该式表示裂纹所受的总弹性力与表面张力（2γ）的平衡，是对 Griffith 条件的推广．脚标 c 表示与解理相关的临界值．该式首先由

Sinclair 和 Finnis① 提出，后由 Thomson[5]补充 $k^2_{\mathrm{II}c}$项.

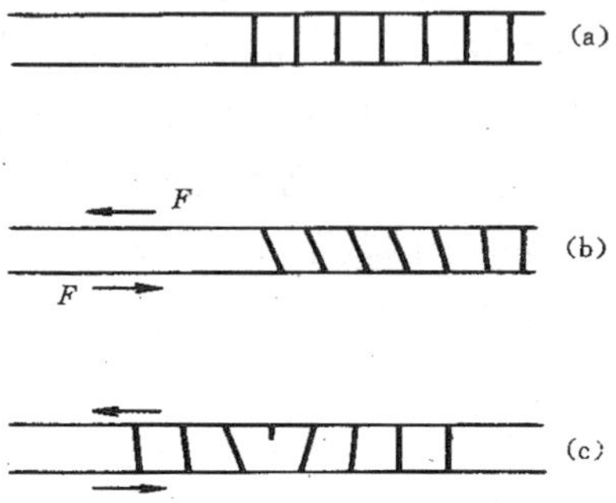

图 19.18

在进一步讨论以前先考察图 19.18 所示的情况. 该图示出一个纯模式 Ⅱ 裂纹表面和尖端附近的晶格形式. 图 19.18 (a) 示出在晶格中作一裂缝形成一个模式 Ⅱ 裂纹. 图 19.18(b)示出施加一个模式 Ⅱ 的载荷，使裂纹上岸表面的原子面相对于下岸向右平移一个点阵常数. 此时若容许裂纹上、下岸间被破坏的原子键重新联结，则最后得到的裂纹尖端留下一个刃型位错，如图 19.18 (c) 所示. 仅当有足够大小的 k_{I} 载荷存在时，上下两岸保持分离，这样该位错左方才会出现一个裂纹. 由于位错芯区尺寸为 b_e 的数量级，所以 k_{II} 的施加不会使保持裂纹张开所需的 k_{I} 临界值远小于上述的 Griffith 临界值[式(19.143)]，由此可见，混合模式载荷对于 Griffith 条件的影响不大，而此种载荷的效应主要是它通过一种复杂的方式依赖于裂纹尖端区域的原子键结构的细节. 所以若不是深究裂纹与位错这些点阵缺陷的原子结构细节，就可以在以上弹性分析的基础上向前推进.

设想一个裂纹受混合模式 Ⅰ 和 Ⅱ 的载荷，则根据式 (19.145)，平衡的弹性力满足

$$k^2_{\mathrm{I}c} + k^2_{\mathrm{II}c} = \frac{2\gamma Y}{1-\nu^2}, \tag{19.146}$$

式中的杨氏模量 $Y=2\mu(1+\nu)$. 若 $k_{\mathrm{I}c}$是由作用在一“芯距离” δx 上的、等于该固体理想抗张强度 g_1 所引起的；以及与此相似，若

① Sinclair J. E., Finnis M. W., Atomistics of Fracture, ed. by Latanision and Pickens, Plenum Press, New York, 1047, 1047 (1983).

$k_{\mathrm{II}c}$是理想切变强度 g_2 所引起的，则近似地有

$$k_{\mathrm{I}c} \sim \frac{2}{\pi} g_1 \sqrt{\delta x}, k_{\mathrm{II}c} \sim \frac{2}{\pi} g_2 \sqrt{\delta x}, \tag{19.147}$$

于是得到

$$\frac{4}{\pi^2}(g_1^2 + g_2^2)\delta x = \frac{2\gamma Y}{1-\nu^2}. \tag{19.148}$$

由于 g_1 总是大于 g_2，所以该式中的主要贡献来自 $k_{\mathrm{I}c}$载荷. 根据实际的数据，一般切变模的贡献仅及 10%左右或更低，最坏的情况大概是 NaCl，其切变模贡献约达 40%. 由此，采用近似关系

$$k_{\mathrm{I}c}^2 = \frac{2\gamma Y}{1-\nu^2}, \tag{19.149}$$

是相当合理的. 这个关系是裂纹必要的弹性开口位移发生的判据，而并不是原子键断裂或真实解理发生的判据. 这个简单关系对于无方向性原子键物质，例如金属，能较好地成立；而对于原子键的方向性较强的物质，则可用性稍差.

现在可以考虑一个完整的解理-位错发射判据. 为此，试观察图 19.19(a)，该图可称为裂纹的稳定性图解. 图中有已熟悉的发射平面，记为 k_E 平面，另外一个垂直于 k_{I} 轴的平面由方程式 (19.149) 确定，称为解理平面，记为 k_c. 当 k 点在 k_c 平面上方 ($k_{\mathrm{I}} > k_{\mathrm{I}c}$)，则解理判据被满足；当 k 点在 k_E 平面上方，则发射判据被满足. 若 k 点在此二平面的上方，则解理和发射判据两者都被满足，于是，发射位错和解理这两个过程都是可能的. 当 k 点在 k_E 平面上方而在 k_c 平面下方，则位错发射可能而解理不可能；当 k 在 k_c 平面上方而

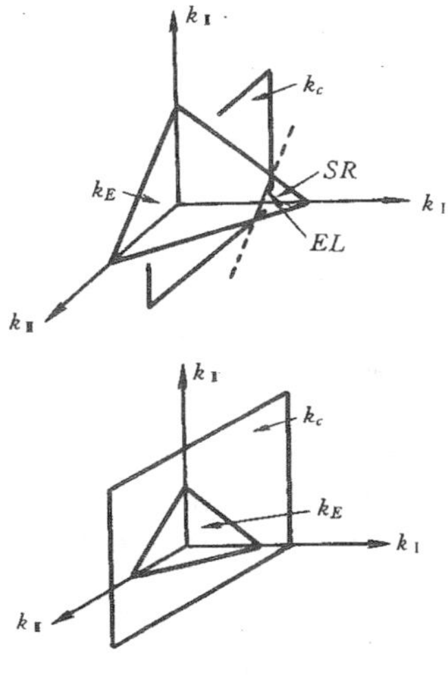

图 19.19

在 k_E 平面下方，则解理可能而位错发射不可能. 当 k 在这两个平面以下，则解理和发射两种过程都不能发生.

现在可以讨论裂纹的静态稳定性条件.

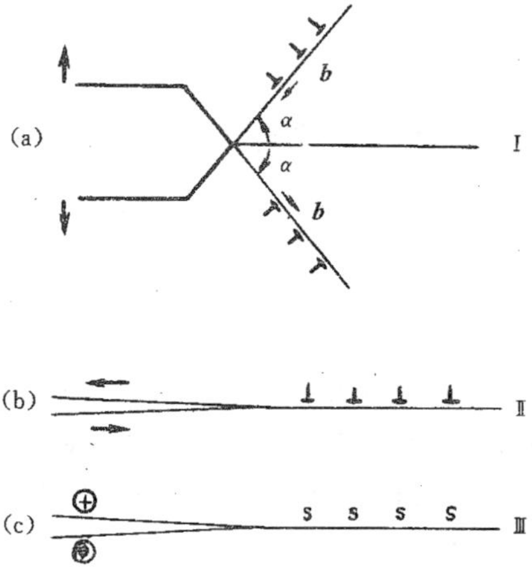

图 19.20

考察图 19.20，图中示出了三种裂纹发射位错的模式，分别记为模式Ⅰ，Ⅱ，Ⅲ. 图 19.20 (a) 中所示出的是位错发射的钝化组态. 此时位错有一个非零的刃型分量，这类位错也可以称为模式Ⅰ位错. 多次发射这类位错的结果是使得尖裂纹转变成楔形裂纹. 楔形裂纹的开口的角度决定于位错滑移面与解理面之间的夹角 α. 如果滑移面与解理面同一，则模式Ⅱ和模式Ⅲ的位错发射成为可能，如图 19.20 (b) 和 (c) 分别示出的. 模式Ⅱ相应于发射刃型位错，模式Ⅲ相应于发射螺型位错. 对于模式Ⅰ，最大发射力出现在 $\alpha>0$ 的某一角度上. 而当 $\alpha=0$ 时，对模式Ⅰ位错的发射力为零，对模式Ⅱ和模式Ⅲ位错，发射力成为或接近极大. 模式Ⅰ和模式Ⅱ载荷对模式Ⅲ螺型位错的发射没有作用力，所以我们称模式Ⅲ与模式Ⅰ，Ⅱ“正交”. 模式Ⅱ或模式Ⅲ发射均不使裂纹钝化，这就是说，在模式Ⅱ和Ⅲ的发射后，裂纹仍保持为尖裂纹.

下面讨论几个具体的发射/载荷情况，同时也要说明图 19.19 中示出的裂纹稳定性图解的应用.

(i) 考虑图 19.20 (a) 的模式Ⅰ发射组态. 假定位错既有刃型分量也有螺型分量，还假定 $k_{\mathrm{I}c}<k^0_{\mathrm{I}E}$，所以 k_E 平面与 k_c 平面在第一卦限中相交. 这样，在接近 k_{I} 轴的地区位错发射不会发生，从而裂纹也保持为一个纯解理裂纹. 但随着 k_{II} 和/或 k_{III} 的施加，k_E

和 k_c 平面相交于一直线［图 19.19 (a) 中的 EL］，这是位错发射线. 在此线上位错的发射以模式 I 的发射组态发生. 在负的 k_{II} 或 k_{III} 方向，裂纹反抗位错发射的稳定性增大. 一般地说，会存在一个倾角为 $-\alpha$ 的对称滑移面，如图 19.20 (a) 所示. 作为一个例子，考虑 fcc 晶体中 (110) 面上的解理裂纹，这时的稳定性图解是图 19.19 (a) 中以 $k_{\mathrm{I}}k_{\mathrm{II}}$ 面的镜像. 所以，参考于该图，负的 k_{II} 和 k_{III} 会增加裂纹反抗在原来系统中发射位错的稳定性，但对于第二滑移系统，这个反向的 k_{II} 对稳定性的效果正好相反. 第二滑移系上的螺位错 b_s 可正可负，因此，改变 b_s 的符号的效果是使稳定性相对于 k_{III} 的方向逆转. 以上分析表明，在 k_{I} 轴附近存在一个稳定区［图 19.19 (a) 中的 SR］，无论从哪个方向离开此区都导致在一个滑移面上或它的镜像滑移面上发射位错. 用这种分析办法可以讨论任何一种具体的解理/滑移系统组合组态.

(ii) 仍是模式 I 发射组态，b_e，b_s 均不等于零，并假设 $k_{\mathrm{I}c}>k^0_{\mathrm{I}E}$，如图 19.19 (b) 所示. 在此情况下，对于第一卦限的所有点，位错发射均先于解理发生. 因而在该区域内完全不存在尖裂纹. 不过，负方向的 k_{II} 或 k_{III} 载荷可以阻碍发射的发生，从而使裂纹稳定化. 但也存在另一种可能性，即令 b_s 的方向倒反，使位错发射仍有可能.

(iii) 模式 II 的刃位错发射. 在这种组态下必然是混合式的加载，这乃是由于涉及 k_{I} 的解理判据必须满足. 若在解理面（即是滑移面）上发射的位错是纯刃型的，则由 k_{III} 载荷而施于其上的力为零，于是稳定性图解是二维的. 而且因式 (19.140) 中的 $\theta=0$，k_{I} 载荷施加在位错上的力也等于零.

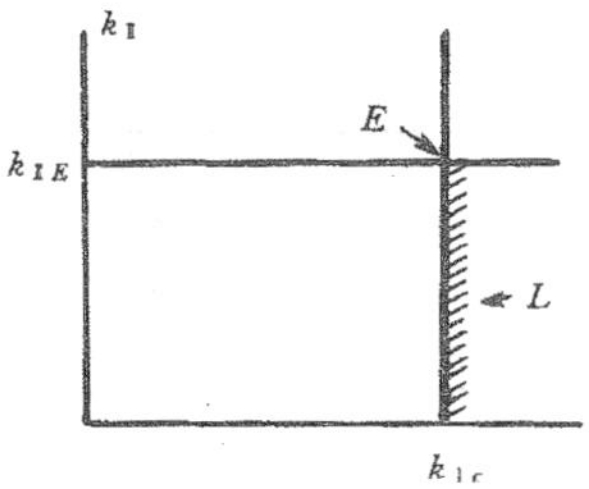

图 19.21

这样，稳定性图解就只是图 19.21 这种简单结构. 图中的阴影线示出允许的载荷，而位错的发射发生在图中的 E 点. 如前面指出的，这种模式 II 组态可以发射任意多数目的位错，而裂纹本身仍保持为一个完全脆性的解理裂纹.

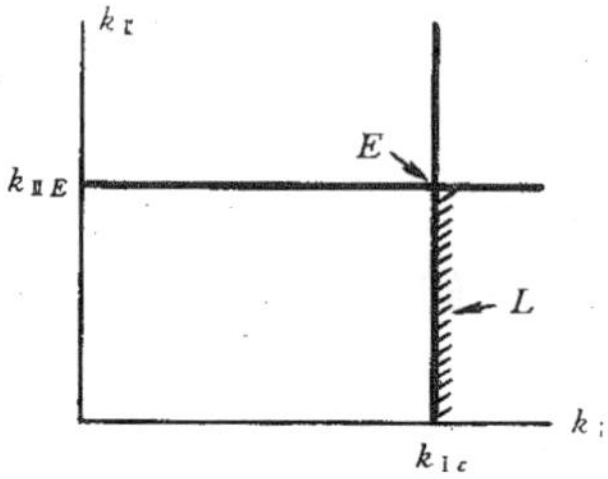

图 19.22

(iv) 模式Ⅲ的螺型位错发射. 由于模式Ⅱ载荷没有力作用在发射的螺位错上，所以稳定性图解也是二维的，如图 19.22 所示，显然，情况与上面相似.

(v) 增强的模式Ⅲ螺型位错发射. 假设晶体取向使模式Ⅲ发射可以实现. 除此之外，还设模式Ⅰ发射的滑移面也存在. 这时由于附加发射面的存在而使稳定性图解复杂化. 如果我们假设$k_{Ⅱ}=0$，那末，稳定性图解仍是二维的，不过添加了两条模式Ⅰ的发射线，如图 19.23 所示. 它们给出了两种可能性. 其中之一是，$k_{ⅠE}$线在k_c线以下，则解理裂纹不可能存在，因为在到达k_c线之前就因模式Ⅰ发射而使裂纹钝化了，即在图中E_1点可出现模式Ⅰ，Ⅲ发射. 如果$k_{ⅠE}$线在k_c线上面，如图中b线情况，则在E_2点出现模式Ⅲ发射，稳定又成为可能.

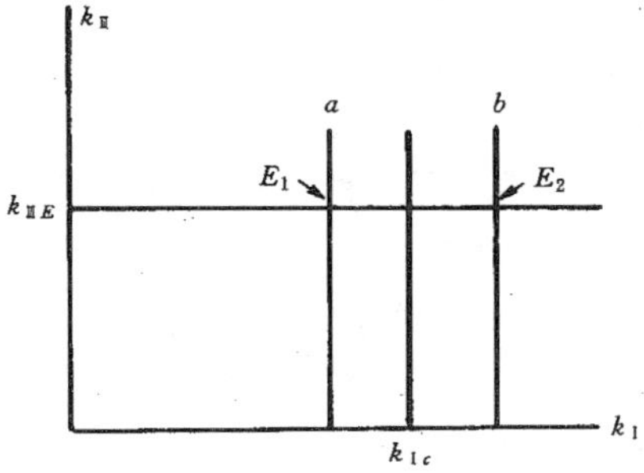

图 19.23

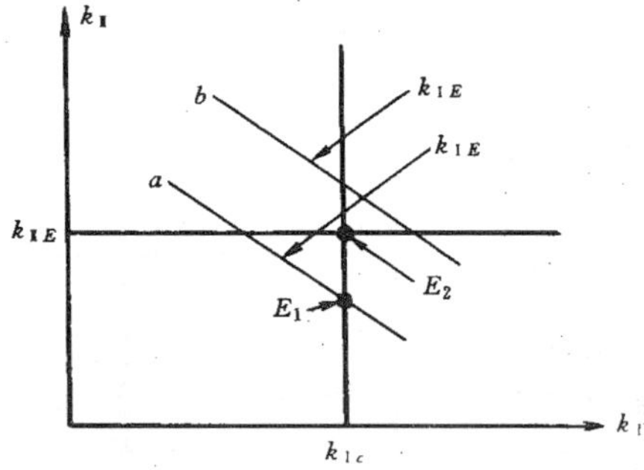

图 19.24

(vi) 增强的模式Ⅱ发射. 这种情况指的是模式Ⅰ、Ⅱ载荷存在，模式Ⅰ、Ⅱ的滑移平面也都存在. 稳定图解仍然是二维的，如图 19.24 所示. 不过，由于$\theta=0$，$k_{ⅡE}$是一水平线，显然，$k_{Ⅰ}$载荷对模式Ⅱ的发射力无贡献. 当载荷是模式Ⅰ，Ⅱ的混合型时，模式Ⅰ和模式Ⅱ发射都是可能的，这取决于 $k_{\mathrm{I}E}$线. 图中绘出了两条 $k_{\mathrm{I}E}$线 a 和 b. 对于线 a，由于 $k_{\mathrm{I}E}$线在 k_{II} 的低值处与解理线相交，所以只能出现模式Ⅰ发射（E_1 点）. 若是 $k_{\mathrm{I}E}$线处在 b 位置，则显然首先出现的是 E_2 处的模式Ⅱ发射.

§19.6 位错屏蔽及其它补充问题①[4,5]

（1）关于混合模式的屏蔽问题　裂纹与位错的相互作用已经得到式（19.84）和式（19.94）所表示的结果. k 场就表明了位错对裂纹的屏蔽或反屏蔽作用. 根据以上两式，对每一位错（即压缩了脚标 j）和每个 Burgers 矢量分量，将上述两式重写如下：

$$
\begin{aligned}
k_{\mathrm{I}}^{D} &= k_{11}^{D}\frac{\mu b_1}{\sqrt{2\pi r}} + k_{12}^{D}\frac{\mu b_2}{\sqrt{2\pi r}},\\
k_{\mathrm{II}}^{D} &= k_{21}^{D}\frac{\mu b_1}{\sqrt{2\pi r}} + k_{22}^{D}\frac{\mu b_2}{\sqrt{2\pi r}},\\
k_{\mathrm{III}}^{D} &= k_{33}^{D}\frac{\mu b_3}{\sqrt{2\pi r}},
\end{aligned}
\tag{19.150}
$$

式中的 k_{ij}^{D}可以以矩阵形式表示为

$$
k_{ij}^{D}=
\begin{bmatrix}
\dfrac{1}{2(1-\nu)}\sin\theta\cos\dfrac{3\theta}{2} & \dfrac{1}{1-\nu}\left(\cos\dfrac{\theta}{2}+\dfrac{1}{2}\sin\theta\sin\dfrac{3\theta}{2}\right) & 0\\
\dfrac{1}{1-\nu}\left(\cos\dfrac{\theta}{2}-\dfrac{1}{2}\sin\theta\sin\dfrac{3\theta}{2}\right) & \dfrac{1}{2(1-\nu)}\sin\theta\cos\dfrac{3\theta}{2} & 0\\
0 & 0 & \cos\dfrac{\theta}{2}
\end{bmatrix}.
\tag{19.151}
$$

上两式中的（r，θ）是以裂纹尖端端点为原点的该位错的极坐标. 由矩阵可见模式Ⅰ，Ⅱ与模式Ⅲ相互独立，故可分别处理.

---

① Thomson, R., *J. Mater. Sci.*, **13**, 128 (1978); Weertman, J., *Acta Metall.*, **26**, 1731 (1978); Hart, E. W., *Int. J. Solids Struct.*, **16**, 807 (1980); Majumdar, B. S., Burns. S. J., *Acta Metall.*, **29**, 579 (1981); *Int. J. Fract.*, **21**, 229 (1983); Thomson R., Sinclair J. E., *Acta Metall.*, **30**, 1325 (1982); Weertman, J., Lin, I. H. Thomson, R., *Acta Metall.*, **31**, 473 (1983).

诸矩阵元 k_{ij}^D 表明了屏蔽与角位置的依赖关系. 对于正的 b 值，图 19.25 分别示出了各阵元与 θ 角的变化关系. 对于小的 θ 角，k_{11}^D，k_{22}^D 和 k_{33}^D 均给出屏蔽的贡献，也就是说，在每种情况下，k^D 的作用都是降低外部负荷在裂纹尖端产生的 K 场：K_{I}，K_{II} 和 K_{III}. 比较特殊的是图 19.25(a)所示的 k_{11}^D 和 k_{22}^D. 当位错所在的位置从裂纹前方移至后方时，即当 $\theta>\frac{\pi}{3}$ 时，k_{11}^D 和 k_{22}^D 变号，位错由屏蔽作用变为反屏蔽作用. 矩阵(19.151)呈退化形式，分成两个对角线上的块，表明平面应变与反平面应变是彼此分离的，所以可以分别讨论.

方程 (19.150)，(19.151)的一个重要应用是可用来讨论裂纹发射的位错对该裂纹的屏蔽效应. 这时式中的 θ 角等于图 19.20 中的 α. 方程 (19.150) 成为

$$
\begin{aligned}
k_{\mathrm{I}}^D &= \frac{\mu b}{2\sqrt{2\pi r}\,(1-\nu)}\left(3\sin\alpha\cos\frac{3\alpha}{2}\right),\\
k_{\mathrm{II}}^D &= \frac{\mu b}{2\sqrt{2\pi r}\,(1-\nu)}\left(2\cos\alpha\cos\frac{\alpha}{2}-\sin\alpha\sin\frac{\alpha}{2}\right),\\
b &= b_1\cos\alpha+b_2\sin\alpha.
\end{aligned}
\tag{19.152}
$$

图 19.26 示出了式 (19.152) 所给出的 k_{I}^D，k_{II}^D 与 α 之间的关系.

在这里需要说明一点的是式 (19.150)，(19.152) 的函数关系中关于 $-\alpha$ 角的结果. 对于 $b=$ (100) 的模式 Ⅱ 位错和 $b=$ (001) 的模式 Ⅲ 螺型位错，有关负 α 角的结果即如公式所示. 但对于模式 Ⅰ，如图 19.20 所示，位错分布在 $\pm\alpha$ 的一对对称滑移面上，当 $\alpha\to-\alpha$ 时，$b\to-b$. 这样式 (19.152) 中的 k_{I}^D 总的是 α 的偶函数，而 k_{II}^D 是 α 的奇函数.

在这里要指出，任何一个裂纹系统必须遵守的物理制约就是要满足解理判据 (19.149)

$$
k_{\mathrm{I}c}^2=\frac{2\gamma Y}{1-\nu^3}.
$$

所以 k_{I} 必须有一定大小. 注意到这一点后，便可以根据以上的公式估算三种模式的位错组态所产生的三种模式的屏蔽效果. 估算的结果简明地列于矩阵形式的图 19.27 中. 矩阵的 4 个列依次是

四种模式的位错组态，即非对称模式Ⅰ（$Ⅰ_A$）、对称模式Ⅰ（$Ⅰ_S$）、模式Ⅱ和Ⅲ. 3个行相应于三种模式（用 $k_Ⅰ^D$，$k_Ⅱ^D$，$k_Ⅲ^D$ 分别标记）的位错屏蔽效应. 矩阵元表示一种模式位错组态对一种屏蔽模式产生的效果：符号0表示没有效果，符号+表示 b 为正的位错产生（正）屏蔽. 图中阵元13的*号意思是，当 $\alpha=0$ 时，为0，当 $\alpha\neq0$ 时取接近于零的小值. 由图可见矩阵的非对角元均为零或接近于零. 一个值得注意的例外是，矩阵元21为±. 这说明除此之外其它所有的某一给定载荷模式的位错组态与另外的载荷模式不存在相互影响，或者说它们是“正交”的. 阵元21的±号表明屏蔽相对 α 角是反对称的，这样也导致了对称发射给出零的屏蔽效应（如阵元22）. 所以，矩阵元21的不为零表明不对称模式Ⅰ位错组态与 $k_Ⅱ$ 有相互影响. 由于非对称模式Ⅰ的位错发射会延迟继后的发射，从而必须继续提高所施的 k_I 值以达到发射条件. 于是Sinclair和Finnis① 提出，通

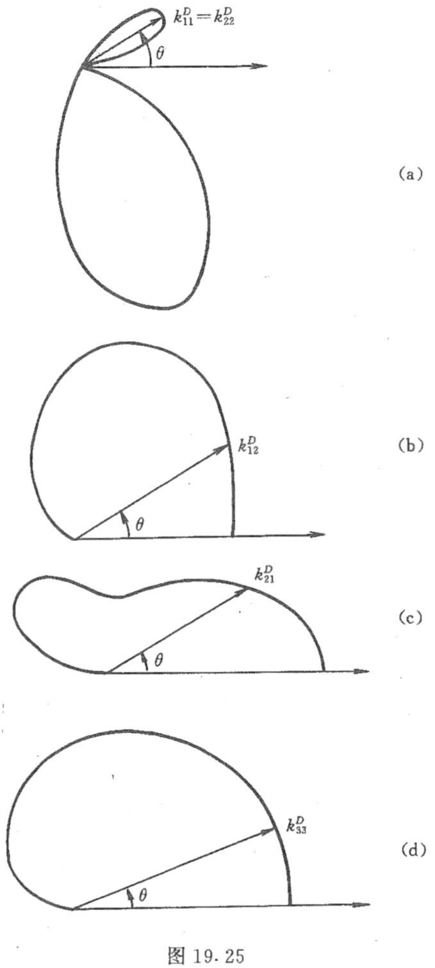

图 19.25

① Sinclair, J. E., Finnis, M. W., Atomistics of Fracture, ed. by Latanision, R. and Pickens, J., Plenum Press, New York, 1047 (1983).

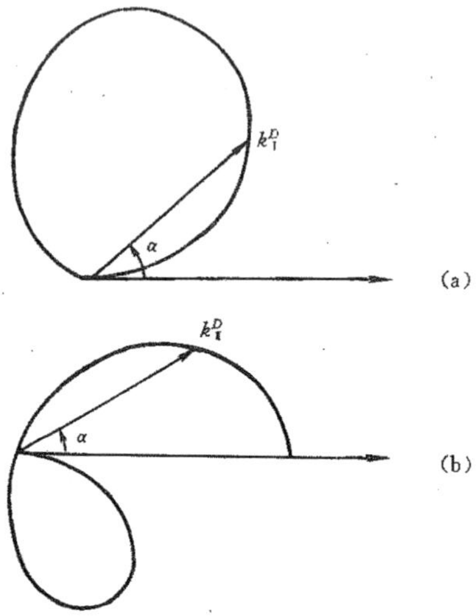

图 19.26

过这个机制有可能最终达到解理条件被满足，从而产生一个脆性转变. 这个脆性转变的出现有赖于位错的非对称模式 I 的发射，而材料中裂纹尖端附近的不均匀性对于导致不对称发射有一定的作用.

总之，重要的结论就是理论所显示的“屏蔽的正交性”，即一种模式的位错组态不对另一种载荷模式产生屏蔽或发生相互作用. 唯一的例外是非对称发射组态引起的后果.

(2) 几个普遍定理　(i) 作用在裂纹-位错系统上的总力. 总力简单地就是作用在裂纹上的力和作用在整个位错屏蔽(层) 上的力之和

$$\overline{f}_{\rm total}=\overline{f}_c+\sum_d \overline{f}_d, \tag{19.153}$$

这里的求和不仅是对整个组态中的所有缺陷施行，而且还对平面应变分量和反平面应变分量施行. 一般我们只对 $f_{\rm total}$的实部感兴趣. 因为虚部并不对应裂纹的实在的运动.

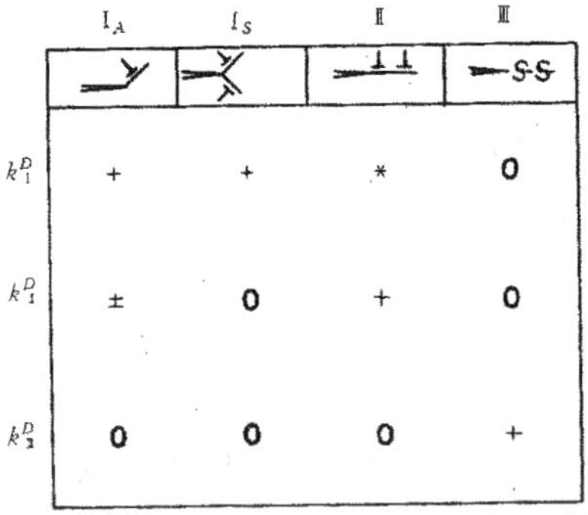

图 19.27

求和式是通过逐项相加而得到结果. 我们也可以采用一个更简捷的方法. 由以前的讨论知道，势在无穷远处的渐近形式可直接用远场参量 K，$K_{\rm II}$表达. 根据留数定理，所涉及的迴路积分得到的结果，与真实应力场（它的奇点出现在诸位错及裂纹尖端处）被一个基于裂纹尖端的简单（混合）的模式 K 场所代替而得到的结果相同. 由这个总的等效 K 场可以得到总力的实部

$$\mathrm{Re}[\overline{f}_{\text{total}}]=\frac{1}{2\mu}[K_{\mathrm{III}}^2+(1-\nu)(K_{\mathrm{I}}^2+K_{\mathrm{II}}^2)], \tag{19.154}$$

这个形式实际上是 § 19.4 中诸公式的一个组合结果.

由于作用在裂纹本身上的力可以用局域 k 场参数表示，所以式（19.153）可写为如下形式：

$$\mathrm{Re}\left\{\sum_d \overline{f}_d\right\}=\frac{1}{2\mu}[K_{\mathrm{III}}^2-k_{\mathrm{III}}^2+(1-\nu)(K_{\mathrm{I}}^2-k_{\mathrm{I}}^2+K_{\mathrm{II}}^2-k_{\mathrm{II}}^2)]. \tag{19.155}$$

应用关系式 $k_{\mathrm{III}}^D+k_{\mathrm{III}}=K_{\mathrm{III}}$ 等，上式又可写为

$$\mathrm{Re}\left\{\sum_d \overline{f}_d\right\}=\frac{1}{2\mu}\Big\{(k_{\mathrm{III}}^D)^2+2k_{\mathrm{III}}k_{\mathrm{III}}^D+(1-\nu)\big[(k_{\mathrm{I}}^D)^2+2k_{\mathrm{I}}k_{\mathrm{I}}^D + (k_{\mathrm{II}}^D)^2+2k_{\mathrm{II}}k_{\mathrm{II}}^D\big]\Big\}. \tag{19.156}$$

(ii)关于裂纹与位错的牛顿第三定律. 一个裂纹作用在其附近的位错云团上的力的实部等于此位错云团对裂纹作用力的实部，二者方向相反. 这个结论可直接从式（19.155）推出. 此时，令外部 K 场为零，即 $K_{\mathrm{I}}=K_{\mathrm{II}}=K_{\mathrm{III}}=0$，于是式（19.154）成为 $\overline{f}_{\text{total}}=0$，即

$$\mathrm{Re}\left\{\overline{f}_c+\sum_d \overline{f}_d\right\}=0, \tag{19.157}$$

在这种情况下，对于每一种载荷模式有 $k=-k^D$，而且 $f_{KD}=0$. 再结合式（19.155），得到

$$\{\mathrm{Re}[\overline{f}_c]\}_{\text{位错分量}}=\frac{1}{2\mu}\{(k_{\mathrm{III}}^D)^2+(1-\nu)[(k_{\mathrm{I}}^D)^2+(k_{\mathrm{II}}^D)^2]\}, \tag{19.158}$$

并有

$$\{\mathrm{Re}[\overline{f}_d]\}_{\text{裂纹感生}}=\mathrm{Re}\left\{\sum_d \overline{f}_{d^2}+\sum_{dd'} \overline{f}_{dd'}\right\}. \tag{19.159}$$

上式右端的两项分别属于自像力和位错云团中位错之间的互作用力.

但对于一个运动位错和裂纹系统，牛顿第三定律不适合①.

(iii) 对称位错之间的互作用力. 图 19.28 示出了两个刃型位错对称地分布在解理面的两侧. 下面证明这样两个位错之间的相互作用的滑移力为零. 这就是说当把 $\overline{f}_{dd'}$ 在滑移坐标系中表示时，该力在滑移面上的分量等于零.

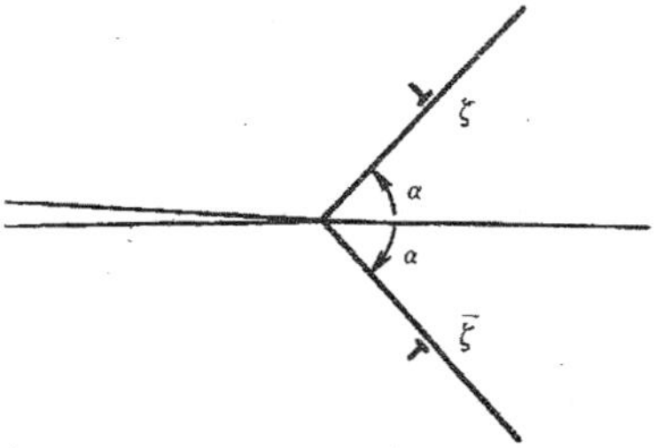

图 19.28

对于这个组态有以下诸式成立：

$$b=b_e e^{i\alpha},\ b_1=-b_e e^{-i\alpha},$$
$$\zeta_1=\overline{\zeta},\ \overline{f}=\overline{f}^{sp}e^{-i\alpha}. \tag{19.160}$$

以上各表达式代入式 (19.139)，并经过繁复的代数约化后，最终可得到

$$\mathrm{Re}\{f^{sp}_{dd'}\}=0, \tag{19.161}$$

这个结果对于一对处于同样位形的螺型位错也是成立的. 应该指出的是这里只涉及下式中的一项：

$$f_d=f_{Kd}+f_{d^2}+\sum_j f_{ddj}+f_{外}. \tag{19.162}$$

其它各项中，即自像力项 f_{d^2}，外加应力产生的直接作用力 $f_{外}$ 当然不是零.

(3) **模式 I 裂纹的韧性关系** 最后，我们依据前面的公式和定理等推导有关反映材料韧性的一些量之间的关系. 为此考虑图 19.29 所示的裂纹-位错位形. 一对滑移面相交于裂纹尖端处，滑移面($\pm\alpha$)上各有

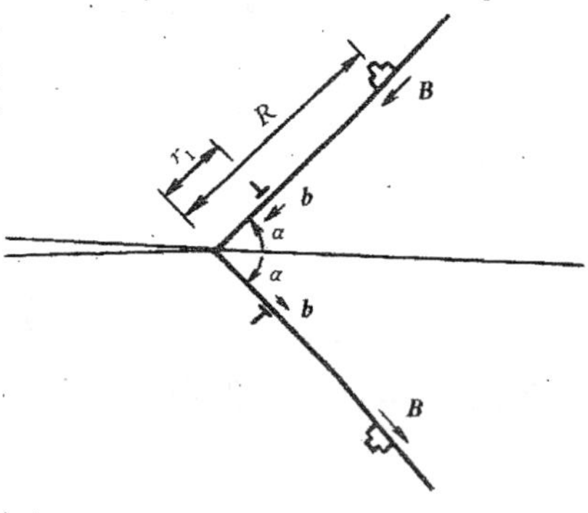

图 19.29

---

① Tsai Yu-Zen, Lee Sanbon, *J. Appl. Phys.*, **72**, 2164 (1992).

一个强度为 B 的超位错和一个强度为 b 的一般位错，后者看作是裂纹发射的最后一个位错．若 $B\gg b$，则 $R\gg r_f$．对此系统的力平衡问题可应用前面的式（19.161）求解．由于是对称位形，所以，超位错与超位错之间、小位错与小位错之间的相互作用力与滑移面平行的分量为零．另外，超位错的位置 R 对小位错的出现不敏感，不过反之不真．如果 σ_f 表示作用在每个位错上的摩擦(阻)力，则小位错上的力平衡条件是

$$\sigma_f=\frac{bK_{\mathrm{I}}\sin\alpha\cos\dfrac{\alpha}{2}}{2\sqrt{2\pi r_f}}-\frac{\mu b^2}{4\pi(1-\nu)r_f}+f_{dd'}^{sp}(R,r_f). \tag{19.163}$$

由于 $R\gg r_f$，$B>b$，上式的第三项可简化为

$$\begin{aligned}f_{dd'}^{sp}(R,r_f)&=-\frac{b\sin\alpha\cos\dfrac{\alpha}{2}}{2\sqrt{2\pi r_f}}\left(\frac{3\mu B\sin\alpha\cos\dfrac{\alpha}{2}}{(1-\nu)\sqrt{2\pi R}}\right)\\&=-\frac{b\sin\alpha\cos\dfrac{\alpha}{2}}{2\sqrt{2\pi r_f}}\left(k^D-\frac{3\mu b\sin\alpha\cos\dfrac{\alpha}{2}}{(1-\nu)\sqrt{2\pi r_f}}\right),\end{aligned} \tag{19.164}$$

式中 k^D 由 $k=K-k^D$ 给出，这里略去了模式 I 载荷的下标“I”，不过接下来的分析仅适合模式 I 载荷情况．

$$k^D=\frac{3\mu B\sin\alpha\cos\dfrac{\alpha}{2}}{(1-\nu)\sqrt{2\pi R}}+\frac{3\mu b\sin\alpha\cos\dfrac{\alpha}{2}}{(1-\nu)\sqrt{2\pi r_f}}. \tag{19.165}$$

采用局域 k，式（19.163）成为

$$\begin{aligned}\sigma_f&=\frac{kb\sin\alpha\cos\dfrac{\alpha}{2}}{2\sqrt{2\pi r_f}}+\frac{\mu b^2}{4\pi(1-\nu)r_f}\left(3\sin^2\alpha\cos^2\frac{\alpha}{2}-1\right)\\&\approx\frac{kb\sin\alpha\cos\dfrac{\alpha}{2}}{2\sqrt{2\pi r_f}}.\end{aligned} \tag{19.166}$$

当局域 k 达到平衡裂纹的临界值时，上式中的像力项可以略去.

现在要将超位错强度 B 与 σ_f，K 关联起来. 为此注意两个超位错上的总的净力平衡由下式给出：

$$\frac{1-\nu}{2\mu}\ (k^D)^2=2B\sigma_f\cos\alpha. \tag{19.167}$$

取近似 $k^D\sim K$，于是有

$$\sigma_f B=\frac{1-\nu}{4\mu\cos\alpha}K^2. \tag{19.168}$$

方程 (19.166) 和式 (19.168) 是相互独立的两个分别关联 k 和 K 的方程式. 应该注意到真实晶体中的 σ_f 应该通过一个加工硬化关系而与 B 关联，这样便可以将式 (19.166) 和式 (19.168) 组合起来，以得到所要求的韧性关系式. 为此，提出以下形式：

$$\sigma_f=\sigma_0\ (B/B_0)^m. \tag{19.169}$$

从上两式中消去 B，并利用式 (19.166) 和取一个平衡裂纹的临界 $k_{\mathrm{I}c}$值：

$$k_{\mathrm{I}c}=\sqrt{\frac{4\mu\gamma}{1-\nu}}. \tag{19.170}$$

最后得到所要求的关系式

$$\frac{1-\nu}{4\mu\cos\alpha}K_{\mathrm{I}c}^2=\frac{B_0}{\sigma_0^{1/m}}\left(\frac{k_{\mathrm{I}c}\sin\alpha\cos\dfrac{\alpha}{2}}{2\sqrt{2\pi r_f}}\right)^{\frac{1+m}{m}}. \tag{19.171}$$

在本章的绪论中已经说明本书的这一章并不希望完备地论述断裂物理的理论基础，只涉及裂纹与位错理论的一些基本内容. 即使是这样，也还有不少基础性论题，例如裂纹生长或动态行为、裂纹的原子键结构组态等准备就此略去. 关于位错的屏蔽效应、晶界的影响等近期研究进展，可参阅下列文献：Wen-Lan Li，J. C. M. Li，*Phil. Mag.*，***A59***，1245 (1989)；Sham-Tsong Shiue，Sanboh Lee，*J. Appl. Phys.*，**70**，2947 (1991)；**72**，2209 (1992)；*Phil. Mag*，***A67***，1433 (1993)；Tong-Yi Zhang，J. C. M. Li，*J. Appl. Phys.*，**72**，2215 (1992)；Sham-Tsong Shiue，*J. Appl. Phys.* **76**，2115 (1994). 不过，读者在认真读过本章之后，再进一步研究更复杂或更接近实际的问题时，遇到的困难将会较少些.

一般性参考文献

[1] Bilby B. A., Eshelby J. D., Dislocations and the theory of fracture, Fracture, I ed. by Liebowitz, Academic Press, New York (1968).

[2] Smith E., Dislocations and Cracks, Dislocations in Solids, **4**, ed. by Nabarro, North-Holland Publishing Company, Amsterdam (1979).

[3] Mechanics of fracture edited by Sih G. C., I, Methods of analysis and solutions of crack problems, Noordhoff international publishing, Leyden (1973).

[4] Ohr, S. M., *Materials Sci. Eng.*, **72**, 1—35 (1985).

[5] Lin. I. H., Thomson, R., *Acta Metall.*, **34**, 187—206 (1986).

[6] Cherepanov G. P., Richter A., Verijenko V. E., Adali S., Sutyrin V., *J. Appl. Phys.*, **78**, 6249 (1995).

第二十章　马氏体相变

§20.1　马氏体相界的运动

马氏体相变是无扩散的结构相变，有时称为界面控制的保守性结构相变①．马氏体相界的本征迁移率可以通过将位错动力学应用于相界位错列阵的处理而得到．我们将在本节和接下来的两节讨论这一问题．

（1）*界面策动力*　由相变的体自由能变化 Δg 引起的作用在单位相界界面积上、沿 X 方向的力 F_A 可表达为

$$F_A=-\frac{1}{A}\frac{dV}{dx}\Delta g, \tag{20.1}$$

式中的 V 是相变体积，A 是相界面积．若相界为一平面，则（$1/A$）（dv/dx）$=1$，而 $-\Delta g$ 则可看作是"策动力"．Hillert 提出如下的迁移率公式：

$$v=M\ (-\Delta g)^m, \tag{20.2}$$

式中 M 是一个迁移率因子，m 是一个正指数．式（20.1）是式（20.2）的一个特殊情况．

当有机械力引起的应力作用于相界面时，就需要定义一个广义的 Gibbs 自由能，它包含外应力的切应力分量和正应力分量所作的功．这样，除了化学自由能变化 Δg^{ch} 之外，还出现另一项力学贡献

$$-\Delta g^{\sigma}=\sigma_{ij}^{A}\varepsilon_{ij}^{T}. \tag{20.3}$$

式中的 σ_{ij}^{A} 是外应力，ε_{ij}^{T} 是相变应变，它曾在第十七章中引入．具体地讲，相变宏观畸变 $\mathbf{E}$ 的切应变分量记为 γ_T，正应变分量记为 ε_n，

---

① Hillert M.，*Metall. Trans.*，**A6**，5（1975）.

上式即可写作

$$-\Delta g^{\sigma}=\tau\gamma_T+\sigma_n\varepsilon_n,\qquad (20.4)$$

τ 和 σ_n 是 γ_T 和 ε_n 所在平面和方向上的分解切应力和正应力. 所以

$$-\Delta g=-\ (\Delta g^{ch}+\Delta g^{\sigma})\qquad (20.5)$$

就决定了作用在相界上的策动力.

对于高度柔性的相界，作用在一共格相界片段上的局域力由局域晶格形变 ε_{ij}^{T}确定. 然而，与高的界面能相联系的界面张力将使相界如同一个刚性面一样运动，此时界面上各处的作用力决定于宏观外力.

由于作用在单个位错线上的策动力一般用单位长度上的作用力 F_l 表示，所以为了比较界面位错列阵与单个位错的运动习性，最好是建立一个共同的策动力基础. 对于间隔为 s 的列阵，作用在其中每个位错上的力 $F_l=sF_A$. 当界面被看作是一个连续分布位错列阵或表面位错时，为了比较，在形式上定义一个作用在单个位错上的有效力 F_A 是方便的. 这时，应用 Peach-Kohler 公式可以导出一个有效 Δg^{σ}

$$\Delta g^{\sigma}=\sigma_{ij}b_jd_i/d^2,\qquad (20.6)$$

式中的 d 是与滑移平面垂直的矢量，大小等于滑移面间距，如图 17.7 所示. 式 (20.6) 的表示法相当于将线位错看作是一个高度为 d 的带型缺陷，它以应变 b/d 使高度为 d 的体积元形变.

(2) 连续运动　当一个滑移位错在外应力 τ^A 作用下而运动时，它所受到的作用力 $F_l=\tau^A b$. 另一方面，它还将受到点阵周期势的作用，即受到一个 Peierls 类型的阻力，犹如一个摩擦阻力，用 $\tau_f b$ 标记. 晶体点阵势垒的高度确定 σ_f 的最大值 $\hat{\tau}$. 当外加策动应力 τ^A 超过 $\hat{\tau}$ 时，作用在位错上的净力为 $F_l^{\mathrm{net}}=(\tau^A-\tau_f)\ b$，位错在该力作用下作经典运动. 对于曲线位错，作用的净力中还应包括位错线张力所引起的一项. 在处理位错的经典运动时要引入单位长位错的有效质量 m_l. 此外，还要计入声子拖曳[①]，以及低温下较为显著的电子拖曳所产生的摩擦，这些以摩擦系数 B_l 代表. 于是位错在 x 方向的一维运动的牛顿运动方程具有如下形式：

$$F_l^{\text{net}} = (\tau^A - \tau_f) b + \gamma \frac{d^2x}{dz^2} = m_l \frac{d^2x}{dt^2} + B_l \frac{dx}{dt}. \tag{20.7}$$

电子拖曳系数的一个简化表示式是

$$B_l = kT/\Omega\nu, \tag{20.8}$$

式中 Ω 是原子体积，ν 是原子振动频率. 在大多数情况下，可以忽略位错的惯性效应，连续的位错运动将具有拖曳控制的稳态运动速度

$$v = F_l/B_l, \tag{20.9}$$

这个运动方程对于间距 s 较大的位错列阵依然成立；对于相界位错列阵需要在 F_l 中加入化学力 $-\Delta g^{ch}s$，这样，式 (20.7) 即是式 (20.2) 在 m 取 1 值时的特殊情况. 声子拖曳机制的一个基本观点是：当位错运动时，它所遇到的从前方流来的声子数大于从后方流来的声子数. 现在对于相界位错而言，因为不同结构的两相晶体具有不同的声子模，致使在有些情况下相界位错在运动中损失能量，而在另一些情况下可能获得能量，所以与单相晶体中的滑移位错相比较，其声子拖曳系数 B_l 可能需要相当的修正[②].

若是将相界看作是连续分布的位错列阵或表面位错，则式 (20.7) 可以通过引用类似于二维缺陷的参数而改写如下：

$$\begin{aligned} F_A^{\text{net}} &= -(\Delta g - \Delta g^f) + \gamma(\kappa_1 + \kappa_2) \\ &= m_a \frac{d^2x}{dt^2} + B_a \frac{dx}{dt}, \end{aligned} \tag{20.10}$$

式中 Δg^f 表示摩擦力，γ 是各向同性表面张力，κ_1 和 κ_2 是界面主曲率，m_a 是界面有效惯性质量，B_a 是界面拖曳系数. 根据式 (20.6)，B_a 可估计为 B_l/d. 在现在的连续分布界面模型情况下，声

---

① 关于声子拖曳可参阅：Alshits, Indenbom, Mechanisms of Dislocation Drag, Dislocations in Solids, **7**, ed by Nabarro F. R. N. North-Holland, New york (1986).

② Weetman J., Mech J., *Phys. Solids*, **11**, 197 (1963).

子拖曳的连续运动的出现同样要求策动力超过一个阈值 $-\Delta\hat{g}=\hat{\tau}\gamma_T$，$\hat{\tau}$ 是晶体的力学临界应力.

§20.2 热激活运动

当作用于界面的策动力未超过力学阈值水平时，一个相界位错将处于静力平衡态，这时局域策动力 F^{net} 将为零. 进一步的运动便需要借助热激活来克服前方的局域势垒. 当位错一旦克服了这个势垒，它便加速到一个拖曳控制的速度，并维持此速度而运动，直到遭遇到下一个势垒. 运动的总体速率主要决定于在障碍势垒前面的等待时间，这个观点成为位错热激活运动动力学的理论基础①.

(1) 一般关系 为了具体处理位错热激活运动，需要引入一些参量并确定它们之间的关系. 图 20.1 示出位错与障碍之间的相互作用，纵坐标是位错与障碍物的相互作用应力，横坐标是位错线段扫过的面积. 在位错线段不变形的情况下，扫过的面积比例于位移的距离，也就代表了位错的位置. 图中的曲线示意了一个势垒，τ^A 是有效的外加应力. 在 τ^A 作用下，位错在 a_1 处处于平衡. 为了到达不稳定点 a_2 需要一个热激活能量，它等于（比例于）图中阴影标出的面积. 在这个热激活事件过程中，位错线段扫过一个面积 $a^*=a_2-a_1$，称为“激活面积”. 由图中可以看出 a^* 是 τ^A 的一个函数. 激活能可以由下面的积分计算：

$$Q(\tau^A)=b\int_{a_1}^{a_2}(\tau-\tau^A)da=b\int_{\tau^A}^{\hat{\tau}}a^*d\tau. \tag{20.11}$$

位错运动的总体速度是

$$v=v_0\exp(-Q/kT), \tag{20.12}$$

指数前因子 v_0 比例于障碍前的试探频率. 与这些模型参数对应的实用参数可以通过以下关系式由迁移率数据求得

① Kocks U. F., et al., *Prog. Mater. Sci.*, **19**, 1 (1975).

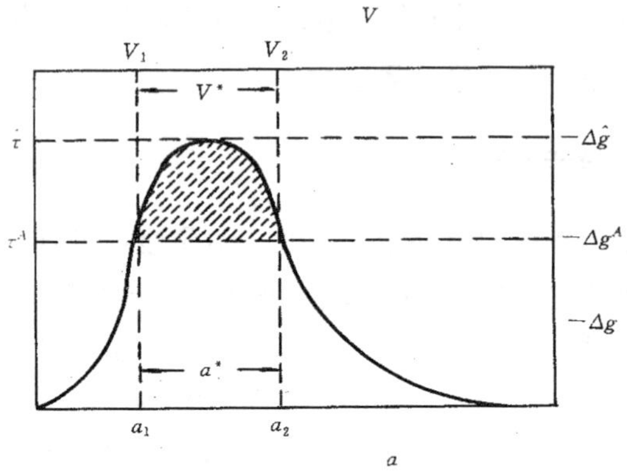

图 20.1

$$Q=\frac{\partial \ln v}{\partial\ (-1/kT)}\bigg|_{\tau^A}, \tag{20.13}$$

$$a^*=-\frac{1}{b}\frac{\partial Q}{\partial \tau^A}=\frac{kT}{b}\frac{\partial \ln v}{\partial \tau^A}\bigg|_T. \tag{20.14}$$

对于相界运动问题，若用 Δg 表示策动力将比较方便. 为此可以定义一个“激活体积”，它与 a^* 相类似

$$V^*=\frac{\partial Q}{\partial \Delta g}\bigg|_T. \tag{20.15}$$

与 τ 和 a^* 相对应的 Δg 和 V^* 用同样曲线示出在图 20.1 之中. 下面我们将会看到，采用这组变量分析激活运动特别合适.

对于分立的线位错，V^* 与 a^* 的关系可由式（20.6）和式（20.14）得到

$$V^*=da^*. \tag{20.16}$$

对于滑移位错，这个量类似于通常应用的所谓“应力激活体积”

$$V_\tau=-\frac{\partial Q}{\partial \tau^A}\bigg|_T=ba^*. \tag{20.17}$$

不过，V_τ 并不相应于一个实际的物理体积.

如果图 20.1 中的障碍曲线包含一个极长程的相互作用，以致 V^* 非常大时，热激活的重要性将会失去. 对位错运动而言，$\tau^A\approx$

$\hat{\tau}$，而障碍可以看作是贡献一个非热的反应力 τ_μ，它起到延缓位错运动的作用. 当存在 τ_μ 时，τ^A 的“热”分量是 $\tau^A-\tau_\mu$，它提供克服短程障碍的激活. 当存在若干作用程相近的不同障碍时，为达到一给定速度所需的净 τ^A 可近似地用它们单个贡献的均方根表达.

(2) *在完整晶体中的运动* 单独的滑移位错在完整晶体点阵中运动时，由于点阵的平移周期性，位错的芯能量也将发生周期性变化，位错运动受到的阻力是广义的 Peierls 力. 这些问题在本书第一卷第八章曾作过较细致的讨论. 这类力或相应的势垒在很低温度下构成控制位错运动速率的热障碍. 当相界位错列阵的间距 s 远大于点阵常数 λ_0 时，列阵中每一个单个位错与热障碍势垒的互作用与孤立位错的情况相同. 在具体的 Peierls 近似下刃位错的能量是

$$W(x)=\frac{\mu b^2}{2\pi(1-\nu)}[1+\alpha_1\cos(2\pi x/\lambda_0)], \tag{20.18}$$

式中

$$\alpha_1=\frac{\exp(-4\pi\delta_c/\lambda_0)}{\ln(R/\delta_c)}, \tag{20.19}$$

δ_c 是有效位错芯宽度，R 是位错弹性场的作用程，它一般取为等于晶体中诸位错的平均间距. 参数 α_1 确定能量随 x/λ_0 变化的幅度，它对 δ_c 非常敏感. 一个相界位错运动与通常滑移位错的激活体积相近. 但因为前者的 b 较小，所以它遭遇的 Peierls 势垒小得多.

当相界位错间距 s 很小时，此界面行为有如一个连续表面位错，其临界位形可能是一个三维的曲面层. 此曲面层可以近似地用一个各向同性弹性薄膜表示，它的表面张力为 γ_0. 考虑到此界面的界面能在晶体点阵中的周期变化，对热激活参量作类似的分析，可以得到如下的表达式①：

$$Q=\frac{1}{4}\pi^3\gamma_0\lambda_0^2\ (1-\Delta g/\Delta\hat{g})^2, \tag{20.20}$$

---

① Grujicic M., Thesis Sc. D., *MIT* (1983).

$$V^* = \frac{\pi^3}{16} \frac{\lambda_0^3}{(\Delta\gamma/\gamma_0)} (1 - \Delta g/\Delta \hat{g}), \tag{20.21}$$

式中 $(\Delta\gamma/\gamma_0)$ 表示能量变化幅度，类似于表达式（20.19）中的 α_1. 和上文所述相同，这个幅度对界面芯宽度 δ_c 的变化十分敏感. 采用一个非线性弹性模型，并计入一个应变梯度能量，可以得到界面芯平衡宽度

$$\delta_c = (\kappa/\Phi_0)^{\frac{1}{2}}, \tag{20.22}$$

这里的 κ 是梯度能量系数，Φ_0 是均匀点阵形变时的应变能密度垒. 在力学失稳边缘的特殊情况下，有效 Φ_0 值可能很低，给出一个高 δ_c 的弥散间界，其 Peierls 势垒大为降低. 不过，实验表明，在一般正常情况下，界面的 δ_c 与晶体位错的 δ_c 相接近. 将 $\Delta\gamma/\gamma_0$ 取为与普通滑移位错的 α_1 的估计值相当，则由式（20.21）得出的 V^* 约为 $10^4\Omega$（Ω 是原子体积）. 但若取适合马氏体相界的 γ_0 值，则由式（20.20）得出的 Q 值仅为 10^{-5}eV 量级. 所以，在实验可达的情况下，与连续界面行为相联系的 Peierls 势垒看来不大可能起控制界面速率的作用.

与单个线位错的运动不相同，在一个封闭的相变颗粒的生长过程中，其界面的运动除涉及相界位错的运动之外，还包含新的界面位错环的有规律的产生. 当有足够的共格位错处在一个与相界成小角度的晶面上时，新的离散位错环成核所产生的长程应力会给出一个各向异性的 Peierls 势垒，它阻碍相变颗粒的增厚. 简单的计算表明①：对尺寸很小的颗粒生长，该势垒可能起速率控制作用；而对于中等尺寸的颗粒则此势垒较容易克服.

§20.3 与缺陷的相互作用

实际晶体中存在着相当数量的各类缺陷. 相界的热激活运动在很大程度上依赖于它与晶体缺陷的相互作用.

例如，在中温下，与林位错的切割就是一种很常见的需要克

---

① Olson G. B., Cohen M., *Metall. Trans.*, **A7**, 1915 (1976).

服的障碍．当由滑移而产生点阵不变形变时，有相当间距的反共格位错就可能发生这种“线-线”相互作用．而间距较小的共格位错也可能与林位错发生切割，这可以看作是“面-线”相互作用，在小相变颗粒增厚过程中有重要影响．这个过程对界面运动摩擦应力的贡献主要是长程的，并且是非热的．相界与某种反相畴界的相互作用可视为“面-面”相互作用，它将影响相界的迁移率．

一般认为，在相界的热激活运动中起速率控制作用的主要是相界与离散点缺陷的三维列阵间的相互作用，即所谓“面-点”相互作用．这种“点”障碍的互作用既包含长程部分，它来自这些颗粒的模量、应变与界面应力场的相互作用，也包含短程部分，即与界面芯的相互作用．

（1）*应变相互作用*　设小的半共格颗粒构成一个列阵，它们的颗粒相变应变为 ε_{ij}^{T}，并近似地假设界面应力场 σ_{ij} 在颗粒体积范围内是均匀的，则对一个半径为 r_p 的球形颗粒，应变相互作用能是

$$W_s=-\frac{4}{3}\pi r_p^3\sigma_{ij}\varepsilon_{ij}^{T},\tag{20.23}$$

式中的 σ_{ij} 取界面应力场在颗粒中心处之值．颗粒与界面之距离为 x，W_s 对 x 的微分给出应变互作用力

$$F=-\frac{\partial W_s}{\partial x}=\frac{4}{3}\pi r_p^3\varepsilon_{ij}^{T}\frac{\partial\sigma_{ij}}{\partial x}.\tag{20.24}$$

设 ε'_{ij} 是在粒子坐标系中定义的颗粒相变应变，它可以通过适当的方向余弦 a_{ik} 变换为界面坐标系中来表达

$$\varepsilon_{ij}^{T}=a_{ik}a_{jl}\varepsilon'_{kl}.\tag{20.25}$$

我们取一个简单的四方对称型畸变 $\varepsilon'_{ij}=\varepsilon'_{33}$．界面为 $y=0$、位错线沿 Z 方向的螺型位错列阵构成．应用第十六章中的应力场表达式（16.85）和式（16.86），由式（20.24）和式（20.25）可得相互作用力为

$$F=\frac{4}{3}\frac{\pi^2 a_{33}\varepsilon_{33}{}'\mu b r_p^3}{D^2}\Big\{a_{13}\sinh\frac{2\pi x}{D}\sin\frac{2\pi y}{D}$$

$$+\ (1-a_{13}^2-a_{33}^2)^{\frac{1}{2}}\left[1-\cosh\frac{2\pi x}{D}\cos\frac{2\pi y}{D}\right]\Bigg\}$$

$$\times\left[\cosh\frac{2\pi x}{D}-\cos\frac{2\pi y}{D}\right]^{-2}. \tag{20.26}$$

当 $a_{33}=1/\sqrt{2}$ 时，上式的力 F 达到最大. 这相当于颗粒的畸变轴与位错线方向 Z 成 45°. 在接近于一条反共格位错处（$x\approx 0$，$y\approx 0$），界面应力场非常接近一个孤立的螺型位错的应力场，相互作用力为

$$F=\frac{4}{3}a_{33}\varepsilon_{33}{}'\mu b r_p^3\frac{2a_{13}xy+\ (1-a_{13}^2-a_{33}^2)^{\frac{1}{2}}\ (y^2-x^2)}{(x^2+y^2)^2}. \tag{20.27}$$

当这些颗粒与 $x=0$ 的相界平面相交截时，其相互作用最强. 可以根据上式，计算一个切断距离 $r=r_0$（位错芯大小 r_c 或颗粒大小 r_p）处的力，即最大作用力 $\hat{F}$：

$$\hat{F}=\frac{4}{3}a_{33}(1-a_{13}^2-a_{33}^2)^{\frac{1}{2}}\varepsilon_{33}{}'\mu b\frac{r_p^3}{r_0^2}. \tag{20.28}$$

这样得到的力与距离关系，再考虑到界面和颗粒相互作用的三维特性，便可推出图 20.2 所示的力与激活体积之间的关系. 图中符号的意义与图 20.1 相同. 式（20.11）中的第二个积分即是由此图而来.

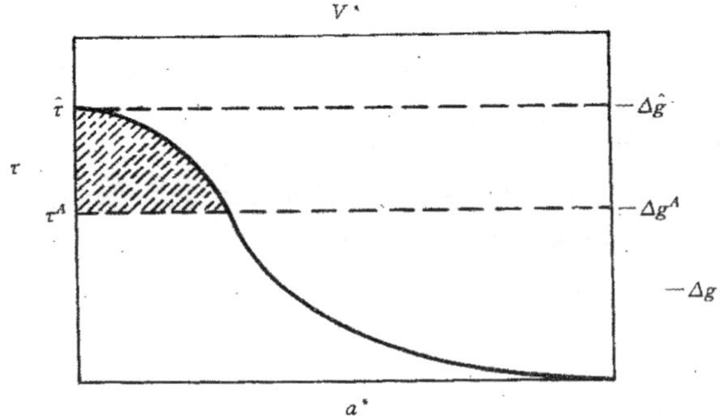

图 20.2

规则分布的颗粒与相界面之间的互作用的几何示意于图 20.3. λ 是颗粒之间的平均间距. 为了对中心颗粒作用一个力 F 所需的界面策动力为

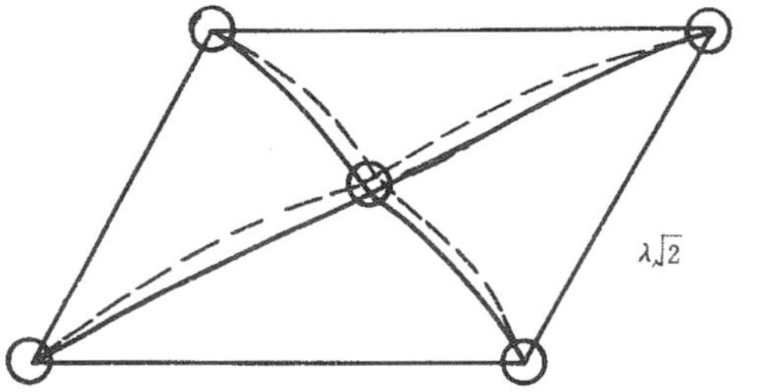

图 20.3

$$-\Delta g = F/\lambda^2. \tag{20.29}$$

与相界面运动 Δx 位移相联系的激活体积是

$$V^* = \frac{2}{3}\lambda^2 \Delta x. \tag{20.30}$$

而一个单独的线位错与上述障碍相互作用时，相应的参量是

$$-\Delta g = F/\lambda d, \tag{20.31}$$

$$V^* = \lambda d \Delta x. \tag{20.32}$$

在 $x < r_0$ 的范围内取 F 比例于 x，则可得到在 $y=0$ 处策动力-激活体积之间的关系

$$\frac{V^*}{V_0^*} = \frac{D}{\pi r_0}\sinh^{-1}\left[\left(\frac{\Delta g}{\Delta \hat{g}}\right)^{-\frac{1}{2}}\sinh\left(\frac{\pi r_0}{D}\right)\right] - \frac{\Delta g}{\Delta \hat{g}}, \tag{20.33}$$

式中

$$V_0^* = \frac{2}{3}\lambda^2 r_0,\ \Delta \hat{g} = -\hat{F}/\lambda^2. \tag{20.34}$$

界面应力场的长程指数尾部在 Δg 很低的区间给出 V^* 与 Δg 的一个对数依赖关系，于是，式（20.33）具有下面的近似形式：

$$V^*/V_0^* = (\Delta g/\Delta \hat{g})^{-\frac{1}{2}} - \Delta g/\Delta \hat{g}. \tag{20.35}$$

图 20.4 和图 20.5 示出了界面与颗粒应变之间的相互作用.

图 20.4 示出的是在 $y=0$ 处的力与距离的曲线：虚线代表 $D/r_0=10$ 的相界面的情况，实线代表 $D/r_0=10^3$ 的界面及单个滑移位错的情况. 图中两条曲线非常靠近，只是在 Δg 很低的区段中有较明显不同，这是由于界面应力场在较短程处按 D/r_0 度量. 图 20.5 示出 $y=D/2$ 处的行为，它对应孪生形成的界面[1].

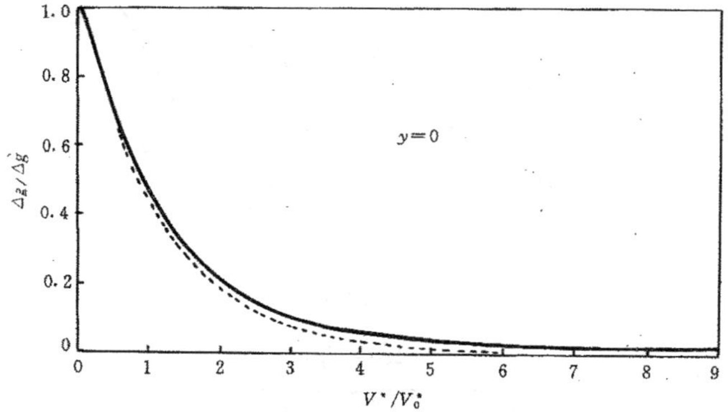

图 20.4

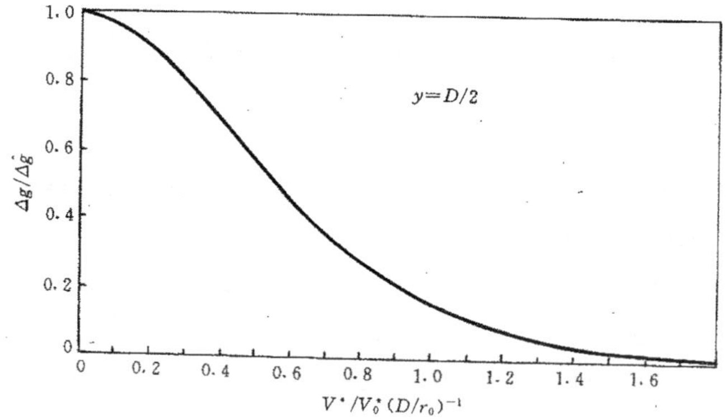

图 20.5

像式 (20.11) 那样，式 (21.33) 的积分可以得出激活能 Q 对 Δg 的依赖关系，结果绘于图 20.6 中. 图中点线代表 $D/r_0=10$ 的界面，实线代表 $D/r_0=10^3$ 的界面和单个滑移位错，虚线代表 $y=D/2$ 的情况. 完全的积分给出 $\Delta g=0$ 的总激活能 $Q_0=\hat{F}r_0$. 高 Δg

(即短程)行为同样等同于单独的位错，可以用下式表示：

$$Q=Q_0\left[1-\frac{4}{3}\ (\Delta g/\Delta\ \hat{g})^{\frac{1}{2}}+\frac{1}{3}\ (\Delta g/\Delta\ \hat{g})^2\right].\quad(20.36)$$

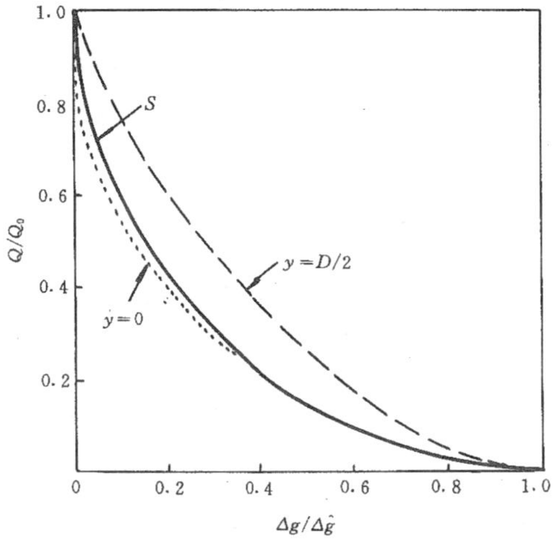

图 20.6

在低 Δg 区段内，相互作用行为也是依赖于 D/r_0 的大小，可近似表示如下：

$$Q=Q_0+\frac{V_0^*D}{2\pi r_0}\left(\frac{\Delta g}{\Delta\ \hat{g}}\right)\left\{\ln\left[\frac{1}{4}\left(\frac{D^2}{\pi r_0}\right)\left(\frac{\Delta g}{\Delta\ \hat{g}}\right)\right]-1\right\}.$$

(20.37)

比较方便的是用下式近似表示总体的 $Q\sim\Delta g$ 关系：

$$Q=Q_0\ [1-\ (\Delta g/\Delta\ \hat{g})^m]^n,\quad(20.38)$$

式中的指数 m 和 n 分别描述长程(小 Δg)和短程(大 Δg)的行为. 对于式(20.35)和式(20.36)表示的滑移位错行为，以及式(20.33)、(20.36)和式(20.37)表示的界面行为，若略去不太明显的长程差别，可统一取 $m=\frac{1}{2}$，$n=\frac{3}{2}$来描述.

上面已经指出在 $y=0$ 处出现互作用极大，但在 $y=D/2$ 处还有一个局部的极大. 虽然后者较弱，不大可能起到速率控制的作用，不过这时的应力场与内部孪生情况很相似，所以它可以作为一个有用的基础，借以对滑移情况和孪生情况进行比较．在 $x=0$ 处，相互作用力最大

$$\hat{F}=\frac{2\pi}{3D}a_{33}\ (1-a_{13}^2-a_{33}^2)^{\frac{1}{2}}\varepsilon_{33}'\mu r_p^3\ (b/D). \qquad (20.39)$$

对于孪生形式的间界，b/D 表示点阵不变切变的大小，D 为孪生的投影周期．$F\sim x$ 行为关于 $x=0$ 为对称，它确定形式如下的 $V^*\sim\Delta g$ 关系

$$\frac{V^*}{V_0^*}=\frac{2}{\pi}\frac{D}{r_0}\cosh^{-1}\left[(\Delta g/\Delta\hat{g})^{-\frac{1}{2}}\right]. \qquad (20.40)$$

此时，总的互作用比 $y=0$ 的情况要显著地弱．式（20.40）积分给出的激活能十分低，其表达形式是

$$Q=Q_0\ (\Delta g/\Delta\hat{g})^{\frac{1}{2}}\left\{\sinh\left[\cosh^{-1}\ (\Delta g/\Delta\hat{g})^{-\frac{1}{2}}\right]\right.$$
$$\left.-\ (\Delta g/\Delta\hat{g})^{\frac{1}{2}}\cosh^{-1}\ (\Delta g/\Delta\hat{g})^{-\frac{1}{2}}\right\}, \qquad (20.41)$$

式中 $Q_0=(2/3\pi)\ \hat{F}D$．这个关系式在图 20.6 中用虚线代表．方程（20.38）中，取 $m=1$，$n=2$ 对应于这一样况，与前面式（20.18）的 Peierls 势相当．

将界面运动的激活参数与滑移位错的激活参数进行比较是有用的．因为关于滑移动力学参数的知识可以用来预测同样显微结构中界面的迁移率．二者的 $Q\sim\Delta g$ 关系的形状很相似，其差异主要在于参数 Q_0、Δg 和 V^*．对于 $y=0$ 的情况，界面的 $\hat{F}$ 与单独滑移位错的 $\hat{F}$ 相同，而 Δg 与（λ/d）成反比．由于界面弹性场的作用程较短，所以用同样方法去积分力-距离曲线得出界面的 Q_0 是滑移位错 Q_0 的 $\frac{2}{3}$．于是，同样的激活能便要求界面的 $\Delta g/\Delta\hat{g}$ 较大，因而 V^*/V_0^* 较小．此外，界面运动具有更三维一些的位形，所以预料它应具有较低的振动频率，对于同样的速度，界面所需的 Q 较低，并趋于进一步降低 V^*/V_0^*．这点可能足以补偿式（20.30）和式（20.32）中关于 V^* 的因子 $2\lambda/3d$，于是这两种情况下的 V^* 值相接近．

$y=D/2$ 对应孪生形式的界面式（20.39）的 $\hat{F}$ 与滑移位错的 $\hat{F}_s$[式（20.28）] 之比为

$$\hat{F}/\hat{F}_s=\frac{\pi}{2}\left(\frac{D}{r_0}\right)^{-\frac{1}{2}}. \tag{20.42}$$

该式表明，随 D/r_0 值的增大，比值迅速减小. 策动力阈值相应地减小

$$\Delta\hat{g}/\Delta\hat{g}_s=\frac{\pi}{2}(\lambda/d)^{-1}(D/r_0)^{-2}. \tag{20.43}$$

由此可见，与滑移形式界面和单个滑移位错相比，孪生界面与点缺陷的应变互作用明显较弱. 将力-距离关系积分可得

$$\frac{Q_0}{Q_0^s}=\frac{4}{9\pi}\frac{D}{r_0}\frac{\hat{F}}{\hat{F}_s}=\frac{2}{9}\left(\frac{D}{r_0}\right)^{-1}, \tag{20.44}$$

$\hat{F}$ 的减小部分地被作用程的增加（D/r_0 增加）所补偿.

孪生界面与障碍的应变相互作用较弱，意味着孪生中的点阵不变切变使界面在热激活区段的可动性比滑移情况要大得多. 这可以作为马氏体相变中经常出现内部孪生的一个解释.

（2）模量相互作用　当小颗粒的弹性常数与基体不相同时也会使界面应力场能量发生改变，产生一个相互作用力. 取螺型位错界面为例，界面应力场中任一点的应变能密度是

$$W=\frac{1}{2\mu}(\sigma_{xz}^2+\sigma_{yz}^2), \tag{20.45}$$

式中的 σ_{xz}，σ_{yz} 由式（16.85）和式（16.86）给出. 采用与上面应变相互作用同样的近似，可得到一个半径为 r_p、切变模量差为 $\Delta\mu$ 的球形颗粒产生的作用力，即

$$F=-\frac{4}{3}\pi r_p^3\Delta\mu\frac{\partial W}{\partial x}, \tag{20.46}$$

具体表达式是

$$F=\frac{4}{3}\frac{\pi^2\Delta\mu r_p^3b^2}{D^3}\frac{\sinh(2\pi x/D)\cos(2\pi y/D)}{[\cosh(2\pi x/D)-\cos(2\pi y/D)]^2}. \tag{20.47}$$

同样，在接近 $x=0$，$y=0$ 的反共格位错处，相互作用与一个单个位错相同

$$F=\frac{2\Delta\mu r_p^3 b^2}{3\pi}\frac{x}{(x^2+y^2)^2}. \tag{20.48}$$

通过式（20.29）和式（20.30）分别将 F 与 Δg，V^* 与 Δx 联系起来，并设在 $x<r_0$ 区域内，F 线性地依赖 x，可得到 $V^*\sim\Delta g$ 障碍互作用关系，这时 V^* 为长程贡献（V_1^*）和短程贡献（V_2^*）之和，V_1^* 和 V_2^* 分别定义如下：

$$\frac{\cosh(3\pi V_1^*/2\lambda^2 D)}{\sinh^3(3\pi V_1^*/2\lambda^2 D)}=\frac{\cosh(\pi r_0/D)}{\sinh^3(\pi r_0/D)}\left(\frac{\Delta g}{\Delta\hat{g}}\right), \tag{20.49}$$

$$V_2^*/V_0^*=\Delta g/\Delta\hat{g}, \tag{20.50}$$

式中 $V_0^*=\frac{2}{3}\lambda^2 r_0$，$\Delta g=-F/\lambda^2$，与前面相同．对于小的 Δg，V^* 的行为由应力场的指数尾部确定，其表达式是

$$\frac{V^*}{V_0^*}=-\frac{1}{2\pi}\left(\frac{D}{r_0}\right)\ln\left[\frac{1}{4}\left(\frac{D}{\pi r_0}\right)^3\left(\frac{\Delta g}{\Delta\hat{g}}\right)\right]. \tag{20.51}$$

对于大的 Δg，短程相互作用趋近一个单个滑移位错的效果，表达式是

$$\frac{V^*}{V_0^*}=\left(\frac{\Delta g}{\Delta\hat{g}}\right)^{-\frac{1}{3}}-\left(\frac{\Delta g}{\Delta\hat{g}}\right). \tag{20.52}$$

图 20.7 示出的是比较了滑移位错和界面与点缺陷模量相互作用的 $\Delta g\sim V^*$ 关系曲线．点线代表 $y=0$，$\frac{D}{r_0}=10$ 的界面，实线代表 $D/r_0=10^3$ 界面和单个滑移位错两种情况．曲线的行为总体甚为相似，只是在大 V^* 区段有所不同．这也是由于界面应力场的短程性导致的结果．

式（20.49）的积分给出 $Q\sim\Delta g$ 的依赖关系，完全积分给出 $Q_0=\frac{2}{3}\hat{F}r_0$．$Q$的行为与滑移位错甚为相似，可用下式描述：

$$Q=Q_0\left[1-\frac{3}{2}(\Delta g/\Delta\hat{g})^{\frac{2}{3}}+\frac{1}{2}(\Delta g/\Delta\hat{g})^2\right]. \tag{20.53}$$

在小 Δg 区段，界面的 Q 直接依赖于 D/r_0 值，有近似表示式

$$Q=Q_0+\frac{V_0^*}{2\pi}\frac{D}{r_0}\left\{\ln\left[\frac{1}{4}\left(\frac{D^3}{\pi r_0}\right)\frac{\Delta g}{\Delta\hat{g}}\right]-1\right\}. \qquad (20.54)$$

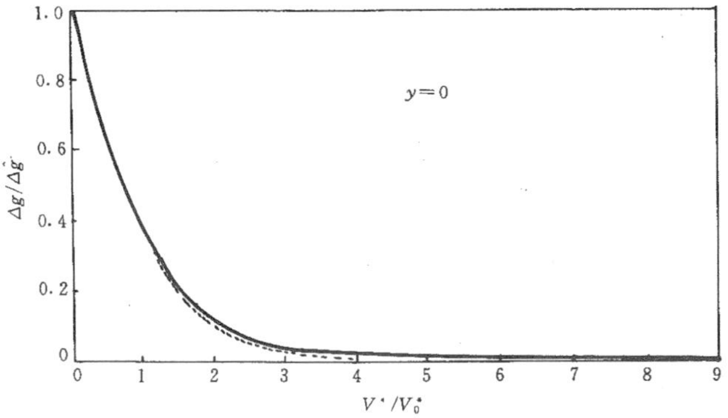

图 20.7

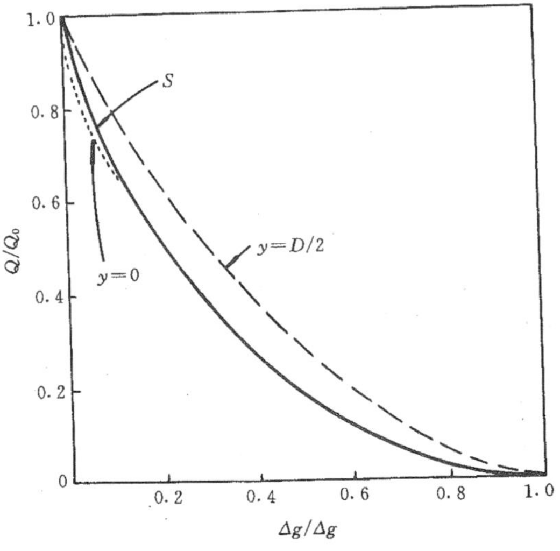

图 20.8

采用近似式 (20.38)，此处 Q 的行为相应于 $m=0.8$ 和 $n=2$. 图 20.8 示出的是将界面结果与单个位错情况进行了比较. 图中点线

表示 $y=0$，$D/r_0=10$ 的界面，实线表示 $D/r_0=10^3$ 的界面和单个滑移位错的情况. 虚线对应 $y=D/2$ 的情况，它是孪生形式界面模型的结果[1]. 这时模量的相互作用出现极大值，在 $x_m=0.2096D$ 处的 F 的峰值为

$$\hat{F}=0.2567\frac{\pi^2\Delta\mu r_p^3}{D}\left(\frac{b}{D}\right)^2. \tag{20.55}$$

下面的关系式确定一个“未切变”的障碍情况时的界面/障碍间的模量相互作用：

$$\frac{\Delta g}{\Delta\hat{g}}=5.198\frac{\sinh\left(2\pi\dfrac{V^*}{V_0^*}\dfrac{r_0}{D}\right)}{\left[\cosh\left(2\pi\dfrac{V^*}{V_0^*}\dfrac{r_0}{D}\right)+1\right]^2}, \tag{20.56}$$

这个关系以及相应地有“切变”时的情况绘制于图 20.9. 图中的虚线表示未切变的情况，实线代表有切变的情况. 此图表明：与 $y=0$ 的情况相比，此时短程相互作用较平滑. 由积分得到的 $Q\sim\Delta g$ 关系曲线即是上面提到的图 20.8 中所示的虚线，此时 $Q_0=0.0102\,\hat{F}D$. 取近似式（20.38），相应于 $m=1$，$n=1.8$.

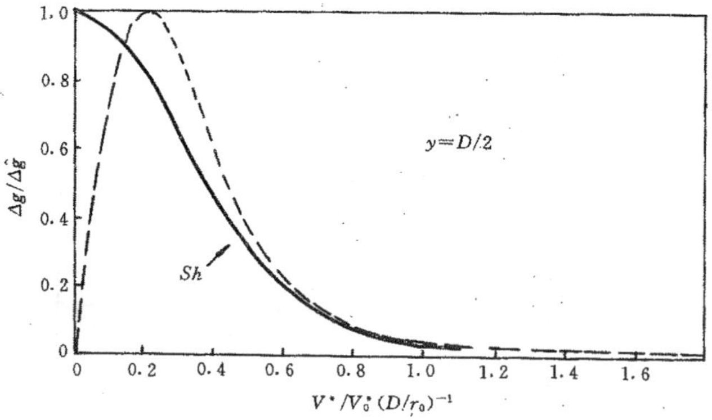

图 20.9

比较界面与单个滑移位错的行为，对 $y=0$ 的情况，其结果与前面所述的应变相互作用情况很相似. 在模量相互作用情况下，预

料有位错的界面迁移率与滑移位错迁移率很接近. 不过，在 $y=D/2$的孪生形式界面情况下,模量相互作用比应变互作用对 D/r_0 更为敏感. 在模量相互作用情况下，与式(20.42),(20.43),(20.44)相对应的表达式是

$$\hat{F}/\hat{F}_s=1.550\pi^3(D/r_0)^{-3}, \tag{20.57}$$

$$\Delta\hat{g}/\Delta\hat{g}_s=1.550\pi^3(\lambda/d)^{-1}(D/r_0)^{-3}, \tag{20.58}$$

$$Q_0/Q_0^s=0.0102\frac{D}{r_0}\frac{F}{\hat{F}_s}=0.0118\pi^3(D/r_0)^{-2}, \tag{20.59}$$

可见这些参数对（D/r_0）的依赖性较强. 因此，若障碍与滑移位错之间存在应变及模量两种相互作用，则该障碍与孪生形式界面的互作用主要来自应变相互作用.

(3) 另外两个问题

(i) 短程相互作用. 以上所述都属于长程相互作用. 因为我们是将相界看作是由相界位错构成，而将点缺陷与相界的相互作用处理为与位错列阵的长程弹性场的互作用（相应的长程应力场如§16.4 节中所列表达式). 如果点缺陷或颗粒与相界极为靠近，或处于其上，或是穿过相界运动，那么上文里的处理方法就不适用了，这时的相互作用对界面芯的实际结构很敏感. 相互作用的能量关系受非线性弹性效应的影响，较难估算. 不过这种相“接触”相互作用的基本特征，包括颗粒形状的改变、结构的改变以及界面能的改变还是可望知其大略.

当一个颗粒没有同基体一样发生相变，那么随着基体相变就会出现一个弹性反应力，正如同含有弥散硬颗粒的基体发生范性形变时的状况一样. 储存的能量在相界逆转运动后会消失，对于摩擦应力没有贡献，不过会改变热力学平衡应力 σ_e，在热力学平衡应力 σ_e 下，马氏体相与基体相具有相同的体密度自由能. 另一方面，当相界面运动截过颗粒时，颗粒为响应局域应力而发生的不可逆范性形变将对相界运动产生摩擦应力. 当颗粒正处在相界面上那一刻，界面能量的暂时净变化导致一个接触相互作用力. 此力与异相粒子对通常晶粒间界的钉扎力相当. 在区段 $x\leqslant r_p$ 中，此

短程互作用力 F_{SR}近似表示为

$$F_{SR}=2\pi\Delta\gamma\ (r_p-x), \tag{20.60}$$

r_p 是颗粒半径，$\Delta\gamma$ 是颗粒处在界面上时界面能的变化. 对于经历相变的颗粒，当马氏体相界位错列阵的某些分量截过它时还会产生另一种力，其作用程也是 γ_p，这是由颗粒内部点阵摩擦力之差所引起. 与长程弹性互作用相比较，这些短程力对于界面阻滞作用较弱.

(ii)多粒子相互作用. 上面都是对界面与单个颗粒障碍物的相互作用的定量分析，这只有在诸障碍物间的有效间距 λ 与其作用程大小相近时才是合适的. 当 λ 较小，即点缺陷列阵较密时，控制界面热激活运动动力学事件涉及与多障碍的同时作用. 多粒子的相互作用在固溶体强化中是重要的，曾发展统计方法以处理这类理论问题. 研究表明，这个情况仍可纳入式 (20.38) 所设的框架，但取 $m=1$，$n=\frac{3}{2}$. 与单个粒子的相互作用相比较，Q_0 显著增大，V^* 也随之增大①.

对固溶体强化行为提出的一个机制②，涉及平滑分布的溶质气团的反复脱钉过程. 这个机制给出的 $Q\sim\Delta g$ 的关系如下：

$$Q=A\frac{[1-(\Delta g/\Delta\hat{g})^m]^n}{(\Delta g/\Delta\hat{g})}, \tag{20.61}$$

式中 A 是常数. 已有的数据表示：$m=1$，$n=\frac{1}{2}$.

关于这个问题已发展的模型和已有的实验数据都是涉及滑移位错的运动. 可以期望界面运动行为具有相似形式. 但面、线缺陷的运动在几何上的差异会改变 Q_0，Δg 对溶质浓度的依赖关系.

§20.4 马氏体成核、经典成核

(1) 概述　经典成核理论应用于马氏体相变，对于晶核用连

---

① Nabarro F. R. N., Solution Hardening, Dislocations and Properties of Real Materials, The Institute of Metals. London, 152 (1985).

② Kocks U. F., *Metall. Trans.*, **A16**, 2109 (1985).

续统弹性描述或离散位错描述，已有充分的发展①. 本书此处着重叙述位错理论在马氏体成核问题上的贡献. 所谓经典成核过程是指假定新相核的形成沿着一条固定结构和尺寸增大的路径进行. 假定核的晶体结构与完成完全相变产物的晶体结构全同，核有相当明锐的边界，并假定其比界面能不依赖于核的尺寸.

一个全共格颗粒的比界面能 γ 包含界面芯"化学"能，而半共格颗粒情况中起主导作用的则是弹性贡献. 若核的相变应变属于不变平面应变，则一个半径为 r 厚为 c 的薄扁球体颗粒的单位体积应变能为 Kc/r [见式 (17.3)]. 当相变应变偏离不变平面应变时，则由相变颗粒惯习面上的畸变引起另一项应变能量，该能量对颗粒形状不敏感，记为 g_p^{str}. 孤立的马氏体相颗粒的总自由能是

$$\Delta G(r, c) = \frac{4}{3}\pi r^2 c(\Delta g^{ch} + g_p^{\mathrm{str}}) + \frac{4}{3}\pi r c^2 K + 2\pi r^2 \gamma. \tag{20.62}$$

对于马氏体相均匀成核的自由能垒可由 $\Delta G(r, c)$ 面上的一个鞍点确定，其定义和结果是

$$r^* = 4\gamma K/(\Delta g^{ch} + g_p^{\mathrm{str}})^2, \tag{20.63}$$

$$c^* = -2\gamma/(\Delta g^{ch} + g_p^{\mathrm{str}}), \tag{20.64}$$

$$\Delta G^* = 32\pi\gamma^3 K^2/3(\Delta g^{ch} + g_p^{\mathrm{str}})^4. \tag{20.65}$$

对于已知的马氏体相变可以发生的热力学条件，这个 ΔG^* 远大于需要热激活可克服的值，所以可以放心地断定均匀经典成核不可能发生.

在非完整晶体中，缺陷的相互作用会在很大程度上改变经典核的能量，使得与均匀成核相比较，非均匀成核的自由能垒大大降低. 马氏体相变的特征之一是应变能在相变过程中起主导作用. 所以，在非均匀马氏体成核中，一般最重要的假设是与缺陷应力

---

① Olson G. B., Cohen M., Theory of Martensitic Nucleation: a Current Assessment, Proc. Int. Conf. Solid-Solid Phase Transf., 1981, (Aaronso H. I. ed) (AIME), 1145 (1982); *Annu. Rev. Mater. Sci.*, Ⅱ, 1 (1981).

场的相互作用. 定量计算表明，在观察到的非均匀成核位置上通过这种相互作用而实现经典成核是很有道理的. 这种相互作用可以采用传统的连续统弹性方法来描述. 结构上等价的分立位错描述法能最直接地推得材料在相变中的基本行为. 基于这种方法，Olson 和 Cohen 建立和发展了关于非均匀马氏体成核理论①.

(2) *缺陷分解成核模型* 对于一个经典马氏体胚体，可采用图 17.14 所示的分立位错列阵构形作为其界面的模型. 图 17.14 (a)中示出的共格位错列阵处在与胚体惯习面成一小角度的晶面上，它产生长程应力场，并引起胚体的体自由能. 显然，如果这种列阵是由一种已经存在的缺陷分解而形成的，则成核自由能便大大降低. Olsen 和 Cohen 提出一个较具体的模型，如图 20.10 所示. 假定起始的缺陷是一种非本征晶体缺陷，例如图 20.10 (a) 中所示的原有的一种界面缺陷，或如他们称之为“超量”的界面位错列阵. 这一个（组）缺陷有一个有限的长度和高度，并且有一个净 Burgers 矢量，它产生的应力场的作用程与缺陷长度 l 可比拟. 由此缺陷的分解而形成胚体的过程示意在图 20.10 (b, c). 图 20.10 (b) 示出图 20.10 (a) 中所示的缺陷分解导致图17.14 (a)中所示的水平面内的界面共格位错. 图 20.10 (c) 示出与此同时产生图 17.14 (b, c) 中的、近乎垂直面内的界面位错列阵. 所以，产生这样一个颗粒的界面运动包括两方面：图 17.14 (a) 中所示的位错列阵的运动 [图 20.10 (b)]，以及图 17.14 (b, c) 中所示的分立环在热力学驱动力下的运动 [图 20.10 (c)].

图 20.10(b)示出缺陷的分解可以产生有限多个共格位错，而胚体的进一步生长需要在这些位错所处平面的法线方向上增厚，这就要求产生新的分立位错环. 图 17.14 (b, c) 中的位错列阵合起来不产生长程应力场. 但这些位错列阵产生长程应力场. 它们的热激活成核可能是困难的，这有赖于这种共格位错列阵的参数 $\rho_{\perp}$ [见式 (17.8)]. 由于界面迁移率的各向异性，胚体的惯习面

---

① Olson G. B., Cohen M., *Metall. Trans.*, **A7**, 1897, 1905 (1976).

被限定平行于共格位错所在的晶面．但这种限制性与胚体的尺寸有关．在fcc→hcp共格相变中，这样的限制性适合于宏观颗粒的生长，即使最后的有理惯习面并不是真的不变平面．对于仅涉及不重要共格位错的相变，这种限制仅对非常小的颗粒起作用，这时形成环的净热力学驱动力相对地较弱．这样一种与尺寸有关的限制导致的可能的成核结果与早期生长示意于图 20.11．图 20.11（a）示出由于在小尺寸下共格位错难于形成，胚核被限制在有理惯习面上生成，但难于长大．一旦界面位错形成不受限制，胚体可以转到无理不变惯习面上生长．在这个无理惯习面上，共格位错的产生没有多大困难，因此胚体发展也不受多少限制［图 20.11（b）］，而且弹性应变能也降低．

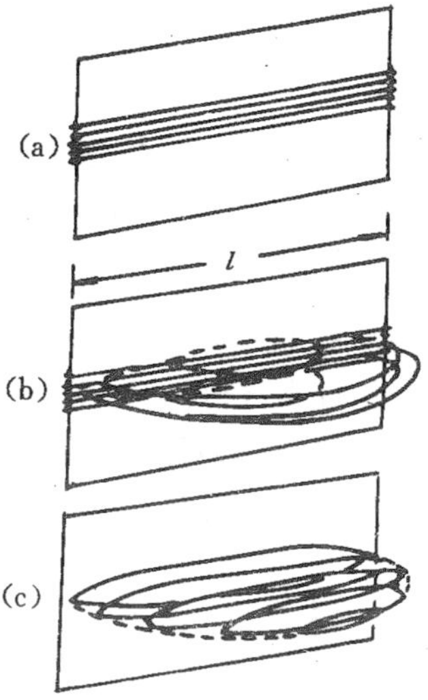

图 20.10

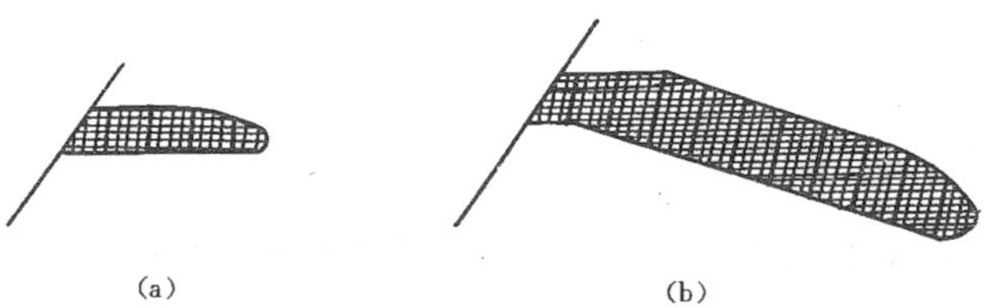

图 20.11

在第十七章讨论相界结构时曾经指出，最显著重要的共格位错(组)是那些与最密排晶面相关的位错，所以，为了构造图 17.14（a，b）中所示的位错列阵，方便的是将相变点阵形变分解为密排晶面上的不变平面应变．对于铁合金中的 fcc→bcc 相变，在硬球形变模型的基础上设计过这种分解．图 20.12 示意了 fcc（γ）→bcc

(α) 相变半共格胚核模型，图中包含了具有 $(111)[1\bar{2}1]_\gamma$ 和 $(11\bar{1})[1\ \bar{2}\ \bar{1}]_\gamma$ 切变分量的共格位错列阵. 图中具体绘出的是 $\frac{a}{18}[1\bar{2}1]$和$\frac{a}{16}[1\bar{2}\ \bar{1}]$ 的共格位错组，它们产生相变点阵形变，而 $\frac{a}{2}[011]$和$\frac{a}{2}[\bar{1}\ \bar{1}\ 0]$ 反共格点阵位错（组）产生半共格相变颗粒的点阵不变形变. 这里假定初始成核惯习面是 $(111)_\gamma$. 反共格位错组处在 $(11\bar{1})_\gamma$ 面上，它们将减少点阵不变切变[①]. 有了这样一个特定的模型便有可能对马氏体非均匀经典成核能量学作一个较细致的定量分析.

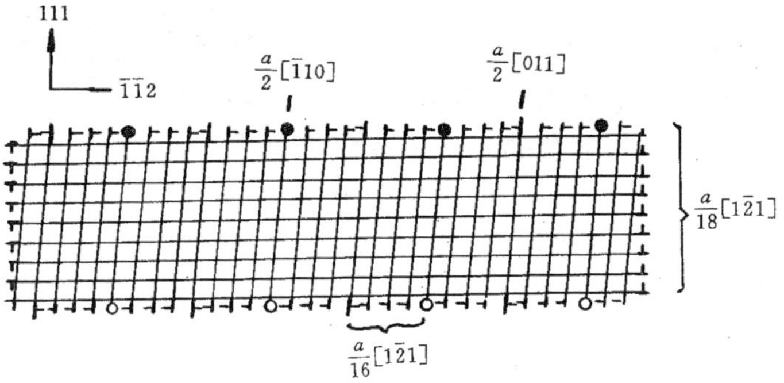

图 20.12

§ 20.5 成核能量学

(1) *固定厚度分解* 当共格位错环很难形成从而限制了核的增厚时，胚体被约束在一个不变厚度，反而简化了成核能量学，而且非均匀马氏体成核的基本特征可借助简单的位错分解形成堆垛层错的类比方法了解清楚. 根据这种类比，可以合理地将缺陷和核的总能量分为两部分. (i) 一个“位错能”，它表示图17.14 (a) 和图 20.12 中右手共格位错列阵与左手位错列阵和图 20.10 的缺

① Schoen F. J., et al., *Metall. Trans.*, **2**, 2489 (1971).

陷列阵叠加后的列阵之间的弹性互作用能（包括自能）.（ii）一个"错置能"（fault energy），它包括了除（i）之外的所有其它贡献.在分解平面上的单位面积错置能可表达如下：

$$\gamma_f = nd\ (\Delta g^{ch} + g_f^{str})\ + 2\gamma, \tag{20.66}$$

n 表示胚体厚度中所含面的数目，γ 是图 17.14（d）中顶面和底面的比界面能，g_f^{str} 是相变应变分量产生的单位体积弹性能. 但该应变不是来自分解过程，主要来自惯习面的畸变，因此近似地等于式（20.62）中的 g_p^{str}. 对于有 fcc→hcp 相变的过渡金属合金系统中具有简单的插入型（intrinsic）堆垛层错的情况，对式（20.66）进行过广泛的实验检验，这里的 $n=2$. Δg^{ch} 由固溶体热力学数据估计. 所得层错能与温度、成分的依赖关系与实验符合甚好，并合理地得出 fcc→hcp 共格表面能为 $\gamma=5$—$10\mathrm{mJ/m^2}$①.

在一个带状核沿线型缺陷共格成核的早期阶段，图17.14（a）和图 20.12 中的边界共格位错列阵可以看作是相互平行的直线. 当带状胚核的宽度远大于厚度时，列阵的弹性互作用可以近似地用具有净 Burgers 矢量的超位错来处理.

若缺陷的净 Burgers 矢量为 $\boldsymbol{b}$，而图 17.14（a）的右手共格位错的净 Burgers 矢量是 $\boldsymbol{b}_1$，则其相互作用等效于两个 Burgers 矢量分别为 $\boldsymbol{b}_1$和 $\boldsymbol{b}_2=\boldsymbol{b}-\boldsymbol{b}_1$ 的超位错. 将螺型分量和刃型分量分别用脚标 s 和 e 标记，则对于宽度为 a 的胚核，单位长的位错互作用能可表达为

$$G_l^{\perp}(a) = -\frac{\mu}{2\pi}\left[b_{1s}b_{2s} + \frac{b_{1e}b_{2e}}{1-\nu}\right]\ln\frac{a}{a_0}, \tag{20.67}$$

式中 a_0 是切断距离. 胚核在增宽至 a 的过程中，单位长总的缺陷-胚体自由能变化是位错能与错置能之和

$$\Delta G_l = G_l^{\perp}\ (a)\ + \gamma_f a, \tag{20.68}$$

式中的 γ_f 由式（20.66）表达. $G_l^{\perp}$（a）是 a 的单调函数. 所以当

---

① Olson G. B., Cohen M., *Metall. Trans.*, **A7**, 1897 (1976); Remy L., Pineau A., *Mater. Sci. and Eng.*, **36**, 47 (1978).

位错的相互作用为排斥性时，胚核的稳定性将完全由 γ_f 的符号来决定，这一点表明在图 20.13 中．图中示出了由缺陷分解造成的非均匀成核自由能曲线．当 $\gamma_f>0$ 时，存在一个长程恢复力使核稳定在一个有限宽度 a；当 $\gamma_f\leqslant 0$ 时，此力变号，胚核在增宽过程中失稳，成为无阻成核．根据方程（20.66），对于在一给定的缺陷处无阻成核，存在一个临界的 Δg_c^{ch}

$$\Delta g_c^{ch}=-\left(g_f^{\text{str}}+2\gamma/n_0 d\right), \tag{20.69}$$

式中的 n_0 是该缺陷能生成的共格位错数．这样的无阻成核的实际成核率将由负错置能驱动的界面迁移动力学所控制．

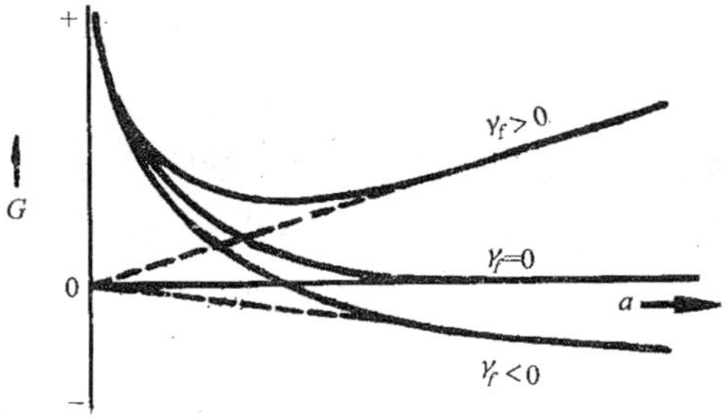

图 20.13

对于铁合金在 M_s 点温度出现的 fcc→bcc 马氏体成核事件，根据图 20.12 的成核模型计算 γ 和 g_f^{str} 值表明：缺陷能生成 $n_0\sim$ 15 个共格位错就足够了．若将 γ 取为层错能的测量值，则这个 n_0 值也适合过渡金属合金的 fcc→hcp 共格马氏体相变的成核过程．这样的原始缺陷相当于 4 至 5 个点阵位错构成的位错组．

胚核无阻增宽的条件一旦被满足，继之应该是增厚过程．此时即使颗粒尺寸已较大，但新共格位错产生的困难依然存在．这个问题可以用界面位错与晶体中原有的林位错的相互作用的构想解决．图 20.14 示出了这个设想机制[①]．图 20.14 (a) 示出一单个

① Olson G. B., Cohen M., *Metall. Trans.*, **A7**, 1915 (1976).

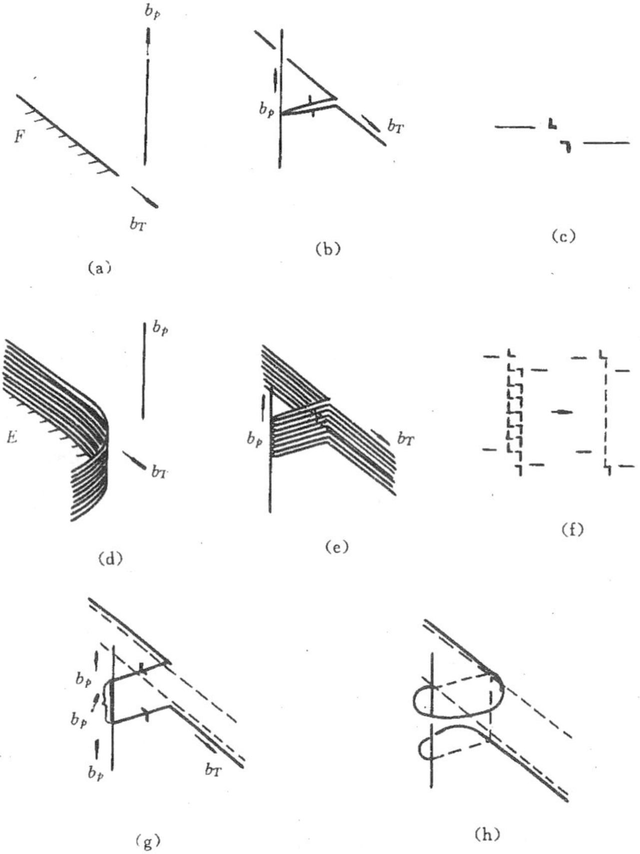

图 20.14

不全位错（$\boldsymbol{b}p$）将与它前方的一个林位错（F）交截，此林位错有一个螺型分量（$\boldsymbol{b}_T$），大小等于相应方向上的晶面间距．图 20.14（b)和（c）示出交截后形成一个（不全）位错偶的情况．将这种设想应用于胚核的增厚过程如下．图 20.14（d）示出了一个构成胚核的共格位错列阵（E），它也可以依上面同样方式与一个林位错交截，相遇后的状况示意于图 20.14（e，f)．在图 20.14（f）中示出所产生的位错偶之间发生反应而生成一个单个的具有充分大间隔的位错偶[图 20.14 (g)]，这个位错偶的 Burgers 矢量是 $\boldsymbol{b}_T$. 位错两臂之间的最大吸引性滑移力是

$$F_l^{\max}=-\frac{\mu b_T^2}{8\pi(1-\nu)n_0 d}. \quad (20.70)$$

虽然这个力对于图 20.14 (c) 中所示这样小的位错偶而言是大得不可想像，但与 fcc→bcc，fcc→hcp 相变在 M_s 温度、$n_0=15$ 的相变驱动力相比，这个力还是很小的. 于是这共格位错就可以环绕这林位错作蜷曲迴转运动，即是将林位错作为极轴而作极轴机制的运行，从而实现胚核的增厚. 这一极轴机制示意于图20.14 (h) 中. 以上构想在 fcc→hcp 相变的实验观察中得到支持.

铁合金的 fcc→bcc 相变情况稍有不同. 实验发现胚核的惯习面除接近 $(111)_\gamma$ 的之外，还有些是接近 $(112)_\gamma$ 面的. 这一发现提示等厚度制约性可能并非必要作为胚核发展过程中速率控制的一个阶段. 因此在下面讨论当这个制约被撤除后的状况如何将是很有意义的.

(2) *厚度起伏* 若允许胚核厚度发生起伏，则非均匀成核的能量学讨论的出发点可取式 (20.66)，这时令式中的 n 是可变的. 我们保留式 (20.67) 中表示的超过错近似方案，令共格位错列阵的净 Burgers 矢量 $\boldsymbol{b}_1$ 比例于 n，即可处理位错的长程相互作用. 缺陷的净 Burgers 矢量仍记为 $\boldsymbol{b}_1$，其螺、刃型分量分别记为 $\boldsymbol{b}_s$、$\boldsymbol{b}_e$. 共格位错列阵的净 Burgers 矢量 $\boldsymbol{b}_1$ 的分量由相变切应变的分解来确定：相变切应变 $\boldsymbol{\gamma}_T$ 分解为 $\boldsymbol{\gamma}_s$ 和 $\boldsymbol{\gamma}_e$，分别与 $\boldsymbol{b}_1$ 的分量 $\boldsymbol{b}_s$ 和 $\boldsymbol{b}_e$ 一致. 这样式 (20.68) 表示的位错互作用能便成为

$$G_l^{\perp}(a,n)=\frac{\pi d^2}{2\pi}\left(\gamma_s^2+\frac{\gamma_e^2}{1-\nu}\right)(n^2-nn_0)\ln\frac{a}{a_0}. \quad (20.71)$$

式中 n_0 仍表示与一个净排斥性互作用相容的胚体最大厚度

$$n_0=\frac{b_s\gamma_s+b_e\gamma_e/(1-\nu)}{d[\gamma_s^2+\gamma_e^2/(1-\nu)]}. \quad (20.72)$$

于是总能量 ΔG_l 便可将式 (20.66) 和式 (20.71) 组合得出，如同式 (20.68) 中所作那样.

为了方便，引入如下的归一化量和归一化表示. 首先，将净体积驱动力 $\Delta g^{ch}+g_f^{str}$ 对它在等厚条件下无阻成核对应的临界值归一化，由式（20.69）可得归一化驱动力为

$$\bar{f}=n_0 d\ (\Delta g^{ch}+g_f^{str})\ /2\gamma. \tag{20.73}$$

其次，将单位体积能量对 $\frac{1}{2}\mu\gamma_T^2$ 归一化和距离对 d 归一化，并取 $a_0=d$，则单位长度的总自由能由下式给出：

$$\begin{aligned}\Delta F_l &= \Delta G_l\Big/\left(\frac{1}{2}\mu\gamma_T^2 d^2\right)\\ &=\gamma_\mu\left(1-\frac{n}{n_0}\bar{f}\right)w+k\ (n^2-nn_0)\ \ln w,\end{aligned} \tag{20.74}$$

这里

$$w=a/d,$$
$$\gamma_\mu=4\gamma/\mu\gamma_T^2 d,$$
$$k=\left[\gamma_s^2+\gamma_e^2/\ (1-\nu)\right]/\pi\gamma_T^2.$$

令 $\partial\Delta F_l/\partial n=0$，可得与极小能量对应的厚度

$$n=\frac{1}{2}\left(n_0+\frac{\gamma_\mu\bar{f}}{kn_0}\ \frac{w}{\ln w}\right). \tag{20.75}$$

将式（20.74）与（20.75）组合，就可得到厚度不受约束的胚核的函数 ΔF_l (w).

对于铁合金中的 fcc→bcc 相变的半共格成核，若它的界面结构如图 20.12 所示，则 γ_μ 可取作 1. 考虑缺陷为纯刃型取向的简单情况，则 $\boldsymbol{b}$ 平行于 γ_T 方向. 取 $n_0=15$，计算 ΔF_l 对 w 的变化，所得关系曲线示于图 20.15. 诸曲线对应于不同的归一化驱动力 $\boldsymbol{f}$. 这些曲线所表示的行为与图 20.13 中所示的行为定性地相似. 在现在的情况下，当驱动力 $\boldsymbol{f}$ 充分大时出现无阻成核，如图中的 $\bar{f}=1.25$就是这种情况. 不过，当 $\boldsymbol{f}$ 较低时，曲线出现拐点，在 w 较小处，ΔF_l 出现一个局域极小，相应的 w 记为 w_0. 继之在 $w=w^*$ 处 ΔF_l 出现极大. 这样就定义了一个有限的单位长度的成核能垒，它是

$$\Delta G_l^*=\Delta G_l\ (w^*)\ -\Delta G_l\ (w_0). \tag{20.76}$$

出现这样一个有限能垒表明：在无阻成核条件达到之前，在低驱动力下会发生异相起伏导致的热激活成核．类比在位错上脱溶沉淀成核的模型①，这里讨论的临界核涉及一个亚临界胚核在 w_0 附近的局部起伏或扰动．当 w_0 比 w^* 小很多时，这样一个临界微扰形成的能量学，效果上相当于在缺陷应力场中形成一个小的板状颗粒的能量学．

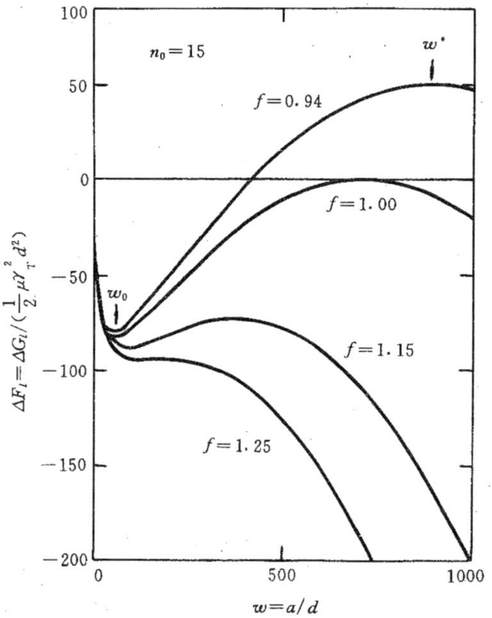

图 20.15

图 20.15 中所示的诸曲线也表明胚体厚度可变情况中的无阻成核所需驱动力高于厚度固定情况下所需之值．对于后者，当 $n=n_0$ 时，$\bar{f}=1$．这个现象部分地是来自超位错近似，它对短程位错相互作用估计太过高，以至过高估计 w_0 处出现的曲线极小的深度．一个共格位错的有限列阵与一个空间扩展的缺陷相互作用不

① Cahn J. W.，*Acta Metall.*，**5**，169 (1957).

仅给出较弱的短程互作用能，而且还倾向于使亚临界胚核在厚度与缺陷高度相近时稳定化. 对于图 20.15 中 $\overline{f}=1$ 的情况，在 w^* 处的胚体厚度为 n_0，但在 w_0 处的厚度却为此值的 3/5，这是采用超位错近似导致的结果. 如果真实的缺陷相互作用使亚临界胚核在厚度为 n_0 时稳定，则上述局域极小会消失，而在这个驱动力之下会出现无阻成核.

Ling 和 Olson①采用图 20.12 中所示的胚核模型以及图 20.10(a)的缺陷模型对钢中的 fcc→bcc 相变进行了数值计算. 计算中的缺陷包含 5 个晶体位错，两两相距 3 个晶面间距. 计算结果示于图 20.16 中. 图中的 (a—c) 相应于 3 个不同的 ΔG^{ch}值时的 $G_l/\mu a_0^2$ 与 a/h 关系曲线. 图中各条曲线对应不同的胚核厚度，其中点线代表 15 个晶面的厚度，即等于缺陷的高度 h. 这些点线与图 20.13 中的曲线相合. 所以这里表示的结果进一步说明：短程作用的性质是使得当厚度等于缺陷高度时给出能量极小值，如图 20.16(a) 中箭头所指处. 由此可见，在一个有限高度的缺陷上成核的早期阶段倾向于在固定厚度情况下发生，不管胚核是否被强制于反抗厚度起伏. 这些结果也证实了将非不变平面应变的应变能贡献作为与颗粒形状无关的常数处理是一个合理的近似.

为了确定短程能垒对胚核形成的影响的可能性，Chen[1]采用位错-位错相互作用模型作过解析的理论计算. 将位错视为连续分布，位错密度是 $\overline{b}_1=b_1/h$，$\overline{b}_2=b_2/h$. 作用于单位长位错列阵上的滑移力是刃、螺型分量产生的力之和，它们分别是

$$F_{le}=[\mu\overline{b}_{1e}\overline{b}_{2e}/2\pi\ (1-\nu)]h[\xi\ln\ (1+1/\xi^2)],\quad (20.77)$$

$$F_{ls}=[\mu\overline{b}_{1s}\overline{b}_{2s}/2\pi]h[2\tan^{-1}\ (1/\xi)\ -\xi\ln\ (1+1/\xi^2)],\quad (20.78)$$

式中 $\xi=a/h$. 将这些力对 a 积分，给出方程式 (20.68) 中的位错能量贡献 $\Delta G_l^{\perp}$ (a) 一个更精确的表达式. 由于由错置能 γ_f 给出的

① Ling H. C., Olson G. B., Proc. Int. Conf. Solid-Solid Transf., Aaronson H. I., ed., TMS-AIME, 1171 (1982).

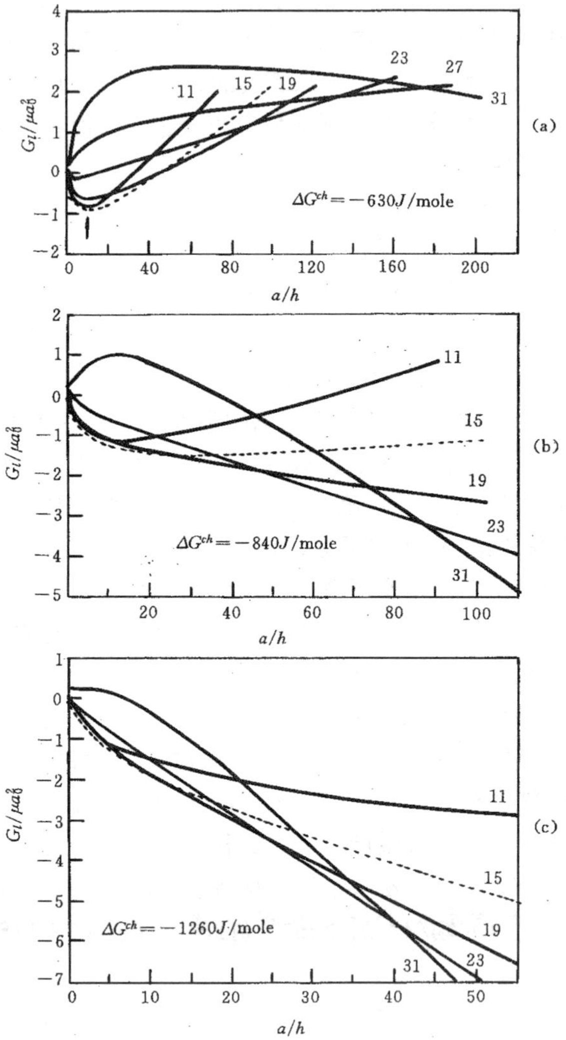

图 20.16

力不依赖于 a，并且上式给出的位错力符号是一定的，所以一个短程能量极大的存在要求 $G_l^{\perp}(a)$ 上出一个拐点，在此点上 $F_l^{\perp}=0$. 式（20.77）和式（20.78）对 ξ 微分给出

$$F_l^{\perp}=\frac{\mu}{2\pi}\left\{\left(\frac{\bar{b}_{1e}\bar{b}_{2e}}{1-\nu}\right)\left[\ln\ (1+\xi)^{-2}-\frac{2}{1+\xi^2}\right]\right.$$
$$\left.-\bar{b}_{1s}\bar{b}_{2s}\ln\ (1+\xi)^{-2}\right\}. \qquad (20.79)$$

该式预示，当 $\frac{\bar{b}_{1e}\bar{b}_{2e}}{1-\nu}>\bar{b}_{1s}\bar{b}_{2s}$ 时，在 $0<\xi<0.4508$ 区间出现拐点. 由此可见，短程能垒存在的条件是：(i) 位错相互作用包含一个足够强的刃型分量；(ii) 错置能是一个足够大的正值，这点与 $G_l^{\perp}(a)$ 的单调变化性质有关. 这个短程能垒将在长程能垒趋于零的点上或在此之前趋于零，因此并不影响成核条件.

关于非均匀马氏体成核计算的各个结果有一个共同的特点，即在低的驱动力条件下的成核存在一个先行的亚临界核形成过程，这与早期提出的"预存胚核"学说一致. 这些胚核的尺寸不一定"冻结"，而是可以可逆地响应驱动力的变化. 亚临界胚核的形成具体先于成核多远依赖于核-缺陷间相互作用的细节，例如刚才讨论过的短程能垒之类.

§ 20.6 非经典成核

与上面所述的经典成核模式不同的另一种可能模式是所谓非经典成核. 具体讲就是假定在原均匀母相中的一个一定尺寸区域，通过母相晶体点阵的局域力学失稳发生点阵连续畸变，母体结构连续地变至新相结构，即沿胚核不改变尺寸形状而变更结构的路径实现成核，称为非经典成核. 这种模式在较早期的文献中就有所记载，后来又得到人们的重新重视. 一些实验观察发现，在合金的马氏体相变过程中出现弹性常数反常，这就提示了可能发生的晶体点阵失稳. 根据与扩散相变的非经典成核机制的类比，发展了一个关于马氏体相变成核的统一理论①. 它考虑了通过经典

---

① Olson G. B., Cohen M., Classical and Nonclassical Mechanisms of Martensitic Transformations, *J. de Physique*, **43**, C4-75 (1982).

和非经典成核两种途径实现成核过程，辨明了有利于这种或另一种成核的情况和条件.

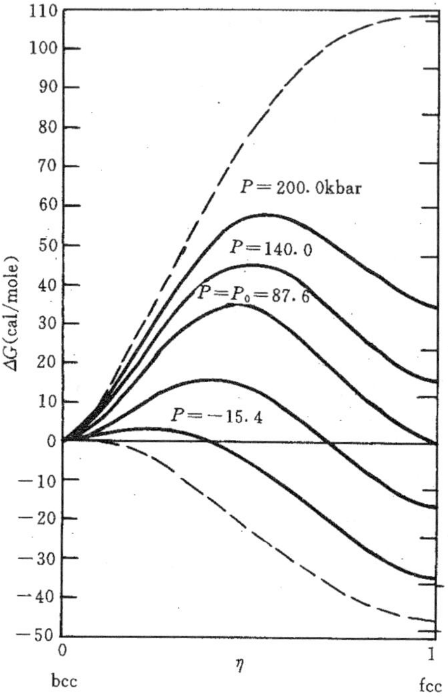

图 20.17

为了处理非经典马氏体成核的能量学，首先讨论大应变非线性均匀点阵畸变. 采用电子赝势计算在 0K 下 Na 中 fcc ⟷ bcc 均匀点阵转变的最低能量路径，所得结果示于图 20.17 中[1]. 此图纵轴 ΔG 是两种结构自由能之差，横轴是一个表示中间结构态的变量 η: $\eta=0$ 对应 bcc 结构，$\eta=1$ 代表 fcc 结构. 各条曲线表示在不同的压力下，ΔG 相对 η 的变化，压力值标明在图上. fcc-bcc 摩尔自由能差或热力学驱动力 ΔG 是在 $\eta=1$ 处之值. 在平衡压力 $P_0=$ 87.6kbar 处，驱动力等于零，但对均匀点阵形变存在一个高为 150J 的能密度垒. 这种计算所能涉及的压力范围有限，采用外推法可以得出图中虚线所示的极限状况. 此时，曲线上的极小消失，相应地某种相在力学上变得失稳．所以这些曲线确定了均匀点阵失稳的临界驱动力．

图 20.17 中所示的曲线可用一个四次多项式近似表示如下：

$$\Delta g(\eta)=A\eta^2-B\eta^3+C\eta^4, \tag{20.80}$$

式中 A，B，C 分别是二、三、四阶弹性常数．这些常数可分别表示如下：

$$A/\Phi_0=16(1-\alpha), \tag{20.81a}$$

$$B/\Phi_0=32(1-\alpha)-4\alpha\beta, \tag{20.81b}$$

$$C/\Phi_0=16(1-\alpha)-3\alpha\beta, \tag{20.81c}$$

式中 Φ_0 是平衡（$\Delta g^{ch}=0$）能垒高度，$\beta=\Delta g^{ch}/\Phi_0$．系数 A，B，C 若限定在 $\eta=0$ 和 $\eta=1$ 时取极小值，则可定义一个归一化驱动力 α

$$\alpha=\Delta g^{ch}/\Delta g_1^{ch}, \tag{20.82}$$

式中的 Δg_1^{ch} 对应于失稳时的驱动力．从式（20.80）可以导出在应力 P_0 下失稳的 $\beta=-3.08$．

以上是讨论均匀的点阵形变，其能量学由式（20.80）—（20.82）描述．为了研究成核过程中的非均匀点阵形变，必须计入界面能或应变梯度能．根据与扩散性分解反应过程的类比，可以预计在接近上述点阵失稳时界面会发生“漫散”．换成位错的语言来说就是界面位错芯增宽，于是界面可视为与非线性“孤立子”（Soliton）相似①．对于这类界面采用梯度能量描述法是合适的．按照这种描述法，传统的体积自由能项与界面能项由以下泛函所代替：

$$\int[\Delta g+\kappa(\Delta\eta)^2]dV, \tag{20.83}$$

式中 Δg 是前面描述的均匀形变能密度，κ 是应变梯度能量密度系数．求能量极小变分，并采用式（20.80）表示的 Δg，对于一个平衡的平面界面（$\alpha=0$），系数 κ 可以通过平衡共格表面能 γ_0 表示

---

① Falk F., *J, de Physique*, **43**, C4-203 (1982); Barsch G. B., Krumhansl J. A., *Phys. Rev. Lett.*, **53**, 1069 (1984).

$$\kappa = 9\gamma_0^2/16\Phi_0, \qquad (20.84)$$

平衡界面芯宽 δ_0 是

$$\delta_0 = (\kappa/\Phi_0)^{\frac{1}{2}}. \qquad (20.85)$$

此量原则上可以由高分辨电子显微镜实验观察得出①. 由以上这些关系可对马氏体非经典成核给出一个合理的描述，这时宜将能量密度相对 Φ_0 归一化，距离相对 δ_0 归一化.

在完全共格的简单情况下，对于一个无限薄的片状胚核，若它产生的总位移量为 $u\gamma_T$，η 在其中心处的值为 η_0，则可以求出极小能量的一维变化 $\eta(z)$ 和相应的单位面积能量 F_A 的解析解，得到函数 $F_A(\eta_0, u)$. 如同处理经典成核的情况那样，若假定此核的界面能主要来自它的宽面的贡献，而不是边缘的贡献；另外为相变应变提供的弹性能主要分布在边缘附近的基体上，那么，这个函数 $F_A(\eta_0, u)$ 便可用来描述这个薄片胚核的能量学. 一个半径为 r 的薄片状胚核的能量可表示如下：

$$\Delta G(r, \eta_0, u) = 2\pi r^2 F_A + 2\pi r \xi A u^2. \qquad (20.86)$$

上式右端第二项的 ξ 在简单切变情况下等于 $\pi(2-\nu)/4(1-\nu)$，该项与产生同样 u 的经典胚核的能量等同. 应用位移参数 u 定义一个有效薄片半厚度 $c=u/\eta_0$，以均匀成核鞍点能 $\Delta G^*(r^*, C^*)$ 作为胚核结构参数 η_0 的函数进行数值计算，其结果如图 20.18 所示. 图中诸曲线相应于不同的 α 值，如图中所标出的. 由图可见，对于低 α 值，临界核的极小能量非常接近表示经典成核行为的 $\eta_0=1$时的值. 当 α 增大时，ΔG^* 递减，η_0^* 减小，这表示更接近非经典成核的行为. 在 $\alpha=1$ 时，$\eta_0^* \to 0$，均匀成核的 ΔG^* 能垒趋近零，成核与失稳共存. 因此，在驱动力接近 Δg_1^{ch} 时，可由热激活均匀共格成核，在该区间成核行为表现很强的非经典性.

只有在高度完整的晶体中才会有可能发生均匀成核，而非均匀成核可在 α 值为 0.1 量级的条件下发生. 在这样低的驱动力下

---

① Knowtes K., *Proc. R. Soc. London Ser.*, **A380**, 187 (1982).

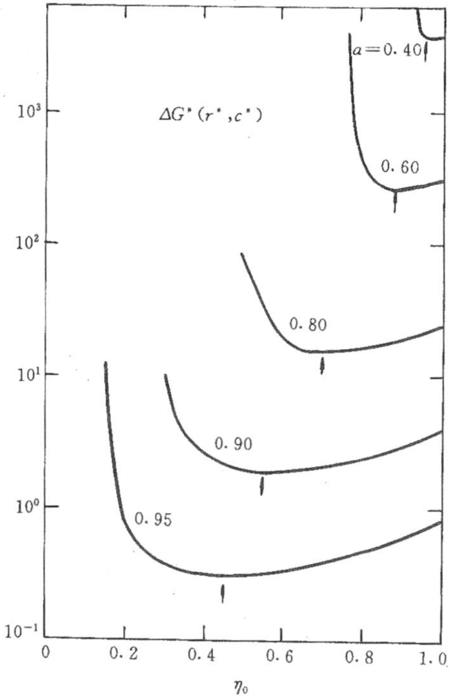

图 20.18

一般不能期望会出现显著的非经典行为. 对于非均匀成核中可能的非经典效应的范围曾采用超位错近似进行过处理. 在式 (20.71) 中取 n^2 项 (对应核弹性自能) 比例于 η_0^2, 取 nn_0 项 (对应缺陷相互作用能) 比例于 η_0. 对均匀非经典成核的细致计算表明, 一个薄片非经典胚核的界面宽度在小 α 时对 α 不敏感, 其有效界面能可近似地表示为 $\gamma=\gamma_0\eta^m$, $m=1$. 将式 (20.66) 中的 g_f^{str} 近似地取为常数, 体积化学自由能项 Δg^{ch} 用 Δg (η_0) 替代, 后者当 η_0 接近于 1 时又可近似地用形如 $(1-\eta_0)^2$ 这样的简单函数表示. 这样, 由式 (20.71) 至式 (20.75) 可以得出作为 η_0 和胚核宽度 w 的函数 ΔF_l 的等值线图. 对于 $\bar{f}=0.94$, $\bar{f}=1.15$ 两种情况的等值线如图 20.19 所示. 对 $\bar{f}=0.94$ [图 20.19 (a)], 在 A 点出现

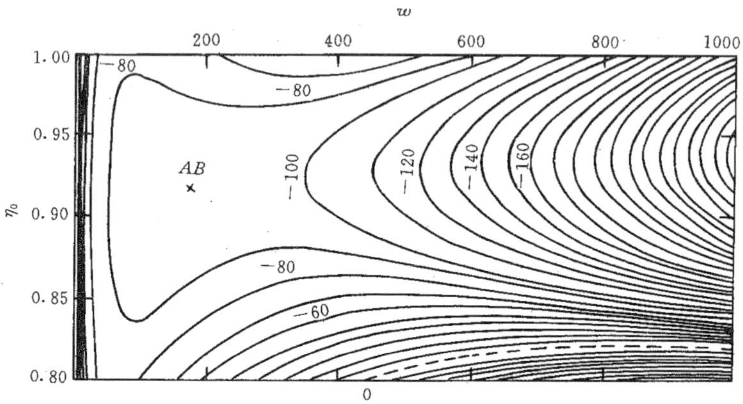

(a) $f=1.15$

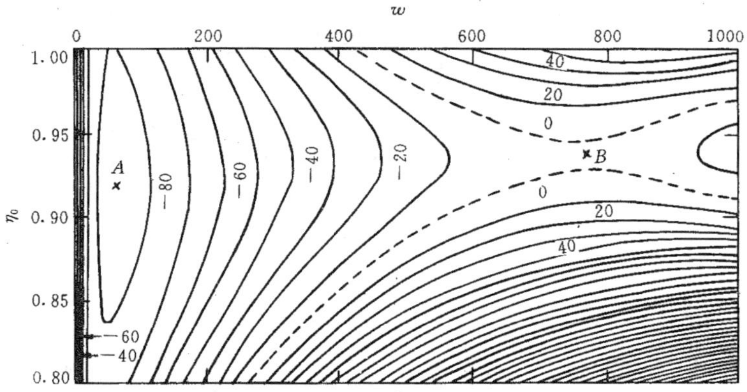

(b) $f=0.94$

图 20.19

一个局域极小，而在 B 点出现一个鞍点能垒. 在 $\bar{f}=1.15$ 情况下[图 20.19 (b)]，这个能垒消失，由 AB 点可进行无阻成核. 如果真实的短程相互作用使厚为 η_0 的胚核在小 w 时稳定化，则无阻成核条件可能在 $\bar{f}=0.94$ 的情况下被满足. 不管短程相互作用的细节如何，这种非均匀成核的 η_0^* 被发现与经典情况下的相应值相差10%以内，它对无阻成核的临界驱动力的影响也大致如此. 与对非经典行为的量的任何一种估算相比较，这些差异都算是小的. 所以，经典近似以及传统线弹性理论对描述非均匀成核是颇为适宜的.

§ 20.7 成核动力学

（1）运行成核 为了表达成核率，必须定义成核过程的最终产物，或称为“运行”（operational）核. 于是成核率可表示为

$$J=\sum_{i} N_i\hat{\chi}_i\hat{\beta}_i, \tag{20.87}$$

式中 N_i 是第 i 种成核坐位的个数，$\hat{\chi}_i$ 是在某一定时刻这种坐位被运行核占住的分数，$\hat{\beta}_i$ 是一个频率因子，该频率控制核成为运行式的速率. 在经典成核理论中，核的状态为其尺寸所标定. 坐位被具有运行尺寸 $\hat{r}$ 的胚核所占据的分数 $\hat{\chi}$ 由下式给出：

$$\hat{\chi}=Z\chi^*=Z\exp\left(-\Delta G^*/kT\right), \tag{20.88}$$

式中 ΔG^* 仍表示形成一个临界尺寸 r^* 的核的激活自由能，该胚核生长的概率与逆返（湮没）的概率相等；Z 是一个非平衡因子，它等于达到尺寸 $\hat{r}$ 的临界核的分数。频率因子 $\hat{\beta}$ 等于核达到 $\hat{r}$ 的速率，可表示如下：

$$\hat{\beta}=\nu\exp\left(-Q_m/kT\right), \tag{20.89}$$

式中 Q_m 是胚核界面运动的激活能，ν 是一个相关的试探频率.

对于扩散型相变，运行核的定义是核达到了这样一个尺寸，这时其溶解的概率小到可以忽略不计. 由于界面运动的单元过程可看作是原子的逐个转移，所以 Q_m 被取为原子的扩散激活能. 对于无扩散（马氏体）相变，运行核尺寸被定义为迅速生长所必需的尺寸①. 这个迅速生长是一个可测知的事件，而 Q_m 变为可滑界面的运动激活能. 因此，Q_m 对驱动界面运动的净驱动力是敏感的，而运行核尺寸与图 20.15 中所示的厚度无阻的胚核能曲线的临界斜率对应. 在增厚困难的情况下，运行核尺寸可能对应于厚度制约被有效解除时的尺寸，例如图 20.14 中所示的与极轴位错交截而

① Cohen M.，*Metall Trans.*，**3**，1095（1972）.

解除了增厚制约.

在前面讨论过的无阻成核条件下，$\Delta G^{*}=0$，$\chi=1$，式(20.87)所定义的成核动力学完全为亚运行（但超临界）尺寸核的界面运动所控制. 可能的速率控制机制可以由伴随界面运动所发生的各种过程中去寻找.

(2)速率控制成核　如前所述，一个像图17.14和图20.12中所示的封闭颗粒的生长涉及共格位错与反共格位错的生成和运动. 在成核阶段，这些过程中的每一个都可能起速率控制作用. 例如考虑反共格位错环的生成，将位错与点阵不变形变（共格位错）的互作用近似地通过位错Burgers矢量的变化来处理. 生成一个临界半径为ρ^{*}的位错环的激活能可以表示如下：

$$Q=\frac{5}{16}\mu b^{3}\rho^{*}\ \left[\ln\left(\rho^{*}/b\right)-1.6+Z\right], \tag{20.90}$$

式中Z是一个芯能量参数. 环的临界半径ρ^{*}可根据颗粒径向生长力$-(\partial\Delta G/\partial r)$由以下关系确定：

$$-C_{0}(\partial\Delta G/\partial r)=\frac{5}{16}(\mu b^{2}/\rho^{*})\left[\ln(\rho^{*}/b)+0.4+Z\right], \tag{20.91}$$

式中C_0是一个几何常数，依赖于具体的胚核模型. 选定一个能给出适当生长力的胚核尺寸，则式(20.90)和式(20.91)可以给出与实验观察符合较好的成核激活能与化学驱动力的线性关系. 例如铁合金等温fcc-bcc成核动力学实验的结果①.

式(20.90)和式(20.91)所依据的模型是假定点阵不变形变的存在，但在共格的fcc→hcp的马氏体相变的临界成核动力学实验中，此时不存在点阵不变形变，但仍显示与上面所述的基本相同的$Q\sim\Delta g$线性关系，这说明点阵不变形变的存在对观察到的成核动力学行为并非必要. 甚至在不存在点阵不变形变时，界面位错的运动也能出现热激活行为. 对于一个“无应力”激活能为

① Raghavan V., Cohen M., *Metall. Trans.*, **2**, 2409 (1971).

Q_0、固定的激活体积为 V^* 的过程［对应于式（20.38）中的m=1，$n=1$］，在由式（20.66）的负错置能的影响下的共格位错运动可以给出 $Q\sim\Delta g$ 的线性关系，形式如下：

$$Q=Q_0+V^*[(2\gamma/nd)+g_f^{\text{str}}]+V^*(\Delta g-\Delta g_\mu), \quad (20.92)$$

式中 Δg_μ 是位错运动所受阻力的非热部分．若将实验的激活能关系用下面的形式表达：

$$Q=A+B\Delta g, \quad (20.93)$$

式中的动力学参数的实验值列于表 20.1．系数 B 相当于式（20.92）中的 V^*，其值在 100Ω 至 300Ω 区间内，Ω 表示原子体积．对式（20.92）中的其它项作估计，由参数 A 的实验值提示 Q_0 的值约为 1eV．这些 V^* 和 Q_0 值与类似合金低温滑移的相应参数值

表 20.1　由等温成核实验得到的动力学参数

		B	
	A (J)	m^3	Ω
fcc→bcc			
块状样品①			
Fe-24Ni-3Mn	3.66×10^{-19}	1.05×10^{-27}	90
Fe-29Ni	8.27×10^{-19}	1.69×10^{-27}	315
小颗粒②			
Fe-24Ni-4Mn	3.39×10^{-19}	1.20×10^{-27}	103
Fe-22Ni-0.5C	4.48×10^{-19}	1.77×10^{-27}	151
fcc→hcp（块状样品）③			
Fe-17Mn-7Ni	2.04×10^{-19}	1.70×10^{-27}	146

可相比拟．最大可能的控制机制是固溶强化．由于对一定合金只

① Nakanishi N.，*Prog. Mater. Sci.*，**24**，143（1980）.

② Ling H.C.，*Sc. D. Thesis*，MIT（1978）.

③ Salzbrenner R.J.，Cohen M.，*Acta Metall.*，**27**，739（1979）.

能在一个有限的区间内实测激活能的值，所以所观察到的 B 值的变化可能部分地是由于 $Q \sim \Delta g$ 的非线性关系所致，可参看图 20.6 和图 20.8.

(3) *成核试探频率* 早期关于成核动力学实验研究的分析中曾假定式 (20.89) 中的试探频率 ν 的数量级与原子振动频率的数量级相同，约为 $10^{13}\mathrm{s}^{-1}$. 但后来有人强调，大原子集团的协调运动，例如位错的热激活运动，其试探频率应比上面的值低很多，约为 $10^{10} \sim 10^{11}\mathrm{s}^{-1}$. 图 20.15 中所示的无阻成核曲线形状所预测的运行成核类型意味着：为了一个胚核达到运行核尺寸（自此时起即可迅速长大），要求许多独立的热激活事件参与. 这预示一个大大降低的成核试探频率

$$\nu = v_0 / \Delta a, \tag{20.94}$$

式中 v_0 是式 (20.12) 中表示界面迁移率的指数函数前速度因子，Δa 是预先存在的胚核尺寸（图 20.15 中的 w_0）与运行核尺寸之差. 由 fcc→bcc 相变动力学实验数据的分析得到 ν 约为 $10^7\mathrm{s}^{-1}$. 若根据相界迁移率直接观测结果取 $v_0 = 30\mathrm{m/s}$，且取 Δa 为几个 μm，则这样低的试探频率是与式 (20.94) 一致的. 这些数值表明运行核的尺寸较大，这也与铁合金的观测结果一致.

(4) *稳定化效应* 成核动力学明显为位错界面的运动所控制表明：对于通常晶体范性动力学的每一个特征，在马氏体相变动力学中都能找到一个对应的特征. 任何一种基体强化机制，如果它的作用程的尺度与运行成核的尺度相接近，例如脱溶硬化，那么这种机制便可阻碍马氏体成核. 这些机制与相变的相互作用是通过对界面运动阻力的热分量或非热分量实现的. 虽然小的预应变造成平面位错塞积，可能造成潜在的成核位置而促进成核，但常常发现与大的范性形变有关的基体加工硬化能阻碍后继的相变过程，这被称为“力学稳定化”. 与此相似，晶粒细化对初始成核有明显的阻碍作用，这是因为晶粒细化导致晶粒内部位错密度增加.

“热稳定化”现象更直接地类似于碳钢中的应变时效. 在室温

附近保温对在较低温度下继续进行连续相变有阻碍作用，这与碳在马氏体中的扩散动力学有关．看来，碳向亚运行胚核界面的析聚可以引起一个与速率有关的拖曳力．这种在马氏体位错界面的溶质原子拖曳效应的动力学曾有过定量的理论模型①．此外，还提出过一种所谓“动力学稳定化”概念，即是在室温以上温度进行相变可能被碳原子拖曳而稳定化，表现出明显的非热相变动力学行为，与应变时效材料中观察到的流变应力的负速率敏感性很相似．当力学稳定化效应与热稳定化效应同时出现时，情况更为复杂，分析也更为不易．

§20.8　马氏体生长、热弹性行为

（1）热弹性行为　在本章的前几节曾讨论了相界面的迁移率，若结合作用于界面上的净力，便可自然地预测马氏体颗粒的生长行为．可以处理的最简单情况是一个弹性适配的扁平球体颗粒，它的总自由能与颗粒的大小、形状的函数关系由式（20.62）来描述，现重写如下：

$$\Delta G(r, c)=\frac{4}{3}\pi r^2 c\left(\Delta g^{ch}+g_p^{\mathrm{str}}\right)+\frac{4}{3}\pi r c^2 K+2\pi r^2\gamma. \qquad (20.95)$$

对于不变平面切变相变，其中 $g_p^{\mathrm{str}}=0$，基于位错动力学的迁移率经验关系和通过对上式求下列微分：$-\partial\Delta G/\partial r$，$-\partial\Delta G/\partial c$，可以描述这样的颗粒的生长②．生长事件的计算机模拟结果表明，胚体的初始几何并不是一个敏感因素；在由界面迁移率所控制的生长过程中，径向生长（r 方向）和厚度增加（c 方向）保持一个稳定的比值．一旦径向生长为某种障碍（例如晶粒间界）所阻挡时，增厚过程仍将继续进行．

只要不存在显著的界面摩擦的非热分量，一个弹性适配的马

---

① Owen W. S., Schoen F. J., Srinivasan G. R., Phase Transformations., ASM, Metals Park, 157 (1970).

② Raghavan V., Cohen M., *Acta Metall.*, **20**, 779 (1972).

氏体颗粒的增厚将继续进行下去，直到达到“热弹性平衡”，即由化学自由能的改变 Δg^{ch} 导致的增厚力与不变平面切变弹性能产生的力达到平衡. 将式（20.95）的 ΔG 对 c 微分，则颗粒的最终形状由下面的条件描述①：

$$\Delta g^{ch}+2Kc/r=0. \tag{20.96}$$

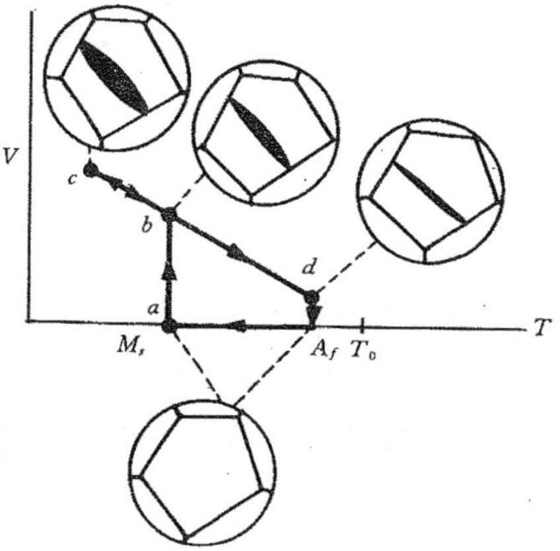

图 20.20

若保持这个条件而使 Δg^{ch} 继之变化（如改变温度），则产生颗粒厚度的可逆变化. 在图 20.20 中示出了在这种行为中颗粒的体积和形状对温度的依赖关系. 图中 a 点表示一薄片马氏体在温度 M_s 下成核，它迅速生长并撞击到晶界，然后增厚到热弹性平衡态，在图中 b 点满足式（20.96）的条件. 当继续冷却时该马氏体片将增厚（图中 c 点），当加热时它将减薄（图中 d 点）. 总之，它遵守方程式（20.96）而沿 cbd 线移动. Olson 和 Cohen 导出了一个临界 Δg^{ch} 值，即

$$\Delta g^{ch}=-2\ (K\gamma/r)^{\frac{1}{2}}, \tag{20.97}$$

在这个临界值下出现径向失稳. 这个条件在图中的 d 点被满足，

① Olson G. B.，Cohen M.，*Scr. Metall.*，**9**，1247（1975）；**11**，345（1977）.

在该处马氏体片消失. 由此可确定反转温度 A_f. 由于式 (20.97) 所表示的 Δg^{ch} 临界值为负，所以 A_f 低于与 $\Delta g^{ch}=0$ 对应的温度 T_0.

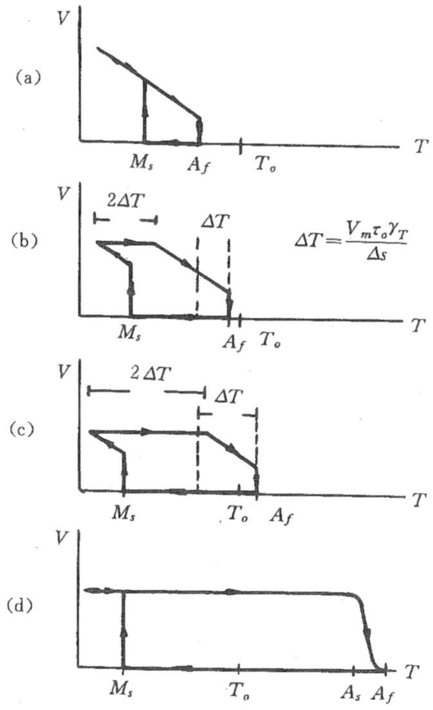

图 20.21

非热界面摩擦应力 τ_μ 对热弹性行为有相当的影响. 图 20.21 示出了这种影响. 图 20.21 (a) 重示了图 20.20 的平衡行为. 现在由于存在 τ_μ，策动力引起的增量 $\Delta g_\mu=\pm\tau_\mu\gamma_T$ 改变了图 20.21 (a) 中由式 (20.96) 和式 (20.97) 所描述的力平衡. 相界面的正向和反向运动引起一个温度滞后 ΔT. 图 20.21 (b, c) 示出了在两个不同的 τ_μ 值情况下的温度滞后现象. 随着 τ_μ 的大小的不同，反转点 A_f 可以高于 T_0 也可以低于 T_0.

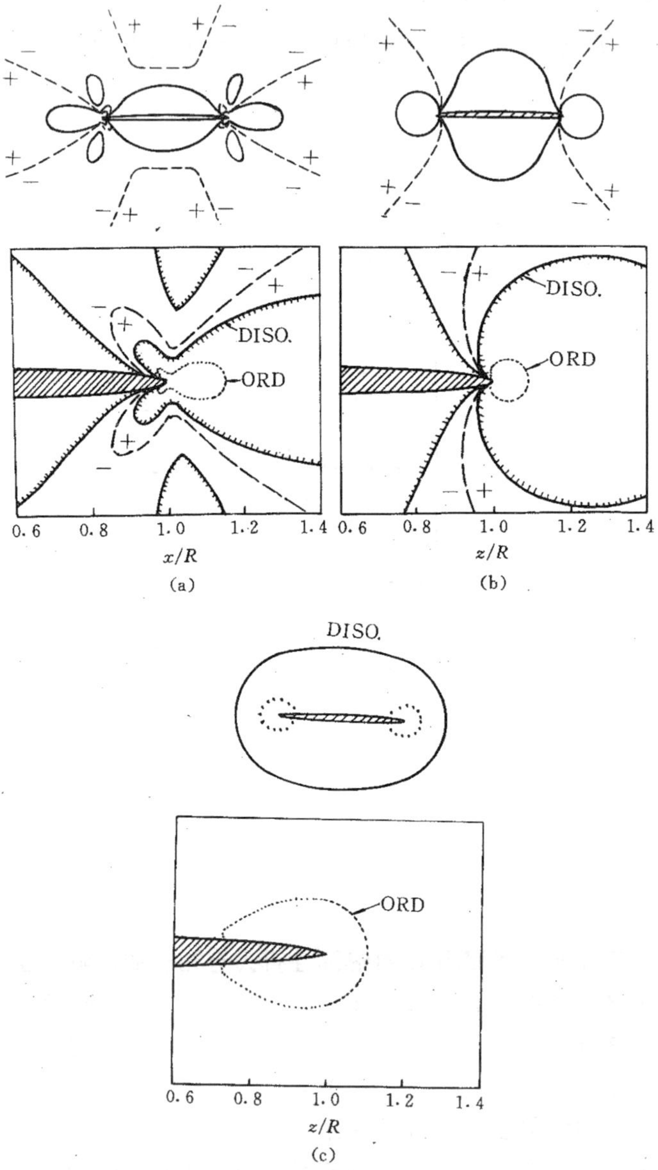

图 20.22

图 20.21 (d) 示出非热弹性的生长行为. 在此情况下，表现出相变形状应变的显著范性适配，而不是弹性适配. 范性适配不仅降低了使界面反转运动的弹性恢复力，而且还因基体应变硬化而使 τ_μ 大大提高，导致增厚过程以一种高度不可逆方式停止. 进一步的冷却或加热不会再发生明显的界面运动，逆转过程需要母相在 A_s—A_f 温区再成核. 如果正、反向转变成核所需的 Δg^{ch}彼此差别不大，则温度点 M_s 和 A_f 将对称地位于 T_0 的两侧. 以上讨论表明，热弹性生长行为的出现仅要求不出现对相变形状应变的范性适配.

(2) **热弹性-非热弹性转变** 若一给定合金系统在 M_s 温度达到热弹性平衡，那末对这个马氏体颗粒的范性区尺寸可进行估算，原则上可以判断马氏体相变的热弹性生长的倾向性. 将图 17.14 (a)中所示的直共格位错列阵中，对诸位错应力场求和可以得到相变颗粒的二维长程应力场. 对 F_e-P_t 合金中一个椭球形马氏体颗粒进行这种计算的结果表示在图 20.22 中，计算中所用的 M_s 温度下的 c/r 比是按式 (20.96) 确定的. 马氏体片取在 XZ 面，所以厚度 c 的方向为 Y 轴方向. 与相变切应变 γ_T 对应的切应力 τ_{xy} 沿 X 方向. 图 20.22 (a) 示出 XY 平面的截面图，其中相界面是刃型取向位错间界. 而图 20.22 (b) 是 YZ 平面的截面图，界面位错为螺型取向. 图 20.22 (a, b) 中的实线表示无序 Fe_3Pt 奥氏体中 τ_{xy}达到最近的滑移系统的临界分切应力的地区，即示意了 τ_{xy}的临界等值线图. 当此合金有序化时，奥氏体的切变模量 μ 减小，流变应力增大. 将 $\Delta g^{ch}(M_s)$取为比例于 μ，则对有序和无序两种情况，可将 M_s 温度下热弹性平衡的相变颗粒的轴比 c/r 取为相同数值. 而图 20.22 (a, b) 中的虚线则是有序情况下的屈服应力等值线. 这两个图中示出的是 τ_{xy}分量. 以 von Mises 屈服判据为计算基础，得到图 20.22 (b) 中示出的螺型位错间界对应的总屈服应力等值线绘于图 20.22 (c). 显然，屈服应变的增大来自因有序化导致的弹性软化和范性强化，而这两个效应的综合又导致了相变宏观形状应变的范性适配尺度的极大降低，这就说明了 Fe-Pt

合金在有序化后马氏体相变由非热弹性行为转变为热弹性行为的实验观察结果.

以上的二维计算结果也被对 Ee_3Pt 合金中马氏体片的三维连续统弹性计算结果所印证，后者也说明了计入弹性各向异性对于上述的行为并没有很显著的影响①. 除此之外，曾将理论计算推广于考察彼此具有相反切变的一对马氏体片，旨在确定“自协调”马氏体片组的形成在使范性适配为极小中所起的作用. 分析发现这样的一对片的弹性相互作用可使式(20.96)中的 K 值约降为原来的 1/3. 虽然长程应力大为降低，维持式（20.96）的热弹性平衡条件还是要求轴比 c/r 增大 3 倍，而片的边缘附近的局域力强度将增加. 图 20.23 示出了有序 Fe_3Pt 合金中一对切变相反的马氏体片的 von Mises 屈服应力等值线，这两个片的轴比为图 20.22 中所示的片的两倍. 与图 20.22 (c) 所示的无序 Fe_3Pt 合金的屈服应力等值线相比较，可见，形成片对对于进一步减小局域范性适配区并不特别有效. 不过在没有相当大的范性适配情况下，马氏体相界的本征迁移率会使热弹性马氏体片在形成后能够“平移”，所以在热弹性转变的过程中诸马氏体片的较大规模重排可以发生，并有利于降低总弹性应变能. 由此可见热弹性系统特有的马氏体片组的“自协调”行为可能是热弹性性质的一个后果，而不是它的来源.

图 20.23

前面所述的宏观形状应变的适配在热弹性行为中肯定是一个重要因素，但关于部分有序 Fe_3P_t 合金中的一些实验观察表明，有内部孪生的马氏体界面局域应力场的适配也是重要的. 在 Fe_3P_t 合金有序化后观察到内部孪晶周期的减小归因于孪晶界面能的降低，这与有序化马氏体产物的四

① Ling H. C., Owen W. S., *Acta Metall.*, **29**, 1721 (1981).

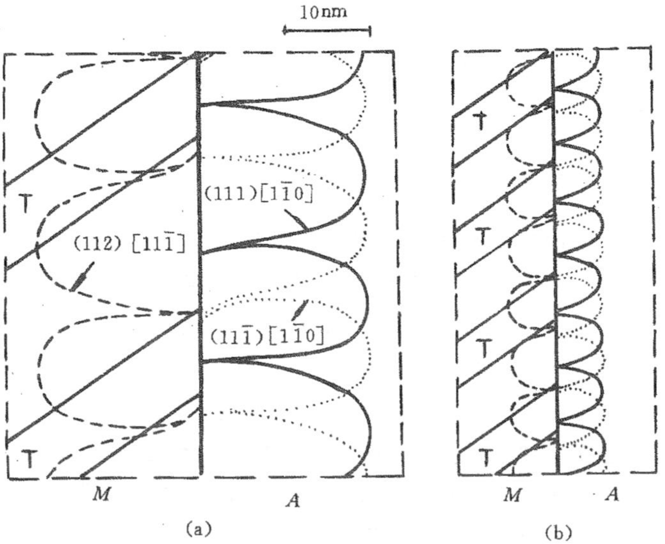

图 20.24

方畸变相关[①]. 采用得到图 20.22 所示的相似计算方法和模型几何，对无序和有序 Fe_3P_t 合金中局域屈服应力等值线进行计算，其结果如图 20.24 所示. 图 20.24 (a，b) 分别对应无序和有序两种情况. 图中 M 和 A 分别标记马氏体和奥氏体，T 标记孪晶. 由图可见，有序情况下的局域范性适配相对来说已大为降低，这归因于孪晶周期减小以及屈服应变较高两个因素. 范性适配区尺度的进一步减小也许是滑移成核的需要，不过这要对位错环在局域界面应力场中的形成能进行定量计算.

综上所述，显然有许多因素影响弹性适配与范性适配的相对量. 首先，由式 (20.96) 可见相变过程中 Δg^{ch} 的大小是一个主要的影响因素. 根据本章前面关于成核模型的讨论，可知若相变应变小和弹性切变模量“软”，则 Δg^{ch} 将变小. 其次，一个重要因素

① Kajiwara S.，Owen W. S.，*Scr. Metall.*，**11**，137 (1977).

是基体的范性流变性质. 有的硬化机制阻碍滑移的发展但不影响界面的迁移率，这种机制特别显著地减小范性适配区. 另外，长程的有序化强化作用也减小范性适配区，这可以解释有序合金中容易发生热弹性相变的倾向.

§20.9 非热弹性生长、小结

(1) *物理因素和过程* 当范性适配很显著时，生长着的颗粒与其范性区之间在动力学上的相互作用就变得重要了. 在这种情况下，§20.8 中对生长的简单描述就不再适用. 通过计算机模拟研究 FeAl 合金的动力学生长事件，提出了一个关于非热生长中复杂的相互作用模型，图 20.25 中用方框图形式简明示出了一个马氏体颗粒在非热弹性生长中的各种动力学相互作用[①]. 如同热弹性生长的情况一样，界面运动的策动力由化学自由能变化 Δg^{ch} 产生 a. 而阻碍力则是来自于界面能 b 和弹性形变能 c. 总能量对颗粒半径及厚度 c 微分，这几项全都贡献于作用在单位界面积上的净策动力 d，如前面式 (20.1) 所示，从而导致颗粒半径增大和增厚. 通过前面讨论过的界面迁移率关系 e，可由此求出界面在 r 方向和 c 方向的运动速度. 对于具有潜热的一级相变，界面运动速度影响流过界面的热传递，从而影响界面的温度 f. 而温度又转而影响界面迁移率 e，并对界面处的化学自由能变化进行修正 a，且轻微影响界面能 b. 至此，讨论过的总相互作用同样可以应用于热弹性转变的初始径向生长事件.

在非热弹性转变中，界面速度也确定施加于母相的范性形变速率 g. 这将影响母相的范性适配度 h，后者也通过颗粒应变场中滑移的生成而依赖于颗粒尺寸. 范性适配将修改弹性形变能 c，并引入两种重要的耗散：即产生范性区所作的功 i，以及界面通过应变硬化材料而产生的附加摩擦功. 这些耗散反过来又要对净界面策动力有所修改.

---

① Haezebrouck D. M., *MIT Thesis* (1987).

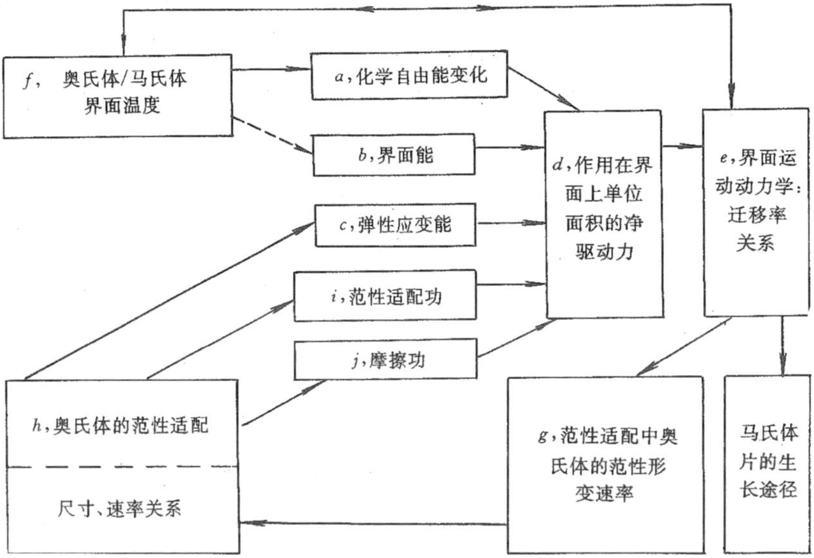

图 20.25

如前面所述，对于铁合金中的热激活行为，可以通过对成核动力学数据以及声子拖曳参数的估计来推算其各种界面迁移率参数. 早期还分析过马氏体颗粒在径向生长过程中的热传导以及在增厚过程中的暂态行为. 根据这些分析，可知界面在时刻 t 时的温度 T 是 $\overline{v}^2t$ 的函数，而 $\overline{v}^2$ 是时间平均的均方界面速度. 采用已知的热力学参数与弹性常数，图 20.25 中所示总体环路所需的各个参数都能确定.

范性适配的力学问题可采用已有的滑移动力学数据，并应用断裂力学中关于裂纹尖端范性过程的概念来加以处理. 引用关于模式Ⅲ切变裂纹的范性区解①，可以估算相变颗粒径向范性区的尺寸 R_p 为

$$R_p=r[1+2.5\ (\overline{\tau}_f/\tau_i)]^{-2},\qquad(20.98)$$

① Hult J. A. H. , McClintock, Proc. 9th Int. Congress Applied Mechanics, Brussels, Belgium, **8**, (1956).

式中 $\bar{\tau}_f$ 是基体的有效切变强度，τ_i 为相变颗粒内部的切应力. 应用与此相同的范性形变分布模型，可以推出由于界面径向速度 v_r 而导致的范性区中的平均范性形变速率 $\dot{\gamma}$

$$\dot{\gamma}=2v_r\bar{\tau}_f/\mu R_p. \tag{20.99}$$

由计算所得的相变颗粒在 c 方向的弹性应力场的形式，可以估算垂直于相变颗粒惯习面方向上范性区的尺寸 C_p：

$$C_p=\frac{1}{2}r\ (1-\bar{\tau}_f/\tau_i). \tag{20.100}$$

若假定范性区中范性形变梯度为常数，并且拟合由细致分析铁合金中孤立马氏体片引起的表面浮凸而得到的实验的位移场，便能估算局域范性形变速率与 v_c 的依赖关系，以及范性区中的范性位移. 根据径向范性区尺寸引起的对有效颗粒半径的修正，以及有效相变切应变（计入对颗粒体积平均的附加范性位移），可以计算式（17.3）的颗粒弹性应变能的改变，以及相关的颗粒内应力参数 τ_i. 对范性形变场积分能确定范性区形成所要作的功. 假设应变硬化的主要影响在于对界面运动的非热阻力，以及硬化随每一范性区中的平均范性形变作线性关系变化（r 方向和 c 方向分别处理），那么应变硬化效果的大小可由热力学条件估算出来. 这里所指的热力学条件是指在温度梯度和成分梯度实验中观察到径向方向的生长停止①.

滑移位错在相变颗粒应力场中的成核被视为范性区形成的必要条件. 对滑移位错在马氏体周边应力场中无势垒成核条件进行线弹性计算，可得到颗粒临界半径 R_0 与其轴比 r/c 的函数关系，结果如图 20.26 所示. 图中 Ⅰ，Ⅱ 分别标记成核和不成核区. 由图可见，当轴比 r/c 为百分之几时，位错成核所需临界半径 R_0 为数个 μm. 当这个成核条件一旦被满足，可以将式（20.98）和式（20.99）合并，将基体强度 $\bar{\tau}_f$ 表示为 $\dot{\gamma}$ 的函数. 图 20.27 中所

① Knorovsky G. A., *Sc. D.*, *Thesis*, MIT (1977).

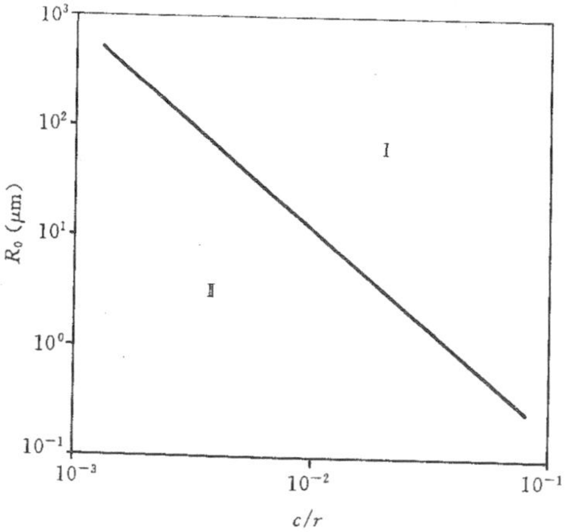

图 20.26

示的实线表示了这个函数关系. 根据本章前面关于位错迁移率的讨论，可见图中的区域 I（$\tau_\mu < \bar{\tau}_f < \hat{\tau}$）相应于热激活行为. 线性区域Ⅱ表示声子拖曳控制. 区域Ⅲ是一个相对论性极限，在这里，$\dot{\gamma}$ 不允许超过一个 $\dot{\gamma}_s$. $\dot{\gamma}_s$ 相应于位错速度，它等于弹性切变波速度. 图中的虚线表示范性区的受迫形变速率与 $\bar{\tau}_f$ 的函数关系，是由式（20.98）和式（20.99）确定的，图中示意了 3 个不同的界面径向速度的情况. 对于速度 v_1 和 v_2，用黑圆点表示的曲线交点对应物理上有意义的范性区解. 在更高的速度 v_3 下，这样的解不存在，径向范性区不能形成. 关于 c 方向的范性区也有相似的结果.

对两种 FeNi 合金在 M_s 温度下的生长进行计算机模拟，得到径向生长速度与马氏体片半径的关系，结果如图 20.28 所示. 图中横轴表示马氏体片半径（μm），纵轴表示径向生长速度（m/s）. 图中曲线 a 是合金 Fe-31Ni 的情况，径向生长十分迅捷地加速到接近 1/3 的切变波速度. 曲线上的第一个箭头所指处表示滑移位错成核条件被满足，但因界面速度高而使范性区不能形成. 在马氏体片生长中，它的尖端半径的增大减弱了有效热传递，导致界

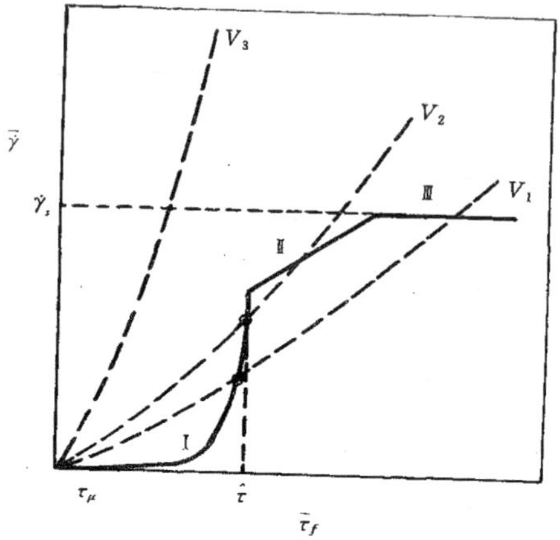

图 20.27

面温度上升和生长速度逐渐减慢．在第二个箭头所指处，由于达到临界速度而使范性区的形成变为可能．而范性区的突然形成导致了强烈的界面减速和不稳定的生长行为，使得马氏体片的半径约在 80μm 时完全停止生长．此后继之以连续的增厚生长．

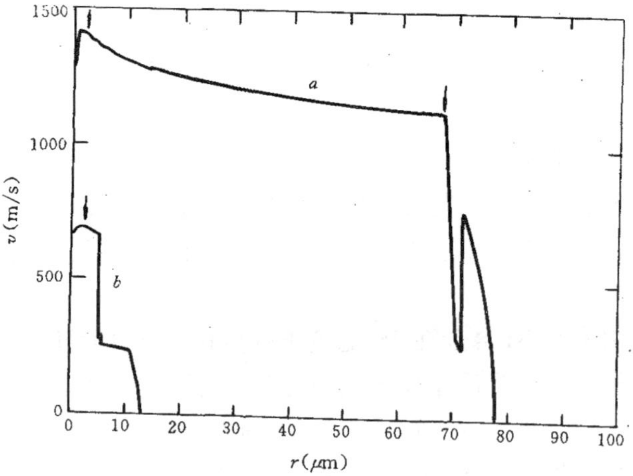

图 20.28

图中的曲线 b 是 Fe-24Ni 的马氏体生长行为，这里的马氏体是板条状（lath）的．马氏体在生长中所达到的速度峰值较低，这主要是因为 M_s 温度较高，而在该温度下声子拖曳效应较为显著．曲线上箭头所指处表示滑移成核条件已被满足．此后不久，大的范性适配量使生长停止．上面所述的 Fe-31Ni 的马氏体生长涉及一个宏观弹性事件，与此相反，Fe-24Ni 中的马氏体生长发生在一个范性状态下．所以它在停止生长时的尺寸要比 Fe-31Ni 的小一个数量级．

以上所述表明马氏体生长具有下述三种基本模式：

(i) 弹性．当不存在显著的范性适配时，出现如 § 20.8 中所描述的现象，相当于热弹性片状马氏体（图 20.20 和图 20.21）．

(ii) 弹性/范性．初始生长率较高，范性适配延迟，一种宏观弹性适配的“中柱”（midrib）形成，继之以增厚和生长终止于不可逆片状模式．这相当于非热弹性片状马氏体，例如在图 20.28 中曲线 a 所示的 Fe-31Ni 的行为．

(iii) 完全范性．当超过滑移成核条件时，范性适配并不显著延迟，整个生长事件可以看作是在范性条件下发生的．例如图 20.28 中 b 曲线所示的 Fe-24Ni 合金中板条状马氏体的行为．

具体的复杂形态的生成已超出了本书的讨论范围．

(2) *总的动力学*　作为本章的结束，在这里简略地叙述马氏体相变的总的动力学的一些问题．

个别成核事件和生长事件的基本特征决定了马氏体相变的许多重要特征，但相变反应的总的动力学也与诸马氏体颗粒之间的相互作用有关．在 § 20.8 中讨论的颗粒“平移”导致应变能降低将会在热弹性相变中起重要作用．在非热弹性行为中，颗粒“凝固”在它们形成的位置上，即它们的组态不变，此时自催化成核的性质对显微结构的发展起重要作用．图 20.22 (a, b) 中所示马氏体颗粒周边附近出现强的应力场，该应力场与颗粒形状应变有相同的符号（如图中＋号标志的），该应力场以其“附加的”形状应变而对马氏体惯习态变体之间的一级自催化耦合提供合理来源．变体之间的应变场若相消，则它们之间的二级耦合将来自较宽的界面上的较弱的负应力场．一个板条形状马氏体颗粒，若形状应变的方向接近与板条轴垂直，则可能实现初级耦合．这是一个特殊情况，相应于图 20.22 (a) 中虚线所示的二维应力场：在颗粒上方和下方距离约为该颗粒半宽处的应力又变为正号．若马氏体片的生长不改变应力场的这个特征，则上述应力场可以解释切变方向均为同一方向的马氏体板条周期列阵的形成，以及继之在它们之间的区域形成切变方向相反的单元，后者与前者之间存在次级耦合．以上这些推断得到一定的实验支持．

板条马氏体和片状马氏体之间除了形状导致的应力场不同之外，图 20.28 中示出的片状马氏体预示的宏观弹性生长事件提示了这种马氏体片可能有一种不同类型的自催化行为．范性区的形成和自催化成核是两种相互竞争的应力场适配方式，强的弹性事件能提供极强的自催化成核位置，这个论点与“爆发性”马氏体形成方式相符．有不少现象说明通常范性形变动力学与马氏体相变动力学的相似性．类似于“Hall-Petch”强化效应，奥氏体的晶粒细化会降低上述这些弹性应力场，并抑制自催化成核一个晶粒接一个晶粒地传播．这个效应表现在爆发温度 M_b 对晶粒度的依赖上，还表现在晶粒度对自催化作用在晶粒-晶粒间“传播”的关联作用的影响，以及对在控制显微结构发展中晶粒间的“填充”模式的影响．由于马氏体片的平均体积 $\overline{V}$ 依赖于马氏体转变程度，所以后面的两个影响对整个相变动力学都是重要的①.

当 $\overline{V}$ 与已转变的体积份数 f 之间的关系已知时，一个为成核控制的马氏体相变的总动力学用下面的速率方程模型化：

$$\dot{f}=(n_i+pf-N_v)(1-f)V\nu\exp(-Q/kT), \quad (20.101)$$

式中 n_i 表示最可能的成核位置的密度，N_v 是对已启动的位置计数的单位体积的马氏体片数目，因子 $(1-f)$ 是被相变“扫过”的潜在的位置数，V 是瞬时平均马氏体片体积，ν 是成核试探频率.

---

① Chang P. H., et al., *Metall. Trans.*, **A14**, 163 (1983).

式（20.101）表示的模型与实验的拟合相当成功.

本章的讨论至此结束，讨论显然是不够充分、不够完备的. 我们的原意也并不在于完整地论述马氏体相变的各个方面，即使仅仅是理论方面，也是一部或数部专著的内容，而概括这些内容非笔者所敢企望. 本章的叙述方式和论题可以看作是以位错理论模型作为立论中心并由此展开一些分析讨论，以作为马氏体相变探讨的补充参考材料.

最后值得指出的是，本章里的相变动力学理论是以晶体范性学作为基础而发展的，其间联系甚为密切. 马氏体相变在一定意义上可以看作是一种范性形变机制，由此可探索一定条件下某些材料的流变行为，这就是所谓相变范性学这一课题的内容. 材料力学性质及相变性质这方面的研究者对此都会感兴趣. 关于这个问题读者可参看总结性文献：Chang P. H.，Winchell P. G.，Liedl G. L.，*Metall. Trans.*，**A14**，163（1983）.

一般性参考文献

[1]Olson G.B.，Cohen M.，Dislocation Theory of Martensitic Transformation，Dislocations in Solids，7，Nabarro F. R. N.（ed），North-Holland，New York（1986）.

[2] Olson G. B.，Cohen M.，*Metall. Trans.*，**7A**，1897，1905（1976）.

第二十一章　国内若干工作进展

晶体位错理论自 60 年代在我国广泛传播以来，我国学者无论是在基础理论研究方面，还是在实际应用研究方面都已取得许多巨大成就. 不少工作在一些专著中已得到反映①②③. 本书在相应章节中也作过一些介绍，但仍感很不充分. 因此，再另专辟一章来介绍我国学者在位错基本理论方面的一些研究进展.

§21.1　晶体位错的离散弹性模型

本书第一卷第八章曾较详细地讨论了几种位错点阵模型及其处理方法和结果. 包括比较早期的 Frenkel-Kontorova 模型、Peierls-Nabarro 部分离散模型、van der Merwe 部分离散模型、Maradudin 静态离散点阵模型以及位错芯结构的计算机模拟等. 在第七章还较详细介绍了位错的连续分布理论. 有关问题这里不再重复讨论. 不言而喻，位错的连续弹性介质理论已取得巨大成功，它在位错理论中的地位已不可动摇. 但它导致了位错中心的奇异性，并强加在实际晶体位错上，给人们留下一个几十年来尚未满意解决的难题④⑤.

在本节，我们介绍我国学者孙宗琦提出的晶体位错的离散弹性模型. 该模型在计算晶体位错与可动点缺陷⑥、可动点缺陷对⑦

---

① 冯端等著,金属物理学，第一卷，　科学出版社 (1987).

② 哈宽富，金属力学性质的微观理论，科学出版社 (1983).

③ 周如松 (主编)，金属物理 (上、中、下)，高等教育出版社 (1992).

④ Teodosiu C., Elastic Models of Crystal Defects, Springer-Verlag, New York, 244 (1982).

⑤ Duesbery M. S., Dislocations in Solids, **8**, ed. Nabarro F. R. N., Elsevier Science Publishers B. V., ch. 39 (1989).

⑥ Sun Z. Q., *Scientia Sinica*, **A15**, 1279 (1982).

⑦ 孙宗琦，物理学报，**33**，989 (1984).

的滞弹性交互作用上获得成功. 以后又用于计算各种晶体位错的自能、内截半径和 P-N 力[①②].

(1) 晶体位错离散弹性模型的基本假定　晶体位错的离散弹性方法的要点是在承认位错连续介质理论的全部公式的基础上，提出如下几个基本假定：

(i) 位移场的离散性. 按照位错的连续介质弹性理论，位错在介质中产生的位移 $\boldsymbol{u}(\boldsymbol{r})$ 是一个矢量场；而按离散弹性方案，$\boldsymbol{u}(\boldsymbol{r})$ 仅在 $\boldsymbol{r}_i$ 处有定义. 这里的 $\boldsymbol{r}_i$ 是位错所在晶体中的一个任意点阵平移矢量

$$\boldsymbol{r}_i = m\boldsymbol{a} + n\boldsymbol{b} + p\boldsymbol{c}, \tag{21.1}$$

这里的 $\boldsymbol{a}$, $\boldsymbol{b}$, $\boldsymbol{c}$ 是晶体的初基矢量，m, n, p 是任意的不全为零的整数.

(ii) 应变场的离散性. 根据位移场的离散性，可应用下面三种方法之一来定义离散应变.

(a) 对于每个原子坐位 $\boldsymbol{r}_n$ 定义离散应变张量 $\varepsilon_{ij}(\boldsymbol{r}_n)$

$$\varepsilon_{ij}(\boldsymbol{r}_n) = [\alpha_{ij}(\boldsymbol{r}_n) + \alpha_{ij}(\boldsymbol{r}_n)]/2, \tag{21.2}$$

式中的 $\alpha_{ij}(\boldsymbol{r}_n)$ 是离散畸变张量

$$\alpha_{ij}(\boldsymbol{r}_n) = \partial u_i(\boldsymbol{r}_n)/\partial r_j, \tag{21.3}$$

$\alpha_{ij}(\boldsymbol{r}_n)$ 共有 9 个分量. 由于不存在连续的位移矢量场，所以式 (21.3) 的右端无法直接计算. 设位矢为 $\boldsymbol{r}_n$ 的原子的位移为 $u_i(\boldsymbol{r}_n)$，考虑它的 Z 个近邻原子位置，它们的位矢为 $\boldsymbol{r}_n + \Delta\boldsymbol{r}_m$，$m = 1, 2, \cdots, Z$. 相应的位移为 $u_i(\boldsymbol{r}_n + \Delta\boldsymbol{r}_m)$，于是有

$$u_i(\boldsymbol{r}_n + \Delta\boldsymbol{r}_m) - u_i(\boldsymbol{r}_n) \cong \alpha_{ij}(\boldsymbol{r}_n)\Delta\boldsymbol{r}_{mj}. \tag{21.4}$$

我们可以用上式代表的 $3Z$ 个方程来定义 9 个未知量 $\alpha_{ij}(\boldsymbol{r}_n)$. 一般，配位数 Z 大于 3，这时可以按最优的方法来求上面的超定方程

---

① 孙宗琦、朱仕学，物理学报，**38**，176 (1989).
② 孙宗琦、韩明辉，物理学报，**38**，183 (1989).

的误差最小的解. 最优指的是取

$$\sum_{m=1}^{Z}\Big[u_i\ (\boldsymbol{r}_n+\Delta\boldsymbol{r}_m)\ -u_i\ (\boldsymbol{r}_n)\ -\sum_{j=1}^{3}\alpha_{ij}\ (\boldsymbol{r}_n)\ \Delta r_{mj}\Big]^2$$

的极值，亦即它对 9 个 α_{ij}的变分为零

$$\Big\{\sum_{m=1}^{Z}\Delta r_{mj}\ [u_i\ (\boldsymbol{r}_n+\Delta\boldsymbol{r}_m)\ -u_i\ (\boldsymbol{r}_n)]$$
$$-\sum_{m=1}^{Z}\sum_{k=1}^{3}\alpha_{ik}\ (\boldsymbol{r}_n)\ \Delta r_{mk}\Delta r_{mj}\Big\}=0,$$

或者

$$\sum_{k=1}^{3}\alpha_{ik}\ (r_n)\ \Big[\sum_{m=1}^{Z}\Delta r_{mk}\Delta r_{mj}\Big]=\sum_{m=1}^{Z}\Delta r_{mj}[u_i\ (\boldsymbol{r}_n+\Delta\boldsymbol{r}_m)\ -u_i\ (\boldsymbol{r}_n)],\tag{21.5}$$

式 (21.5) 共 9 个方程，由它可求出 9 个系数 α_{ij} ($\boldsymbol{r}_n$). 再按式 (21.2) 求出离散应变 ε_{ij}.

(b) 与上面作法相似，也可对每 4 个近邻原子所组成的四面体的重心位置 $\boldsymbol{r}_c$ 定义一个离散应变. 这时式 (21.2) 和 (21.5) 基本适用，但是这时 $Z=4$，$\boldsymbol{r}_n$ 用重心位置 $\boldsymbol{r}_c$ 代替

$$\boldsymbol{r}_c=\frac{1}{4}\ (\boldsymbol{r}_1+\boldsymbol{r}_2+\boldsymbol{r}_3+\boldsymbol{r}_4).\tag{21.6}$$

(c) 考虑到离散弹性概念的近似性，直接引用应变场的离散值，即取 ε_{ij} ($\boldsymbol{r}$) 在 $\boldsymbol{r}_n$ 点的值.

不难看出，以上三种方法定义的离散应变的值，在远离位错中心区，其值都较小；而在位错中心区，定义 (c) 的应变值最大，定义 (a) 的值适中，定义 (b) 的离散值最小.

(iii) 弹性能的离散性. 已知离散弹性应变之后，可以按下式求出离散弹性能

$$W\ (\boldsymbol{r}_n)\ =\frac{1}{2}c_{ijkl}\varepsilon_{ij}\varepsilon_{kl}\ (\boldsymbol{r}_n)\ \Delta V.$$

当采用 (a) 或 (c) 定义离散应变时，式中 ΔV 为原子的体积，当采用 (b) 定义时，ΔV 为四面体体积.

(2) 晶体位错的自能和内截半径　由位错的连续介质弹性理

论导出的直位错线的单位长度弹性自能是

$$W=Kb^2\ln\frac{R}{r_0},\tag{21.7}$$

式中的 K 是熟知的能量因子，由弹性常数及位错线方向确定，r_0 和 R 分别为内、外截半径，b 为 Burgers 矢量值. 下面举例说明如何计算位错的弹性能，以及结合式（21.7）求出内截半径 r_0. 这样求得的 r_0 值将与位错种类、晶体类型、位错宽度和位错中心位置有关.

(i) 各向同性弹性近似，fcc 晶体中 $\frac{1}{2}$ $[1\bar{1}0]$ 螺型位错的离散弹性能和内截半径.

采用各向同性近似，则一条螺位错线（沿 Z 轴）的位移场是 $u_z=\frac{b}{2\pi}\tan^{-1}\frac{y}{x}$，并由此可求得应变场. 根据前面的离散性假定和采用定义（c），可直接由式（21.6）求得离散弹性能

$$W(\boldsymbol{r}_l)=\frac{\mu b^2}{8\pi^2 r_l^2}\Omega,\tag{21.8}$$

式中 Ω 是 $(1\bar{1}0)$ 面上每个原子分摊的投影面积. 应用式（21.7），对于单位长度的外径为 R 的圆柱体的弹性能是

$$W=\sum_{r_l\leqslant R}W(\boldsymbol{r}_l)=\frac{\mu b^2}{8\pi^2}\sum_{r_l\leqslant R}\frac{\Omega}{r_l^2}=\frac{\mu b^2}{4\pi}\ln\frac{R}{r_0}.\tag{21.9}$$

因此，等效内截半径 r_0 是

$$r_0=R/\exp\left(\sum_{r_l<R}\frac{\Omega}{2\pi r_l^2}\right).\tag{21.10}$$

对于 fcc 晶体，在垂直于位错线的 $(1\bar{1}0)$ 晶面上原子投影呈非初基直角晶胞结构. 图（21.1）示意了 $(1\bar{1}0)$ 晶面上原子投影，实心圆与空心圆所代表的原子面间距为 $b/2$，b 是 Burgers 矢量值. 由图可知

$$r_l^2=(m+\alpha_i-\alpha_0)^2A^2+(n+\beta_i-\beta_0)^2B^2,\tag{21.11}$$

式中 m，n 是任意整数. A 是矢量 $\frac{a}{2}$ [110] 的模，B 是 [001] a 的模，a 为点阵常数，在现在情况下，$A=\frac{\sqrt{2}}{2}a$，$B=a$. $\alpha_1=0$，

$\beta_1=0.5$；$\alpha_2=0.5$，$\beta_2=0$.（$\alpha_0 A$，$\beta_0 B$）是螺位错中心的投影位置. 另外，$b^2=\frac{1}{2}a^2$，每个原子在（$1\bar{1}0$）面上分摊的投影面积 $\Omega=\frac{AB}{p}$，$p=2$，所以 $\Omega=\frac{\sqrt{2}}{4}a^2$. 这样，式（21.10）可表达为

$$r_0(\alpha_0,\beta_0)=R/\exp\left(\frac{\sqrt{2}\,a^2}{8\pi}\sum_m\sum_n\sum_{i=1}^{p=2}\right.$$
$$\left.\times\frac{2}{(m+\alpha_i-\alpha_0)^2a^2+(n+\beta_i-\beta_0)^2 2a^2}\right).$$

由该式可求出螺位错内截半径与位错中心位置（α_0，β_0）的变化关系，如图 21.2 所示. 图中 r_0 的单位取作点阵常数，底面上空心圆表示原子投影. 由图可以看出，当螺型位错中心接近原子中心时，内截半径趋于零，离散弹性能趋于无限. 因此，静止螺型位错中心力求远离原子中心以增加 r_0 减小离散弹性能.

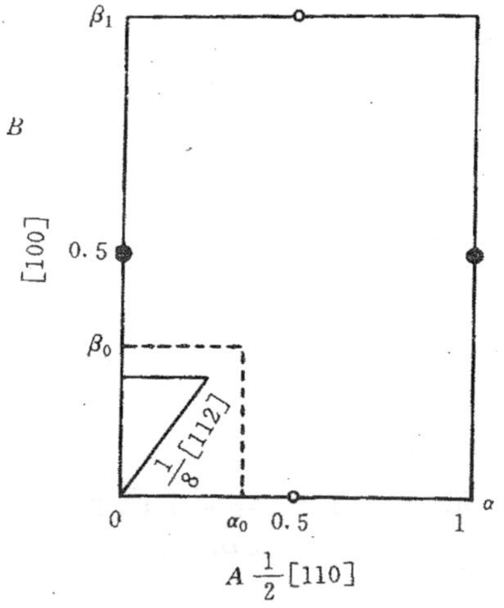

图 21.1

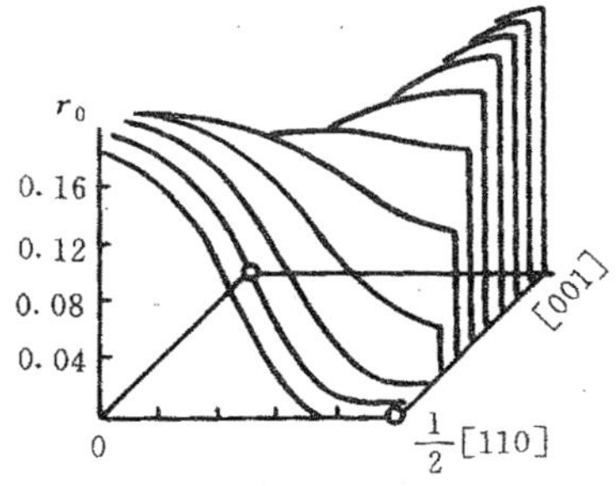

图 21.2

(ii)弹性各向同性的 bcc 晶体中$\frac{1}{2}$［111］刃型位错.

根据连续介质弹性理论，对于刃位错，式（21.7）中的

$K=\dfrac{\mu b^2}{4\pi(1-\nu)}$. 类似于前面的计算,与式(21.8)对应的表达式是

$$W(r_l)=\frac{\mu b^2}{8\pi^2(1-\nu)^2}\frac{x_l^2+(1-2\nu)y_l^2}{r_l^4}\Omega. \qquad (21.12)$$

与式(21.9)对应的单位长度外径为 R 的圆柱体的弹性能是

$$W=\frac{\mu b^2}{8\pi^2(1-\nu)^2}\frac{AB}{p}\sum_m\sum_n\sum_i^p\frac{x_{mi}^2+(1-2\nu)y_{ni}^2}{r_{mni}^4}$$
$$=\frac{\mu b^2}{4\pi(1-\nu)}\ln\frac{R}{r_0}. \qquad (21.13)$$

取 $p=1$, $A=\dfrac{a}{2\sqrt{3}}$, $B=\dfrac{a}{\sqrt{2}}$, 则有

$$r_0=R/\exp\left[\frac{a^2}{4\sqrt{6}\pi(1-\nu)}\sum_m\sum_n\frac{x_m^2+(1-2\nu)y_n^2}{r_{mn}^4}\right],$$
$$r_{mn}<R \qquad (21.14)$$

式中, $x_m=(m-\alpha_0)A$, $y_n=(n-\beta_0)B$, $r_{mn}^2=x_m^2+y_n^2$.

图 21.3 示出了 bcc 晶体中 $(1\bar{1}2)$ 晶面上原子投影位置, A 取为 $\frac{1}{6}[\bar{1}11]$, B 取为 $\frac{1}{2}[110]$. 图中不同符号代表不同层晶面 $(1\bar{1}2)$ 上原子投影位置. 图 21.4 示出了由式(21.14)计算的沿 $[1\bar{1}2]$ 方向直刃位错的内截半径随位错中心位置的变化.

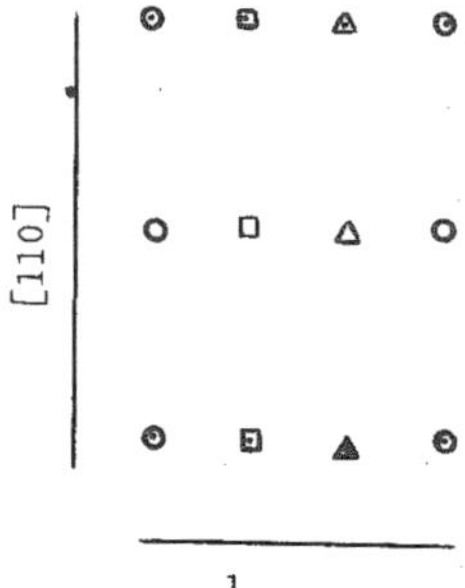

图 21.3

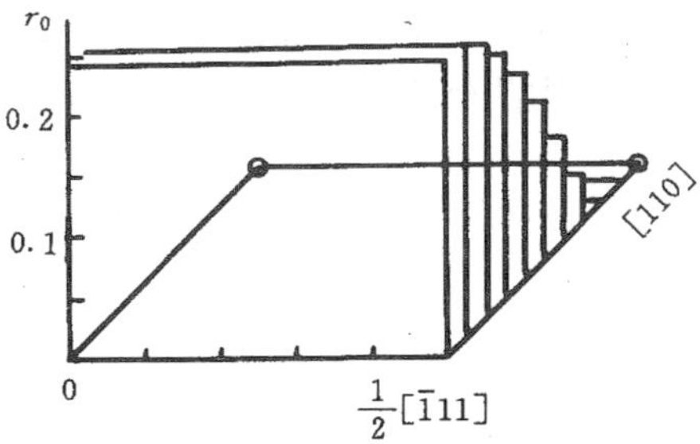

图 21.4

(iii) 晶体位错刚度和 $P-N$ 应力. 按离散弹性方法计算出的

直位错线的内截半径 r_0 一般是位错中心位置（x_0，y_0）的函数，并且还是（x_0，y_0）的周期函数，例如

$$r_0(x_0, y_0) = r_0(x_0 + A, y_0), \tag{21.15}$$

即当位错沿 X 方向移动距离 A 后 r_0 不变. r_0 最大对应位错自能最小，r_0 最小对应位错自能最大. 对式（21.7）求位错中心位置 x_0 的偏导数

$$Kb^2 \frac{1}{r_0}\frac{\partial r_0}{\partial x_0} = \sigma_p b, \tag{21.16}$$

式中的 σ_p 是由于晶体的离散结构而作用在晶体位错上的应力，它的最大值即 Peierls 应力. 由上式可见，Peierls 应力和位错的内截半径对位错中心位置的偏导数有关，且在位错能量相对中心位置取最大和最小值处有 $\sigma_p = 0$. 再将 σ_p 对 x_0 取偏导数就可求出位错刚度 G

$$G = -\frac{\partial \sigma_p b}{\partial x_0} = -Kb^2 \frac{\partial}{\partial x_0}\left(\frac{1}{r_0}\frac{\partial r_0}{\partial x_0}\right), \tag{21.17}$$

在位错能量极小的平衡位置附近，位错刚度为正，在位错能量极大的位置附近，位错刚度为负.

在具体计算式（21.16）和式（21.17）时，我们可以先对不同的 x_0 计算出相应的 r_0，再由数值计算得到一次或二次偏导数的结果. 为了改善计算精度，可以先将式（21.8）对 x_0 求一次或二次偏导数再对不同原子位置求和. 例如，对于弹性各向异性的 bcc 晶体中的螺型位错，与式（21.8）对应的离散弹性能是

$$W(x_l, y_l) = \frac{b^2 D^2 (x_l^2 + y_l^2)}{8\pi s_{44}\{[x_l(x_l^2 - 3y_l^2)]^2 + [Dy_l(3x_l^2 - y_l^2)]^2\}}, \tag{21.18}$$

式中

$$D^2 = s_{11}s_{44}/(s_{11}s_{44} - s_{15}^2),$$

$$s_{11} = \frac{1}{12}\left[\frac{11(c_{11} - 5c_{12} + 2c_{44})}{(c_{11} - c_{12})(c_{11} + 2c_{12} + c_{44})} + \frac{2}{c_{44}}\right],$$

$$s_{12} = \frac{1}{12}\left[\frac{7c_{11} - 13c_{12} - 2c_{44}}{(c_{11} - c_{12})(c_{11} + 2c_{12} + c_{44})} - \frac{2}{c_{44}}\right],$$

$$s_{15}=\frac{\sqrt{2}}{3}\left[\frac{1}{2c_{44}}-\frac{1}{c_{11}-c_{12}}\right],$$

$$s_{44}=\frac{1}{3}\left[\frac{4}{c_{11}-c_{12}}+\frac{1}{c_{44}}\right],$$

$$x_l=x_{l0}-x_0.$$

将式 (21.18) 对 x_0 求一次或二次偏导数，然后对 $r_l<R$ 的所有原子求和，便可以求出 σ_p 和刚度 G.

为了更好地应用晶体位错的离散弹性模型研究位错中心结构和计算 P-N 应力，孙宗琦① 还考虑了位错中心位错密度分布的影响，在弹性各向同性近似下，计算了 fcc 和 bcc 晶体中不同位错中心结构的螺型位错的自能，等效内截半径与位错中心位置的关系，估算了不同滑移面上的 P-N 力. 还讨论了原子热振动对 P-N 力的影响. 并将离散弹性方法和现有其它方法的结果作了比较. 限于篇幅，这里不予讨论，有兴趣的读者可参阅所引文献.

(3)晶体位错与可动点缺陷的滞弹性交互作用　众所周知，晶体位错在运动中除了受到因晶体离散周期性引起的 P-N 力之外，还受到来自声子、电子和可扩散运动点缺陷的摩擦阻力. 当位错速度很小时，一般都假定这种摩擦阻力与位错运动速度成正比

$$f=-\beta v, \tag{21.19}$$

β 称为位错运动的阻尼系数. 早期对 β 的估算，大多数以连续弹性介质模型为基础，并未考虑晶体结构、位错类型的影响，所有结果又都带有一个位错内截半径参数. 随着实验技术的不断进步，有关 β 值的理论计算也在不断改进. Hörnung 和 Seeger② 曾提出一个计算运动位错和可扩散点缺陷间滞弹性交互作用的普遍方法. 该方法的中心是要求解点缺陷在运动位错应力场下的扩散方程. 当点缺陷的瞬时浓度已知后，就可以计算出作用在位错上的力，并

---

① 孙宗琦、韩明辉，物理学报，**38**，183 (1989).

② Seeger A.，Hörnung W.，Internal Friction and Ultrasonic Attenuation in Crystalline Solids，ed. Lenz D.，Lücke K.，**1**，Springer，Berlin-Heidelberg，New York，222 (1975).

应用弹性格林函数求出阻尼系数. 由于使用了连续介质模型，奇异的格林函数在傅氏变换后仍保留着奇异性，所得结果是无限 K 空间中的三重积分. 孙宗琦[1] 采用离散傅氏变换代替连续变量的变换. 由于点缺陷在晶体中的平衡位置具有离散性，它们与运动位错的交相作用能也只在有限的离散位置有定义且取有限值. 最后求得的 β 值由在第一布里渊区中的有限三重求和式计算. Ögrurtani[2] 采用这种方法计算了 bcc 点阵中位错与间隙原子的滞弹性交互作用并将其推广到大浓度间隙原子的非线性情况. 对于大浓度的非线性情况，考虑到此时离散傅氏变换利少弊多，而改用直接微扰法，可以更方便地计算所有参量. 当位错振动速度很大时，孙宗琦提出了应力感生可动点缺陷自组织的概念.

下面分几点对位错与可动点缺陷的交互作用作一简要介绍.

(i) 低浓度和低交互作用能情况. 设点缺陷的浓度为 $c(r_i)$，它所满足的主方程是

$$\dot{c}(r_i)=f_{ji}c(r_j)-f_{ij}c(r_i), \tag{21.20}$$

式中的 f_{ji}是点缺陷由位置 r_j 跳动到位置 r_i 的概率. 当不存在位错的弹性应力场时，点缺陷只能向其最近邻跳动，其概率记为 f_0. 当存在内应力场 σ 时，有

$$f_{ij}=f_0\exp[(W(r_i)-W(r_j))/2kT], \tag{21.21}$$

$W(r_i)$ 表示点缺陷处在内应力场 $\sigma(r_i)$ 的 r_i 位置的弹性位能. 在热平衡情况下，式 (21.20) 和式 (21.21) 给出满足 Boltzmann 分布的浓度，交互作用弹性位能可由点缺陷的弹性偶极张量 γ_{ij}和应力张量 σ_{ij}的双点积求出

$$W=-\gamma_{ij}\sigma_{ij}. \tag{21.22}$$

对于简单点缺陷，γ_{ij}与位置无关，而 σ_{ij}与位置以及位错中心位置有关. 当位错运动规律已知时，例如作小振幅振动，可以将式

---

① 孙宗琦，中国科学，A，1035 (1982).

② Ögurtani T., Seeger A., *Phys. Rev.*, **B31**, 5044 (1985); *J. Appl. Phys.*, **62**, 852 (1987).

(21.20) 相对平衡的 Boltzmann 分布作 Taylor 展开

$$c(\boldsymbol{r}_n)=c_0+\tilde{c}(\boldsymbol{r}_n). \tag{21.23}$$

在低浓度情况下，展开式可只取线性项. 然后对浓度、交互作用位能和内应力场诸离散位置变量施行如下的离散傅氏变换

$$\overline{f}(\boldsymbol{k}_m)=\sum_{r_n<v_r} f(\boldsymbol{r}_n)\exp(i\boldsymbol{k}_m\cdot\boldsymbol{r}_n), \tag{21.24}$$

式中的 $\boldsymbol{r}_n$ 即式 (21.1) 给出的点缺陷位矢. $\boldsymbol{k}_m$ 是倒格矢，v_r 取为以位错中心为中心的三维原胞. 最后可以得到 $\tilde{c}(\boldsymbol{r}_n)$ 的傅氏变换的线性代数方程. 它的一般形式为

$$\dot{\overline{\tilde{c}}}(\boldsymbol{k}_m)+D(\boldsymbol{k}_m)\overline{\tilde{c}}(\boldsymbol{k}_m)=\gamma\overline{\tilde{W}}(\boldsymbol{k}_m). \tag{21.25}$$

上式中的 $\gamma\overline{\tilde{W}}(\boldsymbol{k}_m)$ 是式 (21.22) 中的 $W(\boldsymbol{r}_n)$ 作如式(21.23) 的 Taylor 展开后的线性项的傅氏变换，它与位错应力场有关. 这种方法的优点是对各种类型点缺陷、各种各向异性弹性晶体，都能写出方程式 (21.25) 的解析表达形式. 但并不需直接要求求解更不需要进行离散反傅氏变换. 因为最后求得的阻尼系数、刚度系数和位错振动一周所消耗的能量等量都具有如下的形式:

$$B=\sum_{k_m\in V_k} A(\boldsymbol{k}_m)\overline{W}(\boldsymbol{k}_m)\overline{W}(-\boldsymbol{k}_m), \tag{21.26}$$

式中的 V_k 代表第一布里渊区，A 与方程 (21.25) 的本征值有关，因为 $D(\boldsymbol{k}_m)$ 表征点缺陷向最近邻位置跳跃的几何特征，所以本征值通常都有解析解. 由于具体计算公式和过程都较长，篇幅有限不进一步列出，只介绍了计算的基本要点，对这方面计算感兴趣的读者可参考文中所引文献.

(ii) 高浓度和大互作用能情况. 当点缺陷浓度较高时，描述点缺陷扩散的主方程 (21.20) 不再适用. 平衡分布也不再是原来的 Boltzmann 分布而是更一般的 Dirae 分布. 当点缺陷与位错的互作用能 $W>kT$ 时，式 (21.21) 对 W/kT 的 Taylor 展开不再只取线性项. 于是原来的离散傅氏变换方法的优点已不再存在. 例如 Ögurtani将此法推广到非线性浓度时，得到并不理想合用的六重求和的表达式. 因此，在大浓度情况下，我们改为直接微扰法数

值求解. 有关方法的一维简化模型和二维简化模型可参看有关文章①②. 这里仅以 bcc 晶体中螺型位错与八面体间隙原子滞弹性交互作用为例说明方法要点.

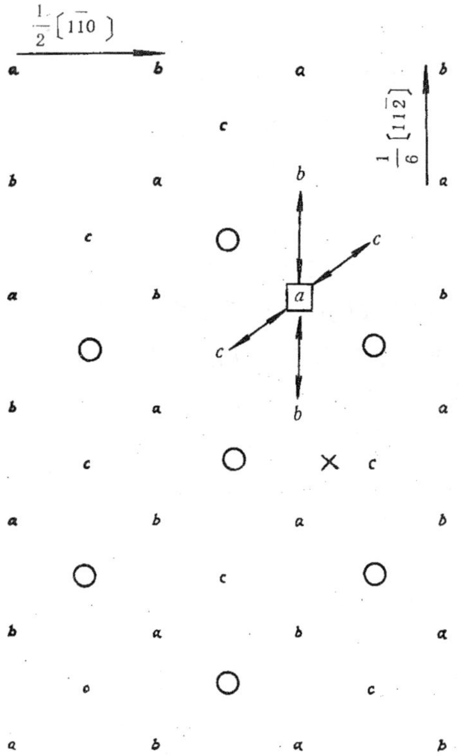

图 21.5

图 21.5 示出 bcc 晶体 (111) 晶面上三种八面体间隙位置 (a, b, c) 的投影. 圆圈表示原子投影位置, 叉号表示螺位错中心位置.

---

① 孙宗琦、蒋方忻, 物理学报, **38**, 1679 (1989).

② Sun Z. Q., Han M. H., Proceedings of 9th ICIFUAS, ed. T. S. Kê, International Academic Publisher, 65 (1990).

其中 a 间隙原子的主轴（伸长）方向是［100］，b 和 c 的主轴方向分别是［010］和［001］. 在立方坐标系中，八面体间隙原子可用弹性偶极矩 γ_a，γ_b，γ_c 描述：

$$\gamma_a=\frac{a^3}{2}\begin{pmatrix}\varepsilon_1 & 0 & 0\\ 0 & -\varepsilon_2 & 0\\ 0 & 0 & -\varepsilon_2\end{pmatrix},\quad \gamma_b=\frac{a^3}{2}\begin{pmatrix}-\varepsilon_2 & 0 & 0\\ 0 & \varepsilon_1 & 0\\ 0 & 0 & -\varepsilon_2\end{pmatrix},$$

$$\gamma_c=\frac{a^3}{2}\begin{pmatrix}-\varepsilon_2 & 0 & 0\\ 0 & -\varepsilon_2 & 0\\ 0 & 0 & \varepsilon_1\end{pmatrix}. \tag{21.27}$$

对于通过坐标原点的直螺型位错线，它与间隙原子的交互作用能可由式（21.22）计算. 现取位错坐标系：螺位错线沿 X_3 轴即［111］方向，X_1 轴和 X_2 轴分别沿 $[11\bar{2}]$ 和 $[\bar{1}10]$ 方向. 在该位错坐标系中，式（21.27）中的 γ_a，γ_b，γ_c 的表达式分别为

$$\gamma_a'=\frac{a^3}{2}\begin{pmatrix}\frac{\varepsilon_1-5\varepsilon_2}{6} & \frac{-\varepsilon_1-\varepsilon_2}{2\sqrt{3}} & \frac{\varepsilon_1+\varepsilon_2}{3\sqrt{2}}\\ \frac{-\varepsilon_1-\varepsilon_2}{2\sqrt{3}} & \frac{\varepsilon_1-\varepsilon_2}{2} & \frac{-\varepsilon_1-\varepsilon_2}{\sqrt{6}}\\ \frac{\varepsilon_1+\varepsilon_2}{3\sqrt{2}} & \frac{-\varepsilon_1-\varepsilon_2}{\sqrt{6}} & \frac{\varepsilon_1-2\varepsilon_2}{3}\end{pmatrix},$$

$$\gamma_b'=\frac{a^3}{2}\begin{pmatrix}\frac{\varepsilon_1-5\varepsilon_2}{6} & \frac{\varepsilon_1+\varepsilon_2}{2\sqrt{3}} & \frac{\varepsilon_1+\varepsilon_2}{3\sqrt{2}}\\ \frac{\varepsilon_1+\varepsilon_2}{2\sqrt{3}} & \frac{\varepsilon_1-\varepsilon_2}{2} & \frac{\varepsilon_1+\varepsilon_2}{\sqrt{6}}\\ \frac{\varepsilon_1+\varepsilon_2}{3\sqrt{2}} & \frac{\varepsilon_1+\varepsilon_2}{\sqrt{6}} & \frac{\varepsilon_1-2\varepsilon_2}{3}\end{pmatrix}, \tag{21.28}$$

$$\gamma_c'=\frac{a^3}{2}\begin{pmatrix}\frac{2\varepsilon_1-\varepsilon_2}{3} & 0 & \frac{-\sqrt{2}\,(\varepsilon_1+\varepsilon_2)}{3}\\ 0 & -\varepsilon_2 & 0\\ \frac{-\sqrt{2}\,(\varepsilon_1+\varepsilon_2)}{3} & 0 & \frac{\varepsilon_1-2\varepsilon_2}{3}\end{pmatrix}.$$

而螺型位错的各应力分量在该位错坐标系中的表达式是

$$\sigma_{11}=E[x_1^2x_2(3x_1^2-x_2^2)/Q], \tag{21.29a}$$

$$\sigma_{22}=E[x_1x_2^2(3x_1^2-x_2^2)/Q], \tag{21.29b}$$

$$\sigma_{33}=-E\frac{\dfrac{-c_{12}}{c_{11}+2c_{12}}+\dfrac{2c_{44}-c_{11}+c_{12}}{6c_{44}}}{\dfrac{c_{11}+c_{12}}{c_{12}+2c_{13}}-\dfrac{2c_{44}-c_{11}+c_{12}}{3c_{44}}}\frac{x_2(x_1^2+x_2^2)(3x_1^2-x_2^2)}{Q}, \tag{21.29c}$$

$$\sigma_{23}=Fx_1[(x_1^2-x_2^2)(x_1^2-3x_2^2)+2D^2x_2^2(3x_1^2-x_2^2)]/Q, \tag{21.29d}$$

$$\sigma_{31}=Fx_2[2x_1^2(x_1^2-3x_2^2)-D^2(x_1^2-x_2^2)(3x_1^2-x_2^2)]/Q, \tag{21.29e}$$

$$\sigma_{12}=Ex_1x_2^2(3x_1^2-x_2^2)/Q, \tag{21.29f}$$

$$Q=x_1^2(x_1^2-3x_2^2)^2+Dx_2^2(3x_1^2-x_2^2)^2, \tag{21.30a}$$

$$E=bD^3s_{15}/2\pi s_{11}s_{44}, \tag{21.30b}$$

$$F=bD/2\pi s_{44}, \tag{21.30c}$$

$$D^2=s_{11}s_{44}/(s_{11}s_{44}-s_{15}^2), \tag{21.30d}$$

应用式（21.22），（21.28），（21.29）和式（21.30）就可以计算出间隙原子的位能以及对 x_1 和 x_2 的偏导数在各间隙位置的值.

现从螺型位错中心选取一个正方形，并将该正方形内所含间隙原子位置从 1 到 N 排序. 则浓度 c_i（$i=1, 2, \cdots, N$；$0\leqslant c_i\leqslant 1$）所满足的主方程与前面的线性方程（21.20）的形式有所不同，其形式是

$$\dot{c}_i=f_{ji}c_j(1-c_i)-f_{ij}c_i(1-c_j), \tag{21.31}$$

式中的 f_{ij}仍由式（21.21）给定. 可能的跳跃只在最近邻的不同类间隙原子位置之间进行，例如图 21.5 中标以方框的 a 到 b 或 a 到 c，也就是说，对每一个 i 只有 4 个 $f_{ij}\neq 0$. 当螺型位错静止时，间隙原子热平衡浓度分布可由上式中 $\dot{c}_i=0$ 求得. 用 $c_i^{(0)}$ 标记位错静止时的热平衡浓度，则其表达式为

$$\frac{1-c_i^{(0)}}{c_i^{(0)}}\exp\frac{-W_i}{kT}=\text{常数},$$

或

$$c_i^{(0)}=1\Big/\left[1+\exp\frac{\mu+W_i}{kT}\right], \tag{21.32}$$

其中常数 μ 可将上式代入平均间隙原子浓度 c 的定义式而求得，其定义式是

$$\sum_{i=1}^{N}c_i^{(0)}=Nc.$$

当螺型位错沿 X_1 方向作小振幅简谐振动时，即

$$x_s=x_d\sin\omega t, \tag{21.33}$$

x_d 为振幅，x_s 为位移，ω 为振动圆频率．在稳定振动情况下，浓度 c_i 可视为两项之和，即

$$c_i=c_i^{(0)}+c_i', \tag{21.34}$$

这里的 $c_i^{(0)}$ 即式（21.32）表达的位错静止时的间隙原子浓度，且有 $c_i'\ll c_i^{(0)}$. c_i' 满足下面方程：

$$\begin{aligned}\dot{c}_i'=&\left[-f_{ij}(1-c_j^{(0)})-f_{ji}c_j^{(0)}\right]c_i'+\left[f_{ji}(1-c_i^{(0)})+f_{ij}c_i^{(0)}\right]c_j'\\&+\left[f_{ji}c_j^{(0)}(1-c_i^{(0)})+f_{ij}c_i^{(0)}(1-c_j^{(0)})\right]\frac{1}{2kT}\left(\frac{\partial W_i}{\partial x_1}-\frac{\partial W_j}{\partial x_1}\right)\\&\times(-x_d\exp\omega t).\end{aligned} \tag{21.35}$$

令 $c_i'=\tilde{c}_i'\exp\omega t$，则 $\tilde{c}_i'$ 满足下面的线性代数方程：

$$\begin{aligned}\left[-f_{ij}(1-c_j^{(0)})-f_{ji}c_j^{(0)}-i\omega\right]\tilde{c}_i'+\left[f_{ji}(1-c_i^{(0)})+f_{ij}c_i^{(0)}\right]\tilde{c}_j'\\=Ax_d+B\sigma_a.\end{aligned} \tag{21.36}$$

上式中的 A 和 B 的表达式是

$$A=\frac{1}{2kT}\left[f_{ji}c_j^{(0)}(1-c_i^{(0)})+f_{ij}c_i^{(0)}(1-c_j^{(0)})\right]\left(\frac{\partial W_i}{\partial x_1}-\frac{\partial W_j}{\partial x_1}\right), \tag{21.37}$$

$$B=\frac{1}{2kT}\left[f_{ji}c_j^{(0)}(1-c_i^{(0)})+f_{ij}c_i^{(0)}(1-c_j^{(0)})\right]\left(\frac{\partial W_j}{\partial \sigma_a}-\frac{\partial W_i}{\partial \sigma_a}\right), \tag{21.38}$$

式中的 σ_a 是外加交变应力的幅值．由此可见，外加交变应力 σ_a 通

过系数 B 使间隙原子浓度发生周期性变化，这就是熟知的 Snoek 效应. 同时，σ_a 使螺位错振动，振动振幅 x_d 通过系数 A 使浓度振荡. 当 σ_a 和 x_d 都已知时，τ_i' 的线性代数方程（21.36）可以数值求解. 表面看来，此方程求解的计算量随 N 增大而增加，且增长很快. 但是，由于每一个 i 只对 4 个最近邻间隙位置可能产生跳跃，所以当采用稀疏矩阵求解技术时可使计算量大为减少. 另外，τ_i' 随 i 位置离位错中心距离增大而迅速减小，因此，N 值不需取得很大，一般 N 取为 100 就足够了.

以上讨论表明，若已知外加应力和螺型位错的运动规律，就可以求出间隙原子浓度的变化规律. 此外，我们还需要进一步了解间隙原子对螺位错的反作用. 当 $\tau_i'=0$ 时，由式（21.32）给出的不均匀 $c_i^{(0)}$ 也对螺型位错构成一种相互作用势

$$W_d=\sum c_i^0 W_i. \tag{21.39}$$

作用在位错上的弹性回复力及位错的刚度与 W_d 对位错中心位置的一阶和二阶导数有关. 如果 $\tau_i'\neq 0$，间隙原子群作用在螺型位错上的合力（只考虑沿 x_1 方向分量）为

$$\begin{aligned} f_i &= -\frac{\partial W_d}{\partial x_d} = -\sum \frac{\partial}{\partial x_d}\,(c_i W_i) \\ &= \sum c_i^0 \frac{\partial W_i}{\partial r_i} - \sum \tau_i' W_i / x_d. \end{aligned} \tag{21.40}$$

位错刚度

$$G_i=\frac{\partial^2 W_d}{\partial x_d^2}=\sum c_i^{(0)}\frac{\partial^2 W_i}{\partial r_i^2}-\sum \tau_i'\frac{\partial W_i}{\partial r_i}\Big/ x_d. \tag{21.41}$$

阻尼系数

$$\beta_i=-\sum \tau_i' W_i / x_d \omega, \tag{21.42}$$

这里的 τ_i' 是方程（21.36）在 $\sigma_a=0$ 时的解.

由此可见，对体心立方晶体中的可动间隙原子与螺型位错的滞弹性交互作用的求解可得到位错的刚度和位错运动的阻尼系数. 当位错的振动频率很低时，β_i 与频率无关，G_i 趋于零；当频

率很高时，τ_i'迅速减小，β_i反比于ω^2，G_i趋于常数. 这种特征几乎适合于任何一类可动点缺陷.

(iii) 大振幅情况. 本小节将简要介绍当位错振动的振幅增大时，可动点缺陷与运动位错的交互作用的新特征. 大多数点缺陷在室温的跳动频率在1Hz以下，因此，当位错振动频率在1Hz以上、振幅大于原子间距时，点缺陷将没有跟踪运动位错的可能. 但是，若不改变振动频率只增大振幅，那末，运动位错在最大位移（振幅）处附近的停留时间比通过平衡位置附近的时间长的特征将比小振幅情况更加明显. 由于在正负两个最大位移处附近停留时间相对较长，位错与点缺陷的相互作用位能［式（21.22）］的时间平均值将随振幅的增大，而由原来的相对位置的单峰关系变为双峰关系. 图21.6示出各向同性介质中位错扭折与点缺陷的交互作用能的时间平均值随振幅的变化关系①. 由图可见，当振幅很小时（a轴代表振幅值，单位为0.2b，b为Burgers矢量值），相互作用位能有一个极小值. 随着振幅增大，曲线逐渐变平. 当振幅大

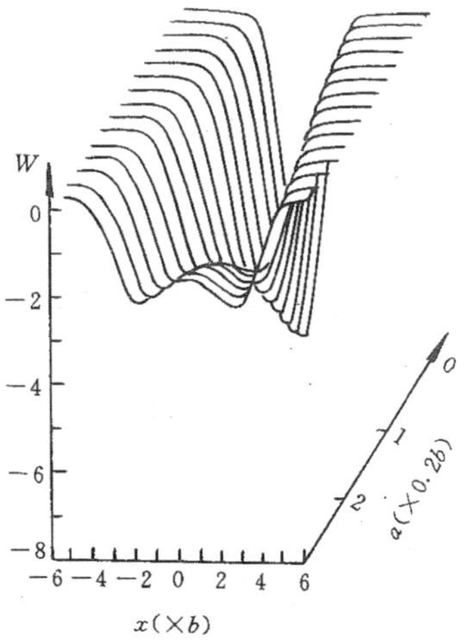

图 21.6

① 孙宗琦，物理学报，**41**，1987（1992）.

于某个临界值之后，曲线出现两个极小值，即由单峰转变为双峰．对于式(21.32)表达的与时间无关的浓度的情况也具有双峰结构．按式（21.41）计算出的刚度在小位移区将有一负刚度区，位错运动将由一个低能谷加速飞越到另一端低能谷，这种由单峰转变为双峰的“对称破缺”，和随之而来的位错由近似简谐的动滞后运动转变为多谐振动形式的静滞后现象被称为应力感生自组织现象．只有当交变应力大于某一定值，位错振幅大于原子间距时才能发生．这种现象在位错内耗和早期疲劳中应当能观测到．

§21.2 体心立方结构 {110}〈111〉和 {112}〈111〉棱锥及其投影展示图

在体心立方结构中，存在以下几种常见的位错反应：

$$\frac{a}{2}\langle 111\rangle+\frac{a}{2}\langle 111\rangle\rightarrow a\langle 001\rangle, \tag{21.43}$$

$$\frac{a}{2}\langle 111\rangle+\frac{a}{2}\langle 111\rangle\rightarrow a\langle 110\rangle, \tag{21.44}$$

$$a\langle 100\rangle+a\langle 010\rangle\rightarrow a\langle 110\rangle, \tag{21.45}$$

$$\frac{a}{2}\langle 110\rangle+\frac{a}{2}\langle 110\rangle\rightarrow\frac{a}{2}\langle 100\rangle, \tag{21.46}$$

$$\frac{a}{2}\langle 110\rangle+\frac{a}{2}\langle 001\rangle\rightarrow\frac{a}{2}\langle 111\rangle. \tag{21.47}$$

其中，前 3 式表示全位错之间的反应，而后 2 式为形成全位错的反应．它们在反应几何学、能量和稳定性等方面并不完全相同．

大家都已熟知表示面心立方结构中 {111}〈110〉滑移系统的 Thompson 四面体．与此类似，我国学者彭志方通过对体心立方结构中各类位错反应的细心、系统研究，为了表达上述各类反应的特点以及了解隶属每类反应的晶体学位向关系，在体心立方结构中，找到了一个能反映全位错滑移系统的 {110}〈111〉棱锥[①]，并

① Peng Z. F.（彭志方），Xu Y. H.（徐约黄），*Phys. Stat. Solidi*，(a) **121**，k37 (1990).

在此基础上发展出一个能表示更多滑移系和反应类别的空间图形及其投影展示图①.

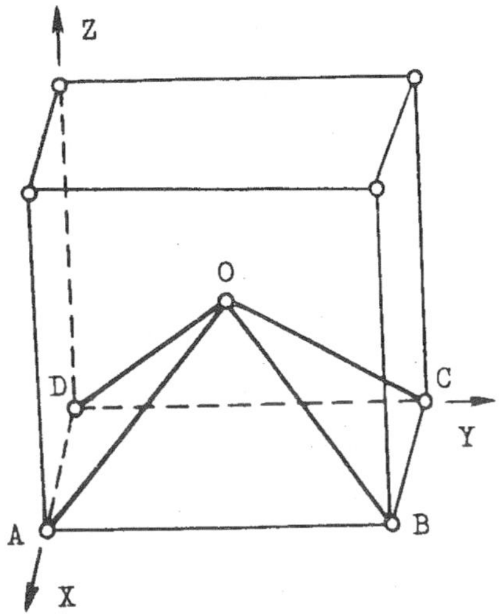

图 21.7

考察体心立方结构单胞中的一个棱锥体，如图 21.7 中的 $ABCDO$ 所示. 将该棱锥体从单胞中取出并标出对应的晶面指数和晶向指数，即获得一个能反映 12 组 {110}〈111〉滑移系的棱锥，如图 21.8 所示. 由图可见，棱锥体的 OAB，OBC，OCD，ODA，OAC 和 OBD 面分别对应 6 个 {110} 滑移面：(101)，(011)，($\bar{1}$01)，(0$\bar{1}$1)，(110) 和 ($\bar{1}$10). 而棱边 AO，BO，CO 和 DO 分别对应 4 个滑移矢量，即全位错 Burgers 矢量 $\frac{a}{2}[\bar{1}11]$，$\frac{a}{2}[\bar{1}\bar{1}1]$，$\frac{a}{2}[1\bar{1}1]$ 和 $\frac{a}{2}[111]$.

{110}〈111〉棱锥可以直接反映出 6 个互不平行的 {110} 晶面的两种特征组合：正交 {110} 组合和斜交 {110} 组合. 棱锥

① Peng Z. F., *Phys. Stat. Solidi*, (a) **130**, **k**19 (1992).

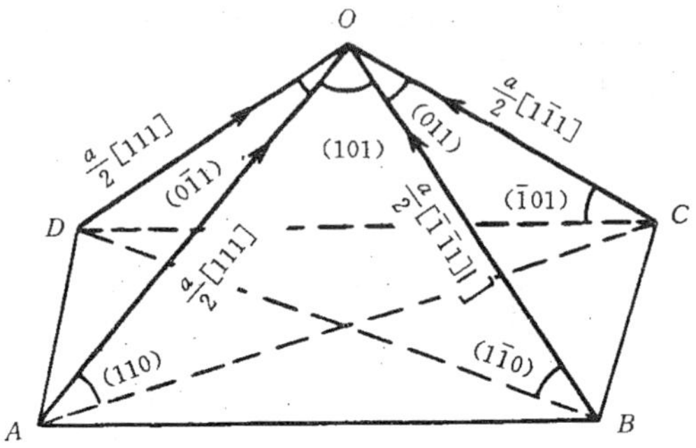

图 21.8

面上两对面对面的锥以及位于棱锥内的一对交截面为正交 {110} 组合．每一对正交 {110} 面没有共同的滑移矢量．这类组合对螺型位错而言属于非交滑移型组合．对于处在正交组合的两个 {110} 晶面上的刃型位错，它们在滑移面交截处相遇时将发生如下的反应：

$$\underset{(\bar{1}01)}{\frac{a}{2}[111]}+\underset{(101)}{\frac{a}{2}[\bar{1}\,\bar{1}1]}\rightarrow\underset{(100)}{a\,[001]} \tag{21.48}$$

这时有$\frac{3}{4}a^2+\frac{3}{4}a^2>a^2$ 的能量关系，此即 Cottrell 提出的纯铁中的位错解理机制①，反应的产物为 Burgers 矢量为 $a[001]$ 刃型位错，处于（100）面上，（001）为解理面，如图 21.9 所示．{110} ⟨111⟩ 棱锥上共有同一滑移矢量，并以 60°（或 120°）相交的三个 {110} 面构成斜交 {110} 组合．由图 21.8 可见，这类组合共有四组．显然，处于斜交 {110} 面上的纯螺型位错可以在其上交滑移，因而称这类组合为螺型位错的交滑移组合．有趣的是当外力垂直于三斜交 {110} 面中任一晶面时，处于另外两个斜交 {110} 面上的刃位错在滑移面交截处相遇时，会发生一种与 Cottrell 机制相似的反应，如：

① Cottrell A. H., *Trans. AIME*, **212**, 196 (1958).

$$\frac{a}{2}[\bar{1}11]+\frac{a}{2}[1\bar{1}1]\rightarrow a[001]$$
$$(101)\qquad (011)\qquad (1\bar{1}0).$$

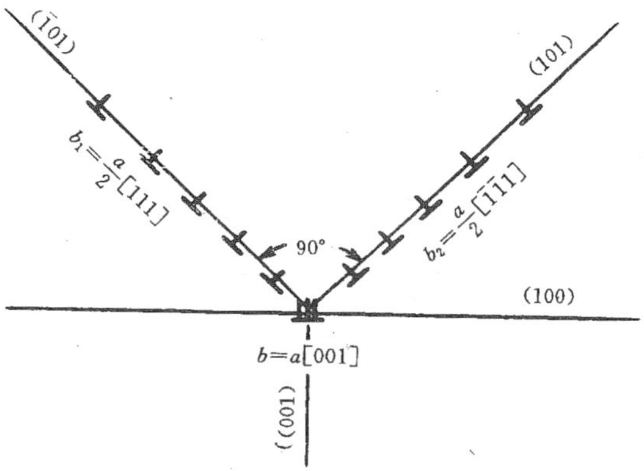

图 21.9

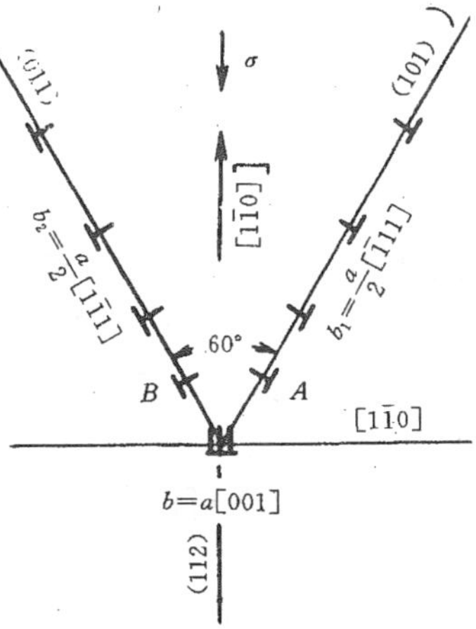

图 21.10

显然，在反应中也有能量关系$\frac{3}{4}a^2+\frac{3}{4}a^2>a^2$. 所不同的是，在 (101) 和 (011) 面交截处形成的 a [001] 位错为混合型位错（位错线处于（$1\bar{1}0$）面上，而取代 Cottrell 反应后解理面位置是（112）面，如图 21.10 所示. {110} 面按这种方式组合有利于使晶面交截处成为滑移面类型转换（如 {110} → {112}）的地方，或当滑移取向不利时诱发孪生形核的地方.

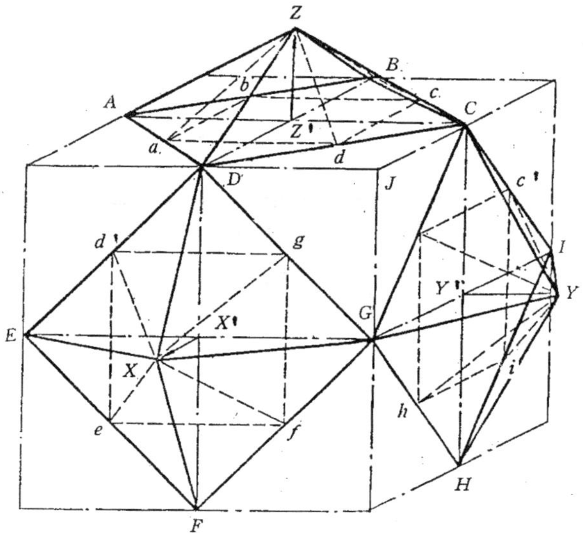

图 21.11

在不同形变温度和应力取向下，体心立方结构中可能的滑移系统包括 {110}〈111〉，{112}〈111〉和 {123}〈111〉. 当形变温度 T 与熔点 T_m 之比较小时，前两类滑移系统较为常见. 为了反映体心立方结构中 {110}，{112} 和 {001} 晶面上全位错反应的类型和各反应之间的取向关系，可以在 3 个相互正交的 {100} 晶面上取 3 个形状一样的 {110}〈111〉棱锥和 3 个 {112}〈111〉棱锥，如图 21.11 所示. 图中的点划线是由 8 个彼此相邻的体心立方单胞组成的正立方体，虚线表示 3 个高为 $\frac{a}{2}$ 的 {110} 棱锥，实线表示 3 个 {112} 棱锥. 从图中还可见一个以（111）为基面 J 为顶点的三棱锥体. 现将这 6 个四棱锥分别向 3 个 {100} 面投影并

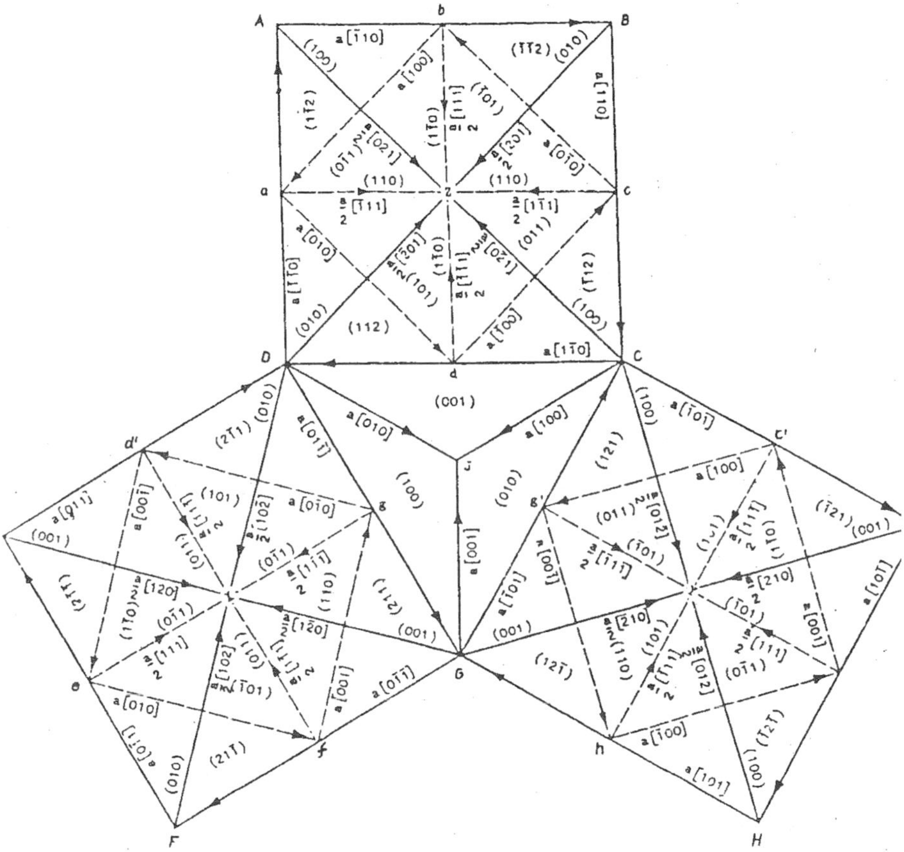

图 21.12

将投影图旋转到（111）面取向，再将三棱锥投影到（111）面上，于是就得到图 21.12 所示的位于（111）面上的投影展开图. 在该图上注明相应的晶面指数和晶向指数即得到在｛100｝，｛110｝和｛112｝晶面上的全位错反应的 Burgers 矢量图. 每个矢量的始、末端分别用英文的大、小写字母标记，即构成取向符号，它们与描述面心立方结构中位错反应的 Thompson 符号相似.

下面介绍这个投影展开图的一些应用.

(i) 反映 12 组 {110}〈111〉滑移系统和 12 组 {112}〈111〉滑移系统. 投影图中三角形 abZ，bcZ，cdZ，adZ，bdZ 和 acZ 分别代表滑移面 $(0\bar{1}1)$，$(\bar{1}01)$，(011)，(101)，$(1\bar{1}0)$ 和 (110)；aZ，bZ，cZ 和 dZ 分别代表滑移方向 $[\bar{1}11]$，$[111]$，$[1\bar{1}1]$ 和 $[\bar{1}\bar{1}1]$，它们构成 12 组滑移系统（使用另外两个 {110}〈111〉棱锥的投影图可以得到等效结果）. 三角形 ABZ，BCZ，CDZ，ADZ，DEX，EFX，FGX，DGX，CGY，GHY，HIY 和 CIY 分别表示滑移面 $(\bar{1}\bar{1}2)$，$(\bar{1}12)$，(112)，$(1\bar{1}2)$，$(2\bar{1}1)$，$(2\bar{1}\bar{1})$，$(21\bar{1})$，(211)，(121)，$(12\bar{1})$，$(\bar{1}2\bar{1})$ 和 $(\bar{1}21)$，〈111〉滑移方向同前，于是得到 12 组 {112}〈111〉滑移系.

(ii) 表达各类与全位错有关的反应. 将反应式 (21.43)—(21.47) 中的晶面族指数改为晶面指数，可依次用下面的符号表示相应的位错反应：

$$eX+Xd'\rightarrow ed', \tag{21.49}$$

$$bZ+Zd\rightarrow bd=BC, \tag{21.50}$$

$$ba+ad\rightarrow bd=BC, \tag{21.51}$$

$$cC+Cd\rightarrow cd, \tag{21.52}$$

$$ZZ'+Z'd\rightarrow Zd. \tag{21.53}$$

空间图 21.11 中的字母 X'，Y'，Z' 与投影展示图 21.12 中的字母 X，Y，Z 重合.

(iii) 给出属于同一反应类型的所有具体反应式. 例如，对于反应类型 (21.43)，共有 6 组不同的反应式

$$\begin{aligned}\frac{a}{2}\,[111] &+ \frac{a}{2}\,[\bar{1}\bar{1}1] \rightarrow a\,[001],\\ eX\quad &+ \quad Xd' \rightarrow ed',\end{aligned} \tag{21.54a}$$

$$\begin{aligned}\frac{a}{2}\,[1\bar{1}1] &+ \frac{a}{2}\,[\bar{1}11] \rightarrow a\,[001],\\ fX\quad &+ \quad Xg \rightarrow fg,\end{aligned} \tag{21.54b}$$

$$\begin{aligned}\frac{a}{2}\,[111] &+ \frac{a}{2}\,[1\bar{1}\bar{1}] \rightarrow a\,[100],\\ bZ\quad &+ \quad Za \rightarrow ba,\end{aligned} \tag{21.54c}$$

$$\frac{a}{2}[111]+\frac{a}{2}[\bar{1}1\bar{1}]\to a[010],$$
$$eX\quad+\quad Xf\quad\to ef,\tag{21.54d}$$

$$\frac{a}{2}[11\bar{1}]+\frac{a}{2}[\bar{1}11]\to a[010],$$
$$d'X\quad+\quad Xg\quad\to d'g,\tag{21.54e}$$

$$\frac{a}{2}[1\bar{1}1]+\frac{a}{2}[11\bar{1}]\to a[100],$$
$$cZ\quad+\quad Zd\quad\to cd,\tag{21.54f}$$

对式（21.44）反应类型，可以得到如

$$\frac{a}{2}[111]+\frac{a}{2}[11\bar{1}]\to a[110],$$
$$bZ\quad+\quad Zd\quad\to bd=BC\tag{21.55}$$

等 6 组不同的反应式.

对式（21.45）反应类型，可以得到如

$$a[100]+a[010]\to a[110],$$
$$ba\quad+\quad ad\quad—bd=BC,\tag{21.56}$$

等 6 组不同的反应式.

对式（21.46）反应类型，可以得到如

$$\frac{a}{2}[110]+\frac{a}{2}[1\bar{1}0]\to a[100],$$
$$cC\quad+\quad Cd\quad\to cd\tag{21.57}$$

等 6 组不同的反应式.

对式（21.47）反应类型，可以得到如

$$\frac{a}{2}[00\bar{1}]+\frac{a}{2}[110]\to\frac{a}{2}[11\bar{1}],$$
$$ZZ'\quad+\quad Z'd\quad\to Zd\tag{21.58}$$

等 12 组不同的反应式.

(iv)确定位错 Burgers 矢量所在晶面的晶面指数. 根据投影图能较容易直观地确定全位错的 Burgers 矢量所在的可能的滑移面. 例如

$$\frac{a}{2}[111]+\frac{a}{2}[\bar{1}\,\bar{1}1]\to a[001],\tag{21.59}$$
$$eX\quad+\quad Xd'\quad\to ed',$$

bZ	+	dZ	$\to Z'Z$,	
iY	+	Yc'	$\to ic'$,	
$(\bar{1}01)$		(101)	(100)	
$(0\bar{1}1)$		(011)	(010)	
$(1\bar{1}0)$		$(1\bar{1}0)$	$(1\bar{1}0)$	
$(2\bar{1}\bar{1})$		$(2\bar{1}1)$	(110)	
$(\bar{1}2\bar{1})$		$(\bar{1}21)$		
$(\bar{1}\bar{1}2)$		(112).		

(v)比较容易确定发生位错反应时的滑移面的组合方式. 例如上面的例子中有一个是发生在$(1\bar{1}0)$面上，我们称它为共面反应. 而$(\bar{1}01)$，(101)和$(0\bar{1}1)$，(011)两组滑移面的位错反应属于正交组合反应. 在$(\bar{1}01)$，(011)；$(\bar{1}01)$，$(0\bar{1}1)$；$(0\bar{1}1)$，(101)；$(0\bar{1}1)$ $(1\bar{1}0)$；$(1\bar{1}0)$，(101)以及$(1\bar{1}0)$，(011)这6组面上发生的是斜交组合反应. 即对于这种情况，$\{110\}$有9种组合方式. 同样还可以确定$\{112\}$的9种晶面组合，并不难计算出组合方式中的面间角. 它们是：3组48.19°组合：$(2\bar{1}\bar{1})$，$(2\bar{1}1)$；$(\bar{1}2\bar{1})$，$(\bar{1}21)$；$(\bar{1}\bar{1}2)$，(112). 2组80.41°组合：$(\bar{1}\bar{1}2)$，$(2\bar{1}1)$；$(\bar{1}\bar{1}2)$，$(\bar{1}21)$. 2组99.59°组合：$(2\bar{1}\bar{1})$，(112)；$(\bar{1}2\bar{1})$，(112). 2组146.44°组合：$(2\bar{1}\bar{1})$，$(\bar{1}21)$；$(\bar{1}2\bar{1})$，$(2\bar{1}1)$.

(vi)判断位错的可能行为. 如果已知在正交$\{110\}$晶面交截处发生的是刃型$\frac{a}{2}\langle 111\rangle$位错之间的反应，则可以确定合成刃型位错（$a\langle 001\rangle$裂纹位错）所在的晶面及其解理面. 如果已知螺型$\frac{a}{2}\langle 111\rangle$位错所在晶面，则可以判断可能的交滑移面. 如果在斜交$\{110\}$晶面交截处位错反应后形成的是混合型$\frac{a}{2}\langle 111\rangle$位错则可以判断滑移面的转换或孪生的$\{112\}$型晶面. 此外，可根据生成位错所在晶面来判断其可动性.

(vii) 揭示通过位错反应形成混合型位错和螺型位错的规律①. 在共带轴 {110} 和 {112} 的晶面交截处三个$\frac{a}{2}$ ⟨111⟩ 位错的反应可以生成一个混合型位错 (M) 或一个螺型位错 (S)，视其合成位错所在晶面而定. 例如

$$\frac{a}{2}[1\bar{1}1]+\frac{a}{2}[1\bar{1}1]+\frac{a}{2}[11\bar{1}]\rightarrow\frac{a}{2}[111], \tag{21.60}$$

$$\begin{array}{llllllll}
\frac{3}{4}a^2 & +\frac{3}{4}a^2 & + & \frac{3}{4}a^2 & > \frac{3}{4}a^2 & & & \\
Xg & +fX & + & d'X & \rightarrow eX & & & \\
hY & +Yg' & + & c'Y & \rightarrow iY & & & \\
aZ & +cZ & + & Zd & \rightarrow bZ, & & & \\
(0\bar{1}1) & (110) & & (101) & \xi /\!/ [\bar{1}11] & (0\bar{1}1) & M & \\
(110) & (\bar{1}01) & & (011) & \xi /\!/ [1\bar{1}1] & (\bar{1}01) & M & \\
(101) & (011) & & (1\bar{1}0) & \xi /\!/ [11\bar{1}] & (1\bar{1}0) & M, & \\
(0\bar{1}1) & (\bar{1}01) & & (1\bar{1}0) & \xi /\!/ [111] & \left\{\begin{array}{ll}(0\bar{1}1) & S,\\ (\bar{1}01) & S,\\ (1\bar{1}0) & S,\\ (11\bar{2}) & S,\\ (1\bar{2}1) & S,\\ (\bar{2}11) & S.\end{array}\right. & &
\end{array}$$

上式中所列晶面指数均可根据所给矢量符号在投影展开图 21.12 中查到. 根据具体情况可用上述反应解释如下现象：(i)，有利于实现形变动态回复过程中位错数目的明显减少 (反应后位错数目仅为反应前的 1/3； (ii)，当滑移在 {110} 面上受阻而可以沿 {110} 面上进行时，可以实现滑移面的转换，而当滑移在上述两类晶面上受阻时，如在低温或高应变速率下，则早期形成的$\frac{a}{2}$⟨111⟩

① Z. F. Peng, *Phys. Stat. Solidi*, (a) **147**, *k*5 (1995).

螺型位错有可能在晶带轴处分解成共带轴 {112} 面上的三叶孪晶①.

(viii) 揭示 {112}〈111〉对称孪生要素. {112}〈111〉棱锥上面对面的两个 {112} 面以及其上的〈111〉晶向构成一对孪生要素. 6 对 {112}〈111〉孪生要素可以很容易地直接在投影图上找到. 此外，还可以确定与每一对孪生要素相对应的切变平面和孪生解理时的解理面. 例如，如果孪生要素是下面一对：$K_1=ABZ$ $(\bar{1}\,\bar{1}2)$，$\eta_1=bZ$ $[111]$，和 $K_2=DCZ$ (112)，$\eta_2=dZ$ $[\bar{1}\,\bar{1}1]$，则同时与 K_1 和 K_2 垂直，并包含 η_1 和 η_2 的孪生切变平面 $s=bZd$ $(1\bar{1}0)$，而孪生解理面是 $ABCD$ (001).

§ 21.3 非线性连续介质中的位错

到此为止，本书讨论的都是线性连续介质中的位错性质. 整个位错弹性理论都是建立在描述线性连续介质的本构方程，即广义 Hooke 定律 $\sigma_{ij}=c_{ijkl}e_{kl}$或 $e_{ij}=s_{ijkl}\sigma_{kl}$的基础上. 在这种本构关系中，$c_{ijhl}$和 s_{ijkl}对一种材料而言是常数. 换句话说，它们的应力应变之间的响应关系是线性的. 但是，在许多情况下这种线性响应关系并不总是成立. 例如，对于大多数金属和合金，在加工硬化以及其它范性形变现象中，描述材料力学性质的应力——应变关系是非线性的，弹性系数不再是常数，而是应力或者应变的函数。这种非线性本构关系就反映了非线性连续介质的基本特征. 可见，研究非线性连续介质中的位错行为在理论和实际上都具有重要意义. 可是，由于数学上的困难，这个问题至今并未很好解决，进展不大. 本节将介绍我国学者范天佑在这方面的工作②.

设对于大多数金属与合金，应力张量 σ_{ij}和应变张量 e_{ij}之间的关系可以用下述的弹塑性变形律描写，即

$$T_{ij}=\phi E_{ij},\quad \sigma_{kk}=\frac{Y}{1-2\nu}e_{kk}, \tag{21.61}$$

---

① Sleeswyk A. W., *Phil. Mag.*, **8**, 1467 (1963).

② Fan T. Y., *Chinese Physics Letters*, **3**, 365 (1986).

其中

$$T_{ij}=\sigma_{ij}-\frac{1}{3}\sigma_{kk}\delta_{ij},\quad E_{ij}=e_{ij}-\frac{1}{3}e_{kk}\delta_{ij},\tag{21.62}$$

$$\phi=\frac{2}{3}\frac{\sigma_e}{e_e},\tag{21.63}$$

$$\sigma_e=\left(\frac{3}{2}T_{ij}T_{ij}\right)^{\frac{1}{2}},\quad e_e=\left(\frac{3}{2}E_{ij}E_{ij}\right)^{\frac{1}{2}},\tag{21.64}$$

$$\sigma_e=Ae_e^N,\quad 0\leqslant N<1,\tag{21.65}$$

或

$$e_e=B\sigma_e^n,\quad 1<n<\infty.\tag{21.66}$$

上面诸式中的材料常数 Y，ν，A（B）和 N（n）分别称为杨氏模量、泊松比、硬化系数和硬化指数. 当 $N=1$ 时，介质还原为线性弹性介质，且 $A=Y$. 由以上诸式可见 ϕ 不是常数，式（21.61）这种非线性本构关系，比 Hooke 定律的应用范围更广，适合描述金属及合金的加工硬化和其它范性形变等现象.

在位错的非线性连续介质模型中，除上述本构关系之外，以前的线弹性理论中的弹性方程和位错条件仍然适用. 这些是

形变几何方程

$$e_{ij}=\frac{1}{2}\left(\partial_j u_i+\partial_i u_j\right).\tag{21.67}$$

平衡方程

$$\partial_j\sigma_{ij}=0,\quad x_i\in V.\tag{21.68}$$

边界条件

$$\sigma_{ij}n_j=0,\quad x_i\in S.\tag{21.69}$$

位错条件

$$\boldsymbol{u}\big|_{\theta=2\pi}-\boldsymbol{u}\big|_{\theta=0}=\boldsymbol{b},\tag{21.70}$$

其中 V 是介质所占空间，S 是边界面，$\boldsymbol{n}$ 是 S 的外法线单位矢量，θ 是极坐标变量.

不难想像，由于本构关系式（21.61）的非线性性质，要在边界条件（21.69）和式（21.70）下直接求解上述弹性方程是极其

困难的.

我们将求解的范围加以限制，仅仅讨论位错中心附近的弹性场. 设 $\boldsymbol{r}$ 是场点到位错中心的位矢. 当我们将 $\boldsymbol{r}$ 限制在一个非常小值的范围时，求解将相对地容易些.

在位错的线弹性理论中，应变能密度函数具有 r^{-2} 的关系. 现在假设对于非线性连续介质这一关系仍然成立，即

$$\sigma_{ij}e_{kl}=f(\theta)\, r^{-2},\quad r\to 0, \tag{21.71}$$

式中的 $f(\theta)$ 是仅与极坐标 θ 有关的任意函数. 由于本构关系的非线性，我们可以设

$$\sigma_{ij}\sim r^{-p},\quad e_{ij}\sim r^{-q}, \tag{21.72}$$

其中 p 和 q 是待定常数. 根据式 (21.71)，显然有

$$p+q=2. \tag{21.73}$$

根据式 (21.65) 可得关系式

$$p=Nq, \tag{21.74}$$

并解得

$$p=\frac{2N}{1+N},\quad q=\frac{2}{1+N}. \tag{21.75}$$

于是，在位错中心附近的位错的弹性应力场、应变场和位移场的渐近函数结构有如下形式：

$$\sigma_{ij}(r,\theta)=r^{-[2N/(1+N)]}\textstyle\sum_{ij}(\theta), \tag{21.76}$$

$$e_{ij}(r,\theta)=r^{-[2/(1+N)]}\Pi_{ij}(\theta), \tag{21.77}$$

$$u_i(r,\theta)=r^{-[(1-N)/(1+N)]}U_i(\theta), \tag{21.78}$$

其中 $\sum_{ij}(\theta)$，$\Pi_{ij}(\theta)$ 和 $U_i(\theta)$ 是仅与极角 θ 有关的待定函数. 上述结果表明，非线性连续介质中位错弹性的渐近行为由材料的硬化指数所控制，这是一个有实际意义的结果. 当 $N=1$ 时，其结果与原来线弹性理论一致. 为了确定上述待定的角分布函数，将要求解某些非线性微分方程. 下面以螺型位错为例说明求解过程.

对于螺型位错，非零的位移分量只有一个：$u_3=u_Z\equiv w$. 设位错线与 Z 轴重合，应变张量的非零分量是

$$e_{rz}=\partial w/\partial r,\quad e_{\theta z}=\partial w/r\partial\theta. \tag{21.79}$$

根据式（21.61）至式（21.65），可得到相应的应力分量的表示式

$$\sigma_{rZ}=\frac{2}{3}Ae_e^{N-1}\partial w/\partial r, \tag{21.80}$$

$$\sigma_{\theta Z}=\frac{2}{3}Ae_e^{N-1}\partial w/r\partial\theta. \tag{21.81}$$

它们满足的静平衡方程是

$$\frac{\partial\sigma_{rz}}{\partial r}+\frac{1}{r}\frac{\partial\sigma_{\theta Z}}{\partial\theta}+\frac{1}{r}\sigma_{rz}=0 \tag{21.82}$$

将式（21.80）和式（21.81）代入上式，得到 w 满足的微分方程

$$\frac{\partial}{\partial r}\left(e_e^{N-1}\frac{\partial w}{\partial r}\right)+\frac{1}{r}\left(e_e^{N-1}\frac{\partial w}{\partial r}\right)+\frac{1}{r^2}\frac{\partial}{\partial\theta}\left(e_e^{N-1}\frac{\partial w}{\partial\theta}\right)=0. \tag{21.83}$$

由式（21.61）到式（21.65）可知，e_e 与 e_{rz}和 $e_{\theta z}$有关，于是也与 w 有关，所以方程（21.83）是一个关于 w 的非线性微分方程.

根据式（21.78）所给位移场的渐近结构，我们假设位移场 w 的结构如下：

$$w\ (r,\ \theta)\ =r\left(\frac{R_0}{r}\right)^{[2/(1+N)]}g(\theta), \tag{21.84}$$

其中 R_0 是一个具有长度量纲的待定常数，$g(\theta)$为待定函数.

将上式的 $w\ (r,\ \theta)$ 代入式（21.80）和式（21.80），得到

$$e_{rz}=r^{-[2/(1+N)]}\Pi_{rz}\ (\theta), \tag{21.85}$$

$$e_{\theta z}=r^{-[2/(1+N)]}\Pi_{\theta z}\ (\theta), \tag{21.86}$$

其中

$$\Pi_{rz}\ (\theta)\ =\frac{1-N}{1+N}R_0^{2/(1+N)}g(\theta), \tag{21.87}$$

$$\Pi_{\theta z}\ (\theta)\ =R_0^{2/(1+N)}g'(\theta). \tag{21.88}$$

根据式（21.64）的定义，由上面诸式可得

$$e_e=\left(\frac{R_0^{2/(1+N)}}{r^{2(1+N)}}\right)\left[\left(\frac{1-N}{1+N}\right)^2 g^2(\theta)+(g'(\theta))^2\right]^{\frac{1}{2}}. \tag{21.89}$$

将上式的 e_e 和式（21.84）的 w（r，θ）代入非线性微分方程（21.83），导得 $g(\theta)$所满足的微分方程

$$g''(\theta)+T[g(\theta), g'(\theta)]=0, \tag{21.90}$$

式中的非线性项 $T[g(\theta), g'(\theta)]$的表达式是

$$T=\left\{-\left[\frac{(1-N)^3}{(1+N)^2}+\frac{(1-N)^2}{(1+N)^2}\right]g'(\theta)+\frac{(1-N)^4}{(1+N)^4}g^3(\theta)\right\}S^{-1}, \tag{21.91}$$

式中的 S 的表达式是

$$S=\frac{(1-N)^2}{(1+N)^2}g^2(\theta)-(1-N)g'(\theta)+[g'(\theta)]^2. \tag{21.92}$$

虽然方程式(21.90)很复杂，但其中的非线性项 T 是 $g(\theta)$和$g'(\theta)$的二元解析函数，由微分方程的理论，该方程在区间［0，2π］上存在唯一解

$$g(\theta)=\sum_{n=0}^{\infty}c_n\theta^n, \tag{21.93}$$

其中 c_n 是待定系数．采用构造函数法①可以得出 c_n 之间的递推关系．由于这些计算太长，这里不予讨论了，有兴趣的读者可参考这里所引的文献．

当 $N=1$ 时，方程（21.90）简化为 $g''(\theta)=0$．因而得到解 $g(\theta)=c_0+c_1\theta$．由位错条件（21.70）得到 $c_0=0$，$c_1R_0=\frac{b}{2\pi}$．这就是熟知的线性连续介质中的解．可见，它仅是非线性连续介质中的一个特例．

① Wang W. X., Fan T. Y., *Phil. Mag. Letters*, **59**, 217 (1994).

第二十二章　向错理论基础

本书第一卷§1.4中曾对向错(disclination)作了简要介绍.除了位错之外,向错是广泛存在于凝聚态物质中的另一类结构缺陷,并构成了弹性介质中的另一类内应力源.

在§1.4中，式（1.28）表达了切割面上 p 点的刚性位移 d_i（p）．它由两项组成

$$d_i(p)=b_i+a_{ij}x_j(p),$$

第一项 b_i 描述刚性平移部分．它是图1.20（b，c，d）所描述的第一类 Volterra 畸变的特征矢量，即大家熟知的位错的 Burgers 矢量,第二项代表由刚性旋转而引起的位移部分,a_{ij}是一个反对称张量的分量．它与一个转动轴矢量 $\boldsymbol{\omega}$ 相对应．若令 $\boldsymbol{r}$ 为 p 点的位矢，则与第二项相应的矢量表达是 $\boldsymbol{\omega}\times\boldsymbol{r}$．图1.20（e，f，g）描述了第二类 Volterra 畸变．这类畸变称为向错．转动矢量 $\boldsymbol{\omega}$ 是它的特征矢量,它的大小代表向错强度.为了纪念 Frank 提出 disclination 一词，$\boldsymbol{\omega}$ 又称为向错的 Frank 矢量.

本章将对向错的基本理论进行较细致的论述.

§22.1　向错的定义及其基本特征[2—5]

首先，我们从较直观、通俗的例子引入向错的概念．考虑一个简单立方晶体，如图22.1（a）所示．它具有与纸面垂直的四次对称轴．图22.1（c）示出了一条平行于该四次对称轴的正90°楔型向错（wedge disclination）线周围的原子组态．该楔型向错可以通过下述操作次序构成．首先沿图22.1（a）中所示的 AB' 和 AB'' 将完整晶体割开，并将楔型晶体 $B'AB''$取走［图22.1（b)］．然后，在保持割口表面不变形的条件下，将两割口表面绕 A 点，即绕过 A 点与纸面垂直的四次对称轴，相互面对面地转动90°，直到两表

面完全接触为止．这样构成的向错，其向错线与过 A 点的对称轴重合，它的 Frank 矢量 $\boldsymbol{\omega}$ 与向错线相重合．我们规定，凡取走楔型晶体而构成的向错称为正楔型向错．向错线的方向与 Frank 矢量 $\boldsymbol{\omega}$ 同向．在本例中，向错的强度值是 $\omega=\pi/4$．由图可见，原来晶格的四次对称性虽然遭破坏，但除 A 点之外，每个原子仍有 4 个最近邻原子围绕．

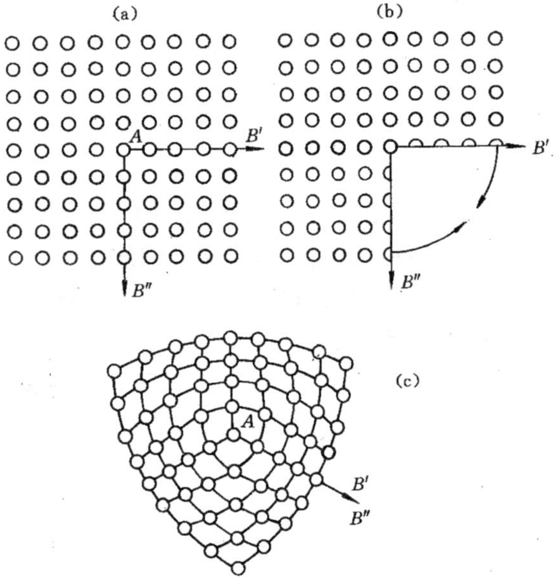

图 22.1

图 22.2 (b) 所示的是一条与六次对称轴平行的负 60°楔型向错线周围的原子组态示意图．它可由图 22.2 (a) 的六次对称完整晶体经下述操作构成．首先沿 AB' (B'') 将晶体割开，并将两个割口表面刚性地绕 A 点反向转动 60°．然后将一个相同结构的楔型晶体填入被拉开的裂缝中，并使两组表面完全接触好．该楔型向错的向错线与它的 Frank 矢量 $\boldsymbol{\omega}$ 都与过 A 点的对称轴相重合．我们规定，凡经填入楔型材料而构成的向错称为负楔型向错．它的向错线的方向与 Frank 矢量的方向相反．本例中，$\omega=-\pi/3$．显

然，正负楔型向错在晶体中造成的晶格畸变是完全不同的.

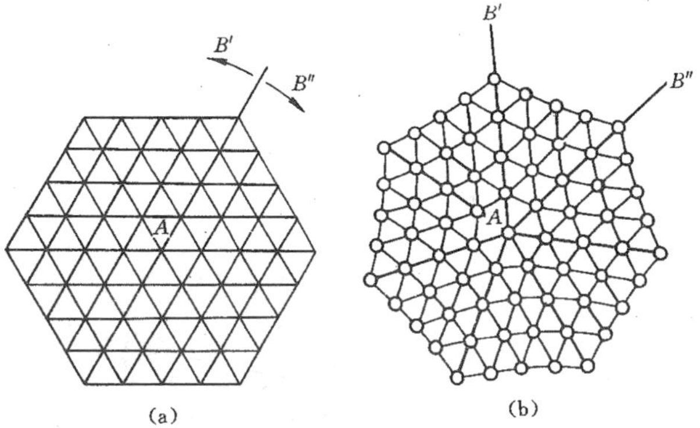

图 22.2

下面我们讨论另一类向错结构：扭转型向错（Twist disclination）. 图 22.3 (a) 示出了一块具有六次对称的晶体，它的对称轴与平面 $ABCDEF$ 垂直. 现在，沿该平面 $ABCF$ 部分作一个想象的割口，直到线 CF 为止. 在保持割口两表面不变形的条件下，将两表面绕六次对称轴相对转动 60°，得到图 22.3 (b) 所示的几何图形. 它示出了一条 60°扭转型向错. 向错线是 CF（点 A'，B'，C'，D，E，F，A''和 B''都处在同一平面内）. 它的 Frank 矢量 $\boldsymbol{\omega}$ 与向错线 CF 垂直，并和向错线相交. 图 22.3 (c) 示出了 60°扭转向错附近的原子的排列. 在割缝两表面重新焊合后的大部分区域，原子排列是完全一一对应的. 在向错线附近，原子结构歪扭，且越接近线 CF，歪扭越剧烈.

上述 3 个例子有一个共同特征：割缝两表面一旦被重新粘合后，就不能从物理上将它们分辨出来. 这是因为在这些例子中，转动矢量 $\boldsymbol{\omega}$ 满足该晶体自身的旋转对称条件. 我们定义：如果转动矢量 $\boldsymbol{\omega}$ 满足旋转对称条件，则称为完全向错. 通常，完全向错的转动角度都非常大，比如上面的例子，ω 可达 60°或 90°. 我们在下一节将要看到，这样大强度的向错，从能量的观点看来，在晶体中几乎是不可能存在.

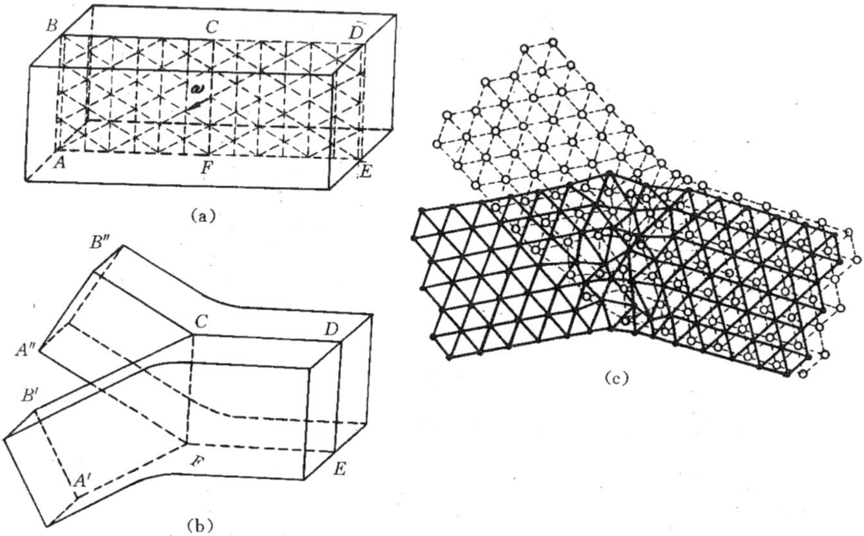

图 22.3

但是，实际向错并非一定是完全的．如果假设晶体中存在某些从原子结构观点看并非全同的分界面，那末就有可能想像一个转动角 ω 的值较小，且并不满足晶体对称操作的向错．这种向错称为不全向错，或部分向错．这时，晶体中存在的分界表面应当是一个在物理上可分辨的特殊结晶结构面，如孪晶界面．它将位于向错线的一侧．图 22.4 示出了一条不全向错结构及其形成过程．它是由 fcc 晶体中的复合孪晶引起的．图 22.4 (a) 示出由共格孪晶界面分开的五个楔型晶体的相互配置．由图可见，如果将裂缝 BAB' 闭合，则在 A 点就形成 Frank 矢量为

$$\omega=\frac{1}{\sqrt{2}}\left(2\pi-10\text{arc tg}\,\frac{1}{\sqrt{2}}\right)\ [110]$$

的正楔型不全向错．它的强度只有 $\omega\approx7°20'$．这类不全向错结构不

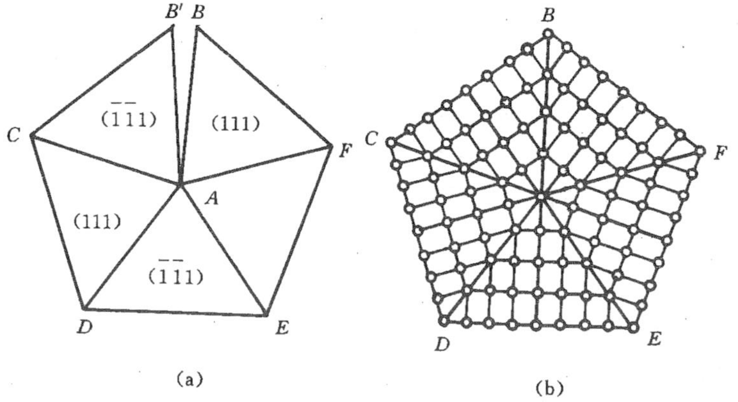

图 22.4

只一次地在一系列金属中被观察到.

下面讨论作为弹性介质中内应力源的向错. 这里只讨论分立的直向错线. 本书第二章对第一类 Volterra 畸变(位错)作了详细分析. 这里,仿照那里的讨论,将分析延续到第二类 Volterra 畸变中去.

图 22.5 示出在讨论分立直向错线的定义和几何学时所使用的笛卡儿直角坐标系. 向错线 L 沿 X_3 轴正向. 想像的割口面 S 是 $(-x_1, x_3)$ 构成的半无限平面,它的法线朝 $-X_2$ 方向. 环绕向错线 L 的 Burgers 回路 λ 位于 (x_1, x_2) 坐标平面上,中心位于坐标原点,半径为 a. σ 表示该回路表面,其外法线指向 x_3 轴正向. 图 22.6 至图 22.8 中的中空圆柱体的轴线与 x_3 轴重合.

图 22.6 示出将两割口表面沿图中箭头方向刚性旋转角度 ω_1. 结果,形成一条 Frank 矢量 $\omega_1 \boldsymbol{i}$ 的扭转型直向错. 它的 Frank 矢量与向错线垂直并通过坐标原点(即二者相交). 在图 22.7 中,割口的上岸相对下岸沿箭头方向刚性旋转了角度 ω_2. 结果,形成一条 Frank 矢量为 $\omega_2 \boldsymbol{j}$ 的扭转型直向错线. 它的 Frank 矢量也与向错线垂直. 为了避免一开始就使问题复杂化,我们暂时假定它的转动轴矢量也通过坐标原点,如诸图右上角所示. 图 22.8 示出

一条 Frank 矢量为 $\omega_3\boldsymbol{k}$ 的正楔型直向错. 它的 Frank 矢量沿 X_3 轴正向，且与 X_3 轴（向错线）重合. 显然，它是在取走一个楔型材料后，将割口面按图中箭头方向刚性旋转直到与 S 面接触为止而构成的. 不难想到，如果是将割口面的上岸按图中箭头所指的反方向旋转 ω_3 角度后，再填入一个楔形材料，则将形成一条 Frank 矢量沿负 X_3 轴方向的负楔型向错.

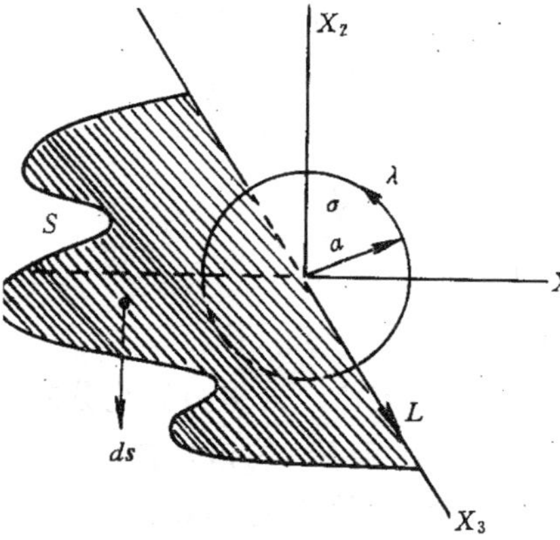

图 22.5

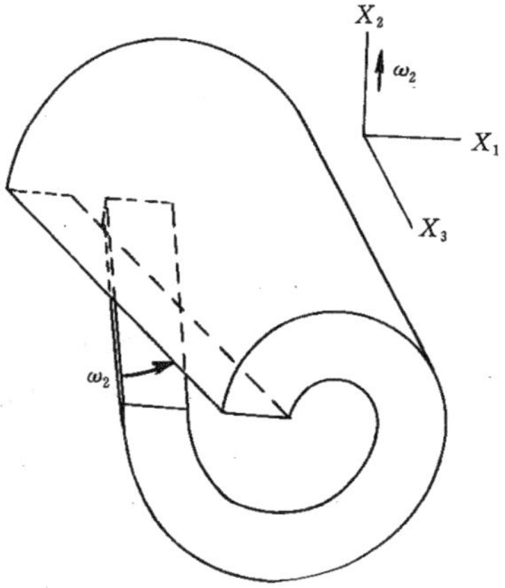

图 22.7

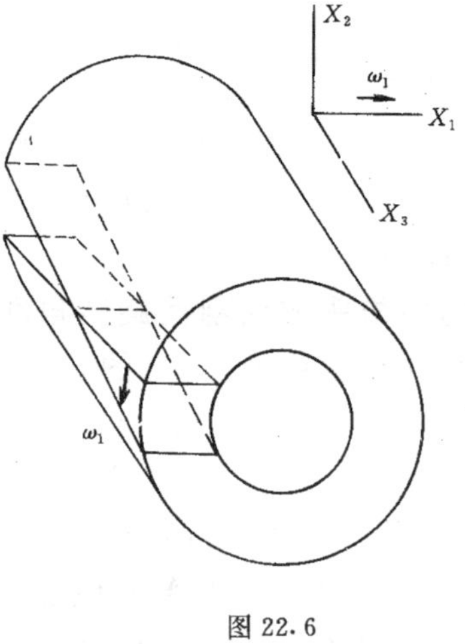

图 22.6

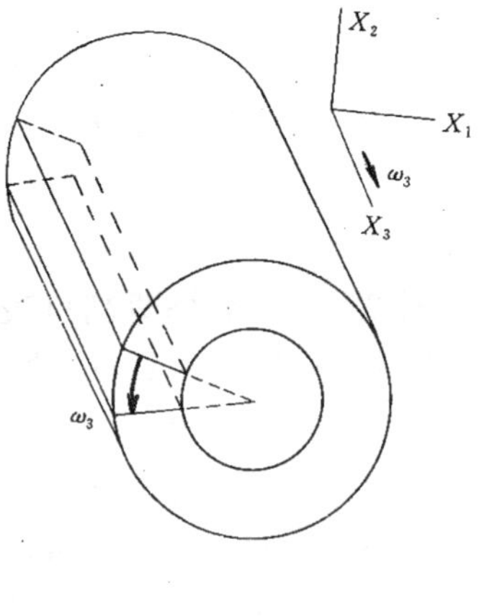

图 22.8

类似于§7.1中的位错密度张量 α_{ij} 的定义，可以定义一个向错密度张量 θ_{pq}

$$\theta_{pq}=\frac{\Delta\omega_q}{\Delta S_p}, \tag{22.1}$$

式中的 ΔS_p 是位于某点且法线沿 X_p 轴方向的一个面元，$\Delta\omega_q$ 是穿过面元 ΔS_p 的所有向错线的总 Frank 矢量 $\boldsymbol{\omega}$ 的第 q 个分量．虽然这个定义是对含有大量向错的物体给出的，但借助 Dirac delta 函数，不难得到它在分立直向错线情况下的具体表达式

$$\theta_{pq}=\delta_p(L)\omega_q, \tag{22.2}$$

式中的 $\delta_p(L)$ 是关于曲线 L（这里即直向错线）的 Dirac delta 函数

$$\delta_p(L)=\int_L\delta(\boldsymbol{x}-\boldsymbol{x}')dx'_p. \tag{22.3}$$

对于图 22.6 至图 22.8 的直向错线，显然，脚标 $p=3$．结果，上式变为

$$\delta_3(L)=\int_L\delta(x_1)\delta(x_2)\delta(x_3-x'_3)dx'_3=\delta(x_1)\delta(x_2). \tag{22.4}$$

这样，由式（22.2），我们有

$$\theta_{3q}=\omega_q\delta(x_1)\delta(x_2). \tag{22.5}$$

图 22.6 至图 22.8 所示的向错的密度张量的具体形式依次是

$$\theta_{31}=\omega_1\delta(x_1)\delta(x_2), \tag{22.6}$$

$$\theta_{32}=\omega_2\delta(x_1)\delta(x_2), \tag{22.7}$$

$$\theta_{33}=\omega_3\delta(x_1)\delta(x_2). \tag{22.8}$$

如果依照图 22.5 所示的 Burgers 回路 λ，通过 λ 所包围的表面 σ 的向错线的向错强度，即 Frank 矢量 ω_q 可由下面的面积分求得

$$\omega_q=\int_\sigma\theta_{pq}ds_p. \tag{22.9}$$

例如，对图 22.6 所示的扭转向错，我们有

$$\int_\sigma \theta_{31} ds_3 = \int_\sigma \omega_1 \delta(x_1)\delta(x_2) dx_1 dx_2 = \omega_1.$$

由式（22.6—22.8）可见，当 $p=q$ 时，θ_{pq}代表楔型向错密度；当 $p \neq q$ 时，代表扭转型向错密度. 下一节我们将把式（22.9）的面积分变为线积分. 它将类似于大家熟知的代表位错条件的沿 Burgers 回路的线积分，如式（1.4）. 所以，该式也可代表向错条件.

de Wit 指出，一条分立的直扭转向错包含了一定量的位错密度. 本章在开始时曾引用了表达割口面上 p 点的刚性位移的式（1.28）. 引入轴矢量 $\boldsymbol{\omega}$ 后，该式可改写为

$$d_i(p) = b_i + \varepsilon_{ikl}\omega_k x_l(p), \tag{22.10}$$

式中右边的第二项代表刚性旋转引起的位移. de Wit 认为，其中的一部分位移将导致直扭转向错中包含位错密度. 我们仍采用第七章中位错密度张量的定义，并将它应用于现在的具体情况. 对分立的向错线 L，位错密度张量 $\alpha_{pl}(\boldsymbol{x})$可以表达为

$$\alpha_{pl} = \delta_p(L)\varepsilon_{lqr}\omega_q x_r. \tag{22.11}$$

对于图 22.6 至图 22.8 所示的直向错，向错线均沿 X_3 轴，即平面 σ 的法线沿 X_3 轴正向. 所以，上式中的下标 $p=3$. 于是

$$\alpha_{3l} = \delta_3(L)\varepsilon_{lqr}\omega_q x_r = \varepsilon_{lqr}\omega_q x_r \delta(x_1)\delta(x_2). \tag{22.12}$$

即图 22.6 至图 22.8 中的直向错线所包含的位错密度依次是

$$\alpha_{31} = \omega_2 x_3 \delta(x_1)\delta(x_2), \tag{22.13}$$

$$\alpha_{32} = -\omega_1 x_3 \delta(x_1)\delta(x_2), \tag{22.14}$$

$$\alpha_{33} = 0. \tag{22.15}$$

上面各式的意义解释如下：考虑位于 x_3 点且平行于 X_1X_2 平面的一薄片材料. 在靠近 X_3 轴的局域，即使那里存在转动的突变，但向错引起的位移突变与位错引起的位移突变几乎没有什么区别. 在图 22.6 中，靠近 X_3 轴的形变与位移突变与图 1.20（c）所示的刃位错引起的突变十分相似. 式（22.13）表达了该直扭转向错所包含的这部分位错密度. 图 22.7 中，靠近向错线的形变与图 1.20（b）示出的刃位错引起的形变类似，式（22.14）给出了所包含的

这部分位错密度. 而式（22.15）表明：图 22.8 所示的直楔型向错线不包含位错成份.

不过，Anthony 不认为式（22.12）是代表位错密度，而是将它视为向错密度的一个组成部分①. 虽然，Anthony 的观点具有向错概念更清晰的优点，但在讨论位错起源或终止在向错上这个问题时，不如 de Wit 的看法方便.

现在，我们将式（22.2）的两边对 x_p 取导数，并利用 $\delta_{p,p}(L)=0$，立即得到一个重要的表达式

$$\theta_{pq,p}=0. \tag{22.16}$$

该式的意义是，向错密度张量的散度为零，即向错不能终止在物体内部. 如果将式（22.2）代入式（22.12），并对 x_p 求导数，则可导出另一个重要的表达式

$$\alpha_{pl,p}+\varepsilon_{lpq}\theta_{pq}=0. \tag{22.17}$$

将该式与式（7.19）比较，我们可以得到下面的结论：当物体内不存在向错时，位错线不能终止在物体内部；当物体内存在向错时，位错线可以终止在向错上. 还可以从式（22.17）进一步分析得到：当下标 $p \neq q$ 时，则该（扭转）向错必定是位错的源. 下一节我们将从更普遍的角度导出上面这个称之为连续性方程的重要表达式.

在前面，我们曾特意暂假设图 22.7 中的转动轴通过坐标原点与向错线相交. 其实这里隐含着向错与位错之间的一个重要区别. 现在来讨论这个问题. 在位错理论中，Burgers 矢量 $\boldsymbol{b}$ 与位错线 L 的相对取向关系是有重要的实际意义的，但并未强调 $\boldsymbol{b}$ 与 L 在空间位置的配置. $\boldsymbol{b}$ 是一个滑移矢量. 然而，在向错理论中，向错线 L 与 Frank 矢量 $\boldsymbol{\omega}$ 在空间的相互配置必须明确标定，且不能随意变动. 当向错线与它的转动轴之间出现相对移动时，其效应将是给该向错增添位错. 该位错的 Burgers 矢量将决定于相对移动的方向和大小.

---

① Anthony, K. H., *Arch. Rat. Mech. Anal.*, **39**, 43(1970).

图 22.9 的左边示出了一个较复杂的缺陷组态. 它的特点是向错线 L 与它的转动轴矢量 $\boldsymbol{\omega}$ 没有重合. 常常称它为转动轴已被移动了的楔型向错. 它相当于一条转动轴与向错线相重合的楔型向错与一条刃位错的组合，如该图右边所示. 换句话说，如果将图 22.9 左边所示的向错的转动轴朝右方移动一个矢量 $\boldsymbol{r}$，得到该图中间所示的 L 和 $\boldsymbol{\omega}$ 相重合的状态，那么，我们必须同时给该楔型向错增添一个 Burgers 矢量 $\boldsymbol{b}=\boldsymbol{\omega}\times\boldsymbol{r}$ 的刃位错，如该图右端所示.

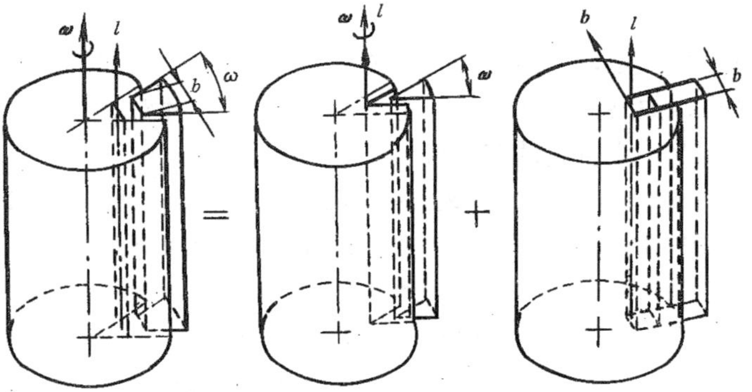

图 22.9

下面对该问题作一点定量的描述. 在一般情况下，我们总是把直向错线置于与某个坐标轴（如 X_3 轴）相重合的位置. 对于图 22.6 至图 22.8 所示的分立向错线，我们曾假定图 22.7 中的转动轴也通过坐标原点. 它们所包含的位错密度由式（22.12）表达. 现在考虑，若它们的转动轴都不通过坐标原点，而是通过一个任意点 $\boldsymbol{x}^0$，即它们都属于转动轴已被移动了的向错，那末，显然，表达式（22.12）应改写为

$$\alpha_{3l}=\varepsilon_{lqr}\omega_q(x_r-x_r^0)\delta(x_1)\delta(x_2). \qquad (22.18)$$

相应地，式(22.13)—(22.15)变为

$$\alpha_{31}=[\omega_2(x_3-x_3^0)+\omega_3x_2^0]\delta(x_1)\delta(x_2), \qquad (22.19)$$

$$\alpha_{32}=[-\omega_3x_1^0-\omega_1(x_3-x_3^0)]\delta(x_1)\delta(x_2), \qquad (22.20)$$

$$\alpha_{33}=[-\omega_1x_2^0+\omega_2x_1^0]\delta(x_1)\delta(x_2). \qquad (22.21)$$

比较（22.18）和（22.12）两式可见，如果我们将位于 $\boldsymbol{x}^0$ 点的转动轴位移一个平移矢量 $-\boldsymbol{x}^0$，使它通过原点，即与向错线相交或重合，那么必须同时给它们增添密度为

$$\alpha_{3l}=-\varepsilon_{lqr}\omega_q x_r^0\delta(x_1)\delta(x_2) \qquad (22.22)$$

的位错．它们的 Burgers 矢量是一个常量

$$b_l=-\varepsilon_{lqr}\omega_q x_r^0, \qquad (22.23)$$

即

$$b_1=-\omega_2 x_3^0+\omega_3 x_2^0, \qquad (22.24)$$

$$b_2=-\omega_3 x_1^0+\omega_1 x_3^0, \qquad (22.25)$$

$$b_3=-\omega_1 x_2^0+\omega_2 x_1^0. \qquad (22.26)$$

下面我们再举一例来说明向错可以是位错的源头或终端．

首先，我们分析图 22.10 的意义．在该图中示出了一条正 60°楔型向错线．它与纸面垂直，并位于空心圆点的位置．在图中左边示出了一条刃位错线．图 20.22(a)—(f)示出了该刃位错向右边滑移的过程．当它滑移到向错线的位置时，其结果是：该位错消

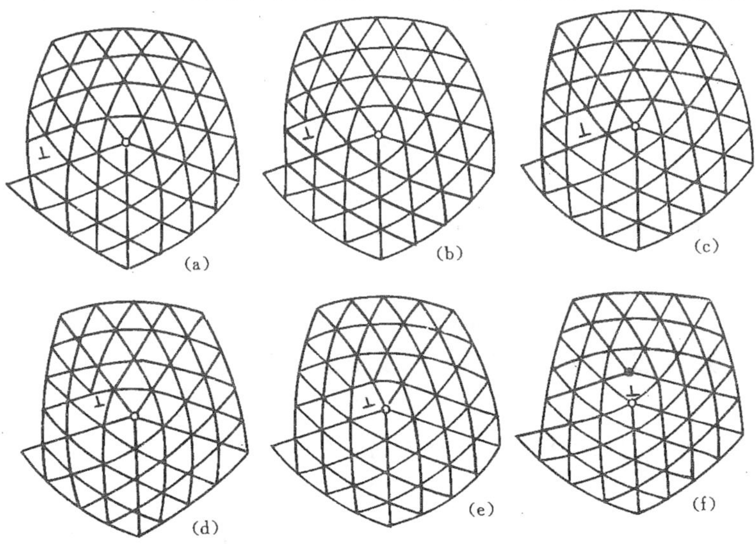

图 22.10

失了，而向错线连同它的转动轴都向上移动了一个原子间距，由空心圆点到达图(f)中的实心圆点的位置.

接下来我们考察图 22.11. 在该图 22.11 (a) 中，一条正楔型向错线 ABC 从一块长方形晶体的前端表面穿入，并在后端表面穿出. 有一条 L 型刃位错线 $A'B'D$ 从左侧表面滑入. 该向错线位于位错段 $A'B'$ 的滑移面上. 位错段 $B'D$ 在晶体的上表面露头. 当该位错到达向错时，位错段 $A'B'$ 将导致向错的 AB 部分向上移动一个原子间距. 结果是向错线在 B 处留下一个割阶，并从该割阶上露出一条位错 [图 22.11(b)].

我们还可以进一步对该例子作些定量的分析. 图 22.12 示出了一条正楔型向错线 L_1, L_3 以及连结它们的扭转型割阶 L_2. L_4 是源于 x_2^0 点的一条位错线. 向错的 Frank 矢量 ω_3 与 X_3 轴平行.

首先，我们应用 Dirac delta 函数和 Heaviside 函数写出该缺陷组态的位错密度和向错密度. 根据前面的讨论 [见式 (22.15)]，楔型向错线 L_1 和 L_3 不包含位错密度. 所以，只要写出与 L_2 和 L_4 对应的位错密度

$$\alpha_{pl}=\delta_p(L_2)\varepsilon_{lqr}\omega_q x_r+\delta_p(L_4)\varepsilon_{lqr}\omega_q x_r^0. \tag{22.27}$$

对于 L_2 和 L_4，下标 $p=2$. 根据下列关系式：

$$\delta_2(L_2)=\delta(x_1)H(x_2)H(x_2^0-x_2)\delta(x_3), \tag{22.28}$$

$$\delta_2(L_4)=\delta(x_1)H(x_2-x_2^0)\delta(x_3). \tag{22.29}$$

可以导出式 (22.27) 中的非零项是

$$\begin{aligned}\alpha_{21}=&-\omega_3 x_2\delta(x_1)H(x_2)H(x_2^0-x_2)\delta(x_3)\\&-\omega_3 x_2^0\delta(x_1)H(x_2-x_2^0)\delta(x_3),\end{aligned} \tag{22.30}$$

而该缺陷组态所具有的向错密度张量应是

$$\theta_{pq}=\delta_p(L_1+L_2+L_3)\omega_q. \tag{22.31}$$

对于 L_1 和 L_2，下标 $p=3$，对 L_3，$p=2$. 根据

$$\delta_3(L_1)=\delta(x_1)\delta(x_2)H(-x_3), \tag{22.32}$$

$$\delta_3(L_3)=\delta(x_1)\delta(x_2-x_2^0)H(x_3). \tag{22.33}$$

可以由式(22.31)得到该缺陷组态的向错密度的具体表达式

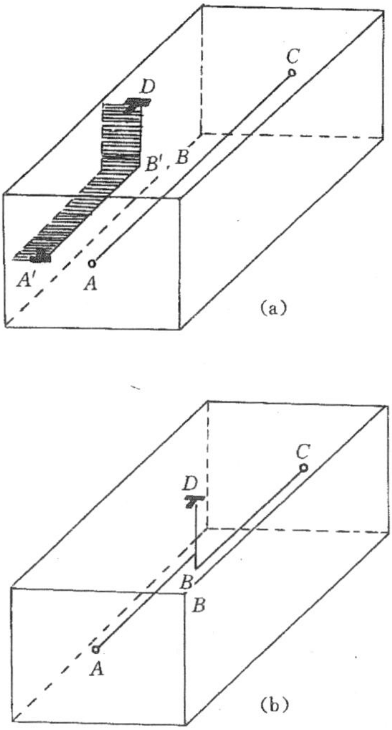

图 22.11

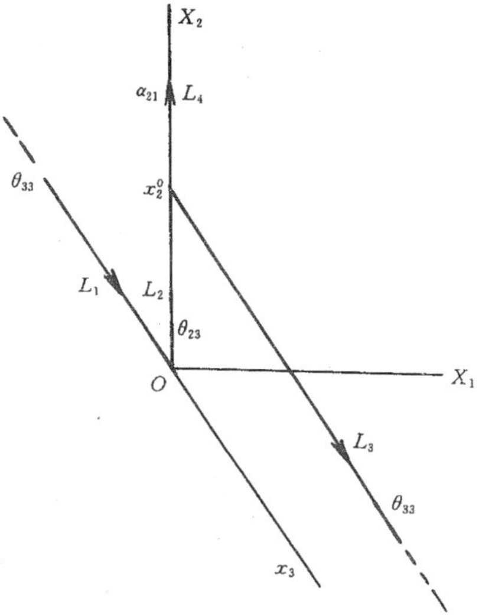

图 22.12

$$\theta_{23}=\omega_3\delta(x_1)H(x_2)H(x_2^0-x_2)\delta(x_3), \qquad (22.34)$$

$$\theta_{33}=\omega_3\delta(x_1)\delta(x_2-x_2^0)H(x_3)+\omega_3\delta(x_1)\delta(x_2)H(-x_3). \qquad (22.35)$$

应用 Heaviside 和 Dirac delta 函数的性质

$$H'(x)=\delta(x), \qquad (22.36)$$

$$\delta(x-x')\varphi(x')=\delta(x-x')\varphi(x). \qquad (22.37)$$

以及假设 $x_2^0>0$，可以由式（22.30），(22.34）和（22.35）得到下列等式：

$$\theta_{23,2}+\theta_{33,3}=\omega_3\delta(x_1)\delta(x_2)H(x_2^0-x_2)\delta(x_3)$$
$$-\omega_3\delta(x_1)H(x_2)\delta(x_2^0-x_2)\delta(x_3)$$
$$+\omega_3\delta(x_1)\delta(x_2-x_2^0)\delta(x_3)$$

$$-\omega_3\delta(x_1)\delta(x_2)\delta(x_3)=0, \qquad (22.38)$$

$$\begin{aligned}\alpha_{21,2}+\theta_{23}=&-\omega_3\delta(x_1)H(x_2)H(x_2^0-x_2)\delta(x_3)\\&+\omega_3x_2\delta(x_1)H(x_2)\delta(x_2^0-x_2)\delta(x_3)\\&-\omega_3x_2^0\delta(x_1)\delta(x_2-x_2^0)\delta(x_3)\\&+\omega_3\delta(x_1)H(x_2)H(x_2^0-x_2)\delta(x_3)\\=&0. \qquad (22.39)\end{aligned}$$

上两式意味着，该缺陷组态的密度张量是满足连续性方程(22.16)和(22.17)．显然，这两式成立是因为我们在这里引入了一条刃位错 L_4．它源于一条楔型向错的扭转型割阶上．式(22.30)中的第一项表达了扭转型向错 L_2 所包含的位错密度．它的强度与 x_2 成正比（从原点到 x_2^0 点）．它可以视为分立的扭转向错的组成部分，与前面讨论的结果一致．而第二项表达了一条源于 x_2^0 点的刃位错．它的 Burgers 具有确定的值

$$b_1=-\omega_3x_2^0. \qquad (22.40)$$

de Wit 指出①,[1]，该终止位错的效应是将向错线连同它的转动轴从 $x_2=0$（对 L_1）移动到 $x_2=x_2^0$（对 L_3）．

最后，我们引入向错环的概念．本书第一卷的§1.2讨论了位错的普遍定义，并详细叙述了在弹性介质中引入一个一般的 Burgers 位错环的具体操作过程，即切割、位移、挖除或填入以及焊合等一系列手续．在弹性介质中引入一个一般向错环的操作过程与§1.2所叙述的十分类似，其区别仅仅在于：割口两岸相对整体平移改为绕某个轴相对整体旋转一个角度 ω．改动这个操作手续就可以类似地定义弹性介质中的向错环．这里不再重复叙述．

为了简化讨论，我们假设环面为平面，且有几何对称中心，如圆形平面．我们首先讨论转动轴通过环平面的几何对称中心的向错环，这种向错环又称为对称环或纯向错环．若转动轴矢量 $\boldsymbol{\omega}$ 与环面垂直，则称为扭转型对称向错环，如图 22.13 所示．由于 Frank 矢量 $\boldsymbol{\omega}$ 与环（向错线）处处垂直，所以，这种扭转向错环

① de Wit, R., *J.*, *Applied Physics*, **42**, 3304 (1971).

处处都是扭转型向错．如果 Frank 矢量 $\boldsymbol{\omega}$ 躺在环平面内，则称为楔型向错环．图 22.14 示出了它的形成过程：将割口两岸绕 X_1 轴刚性旋转角度 ω_1，然后用相同材料填满位于 X_2 轴正向一侧的裂缝，且从位于负 X_2 轴一侧取走“多余”的材料．由图可见，对称楔型向错环并非处处都是楔型的．它既有楔型成分，又有扭转型成分．

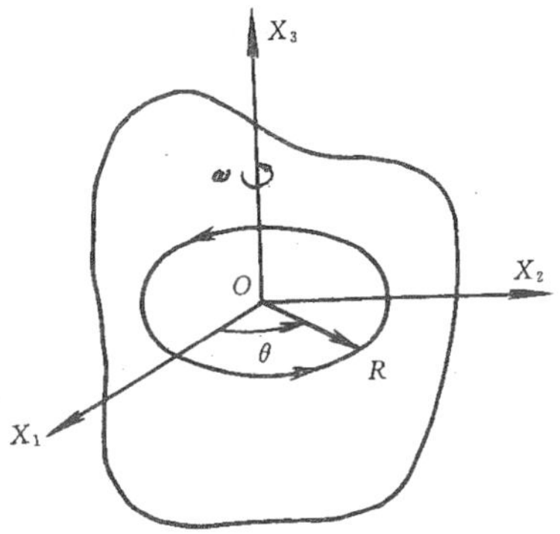

图 22.13

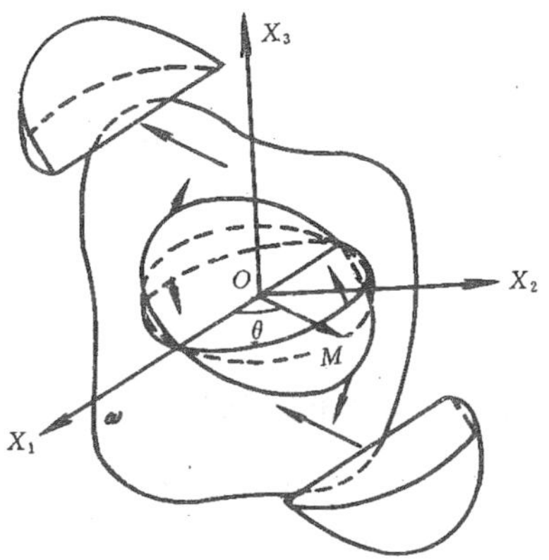

图 22.14

不难想像，若转动轴虽通过对称中心，但与环平面相交成一任意角度，则它总可以分解成一个扭转对称环和一个楔型对称环．

现在讨论转动轴不通过环的几何对称中心的情况．对于向错环，也存在前面提到的转动轴移动效应．由于转动轴相对环平面的移动方式较多，问题比较复杂，所以这里只讨论两个简单的例子．图 22.15(a)左边所示的是一个扭转向错环，但它的转动矢量 $\boldsymbol{\omega}$ 并不通过圆心．如果将它的转动轴向右平移一个矢量 $\boldsymbol{R}$，使其通过圆心，构成一个对称扭转向错环，那末必须同时增添一个 Burgers 矢量 $\boldsymbol{b}=\boldsymbol{\omega}\times\boldsymbol{R}$ 的平移位错环．换句话说，一个转动轴已被平移了的扭转向错环，可以看成是一个对称扭转向错环和一个平移位错环的迭加．图 22.15 (a) 右端图解了这个重要结论．图 22.15 (b) 示出了一个转动轴已偏离了几何对称中心的楔型向错环，它等效于一个对称楔型向错环与一个 $\boldsymbol{b}=\boldsymbol{\omega}\times\boldsymbol{R}$ 的棱柱位错环的组合.

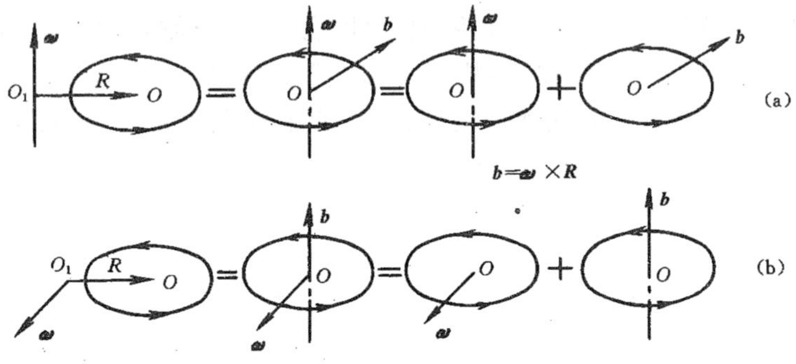

图 22.15

§22.2 向错的弹性场[2—4]

(1) 向错弹性场的基本特征　首先，我们用最简单的直向错线的例子来说明向错在介质中引起的弹性场的基本特征. 图 22.6 至图 22.8（或图 1.20）的畸变在连续介质中的应力状态属于经典弹性力学中的初应力问题，其解早已求得. 由于这里的目的是讨论其基本特征，我们将直接引用计算结果，而不进行推导.

在各向同性介质中，一条位于 Z 轴，Frank 矢量 $\boldsymbol{\omega}$ 通过坐标原点的任意直向错线在其附近产生的弹性位移场 $\boldsymbol{u}(\boldsymbol{r})$，在圆柱坐标系（$r$，$\varphi$，$z$）中的表达式是①

$$\boldsymbol{u}=\frac{1}{2\pi}(\boldsymbol{\omega}\times\boldsymbol{r})\varphi+\frac{1}{2\pi}\left\{[(\boldsymbol{e}_z\times\boldsymbol{\omega})\times\boldsymbol{r}]+\frac{1-2\nu}{2(1-\nu)}(\boldsymbol{\omega}\cdot\boldsymbol{e}_z)r\boldsymbol{e}_r\right\}\ln\frac{r}{R}. \qquad (22.41)$$

式中，$\boldsymbol{r}=r\boldsymbol{e}_r+z\boldsymbol{e}_z$. $\boldsymbol{e}_r$，$\boldsymbol{e}_\varphi$，$\boldsymbol{e}_z$ 是与该坐标系相对应的一组正交单位基矢. R 是反映向错所在晶体尺寸的所谓特征尺寸，也可简单地视

① Аурве，А. И.，Теорuя Уuрyvосмu.，Москва（1970）.

为圆柱体的外径．对于图 22.8 示出的直楔向错，它的位移场可由上式得到

$$u_r=\frac{(1-2\nu)}{4\pi(1-\nu)}\omega r\ln\frac{r}{R},\qquad(22.42)$$

$$u_\varphi=\frac{\omega r}{2\pi}\varphi,\ u_z=0.$$

对于中空圆柱体情况，应力场的近似解的非零分量是

$$\sigma_{rr}=\frac{\mu\omega}{2\pi\ (1-\nu)}\ln\frac{r}{R},$$

$$\sigma_{\varphi\varphi}=\frac{\mu\omega}{2\pi\ (1-\nu)}\left(1+\ln\frac{r}{R}\right),\qquad(22.43)$$

$$\sigma_{zz}=\nu\ (\sigma_{rr}+\sigma_{\varphi\varphi}),$$

式中的 μ 为拉梅系数，ν 为泊松比．

将式（22.43）与直刃位错的应力场［如式（2.22）］进行比较，则可发现它们在芯部和远处的行为是非常不同的．首先，无论是趋近向错芯部时，还是当圆柱体的外部尺寸增加时，都将使该楔向错芯部附近的应力发散．而位错芯部附近的应力，只出现由芯部特征决定的发散，且发散较快．其次，大家知道，位错的应力随距芯部的距离的增加而减小，并在远处趋于零．但楔型向错的应力，即使在物体的外表面上也不为零，且达到相当大的值．这些特点对扭转向错也是适合的．

另外，直楔向错线的弹性能密度可由下式计算：

$$E_\omega=\frac{1}{2}\int_{r_0}^{R}\int_0^{2\pi}(\sigma_{rr}e_{rr}+\sigma_{\varphi\varphi}e_{\varphi\varphi})rdrd\varphi,\qquad(22.44)$$

式中 r_0，R 分别是中空圆柱体的内、外半径，e_{rr}和 $e_{\varphi\varphi}$是应变张量的分量．应用式（22.42）和式（22.43）并利用 $r_0\ll R$ 的条件，可由上式导得该楔向错的单位长弹性能的近似表达式

$$E_\omega=\frac{\mu\omega^2R^2}{16\pi(1-\nu)}.\qquad(22.45)$$

将上式与直刃位错的弹性能密度表达式（2.42）

$$E_b=\frac{\mu b^2}{4\pi(1-\nu)}\ln\frac{R}{r^0}\qquad(22.46)$$

进行比较，不难发现，与位错很不一样，直向错线的弹性能与外部特征尺寸 R 存在强烈的依赖关系. 对于尺寸足够小的一切晶体（$\sim 10^{-3}$Cm），向错的单位长度能量都大大超过位错. 在这种外部尺寸下，它将与具有等效 Burgers 矢量 $\approx 0.15\omega R$ 的位错的能量相当，即比 Burgers 矢量为 b 的位错能量约大（$\omega^2R^2/40b^2$）倍. 即使 $\omega \sim 1°$，$R \sim 10^{-3}$Cm，向错能量也高出位错能量 4 个数量级.

显然，从能量的观点看来，向错作为晶格缺陷而存在的可能性是被严重地限制了. 不过，如果将两条分立的正、负直楔向错线彼此靠近构成向错偶极子，那么，上述严重状况将会大为改观. 因为，在这种组态下，两条正、负楔向错线的应力场在远处叠加时会出现相互抵消的效应. 图 22.16 示出了由位于 A,B 两点的两个楔向错组成的向错偶极子. 它等效于 Burgers 矢量 b 为

$$b = 2l\mathrm{tg}\,\frac{\omega}{2} \approx \omega l$$

的位错. l 是偶极子中两条向错线之间的距离. 研究表明①：向错偶极子与刃位错周围的应力场具有相当令人满意的一致的行为. 图 22.16 示出的偶极子的应力场，在远处与 r^{-1}成比例的衰减，而

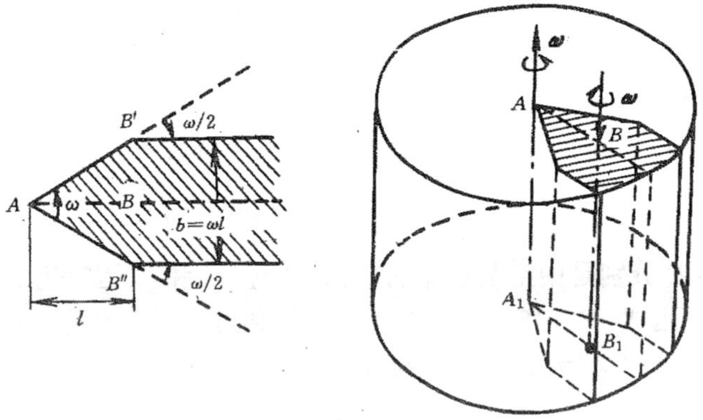

图 22.16

① Li J. C. M., *Surface Sci.*, **31**, 12(1972).

能量也服从对数式发散规律．在向错偶极子概念的基础上，人们还进一步研究了具有应力场相互抵消的其它向错系统，例如向错四极子系统，或双向错偶极子等．对于这类向错系统，前面提到的那种发散性甚至能完全消除．在远离向错的地方，应力将以不次于 $1/r^2$ 的方式衰减．而能量的对数式发散也不存在了．向错四极子组态的原子错排能量，甚至在 $l>b$ 时，也可能比单位强度平移位错的能量还要小．

顺着这种思路，不难想像一个对称向错环的应力场将具有最好的抵消效应．70 年代已对向错环的弹性场有了较充分的研究①②③④．他们对圆形扭转对称向错环和圆形楔型对称向错环的研究结果表明：它们的应力场在远处的行为都是随距离的增加而迅速衰减．向错环作为内应力源，它的影响所能达到的距离最大不超过环半径的 2—3 倍．特别是，Liu 和 Li 的研究结果表明，一个对称扭转向错环的应力场在离环较远处的行为可近似表达为

$$\sigma_{\varphi z} \simeq \frac{3\mu\omega R_0^2}{16r^4}, \qquad (22.47)$$

式中的 R_0^2 是圆环半径，即以 $1/r^4$ 的方式衰减．这个结果与 de Wit[2]的系统理论研究结果一致．de Wit 得出的结论是：对称向错环的位移场 $\boldsymbol{u}$，当 $r\to\infty$ 时，以 r^{-3} 的形式变化，而应变场则以 r^{-4} 形式变化．对于无限小对称向错环，它的位移场和应变场都趋于零．上一节我们已讨论过，一个任意向错环（转动轴不通过环的几何中心）总可以看作是一个对称向错环与一个位错环的组合．这意味着，当我们将一个无限小向错环作为生成元去计算任意组态的向错的弹性场时，实际上只需计算对应的位错环的弹性场．80 年代，Pertsev⑤ 等以无限小矩形向错环为生成元，计算了各向同

① Li, J. C. M., Gilman, J. J., *J. Appl. Phys.*, **41**, 4248(1970).
② Huang, W., Mura, T., *J. Appl. Phys.*, **41**, 5175(1970).
③ Liu, G. C. T., Li, J, C. M., *J. Appl. Phys.*, **42**, 3313(1971).
④ Kuo, H. H., Mura, T., *J. Appl. Phys.*, **43**, 1454(1972).
⑤ Pertsev N. A., et al., *Phil. Mag.*, **A49**, 591 (1984).

性介质中向错的弹性场，丁棣华等①计算了非均匀介质的分界面上的各种向错组态在两相中的弹性场. 他们结果的特点是：所有结果均为由基本函数构成的解析式，而不是70年代的椭圆函数.

最后，我们用表22.1来小结向错弹性场的基本特征，并与位错进行比较. 该表中列举了直线、偶极子和环三种组态的弹性位移场 u、弹性应变场 e 在远距离处随 r 的变化关系.

表 22.1

	位错		向错		
	u	e		u	e
分立直线	$\ln r$	r^{-1}		$r\ln r$	$\ln r$
偶极子	r^{-1}	r^{-2}		$\ln r$	r^{-1}
环	r^{-2}	r^{-3}	一般环	r^{-2}	r^{-3}
			对称环	r^{-3}	r^{-4}

（2）向错弹性场的基本理论　在结束对向错弹性场的基本特征的一般讨论之后，我们再较系统地讨论连续介质中的向错理论. de Wit 非常系统地研究了向错理论[1-4]. 现在我们对该理论的基本内容作一简要的讨论.

de Wit 的理论称为缺陷理论. 它包含两类缺陷：位错和向错. de Wit 认为，可以存在一个纯粹的位错理论，但不可能有一个不涉及位错的独立的向错理论. 缺陷理论是位错理论的推广. 当不存在向错时，它简化为位错理论.

首先，我们回顾一下关于范性应变问题的经典弹性理论的通解.

范性应变问题是 Eshelby 的“无应力转换应变”② (Stress-free transformation strain) 问题对各向异性连续介质和非均匀无应力

---

① Ding Di-hua, *Phil. Mag.*, **A56**, 377(1987); Ding D. H., Deng Z. C., Li S. H., *Phys. Stat. Sol.*, (*b*)**147**, 51(1988).

② Eshelby, J. D., *Progr. Solid Mechanics*, Ⅱ, 87 (1961).

应变问题的推广. 无应力应变与范性应变是等同的. 这个概念又被 Mura T.[①] 称为本征应变（eigenstrain）和本征应力（eigenstress）问题. 本征应变是诸如热膨胀、相变、初应变、范性应变和错配应变等这样一类非弹性应变的通称. 而本征应力是在一个无任何外力和表面约束的自由物体中，由上述的一个或几个本征应变引起的自平衡内应力的通称. 该本征应力场是由于本征应变的不相容性产生的. 显然，与本征应力场相对应，物体中将存在一个弹性应变场. 它们之间的关系服从广义 Hooke 定律. 物体中的总应变场应当是本征应变场与弹性应变场之和. 不难理解，缺陷理论中所讨论的割口两岸的刚体平移和旋转是一个典型的本征应变或范性应变问题.

我们先不涉及具体的范性应变，只讨论在一给定范性形变分布时的弹性场方程的一般表达式.

考虑一个均匀的、各向异性的、无限大的自由弹性体（体力 $f_j=0$）. 我们预先给定一个范性应变 e_{kl}^P，一般，它是位置的函数. 总的应变场 e_{kl}^T是弹性应变 e_{kl}和本征应变 e_{kl}^P之和，即

$$e_{kl}^T=e_{kl}+e_{kl}^P. \qquad (22.48)$$

总的应变 e_{kl}^T由总位移 $\boldsymbol{u}^T$ 的梯度的对称部分定义

$$e_{kl}^T\equiv u_{(k,l)}^T=\frac{1}{2}(u_{l,k}+u_{k,l}). \qquad (22.49)$$

根据 Hooke 定律，本征应力可表达为

$$\begin{aligned}\sigma_{ij}&=c_{ijkl}(e_{kl}^T-e_{kl}^P)\\&=c_{ijkl}(u_{l,k}^T-e_{kl}^P).\end{aligned} \qquad (22.50)$$

将上式代入平衡方程式

$$\sigma_{ij,i}=0, \qquad (22.51)$$

则得到我们要求解的基本的偏微分方程组

$$c_{ijkl}u_{l,ki}^T=c_{ijkl}e_{kl,i}^P. \qquad (22.52)$$

---

① Mura, T., Micromechanics of Defects in Solids. Martinus Nijhoff, Dordrecht (1987).

重复§7.5的讨论，即可得到用Green函数张量G_{jn} ($\boldsymbol{r}$) 表示的、位移场$\boldsymbol{u}^T$的一般积分表达式

$$u_n^T(\boldsymbol{r}) = -\int c_{ijkl} G_{jn,i}(\boldsymbol{r}-\boldsymbol{r}') e_{kl}^P(\boldsymbol{r}') dV', \tag{22.53}$$

该式即是本书第一卷的式（7.120）. 它是后面讨论的基础.

下面简短讨论缺陷连续分布的情况. 在位错和向错都存在时，基本的范性场由范性应变e_{kl}^P和范性扭曲（bend-twist）κ_{kl}^P组成. 相应的基本弹性场由弹性应变e_{kl}和弹性扭曲κ_{kl}^P组成. 总扭曲κ_{kl}^T由总的空间旋转的速率定义

$$\kappa_{kl}^T \equiv \omega_{l,k}^T = \frac{1}{2}\varepsilon_{lmn} u_{n,mk}^T = \kappa_{kl} + \kappa_{kl}^P. \tag{22.54}$$

由式（22.48），（22.49）和（22.54）不难导出下面的等式：

$$\varepsilon_{pmk}\left(e_{kl,m}^T + \varepsilon_{klq}\kappa_{mq}^T\right) = \varepsilon_{pmk} u_{l,km}^T = 0. \tag{22.55}$$

位错密度张量α_{pl}和向错密度张量θ_{pq}分别由下面两式定义：

$$\alpha_{pl} \equiv -\varepsilon_{pmk}\left(e_{kl,m}^P + \varepsilon_{klq}\kappa_{mq}^P\right), \tag{22.56}$$

$$\theta_{pq} \equiv -\varepsilon_{pmk}\kappa_{kq,m}^P. \tag{22.57}$$

根据式（22.55），不难得到α_{pl}和θ_{pq}与基本弹性场的关系

$$\alpha_{pl} = \varepsilon_{pmk}(e_{kl,m} + \varepsilon_{klq}\kappa_{mq}), \tag{22.58}$$

$$\theta_{pq} = \varepsilon_{pmk}\kappa_{kq,m}. \tag{22.59}$$

如果在连续介质中想像一个大家熟知的Burgers回路λ，则可定义两个特征矢量；一个是总Burgers矢量$\boldsymbol{B}$，一个是Frank矢量$\boldsymbol{\omega}$

$$\begin{aligned} B_l &\equiv -\oint_\lambda (e_{kl}^P - \varepsilon_{lqr}\kappa_{kq}^P x_r) dL_k \\ &= \oint_\lambda (e_{kl} - \varepsilon_{eqr}\kappa_{kq} x_r) dL_k, \end{aligned} \tag{22.60}$$

$$\omega_q \equiv -\oint_\lambda \kappa_{kq}^P dL_k = \oint_\lambda \kappa_{kq} dL_k \tag{22.61}$$

应用Stokes定理，不难将上面的线积分变换为由λ所围成的表面σ的面积分

$$B_l = -\int_\sigma \varepsilon_{pmk}(e_{kl,m}^P - \varepsilon_{lqm}\kappa_{kq}^P - \varepsilon_{lqr}\kappa_{kq,m}^P x_r) dS_p$$

$$= \int_\sigma (\alpha_{pl} - \varepsilon_{lqr}\theta_{pq}x_r)dS_p, \tag{22.62}$$

$$\omega_q = -\int_\sigma \varepsilon_{pmk}\kappa^P_{kq,m}dS_p = \int_\sigma \theta_{pq}dS_p. \tag{22.63}$$

式（22.62）表明，除了位错密度之外，向错密度对总 Burgers 矢量 $\boldsymbol{B}$ 也有贡献．不过，应当强调指出：$\boldsymbol{B}$ 不代表绕 λ 的相对位移．因为这里的相对位移对曲线 λ 不是一个常量，而是决定于积分的位置．

根据定义式（22.48），（22.49）和式（22.54），并应用 Stokes 定理，不难导出下面的等式：

$$\oint_\lambda (e^T_{kl} - \varepsilon_{lqr}\kappa^T_{kq}x_r)dL_k = 0, \tag{22.64}$$

于是，立即得到下面的等效场方程

$$B_l = \oint_\lambda (e_{kl} - \varepsilon_{lqr}\kappa_{kq}x_r)dL_k, \tag{22.65}$$

$$\omega_q = \oint_\lambda \kappa_{kq}dL_k. \tag{22.66}$$

不相容度张量 η_{pq} 的定义以及它与源函数 α_{pl} 和 θ_{pq} 的关系如下：

$$\begin{aligned}\eta_{pq} &\equiv \varepsilon_{pmk}\varepsilon_{qnl}e^P_{kl,mn} \\ &= -(\varepsilon_{qnl}\alpha_{pl,n} + \theta_{pq})_{(pq)},\end{aligned} \tag{22.67}$$

下标处的圆括号代表取对称部分．显然，对不相容度张量，下式成立：

$$\eta_{pq,p} = 0. \tag{22.68}$$

由式（22.48）和式（22.67），可以得到

$$\eta_{pq} = -\varepsilon_{pmk}\varepsilon_{qnl}e_{kl,mn}. \tag{22.69}$$

上面几个表达式的意义是：弹性应变场，或说本征应力场来源于本征应变的不相容性．这正是我们在讲述缺陷理论时，一开始所指出的结论．

下面我们转向讨论分立的缺陷线的情况．首先一个问题是要将上述缺陷连续分布时的各方程转为相应的描述分立缺陷线的方程．

图 22.17 示出了一条缺陷线 L. 它是曲面 S 的封闭边界线. 位于 S 下方的材料已相对 S 上方的材料作了范性位移，即产生了一个刚体运动. S 上、下方的位移突变由下式给出：

$$[u_l(\boldsymbol{r})]=b_l+\varepsilon_{lqr}\omega_q(x_r-x_r^0), \qquad (22.70)$$

式中的常量 b_l 代表刚性平移，是该缺陷线中所含的分立位错线的 Burgers 矢量. 它不同于前面所定义的总 Burgers 矢量 $\boldsymbol{B}_l$. 式中的第二项描述了一个叠加的旋转. 旋转量 ω_q 是一个常量，旋转轴通过任意点 x_r^0. ω_q 就是式（22.61）定义的 Frank 矢量. 式（22.70）意味着跨越 S 面还有一个旋转突变

$$[\omega_q(\boldsymbol{r})]=\frac{1}{2}\varepsilon_{klq}[u_l(\boldsymbol{r})]_{,k}=\omega_q. \qquad (22.71)$$

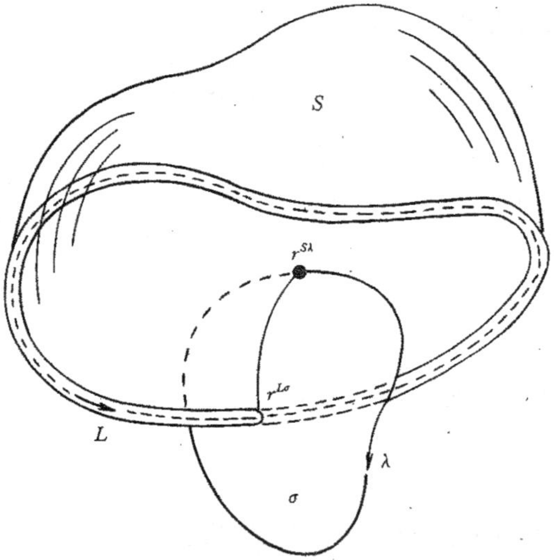

图 22.17

运用关于面和线的 δ 函数，对于分立的缺陷线，Mura① 定义了一个范性畸变 $\beta_{kl}^*(\boldsymbol{r})$和一个范性旋转 $\phi_{kq}^*(\boldsymbol{r})$

① Mura T.，*Arch. Mech. Stos.*，**24**，449(1972).

$$\beta_{kl}^{*}(\boldsymbol{r}) \equiv -\delta_k(S)\left[b_l + \varepsilon_{lqr}\omega_q(x_r - x_r^0)\right], \qquad (22.72)$$

$$\phi_{kq}^{*}(\boldsymbol{r}) \equiv -\delta_k(S)\omega_q. \qquad (22.73)$$

它们与前面定义的 e_{kl}^P和 κ_{mq}^P的关系是

$$e_{kl}^P = \beta_{(kl)}^{*}, \qquad (22.74)$$

$$\kappa_{mq}^P = \frac{1}{2}\varepsilon_{klq}\beta_{kl,m}^{*} + \phi_{mq}^{*}. \qquad (22.75)$$

方程（22.74）和（22.75）与方程（22.72）和（22.73）一起描述了分立缺陷线 L（所围表面为 S）的基本范性场. 我们不妨来检查其正确性. 由式（22.60）的定义，总 Burgers 矢量 $\boldsymbol{B}_l$ 是

$$\begin{aligned}
B_l &= -\oint_\lambda \left(\beta_{(kl)}^{*} - \beta_{[rl],k}^{*}x_r - \varepsilon_{lqr}\phi_{kq}^{*}x_r\right)dL_k \\
&= -\oint_\lambda \left(\beta_{kl}^{*} - \varepsilon_{lqr}\phi_{kq}x_r\right)dL_k \\
&= \oint_\lambda \delta_k(S)\{b_l - \varepsilon_{lqr}\omega_q x_r^0\}dL_k \\
&= b_l - \varepsilon_{lqr}\omega_q x_r^0. \qquad (22.76)
\end{aligned}$$

现对该式最后一个等号包含的计算说明如下：上式的积分是对图 22.17 中的 Burgers 回路 λ 进行的. 按右手法则，它是在正的意义上包围缺陷线 L，所以，它也是在正的意义上穿过图中的表面 S，交叉点如图中 $\boldsymbol{r}^{s\lambda}$ 点所示. $\delta_k(S)$是关于表面 S 的 δ 函数. 根据$\delta(S)$的性质

$$\int_L \delta_i(S)\phi(\boldsymbol{r})dL_i = \begin{cases} \phi(\boldsymbol{r}^{LS}), & L\text{ 正向穿过 }S, \\ 0, & L\text{ 不穿过 }S, \\ -\phi(\boldsymbol{r}^{LS}), & L\text{ 负向穿过 }S \end{cases} \qquad (22.77)$$

就可以完成最后的计算. 由式（22.76）可见，总的 Burgers 矢量由两部分组成：分立位错线的 b_l，以及由向错转动轴移动效应产生的第二项. 这是应当可以预料到的. 由式（22.61）可以得到

$$\begin{aligned}
-\oint_\lambda \kappa_{kq}^P dL_k &= -\oint_\lambda \phi_{kq}^{*}dL_k \\
&= \oint_\lambda \delta_k(S)\omega_q dL_k = \omega_q, \qquad (22.78)
\end{aligned}$$

即得到 Frank 矢量.

由定义式（22.56）和（22.57）以及式（22.72）至式（22.75）不难得到分立缺陷线情况下的位错密度和向错密度的具体表达式

$$\begin{aligned}\alpha_{pl}(\boldsymbol{r})&=-\varepsilon_{pmk}(\beta^*_{kl,m}+\varepsilon_{klq}\phi^*_{mq})\\&=\varepsilon_{pmk}[\delta_{k,m}(S)\{b_l+\varepsilon_{lqr}\omega_q(x_r-x^0_r)\}\\&\quad+\delta_k(S)\varepsilon_{lqr}\omega_q\delta_{rm}+\varepsilon_{klq}\delta_m(S)\omega_q]\\&=\delta_p(L)\{b_l+\varepsilon_{lqr}\omega_q(x_r-x^0_r)\},\end{aligned}\tag{22.79}$$

$$\begin{aligned}\theta_{pq}(\boldsymbol{r})&=-\varepsilon_{pmk}\phi^*_{kq,m}=\varepsilon_{pmk}\delta_{k,m}(S)\omega_q\\&=\delta_p(L)\omega_q.\end{aligned}\tag{22.80}$$

上式最后一个等号利用了 Stokes 公式对 δ 函数也成立的一个结果

$$\varepsilon_{ijk}\delta_{i,j}(S)=-\delta_k(L).\tag{22.81}$$

式（22.80）就是式（22.2），若 $b_l=x^0_r=0$，式（22.79）就是式（22.11）.

完成了上述几何学讨论后，将式（22.72）和（22.74）代入式（22.53），就可直接得到分立缺陷线的位移场的积分表达式

$$\begin{aligned}u^T_n(\boldsymbol{r})&=\int c_{ijkl}G_{jn,i}(\boldsymbol{R})\delta_k(S')\{b_l+\varepsilon_{lqr}\omega_q(x'_r-x^0_r)\}dV'\\&=\int c_{ijkl}G_{jn,i}(\boldsymbol{R})\{b_l+\varepsilon_{lqr}\omega_q(x'_r-x^0_r)\}dS'_k,\end{aligned}\tag{22.82}$$

这里，$(\boldsymbol{R})=\boldsymbol{r}-\boldsymbol{r}'$. 若 $\omega_q=0$，即不出现向错时，该式可简化为位错理论中的位移表达式（3.4）. 若 $b_l=0$，即对于一个分立的向错线，我们有

$$u^T_n(\boldsymbol{r})=\int_S c_{ijkl}G_{jn,i}(\boldsymbol{R})\varepsilon_{lqr}\omega_q(x'_r-x^0_r)dS'_k,\tag{22.83}$$

该式是由一个单独的有限向错环引起的位移的表达式. 对于一个小的向错环，de Wit 估算了在远距离范围，该式表达的位移场的渐近行为[2]. 对一般向错环，由于 Green 函数随 r 的变化服从 r^{-1} 的规律，所以，$\boldsymbol{u}(\boldsymbol{r})$在 $r\to\infty$时，按 r^{-2}的规律变化. 对于有限的对称向错环，位移和应变在 $r\to\infty$的渐近行为分别服从 r^{-3}和 r^{-4} 的规律. 对于无限小对称向错环，u^T_n 和 e_{mn}都趋于零，这就是表

22.1 所列出的结果.

我们还可以用无限小环的概念来解析定义式 (22.72) 和式 (22.73)，并应用式 (22.83) 计算各种具体向错组态的弹性场. 为了构造一条分立的缺陷线 L，首先，我们在以 L 为边界的表面 S 上，均匀地布满强度为 ω_q 的无限小对称向错环. 这意味着，我们没有定义一个唯一的转动轴. 每一个无限小环都有自己的转动轴，它们沿 S 面连续分布. 这些无限小对称环的均匀分布使得在跨过 S 面时，存在一个旋转突变，但无应力. 然后，再在 S 面上均匀分布两类无限小位错环. 一类位错环的 Burgers 矢量为 b_l. 它们的均匀分布将构成一条分立的位错线. 这实际上就是本书第一卷的 §4.4 讨论的情况. 另一类无限小位错环的强度决定于两个量. 一是向错环的 Frank 矢量 ω_q，一是每一个无限小向错环自己的转动轴到 x_r^0 点的距离. 换句话说，它的强度由它们所在处的无限小向错环的转动轴的移动效应决定. 这些位错环与开始提到的无限小对称向错环的组合将构造出一条分立的向错线. 正是这些均匀分布的第二类无限小位错环给出了这条分立向错线的弹性场.

现在，将上面的结果应用到各向同性弹性介质的情况.

在各向同性情况下，我们有

$$c_{ijkl}=\frac{2\mu\nu}{1-2\nu}\delta_{ij}\delta_{kl}+\mu(\delta_{ik}\delta_{jl}+\delta_{il}\delta_{jk}). \tag{22.84}$$

Green 张量的表达式[见式(3.6)]是

$$G_{jn}(\boldsymbol{R})=\frac{1}{8\pi\mu}\left(\delta_{jn}R_{,qq}-\frac{1}{2(1-\nu)}R_{,jn}\right). \tag{22.85}$$

由上面两式可导出下面的关系式

$$c_{ijkl}G_{jn,i}(\boldsymbol{R})=\frac{1}{8\pi}\left(\delta_{ln}R_{,kqq}+\delta_{kn}R_{,lqq}-\frac{1}{1-\nu}R_{,kln}+\frac{\nu}{1-\nu}\delta_{kl}R_{,nqq}\right). \tag{22.86}$$

将式 (22.86) 代入式 (22.83)，就可以导出各向同性介质中一个向错环的位移场表达式

$$u_i^T(\boldsymbol{r})=\frac{1}{8\pi}\int_S\varepsilon_{kmn}\omega_m(x_n'-x_n^0)\Big[R_{,kjj}ds_i'$$

$$+R_{,jll}\delta_{ik}ds_j'-\frac{1}{1-\nu}R_{,ijk}ds_j'+\frac{\nu}{1-\nu}R_{,ijj}ds_k'\Big]. \qquad (22.87)$$

得到了位移场之后，按照弹性理论的基本场方程就可以得到其它的弹性场量. 这里不再细致讨论，直接给出相应的表达式. 它们可以用沿向错线 L 的环路积分表示.

弹性应变场的表达式是

$$\begin{aligned} e_{ij}(\boldsymbol{r}) = \frac{1}{8\pi}\oint_L\Big\{ & \varepsilon_{lmn}\omega_m(x_n'-x_n^0)\Big[R_{,kpp}(\varepsilon_{ikl}dL_j')_{(ij)} \\ & +\left(\frac{1}{1-\nu}R_{,ijk}-\delta_{ij}R_{,kpp}\right)\varepsilon_{klq}dL_q'\Big] \\ & +R_{,pp}(\omega_j dL_i')_{(ij)}+\left(\frac{R_{,ij}}{1-\nu}-\delta_{ij}R_{,pp}\right)\omega_q dL_q'\Big\}. \end{aligned} \qquad (22.88)$$

弹性应力场的表达式是

$$\begin{aligned} \sigma_{ij}(\boldsymbol{r}) = \frac{1}{8\pi}\oint_L\Big[& \varepsilon_{lmn}\omega_m(x_n'-x_n^0)\Big\{R_{,kpp}(\varepsilon_{ikl}dL_j')_{(ij)} \\ & +\frac{1}{1-\nu}(R_{,ijk}-\delta_{ij}R_{,kpp})\varepsilon_{klq}dL_q'\Big\} \\ & +R_{,pp}(\omega_j dL_i')_{(ij)}+\frac{1}{1-\nu}(R_{,ij}-\delta_{ij}R_{,pp})\omega_q dL_q'\Big]. \end{aligned} \qquad (22.89)$$

扭曲张量的表达式是

$$\begin{aligned} \kappa_{kj}(\boldsymbol{r}) = \frac{1}{8\pi}\oint_L\Big[& \varepsilon_{lmn}\omega_m(x_n'-x_n^0)\left\{R_{,klpp}dL_j'-\frac{1}{2}R_{,jkpp}dL_l'\right\} \\ & -R_{,lpp}\varepsilon_{ilk}\omega_j dL'_i\Big]. \end{aligned} \qquad (22.90)$$

(3) **分立直向错线的弹性场** 接下来，我们将上述结果应用到各向同性介质中分立的直向错线的情况. 导出图 22.6 至图 22.8 所示的直向错线的弹性场. 假定弹性介质是无限的. 直向错线 L 与 X_3 轴重合，Frank 矢量是 ω_q. S 面是图 22.5 所示的半无限平面，法线沿 $-X_2$ 方向. 由于转动轴通过坐标原点，所以有 $x_r^0=0$. 另外在上述讨论的表达式中，均有 $b_l=0$.

首先，讨论这种组态的基本范性应变场. 利用 δ 函数，基本范性场的定义式（22.72）和式（22.73）的具体形式是[$\delta_k(S)$ 中的 $k=2$，k 表示 S 面的法线方向]

$$\beta^*_{2l}=\varepsilon_{lqr}\omega_q x_r H(-x_1)\delta(x_2), \tag{22.91}$$

$$\phi^*_{2q}=\omega_q H(-x_1)\delta(x_2). \tag{22.92}$$

它们的具体分量式如下：

$$\beta^*_{21}=\omega_2 x_3 H(-x_1)\delta(x_2), \tag{22.93a}$$

$$\beta^*_{22}=(\omega_3 x_1-\omega_1 x_3)H(-x_1)\delta(x_2), \tag{22.93b}$$

$$\beta^*_{23}=-\omega_2 x_1 H(-x_1)\delta(x_2); \tag{22.93c}$$

$$\phi^*_{21}=\omega_1 H(-x_1)\delta(x_2), \tag{22.94a}$$

$$\phi^*_{22}=\omega_2 H(-x_1)\delta(x_2), \tag{22.94b}$$

$$\phi^*_{23}=\omega_3 H(-x_1)\delta(x_2). \tag{22.94c}$$

根据关系式（22.74，75），并应用关系式

$$H'(x)=\delta(x), \tag{22.95}$$

可以导出范性应变的非零分量是

$$e^P_{12}=\frac{1}{2}\omega_2 x_3 H(-x_1)\delta(x_2), \tag{22.96a}$$

$$e^P_{22}=(\omega_3 x_1-\omega_1 x_3)H(-x_1)\delta(x_2), \tag{22.96b}$$

$$e^P_{23}=-\frac{1}{2}\omega_2 x_1 H(-x_1)\delta(x_2). \tag{22.96c}$$

范性扭曲张量各分量是

$$\kappa^P_{11}=-\frac{1}{2}\omega_2 H(-x_1)\delta(x_2), \tag{22.97a}$$

$$\kappa^P_{21}=-\frac{1}{2}\omega_2 x_1 H(-x_1)\delta'(x_2)+\omega_1 H(-x_1)\delta(x_2), \tag{22.97b}$$

$$\kappa^P_{22}=\omega_2 H(-x_1)\delta(x_2), \tag{22.97c}$$

$$\kappa^P_{13}=\frac{1}{2}\omega_2 x_3\delta(x_1)\delta(x_2), \tag{22.97d}$$

$$\kappa^P_{23}=-\frac{1}{2}\omega_2 x_3 H(-x_1)\delta'(x_2)+\omega_3 H(-x_1)\delta(x_2), \tag{22.97e}$$

$$\kappa^P_{33}=-\frac{1}{2}\omega_2 H(-x_1)\delta(x_2), \tag{22.97f}$$

$$\kappa^P_{31}=\kappa^P_{12}=\kappa^P_{32}=0. \tag{22.97g}$$

在现在的特殊情况下，位移表达式（22.87）中的一些有关量

的具体形式如下：

$$R=\left[(x_1-x_1')^2+x_2^2+(x_3-x_3')^2\right]^{\frac{1}{2}}, \tag{22.98}$$

$$ds_i'=(0,ds_2',0)=(0,-dx_1'dx_3',0), \tag{22.99}$$

$$x_n'=(x_1',0,x_3'),x_n^0\equiv 0. \tag{22.100}$$

采用上面三式的具体条件，以及将式（22.87）的积分限取为 x_1'：$-\infty$—0，x_3'：$-\infty$—$+\infty$，经过冗长的积分计算就可以得到具体表达式. de Wit 设计出了一些计算技巧，可以比较方便地进行计算，这里不详细介绍，只列出最后结果.

位移场的表达式是

$$u_1^T=\frac{-\omega_1x_3}{4\pi(1-\nu)}\left[(1-2\nu)\ln\rho+\frac{x_2^2}{\rho^2}\right]+\omega_2x_3\left[\frac{\varphi}{2\pi}+\frac{x_1x_2}{4\pi(1-\nu)\rho^2}\right]$$
$$-\omega_3\left[\frac{x_2\varphi}{2\pi}-\frac{1-2\nu}{4\pi(1-\nu)}x_1(\ln\rho-1)\right], \tag{22.101a}$$

$$u_2^T=-\omega_1x_3\left[\frac{\varphi}{2\pi}-\frac{x_1x_2}{4\pi(1-\nu)\rho^2}\right]-\frac{\omega_2x_3}{4\pi(1-\nu)}\left[(1-2\nu)\ln\rho+\frac{x_1^2}{\rho^2}\right]$$
$$+\omega_3\left[\frac{x_1\varphi}{2\pi}+\frac{1-2\nu}{4\pi(1-\nu)}x_2(\ln\rho-1)\right], \tag{22.101b}$$

$$u_3^T=\omega_1\left[\frac{x_2\varphi}{2\pi}-\frac{1-2\nu}{4\pi(1-\nu)}x_1(\ln\rho-1)\right]$$
$$-\omega_2\left[\frac{x_1\varphi}{2\pi}+\frac{1-2\nu}{4\pi(1-\nu)}x_2(\ln\rho-1)\right]. \tag{22.101c}$$

上式中的直角坐标（x_1，x_2，x_3）如图 22.5 所示，柱坐标（$\rho\varphi$）如图 22.18 所示. φ 角的取值范围是（$-\pi$，π），它在跨过负 x_1 轴时有 2π 值的突变.

为了节约篇幅，接下来只对图 22.8 的直向错线继续进行讨论. 这时，取式（22.101）中的 $\omega_1=\omega_2=0$.

总畸变场定义为总位移场的梯度

$$\beta_{kl}^T\equiv u_{l,k}^T, \tag{22.102}$$

那末，由式(22.101)可直接得到

$$\beta_{11}^T=\frac{\omega_3}{4\pi(1-\nu)}\left[(1-2\nu)\ln\rho+\frac{x_2^2}{\rho^2}\right], \tag{22.103a}$$

$$\beta_{21}^T=-\omega_3\left[\frac{\varphi}{2\pi}+\frac{x_1x_2}{4\pi(1-\nu)\rho^2}\right], \tag{22.103b}$$

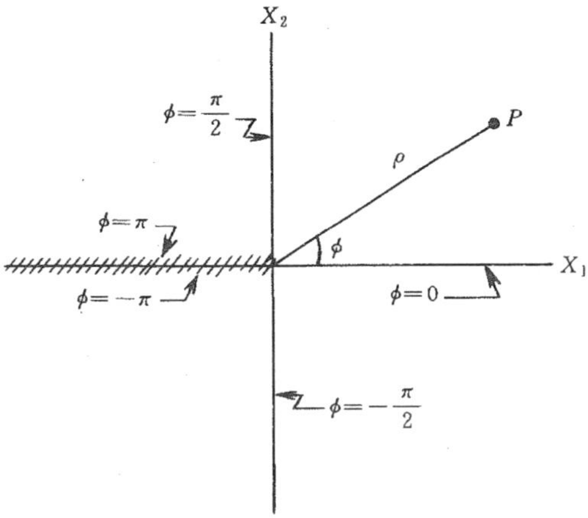

图 22.18

$$\beta_{12}^{T}=\omega_3\left[\frac{\varphi}{2\pi}-\frac{x_1x_2}{4\pi(1-\nu)\rho^2}\right], \qquad (22.103c)$$

$$\beta_{22}^{T}=\frac{\omega_3}{4\pi(1-\nu)}\left[(1-2\nu)\ln\rho+\frac{x_1^2}{\rho^2}\right]+\omega_3x_1H(-x_1)\delta(x_2), \qquad (22.103d)$$

其余各分量均为零. 将式 (22.103d) 与式 (22.93b), (22.96b) 进行比较后可见，总畸变包含了在 S 面上出现奇异的项. 该项与我们曾经解释向错环密度的式 (22.72) 完全一致. 它可以认为是范性畸变. 另外，式 (22.103) 中包含一个 ϕ 角项，这是与位错情况不相同的. 由于 ϕ 在 S 面上不连续，它不可能分成两部分：一部分除在 X_3 轴处之外，处处连续，一部分局域在 S 面上取值. 所以，总畸变也不可能分成两部分：一部分是处处连续的弹性部分，一部分是描述在 S 面上的范性位移的范性部分. 不过还是很容易找到不含 ϕ 的基本总场. 我们定义总的应变场是总畸变场的对称部分

$$e_{kl}^{T}\equiv\beta_{(kl)}^{T}=e+e^{P}. \qquad (22.104)$$

计算式 (22.103) 的对称部分，即 $\beta_{(kl)}^{T}$，则不难发现，其中准

确地包含式（22.96b）所表达的范性应变项（$\omega_1=0$）．将其扣除，即得到该直向错线的弹性应变场 e_{kl} 的非零项是

$$e_{11}=\frac{\omega_3}{4\pi(1-\nu)}\left[(1-2\nu)\ln\rho+\frac{x_2^2}{\rho^2}\right], \tag{22.105a}$$

$$e_{22}=\frac{\omega_3}{4\pi(1-\nu)}\left[(1-2\nu)\ln\rho+\frac{x_1^2}{\rho^2}\right], \tag{22.105b}$$

$$e_{12}=e_{21}=-\frac{\omega_3 x_1 x_2}{4\pi(1-\nu)\rho^2}. \tag{22.105c}$$

为了求得总的扭曲，首先要求总的旋转 ω_q^T．它可由下式求得

$$\omega_q^T=\frac{1}{2}\varepsilon_{qkl}u_{l,k}^T=\frac{1}{2}\varepsilon_{qkl}\beta_{kl}^T. \tag{22.106}$$

由式（22.103）可得到

$$\omega_3^T=\frac{\omega_3}{2\pi}\varphi, \tag{22.107}$$

该式中依然包含了角度 ϕ，它使我们不能将总旋转分为范性旋转和弹性旋转两部分．根据定义式（22.54），我们可以求出总的扭曲，并由此得到弹性扭曲部分．不过这里涉及到对 φ 求导数的问题．

习惯上，φ 角是由 $\mathrm{tg}^{-1}(x_2/x_1)$ 给出．图 22.18 示出了 φ 角的取值规律．ϕ 角的取值范围是从 $-\pi$ 到 $+\pi$．图中标明了在各坐标轴处 φ 的取值．在跨越负 X_1 轴时有一个 2π 值的突变．这样，φ 角处处都唯一地被定义．按该图，φ（x_1，x_2）的函数关系是

$$\varphi(x_1,x_2)=\mathrm{tg}^{-1}\frac{x_2}{x_1}+\pi H(-x_1)\left[H(x_2)-H(-x_2)\right]. \tag{22.108}$$

根据广义微商的法则①，我们有

$$\phi_{,1}=-\frac{x_2}{\rho^2}, \tag{22.109}$$

$$\phi_{,2}=\frac{x_1}{\rho^2}+2\pi H(-x_1)\,\delta(x_2). \tag{22.110}$$

---

① Gel'fand, I. M., Shilov, G. E., Generalized Functions, I, Academic Press, New York (1968).

再按式（22.54，103）可求得 κ_{kl}^{T}. 它包含了范性曲扭项

$$\kappa_{23}^{P}=\omega_3 H(-x_1)\delta(x_2). \tag{22.111}$$

将它扣除，即得到该直楔向错的弹性扭曲

$$\kappa_{13}=-\frac{\omega_3 x_2}{2\pi\rho^2}, \tag{22.112a}$$

$$\kappa_{23}=\frac{\omega_3 x_1}{2\pi\rho^2}. \tag{22.112b}$$

弹性应力场可根据 Hooke 定律直接由式（22.105）得到，这里略去. 由式（22.101）和式（22.105）可见，位移场和应变场的远处行为分别服从 $\rho\ln\rho$ 和 $\ln\rho$ 的规律，与表 22.1 所列出的一致. 另外，可以证明，基本弹性场都满足方程（22.58），(22.59) 和 (22.69).

如果图 22.8 所示出的向错线的转动轴不是通过原点，而将其平移到通过 x_r^0 点，则应向该向错线增加 Burgers 矢量

$$b_l=-\varepsilon_{lqr}\omega_q x_r^0 \tag{22.113}$$

的位错线. 为了简化，我们取 $q=3$，$r=2$，则

$$b_1=\omega_3 x_2^0, \tag{22.114}$$

该刃位错的位移场是熟知的，将其添加到该向错位移场式(22.101)（$\omega_1=\omega_2=0$）中就得到

$$u_1=(x_2^0-x_2)\frac{\omega_3}{2\pi}\varphi+\frac{(1-2\nu)}{4\pi(1-\nu)}\omega_3 x_1(\ln\rho-1)$$
$$+\frac{\omega_3 x_1 x_2 x_2^0}{4\pi(1-\nu)\rho^2}, \tag{22.115a}$$

$$u_2=\frac{\omega_3 x_1}{2\pi}\varphi+\frac{(1-2\nu)\omega_3}{4\pi(1-\nu)}\left[(x_2-x_2^0)\ln\rho-x_2\right]$$
$$-\frac{\omega_3 x_1^2 x_2^0}{4\pi(1-\nu)\rho^2}. \tag{22.115b}$$

（4）直向错偶极子的弹性场　向错偶极子是位错偶极子概念的扩展. 我们将一对靠得很近、具有相反 Frank 矢量的向错线称为向错偶极子. 由于它具有两个转动轴，所以称为双轴偶极子. 我们在这里只讨论由两条分立的直向错线、且相距为无限小的无限小双轴偶极子.

首先进行一般性的形式讨论. 我们这样定义一个无限小双轴直向错偶极子：首先有一条直向错线，并称它为基本直向错线. 我们将这条基础直向错线连同它的轴整个移动一个无限小距离 ξ_m，成为偶极子中的一条向错线. 而在基础向错线的原始位置取它的一个负像，构成偶极子中的另一部分.

假设基础直向错线的源函数用 $S\ (\boldsymbol{r})$ 表示，那么当它被整体移动 $\boldsymbol{\xi}$ 后，新的直向错线的源函数应是 $S(\boldsymbol{r}-\boldsymbol{\xi})$. 于是，这个双轴直向错线的源函数应当是

$$S^D(\boldsymbol{r})=S\ (\boldsymbol{r}-\boldsymbol{\xi})\ -S\ (\boldsymbol{r}). \tag{22.116}$$

由于 $\boldsymbol{\xi}$ 是无限小，我们可以利用 Taylor 展开使上式变为

$$S^D(\boldsymbol{r})=-\xi_i S_i(\boldsymbol{r}). \tag{22.117}$$

假设基本直向错线的场可用下面的通式表达

$$f(\boldsymbol{r}) = \int G(\boldsymbol{R})S(\boldsymbol{r}')dV', \tag{22.118}$$

式中的 $G\ (\boldsymbol{R})$ 是某个积分核. 实际上，式（22.53）就具有这个形式. 将式（22.117）代入上式，我们可以导出该偶极子的场与基本向错线的场之间的关系

$$\begin{aligned} f^D(\boldsymbol{r}) &= \int G(\boldsymbol{R})S^D(\boldsymbol{r}')dV' \\ &= -\ \xi_i\int G(\boldsymbol{R})S_{,i'}(\boldsymbol{r}')dV' \\ &= -\ \xi_i\int G_{,i}(\boldsymbol{R})S(\boldsymbol{r}')dV' \\ &= -\ \xi_i f_{,i}(\boldsymbol{r}). \end{aligned} \tag{22.119}$$

上式中的第三个等号应用了分部积分，第四个等号来自式(22.118).

现在可以对上面定义的一个分立的直双轴向错偶极子的场进行具体讨论. 设基本直向错线沿 X_3 轴，如图 22.6 至图 22.8 所示. 它们的密度函数已由式（22.6）—（22.8）和式（22.13）—（22.15）给出. 根据式（22.117），该偶极子的位错和向错密度分别是

$$\alpha_{3l}^D=-\xi_m\alpha_{3l,m}, \tag{22.120}$$

$$\theta_{3q}^{D}=-\xi_{m}\theta_{3q,m}. \tag{22.121}$$

将式（22.12）和式（22.5）分别代入上面两式，可导出该双轴偶极子的密度张量表达式

$$\alpha_{31}^{D}=-\omega_{2}\Big[x_{3}\xi_{1}\delta'(x_{1})\delta(x_{2})+x_{3}\xi_{2}\delta(x_{1})\delta'(x_{2})+\xi_{3}\delta(x_{1})\delta(x_{2})\Big], \tag{22.122a}$$

$$\alpha_{32}^{D}=\omega_{1}\Big[x_{3}\xi_{1}\delta'(x_{1})\delta(x_{2})+x_{3}\xi_{2}\delta(x_{1})\delta'(x_{2})+\xi_{3}\delta(x_{1})\delta(x_{2})\Big], \tag{22.122b}$$

$$\theta_{31}^{D}=-\omega_{1}[\xi_{1}\delta'(x_{1})\delta(x_{2})+\xi_{2}\delta(x_{1})\delta'(x_{2})], \tag{22.123a}$$

$$\theta_{32}^{D}=-\omega_{2}[\xi_{1}\delta'(x_{1})\delta(x_{2})+\xi_{2}\delta(x_{1})\delta'(x_{2})], \tag{22.123b}$$

$$\theta_{33}^{D}=-\omega_{3}[\xi_{1}\delta'(x_{1})\delta(x_{2})+\xi_{2}\delta(x_{1})\delta'(x_{2})]. \tag{22.123c}$$

根据式(22.119)，该双轴偶极子的位移场与基本直向错位移场的关系是

$$u_{n}^{D}=-\xi_{m}u_{n,m}^{T}. \tag{22.124}$$

$u_{n}^{T}(\boldsymbol{r})$的具体表达式已由式（22.101）给出，执行上式的求导，就可直接得到该分立的无限小双轴直向错偶极子的位移场

$$\begin{aligned}u_{1}^{D}=&\frac{\omega_{1}\xi_{1}x_{3}}{4\pi(1-\nu)}\Big[(1-2\nu)\frac{x_{1}}{\rho^{2}}-2\,\frac{x_{1}x_{2}^{2}}{\rho^{4}}\Big]-\frac{\omega_{2}\xi_{2}x_{3}}{4\pi(1-\nu)}\Big[(3-2\nu)\frac{x_{1}}{\rho^{2}}\\&-2\,\frac{x_{1}x_{2}^{2}}{\rho^{4}}\Big]+\frac{(\omega_{1}\xi_{2}+\omega_{2}\xi_{1})x_{3}}{4\pi(1-\nu)}\Big[(1-2\nu)\frac{x_{2}}{\rho^{2}}+2\,\frac{x_{1}^{2}x_{2}}{\rho^{4}}\Big]\\&-(\omega_{2}\xi_{3}-\omega_{3}\xi_{2})\Big[\frac{\varphi}{2\pi}+\frac{x_{1}x_{2}}{4\pi(1-\nu)\rho^{2}}\Big]\\&-\frac{\omega_{3}\xi_{1}-\omega_{1}\xi_{3}}{4\pi(1-\nu)}\Big[(1-2\nu)\ln\rho+\frac{x_{2}^{2}}{\rho^{2}}\Big],\end{aligned} \tag{22.125a}$$

$$\begin{aligned}u_{2}^{D}=&-\frac{\omega_{1}\xi_{1}x_{3}}{4\pi(1-\nu)}\Big[(3-2\nu)\frac{x_{2}}{\rho^{2}}-2\,\frac{x_{1}^{2}x_{2}}{\rho^{4}}\Big]+\frac{\omega_{2}\xi_{2}x_{3}}{4\pi(1-\nu)}\Big[(1-2\nu)\frac{x_{2}}{\rho^{2}}\\&-2\,\frac{x_{1}^{2}x_{2}}{\rho^{4}}\Big]+\frac{(\omega_{1}\xi_{2}+\omega_{2}\xi_{1})x_{3}}{4\pi(1-\nu)}\Big[(1-2\nu)\frac{x_{1}}{\rho^{2}}+2\,\frac{x_{1}x_{2}^{2}}{\rho^{4}}\Big]\\&+\frac{\omega_{2}\xi_{3}-\omega_{3}\xi_{2}}{4\pi(1-\nu)}\Big[(1-2\nu)\ln\rho+\frac{x_{1}^{2}}{\rho^{2}}\Big]\end{aligned}$$

$$-(\omega_3\xi_1-\omega_1\xi_3)\left[\frac{\varphi}{2\pi}-\frac{x_1x_2}{4\pi(1-\nu)\rho^2}\right], \tag{22.125b}$$

$$u_3^D=\frac{\omega_1\xi_1}{4\pi(1-\nu)}\left[(1-2\nu)\ln\rho+\frac{x_2^2}{\rho^2}\right]$$

$$+\frac{\omega_2\xi_2}{4\pi(1-\nu)}\left[(1-2\nu)\ln\rho+\frac{x_1^2}{\rho^2}\right]. \tag{22.125c}$$

在导出上述表达式的计算中，删除了那些在 S 面上的范性项. 该位移场的远距离渐近行为按对数关系变化，与表 22.1 所列出的相一致.

向错偶极子除了上述双轴型之外，还有一类叫单轴向错偶极子，这里就不详述了. 请参阅一般参考文献 [1—4].

§22.3 向错的弹性相互作用与作用在向错上的力

在本节，我们首先简短讨论直向错线之间、向错环之间以及向错与位错、点缺陷之间的相互作用，然后讨论作用在向错上的力的普遍分析.

像位错一样，一个向错系统的能量与它们之间的相互位置有关. 所以，向错之间、向错与其它缺陷之间存在弹性相互作用. 我们可以通过计算它们之间的弹性相互作用能以及相应的相互作用力来讨论其相互作用的特征及其稳定性.

Kroupa 等① 计算了两个平行楔向错线之间的相互作用. 图 22.19 示出的是计算的示意图. 向错强度为 ω_1 的楔向错位于内外半径分别为 r^0 和 R 的中空圆柱体的轴线上. 另一个位于距轴线距离为 l 的 A 点，强度为 ω_2. 如果把强度为 ω_2 的向错引进含有强度为 ω_1 的向错的圆柱体中，那末为了克服第一个向错的应力场就必然要消耗附加的功. 对这个功有贡献的只有 ω_1 的应力分量 $\sigma_{\varphi\varphi}^{(1)}$. 所以，互作用能可以用下式计算：

$$E_{12}=\int_l^R(r-l)\omega_2\sigma_{\varphi\varphi}^{(1)}dr. \tag{22.126}$$

① Kroupa F., Lejcek L., *Phys. Stat. Sol.*, **b51**, K121 (1972).

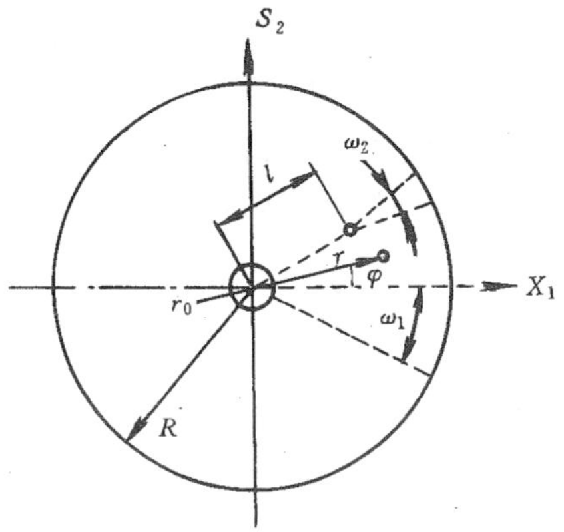

图 22.19

将式（22.43）代入上式，可计算出相互作用能

$$E_{12}=\frac{\mu\omega_1\omega_2}{8\pi\ (1-\nu)}\left(R^2-l^2-2l^2\ln\frac{R}{l}\right) \qquad (22.127)$$

相互作用力可由其负梯度求得

$$F_{12}=-\partial_l E_{12}=\frac{\mu\omega_1\omega_2}{2\pi(1-\nu)}l\ln\frac{R}{l}. \qquad (22.128)$$

由上两式不难看出，两个符号相同的楔向错互相排斥，而符号相反的楔向错互相吸引．并且，互作用力在 $l\simeq R/e$ 时有极大值．

如果令 $\omega_1=-\omega_2=\omega$，即形成偶极子，则可由式（22.127）计算出偶极子的能量．楔向错的自由能由式（22.45）表达，则该偶极子的能量是

$$E=2E_\omega+E_{12}=\frac{\mu\omega^2 l^2}{4\pi\ (1-\nu)}\left(\ln\frac{R}{l}+\frac{1}{2}\right). \qquad (22.129)$$

将该式与刃位错的能量表达式（22.46）比较可见，偶极子与 $b\simeq\omega l$ 的位错等效．

Li 和 Gilman① 计算了向错环之间的相互作用能．他们计算的两个环的空间位置是：第一个圆环的半径是 a_1，强度是 ω_1．环平

① Li J. C. M., Gilman J. J., *J. Appl. Phys.*, **41**, 4248 (1970).

面位于 $Z=0$的 XY 平面．圆心与原点重合，Frank 矢量通过原点．第二个圆环半径是 a_2，强度是 ω_2．环平面与第一个平行，圆心坐标是 $z=z_0$，Frank 矢量通过圆心．两个环的互作用能，就是在第一个向错环的应力场中第二个向错环的形成能．

若两个环都是扭转向错环，则它们之间的互作用能可用下面的积分式计算

$$E_{12}^{t}=-\int_0^{2\pi}\int_0^{a_2}\int_0^{\omega_2}\sigma_{\theta z}(rd\omega)rdrd\theta. \tag{22.130}$$

若两个环都是楔向错环，则它们之间的互作用能可用下面的积分式计算

$$E_{12}^{d}=-\int_0^{2\pi}\int_0^{a_2}\int_0^{\omega_2}\sigma_{zz}(xd\omega)rdrd\theta. \tag{22.131}$$

Li 等在同一文章中用 Volterra 点力法计算了这两类向错环的应力场．上面两式中的 $\sigma_{\theta z}$和 σ_{zz}的表达式分别如下：

$$\sigma_{\theta z}=\frac{3\mu\omega_1 a_1^4}{16R^5}r\left(1-\frac{5z^2}{R^2}\right), \tag{22.132}$$

$$\sigma_{zz}=\frac{3\mu\omega_1 a_1^4}{16(1-\nu)}\frac{x}{R^5}\left(1+\frac{10z^2}{R^2}-\frac{35z^4}{R^4}\right), \tag{22.133}$$

式中 $R^2=r^2+z^2$，$r^2=x^2+y^2$．将上两式分别代入式（22.130）和式（22.131），当只考虑比环半径大得多的范围时，相互作用能的表达式分别是

$$E_{12}^{t}=\frac{3\pi a_1^4 a_2^4\omega_1\omega_2\mu}{8z^5}, \tag{22.134}$$

$$E_{12}^{d}=\frac{9\pi a_1^4 a_2^4\omega_1\omega_2\mu}{8(1-\nu)z^5}. \tag{22.135}$$

互作用力分别是

$$F_z^{t}=-\frac{\partial E_{12}^{t}}{\partial z}=\frac{15\pi a_1^4 a_2^4\omega_1\omega_2\mu}{8z^6}, \tag{22.136}$$

$$F_z^{d}=-\frac{\partial E_{12}^{d}}{\partial z}=\frac{45\pi a_1^4 a_2^4\omega_1\omega_2\mu}{8(1-\nu)z^6}. \tag{22.137}$$

由上面的计算结果可以得出结论：两个相互平行的扭转环，或楔型环，如果彼此符号相同，则总是互相排斥，如果彼此符号相反，

则总是互相吸引. 如果将式 (22.132) 代入式 (22.131), 将式 (22.133) 代入式 (22.130), 则积分为零. 即, 扭转向错环和楔型向错上下平行放置时没有相互作用.

处于向错应力场中的位错, 在一般情况下, 应当受到向错的强烈作用. 我们以楔向错为例作一简短讨论. 根据直长楔向错线的应变场的表达式 (22.43) 或式 (22.105), 可以看出, 它与互相平行的螺位错之间将不出现弹性相互作用. 因为它们的应变场没有重叠的分量. 显然, 和刃位错之间存在弹性相互作用. 楔向错对刃位错施加的力, 在极坐标系中既有径向分量, 也有横向分量. 若刃位错的 Burgers 矢最 $\boldsymbol{b}$ 与 X_1轴成 ψ 角, 则向错作用在该刃位错上的力的径向和横向分量分别是

$$F_r=\sigma_{\varphi\varphi}b_\varphi=\sigma_{\varphi\varphi}b\sin(\psi-\varphi), \qquad (22.138)$$

$$F_\varphi=-\sigma_{rr}b_r=-\sigma_{rr}b\cos(\psi-\varphi), \qquad (22.139)$$

式中的 $\sigma_{\varphi\varphi}$, σ_{rr}是楔向错的应力场. 上两式可由式 (2.60) 导出. 向错作用在位错上的总力

$$\boldsymbol{F}=F_r\boldsymbol{e}_r+F_\varphi\boldsymbol{e}_\varphi. \qquad (22.140)$$

当 $\varphi=\psi\pm k\dfrac{\pi}{2}$ ($k=0, 1, 2, \cdots$) 情况时, 作用力与位错的 Burgers 矢量垂直. 因此, 在 $\varphi=\psi\pm k\dfrac{\pi}{2}$的线上, 这个作用力只能使位错攀移. 对于其它 φ 角, 总力不与 Burgers 矢量垂直. 所以, 该楔向错不仅企图使位错攀移, 也使它作保守运动.

关于向错与点缺陷的相互作用, 我们仍以楔向错为例作一简短讨论. 根据式 (22.105), 我们可以计算相应的膨胀场

$$e=e_{kk}=\frac{\omega_3}{2\pi\ (1-\nu)}\left[(1-2\nu)\ \ln\rho+\frac{1}{2}\right]. \qquad (22.141)$$

显然, 对于正的楔向错, $e>0$, 它吸引间隙排斥空位. 对于负楔向错, $e<0$, 它吸引空位而排斥间隙原子.

本节的最后一部内容是对作用在向错上的力作一普遍分析①.

根据晶体学对称性，在一个实际晶体中的向错的 Frank 矢量 $\boldsymbol{\omega}$ 的大小和取向都是确定的. 所以，向错的可能的运动有三类. (1),旋转轴在晶体中的位置保持不动,向错环或它的一部分运动. (2)，向错环在物体中的位置保持不动，转动轴相对环运动，并保持与自身平行. (3)，向错线与其旋转轴一起的联合运动或刚性运动. 我们将根据不同类型的运动来计算作用在向错上的力. 计算方法与第二章中计算作用在位错上的力相同. 即计算出无限小运动引起的能量的变化. 再求其负梯度即得到作用在向错上的力.

(i) 转动轴不动，向错线运动时所受的力. 图22.20示出了一个转动轴通过 $\boldsymbol{r}^0$ 点的任意向错环. 位矢为 $\boldsymbol{r}$ 的 $\boldsymbol{M}$ 点处的环的切向单位矢量是 ξ. 设 M 点处的一小段向错线产生位移 $d\boldsymbol{r}$，则单位长向错段扫过的面元 $d\boldsymbol{S}$ 等于：

$$d\boldsymbol{S}=-\boldsymbol{\xi}\times d\boldsymbol{r},\quad dS_j=-\varepsilon_{jkl}\xi_k dx_l. \tag{22.142}$$

设 M 点的应力张量是 $\boldsymbol{\sigma}$，则作用在该面元上的应力矢量是 $\hat{\boldsymbol{\sigma}}\cdot d\boldsymbol{S}$. 根据前面的讨论，由于向错运动，$d\boldsymbol{S}$ 的负面相对正面的位移为

$$\boldsymbol{u}=\boldsymbol{\omega}\times\boldsymbol{R},u_i=\varepsilon_{imn}\omega_m X_n, \tag{22.143}$$

式中 $\boldsymbol{R}=\boldsymbol{r}-\boldsymbol{r}^0,X_n=x_n-x_n^0$. 由于这个运动,应力作的功是

$$dE=\boldsymbol{u}\cdot\boldsymbol{\sigma}\cdot d\boldsymbol{S},dE=u_i\sigma_{ij}dS_j. \tag{22.144}$$

将式(22.142)和式(22.143)代入上式,得到

$$\begin{aligned} dE &=-(\boldsymbol{\omega}\times\boldsymbol{R})\cdot\boldsymbol{\sigma}\cdot(\boldsymbol{\xi}\times d\boldsymbol{r}) \\ &=-\{[(\boldsymbol{\omega}\times\boldsymbol{R})\cdot\boldsymbol{\sigma}]\times\boldsymbol{\xi}\}\cdot d\boldsymbol{r} \\ &=-\varepsilon_{jkl}\varepsilon_{imn}\omega_m X_n\sigma_{ij}\xi_k dx_l, \end{aligned} \tag{22.145}$$

这个功也等于晶体自由能的净改变. 作用在 M 点处单位长度向错上的力定义为自由能相对该运动的方向负梯度

$$\left.\begin{aligned} &\boldsymbol{f}=-\nabla E=[(\boldsymbol{\omega}\times\boldsymbol{R})\cdot\boldsymbol{\sigma}]\times\boldsymbol{\xi}, \\ &f_l=-\partial E/\partial x_l=\varepsilon_{jkl}\varepsilon_{imn}\omega_m X_n\sigma_{ij}\varepsilon_k, \end{aligned}\right\} \tag{22.146}$$

① Das E. S. P., Marcinkowski M. J., Armstrong R. W., de Wit R., *Phil. Mag.*, **27**, 369 (1973).

这个表达式与位错理论中的 Peach-Koehler 公式（3.90）和（3.91）完全类似. 将它们合并就可以得到作用在单位长缺陷线（包含位错和向错）上的力的一般表达式，即

$$\boldsymbol{f}=\{[\boldsymbol{b}+(\boldsymbol{\omega}\times\boldsymbol{R})]\cdot\boldsymbol{\sigma}\}\times\boldsymbol{\xi}. \tag{22.147}$$

显然，由式（22.146）可知，力 $\boldsymbol{f}$ 总是与向错线元垂直. 作用在整个环上的总力可以通过对环路进行积分求得

$$F_l = \oint_L f_l dl = \oint_L \varepsilon_{jkl}\varepsilon_{imn}\omega_m X_n \sigma_{ij} dl_k . \tag{22.148}$$

应用 Stokes 定理，求得面积分表达形式为

$$F_l = \int_S \partial_j(\varepsilon_{imn}\omega_m X_n \sigma_{ij}) dS_l - \int_S \partial_l(\varepsilon_{imn}\omega_m X_n \sigma_{ij}) dS_j.$$

根据平衡方程 $\partial_j\sigma_{ij}=0$和 $\varepsilon_{imj}\sigma_{ij}=0$，由上式最后求得作用在具有固定旋转轴的向错线上的总力的面积分表达式是

$$F_l = -\int_S (\varepsilon_{imn}\omega_m X_n \sigma_{ij,l} + \varepsilon_{iml}\omega_m \sigma_{ij}) dS_j. \tag{22.149}$$

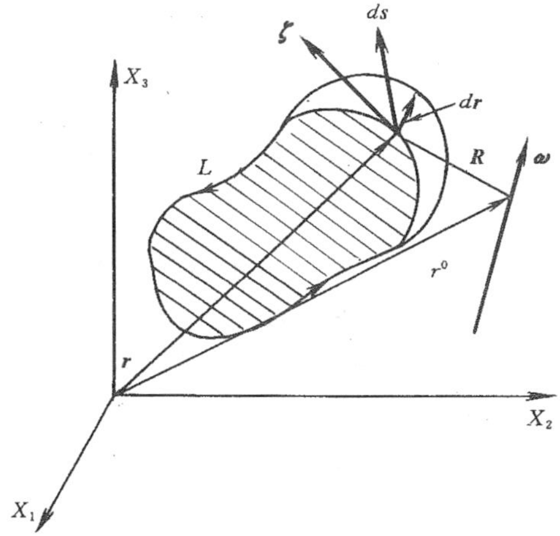

图 22.20

现在，我们将式（22.146）应用到图22.13和图22.14所示的圆形扭转向错环和楔型向错环，得到力的具体表达式. 在这里，我们有 $\boldsymbol{r}^0=0$，$\xi_3=0$，$X_3=0$. $\boldsymbol{r}$ 与 X_1轴的夹角用 θ 表示.

作用在图22.13所示的向错环的单位长度上的力为

$$f_1=r\omega_3\cos\theta(\sigma_{13}\sin\theta-\sigma_{23}\cos\theta), \tag{22.150a}$$

$$f_2=r\omega_3\sin\theta(\sigma_{13}\sin\theta-\sigma_{23}\cos\theta), \tag{22.150b}$$

$$f_3=r\omega_3\Big[\sin\theta(\sigma_{22}\cos\theta-\sigma_{12}\sin\theta) -\cos\theta(\sigma_{11}\sin\theta-\sigma_{21}\cos\theta)\Big]. \tag{22.150c}$$

对于图22.14所示的楔型向错环，我们有

$$f_1=-r\omega_1\sigma_{33}\sin\theta\cos\theta, \tag{22.151a}$$

$$f_2=-r\omega_1\sigma_{33}\sin^2\theta, \tag{22.151b}$$

$$f_3=r\omega_1\sin\theta\ (\sigma_{13}\cos\theta+\sigma_{23}\sin\theta). \tag{22.151c}$$

如图采用极坐标系表示，则结果如下：

对于扭转向错环，力的径向分量是

$$f_r=r\omega_3(\sigma_{13}\sin\theta-\sigma_{23}\cos\theta), \tag{22.152}$$

横向分量等于零. 对于楔型向错环

$$f_r=-r\omega_1\sigma_{33}\sin\theta, \tag{22.153}$$

横向分量也等于零. 可见，在环平面内，作用在向错环上的力只有径向分量，它将使环在它所在的平面内发生形状变化. 而 f_3分量将使环的形状在三维空间发生畸变.

(ii) 作用在转动轴上的力. 现在讨论当向错线固定不动时，转动轴相对自身作平行移动时出现的力.

如图22.21所示，设轴矢量 $\boldsymbol{\omega}$ 在空间的位移是 $d\boldsymbol{r}^0$，这将引起向错环的自由能发生变化. 根据式（22.145），向错环的自由能是

$$E=\int_S(\boldsymbol{\omega}\times\boldsymbol{R})\cdot\hat{\boldsymbol{\sigma}}\cdot d\boldsymbol{S}=-\int_S\boldsymbol{R}\cdot\boldsymbol{\omega}\times(\boldsymbol{\sigma}\cdot d\boldsymbol{S}) =\int_S\varepsilon_{imn}\omega_m X_n\sigma_{ij}dS_j. \tag{22.154}$$

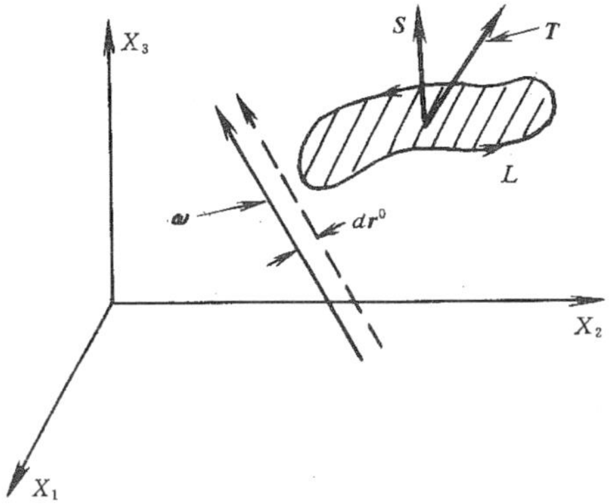

图 22.21

自由能相对轴的运动的负梯度定义为作用在转动轴上的力，即①

$$
\left.\begin{aligned}
F^{\omega} &= -\nabla_0 E = -\boldsymbol{\omega}\times\int_S \boldsymbol{\sigma}\cdot d\boldsymbol{S},\\
F_l^{\omega} &= -\frac{\partial E}{\partial x_l^0} = \int_S \varepsilon_{iml}\omega_m\sigma_{ij}dS_j.
\end{aligned}\right\} \qquad (22.155)
$$

由于应力 $\hat{\sigma}$，作用在 S 面上的总拖曳力 $\boldsymbol{T}$ 由面积分求得

$$
\boldsymbol{T} = \int_S \boldsymbol{\sigma}\cdot d\boldsymbol{S},\ T_i = \int_S \sigma_{ij}dS_j. \qquad (22.156)
$$

所以，作用在转动轴上的力可表达为

$$
\boldsymbol{F}^{\omega} = -\boldsymbol{\omega}\times\boldsymbol{T},\ F_l^{\omega} = \varepsilon_{iml}\omega_m T_i. \qquad (22.157)
$$

显然，这个力与拖曳力 $\boldsymbol{T}$ 垂直. 这个结果在一些特殊情况中是有用的. 例如，如果总的拖曳力 $\boldsymbol{T}$ 平行于旋转轴，则作用在旋转轴上的总力等于零.

现在，我们假设图22.13和图22.14所示的向错环是处在一个均匀的应力场中，即 $\hat{\sigma}$ 为常量. 利用 (i)，(ii) 的结果来计算和比较作用在环上和转动轴上的力.

对于作用在向错环上的总力由式(22.149)计算. 对于图22.13

---

① Fundamental Aspects of Dislocation Theory. edited by Simmons J. A., et al., Washington, D. C.: NBS, Spec. Publ., 317(1970).

所示的扭转向错环，将式（22.150）代入进行计算，结果是

$$F_1=-\pi\omega_3r^2\sigma_{23},\ F_2=\pi\omega_3r^2\sigma_{13},\ F_3=0. \qquad (22.158)$$

将式（22.151）代入后则得到对于图22.14所示楔型向错环的结果

$$F_1=0,\ F_2=-\pi\omega_1r^2\sigma_{33},\ F_3=\pi r^2\omega_1\sigma_{23}. \qquad (22.159)$$

根据式（22.156）和式（22.157）可以计算作用在图22.13和图22.14上所示的向错环的转动轴上的力．对于图22.13所示的扭转向错环，总拖曳力 $\boldsymbol{T}$ 的分量是

$$T_1=\pi r^2\sigma_{13},\ T_2=\pi r^2\sigma_{23},\ T_3=\pi r^2\sigma_{33}. \qquad (22.160)$$

作用在转动轴上的力是

$$F_1^\omega=\pi r^2\omega_3\sigma_{23},\ F_2^\omega=-\pi r^2\omega_3\sigma_{13},\ F_3^\omega=0. \qquad (22.161)$$

对于图22.14所示的楔型向错环，作用在轴上的力是

$$F_1^\omega=0,\ F_2^\omega=\pi r^2\omega_1\sigma_{33},\ F_3^\omega=-\pi r^2\omega_1\sigma_{23}. \qquad (22.162a)$$

式（22.158）和式（22.159）表示的力确定环相对它的转动轴的“漂移”．而式（22.161）和式（22.162）表达的力确定转动轴相对环的“漂移”．不难发现，作用在环上的力与作用在轴上的力的关系是：大小相等，方向相反．这意味着外应力场将引起向错的一种独特的运动形式：向错环与它自身的转动轴之间产生分离．

(iii) 混合力 (combined force)．如果向错环与它的转动轴一起运动，我们给这种运动取名为向错环的“刚体”运动，或混合运动．如果这种运动引起向错能量改变，则出现所谓混合力．这种混合运动可以想像分为两步运动：第一步是固定轴不动，仅仅是向错环运动；第二步是保持环不动，转动轴运动，其运动量与环一样．这样，混合力应该是这两个单独运动所对应的力之和．将式（22.149）与式（22.155）相加，即得到作用在位错环上的混合力，即

$$F_l=-\int_S\varepsilon_{imn}\omega_mX_n\sigma_{ij,l}dS_j. \qquad (22.162b)$$

从物理的观点来看，混合力描述向错环在保持它的结构及空间取向不变时的“漂移”．从式（22.162）可以看出，这种漂移仅

仅在向错环处于非均匀应力场中时才会发生.

§ 22.4 向错的运动及其增殖机构

关于向错的运动，我们在 § 22.1中已作了初步的讨论. 图22.10至图22.12所示的表达了向错运动时的基本效应. 这就是向错可以通过吸收或发射位错而移动. 而吸收和发射位错的过程可以通过位错的滑移或攀移的方式进行.

在本节我们将从普遍的角度讨论向错的运动①. 向错与位错一样，它可以用滑移的方式运动，在运动中不发射或吸收点缺陷. 这类运动形式属于保守运动. 它也可以通过攀移的方式运动，即非保守运动. 不过，向错的非保守运动可以不通过扩散的方式进行. 例如前面提到的，它可以通过发射或吸收位错而作非保守的混合运动.

下面我们先讨论关于向错作保守运动的条件. 考察图22.20中的一个任意向错环. 假设 M 点处切向矢量为 $\boldsymbol{\xi}$ 的一小线元发生小位移 $d\boldsymbol{r}$，并由此而使单位长向错段扫过面元 $d\boldsymbol{S}$. 而且由于向错运动，$d\boldsymbol{S}$ 的负面相对正面的位移是 $\boldsymbol{u}$. 因此，单位长向错线运动引起体积变化 dV. 若 dV 为正，说明运动引起空隙出现；若 dV 为负，说明出现交迭. dV 可由式（22.142）和式（22.143）计算

$$\begin{aligned} dV &= -\boldsymbol{u}\cdot d\boldsymbol{S} = (\boldsymbol{\omega}\times\boldsymbol{R})\cdot(\boldsymbol{\xi}\times d\boldsymbol{r}) = [(\boldsymbol{\omega}\times\boldsymbol{R})\times\boldsymbol{\xi}]\cdot d\boldsymbol{r} \\ &= (\boldsymbol{\omega}\cdot\boldsymbol{\xi})(\boldsymbol{R}\cdot d\boldsymbol{r}) - (\boldsymbol{R}\cdot\boldsymbol{\xi})(\boldsymbol{\omega}\cdot d\boldsymbol{r}), \end{aligned} \tag{22.163}$$

$$dV = \omega_m \xi_m X_l dx_l - X_l \xi_l \omega_m dx_m. \tag{22.164}$$

对于保守运动，既不引起空隙也不出现交迭，所以，当向错作保守运动时应有

$$dV = 0 \tag{22.165}$$

成立. 这意味着要求

$$[(\boldsymbol{\omega}\times\boldsymbol{R})\times\boldsymbol{\xi}]\cdot d\boldsymbol{r} = 0 \tag{22.166}$$

---

① Das E. S. P., Marcinkowski M. J., Armstrong R. W., de Wit R., *Phil. Mag.*, **27**, 369(1973).

即位移必须与$(\boldsymbol{\omega}\times\boldsymbol{R})\times\boldsymbol{\xi}$垂直，或者

$$(\boldsymbol{\omega}\times\boldsymbol{R})\times\boldsymbol{\xi}=0. \tag{22.167}$$

所以，当上面两式成立时，向错作保守运动. 式(22.166)表明，向错将在一个确定的面上运动. 这个面称为向错的“滑移”面. 当dV不等于零时，向错作非保守运动，我们称它为“攀移”.

如果向错环保持不动，而它的转动轴相对环运动，那么轴的运动也有保守和非保守之分. 按照图22.21所示的，当完整晶体中形成向错环时，由环平面上的裂缝而引起的体积变化是

$$V=-\int_S(\boldsymbol{\omega}\times\boldsymbol{R})\cdot d\boldsymbol{S}. \tag{22.168}$$

如果转动轴相对环位移$d\boldsymbol{r}^0$，则有

$$dV=(\boldsymbol{\omega}\times d\boldsymbol{r}^0)\cdot\int_S d\boldsymbol{S}. \tag{22.169}$$

同样，如果存在$dV=0$，则轴的运动是保守的. 反之，亦是非保守的.

根据上面讨论的条件，我们简单讨论一些具体运动的例子.

(1)扭转向错环的保守和非保守运动　图22.22示出了一个位于平面1上的任意形状的扭转向错环. 环的一部分在平面1上运动. 由图可见，$\boldsymbol{\omega}\times\boldsymbol{R}$是一个位于平面1上的矢量，而$(\boldsymbol{\omega}\times\boldsymbol{R})\times\boldsymbol{\xi}$是一个与平面1垂直的矢量. 所以式(22.166)成立. 这意味着一个纯扭转向错环在与它的Frank矢量垂直的平面(滑移面)上的所有运动都是保守运动.

图22.23示出了一个对称的圆形扭转向错环. 它作平行于其Frank矢量$\boldsymbol{\omega}$的运动，从平面1运动到平面2上[图22.23(a)]. 在这种情况下，显然有$\boldsymbol{R}\cdot d\boldsymbol{r}=0$，$\boldsymbol{R}\cdot\boldsymbol{\xi}=0$. 由式(22.163)可知，$dV=0$. 即是保守运动. 图22.23(b，c)示出了该圆形对称扭转向错环的另外两种可能的保守运动.

可以断定，包含上述保守运动的复合运动也是保守的.

总的来说，一个任意形状的扭转向错环，它在与$\boldsymbol{\omega}$垂直的平面上的所有运动都是保守的. 一个圆形对称扭转向错环，它在作

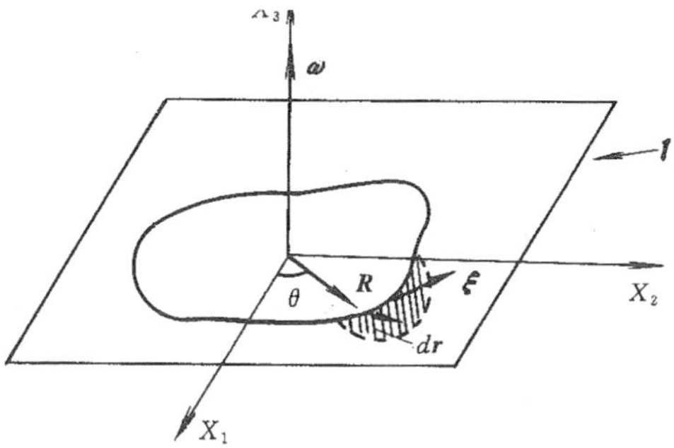

图 22.22

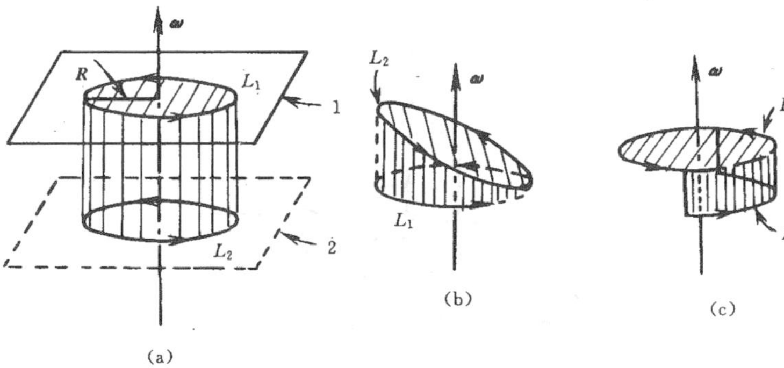

图 22.23

保守运动时，半径可以任意变化，同时又可以整体转移到与转动轴垂直的任意平面上去，或通过各段依次沿圆柱表面运动而转移到与其平行的另一平面上去.

一个纯扭转向错环还可以通过上述的保守运动逐步转变为一个楔型向错环. 图22.24示出了这种转变过程.

图22.25示出了扭转向错环的一种非保守运动. 图中的纯扭转向错环具有一段扭折（kink）AB. AB 的取向与从 $\boldsymbol{\omega}$ 发出的射线一致. 假设该环沿一棱柱表面运动到平面2. 在这个过程中，由于 $(\boldsymbol{R}\cdot\boldsymbol{\xi})(\boldsymbol{\omega}\cdot d\boldsymbol{r})\neq 0$，根据式（22.163），$dV\neq 0$. 所以，运动是非保守的. 不过，如果采用前面讲述的几种保守运动的组合，也

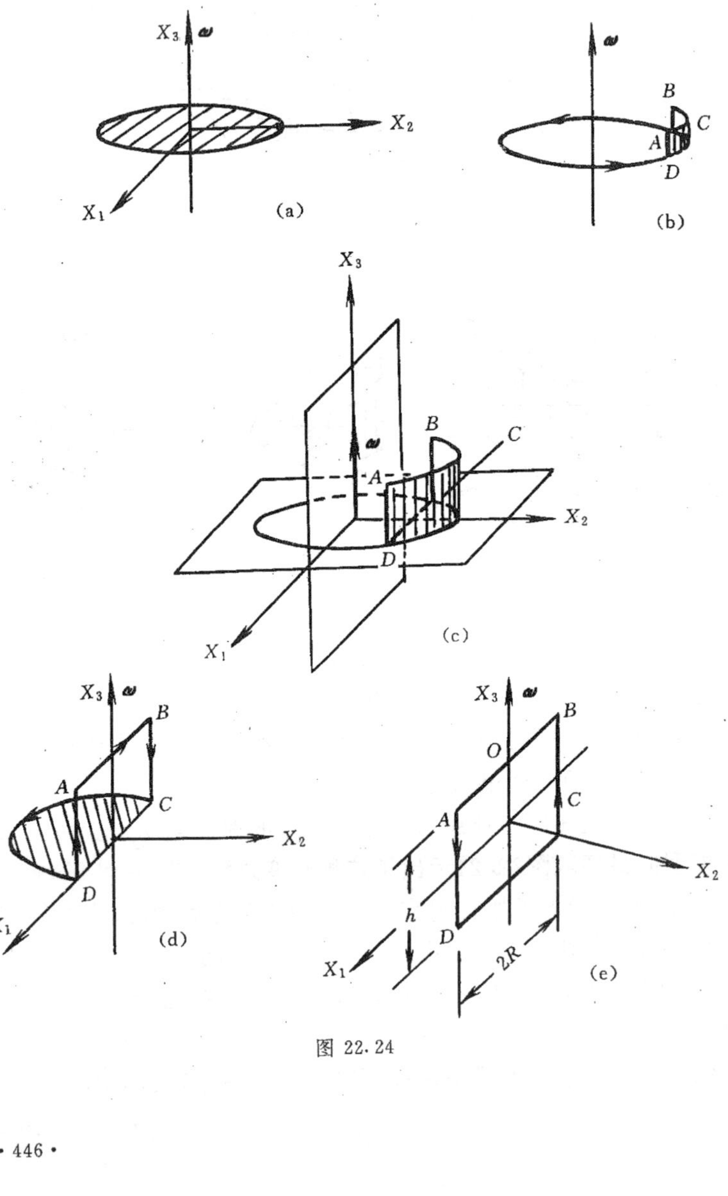
X_3
ω
X_2
X_1
(a)
ω
B
C
A
D
(b)
X_3
ω
B
C
A
X_2
D
X_1
(c)
X_3
ω
B
A
C
X_2
D
X_1
(d)
X_3
ω
B
O
C
A
X_2
h
D
X_1
2R
(e)

图 22.24

可以达到图中的最终组态[5].

另外，对于纯扭转向错环，当它的转动轴相对自身平行移动时，$\boldsymbol{\omega}\times d\boldsymbol{r}^0$总是与环平面 $\boldsymbol{S}$ 的法线垂直. 由式(22.196)可知，$dV=0$总是成立的. 所以，它的转动轴只作保守运动. 根据前面的讨论，转动轴移动矢量 $d\boldsymbol{r}^0$，等效于向错环发射 Burgers 矢量 $d\boldsymbol{b}=\boldsymbol{\omega}\times d\boldsymbol{r}^0$的平移位错环. 图22.26示出了扭转向错环的轴作保守运动的位错机制.

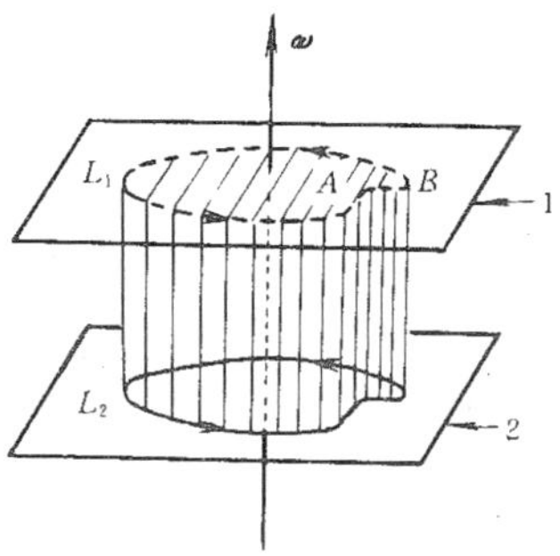

图 22.25

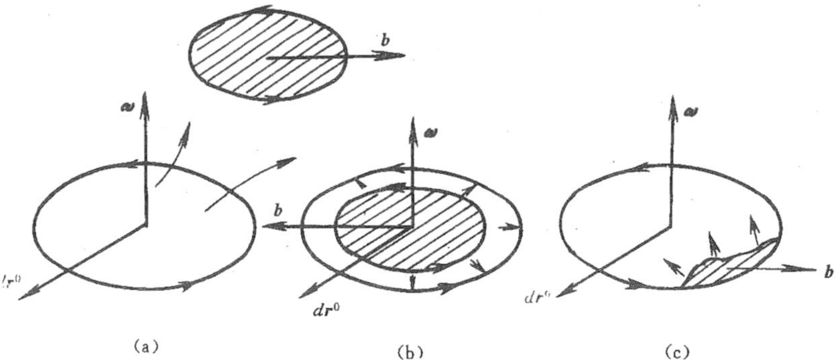

图 22.26

图22.26 (a) 示出发射滑移位错环. 图22.26 (b) 示出滑移位错环的萌生和随后被吸收. 图22.26 (c) 示出滑移位错环的内部转移. 向错环的混合运动特征可由环和轴各自运动特征直接推断出来.

(2) 楔向错的保守运动和非保守运动　对于一条直楔型向错线，如图22.8所示. 于由它的线与轴重合，所以总有$\boldsymbol{\omega}\parallel\boldsymbol{\xi}\perp\boldsymbol{R}\parallel d\boldsymbol{r}$成立. 根据式(22.163)，$dV\neq 0$. 所以它的运动是非保守的. 换句话说，直楔向错无滑移面.

我们曾指出，一个楔型向错环（如图22.14所示），它并不是纯楔型的. 实际上，这个环的极大部分属于混合型. 只有图

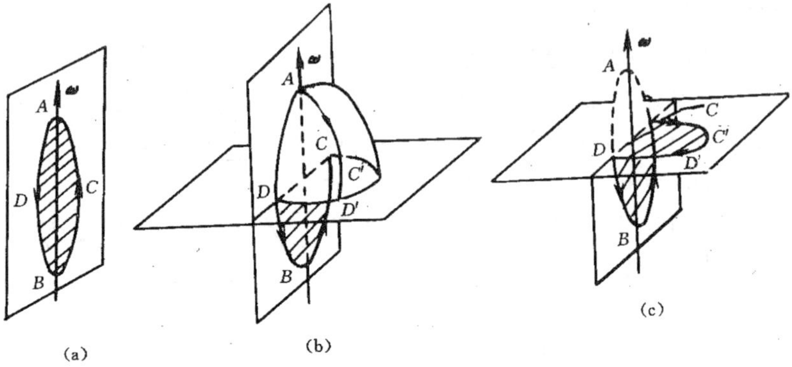

图 22.27

22.27 (a)中所示的 D，C 两点处具有纯楔型特征，而 A，B 处是纯扭转型特征. 下面我们根据图22.27分析一个楔型向错环通过保守运动逐步转变为一个扭转向错环. 首先 AD 段沿着一个半球的表面绕 $\boldsymbol{\omega}$ 转动，产生一段纯扭转向错 DD'［图22.27 (b)］，而 AC 段反方向旋转产生另一段纯扭转向错 CC'. 这个运动是保守的. 因为位移 $d\boldsymbol{r}$ 与 $\boldsymbol{\omega}$ 和 $\boldsymbol{R}$ 都垂直，由式 (22.163) 得到 $dV=0$. 这种运动继续下去时，AD'，AC' 将相遇而湮没，只留下一个纯扭转型半环，如图22.27 (c) 所示. 显然，楔型环的下半部通过类似的运动，将形成另一个纯扭转型半环. 最后实现了向纯扭转向错环的转变.

楔型向错环的转动轴的运动，可以是保守的，也可以是非保守的. 由于楔型向错环的转动轴位于环平面上，所以，当转动轴沿环平面的法线方向移动时，$\boldsymbol{\omega}\times d\boldsymbol{r}^0$ 将与 $d\boldsymbol{S}$ 垂直. 根据式 (22.169)，有 $dV=0$，运动是保守的. 当转动轴在环平面上移动时，显然有 $dV\neq 0$，运动是非保守的. 图22.28示出了楔向错环的转动轴作保守运动的位错机制. 图22.28(a)示出发射滑移位错环. 图22.28 (b) 示出滑移位错环的萌生和随后被吸收. 图22.28 (c) 示出滑移位错环的内部转移. 图22.29示出了楔向错环的转动轴作非保守运动的位错机制. 图22.29 (a) 示出发射棱柱位错环. 图22.29 (b) 示出棱柱位错环的萌生和被向错吸收. 图22.29 (c) 示

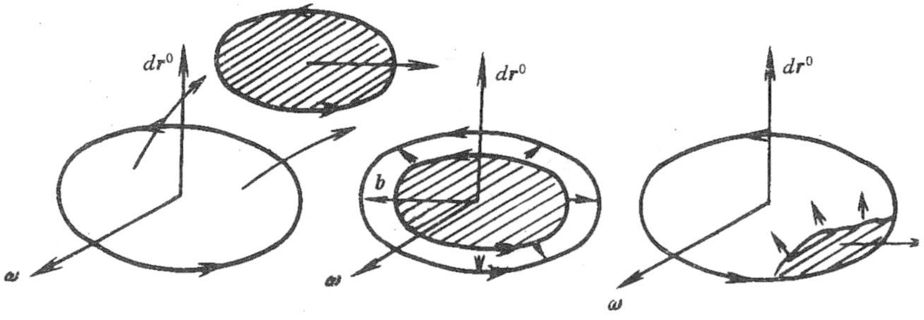

图 22.28

出由向错环发射位错段，随后在向错环平面上运动.

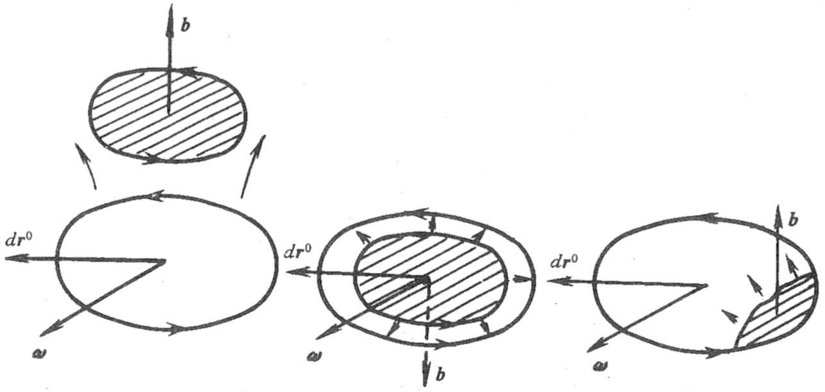

图 22.29

最后，简单讨论向错的增殖机构．向错的来源之一，可能与平移位错理论中的 F-R 源相类似[①]. 图22.30 (a) 示出了一条直的扭转向错线 AF 在垂直于 $\boldsymbol{\omega}$ 的平面内的运动．该平面是它的滑移

---

① Das E. S. P., de Wit R., Armstrong R. W., Marcinkowski M. J., *J. Appl. Phys.*, **44**, 4804(1973).

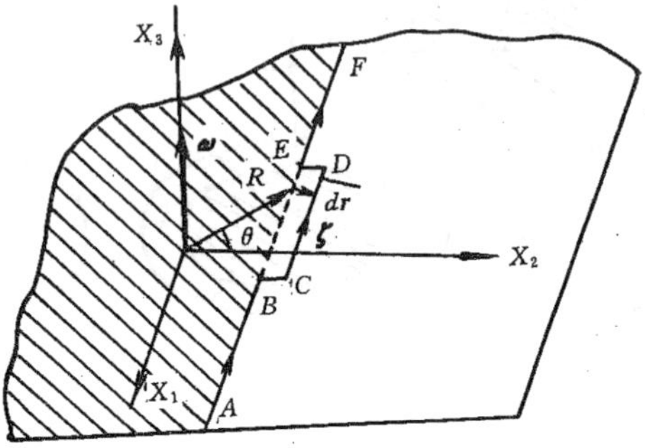

(a)

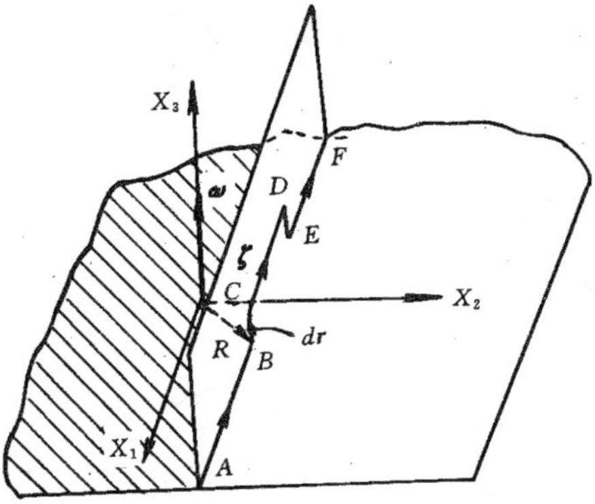

(b)

图 22.30

面. 根据式 (22.163)，该运动是保守的. 这个运动还可以想象为以扭折 BC，DE 的侧向移动来实现，这两个扭折段也是扭转型的. 如果这条向错线是在与 $\boldsymbol{\omega}$ 平行的平面内运动，如图22.30 (b) 所示，其中的 CD 段的运动，则属于非保守运动. 因为根据式 (22.163) 的最后一个等号，它的第二项不等于零. 特别是，BE 到 CD 的运动产生了两段楔型割阶：BC 和 ED. 根据前面对楔型向错线的运动的讨论，它们不可能通过保守运动而移动. 这意味着如果 CD 段继续在垂直于 $\boldsymbol{\omega}$ 的平面上滑移，则 C 和 D 点将起着钉扎点的作用. 于是，被钉扎在 C，D 两点的向错段 CD 可以起到F-R

源的作用. 由它的滑移生长出新的向错环. 图22.31示出了这类F-R 源发射扭转向错环.

本章我们简要地介绍了有关向错理论的基本内容. 70年代，向错理论有了较快的发展. 这主要是因为向错在一些低弹性模量的非金属材料的力学行为中起了重要作用. 诸如液晶、昆虫肌肉、生物薄膜、聚合物材料等. 同时，关于向错理论的一些概念和模型，在物理学的许多领域都有广泛的应用，特别是关于材料系统的序参量的奇异点、线、墙，包括铁磁体中的 Bloch 墙、Neel 线和 Bloch 点，超流体、超导体中的涡线等. 由于篇幅有限，这里不加讨论①.

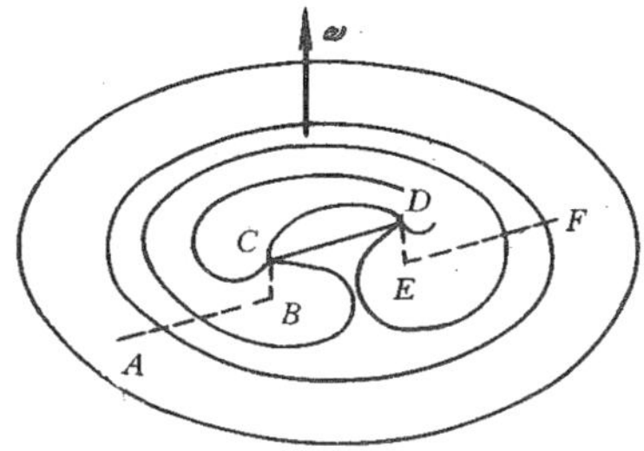

图 22.31

一般性参考文献

[1] Simmons J. A., de Wit R., Bullough R., Fundamental Aspects of Dislocation Theory. NBS Spec. Publ. Washington, 317 (1970).

[2] de Wit R., *J. Res. Nat. Bur. Stand.* (*U. S.*), **77A**, 49—100 (1973).

[3] de Wit R., *J. Res. Nat. Bur. Stand.* (*U. S.*), **77A**, 359—368 (1973).

[4] de Wit R., J. Res. Nat. Bur. Stand. (U. S.), **77A**, 607—658 (1973).

[5] Лихачев, В. А., Хайров, Р. Ю., Введение В Теорию дисклначий, Иддательство Ленинградского Университета, Ленинград (1975). 中译本：丁棣华、周如松译，田德诚校，向错理论导论，武汉大学出版社 (1989).

---

① Kléman M., Points, Lines and Walls, John Wiley and Sons, New York (1983); 谢毓章，液晶物理学，科学出版社 (1988).; Dislocations in Solid, **5**, ed. by Nabarro, North-Holland Pub. Com., New York (1980).

第二十三章　准晶体中的位错

1984 年，人们发现了准晶体. 这类固态物质的结构特征是具有长程平移序和取向序. 但它的平移周期数高于它所在空间的维数，并可具有传统晶体学所完全不允许的旋转对称性. 描述准晶结构有两种基本方法：密度波法和单胞法. 它们是研究准晶物理性质，包括弹性和缺陷性质的有力工具. 运用这两种方法，在准晶被发现后不久，就在理论上建立了准晶中位错的基本概念和理论. 同时，大量电镜实验观察表明：位错、层错等结构缺陷在准晶中的存在已确信无疑.

在本章，我们首先讨论准晶位错的基本特征，包括准晶位错的高维 Burgers 矢量，以及在准晶中引进位错的 Volterra 过程. 然后讨论适合准晶体的线弹性理论，并将它应用于准晶位错，建立适合准晶位错的弹性理论. 最后介绍准晶位错的 Burgers 矢量的实验鉴定方法.

在讨论和叙述中，可能会涉及到有关准晶的某些基本知识和理论. 由于它们不属于本书的讨论范围，这里将不详述. 请读者参阅有关资料[1,2].

§23.1　准晶位错的高维 Burgers 矢量

在传统的周期晶体中，描述位错基本特征的 Burgers 矢量 $\boldsymbol{b}$ 等于晶体点阵的一个（或少数几个）单位点阵平移矢量（见本书第一卷 §1.2). 但准晶缺乏平移周期性，直接沿用传统晶体位错理论的方法去定义准晶位错的 Burgers 矢量已不可能. 一个较直观的推测是：由于准晶的结构可以由高维空间的周期点阵向低维空间投影得到，准晶位错的 Burgers 矢量将与高维空间的点阵平移矢量对应，即它应当是一个高维矢量.

我们以二维五边形对称结构为例，对准晶位错的 Burgers 矢量的基本特征进行具体的讨论．所得结论也适合其它种类的准晶．

根据密度波描述法[3,4]，一个平移有序相的质量密度可以作 Fourier 展开

$$\rho(\boldsymbol{r}) = \sum_{G\in L_R} \rho_G \exp(i\boldsymbol{G}\cdot\boldsymbol{r}), \tag{23.1}$$

式中的 L_R 代表倒易点阵，$\boldsymbol{G}$ 是倒格矢．每个 ρ_G 是一个复数，振幅是 $|\rho_G|$，位相是 Φ_G．由于 $\rho(\boldsymbol{r})$ 是实数，所以 $|\rho_G| = |\rho_{-G}|$，$\Phi_G = -\Phi_{-G}$．

有序相的 Landau 自由能 F 可按 ρ_G 的幂次展开

$$F = F_1 + F_2(P,T)\sum|\rho_G|^2 + F_3(P,T)\sum\rho_{G_1}\rho_{G_2}\rho_{G_3}$$
$$+F_4(P,T)\sum\rho_{G_1}\rho_{G_2}\rho_{G_3}\rho_{G_4}$$
$$+F_5(P,T)\sum\rho_{G_1}\rho_{G_2}\rho_{G_3}\rho_{G_4}\rho_{G_5} + \cdots. \tag{23.2}$$

F 的第 k 次幂项可写成

$$F^k = A_k(P,T)\sum_{G_n\in L_R}\Delta\left|\sum_1^k \boldsymbol{G}_n\right|\cos\left(\sum_1^k \Phi_n\right)\prod_1^k|\rho_{G_n}|, \tag{23.3}$$

式中的因子 $\Delta|x| \equiv \delta_{x,0}$，即只有

$$\sum_1^k \boldsymbol{G}_n = 0 \tag{23.4}$$

的项对方程（23.3）中的求和才有贡献．这是因为自由能对于任何平移应保持不变①．密度波法的目的是为了导出有序相的某些普遍性质．这些性质只取决于对称性和守恒律，而不取决于系数 A_k 值的特殊选择．为此，我们只需考虑 Fourier 分量 ρ_G 的一个有限子集 $\{\rho_{G_n}\}$．但 $\{\rho_{G_n}\}$ 必须是 ρ_G 的一个最小子集，使得任何一个倒格矢 $\boldsymbol{G}\in L_R$ 都能写成 $\boldsymbol{G}_n$ 的整系数线性组合．另外，$\{\rho_{G_n}\}$ 必须包括反映象 $\{\rho_{-G_n}\}$（以确保对所有密度波求和时，得到一个实

① 冯端等著.金属物理学，第二卷，科学出版社，100(1990).

数质量密度)，加上任意矢量. 这些矢量可以由该集合通过该系统自身具有的对称操作得到. 这样的倒格矢共有 N_R 个

$$N_R = n_i d, \tag{23.5}$$

式中的 d 是系统所在空间的维数. n_i 是每个点阵矢量方向上无公度长度的数目. 对周期晶体，$n_i=1$. 对准晶，一般，$n_i=2$，但也可能大于 2[①].

根据式 (23.3)，当自由能取极小值时，要求位相和取某一确定的常数:

$$\sum_n \Phi_{G_n} = \gamma \ (\text{常数}) . \tag{23.6}$$

对于一个 F 的极小值，有一个确定的常数值 γ 对应. 改变 γ 值将改变系统的自由能 F. 于是，由式 (23.6) 我们得出一个重要结论: 在保持系统自由能不变的情况下，该系统仍存在 n 个位相 Φ_n 可变. 而式 (23.6) 式就可确定独立位相变量的数目. 由于保持自由能不变，在理论上就确定了系统的流体动力学自由度. 即确定了描述该系统弹性形变所需的独立变量的数目.

如果这些位相变量的取值与位置坐标无关，则对应一个结构完整的有序相. 如果存在像位错这类结构缺陷，则位相变量是该有序相所在空间的位置的函数，$\Phi_n = \Phi_n(\boldsymbol{r})$. 假设存在一条位错线，那末，可以环绕该位错线作一封合的 Burgers 回路 λ，并引入一个环路积分 $\oint_\lambda \nabla \Phi_n \cdot d\boldsymbol{l}$. 在密度波描述法中，这样一个回路积分得到的位相改变量将是 2π 的整数倍

$$\oint_\lambda \nabla \Phi_n \cdot d\boldsymbol{l} = 2\pi m_n, \tag{23.7}$$

式中的 m_n 取整数. 该式的意义是: 位错相当于插入或抽去一个或几个半无限波阵面.

位错在系统中引起一个位移场 $\boldsymbol{u}(\boldsymbol{r})$. 它与位相变量的关系是

---

① Hu C. Z., Ding D. H., Yang W. G., Wang R., *Phys. Rev.*, **B49**, 9423 (1994).

$$\Phi_n(\boldsymbol{r})=\boldsymbol{G}_n\cdot\boldsymbol{u}(\boldsymbol{r}). \tag{23.8}$$

将上式代入式（23.7），得到

$$\boldsymbol{G}_n\cdot\oint_\lambda\nabla\boldsymbol{u}\cdot d\boldsymbol{l}=2\pi m_n. \tag{23.9}$$

使位相改变量为 2π 整数倍的位移矢量定义为该位错的 Burgers 矢量 $\boldsymbol{b}$，即

$$\boldsymbol{b}=\oint_\lambda\nabla\boldsymbol{u}\cdot d\boldsymbol{l}. \tag{23.10}$$

于是式（23.9）可写为

$$\boldsymbol{G}_n\cdot\boldsymbol{b}=2\pi m_n. \tag{23.11}$$

满足上式的所有可能的 Burgers 矢量将构造一个 Burgers 矢量点阵.

现在，我们将上面的讨论用于确定 Burgers 矢量及其点阵. 为了便于理解，首先讨论较熟悉的周期晶体情况.

对于一个二维六角对称的周期结构，我们选择下面 3 个二维倒格矢：

$$\boldsymbol{G}_n=G\left[\cos\frac{2\pi n}{3},\ \sin\frac{2\pi n}{3}\right],\ n=0,\ 1,\ 2. \tag{23.12}$$

显然，我们有 $\boldsymbol{G}_0+\boldsymbol{G}_1+\boldsymbol{G}_2=0$，$n_i=1$，$N_R=1\times 2=2$. 该系统有两个独立的位相变量. 两个独立的倒格矢可以构造一个二维倒易点阵 L_R. 根据式（23.8）我们引入一个二维位移场 $\boldsymbol{u}(\boldsymbol{r})=\boldsymbol{u}(x_1,x_2)$ 来替代位相变量. 由它的梯度定义的 Burgers 矢量［式（23.10）］必须满足式（23.11）. 这样的 Burgers 矢量及其点阵不难找到. 我们可以构造与 $\boldsymbol{G}_n$［式（23.12）］垂直的矢量 $\boldsymbol{b}_n$

$$\boldsymbol{b}_n=b\left[-\sin\frac{2\pi n}{3},\ \cos\frac{2\pi n}{3}\right],\ n=0,\ 1,\ 2. \tag{23.13}$$

根据式（23.11），它与 $\boldsymbol{G}_n$ 的点乘应满足下列条件：

$$\boldsymbol{G}_n\cdot\boldsymbol{b}_m=\begin{cases}0, & 若\ m=n,\\ 2\pi, & 若\ m=\langle n+1\rangle 3,\\ -2\pi, & 若\ m=\langle n-1\rangle 3,\end{cases} \tag{23.14}$$

式中的 $m=\langle n+1\rangle 3$，表示 m 与 $n+1$ 模 3 同余. 由上面的条件

可定出

$$b=\frac{2\pi}{G\sin\frac{2\pi}{3}}, \tag{23.15}$$

式 (23.13) 中的 $\boldsymbol{b}_n$ 只有两个是独立的. 它们的整系数的线性组合将构造出 Burgers 矢量点阵. 二维 Burgers 矢量 $\boldsymbol{b}$ 将是该点阵的一个 (或几个) 单位点阵平移矢量. 实际上, 这里的 Burgers 矢量点阵与实空间的二维六角对称晶体点阵是完全等价的. 这本是预料之中的, 而且在密度波描述法中, 一条位错相当于插入或抽去一个半无限波阵面, 与在该晶体中插入或抽去一个半无限原子面也是等效的.

但是, 对于准晶, 情况并没有这样简单. 现在, 我们讨论二维五边形对称的准周期结构. 这时, 式 (23.3) 中的 $k=5$. 我们选取下面具有五次对称的 5 个二维倒格矢

$$\boldsymbol{G}_n=G\left[\cos\frac{2\pi n}{5},\ \sin\frac{2\pi n}{5}\right],\ n=0,\ 1,\ 2,\ 3,\ 4. \tag{23.16}$$

显然, 它们满足式 (23.4), 即它们之中有 4 个是独立的. 相应地, 存在 5 个位相变量 $\Phi_n(\boldsymbol{r})$. 根据式 (23.6), 这个二维五边形对称准周期结构具有 4 个独立的位相变量. 这意味着该二维结构需要 4 个独立的变量来描述它的弹性性质. 这是与晶体完全不一样的. 实际上, 由式 (23.16) 不难看出, $\boldsymbol{G}_0$ 和 $\boldsymbol{G}_1+\boldsymbol{G}_4$ 之比是无理的. 这意味着在一个基矢方向上, 存在两个无公度的长度尺度. 即 $n_i=2$, $N_R=2\times2=4$.

式 (23.16) 中的 5 个矢量 $\boldsymbol{G}_n$ 不可能由两个矢量的线性组合来表示. 使 Φ_n 变化 2π 整数倍的对称操作也不能像二维六角对称结构那样, 用两维的平移来表示. 这自然是因为该结构具有五边形对称之故. 根据 C_{5v} 点群, 与式 (23.16) 的 $\boldsymbol{G}_n$ 相关的 5 个位相 Φ_n 在一个五维表示 Γ^5 下变换[2]. 且有

$$\Gamma^5=\Gamma^2+\Gamma^{2'}+\Gamma^1,$$

矢量 $\boldsymbol{G}_n$ 在二维矢量表示 Γ^2 下变换. $\gamma=\sum\Phi_n$ 在恒等表示 Γ^1 下

变换. 另外，还有补矢量 $G_n^{\perp}$ 在二维表示 $\Gamma^{2'}$ 下变换. 根据群表示理论，补矢量 $G_n^{\perp}$ 与式 (23.16) 的 $G_n \equiv G_n^{\parallel}$ 之间的关系如下：

$$G_n^{\perp} = G_{\langle 3n \rangle 5}^{\parallel}. \tag{23.17}$$

由这两个二维矢量的直和构成四维矢量 G_n.

$$\tilde{G}_n = G_n^{\parallel} \oplus \alpha G_n^{\perp} \equiv G_n^{\parallel} \oplus \alpha G_{\langle 3n \rangle 5}^{\parallel}. \tag{23.18}$$

四维矢量 $\tilde{G}_n$ 的分量是 $(\tilde{G}_n)_i$，$i=1,2,3,4$. 两个二维矢量满足下列正交关系：

$$\begin{aligned} &\sum_n G_{ni}^{\parallel} G_{nj}^{\parallel} = \sum_n G_{ni}^{\perp} G_{nj}^{\perp} = G^2 \delta_{ij}, \\ &\sum_n G_{ni}^{\parallel} G_{nj}^{\perp} = 0. \end{aligned} \tag{23.19}$$

相应地，引入一个四维位移矢量场 $\tilde{u}$，它是两个二维位移场 $u(r)=u(x_1,x_2)$，$w(r)=w(x_1,x_2)$的直和，即

$$\tilde{u} = u \oplus w. \tag{23.20}$$

利用这个四维位移场可以将位相变量 Φ_n (r) 参数化

$$\Phi_n = \tilde{G}_n \cdot \tilde{u} + \frac{\gamma}{5}. \tag{23.21}$$

于是，我们可以根据式(23.9)—(23.11)找到 Burgers 矢量及其点阵. 首先，我们构造与式 (23.16) 中的 G_n 垂直的矢量 $b_n^{\parallel}$

$$b_n^{\parallel} = b\left[-\sin\frac{2\pi n}{5},\ \cos\frac{2\pi n}{5}\right],\quad n=0,1,3,4,5, \tag{23.22}$$

并引入与补矢量 $G_n^{\perp}$ 垂直的矢量 $b_n^{\perp}$，它与 $b_n^{\parallel}$ 的关系是

$$b_n^{\perp} = b_{\langle 3n \rangle 5}^{\parallel}. \tag{23.23}$$

两个二维矢量 $b_n^{\parallel}$ 与 $b_n^{\perp}$ 的直和得到四维矢量 $\tilde{b}_n$

$$\tilde{b}_n = b_n^{\parallel} \oplus \beta b_n^{\perp}. \tag{23.24}$$

根据式 (23.11) 的条件，在现在的情况下有

$$\begin{aligned} \Phi_{n,m} &= \tilde{G}_n \cdot \tilde{b}_n \\ &= Gb\left\{\sin\frac{2(n-m)\pi}{5} + \alpha\beta\sin\frac{b(n-m)\pi}{5}\right\}. \end{aligned} \tag{23.25}$$

由条件：$\Phi_{n,n+2} = -\Phi_{n,n+3} = 2\pi$，$\Phi_{n,n+1} = -\Phi_{n,n+4} = 0$，定出 b，α，β

$$Gb=\frac{8\pi}{5}\sin\frac{4\pi}{5},\qquad \alpha\beta=\frac{\sin\ (2\pi/5)}{\sin\ (4\pi/5)}=\tau,\tag{23.26}$$

式中的 $\tau=(1+\sqrt{5})/2=1.618$，称为黄金分割值. 式中的 α，β 是任意因子，但它们的乘积应满足式（23.26）．在最简单的情况下，我们可选 $\beta=1$. 于是有

$$\tilde{\boldsymbol{b}}_n\cdot\tilde{\boldsymbol{b}}_m=b^2(5\delta_{nm}-1)/2,\tag{23.27}$$

这时，5 个 $\tilde{\boldsymbol{b}}_n$ 将指向四维空间中半径为 $\sqrt{2}\,b$ 的球内的一个内接单纯体的 5 个顶点. 就像式（23.13）的 3 个 $\boldsymbol{b}_n$ 指向二维空间一个正三边形的 3 个顶点一样. 可见，这样构成的四维 Burgers 矢量点阵与准晶自身的点阵已完全不同. 一个四维，一个是二维.

准晶位错的 Burgers 矢量点阵由两个子点阵的直和构成. 相应的两个子空间，通常分别用 $P_{\parallel}$ 和 $P_{\perp}$ 表示. $P_{\parallel}$ 称为物理空间或平行空间，是准晶所在的实空间. 矢量 $\boldsymbol{u}$，$\boldsymbol{b}^{\parallel}$ 及 $\boldsymbol{G}_n^{\parallel}$ 属于该空间，它的维数等于准晶的维数. $P_{\perp}$ 称为补空间，或垂直空间，也称为数学空间. $\boldsymbol{w}$，$\boldsymbol{b}^{\perp}$ 及 $\boldsymbol{G}_n^{\perp}$ 属于该空间，它的维数决定于准晶点群的性质. 例如，对于二维准周期结构，以及二维准晶（这里指的是二维准周期结构加一维周期结构组成的三维固体），平行空间是三维，垂直空间是二维. 对于二十面体和立方准晶，$P_{\parallel}$ 和 $P_{\perp}$ 都是三维.

综合以上讨论，我们有以下几点重要结论：

(i) 准晶位错的 Burgers 矢量是一个高维矢量

$$\tilde{\boldsymbol{b}}=\boldsymbol{b}^{\parallel}\oplus\boldsymbol{b}^{\perp},\tag{23.28}$$

它是两个正交子空间中的矢量的直和. 在数学上意味着，不存在 $\boldsymbol{b}^{\parallel}=0$ 或 $\boldsymbol{b}^{\perp}=0$ 的 Burgers 矢量 $\tilde{\boldsymbol{b}}$. 这个结论的最简单的物理意义是，准晶位错不简单地对应插入或抽去一半无限原子平面. 下一节，我们将在这个结论的基础上讨论在准晶中引入位错的 Volterra 过程.

(ii) 描述准晶的弹性性质的独立变量的数目决定于系统的流体动力学自由度，即独立的位相变量的数目 N_R. 所以，准晶的弹性位移场 $\tilde{\boldsymbol{u}}(\boldsymbol{r})$ 也是一个高维矢量. 注意，这里的 $\boldsymbol{r}$ 是准晶所在的

平行空间 $P_{\parallel}$ 中的位矢．根据式（23.20），它也是 $P_{\parallel}$ 和 $P_{\perp}$ 两个正交子空间中的矢量的直和．同样，不存在 $\boldsymbol{u}=0$ 或 $\boldsymbol{w}=0$ 的弹性位移场．$\tilde{\boldsymbol{u}}$（$\boldsymbol{r}$）的空间变化，与晶体一样，对应声子激发．相应的应变场称为声子应变场．$\boldsymbol{w}$（$\boldsymbol{r}$）的空间变化对应相位子（phason）激发，相应的应变场称为相位子应变场．我们将在§23.3 中继续这方面的讨论．

所以，准晶位错引起的弹性位移场、应变场，除了传统晶体中的位移场、应变场之外，还有一个与相位子激发对应的位移场和应变场．

（iii）我们同样可以用沿闭合的 Burgers 回路的线积分表示准晶中的位错条件

$$\oint_{\lambda} \nabla \tilde{\boldsymbol{u}} \cdot d\boldsymbol{l} = \tilde{\boldsymbol{b}}, \tag{23.29}$$

或

$$\oint_{\lambda} \nabla \boldsymbol{u} \cdot d\boldsymbol{l} = \boldsymbol{b}^{\parallel}, \quad \oint_{\lambda} \nabla \boldsymbol{w} \cdot d\boldsymbol{l} = \boldsymbol{b}^{\perp}. \tag{23.30}$$

上面两个积分都是在平行空间 $P_{\parallel}$ 中进行的．

§23.2　准晶中引进位错的 Volterra 过程[2]

为了叙述的方便，在讨论 Volterra 过程之前，先简单介绍几个概念．

（1）构造准周期结构的高维投影法　图 23.1 示出的是由投影法构造一维准周期结构的示意图．在二维正方点阵中埋入一条斜率为无理数的拼砌线 $P_{\parallel}$，与 $P_{\parallel}$ 正交的另一条补足线 $P_{\perp}$ 未画出．将一正方形点阵单胞沿 $P_{\parallel}$ 移动，在该点阵中画出边界用虚线表示的区域．它就是以无理数斜率埋入该点阵中的条带（strip）S_d．注意，该条带已相对点阵移动了矢量 $\boldsymbol{d}$．将位于该条带内的阵点以及所有的一维面（图中条带中的折线）投影到拼砌线 $P_{\parallel}$ 上，就得到长（L）和短（S）的两种线段的排列．L 和 S 的长度比为一无理数．这就构成了一维准周期结构．它是一个完整的准周期结构．L

和 S 有它自己的邻接规则．这个完整的准周期结构具有一个确定的自由能极小值．它们的拼砌属于同一局域同晶类（local isomorphism class）．如果斜率改变为另一个无理数，则得到另一个完整的准周期结构，并有另外的拼砌规则．局域同晶类决定于条带的斜率，而与位移矢量 $\boldsymbol{d}$ 无关．

上面是以一维准周期结构为例简单讨论了投影法．对于二维、三维准晶，上述的基本方法和基本结论也适合．

（2）局域同晶类　在准晶的单胞描述法中，仅仅指明拼块的几何形状和取向对称性，还不足以唯一地确定拼砌（单胞的堆垛）．实际上，还存在无限多可区别的单胞排列．这些不同的拼砌的衍射图由相同的一组倒格矢确定，但具有不同的 Bragg 峰强度．所以，还可以将拼砌的种类细分，即区分为各种局域同晶类．假定有两种拼砌图案，当且仅当一种拼砌图案中的每一种拼块的邻接组态在另一种拼砌图案中都能找到，则这两种拼砌属于同一局域同晶类．属于同一局域同晶类的拼砌在物理上是不可区别的．它们具有同一的 Fourier 变换（衍射）性质，包括强度在内．具有相同的 Laudou 自由能值 F．

（3）错排　错排（mistake）是准晶中一种特殊缺陷形态．我们首先讨论一维情况．图 23.1 中所示构造的准周期结构是完整的，服从一定的放大规则．如图中所示：$LSLLSLSLLSL\cdots\longrightarrow LSLLSLS\cdots\longrightarrow LSLL\cdots\longrightarrow LSL\longrightarrow LS$．所有的邻接都符合匹配规则．图 23.2示出了两条条带 S_d 和 S_{d+c}．它们的斜率相等，只是移动矢量不相同．显然，由 S_d 和 S_{d+c}中的阵点投影得到的准周期结构都

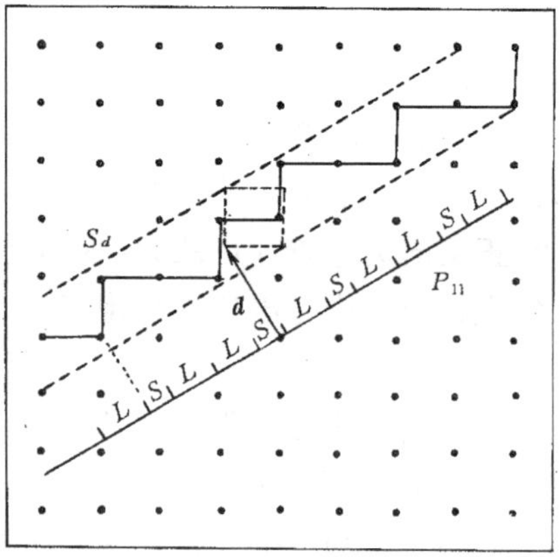

图 23.1

是完整的，且属于同一局域同晶类．为了将这两个相距不远的条带连接成一体，在它们之间插入一弯曲条带．将属于弯曲部分内的阵点投影后，就出现图中箭头所指的两段短线邻接的 SS 排列．这种排列在 S_d 和 S_{d+c} 中的阵点投影后的结构中是找不到的．所以它已不属于原来的局域同晶类．SS 排列称为错排．它使得属于同一局域同晶类的两段完整拼砌相连时不相匹配．

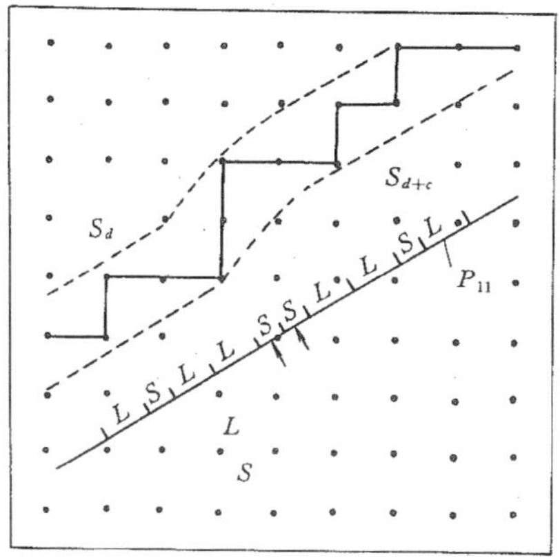

图 23.2

分析二维准周期结构中的错排，更能显示出这类特殊缺陷的特征，使它的意义更明确．我们以 penrose 拼砌为例进行简短讨论．图 23.3 (a) 标记了胖、瘦两种菱形拼块相邻接时的匹配规则：当任何两个拼块（不管同类与否）相邻接时，凡两条重合的棱恰好能拼成一个完整的空心或实心箭头，则该拼砌符合匹配规则，否则就是错排．图 23.3 (b) 示出的是取自完整 penrose 拼砌中的一

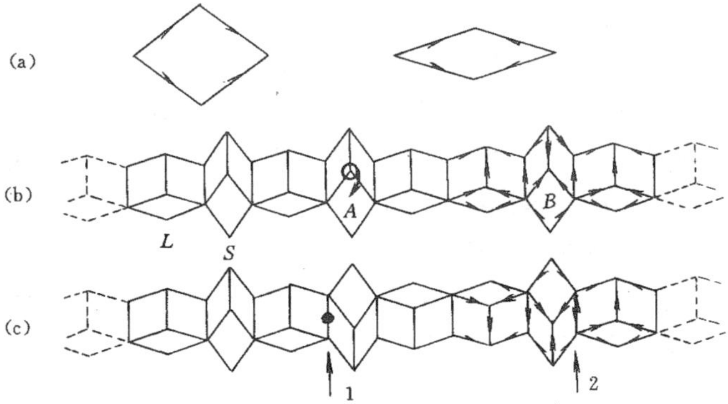

图 23.3

部分，称做一条“节虫”(worm). 它可视为两种六边形 L 和 S 沿一个取向的拼砌. 其中 L 是由两胖一瘦、S 是由两瘦一胖菱形拼块构成. 这条节虫中的所有邻接都符合匹配规则. 完整的 penrose 拼砌中包含无数条相互交叉的节虫. 现在，若将节虫中的一段绕水平轴翻转 180°，如图 23.3 (b) 所示的节虫中的 AB 段被翻转 180°，则得到图 23.3 (c) 所示出的一条节虫. 图中示出了在已翻和未翻部分的交界处，相邻拼块的棱重叠后由于各自箭头方向相反，已不能拼成一个完整的箭头. 错排就出现在这里，如长箭头 1，2 所指处. 为简洁起见，通常都用一实心圆点标记错排，如长箭头 1 所指位置.

下面简单分析节虫翻转的含义.

(i) 由节虫的翻转产生错排意味着条带的变形 (弯曲). 例如图 23.3 (b) 中所示的六边形 A，组成它的两个瘦菱形拼块位于上方，而胖菱形拼块位于下方. 翻转后，胖的位于上方，两个瘦的位于下方. 六边形内部的拼块的这种重排实际上是六边形内部的一个旧顶点消失，同时又出现了一个新的顶点. 从投影法的角度看来，新旧顶点都来自位于条带中的阵点，但如果条带在某处发生弯曲，则可导致旧阵点移出条带，新阵点进入条带. 这种拼块的重排产生了不属于原来的局域同晶类的拼砌，正是相位子位移场的空间变化，即它的不等于零的梯度的表现. Socolar 等[5]对此作了十分详细的分析①.

(ii) 造成错排的节虫段翻转代表密度波的相移 (phase shift). 图 23.4 中示出了 penrose 拼砌中的一些小道 (trail) 及其边界线. 在该拼砌中有许许多多这样的小道. 很明显的是：在错排处，小道发生突变，即小道的一部分，或说一段小道发生整体的平移. 这种平移对应于密度波描述法中的相移. 我们知道，声子位移场的梯度表现为密度波的弯曲变形，而相位子位移场的梯度表现为密度波出现台阶 (jog). 所以，错排属于相位子原激发.

---

① 丁棣华，物理，**22**，146(1993).

(iii)节虫段的翻转是通过原子的扩散实现的. 上面提到图 23.3(b)中所示的六边形 A 中的拼块重排，只需要将其内部的顶点按图中箭头指向稍稍偏移就可实现. 从原子的空间排列的角度考虑，这意味着缀饰拼砌图案的原子应当产生小范围的移动. 不过，这种移动已不属于对晶格平衡位置的微小偏离，它需要越过一定的势垒. 所以，相位子模不同于传播型的声子模. 它是扩散型的. 通过原子的扩散，错排可沿节虫运动. 两个错排可以相互远离，也可以相互靠近，直到湮没.

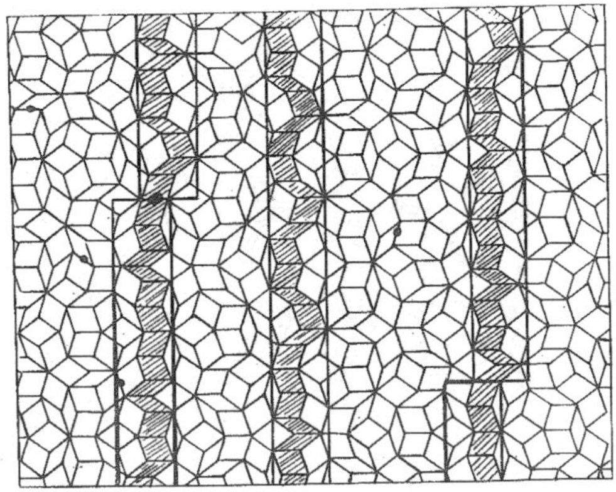

图 23.4

有了上述一些基本概念后，我们再来讨论准晶中引进位错的 Volterra 过程.

本书第一卷的第一章曾详细讨论了在晶体中引进位错的假想的 Volterra 过程. 由于晶体具有平移周期性，而 Burgers 矢量又对应点阵的平移矢量，所以，Volterra 切口两侧表面的点阵结构是全同的. 经刚性平移使两侧表面重新胶合后，假想的切口并没有在物理上留下任何痕迹. 它已不复存在. 同时，一个声子位移场也由此引入. 将该位移场沿 Burgers 回路积分，则等于 Burgers 矢量 $\boldsymbol{b}$，即熟知的位错条件式 (1.4).

但是，准晶缺乏这种平移对称性. 我们不可能指望任何点阵矢量，使得切口两侧表面经刚性平移及胶合后不在物理上留下任何痕迹. 可见，在准晶体上照搬晶体中的 Volterra 过程是不可能的.

图 23.5 示出了在准晶体上施行的一种与晶体中相似，但稍加

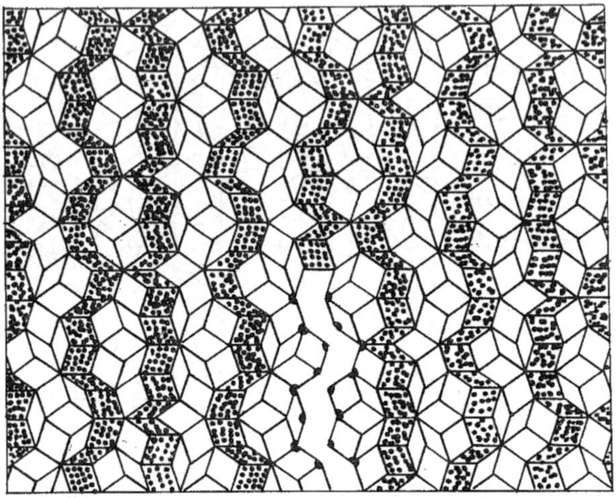

图 23.5

改进的 Volterra 过程. 在图中所示的 penrose 拼砌图案中，有许多弯弯曲曲的小道贯穿整个图案. 在晶体中，我们可以通过抽去一个半无限平面来构造一条刃位错. 现在，我们抽去一个半无限长的小道，即图中所示的一条弯曲空白带. 然后，将小道两边作刚性平移使它们相接触并胶合起来. 由于两边的格点位置能刚好一对一地重合，这个过程似乎是成功了. 但仔细分析发现，胶合后形成的拼块邻接图案已不属于 penrose 局域同晶类. 在切口上已留下一串错排. 这种缺陷组态不是位错，而是层错.

根据投影法，图中的每一条小道与五维超立方点阵中的一个四维超平面唯一对应①. 所以，抽去一条小道等效于抽去一个四维超平面. 虽然上面的尝试失败了，但它启示我们应当在高维空间去讨论在准晶体中引进位错的 Volterra 过程. 我们仍以二维五边形对称结构为例讨论.

首先，介绍二维五边形对称结构的五维密度波描述.

---

① Duneau, M., Katz, A., *Phys, Rev. Lett.*, **54**, 2688 (1985); Gähler, F., Rhyner, J., *J. Phys.*, **A 19**, 267 (1986).

对于二维五边形对称结构，式（23.1）变为

$$\rho(\boldsymbol{r})=\sum_{n=1}^{5}\rho_{G_n}\exp(i\boldsymbol{G}_n\cdot\boldsymbol{r}),\tag{23.31}$$

式中的5个二维波矢 $\boldsymbol{G}_n$ 由式(23.16)给定. $\boldsymbol{r}$ 是二维空间 R^2（$P_\parallel$）中的位矢.

为了显示这个结构的对称性，可以将这5个二维波矢 $\boldsymbol{G}_n$ 变换为五维空间 R^5 中的一组正交矢量 $\boldsymbol{G}_n^5$，并在形式上建立一个五维密度

$$\rho^5(\boldsymbol{x})=\sum_{n=1}^{5}\rho_{G_n}\exp(i\boldsymbol{G}_n^5\cdot\boldsymbol{x}),\ \boldsymbol{x}\in R^5.\tag{23.32}$$

这个密度描述了 R^5 空间中的一个五维简立方结构.

根据投影法①，五维空间 R^5 是3个互相正交的、在群 C_5 下不变的子空间的直和

$$R^5=P_\parallel\oplus P_\perp\oplus\Delta,\tag{23.33}$$

$P_\parallel$ 是埋入 R^5 中的二维拼砌空间，即平行空间，$P_\perp$ 是二维补空间，Δ 是一维子空间. 它沿五维超立方的对角线方向

$$\Delta=\sum_{n=1}^{5}\boldsymbol{e}_i,\tag{23.34}$$

$\boldsymbol{e}_i$ 是五维超立方的基矢.

我们的目的是通过五维空间的描述来表达实际空间的准周期结构的性质，所以应该将五维空间的描述与实空间的描述联系起来. 我们把 $\rho^5(\boldsymbol{x})$ 限定在埋入 R^5 中的物理空间 $P_\parallel$ 上. 设 $P_\parallel$ 是由两个正交矢量 $\boldsymbol{Z}_1$，$\boldsymbol{Z}_2\in R^5$ 所撑开，则相应的密度表达式是

$$\rho^5(\boldsymbol{x}\in P_\parallel)=\sum_{n=1}^{5}\rho_{G_n}\exp[\xi_1(\boldsymbol{G}_n^5\cdot\boldsymbol{Z}_1)+\xi_2(\boldsymbol{G}_n^5\cdot\boldsymbol{Z}_2)].\tag{23.35}$$

如果我们选取 ξ_1 和 ξ_2 是 $\boldsymbol{r}\in R^2(P_\parallel)$ 的分量，$\boldsymbol{G}_n^5\cdot\boldsymbol{Z}_1$ 和 $\boldsymbol{G}_n^5\cdot\boldsymbol{Z}_2$ 是 $\boldsymbol{G}_n$ 在 R^2 中的分量 G_{n1} 和 G_{n2}，则方程（23.35）与方程（23.31）等

---

① Jaric′, M. V., *Phys. Rev.*, **B34**, 4685 (1986).

价.

我们可以通过 ρ^5（$\boldsymbol{x}$）来讨论二维五边形对称结构的自由度.即确定五维空间 R^5 中的哪些平移不改变该二维系统的 Landau 自由能 F 的值. 对于由位移矢量 $\boldsymbol{d}\in R^5$ 引起的 ρ^5 的改变，我们有

$$\rho_d^5(\boldsymbol{x})=\rho^5(\boldsymbol{x}+\boldsymbol{d})=\sum_{n=1}^{5}\rho_{G_n}\exp\left[i(\boldsymbol{G}_n^5\cdot\boldsymbol{x}+\boldsymbol{G}_n^5\cdot\boldsymbol{d})\right]. \tag{23.36}$$

5 个位相

$$\Phi_n=\boldsymbol{G}_n^5\cdot\boldsymbol{d} \tag{23.37}$$

可以解释系统的平移自由度. F 的值仅仅与位相和有关

$$\sum_{n=1}^{5}\Phi_n=\sum_{n=1}^{5}\boldsymbol{G}_n^5\cdot\boldsymbol{d}=\gamma\ (\text{常数}). \tag{23.38}$$

考虑到式（23.34），上式意味着常数 γ 等于矢量 $\boldsymbol{d}\in R^5$ 在子空间 Δ 中的分量. $\boldsymbol{d}$ 在 Δ 中分量值发生变动，则 F 值变动. 不同的 γ 对应不同的局域同晶类. $\gamma=0$ 的局域同晶类称为 penrose 局域同晶类. 由式（23.37）可知，该系统有 4 个平移自由度. 而且，F 对于四维子空间 $R^4=P_{\parallel}\oplus P_{\perp}$ 的所有平移是不变的.

设在 R^5 中有一个五维超立方点阵 L. 埋入其中的 $P_{\parallel}$ 有一无理数斜率. 将一五维超立方单胞 W^5 沿平面 $P_{\parallel}$ 移动，则画出一个条带 S. 将 S 移动矢量 $\boldsymbol{d}$，则得到一条已移动了的条带 S_d

$$S_d=\{\boldsymbol{x}\in R^5\,|\,\boldsymbol{x}=\boldsymbol{x}_T+\boldsymbol{d}+W^5;\ \boldsymbol{x}_T\in p_{\parallel}\}. \tag{23.39}$$

如果我们将五维超立方体作一 Volterra 切口，并取走一个半无限的四维超平面，那么，由于 L 具有平移对称性，切口两侧的两个四维超平面表面的点阵结构应是完全等同的. 假如我们就此将两侧面经一刚性点阵平移手续使切口重新胶合起来，从五维超立方体的角度看来，这种胶合是完全相匹配的. 但这种操作效果正是图 23.5 所示的结果.

实际上，当我们将五维超立方体切开时，也将埋入其中的条带 S_d 切开. 自然，也将属于 S_d 中的那部分四维超平面取走了. 我们并不对切口两侧的两个四维超平面表面的全部感兴趣. 我们只

关心它们属于条带 S_d 的那部分. 由于条带具有无理数斜率，条带 S_d 的两个切口表面的点阵结构已不再是全同的了. 从投影的角度看，它们直接用上述的平移胶合起来是完全不相匹配了. 所以，在抽去四维超平面之后，还需要附加某种适当的操作程序，才能使它们相匹配地胶合在一起.

我们只能借用三维空间来图解这个过程. 图 23.6 示出了一个

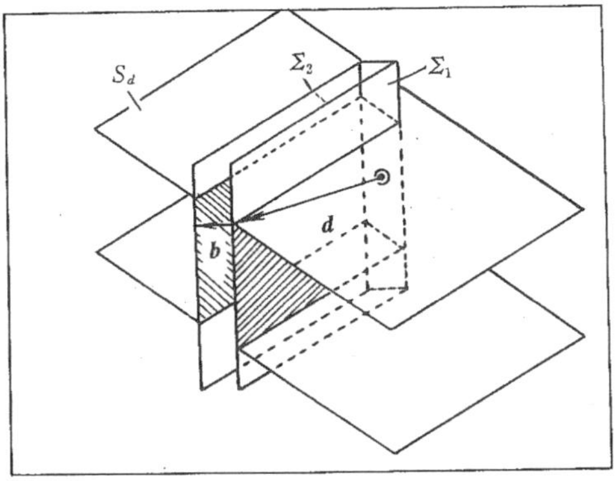

图 23.6

三维立方点阵（未具体绘出），其中以无理数斜率埋入了一个已位移了矢量 $\boldsymbol{d}$ 的条带 S_d. Σ_1 和 Σ_2 表示两个切口表面. 属于 Σ_1 和 Σ_2 的阴影部分表示它们是 S_d 的两个断口表面. 显然，若通过平移使 Σ_1 和 Σ_2 胶合，则阴影部分不可能完好的重合.

图 23.7 示出了解决这个困难的途径：如果条带是绕着奇异线弯折而到达 Σ_2，那么条带在 Σ_1 和 Σ_2 上的两个截面就有可能重新相匹配. 图 23.7 只示出了图 23.6 中的上半部分. 由于抽去了一个四维超平面，可以想像条带上出现了一个"缺口". 缺口面位于 Σ_1 上的那部分条带用 S_{ds} 标记. 而缺口面位于 Σ_2 上的那部分用 S_{de} 标记. 根据式 (23.39)，条带 S_{ds} 可表达为

$$S_{ds}=\{\boldsymbol{x}\in R^5 \mid \boldsymbol{x}=\boldsymbol{x}_T+\boldsymbol{d}_s+W^5;\ \boldsymbol{x}_T\in P_{\parallel}\}. \qquad (23.40)$$

现在，我们假设移动矢量 $\boldsymbol{d}$ 不是一个常量，而是沿着条带改变. 只要 $\boldsymbol{d}$ 从在 Σ_1 处的初始值 $\boldsymbol{d}_s$ 变化到在 Σ_2 处的最终值 $\boldsymbol{d}_e$，且下面的

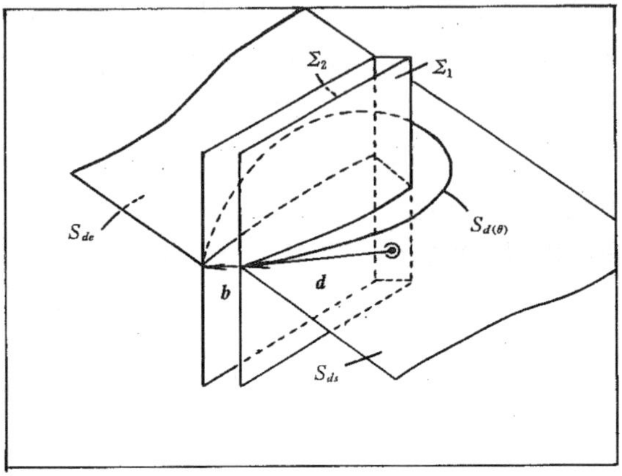

图 23.7

关系式成立：

$$\boldsymbol{d}_e=\boldsymbol{d}_s+\boldsymbol{b}, \tag{23.41}$$

那末，上述的条带弯折就执行了. 这里，$\boldsymbol{b}$ 是属于平移群 Z^5 的一个点阵矢量. 换句话说，我们是对条带施行了平移操作：设$\{1,\boldsymbol{b}\}$是 5 维晶体点阵的一个空间群元，则

$$S_{de}=\{1,\ \boldsymbol{b}\}S_{ds}=\{\boldsymbol{x}\in R^5\,|\,\boldsymbol{x}=\boldsymbol{x}_T+\boldsymbol{d}_s+\boldsymbol{b}+W^5;\ \boldsymbol{x}_T\in P_{\parallel}\}. \tag{23.42}$$

上面是借用 5 维空间来说明必需附加一个条带弯折的手续. 但我们讨论的对象终究是在实空间，即拼砌空间 $P_{\parallel}$ 中的位错. 高维空间的操作必须符合 $P_{\parallel}$ 中一条位错的基本条件. 这里有两个问题需要进一步讨论.

(i) 移动矢量 $\boldsymbol{d}$ 在高维空间变化也应当符合在二维 $P_{\parallel}$ 空间的位错条件. 这意味着我们应当在 $\boldsymbol{d}_s$ 到 $\boldsymbol{d}_e$ 之间选择一个变化规则 (interpolation rule). 一个最简单的选择是：设 θ 是在拼砌平面 $P_{\parallel}$ 内绕位错芯旋转的极角，$\boldsymbol{d}$ 随 θ 角的变化成线性关系

$$\boldsymbol{d}(\theta)=\boldsymbol{d}_s+\frac{\theta}{2\pi}\boldsymbol{b}. \tag{23.43}$$

当 $\theta=2\pi$ 时，上式与式(23.41)一致. Socolar 等[5]在采用 Fibonacci

网格法构造位错时也提出了同样的变化规则.

(ii) 由于出现了 $\boldsymbol{d}(\theta)$，在 5 维空间的条带已经弯折了. 所以，在缺陷的周围，拼砌花样将会由许许多多的、与不同移动矢量 $\boldsymbol{d}(\theta)$对应的拼砌段组成. 由于 $\boldsymbol{d}$ 以及 $\boldsymbol{d}$ 的变化的规则的选择具有一定的任意性，自然，拼砌段的选择也具有一定的任意性. 我们可以从能量的角度来限定哪些拼砌段是适合的. 或者说，我们要求所有的局域结构在能量上是简并的.

如果用晶体中位错的语言来解析上面提出的这个问题就比较容易理解. 如果在体心立方晶体中存在一条位错，那么，除了位错芯部之外，位错周围的晶体仍然是体心立方. 或者说，位错周围所有的局域结构都属于同一结构. 将这个结论推广到准晶就是：位错周围的所有局域结构都应当是属于同一局域同晶类的. 我们必须从同一局域同晶类中选取所有的拼砌段. 在现在的二维五边形对称结构的情况下，根据式（23.34）和式（23.38），上述结论意味着对移动矢量 $\boldsymbol{d}(\theta)$应附加下面的限制条件：

$$\boldsymbol{d}(\theta)\cdot\Delta=\gamma(\text{常数}). \tag{23.44}$$

考虑到式(23.43)，从上面的限制条件得到位错 Burgers 矢量 $\boldsymbol{b}$ 的限制条件：

$$\boldsymbol{b}\cdot\Delta=0. \tag{23.45}$$

根据上述讨论可见，在准晶中引进位错的 Volterra 过程，既不能在准晶体本身上照搬晶体中的过程，也不能在高维周期点阵中照搬晶体中的操作手续. 决定性的一步是在抽去一个高维超平面后必须将条带弯折. 由上面(i)，(ii)两点的讨论表明，这个弯折手续必须由表达式（23.43）—（23.45）规定的条件所限定. 换句话说，满足了上述条件，就完成了在准晶中引进位错的 Volterra 过程. 下面进一步讨论这些条件的意义.

结合表达式（23.33），由式（23.45）立即得出：准晶位错的 Burgers 矢量必定有一个垂直空间 $P_\perp$ 中的分量 $\boldsymbol{b}^\perp$. 可见，由上述 Volterra 过程引进的位错的 Burgers 矢量满足式（23.28）.

根据前面对该系统平移自由度的讨论，并结合式(23.38)，式

(23.44) 意味着该位错伴随着两个位移场：$\boldsymbol{u}(\boldsymbol{x})$和 $\boldsymbol{w}(\boldsymbol{x})$. 在高维空间，对由密度 $\rho^5(\boldsymbol{x})$描述的五维超立方结构中的位错，如果绕位错芯（一个奇异的三维空间）一周测量 $\boldsymbol{u}$ 和 $\boldsymbol{w}$ 的变化，则有下面的积分式：

$$\oint d(\boldsymbol{u} \oplus \boldsymbol{w}) = \boldsymbol{b} \in Z^5. \tag{23.46}$$

相应地，对于在子空间 $P_\parallel$ 中的二维五边形结构中的一条位错，它将伴随着两个位移场：$\boldsymbol{u}(\boldsymbol{r})$和 $\boldsymbol{w}(\boldsymbol{r})$，$\boldsymbol{r} \in P_\parallel$. 类似于晶体中的 Burgers 回路，绕该准晶结构中的位错芯一周测量 $\boldsymbol{u}$ 和 $\boldsymbol{w}$ 的变化，结合式（23.43），我们有

$$\oint_\lambda d[\boldsymbol{u}(\boldsymbol{r}) \oplus \boldsymbol{w}(\boldsymbol{r})] = \boldsymbol{b}^\parallel \oplus \boldsymbol{b}^\perp \tag{23.47}$$

或

$$\oint_\lambda d\boldsymbol{u}(\boldsymbol{r}) = \boldsymbol{b}^\parallel, \quad \oint_\lambda d\boldsymbol{w}(\boldsymbol{r}) = \boldsymbol{b}^\perp, \tag{23.48}$$

这就是准晶中的位错条件，即式(23.30).

图 23.8 示出了 penrose 拼砌（$\boldsymbol{d} \cdot \boldsymbol{\Delta} = 0$）中的位错（点）. 该位错的 Burgers 矢量 $\boldsymbol{b} =$（-1，1，0，0，0）. 因为 $\boldsymbol{\Delta} =$（1，1，1，

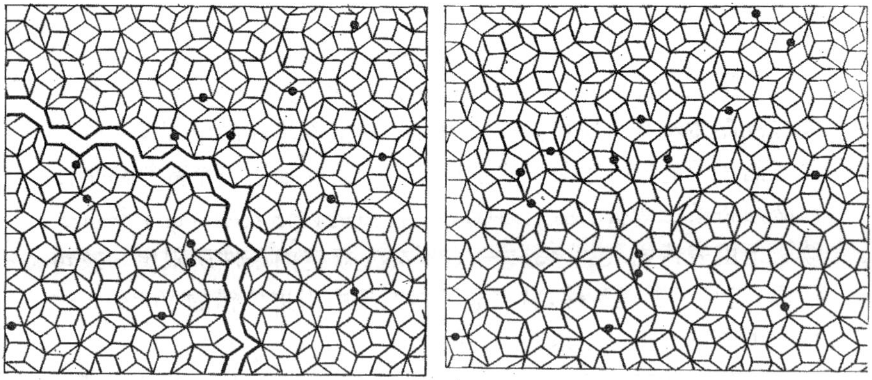

(a)　　(b)

图 23.8

1，1），显然，式（23.45）成立. 图 23.8（a）示出按照 $\boldsymbol{b}$ 的两个

非零分量，已将两条小道抽去，但两个四维超平面表面尚未胶合在一起. 仔细察看该拼砌可见：拼块的大小和形状没有变化，但出现了一些由实心圆点标记的错排. 它们出现在局域完整拼砌（同一 P-LI）段的邻接处. 它们是在条带弯折过程中必然要引进的相位子应变场（∇w）的表现. 图 23.8 (b) 示出的是两个四维超平面表面相匹配地胶合后的最终位错组态. 在该图中已经不能分辨出切口的存在. 与图 23.8 (a) 比较，唯一的变化是拼块的大小和形状变化了. 即引进了准晶位错的另一类应变场：声子应变场.

将该图与图 23.10 至图 23.12 对照，意义更明确.

§ 23.3 准晶的线弹性理论[6]

在本小节，我们将准晶体视为线弹性固体，将晶体的线弹性理论推广到准晶，建立适合准晶的线弹性理论，导出各类弹性方程的普遍表达式. 最后，讨论一些具体应用.

(1) 准晶的线弹性理论　根据获得准周期点阵的切割投影法，一个三维准晶点阵可以由一个六维周期点阵通过选择投影得到. 设 R^6 为一六维空间，它可以分解为两个相互正交的三维子空间

$$R^6 = P_{\parallel} \oplus P_{\perp}, \tag{23.49}$$

与前面讨论的一样，$P_{\parallel}$ 是准晶所在的实空间，常称为物理空间或平行空间. 在该空间建立一个正交归一基矢为 $\{\boldsymbol{e}_1, \boldsymbol{e}_2, \boldsymbol{e}_3\}$ 的笛卡儿正交坐标系. 它的基矢取向可依据不同的准晶有不同的惯用取法. 该空间一点的位矢用 $\boldsymbol{r}$ (x_1, x_2, x_3) 表示. $P_{\perp}$ 是描述无公度结构而引入的一个补空间，经常称它为数学空间或垂直空间. 我们也可以相应地在 $P_{\perp}$ 建立一个笛卡儿正交坐标系. 这里应当强调指出的是：根据 Janssen 的群表示理论①，在一般情况下，$P_{\parallel}$ 和 $P_{\perp}$ 将荷载不同的不可约表示.

设 $\bar{\boldsymbol{u}}$ 是 R^6 中的位移矢量，投影后有

---

① Janssen, T., *Z. Kristallogr.*, **198**, 17(1992).

$$\tilde{\boldsymbol{u}}=\boldsymbol{u}(\boldsymbol{r})\oplus\boldsymbol{w}(\boldsymbol{r}). \tag{23.50}$$

如前所述，$\boldsymbol{u}$ 和 $\boldsymbol{w}$ 分别称为声子和相位子位移场. 它们都是 $P_{\parallel}$ 中的位矢 $\boldsymbol{r}$ 的函数. u_i 和 w_i 是 $\boldsymbol{u}$ 和 $\boldsymbol{w}$ 分别在 $P_{\parallel}$ 和 $P_{\perp}$ 中的分量.

将劈形微分算符 $\nabla=\boldsymbol{e}_i\nabla_i$ （$\nabla_i\equiv\partial/\partial x_i\equiv\partial_i$） 作用到上式

$$\nabla\tilde{\boldsymbol{u}}=\nabla\boldsymbol{u}\oplus\nabla\ \boldsymbol{w}, \tag{23.51}$$

得到两个位移场的梯度. $\boldsymbol{u}$ 与晶体中的声子位移场一样，由此可直接定义一个声子应变场

$$E_{ij}=\frac{1}{2}(\partial_j u_i+\partial_i u_j). \tag{23.52}$$

由于 $\boldsymbol{u}$，$\boldsymbol{r}$ 及微分算符 ∇ 在相同的不可约表示下变换，而 $\boldsymbol{w}$ 是在与它们不同的不可约表示下变换，所以，$\nabla\boldsymbol{u}$ 可以分解为对称和反对称部分，而 $\nabla\boldsymbol{w}$ 不能. 相位子位移场的梯度直接对弹性能作出贡献，所以我们定义相位子应变场

$$w_{ij}=\partial_j w_i. \tag{23.53}$$

不过对立方准晶可以有类似式（23.52）的定义①，即也可以分为对称和反对称部分. 注意：在式（23.53）中，下标 i 指的是 $P_{\perp}$ 中的坐标分量，下标 j 指的是 $P_{\parallel}$ 中的坐标分量.

不难证明，上面定义的两个应变场满足下面的相容性方程组：

$$\begin{aligned}-e_{ijk}e_{lmn}\partial_j\partial_m E_{kn}&=0,\\-e_{ijk}e_{lmn}\partial_j\partial_m w_{kn}&=0,\end{aligned} \tag{23.54}$$

式中的 e_{ijk} 即大家熟知的 Levi-Civita 记号[见本书第一卷式(A. 8)和式（A. 9)].

关于这两个弹性应变场的行为，在前面两节都已分别作了解释，这里不再叙述.

与上述两个弹性应变场相对应，准晶体中应存在两个应力场.

---

① Yang, W. G., Wang, R., Ding, D. H., Hu, C. H., *Phys. Rev.*, **B48**, 6999 (1993).

与 E_{ij}对应的是应力场 T_{ij}，以及相应的应力矢量 $\boldsymbol{t}$. 它们的意义与传统的晶体弹性理论一样. 与 w_{ij}对应的是应力场 H_{ij}，以及应力矢量 $\boldsymbol{h}$. H_{ij}是二阶张量的分量：它描述了作用在 $P_{\parallel}$ 空间中法线沿 X_j 方向的面上的应力在 $P_{\perp}$空间沿 x_i 方向的分量. 设 $\boldsymbol{n}$ 是 $P_{\parallel}$ 空间中的一个面元的法线，则应力矢量和应力张量之间的关系是

$$\boldsymbol{t}=\boldsymbol{T}\cdot\boldsymbol{n}, \qquad \boldsymbol{h}=\boldsymbol{H}\cdot\boldsymbol{n}. \tag{23.55}$$

设 V 是 $P_{\parallel}$ 空间中的任一体元，S 是其闭合表面. 作用在准晶体上的体力除惯常的体力密度 $\boldsymbol{f}$ 之外，还假设一个广义体力密度 $\boldsymbol{g}$. 它的方向由 $P_{\perp}$空间决定. 现在我们将牛顿运动定理在形式上推广到准晶情况.

在现在的情况下，牛顿的动量定理是

$$\frac{d}{dt}\int_V \rho(\dot{\boldsymbol{u}}\oplus\dot{\boldsymbol{w}})dV=\int_V(\boldsymbol{f}\oplus\boldsymbol{g})dV+\int_S(\boldsymbol{t}\oplus\boldsymbol{h})dS, \tag{23.56}$$

该积分是在 $P_{\parallel}$ 中进行. 但两组矢量 $\{\dot{\boldsymbol{u}}, \boldsymbol{f}, \boldsymbol{t}\}$ 和 $\{\dot{\boldsymbol{w}}, \boldsymbol{g}, \boldsymbol{h}\}$ 分别属于两个子空间 $P_{\parallel}$ 和 $P_{\perp}$. 所以，上述方程可分开为两个方程组

$$\frac{d}{dt}\int_V \rho\dot{\boldsymbol{u}}dV=\int_V\boldsymbol{f}dV+\int_S\boldsymbol{t}dS, \tag{23.57}$$

$$\frac{d}{dt}\int_V \rho\dot{\boldsymbol{w}}dV=\int_V\boldsymbol{g}dV+\int_S\boldsymbol{h}dS. \tag{23.58}$$

应用 Gauss 定理并结合式（23.55），就可以导出运动方程组

$$\begin{aligned}\partial_j T_{ij}+f_i&=\rho\ddot{u}_i,\\ \partial_j H_{ij}+g_i&=\rho\ddot{w}_i.\end{aligned} \tag{23.59}$$

以及静平衡方程组

$$\begin{aligned}\partial_j T_{ij}+f_i&=0,\\ \partial_j H_{ij}+g_i&=0.\end{aligned} \tag{23.60}$$

牛顿角动量定理的形式如下：

$$\frac{d}{dt}\int_V \boldsymbol{r}\times\rho(\dot{\boldsymbol{u}}\oplus\dot{\boldsymbol{w}})dV$$

$$= \int_V \boldsymbol{r} \times (\boldsymbol{f} \oplus \boldsymbol{g}) dV + \int_S \boldsymbol{r} \times (\boldsymbol{t} \oplus \boldsymbol{h}) dS. \quad (23.61)$$

由于 $\boldsymbol{r}$ 与 $\{\dot{\boldsymbol{w}}, \boldsymbol{g}, \boldsymbol{h}\}$ 是分属于两个正交子空间 $P_{\parallel}$ 和 $P_{\perp}$ 的矢量，所以，$\boldsymbol{r}$ 与 $\boldsymbol{w}$, $\boldsymbol{g}$, $\boldsymbol{h}$ 的矢量量积无定义. 于是，角动量定理表达式（23.61）简化为晶体弹性理论中的通常形式

$$\frac{d}{dt}\int_V \boldsymbol{r} \times \rho \dot{\boldsymbol{u}} dV = \int_V \boldsymbol{r} \times \boldsymbol{f} dV + \int_S \boldsymbol{r} \times \boldsymbol{t} dS. \quad (23.62)$$

应用 Gauss 定理不难导出应力互等定律

$$T_{ij} = T_{ji}. \quad (23.63)$$

但对于 H_{ij}，由于不存在与式（23.62）的类似表达式，所以，一般我们有

$$H_{ij} \neq H_{ji}. \quad (23.64)$$

只有在立方准晶的特殊情况下，上式变为等式.

准晶的弹性能是声子应变场 E_{ij} 和相位子应变场 w_{ij} 的函数. 弹性能密度 F 可以在 $E_{ij}=0$ 和 $w_{ij}=0$ 附近展成 Tayler 级数

$$\begin{aligned} &F(E_{mn}, w_{mn}) \\ &= \frac{1}{2}\left[\frac{\partial^2 F}{\partial E_{ij}\partial E_{kl}}\right]_0 E_{ij}E_{kl} + \frac{1}{2}\left[\frac{\partial^2 F}{\partial w_{ij}\partial w_{kl}}\right]_0 w_{ij}w_{kl} \\ &\quad + \frac{1}{2}\left[\frac{\partial^2 F}{\partial E_{ij}\partial w_{kl}}\right]_0 E_{ij}w_{kl} + \frac{1}{2}\left[\frac{\partial^2 F}{\partial w_{ij}\partial E_{kl}}\right]_0 w_{ij}E_{kl} \\ &= \frac{1}{2}c_{ijkl}E_{ij}E_{kl} + \frac{1}{2}K_{ijkl}w_{ij}w_{kl} + \frac{1}{2}R_{ijkl}E_{ij}w_{kl} + \frac{1}{2}R'_{ijkl}w_{ij}E_{kl}. \end{aligned} \quad (23.65)$$

我们定义下列三类弹性常数：

$$c_{ijkl} = \left[\frac{\partial^2 F}{\partial E_{ij}\partial E_{kl}}\right]_0. \quad (23.66)$$

二级弹性常数 c_{ijkl} 与声子应变场相关，与经典弹性理论中的一致

$$c_{ijkl} = c_{klij} = c_{jikl} = c_{ijlk}. \quad (23.67)$$

它是一个四阶对称张量，我们用一个 9×9 的矩阵 [C] 标记它. 另一类是与相位子应变相关的弹性常数

$$K_{ijkl}=\left[\frac{\partial^2 F}{\partial w_{ij}\partial w_{kl}}\right]_0, \tag{23.68}$$

它也是一个四阶对称张量

$$K_{ijkl}=K_{klij}, \tag{23.69}$$

我们也用一个 9×9 矩阵 $[K]$ 标记它.

第三类弹性常数是反映声子应变场与相位子应变场之间的耦合作用

$$R_{ijkl}=\left[\frac{\partial^2 F}{\partial E_{ij}\partial w_{kl}}\right]_0,\quad R'_{ijkl}=\left[\frac{\partial^2 F}{\partial w_{ij}\partial E_{kl}}\right]_0. \tag{23.70}$$

显然，它们具有下面的性质：

$$R_{ijkl}=R_{jikl},\qquad R'_{ijkl}=R'_{ijlk},\ R'_{klij}=R_{ijkl}. \tag{23.71}$$

它们是四阶不对称张量. 但二者具有互为转置关系. 若用 9×9 矩阵表示，则有

$$[R'] = [R]^T, \tag{23.72}$$

上角标 T 表示转置. 在这里，我们必须强调指出一个问题：C_{ijkl}中的下标 i，j，k，l，K_{ijkl}中的下标 j，l 以及 R_{ijkl}中的下标 i，j，l，它们标记的是物理空间 $P_\parallel$ 中的坐标分量. 而 K_{ijkl}中的下标 i，k，R_{ijkl}中的 k 标记数学空间中的坐标分量. 它们在准晶的对称操作中有不同的变换特征①.

这三类弹性常数可以用一个 18×18 的矩阵表示，它的块状简洁形式是

$$\begin{bmatrix}[c] & [R]\\ [R'] & [K]\end{bmatrix}=\begin{bmatrix}[C] & [R]\\ [R]^T & [K]\end{bmatrix}. \tag{23.73}$$

如果我们按下列排列次序定义一个列矩阵或行矩阵：

① Yang W. G., Ding D. H., Hu C. Z., Wang R., *Phys. Rev.* **B49**, 12656 (1994).

$$[E\ w]=(E_{11},E_{22},E_{33},E_{23},E_{31},E_{12},E_{32},E_{13},E_{21},$$
$$\partial_1 w_1,\partial_2 w_2,\partial_3 w_3,\partial_3 w_2,\partial_1 w_3,\partial_2 w_1,\partial_2 w_3,\partial_3 w_1,\partial_1 w_2),\tag{23.74}$$

那么，弹性能密度 F 的表达式（23.65）可用矩阵形式重写如下：

$$F=\frac{1}{2}[E\ w]\begin{bmatrix}[c] & [R]\\ [R]^T & [K]\end{bmatrix}\begin{bmatrix}E\\ w\end{bmatrix}.\tag{23.75}$$

重复与经典弹性理论完全类似的讨论，可以得到应力、应变与弹性能密度之间的关系如下：

$$T_{mn}=\frac{\partial F}{\partial E_{mn}},\qquad H_{mn}=\frac{\partial F}{\partial w_{mn}}.\tag{23.76}$$

将弹性能 F 的表达式（23.65）代入上面两式，并注意到关系式（23.72），立即得到广义 Hooke 定律如下：

$$\begin{aligned}T_{ij}&=c_{ijkl}E_{kl}+R_{ijkl}w_{kl},\\ H_{ij}&=K_{ijkl}w_{kl}+R_{klij}E_{kl}.\end{aligned}\tag{23.77}$$

如果我们定义一个由 T_{ij}，H_{ij}组成的列矩阵，脚标的排列次序与式（23.74）中的 E_{ij}一样，则广义 Hooke 定律的矩阵形式为

$$\begin{bmatrix}T\\ H\end{bmatrix}=\begin{bmatrix}[C] & [R]\\ [R]^T & [K]\end{bmatrix}\begin{bmatrix}E\\ w\end{bmatrix}.\tag{23.78}$$

将 Hooke 定律（23.77）代入平衡方程（23.59 和 23.60），得到声子和相位子位移场 $\boldsymbol{u}$ 和 $\boldsymbol{w}$ 所满足的偏微分方程组：

$$\begin{aligned}c_{ijkl}\partial_j\partial_l u_k+R_{ijkl}\partial_j\partial_l w_k+f_i&=0\ \ (=\rho\ddot{u}_i),\\ K_{ijkl}\partial_j\partial_l w_k+R_{klij}\partial_j\partial_l u_k+g_i&=0\ \ (=\rho\ddot{w}_i).\end{aligned}\tag{23.79}$$

应用给定的边界条件，如应用式（23.55）的应力边界条件或其它给定位移的边界条件，求解上述偏微分方程组，原则上就可以解得位移场 $\boldsymbol{u}$ 和 $\boldsymbol{w}$. 下面两节，我们将利用位错条件式（23.48）求解方程组（23.79），从而建立准晶中位错的弹性模型.

关于上面的准晶线弹性理论，有几点需要加以说明：

(i) 如果不出现相位子位移场，上述的所有弹性方程将简化为

经典弹性理论中的相应的弹性方程.

(ii)到目前为止，描述准晶弹性性质的三类弹性常数中，仅 c_{ijkl} 有少量的实验测定值的报道①.

(iii)弹性能 F 的展开式(23.65)中未考虑 $\boldsymbol{w}$ 的梯度的一次项，这是连续介质密度波描述法的直接结果. 然而，按照单胞描述法，弹性能将正比于 $|\Delta \boldsymbol{w}|$. 这是多年来尚未解决的一个问题[1]. 最近，Jeong 等② 研究了十次准晶的相变问题. 他们认为，在一个有限温度，系统存在一个从锁定相到未锁定相的转变. 在未锁定相，相位子在热力学上可以被激发. 其能量用相位子变量的梯度的平方表达，这似乎意味着这里的弹性理论将适合于未锁定相. 但锁定相的弹性理论目前仍是一个未解决的难题.

(2) **对几种准晶体的具体应用** 在讨论具体准晶之前，我们首先确认几个名词. “三维准晶”指的是 20 面体准晶和立方准晶. “二维准晶”指的是平面准周期结构周期堆垛形成的三维固体，即平面准周期结构加一周期维的三维实体. “平面准晶”指的是平面准周期结构，如前两节讨论的平面五边形结构. 许多理论研究文献中的二维准晶实际上只能算是平面准晶，它们没有考虑周期维的存在. 而实验性研究文献中的二维准晶指的是加上周期维后的三维固体. 显然，二维准晶与平面准晶在物理性质上是很不一样的. 为了避免混淆，确认这几个名词的含义是必要的.

(i) 平面准晶.

(a) 点群 $5m$ 和 $10mm$ 平面准晶. 根据群表示理论计算出独立的弹性常数数目为 5，它们是

$$c_{ijkl}=\lambda\delta_{ij}\delta_{kl}+\mu\ (\delta_{ik}\delta_{jl}+\delta_{il}\delta_{jk}), \tag{23.80}$$

$$K_{ijkl}=K_l\delta_{ik}\delta_{jl}+K_2(\delta_{ij}\delta_{kl}-\delta_{il}\delta_{jk}), \tag{23.81}$$

---

① Reynolds, G. A. M., et al., *Phys. Rev.*, **B41**, 1194 (1990).

② Jeong H. C., Steinhardt P. J., *Phys. Rev.*, **B48**, 9394 (1993).

$$R_{ijkl}=R(\delta_{i1}-\delta_{i2})(\delta_{ij}\delta_{kl}-\delta_{ik}\delta_{jl}+\delta_{il}\delta_{jk}), \tag{23.82}$$

式中，i，j，k，$l=1$，2. 用式（23.73）的矩阵表达是

$$\begin{bmatrix} \lambda+2\mu & \lambda & 0 & 0 & R & R & 0 & 0 \\ \lambda & \lambda+2\mu & 0 & 0 & -R & -R & 0 & 0 \\ 0 & 0 & \mu & \mu & 0 & 0 & -R & R \\ 0 & 0 & \mu & \mu & 0 & 0 & -R & R \\ R & -R & 0 & 0 & K_1 & K_2 & 0 & 0 \\ R & -R & 0 & 0 & K_2 & K_1 & 0 & 0 \\ 0 & 0 & -R & -R & 0 & 0 & K_1 & -K_2 \\ 0 & 0 & R & R & 0 & 0 & -K_2 & K_1 \end{bmatrix}. \tag{23.83}$$

将它代入式（23.78），即可得到 Hooke 定律

$$\begin{aligned} &T_{11}=\lambda(E_{11}+E_{22})+2\mu E_{11}+R(\partial_1 w_1+\partial_2 w_2), \\ &T_{22}=\lambda(E_{11}+E_{22})+2\mu E_{22}-R(\partial_1 w_1+\partial_2 w_2), \\ &T_{12}=2\mu E_{12}+R(\partial_1 w_2-\partial_2 w_1)=T_{21}, \\ &H_{11}=R(E_{11}-E_{22})+K_1\partial_1 w_1+K_2\partial_2 w_2, \\ &H_{22}=R(E_{11}-E_{22})+K_1\partial_2 w_2+K_2\partial_1 w_1, \\ &H_{12}=-2RE_{12}+K_1\partial_2 w_1-K_2\partial_1 w_2, \\ &H_{21}=2RE_{12}+K_1\partial_1 w_2-K_2\partial_2 w_1. \end{aligned} \tag{23.84}$$

其它弹性方程均可类似导出，这里略去.

(b) 点群 8mm 平面准晶. 它的弹性常数 c_{ijkl} 和 R_{ijkl} 与式（23.80）和式（23.82）一样. K_{ijkl} 的表达式是

$$\begin{aligned} K_{ijkl}=&(K_1-K_2-K_3)\delta_{ik}\delta_{jl}+K_2\delta_{ij}\delta_{kl}+K_3\delta_{il}\delta_{jk} \\ &+2(K_2+K_3)(\delta_{i1}\delta_{j2}\delta_{k1}\delta_{l2}+\delta_{i2}\delta_{j1}\delta_{k2}\delta_{l1}). \end{aligned} \tag{23.85}$$

弹性常数矩阵是

$$\begin{bmatrix} \lambda+2\mu & \lambda & 0 & 0 & R & R & 0 & 0 \\ \lambda & \lambda+2\mu & 0 & 0 & -R & -R & 0 & 0 \\ 0 & 0 & \mu & \mu & 0 & 0 & -R & R \\ 0 & 0 & \mu & \mu & 0 & 0 & -R & R \\ R & -R & 0 & 0 & K_1 & K_2 & 0 & 0 \\ R & -R & 0 & 0 & K_2 & K_1 & 0 & 0 \\ 0 & 0 & -R & -R & 0 & 0 & K_1+K_2+K_3 & K_3 \\ 0 & 0 & R & R & 0 & 0 & K_3 & K_1+K_2+K_3 \end{bmatrix}. \tag{23.86}$$

弹性能密度 F

$$F=\frac{1}{2}\lambda(\nabla\cdot u)^2+\mu E_{ij}E_{ij}+\frac{1}{2}K_1\partial_j w_i\partial_j w_i$$
$$+\frac{1}{2}K_2[(\partial_2 w_1)^2+(\partial_1 w_2)^2+2\partial_1 w_1\partial_2 w_2]+\frac{1}{2}K_3(\partial_2 w_1+\partial_1 w_2)^2$$
$$+R[(E_{11}-E_{22})(\partial_1 w_1+\partial_2 w_2)+2E_{12}(\partial_1 w_2-\partial_2 w_1)]. \tag{23.87}$$

广义 Hooke 定律

$$\begin{aligned} &T_{11}=\lambda(E_{11}+E_{22})+2\mu E_{11}+R(\partial_1 w_1+\partial_2 w_2),\\ &T_{22}=\lambda(E_{11}+E_{22})+2\mu E_{22}-R(\partial_1 w_1+\partial_2 w_2),\\ &T_{12}=2\mu E_{12}+R(\partial_1 w_2-\partial_2 w_1)=T_{21},\\ &H_{11}=R(E_{11}-E_{22})+K_1\partial_1 w_1+K_2\partial_2 w_2,\\ &H_{22}=R(E_{11}-E_{22})+K_1\partial_2 w_2+K_2\partial_1 w_1,\\ &H_{12}=-2RE_{12}+(K_1+K_2+K_3)\partial_2 w_1+K_3\partial_1 w_2,\\ &H_{21}=2RE_{12}+(K_1+K_2+K_3)\partial_1 w_2+K_3\partial_2 w_1. \end{aligned} \tag{23.88}$$

用位移表示的平衡方程

$$\begin{aligned} &\mu\nabla^2 u_1+(\lambda+\mu)\partial_1(\nabla\cdot u)+R(\partial_1\partial_1 w_1+2\partial_1\partial_2 w_2-\partial_2\partial_2 w_1)+f_1=0,\\ &\mu\nabla^2 u_2+(\lambda+\mu)\partial_2(\nabla\cdot u)+R(\partial_1\partial_1 w_2-2\partial_1\partial_2 w_1-\partial_2\partial_2 w_2)+f_2=0,\\ &K_1\nabla^2 w_1+(K_2+K_3)(\partial_2\partial_2 w_1+\partial_1\partial_2 w_2)+R(\partial_1\partial_1 u_1-2\partial_1\partial_2 u_2-\partial_2\partial_2 u_1)+g_1=0,\\ &K_1\nabla^2 w_2+(K_2+K_3)(\partial_1\partial_2 w_1+\partial_1\partial_1 w_2)+R(\partial_1\partial_1 u_2+2\partial_1\partial_2 u_1-\partial_2\partial_2 u_2)+g_2=0. \end{aligned} \tag{23.89}$$

(c) 点群 $12mm$ 的平面准晶. 在这种情况中，不出现声子和相位子应变场之间的相互作用①，所以 $R_{ijkl}=0$. c_{ijkl}和 K_{ijkl}与点群 $8mm$ 的一样. 只要令 $R=0$，则各弹性方程直接由式（23.87）—（23.89）得到.

(ii) 二维准晶. 在文献[8] 中已导出了所有 Fourier 模量的秩为 5 的二维准晶的点群及其 Laue 类，并由群表示理论计算了与各种对称性相对应的独立的弹性常数的数目以及所有的二次标量不变量. 这里只讨论几种常见的简单情况.

对于二维准晶，其惯用坐标系的取法一般如下：正交直角坐标系 $x_1x_2x_3$ 中的 X_3 轴与周期方向平行. X_1X_2 坐标平面与准周期平面重合，其中 X_1 轴与高维空间投影下来的一个基矢重合. 例如，对五次对称二维准晶，X_1 轴与式（23.16）中的 $\boldsymbol{G}_0$ 重合. 注意，现在，$P_\perp$是二维的.

(a) 点群 $10mm$，1022，$\overline{10}m2$ 和 $10/mmm$ 的十次二维准晶.

弹性常数张量 c_{ijkl}的不为零分量是与点群为 6，$\bar{6}$，$6/m$，$\bar{6}m2$，$6mm$，622，$6/mmm$ 的六角对称晶体的完全一样，采用晶体中惯用的简缩式矩阵元 c_{KM}表示是

$$c_{11}=c_{22},\ c_{33},\ c_{12},\ c_{13}=c_{23},\ c_{44}=c_{55},\ 2c_{66}=c_{11}-c_{12}, \tag{23.90}$$

共有 5 个独立的 c_{ijkl}.

弹性常数 K_{ijkl}共有 3 个独立分量，其中两个 K_1 和 K_2 与式（23.81）一样，另一个是

$$K_{1313}=K_{2323}\equiv K_4. \tag{23.91}$$

弹性常数 R_{ijkl}只有一个独立分量，与式（23.82）相同.

在二维准晶的情况下，我们有

---

① Socolar J. E. S., *Phys. Rev.*, ***B39***, 10519(1989); Hu C. Z., Ding D. H., Yang W. G., *Acta Phys. Sinica*, Overseas Edn, **2**, 42(1993).

$$H_{33}=H_{32}=H_{31}=0,\quad w_{33}=w_{32}=w_{31}=0. \tag{23.92}$$

如果采用 c_{KM} 标记弹性常数 c_{ijkl}，那么弹性常数矩阵可简化为 12×12 矩阵. 所以，我们可以得到 Hooke 定律（23.78）的具体形式如下：

$$\begin{vmatrix} T_{11} \\ T_{22} \\ T_{33} \\ T_{23} \\ T_{31} \\ T_{12} \\ H_{11} \\ H_{22} \\ H_{23} \\ H_{12} \\ H_{13} \\ H_{21} \end{vmatrix} = \begin{vmatrix} c_{11} & c_{12} & c_{13} & 0 & 0 & 0 & R & R & 0 & 0 & 0 & 0 \\ c_{12} & c_{11} & c_{13} & 0 & 0 & 0 & -R & -R & 0 & 0 & 0 & 0 \\ c_{13} & c_{13} & c_{33} & 0 & 0 & 0 & 0 & 0 & 0 & 0 & 0 & 0 \\ 0 & 0 & 0 & c_{44} & 0 & 0 & 0 & 0 & 0 & 0 & 0 & 0 \\ 0 & 0 & 0 & 0 & c_{44} & 0 & 0 & 0 & 0 & 0 & 0 & 0 \\ 0 & 0 & 0 & 0 & 0 & c_{66} & 0 & 0 & 0 & -R & 0 & R \\ R & -R & 0 & 0 & 0 & 0 & K_1 & K_2 & 0 & 0 & 0 & 0 \\ R & -R & 0 & 0 & 0 & 0 & K_2 & K_1 & 0 & 0 & 0 & 0 \\ 0 & 0 & 0 & 0 & 0 & 0 & 0 & 0 & K_4 & 0 & 0 & 0 \\ 0 & 0 & 0 & 0 & 0 & -R & 0 & 0 & 0 & K_1 & 0 & -K_2 \\ 0 & 0 & 0 & 0 & 0 & 0 & 0 & 0 & 0 & 0 & K_4 & 0 \\ 0 & 0 & 0 & 0 & 0 & R & 0 & 0 & 0 & -K_2 & 0 & K_1 \end{vmatrix} \begin{vmatrix} E_{11} \\ E_{22} \\ E_{33} \\ 2E_{23} \\ 2E_{31} \\ 2E_{12} \\ W_{11} \\ W_{22} \\ W_{23} \\ W_{12} \\ W_{13} \\ W_{21} \end{vmatrix}. \tag{23.93}$$

将上式的矩阵应用到式（23.75），即可得到弹性能密度 F 的表达式，即

$$\begin{aligned} F=&\frac{1}{2}c_{11}(E_{11}^2+E_{22}^2)+\frac{1}{2}c_{33}E_{33}^2+c_{12}E_{11}E_{22}+2c_{66}E_{12}^2 \\ &+c_{13}(E_{11}+E_{22})E_{33}+2c_{44}(E_{23}^2+E_{31}^2)+\frac{1}{2}K_1w_{ij}w_{ij} \\ &+K_2(w_{11}w_{22}-w_{12}w_{21})+\frac{1}{2}K_4(w_{23}^2+w_{13}^2) \\ &+R[(E_{11}-E_{22})(w_{11}+w_{22})+2E_{12}(w_{21}-w_{12})]. \end{aligned} \tag{23.94}$$

上式中的 i，j=1，2.

(b) 点群 $8mm$，822，$\bar{8}m2$，$8/mmm$ 八次对称二维准晶. 根据群表示理论，属于上述点群的二维准晶共有 10 个独立的弹性常数. 其中 5 个独立的 c_{ijkl} 与式（23.90）相同，R_{ijkl} 与式（23.82）相

同. K_{ijkl}的非零分量是

$$K_{1111}=K_{2222}=K_1,\quad K_{1122}=K_{2211}=K_2,\quad K_{1221}=K_{2112}=K_3,$$
$$K_{1212}=K_{2121}=K_1+K_2+K_3,\quad K_{2323}=K_{1313}=K_4. \tag{23.95}$$

可见，现在情况下的弹性常数矩阵与上面的十次对称二维准晶相比，有相同的矩阵 [C] 和 [R]. 只是矩阵 [K]，即式 (23.93) 中的弹性常数矩阵的右下角部分，取下面的形式：

$$\begin{vmatrix} K_1 & K_2 & 0 & 0 & 0 & 0 \\ K_2 & K_1 & 0 & 0 & 0 & 0 \\ 0 & 0 & K_4 & 0 & 0 & 0 \\ 0 & 0 & 0 & K_1+K_2+K_3 & 0 & K_3 \\ 0 & 0 & 0 & 0 & K_4 & 0 \\ 0 & 0 & 0 & K_3 & 0 & K_1+K_2+K_3 \end{vmatrix}. \tag{23.96}$$

将式 (23.96) 代替式 (23.93) 中的矩阵中的相应部分，就可用同样方法得到各弹性方程的具体形式. 这里略去.

(c) 点群 $12mm$, 1222, $\overline{12}m2$, $12/mmm$ 十二次对称二维准晶. 在现在的情况下，声子和相位子应变场之间不存在相互作用，所以有 $R_{ijkl}=0$. 而其它的弹性常数与上面的八次对称二维准晶完全相同. 可见，只要令 $R=0$，则直接由上面八次对称的结果得到属于上述点群的准晶的弹性方程.

其它点群的二维准晶，由于独立的弹性常数的数目较多，弹性方程的推导比较复杂，这里不予讨论.

(iii) 三维准晶

(a) 二十面体三维准晶. 在这种情况下，$P_{\parallel}$ 和 $P_{\perp}$ 均为三维空间. 在 $P_{\perp}$ 空间的正交直角坐标系 $x_1x_2x_3$ 的取法如图 23.9 所示. 其中 X_3 轴为五次对称轴.

在该准晶坐标系下，弹性常数 c_{ijkl} 与式 (23.80) 一样，只是现在 i, j, k, $l=1$, 2, 3. K_{ijkl}的矩阵式是

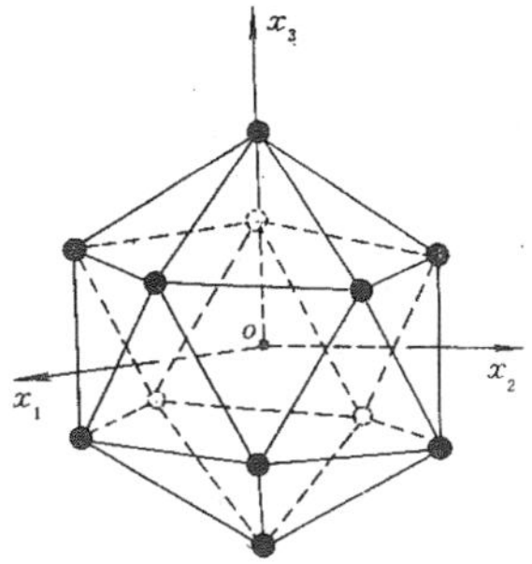

图 23.9

$$[K]=\begin{bmatrix} K_1 & 0 & 0 & 0 & K_2 & 0 & 0 & K_2 & 0 \\ 0 & K_1 & 0 & 0 & -K_2 & 0 & 0 & K_2 & 0 \\ 0 & 0 & K_1+K_2 & 0 & 0 & 0 & 0 & 0 & 0 \\ 0 & 0 & 0 & K_1-K_2 & 0 & K_2 & 0 & 0 & -K_2 \\ K_2 & -K_2 & 0 & 0 & K_1-K_2 & 0 & 0 & 0 & 0 \\ 0 & 0 & 0 & K_2 & 0 & K_1 & -K_2 & 0 & 0 \\ 0 & 0 & 0 & 0 & 0 & -K_2 & K_1-K_2 & 0 & -K_2 \\ K_2 & K_2 & 0 & 0 & 0 & 0 & 0 & K_1-K_2 & 0 \\ 0 & 0 & 0 & -K_2 & 0 & 0 & -K_2 & 0 & K_1 \end{bmatrix}. \tag{23.97}$$

R_{ijkl}的矩阵形式是

$$[R]=R\begin{bmatrix} 1 & 1 & 1 & 0 & 0 & 0 & 0 & 1 & 0 \\ -1 & -1 & 1 & 0 & 0 & 0 & 0 & -1 & 0 \\ 0 & 0 & -2 & 0 & 0 & 0 & 0 & 0 & 0 \\ 0 & 0 & 0 & 0 & 0 & -1 & 1 & 0 & -1 \\ 1 & -1 & 0 & 0 & 1 & 0 & 0 & 0 & 0 \\ 0 & 0 & 0 & -1 & 0 & -1 & 0 & 0 & 1 \\ 0 & 0 & 0 & 0 & 0 & -1 & 1 & 0 & -1 \\ 1 & -1 & 0 & 0 & 1 & 0 & 0 & 0 & 0 \\ 0 & 0 & 0 & -1 & 0 & -1 & 0 & 0 & 1 \end{bmatrix}. \tag{23.98}$$

可见，一共有 5 个独立的弹性常数：λ，μ，K_1，K_2，R. 其中 λ 和 μ 的定义与经典弹性理论中的拉梅常数一样. K_1，K_2 和 R 的定义由它们在矩阵（23.97）和（23.98）中的位置具体定义. 不应和前面分别定义的 K_1，K_2 和 R 混淆.

有了弹性常数的矩阵形式，就不难导出各个弹性方程. 由于表达式均较长，这里略去.

(b) 立方准晶. 立方准晶的结构特征是具有传统晶体学允许的立方点群对称. 而且，$P_\parallel$ 和 $P_\perp$ 荷载相同的不可约表示. 这意味着 ∂_j 和 w_i 在相同的不可约表示下变换. 相位子应变张量的定义式（23.53）改由下式定义①

$$F_{ij}=\frac{1}{2}(\partial_j w_i+\partial_i w_j). \tag{23.99}$$

显然，F_{ij}是一个二阶对称张量. 相应地式(23.64)式变为等式

$$H_{ij}=H_{ji}. \tag{23.100}$$

根据群表示理论，它共有 9 个独立的弹性常数. c_{ijkl}，K_{ijkl}和 R_{ijkl}各有 3 个，而且它们具有相同的矩阵结构. 若采用统一的、与经典弹性理论一样的简缩形式 $B_{ijkl}\longrightarrow B_{KM}$，则

$$\begin{vmatrix} B_{11} & B_{12} & B_{12} & 0 & 0 & 0 \\ B_{12} & B_{11} & B_{12} & 0 & 0 & 0 \\ B_{12} & B_{12} & B_{11} & 0 & 0 & 0 \\ 0 & 0 & 0 & B_{44} & 0 & 0 \\ 0 & 0 & 0 & 0 & B_{44} & 0 \\ 0 & 0 & 0 & 0 & 0 & B_{44} \end{vmatrix}. \tag{23.101}$$

自然，这里的惯用直角坐标系与立方晶体一样. 若令 $B_{KM}=c_{KM}(c_{ijkl})$，$B_{KM}=K_{KM}(K_{ijkl})$，$B_{KM}=R_{KM}(R_{ijkl})$，就得到三类弹性常数的具体矩阵形式. 相应地，不难导出弹性方程的具体表达式.

---

① Yang W. G., Wang R., Ding D. H., Hu C. Z., *Phys. Rev.*, **B 48**, 6999 (1993).

§ 23.4 Green 函数法在准晶位错理论中的应用[1]

将准晶体视为连续介质，建立准晶位错的静弹性模型的基本任务，就是要应用准晶位错条件［式（23.48)］，求解偏微分方程组（23.79).

假设准晶体为一无限大的、均匀的自由弹性体. 我们有下面的边界条件成立：

$$T_{ij}n_j = H_{ij}n_j = 0, \tag{23.102}$$

当在 $P_{\parallel}$ 中的 $x \longrightarrow \infty$，以及式（23.79）中的体力为零，即

$$f_i = g_i = 0. \tag{23.103}$$

于是，我们要求解的声子和相位子位移场 $\boldsymbol{u}$ 和 $\boldsymbol{w}$ 满足的静平衡方程组是

$$\begin{aligned} c_{ijkl}\partial_j\partial_l u_k + R_{ijkl}\partial_j\partial_l w_k &= 0, \\ R_{klij}\partial_j\partial_l u_k + K_{ijkl}\partial_j\partial_l w_k &= 0. \end{aligned} \tag{23.104}$$

我们首先应用本征应变法导出位移场的普遍表达式，然后，举例具体计算位移场.

（1）*准晶位错位移场的普遍表达式* 根据第 22 章讲述的 Mura 的本征应变和本征应力的概念，设 V' 是准晶体 V 中的一个子区域. 根据 Volterra 过程，由于引进位错而在该区域存在一个给定的本征应变 E_{ij}^*，w_{ij}^*. 显然，它们是内应力源. 相应地，由此而在准晶体 V 中引起一定的弹性应变场 E_{ij}'，w_{ij}'，以及自应力场 T_{ij}，H_{ij}. 于是，在 V 中实际存在的应变场是本征应变场与弹性应变场之和：

$$E_{ij} = E_{ij}^* + E_{ij}', \quad w_{ij} = w_{ij}^* + w_{ij}'. \tag{23.105}$$

弹性应变场与自应力场之间由 Hooke 定律联系. 所以，将式（23.105）代入式（23.77)，得出

$$\begin{aligned} T_{ij} &= c_{ijkl}E_{kl} + R_{ijkl}w_{kl} - c_{ijkl}E_{kl}^* - R_{ijkl}w_{kl}^*, \\ H_{ij} &= R_{klij}E_{kl} + K_{ijkl}w_{kl} - R_{klij}E_{kl}^* - K_{ijkl}w_{kl}^*. \end{aligned} \tag{23.106}$$

将式（23.106）代入静平衡方式（23.60)，并利用定义式（23.52）和式（23.53)，得到

$$c_{ijkl}\partial_j\partial_l u_k + R_{ijkl}\partial_j\partial_l w_k = c_{ijkl}\partial_j E_{kl}^* + R_{ijkl}\partial_j w_{kl}^*,$$
$$R_{klij}\partial_j\partial_l u_k + K_{ijkl}\partial_j\partial_l w_k = R_{klij}\partial_j E_{kl}^* + K_{ijkl}\partial_j w_{kl}^*. \tag{23.107}$$

与方程组（23.104）比较可见，本征应变对静平衡方程的贡献类似于在子区域 V' 中分布有两类体力密度

$$X_i = -c_{ijkl}\partial_j E_{kl}^* - R_{ijkl}\partial_j w_{kl}^*,$$
$$Y_i = -R_{klij}\partial_j E_{kl}^* - K_{ijkl}\partial_j w_{kl}^*. \tag{23.108}$$

最后，我们要求解的非齐次偏微分方程组是：

$$c_{ijkl}\partial_j\partial_l u_k + R_{ijkl}\partial_j\partial_l w_k = X_i,$$
$$R_{klij}\partial_j\partial_l u_k + K_{ijkl}\partial_j\partial_l w_k = Y_i. \tag{23.109}$$

根据函数 $f(\boldsymbol{x})$的 Fourier 积分和变换的定义

$$f(x) = \int_{-\infty}^{\infty} f(\boldsymbol{k})\exp(i\boldsymbol{k}\cdot\boldsymbol{x})d\boldsymbol{k},$$
$$f(\boldsymbol{k}) = \frac{1}{8\pi^3}\int_{-\infty}^{\infty} f(\boldsymbol{x})\exp(-i\boldsymbol{k}\cdot\boldsymbol{x})d\boldsymbol{x}, \tag{23.110}$$

式中，$d\boldsymbol{k}=dk_1dk_2dk_3$，$dx=dx_1dx_2dx_3$，我们将方程组（23.109）逐项进行 Fourier 变换，可以得到声子和相位子位移场的 Fourier 变换 $\overline{u}_i(\boldsymbol{k})$和 $\overline{w}_i(\boldsymbol{k})$所满足的代数方程组

$$M_{ik}\overline{u}_k + R_{ik}\overline{w}_k = \overline{X}_i,$$
$$R_{ik}^T\overline{u}_k + N_{ik}\overline{w}_k = \overline{Y}_i. \tag{23.111}$$

上式中的一些记号的意义如下：

$$M_{ik} = c_{ijkl}k_jk_l, \qquad R_{ik} = R_{ijkl}k_jk_l,$$
$$R_{ik}^T = R_{klij}k_jk_l, \qquad N_{ik} = K_{ijkl}k_jk_l, \tag{23.112}$$

以及

$$\overline{X}_i = -ic_{ijkl}k_j\overline{E}_{kl}^* - iR_{ijkl}k_j\overline{w}_{kj}^*,$$
$$\overline{Y}_i = -iR_{klij}k_j\overline{E}_{kl}^* - iK_{ijkl}k_j\overline{w}_{kl}^*. \tag{23.113}$$

为了后面的推导方便，我们将式（23.112）中的 4 个系数矩阵组成一个 6×6 的矩阵，矩阵元 $A^{\alpha\beta}$的表达式是

$$A^{\alpha\beta} = \delta_i^\alpha(\delta_j^\beta M_{ij} + \delta_j^{\beta-3}R_{ij}) + \delta_i^{\alpha-3}(\delta_j^\beta R_{ji} + \delta_j^{\beta-3}N_{ij}). \tag{23.114}$$

并定义下面两组 6 维矢量，其分量式是

$$Z^{\alpha}(x')=\delta_i^{\alpha}X_i(\boldsymbol{x}')+\delta_i^{\alpha-3}Y_i(\boldsymbol{x}'),$$
$$\bar{z}^{\alpha}(k)=\delta_i^{\alpha}\overline{X}_i(\boldsymbol{k})+\delta_i^{\alpha-3}\overline{Y}_i(\boldsymbol{k}), \tag{23.115}$$

$$V^{\alpha}(x)=\delta_i^{\alpha}u_i(\boldsymbol{x})+\delta_i^{\alpha-3}w_i(\boldsymbol{x}),$$
$$\overline{V}^{\alpha}(k)=\delta_i^{\alpha}\overline{u}_i(\boldsymbol{k})+\delta_i^{\alpha-3}\overline{w}_i(\boldsymbol{k}). \tag{23.116}$$

上面各式中的 δ_i^{α} 符号意义如下：

$$\delta_{\alpha}{}^{i}=\begin{cases}1, & \alpha=i\\ 0, & \alpha\neq i,\end{cases}\qquad \delta_i^{\alpha-3}=\begin{cases}1, & \alpha-3=i,\\ 0, & \alpha-3\neq i.\end{cases} \tag{23.117}$$

从现在起，如不另作说明，角标的取值范围是：上标 α，β，…（=1，2，3，…，6），下标 i，j，…（=1，2，3）. 完成上述定义后，式（23.111）可以重写为下面的标准非齐次代数方程组：

$$A^{\alpha\beta}(\boldsymbol{k})\overline{V}^{\beta}(\boldsymbol{k})=\overline{Z}^{\alpha}(\boldsymbol{k}). \tag{23.118}$$

它的解可表达为

$$\overline{V}^{\alpha}(k)=\overline{G}^{\alpha\beta}(\boldsymbol{k})\overline{Z}^{\beta}(\boldsymbol{k}), \tag{23.119}$$

式中

$$\overline{G}^{\alpha\beta}(\boldsymbol{k})=[A^{\alpha\beta}(\boldsymbol{k})]^{-1}=B^{\alpha\beta}(\boldsymbol{k})/D(\boldsymbol{k}), \tag{23.120}$$

这里的 D（$\boldsymbol{k}$）和 $B^{\alpha\beta}$（$\boldsymbol{k}$）分别是矩阵 $A^{\alpha\beta}$的行列式和代数余子式. 而式（23.119）中的 $\overline{Z}^{\beta}$（$\boldsymbol{k}$）是

$$\overline{Z}^{\beta}(k)=\frac{1}{8\pi^3}\int_{-\infty}^{\infty}Z^{\beta}(\boldsymbol{x}')\exp(-ik\cdot\boldsymbol{x}')d\boldsymbol{x}'. \tag{23.121}$$

现在，根据式（23.110），由式（23.119）和式（23.121）立即得到

$$\begin{aligned}V^{\alpha}(\boldsymbol{x})&=\int_{-\infty}^{\infty}\overline{V}^{\alpha}(\boldsymbol{k})\exp(\mathrm{i}\boldsymbol{k}\cdot\boldsymbol{x})\mathrm{d}\boldsymbol{k}\\&=\frac{1}{8\pi^3}\int_{-\infty}^{\infty}\int_{-\infty}^{\infty}\overline{G}^{\alpha\beta}(\boldsymbol{k})Z^{\beta}(\boldsymbol{x}')\exp[\mathrm{i}\boldsymbol{k}\cdot(\boldsymbol{x}-\boldsymbol{x}')]\mathrm{d}\boldsymbol{k}\mathrm{d}\boldsymbol{x}'.\end{aligned} \tag{23.122}$$

前面我们已经指出，由式（23.108）及式（23.115）的第一式表达的 Z^{β}（$\boldsymbol{x}'$）相当于在 V' 子区域中分布的体力密度，根据熟知的 Green 张量函数的意义，这种体力密度分布在 V 中引起的位移场可由 Green 张量函数表达如下：

$$V^{\alpha}(\boldsymbol{x})=\int_{-\infty}^{\infty}G^{\alpha\beta}(\boldsymbol{x}-\boldsymbol{x}')Z^{\beta}(\boldsymbol{x}')d\boldsymbol{x}'. \tag{23.123}$$

与式（23.122）比较可见

$$G^{\alpha\beta}(x-x')=\frac{1}{8\pi^3}\int_{-\infty}^{\infty}\overline{G}^{\alpha\beta}(\boldsymbol{k})\exp[i\boldsymbol{k}\cdot(\boldsymbol{x}-\boldsymbol{x}')]d\boldsymbol{k}$$

$$=\frac{1}{8\pi^3}\int_{-\infty}^{\infty}\frac{B^{\alpha\beta}(\boldsymbol{k})}{D(\boldsymbol{k})}\exp[i\boldsymbol{k}\cdot(\boldsymbol{x}-\boldsymbol{x}')]d\boldsymbol{k}.$$

（23.124）

下面，简单说明 Green 张量函数的意义．首先强调指出，式（23.108）中的体力 X_i 和 Y_i 都是作用在 $P_{\|}$ 空间的子区域 V' 中的 $\boldsymbol{x}'$（x_1，x_2，x_3）点，但前者的取向是沿 $P_{\|}$ 空间的坐标轴，后者沿 $P_{\perp}$ 空间的坐标轴．Green 张量 $G^{\alpha\beta}$（$x-x'$）表示一个 α 方向的位移分量．当 $\alpha=1$，2，3，它是取向在 $P_{\|}$ 的声子位移分量；当 $\alpha=4$，5，6，它是取向在 $P_{\perp}$ 的相位子位位移分量．但两者都是指的 $P_{\|}$ 空间中 $\boldsymbol{x}$ 点处的位移．这个位移是由作用在 $P_{\|}$ 空间中 $\boldsymbol{x}'$ 点上的单位点体力在 β 方向的分量引起的．当 $\beta=1$，2，3 时，方向取在 $P_{\|}$，$\beta=4$，5，6 时在 $P_{\perp}$ 空间．在文献［9］中，对各类准晶体的 Green 张量进行了较细致的讨论，这里不叙述了．一般说来，对于一种具体的准晶体，只要已知了它的弹性常数张量的具体矩阵形式，如 §23.3 中指出的，那末原则上就可以应用表达式（23.112），（23.114），（23.120）和（23.124）计算出 Green 张量来．然而，与传统晶体相比，现在的情况要复杂得多．因为矩阵 $A^{\alpha\beta}$（$\boldsymbol{k}$）是 6×6，它的行列式 D（$\boldsymbol{k}$）在一般情况下是可高达 12 次的多项式．可见，只有在一些较特殊的情况下，才有可能得到 Green 张量的解析表达式．一般只能应用计算机作数值计算．

最后，将式（23.108）和式（23.115）中的第一式代入式（23.123），就可得到用 Green 张量函数表达的位移场的一般表达式

$$V^{\alpha}(\boldsymbol{x})=-\int_{-\infty}^{\infty}G^{\alpha\beta}(\boldsymbol{x}-\boldsymbol{x}')(\delta_i^{\beta}c_{ijkl}+\delta_i^{\beta-3}R_{klij})\partial_{j'}E_{kl}^{*}(\boldsymbol{x}')d\boldsymbol{x}'$$

$$-\int_{-\infty}^{\infty}G^{\alpha\beta}(\boldsymbol{x}-\boldsymbol{x}')(\delta_i^{\beta}R_{ijkl}+\delta_i^{\beta-3}K_{ijkl})\partial_{j'}w_{kl}^{*}(\boldsymbol{x}')d\boldsymbol{x}'$$

$$=-\int_{-\infty}^{\infty}\partial_jG^{\alpha\beta}(\boldsymbol{x}-\boldsymbol{x}')(\delta_i^{\beta}c_{ijkl}+\delta_i^{\beta-3}R_{klij})E_{kl}^{*}(\boldsymbol{x}')d\boldsymbol{x}'$$

$$-\int_{-\infty}^{\infty}\partial_j G^{\alpha\beta}(\boldsymbol{x}-\boldsymbol{x}')(\delta_i^{\beta}R_{ijkl}+\delta_i^{\beta-3}K_{ijkl})w_{kl}^{*}(\boldsymbol{x}')d\boldsymbol{x}',$$

(23.125)

式中第二个等号来自分部积分，并且 $\partial_j=-\partial_{j'}$.

只要根据位错条件(23.48)，对于具体位错给出本征应变 E_{kl}^{*}，w_{kl}^{*} 的具体表达式，原则上都可以由表达式（23.122）或式（23.125）计算出位错的位移场. 并可以根据上一节的弹性方程计算出其它的场量.

最后必须强调指出一点，像晶体中的位错弹性理论一样，对于一条具体位错，计算都是在一个具体的位错坐标系中进行的. 而上一节给出的各类弹性常数矩阵都是相对惯用准晶坐标系的. 所以，在具体计算时，相应的坐标变换是必须的.

（2）*应用举例*　为了掌握上述理论结果的具体应用，我们举两个具体例子进行计算.

第一个例子是在十次对称二维准晶（点群 $10mm$, 1022, $\overline{10}m2$, $10/mmm$）中一条与周期方向平行的无限长直位错①，它具有任意 Burgers 矢量 $\tilde{b}=(b_1^{\parallel}, b_2^{\parallel}, b_1^{\perp}, b_2^{\perp})$. 在这种情况下，将位错线选取与 x_3 轴重合，位错坐标系与惯用坐标系一致. 该二维准晶的三类弹性常数由式（23.90），（23.81），（23.91）和式（23.82）给出.

为了简化计算，我们首先计算出 Burgers 矢量为 $(b_1^{\parallel}, 0, b_1^{\perp}, 0)$ 所对应的位移场. 然后将结果进行坐标变换直接得到 Burgers 矢量为 $(0, b_1^{\parallel}, 0, b_2^{\perp})$ 的结果. 两者相加就是最后结果. 坐标变换的方法如下②：在 $P_{\parallel}$ 空间反时针旋转 $\frac{\pi}{2}$，在 $P_{\perp}$ 空间反时针旋转 $\frac{3\pi}{2}$. 具体代换是：$x_1\to x_2$，$x_2\to -x_1$，$b_1^{\parallel}\to b_2^{\parallel}$，$b_1^{\perp}\to -b_2^{\perp}$，$u_1\to u_2$，$u_2\to -u_1$，$w_1\to -w_2$，$w_2\to w_1$.

---

① 丁棣华、王仁卉、杨文革、胡承正，武汉大学学报，**5**，59（1994）

② De D.，Pelcovits R. A.，*Phys. Rev.*，***B*35**，8609(1987).

当 Burgers 矢量为 $(b_1^{\parallel}, 0, b_1^{\perp}, 0)$ 时，子区域 V' 是 $P_{\parallel}$ 空间的一个半无限平面：$x'_1<0$，$x'_2=0$，$-\infty\leqslant x'_3\leqslant+\infty$. 于是本征应变给定如下：

$$E_{12}^*=E_{21}^*=\frac{1}{2}b_1^{\parallel}\delta(x_2')H(-x_1'),$$
$$w_{12}^*=b_1^{\perp}\delta(x_2')H(-x_1'), \tag{23.126}$$

式中的 $\delta(x)$ 是 Dirac δ 函数，$H(x)$ 是 Heaviside 阶梯函数.

将式（23.124），（23.126）代入式（23.125）中的第二式，可以导出下面的表达式：

$$V^{\alpha}(x)=\frac{b_1^{\parallel}}{4\pi^2}\int_{-\infty}^{\infty}\int_{-\infty}^{\infty}(\delta_i^{\beta}c_{ij12}+\delta_i^{\beta-3}R_{12ij})\left(\frac{k_j}{k_1}\overline{G}^{\alpha\beta}(\boldsymbol{k})\right)_{k_3=0}$$
$$+\exp[i(k_1x_1+k_2x_2)]dk_1dk_2+\frac{b_1^{\perp}}{4\pi^2}\int_{-\infty}^{\infty}\int_{-\infty}^{\infty}(\delta_i^{\beta}R_{ij12}+\delta_i^{\beta-3}K_{ij12})$$
$$+\left[\frac{k_j}{k_1}\overline{G}^{\alpha\beta}(\boldsymbol{k})\right]_{k_3=0}\times\exp[i(k_1x_1+k_2x_2)]dk_1dk_2. \tag{23.127}$$

上式在推导中应用了下面的结果：

$$\int_{-\infty}^{\infty}e^{-ik_1x_1'}H(-x'_1)dx_1'=-\frac{1}{ik_1},$$
$$\int_{-\infty}^{\infty}\delta(x_2')e^{-ik_2x_2'}dx_2'=1, \tag{23.128}$$
$$\int_{-\infty}^{\infty}e^{-ik_3x_3'}dx_3'=2\pi\delta(k_3).$$

根据式（23.127），对于现在讨论的与 x_3 轴平行的直位错，有 $k_3=0$ 的条件. 于是，矩阵 $A^{\alpha\beta}$（$\boldsymbol{k}$）具有下面的形式：

$$[A]^{\alpha\beta}=\begin{bmatrix} c_{11}k_1^2+c_{66}k_2^2 & (c_{11}-c_{66})k_1k_2 & 0 & R_1(k_1^2-k_2^2) & 2R_1k_1k_2 \\ (c_{11}-c_{66})k_1k_2 & c_{66}k_1^2+c_{11}k_2^2 & 0 & -2R_1k_1k_2 & R_1(k_1^2-k_2^2) \\ 0 & 0 & c_{44}k^2 & 0 & 0 \\ R_1(k_1^2-k_2^2) & -2R_1k_1k_2 & 0 & K_1k^2 & 0 \\ 2R_1k_1k_2 & R_1(k_1^2-k_2^2) & 0 & 0 & K_1k^2 \end{bmatrix}. \tag{23.129}$$

由此计算行列式 $D(\boldsymbol{k})$ 和代数余子式 $B^{\alpha\beta}(\boldsymbol{k})$ 后，得到 $k_3=0$ 时的 Green 函数的 Fourier 变换 $\overline{G}^{\alpha\beta}(\boldsymbol{k})$ 的解析表达式如下：

$$\overline{G}^{11}=-\frac{K_1R_1^2}{c}\frac{1}{k^2}+\frac{K_1^2}{c}\frac{c_{66}k_1^2+c_{11}k_2^2}{k^4}, \tag{23.130a}$$

$$\overline{G}^{22}=-\frac{K_1R_1^2}{c}\frac{1}{k^2}+\frac{K_1^2}{c}\frac{c_{11}k_1^2+c_{66}k_2^2}{k^4}, \tag{23.130b}$$

$$\overline{G}^{33}=\frac{1}{c_{44}}\frac{1}{k^2}, \tag{23.130c}$$

$$\overline{G}^{44}=\frac{c_{11}c_{66}K_1}{c}\frac{1}{k^2}-\frac{R_1^2}{c}\frac{c_{11}k_1^2+c_{66}k_2^2}{k^4}+\frac{8(c_{11}-c_{66})R_1^2}{c}\frac{(k_1^2-k_2^2)k_1^2k_2^2}{k^8}, \tag{23.130d}$$

$$\overline{G}^{55}=\frac{c_{11}c_{66}K_1}{c}\frac{1}{k^2}-\frac{R_1^2}{c}\frac{c_{66}k_1^2+c_{11}k_2^2}{k^4}-\frac{8(c_{11}-c_{66})R_1^2}{c}\frac{(k_1^2-k_2^2)k_1^2k_2^2}{k^8}, \tag{23.130e}$$

$$\overline{G}^{12}=\overline{G}^{21}=-\frac{(c_{11}-c_{66})K_1^2}{c}\frac{k_1k_2}{k^4}, \tag{23.130f}$$

$$\overline{G}^{14}=\overline{G}^{41}=\frac{R_1(R_1^2-c_{66}K_1)}{c}\frac{1}{k^2}-\frac{2R_1^3+K_1R_1(3c_{11}-5c_{66})}{c}\frac{k_2^2}{k^4}+\frac{4K_1R_1(c_{11}-c_{66})}{c}\frac{k_2^4}{k^6}, \tag{23.130g}$$

$$\overline{G}^{15}=\overline{G}^{51}=\frac{2R_1^3+K_1R_1(c_{11}-3c_{66})}{c}\frac{k_1k_2}{k^4}-\frac{4K_1R_1(c_{11}-c_{66})}{c}\frac{k_1k_2^3}{k^6}, \tag{23.130h}$$

$$\overline{G}^{24}=\overline{G}^{42}=\frac{K_1R_1(3c_{11}-c_{66})-2R_1^3}{c}\frac{k_1k_2}{k^4}-\frac{4K_1R_1(c_{11}-c_{66})}{c}\frac{k_1k_2^3}{k^6}, \tag{23.130i}$$

$$\overline{G}^{25}=\overline{G}^{52}=\frac{R_1(c_{66}K_1-R_1^2)}{c}\frac{1}{k^2}+\frac{2R_1^3+K_1R_1(3c_{11}-c_{66})}{c}\frac{k_1^2}{k^4}-\frac{4K_1R_1(c_{11}-c_{66})}{c}\frac{k_1^4}{k^6}, \tag{23.130j}$$

$$\overline{G}^{45}=\overline{G}^{54}=-\frac{3(c_{11}-c_{66})R_1^2}{c}\frac{k_1k_2}{k_4}+\frac{16R_1^2(c_{11}-c_{66})}{c}\frac{k_1^3k_2^3}{k^8}, \tag{23.130k}$$

$$\overline{G}^{13}=\overline{G}^{31}=\overline{G}^{23}=\overline{G}^{32}=\overline{G}^{34}=\overline{G}^{43}=\overline{G}^{35}=\overline{G}^{53}=0, \tag{23.130l}$$

式中

$$k^2=k_1^2+k_2^2 \qquad c=(c_{66}K_1-R_1^2)(c_{11}K_1-R_1^2). \tag{23.131}$$

将式(23.130)代入式(23.127),经过冗长的积分计算就可以得到 Burgers 矢量为$(b_1^{\parallel},0,b_1^{\perp},0)$的位移场的解析表达式. 然后通过上面提到的坐标变换，可以直接得到 Burgers 矢量为$(0, b_2^{\parallel}, 0, b_2^{\perp})$的位移场. 相加后，最后得到该二维准晶体中一条与周期轴平行的直长位错的弹性位移场的具体表达式.

声子位移场

$$
\begin{aligned}
u_1(x_1,x_2)=&\frac{b_1^{\parallel}}{2\pi}\left[\tan^{-1}\left(\frac{x_2}{x_1}\right)+\frac{K_1(c_{11}-c_{66})}{c_{11}K_1-R_1^2}\frac{x_1x_2}{r^2}\right]\\
&+\frac{b_2^{\parallel}}{2\pi}\left[\frac{c_{66}K_1-R_1^2}{c_{11}K_1-R_1^2}\ln\left(\frac{r}{r_0}\right)-\frac{K_1(c_{11}-c_{66})}{c_{11}K_1-R_1^2}\frac{x_1^2}{r^2}\right]\\
&+\frac{b_1^{\perp}}{2\pi}\left(\frac{R_1(K_1-K_2)}{c_{66}K_1-R_1^2}\frac{x_1x_2}{r^2}-\frac{K_1R_1(K_1-K_2)(c_{11}-c_{66})}{(c_{66}K_1-R_1^2)(c_{11}K_1-R_1^2)}\frac{x_1x_2^3}{r^4}\right)\\
&-\frac{b_2^{\perp}}{2\pi}\left(\frac{R_1(K_1-K_2)}{c_{11}K_1-R_1^2}\frac{x_1^2}{r^2}+\frac{R_1K_1(K_1-K_2)(c_{11}-c_{66})}{2(c_{66}K_1-R_1^2)(c_{11}K_1-R_1^2)}\frac{x_1^2(x_1^2-x_2^2)}{r^4}\right),
\end{aligned}
\tag{23.132a}
$$

$$
\begin{aligned}
u_2(x_1,x_2)=&\frac{b_1^{\parallel}}{2\pi}\left[\frac{R_1^2-c_{66}K_1}{c_{11}K_1-R_1^2}\ln\left(\frac{r}{r_0}\right)+\frac{K_1(c_{11}-c_{66})}{c_{11}K_1-R_1^2}\frac{x_2^2}{r^2}\right]\\
&+\frac{b_2^{\parallel}}{2\pi}\left[\tan^{-1}\left(\frac{x_2}{x_1}\right)-\frac{K_1(c_{11}-c_{66})}{c_{11}K_1-R_1^2}\frac{x_1x_2}{r^2}\right]\\
&+\frac{b_1^{\perp}}{2\pi}\left(-\frac{R_1(K_1-K_2)}{c_{11}K_1-R_1^2}\frac{x_2^2}{r^2}+\frac{K_1R_1(K_1-K_2)(c_{11}-c_{66})}{2(c_{66}K_1-R_1^2)(c_{11}K_1-R_1^2)}\frac{x_2^2(x_1^2-x_2^2)}{r^4}\right)\\
&+\frac{b_2^{\perp}}{2\pi}\left(\frac{R_1(K_1-K_2)}{c_{66}K_1-R_1^2}\frac{x_1x_2}{r^2}-\frac{K_1R_1(K_1-K_2)(c_{11}-c_{66})}{(c_{66}K_1-R_1^2)(c_{11}K_1-R_1^2)}\frac{x_1^3x_2}{r^4}\right),
\end{aligned}
\tag{23.132b}
$$

$$
u_3(x_1,x_2)=0. \tag{23.132c}
$$

相位子位移场

$$
\begin{aligned}
w_1(x_1,x_2)=&\frac{b_1^{\parallel}}{2\pi}\left[\frac{2R_1(c_{11}-c_{66})}{c_{11}K_1-R_1^2}\left(\frac{x_1x_2}{r^2}-\frac{x_1x_2^3}{r^4}\right)\right]\\
&+\frac{b_2^{\parallel}}{2\pi}\frac{R_1(c_{11}-c_{66})}{c_{11}K_1-R_1^2}\left(\frac{2x_1^2}{r^2}-\frac{x_1^2(x_1^2-x_2^2)}{r^4}\right)\\
&+\frac{b_1^{\perp}}{2\pi}\left[\tan^{-1}\left(\frac{x_2}{x_1}\right)+\frac{R_1^2(K_1-K_2)(c_{11}-c_{66})}{(c_{66}K_1-R_1^2)(c_{11}K_1-R_1^2)}\left(\frac{x_1x_2}{2r^2}-\frac{8x_1^3x_2^3}{3r^6}\right)\right]\\
&+\frac{b_2^{\perp}}{2\pi}\left[\frac{R_1^2[(K_1+K_2)(c_{11}-c_{66})-2R_1^2]}{2(c_{66}K_1-R_1^2)(c_{11}K_1-R_1^2)}\ln\left(\frac{r}{r_0}\right)\right.\\
&\left.-\frac{R_1^2(K_1-K_2)(c_{11}-c_{66})}{(c_{66}K_1-R_1^2)(c_{11}K_1-R_1^2)}\frac{x_1^2(x_1^2-3x_2^2)^2}{6r^6}\right],
\end{aligned}
\tag{23.133a}
$$

$$w_2(x_1,x_2)=\frac{b_1^{\parallel}}{2\pi}\frac{R_1(c_{11}-c_{66})}{c_{11}K_1-R_1^2}\left(\frac{2x_2^2}{r^2}+\frac{x_2^2(x_1^2-x_2^2)}{r^4}\right)$$

$$\frac{b_2^{\parallel}}{2\pi}\frac{2R_1(c_{11}-c_{66})}{c_{11}K_1-R_1^2}\left(\frac{x_1x_2}{r^2}-\frac{x_1^3x_2}{r^4}\right)$$

$$\frac{b_1^{\perp}}{2\pi}\left[\frac{R_1^2(K_1-K_2)(c_{11}-c_{66})}{(c_{66}K_1-R_1^2)(c_{11}K_1-R_1^2)}\frac{x_1^2(3x_1^2-x_2^2)^2}{6r^6}\right.$$

$$\left.+\frac{R_1^2[2R_1^2-(K_1+K_2)(c_{11}+c_{66})]}{2(c_{66}K_1-R_1^2)(c_{11}K_1-R_1^2)}\ln\left(\frac{r}{r_0}\right)\right]$$

$$+\frac{b_2^{\perp}}{2\pi}\left[\tan^{-1}\left(\frac{x_2}{x_1}\right)-\frac{R_1^2(K_1-K_2)(c_{11}-c_{66})}{(c_{66}K_1-R_1^2)(c_{11}K_1-R_1^2)}\left(\frac{x_1x_2}{2r^2}-\frac{8x_1^3x_2^3}{3r^6}\right)\right]. \tag{23.133b}$$

上面各式中，$r^2=x_1^2+x_2^2$，r_0 是位错芯半径. 不难证明，由于表达式中含有多值项，这个结果满足位错条件（23.48）.

第二个例子是计算12次对称（点群 $12mm$，1222，$\overline{12}m2$，$12/mmm$）二维准晶中一条与周期轴平行、且有任意 Burgers 矢量 $\tilde{\boldsymbol{b}}=(b_1^{\parallel},\ b_2^{\parallel},\ b_3^{\parallel},\ b_1^{\perp},\ b_2^{\perp})$ 的直长位错的弹性位移场①. 设位错线与 $\boldsymbol{X}_3$ 轴重合，位错坐标系与惯用坐标系一致. 该类准晶的三类弹性常数中，$c_{ijkl}(c_{KM})$ 与式（23.90）一样，K_{ijkl} 与式（23.95）一样，而且有 $R_{ijkl}=0$.

Burgers 矢量中的分量 $b_3^{\parallel}$ 与周期轴平行，在 $P_{\perp}$ 空间没有相应的分量对应. 该分量引起的位移场与六角晶体中一条与基面垂直的螺位错一样，这里不再讨论. 我们首先计算 Burgers 矢量 $(b_1^{\parallel},0,0,b_1^{\perp},0)$ 对应的位移场，然后将该结果作下述坐标变换：在物理空间 $P_{\parallel}$ 中反时针旋转 $\dfrac{\pi}{2}$，在垂直空间 $P_{\perp}$ 中反时针方向旋转 $5\pi/2$，就可得到 Burgers 矢量分量 $(0,b_2^{\parallel},0,0,b_2^{\perp})$ 的结果. 两者相加就是最后结果.

在本例中，本征应变仍采用式（23.126），而且式（23.127）

① Yang W. G., Lei J. L., Ding D. H., Wang R., Hu C. Z., *Physics Letters*, **A 200**, 177 (1995).

也适用. $k_3=0$ 也成立.

根据这类准晶的弹性常数，可以较容易地计算出 Green 函数的 Fourier 变换的表达式如下：

$$
\begin{aligned}
&\overline{G}^{11}=\frac{1}{c_{11}c_{66}}\left(\frac{c_{66}k_1^2}{k^4}+\frac{c_{11}k_2^2}{k^4}\right),\overline{G}^{22}=\frac{1}{c_{11}c_{66}}\left(\frac{c_{11}k_1^2}{k^4}+\frac{c_{66}k_2^2}{k^4}\right),\overline{G}^{33}=\frac{1}{c_{44}}\frac{1}{k^2},\\
&\overline{G}^{44}=\frac{1}{K_1(K_1+K_2+K_3)}\left(\frac{K_1}{k^2}+\frac{(K_2+K_3)k_1^2}{k^4}\right),\\
&\overline{G}^{55}=\frac{1}{K_1(K_1+K_2+K_3)}\left(\frac{K_1}{k^2}+\frac{(K_2+K_3)k_2^2}{k^4}\right),\\
&\overline{G}^{12}=\overline{G}^{21}=-\frac{c_{11}-c_{66}}{c_{11}c_{66}}\frac{k_1k_2}{k^4},\quad \overline{G}^{45}=\overline{G}^{54}=-\frac{K_2+K_3}{K_1(K_1+K_2+K_3)}\frac{k_1k_2}{k^4},
\end{aligned}
\tag{23.134}
$$

其它的 $\overline{G}^{\alpha\beta}=0$.

将式（23.134）中的 $\overline{G}^{\alpha\beta}$ 代入（23.127），完成相应的积分计算，并执行上述的坐标变换，就可以得到任意 Burgers 矢量（$b_1^{\|}$，$b_2^{\|}$，0，$b_1^{\perp}$，$b_2^{\perp}$）的位移场的最后表达式.

声子位移场

$$
\begin{aligned}
u_1=&\frac{b_1^{\|}}{2\pi}\left(\tan^{-1}(x_2/x_1)+\frac{c_{11}-c_{66}}{c_{11}}\frac{x_1x_2}{r^2}\right)\\
&+\frac{b_2^{\|}}{2\pi}\left(\frac{c_{66}}{c_{11}}\ln(r/r_0)+\frac{c_{11}-c_{66}}{c_{11}}\frac{x_2^2}{r^2}\right),\\
u_2=&-\frac{b_1^{\|}}{2\pi}\left(\frac{c_{66}}{c_{11}}\ln(r/r_0)+\frac{c_{11}-c_{66}}{c_{11}}\frac{x_1^2}{r^2}\right)\\
&+\frac{b_2^{\|}}{2\pi}\left(\tan^{-1}(x_2/x_1)-\frac{c_{11}-c_{66}}{c_{11}}\frac{x_1x_2}{r^2}\right),\\
u_3=&0.
\end{aligned}
\tag{23.135}
$$

相位子位移场

$$
\begin{aligned}
w_1=&\frac{b_1^{\perp}}{2\pi}\left(\tan^{-1}(x_2/x_1)-\frac{(K_1+K_2)(K_2+K_3)}{2K_1(K_1+K_2+K_3)}\frac{x_1x_2}{r^2}\right)\\
&+\frac{b_2^{\perp}}{4\pi}\left(-\frac{K_2(K_1+K_2+K_3)-K_1K_3}{K_1(K_1+K_2+K_3)}\ln(r/r_0)\right.\\
&\left.+\frac{(K_1+K_2)(K_2+K_3)}{K_1(K_1+K_2+K_3)}\frac{x_2^2}{r^2}\right),
\end{aligned}
$$

$$w_2=\frac{b_1^{\perp}}{4\pi}\left(\frac{K_2(K_1+K_2+K_3)-K_1K_3}{K_1(K_1+K_2+K_3)}\ln(r/r_0)-\frac{(K_1+K_2)(K_2+K_3)}{K_1(K_1+K_2+K_3)}\frac{x_1^2}{r^2}\right)$$

$$+\frac{b_2^{\perp}}{2\pi}\left(\tan^{-1}(x_2/x_1)+\frac{(K_1+K_2)(K_2+K_3)}{2K_1(K_1+K_2+K_3)}\frac{x_1x_2}{r^2}\right). \quad (23.136)$$

图 23.10至图 23.12 示出了这个结果. 图 23.10 示出的是与 12 次对称轴 (X_3 轴) 垂直的完整的 12 次准晶的截面投影拼砌图. 我们这里计算的位错线与截面垂直，并通过图的中心 (坐标原点). 位错的 Burgers 矢量是 (1, 0, 0, 1, 0)，即 $b_1^{\parallel}=1$，$b_1^{\perp}=1$. 图 23.11是引入式 (23.136) 的相位子位移场之后的拼砌图. 与完整拼砌图 23.10 相比较，引入相位子场之后出现了错排. 在两图中我们都标记了一些实心圆点. 它们的意思是：图 23.10 中示出的实心圆点标记的格点在引入相位子后，由于向附近作小的移动而将消失. 它所移动到的新位置就是图 23.11 中实心圆点标记的格点. 仔细观察这两个图，就可以找到它们的一一对应关系. 这个结果与图 23.8 是一致的. 在图 23.11 示出的基础上，我们再引入式 (23.135) 的声子位移场就最终得到含有上述位错的拼砌图，

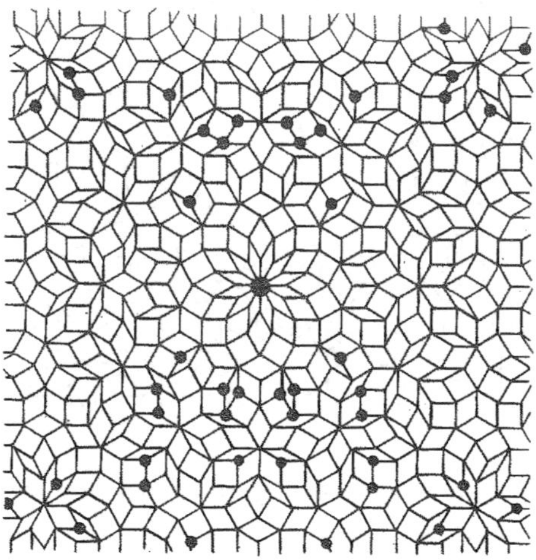

图 23.10

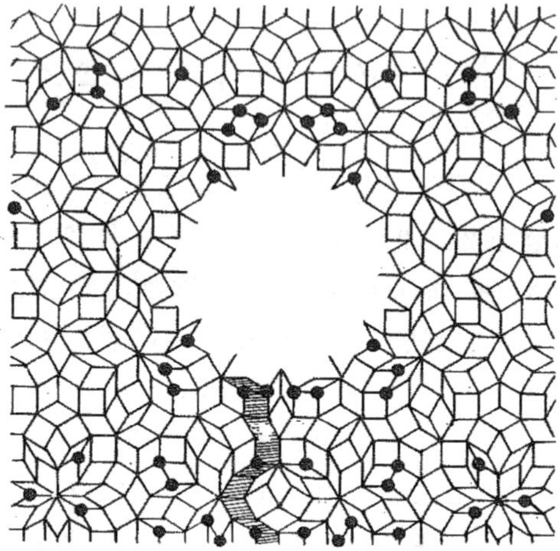

图 23.11

如图 23.12 所示. 可见声子应变场只引起拼块的形变. 图 23.11 中

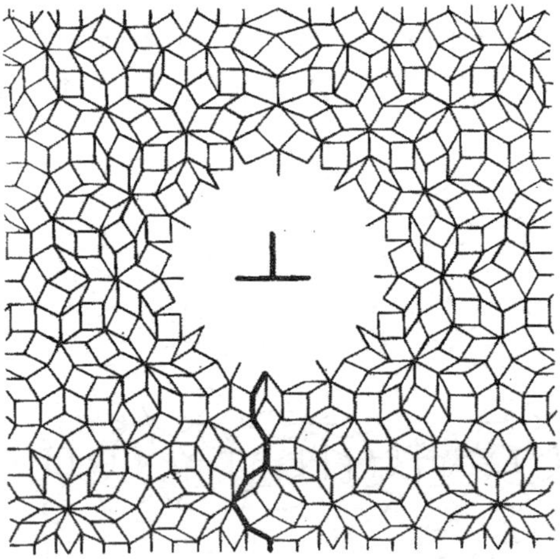

图 23.12

用阴影线表示的小道已经合拢，如图 23.12 中的粗黑线所示. 但它已经是不可分辨的了. 在该图中，实心圆点已省略. 在画图时，式（23.135）和式（23.136）中的弹性常数值的取法是：c_{66}/c_{11}

$=K_2/K_1=K_3/K_1=0.3.$

§ 23.5 Eshelby 法和 Stroh 表述法的推广[10,11]

在本节，我们将把晶体位错弹性理论中应用较广的两种理论直接推广到准晶的位错弹性理论中来．一是 Eshelby 法，一是 Stroh 表述法．本书第一卷 § 5.1， § 5.2， § 5.7 和 § 5.8 分别详细讨论了这两种理论．为了避免过多重复，这里的讨论尽量简化，请读者先阅读上述诸节．

(1) Eshelby 法的推广　考虑准晶体中的一条直长位错线．我们选取位错直角坐标系 (x_1, x_2, x_3)，位错线与 X_3 轴重合且正向一致．位错坐标系与准晶惯用坐标系之间的关系根据具体情况确定，并选择适当的坐标变换．

对于一条与 X_3 轴重合的直位错，它的位移场仅仅是 x_1 和 x_2 的函数．将偏微分方程 (23.104) 中的各类弹性常数变换到位错坐标系的矩阵形式后，该方程组变为

$$\begin{aligned} c_{iJkL}\partial_J\partial_L u_k+R_{iJkL}\partial_J\partial_L w_k=0, \\ R_{kLiJ}\partial_J\partial_L u_k+K_{iJkL}\partial_J\partial_L w_k=0, \end{aligned} \tag{23.137}$$

式中的下标 J, L 是大写，表示它们的取值范围是 1，2，而小写字母取值 1， 2， 3， 下同.

令

$$B_{jl}^{\alpha\beta}=\delta_i^{\alpha}(\delta_k^{\beta}c_{ijkl}+\delta_k^{\beta-3}R_{ijkl})+\delta_i^{\alpha-3}(\delta_k^{\beta}R_{klij}+\delta_k^{\beta-3}K_{ijkl}), \tag{23.138}$$

并应用式(23.116)的第一式，则方程组(23.137)有下面的简缩形式：

$$B_{JL}^{\alpha\beta}\partial_J\partial_L V^{\beta}(\boldsymbol{r})=0, \tag{23.139}$$

上标希腊字母 α, β 的取值范围是 1， 2， 3， 4， 5， 6. $\boldsymbol{r}$ 是 $P_{\parallel}$ 空间坐标平面 X_1OX_2 内的位矢.

假设方程组 (23.139) 有下面形式的解：

$$V^{\beta}(\boldsymbol{r})=A^{\beta}f(\eta), \eta=x_1+px_2, \tag{23.140}$$

式中的 A^{β} 和 p 是由弹性常数确定的常数，f 为待定函数．将式

(23.140) 代入方程 (23.139)，并消去公共因子$\frac{\partial^2 f}{\partial \eta^2}$，我们得到一组代数方程

$$a^{\alpha\beta}A^{\beta}=0, \tag{23.141}$$

式中的 $a^{\alpha\beta}$是一个 6×6 矩阵的阵元，即

$$a^{\alpha\beta}=B_{11}^{\alpha\beta}+(B_{12}^{\alpha\beta}+B_{21}^{\alpha\beta})p+B_{22}^{\alpha\beta}p^2, \tag{23.142}$$

它很容易由式 (23.138) 得到. 显然，当且仅当这个矩阵的行列式等于零时

$$\det|a^{\alpha\beta}|=0, \tag{23.143}$$

代数方程组有非零解. 上式是一个关于 p 的 12 次代数方程. 由于式 (23.75) 中的弹性常数矩阵是正定的，且系数均为实数，所以，方程 (23.143) 的根以复共轭对的形式出现. 这意味着，我们将有 6 对复共轭的 $p(n)$，$\eta(n)$和 $A^{\beta}(n)$，$n=1$，2，3，4，5，6. 于是解 (23.140) 具有如下叠加形式：

$$V^{\beta}(\boldsymbol{r})=\mathrm{Re}\Big[\sum_{n=1}^{6}A^{\beta}(n)f(x_1+p(n)x_2)\Big]=\mathrm{Re}\Big[\sum_{n=1}^{6}A^{\beta}(n)f(\eta(n))\Big], \tag{23.144}$$

式中的标记 Re 表示取实部.

如果用下面的符号标记两类应力场

$$M_j^{\alpha}=\delta_i^{\alpha}T_{ij}+\delta_i^{\alpha-3}H_{ij}, \tag{23.145}$$

则广义 Hooke 定律为

$$\begin{aligned} T_{ij}&=c_{ijkl}\partial_l u_k+R_{ijkl}\partial_l w_k,\\ H_{ij}&=R_{klij}\partial_l u_k+K_{ijkl}\partial_l w_k, \end{aligned} \tag{23.146}$$

可以简缩表示为

$$M_j^{\alpha}=B_{jl}^{\alpha\beta}\partial_l V^{\beta}(\boldsymbol{r}). \tag{23.147}$$

将式(23.144)代入上式，得到应力场表达式

$$M_j^{\alpha}=\mathrm{Re}\Big[\sum_{n=1}^{6}(B_{j1}^{\alpha\beta}+B_{j2}^{\alpha\beta}p(n))A^{\beta}(n)\frac{df(\eta(n))}{d\eta(n)}\Big]. \tag{23.148}$$

我们将准晶体视为一无限大的、均匀的自由弹性体. 对于一条无限长直位错线而言，它的位移场是多值的，如式(23.48)所表达的. 但它的应力场 $M_j^{\alpha}(\boldsymbol{r})$，除位错芯部 (原点) 之外，处处是连续

的. 所以，函数 $df/d\eta$ 在复平面 η (n) 上是解析的. 于是，可以将 $df/d\eta$ 展成 Laurent 级数. 考虑到应力场与距原点的距离 r 成反比，且在无穷远处趋于零，级数展开式只取一项

$$f[\eta(n)]=\frac{D(n)}{\pm 2\pi i}\ln\eta(n), \qquad (23.149)$$

式中 $2\pi i$ 前的正负号取作与 $p(n)$ 虚部的符号一致，$D(n)$ 是待定常数. 与晶体位错理论中的情况相类似，它由位错条件及静力平衡条件决定. 其推导过程也基本相似，所以这里不作详细讨论. 设

$$b^{\alpha}=\delta_k^{\alpha}b_k^{\parallel}+\delta_k^{\alpha-3}b_k^{\perp}, \qquad (230.150)$$

则位错条件 (23.48) 简缩为

$$\oint_c dV^{\beta}=b^{\beta}, \qquad (23.151)$$

这里的 c 是在物理空间 $P_{\parallel}$ 中绕位错芯的 Burgers 迴路.

根据式 (23.144)，(23.148)，(23.149) 和 (23.151)，将晶体位错理论的 Eshelby 方法中的推导过程① 直接推广过来即可得到 $D(n)$ 满足的 12 个代数方程

$$\mathrm{Re}\left[\sum_{n=1}^{6}A^{\beta}(n)D(n)\right]=b^{\beta}, \qquad (23.152)$$

$$\mathrm{Re}\left[\sum_{n=1}^{6}(B_{21}^{\alpha\beta}+B_{22}^{\alpha\beta}p(n))A^{\beta}(n)D(n)\right]=0, \qquad (23.153)$$

由此可解出 6 个 $D(n)$ 的实部和虚部.

将式 (23.149) 代入式 (23.144) 和式 (23.148)，我们就可以分别得到位移场和应力场的一般表达式如下：

$$V^{\beta}(\boldsymbol{r})=\mathrm{Re}\left[\sum_{n=1}^{6}\frac{1}{\pm 2\pi i}A^{\beta}(n)D(n)\ln\eta(n)\right], \qquad (23.154)$$

$$M_j^{\alpha}(\boldsymbol{r})=\mathrm{Re}\left[\sum_{n=1}^{6}\frac{1}{\pm 2\pi i}(B_{j1}^{\alpha\beta}+B_{j2}^{\alpha\beta}p(n))A^{\beta}(n)D(n)\eta^{-1}(n)\right]. \qquad (23.155)$$

---

① Eshelby J. D., Read W. T., Shockley, *Acta Metall.*, **1**, 251(1953); Hirth J. P., Lothe J., Theory of Dislocations, McGraw-Hill, New York (1968).

采用晶体位错理论中的类似过程①，单位长位错弹性能可导出如下：

$$w=\frac{kb^2}{4\pi}\ln\frac{R}{r_0}, \tag{23.156}$$

式中的 kb^2 的表达式是

$$kb^2=b^\alpha\mathrm{Im}\Big[\sum_{n=1}^{6}\pm(B_{21}^{\alpha\beta}+B_{22}^{\alpha\beta}p(n))A^\beta(n)D(n)\Big], \tag{23.157}$$

k 称为对数前能量因子. 它取决于准晶的弹性性质，位错线的取向以及位错线与它的 Burgers 矢量之间的相对取向. 符号 Im 表示取虚部.

下面举例计算一位错线的弹性场. 准晶依然是十次对称二维准晶体，与 § 23.4 中的第一例一样. 所以弹性常数仍是式 (23.90)，(23.81)，(23.91) 和 (23.82) 所列各分量. 但位错线现在躺在准周期平面内，即与周期轴垂直. 我们选取位错坐标系 (x_1, x_2, x_3). 其中位错线与 X_3 轴重合，正向一致. X_2 轴与周期轴重合. 设惯用坐标系是 (x'_1, x'_2, x'_3)，则坐标变换是：$1'\to1$，$2'\to-3$，$3'\to2$. 而且，在两个子空间 $P_\parallel$ 和 $P_\perp$ 是一样的.

将弹性常数进行上述坐标变换后，剩下符合方程式 (23.137) 的弹性常数是

$$\begin{aligned}
&c_{iJkL}: c_{1111}=c_{11},\ c_{2222}=c_{33},\ c_{1122}=c_{2211}=c_{13},\ c_{3131}=c_{66},\\
&\qquad c_{1212}=c_{2121}=c_{1221}+c_{2112}=c_{3232}=c_{44},\\
&K_{iJkL}: K_{1111}=K_{3131}=K_1,\quad K_{1212}=K_{3232}=K_4,\\
&R_{iJkL}: R_{1111}=R_{3131}=R.
\end{aligned} \tag{23.158}$$

将上述弹性常数代入式 (23.137)，得到 5 个方程. 它们又可以分成两个独立的方程组.

一个是关于 A^1，A^2 和 A^4 的方程组

$$\begin{aligned}
&(c_{11}+c_{44}p^2)A^1+(c_{13}+c_{44})pA^2+RA^4=0,\\
&(c_{13}+c_{44})pA^1+(c_{44}+c_{33}p^2)A^2=0,\\
&RA^1+(K_1+K_4p^2)A^4=0.
\end{aligned} \tag{23.159}$$

① Foremen, A. J. E., *Acta Metall.*, **3**, 322(1955).

它的系数行列式是一个关于 p 的六次方程

$$c_{33}c_{44}K_4p^6+[K_4(c_{11}c_{33}-c_{13}^2-2c_{13}c_{44})+c_{33}c_{44}K_1]p^4 \\ +[c_{11}c_{44}K_4-c_{33}R^2+K_1(c_{11}c_{33}-c_{13}^2-2c_{13}c_{44})]p^2+c_{44}(c_{11}K_1-R^2)=0, \tag{23.160}$$

该6次代数方程可以先化为3次方程求解. 由于过程十分冗长，这里不宜讨论.

另一组是关于 A^3 和 A^6 的代数方程组

$$\begin{aligned}(c_{66}+c_{44}p^2)A^3+RA^6=0,\\ RA^3+(K_1+K_4p^2)A^6=0.\end{aligned} \tag{23.161}$$

由它的系数行列式得到一个 p 的4次方程

$$c_{44}K_4p^4+(c_{66}K_4+c_{44}K_1)p^2+(c_{66}K_1-R^2)=0. \tag{23.162}$$

显然，该方程可解.

现在，考虑该直位错线的 Burgers 矢量只有纯螺成分：$\tilde{b}=(0,0,b_3^{\parallel},0,b_3^{\perp})$. 根据式（23.150），（23.152）和式（23.153），可见只需解方程（23.161）和（23.162）就可以了.

代数方程（23.162）有两对共轭复根$[p(3),p(9)]$和$[p(6),p(12)]$. 求解结果是

$$p(3)=\sqrt{\frac{s_1+s_2}{2c_{44}K_4}}i,\ p(6)=\sqrt{\frac{s_1-s_2}{2c_{44}K_4}}i, \tag{23.163}$$

式中

$$\begin{aligned}s_1&=c_{66}K_4+c_{44}K_1,\\ s_2^2&=(c_{66}K_4-c_{44}K_1)^2+4c_{44}K_4R^2.\end{aligned} \tag{23.164}$$

如果我们任意选取 $A^3(3)=A^3(6)=1$，则由式（23.161）得到

$$\begin{aligned}A^6(3)&=-\frac{2c_{44}R}{c_{44}K_1-c_{66}K_4-s_2},\\ A^6(6)&=-\frac{2c_{44}R}{c_{44}K_1-c_{66}K_4+s_2}.\end{aligned} \tag{23.165}$$

将（23.163）和式（23.165）代入式（23.152）和式（23.153），并考虑到 $n=3$，6 以及 $b^3=b_3^{\parallel}$，$b^6=b_3^{\perp}$，通过计算可定出常数 $D(3)$和 $D(6)$，即

$$D(3)=\frac{s_2-s_1+2c_{66}K_4}{2s_2}b_3^{\parallel}+\frac{K_4R}{s_2}b_3^{\perp},$$
$$D(6)=\frac{s_2+s_1-2c_{66}K_4}{2s_2}b_3^{\parallel}-\frac{K_4R}{s_2}b_3^{\perp}. \tag{23.166}$$

将这些结果代入式（23.154），（23.155）和式（23.157）就可以最后计算出该位错线的弹性场.

弹性位移场

$$\begin{aligned}V^3&=u_3(\boldsymbol{r})\\&=\frac{1}{4\pi s_2}\left\{[(s_2-s_1+2c_{66}K_4)b_3^{\parallel}+2K_4Rb_3^{\perp}]\tan^{-1}\left(\sqrt{\frac{s_1+s_2}{2c_{44}K_4}}\frac{x_2}{x_1}\right)\right.\\&\quad\left.+[(s_2+s_1-2c_{66}K_4)b_3^{\parallel}-2K_4Rb_3^{\perp}]\tan^{-1}\left(\sqrt{\frac{s_1-s_2}{2c_{44}K_4}}\frac{x_2}{x_1}\right)\right\},\end{aligned} \tag{23.167}$$

$$\begin{aligned}V^6&=w_3(\boldsymbol{r})\\&=-\frac{c_{44}R}{2\pi s_2}\left[\left(-b_3^{\parallel}+\frac{2K_4R}{s_1-s_2-2c_{66}K_4}b_3^{\perp}\right)\tan^{-1}\left(\sqrt{\frac{s_1+s_2}{2c_{44}K_4}}\frac{x_2}{x_1}\right)\right.\\&\quad\left.+\left(b_3^{\parallel}-\frac{2K_4R}{s_1+s_2-2c_{66}K_4}b_3^{\perp}\right)\tan^{-1}\left(\sqrt{\frac{s_1-s_2}{2c_{44}K_4}}\frac{x_2}{x_1}\right)\right].\end{aligned} \tag{23.168}$$

作为检验，若令 $K_1=K_4=0$，$R=0$，则可通过求极限手续，使上结果与六角晶体中相应位错的位移场一致.

应力场

$$\begin{aligned}T_{13}&=T_{31}\\&=\frac{c_{66}(s_1-s_2-2c_{66}K_4)-2c_{44}R^2}{4\pi s_2(s_1-s_2-2c_{66}K_4)}[(s_1-s_2-2c_{66}K_4)b_3^{\parallel}-2K_4Rb_3^{\perp}]\\&\quad\times\frac{\sqrt{2c_{44}K_4(s_1+s_2)}x_2}{2c_{44}K_4x_1^2+(s_1+s_2)x_2^2}+\frac{c_{66}(s_1+s_2-2c_{66}K_4)-2c_{44}R^2}{4\pi s_2(s_1+s_2-2c_{66}K_4)}\\&\quad\times[-(s_2+s_1-2c_{66}K_4)b_3^{\parallel}+2K_4Rb_3^{\perp}]\frac{\sqrt{2c_{44}K_4(s_1-s_2)}x_2}{2c_{44}K_4x_1^2+(s_1-s_2)x_2^2},\end{aligned} \tag{23.169}$$

$T_{23}=T_{32}$

$$=\frac{c_{44}}{4\pi s_2}\left\{[(s_2-s_1+2c_{66}K_4)b_3^{\parallel}+2K_4Rb_3^{\perp}]\frac{\sqrt{2c_{44}K_4(s_1+s_2)}x_1}{2c_{44}K_4x_1^2+(s_1+s_2)x_2^2}\right.$$

$$\left.+[(s_2+s_1-2c_{66}K_4)b_3^{\parallel}-2K_4Rb_3^{\perp}]\frac{\sqrt{2c_{44}K_4(s_1-s_2)}x_2}{2c_{44}K_4x_1^2+(s_1-s_2)x_2^2}\right\},$$

(23.170)

其它的 $T_{11}=T_{22}=T_{33}=T_{12}=T_{21}=0$.

H_{13}

$$=\frac{R(s_2-s_1+2c_{66}K_4-2c_{44}K_2)}{4\pi s_2(s_1-s_2-2c_{66}K_4)}[(s_1-s_2-2c_{66}K_4)b_3^{\parallel}-2K_4Rb_3^{\perp}]$$

$$\times\frac{\sqrt{2c_{44}K_4(s_1+s_2)}x^2}{2c_{44}K_4x_1^2+(s_1+s_2)x_2^2}+\frac{R(s_2+s_1-2c_{66}K_4+2c_{44}K_2)}{4\pi s_2(s_1+s_2-2c_{66}K_4)}$$

$$\times[(s_1+s_2-2c_{66}K_4)b_3^{\parallel}-2K_4Rb_3^{\perp}]\frac{\sqrt{2c_{44}K_4(s_1-s_2)}x_2}{2c_{44}K_4x_1^2+(s_1-s_2)x_2^2},$$

(23.171)

H_{31}

$$=\frac{R(s_1+s_2)}{4\pi s_2}\left(-b_3^{\parallel}+\frac{2K_4R}{s_1-s_2-2c_{66}K_4}b_3^{\perp}\right)\frac{\sqrt{2c_{44}K_4(s_1+s_2)}x_2}{2c_{44}K_4x_1^2+(s_1+s_2)x_2^2}$$

$$+\frac{R(s_1-s_2)}{4\pi s_2}\left(b_3^{\parallel}-\frac{2K_4R}{s_1+s_2-2c_{66}K_4}b_3^{\perp}\right)\frac{\sqrt{2c_{44}K_4(s_1-s_2)}x_2}{2c_{44}K_4x_1^2+(s_1-s_2)x_2^2},$$

(23.172)

H_{32}

$$=\frac{c_{44}K_4R}{2\pi s^2}\left\{\left(b_3^{\parallel}-\frac{2K_4R}{s_1-s_2-2c_{66}K_4}b_3^{\perp}\right)\frac{\sqrt{2c_{44}K_4(s_1+s_2)}x_1}{2c_{44}K_4x_1^2+(s_1-s_2)x_2^2}\right.$$

$$\left.+\left(-b_3^{\parallel}+\frac{2K_4R}{s_1+s_2-2c_{66}K_4}b_3^{\perp}\right)\frac{\sqrt{2c_{44}K_4(s_1-s_2)}x_1}{2c_{44}K_4x_1^2+(s_1-s_2)x_2^2}\right\},\quad(23.173)$$

其它的

$$H_{11}=H_{22}=H_{33}=H_{23}=H_{12}=H_{21}=0.$$

对数前能量因子

$$kb^2=-\frac{1}{2s_2}\sqrt{\frac{c_{44}}{2K_4}}$$

$$\times\left[\sqrt{s_1+s_2}\left(s_2-s_1+2c_{66}K_4\right)+\sqrt{s_1-s_2}\left(s_1+s_2-2c_{66}K_4\right)\right]b_3^{\parallel 2}$$

$$-\frac{\sqrt{2c_{44}K_4}}{s_2}R\left(\sqrt{s_1+s_2}-\sqrt{s_1-s_2}\right)b_3^{\parallel}b_3^{\perp}-\frac{2K_4^2R^2}{s_2}\sqrt{\frac{c_{44}}{2K_4}}$$

$$\times\left(\frac{\sqrt{s_1-s_2}}{s_1+s_2-2c_{66}K_4}-\frac{\sqrt{s_1+s_2}}{s_1-s_2-2c_{66}K_4}\right)b_3^{\perp 2}. \qquad (23.174)$$

(2) Stroh 表述法的推广　在晶体位错的各向异性弹性理论中，Stroh①的理论对固体缺陷的弹性理论的发展起了重要作用. 1978 年，Bacon 等②全面评述了 Stroh 的理论，并详细证明了 Stroh 的 6 维特征矢量的重要性质和关系式，即正交性、完全性以及不变性关系，而且还导出了解的积分形式. 本书第一卷曾对此作了较详细的介绍. 特别是，Stroh 的 6 维特征矢量，在处理压电晶体的位错理论时，又被推广为 8 维特征矢量③. 在本小节，我们又将它推广到 12 维情况，以便处理准晶中位错弹性理论[11]. 下面分几个小点进行讨论.

(i) 几点说明和预备性讨论. 本文只讨论无限长直位错的弹性性质. 所要求解的偏微分方程组依然是式(23.104). 与上述 Eshelby 法不同的是：式中的三类弹性常数，在整个理论推导和计算过程中，一直都是相对准晶惯用坐标系的，不特意单独将它们变换到位错坐标系后再进行讨论.

在 $P_{\parallel}$ 空间取一组相互正交的单位矢量 $(\boldsymbol{m}, \boldsymbol{n}, \boldsymbol{t})$，它们的交点与准晶惯用坐标系的原点 O 重合. 设 $\boldsymbol{x}$ 表示 $P_{\parallel}$ 空间中任意一点到原点的位矢. 一条与 $\boldsymbol{t}$ 重合的无限长直位错线所引起的位移场 $\boldsymbol{u}$ 和 $\boldsymbol{w}$ 将是 $P_{\parallel}$ 空间 (m, n) 平面内的两个正交坐标 $y_1=\boldsymbol{m}\cdot\boldsymbol{x}$

---

① Stroh A. N., *Phil. Mag.*, **3**, 625 (1958); *J. Math. phys.*, **41**, 77, (1962).

② Bacon D. J., Barnett D. M., Scattergood R. O., *Progr. Mat. Sci.*, **23**, 51 (1978).

③ Barnett D. M., Lothe J., *Phys. Stat. Sol.*, (**b**) **67**, 105 (1975); Lothe J., Barnett D. M., *J. Appl. Phys.*, **47**, 1799(1976).

和 $y_2 = \boldsymbol{n} \cdot \boldsymbol{x}$ 的函数，而与 $\boldsymbol{t} \cdot \boldsymbol{x}$ 无关. $\boldsymbol{t}$ 就是代表直位错线的单位矢量.

在上一节和本节，我们曾引入了一些简缩标记和简缩表达式. 它们在这里依然适用. 为了节省叙述，使讨论更紧凑，我们不再重复定义. 现将它们一一列举于后. 简缩符号是

$$V^\beta(\boldsymbol{x}) = \delta_k^\beta u_k(\boldsymbol{x}) + \delta_k^{\beta-3} w_k(\boldsymbol{x}), \tag{23.175}$$

$$B_{jl}^{\alpha\beta} = \delta_i^\alpha (\delta_k^\beta c_{ijkl} + \delta_k^{\beta-3} R_{ijkl}) + \delta_i^{\alpha-3}(\delta_k^\beta R_{klij} + \delta_k^{\beta-3} K_{ijkl}), \tag{23.176}$$

$$M_j^\alpha = \delta_i^\alpha T_{ij} + \delta_i^{\alpha-3} H_{ij}, \tag{23.177}$$

$$b^\alpha = \delta_i^\alpha b_i^{\parallel} + \delta_i^{\alpha-3} b_i^{\perp}. \tag{23.178}$$

简缩表达式是

$$B_{jl}^{\alpha\beta} \partial_j \partial_l V^\beta(\boldsymbol{x}) = 0, \tag{23.179}$$

$$M_j^\alpha = B_{jl}^{\alpha\beta} \partial_l V^\beta(\boldsymbol{x}), \tag{23.180}$$

$$\oint_c dV^\beta = b^\beta. \tag{23.181}$$

此外，我们要求在弹性形变中，形变态相对于未形变态而言，其弹性形变能总是正的. 根据式 (23.75)，我们有下式成立：

$$F = \frac{1}{2}[E_{ij},\ W_{ij}] \begin{bmatrix} c_{ijkl} & R_{ijkl} \\ R_{klij} & K_{ijkl} \end{bmatrix} \begin{bmatrix} E_{kl} \\ W_{kl} \end{bmatrix} > 0. \tag{23.182}$$

上式意味着式中的 18×18 对称矩阵总是正定矩阵. 式 (23.176) 即是它的用块状标记的矩阵元. 现在，我们在 $P_{\parallel}$ 空间定义一个非零的三维实矢量 a_i，并定义一个非零的六维实矢量 c^β，当 $\beta = 1, 2, 3$ 时，该矢量属于 $P_{\parallel}$ 空间；当 $\beta = 4, 5, 6$ 时，属于 $P_{\perp}$ 空间. 于是，由式 (23.182) 导致下式成立：

$$c^\alpha a_j B_{jl}^{\alpha\beta} a_l c^\beta > 0. \tag{23.183}$$

上式意味着下面的 6×6 矩阵是正定的，即

$$a_j B_{jl}^{\alpha\beta} a_l = (aa)^{\alpha\beta} \equiv (aa). \tag{23.184}$$

于是，我们引出了一个重要结论：上面这个矩阵的逆矩阵 $(aa)^{-1}$ 是存在的. 请记住上式中右端的简单表达形式，它代表了左端这

种形式的 6×6 矩阵. 如果我们再在 $P_{\parallel}$ 空间定义另外一个非零的三维实矢量 d，那末，根据三类弹性常数的对称性质式 (23.67), (23.69) 和式 (23.71)，不难证明，下面的关系式成立：

$$(ad)^{\alpha\beta}=(da)^{\beta\alpha}. \tag{23.185}$$

(ii) Stroh 公式的推广. 设方程组 (23.179) 有下面形式的位移场解：

$$V^{\beta}(\boldsymbol{x})=A^{\beta}f(\lambda)=A^{\beta}f(\boldsymbol{m}\cdot\boldsymbol{x}+p\boldsymbol{n}\cdot\boldsymbol{x}), \tag{23.186}$$

这里的 A^{β} 是一个 6 维的复常数矢量，p 是复常数，f 是其宗量的解析函数. 将这个形式的解代入方程组 (23.179)，并采用式 (23.184) 的标记方法，我们得到

$$\{(mm)^{\alpha\beta}+p[(mn)^{\alpha\beta}+(nm)^{\alpha\beta}]+p^{2}(nn)^{\alpha\beta}\}A^{\beta}\frac{\mathrm{d}^{2}f}{\mathrm{d}\lambda^{2}}=0. \tag{23.187}$$

如果我们选取 A^{β} 和 p 使得

$$\{(mm)^{\alpha\beta}+p[(mn)^{\alpha\beta}+(nm)^{\alpha\beta}]+p^{2}(nn)^{\alpha\beta}\}A^{\beta}=0, \tag{23.188}$$

那末，对于任何解析函数 f，式 (23.186) 的 V^{β} 是一个允许的解. 方程 (23.188) 是一组线性齐次代数方程组. 显然，存在 6 个非零解 A^{β} 的条件是其系数矩阵行列式等于零

$$\left|(mm)^{\alpha\beta}+[(mn)^{\alpha\beta}+(nm)^{\alpha\beta}]p+(nn)^{\alpha\beta}p^{2}\right|=0, \tag{23.189}$$

这是关于 P 的 12 次代数方程. 与前面曾经讨论的一样，12 个根 p_{μ} ($\mu=1, 2, \cdots, 12$) 将以 6 对共轭复根出现. 我们选取 6 个虚部为正的根用 p_{μ} 表示，另外 6 个与其共轭：$p_{\mu+6}=p_{\mu}^{*}$，($\mu=1, 2, \cdots, 6$).

对于一个 μ 值，我们有一个六维矢量 A_{μ}^{α}，同时，我们还定义另一个 6 维矢量

$$L_{\mu}^{\alpha}=-[(nm)^{\alpha\beta}+p_{\mu}(nn)^{\alpha\beta}]A_{\mu}^{\beta}, \tag{23.190}$$

$$L_{\mu}^{\alpha}=\frac{1}{p_{\mu}}[(mm)^{\alpha\beta}+p_{\mu}(mn)^{\alpha\beta}]A_{\mu}^{\beta}. \tag{23.191}$$

式（23.188）保证了这两个定义的等价性.

为了保证 A_μ^α 和 L_μ^α 的唯一性，我们采用下面的归一化条件：

$$2A_\mu^\alpha L_\mu^\alpha=1. \tag{23.192}$$

在上式以及式（23.200）和式（23.201）中，希腊字母 μ 表示的下标不适用求和约定. 要特别指出的是，以后凡用希腊字母 μ, θ, $\lambda\cdots$（$=1$，2，…，12）作下标时，均不适用求和约定，若要求和时，将会特别标记出来.

另外，下列共轭关系也是成立的：

$$p_{\mu+6}=p_\mu^*,A_{\mu+6}^\alpha=(A_\mu^\alpha)^*,L_{\mu+6}^\alpha=(L_\mu^\alpha)^*,\mu=1,2,\cdots,6. \tag{23.193}$$

在上面讨论的基础上，现在我们可以直接将 1962 年 Stroh 的 6 维公式推广如下：

$$V^\beta(\boldsymbol{x})=\frac{1}{2\pi i}\sum_{\mu=1}^{12}\pm A_\mu^\beta L_\mu^\alpha b^\alpha\ln(\boldsymbol{m}\cdot\boldsymbol{x}+p_\mu\boldsymbol{n}\cdot\boldsymbol{x}). \tag{23.194}$$

该 6 维矢量的梯度是

$$\frac{\partial}{\partial x_p}V^\beta(\boldsymbol{x})=\frac{1}{2\pi\mathrm{i}}\sum_{\mu=1}^{12}\pm A_\mu^\beta L_\mu^\alpha b^\alpha\frac{m_p+p_\mu n_p}{\boldsymbol{m}\cdot\boldsymbol{x}+p_\mu\boldsymbol{n}\cdot\boldsymbol{x}}. \tag{23.195}$$

根据前面对 p_μ 的说明，上面式中的＋，－号的取法是：当 $\mu=1$，2，…，6 时取＋号，当 $\mu=7$，8，…，12 时取－号.

（iii）准晶中位错弹性场的积分表达式. 根据定义式（23.200）和式（23.201），方程组（23.188）可以重写为一个 12 维特征值问题的形式

$$N\xi_\mu=p_\mu\xi_\mu, \tag{23.196}$$

式中的 ξ_μ 是一个 12 维矢量，即

$$\xi_\mu=\begin{bmatrix}\boldsymbol{A}_\mu\\ \boldsymbol{L}_\mu\end{bmatrix}, \tag{23.197}$$

而 N 是一个 12×12 的矩阵

$$N=-\begin{bmatrix} (nn)^{-1}\ (nm) & (nn)^{-1} \\ (mn)\ (nn)^{-1}\ (nm)\ -\ (mm) & (mm)\ (nn)^{-1} \end{bmatrix}.$$

(23.198)

在以上结果的基础上，经过与Bacon①等已经做过的相同的详细推导过程，可以证明特征矢量 A_μ^α，L_μ^α 和特征值 p_μ 具有以下性质和满足下述关系式：

正交性

$$A_\lambda^\alpha L_\mu^\alpha + A_\mu^\alpha L_\lambda^\alpha = \delta_{\lambda\mu}. \tag{23.199}$$

完全性

$$\sum_{\mu=1}^{12} A_\mu^\alpha L_\mu^\beta = \delta^{\alpha\beta}, \tag{23.200}$$

$$\sum_{\mu=1}^{12} A_\mu^\alpha A_\mu^\beta = 0, \tag{23.201}$$

$$\sum_{\mu=1}^{12} L_\mu^\alpha L_\mu^\beta = 0. \tag{23.202}$$

不变性

$$\frac{\partial}{\partial\theta} A_\mu^\alpha = 0, \quad \frac{\partial}{\partial\theta} L_\mu^\alpha = 0. \tag{23.203}$$

对于最后一个关系式，即不变性稍作如下解释：我们曾在与 $\boldsymbol{t}$ 垂直的平面内选取了一对单位矢量，组成了一个正交平面基（$\boldsymbol{m}$，$\boldsymbol{n}$），现在我们仍在该平面内选取另一组平面基（$\boldsymbol{m}'$，$\boldsymbol{n}'$）．它们之间的夹角是式(23.213)中的 θ. 不变性关系式的意思是：特征矢量 A_μ^α，L_μ^α 与平面基（$\boldsymbol{m}$，$\boldsymbol{n}$）的选择无关，它们只决定于该弹性问题的平面的法线 $\boldsymbol{t}$ 的取向以及弹性常数 c_{ijkl}，K_{ijkl}，R_{ijkl}.

但特征值所满足的关系式是

$$\frac{\partial p_\mu}{\partial\theta} = -\ (1+p_\mu^2), \tag{23.204}$$

---

① Bacon D. J., Barnett D. M., Scattergood R. O., *Progr. Mat. Sci.*, **23**, 51 (1978).

$$\int_0^{2\pi} p_\mu d\theta = \pm\ 2\pi i. \tag{23.205}$$

积分自然是在与 $\boldsymbol{t}$ 垂直的平面中进行的.

下面我们定义 3 个 6×6 的实数矩阵，并应用式（23.209）—（23.215）导出它们的积分表达式（推导过程略去）

$$Q^{\alpha\beta} = Q^{\beta\alpha} = i\sum_{\mu=1}^{12} \pm\ A_\mu^\alpha A_\mu^\beta = -\frac{1}{2\pi}\int_0^{2\pi}[(nn)^{-1}]^{\alpha\beta} d\theta, \tag{23.206}$$

$$B^{\alpha\beta} = B^{\beta\alpha} = -\frac{1}{4\pi i}\sum_{\mu=1}^{12} \pm\ L_\mu^\alpha L_\mu^\beta$$

$$= \frac{1}{8\pi^2}\int_0^{2\pi}\{(mm)^{\alpha\beta} - (mn)^{\alpha\gamma}[(nn)^{-1}]^{\gamma\lambda}(nm)^{\lambda\beta}\}d\theta, \tag{23.207}$$

$$S^{\alpha\beta} = i\sum_{\mu=1}^{12} \pm\ A_\mu^\alpha L_\mu^\beta = -\frac{1}{2\pi}\int_0^{2\pi}[(nn)^{-1}]^{\alpha\gamma}(nm)^{\alpha\beta} d\theta. \tag{23.208}$$

现在回到与 $\boldsymbol{t}$ 平行的无限长直位错线的弹性场问题. 我们选取 $\boldsymbol{m}$ 沿位矢（径矢）$\boldsymbol{x}$，这意味着，$\boldsymbol{m}\cdot\boldsymbol{x}=|\boldsymbol{x}|$ 和 $\boldsymbol{n}\cdot\boldsymbol{x}=0$ 以及我们已改选 $|\boldsymbol{x}|\equiv r$ 和极角 θ 为坐标变量. 新旧坐标下有下列求导关系：

$$m_p\frac{\partial}{\partial x_p} = \frac{\partial}{\partial r},\ n_p\frac{\partial}{\partial x_p} = \frac{1}{r}\frac{\partial}{\partial\theta}, \tag{23.209}$$

应用前面的结果，式（23.205）可以用上述矩阵表示如下：

$$\frac{\partial}{\partial x_p}V^\beta(x) = \frac{b^\alpha}{2\pi r}\{-m_p S^{\beta\alpha} + n_p[(nn)^{-1}]^{\beta\gamma}[4\pi B^{\gamma\alpha} + (nm)^{\gamma\lambda}S^{\lambda\alpha}]\}. \tag{23.210}$$

用 m_p 左乘上式两边，得

$$\frac{\partial}{\partial r}V^\beta\ (x)\ = -\frac{1}{2\pi r}b^\alpha S^{\beta\alpha}. \tag{23.211}$$

若改用 n_p 左乘两边，则得

$$\frac{\partial}{\partial\theta}V^\beta(\boldsymbol{x}) = \frac{1}{2\pi}b^\alpha\ [\ (nn)^{-1}]^{\beta\gamma}\ [4\pi B^{\gamma\alpha} +\ (nm)^{\gamma\lambda}S^{\lambda\alpha}]. \tag{23.212}$$

将上面两式通过积分并合并，就最后得到位移场的积分表达式，即
$V^\beta(r,\theta) =$

$$\frac{1}{2\pi}b^{\alpha}\left\{-S^{\beta\alpha}\ln r+4\pi B^{\gamma\alpha}\int_0^{\theta}[(nn)^{-1}]^{\beta\gamma}d\theta+S^{\lambda\alpha}\int_0^{\theta}[(nn)^{-1}]^{\beta\gamma}(nm)^{\gamma\lambda}d\theta\right\}.$$

(23.213)

将式（23.210）代入式（23.180），得到应力场的表达式如下：

$$M_j^{\alpha}=B_{jl}^{\alpha\beta}\frac{b^{\varphi}}{2\pi r}\{-m_l S^{\beta\varphi}+n_l[(nn)^{-1}]^{\beta\gamma}[4\pi B^{\gamma\varphi}+(nm)^{\gamma\lambda}S^{\lambda\varphi}]\}.$$

(23.214)

根据常用的计算方法，位错线的能量密度由下式计算：

$$E=\frac{1}{2}\int_{r_0}^{R}M_j^{\alpha}n_j b^{\alpha}d|\boldsymbol{x}|, \tag{23.215}$$

式中的 r_0 和 R 是以位错线为轴线的中空圆柱体的内外半径. 将（23.224）式代入上式，就可以导出如下结果：

$$E=b^{\alpha}B^{\alpha\beta}b^{\beta}\ln\frac{R}{r_0}=K\ln\frac{R}{r_0}, \tag{23.216}$$

式中

$$K=b^{\alpha}B^{\alpha\beta}b^{\beta}, \tag{23.217}$$

称为对数前能量因子.

这种方法与其它理论计算相比，有它的一些特点. 计算中所涉及的弹性常数不需单独进行一次坐标变换，矩阵形式最简单. 并不需要直接求出 12 次代数方程的根 p_{μ} 来. 所有计算都是实数.

§23.6 准晶位错 Burgers 矢量的实验鉴定[13]

位错的主要特征参数是它的 Burgers 矢量及位错线的几何形状. 后者可直接采用形貌术，特别是透射电子显微镜衍衬成象技术直接观察. 但 Burgers 矢量的鉴定则较为困难. 本节主要介绍用透射电子显微镜离焦会聚束电子衍射（convergent-beam electron diffraction，以下简写为 CBED）技术和衍衬象技术鉴定位错的 Burgers 矢量的原理和方法.

图 23.13示出的是离焦 CBED 的光路图. 有一定角度范围（通常是 1°～3°）的锥形入射电子束会聚于偏离试样 S 距离为 Δf 的 C 点（交叉点）. 让这一圆锥形会聚的入射束照射到试样上包含有位

错线段 D_1D_2 的圆形区域，则试样上不同的被照射点具有不同的入射方向，因而产生强度不同的透射束和衍射束．透射束经物镜 B 之后在物镜后焦面处形成 000 透射盘．而 hkl 衍射束则在物镜后焦面处形成 hkl 衍射盘．适当调节透射电子显微镜的中间镜电流，可将这一衍射花样聚焦于电子显微镜的荧光屏上（衍射模

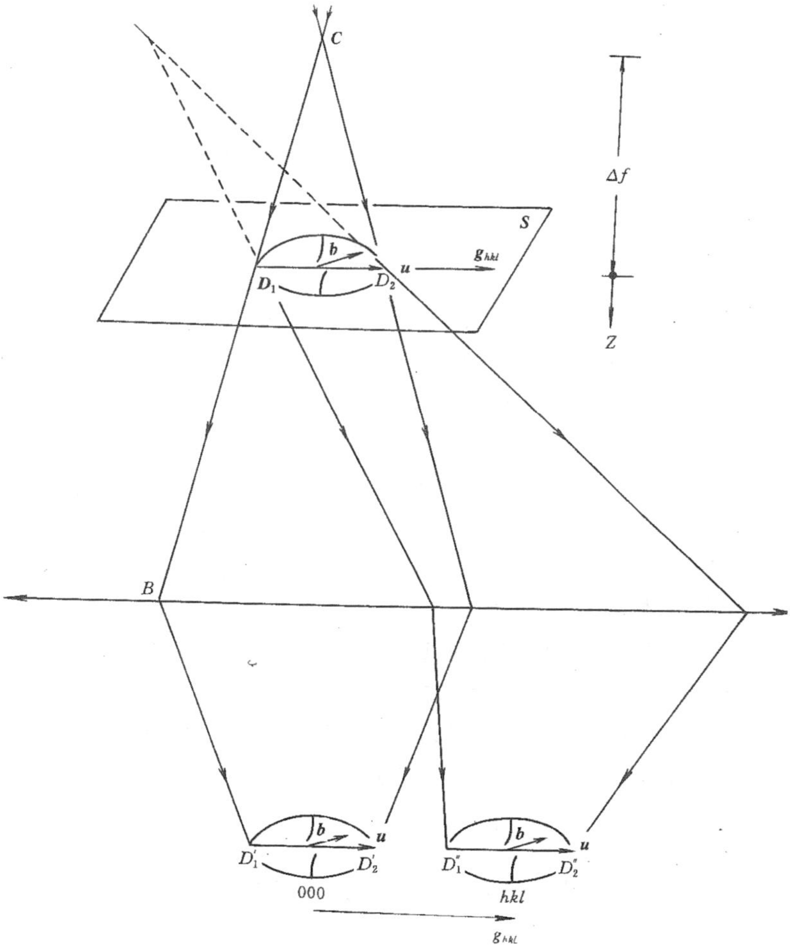

图 23.13

式）而被观察到．也可用照相底片或慢扫描电荷耦合器件将其记录下来．

作为一级近似，认为会聚的入射束聚成一个几何点 C，则试样被照射区的每一个点，分别对应于 000 透射盘和 hkl 衍射盘中的一个点．如试样中的 D_1 和 D_2 点分别对应于透射盘中的 D'_1 和 D'_2 点，以及 hkl 衍射盘中的 D''_1 和 D''_2 点．在 hkl 衍射盘中，该点的强度就是试样中对应点的 hkl 衍射强度．同样，000 透射盘中该点的强度就是试样上对应点的透射强度．这样，离焦 CBED 花样包含着试样被照射区各点的透射强度与衍射强度的信息．

在有关透射电子显微分析的教科书中都已讲到，对于衍射本领很弱的衍射束，运动学近似成立．当入射束的波函数为 1 时，指数 hkl 的倒易矢 g_{hkl}对应的衍射束在试样下表面的振幅可表示为

$$\Phi_g = \frac{i\pi}{\xi_g}\int_0^t \exp\left[-2\pi i\left(s + \boldsymbol{g}\cdot\frac{d\boldsymbol{R}}{dZ}\right)Z\right]dZ, \qquad (23.218)$$

式中 Z 为距离试样上表面的深度，t 为试样膜厚，ξ_g 为 $\boldsymbol{g}$ 衍射的消光距离，它与衍射本领成反比．s 为偏离参数．$\boldsymbol{R}$（Z）表示入射电子射到的深度为 Z 处的位移矢量，即该点原子由于有缺陷而偏离其规则位置的位移矢量．$\boldsymbol{R}$（Z）既是深度 Z 的函数，也是入射束与试样表面的交点的（x，y）坐标的函数，由于入射束是会聚的而不是平行的，表示入射方向对 Bragg 条件偏离程度的 s 参量也是入射束与试样表面的交点（x，y）坐标的函数．这样，式(23.228)表明 $\boldsymbol{g}$ 衍射束的强度 $I_g=|\Phi_g|^2$，以及透射束的强度 $I_0=1-I_g$ 也都是（x，y）的函数．

当入射束照射到完整晶体区时，$\boldsymbol{R}=0$，(23.228) 可积分得到关于衍射与透射束强度的解析表达式如下：

$$I_g = 1 - I_0 = \left(\frac{\pi t}{\xi_g}\right)^2 \frac{\sin^2(\pi t s)}{(\pi t s)^2}. \qquad (23.219)$$

由上式可见，当偏离参数 $s=0$ 时，即满足 Bragg 条件时，衍射束强度 I_g 最大，透射束强度 I_0 最弱．当入射束照射到缺陷影响区时，$\frac{d\boldsymbol{R}}{dZ}\neq 0$，有梯度的位移矢量 $\boldsymbol{R}$ 使晶体局部区域点阵平面的取向与

面间距发生变化，因而该局部区域的偏离参数 s 也变成了有效偏离参数 s'

$$s'=s+\boldsymbol{g}\cdot\frac{d\boldsymbol{R}}{dZ}=s+\beta'_g. \tag{23.220}$$

衍射强度 I_g 达极大的区域也由 $s=0$ 区移到 $s'=0$ 的区域.

图 23.14 示出了围绕位错线 $\boldsymbol{u}$ 的 Burgers 迴路 c_i. 图中 $\boldsymbol{Z}$ 为入射束方向. 迴路 c_i 上的线段 $\boldsymbol{dl}$ 的方向相对 $\boldsymbol{u}$ 成右手螺旋关系. 位错线 $\boldsymbol{u}$ 的 Burgers 矢量 $\boldsymbol{b}$ 用下面的线积分定义：

$$\boldsymbol{b}=\oint_{c_i}\left(\frac{d\boldsymbol{R}}{dl}\right)dl. \tag{23.221}$$

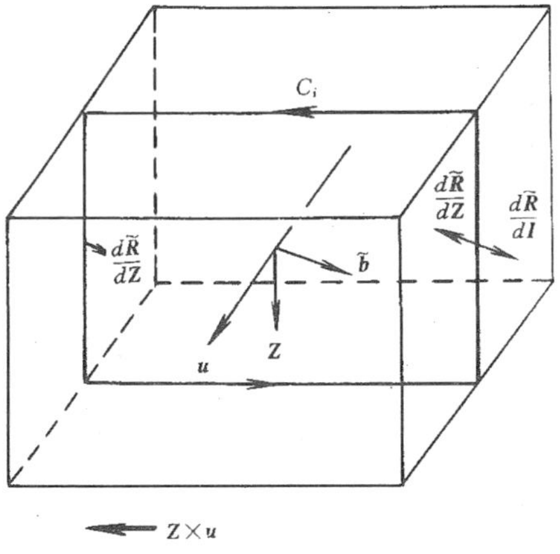

图 23.14

通常，$d\boldsymbol{R}/dl$ 近似地平行于 Burgers 矢量 $\boldsymbol{b}$. 由图 23.14 显见，在位错线 $\boldsymbol{u}$ 的 $\boldsymbol{Z}\times\boldsymbol{u}$ 侧有 $\boldsymbol{l}\parallel\boldsymbol{Z}$，故 $d\boldsymbol{R}/dZ$ 近似平行于 $\boldsymbol{b}$. 而在位错线的 $-\boldsymbol{Z}\times\boldsymbol{u}$ 侧则 $\boldsymbol{l}$ 反平行于 $\boldsymbol{Z}$，故 $d\boldsymbol{R}/dZ$ 近似地反平行 $\boldsymbol{b}$. 当然，在两种情况下，$d\boldsymbol{R}/dZ$ 的绝对值都是随着远离位错线而逐渐减小，以至趋近于零.

图 23.15 说明位错线的位移场对离焦 CBED 花样的影响. 图 23.15a，b，c，d 描述的是入射束交点 C 位于试样上方时的情况. 而图 23.15e，f，g，h 示意的是当入射束交点 C 位于试样下方的情况.

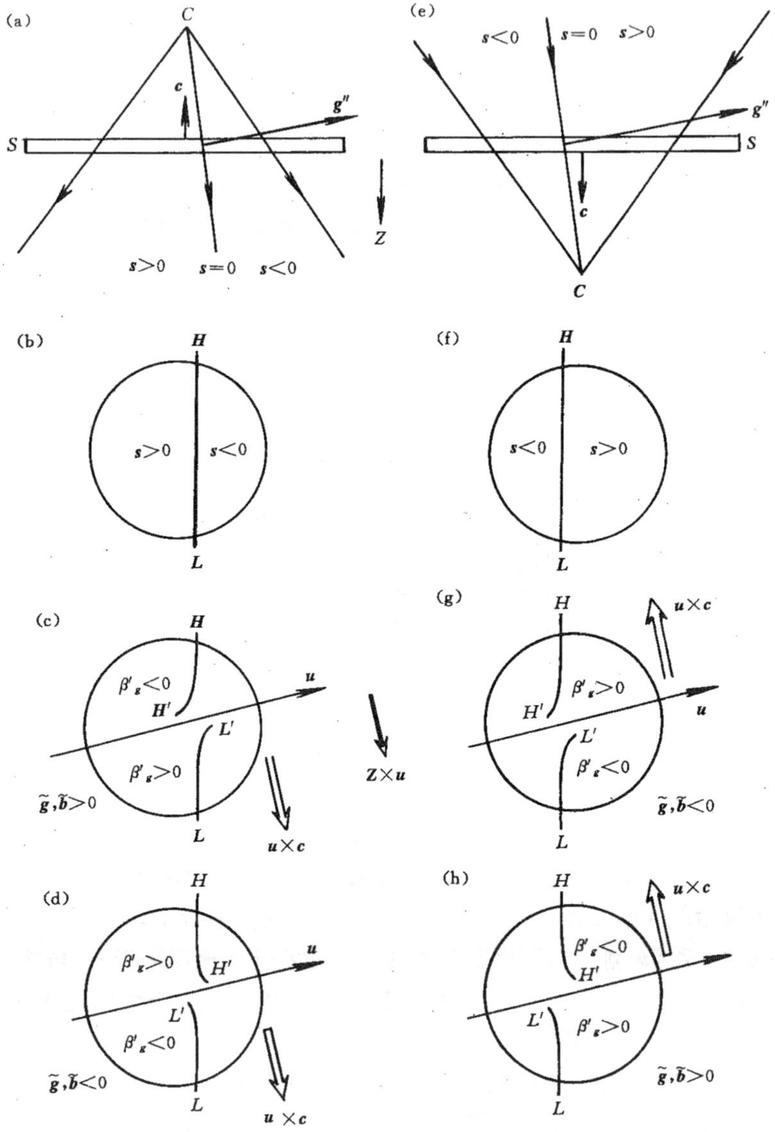
(a)
C
c
g''
S
Z
s>0
s=0
s<0
(e)
s<0
s=0
s>0
g''
S
c
C
(b)
H
s>0
s<0
L
(f)
H
s<0
s>0
L
(c)
H
β'g<0
H'
u
L'
β'g>0
Z×u
g̃,b̃>0
L
u×c
(g)
H
u×c
β'g>0
H'
u
L'
β'g<0
g̃,b̃<0
L
(d)
H
β'g>0
H'
u
L'
β'g<0
g̃,b̃<0
L
u ×c
(h)
H
u×c
β'g<0
H'
L'
β'g>0
g̃,b̃>0
L

图 23.15

考虑倒易矢 $g^{\parallel}$ 对应的弱衍射. 若试样 S 为完整晶体 ($\boldsymbol{R}=0$), 其被照射的圆形区域中 HL 线 [图 23.15 (b, f)] 标志的区域正好满足 Bragg 条件,则在衍射盘中产生一条对应的亮线,而在透射盘中产生一条相应的暗线.

先讨论入射束交点 C 位于试样上方的情况. 此时, 若以 HL 线为界线,位于衍射矢量 $g^{\parallel}$ 正向一侧区域,有 $s<0$,而负向一侧, $s>0$. 如图 23.15 (a, b) 所示. 若试样中包含有 Burgers 矢量为 $\boldsymbol{b}$ 的位错线 $\boldsymbol{u}$, 由于存在位错位移场 $\boldsymbol{R}$, 偏离参量 s 变成了有效偏离参量 s' [式 (23.230)].

当 $\boldsymbol{g}\cdot\boldsymbol{b}>0$ 时,在位错线的 $\boldsymbol{Z}\times\boldsymbol{u}$ 一侧, $\beta'_g=\boldsymbol{g}\cdot d\boldsymbol{R}/dZ>0$,于是 $s'=0$ 的区域位于 $s<0$ 区. 反之, 在位错线的 $-\boldsymbol{Z}\times\boldsymbol{u}$ 一侧, $\beta'_g=\boldsymbol{g}\cdot d\boldsymbol{R}/dZ<0$,故 $s'=0$ 的区域位于 $s>0$ 区. 所以,完整晶体中的 HL 线分裂成了 HH' 和 $L'L$ 两段, 如图 23.15 (c) 所示. 在远离位错线区域, 由于 $\boldsymbol{R}\rightarrow 0$, 它们与完整晶体中的 HL 线相接近, 而在最靠近位错线处, 分裂最剧烈. 其中, 位于位错线 $\boldsymbol{u}$ 的 $\boldsymbol{Z}\times\boldsymbol{u}$ 侧的那段衍射条纹朝 $\boldsymbol{g}$ 方向扭折.

当 $\boldsymbol{g}\cdot\boldsymbol{b}<0$ 时, HH' 与 $L'L$ 线扭折的方向与上述情况刚好相反,即位于位错线 $\boldsymbol{u}$ 的 $\boldsymbol{Z}\times\boldsymbol{u}$ 侧的那段衍射条纹朝 $\boldsymbol{g}$ 方向扭折. 如图 23.15 (d) 所示.

再讨论入射束交点 C 位于试样下方的情况. 由图 23.15(e,f) 可见, 以 HL 线为界, $g^{\parallel}$ 正向一侧有 $s>0$, 负向一侧, $s<0$, 与图 23.15 (a, b) 情况刚好相反. 而且 HH' 和 $L'L$ 线的扭折方向也与交点 C 位于试样上方的情况相反, 将图 23.15 (c) 与 (h) (($\boldsymbol{g}$) · ($\boldsymbol{b}$) >0), d 和 g ($\boldsymbol{g}\cdot\boldsymbol{b}<0$) 进行比较就十分清楚了.

如果引入一个矢量 $\boldsymbol{C}$: 它由位错线指向入射束交点 C, 如图 23.15 (a, e) 所示. 应用该矢量可将上述两种情况统一表述如下: 倒易矢量 $\boldsymbol{g}$ 的弱衍射束在离焦 CBED 花样的 $\boldsymbol{g}$ 的衍射盘中形成亮条纹 HL,在透射盘中的对应区域形成暗条纹 HL. 它们都对应于试样中的有效偏离参量 $s'=0$ [式 (23.230)] 的区域. 当该衍射条纹 HL 与一 Burgers 矢量为 $\boldsymbol{b}$ 的位错线 $\boldsymbol{u}$ 相交时, 若 $\boldsymbol{g}\cdot\boldsymbol{b}\neq 0$, 则

与 $s'=0$ 对应的衍射条纹 HL 分裂成 HH' 与 $L'L$ 两段. 若 $\boldsymbol{g}\cdot\boldsymbol{b}>0$，位于位错线的 $\boldsymbol{u}\times\boldsymbol{c}$ 侧的那一段衍射条纹朝 $\boldsymbol{g}^{\parallel}$ 方向扭折，如图 23.15 (c，h) 所示. 若 $\boldsymbol{g}\cdot\boldsymbol{b}<0$，则条纹的扭折方向刚好相反，如图 23.15 (d，g) 所示. 若 $\boldsymbol{g}\cdot\boldsymbol{b}=0$，则衍射条纹 HL 不分裂.

当采用离焦CBED技术鉴定位错线 $\boldsymbol{u}$ 的Burgers矢量 $\boldsymbol{b}$ 时，我们可根据主衍射条纹 HH' 和 $L'L$ 的扭折方向判断 $\boldsymbol{g}\cdot\boldsymbol{b}$ 的正负号：若位错线 $\boldsymbol{u}$ 的 $\boldsymbol{u}\times\boldsymbol{c}$ 侧的那一段衍射条纹朝 $\boldsymbol{g}^{\parallel}$ 方向扭折，则有 $\boldsymbol{g}\cdot\boldsymbol{b}>0$；若向 $-\boldsymbol{g}^{\parallel}$ 方向扭折，则有 $\boldsymbol{g}\cdot\boldsymbol{b}<0$.

以上的讨论只是针对 I_g [式 (23.229)] 达主极大 ($s=0$) 而产生的衍射条纹进行的. 实际上式 (23.229) 表示的 I_g 在 $ts=\pm1.431$，±2.459，……时，还存在次极大. 它们形成较弱的衍射条纹，其强度比例于 $\frac{1}{s^2}$，即随 s 的增大而急剧减弱. 这些衍射条纹也会因位错线的位移场的影响而发生分裂和扭折. 图 23.16 (a) 示出了与 $\boldsymbol{g}^{\parallel}$ 衍射束对应的五条衍射条纹：主衍射条纹 $s_0s'_0$，对应主极大 $s_0=0$；衍射条纹 $s_1s'_1$ 和 $s_{-1}s_{-1}'$ 分别对应次极大：$s=\pm1.431/t$；衍射条纹 s_2s_2' 和 $s_{-2}s_{-2}'$ 分别对应次极大：$s=\pm2.459$. 图中条纹宽度定性地比例于该条纹的强度.

当这些条纹与位错线相交时，若 $\boldsymbol{g}\cdot\boldsymbol{b}=1$，则位错线的 $\boldsymbol{u}\times\boldsymbol{c}$ 侧的条纹朝 $\boldsymbol{g}^{\parallel}$ 方向扭折，$-\boldsymbol{u}\times\boldsymbol{c}$ 侧的条纹朝 $-\boldsymbol{g}^{\parallel}$ 方向扭折. 由于这种分裂与扭折，使得相邻的条纹有可能联结起来. 图 23.17 (b) 示出了这种效果. 由图可见，s_0s_1' 和 $s_{-1}s_0'$ 两条衍射条纹就是相邻条纹的分裂与扭折的结果. 它们的强度仍比例于 $1/s^2$，所以是不均匀的. 通常，只能观察到 s^2 较小的那一部分，即 s_0h_0 段和 l_0s_0' 段. 换句话说，当 $\boldsymbol{g}\cdot\boldsymbol{b}=1$ 时，衍射条纹 s_0s_0' 分裂成具有 1 个节点的西段.

若 $\boldsymbol{g}\cdot\boldsymbol{b}=2$，则各衍射条纹在位错线 $\boldsymbol{u}$ 处扭折得更厉害，以致于联成了 s_0s_2'，$s_{-1}s_1'$，$s_{-2}s_0'$ 等衍射条纹. 它们的强度依然比例于 $1/s^2$. 通常只能观察到 s_0h_0，$h_{-1}l_1$ 和 l_0s_0' 三段，如图 23.16 (c) 所示. 换句话说，当 $\boldsymbol{g}\cdot\boldsymbol{b}=2$ 时，衍射条纹 $s_0s'_0$ 分裂成具有两个节

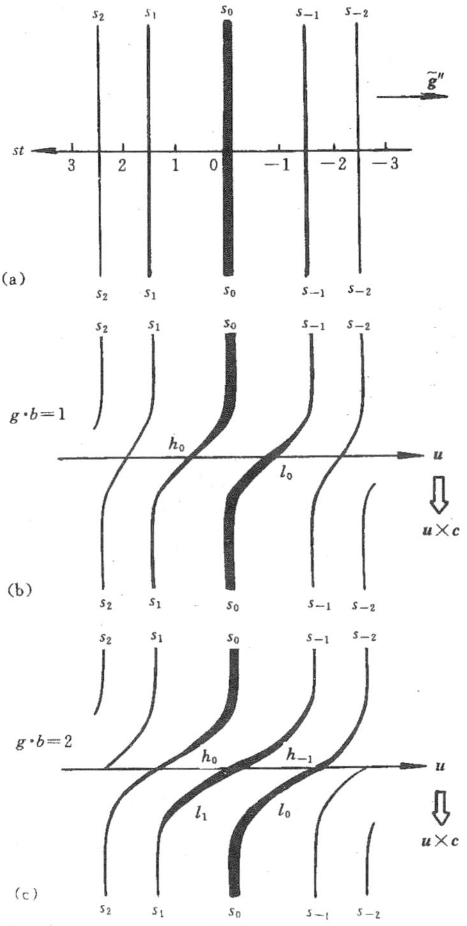

图 23.16

点的三段.

当 $\boldsymbol{g} \cdot \boldsymbol{b}=n$（$n$ 为整数）时，衍射条纹分裂成具有 $|n|$ 个节点的 $|n|+1$ 段条纹. 这样，根据弱衍射条纹跨过位错线 $\boldsymbol{u}$ 时分裂的节点数 $|n|$ 可以判断 $\boldsymbol{g} \cdot \boldsymbol{b}$ 的绝对值.

晶体中位错的 Burgers 矢量 $\boldsymbol{b}=[b_1, b_2, b_3]$ 是一个三维矢量，有 3 个指数 b_1，b_2，b_3. 选 3 个线性独立的弱衍射矢 $\boldsymbol{g}_1$，$\boldsymbol{g}_2$，$\boldsymbol{g}_3$，让它们的衍射条纹跨越位错线，由这些衍射条纹分裂成的节点数和

扭折的方向，可以求出 $\boldsymbol{g}_i \cdot \boldsymbol{b}=n_i$（$i=1$，2，3）的绝对值和符号．根据晶体几何学的方向求出这 3 个衍射矢量 $\boldsymbol{g}_i$ 的指数 g_{ij}，就可由三元线性方程组

$$\begin{bmatrix} g_{11} & g_{12} & g_{13} \\ g_{21} & g_{22} & g_{23} \\ g_{31} & g_{32} & g_{33} \end{bmatrix} \begin{bmatrix} b_1 \\ b_2 \\ b_3 \end{bmatrix} = \begin{bmatrix} n_1 \\ n_2 \\ n_3 \end{bmatrix}. \qquad (23.222)$$

解出该位错线的 Burgers 矢量的 3 个分量 b_1，b_2，b_3．

准晶位错的 Burgers 矢量 $\tilde{\boldsymbol{b}}$以及由该位错引起的位移矢量 $\tilde{\boldsymbol{R}}$ 都是高维空间矢量．例如，20 面体准晶中位错的 Burgers 矢量是一个 6 维矢量，二维准晶（如 10 次、8 次和 12 次准晶）的位错 Burgers 矢量是 5 维矢量．准晶的倒易矢量 $\tilde{\boldsymbol{g}}$ 也是一个相应的高维矢量．对准晶而言，只要把 β_g' 写成 $\beta_g'=\tilde{\boldsymbol{g}} \cdot \frac{d\tilde{\boldsymbol{R}}}{dZ}$，把三维矢量的内积 $\boldsymbol{g} \cdot \boldsymbol{b}$ 改写成高维矢量 $\tilde{\boldsymbol{g}}$ 与 $\tilde{\boldsymbol{b}}$的内积 $\tilde{\boldsymbol{g}} \cdot \tilde{\boldsymbol{b}}$，上述讨论都成立．为解出 N 维 Burgers 矢量 $\tilde{\boldsymbol{b}}=[b_1, b_2, \cdots, b_N]$ 的 N 个分量，就需要在 N 维空间选 N 个线性独立的倒易矢 $\tilde{\boldsymbol{g}}_i=[g_{i1}, g_{i2}, \cdots, g_{iN}]$．方程（23.232）也改写为

$$\begin{bmatrix} g_{11} & g_{12} & \cdots\cdots & g_{1N} \\ \vdots & \vdots & & \\ g_{N1} & g_{N2} & \cdots\cdots & g_{NN} \end{bmatrix} \begin{bmatrix} b_1 \\ \vdots \\ b_N \end{bmatrix} = \begin{bmatrix} n_1 \\ \vdots \\ n_N \end{bmatrix}. \qquad (23.223)$$

图 23.17 示出了一幅 CBED 花样①．中部的大圆环内为透射盘，外部的不分裂的条纹 6 和分裂成若干段的条纹 1，2，3，4，5，7 各是一个衍射盘中的主要亮衍射条纹，透射盘中都有暗条纹与之对应．该照片拍摄时，入射束斑交点 C 位于试样下方，故而矢量 $\boldsymbol{u}\times\boldsymbol{c}$ 指向上方偏右．图中还标出了若干倒易矢 $\boldsymbol{g}_i^{\parallel}$，它们都由透射盘中相应的暗条纹指向衍射盘中的亮条纹．由图可见，衍射条纹 1 分裂成 1 个节点，位错线 $\boldsymbol{u}$ 的 $\boldsymbol{u}\times\boldsymbol{c}$ 侧的那段条纹沿 $\boldsymbol{g}_1^{\parallel}$ 方向扭折，所以，$\tilde{\boldsymbol{g}}_1 \cdot \tilde{\boldsymbol{b}}=1$．同理有：$\tilde{\boldsymbol{g}}_2 \cdot \tilde{\boldsymbol{b}}=2$，$\tilde{\boldsymbol{g}}_3 \cdot \tilde{\boldsymbol{b}}=-1$，$\tilde{\boldsymbol{g}}_4 \cdot \tilde{\boldsymbol{b}}$

① Feng J. L.，Wang R.，*Phil. Mag.*，**A69**，981（1994）.

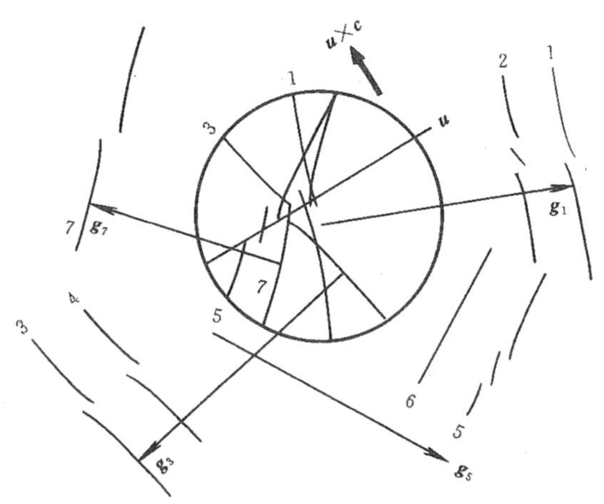

图 23.17

$=-1$，$\tilde{g}_5\cdot\tilde{b}=2$，$\tilde{g}_6\cdot\tilde{b}=0$，$\tilde{g}_7\cdot\tilde{b}=-1$. 这 7 个衍射矢量 $\tilde{g}_i$ 的指数 g_{ij}可按 Dai 等①提出的方法求出. 它们是

$$\tilde{g}_1=[2\ 2\ \bar{6}\ \bar{4}\ 4\ 8],\ \tilde{g}_2=[1\ 1\ \bar{3}\ \bar{3}\ 3\ 5],$$

$$\tilde{g}_3=[\bar{4}\ \bar{6}\ 2\ 4\ \bar{2}\ \bar{8}],\ \tilde{g}_4=[\bar{3}\ 1\ 3\ \bar{1}\ \bar{5}],$$

$$\tilde{g}_5=[\bar{2}\ \bar{4}\ \bar{8}\ \bar{2}\ 6\ 4],\ \tilde{g}_6=[\bar{1}\ 3\ 5\ \bar{1}\ 3\ 3],$$

$$\tilde{g}_7=[0\ 2\ 6\ 2\ \bar{4}\ \bar{4}].$$

不难判断，这 7 个 $\tilde{g}_i$ 中任选 6 个都是线性独立的. 故可列出如式(23.233)的方程组，并解得 Burgers 矢量 $\tilde{b}=\frac{1}{2}[0\ 0\ 1\ \bar{2}\ 2\ \bar{1}]$.

武汉大学物理系准晶研究组应用上述离焦会聚束电子衍射技术测定了 Al-Cu-Fe，Al-Pd-Mn 两类面心二十面体准晶（IQC）以及 Al-Co-Ni 十次准晶（DQC）中一系列位错的 Burgers 矢量，结果列表如下：

① Dai M. X.，Wang R.，*Solid State Commun.*，**73**，77(1990).

	6 维指数	$b^{\parallel}$ $\lvert b^{\parallel}\rvert$ (nm)	$\lvert b^{\perp}\rvert/\lvert b^{\parallel}\rvert$	合金
IQC	$b_{21}=(1/2)<1\bar{1}1\bar{1}00>$	$\parallel A2$ 0. 29	τ^3	Al-Pd-Mn Al-Cu-Fe
	$b_{22}=(1/2)<\bar{1}2\ \bar{1}200>$	$\parallel A2$ 0. 18	τ^5	Al-Pd-Mn Al-Cu-Fe
	$b_5=<\bar{2}11111>$	$\parallel A5$ 0. 21	τ^6	Al-Cu-Fe
	$b_3=<\bar{1}01010>$	$\parallel A3$ 0. 5	τ^3	Al-Cu-Fe
DQC	$b_{10-1}=[1/400000]$	$\parallel A10$ 0. 2	0	Al-Co-Ni
	$b_{10-2}=[1/200000]$	$\parallel A10$ 0. 4	0	Al-Co-Ni
	$b_{10-3}=[3/400000]$	$\parallel A10$ 0. 6	0	Al-Co-Ni
	$b_{10-4}=[100000]$	$\parallel A10$ 0. 8	0	Al-Co-Ni
	$b_{2D1}=[0100\bar{1}0]$	$\parallel A2D$ 0. 19	$1/\tau$	Al-Co-Ni
	$b_{2D2}=[011\ \bar{1}\bar{1}0]$	$\parallel A2D$ 0. 30	$1/\tau^3$	Al-Co-Ni

表中除列举了各个 Burgers 矢量 $\tilde{\boldsymbol{b}}$的 6 个指数外，还计算了各个 $\tilde{\boldsymbol{b}}$在物理空间的分量 $\boldsymbol{b}^{\parallel}$的取向和大小$\lvert \boldsymbol{b}^{\parallel}\rvert$，以及 $\tilde{\boldsymbol{b}}$在垂直空间的分量 $\boldsymbol{b}^{\perp}$的大小$\lvert \boldsymbol{b}^{\perp}\rvert$与$\lvert \boldsymbol{b}^{\parallel}\rvert$之比. 表中 b_{22}即图 23. 17 中的位错的 Burgers 矢量. 由表可见，有些 Burgers 矢量的相位子分量 $\boldsymbol{b}^{\perp}$较之声子分量 $\boldsymbol{b}^{\parallel}$大很多倍.

以上介绍了离焦 CBED 技术鉴定位错 Burgers 矢量的原理和方法. 这方法适宜于鉴定有一定长度的孤立的位错的 Burgers 矢量. 当位错分布较密集时，特别是对位错偶和小位错环，需用其它方法，例如衍衬法. 由式（23. 228）可知，位错的位移场 $\boldsymbol{R}$ 对衍射束强度 I_g 和透射束强度 I_0 的影响是通过 $d\boldsymbol{R}/dZ$ 来实现的. 如果依次选取若干个适当的衍射矢量 $\boldsymbol{g}_i$，使其满足条件 $\boldsymbol{g}_i\cdot\boldsymbol{b}=0$，则 $\boldsymbol{g}_i\cdot\boldsymbol{R}$ 的值也将很小，甚至为零. 位错线的衍衬象就很弱，甚至完全消光，如同没有位错存在的完整区域的衍衬象一样. 对于晶体，只要找到两个不共线的 $\boldsymbol{g}_i$（$i=1$，2）满足 $\boldsymbol{g}_i\cdot\boldsymbol{b}=0$，就可由下式计算出 Burgers 矢量的方向

$$\boldsymbol{b}=\beta\begin{vmatrix}\boldsymbol{e}_1 & \boldsymbol{e}_2 & \boldsymbol{e}_3\\ g_{11} & g_{12} & g_{13}\\ g_{21} & g_{22} & g_{23}\end{vmatrix}, \qquad (23.224)$$

式中 β 是一个系数，决定 $\boldsymbol{b}$ 的长度. 按上式计算的 Burgers 矢量，即是 $\boldsymbol{g}_1$ 和 $\boldsymbol{g}_2$ 的矢量积

$$\boldsymbol{b}=\beta\boldsymbol{g}_1\times\boldsymbol{g}_2. \tag{23.225}$$

为了用衍衬法测定准晶中位错的 Burgers 矢量（N 维空间矢量），需要找到 $N-1$ 个线性独立的倒易矢 $\tilde{\boldsymbol{g}}_i$（$i=1, 2, \cdots, N-1$），使位错线消光，即 $\tilde{\boldsymbol{g}}_i\cdot\tilde{\boldsymbol{b}}=0$. 于是，可按下式计算出这 $N-1$ 个 $\tilde{\boldsymbol{g}}_i$ 的矢量积[①]

$$\tilde{\boldsymbol{b}}=\beta\begin{vmatrix} \boldsymbol{e}_1 & \boldsymbol{e}_2 & \cdots\cdots & \boldsymbol{e}_N \\ g_{11} & g_{12} & \cdots\cdots & g_{1N} \\ g_{21} & g_{22} & \cdots\cdots & g_{2N} \\ \vdots & & & \\ g_{N-1,1} & g_{N-1,2} & \cdots\cdots & g_{N-1,N} \end{vmatrix}. \tag{23.226}$$

利用行列式计算规则，不难证明这样计算出的 $\tilde{\boldsymbol{b}}$ 的确与任一个 $\tilde{\boldsymbol{g}}_i$ 的标量积都为零（$\tilde{\boldsymbol{g}}_i\cdot\tilde{\boldsymbol{b}}=0$）.

在晶体中，为了用实验鉴定出位错 Burgers 矢量 $\boldsymbol{b}$ 的长度，通常需模拟该位错线在不同假定的 $\boldsymbol{b}$ 和不同衍射矢量 $\boldsymbol{g}$ 激发之下的衍衬像，并与实验观察到的衍衬像对比. 当 $\boldsymbol{b}$ 的长度选择不正确时，两者不符合. 因而可以通过最佳模拟确定出 $\boldsymbol{b}$ 的长度. 这个方法同样可以推广到准晶位错. 例如，用衍衬法鉴定出了二十面体准晶中的小位错环[②].

一般性参考文献

[1] Steinhardt, J., Ostlund, S., The Physics of Quasicrystals, World Scientific, Singapore (1987).

[2] Jarić, M. V., Introduction to Quasicrystals, Academic Press, INC, London (1988).

[3] Jarić, M. V., Introduction to the Mathematics of Quasicrystals, Academic Press,

① Feng J. L., *Wang R.*, *J. Phys.*: *Condens. Matter*, **6**, 6437(1994).

② Wang Z. G., Wang R., *Phys. Rev Lett.*, **66**, 2124 (1991).

INC, London (1987).

[4] Levine, D., Lubensky, T. C., Ostlund, S., Ramaswamy, S, Steinhardt, P. J., Toner, J., *Phys. Rev. Lett.*, **54**, 1520 (1985).

[5] Socolar, J. E. S., Lubensky, T. C., Steinhardt, P. J., *Phys. Rev.*, ***B34***, 3345 (1986).

[6] Di-hua Ding, Wenge Yang, Chengzheng Hu, Renhui Wang, *Phys. Rev.*, ***B48***, 7003 (1993).

[7] Wenge Yang, Di-hua Ding, Chengzheng Hu, Renhui Wang, *Phys. Rev.*, ***B49***, 12656 (1994).

[8] Chengzheng Hu, Renhui Wang, Wenge Yang, Di-hua Ding, *Acta Cryst.*, **A52**, 251 (1996).

[9] Di-hua Ding, Renhui Wang, Wenge Yang, Chengzheng Hu, *J. Phys.*, *Condens Matter*, **7**, 5423(1995).

[10] Di-hua Ding Yueling Qin, Renhui Wang, Chengzheng Hu, Wenge Yang, *Acta Physica Sinica*, Overseas Edition, **4**, 816 (1995).

[11] Di-hua Ding, Renhui Wang, Wenge Yang, Chengzheng Hu, Yueling Qin, *Phil. Mag. Lett.*, **72**, 353 (1995).

[12] 胡承正、杨文革、王仁卉、丁棣华，物理学进展，**17** (3), 14 (1997)。

[13] 王仁卉，钱临照教授九十华诞纪念文集，汤洪高主编，中国科学技术大学出版社 184 (1996)。

附录A　位错塞积群

§A.1　绪言

在本书第一卷§1.8中曾对位错塞积群作过简短的介绍，并许诺将在后面比较细致地讨论. 在本卷§19.2中比较详细地讨论了用连续分布的位错群表示裂纹的方法，但在那里终究不是“真实”的位错群，而是“裂纹”位错集合的一种数学表示方案. 至于“真实”的离散位错群在晶体中的存在是有实验观察证据的. 晶粒间界或某种夹杂粒子或脱溶粒子都可能成为位错滑移的有效阻碍，从而在适当的应力下便不难形成位错塞积群. “真实”离散位错塞积群造成的力学后果主要是导致应力集中，而这种内应力的集中就有可能依不同的现实条件而引致裂纹的形核，或某些特殊位错环或位错组态形核. 类似“这种过程只有在大的应力集中条件下才能发生”的说法曾在本书正文中不少地方出现，说明应力集中的确是一个很重要的条件. 所以，对真实位错塞积群的分析讨论也就显得是很必要的了.

现在讨论一个最简单的例子，在一定意义上可以看作是一个复刃. 试考虑一行 N 个 Burgers 矢量都为 $\boldsymbol{b}$ 的刃型位错，它们排列在同一个滑移面上，各个位错依次按自然数编序，领先位错为(1)，其坐标为 x_1，余依此类推(图A.1). 设滑移面上有一个障碍(图中△符号)，暂时认为此障碍是不可跨越的. 再设晶体存在一个适当的应力场，有效的应力分量是 σ，它将诸位错向这个障碍驱赶. 此时领先位错(1)因受障碍的阻塞作用而可将其位置 x_1 视为是几乎固定的，其余位错依次排列在位错(1)后面. 这些同

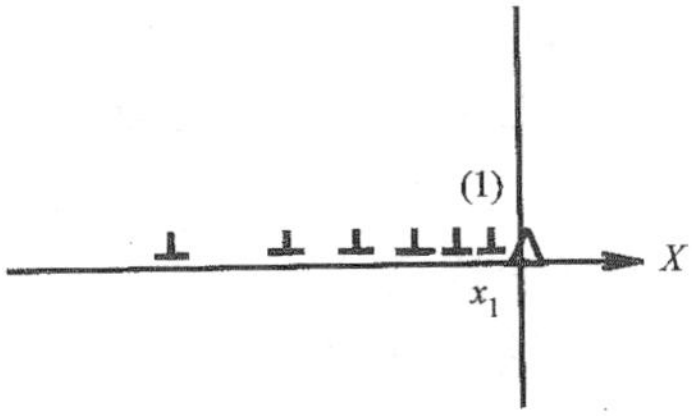

图A.1

号的刃型位错之间存在排斥相互作用，由此产生的弹性相互作用能 W 应该仅依赖于诸位错之间的距离

$$W=W(x_2-x_1,x_3-x_1,\cdots,x_N-x_1). \qquad (A.1)$$

平衡态下每个位错所受之力均平衡，即

$$\sigma b=\frac{\partial W}{\partial x_2}=\frac{\partial W}{\partial x_3}=\cdots=\frac{\partial W}{\partial x_N}. \qquad (A.2)$$

位错（2）至位错（N）作用于位错（1）上的力应该是

$$-\frac{\partial W}{\partial x_1}=\frac{\partial W}{\partial x_2}+\frac{\partial W}{\partial x_3}+\cdots+\frac{\partial W}{\partial x_N}=(N-1)\sigma b. \qquad (A.3)$$

外应力 σ 作用在位错（1）上的力是 σb，所以位错（1）所受总力为

$$\frac{F}{L}=N\sigma b. \qquad (A.4)$$

在平衡下，此力等于所设障碍对领先位错（1）所施之力，也就是障碍所受之力．由因子 N（即位错群中位错的数目）可见这种“塞积”组态将产生应力放大或应力集中的效果．上述简单例子表明了位错塞积群的一个基本特征．

式(A.4)表示的力 $N\sigma b$ 等于作用于一个强度为 Nb 的超位错上的力．事实上，上面这个结果也可以从将整个位错群当作一个超过错而作的虚位移的推导中得出．对于螺型位错群和混合型位错群也可以用同样的办法处理，而作用在领先位错上的力总是作用在其它单个位错上之力的 N 倍．

处理位错塞积群的方法在早期是直接分析计算离散的位错群，在数学上需要求解一组非线性代数方程以求得诸位错的平衡位置．也可以用渐近近似方法或计算机数值计算得到结果．后来发展了位错群的连续分布位错表示，这样可以得到解析结果．连续分布位错的方法已在第一卷 § 8.2 中应用于处理 Peierls-Nabarro 位错结构模型，以及本卷 § 19.2 中表示裂纹．在本附录中要讨论余下的一些有关问题．

按照传统的称谓习惯，位错群中的所有位错的 Burgers 矢量若都相同，则称为单塞积群；若含有两种符号相反的位错，则称

为双塞积群．位错塞积群所面对的障碍看作为点，称此点为塞积群的端点．

§A.2 双塞积群

双塞积群含有符号相反的两种位错，具有两个端点，即两个障碍点．在一个均匀应力场σ的作用下，群中两组位错分别驱向两个障碍点．图 A.2 示出了由正、负刃型位错组成的双塞积群．当

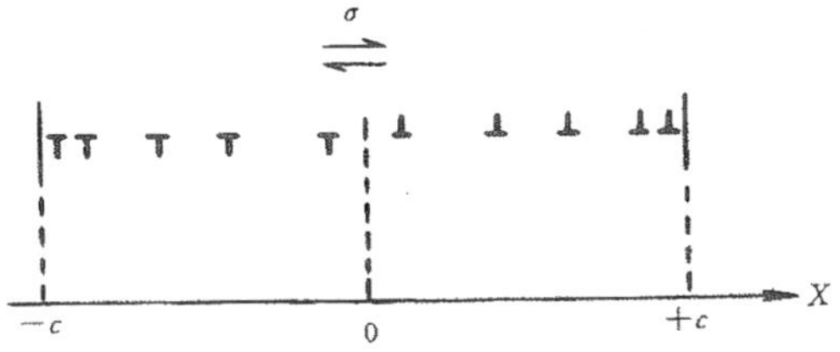

图 A.2

群中的位错数目较多时，采用连续分布位错模型表示在数学上既较容易处理，所得结果的准确性也令人满意．

双塞积群的平衡位错分布函数的方程、解法和结果已在§19.2 中表述，在此不详细重复，其结果是式（19.17）

$$\mathscr{D}(x)=\frac{2(1-\nu)\sigma}{\mu b}\frac{x}{(c^2-x^2)^{1/2}}. \tag{A.5}$$

图 A.3 示出了位错密度的分布．由此式可以算出某一种符号位错的总数

$$N=\int_0^c \mathscr{D}(x)dx=\frac{2(1-\nu)c\sigma}{\mu b}. \tag{A.6}$$

可见，正、负位错的总数相等．

现在计算领先位错（1）所受的力，也就是障碍点所受的力．这里是双塞积群，有两个“子群”，两个端点或障碍，两个领先位错．通过对相互作用力积分以求此力的作法是繁复的，所以采用另一个办法，为此回到切变裂纹的塞积位错群表示这个问题．造成此塞积群的总切变是单位长度无限小位错扫过的面积x与它的 Burgers 矢量$b\mathscr{D}(x)d(x)$之乘积的积分

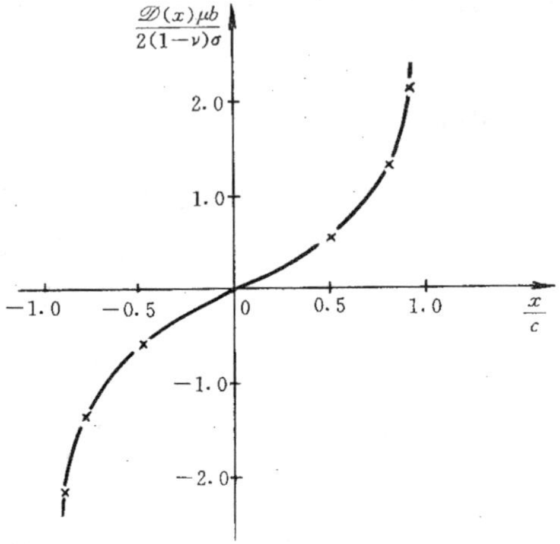

图 A.3

$$\varepsilon = \int_{-c}^{+c} bx\mathscr{D}(x)dx = \frac{\pi(1-\nu)c^2\sigma}{\mu}. \tag{A.7}$$

注意到式（A.7）的积分结果中已不含 b，这表明此塞积群的连续近似与一个切变裂纹等价.

可将裂纹的形成过程构想如下. 作一个长为 $2c$ 的切口，为了与外加力产生的切应力 σ 平衡，在切口的表面保持切应力 $-\sigma$. 其次，逐渐降低内表面切应力 $-\sigma$，直至为零. 此时此切变裂纹以可逆方式弛豫至其平衡状态，而在这个过程中所保持的平均内应力是 $-\sigma/2$. 所以，在这个过程中，所设想的维持切口表面切应力的机构吸取的能量为 $\frac{1}{2}\sigma\varepsilon$，它们来自晶体和维持恒定外应力的外部系统. 于是，在裂纹形成中，单位厚度中所释放的总能量是

$$\frac{W}{L} = \frac{1}{2}\sigma\varepsilon = \frac{\pi(1-\nu)c^2\sigma^2}{2\mu}, \tag{A.8}$$

从而可求出作用在裂纹顶端处的单位长度位错上的力是

$$\frac{F}{L} = \partial(W/L)/\partial(2c) = \frac{\pi(1-\nu)c\sigma^2}{2\mu}. \tag{A.9}$$

将式（A.6）代入上式可得

$$\frac{F}{L}=\frac{\pi}{4}Nb\sigma. \tag{A.10}$$

与(A.4)式比较可见，这个力比简单单塞积群时的力要稍小一些. 这乃是由于双塞积群含有符号相反的两组位错，这两组位错相互吸引，犹如符号相反的一对超位错相互吸引一样.

§A.3 不受外应力的单塞积群

单塞积位错群仅含一种符号的位错，所以若无外应力作用，则群中诸位错仅受它们自身之间的排斥相互作用，如图 A.4 所示.

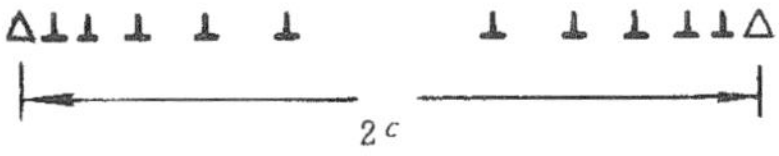

图 A.4

参看 §19.2 中式(19.13)—(19.15)中函数 $f(\eta)$ 的定义以及用它表示的力平衡方程，可见在现在的情况下，除两个接近端点的领先位错外，其它位错受力平衡条件应表示为

$$0=\frac{1}{\pi}\int_{-1}^{1}\frac{f(\eta')d\eta'}{\eta'-\eta}. \tag{A.11}$$

同样，采用 Hilbert 变换方法，可得解

$$f(\eta)=\frac{T_0(\eta)}{(1-\eta^2)^{1/2}}=\frac{1}{(1-\eta^2)^{1/2}}. \tag{A.12}$$

根据式(19.13)的定义，改用 x 作变量即是

$$\mathscr{D}(x)=\frac{A}{(c^2-x^2)^{1/2}}, \tag{A.13}$$

式中常数 A 由边界条件确定

$$N=\int_{-c}^{c}\mathscr{D}(x)dx=\pi A. \tag{A.14}$$

于是得到

$$\mathscr{D}(x)=\frac{N}{\pi(c^2-x^2)^{1/2}}, \tag{A.15}$$

图 A.5 示出了分布曲线

现在求作用在接近端点的位错上的力. 在这里所处理的情况下不能采用切变裂纹的类比法，而必须进行积分. 单塞积群相当

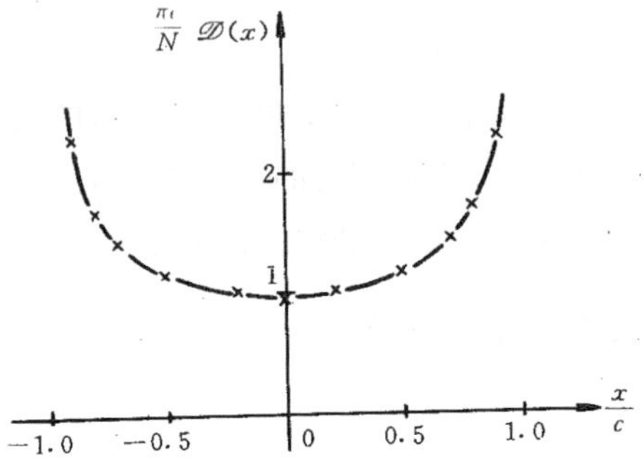

图 A.5

于一个 Nb 的超位错，它具有散布的位错芯，这样一个组态的自能必然依赖于一个外切断距离 R. 在滑移面上 $-R$ 至 $-c$ 区间引入这个超位错所作的功可计算如下（参看图 A.4）:

$$\frac{W}{L}=\frac{1}{2}Nb\int_{-R}^{-c}\sigma dx$$
$$=\frac{\mu Nb^2}{4\sigma(1-\nu)}\int_{-R}^{-c}dx\int_{-c}^{+c}\frac{\mathscr{D}\ (x')dx'}{x'-x}. \tag{A.16}$$

因 $\eta=x/c$ 及式（A.15）表示的 $\mathscr{D}\ (x)$，所以上式写作

$$\frac{W}{L}=\frac{\mu N^2b^2}{4\pi^2(1-\nu)}\int_{-R/c}^{-1}d\eta\int_{-1}^{+1}\frac{d\eta'}{[1-(\eta')^2]^{\frac{1}{2}}(\eta'-\eta)}. \tag{A.17}$$

这个积分可以在复平面上完成（参看图 A.6）. 由于第二个积分中

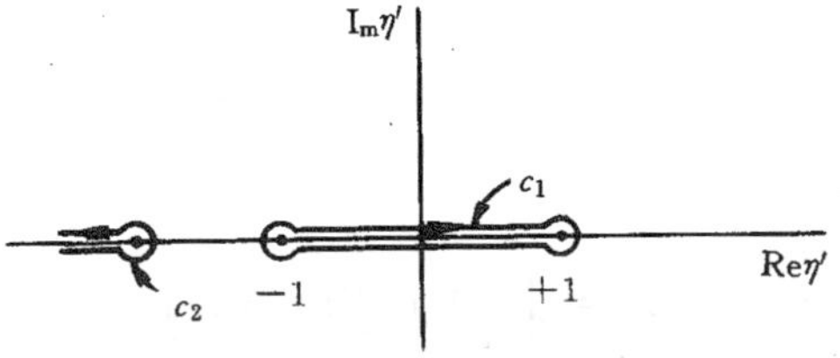

图 A.6

的被积函数中平方根因子在绕极点 $+1$ 或 -1 一周时要变号，所以该积分可写为

$$\int_{-1}^{+1}\frac{d\eta'}{[1-(\eta')^2]^{\frac{1}{2}}(\eta'-\eta)}=\frac{1}{2}\oint_{c_1}\frac{d\eta'}{[1-(\eta')^2]^{½}(\eta'-\eta)}, \tag{A.18}$$

这里的积分迴路 c_1 环绕割线由 -1 至 $+1$，示于图 A.6 中. 这个迴路 c_1 可以经过变形，变为环绕极点 η 的迴路 c_2. 由于只有环绕极点的小圆周才对积分有贡献，所以最后得到

$$\int_{-1}^{+1}\frac{d\eta'}{[1-(\eta')^2]^{\frac{1}{2}}(\eta'-\eta)}=\pi i(1-\eta^2)^{-\frac{1}{2}}=\frac{\pi}{(\eta^2-1)^{\frac{1}{2}}}. \tag{A.19}$$

注意，若 $-1<\eta<+1$，则此积分等于零. 由式（A.19）可得

$$\begin{aligned}\frac{W}{L}&=\frac{\mu N^2b^2}{4\pi(1-\nu)}\int_{-\frac{R}{c}}^{-1}\frac{d\eta}{(\eta^2-1)^{1/2}}\\&=\frac{\mu N^2b^2}{4\pi(1-\nu)}\ln\left\{\frac{R}{c}+\left[\left(\frac{R}{c}\right)^2-1\right]^{\frac{1}{2}}\right\}\\&\approx\frac{\mu N^2b^2}{4\pi(1-\nu)}\ln\frac{2R}{c},\end{aligned} \tag{A.20}$$

此处近似是取 $R\gg c$ 的极限. 作用在塞积群领先位错单位长度上的力可求得如下：

$$\frac{F}{L}=\frac{\partial}{\partial\ (2c)}\left(\frac{W}{L}\right)=\frac{\mu N^2b^2}{8\pi\ (1-\nu)\ c}. \tag{A.21}$$

处在塞积位错群端点上的障碍至少必须耐受这个大小的力.

§A.4 有外应力作用的单塞积群

这里讨论的即是前面提到的简单的一个端点的单号位错群，被一个适当的外加应力驱赶压向这个端点障碍.

(1) *位错分布和塞积群的反应力* 这种位错群的分布可以利用§A. 2和§A. 3中的结果叠加来处理，这是由于本节讨论的塞积群可以看作是上两节中所述两种塞积群的叠加. 将式（A.5）和式（A. 13）相加，并调整常数 A，使在 $-c$ 处位错密度为零，这样便可得到长度为 $2c$ 的单位错塞积群中的位错分布如下：

$$\mathscr{D}\ (x)=\frac{2(1-\nu)\sigma}{\mu b}\left(\frac{c+x}{c-x}\right)^{\frac{1}{2}}, \tag{A.22}$$

如图 A.7 所示. 该位错群中的位错总数为

$$N=\int_{-c}^{c}\mathscr{D}\ (x)dx=\frac{2\pi(1-\nu)c\sigma}{\mu b}. \tag{A.23}$$

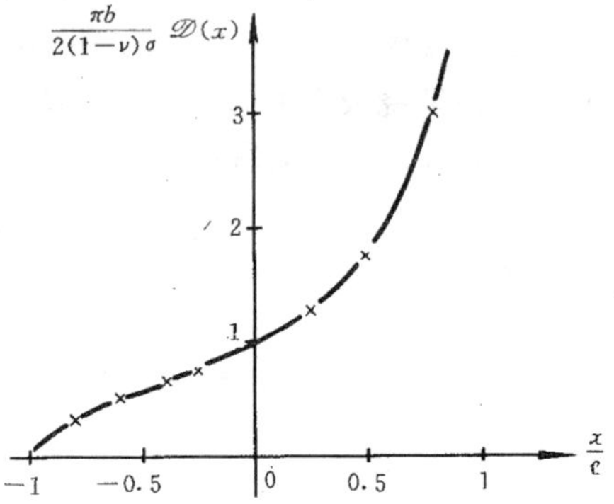

图 A.7

当 σ 与 N 给定，塞积群的长度为

$$2c=\frac{\mu Nb}{\pi(1-\nu)\sigma}. \tag{A.24}$$

现在计算此塞积群在 $x<-c$ 地区产生的反应力

$$\begin{aligned}\sigma_B&=-\frac{\mu b}{2\pi(1-\nu)}\int_{-c}^{+c}\frac{\mathscr{D}(x')dx'}{x'-x}\\&=-\frac{\sigma}{\pi}\int_{-1}^{1}\left(\frac{1+\eta'}{1-\eta'}\right)^{\frac{1}{2}}\frac{d\eta'}{\eta'-\eta}.\end{aligned} \tag{A.25}$$

积分在图 A.5 所示的复平面上进行，于是

$$\sigma_B=-\frac{\sigma}{2\pi}\oint_{c_1}\left(\frac{1+\eta'}{1-\eta'}\right)^{\frac{1}{2}}\frac{d\eta'}{\eta'-\eta}. \tag{A.26}$$

像上节那样令积分迴路形变，可以得到在 η 点的留数给出的贡献

$$2\pi i\left(\frac{1+\eta}{1-\eta}\right)^{\frac{1}{2}}=2\pi\left(\frac{\eta+1}{\eta-1}\right)^{\frac{1}{2}},\ \eta<-1. \tag{A.27}$$

在这种情况下，迴路 c_2 的外返回路线也给出一个贡献，由于在这线路上

$$[(1+\eta')/(1-\eta')]^{\frac{1}{2}}=i,|\eta'|=\infty,$$

这个贡献简单地就是

$$i\oint\frac{d\eta'}{\eta'}=i(-2\pi i)=2\pi. \tag{A.28}$$

这样，总起来讲，积分的结果是

$$\sigma_B = -\sigma\left[1-\left(\frac{\eta+1}{\eta-1}\right)^{\frac{1}{2}}\right],\ \eta<-1,$$

$$=\sigma\left[1-\left(\frac{x+c}{x-c}\right)^{\frac{1}{2}}\right],\ x<-c. \tag{A. 29}$$

在 $x=-c$ 处，$\sigma_B=-\sigma$，根据问题的定义，这是 $-c<x<+c$ 区间中 σ_B 的正确数值. 对于 $x\ll -c$，σ_B 的渐近形式为

$$\sigma_B=\frac{c\sigma}{x}=\frac{\mu Nb}{2\pi\ (1-\nu)\ x}, \tag{A. 30}$$

这就是一个 Nb 超位错的反应力.

（2）塞积群前端的应力场　切应力场 σ_{xy}（x，0）的求法与 σ_B 的求法相似，可得结果

$$\sigma_{xy}(x,0)=\sigma\left[\left(\frac{x+c}{x-c}\right)^{\frac{1}{2}}-1\right]. \tag{A. 31}$$

此结果的渐近形式是

$$\sigma_{xy}(x,0)\approx\frac{\mu Nb}{2\pi(1-\nu)x},x\gg c. \tag{A. 32}$$

相当于一个 Nb 超位错，在塞积群近傍前端，即 $x-c\ll c$ 处，有

$$\sigma_{xy}(x,0)\approx\sigma\left(\frac{2c}{x-c}\right)^{\frac{1}{2}}, \tag{A. 33}$$

在接近端点处应力数值会变得很大. 当然，在距离小于领先位错之间的距离时，塞积群的连续位错分布表示失败.

现在计算塞积群前端的一般应力场. 根据刃型位错应力场表示式，可得

$$\sigma_{xx}=-\frac{\sigma}{\pi}\int_{-c}^{+c}\left(\frac{c+x'}{c-x'}\right)^{\frac{1}{2}}\frac{[3(x-x')^2+y^2]y}{[(x-x')^2+y^2]^2}dx'$$

$$=-\frac{\sigma}{2\pi}\oint_{c_1}\left(\frac{1+\eta'}{1-\eta'}\right)^{\frac{1}{2}}\frac{[3(\eta'-\eta)^2+\zeta^2]\zeta}{[(\eta'-\eta)^2+\zeta^2]^2}d\eta, \tag{A. 34}$$

即在图 A. 8 所示的复平面上，$\zeta=y/c$. 现将积分迴路变形成图中的 c_2. 可见在 $\eta'=\eta=\pm i\zeta$ 有留数给出的贡献，而外线路没有贡献.

由于奇点是双极点，所以留数的计算略较繁复. 考虑奇点 $\eta_+=\eta+i\zeta$，除因子 $-\sigma\zeta/2\pi$ 外，被积函数在点 η_+ 近傍的 Laurent 展开

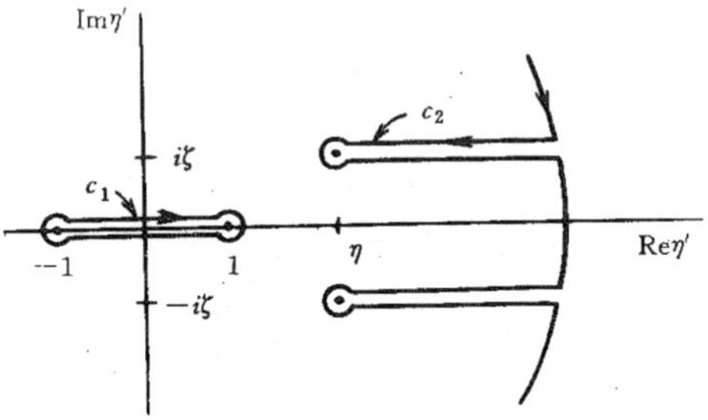

图 A. 8

式是

$$\frac{1}{2}\left(\frac{1+\eta_+}{1-\eta_+}\right)^{\frac{1}{2}}\frac{1}{(\eta'-\eta_+)^2}+\left[\frac{1}{2\ (1-\eta_+)^2}\left(\frac{1-\eta_+}{1+\eta_+}\right)^{\frac{1}{2}}\right.$$

$$\left.+\frac{1}{i\zeta}\left(\frac{1+\eta_+}{1-\eta_+}\right)^{\frac{1}{2}}\right]\frac{1}{\eta'-\eta_+}+\cdots, \tag{A. 35}$$

于是，留数对于积分的贡献是

$$2\pi i\left[\frac{1}{2\ (1-\eta_+)^2}\left(\frac{1-\eta_+}{1+\eta_+}\right)^{\frac{1}{2}}+\frac{1}{i\zeta}\left(\frac{1+\eta_+}{1-\eta_+}\right)^{\frac{1}{2}}\right] \tag{A. 36}$$

$$=\frac{\pi i}{\zeta}\left(\frac{1-\eta_+}{1+\eta_+}\right)^{\frac{1}{2}}\frac{\zeta-2i(1-\eta_+^2)}{(1-\eta_+)^2},$$

其中的平方根可以写为

$$\left(\frac{1-\eta_+}{1+\eta_+}\right)^{\frac{1}{2}}=\frac{[(1-\eta^2-\zeta^2)^2+4\zeta^2]^{\frac{1}{4}}}{[(1+\eta^2)+\zeta^2]^{\frac{1}{2}}}\left(\cos\frac{\psi}{2}+i\sin\frac{\psi}{2}\right), \tag{A. 37}$$

式中

$$\psi=\operatorname{arctg}\frac{2\zeta}{\eta^2+\zeta^2-1}-\pi,\quad \eta^2+\zeta^2>1, \tag{A. 38}$$

式中 π 的目的是：当沿不与切口交截的路线解释延拓定义时，保证平方根表达式从 -1 到 $+1$ 的切口上岸时取正实数. 定义一个 ϕ 角

$$\phi=\operatorname{arctg}\frac{2\zeta}{\eta^2+\zeta^2-1},\quad \eta^2+\zeta^2>1, \tag{A. 39}$$

其结果是

$$\left(\frac{1-\eta_+}{1+\eta_+}\right)^{\frac{1}{2}}=\frac{[(1-\eta^2-\zeta^2)^2+4\zeta^2]^{\frac{1}{4}}}{[(1+\eta)^2+\zeta^2]^{\frac{1}{2}}}\left(\sin\frac{\phi}{2}-i\cos\frac{\phi}{2}\right). \tag{A.40}$$

现在就可以用直接而繁复的方法求得 η_+ 处的贡献的实部和虚部. η_- 处的贡献是：对实部加上一项与前面的实部完全相等的数，而对虚部加上一项与前面的虚部相抵消的项. 这样，总的讲来可得

$$\sigma_{xx}=-\sigma G\left\{\zeta[5(\eta-1)^2+3\zeta^2]\cos\frac{\phi}{2}\right.$$
$$\left.-2[(1+\eta)(\eta-1)^2+(2\eta-1)(\eta-1)\zeta^2+\zeta^4]\sin\frac{\phi}{2}\right\}, \tag{A.41}$$

与此相似可得

$$\sigma_{yy}=-\sigma G\left\{\zeta[\zeta^2-(\eta-1)^2]\cos\frac{\phi}{2}-2\zeta^2(\eta-1)\sin\frac{\phi}{2}\right\}, \tag{A.42}$$

$$\sigma_{xy}=-\sigma-\sigma G\left\{-\zeta[3(\eta-1)^2+\zeta^2]\sin\frac{\phi}{2}\right.$$
$$\left.+[-(\eta+1)(\eta-1)^3-2\zeta^2(\eta-1)^2-\zeta^4]\cos\frac{\phi}{2}\right\}. \tag{A.43}$$

以上 3 式中的 G 的表达式为

$$G=\frac{[(\eta^2+\zeta^2-1)^2+4\zeta^2]^{\frac{1}{4}}}{[(\eta+1)^2+\zeta^2]^{\frac{1}{2}}[(\eta-1)^2+\zeta^2]^2}. \tag{A.44}$$

在 σ_{xy}式中出现的项$-\sigma$ 是外部圆周线路对积分给出的贡献.

这里得到的塞积群前端的应力场 σ_{xy} $(x, 0)$ 用于考究一个单晶中滑移面上的障碍能否被克服的问题. 而总的应力张量的求得有助于确定晶界上的位错塞积群在另一侧晶粒中引起的与此侧不相平行的滑移系统上发生滑移的可能概率，或某个裂纹在对方晶粒中形核的可能性.

§A.5　其它问题

(1) *螺型位错塞积群*　螺型位错塞积群的理论与刃型位错塞积群完全类同，只是将结果表达式中的因子$(1-\nu)$用 1 代换即可.

由此得到螺型位错塞积群前端的应力场分量如下：

$$\sigma_{xz}=-\frac{\sigma\left[(1+\eta)^2+\zeta^2\right]^{\frac{1}{2}}\sin\dfrac{\phi}{2}}{\left[(1-\eta^2-\zeta^2)^2+4\zeta^2\right]^{\frac{1}{4}}},\tag{A.45}$$

$$\sigma_{yz}=-\frac{\sigma\left[(1+\eta)^2+\zeta^2\right]^{\frac{1}{2}}\cos\dfrac{\phi}{2}}{\left[(1-\eta^2-\zeta^2)^2+4\zeta^2\right]^{\frac{1}{4}}}-\sigma.\tag{A.46}$$

刃型和螺型位错群理论都可以用各向异性弹性理论处理，不过其结果与前面的各向同性情况相似，只需用一个系数，如用 Z 表示，代替原表达式中的 μ. 显然，Z 将是弹性常数 $c_{\alpha\beta}$的函数，形式一般比较复杂，只是当问题的几何对于晶体坐标系有一定对称性时才较简单.

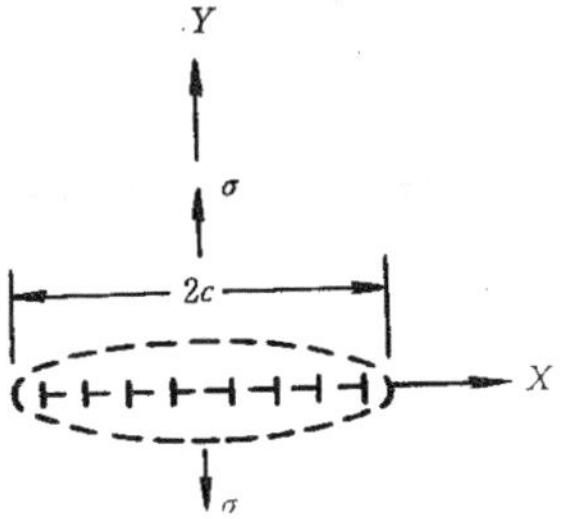

图 A.9

(2) 拉伸裂纹　第十九章中的模式 I 裂纹可以用攀移刃型位错塞积群来描述，这已在该章中处理过. 为了完整起见，在这里从塞积群的角度再加以简述. 这种位错群排列方式示于图 A.9 中. 诸位错的 Burgers 矢量垂直于位错群所在平面，位错之间的作用力仍然是普通的形式：$\mu b^2/2\pi x(1-\nu)$，外加应力有效分量是 σ_{yy}，即前文中的 σ，它给诸位错一个攀移力.

公式化的形式与上文中的双塞积群完全相同. 位错密度函数

$$\mathscr{D}(x)=\frac{2(1-\nu)\sigma}{\mu b}\frac{x}{(c^2-x^2)^{1/2}}.\tag{A.47}$$

作用在领先位错单位长度上的力为

$$\frac{F}{L}=\frac{\pi(1-\nu)cb^2}{2\mu}.\tag{A.48}$$

上文中所述的裂纹长大的 Griffith 判据是

$$\frac{F}{L}\geqslant 2\gamma,\tag{A.49}$$

γ 是裂纹的表面张力. 上式可写为

$$\sigma \geqslant \left[\frac{4\mu\gamma}{\pi(1-\nu)c}\right]^{\frac{1}{2}}. \tag{A.50}$$

(3) 非连续倾斜晶界　非连续倾斜晶界是一种终止于一种障碍处或晶粒内部的片断晶界，有时出现在多边形化过程中，有时当一个晶界由其低角对称位形脱离时也会出现这种非连续情况．攀移位错塞积群可以用来描述这种非连续倾斜晶界，比较大的可能是这种晶界中的位错是均匀分布的，如图 A.10 (a) 所示．这里是一个半无限的位错壁，其中 $\mathscr{D}(y)=\dfrac{1}{D}$，此时应力分量 σ_{xy}是

$$\begin{aligned}\sigma_{xy} &= \frac{\mu b}{2\pi(1-\nu)D}\int_{-\infty}^{0}\frac{x[x^2-(y-y')^2]}{[x^2+(y-y')^2]^2}dy' \\ &= \frac{\mu bxy}{2\pi(1-\nu)D(x^2+y^2)}\end{aligned} \tag{A.51}$$

作用在不完整晶界一端上的这种滑移应力对于该晶界在另一端如何终止并不敏感．用类似方法可以计算这种晶界的攀移力 σ_{xx}，结果表明它不收敛，而是随晶界长度出现对数式发散．对于一个长度为 l 的有限晶界，若其中所含位错均匀分布，间距为 D，则其攀移力为

$$\begin{aligned}\sigma_{xx} &= -\frac{\mu b}{2\pi(1-\nu)D}\int_{-l}^{0}\frac{3x^2(y-y')+(y-y')^3}{[x^2+(y-y')^2]^2}dy' \\ &= -\frac{\mu b}{2\pi(1-\nu)D} \\ &\quad\times\left[\frac{x^2}{x^2+y^2}-\frac{x^2}{x^2+(y+l)^2}+\frac{1}{2}\ln\frac{x^2+(y+l)^2}{x^2+y^2}\right].\end{aligned} \tag{A.52}$$

这个攀移力在该位错壁端点处非常大，迫使领先位错趋于离开位错壁．图 A.10 (b) 示出了经过一定攀移后的非平衡位形．实验上曾在多边形化过程中观察到这种部分弛豫分布的位形．

(4) 关于断裂与屈服的一点补充　关于在一个塞积群尖端处如何萌生断裂或屈服的机制的设想很多，这里仅举两例．

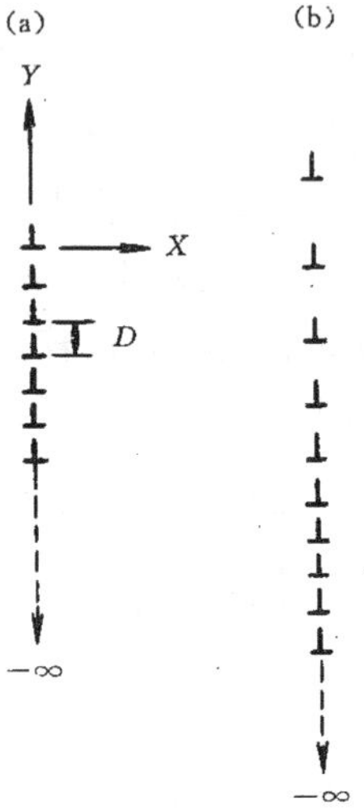

图 A.10

Stroh 提出①：当位错塞积群的领先两个位错被迫接近到其间距小于 b 时就开始产生裂纹的胚子. Cottrell② 特别考虑了 bcc 晶体，提出当两个交截的<111>滑移系统相互作用，形成<001>位错. 由于这时后者是不可滑的，于是诸<111>位错合并使形成的<001>位错扩充成为一个裂纹的核. 这两种机制的构想分别绘于图 A.11 (a) 和 (b) 中，二者都有实验佐证. 利用本附录所推导的关于塞积群的理论公式可以求得实现以上机制所需应力的大小. 但实际中需要计入的因素较多，理想化的计算对于现实事件的预测未必完善.

关于引致范性屈服过程中位错塞积群所起的作用也有若干假设和构想. 例如在多晶中，塞积在晶界上的位错群，由于晶界两侧有范性不协调性而应生应力集中，此外，由于材料的弹性各向异性还会产生弹性不协调应力. 如果塞积群的领先位错被迫通过晶界，则将在第二晶粒中引发滑移. 这个过程需要给造成的晶界台阶或遗留在晶界上的残余位错提供能量. 第二种设想是由于塞积群产生的应力集中而迫使晶界位错脱离晶界进入第二晶粒而进行滑移. 还有一种设想更简单，即塞积群产生的应力集中可以使对方晶粒中的 Frank-Read 源开始动作. 所有这些设想的机制的应力条件均不难计算，但也同样都包含上面提到的诸多不确定性.

---

① Stroh, A. N., *Advan. Phys.*, **6**, 418 (1957).

② Cottrell, A. H., *Trans. AIME*, **212**, 192(1958).

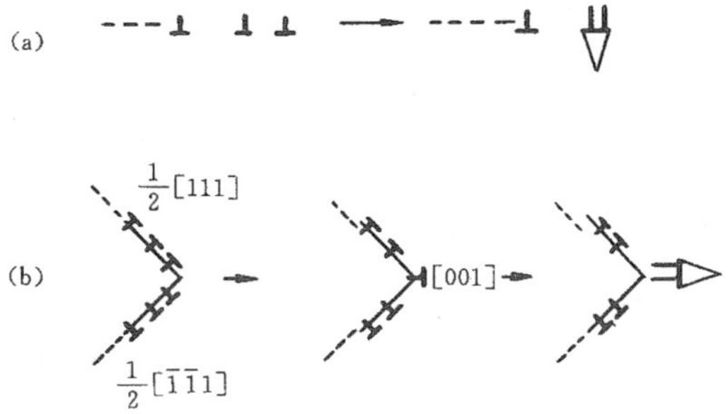

图 A.11

最后简略说明一下著名的 Hall-Petch 关系①. 这即是 Hall 和 Petch 指出的多晶 α-Fe 的屈服应力比例于 $d^{-\frac{1}{2}}$，d 是平均晶粒尺寸. 这个依赖关系也存在于多种材料的流变应力、断裂应力与平均晶粒尺寸之间. Petch 论证这是位错塞积群所引起的一种效应. 在此就一个简单理想化情况加以说明.

设想一个晶粒直径为 d，其中央有一个 Frank-Read 源. 假定已经达到使此位错源启动的应力，不过相邻晶粒中的分切应力尚未达到使滑移开始的水平. 这样，就可以产生一个长度为 d 的双塞积群，如图 A.12 所示. 作用在此塞积群领先位错上的力由式 (A.9) 给出，式中 $2c=d$. 该式对 σ 解出即是

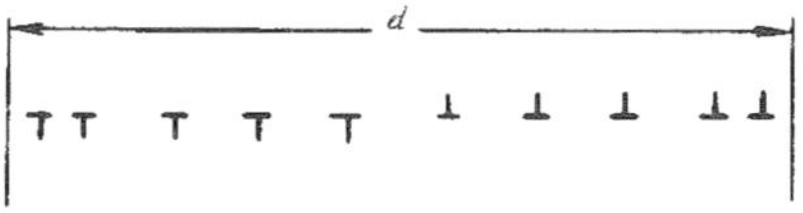

图 A.12

$$\sigma^{*}=Kd^{-\frac{1}{2}}, \qquad (A.53)$$

这里 σ^{*} 是一个临界应力，它使作用在塞积群领先位错上的力，也就是传递到相邻晶粒中去的力，足以使后一晶粒中开始发生滑移. 这就是所谓的 Hall-Petch 关系. 式 (A.53) 中

① Hall, E. O., *Proc. Phys. Soc.*, ***B* 64**, 747, (1951); Petch, N. J., *J. Iron Steel Inst.*, **174**, 25 (1953).

$$K=m\left[\frac{2\mu}{\pi(1-\nu)}\frac{F^*}{L}\right]^{\frac{1}{2}},\tag{A.54}$$

m 是将外加应力分解为分切应力的一个因子.

实验给出的关系形如

$$\sigma^*=\sigma_0+Kd^{-\frac{1}{2}},\tag{A.55}$$

但关于 σ_0 的解释说法不一，未能尽如人意.

本附录可参阅 Hirth, J. P., Lothe, J., Theory of Dislocations, 2nd ed., John Wiley & Sons, New York (1982) 等专著.

附录B　平面弹性理论提要

本书第一卷卷末有一个附录，就弹性理论的基本记号、公式，以及与位错理论特别有关的几个问题进行了简要的叙述. 在这里，准备论述平面弹性理论的复变函数方法，与第一卷附录A有承接关系，其结果直接用于本卷第十九章中关于二维裂纹及直位错线弹性场的统一计算. 这种复变函数的表示和计算主要是前苏联弹性力学学者 Muskhelishvili 发展起来的.

建议读者在读本附录以前先阅读第一卷附录A的基础部分，并可参阅文献：Muskhelishvili, Some Basic Problems in Mathematical Theory of Elasticity, Noordhoff, Leyden (1977).

§B.1　基本方程

表征连续介质弹性状态的基本量是位移矢量 $u_i(\boldsymbol{r})$ 和应方张量 $\sigma_{ij}(\boldsymbol{r})$，$i$，$j=1$，2，3. 应变张量的定义是

$$e_{ij}=\frac{1}{2}\ (u_{i,j}+u_{j,i}). \tag{B.1}$$

线弹性力学设定应力张量和应变张量之间有线性关系，即广义 Hooke 定律

$$\sigma_{ij}=c_{ijkl}e_{kl}, \tag{B.2}$$

σ_{ij} 和 e_{ij} 是二阶对称张量，c_{ijkl} 是四阶对称张量，称为弹性常数张量，各分量的对称关系是

$$c_{ijkl}=c_{jikl}=c_{ijlk}=c_{klij}. \tag{B.3}$$

因此，c_{ijkl} 至多有 36 个独立分量，并可简化成二下标的形式 c_{rs}（r，$s=1$，2，…，6). 对于各向同性介质，只有两个弹性常数，即 c_{rs} 只有两个独立分量，它们通常用 Lame′ 系数 λ 和 μ 表示. λ 和切变模量 μ 与 c_{rs} 的关系是

$$\lambda=c_{12},\quad \mu=c_{44}=\frac{1}{2}\ (c_{11}-c_{12}),\quad \lambda+2\mu=c_{11}. \tag{B.4}$$

弹性介中的静力平衡方程是

$$\sigma_{ij,j}+f_i=0, \tag{B. 5}$$

式中的 f_i 为体力密度. 用位移表示的平衡方程是 Navier 方程

$$c_{ijkl}u_{k,jl}+f_i=0. \tag{B. 6}$$

各向同性情况下的 Hooke 定律的形式为

$$\sigma_{ij}=\lambda u_{l,l}\delta_{ij}+\mu\ (u_{i,j}+u_{j,i}). \tag{B. 7}$$

而 Navier 方程的形式为

$$(\lambda+\mu)\ u_{j,ji}+\mu u_{i,jj}+f_i=0. \tag{B. 8}$$

在第一卷 § A. 5 中曾定义了平面应变和平面应力问题，并对其解进行了简单形式的讨论，特别是引入了 Airy 应力函数，这对于直线平移位错是实用的. 在这里，简述处理平面问题的复变函数方法，与第一卷 § A. 5 的处理方法不一样.

假定存在一条特定的轴 X_3，有 $u_{i,3}=0$，$i=1, 2, 3$，这即是一个二维状态. 再假定只考虑体力密度 $f_i=0$ 的情况，则 Navier 方程（B. 8）分为两组独立的方程

$$u_{3,11}+u_{3,22}=0, \tag{B. 9}$$

$$(\lambda+\mu)\ u_{j,ji}+\mu u_{i,jj}=0, \qquad i,j=1, 2. \tag{B. 10}$$

它们分别描述两种独立的弹性状态：方程（B. 9）表示 $u_1=u_2=0$，$u_3=u_3\ (x_1, x_2)$，称为反平面应变态，而方程（B. 10）表示 $u_3=0$，$u_1=u_1\ (x_1, x_2)$，$u_2=u_2\ (x_1, x_2)$，称为平面应变态. 螺型位错和模 Ⅲ 裂纹的弹性场属于反平面应变态，而直刃型位错和模式 Ⅰ，Ⅱ 裂纹的弹性场属于平面应变态.

§ B. 2 平面应变场方程

平面应变的基本方程是式（B. 10）. 此时，$u_3=0$，只有 u_1 和 u_2 存在. 取下列复矢量：

$$u=u_1+iu_2,\ Z=x_1=ix_2, \tag{B. 11}$$

对 x_1 和 x_2 的偏导数分别由下两式给出：

$$\frac{\partial}{\partial x_1}=\frac{\partial}{\partial Z}+\frac{\partial}{\partial \overline{Z}},\ \frac{\partial}{\partial x_2}=i\left(\frac{\partial}{\partial Z}-\frac{\partial}{\partial \overline{Z}}\right), \tag{B. 12}$$

式中 Z 上方横杠“—”表示复共轭. u 的导数由下式给出：

$$2\frac{\partial u}{\partial Z}=u_{l,l}+2i\omega, \tag{B.13}$$

式中 $\omega=\frac{1}{2}(u_{i,j}-u_{j,i})$ 代表刚性旋转. 平衡方程 $\sigma_{ij,j}=0$ 成为

$$\begin{aligned}&\sigma_{11,1}+\sigma_{12,2}=0,\\&\sigma_{22,2}+\sigma_{12,1}=0.\end{aligned} \tag{B.14}$$

将上面的第二个方程乘以 i，然后与第一个方程相加得到

$$\frac{\partial}{\partial Z}(\sigma_{11}-\sigma_{22}+2i\sigma_{12})+\frac{\partial}{\partial \overline{Z}}(\sigma_{11}+\sigma_{22})=0, \tag{B.15}$$

这个方程陈述了一个势函数 F 存在的条件，联系式（B.11）和（B.7）

$$-\frac{\partial F}{\partial \overline{Z}}=\sigma_{11}-\sigma_{22}+2i\sigma_{12}=4\mu\frac{\partial u}{\partial \overline{Z}}, \tag{B.16}$$

$$\frac{\partial F}{\partial Z}=\sigma_{11}+\sigma_{12}=2(\lambda+\mu)u_{l,l}. \tag{B.17}$$

方程（B. 16）容易积分，即

$$4\mu u=f(Z)-F(Z,\overline{Z}). \tag{B.18}$$

将式（B.13）代入式（B.17），给出

$$\frac{1}{2(\lambda+\mu)}\frac{\partial F}{\partial Z}=2\frac{\partial u}{\partial Z}-2i\omega. \tag{B.19}$$

由式（B.17）可知，$\partial F/\partial Z$ 是实数，所以式（B.19）的右端也是实数. 于是若将式（B.18）代入（B.19）得到

$$\begin{aligned}\frac{\partial F}{\partial Z}&=\frac{\lambda+\mu}{2(\lambda+2\mu)}\left[\frac{\partial f}{\partial Z}+\overline{\left(\frac{\partial f}{\partial Z}\right)}\right]\\&=2\frac{\partial \phi}{\partial Z}+\overline{\left(\frac{\partial \phi}{\partial Z}\right)}\equiv 2\phi'(Z)+\overline{\phi'(Z)},\end{aligned} \tag{B.20}$$

此式是函数 $\phi'(Z)$ 的定义式. 这个方程现在是可积的，积分给出

$$F(Z,\overline{Z})=2[\phi(Z)+2\phi^{*\prime}(\overline{Z})]+2\psi^{*}(\overline{Z}). \tag{B.21}$$

算子“*”定义为

$$\phi^{*}(Z)=\overline{\phi(\overline{Z})}, \tag{B.22}$$

这是一个方便的方法，表明 $\overline{\phi}$ 和 $\overline{\psi}$ 是 $\overline{Z}$ 的函数，而不是 Z 的函数.

这样，式（B. 16），（B. 17）和（B. 18）取如下形式：

$$\sigma_{11}+\sigma_{22}=2[\phi'(Z)+\overline{\phi'(Z)}], \tag{B. 23}$$

$$\sigma_{22}-\sigma_{11}+2i\sigma_{12}=2[\overline{Z}\phi''(Z)+\psi'(Z)], \tag{B. 24}$$

$$2\mu u=\kappa\phi(Z)-Z\,\overline{\phi'(Z)}-\overline{\psi(Z)}, \tag{B. 25}$$

$$\kappa=3-4\nu \quad (\text{平面应变}). \tag{B. 26}$$

式(B. 23)—(B. 26)是平面弹性理论的新场方程. 它们用两个相互独立的复变函数 $\phi(Z)$，$\psi(Z)$表示，这里的函数 ϕ 和 ψ 是标准的 Goursat 势函数.

§ B. 3 保形映射

复变函数论中的保形映射对于解决二维边界值问题提供了一个重要方法，可将复杂问题变换为可解. 保形映射也称为保角变换. 在弹性理论中，由于涉及到张量，所以要将电动力学和流体力学中惯用的矢量形式加以推广.

考虑一个坐标变换，它将 Z 平面(原问题)映射到 ξ 平面(较简单的问题)，并将实坐标轴 x_1，x_2 变换为 y_1，y_2. 应用实坐标系，一个张量的变换公式是熟知的

$$\begin{aligned}
&A'_{pq}\cdots(y_1,y_2)=\beta_{pi}\beta_{qj}\cdots A_{ij}\cdots(x_1,x_2),\\
&\beta_{pi}\beta_{pj}=\delta_{ij},\\
&dx_i=\sum_j\frac{\partial x_i}{\partial y_j}dy_j=\sum_j h(\delta)\beta_{ij}dy_j,
\end{aligned} \tag{B. 27}$$

式中 h 为标度因子，诸 β_{ij}是旋转矩阵，而诸张量并未分解为协变和逆变部分. 这种变换律形式的优点在于此时应力张量在变换中并不改变其量纲单位. β_{ij}一般是坐标的函数.

现在要求一个适合于变换复函数矢量与张量的旋转. 若将 Z 映射至 ξ 的变换由以下泛函关系给定：

$$Z=Z(\xi), \tag{B. 28}$$

那么在位置 Z 处 x_1 坐标旋转至 y_1 坐标的旋转角 α 满足下式：

$$dZ=\left|\frac{dZ}{d\xi}\right|e^{i\alpha}d\xi. \tag{B. 29}$$

以下用下标 T 标记变换后的量，而撇号“′”仍表示微商. 由于 Z' 一般是位置的函数，故转角 α 也随位置 Z 变化. 另外，还可注意到

$$A_T(\xi)=A_T(\xi(Z))=A(\xi(Z))e^{-i\alpha}=A(Z)e^{-i\alpha}, \quad \text{(B.30)}$$

并且，当新坐标 ξ 在一个函数 f 中用作独立变量时，函数形式确定如 $f(\xi)=f(Z(\xi))$.

现在可以写出有关的弹性力学量的变换公式

(i) 反平面应变

$$u_T(\xi)=u(Z(\xi))=u(Z), \quad \text{(B.31)}$$

$$\sigma_T(\xi)=e^{i\alpha}\sigma(\xi(Z))=e^{i\alpha}\sigma(Z), \quad \text{(B.32)}$$

式中

$$u=u_3, \quad \text{(B.33)}$$

$$\sigma=\sigma_{32}+i\sigma_{31}. \quad \text{(B.34)}$$

(ii) 平面应变

$$(\sigma_{11}+\sigma_{22})_T=\sigma_{11}+\sigma_{22}, \quad \text{(B.35)}$$

$$(\sigma_{22}-\sigma_{11}+2i\sigma_{12})_T=e^{2i\alpha}(\sigma_{22}-\sigma_{11}+2i\sigma_{12})=\frac{Z'(\xi)}{\overline{Z'(\xi)}}(\sigma_{22}-\sigma_{11}+2i\sigma_{12}), \quad \text{(B.36)}$$

$$u_T=e^{-i\alpha}u, \quad \text{(B.37)}$$

式中

$$u=u_1+iu_2. \quad \text{(B.38)}$$

根据以上变换公式，经过变换后的弹性场方程具有如下形式：

(i) 反平面应变

$$u_T(\xi)=\frac{2}{\mu}\mathrm{Im}[\eta(Z)]=\frac{2}{\mu}\mathrm{Im}[\eta(Z(\xi))], \quad \text{(B.39)}$$

$$\sigma_T=e^{i\alpha}\sigma(Z)=2e^{i\alpha}\frac{d\eta}{dZ}=2e^{i\alpha}\frac{d\xi}{dZ}\frac{d\eta(Z(\xi))}{d\xi}. \quad \text{(B.40)}$$

(ii) 平面应变

$$(\sigma_{11}+\sigma_{22})_T=2[\phi'(Z)-\overline{\phi'(Z)}]=2[\Phi(\xi)+\Phi'(\xi)], \quad \text{(B.41)}$$

$$(\sigma_{22}-\sigma_{11}+2i\sigma_{12})_T=2e^{2i\alpha}\left(\frac{\overline{Z(\xi)}}{Z'(\xi)}\Phi'(\xi)+\Psi(\xi)\right)$$

$$=2\left(\frac{\overline{Z(\xi)}}{Z'(\xi)}\Phi'(\xi)+\frac{Z'(\xi)}{Z'(\xi)}\Psi(\xi)\right), \qquad \text{(B. 42)}$$

$$2\mu u_T=e^{-i\alpha}\left[\kappa\phi(Z(\xi))-Z(\xi)\Phi(\xi)-\overline{\Psi(Z(\xi))}\right]. \qquad \text{(B. 43)}$$

函数 $\Phi(\xi)$，$\Psi(\xi)$的定义式分别是

$$\Phi(\xi)=\frac{d\Phi(Z(\xi))}{d\xi},\phi(Z)=\phi(Z(\xi))=\int Z'(\xi)\Phi(\xi)d\xi, \qquad \text{(B. 44)}$$

$$\Psi(\xi)=\frac{d\psi(Z(\xi))}{d\xi},\psi(Z)=\psi(Z(\xi))=\int Z'(\xi)\Psi(\xi)d\xi. \qquad \text{(B. 45)}$$

在这些方程中，势函数 ϕ 和 ψ 在 ξ 平面中的导数不易处理.

在研究裂纹和位错问题中，应用保形变换或映射的主要目的是在于希望将一个不易处理的边界变为一个几何上较简单的边界，例如将楔形变为一个半平面，并在这种较简单的几何下求解新的经过变换的边值问题. 不过，这里有一个不能尽如人意的地方，即是当采用一个映射函数而标度因子 h[式(B. 27)]不为 1 时，则因两个坐标系中长度标度不同，而使得这两个坐标系在“物理上”是不等价的. 因此，如果对于两个坐标系中长度测量的标度因子未加考虑，即对这样两个坐标系中的“先验性”的解进行比较，那是会导致误差的. 由于这个原因，这里的“战略”将始终是将物理问题在“自然”坐标系中表述，而把 ξ 系仅仅作为一个数学工具以对付边界条件的几何形式. 因此，在这种思考方法下，统一应用对应于 Z 坐标系的势函数.

为了执行这种“战略”，边界条件必须是“协变”的. 那就是说，若在原边界上有

$$\sigma_{ij}n_j=0, \qquad \text{(B. 46)}$$

则在新的、经过变换的边界上应该也有

$$\sigma'_{ij}n_j'=0, \qquad \text{(B. 47)}$$

这里的撇号不代表微商. 式(B. 47)直接由将变换公式代入得证. 若有外力作用于边界上，那末它当然应作变换 $F_l \longrightarrow F_l'$.

§B.4 关于积分方程

在裂纹研究中，常常需要求出由裂纹表面上的应力分布所产生的复势函数. 为此，可以利用 Cauchy 积分公式. 设 $f(Z)$是闭合曲线 c 上和 c 内的解析函数，闭合曲线 c 的取向规定是：所有内点在 c 的前进方向的左侧，则有

$$\int_c \frac{f(t)}{t-Z}dt = \begin{cases} 2\pi i f, & Z \text{ 为内点}, \\ 0, & Z \text{ 为外点}. \end{cases} \tag{B.48}$$

从数学上讲，解理裂纹表面是一个函数分支线，以 L 记之. 应用下式：

$$f(Z) = \frac{1}{2\pi i}\int_L \frac{g(t)}{t-Z}dt. \tag{B.49}$$

定义一个函数 $f(Z)$，L 在 Z 平面上是光滑的或闭合的曲线，“密度函数” $g(t)$ 在 L 上是分段连续的，那末，$f(Z)$在 Z 平面上除 L 之外是处处解析的. 我们用上角标“+”和“−”分别标记 L 的左边和右边，设 t_0 是 L 上的一个点，当 Z 从左边和右边接近 t_0 点时，Plemelj 公式给出下列的极限值：

$$\begin{aligned} &f^+(t_0)-f^-(t_0)=g(t_0), \\ &f^+(t_0)+f^-(t_0)=\frac{1}{\pi i}\int\frac{g(t)}{t-t_0}dt. \end{aligned} \tag{B.50}$$

上面的积分具有 Cauchy 主值意义. 另外，t_0 既不是 $g(t)$的不连续点，也不应是 L 的端点.

反过来，设 $f(Z)$是除沿 L 之外的某个区域 D 内的解析函数，而且在 L 上有

$$f^+(t)-f^-(t)=g(t), \tag{B.51}$$

那末，$f(Z)$能被表示为

$$f(Z) = \frac{1}{2\pi i}\int_L \frac{g(t)}{t-Z}dt + f_0(Z), \tag{B.52}$$

函数 $f_0(Z)$ 在区域 D 内是处处解析的. 这个结果对奇异积分方程式有重要应用. 设 $h(t)$ 是定义在 L 上的分段光滑的连续函数，并求方程

$$h(t_0)=\frac{1}{2\pi i}\int\frac{g(t)}{t-t_0}dt \quad (B.53)$$

在 L 上的一个解 $g(t)$. 根据方程（B.49）的定义，有

$$f^+(t)+f^-(t)=h(t), \quad 在 L 上. \quad (B.54)$$

设 a、b 为 L 的两个端点，并令

$$\chi(Z)=[(Z-a)(Z-b)]^{-\frac{1}{2}} \quad (B.55)$$

且对于大的 $|Z|$ 有 $\chi(Z)\sim\frac{1}{Z}$，则可证明在跨越 L 时 $\chi(Z)$ 反号：

$$\chi^+(t)+\chi^-(t)=0, 在 L 上. \quad (B.56)$$

于是方程（B.51）变为

$$\left[\frac{f(t)}{\chi(t)}\right]^+-\left[\frac{f(t)}{\chi(t)}\right]^-=\frac{h(t)}{\chi^+(t)}. \quad (B.57)$$

所以，由方程（B.51）和（B.52）得到

$$f(Z)=\frac{\chi(Z)}{2\pi i}\int_L\frac{h(t)}{\chi^+(Z)(t-Z)}dt+\chi(Z)P_n(Z), \quad (B.58)$$

式中的 P_n 是一个 n 次多项式. 从定义式(B.49)的观点看来，$f(Z)$ 在 Z 值大时是 1/Z 量级，所以 Pn（Z）可以是一个常数. 结合式（B.50）和式（B.55），可以导出

$$g(t_0)=\frac{\chi^+(t_0)}{\pi i}\int_L\frac{h(t)}{\chi^+(t)(t-t_0)}dt+P_n(t_0)\chi^+(t_0). \quad (B.59)$$

在应用于位错塞积问题时，h 表示作用于位错上的已知外加应力，而 g 代表待求的位错分布即密度函数.

后　　记

本卷的第十二章至第二十章由杨顺华撰写．初稿完成后，杨顺华因身体健康原因，遂委托丁棣华整理后交稿．第二十一章至第二十三章由丁棣华撰写．

本卷是在钱临照教授、周如松教授指导、关怀和鼓励下编写的．徐约黄、王仁卉、邹化民、桂嘉年等教授审阅了本卷书稿，并提出了许多宝贵意见．孙宗琦、彭志方、范天佑等教授向作者提供了他们自己工作的详细材料．本书责任编辑李义发编审为本书的出版付出了大量的辛勤劳动．汪大海工程师为本书绘制了全部插图．没有上述各位的热情帮助，本书断难完成．作者在此向他们表示衷心的感谢！

编者期望本书第一、二卷的出版能为位错理论在我国的进一步发展尽微薄之力．但因水平所限，书中难免有不妥之处，请读者批评指正．

杨顺华　丁棣华